Marketing und Käuferverhalten

von

Prof. Dr. Willy Schneider

3., überarbeitete und erweiterte Auflage

Oldenbourg Verlag München

Bibliografische Information der Deutschen Nationalbibliothek

Die Deutsche Nationalbibliothek verzeichnet diese Publikation in der Deutschen Nationalbibliografie; detaillierte bibliografische Daten sind im Internet über <http://dnb.d-nb.de> abrufbar.

Rosenheimer Straße 145, D-81671 München
Telefon: (089) 45051-0
oldenbourg.de

Lektorat: Wirtschafts- und Sozialwissenschaften, wiso@oldenbourg.de
Herstellung: Anna Grosser
Coverentwurf: Kochan & Partner, München
Gedruckt auf säure- und chlorfreiem Papier
Druck: Grafik + Druck, München
Bindung: Thomas Buchbinderei GmbH, Augsburg

ISBN 978-3-486-58775-3

Vorwort zur 3. Auflage

Das Lehrbuch „Marketing-Management und Käuferverhalten" erscheint in der 3. Auflage. Ansatz und Aufbau des Buches sind beibehalten worden. Kapitel 2: Konsumentenverhalten und Kapitel 3: Verhalten gewerblicher Käufer wurden grundlegend überarbeitet und um wesentliche Aspekte erweitert. Den Anlass hierzu gab die Einführung des Bachelor-Studiums an den Dualen Hochschulen Baden-Württemberg (ehemals Berufsakademien) und an anderen Hochschulen. Den konzeptionellen Rahmen der beiden Kapitel bilden nun die im Studienplan des Studienbereichs Wirtschaft festgelegten Lernziele, -inhalte und anvisierten -ergebnisse der SBWL-Lehrveranstaltung (**S**pezielle **B**etriebs**w**irtschafts**l**ehre) Käuferverhalten.

Um der Dynamik im Kommunikationsmanagement gerecht zu werden, nahmen wir in Kapitel 10 neuere Kommunikationsinstrumente wie Mobile Advertising sowie Blog, Permission und Virales Marketing auf. Das sich das Instrument der Fallstudie in den bisherigen Auflagen bewährt hat, wurden zahlreiche weitere Praxisfälle in die entsprechenden Abschnitte integriert.

Das Stichwortverzeichnis einschließlich Firmenregister wurde wesentlich erweitert. Mit dessen Hilfe kann der Leser das vorliegende Buch nun auch als Marketing-Lexikon sprich Nachschlagewerk nutzen und gezielt nach interessanten Fallbeispielen aus der Praxis recherchieren.

Um vorschneller Kritik entgegenzuwirken: Sämtliche Informationen aus *Wikipedia* wurden kreuzvalidiert, d. h. deren Richtigkeit wurde anhand weiterer Quellen überprüft.

Mit der 3. Auflage wird das Lehrbuch erstmals von einem Übungsbuch begleitet (*Willy Schneider*: Arbeitsbuch Marketing-Management und Käuferverhalten, München 2008, erschienen im *Oldenbourg-Verlag*, ISBN 978-3-486-58380-9). Anhand von Testfragen einschließlich dazugehöriger Lösungshinweise kann der Leser sein Wissen überprüfen und sich somit gezielt auf Prüfungen vorbereiten. Die anschließenden Fallstudien „*Schaufelbräu* Bier" und „Pronto Pizza" dienen dazu, das erlangte Wissen auf zwei komplexe Praxisfälle anzuwenden, was den Transfer sowie die Vernetzung des Erlernten fördert.

Heidelberg, im Frühjahr 2009 Prof. Dr. Willy Schneider

Vorwort zur 2. Auflage

Das Lehrbuch „Marketing und Käuferverhalten" geht in die zweite Runde. Da das Buch in relativ kurzer Zeit vergriffen war, hat sich die Überarbeitung auf Ergänzungen, Verbesserungen und Präzisierungen konzentriert. Ansatz, Aufbau und Inhalt des Buches sind beibehalten worden.

Heidelberg, im Frühjahr 2006 Prof. Dr. Willy Schneider

Vorwort zur 1. Auflage

Angesichts der Vielzahl an Marketinglehrbüchern ist einer Neuerscheinung nur dann Erfolg beschieden, wenn es ihr gelingt, sich in einer Marktlücke anzusiedeln. Die Positionierung des vorliegenden Buches lässt sich an folgenden Punkten festmachen:

- Selektion der für den Studierenden wichtigen Sachverhalte und damit Fokussierung auf das Wesentliche
- Nachvollziehbare Strukturierung des Stoffes, die durch die Visualisierung mit Hilfe von Graphiken unterstützt wird
- Veranschaulichung der theoretischen Ausführungen durch konkrete Fallbeispiele

Der Aufbau des Buches orientiert sich am entscheidungstheoretischen Ansatz und hat sich in rund 15jähriger Vorlesungspraxis bewährt. Das einleitende Kapitel ist den Grundlagen des Marketing gewidmet und führt den Leser über einen historischen Rückblick in die Materie ein. Es schließen sich zwei Abschnitte zum privaten und gewerblichen Käuferverhalten an, da diese den Ausgangspunkt einer jeglichen Marketingentscheidung bilden. Den Stufen der Marketingplanung entsprechend folgen:

- Marketing-Forschung,
- Marketing-Ziele,
- Marketing-Strategien,
- Marketing-Mix,
- Marketing-Kontrolle sowie
- Marketing-Organisation.

Wo immer möglich und sinnvoll, werden die Ausführungen durch Praxisbeispiele sowie Fallstudien angereichert. Grundsätzlich wird auf eine verdichtete, übersichtliche und anschauliche Darstellung besonderen Wert gelegt.

Zielgruppe des vorliegenden Buchs sind Studierende und Dozenten an Universitäten (Haupt- und Nebenfachstudierende), Fachhochschulen und Berufsakademien.

Heidelberg, im Frühjahr 2004 Prof. Dr. Willy Schneider

Inhalt

1	**Grundlagen**	**1**
1.1	Entwicklungsstufen des Marketingansatzes	1
1.2	Begriff und Grundkonzept des Marketing	8
1.3	Erscheinungsformen des Marketing	15
1.4	Aufbau einer Marketing-Konzeption	18
1.5	Marketing-Ethik	19
2	**Konsumentenverhalten**	**25**
2.1	Begriff und Fragestellungen	25
2.2	Typen individueller und kollektiver Kaufentscheidungen	29
2.3	Erklärungsansätze des Konsumentenverhaltens	40
2.3.1	Grundmodelle	40
2.3.2	Ausgewählte neobehavioristische Theorien	47
2.4	Determinanten des Konsumentenverhaltens	55
2.4.1	Externe Faktoren	55
2.4.2	Interne Faktoren	57
2.5	Aktuelle Entwicklungen im Konsumentenverhalten	93
3	**Verhalten gewerblicher Käufer**	**101**
3.1	Generelle Besonderheiten	101
3.2	Spezifische Besonderheiten	103
3.3	Typen organisationaler Beschaffungsentscheidungen	104
3.4	Ausgewählte Erklärungsansätze des organisationalen Beschaffungsverhaltens	106
3.4.1	Überblick	106
3.4.2	Webster-Wind-Modell	107
3.4.3	Promotoren-Opponenten-Modell	111
4	**Marketing-Forschung**	**113**
4.1	Begriff und Aufgaben	113

4.2 Objekte ... 114
4.3 Fremd- versus Eigenforschung ... 118
4.4 Primär- versus Sekundärforschung ... 120
4.5 Methodik einer empirischen Erhebung ... 124
4.5.1 Überblick ... 124
4.5.2 Messung ... 125
4.5.3 Stichprobenziehung ... 128
4.5.4 Datengewinnung ... 134
4.5.5 Feldphase ... 156
4.5.6 Datenanalyse ... 156
4.5.7 Prognose ... 167

5 Marketing-Ziele 171

5.1 Begriff, Ausprägungen und Aufgaben ... 171
5.2 Beziehungsgefüge ... 174
5.2.1 Vertikale Perspektive ... 174
5.2.2 Horizontale Perspektive ... 176
5.3 Operationalisierung ... 181
5.4 Benchmarking ... 182
5.4.1 Begriff und Funktion ... 182
5.4.2 Ablauf ... 184
5.4.3 Kritische Würdigung ... 188
5.5 Marketing-Kennzahlen ... 189
5.5.1 Begriff, Funktion und Arten ... 189
5.5.2 Ausgewählte Marketing-Kennzahlen ... 192

6 Marketing-Strategien 203

6.1 Begriff und Aufgaben ... 203
6.2 Kundenorientierte Strategien ... 205
6.2.1 Marktfeldstrategien ... 205
6.2.2 Marktstimulierungsstrategien ... 210
6.2.3 Marktparzellierungsstrategien ... 212
6.2.4 Marktarealstrategien ... 226
6.3 Konkurrenzorientierte Strategien ... 241
6.3.1 Überblick ... 241
6.3.2 Kostenführerschaft ... 242
6.3.3 Qualitätsführerschaft ... 246
6.3.4 Fokussierung ... 247
6.4 Unternehmensübergreifende Strategien ... 250

6.4.1 Überblick ... 250
6.4.2 Gewerblicher Rechtsschutz ... 253
6.4.3 Horizontale Kooperationen ... 256
6.4.4 Vertikale Kooperationen ... 258

6.5 Kombination von Strategien ... 262

6.6 Ausgewählte Instrumente zur Strategiebestimmung ... 263
6.6.1 Überblick ... 263
6.6.2 Gap-Analyse ... 263
6.6.3 Produktlebenszyklus-Analyse ... 265
6.6.4 Portfolio-Analyse ... 281
6.6.5 ABC-Analyse ... 299
6.6.6 Break-Even-Analyse ... 301

7 Produkt-, Programm- sowie Sortimentsmanagement 305

7.1 Überblick ... 305

7.2 Produktpolitische Gestaltungsdimensionen ... 307
7.2.1 Leistungskern ... 307
7.2.2 Verpackung ... 308
7.2.3 Markierung ... 309
7.2.4 Flankierende Serviceleistungen ... 335

7.3 Programm- und sortimentspolitische Gestaltungsdimensionen ... 337
7.3.1 Umfang und Struktur ... 337
7.3.2 Veränderung ... 339

8 Kontrahierungsmanagement 345

8.1 Überblick ... 345

8.2 Aufgaben und Besonderheiten des Preismanagement ... 346

8.3 Preis/Leistungsverhältnis ... 349
8.3.1 Komponenten ... 349
8.3.2 Einflussfaktoren der Wahrnehmung ... 353

8.4 Festlegung des Angebotspreises ... 355
8.4.1 Bestimmungsgrößen im Überblick ... 355
8.4.2 Kostenorientierte Preisfindung ... 356
8.4.3 Abnehmerorientierte Preisfindung ... 360
8.4.4 Konkurrenzorientierte Preisfindung ... 372

8.5 Konditionenmanagement ... 379
8.5.1 Überblick ... 379
8.5.2 Rabattmanagement ... 379
8.5.3 Festlegung der Liefer- und Zahlungsbedingungen ... 381
8.5.4 Kreditmanagement ... 384

9 Distributionsmanagement 387

9.1 Überblick 387

9.2 Standortwahl 388
9.2.1 Wahl des externen Standorts 388
9.2.2 Management des innerbetrieblichen Standorts 391

9.3 Bestimmung der Absatzwege 397
9.3.1 Determinanten 397
9.3.2 Varianten 397
9.3.3 Gatekeeper Handel 401

9.4 Kundenmanagement 417

9.5 Distributionslogistik 420

10 Kommunikationsmanagement 423

10.1 Begriff, Bedeutung und Aufgaben 423

10.2 Kommunikationstheoretische Grundlagen 428
10.2.1 Begriff und Arten der Kommunikation 428
10.2.2 Stufenmodelle der Kommunikation 432

10.3 Instrumente des Kommunikationsmanagement im Überblick 435

10.4 Klassische Instrumente 437
10.4.1 Werbung 437
10.4.2 Verkaufsförderung (Sales Promotions) 451
10.4.3 Öffentlichkeitsarbeit (Public Relations) 453

10.5 Innovative Instrumente 458
10.5.1 Sponsoring 458
10.5.2 Product Placement 461
10.5.3 Event-Marketing 462
10.5.4 Direktkommunikation 464
10.5.5 Multimedia-Kommunikation 466
10.5.6 Messen und Ausstellungen 469

10.6 Schnittstelleninstrumente 470
10.6.1 Mobile Advertising 470
10.6.2 Blog Marketing 472
10.6.3 Permission Marketing 473
10.6.4 Virales Marketing 474

11 Beziehungen, Restriktionen und Probleme beim Einsatz des Marketing-Instrumentariums 477

12 Marketing-Kontrolle 481

12.1 Begriff und Funktionen 481

12.2 Marketing-Audit ... 482

12.3 Ergebnisorientierte Marketing-Kontrolle ... 483

12.4 Balanced Scorecard als integrativer Controlling-Ansatz ... 485
12.4.1 Begriff ... 485
12.4.2 Aufbau ... 485

13 Marketing-Organisation 491

13.1 Überblick ... 491

13.2 Eindimensionale Systeme ... 493
13.2.1 Funktionale Organisation ... 493
13.2.2 Objektorientierte Organisation ... 495

13.3 Mehrdimensionale Systeme ... 500

13.4 Customer Relationship Management ... 503
13.4.1 Kundenbeziehungslebenszyklus als theoretischer Ausgangspunkt ... 503
13.4.2 Begriff und Aufgaben ... 509
13.4.3 Aufbau ... 512
13.4.4 Module ... 514
13.4.5 Zufriedenheit rentabler Kunden als zentrales Anliegen ... 530
13.4.6 Kundenwert als grundlegendes Selektions- und Segmentierungskriterium ... 547

Quellenverzeichnis 559

Stichwort- und Firmenverzeichnis 583

1 Grundlagen

Dieses Kapitel vermittelt,:

- wie sich das Marketingdenken im Zeitablauf entwickelt hat,
- was Marketing in seinem heutigen Begriffsverständnis bedeutet,
- welche Marketing-Varianten existieren,
- wie eine Marketingkonzeption idealtypisch aufgebaut sein sollte und
- warum Marketinghandeln ethischen Normen unterliegen muss.

1.1 Entwicklungsstufen des Marketingansatzes

Als **Ursprungsland** des Marketing gilt unbestritten die USA. Die genaue Geburtsstunde ist heute nicht mehr auszumachen, es gilt jedoch als gesichert, dass Marketing (englisch: to market = to buy or sell on markets) an US-amerikanischen Hochschulen um das Jahr 1910 zu einem Schlagwort für die systematische Vermarktung von Produkten heranreifte. Marketing in seiner ursprünglichen Bedeutung war also nichts anderes als ein Synonym für die im deutschsprachigen Raum als **Absatzwirtschaft** bezeichnete unternehmerische Aufgabe bzw. wissenschaftliche Disziplin.

Historisch gesehen sind Entstehung und Aufstieg des Marketing eine Antwort auf die parallel ablaufenden Prozesse des entstehenden Massenwohlstandes und der wachsenden Konkurrenz der Unternehmen (vgl. im Folgenden *Sabel* 1998). Eine solche Situation lässt sich erstmalig in den USA nach dem Ersten Weltkrieg ausmachen. Bis zu diesem Zeitpunkt waren die Bedürfnisse der Verbraucher nicht einmal ansatzweise befriedigt, weil entweder das Angebot nicht für alle Nachfrager ausreichte oder aber die Nachfrager nicht über die entsprechende Kaufkraft verfügten. In einer solchen Marktsituation kann ein Anbieter alles absetzen und braucht sich nicht um die Kunden und deren Bedürfnisse zu kümmern. Konsequenterweise dominierte bis zu diesem Zeitpunkt die Innensicht des Unternehmens, in deren Zentrum das Produkt und damit die Ingenieurwissenschaften standen. Mit zunehmendem Wohlstand und Wettbewerb gewannen nunmehr die Sicht auf den Markt und damit die Bedürfnisse der Kunden die Überhand.

Marketing wurde vor allem in den USA schon lange als Wundermittel der Marktsteuerung glorifiziert. Die Marketing-Euphorie gipfelte 1991 in der Aussage "Marketing ist everything.", zu der sich die *Harvard Business Review*, eine der weltweit renommiertesten Marketing-Fachzeitschriften, veranlasst sah.

Die Entwicklung des Marketing setzte in **Deutschland** deutlich später als in den USA ein. Zwar existieren Marken wie *Mercedes*, *Nivea*, *Odol* und *Persil* bereits seit über 100 Jahren. Doch erste Ansätze eines systematischen Marketing sind hierzulande in der Unternehmenspraxis erst in den 50er Jahren festzustellen. Marketinglehrstühle, -lehrbücher, -zeitschriften und -clubs und damit die Übernahme des Marketing-Paradigmas in der Wissenschaft zeigten sich noch deutlich später.

Eine Ursache für die verzögerte Entwicklung ist darin zu sehen, dass dem Marketing in Deutschland lange Zeit etwas Dubioses und Dämonisches anhaftete, und nicht wenige Vertreter aus Politik, Wissenschaft und Kultur darin in erster Linie ein Instrument der Manipulation sahen und sehen. Selbst als sich diese Sozialtechnik längst in der Unternehmenspraxis etabliert hatte, stieß Marketing hierzulande in der Wissenschaft auf wenig Akzeptanz. Dies ist zu einem erheblichen Teil auf das ambivalente Verhältnis der Scientific Community im Nachkriegsdeutschland zu den USA zurückzuführen: Während die einen sich vor einer „Amerikanisierung" deutscher Kultur und Lehre fürchteten, orientierten sich andere am Vorbild des US-amerikanischen Konsumniveaus.

Erst in der sog. **Marketing-Revolution** der sechziger und siebziger Jahre des vergangenen Jahrhunderts fand Marketing in Wissenschaft und Lehre im deutschsprachigen Raum breite Anerkennung.

- Das erste Buch, das Marketing im Titel führte und häufiger zitiert wurde, erschien 1968 (vgl. *Pümpin* 1968).
- Der erste Lehrstuhl für Marketing wurde 1969 in Münster gegründet, Lehrstuhlinhaber war *Heribert Meffert*.
- Die institutionalisierte Zusammenarbeit zwischen Wirtschaft und Wissenschaft lässt sich mit der Gründung der *Deutschen Marketingvereinigung* auf das Jahr 1970 datieren.
- Das erste Lehrbuch mit dem Titel Marketing erschien 1971 (*Nieschlag, R./Dichtl, E./ Hörschgen, H.*: Marketing, 4. Aufl., Berlin 1971; die ersten drei Auflagen erschienen noch unter dem Titel „Einführung in die Lehre von der Absatzwirtschaft".)
- Die erste wissenschaftliche Zeitschrift, die sich ausschließlich mit Marketingfragen beschäftigte, erschien 1979 (Marketing – Zeitschrift für Forschung und Praxis, 1. Jg., März 1979).

Doch auch heute noch stößt man in der deutschen Industrie – und hier vor allem im Mittelstand – auf die Vorstellung, dass gute Produkte für sich selbst sprächen und Marketing deshalb überflüssig sei. In Wissenschaft und Großunternehmen hat sich jedoch die Stimmung inzwischen grundlegend gewandelt: Während die Karrierechancen von Marketing-Spezialisten (Marketeers) bis in die achtziger Jahre als begrenzt galten, ist die Bedeutung des Marketing in Theorie und Praxis heute stärker als je zuvor (vgl. *Berghoff* 2007; *Lembke* 2008, S. 12).

Wirft man einen Rückblick auf die Entwicklung des Marketing in Deutschland, so lässt sich diese grob in **sechs Phasen** untergliedern (vgl. im Folgenden *Meffert* 2000, S. 4 – 6; *Meffert* 2001, S. 976 – 979; *Nieschlag/Dichtl/Hörschgen* 2002, S. 1 – 11):

Phase 1: Distributionsorientierung

Im Nachkriegsdeutschland überstieg die Nachfrage auf den meisten Märkten bei weitem das Angebot. In einer solchen als **Verkäufermarkt** bezeichneten Situation bildete die Produktion den Engpassfaktor (vgl. Tab. 1.1). Verständlicherweise bestand das zentrale Anliegen der Unternehmen darin, ihre Produktionskapazität auszubauen und die hergestellte Ware effizient zu vertreiben (= Distribution). Marketing bzw. Absatzwirtschaft spielte eine allenfalls nachgeordnete Rolle, da sich die Verbraucher, etwas überspitzt formuliert, bereits dann glücklich schätzen konnten, wenn sie bei der Verteilung der Ware überhaupt zum Zuge kamen.

Tab. 1.1: Zentrale Charakteristika von Verkäufer- und Käufermärkten (Quelle: in Anlehnung an Bauer 2001, S. 1082)

Marktsituation / Charakteristikum	Verkäufermarkt	Käufermarkt
Wirtschaftliches Entwicklungsstadium	Knappheitswirtschaft	Überflussgesellschaft
Machtübergewicht	Angebotsseite	Nachfrageseite
Engpass auf Unternehmensseite	Leistungserstellung	Absatz
Zentrales Anliegen	Rationelle Erweiterung der Produktionskapazitäten	Nachfrageweckung und Schaffung dauerhafter Präferenzen
Aktivitätsverhältnis	Nachfrager: aktive Beschaffung	Anbieter: aktiver Absatz

Phase 2: Neukundenorientierung

Im Laufe der 60er Jahre überstieg das Angebot immer deutlicher die Nachfrage, es stellte sich mehr und mehr die Situation eines **Käufermarktes** ein. Das Nadelöhr bildete nun nicht mehr die Produktion, sondern zunehmend der Absatz der Ware. Angesichts einer solchen Engpasssituation rückten das Ziel der Neukundenakquisition und damit das Marketingdenken in den Vordergrund. Der zeitliche Horizont der Marketing-Aktivitäten war jedoch eher kurzfristiger Natur, der Fokus der Bemühungen lag auf der (Vor-)Kaufphase (sog. **Transaktions-Marketing**). Der Zufriedenheit der Kunden und damit dem Aufbau einer langfristigen Anbieter/Nachfrager-Beziehung (sog. **Beziehungsmarketing;** vgl. hierzu *Hennig-Thurau/Hansen* 2000; *Meffert* 2000, S. 25 – 26) kamen lediglich in Ausnahmefällen (etwa im Investitionsgütersektor) Bedeutung zu.

Phase 3: Handelsorientierung

Der Handel war traditionell der Erfüllungsgehilfe der Hersteller gewesen, den diese nutzten, um ihre Produkte zu distribuieren gewesen. Durch Konzentration – flankiert von Internationalisierung – sowie Professionalisierung der Betriebskonzepte wuchs jedoch im Laufe der 70er Jahre ein gleichwertiger Partner wenn nicht gar überlegener Gegenspieler der Industrie heran. Dieser hielt nunmehr die Tür zum Verbraucher offen (sog. **Gatekeeper-Funktion**). Außerdem machte der Handel den Industrieunternehmen ihre Vormachtstellung bei der Entwicklung von Marken-Konzepten streitig, indem er eigene **Handelsmarken-Konzepte** entwickelte (vgl. *Bruhn* 1997 sowie Abschnitt 7.2.3).

Angesichts dieser bedrohlichen Entwicklung konnten die Hersteller ihr Marketing nicht mehr länger ausschließlich an den Bedürfnissen der Endverbraucher ausrichten, sondern mussten auch die Forderungen des Handels in ihre Überlegungen einbeziehen (sog. **vertikales Marketing**; vgl. hierzu *Irrgang* 1989). Die unweigerliche Konsequenz war das sog. "**Push-and-Pull"-Marketing**, bei dem der Hersteller an zwei Hebeln ansetzt (vgl. Abb. 1.1): Zum einen drückt er die Ware in den Absatzkanal, indem er auf die Wünsche sowie Vorstellungen des Handels eingeht und diesem spezielle Anreize bietet (**Push-Effekt**). Zum anderen umwirbt er mittels stufenübergreifender Media-Werbung den Endverbraucher und schafft somit einen Nachfragesog, der den Handel zwingt, die Ware zu listen (**Pull-Effekt**; vgl. *Feige* 1995).

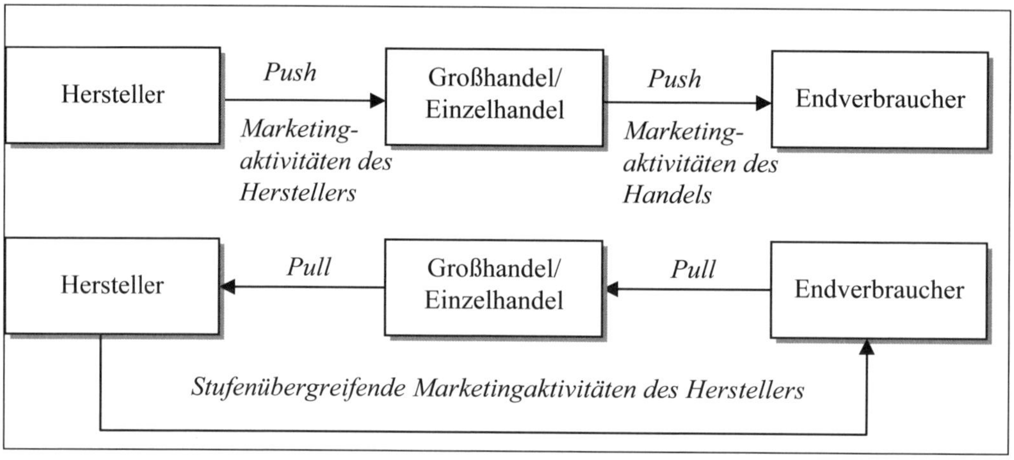

Abb. 1.1: Push- und Pull-Strategie im vergleichenden Überblick

Fallstudie „Pull-Marketing“ – die Einführungswerbung der *Holsten-Brauerei* für neue Biersorten

Bei der Einführung der Produktinnovationen *Holsten*-Cola und -Lemon umwarb die *Holsten-Brauerei AG* den Handel mit folgenden Argumenten:

„Auf erfrischende Neuigkeiten. Neu. Jetzt ordern.
Zwei neue, abverkaufsstarke Sorten im 0,5l Segment.
Klare Produktkonzepte und klassischer Mix.
Volle Werbepower in TV, Funk und Plakat.
Profitieren Sie vom Testsieger *Holsten* Cola.
Überzeugende Kaufbereitschaft.
Holsten Cola 58 %.
Wettbewerber A: 28 %.
Wettbewerber B: 14 %.
Auf unseren gemeinsamen Erfolg."

Auf diese Weise wird dem Handel in Aussicht gestellt, dass der Hersteller für die Produktinnovationen intensiv stufenübergreifende Mediawerbung betreiben wird. Die präsentierten Marktforschungsbefunde sollen dahingehend Sicherheit vermitteln, dass die Konsumenten die neuen Marken zukünftig präferieren und somit einen Nachfragesog auslösen werden, dem sich der Handel nicht entziehen kann. Um welche Wettbewerber es sich bei der Studie handelte, bleibt dem Leser jedoch verborgen.

Phase 4: Konkurrenzorientierung

In den 80er Jahren kristallisierte sich eine neue Facette des Marketingdenkens heraus, die im Wesentlichen auf eine Verschärfung des Verdrängungswettbewerbs zurückzuführen war. Gesättigte Märkte, die größtenteils nur noch von Ersatzbedarf getragen wurden, und eine wachsende Anzahl von Wettbewerbern führten dazu, dass der Kampf um den Kunden mehr und mehr zum Null-Summen-Spiel wurde. Absatzsteigerungen konnten nur erzielt werden, wenn es gelang, der Konkurrenz Kunden abzuwerben. Folglich richtete man die eigenen Leistungen nicht mehr an den Ansprüchen der Kunden aus, sondern orientierte sich an der Leistungsfähigkeit der Konkurrenten und versuchte, diese mittels sog. **Wettbewerbsstrategien** (vgl. *Porter* 1999a) zu übertrumpfen.

Phase 5: Vertiefung und Verbreiterung des Marketingkonzepts

Die 90er Jahre waren gekennzeichnet durch eine Erweiterung des Marketingblickwinkels. Zum einen machte der gestiegene Legitimationsdruck von Anspruchsgruppen wie Mitarbeitern, Lieferanten, Staat, Medien, Interessenverbänden sowie der breiten Öffentlichkeit deutlich, dass eine ausschließliche Ausrichtung der Marketingaktivitäten am „magischen Dreieck" Kunde, Handel und Wettbewerber mit erheblichen Risiken verbunden war. Krisenfälle wie der Frischei-Skandal (*Birkel*), die geplante Versenkung der Ölplattform Brentspar (*Shell*), der Weinskandal (*Pieroth*), der „Elch-Test" (*Daimler-Chrysler*) und verunreinigte Babynahrung (*Nestlé*) führten anschaulich die Notwendigkeit vor Augen, sich im Sinne eines Public Marketing sämtlichen Anspruchsgruppen eines Unternehmens gegenüber zu öffnen (**"Deepening the Marketing-Concept"**; vgl. *Meffert* 2000, S. 268; *Nieschlag/Dichtl/Hörschgen* 2002, S. 9 – 11). Hier erblicken manche die Keimzelle des "**Stakeholder-Value"-Ansatzes**, bei dem sämtliche Bezugsgruppen des Unternehmens in die (Marketing-)Überlegungen einbezogen werden.

Zum anderen wurde in den 90er Jahren eine Ausdehnung des Marketingkonzepts auf neue Einsatzgebiete nachdrücklich betrieben ("**Broadening the Marketing-Concept**"; vgl. *Nieschlag/Dichtl/Hörschgen* 2002, S. 4 – 9). Beschränkte sich Marketing ursprünglich auf erwerbswirtschaftliche Unternehmen, etablierte sich nunmehr die Überzeugung, dass Austauschprozesse bei kommerziellen und nicht-kommerziellen Organisationen prinzipiell gleichartig ablaufen, da auch letztere gegenüber ihren Marktpartnern (z. B. Abnehmer, Geldgeber) Bedarfsdeckungs- und/oder Beeinflussungsziele verfolgen. Folglich, so die Vertreter dieses Ansatzes, ließen sich auch gemeinschaftliche Aufgaben, wie Probleme des Gesundheitswesens, der Umweltverschmutzung, der Familienplanung, der Verkehrssicherheit, der Bildung, der Entwicklungshilfe u. ä., durch den angepassten Einsatz der Marketingtechnologie effizient lösen.

Phase 6: Orientierung am externen und internen Kunden

Zu Beginn des neuen Jahrtausends besinnen sich die Marketingtreibenden, wenn auch unter neuen Vorzeichen, wieder auf den Grundgedanken des Marketing, nämlich die konsequente Ausrichtung aller unmittelbar und mittelbar den Markt berührenden Entscheidungen an den Bedürfnissen der potenziellen und tatsächlichen Kunden. Trotzdem blieben in der Vergangenheit die angestrebten Erfolge häufig aus. Die Gründe für das vermeintliche Scheitern liegen u. a. darin, dass die Ursachen für die Unzufriedenheit von Kunden häufig nicht an der unmittelbaren Schnittstelle zum Markt und damit in der Front-Office zu finden sind. Vielmehr ist die mangelnde Leistungsfähigkeit auf dem Absatzmarkt nicht selten darauf zurückzuführen, dass sich die unternehmensinternen Austauschbeziehungen zwischen Organisationsmitgliedern und damit i. d. R. die Back-Office nicht an den Bedürfnissen externer Kunden, sondern an Abteilungsegoismen und bürokratischen Kriterien orientieren. Vereinfacht ausgedrückt ist die Back-Office das, „was der Kunde nicht sieht".

Demnach liegt ein zentraler Faktor für ein erfolgreiches Marketing darin, dass Kollegen bzw. andere Abteilungen als interne Kunden betrachtet werden, deren Bedürfnisse es genauso zu befriedigen gilt wie die der externen Kunden. Diese Maxime findet ihren Niederschlag im **internen Marketing**, bei dem man das Ziel verfolgt, die Austauschbeziehungen zwischen internen Organisationsmitgliedern zu absatzmarktorientierten Zwecken planmäßig zu gestalten (vgl. *Bruhn* 1999). Die marktgerichteten Unternehmensziele lassen sich demnach nur dann effizient erreichen, wenn die unternehmensinternen Prozesse mit Instrumenten des Marketing- und Personalmanagements systematisch optimiert werden. Dabei wird folgende Kausalkette unterstellt: Mitarbeiterorientierung → Mitarbeiterzufriedenheit → Mitarbeiterqualität → Kundenzufriedenheit → ökonomischer Erfolg. Konsequenterweise lässt sich das Marketingdenken nur durch gleichzeitige Kunden- und Mitarbeiterorientierung unternehmensintern durchsetzen und verankern.

Tab. 1.2 vermittelt einen zusammenfassenden Überblick über das im Laufe der Zeit veränderte Marketingverständnis. Insgesamt lässt sich festhalten, dass sich das Marketing-Paradigma erst allmählich ausgebreitet hat. So haben sich insbesondere innovative Wissenschaftler schon immer mit Marketing beschäftigt, während die Kollegen noch von Absatzwirtschaft sprachen. Ungeachtet dessen kann gesagt werden, dass in Deutschland die Marketingwissenschaft der -realität folgte (vgl. *Sabel* 1998).

Tab. 1.2: Entwicklungsstufen des Marketing (Quelle: in Anlehnung an Meffert 2001, S. 977)

Zeitraum	1950er	1960er	1970er	1980er	1990er	2000er
Situation	Verkäufermarkt	Käufermarkt	Handelskonzentration	Verdrängungswettbewerb	Legitimationsdruck Professionalisierung des Non-Profit-Sektors	Geringer Erfolg von Kundenzufriedenheitsprojekten
Marketing-Fokus	Distributionsorientierung	Neukundenorientierung	Handelsorientierung	Konkurrenzorientierung	Stakeholderorientierung Transfer in Non-Profit-Bereich	Orientierung am externen und internen Kunden
Primäres Ziel	Ausbau der Produktionskapazität; Effizienter Vertrieb	Neukundenakquisition	"Push-and-Pull"-Strategie	Gewinnung bzw. Verteidigung von Marktanteilen	Vertiefung/Verbreiterung des Marketingkonzepts	Steigerung der Kundenzufriedenheit durch internes Marketing

Vor dem Hintergrund der historischen Entwicklung wird deutlich, dass die Umsetzung des Marketingkonzepts in der Unternehmenspraxis unterschiedliche **Reifegrade bzw. Entwicklungsstadien** erreichen kann, die sich an den folgenden Konzepten ablesen lassen (vgl. hierzu *Meffert* 2001, S. 1020):

- **Produktkonzeption**: In einem recht frühen Entwicklungsstadium gehen Unternehmen davon aus, dass Konsumenten in erster Linie die Preis/Qualitäts-Relation ins Kalkül ziehen. Im Vordergrund steht hier die Produktpolitik, die auf eine Verbesserung der Produktqualität abzielt. Der Nachfrager kauft das, was der Anbieter offeriert. Ein klassisches Beispiel hierfür ist das Modell T von *Henry Ford*, das es nur in einer einzigen Produktvariante gab, das infolge seines hohen Standardisierungsrades jedoch durch sein günstiges Preis/Leistungsverhältnis überzeugte.
- **Verkaufskonzeption**: Hier lässt man sich von der Annahme leiten, dass Konsumenten nur bei erheblichem Interesse kaufen. Demnach zielen Unternehmen darauf ab, Interesse am Produkt zu wecken und durch ein gesteigertes Absatzvolumen Gewinn zu erzielen. Hierzu bedient man sich des Verkaufs sowie der Kommunikationspolitik. Als Beispiel für dieses Marketing-Stadium kann der Vertrieb von Versicherungen gelten.

- **Marketingkonzeption im engeren Sinne**: Ausgangspunkt in diesem Fall ist die Erkenntnis, dass Konsumenten bestimmte Bedürfnisse haben, die es zu befriedigen gilt. Die integrierten Marketinganstrengungen zielen hier darauf ab, die Zufriedenheit des Kunden zu erhöhen. Dies kann beispielsweise mittels Markenartikeln erfolgen, die gegebenenfalls mit Serviceleistungen (z. B. Pkw-Servicepakete) angereichert werden (sog. Added-Value-Konzept).
- **Marketingkonzeption im weiteren Sinne** (= Social Marketing): Im sozusagen höchsten Reifestadium, dem sog. Megamarketing-Konzept, geht man von einer Lücke zwischen kurzfristigen Einzelinteressen und langfristigen Kollektivinteressen aus, die es mit Hilfe des Marketing-Instrumentariums zu schließen gilt. Marketing ist hier langfristig ausgerichtet und bezieht sämtliche Bezugsgruppen der Unternehmensumwelt ein. Ziel ist dabei die Verbesserung der Lebensqualität, die sich letztlich positiv auf den ökonomischen Erfolg eines Unternehmens auswirkt.

Die meisten Unternehmen haben mittlerweile die Phase der Produktkonzeption verlassen und befinden sich in einem Reifestadium zwischen Verkaufs- und Marketingkonzeption im engeren Sinne. Die Durchsetzung eines Social Marketing dürfte heutzutage noch die Ausnahme bilden, findet jedoch erste Umsetzung im "**Stakeholder-Value**"-**Ansatz**, gemäß dem die Steuerung eines Unternehmens an den Zielen sämtlicher Bezugsgruppen auszurichten ist (vgl. *Freimüller* 2001, S. 1597).

Das Fachblatt „Journal of Marketing“ veröffentlichte in seiner Ausgabe vom Januar 2008 einen Aufsatz zweier US-amerikanischer Forscher, welche die Rolle des Marketing-Vorstands für den Unternehmenserfolg analysiert hatten. Sie hatten über fünf Jahre hinweg 167 Unternehmen untersucht und kamen zu dem Ergebnis, dass das Vorhandensein eines Marketing-Spezialisten im Vorstand keinerlei Einfluss auf den Unternehmenserfolg ausübte. Hierfür bieten sich folgende Erklärungen an:

- Marketing-Überlegungen üben keinen signifikanten Einfluss auf die Unternehmensstrategie aus.
- Für den Unternehmenserfolg spielt es keine Rolle, ob die Stimme des Kunden bis auf die Vorstandsetage vordringt.
- Marketingvorstände sind nicht kreativ und durchsetzungsfähig genug, um einen Unterschied für ihren Arbeitgeber auszumachen.
- Die Aufgaben eines Chief Marketing Offices (CMO) können ohne Wirkungsverluste auch von einem Marketingleiter erfüllt werden, und das auch noch für die halben Bezüge.

Weil auch die Forscher keine schlüssige Interpretation ihrer Befunde anbieten können, bleibt es dem Urteil des Lesers überlassen, welche Erklärung er bevorzugt (vgl. *Littmann* 2007, S. 18).

1.2 Begriff und Grundkonzept des Marketing

Theodore Levitt legte mit seinem Aufsatz Marketing-Myopia (Myopia = Kurzsichtigkeit) den Grundstein für das heutige Verständnis von Marketing und gilt somit als dessen Begründer.

Levitt greift die Vorstellung an, Organisationen müssten produktionsorientiert sein, um Erfolge zu verzeichnen. Stattdessen geht er davon aus, dass der Unternehmenserfolg von der Befriedigung der Kundenbedürfnisse abhängt.

Ausgangspunkt der Argumentation von *Levitt* ist folgende These: „Der Niedergang von Unternehmen ist nicht durch Marktsättigung begründbar." Zu diesem Zweck stellt er die Frage: „In welchem Geschäftsfeld ist Ihr Unternehmen tätig?"

Geschäftsfelder lassen sich anhand von **drei Dimensionen** definieren:
- **Produktorientierung**: Was stellen wir her?
- **Kompetenzorientierung**: Was können wir?
- **Bedarfsorientierung**: Was wollen unsere Kunden?

Als Beispiel für die zu enge Auslegung des Geschäftsfeldes nennt *Levitt* den Niedergang der Eisenbahngesellschaften. Diese hätten sich traditionell nur als Eisenbahnbetreiber gesehen und infolge ihrer ausschließlichen Produktorientierung zu spät branchenfremde Unternehmen als Wettbewerber erkannt. Denn der Kunde fragt sich, welches das sicherste, bequemste, wirtschaftlichste oder billigste Transportmittel ist. Er wird das Transportmittel auswählen, das seinen Bedürfnissen am ehesten entspricht, und das muss nicht unbedingt die Bahn sein. Demnach agieren Eisenbahnen im Geschäft der Personenbeförderung (= Bedarfsorientierung) und konkurrieren mit Busunternehmen, Fluggesellschaften, Reedereien und nicht zuletzt dem PKW. Außerdem hätten die Eisenbahngesellschaften infolge ihrer mangelnden Kompetenzorientierung (= Transport von Objekten) die Möglichkeit des Güterverkehrs als Geschäftsfeld zu spät erkannt.

Seinen Überlegungen folgend resultieren die Schwierigkeiten von Unternehmen nicht aus mangelnden Chancen, sondern aus der Kurzsichtigkeit des Managements. Diesem fehle es an Weitsicht und Kreativität, das eigene Geschäftsfeld zu erweitern. Hierbei seien **vier zentrale Fehler** festzustellen:

- Annahme, dass aufgrund des Bevölkerungswachstums automatisch die Nachfrage nach dem eigenen Produkt steigt. Doch selbst wenn die Bevölkerung und demnach die Nachfrage nach beispielsweise Personenbeförderung wächst, garantiert dies nicht Wachstum für Eisenbahnen, da deren Funktion auch von Busunternehmen, Fluggesellschaften, Reedereien und nicht zuletzt dem PKW übernommen werden kann. Demnach muss das Management seinen Horizonte erweitern und neue Geschäftsfelder bearbeiten (im Falle der Eisenbahnen etwa den Güterverkehr).
- Vorstellung, dass Massenproduktion und damit Stückkostensenkung den Unternehmenserfolg gewährleisten. Die Massenfertigung hat sich zwar positiv auf den Preis ausgewirkt, die Berücksichtigung der Kundenwünsche blieb hierbei aber auf der Strecke. Häufig fragen die Kunden aber keine kostengünstigen, standardisierten Produkte nach, sondern individuelle Angebote, die durchaus auch etwas teurer sein dürfen. Ein typisches Beispiel hierfür ist die Modeindustrie, wo Kunden nicht nur die günstigen Produkte kaufen. Und zahlreiche Konsumenten wollen ein Auto, das in Optik, Leistung, Ausstattung etc. speziell auf sie zugeschnitten ist. Dafür sind sie auch bereit, einen höheren Preis zu bezahlen.
- Irrglaube, das eigene Produkt sei das Beste, und damit Missachtung von Substitutionsprodukten. Die Probleme der Filmindustrie waren u. a. darauf zurückzuführen, dass sie das

Fernsehen zunächst nicht als ernstzunehmenden Konkurrenten wahrnahm. Ähnlich ging es den Eisenbahnen, deren Funktionen auch von anderen Branchen übernommen werden können. Wie fatal der Irrglaube der Unersetzbarkeit sein kann, zeigt sich auch in der Ölindustrie: Benzin für Autos lässt sich etwa durch Erd- oder Biogas substituieren. Neuere Beispiele finden sich in der Unterhaltungselektronik. So wurde der Walkman durch den CD-Player und dieser wiederum durch den MP3-Player ersetzt.

- Konzentration auf technischen Fortschritt und damit ausschließliche Investition in die Weiterentwicklung vorhandener Technologien. Doch nicht das Produkt, das am weitesten technologisch entwickelt und wertvoll ist, verbucht Erfolge am Markt, sondern das, welches am ehesten den Kundenbedürfnissen entspricht. Häufig werden Resultate erzielt, die der Kunde gar nicht wünscht. Man denke etwa an immer kleinere Handys, die hierdurch an Bedienungsfreundlichkeit verlieren. Außerdem, so *Levitt*, konzentriere man sich zu stark auf die vorhandenen Produkte und investierte zu wenig in Innovationen. Der Videorecorder beispielsweise wurde aber nicht durch einen bessern Videorecorder, sondern durch einen DVD-Rekorder abgelöst.

Angesichts der skizzierten Kurzsichtigkeit des Management fordert *Levitt*, die Produkt- durch die **Kunden-** sprich **Bedarfsorientierung** zu ersetzen. Wenn Unternehmen erfolgreich sein wollen, müssen sie die Bedürfnisse des Kunden in den Mittelpunkt ihres Handelns stellen. Marketing sei demnach keine Funktion am Ende des Fließbandes, sondern stehe an dessen Anfang. „Das Produkt ist das Ergebnis des Marketing, und nicht umgekehrt."

Diesen Überlegungen folgend und vereinfacht ausgedrückt lässt sich Marketing in seinem heutigen Begriffsverständnis als **marktorientierte Unternehmensführung** bezeichnen, d. h. als Entscheidungsfindung, bei der die Signale des Marktes systematisch erfasst und berücksichtigt werden (vgl. *Meffert* 2000, S. 8; *Nieschlag/Dichtl/Hörschgen* 2002, S. 14). Hierbei ist ein Unternehmen den in Abb. 1.2 angeführten **fünf Wettbewerbskräften** ausgesetzt (vgl. *Porter* 1999a):

- Auf der **vertikalen Ebene** stehen Unternehmen in einem Spannungsfeld zwischen ihren Lieferanten auf der Beschaffungsseite und ihren Abnehmern auf der Absatzseite. Zu den **Lieferanten** von Ressourcen im weiteren Sinne zählen die Lieferanten im engeren Sinne (betrifft Beschaffungsmarketing), die Kapitalgeber in Gestalt von Fremdkapitalgebern und Anteilseignern (betrifft Finanzmarketing) sowie potenzielle Mitarbeiter (betrifft Personalmarketing). Besitzen die Lieferanten im weiteren Sinne Macht über das Unternehmen, werden sie ihre Preise erhöhen und damit die Profitabilität des Unternehmens reduzieren. Auf der **Absatzseite** treffen Unternehmen (im Falle von Herstellern) auf den Handel (betrifft vertikales Marketing) sowie die Endverbraucher (betrifft endverbrauchergerichtetes Marketing). Verfügen die Kunden über einen Verhandlungsspielraum, werden sie diesen nutzen, was ebenfalls die Gewinnmargen und damit die Profitabilität eines Unternehmens negativ beeinflusst.
- Auf der **horizontalen Ebene** konkurrieren Unternehmen mit derzeitigen und potenziellen Wettbewerbern sowie den Anbietern von Substitutionsprodukten (etwa Brauereien mit den Produzenten alkoholfreier Getränke oder mit Winzergenossenschaften). Je höher der Wettbewerbsdruck, desto mehr muss ein Unternehmen in Marketing, Forschung und Entwicklung investieren und/oder die Preise reduzieren, was letztlich die Profite senkt.

Will ein Unternehmen seine Wettbewerber identifizieren, gilt es im Vorfeld, den relevanten Markt zu bestimmen und abzugrenzen. Der relevante Markt kann in zeitlicher (etwa Saisongeschäfte), räumlicher (etwa Ländermärkte) und sachlicher Hinsicht (etwa Branchen) abgegrenzt werden. In letzterem Fall konkurrieren die anbieter- und nachfragergerichtete Perspektive miteinander.

Aus Anbietersicht zählen zu einem relevanten Markt sämtliche Güter, die eine hohe **Kreuzpreiselastizität** aufweisen. Diese gibt darüber Auskunft, um wie viel Prozent der Absatz von Produkt B steigt bzw. sinkt, wenn der Preis von Produkt A um ein Prozent steigt bzw. sinkt. Alternativ können alle Produkte, die sich physisch-technisch ähneln (etwa durch Verarbeitung, Form oder technische Gestaltung), zu einem relevanten Markt zusammengefasst werden.

Der nachfragebezogene Ansatz basiert auf der subjektiven Austauschbarkeit von Gütern. Konsequenterweise werden alle Güter zu einem relevanten Markt zusammengefasst, die aus Sicht der Nachfrager substituierbar sind, also den gleichen Nutzen stiften und demnach in einer direkten Wettbewerbsbeziehung stehen (vgl. *Klein* 2006, S. 1515).

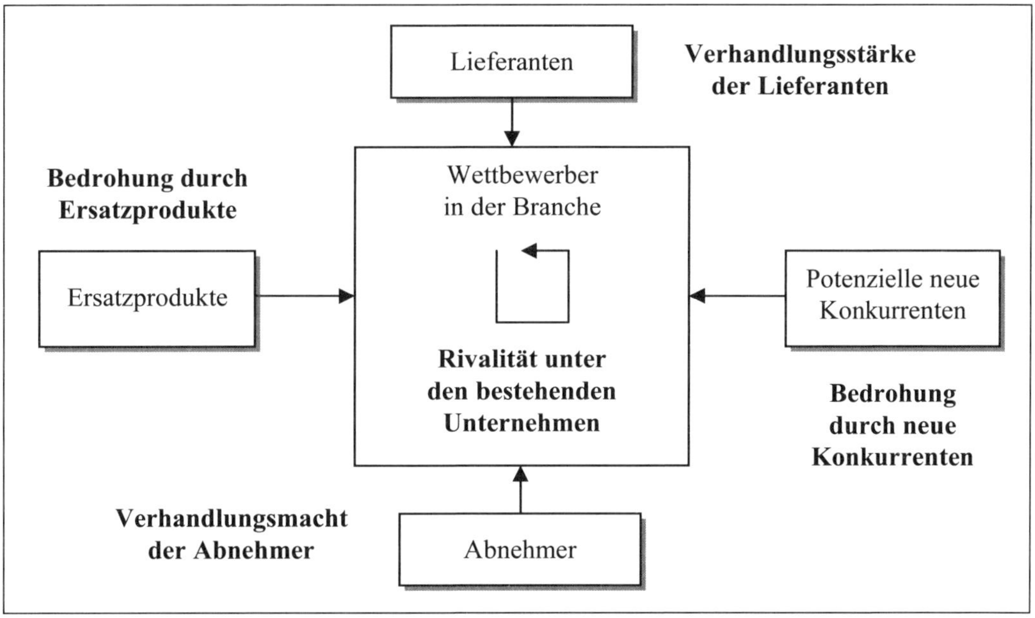

Abb. 1.2: Die fünf Wettbewerbskräfte einer Branche (Quelle: Porter 1999a, S. 26)

Nach diesem von *Michael E. Porter*, einem der einflussreichsten Managementtheoretiker unserer Zeit entwickelten **Fünf-Kräfte-Modell** bestimmen diese fünf Wettbewerbsfaktoren in jeder beliebigen Branche die Fähigkeit eines Unternehmens, einen Return für die geleisteten Investitionen (RoI = Return on Investment) zu erwirtschaften, der über den zu erbringenden Kosten liegt. Der Wettbewerbsdruck auf der horizontalen und vertikalen Ebene legt weiterhin fest, wie weit dieser Return über den Kosten liegt. Der Druck, der von den fünf Kräften ausgeht, kann von Branche zu Branche variieren und auch innerhalb eines Sektors aufgrund von Strukturveränderungen ab- bzw. zunehmen. Nach *Porter* gibt es drei generische sprich Erfolg versprechende Handlungsansätze, mit denen man den fünf Wettbewerbskräften begegnen kann: Kostenführerschaft, Qualitätsführerschaft und Fokussierung (vgl. Abschnitt 6.3).

Je stärker die Bedrohung durch die fünf Wettbewerbskräfte, desto weniger attraktiv ist die betreffende Branche und desto schwieriger gestaltet es sich, hier einen nachhaltigen Wettbewerbsvorteil zu generieren. Die Ergebnisse einer Branchenstrukturanalyse nach dem **Fünf-Kräfte-Modell** fließen oft als Umweltanalyse in eine **SWOT-Analyse** ein (vgl. Abschnitt 4.2).

Michael E. Porter

Michael Everett Porter (* 1947) ist Professor für Wirtschaftswissenschaften an der Harvard Business School und Leiter des Institute for Strategy and Competitiveness. Er ist einer der führenden Ökonomen auf dem Gebiet des strategischen Managements. Ein Schwerpunkt seiner Arbeiten liegt darauf zu erklären, wie Firmen oder Regionen Wettbewerbsvorteile erlangen.

Popularität erlangte *Porter* insbesondere durch Bestimmung der Branchen- und Marktattraktivität anhand des **Fünf-Kräfte-Modells** (five forces, vgl. Abb. 1.2), die daraus abgeleiteten **drei generischen Wettbewerbsstrategien** (Segmentierung, Differenzierung und Kostenführerschaft; vgl. Abschnitt 6.3) sowie die **Wertkette** ("Value chain"; vgl. Abb. 1.3), die den Wertschöpfungsprozess eines Unternehmens in Form eines Blockpfeils abbildet. Die Wertkette ermöglicht es, die strategisch relevanten Tätigkeiten eines Unternehmens systematisch zu erfassen und als Instrument der Strategieentwicklung einzusetzen.

Porter gilt weiterhin als Begründer der Theorie der Schaffung von Wettbewerbsvorteilen durch Clusterbildung im regionalen Kontext. In mehreren Rankings wurde er zu einem der einflussreichsten Managementdenker gewählt.

Quelle: *Porter* 1983, 1986, 1985, 1980, 1984, 1999a, 1999b; www.wikipedia.de; Stand: 09. 02.2006, 8:44 Uhr).

Damit übernimmt das Marketing in Unternehmen eine **Doppelfunktion** (sog. **duales Führungskonzept**; vgl. hierzu *Meffert* 2001, S. 959; *Nieschlag/Dichtl/Hörschgen* 2002, S. 14; *Uhr/Müller* 1998 sowie Abb. 1.3):

- **Marketing als Leitkonzept bzw. Unternehmensphilosophie (= I; ganzheitliche Betrachtung)**

  Hierunter versteht man eine Grundhaltung, die sich dadurch auszeichnet, dass sämtliche Unternehmensaktivitäten konsequent an den Anforderungen der Märkte und hier insbesondere der Kunden und Wettbewerber auszurichten sind. In diesem Wandel von einer funktionsorientierten zu einer unternehmensbezogenen Denkhaltung ist der entscheidende Unterschied zur „klassischen" Absatzwirtschaft zu sehen. Letztere verstand sich lediglich als eine betriebliche Funktion „am Ende des Fließbandes", die in der Verwertung von Sach- und Dienstleitungen auf Märkten besteht und Unternehmensfunktionen wie Beschaffung, Produktion, Finanzierung etc. unter- bzw. gleichgeordnet ist.

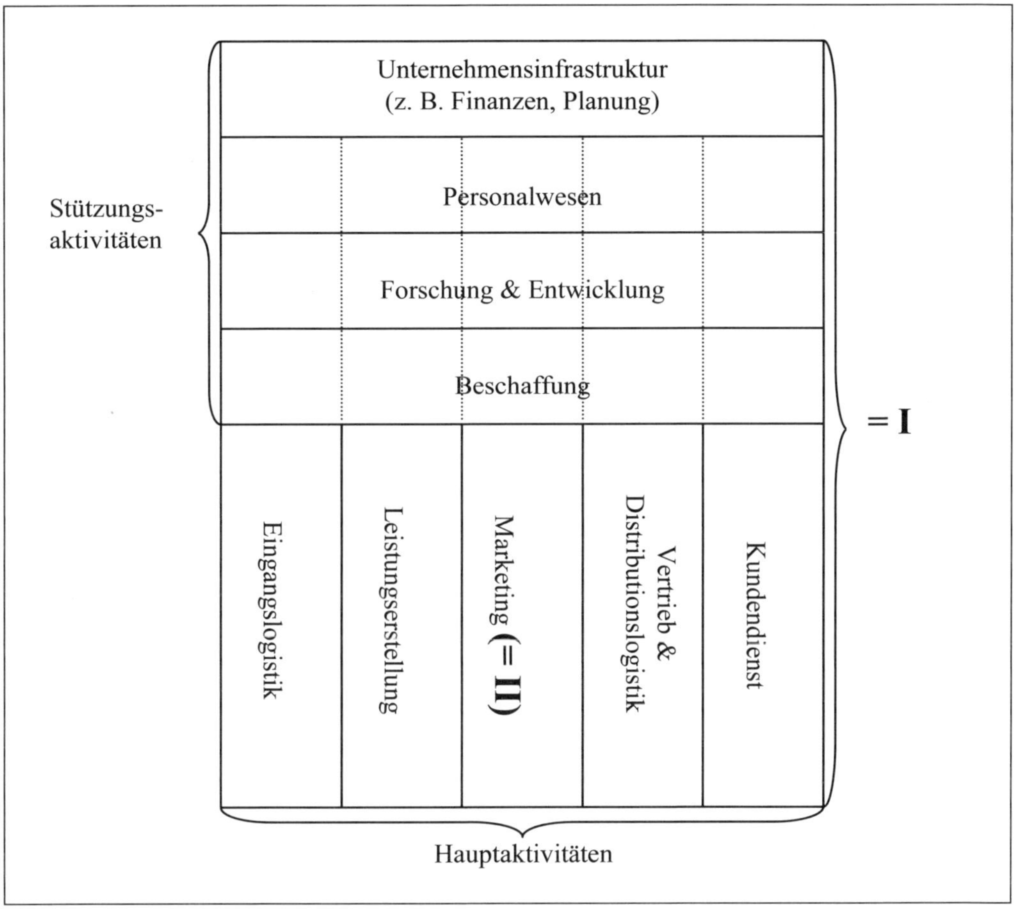

Abb. 1.3: Die Doppelfunktion des Marketing in der Wertkette (Quelle: in Anlehnung an Porter 1999b, S. 62)

Angesichts des häufig postulierten und auch kritisierten Dominanzanspruchs (vgl. *Schneider* 1983) steht Marketing nicht selten im Konflikt zu anderen Unternehmensbereichen bzw. betrieblichen Funktionen (Beschaffung, Produktion, Finanzen, Personal, F&E etc.). Zum Beispiel fordert die Marketingabteilung im Regelfall zahlreiche Produktvarianten, wohingegen die Produktionsabteilung wenige bevorzugt. Das Marketing visiert typischerweise einen möglichst hohen Marktanteil an, die Finanzabteilung hingegen einen möglichst hohen Gewinn. Und während die Marketingabteilung von F&E (= Forschung & Entwicklung) möglichst kurze Entwicklungszyklen fordert, setzt sich diese für möglichst lange Entwicklungszeiträume ein.

Des Weiteren dürfen der (fehlinterpretierte?) Dominanzanspruch des Marketing und damit die Fokussierung des Unternehmens auf den Absatzmarkt nicht darüber hinwegtäuschen, dass der Erfolg eines Unternehmens durchaus noch von anderen **Faktoren** beeinflusst wird. Dies belegen folgende **Beispiele**:

- Verschiedene Handelsunternehmen sind u. a. deshalb erfolgreich, weil sie über einzigartige Beschaffungssysteme und -quellen verfügen (z. B. *Aldi*, *Lidl*).
- Der Erfolg zahlreicher Dienstleistungsunternehmen ist auf Leistungspotenzial und Motivation der Mitarbeiter zurückzuführen (z. B. Softwareunternehmen, Unternehmensberatungen).
- Schließlich ist die Überlebensfähigkeit so manches Unternehmens auf seine Fähigkeiten auf den Kapitalmärkten zurückzuführen.

• **Marketing als Unternehmensfunktion (= II; funktionale Betrachtung)**

Dieser Bereich betrifft die konkrete Ausgestaltung der Absatzfunktion und damit die Anerkennung des Absatzes als gleichberechtigte Unternehmensfunktion. Marketing ist hier das Ergebnis des systematischen Einsatzes von Instrumenten. Dies sind im Wesentlichen die vier „P´s" (Product, Price, Place, Promotion), die explizit erstmalig von *Jeromy McCarthy* (1960) formuliert wurden. (Im Weiteren ersetzt -management den traditionell genutzten Begriff der -politik an den Stellen, wo es zweckmäßig erscheint.) Das Produktmanagement umfasst in erster Linie die Entwicklung, Veränderung und Elimination von Produkten und Dienstleistungen. Hinzu kommen die Ausgestaltung des Produktionsprogramms im Falle von Industrieunternehmen, des Angebotsprogramms bei Dienstleistungsunternehmen sowie des Sortiments bei Handelsunternehmen. Das Kontrahierungsmanagement erstreckt sich auf die Ausgestaltung von Preisen und Konditionen (etwa Rabattgewährung, Ausgestaltung von Zahlungsbedingungen, Kreditgewährung und Leasing). In den Bereich des Distributionsmanagement fallen Standort- und Absatzwegewahl, Kundenmanagement sowie Distributionslogistik. Dem Kommunikationsmanagement schließlich kommt die Aufgabe zu, die Bezugsgruppen des Unternehmens zu informieren, zu aktivieren, zu überzeugen und zum Handeln anzuregen.

Angesichts der vielfältigen Marketing-Strömungen wurden neben den klassischen vier Säulen weitere P´s formuliert, die sich in Theorie und Praxis jedoch kaum etablieren konnten. Hierzu zählen:

- Packaging (Verpackung)
- People (Personal)
- Physics
- Physical Evidence (Ladengestaltung)
- Politics (Lobbying, d. h. die Einflussnahme von Unternehmen auf die Politik)
- Position (Positionierung des Unternehmens sowie seiner Leistungen)
- Processes (Prozessmanagement)
- Public Voice (die Kommunikation in Blogs, Communities und über Multiplikatoren)

Vor dem Hintergrund der bisherigen Ausführungen lässt sich die **Philosophie des Marketing** anhand folgender **Merkmale** charakterisieren (vgl. hierzu auch *Bruhn* 2001, S. 14 – 15; *Meffert* 2000, S. 8 – 9):

- **Leitidee der Marktorientierung**
Marketing zielt darauf ab, den Bedürfnissen der Zielgruppe(n) zu entsprechen (Kundenorientierung), gegenüber der Konkurrenz Wettbewerbsvorteile zu erzielen (Wettbewerbsorientierung) und so letztlich die Ziele des Unternehmens zu erreichen. Hierfür benötigt man eine Unique Selling Proposition (= USP; Alleinstellungsmerkmal). Dabei sind im Sinne einer Stakeholder-Orientierung neben den Kunden und Wettbewerbern die Bedürfnisse sämtlicher Bezugsgruppen eines Unternehmens ins Kalkül zu ziehen. Die Aufgabe einer marktorientierten Unternehmensführung besteht darin, die Austauschbeziehungen langfristig effektiv im Sinne von Nutzen und Vorteilen für die Austauschpartner ("doing the right things") und effizient, d. h. in einem dem Wirtschaftlichkeitsprinzip entsprechenden Kosten/Nutzen-Verhältnis ("doing things right"), zu gestalten (vgl. *Klein* 2006, S. 1515).

- **Systematischer Planungs- und Entscheidungsprozess**
Im Zuge einer systematischen Entscheidungsfindung gilt es einen Planungsprozess zu entwickeln und umzusetzen, der von der Zielbildung und Informationssammlung über die Entwicklung von Strategien sowie deren operativer Umsetzung bis hin zur Kontrolle des Erfolgs reicht.

- **Koordination und Integration sämtlicher Aktivitäten**
Zum einen gilt es, die vielfältigen Instrumente des operativen Marketing harmonisch einzusetzen. Konkret sind den Abnehmern bedürfnisgerechte Leistungen (Produkte, Dienstleistungen und Ideen) anzubieten (Produkt-, Programm- bzw. Sortimentsmanagement), diese sind mit einem Preis auszustatten (Kontrahierungsmanagement), bekannt zu machen (Kommunikationsmanagement) und zu vertreiben (Distributionsmanagement). Die Abstimmung der operativen Instrumente aufeinander wird mit Marketing-Mix bezeichnet. Zum anderen müssen sämtliche involvierten Funktionsbereiche des Unternehmens durch ablauf- und aufbauorganisatorische Regelungen koordiniert werden. Auf diese Weise lassen sich Synergieeffekte realisieren bzw. Ineffizienzen abbauen.

- **Interdisziplinäre Ausrichtung**
Im Zuge einer systematischen Entscheidungsfindung bedienen sich Marketingwissenschaft und -praxis bewusst der Erkenntnisse von Nachbardisziplinen. Beispielsweise liefern Sozialpsychologie sowie Volkswirtschaftslehre wesentliche Beiträge zum Verständnis des Käuferverhaltens, die Marketing-Forschung wäre undenkbar ohne die vielfältigen analytischen Hilfsmittel der Statistik sowie Mathematik, und nahezu jede Marketingentscheidung ist in einen juristischen Rahmen eingebunden.

1.3 Erscheinungsformen des Marketing

Seit seiner Entstehung wurde der Grundgedanke des Marketing, die Kunden- bzw. Marktorientierung, vertieft und erweitert. Die Marketingphilosophie in ihrem heutigen Begriffsverständnis umfasst nicht mehr nur den Einsatz einer speziellen Technologie auf den Absatzmärkten, sondern eine Konzeption bzw. ein Konglomerat von Techniken und Maßnahmen zur Bewältigung von Engpässen. Am Ausgangspunkt dieser Überlegung steht das auf *Gutenberg* zurückgehende **Ausgleichsgesetz der Planung**, wonach diese am jeweils schwächsten Teilbereich eines Unternehmens bzw. einer Organisation (Minimum- bzw. Engpassfaktor) anzusetzen hat (vgl. hierzu *Hansen/Stauss* 1983).

Die – teilweise nicht zu Unrecht als inflationär kritisierte – Ausdehnung des Marketing-Konzepts geschieht in zwei Richtungen: Zum einen durch eine Vertiefung des Marketinggedankens (= **Deepening**) und zum anderen durch seine weiter gefasste Interpretation (= **Broadening**; vgl. *Nieschlag/Dichtl/Hörschgen* 2002, S. 4 – 11). Vor diesem Hintergrund haben sich im Zeitablauf unterschiedliche **Marketing-Strömungen** herausgebildet, die es im Folgenden vorzustellen gilt (vgl. *Braun/Mayer* 1989, S. 307 – 311):

- **Objekt, für das Marketing betrieben wird**
  Hier lassen sich Konsumgüter-, Investitionsgüter-, Dienstleistungs-, Innovations-, Technologie- und Sozio-Marketing unterscheiden. Letzteres bezieht sich auf die Erreichung gesellschaftlicher Anliegen bzw. sozialer Ziele (Gesundheitsprävention durch Vorsorgeuntersuchungen, Verzicht von Alkohol am Steuer, Abbau von Ausländerfeindlichkeit u. ä.) mit Hilfe des Marketingansatzes. Zu den Spielarten zählen Spenden-, Kultur-, Kirchen-, Stadtmarketing, Marketing für Öffentliche Betriebe sowie Parteienmarketing.
- **Geographischer Raum, in dem Marketing betrieben wird**
  Das diesbezügliche Spektrum reicht von Domestic (= Marketing auf dem Heimatmarkt) über Internationales (Auslands-, Export-) und Euro- bis hin zum Global Marketing.
- **Institution bzw. Wirtschaftsstufe, die Marketing betreibt**
  Nach diesem Kriterium lassen sich Handels-, Hersteller-, Business- (Profit-) und Non-Business- (Non-Profit-)Marketing unterscheiden. Zur letztgenannten Kategorie zählt u. a. das Marketing gemeinnütziger Organisationen (vgl. hierzu *Schneider* 1996).
- **Zeitliche Reichweite und unternehmenspolitische Wirksamkeit**
  Bezüglich dieses Kriteriums differenziert man zwischen strategischem (= langfristigem; vgl. hierzu *Aaker* 2005), taktischem (= mittelfristigem) und operativem (= kurzfristigem) Marketing. Welche Zeiträume die einzelnen Spielarten umfassen, ist u. a. von der Branche abhängig. So definiert sich langfristig in der Zementindustrie ganz anderes als in der Unterhaltungselektronikbranche.
- **Breite der Marktbearbeitung**
  Die Bandbreite reicht hier vom Massenmarketing über Individual- bis hin zum One-to-One-Marketing, bei dem für jeden Kunden ein spezifisches Marketingpaket geschnürt wird (sog. **Customizing**).
- **Art der Kontaktaufnahme zu den Abnehmern**
  Neben der unmittelbar persönlichen Kontaktaufnahme (Personal Marketing) kann diese u. a. per Werbebrief (Direct-), Fernsehen (Tele-) und Telefon (Telefonmarketing) erfolgen.
- **Primär betroffene Unternehmensfunktion**
  In diesem Kontext können Absatz-, Beschaffungs-, Finanz- und Personalmarketing angeführt werden.
- **Institutionen bzw. Personen, gegenüber denen Marketing betrieben wird**
  Hier ist das Public-Marketing hervorzuheben, bei dem sämtliche Marketing-Ziele, -aktivitäten und -leistungen auf die Bedürfnisse der Gesellschaft bzw. aller direkten sowie indirekten Austauschpartner des Unternehmens ausgerichtet werden. Inhaltliche Über-

schneidungen bestehen zum Mega-Marketing, das darauf abzielt, durch adäquate Maßnahmen bei Politikern, Behörden, Bürgerinitiativen und der breiten Öffentlichkeit einen Goodwill zu erzeugen, der den Eintritt in einen neuen Markt erleichtern soll.

- **Selbstverständnis der Marketingtreibenden**
  Zunächst sind in diesem Kontext das Generic- und Meta-Marketing zu nennen, die auf der Annahme basieren, dass sämtliche Austauschprozesse zwischen Menschen (etwa auch die Suche nach einem Lebens[abschnitts]partner) unter Marketinggesichtspunkten zu beleuchten sind. Des Weiteren hat sich das sog. Societal Marketing, d. h. die Berücksichtigung gesellschaftlicher Bedürfnisse im Rahmen von Marketing-Konzepten, herauskristallisiert. Zu dessen Spielarten gehören **Demarketing** (= Reduzierung des Konsums mittels Marketing-Instrumenten, etwa weniger Fernsehen von Kindern) und **Ökomarketing** (z. B. Verringerung der Umweltbelastung durch weniger Verpackung). Schließlich ist das interne Marketing zu nennen, das sich gleichzeitig an internen und externen Kunden orientiert.

Wie diese Beispiele zeigen, wird Marketing vielfach nicht mehr nur als Kundenorientierung im Unternehmen betrachtet, sondern eher als eine Technik zur Interaktion, was zu einem generischen, d. h. umfassenderen Begriffsverständnis führt. Das **Generic Concept of Marketing** wurde erstmalig von *Kotler* (1972) formuliert und schließt sämtliche Austauschprozesse ein, die dazu dienen sollen, Bedürfnisse und Wünsche von Menschen zu erfüllen.

Philip Kotler

Philip Kotler (* 27. Mai 1931 in Chicago) ist ein amerikanischer Management- und Marketingforscher. Er ist Professor of International Marketing an der Kellogg School of Management, Northwestern University. Von der *Financial Times* wurde er als viertgrößter Managementdenker aller Zeiten gelistet (nach *Jack Welch*, *Bill Gates* und *Peter Drucker*). Auch in Europa und Deutschland genießt *Porter* großes Ansehen. Seine Publikation „Marketing Management", eine umfassende Gesamtdarstellung für Theorie und Praxis, zählt zur Standardliteratur im Bereich Marketing. Symptomatisch für sein Verständnis von Marketing ist folgendes Zitat: "Marketing is not the art of finding clever ways to dispose of what you make. It is the art of creating genuine customer value."

Quelle: *http://de.wikipedia.org/wiki/Philip_Kotler*; Stand: 25.08.2007, 16:33 Uhr.

Die Überlegung, Marketing als universelles Konzept zur Steuerung von Austauschbeziehungen zu betrachten, stieß auf heftige **Kritik**, die im Wesentlichen in dem Vorwurf bestand, zu dominant und allumfassend sein zu wollen, damit an Präzision zu verlieren und somit letztlich auch den Aussagegehalt des ursprünglichen Prinzips zu verwässern. Trotz dieser Vorwürfe besteht der Verdienst der Auffassung von *Kotler* darin, den Marketing-Ansatz den Erfordernissen einer modernen Gesellschaft anzupassen, in der:

- Unternehmen zunehmend soziale und ökologische Verantwortung übernehmen (müssen),
- der Mitarbeiter eine wenn nicht die zentrale Ressource im Unternehmen darstellt und
- auch nicht-kommerzielle Einrichtungen gezwungen werden, marktorientiert zu agieren (vgl. *Uhr/Müller* 1998).

1.4 Aufbau einer Marketing-Konzeption

In Abb. 1.4 ist der idealtypische Aufbau einer Marketingkonzeption aufgeführt, an dem sich auch der weitere Aufbau des Buches ausrichtet.

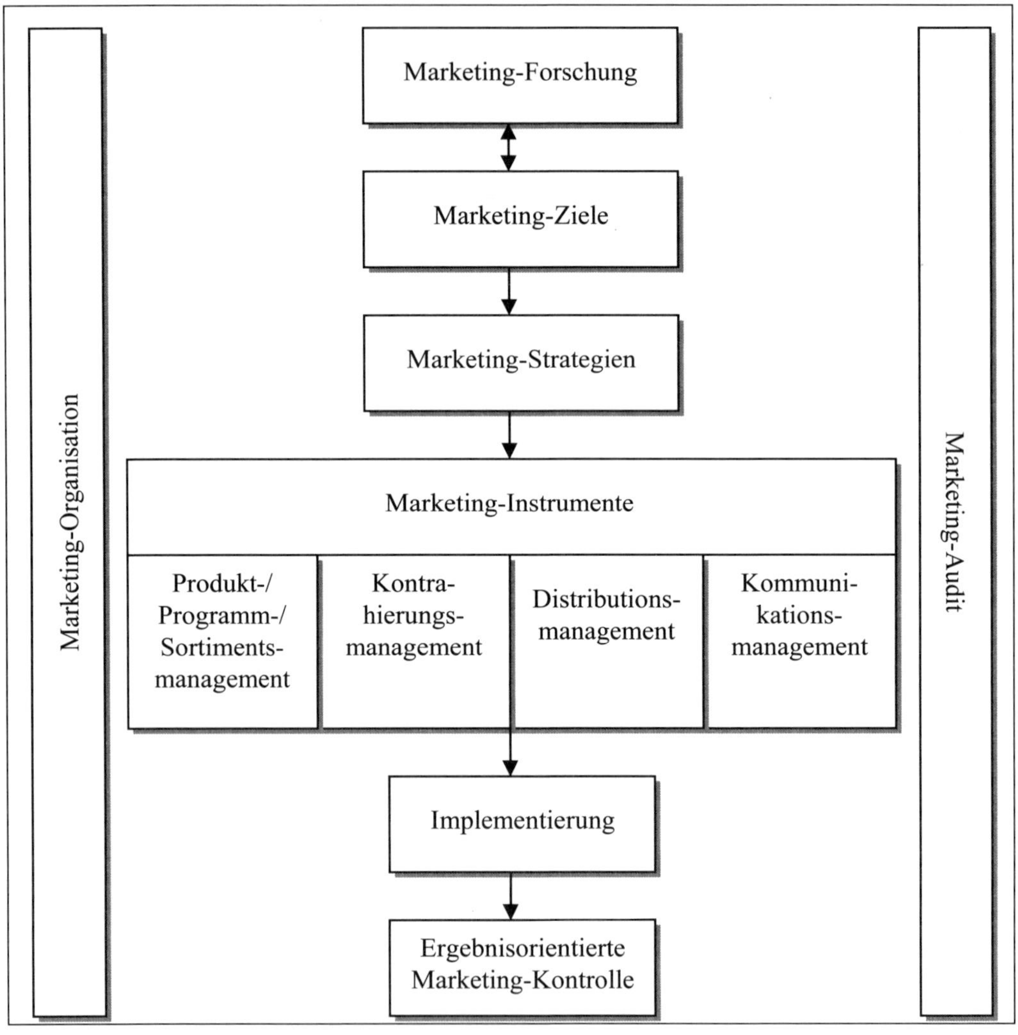

Abb. 1.4: Die Bausteine einer Marketingkonzeption

Im Zuge der **Marketing-Forschung** gilt es zunächst, die Umweltsituation, zu der u. a. das Verhalten der Käufer zählt (diesem werden aufgrund seiner Bedeutung separate Kapitel gewidmet), sowie die Unternehmenssituation zu analysieren und diesbezügliche Entwicklungen zu prognostizieren. Konkret werden in dieser Phase **Chancen/Risiken-Analysen** und **Stärken/Schwächen-Analysen** durchgeführt, verzahnt und verdichtet.

Daran schließt sich der **Zielbildungsprozess** an, der in der Regel durch diverse Rückkopplungsprozesse mit der Marketing-Forschung gekennzeichnet ist. Bei Marketing-Zielen handelt es sich um anzustrebende Sollzustände in der Zukunft, die auf der inhaltlichen Ebene mittels **Marketing-Strategien** sowie deren operativer Umsetzung in marktgerichtete, strategiekonforme Maßnahmenbündel (sog. **Marketing-Mix**: Produkt-, Programm bzw. Sortiments-, Kontrahierungs-, Distributions- und Kommunikationsmanagement bzw. -politik) angesteuert werden. Vereinfacht ausgedrückt geben Marketing-Ziele den Wunschort (Was bzw. Wohin?), Marketing-Strategien die Route (Wie?) und der Marketing-Mix das jeweilige Beförderungsmittel (Mit Was?) vor (vgl. *Becker* 1993, S. 74).

Flankierend zur inhaltlichen Ebene gilt es, die Marketing-Konzeption durch **aufbau- und ablauforganisatorische Regelungen** formal abzusichern. Außerdem muss der Planungs- und Implementierungsprozess durch Controllingprozesse begleitet werden. Hierbei ist zum einen zu prüfen, inwieweit die anvisierten Ziele durch die eingeleiteten Maßnahmen erreicht wurden (sog. **ergebnisorientierte Marketing-Kontrolle**). Zum anderen muss im Sinne einer prozessbegleitenden Kontrolle überwacht werden, inwieweit Anpassungen des Planungs- und Implementierungsprozesses erforderlich sind (= **Marketing-Audit**).

1.5 Marketing-Ethik

In den folgenden Abschnitten befassen wir uns mit den vielfältigen Möglichkeiten, die Marketing bietet. Damit stellt sich unweigerlich die Frage, ob alles, was möglich ist, auch moralisch vertretbar ist. Dieser Frage widmet sich die Marketing-Ethik (vgl. im Folgenden *Hansen* 2001, S. 970 – 972; *Nieschlag/Dichtl/Hörschgen* 2002, S. 48 – 61).

Ethik bezeichnet die Lehre von den **Normen menschlichen Handelns** und deren **Rechtfertigung**. Die Marketing-Ethik ihrerseits befasst sich in ihrem Kernbereich mit den Ansprüchen sämtlicher Marktpartner eines Unternehmens im Zusammenhang mit dessen Leistungsangebot (sog. **Mikro-Umwelt**) sowie den Ansprüchen weiterer gesellschaftlicher Gruppen, die von den Konsequenzen dieses Leistungsangebots betroffen sind (sog. **Makro-Umwelt**; vgl. zur Umwelt des Unternehmens Abschnitt 4.2). Sie regelt damit das marketingspezifische Verhalten im rechtsfreien Raum, der jenseits schriftlich fixierter Rechtsnormen sowie Gewohnheits- und Naturrecht liegt (vgl. zum Themenkomplex Marketing-Recht *Eisenmann/Reuthal* 1998).

Grundsätzlich lassen sich Gesinnungs- und Erfolgsethik unterscheiden. Im Rahmen der **Gesinnungsethik** wird die einem Verhalten zugrunde liegende Gesinnung bewertet. Die **Erfolgsethik** hingegen lässt Einstellungen und Motive außen vor, sondern beurteilt Verhalten ausschließlich anhand der Folgen für die Gesellschaft.

Dass Verhalten unter gesinnungs- und erfolgsethischen Gesichtspunkten geradezu entgegengesetzt beurteilt werden muss, wird am Bespiel einer Public-Relations-Agentur deutlich (vgl.

hierzu *Nieschlag/Dichtl/Hörschgen* 2002, S. 49 – 50). Diese beriet lange Jahre die Zigarettenindustrie und erwarb dort umfangreiche Branchenkenntnisse, bewarb sich dann aber mit Erfolg um den Auftrag für eine Anti-Raucher-Kampagne, der mit einem stattlichen Etat versehen war. Der Wechsel ins feindliche Lager ist angesichts der Folgen des Rauchens für die Gesellschaft und damit unter erfolgsethischen Gesichtspunkten zu befürworten, muss jedoch unter gesinnungsethischen Gesichtspunkten unzweifelhaft als verwerflich eingestuft werden.

Ungeachtet solcher Dilemmata lassen sich aus der Perspektive des Marketing folgende **Fallgruppen ethisch fragwürdigen Verhaltens** identifizieren:

- **Unterlassung von Innovation bzw. Produktverbesserungen**, da diese z. B. den Ersatzbedarf reduzieren würden oder die bisherigen Maschinen noch nicht voll abgeschrieben sind
- **Belieferung problematischer Abnehmer** (etwa totalitärer bzw. pseudodemokratischer Staaten mit Waffen oder "Dual Use"-Produkten wie Transportmitteln, Kommunikationstechnologie, optischen Geräten und Medikamenten)
- **Wahrnehmung von Marktchancen unter Einsatz bedenklicher Mittel** (z. B. Korruption, irreführende oder sittenwidrige Werbung, bewusste Ansprache gefährdeter Zielgruppen [etwa Jugendliche, sozial Schwache, Verbraucher mit geringem Bildungsniveau], Obsoleszenzstrategien zur künstlichen Veralterung von Produkten durch bewusste technische oder psychologische Veralterung [= Planned Obsolescence] bzw. Sollbruchstellen [= Built-in Obsolescence], Unterlassung von Rückrufaktionen aufgrund von Kosten/Nutzen-Analysen).
- **Bereitstellung und Verkauf bedenklicher Erzeugnisse** (z. B. Produkte, die gesundheitsschädlich, umweltbelastend bzw. ökologiefeindlich sind oder Tiere [etwa bei Tierversuchen, im Falle von Stallmast und Käfighaltung] bzw. Menschen [etwa beim Bezug von Waren aus der Zweiten und Dritten Welt] ausnützen)

Fallstudie „Marketing-Ethik" (1) – das *Fairtrade*-Gütesiegel

Die mit dem *Fairtrade*-Siegel gekennzeichneten Produkte garantieren den Produzenten in den Ursprungsländern faire Preise und zielen gleichzeitig auf nachhaltigen Anbau ab. Die *Fairtrade*-Organisation verfügt über Niederlassungen in 22 Ländern. Spitzenreiter der fair gehandelten Produkte sind Kaffee und Bananen, in deutlichem Abstand gefolgt von Süßwaren (etwa Schokolade), Blumen und Orangensaft.

In Deutschland stützt sich der Absatz der *Fairtraide*-Produkte auf rund 5 Mio. Stammkäufer und 11 Mio. gelegentliche Käufer mit zunehmender Tendenz. Zur steigenden Zahl der *Fairtrade*-Kunden tragen u. a. die Listung bei großen Handelsunternehmen (etwa *Lidl*) sowie Großabnehmern wie Fluggesellschaften (etwa *Air Berlin*) bei.

Quelle: *o. V.*: Deutschland spielt bei den fair gehandelten Produkten in der Top-Liga, in: LebensmittelZeitung, Nr. 13 vom 30.03.2007d, S. 17.

Ihren Niederschlag findet die Marketing-Ethik auf der **institutionellen Ebene** u. a. in:

- Verhaltenskodizes, die jedoch häufig unverbindlich bleiben und selten mit ausreichenden Sanktionsmöglichkeiten ausgestattet sind
- Gesellschaftsbezogener Rechnungslegung (etwa Sozialbilanzen)
- Verbraucherabteilungen und Verbraucherbeiräten bzw. Händlerbeiräten
- Schiedsstellen und Berufung sog. Ombudsmen, deren Anliegen es ist, Konflikte zwischen Anbieter und Nachfrager ohne die Bemühung der Gerichte zu lösen bzw. zu entschärfen.

Des Weiteren bietet sich Unternehmen die Möglichkeit, den Handlungsspielraum in ethisch bedenklichen Bereichen durch **freiwillige Selbstbeschränkungen** einzugrenzen. Ein Beispiel hierfür sind die sog. **Robinsonlisten**, welche seit 1971 existieren und die Kontaktdaten von Personen enthalten, die keine unaufgeforderte Werbung erhalten wollen. Der Name „Robinsonliste“ wurde in Anlehnung an die Geschichte der von *Daniel Defoe* geschaffenen Romanfigur des *Robinson Crusoe* gewählt, der viele Jahre ohne Verbindung zur Außenwelt einsam auf einer abgelegenen Insel verbrachte.

Solche Listen existieren für Briefpost, E-Mail, SMS, Telefon und Telefax. Branchenverbände der Direktmarketing-Unternehmen sowie des Verbraucherschutzes führen diese Listen. Die in diesen Branchenverbänden organisierten Direktmarketing-Unternehmen verpflichten sich, dem Wunsch der registrierten Verbraucher nach Werbefreiheit nachzukommen und in keiner Form kommerziell Kontakt zu ihnen aufzunehmen. Der Eintrag in die Robinsonlisten ist grundsätzlich kostenlos.

Seit dem 1. Oktober 2005 haben Verbraucher die Wahl: Sie können entweder weiterhin die Option „keine Werbung“ wählen oder ihren Eintrag anhand von 13 Kategorien (Banken, Versicherungen; Münzen, Briefmarken, sonstige Sammelartikel; Auto und Zubehör; Bücher und Musik; Touristik; Gesundheit, Nahrungsergänzung, Pflegeprodukte; Mode und Accessoires; Essen und Trinken; Kommunikation, Telefon, Computer und Internet; Horoskope, Glückszahlen, Esoterik; Lotterien, Lotto, Toto usw.; Zeitungen/Zeitschriften) spezifizieren, also nur bestimmte Produkt- und Themenkreise auswählen, über die sie keinesfalls informiert werden wollen:

Schließlich setzt sich bei immer mehr Marketingtreibenden die Erkenntnis durch, dass Unternehmen langfristig nur dann erfolgreich sein werden, wenn sie die Beziehungen zu ihren Stakeholders (etwa Mitarbeiter, Gewerkschaften, Franchisenehmer, Kunden, Öffentlichkeit, Staat) überdenken sowie gegebenenfalls neu gestalten und sich damit letztlich ethisch verhalten. Eine ausschließliche Shareholder-Value-Politik (vgl. hierzu *Rappaport* 1999) hingegen, bei der sämtliche Aktivitäten am (kurzfristigen) Wert des Unternehmens ausgerichtet sind, untergräbt jede stabile Beziehung zu den Kunden sowie den anderen Beziehungspartnern der Unternehmen (vgl. hierzu im Folgenden *Freimüller* 2001, S. 1597; *Küting/Lorson* 1999, S. 28). Steht nämlich lediglich der kurzfristige Unternehmenserfolg im Vordergrund, wird die von zahlreichen Unternehmen propagierte Idee eines zur langfristigen Verantwortung fähigen Unternehmens mittel- bis langfristig degenerieren.

Der Begriff "Stakeholder" charakterisiert die Personen oder Gruppen, welche Ansprüche an oder Eingriffsmöglichkeiten in ein Unternehmen haben und die deshalb als relevant einzustufen sind. Im Gegensatz zum Shareholder-Value-Ansatz, aus dessen Perspektive die Aktionäre die einzige Anspruchsgruppe eines Unternehmens bilden, berücksichtigt der **Stakeholder-Value-Ansatz** neben den Anteilseignern sämtliche Anspruchsgruppen, nämlich Mitarbeiter, Gewerkschaften, Franchisenehmer, Kunden, Öffentlichkeit, Staat u. ä.. Charakteristisch für den Stakeholder-Value-Ansatz ist sein Zielpluralismus. Er verabschiedet sich demnach von der Eindimensionalität des Shareholder-Value-Ansatzes und kann als dessen Weiterentwicklung gesehen werden.

Ziel des Stakeholder-Value-Ansatzes ist in erster Linie eine langfristige Unternehmensentwicklung. Die Unternehmenspolitik zielt damit insbesondere darauf ab, neue Erfolgspotenziale zu identifizieren und zu nutzen. Entsprechend wird dieser Ansatz als entwicklungsorientierte oder progressive Unternehmenspolitik bezeichnet, die das langfristige Überleben eines Unternehmens sichern soll.

Kritiker des Stakeholder-Value-Ansatzes verweisen auf folgende Punkte:

- Es ist fraglich, ob sich die Vorstellung einer gleichzeitigen und möglichst gleichwertigen Berücksichtigung der Ziele sämtlicher Anspruchsgruppen in einer marktwirtschaftlich orientierten Wirtschaftsordnung erfolgreich durchsetzen lässt.
- Bislang ist weitgehend ungeklärt, wie sich die heterogenen, zum Teil auch divergierenden Zielvorstellungen der einzelnen Anspruchsgruppen zu einem messbaren Stakeholder-Value zusammenfassen lassen können.
- Aufgrund der sich permanent wandelnden Engpässe erlangen die Ziele der Stakeholder nur in Ausnahmefällen einen gleichrangigen Stellenwert. Die Unternehmensführung wird sich immer an der Anspruchsgruppe ausrichten, die über eine Ressource verfügt, welche für die Zielerreichung einen kritischen Erfolgsfaktor darstellt.
- Die Ansprüche sämtlicher Stakeholder lassen sich nur dann befriedigen, wenn vorher ein Wert für die Anteilseigner geschaffen wurde und damit ein solider Ressourcenbestand vorhanden ist.

Trotz der angeführten Kritikpunkte macht der Stakeholder-Value-Ansatz deutlich, dass einem im Blickpunkt der Öffentlichkeit stehenden Unternehmen langfristig nur dann Erfolg beschieden sein dürfte, wenn es sich aus Sicht seiner unterschiedlichen Anspruchsgruppen ethisch verhält.

Fallstudie „Marketing-Ethik" (2) – die freiwillige Selbstverpflichtung von *Jägermeister*

„*Jägermeister* meint es ernst – verantwortungsvoller Genuss von Alkohol ab 18!

Als Hersteller eines alkoholhaltigen Getränks ist sich *Jägermeister* seiner gesellschaftlichen Verantwortung bewusst und tritt bei allen Aktivitäten für einen verantwortungsbewussten Umgang mit Alkohol ein.

Voraussetzung für jegliche Kommunikation von *Jägermeister* ist neben der selbstverständlichen Einhaltung der gesetzlichen Bestimmungen auch die lückenlose Beachtung und Umsetzung der „Verhaltensregeln des Deutschen Werberats über die kommerzielle Kommunikation für alkoholhaltige Getränke".

Mit unseren Marketing-Maßnahmen möchten wir ausschließlich den verantwortungsvollen Genuss von *Jägermeister* fördern. So soll unsere Markenkommunikation nur aufgeklärte Erwachsene ansprechen. Um sicher zu gehen, dass unsere Marken-Botschaften keine Minderjährigen erreichen, haben wir unsere Kommunikation mit folgenden Maßnahmen gestärkt:

- spezielle und regelmäßige Schulungen aller Mitarbeiter
- keine Ausgabe von *Jägermeister* und Werbematerialen an Minderjährige und angetrunkene Personen
- Ausweiskontrolle
- deutlich sichtbare Schilder an Promotionständen mit Hinweis, dass *Jägermeister* nur an Erwachsene ausgeschenkt wird
- unverzügliche personelle Konsequenzen bei Verstößen durch verantwortliche Mitarbeiter
- kein Einlass von Minderjährigen bei *Jägermeister*-Veranstaltungen durch vertraglich festgelegte Verpflichtung der Veranstaltungspartner
- keine Darsteller unter 25 Jahren in der gesamten Kommunikation
- keine Ausstrahlung von Werbung auf jugendaffinen TV-Sendern."

Quelle: http://www. jaegermeister.de; Stand: 28.07.2007, 12:30 Uhr.

Fallstudie „Marketing-Ethik" (3) – Mattel und der „schwule" *Ken*

Der Spielwarenhersteller *Matell* präsentierte 1993 „Ken mit dem magischen Ohrring", oder den „neuen *Ken*", wie die Figur allgemein bezeichnet wurde. Der Freund von *Barbie* trug ein Netzhemd, eine rote Lederweste und einen Ring im linken Ohr. *Mattel* hatte im Vorfeld eine Umfrage unter Mädchen durchgeführt, derzufolge die Mädchen wollten, dass *Ken* cooler aussehen sollte. Der neue *Ken* war allerdings ziemlich schnell als „schwuler *Ken*" verschrien. Sogar Talkmaster *Jay Leno* sah in der Puppe ein Symbol für den Wandel von Geschlechteridentitäten und Werten. Als Reaktion stellte *Mattel* – das Unternehmen betrachtet *Ken* und *Barbie* als Symbole zentraler gesellschaftlicher Werte – die Produktion der Puppe ein und rief so viele Modelle wie möglich zurück.

Quelle: *Redl, R.:* Marketing-Flops, auf: http://leuropa.eu/Marketing; Stand: 06.05.2007.

Fallstudie „Marketing-Ethik" (4) – absurde Warnhinweise als Instrument zum Schutz vor Verbraucherklagen

„Nicht bügeln, wenn Sie das Hemd tragen" (Warnhinweise eines Herstellers von Bügelapplikationen auf seinen Produkten)

„Keine Kinder in die Packtasche setzen" (Hinweis auf einem zusammenklappbaren Kinderwagen, an dem eine kleine Tasche befestigt ist)

„Schutzbrille empfohlen" (Warnhinweis eines Herstellers von Brieföffnern)

„Dieser Stift mit unsichtbarerer Tinte sollte nicht zum Unterschreiben von Schecks oder juristischen Dokumenten benutzt werden." (Warnhinweise des Schreibgeräteherstellers)

2 Konsumentenverhalten

Dieses Kapitel vermittelt,:

- was man unter Konsumentenverhalten versteht,
- welche Typen von Kaufentscheidungen sich identifizieren lassen,
- wie sich Konsumentenverhalten theoretisch erklären lässt,
- welche Faktoren das Konsumentenverhalten beeinflussen und
- welche aktuellen Entwicklungen im Konsumentenverhalten zu beobachten sind.

2.1 Begriff und Fragestellungen

Unter Konsumentenverhalten versteht man die Vorgänge bei der Auswahl, dem Kauf, dem Ge- bzw. Verbrauch sowie (gegebenenfalls) der Entsorgung von Produkten und Dienstleistungen zur Befriedigung von eigenen (= originärer Bedarf) oder fremden Bedürfnissen (= abgeleiteter Bedarf). Bezüglich des Konsumentenverhaltens lassen sich **zwei unterschiedlich weite Begriffsauffassungen** identifizieren (vgl. hierzu *Kroeber-Riel/Weinberg* 1999, S. 3). Konsumentenverhalten im engeren Sinne versteht sich als das Verhalten von Menschen beim Kauf und Konsum von wirtschaftlichen Gütern. In einem weiteren Begriffsverständnis, das den Konzepten des Generic- und Meta-Marketing (vgl. hierzu Abschnitt 1.3) entspringt, definiert sich Konsumentenverhalten als das Verhalten der Endverbraucher von materiellen und immateriellen Gütern. Konsequenterweise zählen hier Patienten, Wähler, Museumsbesucher, Kirchgänger, Spender usw. zur Spezies der Konsumenten.

Der Fokus der weiteren Ausführungen liegt auf dem **Konsumentenverhalten im engeren Sinne** (vgl. im Folgenden *Kroeber-Riel/Weinberg* 1999; *Bänsch* 1998b; *Rosenstiel/Neumann* 1991; *Trommsdorff* 1998). Dabei gilt es ins Kalkül zu ziehen, dass **Käufer** und **Verbraucher** (beide Begriffe werden im Folgenden aus Vereinfachungsgründen synonym verwendet) nicht unbedingt identisch sein müssen. Man denke in diesem Zusammenhang an den Erwerb von Geschenken, Babywindeln und Krawatten. Letztere werden noch immer in rund 70 % der Fälle von Frauen (= Käufer) für ihre männlichen Partner (= Verbraucher) erworben. Vor diesem Hintergrund muss das Verhalten des Konsumenten in sämtlichen Phasen des Kaufprozesses und damit in der Vorkauf-, Kauf- sowie Nachkaufphase beleuchtet werden (vgl. im Folgenden *Meffert* 1992, S. 43 – 45).

Aus Tab. 2.1 wird ersichtlich, dass sowohl Privatpersonen (B2C = Business to Consumer) als auch Organisationen (B2B = Business to Business sowie B2G = Business to Government) Kaufentscheidungen fällen. Diese können in beiden Fällen entweder von einer oder von mehreren Person/en getroffen werden. Im Folgenden beschäftigen wir uns zunächst mit dem Kaufverhalten von Privatpersonen. Kapitel 3 ist dem Beschaffungsverhalten von Organisationen gewidmet.

Tab. 2.1: Grundtypen von Kaufentscheidungen – differenziert nach Art des Käufers und Anzahl der Entscheider

Anzahl der Entscheider / Käufer	Eine Person	Mehrere Personen
Privatperson	Individuelle Kaufentscheidungen von Privatpersonen (Konsumentenentscheidungen)	Kaufentscheidungen von privaten Haushalten und Gruppen (Familien- und Gruppenentscheidungen)
Organisation	Individuelle Kaufentscheidungen in Organisationen (Entscheidung des Einkäufers)	Kollektive Kaufentscheidungen in Organisationen (Entscheidungen des Buying-Centers)

Die Vorkaufphase beginnt idealtypisch mit der Erkennung eines Bedürfnisses bzw. eines Problems durch den Konsumenten, reicht über die Informationssuche bis hin zur Evaluierung und Auswahl von Produkt- bzw. Dienstleistungsoptionen. Bezüglich der **Vorkaufphase** gilt es aus Sicht des Anbieters u. a. folgende Fragestellungen zu klären:

- Welche Bedürfnisse hat der Konsument (Sicherheit, Prestige, Selbstverwirklichung, Sparen usw.)?
- Lässt er sich einer bestimmten Zielgruppe zuordnen?
- Handelt es sich eher um einen Meinungsführer oder um einen Nachahmer?
- Wo und auf welche Weise werden Kaufanregungen aufgenommen?
- Welche Medien nutzt bzw. bevorzugt der Konsument?
- Und welche Glaubwürdigkeit misst er den einzelnen Medien zu?

Die Kaufphase ist gekennzeichnet durch die Kaufentscheidung an sich und die Abwicklung des Kaufs. Bezüglich der **Kaufphase** interessieren u. a. folgende Aspekte:

- In welchen Betriebstypen kaufen Kunden? Und wo befinden sich die präferierten Geschäfte in Bezug auf Wohnort bzw. Arbeitsplatz?
- Auf welche Weise wird der Weg zum bevorzugten Geschäft zurückgelegt?
- Wie verhalten sich die Kunden vor und im Geschäft? Wie lange halten sie sich dort jeweils auf?
- Welche Wege bevorzugen sie im Geschäft?

- Wie entnehmen sie die Waren dem Regal?
- Wann kaufen die Konsumenten (Jahreszeit, Monat, Wochentag, Stunde)?
- Steht der Einkauf in einem Zusammenhang mit bestimmten Anlässen, Festen, Feiertagen, Veranstaltungen usw. (etwa Champagner zum Jahreswechsel, Blumen am Muttertag, Geschenke am Valentinstag, Kostüme an Halloween)?
- Wie oft und in welchen Abständen kaufen die Konsumenten (periodisch, aperiodisch)?
- In welchen Einheiten, Mengen, Größen werden die Produkte erworben?
- Welche Preislage, Qualität, Verpackung usw. präferieren sie?
- Mit welchen anderen Gütern zusammen erfolgt der Einkauf?
- Werden auch noch Konkurrenzprodukte bezogen und, falls ja, welche?
- Wie hoch ist der durchschnittliche Einkaufsbetrag?
- Wird bar bezahlt oder auf Kredit gekauft?
- Wer trifft die Wahl? Handelt es sich um einen Individual- oder um einen Kollektivkauf?
- Handelt es sich um einen geplanten oder um einen spontanen Kauf?
- Werden die Produkte vom Kunden abgeholt oder vom Anbieter geliefert?
- Installiert bzw. baut der Kunde die Produkte selbst auf, oder wird diese Aufgabe vom Anbieter übernommen?

Im Rahmen der Nachkaufphase schließlich nutzt bzw. verbraucht der Kunde das Produkt bzw. die Dienstleistung. Hierbei bewertet er u. a. die bis dahin erhaltenen Leistungen bzw. gemachten Erfahrungen, was für das weitere Bestehen der Kundenbeziehung von zentraler Bedeutung ist. Im letzten Schritt entscheidet der Konsument über die Entsorgung bzw. Rückgabe des Produkts. Bezüglich der **Nachkaufphase** stellen sich u. a. folgende Fragen:

- Sind Käufer und Verbraucher identisch?
- Wer benutzt das Gut? Wird das Gut von einer oder mehreren Personen ge- bzw. verbraucht?
- Benötigt der Kunde zusätzliche Produkte bzw. Dienstleitungen?
- Ist der Kunde mit seinem Kauf zufrieden? Entstehen Nachkaufdissonanzen?
- Gibt es Anlass für Reklamationen und Beschwerden? Wie geht der Konsument damit um? Und wie zufrieden ist er gegebenenfalls mit dem Ergebnis seiner Bemühungen?
- Betreibt der Konsument positive oder negative Mund-zu-Mund-Werbung?
- Auf welchem Weg entsorgt der Verbraucher das Produkt? Erwirbt er das geleaste Produkt, oder gibt er es zurück? Und ergeben sich hieraus Ansatzpunkte für den Erwerb neuer Produkte?

Im Folgenden verabschieden wir uns bewusst von dem in der klassischen Ökonomie vorherrschenden und für Marketingzwecke wenig zweckdienlichen Bild vom **Homo oeconomicus**, der sich durch folgende (realitätsferne) Eigenschaften auszeichnet:

- Völlig zweckrationales Handeln
- Gewinn- und Nutzenmaximierung

- Vollkommene Markttransparenz und Informiertheit
- Unendliche Reaktionsgeschwindigkeit und damit sofortige Anpassung an Datenänderungen

Erst durch die Ablehnung des Konstrukts vom Homo oeconomicus lässt sich beispielsweise erklären,

- warum auf dem Zigarettenmarkt, dessen Produkte alle rationalen Menschen aufgrund der Wahrscheinlichkeit von Lungenkarzinomen als Folge des Rauchens ablehnen müssten, überhaupt Produkte nachgefragt und konsumiert werden und
- einige dieser Marken bei weitgehend identischen Preisen Marktanteile gewinnen und andere verlieren, obwohl Blindtests immer wieder belegen, dass Konsumenten allenfalls zwischen Full Flavor und light, nicht aber zwischen einzelnen Marken unterscheiden können.

Die einzige Erklärung für solche Unterschiede liegt in der Unterschiedlichkeit von Konsumenten und damit der Existenz von Segmenten. Gäbe es nämlich einen Homo oeconomicus, müssten bei gleicher realer Produktqualität und gleichen Preisen die Marktanteile als Folge einer Zufallsauswahl in etwa gleichverteilt sein. Im Falle einer Preisunterbietung hingegen müsste eine Marke sämtliche Marktanteile gewinnen, was in der Realität jedoch nicht zu beobachten ist (vgl. *Sabel* 1998, S. 17f.).

Fallstudie „Behavioral Economics und Neuroökonomie" – das Ende des Homo-oeconomicus-Kalküls?

Was beeinflusst menschliches Verhalten? Ökonomen vertraten lange Zeit die Ansicht, der Mensch strebe nach dem absoluten Maximum. Doch Verhaltensforscher, die den Forschungszweig der **Behavioral Economics** vorantreiben, verabschieden sich zunehmend vom Idealbild des **Homo oeconomicus**, der stets rational und egoistisch agiert und auch kurzfristig seinen Nutzen maximiert.

Auf der Suche nach dem, was sich tatsächlich im Kopf von Konsumenten abspielt, liefert ihnen die Neuroökonomie wichtige Erkenntnisse. Mittels der **funktionellen Magnetresonanztomographie (fMRT)** lässt sich beispielsweise nachweisen, welche neurophysiologischen Prozesse belohnende Anreize im Gehirn auslösen. Wichtige Strukturen des Belohnungssystems liegen im Mittelhirn, in den Basalganglien und im basalen Vorderhirn.

Der reine, schlichte Homo oeconomicus würde sich ausschließlich darauf konzentrieren, dass er für eine bestimmte Leistung möglichst wenig bezahlt bzw. für ein bestimmtes Budget eine maximale Leistung erhält. Für ihn wäre der Vergleich mit anderen Konsumenten konsequenterweise irrelevant. Die fMRT dürfte also keinen Unterschied in der Aktivierung zeigen, wenn der Proband Informationen über Preise und erhaltene Leistungen anderer Verbraucher erhält bzw. sich deren Preis/Leistungsverhältnis ändert. Spielen hingegen soziale Vergleiche eine Rolle, müsste das Belohnungssystem umso stärker aktiviert werden, je geringer der Preis bzw. je höher die Leistung in Relation zu anderen Konsumenten ausfällt.

Befunde der Neuroökonomie deuten an, dass die Entscheidungen von Konsumenten neben dem rein ökonomischen Kalkül auch von Motiven wie Missgunst, Neid, Fairness sowie von der Erwartung eines gerechten Verhältnisses zwischen Leistung und Gegenleistung (Reziprozität) beeinflusst werden. Vor diesem Hintergrund gewinnen die **Theorien des interpersonellen Gleichgewichts** (vgl. Abschnitt 2.3.2) in jüngerer Zeit an Beachtung. Die fMRT und damit die Neuroökonomie besitzen hierbei den Vorteil, die unmittelbaren und völlig unverstellten hirnphysiologischen Reaktionen zu ermitteln. Demnach bietet die neuroökonomische Forschung die Chance, ein realistischeres Bild der menschlichen Motivation zu zeichnen und damit eine bessere Prognose des menschlichen Handelns zu treffen, als es beispielsweise mittels Befragungen möglich ist.

Quelle: *Fickinger, N./Horn, K.*: Das Gehirn entscheidet anders, in: Frankfurter Allgemeine Zeitung, Nr. 244 vom 20.10.2007, S. 13.

2.2 Typen individueller und kollektiver Kaufentscheidungen

Nach dem **Grad der kognitiven Beteiligung** der Verbrauchers lassen sich **vier Arten von Kaufentscheidungen** differenzieren (vgl. im Folgenden Abb. 2.1 sowie *Kroeber-Riel/Weinberg* 1999; *Kuß/Tomczak* 2000; *Payne/Bettman/Johnson* 1993; zu den unterschiedlichen Verhaltenstypologien siehe *Kuß* 2000, S. 745, sowie *Weinberg* 1981, S. 12 f.):

- **Extensive („echte") Kaufentscheidungen**, für die stellvertretend der Erwerb eines Hauses angeführt werden kann, zeichnen sich durch eine hohe kognitive Steuerung sowie große Bedeutung und Neuartigkeit des Kaufs aus. Im Regelfall werden dabei folgende **Phasen** durchlaufen:
  - Anregungsphase, in der das Bedürfnis entsteht, ein Produkt bzw. eine Dienstleistung zu erwerben
  - Suchphase, in welcher der Verbraucher nach Optionen Ausschau hält
  - Bewertungs- und Auswahlphase, an deren Ende die Entscheidung für eine Option steht
  - Kaufaktphase, in der das Produkt bzw. die Dienstleistung erworben wird
  - Nachkaufphase, welche den Ge- bzw. Verbrauch und gegebenenfalls die Rückgabe bzw. Entsorgung der Leistung umfasst

  Folgende Beispiele zählen zum Typus extensiver Kaufentscheidungen (vgl. hierzu sowie zu den folgenden Beispielen *Wöhe* 1996, S. 218 f.):
  - Im zehnten Juweliergeschäft findet ein Brautpaar endlich die Trauringe, die ihm am besten gefallen.
  - Nach umfangreichen Recherchen im Internet, langer Prüfung mehrerer Angebote und intensiver Lektüre einer Verbraucherzeitschrift schließt Herr *Wolf* eine Lebensversicherung bei der *Securitas AG* ab.
- **Limitierte Kaufentscheidungen**: Hier durchläuft der Verbraucher die Such-, Bewertungs- und Auswahlphase mit reduziertem Aufwand, in dem er auf bewährte Problemlösungsmuster und Entscheidungskriterien zurückgreift. Beispielsweise bevorzugt er beim

Kauf von Produkten grundsätzlich eine bestimmte Preislage, weil er vom Preis für eine Leistung auf deren Qualität schließt und mit dieser Heuristik (= vereinfachende Entscheidungsregel) in der Vergangenheit gute Erfahrungen gesammelt hat.
Folgende Beispiele repräsentieren diese Art von Kaufentscheidungen:
- *Schneider* möchte seiner Freundin zu Weihnachten ein Schmuckstück schenken. Glücklicherweise findet er bereits beim zweiten Juwelier das Passende, denn seine Mittagspause ist sehr kurz.
- Nachdem Herr *Feuerstein* auf einem Weihnachtsmarkt bei drei Händlern Bäume der mittleren Größe und Preisklasse untersucht hat, entscheidet er sich mangels fehlender Qualitätsunterschiede für den letzten.

- **Habituelle Käufe**: Dabei handelt es sich um eine gewohnheitsmäßig getroffene Auswahl, bei der die Such-, Bewertungs- und Auswahlphase stark verkürzt ausfallen. Typisch hierfür ist das Phänomen der Markentreue, bei der Konsumenten unter der Voraussetzung der Zufriedenheit immer wieder den gleichen Markenartikel erwerben.
Beispiele für habituelle Kaufentscheidungen sind:
  - Unbeeindruckt von Sonderaktionen und Werbekampagnen kauft Herr *Dietzel* immer nur das Bier in der grünen Flasche.
  - Trotz wechselnder Trends und Modeerscheinungen verbringt das Ehepaar *Piekenbrock* den gemeinsamen Urlaub seit 20 Jahren im selben Hotel im Bayerischen Wald.

- **Impulskäufe** sind Spontanhandlungen, die sehr schnell ablaufen und allenfalls in geringem Maße kognitiv gesteuert werden, da der Käufer weder eine Such- noch eine Bewertungs- und Auswahlphase durchläuft. Typisch hierfür ist der Kauf von Bonbons, Schokolade u. ä.
Die folgenden Beispiele dienen zur Veranschaulichung:
  - Überwältigt vom Erlebnis des Besuchs eines Konzerts der *Rolling Stones* erwirbt Frau *Rössler* im Eingangsbereich eine CD der Gruppe.
  - Eigentlich wollte Herr *Ungerer* im Kaufhaus lediglich neue Golfbälle kaufen. Ein günstiges Sonderangebot sowie fantastisches Winterwetter bewegen ihn jedoch dazu, noch ein Paar Langlaufskier zu erwerben.

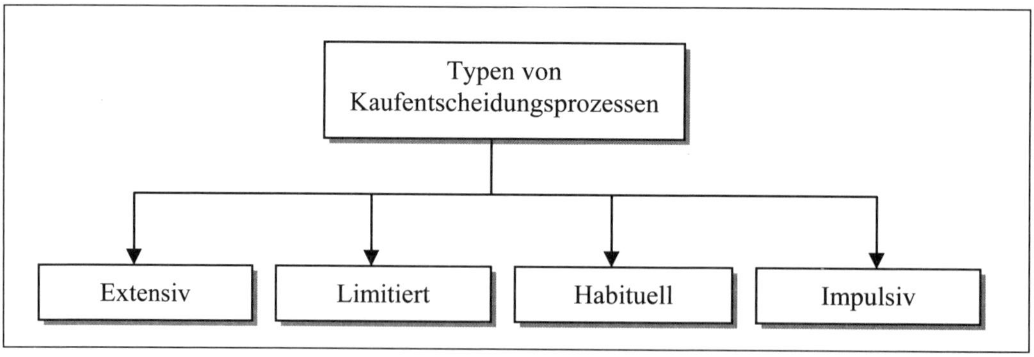

Abb. 2.1: Typen von Kaufentscheidungsprozessen – differenziert nach dem Grad der kognitiven Beteiligung

Fallstudie „Habitualisierung“ – sinkende Kundeloyalität durch "Out-of-Stocks" bei *Melitta*

Melitta verliert pro Jahr durch Regallücken im Handel einen Umsatz von rund 1 Mio. €. Studien belegen, dass jeder vierte Kunde die Marke wechselt, also von seiner habitualisierten Kaufentscheidung abrückt, wenn er *Melitta* Müllbeutel sucht, diese im Regal aber nicht findet.

Als Hauptursachen für Regallücken gelten Fehler im Systembestand, keine Zeit des Personals für Bestellungen, zu späte Bestellung sowie Nicht-Erkennen der "Out-of-Stock"-Situation durch das Personal. Abhilfe schaffen können demnach der effiziente Datenaustausch zwischen Handel und Industrie, valide Prognosesysteme, gefolgt von der Motivation sowie Sensibilisierung der Mitarbeiter. Dass der Handel dem "Out-of-Stock"-Thema weit weniger Aufmerksamkeit schenkt als die Industrie, wird verständlich wenn man bedenkt, dass nur ein Bruchteil der Konsumenten im Falle eine Regallücke den Kauf ganz abbricht oder zur Handelskonkurrenz wechselt in der Hoffnung, dort fündig zu werden.

Quelle: *o. V.*: Kundenloyalität leidet, in: LebensmittelZeitung, Nr. 13 vom 30.03.2007c, S. 28.

Fallstudie „Intuitive Entscheidungen“ – Triumph des Bauchgefühls

Rund 10.000-mal müssen sich Menschen täglich spontan für oder gegen ein bestimmtes Verhalten entscheiden. Angesichts einer solchen Fülle an Entscheidungssituationen wäre jemand, der sich rein analytischer Methoden bedienen würde, grenzenlos überfordert. Um diesem Dilemma zu entfliehen, nutzen Menschen Routinen und Faustregeln. Solche intuitiven Entschlüsse seien häufig – so die eine „**Rekognitions-Heuristik**“ vertretenden Entscheidungstheoretiker – ökonomischer, schneller und besser als jene, die nach intensivem Nachdenken und gründlicher Analyse getroffen werden. Durch Wiedererkennung gelingt es Menschen, in einer unüberschaubaren Umwelt komplexe Abläufe anhand weniger Kriterien in kurzer Zeit zu bewältigen, indem sie sich Maximen wie „Vertraue auf das Bekannte!“ oder „Bleibe beim Status quo!“ bedienen.

Quelle: *Gigerenzer, G.*: Bauchentscheidungen. Die Intelligenz des Unbewussten und die Macht der Intuition, München 2007.

Des Weiteren lassen sich Kaufentscheidungen nach der Intensität der inneren Beteiligung des Konsumenten (= **Involvement** = Einbezogenheit, Einbindung bzw. Miteinbezogenheit; vgl. hierzu *Kapferer* 1985, S. 290 – 295) unterscheiden. Von Involvement spricht man im Marketing, wenn der Konsument einen starken Bezug zwischen sich und einem Produkt feststellt. Konkret lassen sich diesbezüglich **drei Arten von Kaufentscheidungen** differenzieren:

- **Low-Involvement-Entscheidung**: Hierbei handelt es sich um eine Kaufentscheidung mit geringer Ich-Beteiligung. Charakteristisch sind:
  - geringes Produktinteresse,

- schwache Aktivierung,
- oberflächliche Informationssuche und -verarbeitung sowie
- geringes subjektives Kaufrisiko.

Typisch für diese Kategorie ist der Erwerb von Haushaltsreinigern, mit dem sich ein Konsument nur oberflächlich beschäftigt und für den er nur im Ausnahmefall viel Mühe aufwenden dürfte.

- **High-Involvement-Entscheidung**: Ein solcher Fall zeichnet sich durch folgende Eigenschaften aus:
  - großes Interesse des Konsumenten am Produkt,
  - starke Aktivierung,
  - intensive Informationssuche und -verarbeitung sowie
  - hohes subjektives Kaufrisiko.

  Dieser Gruppe kann der Kauf hochwertiger Gebrauchsgüter (z. B. Pkw) und Dienstleistungen (z. B. Urlaubsreise, Geldanlage) zugerechnet werden.
- **Medium-Involvement-Entscheidung**: Dieser Typus rangiert zwischen der Low- und der High-Involvement-Entscheidung. Beispiele hierfür sind der Kauf von Krawatten und Parfum.

In Tab. 2.2 finden sich ausgewählte Eigenschaften von Low- und High-Involvement-Entscheidungen, die am Beispiel des Erwerbs von Haushaltsreinigern und Pkws illustriert werden.

Tab. 2.2: Charakteristika von Low- und High-Involvement-Entscheidungen – dargestellt am Beispiel des Erwerbs von Haushaltsreinigern und Pkws (Quelle: in Anlehnung an Kuß/Tomczak 2000, S. 68)

Intensität des Involvement / Charakteristika	Low (Erwerb von Haushaltsreinigern)	High (Erwerb eines PKW)
Art der Unternehmenskommunikation	Geringer Informationsgehalt (TV-Spots, Plakate etc.)	Informativ (technische Daten, Ausstattung, Preis) und/oder emotional
Art der Informationsaufnahme	Absichtsloser (= passiver und unabsichtlicher) Kontakt zu Werbung, Verkaufsförderung, Produkt	Aktive Suche nach Informationen (Lektüre von Fachzeitschriften, Prospekten, Testergebnissen; Probefahrten; Gespräche im sozialen Umfeld über Produkterfahrungen)
Art der Informationsverarbeitung	Nutzung von Heuristiken (= vereinfachende Entscheidungsregeln; etwa Fokussierung auf Schlüsselinformationen wie Markenname, Preis oder Urteil der *Stiftung Warentest*)	Nutzung komplexer kompensatorischer und nicht-kompensatorischer Beurteilungsprogramme (vgl. Abschnitt 2.4)

Tab. 2.2: Charakteristika von Low- und High-Involvement-Entscheidungen – dargestellt am Beispiel des Erwerbs von Haushaltsreinigern und Pkws (Fortsetzung)

Intensität des Involvement / Charakteristika	Low (Erwerb von Haushaltsreinigern)	High (Erwerb eines PKW)
Einfluss von Bezugsgruppen und sozialem Umfeld	Gering	Hoch, da Ausrichtung an (sub-)kulturellen und sozialen Standards
Bezug zu Persönlichkeit und Lebensstil	Kein nennenswerter Bezug	Hoch, da Produkt Instrument zur Demonstration der eigenen Persönlichkeit und/oder Freizeitgestaltung

Ruhfus (1976, S. 23) fokussiert seine Betrachtung auf die Kriterien **Grad der Kollektivität** und **Vorhandensein eines bestehenden Kaufprogramms** (vgl. Abb. 2.2). Dieser Kategorisierung folgend lassen sich **drei Typen von Kaufentscheidungen** eines Haushalts unterscheiden:

- **Typ A:** Hier entscheidet i. d. R. das einzelne Familienmitglied alleine, d. h. die kollektive Entscheidungsbeteiligung fällt gering aus. Außerdem ist bereits ein Entscheidungsprogramm vorhanden, d. h. der Verbraucher weiß, anhand welcher Kriterien er seine Wahl trifft. In diese Kategorie fallen die sog. **Convenience Goods** (z. B. Zigaretten).
- **Typ B**: Bei sog. **Speciality Goods** (z. B. Wohnung) wird die Kaufentscheidung kollektiv getroffen, ein entsprechendes Entscheidungsprogramm ist nicht vorhanden. Konkret müssen die Käufer sich erst darüber im Klaren werden, welche Kriterien sie heranziehen, wo sie die entsprechenden Informationen finden und wie sie diese zu einem Urteil verdichten.
- **Mischtyp:** Im Falle sog. **Shopping Goods** (etwa Kleidung) ist die Entscheidungsfindung zwischen Typ A und B angesiedelt.

Grundsätzlich bleibt festzuhalten, dass sich die drei vorgestellten Typologien von Kaufentscheidungen teilweise überschneiden. Beispielsweise werden Convenience Goods im Regelfall mit einem geringen Involvement und habituell erworben. Im Gegensatz dazu zeichnet sich der Kauf eines Speciality Goods durch ein hohes Involvement und eine extensive Entscheidungsfindung aus.

Davis/Rigaux (1974) und *Dahlhoff* (1980) analysierten unter dem Aspekt der Kollektivität die Entscheidungsfindung von Ehepartnern. Konkret stellten sie bei der Analyse von Kaufentscheidungen die Kriterien **Einflussverteilung zwischen Mann sowie Frau** und **Grad der Gemeinsamkeit** in das Zentrum ihrer Analyse (vgl. Abb. 2.3).

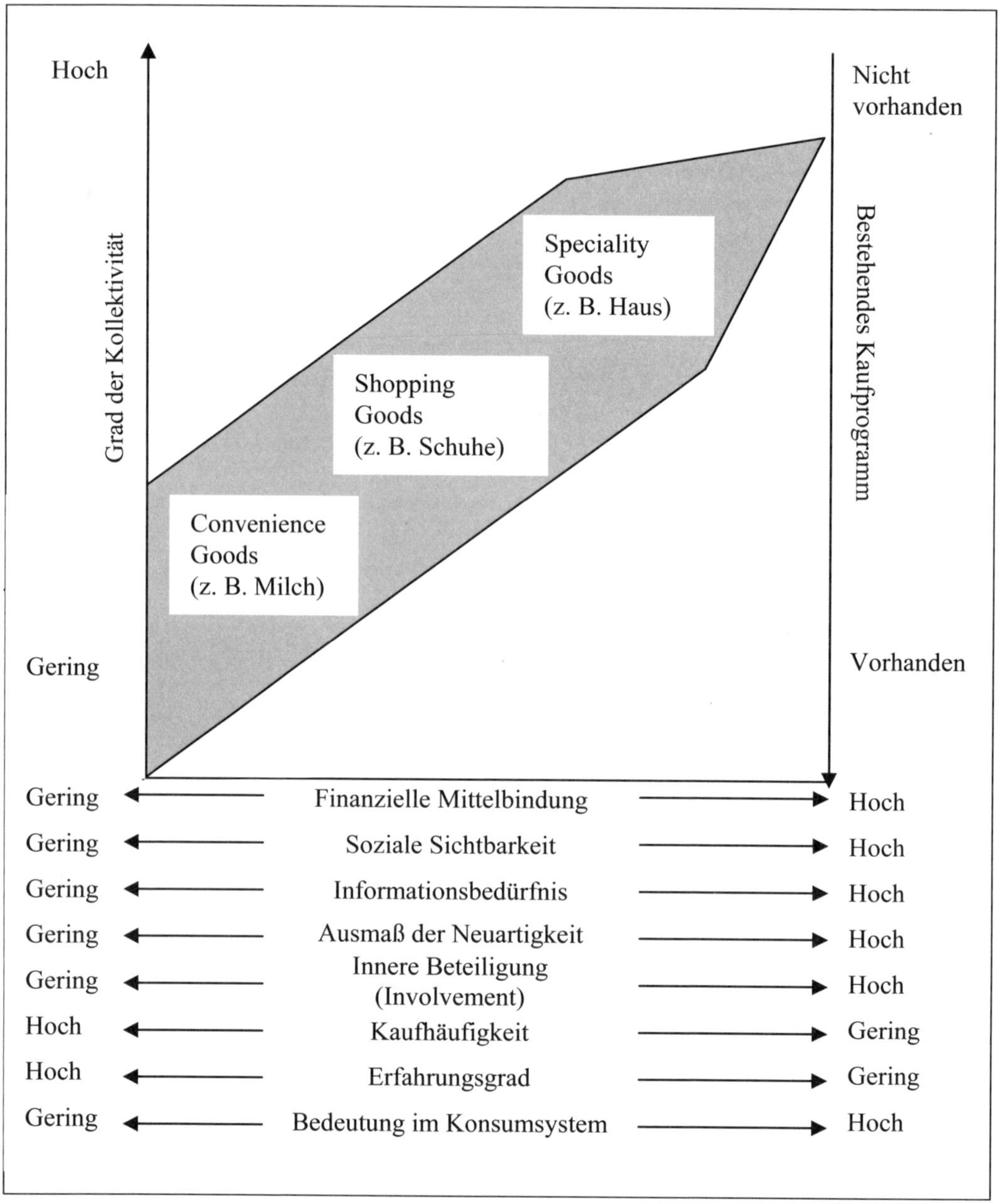

Abb. 2.2: Typen von Kaufentscheidungsprozessen – differenziert nach dem Grad der Kollektivität und dem Vorhandensein eines bestehenden Kaufprogramms (Quelle: Meffert 1992, S. 44, nach Ruhfus 1976, S. 23)

Wenn mehr als 50 % der befragten Paare angeben, beide Partner hätten gleichviel Einfluss auf die Kaufentscheidung über ein bestimmtes Produkt, sprechen die Forscher von einer synkratischen Entscheidung. Liegt der Wert darunter, handelt es sich um autonome Entscheidungen. Diese kann zum einen die Frau oder der Mann dominieren. Zum anderen können Mann und Frau etwa gleich häufig alleine entscheiden, so dass die Kontrollhäufigkeit zwischen den Partnern ausgewogen ist.

Demnach lassen **vier Grundtypen** von produktspezifischen Paarentscheidungen unterscheiden:

(I) Dominanz des Ehemanns: Der Mann trifft (vorwiegend) autonom die Kaufentscheidungen bei einem bestimmten Produkt (z. B. bei Lebensversicherungen).

(II) Weitgehende Autonomie: Sowohl Mann als auch Frau entscheiden ganz alleine und für sich selbst (z. B. bei alkoholischen Getränken).

(III) Dominanz der Ehefrau: Die Frau trifft (vorwiegend) autonom die Kaufentscheidungen bei einem bestimmten Produkt (z. B. Kinderkleidung).

(IV) Partnerschaftliche Struktur (synkratische Entscheidung): Frau und Mann partizipieren gleichermaßen an einer Kaufentscheidung (z. B. bei Urlaubsreisen).

Ein Lesebeispiel soll die Nachvollziehbarkeit von Abb. 2.3 erleichtern. An Punkt 20 %/1,3 finden sich in der Untersuchung von *Dahlhoff* Lebensversicherungen. D. h. in 80 % der Fälle wird die Kaufentscheidung autonom getroffen, wobei der Man dominiert. Ähnlich autonom werden Kinderkleider erworben, wobei hier der weibliche Partner dominiert.

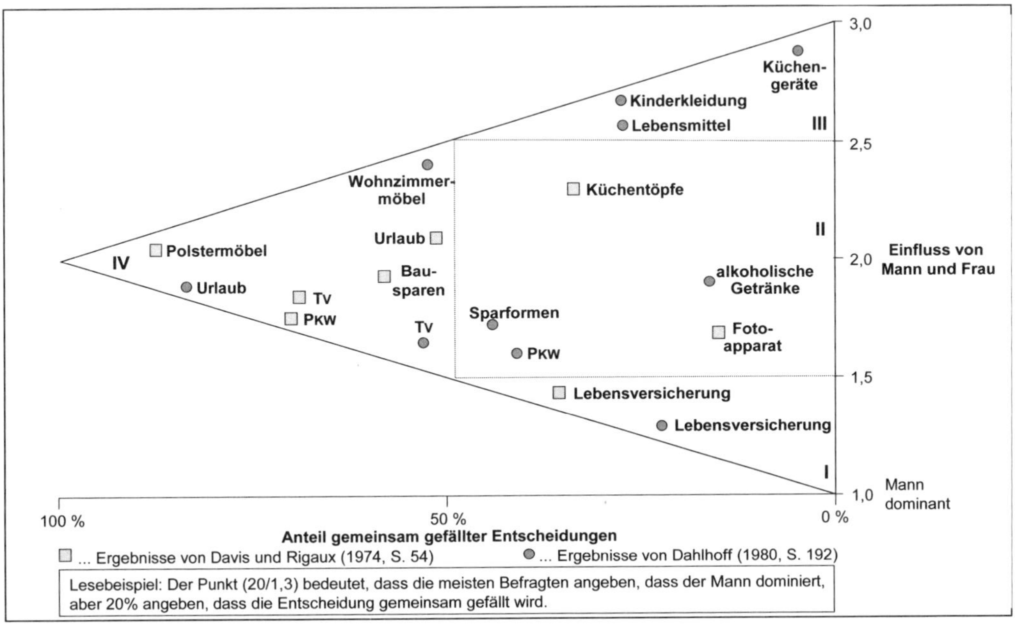

Abb. 2.3: Rollenverteilung bei Kaufentscheidungen von Ehepartnern (Quelle: Davis/Rigaux 1974, S. 54; Dahlhoff 1980, S. 192)

In den vorgestellten Untersuchungen konnten im Wesentlichen **klassische Rollenmuster** bestätigt werden: Während der Mann über größere finanzielle und/oder technische Anschaffungen und hier u. a. den Erwerb des Autos dominiert, kontrolliert die Frau Kaufentscheidungen, die den Haushalt betreffen. Bei der Interpretation der Befunde muss jedoch ins Kalkül gezogen werden, dass die Untersuchungen über 25 Jahre zurückliegen und sich mittlerweile Verschiebungen im Rollenverständnis von Partnerschaften eingestellt haben dürften.

Einen Aspekt, den beide Untersuchungen vollständig ausblenden, ist die **Rolle von Kindern bei Kaufentscheidungen** in Familien. Diese beeinflussen zum einen als Koalitionspartner der Mutter die Markenwahl. Zum anderen gewinnen Kinder in den Bereichen Informationstechnologie und Unterhaltungselektronik vor dem Hintergrund steigender Komplexität und Innovationsgeschwindigkeit an Entscheidungskompetenz.

Im Kontext von Kaufentscheidungen in Familien lassen sich bereits seit längerer Zeit folgende **Trends** feststellen (vgl. *TV Hören und Sehen/Verlagsgruppe Bauer* 1985):

- Da Familien tendenziell kleiner werden, wenden sich Eltern verstärkt jedem einzelnen Kind zu und geben für dieses auch mehr Geld aus.
- Vor dem Hintergrund kleinerer Haushalte verfügt jedes Haushaltsmitglied im Durchschnitt über ein größeres durchschnittliches Pro-Kopf-Einkommen und damit über ein höheres Konsumpotenzial.
- Der wachsende Anteil berufstätiger Frauen führt zu einem überproportional ansteigenden Einkommen in Haushalten mit Doppelverdienern.
- Die Abkehr von der traditionellen Rollenverteilung zwischen Mann und Frau bedingt ein verändertes Einkaufsverhalten. Beispielsweise kauft nahezu die Hälfte aller Familienväter unter 40 Jahre auch Lebensmittel für ihren Haushalt ein.
- Die Akzeleration der Kinder, d. h. die beschleunigte Entwicklung jüngerer Generationen gegenüber früheren Generationen, führt zu mehr Eigenständigkeit, eigener Urteilsfähigkeit und früher Einbeziehung in die Welt der Erwachsenen.
- Während die Markenwahl gemeinsam mit Gleichaltrigen erfolgt, wird der eigentliche Kauf mit den Eltern durchgeführt.
- Das frei verfügbare höhere Einkommen von Kindern und Jugendlichen steigt und führt bereits in frühen Jahren Alter zu einem Geldwertgefühl sowie zu autonomen Kauf- und Markenentscheidungen.
- Der „Demokratisierungsprozess" in der Familie führt verstärkt zu Kaufentscheidungen, die von sämtlichen Mitgliedern beeinflusst bzw. gemeinsam getroffen werden. Dies betrifft nicht nur Produkte wie Urlaubsreisen, sondern in zunehmendem Maße auch Güter des täglichen Bedarfs.
- Die veränderten Handelsstrukturen (etwa Großbetriebsformen „auf der grünen Wiese") fördern den Familieneinkauf und damit die Produkt- sowie Markenkenntnis der ganzen Familie in Bereichen, die traditionell einzelnen Familienmitgliedern vorbehalten waren.

Grundsätzlich beeinflussen kulturelle, soziale, sozioökonomische und individuelle Faktoren wie Berufstätigkeit, Einkommen, soziale Herkunft, Schichtzugehörigkeit, Bildungsweg, Lebensstil usw. die Entscheidungsstruktur innerhalb von Familien. So unterscheiden sich traditionelle und nicht-traditionelle Familien hinsichtlich ihrer Entscheidungsstruktur signifikant (vgl. Tab. 2.3). Während in traditionellen Familien Männer 52 % der Entscheidungen treffen, dominieren in nicht-traditionellen Familien Frauen mit 62, 5 %. Ähnlich deutliche Unterschiede treten in Bezug auf den Einfluss von Kindern auf: Während diese beim Vorliegen traditioneller Wertemuster gerade einmal 12 % der Entscheidungen treffen, bringen es Kinder in innovativen Milieus auf immerhin 25 %.

Tab. 2.3: Entscheidungsfindung in Familien mit Kindern (Angaben in %; Quelle: Labrecque/Ricard 2001, S. 175)

Kaufentscheidung durch ... / Familientypus	Kind	Vater	Mutter
Traditionell	12,0	52,0	36,0
Nicht-traditionell	25,0	12,5	62,5
Gesamt	15,2	42,4	42,4

Generell lässt sich festhalten, dass der relative Einfluss der einzelnen Familienmitglieder auf Kaufentscheidungen sowohl vom zu erwerbenden Produkt als auch vom Stadium im **Familien-Lebenszyklus** abhängt. Befragt man Kinder im Alter von 6 – 14 Jahren, bei welchen Produkten sie die Kaufentscheidung ihrer Eltern mitbestimmen, ergeben sich folgende Nennungen: Süßigkeiten (89 %), Getränke (84 %), Urlaub (56 %), Computer (25 %), Möbel (22 %), Fernseher (20 %) und Auto (16 %; vgl. *Synovate Kids + Teens* 2007).

Das Lebenszyklus-Konzept basiert auf der Annahme, dass jeder Mensch im Laufe seines Lebens verschiedene Phasen durchläuft, und zwar nicht unbedingt im gleichen Alter, aber stets in der gleichen Reihenfolge. Dabei können einzelne Phasen auch ausgelassen werden (z. B. bei Kinderlosigkeit). Wie Tab. 2.4 zu entnehmen ist, zeichnet sich jedes Stadium durch spezifische Kauf- und Verhaltensmuster aus.

Tab. 2.4: Das Lebensphasen-Konzept (Quellen: Wells/Gubar 1966, S. 362; Murphy/Staples 1979, S. 12 ff.)

Lebensstadium	Charakteristika	Kauf- und Verhaltensmuster
1. Junggesellenstadium	Junge, allein stehende Menschen, die nicht mehr bei ihren Eltern wohnen	• Wenige finanzielle Verpflichtungen • Meinungsführer in Bezug auf Modetrends • Starke Freizeitorientierung • Erwerb von Küchegrundausstattungen, Grundmobiliar, Autos, Kleidung, Urlaubsreisen, Unterhaltungselektronik und Informationstechnologie

Tab. 2.4: Das Lebensphasen-Konzept (Fortsetzung)

Lebensstadium	Charakteristika	Kauf- und Verhaltensmuster
2. Frisch verheiratet	Junges Paar ohne Kinder	• Finanziell relativ gut gestellt • Relativ höchste Erwerbsrate bei Gebrauchsgütern, die dem Einrichten der Wohnung dienen • Relativ hohe Mietausgaben
3. „Volles Nest I"	Das jüngste Kind ist unter sechs Jahren.	• Knappheit liquider Mittel • Unzufriedenheit mit Lebensstandard im Vergleich zu Familien ohne Kinder • Tendenz zu demonstrativem Konsum • Bevorzugter Erwerb stark umworbener Produkte in den Bereichen Kindermöbel, Tiefkühltruhen, Geschirrspüler, Kinderspielzeug, Grillgeräte
4. „Volles Nest II"	Das jüngste Kind ist sechs Jahre oder älter.	• Finanziell wieder besser gestellt • Berufstätigkeit eines Teils der Ehefrauen • Weniger starker Einfluss von Werbung • Erwerb von Lebensmitteln, Fahrrädern, Musikinstrumenten
5. „Volles Nest III"	Ältere Ehepaare mit abhängigen Kindern	• Finanziell noch besser gestellt • Noch höherer Anteil berufstätiger Ehefrauen • Kinder beginnen z. T. zu arbeiten • Geringer Einfluss der Werbung • Kauf von Ersatzbeschaffungen und Erweiterung der Wohnungseinrichtung • Persönlicher Bedarf der Eltern wieder im Vordergrund

Tab. 2.4: Das Lebensphasen-Konzept (Fortsetzung)

Lebensstadium	Charakteristika	Kauf- und Verhaltensmuster
6. „Leeres Nest I“	Ältere Ehepaare, Kinder aus dem Haus, Familienoberhaupt noch berufstätig	• Hohes Einkommen • Hochwertiger Konsum • Kein Interesse an neuen Produkten • Erwerb von organisierten Urlaubsreisen, Büchern, Gesundheitsprodukten • Viel geringere Außensteuerung als in früheren Stadien und damit geringere Beeinflussbarkeit durch Kommunikationsinstrumente
7. „Leeres Nest II“	Ältere Ehepaare, Kinder aus dem Haus, Familienoberhaupt im Ruhestand	• Deutlicher Einkommensrückgang • Sicherung des Eigenheimes, Rückzug ins Privatleben • Gestiegene Nachfrage nach medizinischen Vorrichtungen und gesundheits-, verdauungs- und schlaffördernden Mitteln
8. Allein stehend	Im Ruhestand	• Gleicher oder höherer Bedarf an medizinischer Versorgung und gleiche Produktansprüche wie die anderen Gruppen im Ruhestand • Starker Einkommensrückgang • Besonderes Aufmerksamkeits-, Zuneigungs- und Sicherheitsbedürfnis

Fallstudie „Senioren-Marketing“ – die Entwicklung von Autos für die Zielgruppe der Best Agers

Um sich in die körperlichen Probleme der Generation 50plus hineinzudenken, nutzen einige Produktentwickler einen **Alterssimulationsanzug**. Dieser erschwert die Bewegungsabläufe durch Gewichte und Manschetten an Brust und Gelenken. Außerdem schränken eine Spezialbrille, Ohrstöpsel und Gummihandschuhe wichtigste Körpersinne ein.

Als Konsequenz verfügen Autos für den „reiferen“ Fahrer über größere Türöffnungen für einen bequemeren Ein- und Ausstieg, größere Fenster, Außen- und Innenspiegel für eine bessere Rundumsicht, wenige, dafür aber schnell verständliche Bedienungsinstrumente, eine Notfalltaste mit Freisprecheinrichtung, besonders leichte Servolenkung, große Rundinstrumente wie Tachometer sowie Tankanzeige und nicht zuletzt eine Automatikschaltung.

Quelle: *Jahn, I.*: Produktdesign älter gemacht, in: Glücklich im Alter, Beilage der Frankfurter Allgemeine Zeitung, o. Nr. (2007), S. 15.

2.3 Erklärungsansätze des Konsumentenverhaltens

2.3.1 Grundmodelle

Überblick

Grundsätzlich lassen sich zwei unterschiedliche Ansätze zur Erklärung des Konsumentenverhaltens unterscheiden (vgl. Abb. 2.4): Auf der einen Seite stehen die naturwissenschaftlich geprägten **Black-Box- bzw. Stimulus-Response-Modelle**. Diese basieren auf der psychologischen Forschungsrichtung des Behaviorismus, der auf der Annahme gründet, dass sich objektive Erkenntnisse über die Bestimmungsfaktoren des Verhaltens ausschließlich über beobachtbare Reiz-Reaktions-Prozesse gewinnen lassen, und damit bewusst innere Vorgänge ausklammert (vgl. hierzu sowie zum Neobehaviorismus ausführlich *Neel* 1974). Zu den wichtigsten Vertretern der Black-Box-Modelle zur Erforschung des Konsumentenverhaltens gehören die **regressionsanalytischen Modelle** sowie die **stochastischen Prozessmodelle**.

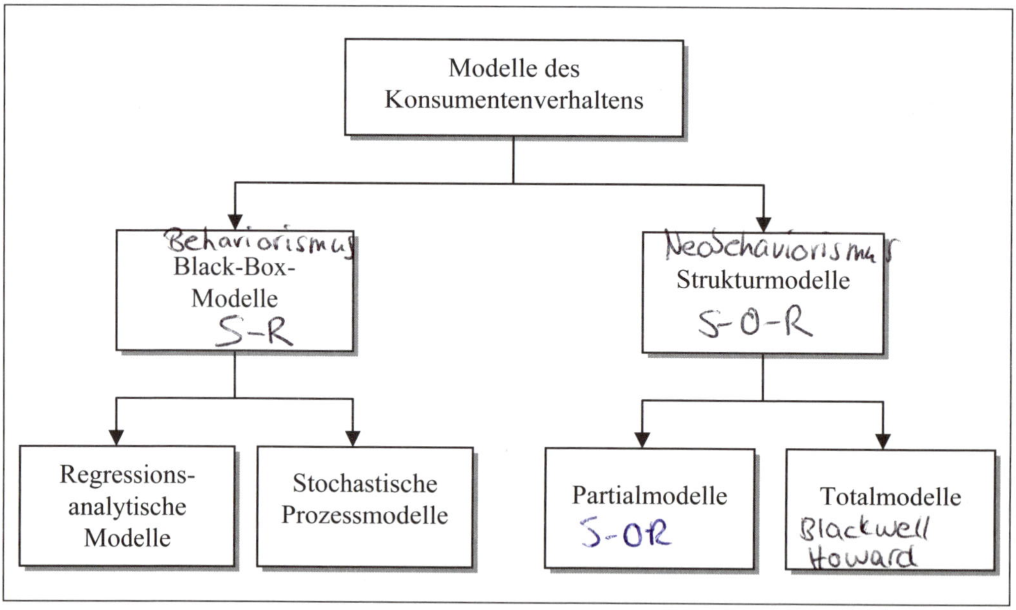

Abb. 2.4: Modelle des Konsumentenverhaltens

Auf der anderen Seite finden sich die sozialpsychologisch geprägten **Stimulus-Organism-Response-Modelle**, die vom **Neobehaviorismus** ausgehen und sog. intervenierende Variablen (aktivierende Prozesse: Emotion, Motivation, Einstellung, Zufriedenheit; kognitive Prozesse: Informationsaufnahme, -verarbeitung, -speicherung) in die Betrachtung einbeziehen. Diese lassen sich ihrerseits nach dem jeweiligen Komplexitätsgrad in **Partial-** und **Totalmodelle** gruppieren.

Behaviorismus und Neobehaviorismus

Die Initialzündung des **Behaviorismus** löste *John B. Watson* mit seinem berühmten Artikel "Psychology as the Behaviorist views it" (1913) aus, in dem er sich vehement gegen die damals in der Psychologie gebräuchliche Methode der Introspektion (= Selbstbeobachtung, d. h. die Beobachtung und Analyse des eigenen Erlebens und Verhaltens) aussprach und Begriffe wie „Bewusstsein“, „Wille“, „Fühlen“, „Denken“ als vorwissenschaftlich verwarf. *Watsons* Ziel war es, die Psychologie als eine Naturwissenschaft gleichsam neu zu begründen. Er verfolgte ausschließlich die sog. „objektive Methode“, indem er sämtliche Verhaltensweisen in Reiz und Reaktion zerlegte (englisch: Stimulus, Response). Aus diesem Grund bezeichnet man diese Form des Behaviorismus auch als „molekularen“ Behaviorismus. Die von *Watson* begründete Form des Behaviorismus wird auch als „Klassischer“ oder „Methodologischer“ Behaviorismus bezeichnet.

Der Klassische Behaviorismus verlor am Übergang zwischen den 20er und 30er Jahren des vergangenen Jahrhunderts an Bedeutung, da sich die von ihm gemachten Erklärungen des Verhaltens als zu einfach erwiesen. Vor diesem Hintergrund begründete *Clark L. Hull* (1935) den **Neobehaviorismus**. Dieser basierte zwar auch wie *Watsons* Klassischer Behaviorismus auf Reiz-Reaktions-Beziehungen, erweiterte diese aber um nicht direkt beobachtbare hypothetische Konstrukte wie z. B. einen allgemeinen Antrieb, in dem alle im Organismus zu einem bestimmten Zeitpunkt vorhandenen Energien zusammengefasst wurden (= Aktivierung). Durch das neue Paradigma vom individuell und nicht uniform und instinktgesteuert auf Reize reagierenden Menschen konnte nicht mehr vom Stimulus allein auf ein entsprechendes Response-Verhalten geschlossen werden. Damit übte *Hull* großen Einfluss auf die psychologische Forschung zur Motivation aus.

In den 1950er Jahren löste der von *Burrhus Frederic Skinner* (1974) begründete **Radikale Behaviorismus** den Neobehaviorismus ab. Denn die *Hullsche* Begründung für die Wirkung von Verstärkungen – die Befriedigung physiologischer Bedürfnisse – erwies sich als zu eng. Außerdem reichte das Prinzip der Reiz-Reaktions-Verknüpfung auf Basis der Klassischen Konditionierung nicht aus, um die Vielfalt des Verhaltens vollständig zu erklären.

Skinners Verdienst war es, das Forschungsinteresse von Reiz-Reaktions-Ketten im Sinne des Stimulus-Response-Modells weg und hin zum operanten Verhalten zu lenken. *Skinner* entdeckte bei seinen Experimenten, dass Verhalten nicht ausschließlich von vorhergehenden Stimuli abhängig war (wie dies *Watson* und *Pawlow* betont hatten), sondern auch – und vor allem – von Reizen, die erst nach einem Verhalten folgten: Er verstand Verhalten nicht als Reflex nach dem relativ starren Prinzip „Reiz – Reaktion“. Vielmehr werde Verhalten durch die auf eine Reaktion folgenden Konsequenzen in Form einer Belohnung oder Bestrafung beeinflusst.

Skinner prägte damit den Begriff der „operanten Konditionierung". Im Unterschied zur klassischen Konditionierung kommt bei der operanten Konditionierung demnach ein weiteres Element hinzu: die auf die Reaktion folgende Konsequenz. Hierbei erweisen sich angenehme Konsequenzen („positive Verstärkung" sprich Belohnungen) im Vergleich zu negativen Verstärkungen (sprich Bestrafungen), die Vermeidungsreaktionen hervorrufen, als wirkungsvoller.

Mittels Formeln lassen sich die beiden Varianten der Konditionierung (Konditionierung = Erlernen von Reiz-Reaktions-Mustern) folgendermaßen beschreiben:

- **Klassische Konditionierung:** S ⇒ R (Stimulus = Reiz, Response = Reaktion)
- **Operante Konditionierung:** S ⇒ R ⇒ C (Consequence = Konsequenz), wobei „C" in jedem Fall entweder positiv oder negativ auf „R" zurückwirkt. Als Folge einer Belohnung steigt die Auftretenswahrscheinlichkeit für die Abfolge S ⇒ R ⇒ C, aufgrund einer Bestrafung wird sie vermindert.

Black-Box-Modelle

Die Black-Box-Modelle zeichnen sich dadurch aus, dass sämtliche Prozesse, die in der Psyche des Verbrauchers ablaufen, als unzugänglicher „schwarzer Kasten" betrachtet und damit aus der Analyse ausgeklammert werden (vgl. Abb. 2.5).

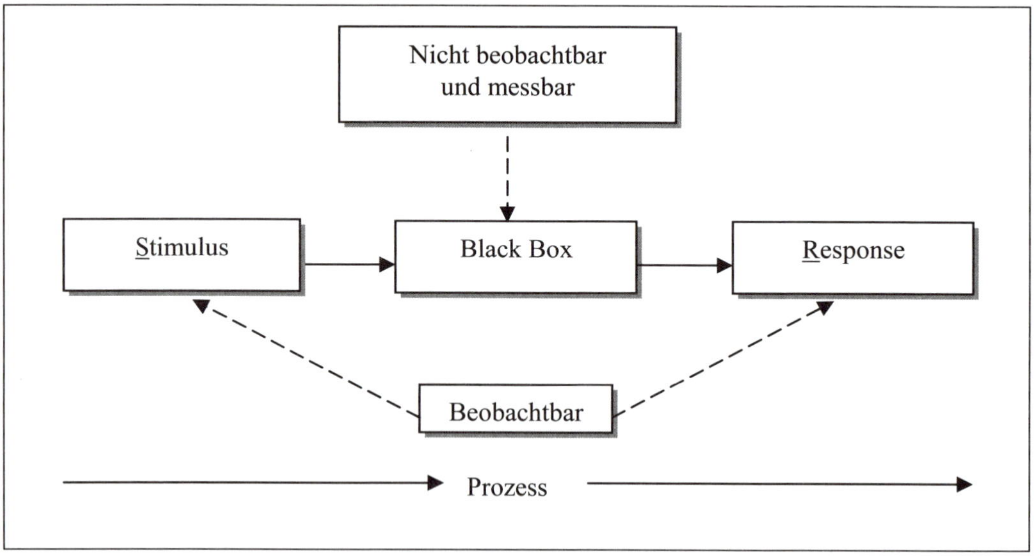

Abb. 2.5: Das SR-Paradigma

Demnach konzentriert man sich ganz im Sinne **naturwissenschaftlicher Forschungstradition** auf beobachtbare und damit unmittelbar messbare Variablen. Dies sind zum einen die sog. Stimuli, d. h. die Reize, die auf den Verbraucher wirken und die von den Marketingaktivitäten der Anbieter sowie deren Konkurrenten, vom sozialen Umfeld und/oder der Situation ausgehen. Zum anderen betrachtet man die Response, d. h. die Reaktion des Verbrauchers auf die wahrgenommenen Reize. Hierzu zählen der Kauf eines Produktes, der Wechsel zu einem anderen Anbieter etc.

Zu den bekanntesten Vertretern des Black-Box-Ansatzes zählen multivariate strukturprüfende und hier insbesondere regressionsanalytische Modelle (vgl. hierzu Abschnitt 4.5.6) sowie stochastische Prozessmodelle. Im Falle der **regressionsanalytischen Modelle** werden Stimulus (= unabhängige Variable) und Response (= abhängige Variable) mathematisch miteinander verknüpft. Das Spektrum reicht von linear-additiven über multiplikative bis hin zu mathematisch komplexeren Modellen. Zur Veranschaulichung dient das folgende Beispiel, bei dem der Einfluss von Marketingaktivitäten (z. B. Veränderung von Produkt, Preis, Distributionsquote, Werbebudget) auf die Höhe des Absatzes analysiert wird:

- Linear-additives Modell:
  $y = k - a \bullet \Delta Q + b \bullet \Delta P + c \bullet \Delta D + d \bullet \Delta W$
- Multiplikatives Modell:
  $y = k \bullet a \bullet \Delta Q \bullet b \bullet \Delta P \bullet c \bullet \Delta D \bullet d \bullet \Delta W$

Legende:

y =	Absatzvolumen
k =	Konstante
Q, P, D, W =	Marketing-Instrumente (ΔQ = Veränderung Qualität, ΔP = Veränderung Preis, ΔD = Veränderung Distributionsquote, ΔW = Veränderung Werbebudget)
a, b, c, d =	Regressionskoeffizienten, welche die Stärke des Einflusses abbilden

Die wesentlichen **Vorteile** des regressionsanalytischen Ansatzes sind am angeführten Beispiel unmittelbar nachvollziehbar:

- Die Modelle überzeugen durch ihre methodische Pragmatik, da sie universell einsetzbar sind.
- Die Variablen sind praxisnah.
- Die Operationalisierungs- und Datenbeschaffungsprobleme sind als vergleichsweise gering einzustufen.

Stochastische Prozessmodelle ihrerseits verstehen die Kaufentscheidung als Zufallsmechanismus. Konsequenterweise fokussieren sie auf die spezifische Wahrscheinlichkeit, mit der ein Verbraucher auf einen Stimulus reagiert. Als Reaktionen kommen z. B. die Wahl von Marken, Einkaufsstätten, Kaufzeitpunkt u. ä. in Betracht (vgl. *Herrmann* 1992, S. 96 ff.; *Nieschlag/Dichtl/Hörschgen* 2002, S. 625; *Topritzhofer* 1974, S. 38). Von besonderer Bedeutung sind in diesem Kontext die Fluktuationsmodelle, die auf eine Transparenz von Wiederkaufrate bzw. Markenloyalität sowie Markenwechsel ("Brand Switching") abzielen und deren Grundstruktur am folgenden Zahlenbeispiel verdeutlicht werden soll.

Die in Tab. 2.5 vorgestellte **Fluktuationsmatrix** spiegelt die Situation auf einem gesättigten Markt wider, was sich an dem in Periode t und t + 1 konstanten Marktvolumen von 5.000 Einheiten ablesen lässt. Produkt A hat in beiden Perioden einen konstanten Marktanteil von 50 % (= 2.500 Käufer : 5.000 Käufer). Dieses vermeintlich positive Bild wird getrübt, wenn man einen Blick auf die Markenloyalität wirft. Hier nämlich zeigt sich, dass weniger als die Hälfte, nämlich gerade einmal 1.200 Käufer der Marke A aus Periode t (= 48 %) dieses Produkt in Periode t + 1 wiederkaufen. Ganz anders stellt sich der Fall bei C dar: Hier erwerben 850 der 1.300 Käufer das Produkt erneut in der Folgeperiode, so dass die Markenloyalität bei rund 65 % und damit deutlich höher als bei Produkt A liegt.

Tab. 2.5: Markenloyalität und -wechsel an einem Praxisbeispiel (Quelle: in Anlehnung an Topritzhofer 1972, S. 297)

		Käufer der Marke in *t + 1*			Marktanteil in Periode *t*	
		A	B	C	absolut	in %
Käufer der Marke in Periode *t*	A	1.200	750	550	2.500	50
	B	900	100	200	1200	24
	C	400	50	850	1.300	26
Marktanteil in Periode *t + 1*	absolut	2.500	900	1.600	5.000	
	in %	50	18	32		100

Strukturmodelle

Im Gegensatz zu den Black-Box-Modellen brechen die Struktur- bzw. SOR-Modelle den „schwarzen Kasten" auf und versuchen, einen Einblick in das Bewusstsein des Konsumenten zu ermöglichen (vgl. Abb. 2.6). Dabei stellen die sog. **Partialmodelle** ein zentrales hypothetisches Konstrukt in den Mittelpunkt der Betrachtung. Hierzu zählen neben den aktivierenden (Emotionen, Motive, Einstellungen [Images], Zufriedenheit) und kognitiven Prozessen (Informationsaufnahme, -verarbeitung, -speicherung) Konstrukte wie kognitive Dissonanz, subjektiv empfundener Produktnutzen sowie wahrgenommenes Kaufrisiko (vgl. *Hansen* 1972, S. 432 ff.).

Die **Totalmodelle** hingegen, als deren bekannteste Vertreter die Modelle des Konsumentenverhaltens von *Howard/Sheth* (1969), *Nicosia* (1966) sowie *Engel/Blackwell/Miniard* (2000) gelten, zielen darauf ab, einen umfassenden Einblick in die Struktur psychischer Kaufentscheidungsprozesse zu vermitteln. Aufgrund der hieraus resultierenden Komplexität verschließen sich diese Modelle weitgehend einem empirischen Zugang, was ihre Praxisrelevanz erheblich einschränkt.

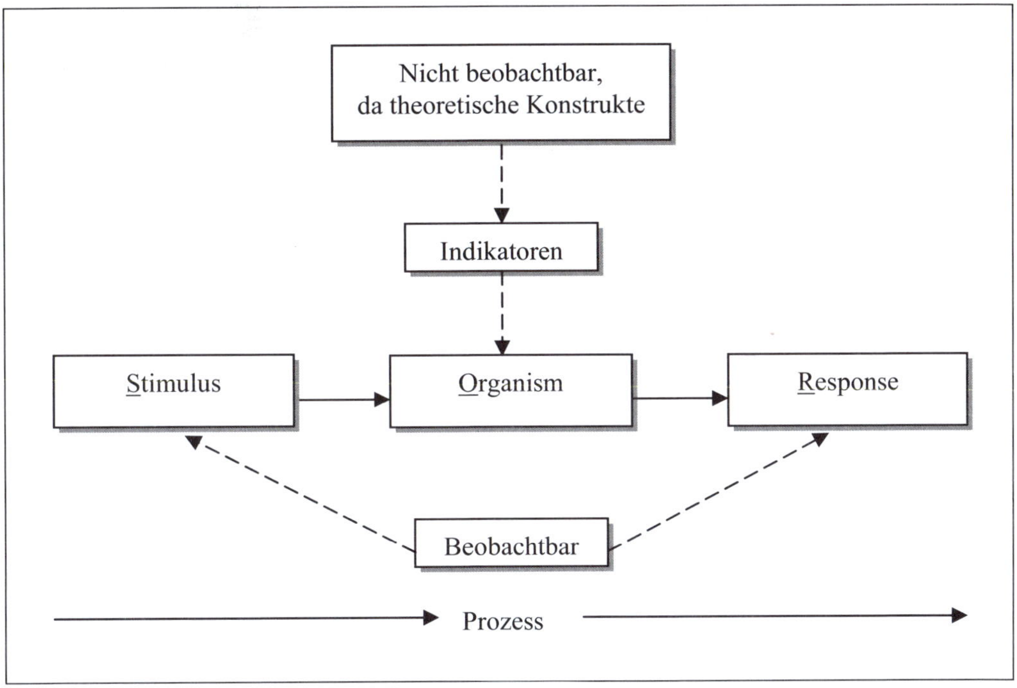

Abb. 2.6: Das SOR-Paradigma

Obwohl *Howard/Sheth* ihren Ansatz bereits in den 60er Jahren entwickelten, gilt dieser auch heute noch als das komplexeste und gleichzeitig detaillierteste Totalmodell des Konsumentenverhaltens (vgl. Abb. 2.7). Das Modell basiert auf dem Grundgedanken, dass das Käuferverhalten von **drei Gruppen von Variablen** bestimmt wird:

1. **Inputvariablen** bzw. **Stimuli**: Bei ihnen handelt es sich um kaufrelevante Informationen, die der Käufer von Unternehmen und seinem sozialen Umfeld bezieht. Bei den von Unternehmen übermittelten Informationen werden Stimuli, die das Produkt auf den Konsumenten direkt selbst ausübt (beim Betrachten, Betasten, Ausprobieren usw.; sog. signifikative Informationen), und Stimuli, die durch bildliche und sprachliche Informationen (etwa Werbung) ausgelöst werden, unterschieden.
2. **Hypothetische Konstrukte**: Sie sollen die Vorgänge im Organismus erklären. Es handelt sich dabei um zwei Gruppen von Konstrukten, nämlich
   - die **Wahrnehmungskonstrukte**: Im Wahrnehmungssubsystem werden die auf den Organismus treffenden Informationen in quantitativer und qualitativer Hinsicht aufgenommen und verarbeitet. Dabei erfolgt die quantitative Veränderung durch **drei Konstrukte**:
     - **Suchverhalten**, das ausgelöst wird, wenn dem Konsumenten die ihm vorliegenden Informationen für eine fundierte Kaufentscheidung nicht ausreichen
     - **Stimulus-Mehrdeutigkeit** ist die Eigenschaft eines Reizes, die beim Konsumenten einen Mechanismus auslöst, der beim Überschreiten eines gewissen Schwellenwerts

Ignoranz/Selektion dieser Stimuli auslöst. Bis zu diesem Schwellenwert versucht der Verbraucher, die Mehrdeutigkeit des Reizes entweder durch gesteigerte Aufmerksamkeit oder durch Suchverhalten zu verringern.

  - **Aufmerksamkeit** ist die Bereitschaft des Organismus, Umweltreize aufzunehmen. Diese wird entweder durch Stimulus-Mehrdeutigkeit oder die Einstellungen des Konsumenten gegenüber den Stimulusinformationen gesteuert.

  Die **qualitative Veränderung** erfolgt durch das Konstrukt **Wahrnehmungsverzerrung**. Diese steht in enger Beziehung zu den Konstrukten Motive, Einstellungen und Entscheidungskriterien: Hierbei verzerrt der Konsument die aufgenommenen Informationen dahingehend, dass sie seinen Einstellungen oder seiner gegenwärtigen Interessenlage entsprechen.

- die **Lernkonstrukte**: Im Lernsubsystem wird die Lösung eines Kaufentscheidungsproblems programmiert. Hierbei werden folgende Konstrukte unterschieden:
  - Markenkenntnis ist die Kenntnis von der Existenz von Marken und ihren Eigenschaften.
  - Motive aktivieren die Aufmerksamkeit des Konsumenten, je nachdem, ob sie produktrelevant oder produktirrelevant sind.
  - Entscheidungskriterien sind kognitive Regeln zur Bewertung alternativer Marken.
  - Einstellung bezeichnet einen kognitiven Zustand des Konsumenten, in dem die einzelnen Marken nach ihrer Eignung zur Bedürfnisbefriedigung bewertet werden.
  - Der Grad der Sicherheit bezeichnet die vom Konsumenten empfundene subjektive Verlässlichkeit seiner Markenkenntnis, wobei große Sicherheit eine ausgeprägte Kaufabsicht, geringe Sicherheit eine geringe Kaufwahrscheinlichkeit bewirkt.
  - Kaufabsicht stellt die Verbindung zwischen Einstellung und Kauf her. Ist eine Einstellung auf Grund mangelnder Sicherheit nicht stabil genug, kommt es nicht zum Kauf. Externe Restriktionen wie hoher Preis oder Nichterhältlichkeit hingegen können dazu führen, dass eine andere als die der Einstellung entsprechende Marke erworben wird.
  - Befriedigung bzw. Zufriedenheit ist das Maß für die Erfüllung der Konsumentenerwartungen nach dem Kauf. Werden die Erwartungen erfüllt bzw. übertroffen, stabilisiert sich die Einstellung und der Grad der Sicherheit gegenüber der Marke erhöht sich.

3. **Outputvariablen** bzw. **Response**: Das sind im Einzelnen Aufmerksamkeit, Markenkenntnis, Einstellung, Kaufabsicht und Kauf. Mit Ausnahme des Kaufs haben diese Variablen ihre Entsprechungen bei den hypothetischen Konstrukten. Im Gegensatz zu den hypothetischen Konstrukten handelt es sich hier jedoch um empirisch zugängliche Variablen. Bei sämtlichen Variablen wird zwischen dem Informationsfluss, d. h. der Abfolge, in der die einzelnen Konstrukte aktiviert werden, und Rückkopplungseffekten unterschieden.

Howard/Sheth gehen davon aus, dass nicht unbedingt alle Konstrukte bei jedem einzelnen Entscheidungsprozess relevant werden. Nach dem Intensitätsgrad des bewussten Kaufprozesses unterscheiden sie vielmehr:

- die extensive Problemlösung,

- die eingeschränkte sprich limitierte Entscheidungsfindung sowie
- das routinisiert reaktive sprich habituelle Verhalten.

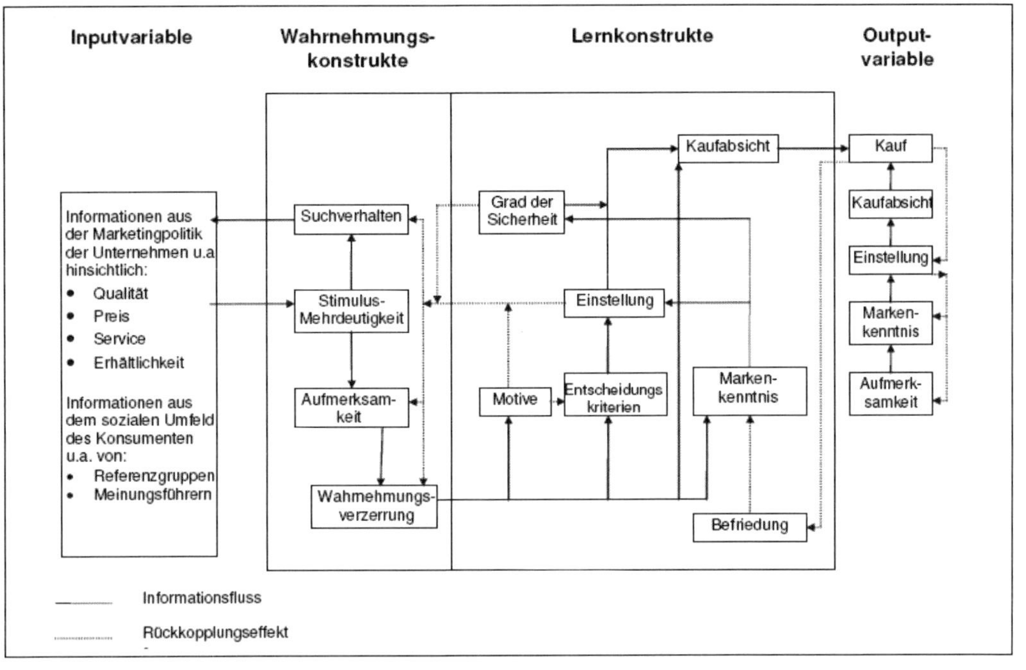

Abb. 2.7: Das Totalmodell zur Erklärung des Konsumentenverhaltens von Howard und Sheth (Quelle: Howard/Sheth 1969, zitiert nach Bänsch 1998b, S. 126)

2.3.2 Ausgewählte neobehavioristische Theorien

Überblick

Die neobehavioristisch ausgerichteten Theorien des Konsumentenverhaltens lassen sich in **drei Gruppen** klassifizieren:

- **Theorien des intrapersonalen (Un-)Gleichgewichts**. Diese psychologisch geprägten Ansätze erklären Verhalten mit dem Bestreben des Menschen, ein inneres Gleichgewicht herzustellen bzw. zu erhalten. Zu dieser Gruppe gehören u. a.:
  - Theorie der kognitiven Dissonanz
  - Kontrasttheorien
  - Assimilations-Kontrast-Theorie
  - Risikotheorie

- **Theorien der interpersonellen Austauschbeziehung**: Diese sozialpsychologisch ausgerichteten Modelle basieren auf der Annahme, dass sich Konsumenten in der Weise verhalten, dass sie den Austausch mit anderen Personen als gerecht empfinden. Hierzu zählen:
  - Soziale Austauschtheorie
  - Equity- bzw. Gerechtigkeits-Theorie
- **Theorien der Verhaltensbeurteilung**: Hier beobachtet bzw. beurteilt der Konsument das eigene Verhalten bzw. das anderer und zieht entsprechende Konsequenzen für zukünftige Handlungen. Dieser Gruppe lassen sich zuordnen:
  - Lerntheorien
  - Attributionstheorien

Die Theorie der kognitiven Dissonanz

Die Theorie der kognitiven Dissonanz (*Festinger* 1978) basiert auf der Annahme, dass Individuen nach einem inneren sprich kognitiven Gleichgewicht streben (= Konsonanz), welches dann erreicht ist, wenn die kognitiven Elemente (Wissen, Erfahrungen, Einstellungen, Meinungen) miteinander vereinbar sind. Dementsprechend stehen bei kognitivem Ungleichgewicht (= Dissonanz) die kognitiven Elemente widersprüchlich zueinander. Dissonanz wird als unangenehmer Zustand empfunden, von dem ein Druck zur Reduktion ausgeht. Je stärker die Dissonanz empfunden wird, desto stärker ist der Druck nach Dissonanzreduktion.

Als dissonanzbeeinflussende **Faktoren** bei Kaufentscheidungen gelten:

- Produkterfahrung: Umso weniger Erfahrungen der Konsument mit dem entsprechenden Produkt gesammelt hat, desto unsicherer ist er in Bezug auf die Richtigkeit seiner Kaufentscheidung, was dissonanzsteigernd wirkt.
- Informationen über Konkurrenzprodukte: Erfährt der Verbraucher, dass Produkte von Wettbewerbern dem erworbenen Produkt überlegen bzw. unterlegen sind, steigert bzw. verringert dies seine Dissonanz.
- Soziale Unterstützung bzw. Missbilligung: Erstere wirkt dissonanzreduzierend, letztere steigert das kognitive Ungleichgewicht.

Dem Konsumenten bieten sich folgende Möglichkeiten, um Dissonanz **abzubauen**:

- Änderung des Verhaltens (z. B. Meiden eines Herstellers)
- Suche nach konsonanzfördernden Informationen aus der Umwelt (z. B. Information über Produkte anderer Anbieter mit einem schlechteren Preis/Leistungs-Verhältnis)
- Hinzufügen neuer kognitiver Elemente (z. B. Umbewertung eines Kaufs von einer High- in eine Low-Involvement-Entscheidung, um dadurch die Bedeutung einer bereits getroffenen Fehlentscheidung zu verringern; vgl. hierzu Abschnitt 2.2)

Ein Anbieter kann auf folgende Arten zur **Dissonanzvermeidung** bzw. **-reduktion** beitragen:

- Realistische Information des Kunden in der Vorkaufphase über das Leistungsangebot

- Verzicht auf "High-Pressure"-Marketing, bei der psychischer bzw. sozialer Druck auf den Konsumenten ausgeübt wird
- Freiwillige „Bei-Unzufriedenheit-zurück" bzw. „Niedrigstpreis"-Garantien
- Versorgung mit positiven und damit konsonanzfördernden Informationen über die erworbene Leistung in der Nachkaufphase (z. B. Übersendung einer Kundenzeitschrift, in der ein positives Testergebnis bezüglich des gekauften Produkts präsentiert wird)

Kontrasttheorien

Diese Ansätze gehen auf die **"Adaption-Level"-Theorie** (Adaptionl-Level = Standard) von *Helson* (1947, 1964) zurück. Basierend auf vergangenen eigenen und fremden Erfahrungen bildet der Konsument ein sog. Adaptions-Level bzw. ein Referenzniveau, mit dem er die später wahrgenommene Leistung vergleicht. Eine Leistung wird demnach immer relativ zum persönlichen Standard bzw. Bezugspunkt beurteilt. Positive Erfahrungen heben den Standard, negative lassen ihn sinken. Mit dieser Theorie lässt sich erklären, dass man sich an sehr gute Leistungen gewöhnt, d. h. dass auf Dauer ursprünglich hervorragende Produkte und/ oder Dienstleistungen nach einer Weile keine Zufriedenheit mehr auslösen („hedonistische Tretmühle" bzw. Anspruchsniveausteigerung).

Speziell die Kontrasttheorie basiert auf der Annahme, dass Individuen im Falle von Unstimmigkeiten sprich Abweichungen zum Bezugspunkt dazu tendieren, diese sogar noch zu vergrößern („aus einer Mücke einen Elefanten machen"). Damit nehmen die Kontrasttheorien eine Gegenposition zu den Konsistenztheorien ein, zu denen die Theorie der kognitiven Dissonanz zählt.

Beispielsweise tendieren Konsumenten bei einer Wartezeit an der Kasse von mehr als 90 Sekunden dazu, diese zu kontrastieren, d. h. die subjektiv wahrgenommene übersteigt die reale Wartezeit (vgl. *Underhill* 2000). Mit der Erkenntnis, dass Diskrepanzen sowohl bei positiven als auch bei negativen Abweichungen übertrieben werden, leisten die Kontrasttheorien einen wichtigen Beitrag für das Marketing in den Bereichen **Beschwerdemanagement** und **Mund-zu-Mund-Werbung**.

Assimilations-Kontrast-Theorie

Diese Kombination aus Konsistenz- und Kontrasttheorie basiert auf den Überlegungen von *Sherif/Hovland* (1961). Ausschlaggebend für die kognitive Reaktion des Menschen ist die Größe der Diskrepanz zwischen zwei Kognitionen: Bei einer kleinen Dissonanz werden die Kognitionen im Sinne der Konsistenztheorie einander angeglichen sprich assimiliert, d. h. dem Adaptionsniveau angenähert. Bei großen Abweichungen und damit ab einer bestimmten Schwelle hingegen werden Diskrepanzen kontrastiert und damit überbetont, d. h. die beiden Eindrücke werden als unterschiedlicher angesehen als es den objektiven Gegebenheiten entspricht. Abb. 2.8 verdeutlicht diesen Zusammenhang graphisch.

Die Assimilations-Kontrast-Theorie findet im Marketing u. a. folgende **Anwendungsbereiche**:

- **Preisreaktionen**: Vor dem Hintergrund der gemachten Erfahrungen bilden Verbraucher für jedes Qualitätsniveau und jede Produktkategorie einen Referenzpreis. Dieser dient als Grundlage für die Beurteilung von Preisforderungen. Liegt eine Preisforderung in unmittelbarer Nähe zum Referenzpreis, wird sie assimiliert, d. h. in der Wahrnehmung in Richtung des Ankers verschoben. In diesem sog. Akzeptanzbereich werden Preisdifferenzen nicht wahrgenommen oder unterschätzt, auf jeden Fall aber toleriert. Überschreitet die Diskrepanz zwischen Referenzpreis und Ankerpreis hingegen eine bestimmte Grenze, wird die Abweichung in der Wahrnehmung noch vergrößert (= Kontrastbereich). In diesem Zusammenhang kann man beispielsweise unterstellen, dass durch die Umstellung von D-Mark auf € der Assimilationsbereich der Konsumenten größer wurde. Konkret stuft der Durchschnittsverbraucher eine Preissteigerung um 10 Cent geringer ein als eine solche um 20 Pfennige vor der Währungsumstellung.
- **Kundenzufriedenheit bzw. Nachkaufevaluation**: Liegt eine Leistung in unmittelbarer Nähe zu den Erwartungen, wird sie assimiliert, d. h. in der Wahrnehmung in Richtung des Ankers verschoben. In diesem sog. Akzeptanzbereich werden Abweichungen nicht wahrgenommen, der Kunde ist zufrieden. Überschreitet die Diskrepanz zwischen Erwartung und Leistung hingegen eine bestimmte Grenze, wird die Abweichung in der Wahrnehmung kontrastiert. In dem einen Fall ist man zutiefst enttäuscht, im anderen Fall begeistert.

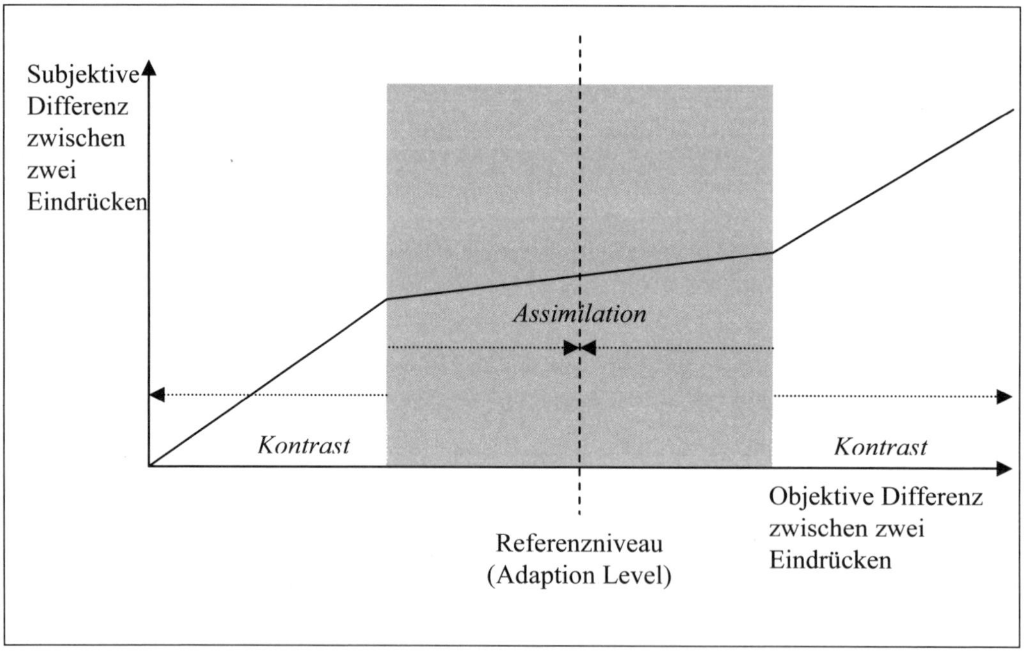

Abb. 2.8: Der Assimilations-Kontrast-Effekt

Risikotheorie

Dieser von *Bauer* (1960) begründete Ansatz geht davon aus, dass sich jeder Konsument beim Erwerb eines Produktes mit Risiken konfrontiert sieht, da er nur über unvollständige Informationen verfügt und demnach die Konsequenzen seiner Handlung nicht umfassend abschätzen kann. Dabei unterscheidet man folgende **Risiken**:

- **Funktionales Risiko**: Das erworbene Produkt erfüllt seine Aufgabe nicht.
- **Physisches Risiko**: mögliche Gesundheitsbelastungen durch das Produkt
- **Psychologisches Risiko**: Identifikation mit dem Produkt
- **Soziales Risiko**: Durch den Kauf des Produkts verstößt man gegen soziale Normen oder erhält nicht die erwartete Anerkennung seiner Umgebung.
- **Finanzielles Risiko**: Das gleiche Produkt hätte man einem anderen Ort und/oder zu einem anderen Zeitpunkt günstiger erwerben können.

Der Verbraucher versucht mittels bestimmter **Strategien**, die geschilderten Risiken zu vermindern bzw. ganz abzubauen. Hierzu zählt u. a. der Kauf:

- von bekannten, vertrauten (= Markentreue) oder verbreiteten Marken.
- kleiner Mengen eines Produktes.
- des billigsten Produktes, wodurch das finanzielle Risiko vermindert wird.
- des teuersten Produkts, wodurch der Verbraucher das funktionelle Risiko eines Produktes verringern will. Hier fungiert der Preis als Indikator für Qualität („Was nichts kostet, ist nichts wert.“, „Qualität hat ihren Preis.“).

Des Weiteren lassen sich Risiken dadurch verringern, dass man sich im Vorfeld umfangreich informiert (, was sämtliche Risiken betrifft), Garantieleistungen der Anbieter beachtet bzw. erwirbt (etwa Mobilitätsgarantien im Kfz-Bereich, „Bei-Unzufriedenheit-zurück“-Garantien, Preis-Garantien) und/oder sich an Meinungsführern orientiert (= Abbau sozialer Risiken).

Soziale Austauschtheorie

Dieser Ansatz, der von *Homans* (1958) begründet und von *Thibaut/Kelley* (1959) weiterentwickelt wurde, versteht jegliche Interaktion, also auch die zwischen Anbieter und Nachfrager, als Austausch von Belohnungen (= die erworbene Leistung) und Bestrafungen (= mit dem Erwerb verbundene Kosten sowie nicht-monetäre Aufwendungen). Jeder Interaktionspartner bildet die Differenz der Erträge und Aufwendungen einer Beziehung (sog. Outcomes). Hierbei werden die Outcomes vor dem Hintergrund gemachter Erfahrungen, sozialer Vergleiche sowie möglicher Alternativen bewertet. Übersteigen die Erträge die Aufwendungen, hält der Partner die Beziehung aufrecht (z. B. Kundenloyalität). Im gegenteiligen Fall bricht er den Kontakt ab (z. B. Kundenabwanderung).

Ein Anbieter sollte demnach dem Verbraucher zum einen verdeutlichen, welche Mehrleistung er im Vergleich zur Konkurrenz bietet (etwa kaufmännische und technische Serviceleistungen vor, während und nach dem Kauf; vgl. hierzu Abschnitt 7.2.4). Zum anderen gilt es dem potenziellen Kunden sämtliche Kosten bewusst zu machen, die mit dem Erwerb eines Produktes beim Wettbewerber verbunden sind. In der Regel fixiert sich ein Konsument nämlich auf den Anschaffungspreis und vernachlässigt Folgekosten sowie nicht-monetäre Aufwendungen für Information, Verhandlungen, Transfer und Kontrolle der Richtigkeit seiner Kaufentscheidung.

Equity- bzw. Gerechtigkeits-Theorie

Dieser auf *Adam* (1963) zurückgehende Ansatz basiert auf folgender Annahme: Empfindet ein Mensch das Verhältnis von Aufwand und Ertrag als unfair (etwa höherer Preis für gleiche Leistung oder gleicher Preis für geringere Leistung), empfindet er Spannungen, die es abzubauen gilt. Sind die Spannungen beseitigt, führt dies zu einem Gleichgewicht und damit zu Zufriedenheit. Anwendung findet diese Theorie im Marketing u. a. bei der Analyse von Anbieter-Kunde-Beziehungen (sog. **Relationship-Marketing**).

Fallstudie „Neuroökonomie“ – der Konsument im Kaufrausch

Bei der Neuroökonomie handelt es sich um einen innovativen Zweig der Hirnforschung, auf dem Neurologen, Marktforscher, Ökonomen und Psychologen zusammenarbeiten. Ihren Erkenntnissen zufolge verfügt der Konsument über drei Schalter sprich Hirnareale, deren Betätigung bzw. Aktivierung durch den Anbieter zur Folge hat, dass die Entscheidung zum Kauf quasi zwangsläufig abläuft.

Der Nucleus Accumbens befindet sich im basalen Vorderhirn des Konsumenten. Seine Aktivierung führt dazu, dass sich der Konsument belohnt fühlt. Die verlustanzeigende Insula ist im Großhirn, über den Augenhöhlen angesiedelt. Im Mesialen Präfrontalen Kortex (MPFC) schließlich erstellt der Kunde eine Art Bilanz, eine Gewinn-Verlust-Rechnung im Falle des Erwerbs eines Produkts. Folgt man den Überlegungen der Neuroökonomen, ist eine individuelle Kaufentscheidung nichts anderes als der hedonistische Wettstreit zwischen der unmittelbaren Befriedigung des Erwerbs und dem gleichzeitigen Schmerz des Zahlenmüssens. Als überzogen wahrgenommene Preise schmerzen, die Insula feuert, und die MPFC schaltet auf Ablehnung.

Demnach könne der mittels Kernspintomographen ermöglichte Blick ins Hirn des Konsumenten individuelle Kaufentscheidungen entschlüsseln, aber auch die Relevanz ökonomischer Theorien überprüfen. Beispielsweise gelang es nachzuweisen, dass Kreditkartenkäufer primär deshalb dazu neigen sich zu überschulden bzw. vergleichsweise viel auszugeben, weil ihnen der unmittelbare schmerzhafte Verlust-Impuls der Insula fehlt. Das verzögerte Zahlenmüssen betäube den Konsumenten quasi. Kunden, die mit Kredit- oder EC-Karte bezahlen, sind also glücklicher, weil sie den Geldverlust schmerzfrei in die Zukunft verlegen. Geschlechtsspezifische Unterschiede in der Aktivierung der drei Hirnareale konnten die Wissenschaftler übrigens nicht feststellen.

Quelle: *Müller-Jung, J.*: Der Konsument – Im Kaufrausch, in: Frankfurter Allgemeine Zeitung, Nr. 3 vom 04.01.2007, S. 36.

Lerntheorien

Hier lassen sich **vier grundsätzliche Ansätze** unterscheiden (vgl. im Folgenden *Mielke* 2001):

- **Lernen durch klassische Konditionierung (*Pawlow*'scher Hund)**
  Klassische Konditionierung bezeichnet das Lernen durch Kopplung von Stimuli. Als Begründer dieses Ansatzes gilt *Pawlow*. In seinen bekannten Hundeexperiment koppelte er einen neutralen Stimulus (= Ertönen einer Glocke) an einen unbedingten Stimulus (= Präsentation von Futter), der seinerseits einen unbedingten Reflex (= Speichelabsonderung) auslöste. Nach mehrmaligem Wiederholungen stellte sich ein Lerneffekt dergestalt ein, dass der nunmehr durch Erfahrung bedingte Stimulus (= Glocke) auch ohne Futterabgabe zum nunmehr bedingten Reflex (= Speichelabsonderung) führte, wobei die Wirkung im Zeitablauf bis zur vollständigen „Löschung" nachließ.
  Kroeber-Riel griff diese Erkenntnisse in seinem *Hoba*-Experiment auf und verdeutlichte damit das Nutzenpotenzial der klassischen Konditionierung für den Marketingbereich (vgl. *Kroeber-Riel/Weinberg* 1999, S. 133 – 140). Er verband einen neutralen Stimulus, nämlich das Kunstwort *Hoba*-Seife, mit einem unbedingten Stimulus (= Präsentation einer nackten Frau in einem Werbespot), der seinerseits bei den männlichen Versuchspersonen einen unbedingten Reflex (= sexuelle Erregung) auslöste. Nach einer angemessenen Wiederholung der Kopplungen löste alleine das ursprünglich nichts sagende Wort *Hoba* bei den Probanden sexuelle Erregung aus, auch wenn nunmehr keine erotischen Bilder gezeigt wurden.

- **Lernen durch operante (= instrumentelle) Konditionierung**
  Während sich die klassische Konditionierung bei der Entstehung von Stimulus-Response-Verknüpfungen auf die Stimulus-Komponente fokussiert, rückt die operante Konditionierung die Response-Komponente in den Vordergrund, indem sie Lernen als Konsequenz des Verhaltens interpretiert. Individuen werden tendenziell eher das Verhalten wiederholen, für das sie belohnt wurden, und das Verhalten vermeiden, für das sie bestraft wurden. Eine der in diesem Zusammenhang bekanntesten Versuchsanordnungen ist die *Skinner*-Box. Hierbei handelt es sich um einen Käfig, in dem die Versuchstiere lernen, auf einen bestimmten Hebel zu drücken, um eine Belohnung zu erhalten (z. B. Futter) bzw. eine Bestrafung zu vermeiden (etwa Elektroschock, Wasserspritzer). Im Marketing werden diese Erkenntnisse dergestalt genutzt, dass in der Werbung gezeigt wird, dass ein bestimmtes Produkt geeignet ist, Belohnungen zu erlangen (z. B. gelungenes Familienfest durch Kredenzen einer bestimmten Kaffee-Marke) bzw. Bestrafungen zu vermeiden (durch Kaugummi kein Mundgeruch und damit keine soziale Ächtung).

- **Imitatives Lernen am Modell**
  Hier wird Lernen als Nachahmung anderer Personen durch bloßes Beobachten verstanden. Diese Form des Lernens tritt bereits im frühkindlichen Stadium auf, wenn Kinder ihre Eltern sowie Geschwister beobachten und deren Verhalten imitieren. Wird beispielsweise eine Hausfrau wegen ihrer blütenweißen Wäsche von ihrem Mann gelobt, lernt der Betrachter, dass das entsprechende Waschmittel mit Belohnungen verbunden ist, und wird dieses Verhalten gegebenenfalls imitieren. Das Lernen am Modell tritt umso intensiver auf, je höher Prestige sowie soziale Macht der beobachteten Person und je ge-

ringer Selbstschätzung und die zum Modell bestehende Distanz des Beobachters ausgeprägt sind.

- **Kognitives Lernen**
  Diese Ansätze gehen von der Annahme aus, dass Lernen aufgrund des Erkennens der jeweiligen Zusammenhänge und damit durch Aufspüren von Mittel-Zweck-Beziehungen erfolgt. Die Werbung nutzt diesen Ansatz dann, wenn dem Verbraucher die Wirkung komplexer Produkte durch simple Analogien nahe gebracht wird.

Fallstudie „Kognitives Lernen“ – die Werbekampagnen von *BMW*, *Audi* und *Elmex*

Mit unkonventionellen Methoden umwirbt *BMW* das intelligente Allradsystem xDrive. Ein Hampelmann (engl. "Jumping Jack") steht darin im Mittelpunkt und erklärt mit Gestik und Mimik den Nutzen sowie die Funktion des High Tech Systems. xDrive verteilt die Kraft auf die vier angetriebenen Räder, und zwar nicht nur unabhängig zwischen Vorder- und Hinterachse, sondern auch zwischen den einzelnen Rädern, je nachdem, wo die Kraft gerade benötigt wird. Das sichert maximale Traktion unter allen Fahrbedingungen und hält das Fahrzeug auch in kritischen Situationen stabil.

Das Hauptmotiv der Kampagne, ein animierter Hampelmann, visualisiert auf einfache Art und Weise die Funktionalität der neuen Allrad-Technologie xDrive. In Analogie zum System bewegt er seine Arme und Beine. Erst streckt der Hampelmann alle vier von sich, dann zwei Füße, dann zwei Hände, dann diagonal ein Hand und ein Bein und am Schluss alle Gliedmaßen separat.

Audi verdeutlichte ehemals die Wirkung von ProConTen, einem komplizierten Sicherheitssystem, das im Falle eines Autounfalls das Lenkrad aus dem Gefahrenbereich des Autofahrers zieht, an einem einfachen Modell aus Streichholzschachtel, Büroklammer und Bindfaden.

Und die Produzenten von *Elmex Sensitive*, einer Zahncreme für empfindliche Zähne, nutzen folgenden Vergleich: „Wenn ein Baum keine Rinde mehr hat, ist er schutzlos der Witterung ausgesetzt. Genauso ist es bei Zähnen, wenn die Zahnhälse freiliegen. Das ist der wunde Punkt.“

Attributionstheorien

Diese Ansätze, die von *Herkner* (1980) entwickelt wurden, gehen davon aus, dass die für ein beobachtetes Ereignis bzw. Verhalten wahrgenommenen Ursachen weitgehend bestimmen, wie man darauf reagiert (Attribution = Wahrnehmung von Kausalbeziehungen). Dabei vermutet man ein Motiv, beobachtbare Ereignisse auf die zugrunde liegenden Sachverhalte zurückzuführen. Mögliche **Annahmen** sind hierbei:

- **Interne Attribuierung**: Diese liegt vor, wenn Eigenschaften des Handelnden als Ereignisursache gesehen werden (= dispositionelle Erklärung).

- **Externe Attribuierung**: Hier werden situative Einflüsse als Ursache eines Zustandes gesehen (= situative Erklärung).

Beispielhaft sei hier der Erwerb eines Gebrauchtwagens angeführt, bei dem nach einer Woche ein Schaden an der Auspuffanlage entdeckt wird. Geht der Kunde davon aus, dass der Verkäufer diesen Schaden bereits kannte und gewisse Tatsachen bewusst verschwiegen hat (= interne Attribuierung), wird er sich – mit einer erheblichen Wut im Bauch – beschweren. Vermutet er hingegen, dass der Verkäufer den Schaden nicht kannte (= externe Attribuierung), wird er weniger erzürnt reagieren.

2.4 Determinanten des Konsumentenverhaltens

2.4.1 Externe Faktoren

Grundsätzlich lassen sich externe und interne Faktoren des Konsumentenverhaltens unterscheiden. Während man bei den internen Faktoren zwischen aktivierenden und kognitiven Prozessen differenziert, lassen sich die externen Faktoren in anbieterbezogene, soziale und situative Einflussgrößen gruppieren.

Die **anbieterbezogenen Faktoren** bestehen im Wesentlichen aus den vier „P´s“, nämlich:

- Product,
- Price,
- Place und
- Promotion.

Die **sozialen Determinanten** entstammen dem Umfeld des Konsumenten und können folgendermaßen untergliedert werden (vgl. dazu u. a. *Kroeber-Riel/Weinberg* 1999; *Solomon/Bamossy/Askegaard* 1999; *Wiswede* 1998):

- **Kultur**, d. h. die Gesamtheit der Wertvorstellungen und Lebensformen einer Gemeinschaft und damit das Wertesystem bzw. der Wertewandel in einer Gesellschaft
- **Subkultur**, d. h. durch gemeinsame Erfahrungen oder Merkmale geprägte Gruppen innerhalb einer Kultur (z. B. ethnische oder religiöse Minderheiten, nationale oder geographische Volksgruppen). Subkulturen lassen sich nach geographischen Gebieten, Alter, nationaler Herkunft, Religionsgemeinschaften u. ä. differenzieren.
- **Soziale Schicht**: Hierunter versteht man einen relativ homogenen und stabilen Teil einer Gesellschaft mit gleichem Status, der sich durch ähnliche Werte, Interessen, Verhaltensweisen und Lebensstile auszeichnet. Die soziale Schicht bzw. Klasse lässt sich anhand von Beruf, Einkommen, Vermögen, Ausbildung, Wohlstand, Lebensstil und ähnlichen Kriterien definieren.
- **Bezugsgruppen**: Eine Gruppe ist eine Mehrzahl von Personen, die in wiederholten und nicht zufälligen wechselseitigen Beziehungen zueinander stehen. Hierbei wird zwischen Primärgruppen, d. h. kleinen Gruppen, für die eine persönliche Interaktion der Mitglieder kennzeichnend ist (Familie, Freunde, Nachbarn, Kollegen), Sekundärgruppen, d. h. gro-

ßen Gruppen, deren Mitglieder ein eher formal begründetes Verhältnis zueinander haben und die sich meist nicht alle persönlich kennen (Berufsverbände, Gewerkschaften, Parteien, Religionsgemeinschaften u. ä.), und Leitbild- bzw. Antileitbildgruppen (z. B. Popstar, Schauspieler, Sportler u. ä.) unterschieden.

Welchen Einfluss soziale Determinanten ausüben, lässt sich beispielsweise daran ablesen, dass Wein subjektiv besser schmeckt, wenn er teurer ist, was dem Verbraucher eine große Nachfrage suggeriert. Und Kleidung gilt als chic, wenn sie modisch ist, sprich: von vielen getragen wird. Derartige Alltagserfahrungen lassen sich auch in wissenschaftlichen Versuchen bestätigen: Während in der einen Hälfte der Hotelzimmer im Badezimmer ein Hinweisschild angebracht war, dass es umweltfreundlicher sei, ein Handtuch mehrfach zu benutzen, betonten die Hinweise in der anderen Hälfte der Zimmer, dass die Mehrheit der Gäste das Textil bereits mehrfach verwende. Den vermeintlichen Vorbildern folgte ein Drittel mehr Probanden als dem Argument des Energiesparens (vgl. *Cialdini*, zitiert nach *Siefer/Miltner* 2007, S. 74).

Fallstudie „Kulturelle Determinanten des Konsumentenverhaltens“ – die Sortimentspolitik von *McDonald's*

Grundsätzlich strebt *McDonald's* an, weltweit einen festdefinierten Kern an zur Auswahl stehenden Produkten (zum Beispiel den *Big Mäc*, Pommes Frites, Soft-Drinks) anzubieten. Wo dies nicht möglich ist, ersetzt bzw. ergänzt das Unternehmen die Standardprodukte durch kulturell akzeptierte Speisen. Zur Veranschaulichung dienen die folgenden Beispiele:

- *McDonald's* Restaurants servieren in der arabischen Welt "Halal"-Menüs, was bedeutet, dass die islamischen Regeln für die Zubereitung von Speisen, insbesondere Rind, eingehalten werden. Außerdem werden in den Restaurants in Saudi-Arabien keine Figuren und Poster von *Ronald McDonald* aufgestellt, da der Prophet die Zurschaustellung von „Götzenbildern“ verboten hat. In muslimischen Ländern wie Malaysia wird auf den Hamburgern und in Frühstücksmenüs kein Schinken angeboten, weil Schwein haraam ist, was soviel bedeutet, dass der Verzehr von Schweinefleisch im Islam verboten ist.
- Der erste koschere *McDonald's* eröffnete 1995 in eine Vorstadt von Jerusalem, mittlerweile gibt es auch in Buenos Aires ein solches Restaurant. Am Samstag, dem jüdischen Sabbat, bleiben die Restaurants geschlossen, und es werden nur koschere Speisen serviert, die nach den strengen Glaubensregeln zubereitet sind. Beispielsweise werden keine Cheeseburger angeboten, da die Mischung von Fleisch und Milchprodukten verboten ist. Grundsätzlich werden keine Milchprodukte serviert. Und während des achttägigen Paschafests, bei dem die gläubigen Juden nur ungesäuertes Brot essen dürfen, werden entsprechende Hamburger-Brötchen verwendet.
- Da im Hinduismus der Verzehr von Rind verboten ist, bietet *McDonald's* stattdessen Lamm an. Dort wurde der *Big Mac* in den Maharaja Mac, einen Lammfleisch-Burger, sowie den Chicken Maharaja Mac, eine Hühnchen-Variante, umgewandelt. Außerdem werden aus Respekt gegenüber Vegetariern vegetarische und fleischhaltige Speisen in verschiedenen Bereichen des Restaurants zubereitet.

- In Japan findet man auf der Speisekarte Reisgerichte, einen Teryaki-Burger und einen Hähnchen-Burger, der mit Soja-Soße und Ingwer serviert wird. Und dort wurde der ursprüngliche Firmenname in "*Makudonarudo*" umgewandelt, da sich das in den Ohren der Japaner freundlicher anhört.

Quelle: *Schneider, W.*: McMarketing – Einblicke in die Marketing-Strategie von McDonald's, Wiesbaden 2007, S. 65 f.

Zu den **situativen Faktoren**, die das Konsumentenverhalten determinieren, zählen u. a.:

- physisches Umfeld des Kaufs (etwa Bedingungen am Point-of-Sale, Wetter),
- Zweck des Erwerbs (z. B. persönliche Nutzung des Produktes versus Geschenk) sowie
- Zeitfaktor (Tageszeit, Jahreszeit/Saison, Dringlichkeit).

2.4.2 Interne Faktoren

Aktivierende Prozesse

Überblick

Die internen bzw. psychischen Variablen sind im Inneren des Menschen und damit in der Psyche angesiedelt (vgl. im Folgenden *Kroeber-Riel/Weinberg* 1999, S. 42 ff.; *Gröppel-Klein* 2001, S. 36 – 39). Hierbei unterscheidet man aktivierende und kognitive Prozesse.

Unter Aktivierung (Arousal) versteht man sämtliche Vorgänge, die mit inneren Erregungen verbunden sind und menschliches Verhalten antreiben. Sie versorgen den Organismus mit Energie und versetzen ihn in einen Zustand der Leistungsbereitschaft und -fähigkeit (vgl. *Fischer/Wiswede* 1997, S. 104 ff.). Damit wirken sie ihrerseits auf die kognitiven Prozesse (= Informationsaufnahme, -verarbeitung und -speicherung).

Zu den **aktivierenden Prozessen** zählen im Wesentlichen die folgenden **hypothetischen Konstrukte**, die im Sinne eines Stufenmodells aufeinander aufbauen (vgl. Abb. 2.9):

- **Emotion**: Hierunter versteht man einen zentralnervösen Erregungszustand, der mehr oder minder bewusst erlebt und kognitiv interpretiert wird, indem man ihn als angenehm oder unangenehm einstuft („Es ist angenehm.", „Ich fühle mich wohl.").
- **Motivation**: Dies sind Emotionen und Triebe, die kognitiv handlungs- bzw. zielorientiert sind. Konkret geht es auf dieser Ebene um die Frage, durch welche Handlungen unangenehme Emotionen vermieden und angenehme Gefühle gesteigert werden können („Ich will Z erreichen.", „Ich möchte dies tun.").
- **Einstellung**: Darunter fasst man die kognitive Beurteilung eines Gegenstandes, d. h. inwieweit bestimmte Objekte geeignet sind, um Motive zu befriedigen („Ich halte A für gut.", „Ich ziehe G vor.").

Die Vorgänge Emotion, Motivation und Einstellung, die durch ihre Aktivierungskomponente gekennzeichnet sind, bauen aufeinander auf: Motivation basiert auf Emotion, Einstellung auf Motivation. Von den Erregungen und Spannungen, die mit Emotion, Motivation und Einstellung einhergehen, hängt es ab, wie viel psychische Energie freigesetzt wird und als spezifische Antriebsspannung für das jeweilige Verhalten zur Verfügung steht. Mit erhöhter Antriebsstärke steigt die Wahrscheinlichkeit des Verhaltens.

Aktivierungs- bzw. Erregungszustände lassen sich durch folgende **Arten von Reizen** auslösen:

- **Physikalische Reize** (etwa Farbe, Größe, Kontrast, Klarheit einer Anzeige)
- **Kognitive Reize** (beispielsweise in der Werbung durch gedankliche Konflikte [Putzfrauen unterhalten sich über Aktienanlage, Schauspieler mit allseits bekannten Alkoholproblemen trinkt demonstrativ Milch, Erwachsene essen Kindermilchriegel, Tiere sprechen], Widersprüche [*McDonald's* Slogan: „Spar Dich satt.", Männer tragen Frauenkleidung] und Überraschungen [auf dem Kopf stehende Anzeigen, rückwärts oder schneller laufende Werbespots])
- **Emotionale Reize**. Hierbei handelt es sich um sog. Schlüsselreize, die biologisch vorprogrammierte Reaktionen auslösen, weitgehend automatisch ablaufen und gedanklich nicht kontrolliert werden können. Derartige Stimuli besitzen eine visuelle (sog. Attrappen wie Kinder, weibliche oder männliche Reize, Augen, Mimik u. ä.), akustische (hören), taktile (fühlen) und/oder olfaktorische Dimension (= riechen).

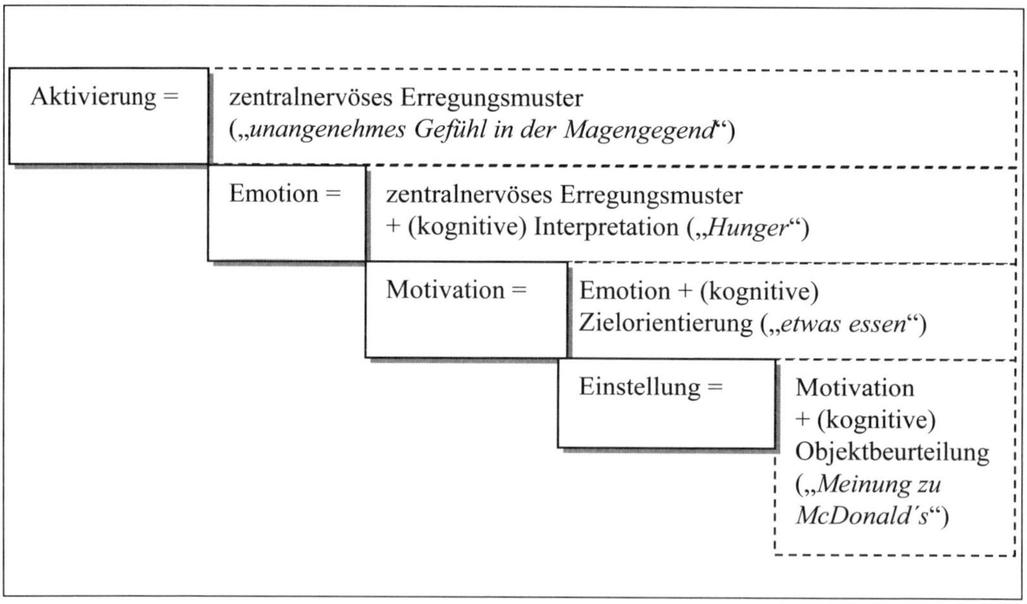

Abb. 2.9: Das Stufenmodell aktivierender Prozesse (Quelle: Kroeber-Riel/Weinberg 1999, S. 54 f.; Behrens 1991, S. 52)

Aktivierung gilt gemeinhin als notwendige Voraussetzung für jede menschliche Leistung, also auch für den Kauf eines Produktes. Hierbei lässt sich der Zusammenhang zwischen Aktivierung – gemessen anhand des Hautwiderstandes = Elektrodermale Reaktion – und kognitiver Leistung anhand einer umgekehrten U-Funktion (∩-Funktion; vgl. Abb. 2.10) abbilden, wobei sich folgende **vier Aktivierungsphasen** identifizieren lassen:

- **Minimalaktivierung** bzw. entspannte Wachheit: Ein Mindestmaß an Aktivierung, das jenseits der Grenze des Schlafes liegt, ist Voraussetzung jeder menschlichen Leistung.
- **Normalaktivierung** bzw. wache Aufmerksamkeit: Mit zunehmender Aktivierung nimmt die menschliche Leistung zu.
- **Überaktivierung** bzw. starke Erregung: Übersteigt die Aktivierung ein gewisses Niveau, wirkt sie leistungsmindernd.
- **Maximalaktivierung** bzw. Panik: Bei extremer Überaktivierung ist keine Leistung mehr möglich, das Individuum reagiert mit Panik.

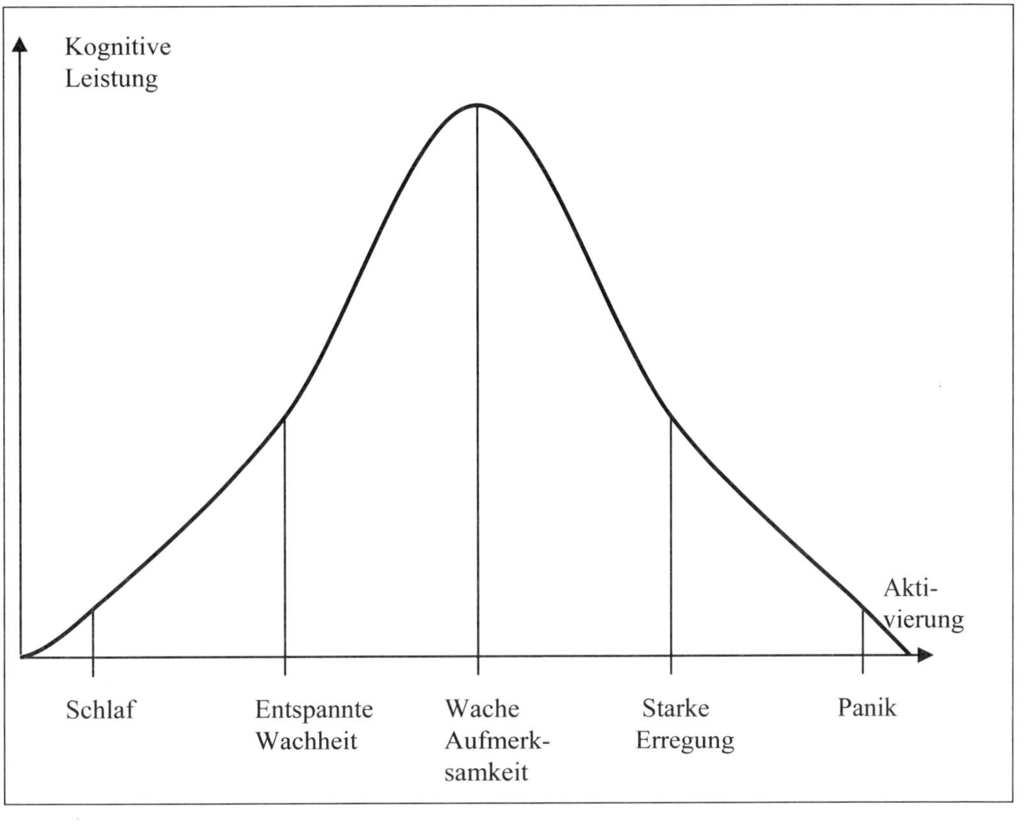

Abb. 2.10: Der Zusammenhang zwischen Aktivierung und kognitiver Leistung (λ-Hypothese) (Quelle: Kroeber-Riel/ Weinberg 1999, S. 79)

Kroeber-Riel/Weinberg (1999, S. 80 ff.) postulieren die Hypothese, dass im Marketing keine Überaktivierung erzeugt werden kann und deshalb von einer Normalaktivierung auszugehen ist. Sie konnten in empirischen Untersuchungen einen annähernd linearen Zusammenhang zwischen der Aktivierungsstärke von Werbeanzeigen und deren Wirkung (gemessen anhand der Erinnerungsleistung) nachweisen. Trotzdem ist in der Werbepraxis ein gemeinhin vorsichtiger Umgang mit Angst- bzw. Furchtappellen (sog. **Fear Appeals**) zu beobachten, wie die Beispiele von Versicherungsunternehmen, Anbietern von Gesundheitsprodukten u. ä. belegen.

Furchtappelle weisen auf die ungünstigen Konsequenzen hin, die der Empfänger der Botschaft zu erwarten hat, wenn er den Empfehlungen des Kommunikators nicht folgt. Ändert der Empfänger hingegen sein/e Einstellungen bzw. Verhalten im vom Kommunikator intendierten Sinne, kann er seine Furcht und damit die vermeintliche Gefahr abbauen (vgl. im Folgenden *Barth* 2000; *Bengel/Barth* 1998; *Brosius/Fahr* 1996, S. 188 – 227).

Bislang konnte den Nachweis einer dauerhaften bzw. lang anhaltenden Wirkung von Furchtappellen noch nicht erbracht werden. Deshalb gibt es auch keine verbindlichen Ratschläge für den Einsatz von Furchtappellen, da deren Wirkung von zahlreichen Faktoren abhängt. Hierzu zählen:

- Konkrete Bedrohung bzw. Gefahr: Während einer Influenza-Epedimie dürfte man gegenüber entsprechenden Furchtappellen vergleichsweise empfänglich sein.
- Auftretenswahrscheinlichkeit des Ereignisses: Erkrankt nur einer von 10 Millionen Menschen an einem Virus, wird dies nur wenig Furcht in der Bevölkerung auslösen.
- Art und Weise der Botschaft: Agiert man in der Anti-Aids-Werbung mit Humor (Präservativ: passt auf jede Gurke) oder mit schockierenden Bildern (sterbender Aids-Kranker)?
- Stärke des Furchtappells: Je stärker der Appell, desto höher die Reaktanzwahrscheinlichkeit. D. h. der Empfänger widersetzt sich dem Appell.
- Situative Faktoren: Ein Jugendlicher, dem in einer Gruppe mit Freunden schockierende Bilder von Verkehrsunfällen vorgeführt werden, wird anders reagieren, als wenn er diese Bilder alleine sieht.
- Empfänger: Persönlichkeitseigenschaften wie Ängstlichkeit, Risikoaversion etc.
- Realisierbarkeit einer effektiven Schutzmaßnahme: Existiert z. B. einen wirkungsvoller Impfstoff, der erhältlich und bezahlbar ist?

Aufklärungs- und Werbekampagnen beispielsweise, die darauf abzielen, Autofahrer zu einem sicherheitsbewussten Fahrstil zu motivieren, bedienen sich zunehmend einer „Schock-Strategie“. In teilweise sehr drastischen Bildern werden den Zielgruppen (zumeist junge Männer) die Folgen z. B. des Alkoholkonsums oder des zu schnellen Fahrens vor Augen geführt mit dem Anliegen, diese zu einer Verhaltensänderung zu motivieren. Eine Auswertung der Forschungen kommt zu dem Ergebnis, dass sich der erwünschte Effekt kaum einstellen dürfte. Gerade junge Männer werden von solchen Bildern nicht beeinflusst (eher noch Frauen). Insbesondere wenn den Botschaftsempfängern nicht zugleich Möglichkeiten aufgezeigt werden, wie sie die dargestellte Gefahr vermeiden können (also erwünschtes Fahrerverhalten modelliert wird), bleiben die Kampagnen wirkungslos. Viele Betrachter vertreten auch die

Ansicht, die dargestellte Gefahr betreffe sie nicht. Demnach sind nicht unbedingt schockierende Bilder nötig - diese fördern ohnehin nur die Abstumpfung der Angesprochenen -, sondern ein Ansatz, der den Fahrern verdeutlicht, dass gerade für sie das Risiko hoch ist (vgl. *Lewis/Watson/Tay/White* 2007, S. 203 – 222).

„Schockierende" Werbung ist definiert als „das Werben mit einer ‚gestellten' oder realistischen Bildaufnahme, die Not, Leid und Elend, aber auch religiöse oder politisch höchst sensible Themen zum Inhalt hat, keinerlei oder nur unzureichenden Sachbezug zu dem zu bewerbenden Produkt oder Unternehmen aufweist und lediglich bzw. dennoch mit dem Logo einer Firma oder eines Produkts verbunden ist, die aber aufgrund ihres unerwarteten Motivs geeignet ist, Reaktionen vielfältiger Art von heftigster Intensität hervorzurufen." (*Wuennenberg* 1996, S. 4). Da Konsumenten zunehmend mit Reizen und Informationen überflutet werden, müssen diese mittels besonders stimulierenden Werbebotschaften angesprochen werden. In diesem Zusammenhang soll schockierende Werbung provozieren, Aufmerksamkeit erregen und helfen, das Produkt abzusetzen sowie den Bekanntheitsgrad von Marke und Unternehmen zu steigern. Kritiker bemängeln, dass diese Form der Kommunikation häufig gegen die „guten Sitten" und den guten Geschmack verstoße und immer häufiger gesellschaftliche Tabus verletze. Beispielsweise führen die auf Betroffenheit beim Betrachter abzielenden Werbekampagnen von *Benetton* nicht selten zu Verstörung von Verbrauchern und damit zu negativen Imageeffekten, was sich u. a. anhand der massiven Kritik seitens der Franchisenehmer ablesen lässt.

Fallstudie „Fear Appeals" – die schockierende Werbung von *Benetton*

Als ebenso populäres wie umstrittenes Beispiel für schockierende Werbung gilt die *Benetton*-Werbung. Themenkomplex der *Benetton*-Kampagne bilden aktuelle tagespolitische Themen wie z. B. Flüchtlingsströme in Dritte-Welt-Ländern, Krieg, Kinderarbeit, Aids oder Verschmutzung der Meere durch Tankerunglücke; also reale und aktuelle Not- oder Katastrophensituationen wie Kriegs- und Flüchtlingsszenen. Zur Veranschaulichung dienen die folgenden Kampagnen-Beispiele:

- „H.I.V. positive": Hier wird ein Körperteil gezeigt, auf dem ein Stempel mit der Aufschrift „H.I.V. positive" aufgedruckt ist. Dieses Motiv wurde am 03.04.1994 vom Ober-Landes-Gericht Frankfurt/Main als sittenwidrig nach §1 UWG erklärt. Als Argument führten die Richter den fehlenden Zusammenhang mit dem beworbenen Produkt an – wie dies auch bei zahlreichen anderen *Benetton*-Motiven der Fall sei. Dem Werbetreibenden gehe es lediglich um eine wettbewerbswidrige Schockwerbung, denn es handle sich im vorliegenden Fall nicht bloß um Werbung mit der Realität, sondern einfach um Werbung, die die durch sie ausgelöste Publicity für ihre Zwecke ausnutze.

  Der Vergleich mit Holocaust-Opfern liegt nahe; in Auschwitz wurden die Häftlinge am Handgelenk mit eingebrannten Nummern versehen, wie dies auch bei geschlachteten Tieren der Fall ist. Der Mensch werde somit wie Schlachtvieh behandelt, was mit Realität nichts zu tun habe. Dies ist eine Herabsetzung und eine Verletzung der menschlichen Würde (vgl. Artikel 1 Grund-Gesetz). Gleichzeitig wird dieser Stempel als stigmatisierend, also erniedrigend empfunden, als Brandmarkung, da eine Zuordnung von bestimmten, von der Gesellschaft als negativ bewerteten, Merkmalen erfolgt. Der Stempel kennzeichnet somit in diskriminierender Weise den Abgebildeten. Das Leid der Aids-Kranken wird außerdem zu niederen Zwecken benutzt, ihre Würde mit Füßen getreten. Der Bundes-Gerichts-Hof urteilte, dass diese Werbung „den Bereich bloß schlechten Geschmacks weit überschritten habe." (zitiert nach *Kassebohm* 1995, S. 83; vgl. hierzu auch *Nickel* 1998).

- Blutige Uniform eines getöteten Soldaten: Hierbei wurde der Vorwurf gegen *Benetton* laut, dass das Unternehmen Werbung mit dem Entsetzten betreibe und ein tragisches Schicksal schamlos ausnutze, um den Absatz voran zu treiben. Dieses Motiv enthält außer dem Firmenlogo einen Satz auf Serbokroatisch, mit dem der Vater des Gefallenen seine Zustimmung zur Werbung gibt. Die Gesellschaft für bedrohte Völker stellte Strafantrag gegen *Benetton* wegen des niederen Motivs, im Angesicht von Massenmord und Völkervertreibung gezielt seinen Profit erzielen zu wollen.
- Sterbender Aids-Kranker: Hier ist ein an Aids schwer erkrankter Mann im Kreis seiner Familie zu sehen, die um ihn trauert. Das Motiv wurde am 09.03.1992 durch einstweilige Verfügung untersagt. Auch in diesem Fall wurde die Werbung als schockierend und besonders auch bei Betroffenen als grob anstößig und ihre Menschenwürde verletzend eingestuft. Man solle auch die Gefahr der Abstumpfung gegenüber dem Schicksal leidgeplagter Menschen bedenken.

Luciano Benetton bemerkt dazu, dass es Ziel der Werbekampagne sei, „den Wettbewerb zu gewinnen und nicht den Kopf zu verlieren" (*Kassebohm* 1995, S. 113). Proteste seinen im Vorfeld erwartet worden und Teil der Strategie – von Anfang an. Die Kampagne ist also wie jede andere auch auf ökonomische Ziele ausgerichtet – und nicht etwa, um die Welt zu verbessern, Kunst zu schaffen oder die Leute zum Nachdenken über sich und ihre Umwelt anzuregen.

Insgesamt findet die Aktivierungsforschung, zu der auch die Analyse schockierender Werbung zählt, große Akzeptanz in der Praxis, wie die zahlreichen erfolgreichen Anwendungen in Werbe-, Produkt- und Verpackungs- sowie Ladengestaltung belegen. Problematisch erweisen sich jedoch zwei Aspekte: Zum einen ist Aktivierung eine notwendige, aber keine hinreichende Bedingung für den Kauf eines Produktes. Zum anderen sagt Aktivierung nichts über die Qualität der damit verbunden Empfindungen aus.

Fallstudie „Neuromarketing" – der *Coke*-gegen-*Pepsi*-Test

Neuromarketing ist ein relativ neuer und kontrovers diskutierter Forschungszweig des Marketing und stellt ein Teilgebiet des übergeordneten neuroökonomischen Ansatzes dar. Gemäß Definition beschäftigt sich Neuromarketing mit dem Einsatz von Hirnforschungsmethoden im Marketing. Konkret werden medizinische Technologien wie die funktionelle Magnetresonanztomografie eingesetzt. Diese Methode misst Veränderungen der Gewebsdurchblutung in den verschiedenen Hirnregionen, die durch den Energiebedarf aktiver Nervenzellen hervorgerufen werden. Sie kann dadurch funktionelle Abläufe im Gehirngewebe in Form von Schnittbilderserien darstellen.

Dem **SOR-Paradigma** folgend liegt das Ziel des Neuromarketing in einem besseres Verständnis des Konsumentenverhaltens als eine Reaktion auf Marketingstimuli und somit eine erhöhte Effektivität und Effizienz der Marketingaktivitäten durch das Studium von Gehirnaktivitäten. Hierzu werden die Prozesse, welche die Entscheidung für oder gegen ein Produkt steuern, erforscht und in Beziehung zu objektivierbaren neurophysiologischen Abläufen gesetzt.

In erster Linie wird analysiert, welche Gehirnareale durch verschiedene Produkte aktiviert werden: So löst die Darstellung von Produkten, mit denen sich ein Konsument stark identifiziert, eine erhöhte Aktivität im medialen Präfrontal-Cortex aus. Dieser ist – wie man aus anderen Versuchen weiß – für höhere kognitive Funktionen zuständig und spielt eine prägende Rolle für das Selbstbild einer Person.

Allerdings steht das Neuromarketing nach Einschätzung von Experten erst am Anfang. Die Verfahren der Computertomographie seien noch viel zu grob, um die komplexen Hirnfunktionen wirklich aufzuschlüsseln. Umstritten sind auch die weitreichenden Schlussfolgerungen, die aus Hirn-Scans geschlossen werden. Schließlich sehen Kritiker des Neuromarketing in den neuen Techniken die Gefahr einer gezielten Manipulation des Konsumenten.

Bislang hat sich die Neuromarketing-Zunft u. a. mit dem sog. „*Pepsi*-Problem" beschäftigt. Hierbei geht es um die Frage, warum die meisten Leute *Coca-Cola* trinken, obwohl ihnen *Pepsi-Cola* besser schmeckt. Eine Antwort liefert der texanische Neuroforscher *Read Montague*. Er hat den *Coke*-gegen-*Pepsi*-Test wiederholt und die Gehirne der Probanden im Kernspintomographen überwacht. Hierbei gelangte er zu folgenden Befunden: Im Blindversuch leuchtete beim *Pepsi*-Trinken, wie zu erwarten, das Belohnungszentrum stärker auf. Sobald *Montague* jedoch die jeweilige Marke enthüllte, änderte sich nicht nur die Präferenz der Untersuchungspersonen, sondern auch das Muster ihrer Hirnaktivität. Der Name *Coca-Cola* stimulierte deutlich eine Region im Stirnhirn, den medialen präfrontalen Cortex, der für höhere kognitive Funktionen verantwortlich ist und eine prägende Rolle für das Selbstbild des Menschen spielt. Offenbar, so *Montagues* Interpretation, werden mit dem Namen *Coca-Cola* positive Assoziationen und Selbstwertgefühle verbunden. Sie und nicht der Geschmack machen den Wert der Marke aus.

Quelle: *Heines, V.*: Neuroeconomics und Neuromarketing, aus: http://www.isu.unizh.ch/marketing/research/diplomarbeit/NeuroeconomicsundNeuromarketing.pdf; http:// www.zeit.de/2003/47/Neuromarketing; http://flexicon.doccheck.com/Neuromar-keting; Stand: 11.11.2004.

Emotion

Emotionen gelten als die grundlegenden menschlichen Antriebskräfte. Unter einer Emotion versteht man eine innere Erregung, die angenehm bzw. unangenehm empfunden (= zentralnervöse Erregungsmuster; „Es ist mir angenehm.“, „Ich fühle mich wohl.“) und mehr oder minder bewusst erlebt wird (= kognitive Wahrnehmung). Emotionen ergeben sich aus einer Aktivierung und einer Interpretation. Hierbei handelt es sich um eine weitgehend automatische und ziemlich einheitliche Reaktion auf emotionale Reize. Solche Schlüsselreize sind u. a. erotische Darstellungen, kleine Kinder, Tiere und Naturaufnahmen.

Emotionen:

- werden mehr oder weniger bewusst erlebt,
- können willentlich kaum kontrolliert werden,
- führen wesentlich schneller zu einem Urteil als Kognitionen und
- wirken sich infolge ihre Aktivierungswirkung auf Denken und Informationsverarbeitung aus.

Emotionen bilden den Gegenpol zur Kognition und lassen sich anhand von vier Dimensionen beschreiben:

- **Objektbezug**
  Emotionen beziehen sich auf Gegenstände, wobei diese physischer (z. B. Produkte, Marken) oder psychischer Natur (etwa Umweltschutz) sein können. Hierbei muss der Auslöser einer Emotion (= Stimulus: etwa ein attraktives Modell in der Werbung) nicht zwingend ihr Objekt (= Marke bzw. Produkt) sein.
- **Zeitliche Limitierung**
  Emotionen entstehen aus dem Moment heraus und sind zeitlich begrenzt. Hierbei lassen sich emotionale Emotionen und emotionale Dispositionen unterscheiden. Erstere charakterisieren Emotionen, die bei Kontakt mit einem Stimulus auftreten („*Willy* ärgert sich über die schlechte Note, die er erhalten hat“). Die emotionale Disposition hingegen bezeichnet die grundsätzliche Bereitschaft einer Person, auf einen Stimulus zu reagieren („*Willy* ist ein ärgerlicher Mensch.“).
- **Intensität**
  Emotionen können entsprechend ihres Aktivierungsgrades variieren (starke versus schwache Emotionen). Manche Emotionen vergleichbarer Qualität werden auch entsprechend ihrer Aktivierungsstärke semantisch voneinander unterschieden (etwa Ärger und Wut, Sorge und Furcht).
- **Valenz**
  Emotionen wirken sich positiv (etwa Freude) oder negativ (etwa Traurigkeit) auf das eigene Wohlergehen aus.

Emotionen bilden demnach den Gegenpol zur Kognition und lassen sich anhand von vier Dimensionen beschreiben:

(1) Richtung (angenehm oder unangenehm),

(2) Qualität (Erlebnisinhalt bzw. Aufmerksamkeit oder Ablehnung),

(3) Ausmaß der Aktivierung und

(4) Bewusstsein.

Nach der Emotionspsychologen *C. E. Izard* (1994) existieren zehn Emotionen, die weltweit und kulturübergreifend vorkommen: Interesse, Leid, Widerwille, Freude, Zorn, Überraschung, Scham, Furcht, Verachtung und Schuldgefühl. In Anlehnung an diese Aufzählung bietet sich die in Tab. 2.6 angeführte Klassifizierung von Emotionen an.

Da es sich bei Emotionen um hypothetische Konstrukte handelt, die nicht unmittelbar erfassbar sind, stellt sich die Aufgabe, geeignete **Messverfahren bzw. Indikatoren** zu identifizieren. *Izard* (1981) nennt in diesem Zusammenhang drei Ebenen, um Emotionen zu charakterisieren (zu definieren):

(1) die neurophysiologischen Vorgänge,

(2) das subjektive Erlebnis sowie

(3) das beobachtbare Ausdrucksverhalten (insbesondere im Gesicht).

Tab. 2.6: Mögliche Klassifikationen von Emotionen (Quelle: in Anlehnung an Izard 1994)

Emotionsklasse	Ausprägungsformen
Primäre Emotionen	Ärger, Freude, Vergnügen, Furcht, Schreck, Entsetzen, Überraschung, ...
Selbstbewertende Emotionen	Scham, Schuldgefühl, Reue, Stolz, ...
Personenbezogene Emotionen	Hass, Liebe, Mitleid, Geringschätzung, Verachtung, ...
Sinnesreizbezogene Emotionen	Abscheu, Ekel, Schmerz, ...
Stimmungsabhängige Emotionen	Traurigkeit, Kummer, Übermut, Zorn, Wut, ...

Da sich Emotionen stets auf diesen drei Ebenen manifestieren, werden auch Messungen von Emotionen auf diesen Ebenen durchgeführt. Demnach bieten sich grundsätzlich drei Zugangsmöglichkeiten an:

- **Psychobiologische Messung**
  Hierbei erfasst man die Intensität der Emotion mittels Indikatoren, die auf der psychobiologischen Ebene des Individuums angesiedelt sind. Im Einzelnen sind dies Herzrate, Blutdruck bzw. -volumen, elektrodermale Reaktionen (z. B. Hautwiderstand) sowie Gehirnströme (EEG). Mittels des klassischen Lügendetektors, also des Polygraphen, beispielsweise zieht man mittels Hautwiderstand, Blutdruck sowie Atem- und Herzfrequenz Rückschlüsse auf die Gedanken des Probanden. Störvariablen wie Tageszeit, Schwankungen der Raumtemperatur, Erwartungsanspannung aufgrund Laborsituation u. ä. wirken sich nachteilig auf diesen Messansatz aus. Hinzu kommt, dass eine Bewertung der Empfindung nicht möglich ist, d. h. die Frage, ob eine Situation als angenehm oder als unangenehm empfunden wird, bleibt unbeantwortet.

- **Subjektive Erlebnismessung**
  Auf dieser Ebene lassen sich Emotionen zum einen auf verbalem und zum anderen auf non-verbalem Wege erfassen. Als Beispiel einer verbalen Messung sei das Semantische Differential angeführt. Hierbei handelt es sich um ein Verfahren, bei dem die Versuchspersonen ein Objekt (z. B. ein Produkt) anhand 7-stufiger, bipolarer Ratingskalen mit Gegensatzpaaren in Form von Adjektiven (z. B. angenehm – unangenehm, schön – hässlich, anziehend – abstoßend) einzustufen haben. Zur Auswertung des Semantischen Differen-

tials wird der graphische Vergleich von Profilverläufen unterschiedlicher Objekte (z. B. Produkt A, B und C) bzw. der Vergleich des Profilverlaufs desselben Objekts bei verschiedenen Befragungsgruppen (z. B. Käufer versus Nicht-Käufer) herangezogen. Als Vorteil dieses Verfahrens gilt der hohe Differenzierungsgrad. Als Nachteil wird ins Feld geführt, dass die Versuchspersonen zur Abgabe eines Urteils anhand vorgegebener Dimensionen gezwungen werden und deshalb häufig nicht in der Lage sind, einen Bezug zwischen dem zu beurteilenden Objekt und den jeweiligen Dimensionen herzustellen. Des Weiteren gilt es kritisch anzumerken, dass die Befragung mittels des Semantischen Differentials i. d. R. ex-post, d. h. in einem mehr oder wenig langen zeitlichen Abstand zu der Präsentation des Objektes (z. B. Produkte, Werbespots) erfolgt, was einige Fehlerquellen (Vergessen, falsche Zuordnung etc.) in sich birgt (vgl. *Neibecker* 2001, S. 1528 – 1529).

Als Beispiel einer nonverbalen Messung kann die Beurteilung eines Werbespots mit Hilfe eines Programmanalysators dienen. Hier übermittelt die Versuchsperson ihre kategorische Zustimmung (+) oder Ablehnung (–) mit einer Art Joyce-Stick. Auf diese Weise kann die Messung, wenn auch undifferenziert, flankierend zum präsentierten Stimulus erfolgen, wobei durch die Laborsituation, in der sich der Proband befindet, Aufmerksamkeitsverzerrungen nicht auszuschließen sind.

- **Messung des Ausdrucksverhaltens**
  Unter Einsatz von Videotechnik wird die Körpersprache, insbesondere aber die Mimik der Versuchsperson bei der Präsentation eines Objektes aufgezeichnet, um daraus Rückschlüsse auf deren Emotion zu ziehen. Mögliche Interpretationen für unterschiedliche Körperhaltungen bietet Tab. 2.7 an.

Tab. 2.7.: Interpretation unterschiedlicher Körperhaltungen
(Quelle: in Anlehnung an Weinberg 1986; Nerdinger 2001)

Körpersprache	Interpretation
Kopf ruckartig zurückwerfen	Trotz, Ablehnung oder Ungläubigkeit
Kopf einziehen (Schultern hochziehen)	Angst, Nervosität oder Verkrampfung
Stirnrunzeln	Entrüstung
Augenbrauen anheben	Ungläubigkeit oder Arroganz
Durch den Gesprächspartner hindurchschauen	Geistesabwesend
Gesprächspartner mit geradem Blick anschauen	Interesse
Keinen Blickkontakt halten	Unsicherheit oder Arroganz
Häufig die Augenlider bewegen	Nervosität
Brille hochschieben	Versuch, Zeit zu gewinnen
Brille (hastig) abnehmen	Nervosität oder Angriff
Kurz an die Nase greifen	Gefühl, ertappt zu werden, oder Verlegenheit
Sich die Nase reiben	Nachdenklichkeit

Tab. 2.7.: Interpretation unterschiedlicher Körperhaltungen (Fortsetzung)

Körpersprache	Interpretation
Den Mund öffnen	Erstaunen oder Wunsch nach Unterbrechung
Immer leiser oder langsamer sprechen	Unsicherheit oder Unwilligkeit
Lippen zusammenpressen	Verhaltener Zorn oder Starrsinn

Im Marketing macht man sich durch den Einsatz von Duftstoffen, Tönen, Farben, Bildern, Worten, Geschmacksrichtungen und nicht zuletzt durch die Schaffung von Erlebniswelten den Umstand zu nutze, dass Emotionen die Kaufbereitschaft positiv beeinflussen können. Denn gemeinhin gilt eine positive Stimmung als selektiver Filter der Informationsaufnahme. Zwischen Emotion und den kognitiven Prozessen lassen sich folgende Zusammenhänge identifizieren:

- Durch ihre aktivierende Wirkung stimulieren Emotionen die gesamte Leistungsfähigkeit eines Organismus. Demnach fördert das Erleben von Gefühlen die Informationsaufnahme, –verarbeitung und –speicherung.
- Der Konsument nimmt Reize, die ein positives Gefühl hervorrufen, eher wahr als negativ besetzte Stimuli.
- Menschen in positiven Stimmungen richten ihre Aufmerksamkeit auf positive Details, in negativen Stimmungen auf negative Details.
- Menschen in guter Stimmung lassen sich leichter überzeugen als solche in schlechter Stimmung (Stimmungskongruenzeffekte).
- In guter Stimmung werden Entscheidungen bereits auf Basis weniger Informationen unter Zuhilfenahme des Bauchgefühls getroffen. In schlechter Stimmung hingegen sucht man nach weiteren, die Entscheidung hinausschiebenden Informationen.
- Menschen in guter Stimmung ist es wichtiger, wer etwas wie sagt. Schlecht gelaunte Menschen vertrauen mehr auf die Ratio sprich Argumente.
- Emotionale Reize entlasten die kognitiv-rationale Informationsverarbeitung und wirken damit der Informationsüberlastung (**Information-Overload**) des Konsumenten entgegen.

Des Weiteren gewinnen Emotionen für das Marketing vor dem Hintergrund veränderter Marktgegebenheiten an Bedeutung. In gesättigten Märkten sieht sich der Verbraucher meist ausgereiften und damit im Grundnutzen austauschbaren Produkten gegenüber. Eine Differenzierung über technisch-funktionale Eigenschaften ist kaum mehr möglich. Im Grundnutzen homogene Produkte lassen sich demnach nur noch mittels Zusatz- und Geltungsnutzen und damit emotional differenzieren (**emotionale Produktdifferenzierung;** vgl. Tab. 2.8). Dies Entwicklung lässt sich als „Trend zum erlebnisorientierten Konsumenten“ oder noch prägnanter als „Entmaterialisierung des Konsums“ bezeichnen.

Nicht zuletzt zeigt sich, dass etwa Zorn Konsumenten geizig werden lässt und in Einkaufsexperimenten dazu führt, dass Probanden zum erstbesten Produkt greifen (vgl. *Siefer/Miltner* 2007, S. 69).

Tab. 2.8 : Für das Marketing relevante Emotionen und entsprechende Indikatoren der subjektiven Erlebnismessung (Quelle: Richins 1997; Übersetzung ins Deutsche: Bauer/Knackfuß 2007)

Emotion	Beschreibende Adjektive
Romantische Liebe	Romantisch, sexy, leidenschaftlich
Liebe	Liebend, sentimental, warmherzig
Friedlichkeit	Ruhig, friedlich
Zufriedenheit	Zufrieden, erfüllt
Optimismus	Optimistisch, ermutigt, hoffend
Freude	Glücklich, erfreut, entzückt
Aufregung	Aufgeregt, begeistert, enthusiastisch
Überraschung	Überrascht, erstaunt, verwundert
Wut	Frustriert, wütend, genervt
Unzufriedenheit	Unerfüllt, unzufrieden
Sorge	Nervös, besorgt, angespannt
Furcht	Verängstigt, fürchtend, panisch
Scham	Verlegen, beschämt, gedemütigt
Neid	Neidisch, eifersüchtig
Einsamkeit	Einsam, Heimweh haben
Schuld	Schuldig
Eifer	Eifrig
Erleichterung	Erleichtert
Stolz	Stolz

Motivation

Emotionen sind zwar mit kognitiven Vorgängen verknüpft, doch fehlt ihnen eine Ausrichtung auf konkrete Handlungsziele. Diese Zielorientierung ist im Wesentlichen ein kognitiver Prozess, der gedankliche Handlungsprogramme des Individuums einbezieht. Ist eine solche Zielorientierung vorhanden, so spricht man von Motivation.

Unter Motivation versteht man folglich Emotionen und Triebe (Hunger, Durst, Sexualität), die mit einer Zielorientierung für das Verhalten verbunden sind. Demnach lässt sich Motivation in eine **Gefühlskomponente**, die eine Handlung auslöst (z. B. Hunger), und eine **Wissenskomponente**, welche die Richtung der Handlung vorgibt (z. B. kochen, Essen gehen), zerlegen. Damit zielt dieses hypothetische Konstrukt darauf ab, Verhaltensursachen zu erklären.

Grundsätzlich lassen sich folgende, nicht ganz überschneidungsfreie **Arten von Motiven** unterscheiden:

- **Physiologische versus psychologische Motive**
  Physiologische Motive sind auf der biologischen Ebene angesiedelt. Hierzu zählen Hunger, Durst, Sexualität, Schlaf, Wärme. Die psychologischen Motive hingegen sind das Ergebnis gedanklicher Prozesse. Als Vertreter dieser Kategorie lassen sich Sicherheit, Liebe, Selbstentfaltung und Prestige nennen.
- **Primäre versus sekundäre Motive**
  Während primäre Motive angeboren sind (etwa Hunger), werden sekundäre Motive erst im Zuge des Sozialisationsprozesses erlernt (z. B. Geld, um Hunger zu befriedigen).

Die unbestritten bekannteste Motivationstheorie ist die vom US-amerikanischen Psychologen ***Abraham Maslow*** 1958 entwickelte **Bedürfnishierarchie** (1987), die fünf Arten von Bedürfnissen unterscheidet (siehe Abb. 2.11).

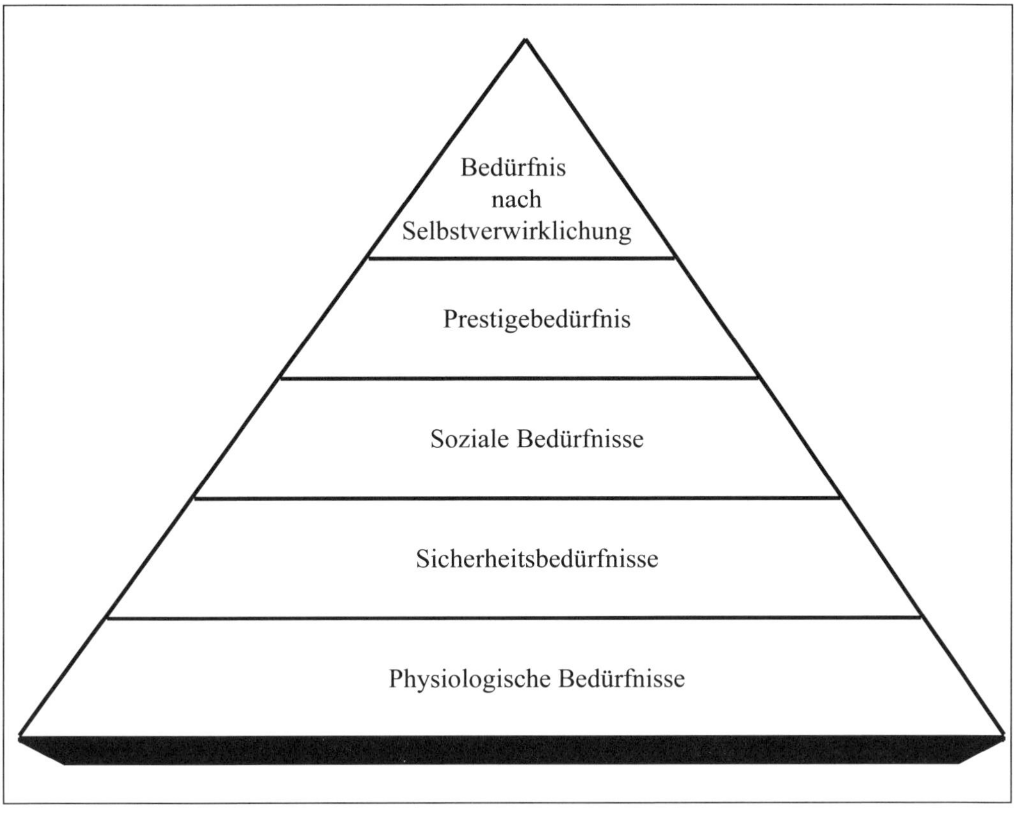

Abb. 2.11: Die Hierarchie menschlicher Bedürfnisse nach Maslow

Angefangen von dem, was zum Überleben notwendig ist (Nahrungsaufnahme, Schlaf), reicht das Spektrum von Kaufmotiven über Bedürfnisse wie Sicherheit, soziale Kontakte und gesellschaftliche Anerkennung bis hin zum Wunsch nach Selbstverwirklichung. Hierbei gilt nach *Maslow* das Prinzip der relativen Vorrangigkeit in der Motivaktualisierung: Solange die Bedürfnisse auf einer niederen Ebene nicht befriedigt sind, kann die nächste Stufe nicht erklommen werden. Dieses Prinzip hat zur Konsequenz, dass sich Phänomene wie das **Voluntary Simplicity**, d. h. der freiwillige Konsumverzicht trotz eines entsprechenden Budgets, mit der Theorie von *Maslow* nicht erklären lassen.

Obwohl die Theorie von *Maslow* empirisch kaum belegt ist, wird ihr sowohl in den theoretischen Modellen des Käuferverhaltens als auch in der empirisch ausgerichteten Markt-, Werbe- und Kaufverhaltensforschung zumindest einige Plausibilität attestiert. Insbesondere in den westlichen Industriegesellschaften trägt die Bedürfnispyramide zur Erklärung bei, dass mit zunehmender Befriedigung der physiologischen Bedürfnisse, als der untersten Ebene der Bedürfnishierarchie, der Prestige- und Statuswert von Produkten und damit das Streben nach Befriedigung von Bedürfnissen der höheren Ebenen in den Vordergrund rücken. Folgt man diesen Überlegungen, dann werden Produkte nicht oder nicht ausschließlich und generell in immer geringerem Maß wegen ihres Gebrauchswerts, sondern wegen des Zusatznutzens, den der Konsument von ihnen erwartet, erworben.

Tab. 2.9: Motive nach Maslow und deren Konkretisierung im Konsumentenverhalten (Quelle: in Anlehnung an Dichtl 1997, S. 77)

Motive nach *Maslow*	Grundlegende Konkretisierungen	Konkretisierung beim Konsum	Marketingbezogene Verhaltens- und Leistungskategorien
Bedürfnis nach Selbstverwirklichung	Individualität, Talententfaltung, Altruismus, Güte, Kunst, Philosophie und Glaube (Welterklärung und Leitlinien, Ethik)	• Erlebnisstreben • Genussstreben • Freude am Können • Spaß an der Technik	Alternative Lebensweise, Do-it-yourself, Hobbys (Lesen, Musizieren, Malen, Basteln), Reparaturen und Wartung am Haus und Kraftfahrzeug, Gartenarbeit, Sport, (Weiter-)Bildung, religiöse Erbauung
Prestigebedürfnisse	Status, Wohlstand, Geld, Macht, Karriere, sportliche Siege, Auszeichnungen, Statussymbole, Rangerfolge	• Anerkennung • Prestige • Ruhm	Luxusautos, Nobelautos und -marken, edle Getränke, exklusive Kleidung, Zweitwohnung, exotische Reiseziele

Tab. 2.9: Motive nach Maslow und deren Konkretisierung im Konsumentenverhalten (Fortsetzung)

Motive nach *Maslow*	Grundlegende Konkretisierungen	Konkretisierung beim Konsum	Marketingbezogene Verhaltens- und Leistungskategorien
Soziale Bedürfnisse	Freundeskreis, Partnerschaft, Liebe, Nächstenliebe, Kommunikation, Fürsorge	• Liebe, Zuneigung • Geselligkeit, Nächstenliebe, soziales Engagement	Nachbarschaftsläden, Gastronomie, Hotellerie und Spendenmarkt
Sicherheitsbedürfnisse	Wohnung, fester Arbeitsplatz, Gesetze, Versicherungen, Gesundheit, Ordnung, Religion (Ritual und Handlungshilfen [Moral]) und Lebensplanung (vor allem Planung der Befriedigung körperlicher Grundbedürfnisse und auch Geburtenkontrolle)	• Schutz von Gesundheit, Hab und Gut sowie Umwelt • Absicherung gegen Versorgungsengpässe, Kaufrisiken, Unwissenheit, Krankheit, Arbeitslosigkeit und Alter	Biokost, naturbelassene Lebensmittel, Krankenversicherungen, Lebensversicherungen, Sanatorien, Altenheime, Sicherheitsdienste, Finanzberatung, Markenartikel, Katalysatoren und bleifreies Benzin
Physiologische Bedürfnisse	Atmung, Wärme, Trinken, Essen, Schlaf, Sexualität	• Sicherung der Daseinsgrundlagen	Essen, Trinken, Kleidung, Wohnung („Dach über dem Kopf"), Möbel, Auto

Auch die **Motivationstheorie** von ***Herzberg***, die ihren Ursprung in der Arbeitszufriedenheitsforschung hat, erscheint im Kontext der Konsummotive fruchtbar. *Herzberg* unterscheidet grundsätzlich zwischen **Hygienefaktoren**, die dazu beitragen, Unzufriedenheit abzubauen, und **Motivatoren**, welche die Zufriedenheit steigern (vgl. *Herzberg/Mausner/Snyderman* 1959).

Einen eher pragmatischen Weg beschreitet *Trommsdorff* (1998), der zwischen folgenden Konsummotiven differenziert:

- Prestige, Status, soziale Anerkennung
- Ökonomik, Sparsamkeit, Rationalität
- Soziale Erwünschtheit, Einhaltung von Normen

- Lust, Erregung, Neugier
- Sex, Erotik
- Angst, Furcht, Risikoneigung
- Konsistenz, Dissonanz, Konflikt

In jüngerer Zeit erlangten die Arbeiten des US-amerikanischen Testanalytikers und Motivationsforschers *Steven Reiss*, Professor für Psychologie und Psychiatrie an der Ohio State University, große Popularität. Mittels empirischer und testanalytischer Befragungen von über 20.000 Männern und Frauen aus den USA, Kanada und Japan entwickelte er eine komplexe, nicht hierarchische Ordnung von **16 Grundmotiven des Menschen**:

- Macht (Streben nach Erfolg, Leistung, Führung)
- Unabhängigkeit (Streben nach Freiheit, Autarkie)
- Neugier (Streben nach Wissen und Wahrheit)
- Anerkennung (Streben nach sozialer Akzeptanz, Zugehörigkeit und positivem Selbstwert)
- Ordnung (Streben nach Stabilität, guter Organisation)
- Sparen/Sammeln (Streben nach dem Anhäufen materieller Güter)
- Ehre (Streben nach Loyalität und charakterlicher Integrität)
- Idealismus (Streben nach sozialer Gerechtigkeit und Fairness)
- Beziehungen (Streben nach Freundschaft, Kameradschaft, Humor)
- Familie (Streben nach eigenen Kindern, Familie)
- Rache/Wettkampf (Streben nach Konkurrenz, Kampf, Vergeltung)
- Eros (Streben nach erotischem Leben, Sexualität und Schönheit)
- Essen (Streben nach Essen und Nahrung)
- Körperliche Aktivität (Streben nach Fitness und Bewegung)
- Emotionale Ruhe (Streben nach Entspannung und emotionaler Sicherheit)
- Status (Streben nach Reichtum, social standing)

Obwohl diese Motive das Leben aller Menschen beeinflussen, unterscheiden sich Individuen beträchtlich darin, wie stark sie diese erleben und befriedigen möchten. Da es insgesamt über drei Milliarden verschiedener Motivprofile gibt und keines dem anderen gleicht, zeigt das *Reiss*-Profil wie ein Fingerabdruck ein spezifisches, charakteristisches Motiv-, Interessens- und Werteprofil eines jeden einzelnen Menschen.

Im Kontext der Konsummotive nimmt der Wunsch nach Prestige einen besonderen Stellenwert ein. Dieses Motiv tritt u. a. im sog. **Snob- bzw. *Veblen*-Effekt** zutage, der erstmals von *Veblen* in seiner „Theorie der feinen Leute" (1899; 1993) beschrieben wurde. Hierbei wird das Phänomen, dass bei einigen Produkten bei Preiserhöhungen die Nachfrage steigt, damit erklärt, dass Konsumenten auf diese Weise ihrem Umfeld finanzielle Stärke demonstrieren wollen. Vor diesem Hintergrund wird nachvollziehbar, warum Markenartikelhersteller, die das Prestigemotiv ins Zentrum ihrer Marketing-Strategie stellen (etwa *Rolex*, *Lacoste*), nicht selten dem Problem der Produktpiraterie bzw. -imitation ausgesetzt sind. Das Problem beschränkt sich längst nicht mehr auf Luxusgüter des täglichen Bedarfs, sondern betrifft mittlerweile auch Autos (z. B. imitiert die 1988 gegründete chinesische Firma *Shuanghuan* den *BMW X5*, *den Honda CR-V* sowie den *Smart Fortwo*), Investitionsgüter Maschinen, Flugzeugteile oder Medikamente. Den betroffenen Unternehmen wird u. a. empfohlen, ihre Originalprodukte mit spezieller Beschriftung wie Hologrammen zu versehen oder Schlüsselpatente zurückzuhalten, um Erfindungen nicht zu früh publik zu machen.

Angesichts der skizzierten Fülle von Motiven bleibt es unausweichlich, dass mehrere Motive gleichzeitig wirksam werden und sich der Konsument mit entsprechenden Konflikten konfrontiert sieht. Dabei werden **drei Arten von Konflikten** unterschieden (vgl. *Kroeber-Riel/ Weinberg* 1999, S. 159 ff.; *Solomon/Bamossy/Askegaard* 1999, S. 96 f.):

- **Appetenz-Appetenz-Konflikt** (lat. appetentia = Streben, Verlangen, Trachten, Trieb)
  Hierbei werden zwei Motive mit unterschiedlicher Handlungsorientierung und ähnlicher Intensität aktiviert. Der Konsument hat beispielsweise die Qual der Wahl, wenn er zwei verschiedene Produkte als ähnlich attraktiv einstuft, mit seinem Budget aber nur eines von beiden erwerben kann. So kollidiert beispielsweise das Prestigemotiv (im Falle des Kaufs eines *Porsches*) nicht selten mit dem Wunsch nach Sicherheit (beim Erwerb eines *Volvo*).
- **Aversions-Aversions-Konflikt** (lat.: aversus = abgewandt, abgekehrt)
  Hier muss sich der Konsument zwischen zwei „ungeliebten“ Optionen sprich dem geringeren Übel entscheiden. Beispielsweise kann er vor der Frage stehen, schon wieder einen Gebrauchtwagen zu kaufen oder aber das alte Fahrzeug reparieren zu lassen.
- **Appetenz-Aversions-Konflikt**
  Hier ermöglicht ein identischer Zielzustand die Befriedigung eines Motivs, während er die Befriedigung eines anderen Motivs verhindert. Beispielsweise ist eine Urlaubsreise mit dem Motiv der Entspannung verknüpft, verhindert aber das Motiv des Sparens. Ein positiver Saldo führt zum Erwerb der Reise, im Falle eines negativen Saldos verzichtet der Konsument darauf.

Das letztgenannte Beispiel macht deutlich, dass der Erwerb eines Produktes grundsätzlich im Konflikt zum **Sparmotiv** steht. Der Anbieter kann jedoch dazu beitragen, diese Konfliktsituation zu entschärfen, wobei sich grundsätzlich zwei Ansatzpunkte bieten: Zum einen kann er dem Verbraucher aufzeigen, dass dieser beim Erwerb des Produkts Geld spart (etwa durch für einen bestimmten Zeitraum besonders günstige Ausstattungspakete, Energieeinsparungen u. ä.). Zum anderen bietet sich die Möglichkeit, durch bestimmte Finanzierungsformen die Ausgaben zu relativieren (etwa Finanzierung oder Leasing zu günstigen Konditionen, Einräumen von Zahlungszielen).

Fallstudie „Appetenz-Aversions-Konflikt“ – die Werbung für den *Porsche Cayenne*

Gemeinhin hat der Kauf eines *Porsche* zur Folge, dass für die Familie wenig bzw. kein Platz im Auto zur Verfügung steht. Der Autobauer aus Zuffenhausen greift diesen Appetenz-Aversions-Konflikt in seiner Werbung auf. Mit der Aussage „1 *Porsche*. 2 Erwachsene. 3 Kinder. Geht nicht zusammen? Ausprobieren.“ will *Porsche* verdeutlichen, dass ein solcher Konflikt im Falle des Kaufs eines *Cayenne* ausbleibt.

Wie aber setzen Anbieter die Motive von Verbrauchern in Kommunikationsstrategien um? Im ersten Schritt aktivieren und verstärken sie eine soziale Emotion (Geselligkeitsgefühl, Prestige usw.) durch kommunikationspolitische Aktivitäten (etwa Werbung). Im zweiten Schritt verdeutlichen sie, dass die beworbenen Produkte bzw. Marken zur Realisierung dieser Gefühle beitragen. Kritiker zweifeln die Legitimität einer solchen Vorgehensweise vor dem Hintergrund folgender **Problemfelder** an:

- Werbung kann gegen **gesellschaftliche Werte verstoßen**. Wenn beispielsweise die Anzeigenkampagne eines Automobilhersteller dazu führt, dass mehr Auto gefahren wir, sind damit in letzter Konsequenz eine verstärkte Belastung der Umwelt verbunden und damit ein gesellschaftlicher Wert betroffen.
- Werbung kann zu **ruinösem Konsum** führen. Beispielhaft hierfür sei das Phänomen des Konsumrauschs angeführt, der häufig in Verschuldung endet.
- Werbung kann – nicht zuletzt Jugendliche – zu **gesundheitsschädlichem Verhalten** verleiten (etwa bei Drogen wie Alkohol und Zigaretten).

Einstellung

Auf Grund einer Motivation werden Gegenstände genauer beurteilt. Diese im Dienste vorhandener Verhaltenstendenzen stehende Beurteilung eines Objekts ist mit zusätzlichen kognitiven Aktivitäten verbunden, die zu einer strukturierten Haltung, eben einer Einstellung, gegenüber dem Gegenstand führen.

Die **Einstellung**, die als Schlüsselbegriff der modernen Sozialpsychologie gilt, ist definiert als die **Bereitschaft zur positiven oder negativen Bewertung eines Objektes** (vgl. *Güttler* 2000, S. 95 ff.; *Fischer/Wiswede* 1997, S. 206 ff.). Die Einstellung ist die wahrgenommene Eignung eines Gegenstandes zur Befriedigung von Motiven und somit die Schlüsselvariable zur Erklärung und Prognose des Konsumentenverhaltens. Hieraus leiten sich die drei **zentralen Eigenschaften** des Einstellungskonstrukts ab:

1. **Objektbezug**
   Einstellungen beziehen sich auf Gegenstände, wobei diese physischer (z. B. Produkte) oder psychischer Natur (etwa Umweltschutz) sein können.
2. **Erworbenheit**
   Einstellungen basieren auf eigenen und/oder fremden Erfahrungen (etwa durch Aufnahme und Verarbeitung von Informationen aus dem sozialen Umfeld).
3. **Systemcharakter**
   Nach der sog. Drei-Komponenten-Theorie setzen sich Einstellungen aus einer affektiven (= Emotionen, d. h. die gefühlsmäßige Haltung gegenüber einem Einstellungsobjekt), einer kognitiven (= das subjektive Wissen über das Einstellungsobjekt) und einer konativen Komponente (= Handlungstendenz, d. h. die Handlungstendenz gegenüber dem Einstellungsobjekt [z. B. Kaufabsicht], d. h. man schließt vom offen zutage tretenden Verhalten auf die dahinter stehende Einstellung) zusammen (vgl. *Irle* 1975, S. 278).

Ausgehend von der konativen Komponente der Einstellung wurde die **E-V-Hypothese** formuliert, die folgenden Zusammenhang unterstellt: Einstellungen bestimmen das Verhalten (vgl. *Roth* 1967). In der Empirie konnte jedoch lediglich ein unbefriedigender Einstellungs-Verhaltens-Zusammenhang festgestellt werden, was sich am Beispiel des Umweltschutzes unmittelbar nachvollziehen lässt: In Untersuchungen bekundet die weit überwiegende Mehrzahl der Befragten immer wieder, wie wichtig ihnen Umweltschutz sei. Das ökologische Verhalten dieser Menschen (etwa Mülltrennung, Nutzung öffentlicher Verkehrsmittel, Kauf ökologischer Produkte) sieht im Regelfall jedoch eher entgegengesetzt aus.

Als wesentliche **Gründe** für den unzureichenden Zusammenhang zwischen Einstellung und Verhalten können genannt werden (vgl. hierzu *Ajzen/Fishbein* 1980):

- **Spezifizitätsproblematik**
  Beispielsweise kann ein Verbraucher generell eine positive Einstellung zu Wein bekunden, trotzdem wird er im spezifischen Fall einen pfälzischen (oder badischen oder württembergischen ...) Wein nicht konsumieren.
- **Nichtberücksichtigung sozialer Faktoren**
  Soziale Normen und Erwartungen stehen nicht immer mit den persönlichen Einstellungen im Einklang. Hierdurch kann es zu Abweichungen von dem Verhalten kommen, welches aufgrund der Einstellungen eines Menschen erwartet wird. Beispielsweise bevorzugt ein Mitarbeiter legere Kleidung, muss jedoch aufgrund bestehender Regeln im Büro Anzug und Krawatte tragen.
- **Nichtberücksichtigung situativer Faktoren**
  Sonderangebote, beschränkte Verfügbarkeit, Verkaufsförderung am Point-of-Sale können das ursprünglich mit der Einstellung konforme Verhalten modifizieren.
- **Nichtberücksichtigung psychologischer Faktoren**
  Das Konstrukt Einstellung berücksichtigt bestimmte Determinanten des Verhaltens wie Aufmerksamkeit, intellektuelles Niveau, Lernfähigkeit, Erfahrung etc. nicht oder allenfalls unzureichend.
- **Restriktionen**
  Budgetrestriktionen („Zu wenig Geld, um einen positiv eingeschätzten *Porsche* zu kaufen“) und/oder gesetzliche Verbote (z. B. Kauf von Drogen) verhindern, dass Einstellungen in Verhalten umgesetzt werden können.
- **Informationsverlust durch Operationalisierung**
  Bei der Messung von Einstellungen sind Vereinfachungen erforderlich, wodurch ein Informationsverlust entsteht. Außerdem werden im Regelfall nur einzelne Einstellungen gemessen, deren interaktive Verknüpfung hingegen bleibt häufig vernachlässigt. Schließlich können Verfälschungen durch sozial erwünschtes Antwortverhalten auftreten. Hierunter fasst man das Phänomen, dass Probanden nicht die persönlich zutreffende Antwort geben, sondern nach sozialen Normen antworten, die nach Auffassung der Versuchsperson erwünscht sind.

Bezüglich der E-V-Hypothese konnten *Fazio/Zanna* (1981) nachweisen, dass Einstellung und Kaufverhalten positiv korrelieren, wenn:

- der Konsument bei seiner Kaufentscheidung hoch involviert ist,
- er seine Entscheidung bewusst gedanklich steuert,

- die gemessene Einstellung und das Verhalten den gleichen Allgemeinheitsgrad aufweisen und/oder
- die Einstellung auf Erfahrung basiert, gedanklich hoch verfügbar und stabil ist.

Vor dem Hintergrund der skizzierten Unzulänglichkeiten plädieren die Kritiker der Einstellungs-Verhaltens-Hypothese auf einen Verzicht des Einstellungsbegriffs zugunsten des Konstrukts **Kaufabsicht**.

Da es sich bei der Einstellung um ein theoretisches bzw. hypothetisches Konstrukt handelt, muss dieses mittels entsprechender **Indikatoren** messbar gemacht werden. Der hierbei zu beschreitende Weg vom Konstrukt zum Skalenwert kann in Abb. 2.12 nachvollzogen werden.

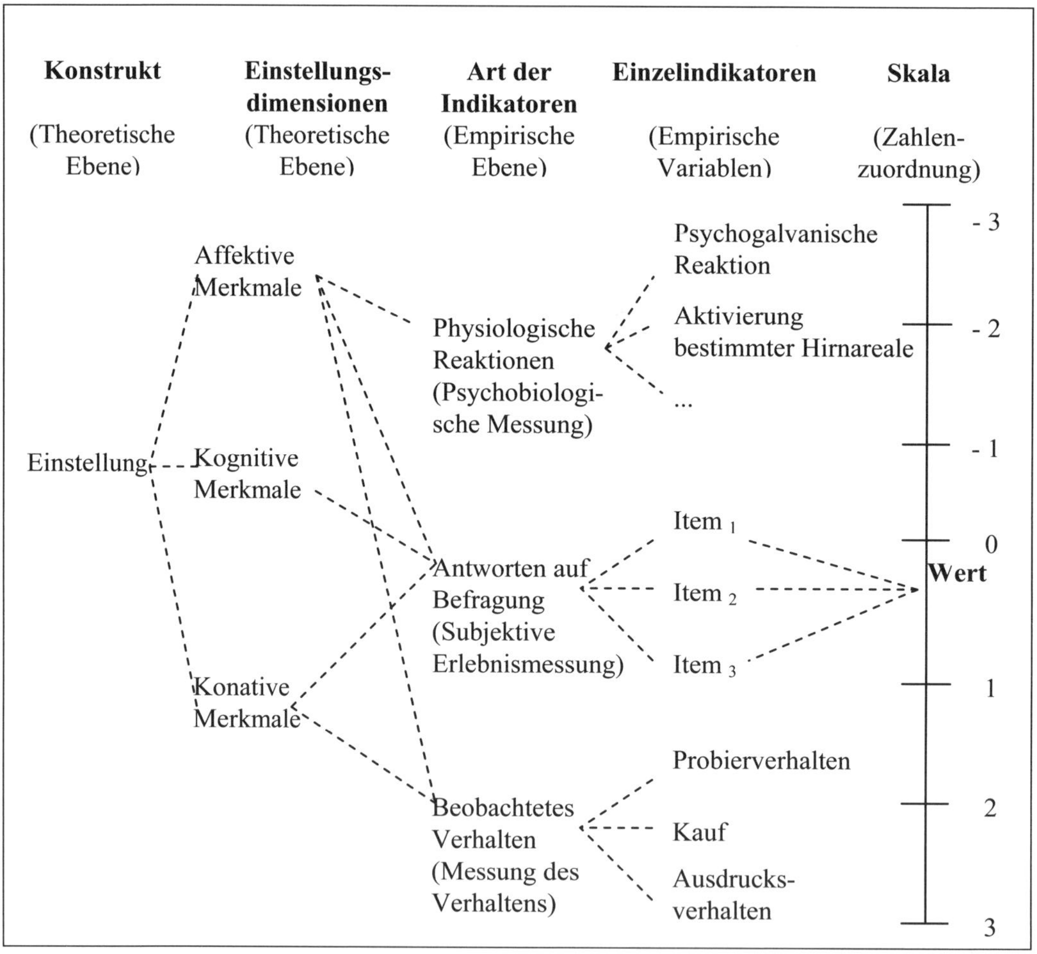

Abb. 2.12: Vom theoretischen Konstrukt zum Skalenwert – dargestellt am Beispiel des Einstellungskonstrukts (Quelle: Kroeber-Riel/Weinberg 1999, S. 189)

Eine bekannte Methode zu Ermittlung von Einstellungen mittels Befragung ist das ***Fishbein*-Modell**. Der Gesamtwert der Einstellung eines Probanden zu einem Objekt leitet sich aus der subjektiven Kenntnis der Eigenschaften des Objekts (kognitive, wissensbezogene Komponente der Einstellung; „Dass man in dem Geschäft XY gut beraten wird, halte ich für 1 = sehr unwahrscheinlich bis 5 = sehr wahrscheinlich.") und der subjektiven Wertung dieser Eigenschaften (affektive, wertende Komponente; dass man im Geschäft XY gut beraten wird, halte ich für -2 = völlig unwichtig bis 2 = sehr wichtig"). Die kognitive und die affektive Komponente werden für jede Eigenschaft multiplikativ verknüpft und sodann mittel Addition zu einem Einstellungsindex aggregiert.

Die Formel lautet:

$$E_{ij} = \sum_{k=1}^{n} B_{ijk} * a_{ijk}$$

Legende:

E_{ij} = Einstellung von Person i zu Produkt j

B_{ijk} = die von Person i wahrgenommene Wahrscheinlichkeit der Existenz der Eigenschaft k bei Produkt j

a_{ijk} = Bewertung Eigenschaft k von Produkt j durch Person i

n = Anzahl der zu bewertenden Eigenschaften

Die messtheoretischen Probleme, die aus der Erhebung der kognitiven Komponente im Sinne einer Wahrscheinlichkeit des Vorhandenseins einer Eigenschaft sowie der multiplikativen Verknüpfung von kognitiver und affektiver Komponente resultieren, veranlasste *Trommsdorff* (1975) zur Entwicklung eines eigenen Modells (sog. ***Trommsdorff*-Modell**):

- Die Ausprägung einer Eigenschaft wird von dem Probanden mittels einer Skala auf direktem Wege ermittelt („Wie gut wird der Kunde in Geschäft XY beraten?" 1 = sehr schlecht, 5 = sehr gut).
- Der Proband muss anschließend die ideale Ausprägung der jeweiligen Eigenschaft bestimmen („Wie gut sollte der Kunde von einem idealen Discounter beraten werden?" 1 = sehr schlecht bis 5 = seht gut)
- Nun wird für jede Eigenschaft die Distanz zwischen der idealen Ausprägung und der wahrgenommenen Ausprägung (= kognitive Komponente) ermittelt.
- Die merkmalsspezifischen Distanzen werden schließlich durch Addition zu einem Gesamteinstellungswert aggregiert.

Die Formel lautet:

$$E_{ij} = \sum_{k=1}^{n} |B_{ijk} - I_{ik}|$$

Legende:

E_{ij} = Einstellung von Person i zu Produkt j beschreibt.

B_{ijk} = die von Person i wahrgenommene Ausprägung der Eigenschaft k bei Produkt j

I_{ijk} = von der Person i gewünschte Ausprägung der Eigenschaft k bei einem Idealprodukt

Kognitive Prozesse

Überblick

Die aktivierenden Prozesse gelten als Maß für die Wachsamkeit, Reaktionsbereitschaft und Leistungsfähigkeit des Menschen und beeinflussen ihrerseits die zweite Gruppe des psychischen Variablen, die sog. kognitive Prozesse (lat: cognoscere = erkennen). Hierunter fasst man den **Prozess der Informationsverarbeitung** und damit sämtliche Vorgänge im psychischen Bereich, mit denen das Individuum sich selbst sowie seine Umwelt erkennt und das eigene Verhalten kontrolliert und willentlich steuert (vgl. *Kroeber-Riel/Weinberg* 1999, *Bettmann* 1979). Kognitive Prozesse dienen demnach der gedanklichen Kontrolle und willentlichen Steuerung des Verhaltens. Im Einzelnen sind dies:

- **Informationsaufnahme** (Wahrnehmung)
- **Informationsverarbeitung** (Denken + Entscheiden)
- **Informationsspeicherung** (Lernen + Gedächtnis)

Informationsaufnahme

Am Anfang der kognitiven Prozesse steht die Informationsaufnahme. Der Bereich der Informationsaufnahme umfasst alle Vorgänge bis zur Übernahme von Reizen bzw. Informationen in den zentralen Prozessor (Kurzzeitspeicher bzw. -gedächtnis), wo die eigentliche kognitive Verarbeitung stattfindet, d. h. es werden nur jene Reize betrachtet, die vom sensorischen Speicher in den Kurzzeitspeicher gelangen.

Hierbei ist grundsätzlich zwischen interner und externer Informationsaufnahme zu unterscheiden (vgl. *Bettman* 1979, S. 197 ff.). Bei der **internen Informationssuche** greift der Verbraucher zunächst auf seinen internen Informationsvorrat, d. h. auf seine Erfahrungen aus früheren Kaufentscheidungs- und Konsumprozessen zurück (= Internal Search). Reichen diese Kenntnisse nicht aus, schaltet er auf **externe Informationsaufnahme** (= External Search) um. Bei der **aktiven Suche** sucht der Verbraucher bewusst und absichtlich nach Informationen im Umfeld (z. B. durch das Studieren von Testzeitschriften, einen Schaufensterbummel u. ä.). Zur Auswahl stehen zum einen **interessengebundene** (etwa die Werbung der Anbieter) und zum anderen **nicht-interessengebundene Informationsquellen** (z. B. Meinungsführer aus dem sozialen Umfeld, Zeitschriften unabhängiger Testinstitute). Zur **absichtslosen Übernahme** (= passive und unabsichtliche Informationsgewinnung) hingegen zählen beispielsweise das Aufschnappen von Äußerungen oder die unbewusste Aufnahme von Werbebotschaften.

Die Aufnahme externer Informationen ist unmittelbar mit der Wahrnehmung verknüpft. **Wahrnehmung** bezeichnet die Aufnahme und Verarbeitung von Sinnesreizen. Diese kann in **fünf Dimensionen** erfolgen:

- **Visuelle Wahrnehmung** (z. B. die Wahrnehmung von Helligkeit, Farben, Kontrast, Linien, Form und Gestalt, Bewegung und Räumlichkeit) mittels der Augen
- **Auditive bzw. akustische Wahrnehmung** (Wahrnehmung von Schall, insbesondere von Geräuschen, Tönen, Rhythmen und Klängen) mittels der Ohren
- **Haptische Wahrnehmung** (auch Tastsinn; Wahrnehmung von beispielsweise Berührungen, Härte oder Hitze) mittels der Gesamtheit aller Tast-, Wärme- und Kälte-Rezeptoren
- **Olfaktorische Wahrnehmung** (Wahrnehmung von Riech- und Duftstoffen) mittels der Nase, genauer gesagt der Riechschleimhaut. Geruchswahrnehmungen werden im Gedächtnis stark mit Emotionen assoziiert.
- **Gustatorische Wahrnehmung** (auch Geschmack; Wahrnehmung von chemischen Qualitäten von Nahrung) mittels der Zunge mit ihren Geschmacksknospen

Die Informationen aus Umwelt- und Körperreizen (sehen, hören, riechen, schmecken, fühlen) werden im Zuge der Wahrnehmung durch Transformationsprozesse modifiziert und verarbeitet. Der Vorgang der **Wahrnehmung** ist definiert als kognitive Repräsentation von Stimuli (Informationen) im Bewusstsein und zeichnet sich durch folgende **Eigenschaften** aus:

- **Aktivität**, d. h. vom Individuum muss ein Impuls, eine Bereitschaft zur Wahrnehmung ausgehen. Demnach ist Wahrnehmung kein passives Aufnehmen von Umweltinformationen, sondern ein aktives Rekonstruieren dieser Stimuli.
- **Selektivität**, d. h. das Individuum kann bzw. will nur einen Teil der Umweltreize wahrnehmen und einen noch kleineren Teil kognitiv verarbeiten. Deshalb wählt es aus der Vielzahl der vorhandenen Reize aus, in dem es Reizaufnahme-, Empfindungs- bzw. Wahrnehmungsschwellen aufbaut, um sich so vor Informationsüberlastung zu schützen (sog. **Information-Overload**).
- **Subjektivität**, d. h. Wahrnehmung ist kein objektives Abbild der Realität, sondern eine Modifikation derselben durch Transformationsprozesse. Das Ergebnis sind Empfindungen und Vorstellungen über die Umwelt sowie die eigene Person. In diesem Kontext postuliert die Hypothesentheorie, dass Wahrnehmung nichts anderes als ein Kompromiss zwischen Erwartung und Realität ist.

Fallstudie „Information-Overload (1)“ – Umfangreiche Informationen werden unterbewusst verarbeitet.

In einem Versuch sollten sich Probanden zwischen (Phantasie-)Autos entscheiden, die entweder vier oder zwölf positive bzw. negative Eigenschaften (z. B. Benzinverbrauch, Beinfreiheit) aufwiesen. Unter den Modellen mit vier Merkmalen gelang es den Untersuchungsteilnehmern problemlos, das optimale Fahrzeug zu identifizieren. Sie versagten hingegen, wenn sie in ihre Entscheidungsfindung zwölf Merkmale einbeziehen mussten. Der Erfolg stellte sich erst wieder ein, wenn die Forscher die Testpersonen nach der Informationsphase vier Minuten lang mit einem Puzzle ablenkten. Die Befunde lassen die Schlussfolgerung zu, dass wir komplexe Entscheidungen am besten treffen, wen wir nicht bewusst über das anstehende Problem nachdenken.

Befragungen von Konsumenten zu 40 verschiedenen Produkten bestätigen diese Befunde: Hatten die Konsumenten intensiv überlegt, waren sie nach dem Kauf einfacher Produkte (etwa eines Topfes) zufrieden. Beim Kauf komplexer Artikel (z. B. einer Espressomaschine) hingegen führte Nachdenken eher zur Unzufriedenheit.

Je mehr Argumente ein Konsument hört, desto verwirrter ist er im Regelfall. Das menschliche Arbeitsgedächtnis kann höchstens fünf Inhalte gleichzeitig bereitstellen. Alles, was darüber hinausgeht, verarbeitet das Gehirn zwar, aber der Mensch bekommt davon nichts mit. Nach einiger Zeit springt nur noch das Resultat der Berechnungen ins Bewusstsein. Vor diesem Hintergrund solle man komplexe Entscheidungen keinesfalls spontan treffen, sondern sich Zeit lassen. Forscher geben hierbei die Maxime aus: Je komplexer ein Problem, desto länger solle man sich für die Entscheidung Zeit lassen, aber nie länger als zwei Tage.

Quelle: *Siefer, W./Miltner, F.*: Mal Intuition, mal Strategie, in: Focus, Nr. 30/2007, S. 64 – 74.

Fallstudie „Information-Overload (2)“ – Werbeslogans werden kürzer

Die Analyse der Entwicklung und Veränderung von 4000 Werbeslogans über sechs Jahre hinweg fördert zutage, dass Claims immer kürzer werden. Indikatoren hierfür sind die stark rückläufige Anzahl von Wörtern in Slogans und die Ausbreitung von Claims mit nur ein bis drei Wörtern (2003: 44,5 %; 2007: 56,7 %). Hierzu einige Beispiele:

- Ein Wort
  - „More“ – *Pepsi*
  - „Wow“– *Microsoft*
  - „Intensiver“ – *Peugeot*
  - „Clearly“ – *Smirnoff*
  - „Imagine“ – *Samsung*
- Zwei Wörter
  - „Das Auto“ – *Volkswagen*
  - „Weiter denken“ – *Mercedes*
  - „Entdecke *Opel*“ – *Opel*
  - „Deine Flügel“ – *Germanwings*
  - „Einfach näher“ – *T-Mobile*
  - „Entscheide Dich“ – *Afri-Cola*
  - „Hallo Zukunft“ – *Telekom*
- Drei Wörter
  - „Liebe jeden Tag“ – *Visa*
  - „Schlauer ist das“ – *Jet*

Angesichts der zunehmenden Komplexität der Umwelt und der wachsenden Informationsüberlastung wächst beim Konsumenten der Wunsch nach Einfachheit. Überzogene Kunstwörter (Positives Gegenbeispiel: „Unkaputtbar"), artifiziell wirkende Satzkonstruktionen (Positives Gegenbeispiel *Ikea*: „Wohnst Du noch, oder lebst Du schon?") sowie Anglizismen und englische Slogans (Beispiel *Douglas*: „Come in and find out.", was von Verbrauchern häufig mit: „Komme herein und finde wieder heraus." übersetzt wird.) scheinen hingegen an Bedeutung zu verlieren.

Quelle: *Löwer, Ch.*.: Kurz ist in, in: Handelsblatt, Nr. 248 vom 21.12.2007, S. 18; *Wermuth, I./Hahn, A./Perzhorn, O.*: Werbetrends 2007, auf: www.slogans.de; Abfrage vom 05.01.2008, 14:12 Uhr.

Dass Wahrnehmung nicht unbedingt zu einem objektiven Abbild der Realität führen muss, belegen die in Abb. 2.13 vorgestellten **optischen Täuschungen**:

- Beim ***Rubin*'schen Becher** (links oben) handelt es sich um einen von dem dänischen Psychologen *Edgar John Rubin* (* 1886, † 1951) entdeckte schwarz-weiße Täuschungsfigur, die als ein Becher (weißes Innenfeld) oder als zwei Gesichter (schwarze Scherenschnittprofile) wahrgenommen werden kann.
- Beim ***Hermann*'schen Gitter** (links unten) kann man an den Kreuzungspunkten der grauen Quadrate im Augenwinkel schwarze, flimmernde Punkte erkennen. Wenn man aber versucht, einen der Punkte zu fixieren, verschwindet dieser. Dieses Phänomen lässt sich darauf zurückführen, dass die Informationen der Sehzellen zur Weiterleitung an das Gehirn in Gruppen zusammengefasst werden. Man bezeichnet diese als rezeptive Felder. Wenn Licht auf ein Feld fällt, kann die von dem Vorgang betroffene Nervenfaser in ihrer Aktivität verstärkt, aber auch gehemmt werden. Entscheidend ist, ob der Lichtreiz im Zentrum oder im Außenbereich des Feldes wirkt. Wird das gesamte Feld belichtet, kann auch Hemmung stattfinden, d. h. der Seheindruck ist weniger hell. An den Kreuzungspunkten des Gitters fällt mehr Licht auf die Randbereiche der rezeptiven Felder. Dadurch kommt es zu einer starken Hemmung in der Lichtempfindung. So erscheinen die Kreuzungen dunkler. Das ständige Flimmern entsteht übrigens durch die unwillkürlichen rhythmischen Bewegungen des Augapfels.
- Die ***Müller-Lyer*'sche Täuschung** (rechts oben) zeigt zwei gleich lange waagerechte Linien. Trotz dieses gleichartigen Reizes wirkt die rechte waagerechte Linie kürzer als die linke.
- Ähnlich verhält es sich bei der ***Ebbinghaus'schen*** **Täuschung** (rechts unten). Die jeweils in der Mitte liegenden Kreise haben den gleichen Durchmesser, aber in Abhängigkeit von der Größe der sie umgebenen Kreise verändert sich die Wahrnehmung; der untere Kreis wirkt größer als der obere. Kenntnisse über den Reiz allein reichen offenbar nicht aus, um die Wahrnehmung vorherzusagen.

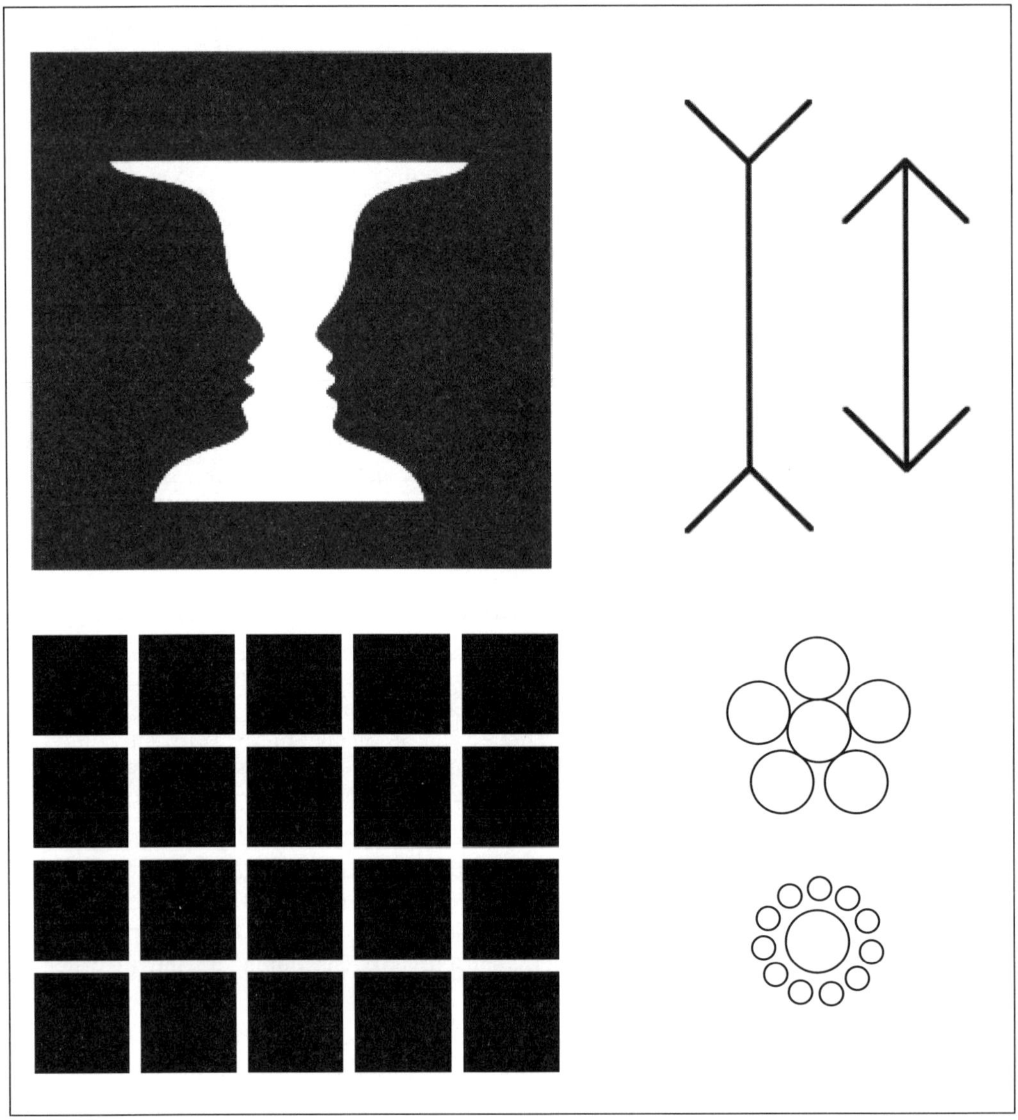

Abb. 2.13.: Beispiele für objektive Täuschungen (Quelle: www.icg.informatik.uni-rostock.de; Stand: 20.10.2002; Ditzinger 1998; Panic/Holm 2005)

Im Zusammenhang mit Wahrnehmung wird seit den 50er Jahren die sog. **unterschwellige Werbung** (englisch: subliminal bzw. subthreshold advertising) diskutiert. Hierbei handelt es sich im visuellen Bereich um sehr kurze, zehntel-sekundenlange tachistoskopische (vgl. hierzu Abschnitt 4.5.4) optische Botschaften, die der Betrachter auch bei äußerster Konzentration nicht bewusst wahrnehmen kann, denen aber unterstellt wurde, dass sie beeinflussen. Die

Wirksamkeit unterschwelliger Werbung in Form optischer und akustischer Reize konnte empirisch nicht belegt werden. Neue mögliche Anwendungen eröffnen olfaktorische Reize, d. h. die Ansprache des Konsumenten über den Geruchssinn (etwa in Form der Ladenbeduftung).

Fallstudie „Subliminale Wahrnehmung" – die Iss-Popcorn-trink-Cola-Studie von *James Vicary*

1957 löste der US-amerikanische Marktforscher *James Vicary* in einer Pressekonferenz in New York eine Welle von einerseits Euphorie und andererseits Entrüstung aus, die bis heute nicht ganz abgeebbt ist. *Vicary* führte den versammelten Journalisten einen kurzen Film über Fische vor. Dabei warf ein Spezialprojektor 169-mal die Botschaft „Trink *Coca-Cola*!" auf die Leinwand – alle fünf Sekunden einmal. Die Projektionen waren nur 1/3000 Sekunde lang und damit folglich zu kurz, als dass die Zeitungsleute diese hätten bewusst wahrnehmen können. Erst als der Vorführer sie absichtlich dunkler stellte, waren die Botschaften wie ein Wasserzeichen im Film zu sehen.

Vicary behauptete, er habe das gleiche Experiment kurz zuvor in einem Kino in Fort Lee, New Jersey, durchgeführt. Während sechs Wochen seien dort 45.699 Filmbesucher ohne deren Wissen den geheimen Botschaften „Iss Popcorn!" und „Trink *Coca-Cola*!" ausgesetzt worden. Als Folge seien der Verkauf von *Coca-Cola* an der Kinokasse um 18,1 % und der von Popcorn um 57,5 % gestiegen.

Während die Werbebranche auf die Befunde euphorisch reagierte, brach in der Öffentlichkeit und hier insbesondere unter Verbraucherschützern ein Sturm der Entrüstung aus. Wer Kinobesuchern ohne deren Wissen den Wunsch zum Popcornkauf ins Hirn pflanzte, konnte der nicht auch Morde befehlen, ein Heer willenloser Zombies in den Krieg schicken oder Frauen von der Hausarbeit abhalten?

Es gab Gerüchte, wonach *Vicary* in dieser Zeit über 4,5 Millionen Dollar an Beratungshonoraren von Werbeagenturen bezahlt bekommen habe. Doch nach und nach wurden erste Zweifel an den Befunden von *Vicary* laut. Denn obwohl zahlreiche Unternehmen sich der neuen Technik bedienten, führten die unterschwelligen Botschaften keineswegs zu einem signifikant geänderten Kaufverhalten.

Und auch den Wissenschaftlern ging langsam die Geduld aus, denn alle Versuche, das Experiment von *Vicary* zu wiederholen, scheiterten. Dieser weigerte sich mit dem Hinweis auf die laufende Patentierung seines Spezialprojektors, das genaue Vorgehen und die exakten Daten zu seinem Versuch bekannt zu geben.

In einem 1962 im Branchenblatt Advertising Age publizierten Interview rang sich *Vicary* zu dem Eingeständnis durch, dass seine Daten die von ihm in Umlauf gebrachten weitreichenden Schlussfolgerungen nicht erlaubten. Gleichwohl hielt er prinzipiell am Effekt der subliminalen Wahrnehmung fest und verkündete weiterhin, sein für diesen Zweck entwickelter Projektor funktioniere grundsätzlich. „Wir ersuchten um ein Patent, nachdem wir das Ding in einem Kino in Fort Lee getestet hatten. Journalisten bekamen Wind davon. Da waren wir gezwungen, an die Öffentlichkeit zu gehen, bevor wir wirklich bereit waren. Ich hatte nur sehr wenig Daten – zu wenig, um ein sinnvolles Resultat zu bekommen." Im Jahr des Interviews, also fünf Jahre nach der erstmaligen Veröffentlichung seiner vermeintlichen Befunde, ging sein Unternehmen, die Subliminal Projection Co., in Konkurs.

Vicary verschwand später spurlos. Es ist unklar, ob er noch lebt und ob seine letzte Version der Geschichte stimmt. Zwar wurde am 7. Mai 1958 tatsächlich ein Patent für einen „Apparat zur Erzeugung visueller Stimulation" eingereicht, der sich für die Präsentation unterschwelliger Werbung eignete. Doch dieses Patent mit der Nummer 3 060 795 lautet auf *Robert E. Corrigan* und *Hal C. Becker* von *Precon and Equipment Corporation* in New Orleans und nicht auf *Vicary*.

Die Iss-Popcorn-trink-Cola-Studie wurde in abgewandelter Form inzwischen tatsächlich durchgeführt und mehrfach wiederholt. Signifikante Ergebnisse dergestalt, dass subliminale Botschaften das menschliche Verhalten direkt beeinflussen, konnten jedoch nicht erzielt werden. Und obwohl der Aufschrei in der Öffentlichkeit schon lange abgeebbt ist, hat *Vicary* es geschafft, das Wort „subliminale Werbung" im Sprachschatz der Öffentlichkeit zu verankern.

Seinen bisher letzten großen Auftritt hatte *Vicarys* Experiment im US-Wahlkampf, als die Wahlhelfer des Demokraten *Al Gore* in einem Fernsehspot des Republikaners *George W. Bush* einen sonderbaren Effekt entdeckten: Für die Zuschauer unsichtbar wurde im Zusammenhang mit den Demokraten das Wort "RATS" (Ratten) über den ganzen Bildschirm eingeblendet. Der Produzent des Films verteidigte sich mit der gewundenen Erklärung, die Einblendung habe das alleinige Ziel gehabt, das darauf folgende Wort "bureaucrats" optisch interessanter erscheinen zu lassen. Wahrscheinlicher ist, dass die Ratten im Spot der Republikaner späte Erben von *Vicarys* Experiment waren – eines Experiments, das nie stattgefunden hat.

Quellen: *Dijksterhuis/Aarts/Smith* (2005), S. 77 – 107; *Schneider*, auf: http://www.nzzfolio.ch/www/d80bd71b-b264-4db4-afd0-277884b93470/showarticle/17af3e96-dff1-449d-b817-6482c3eeba50.aspx; Stand: 08.05.2007, 17:15 Uhr; *Spitzer* (2006), S. 615 – 622; *Theus* (1994), S. 271 – 290.

Umfang und Intensität der Informationsaufnahme können sowohl interindividuell als auch intraindividuell unterschiedlich ausfallen. Zur **Erklärung differierenden Informationsverhaltens** bieten sich folgende **theoretischen Ansätze** an (vgl. *Silberer* 1979, S. 95 ff.):

- **Arousalansatz**
  Arousal (= Aktivierung) bezeichnet einen Erregungsvorgang des zentralen Nervensystems, der den Organismus mit Energie versorgt und einen Zustand der Leistungsbereitschaft und -fähigkeit bewirkt. Individuen streben danach, ein bestimmtes Reizniveau aufrechtzuerhalten. Diesen Überlegungen folgend suchen Individuen in reizarmen Situationen aktiv nach Informationen, um sich auf diese Weise zu stimulieren.
- **Komplexitätsansatz**
  Die vorhandenen Informationen (Informationsmenge, -konflikte, Zahl der Alternativen) stehen in Beziehung zu Struktur und Fähigkeiten des kognitiven Systems eines jeden Individuums, diese aufzunehmen und zu verarbeiten. Vor diesem Hintergrund wird einsichtig, warum bestimmte Konsumenten ein umfangreiches Informationsangebot präferieren (z. B. „Ich wälze gerne Reisekataloge, weil Vorfreude die schönste Freude für mich ist."), wohingegen andere Verbraucher durch eine Vielzahl von Produktinformationen regelrecht verwirrt werden. Bei letzteren empfiehlt es sich aus der Perspektive eines Anbieters, sog. Schlüsselinformationen ("Information Chunks") wie Gütezeichen, Urteile von Verbraucherschutzorganisationen, Markennamen u. ä. zu nutzen.

Fallstudie „Schlüsselinformationen" – ein Wegeweiser durch die wichtigsten Prüfzeichen, Gütesiegel und Zertifikate

Mittlerweile gibt es über 30 gebräuchliche Kennzeichen, die den Verbraucher über bestimmte Merkmale des Produkts informieren sollen. Doch die Vielfalt der Zeichen stiftet bei den meisten Konsumenten mehr Verwirrung als Unterstützung bei der Kaufentscheidung. Im Folgenden finden sich die wichtigsten Zeichen und ihre Bedeutung:

- Mit dem Biosiegel, einem grünen Sechseck, zeichnet das *Verbraucherschutzministerium* Produkte aus, die aus kontrolliert ökologischer Landwirtschaft stammen. Solche Lebensmittel dürfen nicht zur Konservierung bestrahlt werden, die Nutzung von Gentechnik ist verboten. Des Weiteren muss auf künstliche Pflanzenschutzmittel verzichtet werden. Tiere müssen artgerecht gehalten werden.
- Der Blaue Engel, der für zwei oder vier Jahre vergeben wird, kennzeichnet besonders umweltschonende und gesundheitlich unbedenkliche Produkte und Dienstleistungen. Das *Umweltbundesamt* bestimmt die Kriterien in Zusammenarbeit mit der Jury Umweltzeichen, in der sowohl Umwelt- und Verbraucherverbände als auch Vertreter von Gewerkschaften, Industrie und Handel vertreten sind.
- Die CE-Kennzeichnung (Communauté Européene) belegt, dass die Produkte die Bestimmungen aller EU-Richtlinien erfüllen. Hinweise auf die Qualität der Produkte bietet das Kenneichen nicht.
- Das GS-Zeichen (Geprüfte Sicherheit), das von staatlich zugelassenen Prüfstellen wie dem *TÜV* vergeben wird, belegt, dass ein Produkt aus technischer Perspektive ohne Risiken gebraucht werden kann. Das Zeichen muss spätestens nach fünf Jahren neu beantragt werden.
- Mit dem Logo der *Stiftung Warentest* samt Testnote werden einzelne Produkte bewertet. Die Stiftung ist eine staatlich unterstützte Verbraucherschutzorganisation. Über die Tests,

die von unabhängigen Instituten durchgeführt werden, entscheiden Vertreter von Verbrauchern und Wirtschaft sowie neutrale Sachverständige. Die Tests sind objektiv, stellen aber lediglich eine Momentaufnahme dar, da die Produkte und Dienstleistungen nicht ständig überwacht werden.

- Das VDE-Zeichen, ein Dreieck, bestätigt elektrischen Geräten, dass sie die gesetzlichen Anforderungen für elektrische Sicherheit und Gesundheitsschutz erfüllen. Nach Vergabe durch den *Verband der Elektrotechnik, Elektronik und Informationstechnik* werden die Produkte und ihre Herstellung einmal jährlich kontrolliert.

Quelle: www.label-online.de; Stand: 23.02.2007.

- **Risikotheoretischer Ansatz**
  Hier wird Informationsbeschaffung als Strategie der Risikoreduzierung verstanden (vgl. Abschnitt 2.3.2). Je größer ein Verbraucher das Risiko einer Kaufentscheidung einschätzt, desto höher setzt er seine Informationsstandards. Hierbei lassen sich finanzielle (Angemessenheit des Preises und Tragbarkeit der finanziellen Belastungen), funktionale (Funktionsfähigkeit des Produkts), physische (mögliche Gesundheitsbelastungen durch das Produkt), psychologische (Identifikation mit dem Produkt) und soziale Risiken (Akzeptanz des Produkts im sozialen Umfeld) unterscheiden. Das Risikoempfinden des Verbrauchers wird u. a. determiniert durch Neuheitsgrad, technische Komplexität, Preis, Mindestabnahmemenge des Produktes sowie Selbstvertrauen und Risikobereitschaft.
- **Allgemeines Gedächtnismodell**
  Dieser Ansatz postuliert, dass Informationen beim Transfer vom Kurz- in den Langzeitspeicher des Menschen verloren gehen. Falls der Verbraucher den internen Informationsvorrat als unzureichend empfindet, sucht er aktiv nach externen Informationen, die seine Kaufentscheidung unterstützen könnten.
- **Dissonanztheoretischer Ansatz**
  Kognitive Dissonanz bezeichnet einen erkannten bzw. empfundenen Widerspruch zwischen einzelnen Wahrnehmungen und Überzeugungen (vgl. Abschnitt 2.3.2). Dissonanzen sind vor allem nach Kaufentscheidungen zu erwarten. Als Ursachen sind zu nennen:
  - Erkenntnis, auf die Vorteile der nicht gewählten Produktalternativen verzichten zu müssen
  - Enttäuschungen mit dem erworbenen Produkt
  - Kritik durch Dritte an der getroffenen Entscheidung
  - Werbekontakte, welche die Stärken konkurrierender Angebote hervorheben

  Um derartige kognitive Ungleichgewichte abzubauen bzw. erst gar nicht entstehen zu lassen, konzentrieren sich Verbraucher auf solche Informationsquellen, welche die getroffene Kaufentscheidung bestätigen.
- **Kosten/Nutzen-Ansatz**
  Diesem Erklärungsansatz folgend suchen Verbraucher nach Informationen, wenn die zu erwartenden Erträge (bessere Kaufentscheidung, Bestätigung des bereits getätigten Kaufes) höher eingeschätzt werden als die antizipierten Kosten der Informationsbeschaffung in Form monetärer, zeitlicher, physischer und psychischer Aufwendungen.

Am Ende der Informationssuche steht das sog. **Awareness Set** (vgl. Abb. 2.14 sowie *Meffert* 1992, S. 41). Hierbei handelt es sich um den Teil der erhältlichen Produkte, die dem Verbraucher bekannt sind (= **Available Set** abzüglich **Unawareness Set**). Das **Awareness Set** wird um diejenigen Produkte reduziert, die dem Kunden nicht näher vertraut und damit für die weitere Kaufentscheidung unwichtig sind (= **Foggy Set**). Das verbleibende **Processed Set** wird nun weiter differenziert. Zum **Reject Set** gehören die Produkte, mit denen der Verbraucher bereits negative Erfahrungen gesammelt hat und die er deshalb ablehnt. Das **Hold Set** bilden diejenigen Produkte, die mit Hilfe einfacher Entscheidungsregeln ausgesondert, aber noch in der Hinterhand gehalten werden. Für die eigentliche Kaufentscheidung relevant ist lediglich das **Evoked Set**.

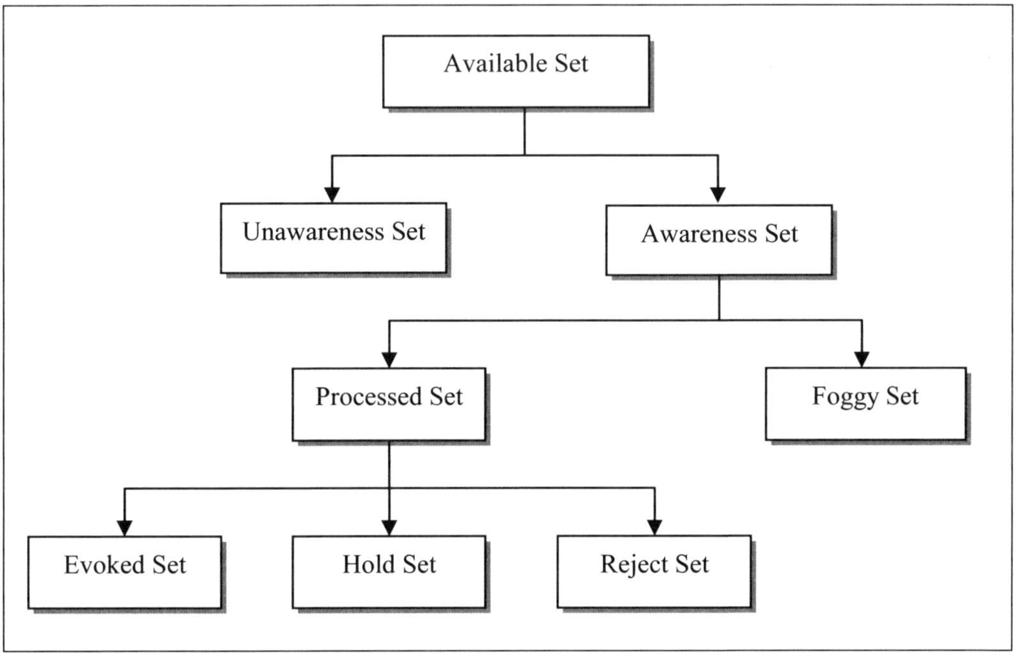

Abb. 2.14: Ein Modell zur selektiven Markenauswahl von Konsumenten (Quelle: Brisoux/Laroche 1980)

Tab. 2.10 vermittelt einen Überblick über empirisch ermittelte Evoked Sets.

Tab. 2.10: Beispiele für empirisch erhobene Evoked Sets (Quelle: Schobert 1979, S. 58)

Produktgruppe	Individuelles Evoked Set (Median)	Aggregiertes Evoked Set	Quelle
Bier	4	27	N
Kanadisches Bier	7	15	U
Deodorant	3	20	U
Deodorant	2	15	N
Hautcreme	5	30	U
Nichtverschreibungspflichtige Arzneimittel	3	20	U
Schmerzlinderungsmittel	3	18	U
Shampoo	4	30	U
Mundwasser	1	8	N
Zahnpasta	3	14*	C
Zahnpasta	2	9	N
Waschmittel	5	24*	C
N = *Narayana/Markin* (1975); U = *Urban* (1975); C = *Campbell* (1969) * = … alle im regionalen Teilmarkt verfügbaren Marken			

Informationsverarbeitung

Im Zuge der Informationsverarbeitung ordnet und bewertet der Verbraucher die aufgenommenen Produktinformationen, so dass ein Qualitätsurteil entsteht. Hierzu bedient er sich zum einen **komplexer Programme** (sog. kognitive Algebra; vgl. im Folgenden *Kuß* 2001, S. 747 – 749; *Uhr/ Müller* 1998). Diese lassen sich in kompensatorische und nicht-kompensatorische Entscheidungsregeln unterscheiden.

Die **kompensatorischen Entscheidungsregeln** basieren auf der Annahme, dass negative durch positive Eigenschaften eines Produkts ausgeglichen werden können. Beim sog. **Beurteilungsmodell** (= linear-kompensatorische Regel) werden die zur Auswahl stehenden Alternativen zunächst isoliert betrachtet, indem die relevanten Eigenschaften bewertet, gewichtet und additiv zu einem Gesamturteil verknüpft werden. Die Alternative, die den höchsten Wert aufweist, wird schließlich präferiert. Beim **Auswahlmodell** hingegen vergleicht der Verbraucher die Produkte paarweise miteinander, um dann eine Rangfolge festzulegen. Hierzu stehen **drei Regeln** zur Verfügung:

- **Attribut-Dominanzregel**: Hierbei werden die Produkte paarweise nach relevanten Eigenschaften miteinander verglichen. Schließlich wird das Produkt ausgewählt, welches am häufigsten besser abschneidet. Demnach handelt es sich hierbei um einen ordinalen

Paarvergleich, die attributspezifischen Abstände zwischen den Eigenschaften bleiben unberücksichtigt.

- **Erwartungsregel**: Diese Regel entspricht der Attribut-Dominanzregel, wobei die Eigenschaften gewichtet werden.
- **Additive Differenzregel**: Hierbei werden die Produkte paarweise anhand verschiedener relevanter Eigenschaften miteinander verglichen. Die Differenzen der Einzelbewertungen werden gewichtet und schließlich additiv zu einem Gesamturteil zusammengefasst. Die sich so ergebenden Gesamturteile beziehen sich nur auf die jeweils andere Alternative und sind somit relativ. Demnach müssen mehrere Paarvergleiche hintereinander geschaltet werden, um schließlich die beste Alternative zu bestimmen.

Im Gegensatz zu den kompensatorischen Entscheidungsregeln, bei denen ein schlechtes Abschneiden bei einer Eigenschaft durch ein gutes Abschneiden bei einer anderen Eigenschaft ausgeglichen werden kann, kann bei den **nicht-kompensatorischen Regeln** eine attributspezifische Schwäche bereits dazu führen, dass ein Produkt aussortiert wird. Dabei lassen sich im Wesentlichen **vier Regeln** identifizieren (vgl. *Aschenbrenner* 1977, S. 28; *Bettman* 1979, S. 176 ff.):

- **Disjunktionsregel**: Der Konsument wählt ein dominierendes Kriterium aus. Er sortiert diejenigen Produkte aus, die einem auf recht hohem Niveau festgelegtem Ausschlusskriterium nicht entsprechen. Erfüllt kein Produkt das Kriterium, wird das Niveau schrittweise abgesenkt, bis zumindest ein Produkt den Anforderungen genügt.
- **Lexikographische Regel**: Der Konsument bildet eine Rangreihe aller relevanten Eigenschaften gemäß ihrer Wichtigkeit. Zunächst wird nur die wichtigste Eigenschaft ins Kalkül gezogen, wobei das Produkt ausgewählt wird, das hier am besten abschneidet. Erzielen mehrere Produkte das gleiche Ergebnis, wird für diese die nächst wichtigere Eigenschaft herangezogen. Ein Beispiel hierfür ist die Entscheidungsregel: „Kaufe das billigste Produkt!".
- **Konjunktive Auswahlregel**: Für jede relevante Eigenschaft wird ein Minimalniveau bestimmt. Unterschreitet ein Produkt diese Minimalanforderungen, wird es ausgesondert. Bleibt danach kein oder mehr als ein Produkt übrig, müssen die Mindestanforderungen solange nach unten bzw. oben justiert werden, bis nur noch ein Produkt übrig bleibt. Diese Entscheidungsregel ist in erster Linie bei extensiven Entscheidungen anzutreffen.
- **Eliminationsregel**: Der Konsument bildet eine Rangreihe aller relevanten Eigenschaften gemäß ihrer Wichtigkeit und definiert für jede Eigenschaft ein bestimmtes Minimalniveau. Anschließend bewertet er sämtliche Produkte anhand des wichtigsten Merkmals. Produkte, die das Niveau unterschreiten, werden aussortiert. Die übrig gebliebenen Produkte werden anhand des zweiten Merkmals bewertet usw., bis schließlich nur noch ein Produkt übrig bleibt.

Zu anderen entwickeln Verbraucher Denkschablonen (sog. **Heuristiken** = vereinfachende Regeln), um den psychischen Aufwand bei der Entscheidungsfindung zu reduzieren. Hierzu zählen (vgl. *Kroeber-Riel/Weinberg* 1999, S. 298 ff.):

- **Attributdominanz**: Das gesamte Image eines Produkts wird von der Wahrnehmung eines Merkmals dominiert. Hierbei handelt es sich um sog. Schlüsselinformationen wie Markenname, Preis oder Urteil der *Stiftung Warentest*.

- **Irradiation**: Hierbei wird die Wahrnehmung dahingehend verzerrt, dass ein Attribut (z. B. die Farbe eines Lebensmittels) auf ein anderes (z. B. den vermuteten Geschmack) ausstrahlt. Abb. 2.15 zeigt ein einfaches und bekanntes Beispiel dafür, wie die Veränderung eines Attributs ein anderes beeinflusst. Beide Bilder bestehen aus den gleichen Elementen: Kreis, zwei Punkte, Strich und Halbkreis. Durch Drehung des Halbkreises um 180 Grad entsteht für den Betrachter jedoch ein völlig neuer Eindruck. Das gesamte Bild hat sich verändert und es scheint, als würden die Augen des linken Männchens fröhlicher aussehen als die des rechten, obwohl diese in beiden Bildern identisch sind.
- **Halo-Effekt** (engl.: halo = Heiligenschein): Ein bereits gefälltes Urteil strahlt auf sämtliche Eigenschaften des Produkts aus.
- **Selektivität**: Konsumenten ignorieren ihnen unwichtige Reize automatisch.

Fallstudie „Attributdominanz" – Marke beeinflusst Geschmacksempfinden von Kindern

Bereits bei Vorschulkindern beeinflussen Fast-Food-Marken das Geschmacksempfinden. US-Kinderärzte servierten Drei- bis Fünfjährigen im Rahmen einer Studie Speisen und Getränke, die typisch für Schnellrestaurants sind. Die Kinder erhielten jeweils identische Hamburger, Chicken McNuggets und Pommes Frites in neutralen Verpackungen und in solchen mit *McDonald's*-Logo. Nach dem Essen erklärte eine klare Mehrheit der Probanden, die Produkte mit *McDonald's*-Aufdruck hätten besser geschmeckt. Ähnliches behaupteten die Kinder, wenn sie nur glaubten, die Speisen seien von *McDonald's*. Diejenigen Kinder, die am häufigsten die Werbung des Fast-Food-Giganten gesehen oder dort schon gespeist hatten, zogen zumeist auch deren Menüs vor.

Quelle: *o. V.*: Die Marke macht's, in: Focus, Nr. 32/2007, S. 16.

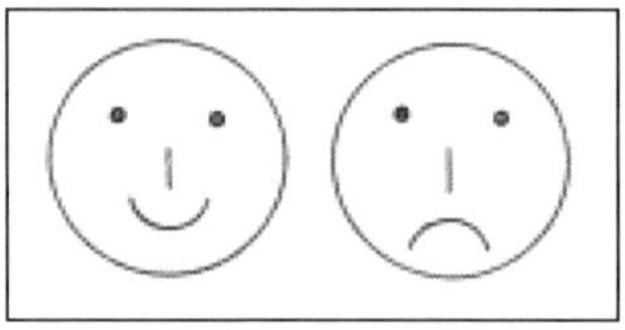

Abb. 2.15: Beispiel für den Irradiations-Effekt (Quelle: von Rosenstiel 1969, S.83)

Fallstudie „Irradiation" – mit den Augen schmecken

Beim Trinken wird die Geschmacksempfindung in erheblichem Maße von den Augen bestimmt, wie Versuche mit nachgefärbtem Orangensaft belegen. War der Saft heller gefärbt als üblich, blieb die höhere Süße im nachgezuckerten Getränk unentdeckt. War das Getränk hingegen dunkler gefärbt, glaubten die Probanden bei dem gleichen Saft in unterschiedlichen Gläsern Geschmacksunterschiede wahrzunehmen.

Quelle: *o. V.*: Sinnesphysiologie – Augen entwickeln beim Trinken Geschmack, in: Welt am Sonntag, Nr. 7 vom 18.02.2007o, S. 76.

Abb. 2.16 vermittelt einen zusammenfassenden Überblick über den Prozess der Informationsverarbeitung.

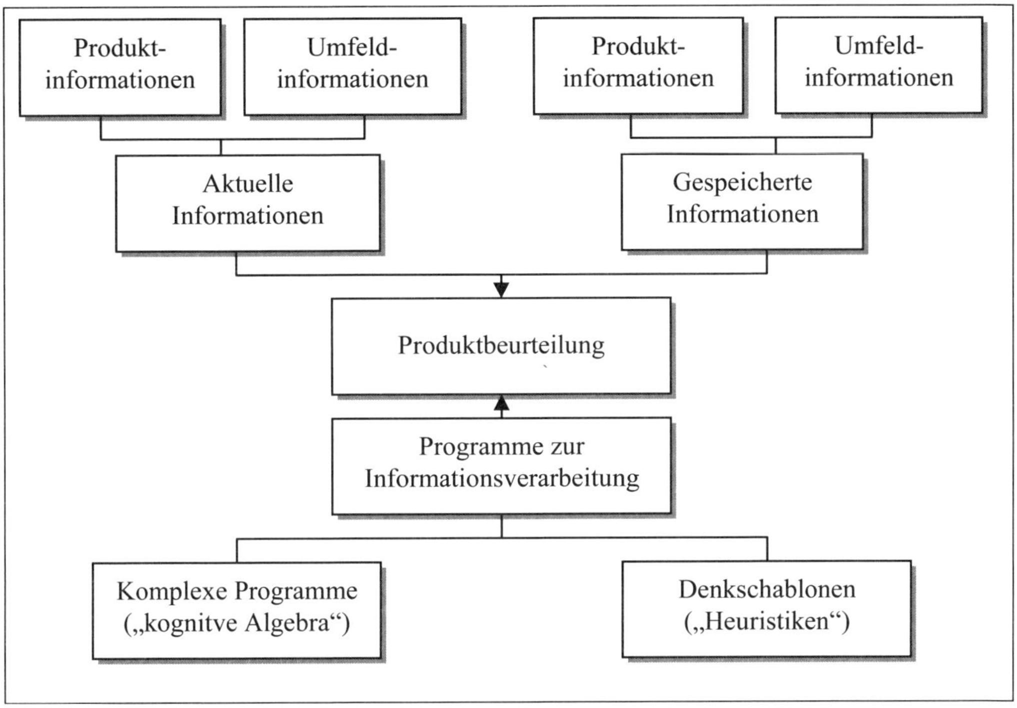

Abb. 2.16: Der Prozess der Informationsverarbeitung im Überblick

Fallstudie „Heuristiken" – wie Laien Börsenprofis schlagen

Wer eine im strengen Sinne rationale Entscheidung treffen will, muss scheitern, weil sich selbst mit den leistungsstärksten Computern nicht alle Informationen sammeln und auswerten lassen, die Auswirkungen der einzelnen Informationen auf die Entscheidung unbekannt sind und sich nach dem zeitintensiven Sammeln die Informationen bereits wieder verändert haben.

Der Mensch wendet daher zumeist einfache Regeln sprich Heuristiken an, ohne sich dessen zumeist bewusst zu sein. Dass solche Heuristiken durchaus erfolgreich sein können, konnte *Gerd Gigerenzer*, Direktor des *Max-Planck*-Instituts für Bildungsforschung in Berlin, nachweisen. In einer von ihm durchgeführten Untersuchung konnte eine Gruppe von Laien bei Aktienspekulationen Börsenprofis schlagen. Befragt nach ihrer Vorgehensweise nannten die Laien Heuristiken wie „Kaufe die bekannte Marke!" oder „Imitiere die Erfolgreichen!".

In diesem Zusammenhang nennt *Gigerenzer* auch die Regel: „Frage andere um Rat, die es besser wissen!“ Dieser Regel folgend ist es in einem Restaurant im Ausland besser, die Bestellungen einheimischer Gäste als die Speisekarte zu studieren.

Entscheidungen werden offenkundig nicht besser, wenn Konsumenten mehr Informationen sammeln und mehr Auswahl haben. Außerdem führen zu viele Optionen zu Konfusion. Versuche mit Marmeladen kommen zu dem Ergebnis, dass Kunden bei einer Auswahl von sechs Produkten mehr kaufen als bei einem Angebot von 24 Marken. Hinzu kommt, dass jene Probanden, die vor einer Entscheidung viele Informationen sammeln (sog. Maximierer), unzufriedener sind als die Satisficer, die sich mit wenigen Informationen begnügen.

Quelle: *Gigerenzer, G.*: Bauchentscheidungen. Die Intelligenz des Unbewussten und die Macht der Intuition, München 2007.

Informationsspeicherung

Die Informationsspeicherung setzt sich zusammen aus Lernen und Gedächtnis. Unter **Lernen** versteht man eine relativ dauerhafte Verhaltensänderung als Ergebnis von Erfahrungen oder Beobachtung (vgl. hierzu *Kroeber-Riel/Weinberg* 1999, S. 316). Dem Lernen kommt insbesondere bei limitierten und habituellen Kaufentscheidungen eine zentrale Rolle zu. Grundsätzlich können **drei lerntheoretische Erklärungsansätze** unterschieden werden (vgl. hierzu ausführlich Abschnitt 2.3.2.):

- Lernen durch (klassische und operante) Konditionierung
- Lernen am Modell (= Nachahmung anderer Personen durch bloßes Beobachten)
- Kognitives Lernen (= Lernen aufgrund des Erkennens der jeweiligen Mittel-Zweck-Beziehungen)

Lernen setzt voraus, dass der Konsument die aufgenommenen und verarbeiteten Informationen im Gedächtnis abspeichert und zu gegebenem Zeitpunkt darauf zurückgreifen, d. h. die Informationen mehr oder weniger originalgetreu reproduzieren kann (= Informationsnutzung). In diesem Kontext lassen sich **drei Arten von Informationsspeichern** (sog. **Mehrspeichermodell des Gedächtnisses**; vgl. *Kroeber-Riel/Weinberg* 1999, S. 225) identifizieren:

- **Sensorischer Speicher**: Er bildet die Grundlage für Auswahl, Interpretation und Verknüpfung aufgenommener Reize und speichert Sinneneindrücke nur für ganz kurze Zeit. Die Kapazität des Sensorischen Speichers ist sehr groß, seine Speicherdauer aber sehr gering.
- **Kurzzeitspeicher:** Dieser übernimmt aus dem sensorischen Speicher einen Teil der aufgenommenen Reize zur weiteren Verarbeitung, indem er sie entschlüsselt, interpretiert und organisiert. Zu diesem Zweck wird auf den Langzeitspeicher zurückgegriffen, d. h. es wird eine Beziehung zwischen gegenwärtiger und vergangener Erfahrung hergestellt. Da die Kapazität des Kurzzeitspeichers sehr beschränkt ist, werden die Informationen schließlich gelöscht oder in den Langzeitspeicher übertragen.

- **Langzeitspeicher** (= Gedächtnis): Hier werden die verarbeiteten Informationen langfristig abgespeichert. Aus Sicht der Marketingtreibenden erscheint es in diesem Zusammenhang zweckmäßig zu gewährleisten, dass Informationen nicht vergessen werden. Hierzu bieten sich zwei Strategien an. Die sog. Erinnerungswerbung zielt darauf ab, die Informationen durch möglichst häufige Wiederholung im Langzeitgedächtnis zu verankern. Diesen Weg schlagen häufig Marktführer ein, die über das für eine Penetration erforderliche Budget verfügen und die nach vergleichsweise hoher Sicherheit streben, was mit spektakulären Aktionen unvereinbar erscheint. Marktherausforderer hingegen, bedienen sich spektakulärer, möglichst kreativer Instrumente, um den Nachteil spärlicher finanzieller Mittel auszugleichen.

2.5 Aktuelle Entwicklungen im Konsumentenverhalten

Im Wesentlichen lassen sich die für das Konsumentenverhalten relevanten Entwicklungen, die hier nur schlaglichtartig beleuchtet und keinesfalls vollständig angeführt werden können, in eine soziodemographische, eine psychographische und eine verhaltenspezifische Kategorie unterteilen (vgl. hierzu *Meffert* 2000, insbesondere S. 104 – 108).

Auf der **soziodemographischen Ebene** sind folgende Veränderungen festzustellen:

- Anstieg der Lebenserwartung und damit wachsender Anteil der Senioren an der Gesamtbevölkerung. Das Durchschnittsalter der deutschen Bevölkerung steigt von 40,9 Jahren im Jahr 1999 bis auf 48,2 Jahre im Jahr 2050 an.
- Zunahme der Single-Haushalte sowie Rückgang der Drei-Generationen-Haushalte
- Wachsender Anteil ausländischer Mitbürger und damit Trend zu einer multikulturellen (Konsum-)Gesellschaft
- Steigendes Ausbildungsniveau, was u. a. die Kritikbereitschaft in der Bevölkerung stärkt und sich damit z. B. auf Beschwerdeverhalten bzw. -management auswirkt
- Heranwachsen einer sog. Erbengeneration (bedingt durch die längste Friedensperiode in Deutschland) und dadurch Möglichkeit des früheren bzw. gesteigerten Konsums

Die Entwicklungen auf der **psychographischen Ebene** lassen sich anschaulich anhand der folgenden Spannungsfelder beschreiben:

- Materialistische versus soziale/ökologische Gesellschaft
- Genuss („Hedonismus") versus Gesundheit und Umweltbewusstsein
- High-Tech- (z. B. Electronic Shopping) versus High-Touch-Gesellschaft (z. B. Emotionalisierung der Konsumerlebnisse)
- "Instant"- (Convenience: „Alles muss schneller und einfacher gehen.") versus Freizeit-Gesellschaft infolge, zumindest bei einem Teil der Bevölkerung, abnehmender (Lebens-)Arbeitszeit
- Standardisierte versus individualisierte Gesellschaft

- Multi-Optionen-Gesellschaft versus Voluntary Simplicity (= Konsumverzicht trotz vorhandener finanzieller Ressourcen)
- Globale Konsummuster versus nationale, regionale und lokale Werte und Geschmacksausprägungen (etwa Konsumpatriotismus, d. h. der Erwerb von Produkten, die aus dem regionalen bzw. nationalen Umfeld stammen)
- Anstieg des subjektiven Risikoempfindens versus Rückgang des objektiven Risikos

Auf der **Verhaltensebene** schließlich zeichnet sich bei den Verbrauchern die generelle Tendenz ab, die Marke bzw. den Anbieter zu wechseln. Für die **sinkende Loyalität** der Verbraucher sind u. a. folgende Entwicklungen verantwortlich:

- **Steigende Mobilität**, was dazu führt, dass sich das Einkaufsgebiet der Kunden vergrößert und damit die Zahl der Einkaufsoptionen wächst
- **Zunehmende Markttransparenz** durch Medien (Print-Medien; Internet; TV), so dass der Verbraucher einen immer besseren Überblick gewinnt
- **Abnehmender Zeitdruck** durch flexiblere Arbeitszeiten, zunehmende Freizeit sowie eine Ausdehnung der Ladenöffnungszeiten mit der Konsequenz, dass der Kunde die verschiedenen Angebote eingehend miteinander vergleichen kann
- **Schnäppchenjagd** als Freizeitbeschäftigung vergleichsweise wohlhabender Verbrauchersegmente (sog. Smart Shoppers), wodurch die Preissensibilität steigt
- **Hybride Konsumstrukturen**, d. h. der Verbraucher sucht bei Gütern des täglichen Bedarfs nach dem günstigsten Preis, um hierdurch sein Budget zugunsten von Gütern des demonstrativen Konsums zu entlasten. Ein in diesem Zusammenhang immer wieder angeführtes Beispiel ist die Nerzmantel tragende *Porsche*-Fahrerin, die bei *Aldi* einkauft.

Food for Thougt: Schnäppchenland Deutschland – Warum wollt ihr immer nur billig?

Von *Ralph Martin*

Als ich 2003 nach Berlin zog, wusste ich eigentlich gar nichts über Deutschland; das große Plus war für mich einfach, dass es in Europa lag. Und Europa bedeutet für uns nun mal etwas, was wir als "Old World" bezeichnen: mehrstündige, genüssliche Mittagessen, roher Schinken auf ofenfrischen Baguettes, Austern, Schnecken und so weiter.

Vielleicht haben wir "Old World" auch immer einfach mit "mediterran" verwechselt. Ich freute mich trotzdem auf das exotische und vor allem rohe Essen, das ich hier vermutete. Zumindest hatte ich die Vorstellung, dass die deutschen Bauern noch im frühmorgendlichen Nebel in liebevoller Handarbeit ihre Karotten, Kartoffeln und Schnecken vom Feld holen würden.

Meine erste Begegnung mit dem Aldi-Phänomen

Ich zog also nach Berlin. Von Produkten, die durch Bauernhände gegangen sein könnten, war hier keine Spur, jedenfalls nicht in dem ersten Laden, den ich betrat, einen „*Kaisers*". Kilometerlange Wurstreihen, "pink in plastic", wie der Londoner Star-Koch *Fergus Henderson* das eingeschweißte Fleisch nennt. Obwohl das Obst und Gemüse zwar besser schmeckte und besser aussah als in New York, musste ich bald bekümmert feststellen, dass Deutschland, vor allem Berlin, nicht Italien ist. Dies mag anderen offensichtlich erscheinen, für einen Amerikaner ist es eine bittere Lektion.

Doch dann fiel mir noch etwas anderes auf: In den Händen meiner neuen Mitbürger sah ich immer häufiger blau-und-weiss gestreifte Tüten – meine erste Begegnung mit dem *Aldi*-Phänomen. *Aldi* fing an, sich in meinem Gehirn völlig auszubreiten, so wie es das auf dem deutschen Lebensmittelmarkt getan hatte. Bald sah ich überall nur noch *Aldi*-Tüten, ganz zu schweigen von den Menschenmassen, die mittwochs vor unserem *Aldi* Schlange standen, um sich auf den neuesten Billig-Computer zu stürzen. Im Laden selbst verwirrte mich das Ambiente zutiefst: Warum sieht eine erfolgreiche deutsche Handelskette des Westens aus wie der Ostblock vor 1989? Und das ohne jegliche Ironie?

Ist „Kaisers" etwa schon Lebensmittel-Luxus?

Dass reguläre Supermärkte wie „*Kaisers*" vielen hier schon wie Lebensmittel-Luxus vorkommen, war der zweite Schock für mich. Und damit meine ich nicht arme Menschen, sondern wirklich den Durchschnitt, also Hipster genauso wie Bürokauffrauen. Zwar gibt es diejenigen, bei denen unter Bio-Äpfeln gar nichts läuft, doch mindestens genauso viele beschwören immer wieder die gute *Aldi*-Qualität und finden die Vorstellung, mehr zu zahlen, lachhaft.

Was das für die Gesamtgesellschaft bedeutet, wurde mir klar, als ich las, dass die reichsten Deutschen nicht die *Hohenzollerns* oder *Thurn und Taxis* sind, sondern die Brüder *Albrecht*, die sich mit 32 Milliarden € in der gleichen Kategorie bewegen wie *Bill Gates* oder die Erben von *Sam Walton*, der *Wal-Mart* gründete. Kann es sein, dass, Globalisierung hin oder her, die Tatsache, wer in einem Land das meiste Geld hat, doch etwas über die Gesellschaft aussagt – nämlich was sie am meisten schätzt und belohnt?

Deutsche den Amerikanern nicht gerade unähnlich

In Frankreich ist das Bernard Arnault, der mit seinem Luxusimperium *Louis Vuitton Moët Hennessy* (LVMH) ein Vermögen von etwa 17 Milliarden € angehäuft hat; gefolgt von *François Pinault*, zu dessen Firmengruppe PPR (Pinault-Printemps-Redoute) *Gucci*, *Yves Saint Laurent*, *Bottega Veneta* ebenso gehören wie der Discounter *Conforama* oder das Weingut *Château Latour* in Pauillac bei Bordeaux, eines der zehn besten Weingüter der Welt.

Es scheint, als wären dagegen die Deutschen mit ihrer Vorliebe für *Aldi* und andere Billigwaren uns Amerikanern nicht gerade unähnlich. Doch es gibt einen feinen, aber entscheidenden Unterschied: In Amerika kaufen nur Arme bei *Wal-Mart* ein; wer es sich leisten kann, geht woanders hin. Deutsche Discounter hingegen kontrollieren 40 % des Lebensmittelmarktes. Wer zu *Aldi* und *Lidl* geht, sieht dort nicht nur die berüchtigte Unterschicht, sondern auch wohlhabende Bildungsbürger, die ihre Einkaufswagen mit namenlosen Produkten vollstopfen.

Schon bei der Ankunft den Atem verschlagen

Das Amerika, das ich vor drei Jahren verließ, befand sich in einem Qualitätsrausch. Vor allem die urbane Mittelschicht kauft immer teurere und exquisitere Waren, auch Lebensmittel.

Ein Land, das bis vor kurzem noch nie von Aceto Balsamico gehört hatte, war plötzlich besessen von in altmodischer Handarbeit gefertigten Lebensmitteln, die aus der ganzen Welt eingeflogen werden. Die belgische Biermarke *Stella Artois* startete in den Vereinigten Staaten sogar eine Werbe-Kampagne mit dem Slogan: „Beruhigend teuer".

Deshalb verschlug es mir bei meiner Ankunft hier den Atem, als ich aus einer Welt, in der fünf Dollar für einen Bio-Salatkopf verlangt werden, in eine Welt trat, in der eine Dose Thunfisch für 49 Cent zu haben ist. Nur scheint es in Deutschland niemand zu merken, wie beängstigend billig Lebensmittel hier im Vergleich zu anderen Industrieländern sind.

„Sie hätten es niemals öffentlich zugegeben"

„Geiz ist geil" ist ein Phänomen, dem ich bisher nur in Deutschland begegnet bin. Billig scheint die nationale Obsession zu sein. Es ist fast unheimlich, wie oft *Aldi* oder die so genannten Schnäppchen in Gesprächen auftauchen, auch unter jungen, gebildeten Menschen. Selbst der arroganteste Adelige singt ein Loblied auf den *Aldi*-Champagner. Professor *Frank Trentmann*, ein in London lebender Historiker und Direktor des Konsumforschungsprogramms an der Uni Warwick, erklärte mir, das Phänomen des Schnäppchen-Jägers gebe es erst seit etwa zehn Jahren.

Als er in den sechziger Jahren noch in Hamburg gelebt habe, sei die gehobene Mittelschicht zwar manchmal zu *Aldi* gegangen, aber nur, um ein bestimmtes Produkt zu kaufen, und „sie hätten es niemals öffentlich zugegeben". Obwohl in ganz Europa Lebensmittelpreise in den letzten Jahrzehnten gefallen sind, hat dies in Deutschland zu einem anderen Verhalten geführt als anderswo.

Fahren Sie in den mittleren Westen Amerikas!

Im Nachbarland Frankreich hat *Bernard Arnault* sein Geld damit verdient, dass er einen Markt bedient, in dem ausschließlich Qualität zählt, oder zumindest der Anschein davon. Es ist natürlich viel verlangt, wenn man die Deutschen dazu auffordert, ihr Konsumverhalten zu ändern, zumindest, was Lebensmittel betrifft. Die ganze Diskussion ist dabei interessanterweise beim Thema Autos überflüssig, und wenn Deutsche das Fleisch, dass sie essen, so sorgfältig aussuchen würden wie ihren Wagen, gäbe es die ganzen Probleme nicht.

Wenn Sie wissen wollen, was passiert, wenn nur noch Billig regiert, fahren Sie in den mittleren Westen der Vereinigten Staaten, den *Wal-Mart* vollkommen übernommen hat: leere Stadtzentren, stagnierende Löhne und Einzelhändler, die vor der Supermacht *Wal-Ma*rt zittern. Keine schöne Aussicht – aber genau dies könnte Deutschlands Zukunft sein.

Quelle: *Martin, R.*: Schnäppchenland Deutschland – Warum wollt ihr immer nur billig?, in: Frankfurter Allgemeine Zeitung, Nr. 87 vom 14.04.2007, S. Z4.

Um frühzeitig auf Veränderungen im Konsumentenverhalten aufmerksam zu werden, erscheint es zweckdienlich, einen Blick auf die diesbezüglichen Befunde der **Trendforschung** zu werfen. *Brain Reserve*, eines der weltweit renommiertesten Trend-Forschungs-Unternehmen und Herausgeber des in der Wirtschaft vielbeachteten Popcorn-Reports, hat in diesem

Zusammenhang die folgenden 17 fundamentalen Trends im Verbraucherverhalten identifiziert (vgl. im Folgenden *Popcorn/Marygold* 1999):

- **Leben im Kokon** (sog. "**Cocooning**"): Die Verbraucher neigen dazu, sich auf vertrautes Terrain zurückzuziehen, um sich auf diese Weise vor den vermeintlichen Gefahren in bzw. aus der Umwelt zu schützen und abzuschotten. Zu diesen Sicherheitszonen gehören die eigenen vier Wände, aber auch der „mobile Kokon", nämlich das Auto. Damit einher geht der Wunsch nach Sicherheit und Schutz vor Bedrohungen jeglicher Art. Hierbei ist das Phänomen zu beobachten, dass das subjektive Risikoempfinden, d. h. die Wahrnehmung von Risiken durch den einzelnen, kontinuierlich zunimmt, obwohl die objektiven, d. h. tatsächlichen Risiken immer weiter abnehmen.
- **Clanning**: Immer mehr Menschen hegen den Wunsch, zu einer oder mehreren Gruppen von Gleichgesinnten zu gehören, die gemeinsame Werte vertreten und weitgehend identische Bedürfnisse hegen (sog. Sekundärgruppen). Dieses Bedürfnis wird umso stärker, je zersplitterter sich unsere Gesellschaft gestaltet und je höher die geforderte Mobilität für den Einzelnen ausfällt. Letztlich ist Clanning nichts anderes als die Suche nach einem Ersatz für die klassische Großfamilie (= Primärgruppe) bzw. den Bekanntenkreis.
- **Fantasy-Abenteuer**: Auf der einen Seite hegen die Menschen den Wunsch nach Rückzug und Zugehörigkeit, auf der anderen Seite suchen sie Abwechslung und Nervenkitzel bei aufregenden, aber trotzdem risikoarmen Unternehmungen, um so dem Alltagsstress zu entfliehen. Hierzu gehören in erster Linie Reisen, Essen und die virtuelle Realität.
- **Genießen? Jetzt erst recht!**: Zahlreiche Verbraucher sind der Einengung durch Regeln und Vorschriften leid. Um dies zu kompensieren, stürzen sie sich – in einer Art Befreiungsschlag – in heimliche Orgien. Standen traditionell bei den guten Vorsätzen zum Jahreswechsel gesundheitliche Punkte oben an („Abnehmen", „Mit dem Rauchen aufhören"), tendieren die Verbraucher nunmehr dazu, ab und zu bewusst zu sündigen und ihren Gelüsten spontan nachzugeben, um sich danach um so intensiver Fitness und Gesundheit zuzuwenden.
- **Kleine Belohnungen**: Mit dem vorigen Trend einher geht der verstärkte Wunsch der Verbraucher, sich mit erschwinglichem Luxus im Kleinen selbst zu belohnen. Die Wurzel dieses Trends liegt letztlich in dem Gefühl, zu kurz gekommen zu sein bzw. aufgrund der aufgebürdeten Lebensbedingungen die eigenen Wünsche nicht ausreichend erfüllen zu können.
- **Halt und Sinn**: Verbraucher besinnen sich auf ihre geistigen Wurzeln in der Vergangenheit und übernehmen das Altbewährte, um für die Zukunft gewappnet zu sein. In der Hektik des modernen Lebens besteht eine tiefe Sehnsucht nach einer stabilen Basis. Im Kern ist es die Suche nach Antworten auf die großen Fragen des Lebens, bei welcher der Blick zurück in die Vergangenheit gerichtet wird und Werte übernommen werden, die damals Trost und Sicherheit bedeuteten. Man bemüht sich, in der Erinnerung tragfähige Lösungen zu finden, die helfen, das tägliche Chaos zu meistern.
- **Ichbezogene Wirtschaft** (sog. "**Egonomics**"): In Zeiten der Standardisierung und Normierung entsteht das Bedürfnis nach etwas ganz Individuellem, nach einer persönlichen Note. Bestimmender Faktor bei diesem Trend ist das eigene Ich. Verbraucher beanspruchen auf die eigene Person zugeschnittene, individuelle Produkte und Dienstleistungen.

- **Weibliches Denken**: Werte verschieben sich weg vom zielorientierten, hierarchischen Denken hin zu einem prozessorientierten, familiären, auf Anteilnahme und Mitwirkung setzenden Modell. Diese Entwicklung erfordert speziell auf Frauen zugeschnittene Marketing-Konzepte. Besonders wichtig erscheint dies bei technischen Produkten, die traditionell die Domäne des Mannes waren, diesbezügliche Kaufentscheidungen aber zunehmend von Frauen beeinflusst werden. Hierzu zählen nicht zuletzt Autos.
- **Mannzipation**: Bei immer mehr Männern ist ein neues Denken festzustellen, das durch Warmherzigkeit sowie individuelle Freiheit und nicht ausschließlich durch Geschäft sowie Karriere charakterisiert ist. Mit diesem Begriff wird der neue Mann identifiziert.
- **99 Leben auf einmal**: Zunehmendes Tempo und ständiger Zeitmangel zwingen die Verbraucher in eine große Rollenvielfalt. Dies führt dazu, dass vieles auf einmal erledigt werden muss. Viele Menschen haben zu wenig Zeit für all die Aufgaben, die sie erfüllen sollen, so dass sie in aller Hektik nur selten zu sich selbst kommen.
- **Dosierter Ausstieg**: Berufstätige Frauen und Männer, für die Karriere um jeden Preis kein erstrebenswertes Ziel darstellt, entscheiden sich für einen einfacheren, erfüllteren Lebensstil (sog. **Voluntary Simplicity**). Hierbei geht es keinesfalls um eine Null-Bock-Mentalität, sondern um einen dosierten Ausstieg aus Karriere und Konsumrausch.
- **Gesundes und langes Leben**: Immer mehr Menschen wird klar, dass ein ganzheitlicher Ansatz ihr Leben bei guter Gesundheit beträchtlich verlängern kann. Damit verfolgen sie den Wunsch, bei der steigenden Lebenserwartung so lange wie möglich gesund zu bleiben. Heute reicht es nicht mehr, älter zu werden, man will auch etwas vom Leben haben, d. h. mehr Lebensqualität.
- **Der wehrhafte Verbraucher**: Eine zunehmende Anzahl frustrierter und verärgerter Verbraucher sucht nach Möglichkeiten, ihrem Unmut Luft zu machen.
- **Gegen die Großen**: Ein Großteil der Bevölkerung stellt die Vertreter von Politik, Wirtschaft und Verwaltung als Stützen der Gesellschaft in Frage oder lehnt diese sogar ab. Die in Deutschland zu beobachtende Politikverdrossenheit ist nur ein Beispiel für diese Entwicklung, die sich auf der Verbraucherseite darin niederschlägt, dass man mehr und mehr Sympathien für die Kleinen hegt.
- **Rettet unsere Gesellschaft** (S.O.S. – Save Our Society): Weite Teile der Bevölkerung entdecken ihr soziales Gewissen wieder, eine Mischung aus Moral, Mitleid, Umweltbewusstsein und Leidenschaft. Diese Verbraucher bevorzugen Unternehmen, die Umweltbewusstsein, Verantwortung für die Gesellschaft und Engagement für das Bildungswesen zeigen.
- **AtmosFear**: Genmanipulierte bzw. verseuchte Nahrungsmittel sowie durch Menschen verursachte Umweltkatastrophen und -schäden rufen beim Verbraucher zunehmende Verunsicherung hervor. Immer mehr Menschen stellen sich die Frage, ob ihre Umwelt überhaupt noch sicher ist.

Nicht jeder der vorgestellten Trends betrifft Unternehmen in gleichem Maße. Außerdem sollten die Entwicklungen keinesfalls unreflektiert auf Europa bzw. Deutschland übertragen werden. Nicht zuletzt stellen die vorgestellten 17 Trends kein in sich völlig widerspruchsfreies bzw. überschneidungsfreies System dar. Trotz dieser Kritikpunkte leistet die Trendforschung einen nicht zu unterschätzenden Beitrag, wenn es darum geht, zentrale Entwicklungen im Verhalten von Konsumenten frühzeitig zu identifizieren und darauf abgestimmte Konzepte zu entwickeln.

Fallstudie „Konsumentenverhalten" – zwei Seelen wohnen, ach, in meiner Brust

Konsumenten sind zweigeteilte Wesen und spüren in einer globalisierten Welt nicht selten zwei Seelen in ihre Brust: die eines Konsumenten und die eines Bürgers. Der Konsument freut sich darüber, wenn er zwischen zig Shampoo-Sorten auswählen kann, zu Hause über einen Computer mit Internetanschluss verfügt und dank des medizinischen Fortschritts immer älter wird. Dem Bürger hingegen graut es vor der wachsenden Kluft zwischen Arm und Reich, vor Arbeitsplatzunsicherheit, Umweltverschmutzung und Klimaerwärmung.

Der häufig scheinheilige Konsument will mit billigen Handys telefonieren, reagiert aber empört, wenn *Nokia* einen Produktionsstandort nach Rumänien verlagert. Wir gehen bei *Aldi* und *Lidl* auf Schnäppchenjagd, trauen aber um den Tante-Emma-Laden, der seine Türen für immer schließt. Wir bestellen unsere Bücher bei *Amazon*, wundern uns aber, wenn der Buchhändler um die Ecke vor dem Aus steht.

Dem Konsumenten bleiben nur zwei Möglichkeiten, um diese Gegensätze aufzulösen: Unternehmen daran hindern, die Spielregeln selbst festzulegen, und das Konsumenten-Tier in sich zu zähmen.

Quelle: *Reich, R.:* Der Superkapitalismus. Wie die Wirtschaft unsere Demokratie untergräbt, Frankfurt am Main 2008; *Rossbach, H.:* Das Tier im Konsumenten, in: Frankfurter Allgemeine Zeitung, Nr. 23 vom 28.01.2008, S. 12.

Fallstudie "Cocooning" – der Erfolg von Wohnzeitschriften

In Zeiten schneller Veränderungen und wirtschaftlicher Instabilität wachsen Verunsicherung, Orientierungslosigkeit sowie Stress und mit ihnen der Wunsch nach Geborgenheit. Angesichts dieses Trends, dem sog. Cocooning, werden die eigenen vier Wände zum letzten rettenden Hort. Von der Renaissance der Häuslichkeit profitieren u. a. die Wohnzeitschriften. Bis Mitte der neunziger Jahre gab es in Deutschland neben dem *Gruner+Jahr*-Klassiker *„Schöner Wohnen"*, der 1960 gegründeten und heute mit mehr als zwei Millionen Lesern meistgelesenen Wohnzeitschrift Europas, lediglich vier bis fünf Wettbewerber auf dem Markt. Mittlerweile werden rund 40 Wohntitel angeboten – mit steigender Tendenz und das inmitten einer heftigen Zeitungs- und Zeitschriftenkrise.

Quelle: *Kegel, S.*: Nesthockerinnen, wollt ihr ewig wohnen?, in: Frankfurter Allgemeine Zeitung, Nr. 102 vom 03.05.2003, S. 36.

3 Verhalten gewerblicher Käufer

Dieses Kapitel vermittelt,:

- welche generellen und spezifischen Besonderheiten das organisationale Beschaffungsverhalten aufweist,
- welche Typen organisationaler Kaufentscheidungen sich identifizieren lassen und
- wie sich organisationales Beschaffungsverhalten theoretisch erklären lässt.

3.1 Generelle Besonderheiten

Unter organisatorischem Beschaffungsverhalten fasst man sämtliche Prozesse, die im Zuge einer Kaufentscheidung für gewerblich beschaffte Güter und Dienstleistungen anfallen (vgl. *Diller* 2001, S. 1231). Organisationales Beschaffungsverhalten unterscheidet sich vom Kaufverhalten einer Privatperson in folgenden Punkten:

- **Multipersonalität**
  Zwar beeinflussen auch im Privathaushalt mitunter mehrere Individuen die Kaufentscheidung. Doch geschäftliche Transaktionen sind häufig sehr komplex und nehmen ein finanzielles Ausmaß an, welches es notwendig macht, dass an ihnen mehrere Personen aus verschiedenen Bereichen des Unternehmens mit gegebenenfalls unterschiedlichen Interessen teilnehmen. Demnach handelt es sich i. d. R. um Kollektiventscheidungen.
- **Multioperativität**
  Organisationale Käufe sind weiterhin häufig dadurch gekennzeichnet, dass die Entscheidungsfindung in mehreren Phasen abläuft (vgl. hierzu *Backhaus* 1999, S. 62). Diese reichen von der Festlegung der Eigenschaften und Mengen der benötigten Produkte bzw. Dienstleistungen über die Suche nach potenziellen Bezugsquellen und das Einholen sowie die Analyse von Angeboten bis hin zur Auswahl eines Lieferanten, der Bestellung sowie deren Abwicklung und der Ausführungskontrolle sowie -abwicklung. Ablauf und Inhalt der Phasen sind i. d. R. formal festgelegt, d. h. schriftlich fixiert. Der Kaufentscheidungsprozess ist im Regelfall stärker von rationalen Erwägungen geprägt, läuft aber in keinem Fall ohne Emotionen ab.
- **Multiorganisationalität**
  Hier treffen zwei Organisationen aufeinander, die sich im Vergleich zum B2C(Business-to-Consumer)-Bereich hinsichtlich Informationsstand und Professionalität nur wenig unterscheiden.

- **Multitemporalität**
  Transaktionen im B2B(Business-to-Business)- und B2G(Business-to-Government)-Bereich können recht lange dauern, es kommt mitunter zu intensiven Interaktionen zwischen Anbieter und Nachfrager. Vor diesem Hintergrund fällt dem Beziehungsmarketing (sog. **Relationship-Marketing**) eine tragende Rolle zu.

Weitere Unterschiede werden offenkundig, wenn man die Struktur von Investitionsgüter- und Konsumgütermärkten vergleichend gegenüberstellt (vgl. hierzu Tab. 3.1 sowie *Backhaus* 1999; *Spiegel-Verlag* 1982; *Strothmann* 1979; *Plinke* 2001, S. 706 – 711; *Kleinaltenkamp/ Plinke* 2000, 1997).

Tab. 3.1: Die Struktur von Investitionsgüter- und Konsumgütermärkten im vergleichenden Überblick

Märkte Merkmale	Investitionsgütermarkt (z. B. Produktionsanlage)	Konsumgütermarkt (z. B. Schokoriegel)
Struktur der Bedarfsträger	• Gewerbliche Abnehmer • Geringe Zahl • Derivativer (abgeleiteter) Bedarf • Großer durchschnittlicher Bedarf • Bedarfsträger einzeln bekannt	• Private Abnehmer = Endverbraucher • Große Anzahl • Originärer Bedarf • Geringer durchschnittlicher Bedarf • Bedarfsträger nicht einzeln bekannt
Verhalten der Käufer	• Starkes Informationsbedürfnis • Umfangreiche Beschaffungsanstrengungen, d. h. mehrphasiger Kaufprozess • Formalisierte Entscheidungsfindung durch Fachleute • Prozessorientierte, multipersonale Entscheidung • Idealtypisch emotionslos, nicht-impulsiv und faktenorientiert	• Tendenziell geringeres Informationsbedürfnis • Begrenzte Beschaffungsanstrengungen • Keine formalisierten Entscheidungen, teilweise durch Laien • Keine prozessorientierte, zumeist individuelle Entscheidung • Häufig emotional und impulsiv

Tab. 3.1: Die Struktur von Investitionsgüter- und Konsumgütermärkten im vergleichenden Überblick (Fortsetzung)

Märkte Merkmale	Investitionsgütermarkt (z. B. Produktionsanlage)	Konsumgütermarkt (z. B. Schokoriegel)
Art der angebotenen Leistungen	• I. d. R. Auftragsfertigung • Enge Hersteller-Kunden-Beziehungen • Langfristiges Beziehungsgefüge • Geringes Gefälle zwischen Anbieter und Nachfrager hinsichtlich Markttransparenz und Professionalität	• I. d. R. Massenfertigung • Keine direkte Hersteller-Kunden-Beziehungen • Kurzfristiges Beziehungsgefüge • Starkes Gefälle zwischen Anbieter und Nachfrager hinsichtlich Markttransparenz und Professionalität

3.2 Spezifische Besonderheiten

Neben den generellen Besonderheiten lassen sich jeweilige Spezifika des Beschaffungsverhaltens von Industrieunternehmen, Handelsbetrieben und Öffentlichen Einrichtungen feststellen (vgl. im Folgenden *Meffert* 1992, S. 138 – 174; *Bänsch* 1998b; *Kuß/Tomczak* 2000). Die **Kaufentscheidung von Industrieunternehmen** zeichnet sich durch folgende Eigenschaften aus:

- Hohe Bedarfsspezialisierung und damit präzise Vorstellung über das zu erwerbende Produkt bzw. die gewünschte Dienstleistung
- Ausgeprägtes Planungs- und Informationsverhalten und damit umfangreiche Kaufentscheidungsprozesse
- Beteiligung technischer und kaufmännischer Spezialisten am Entscheidungsprozess, was nicht selten ein erhebliches Konfliktpotenzial in sich birgt

Im Gegensatz zur Kaufentscheidung von Industriebetrieben handelt es sich bei der **Beschaffungsentscheidung von Handelsunternehmen** in der überwiegenden Zahl der Fälle um einen habitualisierten Vorgang, der durch regelmäßige Sortimentskontrollen abgesichert wird. Extensive Entscheidungsprozesse fallen lediglich bei der Aufnahme neuer Produkte (= Neulistung) bzw. Eliminierung vorhandener Produkte (= Auslistung) sowie beim Erwerb von Investitionsgütern an.

Die Zahl der Entscheider ist von der Unternehmensgröße abhängig, und die Entscheidungsfindung verlagert sich zunehmend zu den Zentralen des Handels. Traditionell finden sich die Einkaufsgremien des Handels in einem Spannungsfeld zwischen Einkaufsseite (etwa vertreten durch Chef- sowie Ressorteinkäufer) und Vertriebsseite (repräsentiert durch beispielsweise Vertriebsleiter, Verkaufsförderer und Firmeninhaber bzw. Geschäftsführer). Infolge der zunehmenden Bedeutung des sog. Pull-Effekts (vgl. Abschnitt 1.1) dominieren bei Einkaufsentscheidungen hier zunehmend die Vertriebsexperten.

Insgesamt werden die Entscheidungen im Handel vergleichsweise schnell getroffen, da mit ihnen „weichere" Konsequenzen verbunden sind. Beispielsweise lässt sich das Risiko einer Fehlentscheidung durch Bestellung kleiner Mengen verringern. Oder der Verkauf schlechtverkäuflicher Ware kann durch Sonderangebote forciert werden.

Eine wesentliche Besonderheit bei der **Beschaffungsentscheidung von Öffentlichen Einrichtungen** stellt die gesetzlich vorgeschriebene Ausschreibung dar (vgl. hierzu *Meffert* 1992, S. 168), deren Ablauf Abb. 3.1 zu entnehmen ist. Die eigentliche Ausschreibung beginnt mit Erstellung der Auftragsunterlagen: Hierbei wird zunächst ein Verzeichnis erstellt, in dem die gewünschte Leistung spezifiziert wird (sog. Leistungsverzeichnis). Eine Ausschreibung kann öffentlich oder beschränkt erfolgen. Bei der öffentlichen Ausschreibung fordert der öffentliche Auftraggeber sämtliche Anbieter eines Produkts bzw. einer Dienstleistung dazu auf, ein Angebot über die spezifizierte Leistung abzugeben. Bei der beschränkten Ausschreibung hingegen wird nur ein begrenzter Kreis von Unternehmen (etwa regional anässige Unternehmen) in die Aufforderung zur Angebotsabgabe einbezogen. Im Falle der seltener anzutreffenden freien Vergabe von Aufträgen liegt es im Ermessen des Öffentlichen Auftraggebers, welches Angebot er letztlich präferiert.

Bei der öffentlichen bzw. beschränkten Ausschreibung erhält schließlich das Unternehmen den Zuschlag, welches das preisgünstigste Angebot unterbreitet hat. Die Ausschreibung ist damit ein Instrument, das im Sinne des Sparsamkeitsprinzips, dem Öffentliche Einrichtungen unterliegen, den Wettbewerb unter den Anbietern gewährleistet.

3.3 Typen organisationaler Beschaffungsentscheidungen

Die Dauer des Beschaffungsprozesses hängt von der Komplexität und dem kognitivem Aufwand der Entscheidungsfindung ab. Danach lassen sich **drei Typen von Kaufentscheidungen** identifizieren (vgl. *Robinson/Faris/Wind* 1967 sowie Tab. 3.2):

- **Erstkauf** ("new task"): Hier sind die Einkäufer mit einer völlig neuen Problemstellung konfrontiert. Da die Entscheider nicht auf die Erfahrung ähnlicher Käufe zurückgreifen können, benötigen sie eine Vielzahl von Informationen. Ein Erstkauf ist also mit der extensiven Kaufentscheidung privater Haushalte vergleichbar (vgl. hierzu Abschnitt 2.2).
- **Modifizierter Wiederholungskauf** ("modified rebuy"): Es wurde bereits eine ähnliche Kaufentscheidung getätigt, nur haben sich die Situation und damit die Anforderungen an das zu beschaffende Objekt leicht geändert. Deshalb müssen flankierend zu den bisherigen Erfahrungen zusätzliche Informationen beschafft und ins Kalkül gezogen werden. Folglich bestehen unverkennbare Analogien zur limitierten Kaufentscheidung.

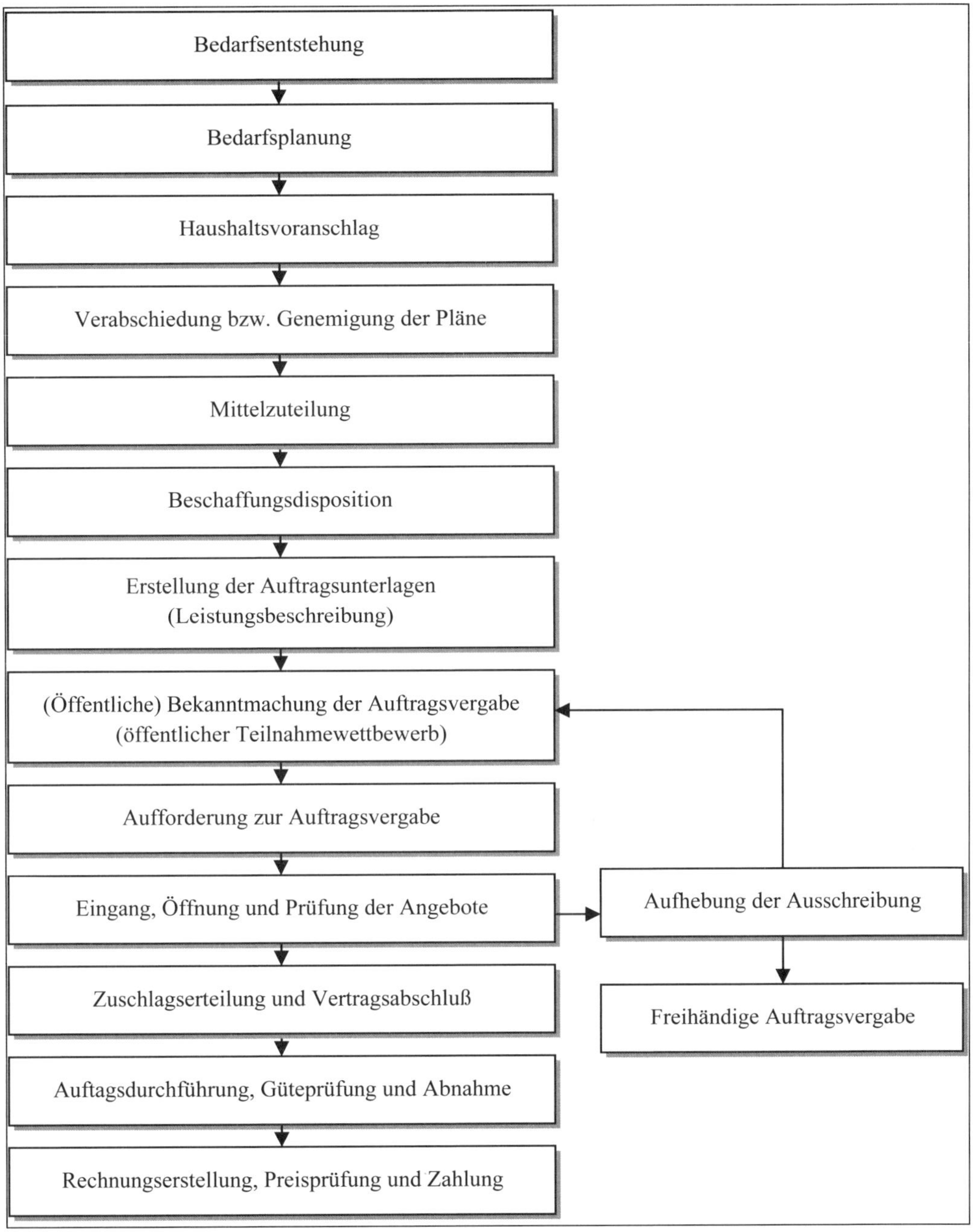

Abb. 3.1: Der Prozess einer öffentlichen Ausschreibung (Quelle: in Anlehnung an Hammann/Lohrberg 1986, S. 61)

- **Reiner Wiederholungskauf** ("straight rebuy"): Hier erwirbt ein Unternehmen ein Produkt oder eine Dienstleistung zum wiederholten Male. Der Käufer möchte einen wiederkehrenden Bedarf decken und greift hierzu auf den ihm aus vorangegangenen Verhandlungen sehr genau bekannten Anbieter zurück. Ein reiner Wiederholungskauf ähnelt daher der habitualisierten Kaufentscheidung einer Privatperson.

Tab. 3.2: Arten organisationaler Kaufentscheidungen – differenziert nach dem kognitiven Aufwand der Entscheidungsfindung (Quelle: Robinson/Faris/Wind 1967, S. 25)

Kriterium / Kaufklasse	Neuartigkeit des Problems	Informationsbedarf	Betrachtung neuer Optionen
Erstkauf	Hoch	Hoch	Ausgeprägt
Modifizierter Wiederholungskauf	Mittel	Mittel	Begrenzt
Reiner Wiederholungskauf	Gering	Gering	Keine

3.4 Ausgewählte Erklärungsansätze des organisationalen Beschaffungsverhaltens

3.4.1 Überblick

Die Ansätze zur Erklärung organisationalen Beschaffungsverhaltens lassen sich nach folgenden **Kriterien** unterscheiden (vgl. hierzu *Meffert* 1992, S. 141 – 157):

- **Nach den Akteuren: Personale versus Organisationale Ansätze**
  Der Personale Ansatz beschäftigt sich mit dem Einfluss der Eigenschaften von Verkäufern und Käufern. Man geht davon aus, dass eine Transaktion dann erfolgreich verläuft, wenn sich beide bezüglich ökonomischer, sozialer, psychischer und physischer Merkmale ähnlich sind (sog. Matching-Studien). Betrachtet wird dabei u. a. der Verhandlungsstil von Personen.
  Der Organisationale Ansatz hingegen geht davon aus, dass die Personen sowohl auf Abnehmer- als auch auf Anbieterseite in eine Gruppe bzw. Organisation eingebunden sind und demnach multipersonale bzw. kollektive Entscheidungen treffen. Dieser Ansatz fokussiert auf die Rollen, welche die Personen im Buying-Center (= Einkaufsgremium) und im Selling-Center (= Verkaufsgremium) einnehmen. Demnach stehen vor allem Aspekte wie Macht, Konflikt, Kooperation und sozialen Beziehungen im Vordergrund.
- **Nach den Einflussgrößen: Strukturelle versus Prozessuale Ansätze**
  Der Strukturelle Ansatz beschäftigt sich mit den Merkmalen einer bzw. mehrerer Organisation/en und deren Einfluss auf die Kaufentscheidung. Hierbei werden Aspekte sowohl der Aufbauorganisation als auch der Ablauforganisation in die Analyse einbezogen. Demnach handelt es sich um eine statische Betrachtungsweise. Im Gegensatz dazu nimmt

der Prozessuale Ansatz eine dynamische Perspektive ein, indem er die Phasen des Transaktionsprozesses sowie den Aufbau von Geschäftsbeziehungen analysiert.

- **Nach der Organisationszahl: Monoorganisationale versus Multiorganisationale Ansätze**
  Bei den Monoorganisationalen Ansätzen steht das Entscheidungsverhalten einer einzelnen Organisation im Vordergrund. Demnach bleiben die Interaktionsprozesse zwischen Anbieter und Nachfrager außen vor. Der Multiorganisationale Ansatz hingegen bezieht mehrere Organisationen als Parteien bei der Verhandlung in die Betrachtung ein.
- **Nach der Komplexität: Partial- versus Totalmodelle**
  Während die Partialmodelle sich auf bestimmte Determinanten der Kaufentscheidung konzentrieren, zielen Totalmodelle darauf ab, (aus der jeweiligen Perspektive) sämtliche Faktoren, welche die organisationale Kaufentscheidung beeinflussen, zu erfassen und zu analysieren. Ein Überblick über die Totalmodelle des organisationalen Beschaffungsverhaltens findet sich bei *Backhaus* (1999, S. 116 ff.).

3.4.2 Webster-Wind-Modell

Als bekanntestes Modell zur Analyse des organisationalen Beschaffungsverhaltens gilt das **Modell von *Webster/Wind*** (1972), das den Monoorganisationalen Strukturellen Totalmodellen zuzurechnen ist. Die Autoren unterscheiden **vier Faktorengruppen**, die hierarchisch abgestuft sind:

- **Umweltfaktoren**
  Hierzu zählen sämtliche Bereiche der Makro-Umwelt (= ökonomische, soziokulturelle, technologische, physische, politisch-rechtliche Umwelt) und Mikro-Umwelt (= Lieferanten, Abnehmer, Konkurrenten, Staat, Gewerkschaften, Handelskammern, Verbände etc.; vgl. hierzu Abschnitt 4.2). Obwohl der Einfluss solcher Faktoren schwierig zu identifizieren und zu messen ist, sollten Unternehmen diesbezüglich eine hohe Sensibilität entwickeln.
- **Faktoren der Organisation bzw. des Unternehmens**
  Darunter fasst man Unternehmensziele, finanzielle, technologische und personelle Ressourcen sowie die formale Organisationsstruktur (etwa Aufbau- und Ablauforganisation, Belohnungssystem, Status- und Machtzuteilungen).
- **Interpersonelle Faktoren**
  Diese ergeben sich aus den Prozessen zwischen denjenigen Mitarbeitern, die am Einkaufsvorgang beteiligt sind. Dabei lassen sich aufgabenbezogene (= Task-Variablen mit direktem Einfluss) und nicht-aufgabenbezogene Variablen (= Non-Task-Variablen mit indirektem Einfluss) unterscheiden. Die aufgabenbezogenen Faktoren resultieren aus der Rolle der Person im sog. **Buying-Center** (= Einkaufsgremium; vgl. hierzu *Bagozzi/Rosa/Celly/Coronel* 2000, S. 435 – 441 sowie Abb. 3.2). Hierunter versteht man die Gruppe von Personen innerhalb einer Organisation, die für die Beschaffung (Einkauf) zuständig ist. Die Mitglieder eines solchen Buying-Center sind:
  - **Gatekeeper (Vorselektierer)**, dessen Aufgabe es ist, entscheidungsrelevante Informationen zu sammeln, die in Betracht kommenden Kaufoptionen zu identifizieren und damit die Entscheidung vorzubereiten. Anbieter, denen es nicht gelingt, diese Schleuse

zu passieren, gelangen erst gar nicht in die engere Auswahl. Die Rolle des Gatekeepers übernimmt häufig eine Stabsstelle (etwa Assistent/in des Deciders) oder das Sekretariat.

- **Decider (Entscheider)**: Er übernimmt vom Gatekeeper die Informationen und verarbeitet diese weiter. Bei ihm liegt letztlich die Entscheidung, ob ein Objekt erworben wird oder nicht. Da er die formale Macht der Auftragsvergabe besitzt, nimmt er eine exponierte Stellung innerhalb des Buying-Centers ein. Beim Decider handelt es sich um eine Person in leitender Position, die über eigene Etats verfügt und demnach Mittel freigeben kann. In kleineren Unternehmen bzw. ab einem bestimmten Beschaffungsvolumen übernimmt häufig der Geschäftsführer bzw. die Geschäftsführung die Funktion des Deciders.
- **Buyer (Einkäufer)**: Er ist für die Überwachung des gesamten Kaufprozesses verantwortlich. Damit fallen ihm die Aufgaben zu,
  - potenzielle Partner aufzufordern, ihre Angebote abzugeben,
  - den Kaufvertrag abzuschließen,
  - Nachverhandlungen im Detail zu führen,
  - die Kaufabwicklung zu überwachen und
  - evtl. Reklamationen in die Wege zu leiten.

  Diese Funktion übt zumeist der Chefeinkäufer bzw. ein Vertreter der Einkaufsabteilung aus.
- **User (Verwender)**: Das ist die Person, die das anzuschaffende Objekt letztlich benutzen wird und damit die Leistungsanforderungen am besten spezifizieren kann. Sie ist persönlich von der Anschaffung betroffen und konzentriert sich demnach auf die Funktionserfüllung unabhängig davon, was es kostet. Häufig bringt der User den Kaufentscheidungsprozess in Gang, indem er einen empfundenen Mangelzustand signalisiert. Geht die Bedarfsmeldung nicht von ihm aus, löst eine andere Person, der sog. Initiator (Auslöser), den Entscheidungsprozess aus.
- **Influencer (Beeinflusser)**: Er nimmt formal nicht am Kaufprozess teil, unterstützt diesen aber durch seine Fachkompetenz. Diese Funktion übernehmen Externe (z. B. Unternehmensberater, Fachkollegen aus anderen Unternehmen mit ihren Referenzen) oder Mitarbeiter einer internen Serviceabteilung (z. B. Rechenzentrum).
- **Approver (Zustimmer)**: Hierbei handelt es sich um diejenigen Personen, welche die Empfehlungen der Decider autorisieren, nach dem sie die Bedenken der Influencer und User überdacht haben. Normalerweise sind die Approver in der Unternehmenshierarchie über den Decidern angesiedelt.

Nunmehr wird nachvollziehbar, dass die Mitglieder des Buying-Centers zwar allesamt demselben Unternehmen angehören, aber verschiedene Ziele verfolgen, die Realität unterschiedlich wahrnehmen und/oder nicht die gleichen Mittel einsetzen, um ein Gesamtziel zu erreichen. Für einen Lieferanten ist es deshalb wichtig zu analysieren, wer dem Buying-Center eines potenziellen Kunden angehört, welche Rolle/n er spielt sowie welchen Einfluss er dort ausübt und welches Informations- sowie Entscheidungsverhalten ihn charakterisiert. Für den externen Betrachter erweist es sich jedoch gemeinhin als problematisch zu identifizieren, welche Personen welche Funktionen ausüben und wie hoch deren Anteil an der Entscheidungsfindung ist.

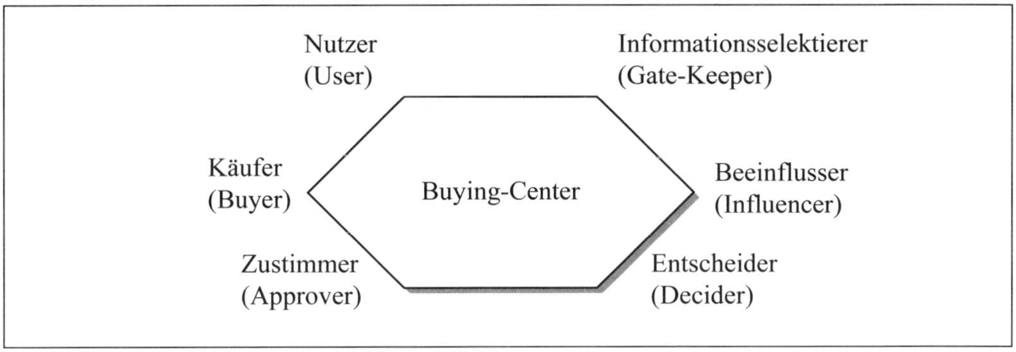

Abb. 3.2: Die Rollen im Buying-Center (Quelle: Webster/Wind 1972, S. 78 – 80)

Neben die aufgabenspezifischen Rollen im Buying-Center treten **Non-Task-Variablen**, d. h. Rollen, welche die Mitglieder ausüben, die aber nichts mit ihrer eigentlichen Aufgabe im Unternehmen zu tun haben. Beispielsweise können sich die individuellen Werte aus der Rolle als Mitglied einer politischen Partei, welche die Belange des Umweltschutzes vertritt, durchaus auf die Beschaffungsentscheidung im Unternehmen auswirken.
Analog zum Buying-Center lässt sich auf der Angebotseite ein **Selling-Center** identifizieren (vgl. *Pepels* 2000, S. 225 – 227). Diesem gehören folgende Rollentypen an:

- Außendienst-Mitarbeiter (als Pendant zum Gatekeeper)
- Geschäftsführer (als Pendant zum Decider)
- Key Account Manager (als Pendant zum Buyer)
- Anwendungsberater (als Pendant zu Influencer)
- Techniker (als Pendant zum User)

- **Intrapersonelle Faktoren**
  Da das Verhalten von Organisationen letztlich auf der Vernetzung individuellen Verhaltens basiert, gilt es auf dieser Ebene, die psychologischen Merkmale des Einkäufers zu ergründen. Hierzu zählen – analog zum Beschaffungsverhalten von Privatpersonen – aktivierende (Emotionen, Motive, Einstellungen) und kognitive Prozesse (Informationsaufnahme, -verarbeitung, -speicherung; vgl. hierzu Abschnitt 2.4.2).

Es lässt sich festhalten, dass der Ansatz von *Webster/Wind* (vgl. zusammenfassend Abb. 3.3) einen wesentlichen Beitrag zur Systematisierung der Vielzahl zu berücksichtigender Einflussfaktoren auf das organisationale Beschaffungsverhalten leistet. Aufgrund der schwierigen Erfassbarkeit und der Unklarheit des Zusammenwirkens der Variablen werden die Anforderungen an ein deterministisches Modell, welches Ursache-Wirkungs-Beziehungen aufdeckt, jedoch nicht erfüllt.

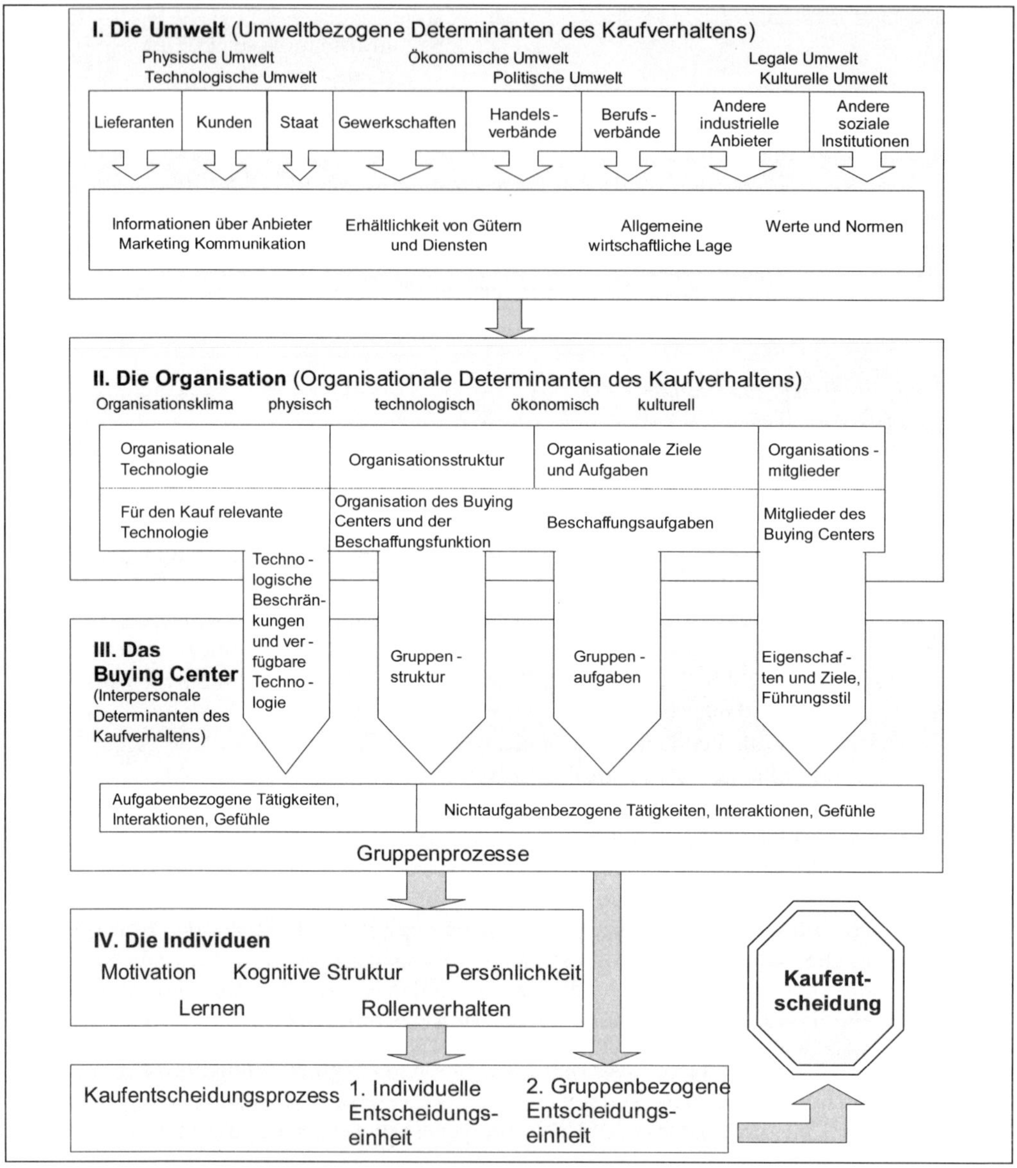

Abb. 3.3: Das Webster-Wind-Modell
(Quelle: in Anlehnung an Webster/Wind 1972, S. 15)

3.4.3 Promotoren-Opponenten-Modell

Im Zentrum des Promotoren-Opponenten-Modells steht die organisationsinterne Auseinandersetzung zwischen Personen, die einen Erstkauf unterstützen und damit eine Veränderung fördern (sog. **Promotoren**), und Mitarbeitern, welche einen solchen Wandel aus weltanschaulichen, sachlichen und/oder persönlichen Motiven verhindern, verzögern oder zumindest nur teilweise akzeptieren wollen (sog. **Opponenten**; vgl. *Witte* 1973; *Hauschildt/ Chakrabarti* 1988, S. 378 – 388). Damit handelt es sich um ein Monoorganisationales Partialmodell.

Wie Tab. 3.3 zu entnehmen ist, lassen sich Macht-, Fach- und Prozesspromotoren unterscheiden. Analog zu diesen differenziert man zwischen Machtopponenten, die Entscheidungen aufgrund ihrer hierarchischen Position behindern, Fachopponenten, die den Prozess kraft ihres Spezialistenwissens torpedieren, und Prozessopponenten, die sich mittels ihres Knowhows über interne Prozesse Innovationen entgegenstemmen.

Machtpromotoren nehmen eine hohe hierarchische Position im Unternehmen ein. Sie fokussieren sich bei ihrer Entscheidungsfindung weniger auf technisch-organisatorische Details als vielmehr auf die Konsequenzen der Entscheidung für das Unternehmen als Ganzes. Ihre Macht beziehen sie – ebenso wie die Machtopponenten – aus verschiedenen **Quellen**:

- Fördermöglichkeiten (= Belohnungsmacht),
- Sanktionsmöglichkeiten (= Bestrafungsmacht),
- hierarchische Autorität (= Legitimationsmacht),
- informelle Überzeugungskraft (= Identifikationsmacht) und/oder
- Vorenthalten bzw. Gewähren von Fachwissen (= Expertenmacht).

Während die Machtpromotoren den Entscheidungsprozess durch ihre Entscheidungsgewalt vorantreiben, verfügen die **Fachpromotoren** über eine von der Hierarchie unabhängige Fachautorität. Sie sind typischerweise im mittleren Management angesiedelt.

Die **Prozesspromotoren** schließlich sind für die administrativen Abläufe zuständig, d. h. sie sorgen dafür, dass Entscheidungen in einer Organisation durchgesetzt werden. Solche Personen sind mit den formalen und informellen unternehmensinternen Prozessen genau vertraut.

Alle drei Rollen sind für die Überwindung von Kaufwiderständen der Opponenten und damit für einen erfolgreichen Kaufentscheidungsprozeß bedeutsam. Da jedoch insbesondere die Opponenten bestrebt sind, ihre Absichten zu verschleiern, um keine Aktivitäten der Gegenseite zu provozieren, bleibt Externen deren Einfluss auf den Beschaffungsprozess häufig verborgen.

Tab. 3.3: Rollenmodelle des Macht-, Fach- und Prozesspromotors (Quelle: Walter 1998, S. 106 ff.)

Kriterium Rolle	Machtquellen	Leistungsbeiträge	Barrieren
Machtpromotoren	• Hohe hierarchische Position	• Bereitstellung von Ressourcen • Festlegung von Zielen • Gewährung von Anreizen • Sanktionen gegen Akteure • Blockade von Opponenten	• Willens-barrieren • Hierarchie-barrieren
Fachpromotoren	• Expertenwissen	• Evaluation neuartiger und komplexer Probleme • Beurteilung und Entwicklung von Problemlösungs-vorschlägen • Realisation von Problemlösungen • Initiierung und Förderung fachspezifischer Lernprozesse	• Fachspezifische Fähigkeits-barrieren
Prozesspromotoren	• Organisations-kenntnisse • Organisationsinternes Kommunikationspotenzial	• Sammeln, Filtern, Übersetzen und Interpretieren von Informationen • Gezielte Weiterleitung von Informationen an Akteure • Förderung von Kommunikations-beziehungen und Koalitionen	

4 Marketing-Forschung

Dieses Kapitel vermittelt,:

- was man unter Marketing-Forschung versteht,
- mit welchen Objekten sich die Marketing-Forschung beschäftigt,
- was Charakteristika sowie Stärken und Schwächen von Fremd- und Eigenforschung sowie von Sekundär- und Primärforschung sind,
- wie eine empirische Erhebung idealtypisch ablaufen muss, wobei detailliert auf Messung, Stichprobenziehung, Datengewinnung, Feldphase sowie Datenanalyse eingegangen wird, und
- was eine Prognose ist und welche Varianten existieren.

4.1 Begriff und Aufgaben

Systematisches Marketing-Management basiert auf Informationen. Die Gewinnung und Auswertung solcher Informationen bilden die zentralen Aufgabenbereiche der Markt- bzw. Marketing-Forschung (vgl. im Folgenden *Berekoven/Eckert/Ellenrieder* 1999; *Böhler* 1982; *Green/Tull* 1982; *Hammann/Erichson* 1994; *Hüttner* 1999, 1979; *Meffert* 1992). Während beide Bezeichnungen in der Literatur häufig synonyme Verwendung finden, wird hier ein differenziertes Verständnis zugrunde gelegt. Die **Marktforschung** (engl.: Market Research) hat zur Aufgabe, Informationen über die Märkte des Unternehmens (= Mikro-Umwelt) zu gewinnen. Hierfür bedient sie sich ausschließlich externer Daten. Die **Marketing-Forschung** (engl.: Marketing Research) hingegen umfasst ein weiteres Aufgabenfeld. Zum einen bezieht sie neben der Marktforschung auch die weitere Unternehmensumwelt (= Makro-Umwelt; z. B. technische oder rechtliche Entwicklungen; vgl. hierzu Abschnitt 4.2) in die Untersuchung ein. Hierbei handelt es sich um externe Informationen, die jenseits der Märkte eines Unternehmens liegen, diese aber durchaus tangieren können. Zum anderen schließt sie die Gewinnung und Analyse unternehmensinterner Daten (etwa über die Ressourcen des Unternehmens) mit ein (vgl. *Nieschlag/Dichtl/Hörschgen* 2002, S. 377). Abb. 4.1 verdeutlicht diesen Zusammenhang.

Dem in Abschnitt 1 vorgestellten Marketingverständnis folgend wird im Weiteren der Begriff **Marketing-Forschung** präferiert. Hiermit bezeichnet man den systematischen Prozess der Sammlung und Auswertung von Informationen über Beschaffungs- und Absatzmärkte und die Makro-Umwelt des Unternehmens sowie den Innenbereich des Unternehmens als Grundlage für Marketing-Entscheidungen. Auf der Beschaffungsseite stehen Lieferanten, Finanzpartner und potenzielle Mitarbeiter, auf der Absatzseite Wettbewerber und Kunden im

Zentrum der Betrachtung. Auf letzteren liegt unbestritten der Schwerpunkt der Marketing-Forschung.

Grundsätzlich kann die Marketing-Forschung **drei Aufgaben** erfüllen:

- Phänomene entdecken (**explorative Komponente**),
- Sachverhalte so genau wie möglich beschreiben (**deskriptive Komponente**) und
- Ursache-Wirkungs-Zusammenhänge zwischen Variablen aufdecken (**kausale Komponente**).

Häufig kommt noch eine weitere Aufgabe hinzu, nämlich die Entwicklung von Gestaltungsempfehlungen (**normative Komponente**).

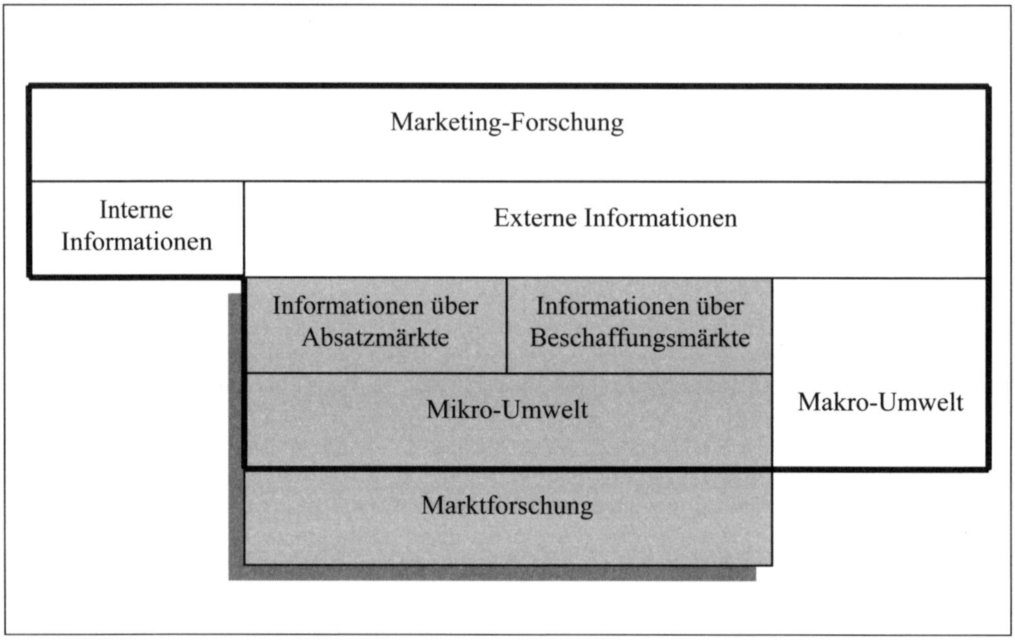

Abb. 4.1: Die Abgrenzung zwischen Marketing-Forschung und Marktforschung

4.2 Objekte

Objekte der Marketing-Forschung sind die Makro- (= globale Unternehmensumwelt) und Mikro-Umwelt (= der Markt) sowie der Innenbereich des Unternehmens (siehe Abb. 4.2 sowie *Diller* 2001, S. 1024 – 1025). Die **Makro-Umwelt** setzt sich aus allen Bereichen zusammen, die zwar den Erfolg eines Unternehmens tangieren, von diesem selbst aber nicht oder nur in vernachlässigbarem Ausmaß beeinflusst werden können. Im Einzelnen sind dies:

- **Ökonomische Komponente**: Hierzu zählen volks- und weltwirtschaftliche Rahmenbedingungen wie Konjunktur, langfristiges Wirtschaftswachstum, Volkseinkommen, Beschäftigungs- und Auftragslage in verschiedenen Wirtschaftszweigen, Arbeitslosenquote, Zinsniveau, Geldmenge, Handelshemmnisse im internationalen Warenverkehr u. ä.
- **Soziokulturelle Komponente**: Diese fokussiert sich auf die Gesellschaftsstruktur und umfasst Aspekte wie Bevölkerungsstruktur (Alter, Schulabschluss, Wohn- und Arbeitsort etc.), gesellschaftlicher Konsens bzw. Dissens sowie gesellschaftliche Werte, Normen und fest gefügte Verhaltensweisen.
- **Technologische Komponente**: Diese umfasst die Bereiche der Prozess- (z. B. neue Fertigungstechnologien), Produkt- sowie Sozialinnovationen (etwa neue Lebensarbeitszeitkonzepte) und gilt als wesentlicher Faktor des wirtschaftlichen Wachstums.
- **Physische Komponente**, d. h. das klimatische, geographische und infrastrukturelle Umfeld, in dem ein Unternehmen agiert.
- **Politisch-rechtliche Komponente**: Dazu gehören die rechtlichen Regelungen und andere politische Entscheidungen, die den unternehmerischen Handlungsspielraum beschränken bzw. erweitern (vgl. *Nieschlag/Dichtl/Hörschgen* 2002, S. 98 – 102).

Zur **Mikro-Umwelt** rechnen sich alle Bereiche, die in einer wechselseitigen Beziehung zum Unternehmen stehen. Die sind:

- gewerbliche und private Abnehmer,
- Konkurrenten,
- Lieferanten,
- Absatzmittler (Groß- und Einzelhandel) sowie
- Absatzhelfer wie Speditionen, Banken, Versicherungen, Marktforschungsinstitute, Unternehmensberater, Werbeagenturen u. ä.

Im Zuge der **Chancen/Risiken-Analyse** gilt es, die in der Makro- und Mikro-Umwelt angesiedelten Chancen (z. B. Wachstumsmöglichkeiten, ungenutzte Vertriebskanäle, Bedarf für neue Produkte) und Risiken (z. B. Preisverfall, neue Wettbewerber, Substitutionsprodukte, Produktimitationen und -piraterie, Preissteigerungen bei Rohstoffen, gesetzliche Regelungen) zu erkennen, zu analysieren und zu bewerten (vgl. *Bruhn* 2001, S. 42 – 44).

Im Innenbereich fällt der Marketing-Forschung die Aufgabe zu, Informationen über andere Unternehmensfunktionen bzw. –bereiche (etwa Forschung & Entwicklung, Leistungserstellung, Personalwesen) zu gewinnen. Aufgabe ist es hier, eine sog. **Stärken-Schwächen-Analyse** durchzuführen. Dabei werden die Ressourcen eines Unternehmens in Relation zu den bzw. dem wichtigsten Konkurrenten untersucht und bewertet. In diesem Zusammenhang haben sich die funktionsorientierte Betrachtungsweise der sog. Strategischen Geschäftseinheiten (vgl. zu Unternehmensfunktionen Abschnitt 1.3 sowie zum Begriff der SGE Abschnitt 6.6.4) und deren Visualisierung in einem Stärken-Schwächen-Profil bewährt.

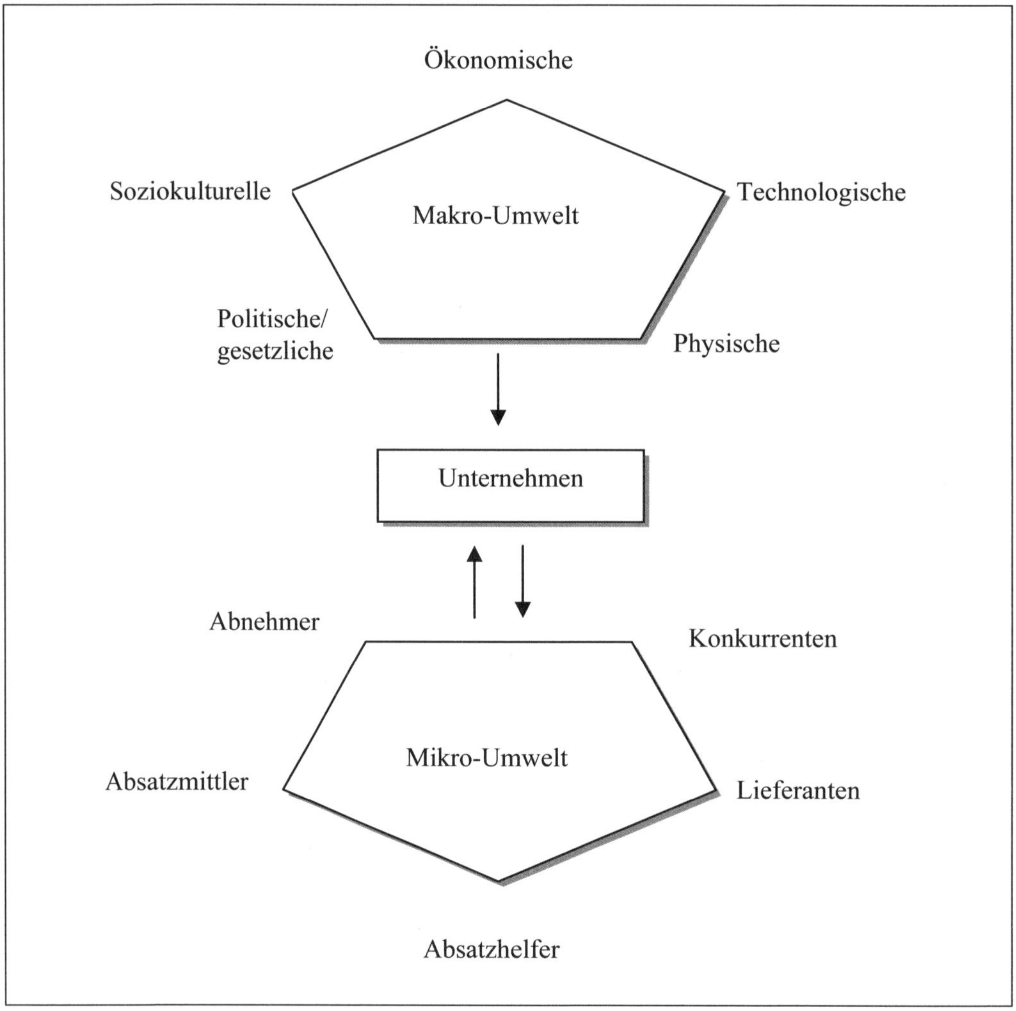

Abb. 4.2: Die Objekte der Marketing-Forschung

Wie Tab. 4.1 zu entnehmen ist, weist das betrachtete Unternehmen gegenüber seinem wichtigsten Konkurrenten Schwächen bei Eingangslogistik, Leistungserstellung und Marketing auf. Pari steht es bei Unternehmensstruktur sowie Forschung & Entwicklung. Stärken schließlich zeigen sich bei Vertrieb & Distributionslogistik, Kundendienst, Personalwesen sowie Beschaffung.

In einem nächsten Schritt gilt es nunmehr, die Stärken-Schwächen-Analyse auf die Ebene der Merkmale einzelner Funktionen herunterzubrechen.

Tab. 4.1: Beispielhafter Aufbau einer Stärken/Schwächen-Analyse

Ausprägung / Funktionen bzw. Merkmale	Sehr schwach	Schwach	Mittelmäßig	Stark	Sehr stark
Eingangslogistik					
Leistungserstellung					
Marketing					
Vertrieb & Distributionslogistik					
Kundendienst					
Unternehmensinfrastruktur (z. B. Finanzen, Planung)					
Personalwesen					
Forschung & Entwicklung					
Beschaffung					

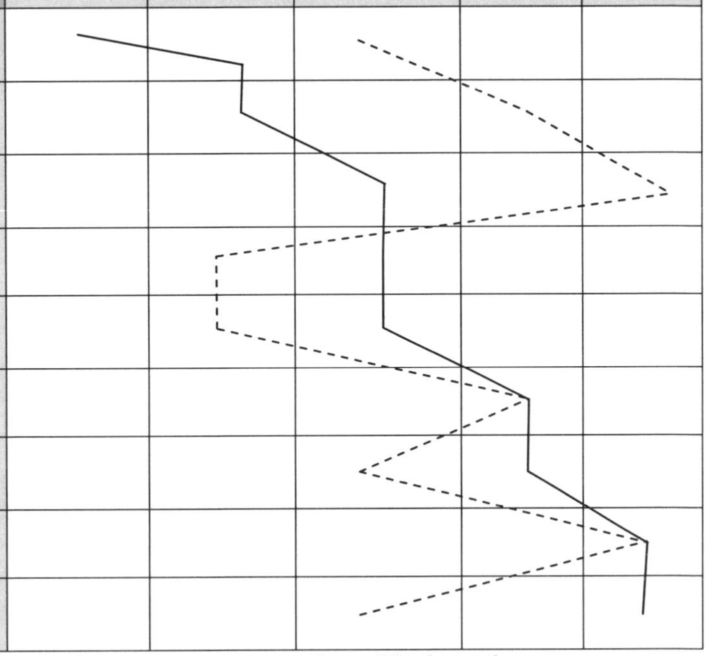

Legende: ——— = eigenes Unternehmen; - - - - - = stärkster Wettbewerber

Die Befunde der Stärken-Schwächen- und Chancen/Risiko-Analyse müssen schließlich in einer **SWOT-Analyse** (Strengths, Weaknesses, Opportunities, Threats; vgl. *Macharzina* 1999, S. 254, sowie *Nieschlag/Dichtl/Hörschgen* 2002, S. 103 – 117) bzw. **Key-Issue-Matrix** (Schlüsselbefunde-Matrix) zusammengeführt werden. Hierbei werden die Ressourcen eines Unternehmens (interne Perspektive) und die Umweltentwicklung (externe Perspektive) in Beziehung zueinander gesetzt. Der Aufbau einer Key-Issue-Matrix Aufbau ist Tab. 4.2 zu entnehmen.

Tab. 4.2: Der Aufbau einer Key-Issue-Matrix

Interne Perspektive / Externe Perspektive	Unternehmensstärken	Unternehmensschwächen
Marktchancen	Ausbauen	Aufholen
Marktrisiken	Absichern	Meiden

4.3 Fremd- versus Eigenforschung

Bei der Entscheidung zwischen **Eigen- und Fremdforschung** stellt sich die Frage, ob ein Unternehmen eine Studie durch unternehmensinterne Organe (z. B. Marketingabteilung oder Stabsabteilung Marketing-Forschung) und damit in Eigenregie durchführen oder den Auftrag an versierte Externe (Marktforschungsunternehmen, Werbeagenturen, Unternehmensberater) vergeben soll (vgl. im Folgenden *Nieschlag/Dichtl/Hörschgen* 2002, S. 379). Grundsätzliche Empfehlungen können aufgrund unternehmens- und brancheneigener Besonderheiten nicht ausgesprochen werden. Entscheidungshilfe können aber die im Folgenden aufgeführten Vor- und Nachteile der Eigen- und Fremdforschung bieten.

Für die **Eigenforschung** sprechen folgende **Vorteile**:

- Größere Vertrautheit mit dem Problem
- Höhere Praxisrelevanz der Analyse
- Größere Einfluss- und Kontrollmöglichkeiten der Geschäftsführung auf den Ablauf der Untersuchung
- Geringere Kommunikationsprobleme
- Job-Enrichment für die eingesetzten Mitarbeiter
- Höhere Diskretion über die Untersuchungsergebnisse
- Uneingeschränkter Verbleib der Kenntnisse, Forschungserfahrungen und Erste-Hand-Informationen im eigenen Haus

Eigenforschung empfiehlt sich insbesondere bei der Ermittlung von sekundären Daten, sofern entsprechende Personalkapazität vorhanden ist. Sollen auch Primärdaten durch eigene Mitarbeiter erfasst und ausgewertet werden, wird aber keine eigene Marketing-Forschungsabteilung unterhalten, kann ein Unternehmen auf die Dienste von Unternehmens- bzw. Marktforschungsberatern zurückgreifen. Diese fungieren in erster Linie als Vermittler sowie

Berater und unterstützen insbesondere kleinere und mittlere Unternehmen bei der Durchführung von Marktforschungsprojekten.

Häufig gilt es jedoch zu prüfen, ob Studien nicht extern vergeben werden sollen und damit für das Unternehmen Kosten- und/oder Effizienzvorteile verbunden sind. Als **Vorteile** der **Fremdforschung** gelten:

- Keine Betriebsblindheit der Forschenden
- Geringere Gefahr interessengefärbter Ergebnisse und damit höhere Objektivität
- Einsatz von Spezialisten (z. B. bei Fragebogengestaltung, statistischer Auswertung der Ergebnisse)
- Aktualität des Fachwissens

Für diesen Zweck findet sich am Markt eine ganze Reihe von Instituten, die als Spezial- oder Vollserviceanbieter Aufgaben im Rahmen der Marketing-Forschung übernehmen. Soll lediglich die Datenerhebung ausgelagert werden, kann man auf sog. **Feldinstitute** zurückgreifen. Diese haben sich darauf spezialisiert, eingespielte Feldorganisationen zur Verfügung zu stellen, um Primärdaten zu erheben, besitzen aber nicht die Möglichkeit, die gesammelten Daten auszuwerten. Will man hingegen neben der Datenerhebung auch eine Plausibilitätsprüfung sowie die strukturierten Auswertungen mit den sich daraus ergebenden Empfehlungen für die endgültige Entscheidungsfindung extern durchführen lassen, muss ein **Vollserviceanbieter** engagiert werden.

Auch wenn die Erforschung des Marktes von Marktforschungsinstituten durchgeführt wird, sind Auswertung und Vorbereitung zur Entscheidungsfindung zumindest durch innerbetriebliche Stellen zu begleiten. Der **klassische Ablaufplan der Zusammenarbeit zwischen Auftraggeber und Marktforschungsinstitut** (vgl. *Schütz* 1996, S. 34 sowie 37) gestaltet sich folgendermaßen:

- **Research-Briefing**

  Wesentliche Bestandteile dieser Phase sind:
  - Formulierung des Problemhintergrundes, d. h. warum will das Unternehmen eine Marktforschungsstudie in Auftrag geben
  - Übersicht über bereits vorhandene Daten, d. h. Ergebnisberichte bisheriger Studien, sekundärstatistisches Datenmaterial wie Reklamations- und Garantiestatistiken, Unternehmenspublikationen, Geschäftsberichte, Umsatz- und Gewinnentwicklungen u. ä.
  - Gegebenenfalls Vorstellungen zum Forschungsdesign, z. B. nur Befragung gewerblicher Kunden mittels persönlicher Interviews
  - Budget und Zeitrahmen
  - Benennung von Ansprechpartnern aus dem Unternehmen; gegebenenfalls Einrichtung eines Projektteams, das mit Vertretern des Hauses sowie Mitarbeitern des Marktforschungsinstituts besetzt ist
  - Festlegung sog. Action-Standards, d. h. von Maßnahmen, die je nach Untersuchungsbefund ins Auge gefasst werden

- **Konferenz**

  Im Mittelpunkt dieser Veranstaltung steht die Frage, inwieweit es dem Marktforschungsunternehmen bzw. dem Projektteam gelungen ist, die Vorstellungen des Auftraggebers in einen Fragebogen und ein entsprechendes Untersuchungsdesign umzusetzen.

- **Zwischenbericht**

  Hier berichten die Vertreter des Marktforschungsinstituts über den Stand des Projektes, was angesichts des häufig zu beobachtenden Zeit- und Entscheidungsdrucks bei Ad-hoc-Studien die Möglichkeit bietet, eventuell notwendige Korrekturen durchzuführen.

- **Auswertungssitzung**

  Sofern auf der Seite des Auftraggebers Marktforschungskompetenz vorhanden ist, sollten die Kondensation der Befunde und das Ableiten von Gestaltungsempfehlungen gemeinsam vorgenommen werden.

- **Endpräsentation der Befunde**

  Die Präsentation der Befunde sollte folgende Bestandteile enthalten:
  - Ausgangssituation und Ziel der Untersuchung
  - Darstellung des Untersuchungsdesigns
  - Zeitraum der Planung, Durchführung der Feldarbeit sowie Analyse der Daten
  - Bei schriftlichen Befragungen: Höhe der Rücklaufquote
  - Angaben zur Repräsentativität der Befunde
  - Übersichtliche und interpretierte Darstellung der Befunde, keine Zahlenfriedhöfe
  - Abschließend Fokussierung der Ergebnisse auf einige Kernaussagen

  An die Präsentation der Befunde schließt sich in der Regel eine **Diskussion** mit den Teilnehmern an.

4.4 Primär- versus Sekundärforschung

Im Zuge der Marketing-Forschung stellt sich u. a. die Aufgabe, Daten zu ermitteln. Hierfür bieten sich grundsätzlich zwei Wege an: Entweder kann auf bereits vorhandenes Datenmaterial zurückgegriffen werden (sog. Sekundärforschung = Schreibtischforschung bzw. Desk Research), oder die entsprechenden Informationen müssen erst erhoben werden (sog. Primärforschung = Feldforschung bzw. Field Research; vgl. *Berekoven/Eckert/Ellenrieder* 1999; *Meffert* 1992, S. 195 – 197).

Im Falle der **Schreibtischforschung** bilden die Finanzbuchhaltung (externes Rechnungswesen) sowie die Kosten- und Leistungsrechnung (internes Rechnungswesen) die Hauptquellen (vgl. im Folgenden auch *Sand/Hörner* 1981). Derartige Informationen müssen nicht selten durch Daten aus einzelnen betrieblichen Funktionsbereichen (etwa Vertriebs- und Marketingabteilungen oder Personalwesen) ergänzt werden. Konkret können dies sein:

- Außendienstinformationen
- Anfragen von Kunden
- Messeberichte
- Informationen aus eigenen Datenbanken (Kunden-, Produkt-, Auftrags-, Umsatz-, Adress-, Vertriebsdatenbanken), die idealtypischerweise in einem Data Warehouse zusammengeführt werden (vgl. hierzu Abschnitt 13.4.2)

Liegen zu einer bestimmten Problemstellung keine internen Informationen vor, muss man sich auf die Suche außerhalb des Unternehmens machen. Zahlreiche Daten können Unternehmen dabei selbst recherchieren. Hierzu zählen u. a. folgende **Quellen**:

- Fachzeitschriften und andere Publikationen (Fachbücher; Arbeits- und Diskussionspapiere, Diplomarbeiten, Dissertationen und Habilitationen)
- Studien von Marktforschungsinstituten
- Presseartikel
- Datenbanken
- Geschäftsberichte
- Kataloge, Prospekte und Broschüren
- Preislisten
- Adressen
- Websites von Unternehmen, Interessenverbänden und Beratungsunternehmen
- Messekataloge

Andere Informationen bezieht man am Besten von Experten, die sich auf Marketing-Forschung, die Erhebung von Brancheninformationen und/oder Betriebsvergleiche spezialisiert haben. Hierzu zählen u. a. (Quelle: *focus.de/D/DB/DBY/DBY05/DBY05A/dby05a.htm*; Stand: 17.06.2006):

- Öffentliche Einrichtungen und Behörden wie das *Statistische Bundesamt*, die *Statistischen Landesämter* oder das *Bundeswirtschaftsministerium* stellen interessierten Unternehmen Informationen zur Verfügung, die mitunter sogar kostenfrei bezogen werden können.
- Die *Bundesstelle für Außenhandelsinformationen* in Köln recherchiert und verkauft Informationen über Marktchancen und Branchenentwicklungen zu etwa 40 Branchen in über 100 Ländern der Erde. Auch die *Auslandshandelskammern (AHK)* halten Informationen zu rund 75 Ländern und ihren Märkten bereit.
- Die *Industrie- und Handelskammern (IHK)* führen eigene Marktuntersuchungen in ihren jeweiligen Kammerbezirken durch. Die Ergebnisse benutzen die Kammermitarbeiter im Rahmen ihrer kostenlosen Beratungen.
- Die *Handwerkskammern (HWK)* halten die Kennzahlen der Betriebsvergleiche ihrer Mitglieder bereit und analysieren die Marktsituation in ihrem Kammerbezirk. Der *Zentralverband des deutschen Handwerks (ZdH)* fasst die Ergebnisse aller Bezirke zu bundesweiten (nicht frei verkäuflichen, aber kostenlos einsehbaren) Konjunkturberichten zusam-

men. Zudem verfügen die Handwerkskammern über das Datenbanksystem MauSI (Markt- und Standort-Informationssystem). Es enthält die in die Handwerksrolle eingetragenen Betriebe sowie regionale Daten wie Einwohnerzahl, Kaufkraft, Betriebsdichte etc. Das System ist nicht öffentlich zugänglich. Allerdings unterstützt es die Berater der Kammern darin, Unternehmen darüber zu informieren, ob die Gründung an einem Standort Erfolg versprechend ist oder nicht.

- Die Schriftenreihen des *Deutschen Handwerksinstituts (DHI)* und seiner angeschlossenen Forschungseinrichtungen enthalten umfangreiche und detaillierte Untersuchungen zur Lage bestimmter Branchen. Interessenten können Publikationslisten anfordern und einzelne Schriftenreihen bestellen.
- Viele Berufs- und Branchenfachverbände (Bundesverbände, Bundesfachverbände, Bundesinnungsverbände sowie ihre Landesverbände) stellen mehr oder weniger umfangreiche allgemeine Marktdaten zusammen und bieten weitere Leistungen zur Unterstützung der Mitgliedsunternehmen.
- Empfehlenswert sind auch Veröffentlichungen von diversen Marktforschungsinstituten, die Marktinformationen erheben und anwendungsorientiert aufbereiten.
- Die meisten Kreditinstitute stellen eigene Marktinformationen zusammen. Die Veröffentlichungen der *Sparkassen* sowie *Volks- und Raiffeisenbanken* werden zum Beispiel sowohl von den *Industrie-* und *Handels-* auch von den *Handwerkskammern* genutzt und verteilt.

  Die *Sparkassenorganisation* verfasst sog. Branchenberichte zur konjunkturellen Entwicklung einzelner Branchen. Diese enthalten Aussagen zu Strukturen und Trends, zur aktuellen Lage sowie zu den kurz- und mittelfristigen Aussichten in der betreffenden Branche. Die Berichte basieren auf Daten der Wirtschaftsforschungsinstitute, des *Statistischen Bundesamtes* und der betreffenden Verbände. Außerdem fließt das Bilanzmaterial der *Sparkassenorganisation* ein.

  Die genossenschaftlichen *Volks- und Raiffeisenbanken* bieten zwei Branchendienste an: „Branchen special“ und die „Branchen-Briefe“ (auch Branchen-Computer genannt). Beide sind auch für Nichtkunden erhältlich. Die Ausgaben der „Branchen special“ (Umfang: 4 Seiten) berichten detailliert über die 100 wichtigsten Branchen der mittelständischen Wirtschaft und werden halbjährlich überarbeitet. Die „Branchen-Briefe“ (Umfang: 20 Seiten) fassen darüber hinaus spezielle Informationen für Existenzgründer in einer Branche zusammen (z. B. besondere Anforderungen, Probleme, Hilfen, überregionale und regionale Förderung und Kontakte). Derzeit sind „Branchen-Briefe“ zu rund 150 Branchen verfügbar.
- Wirtschaftsdatenbanken sind eine preisgünstige und schnelle Möglichkeit, im Internet Informationen zu recherchieren. Als Beispiel sei die Firma *Genios* genannt, die Interessenten rund 500 Datenbanken mit Informationen über Konkurrenz- und Marktbeobachtung bietet. Diese enthalten mehr als 750.000 deutsche Firmenprofile, aktuelle Berichte und Hintergründe aus 120 Pressequellen.
- Die *DATEV* ist ein Rechenzentrum und Softwarehaus für Steuerberater. Sie liefert Informationen zu konkreten Unternehmensprojekten. Privatpersonen können die Informationen über ihren Steuerberater abrufen lassen. Für die Standardrecherche sichtet die *DATEV* das vorhandene Material im eigenen Datenpool. Für individuelle Anfragen re-

cherchiert sie auch in externen Datenbanken. Anfallende Kosten richten sich je nach Aufwand; den Kontakt zur *DATEV* kann der Steuerberater herstellen.

Im Zuge der Marketing-Forschung stehen Unternehmen immer wieder vor dem Problem, an **vergleichbare Daten der Wettbewerber** zu gelangen und dadurch einen Maßstab für die eigene Leistungsfähigkeit zu erhalten (sog. **Benchmarking**; vgl. hierzu Abschnitt 5.4).

Sind die konkurrierenden Wettbewerber aufgrund ihrer Rechtsform oder ihrer Größe publizitätspflichtig, müssen sie nach Ablauf des Geschäftsjahres die gesetzlich vorgeschriebenen Informationen zur Entwicklung ihres Unternehmens veröffentlichen. Der Geschäftsbericht kann meistens über die Internet-Homepage des Wettbewerbers angefordert werden.

Zahlreiche Informationen über den Markt und seine Wettbewerber findet man in Fach- und Branchenzeitschriften, die auch Hinweise auf weiterführende Marktstudien und Literatur geben. Zusätzliche Quellen sind offizielle Statistiken, zum Beispiel von den *Statistischen Landesämtern*, sowie Veröffentlichungen von Industrieverbänden oder Marktforschungsinstituten.

Des Weiteren gibt es in vielen Unternehmen Mitarbeiter, die zuvor für Konkurrenten tätig waren und Hinweise zur Geschäftspolitik sowie zu Stärken und Schwächen geben können. Um möglichst viel über die Wettbewerber zu erfahren, sollten Gespräche mit gemeinsamen Vertriebspartnern, Lieferanten, Kunden und/oder Werbeagenturen geführt werden.

Beim Vergleich des eigenen Unternehmens mit der Konkurrenz bieten auch das *Institut für Handelsforschung (IfH)* in Köln und die *Landes-Gewerbeförderungsstelle des nordrhein-westfälischen Handwerks e.V. (LGH)* in Düsseldorf ihre Unterstützung an. Hierbei übermitteln die teilnehmenden Unternehmen ihre Daten wie z. B. Umsätze, Zahl der Mitarbeiter, Kosten u. ä. Die Institute anonymisieren die erhaltenen Informationen, erstellen Übersichten und berechnen Durchschnittswerte der Branche. Diese kann das teilnehmende Unternehmen dann mit den eigenen Daten vergleichen. Je mehr Betriebe an solchen **Benchmarks** teilnehmen, desto aussagekräftiger sind die Ergebnisse.

Die Sekundärforschung eignet sich zur:

- Feststellung des Bedarfs an Primärforschung,
- Erweiterung des Problemhorizonts sowie
- Bildung oder Festigung von Hypothesen.

In Abhängigkeit von der Qualität der Daten (etwa Texte, statistisches Material) kommen verschiede **Analysemethoden** zur Anwendung wie beispielsweise:

- Inhaltsanalyse = quantitative Auswertung von Texten (im Marketing beispielsweise Werbetexte und –aussagen) mit dem Ziel, von den Merkmalen eines Textes auf die Absicht des Verfassers sowie dessen Bild vom Leser zu schließen (Frequenzanalyse = deskriptive Auszählung der Worthäufigkeiten; Valenzanalyse = Erfassung, ob Inhalte positiv oder negativ bewertet werden; Intensitätsanalyse = Erhebung der Intensität von Bewertungen mit Hilfe geeigneter Skalen)
- Mind-Maps: Dabei wird das Hauptthema in der Mitte des Blattes oder – im Falle der Erstellung mittels EDV – des Dokuments positioniert und weitere Schlüsselwörter auf Li-

nien notiert, die von der Mitte des Mind-Maps ausgehen. Dadurch entsteht eine bildhafte Darstellung der Erkenntnisse, also so etwas wie eine Gedankenkarte.

- Verfahren der uni-, bi- und multivariaten Datenanalyse (vgl. Abschnitt 4.5.6).

Verdichtet werden die Ergebnisse in einem **Rechercheprotokoll**, das neben Autor und Fundort die gewonnenen Erkenntnisse dokumentiert.

Als **Vorteile** der **Sekundärforschung** gelten die damit verbundene Zeit- und Kostenersparnis. Auf der Gegenseite sind folgende **Nachteile** zu nennen:

- Die problemrelevanten Daten sind u. U. nicht oder nur in zu stark aggregierter Form verfügbar.
- Die systematische Erfassung und Auswertung von Sekundärdaten sind nur selten möglich.
- Sekundärinformationen sind zumeist nur qualitativer Natur.
- Auch Konkurrenten können auf externe Datenquellen zugreifen.

4.5 Methodik einer empirischen Erhebung

4.5.1 Überblick

Liegen die erforderlichen Daten weder innerhalb noch außerhalb des Unternehmens in adäquater Qualität vor, müssen sie erhoben werden (sog. **Primär-** bzw. **Feldforschung**). Mit der Methodik einer solchen empirischen Erhebung, deren idealtypischer Ablauf in Abb. 4.3 wiedergegeben ist, beschäftigen sich die weiteren Ausführungen (vgl. im Folgenden *Backhaus/ Erichson/Plinke/Weiber* 1996; *Bellarba/Radtke/Wilmes* 1998; *Berekoven/Eckert/Ellenrieder* 1999; *Böhler* 1982; *Green/Tull* 1982; *Hammann/Erichson* 1994; *Homburg/Rudolph/Werner* 1995, S. 313 – 340; *Hüttner* 1979, 1999; *Kotler/Bliemel* 1995, S. 187 – 232; *Meffert* 1992, S. 177 – 385; *Nieschlag/Dichtl/Hörschgen* 2002, S. 375 – 576).

Die **Hauptgütekriterien** einer empirischen Untersuchung, die aufeinander aufbauen, sind:

- **Objektivität** (Beobachterübereinstimmung), d. h. größtmögliches Ausschalten von Gefühlen, Vorurteilen und Wünschen, um so Ergebnisse ohne eine Wertung sowie subjektive Verzerrung und damit unabhängig vom Beobachter zu erzielen.
- **Reliabilität** (Messgenauigkeit) ist ein Maß für die Replizierbarkeit der Ergebnisse unter gleichen Bedingungen. Reliable Befunde sind frei von Zufallsfehlern, d. h. bei Wiederholung einer Untersuchung unter gleichen Rahmenbedingungen würde das gleiche Messergebnis erzielt.
- **Validität** (Zuverlässigkeit) gibt an, ob und wie genau ein Verfahren tatsächlich das misst, was es messen will.

Als Standardbeispiel für ein Verfahren, das objektiv und reliabel, nicht aber valide ist, wird häufig der Intelligenzquotient herangezogen. Er ist so konstruiert, das er sich weitgehend unabhängig vom Beobachter erfassen lässt (= objektiv) und die Messung ohne Verzerrungen wiederholt werden kann (= reliabel). Zweifel bestehen jedoch an der Validität, d. h. dahingehend, ob der Intelligenzquotient überhaupt in der Lage ist, die wahre Intelligenz eines Individuums zu erfassen.

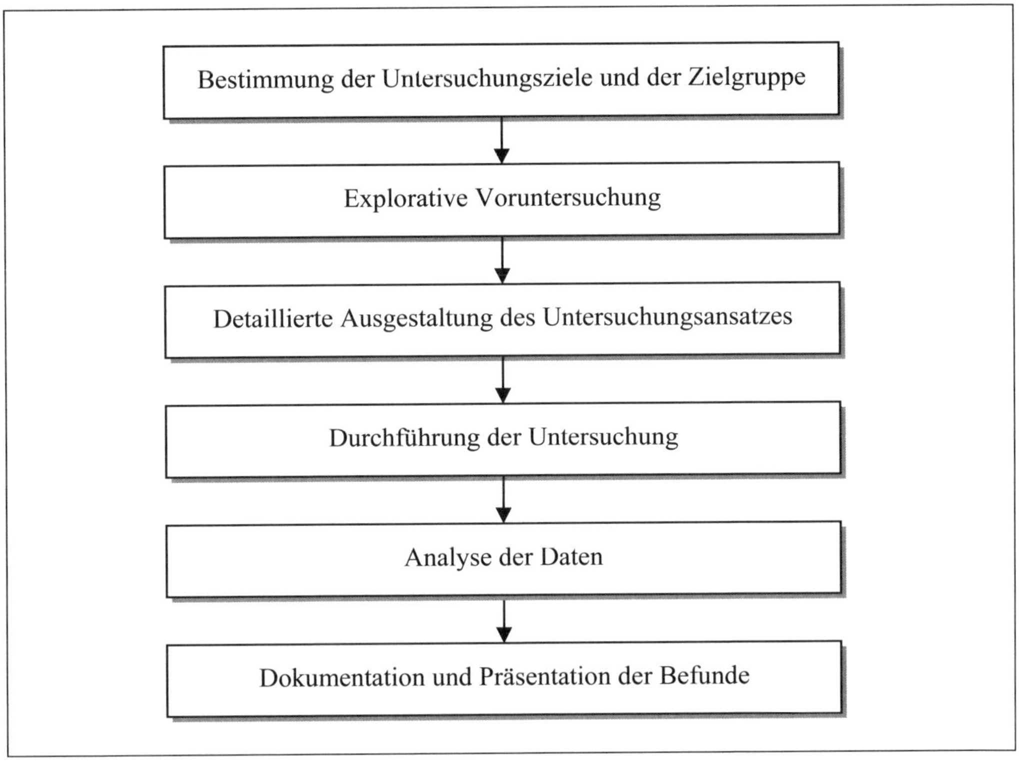

Abb. 4.3: Der Ablauf eines Marketing-Forschungsprojekts

4.5.2 Messung

Daten, die bereits vorliegen bzw. noch erhoben werden müssen, stellen das Rohmaterial für Datenanalysen dar. Die Qualität solcher Daten wird u. a. determiniert durch die Art der Messung. Messen bedeutet, dass Eigenschaften von Objekten nach bestimmten Regeln in Zahlen ausgedrückt werden (vgl. im Folgenden *Backhaus/Erichson/Plinke/Weiber* 2002; *Böhler* 1982; *Sixtl* 1982).

Im Wesentlichen bestimmt die Art einer Eigenschaft, wie gut man deren Ausprägung in Zahlen ausdrücken kann. Während sich beispielsweise Körpergröße und -temperatur eines Menschen vergleichsweise einfach quantifizieren, d. h. in Zahlen ausdrücken lassen, gestaltet sich die Messung der Zufriedenheit recht schwierig.

Die Ausprägungen einer Eigenschaft werden auf einer Skala abgetragen. Hierbei unterscheidet man die in Abb. 4.4 sowie Tab. 4.3 aufgeführten **vier Skalenniveaus**, sich sowohl auf den Informationsgehalt der Daten als auch auf die Anwendbarkeit von Rechenoperationen auswirken.

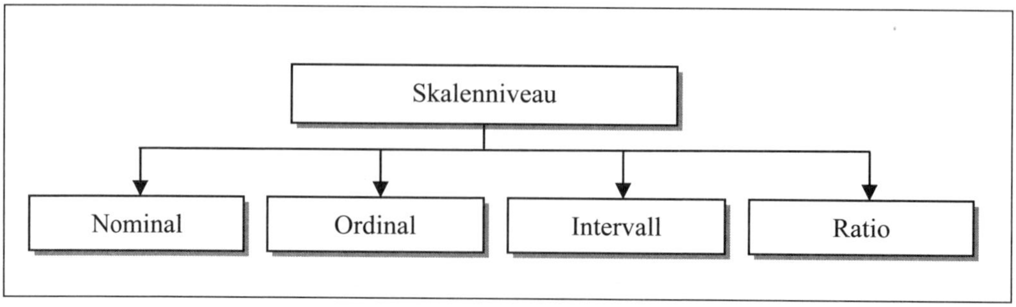

Abb. 4.4: Die Skalenniveaus im Überblick

Der Einsatz der **Nominalskala** stellt die einfachste Form des Messens dar. Beispiele für Nominalskalen sind Geschlecht (männlich – weiblich), Familienstand (ledig – verheiratet – verwitwet – geschieden) sowie Kundenstatus (Neukunde – Stammkunde). Nominalskalen sind demnach Klassifizierungen qualitativer Eigenschaftsausprägungen, mit deren Hilfe man Objekte Gruppen zuordnet.

Um die Verarbeitung solcher Daten per EDV zu erleichtern, werden die Ausprägungen von Eigenschaften in der Regel durch Zahlen ausgedrückt (z. B. männlich = 0, weiblich = 1). Hierbei handelt es sich lediglich um einen Kodierung der Merkmalsausprägungen, d. h. an die Stelle von Zahlen könnte man durchaus auch andere Symbole setzen. Demnach sind arithmetische Operationen (etwa Addition, Subtraktion, Multiplikation und Division) mit auf diese Weise genutzten Zahlen unzulässig. Lediglich durch Zählen der Merkmalsausprägungen bzw. der sie repräsentierenden Zahlen lassen sich Häufigkeiten ermitteln (z. B. 60 % Männer, 40 % Frauen).

Auf dem nächst höheren Messniveau ist die **Ordinalskala** angesiedelt, mittels derer Objekte in eine Rangordnung gebracht werden. Beispielsweise stufen Kunden Produkt B qualitativ besser ein als Produkt C und qualitativ schlechter als Produkt A. Die Rangfolge sagt jedoch nichts über die Abstände zwischen den Objekten aus. An der Ordinalskala kann demnach nicht abgelesen werden, um wie viel Produkt A qualitativ besser eingeschätzt wird als Produkt B. Dies hat zur Konsequenz, dass auch hier keine arithmetischen Operationen durchgeführt werden dürfen. Neben Häufigkeiten sind hier nur statistische Maße wie beispielsweise Median und Quantile zulässig. Während der Median die untere Hälfte aller Werte von der oberen trennt, bringt die Quantile zum Ausdruck, welcher Anteil aller Untersuchungseinheiten maximal einen zu bestimmenden Wert aufweist (vgl. hierzu sowie zu den weiteren Maßgrößen *Bleymüller/Gehlert/Gülicher* 2000; *Fischbach* 1999).

Auf der darüber liegenden Messebene befindet sich die **Intervallskala**, die gleichgroße Abschnitte ausweist. Ein hierfür typisches Beispiel ist die zur Temperaturmessung eingesetzte *Celsius*-Skala, die den Abstand zwischen Gefrier- und Siedepunkt des Wassers in einhundert gleichgroße Abschnitte untergliedert. Im Gegensatz zu nominalen und ordinalen Daten erlauben intervallskalierte Daten demnach Aussagen über Differenzen bzw. Abstände (z. B. großer versus kleiner Temperaturunterschied).

Infolge der Annahme gleicher Skalenabstände dürfen intervallskalierte Daten subtrahiert werden. Ergänzend zu den bereits angeführten statistischen Maßen können hier auch Mittelwert (= arithmetisches Mittel) und Standardabweichung (= Streuungsmaß, das definiert ist als positive Quadratwurzel aus der Varianz), nicht aber die Summe berechnet werden.

Tab. 4.3: Messniveaus und Messwerteigenschaften
(Quelle: Berekoven/Eckert/Ellenrieder 1999, S. 68)

<table>
<tr><th></th><th></th><th>Messniveau</th><th>Mathematische Eigenschaften der Messwerte</th><th>Beschreibung der Messwerteigenschaften</th><th>Beispiele</th></tr>
<tr><td rowspan="4">Zunahme des Informationsgehaltes ↓</td><td rowspan="2">Nicht-metrische Daten</td><td>Nominal-niveau</td><td>$A = A \neq B$</td><td>Klassifikation:
Die Messwerte zweier UEn sind identisch oder nicht identisch.</td><td>Zweiklassig:
Geschlecht (männlich/weiblich)
Mehrklassig:
Betriebstyp (Discounter/Verbrauchermarkt/Supermarkt)</td></tr>
<tr><td>Ordinal-niveau</td><td>$A > B > C$</td><td>Rangordnung:
Messwerte lassen sich auf einer MD als kleiner/größer/gleich einordnen.</td><td>Präferenz- und Urteilsdaten:
z. B. „Marke X gefällt mir besser/gleich gut/weniger als Marke Y."</td></tr>
<tr><td rowspan="2">Metrische Daten</td><td>Intervall-niveau</td><td>$A > B > C$
und
$A - B = B - C$</td><td>Rangordnung und Abstandsbestimmung:
Die Abstände zwischen Messwerten können angegeben werden.</td><td>Kalenderzeit
Temperatur (etwa Celsius-Skala)</td></tr>
<tr><td>Rationiveau (Verhältnis-skala)</td><td>$A = x \cdot B$</td><td>Absoluter Nullpunkt:
Neben Abstandsbestimmung können auch Messwertverhältnisse berechnet werden.</td><td>Alter
Jahresumsatz</td></tr>
<tr><td colspan="6"><u>Legende:</u> UE = Untersuchungseinheit, MD = Merkmalsdimension</td></tr>
</table>

Die **Ratio- oder Verhältnisskala** repräsentiert das höchste Messniveau: Im Vergleich zur Intervallskala existiert hier ein natürlicher Nullpunkt, der sich dahingehend interpretieren lässt, dass das betreffende Merkmal nicht vorhanden ist. Das ist z. B. bei der angeführten *Celsius*-Skala nicht der Fall, weil auch bei Null Grad eine bestimmte Temperatur gegeben ist. Im Gegensatz dazu verfügen die meisten physikalischen (z. B. Länge, Gewicht, Geschwindigkeit) und ökonomischen Merkmale (etwa Einkommen, Kosten, Preis, Umsatz, Absatz) über einen natürlichen Nullpunkt.

Aufgrund der Fixierung des Nullpunktes besitzt bei verhältnisskalierten Daten nicht nur die Differenz, sondern auch der Quotient bzw. das Verhältnis (Ratio) Aussagekraft. Neben der Anwendung sämtlicher arithmetischer Operationen erlauben ratioskalierte Daten zusätzlich zu den bisher angeführten statistischen Maßen die Berechnung des geometrischen Mittels sowie des Variationskoeffizienten (= relatives Streuungsmaß, das definiert ist als Quotient aus der Standardabweichung und dem arithmetischen Mittelwert).

Nominal- und Ordinalskala werden als nichtmetrische Skalen, Intervall- und Ratioskala als metrische Skalen bezeichnet. Tab. 4.3 vermittelt einen zusammenfassenden Überblick über verschiedene Skalenniveaus sowie deren zentrale Charakteristika und Nutzungsmöglichkeiten.

Zusammenfassend kann festgehalten werden: Je höher das Skalenniveau, desto größer ist der Informationsgehalt der betreffenden Daten und desto mehr Rechenoperationen und statistische Maße lassen sich auf die Daten anwenden. Dabei ist es generell möglich, Daten von einem höheren auf ein niedrigeres Skalenniveau zu transformieren, nicht aber umgekehrt. Eine solche **Datentransformation** kann sinnvoll sein, wenn es darum geht, die Übersichtlichkeit der Daten zu verbessern und/oder deren Analyse zu vereinfachen. Beispiele hierfür sind die häufig in Fragebögen anzutreffende Bildung von Einkommens- oder Preisklassen. Daran wird aber auch deutlich, dass die Transformation auf ein niedrigeres Skalenniveau mit einem Verlust an Information einhergeht.

4.5.3 Stichprobenziehung

Die zentrale Frage im Falle der Stichprobenziehung lautet: Wie viele Untersuchungsteilnehmer braucht man für eine vernünftige, d. h. aussagekräftige Erhebung, und wie werden diese ausgewählt? In diesem Zusammenhang sollte zunächst geklärt werden, auf welcher **Grundgesamtheit** die Untersuchung basieren soll. Werden beispielsweise nur die Kunden analysiert, oder beziehen wir auch potenzielle und abgewanderte Kunden in die Untersuchung ein?

In einem zweiten Schritt stellt sich die Frage: Führt man eine **Vollerhebung** durch, d. h. will man die vollständige Grundgesamtheit erfassen, oder beschränkt man sich auf eine **Teilerhebung**? Eine Vollerhebung empfiehlt sich bei einer überschaubaren Grundgesamtheit.

Zeit- und Kostengründe zwingen aber häufig dazu, nicht alle Kunden zu befragen, sondern sich auf einen Teil der Klientel zu konzentrieren. Nach welchen Kriterien aber soll eine solche Stichprobe ausgewählt werden? Hierzu bietet sich eine ganze Reihe sog. Stichprobenverfahren an (vgl. Abb. 4.5 sowie im Folgenden *Meffert* 1992, S. 189 – 195; *Nieschlag/Dichtl/*

Hörschgen 2002, S. 430 – 442), von denen im Folgenden nur die für die Unternehmenspraxis leicht handhabbaren und demnach weit verbreiteten vorgestellt werden.

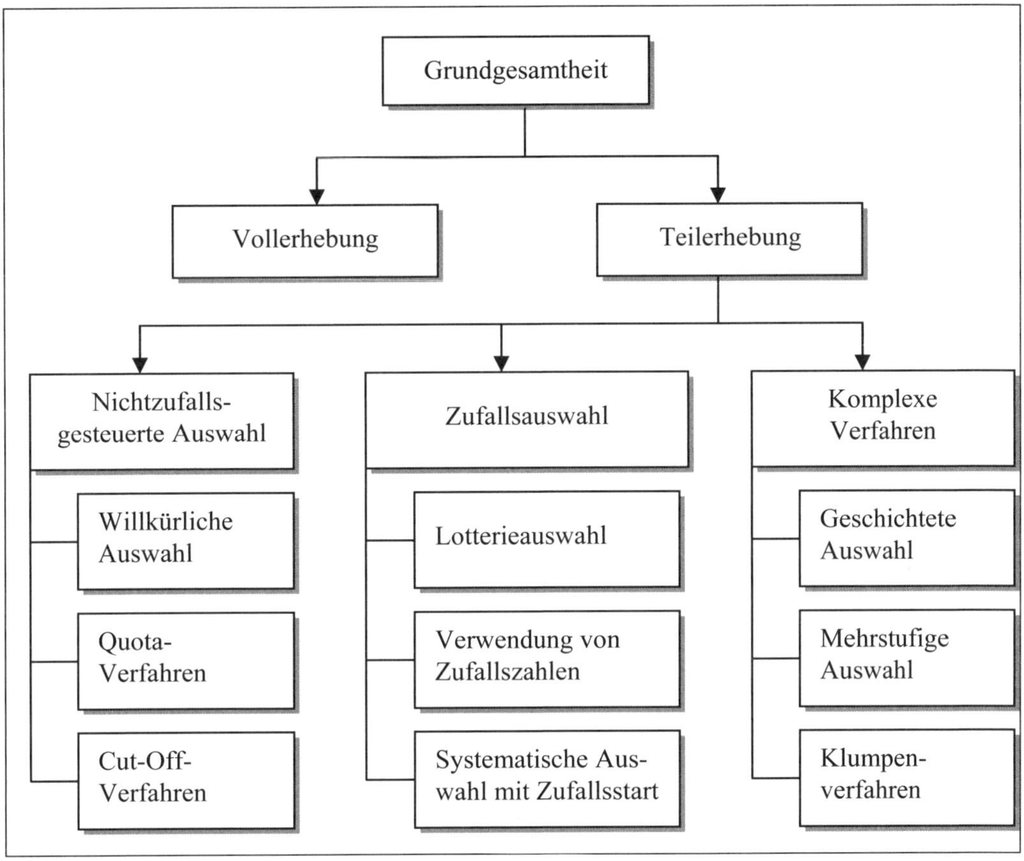

Abb. 4.5: Ausgewählte Stichprobenverfahren im Überblick

Nichtzufallsgesteuerte Auswahl

Die nichtzufallsgesteuerten Auswahlverfahren lassen sich in eine willkürliche und eine bewusste Auswahl unterscheiden. Bei der **willkürlichen Auswahl** liegt kein Erhebungsplan vor, sondern man geht aufs Geratewohl vor. Ein Beispiel dafür ist die Befragung von Kunden, die zu einer bestimmten Stunde ein Geschäft betreten. Je nach Tageszeit wird man dann in der Mehrzahl Berufstätige, Rentner, Schüler oder Studierende antreffen, deren Angaben aber keinesfalls die Meinung sämtlicher Kunden widerspiegeln. Folglich sind solche Befunde praktisch nahezu wertlos.

Basiert die Teilerhebung hingegen auf der Kenntnis über die Struktur einer Grundgesamtheit, spricht man von einer **bewussten Auswahl**. Hierbei unterscheidet man **zwei Verfahren**:

- **Quota-Verfahren**, d. h. dem Interviewer werden befragungsrelevante Merkmalsquoten als Auswahlvorgaben vorgegeben.

  Beispiel: „Befragen Sie 12 Personen, je 6 Männer und Frauen, gleich verteilt in den drei genannten Altersgruppen."

Quotenplan:	Männlich:	1, 2, 3, 4, 5, 6	Weiblich:	1, 2, 3, 4, 5, 6
	< 30 Jahre:	1, 2, 3, 4	30 – 40 Jahre:	1, 2, 3, 4
	41 – 50 Jahre:	1, 2, 3, 4		

  Konkret muss der Interviewer sechs Männer und sechs Frauen befragen. Von den insgesamt zwölf Personen müssen aus jeder Altersgruppe jeweils vier Personen befragt werden. Die Vorteile dieses Verfahrens liegen in der einfachen Planung und Durchführung, den vergleichsweise geringen Kosten sowie der hohen Flexibilität. Als Nachteile gelten die subjektive Festlegung der Quotenmerkmale sowie das schwierige Auffinden von Restquoten.
- **Cut-Off-Verfahren**, d. h. nur die wichtigsten Elemente (beispielsweise Kunden ab einem bestimmen Auftragsvolumen) werden in die Stichprobe einbezogen. Dieses Verfahren hat sich insbesondere im Investitionsgütermarketing und im Handelsmarketing bewährt.

Zufallsgesteuerte Auswahl

Zufallsgesteuerte Auswahlverfahren basieren auf der Grundidee, dass jedes Element eine berechenbare, von Null verschiedene Wahrscheinlichkeit haben muss, in die Stichprobe zu gelangen. Dies setzt ein vollständiges Verzeichnis der Grundgesamtheit (beispielsweise eine Kundendatei) voraus. Hierbei unterscheidet man **drei Verfahren**:

- **Lotterieauswahl**, d. h. die Ziehung von Zetteln o. ä. aus einem Behälter. Für große Stichproben ist dieses Verfahren zu aufwendig.
- **Verwendung von Zufallszahlen**, d. h. jedem Element wird eine Zahl zugeordnet und die Elemente werden in einem zweiten Schritt nach einem Zufallsgenerator ausgewählt. Auch dieses Verfahren ist in der Regel zu aufwendig und damit wenig praktikabel.
- **Systematische Auswahl mit Zufallsstart** (sog. **Herausgreifen des n-ten Falls**): Dieses Verfahren, das als leicht handhabbar gilt, soll an einem Beispiel vorgestellt werden: Ein Unternehmen verfügt über eine alphabetisch geordnete, 5.000 Adressen umfassende Kundendatei. Man will eine Stichprobe von 1.000 Personen ziehen. Dann wählt man jede fünfte Adresse aus (Herausgreifen des n-ten sprich fünften Falles).

Komplexe Formen der Stichprobenziehung

Hier werden im Wesentlichen drei **Spielarten** unterschieden:

- **Geschichtete Auswahl**
  Bei diesem Verfahren müssen Kriterien gefunden werden, welche die heterogene Grundgesamtheit in möglichst homogene Schichten aufspalten. Beispielsweise werden die Kunden je nach Auftragsvolumen in A-, B- und C-Kunden aufgeteilt. Sodann stellt sich die Frage, ob diese drei Segmente gleichstark in der Stichprobe vertreten sein sollen (sog. proportionale Stichprobe) oder ob die A-Kunden überproportional stark vertreten sein sollen (sog. disproportionale Stichprobe).
- **Mehrstufige Auswahl**
  Sind Grundgesamtheiten hierarchisch aufgebaut (etwa Verkaufsregion, einzelner Vertreter in dieser Region, Kunden der jeweiligen Vertreter), kann man sich die mehrstufige Auswahl zunutze machen. Beispielsweise zieht man zunächst eine Stichprobe der Verkaufsregionen, sodann eine Stichprobe aus den jeweiligen Vertretern und schließlich eine Stichprobe unter den jeweiligen Kunden. Als Vorteil ist die Kostenersparnis zu nennen, die im Wesentlichen auf eine technische Vereinfachung der Erhebungsarbeit (räumliche Konzentration, bessere Kontrolle der Interviewer) zurückzuführen ist. Dem steht das Problem einer exakten Berechnung der Auswahlchancen der Einzelelemente gegenüber, auf die aber im vorliegenden Zusammenhang nicht weiter eingegangen werden soll.
- **Klumpenverfahren**
  Dabei muss die Grundgesamtheit in Untergruppen aufgeteilt werden. Aus diesen werden dann zufällig oder systematisch einzelne Gruppen ausgewählt, die ihrerseits vollständig in die Untersuchung eingehen. Folgendes Beispiel soll die Vorgehensweise verdeutlichen: Anstatt sämtliche Filialen eines Großbäckers in die Befragung einzubeziehen, werden alle Filialen in einer Stadt analysiert. Auch hier liegt der Vorteil wiederum in der Kosten- und Zeitersparnis. Gefahren liegen im sog. Klumpeneffekt, d. h. die Kunden in Stadt A haben vielleicht andere Vorstellungen als in Stadt B oder der ländlichen Region X.

Bei der Stichprobenziehung sollten die folgenden **Fehlerquellen** im Auge behalten werden (vgl. *Nieschlag/Dichtl/Hörschgen* 2002, S. 441 – 442):

- **Planungsfehler**
  Aufgrund einer unpräzisen Definition des Untersuchungsziels und/oder einer unklaren Abgrenzung der Grundgesamtheit entstehen Fehler. Wenn beispielsweise den Ursachen für die Unzufriedenheit der Kunden auf den Grund gegangen werden soll, genügt es nicht, ausschließlich die derzeitige Klientel zu befragen. Vielmehr müssen auf jeden Fall auch die abgewanderten Kunden in die Analyse mit einbezogen werden, da sich ja gerade in diesem Segment zahlreiche Personen befinden, die ein Unzufriedenheitserlebnis mit dem Unternehmen hatten.
- **Systematische Fehler**
  Hierunter fasst man sämtliche Unzulänglichkeiten, die aufgrund der Art und/oder der Durchführung der Erhebung entstehen (sog. **Validität**). Derartige Fehler sind im Wesentlichen auf folgende Ursachen zurückzuführen:
  - Mangelhafte Fragebogengestaltung
    Beispielsweise drängt man die Auskunftspersonen durch Suggestivfragen („Wenn Sie zukünftig wieder bei uns einkaufen würden, welche der folgenden Produkte würden

Sie dann erwerben?“) zu einem bestimmten Antwortverhalten, das aber nicht deren eigentliche Meinung widerspiegelt.

- Unzureichendes Auswahlverfahren
  Aufgrund der Vorgehensweise bei der Auswahl der Befragungsteilnehmer treten Verzerrungseffekte auf, die dazu führen, dass die Stichprobe die anvisierte Grundgesamtheit nicht ausreichend repräsentiert.
- Auswahl schlechter bzw. unehrlicher Interviewer
  Diese füllen den Fragebogen schlampig (etwa bei offenen Fragen) oder im Extremfall gar selbst aus (deshalb immer stichprobenartige Kontrolle der Interviewer), geben bei der Beantwortung der Fragen keine entsprechenden Hinweise und/oder können bei Rückfragen keine kompetenten Auskünfte erteilen.

Fallstudie „Systematische Fehler im Rahmen der Meinungsforschung“

Ein anschauliches Beispiel für systematische Fehler bietet die Meinungsforschung, die den Ursprung der heutigen Marketing-Forschung bildet. So erklärten bei der Wahl des US-amerikanischen Präsidenten im Jahre 1948 mit Ausnahme des *Gallup-Instituts* sämtliche Meinungsforschungsinstitute *Thomas Dewey*, den Kandidaten der Republikaner, vorschnell zum neuen Präsidenten der USA. Lediglich das *Gallup-Institut* prognostizierte den richtigen Wahlsieger, den Demokraten *Harry S. Truman*. Während nämlich die Konkurrenten auf die Telefonbefragung setzten und in ihren Stichproben damit die wohlhabenden sowie traditionell eher republikanisch wählenden Bevölkerungsschichten überrepräsentiert waren, gelang es dem *Gallup-Institut*, durch persönliche Befragungen ein repräsentatives Stimmungsbild der Gesamtbevölkerung zu zeichnen.

Quelle: *Adler, M. K.*: Moderne Marktforschung, Stuttgart 1955, S. 65 ff.

- **Sachliche Fehler**
  Dies sind Verzerrungseffekte aufgrund von falschen Auskünften (etwa sozial erwünschtes Antwortverhalten), Ausfällen (z. B. haben Berufstätige keine Zeit, beim Einkauf in der Mittagspause für ein 10minütiges Interview zur Verfügung zu stehen) u. ä. Derartige Fehlerquellen, die man unter dem Schlagwort mangelnde **Reliabilität** zusammenfasst, sind am schwierigsten auszumerzen.
- **Stichprobenfehler**
  Darunter versteht man die Abweichung eines Stichprobenergebnisses vom wahren (jedoch unbekannten) Wert der Grundgesamtheit. Grundsätzlich ist folgender Zusammenhang festzustellen: Je größer die Stichprobe, desto größer ist die Chance, die tatsächliche Meinung der Grundgesamtheit zu treffen. Dem stehen jedoch häufig Kosten- und Zeitgründe entgegen.
  In diesem Zusammenhang werden häufig Faustregeln genannt (einige Autoren empfehlen einen Mindestumfang von 100 auswertbaren Befragungen, andere 50 oder gar 30), die auf Erfahrungswerten basieren. Es erscheint wenig zweckmäßig, sich an einer solchen Diskussion zu beteiligen, da der erforderliche oder auch praktikable Stichprobenumfang in hohem Maße von der jeweiligen Situation abhängt. Beispielsweise ist eine Befragung im Konsumgüterbereich kaum mit einer solchen im Investitionsgütersektor zu vergleichen. Der erste Fall ist gekennzeichnet durch zahlreiche Kunden mit geringen Auftragsvolumina, demnach muss der Stichprobenumfang vergleichsweise hoch ausfallen. Im

zweiten Fall existieren in der Regel nur wenige Auftraggeber, die dafür aber über ganz andere Einkaufsvolumina verfügen. Folglich können hier bereits fünf Befragungen genügen, um einen umfassenden Eindruck über die Kunden zu erlangen.

Nachdem festgelegt wurde, anhand welchen Verfahrens die Stichprobe gezogen werden soll, gilt es in einem nächsten Schritt zu entscheiden, wie viele Teilnehmer in die Untersuchung einbezogen werden sollen. Die **Stichprobengröße** hängt davon ab, wie groß die Grundgesamtheit ist, wie genau das Stichprobenergebnis sein soll und mit welcher Sicherheit die Aussagen zutreffen sollen. Als empfehlenswert hat sich eine Sicherheit von mindestens 95,5 % mit einer Genauigkeit von $\pm$ 5 % erwiesen. Die hierfür erforderliche Stichprobengröße errechnet sich nach folgenden Formeln:

„Bei einer Grundgesamtheit > 100.000 Bei einer Grundgesamtheit < 100.000

$$n = \frac{t^2 \cdot p \cdot q}{e^2} \qquad n = \frac{t^2 \cdot p \cdot q \cdot N}{t^2 \cdot p \cdot q + e^2 \cdot (N-1)}$$

n: Stichprobenumfang

t: zulässiger Fehlerbereich (t = 1: 68,3 % Sicherheit; t = 2: 95,5 % Sicherheit; t = 3: 99,7 % Sicherheit)

p: Anteil der Elemente in der Stichprobe, welche die Merkmalsausprägung aufweisen

q: Anteil der Elemente in der Stichprobe, welche die Merkmalsausprägung nicht aufweisen (da p und q im Voraus nicht bekannt sind, wird der ungünstigste Fall angenommen, nämlich jeweils 50 % [d. h.50 x 50])

N: Grundgesamtheit

e: Genauigkeit

Bei einer Grundgesamtheit von 5.000 Kunden, einer anvisierten Sicherheit von 95,5 % und einer Genauigkeit von $\pm$ 5 % ergibt das einen Stichprobenumfang von 370 Personen.“ (*Hinterhuber/Handlbauer/Matzler* 1997, S. 75 – 76). Bei schriftlichen Befragungen ist zudem noch die erwartete **Rücklaufquote** miteinzuberechnen. Bei einem geschätzten Rücklauf von 20 % sind in unserem Beispiel 1.850 Fragebögen zu versenden, um die gewünschten Ergebnisse zu erzielen.

Fallstudie „Vermeidung systematischer Fehler bei telefonischen Befragungen mit Hilfe des RLD-Verfahrens“

Das RLD-Verfahren (engl. Randomized Last Digit = zufällige letzte Ziffer) ist ein Verfahren zur Ermittlung von Stichproben bei rechner-unterstützten telefonischen Befragungen (Computer Assisted Telephone Interview). Mittlerweile sind über 80% aller Telefonkunden nicht mehr im amtlichen Telefonbuch eingetragen. Da große Unterschiede zwischen der soziodemographischen Struktur eingetragener und nicht eingetragener Haushalte bestehen, kann die Stichprobenziehung auf Basis des Telefonbuchs zu systematischen Fehlern führen. Diese versucht man mit dem RLD-Verfahren zu vermeiden. Hierbei wird eine zufällige Telefonnummer generiert, indem man die letzte Ziffer einer beliebigen Rufnummer mit einer Zufallszahl zwischen 1 und 9 addiert oder diese von ihr subtrahiert. Somit erhalten auch solche Haushalte eine Chance, in die (telefonische) Stichprobe zu gelangen, die nicht im Telefonbuch verzeichnet sind (Teilnehmer mit „Geheimnummern").

Beispielsweise wird von der dem Telefonbuch entnommenen Rufnummer 06221 – 801709 die letzte Ziffer – im vorliegenden Fall die 9 – durch eine Zahl ersetzt, die sich aus der Subtraktion mit der Zufallszahl 5 ergibt. Die so gebildete Rufnummer 06221 – 801704 wird nun kontaktiert. Das RLD-Verfahren wurde in den USA entwickelt und wird mittlerweile von fast allen führenden Markt- und Meinungsforschungsinstituten eingesetzt.

Quelle: http://de.wikipedia.org/wiki/RLD-Verfahren; Stand: 01.04.2007, 12:16 Uhr.

4.5.4 Datengewinnung

Für die Datengewinnung bieten sich grundsätzlich die in Abb. 4.6 angeführten Erhebungsinstrumente an.

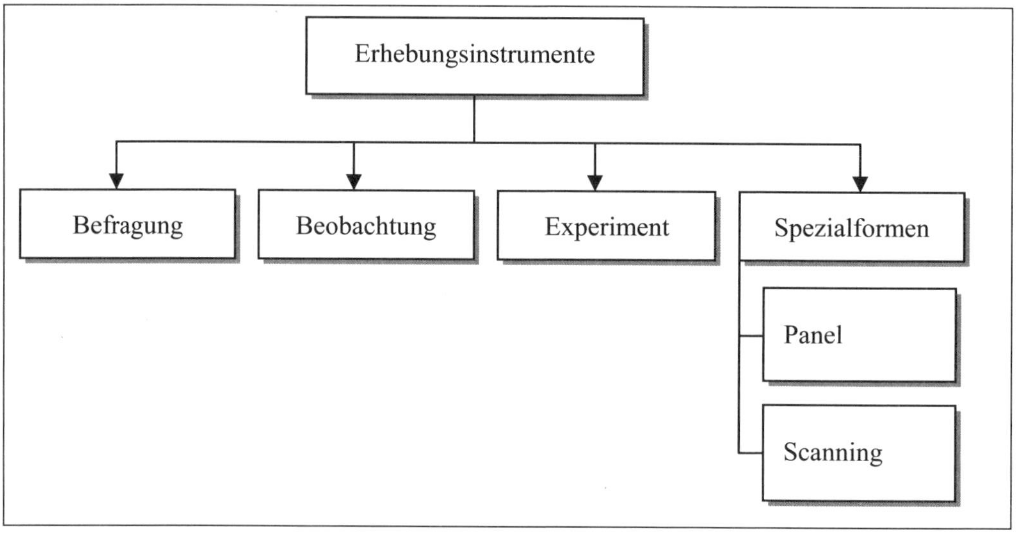

Abb. 4.6: Die Erhebungsinstrumente im Überblick

Befragung

Die am weitesten verbreitete Form der Feldforschung ist die Befragung, die sich in eine schriftliche, mündliche und telefonische Variante untergliedern lässt (vgl. im Folgenden *Berekoven/Eckert/Ellenrieder* 1999, S. 98 – 112; *Böhler* 1982, S. 76 – 92; *Hammann/Erichson* 1994, S. 78 – 98; *Hüttner* 1997, S. 67 – 157; *Meffert* 1992, S. 201 – 206; *Bruhn* 2001, S. 100 – 103; *Meffert* 2000, S. 155 – 158; *Nieschlag/Dichtl/Hörschgen* 2002, S. 442 – 451).

Schriftliche Befragung

Bei der schriftlichen Befragung wird ein Fragebogen entwickelt, der nach einem sog. **Pretest** (Vorabtest) an die Auskunftspersonen verteilt oder verschickt wird. Beim Aufbau des Fragebogens empfiehlt sich folgendes **Phasenschema**:

- **Phase 1: Eisbrecherfragen (auch Kontaktfragen oder Einleitungsfragen)**
  Sie dienen dazu, das Interview einzuleiten, dem Befragten die Befangenheit zu nehmen und eine entkrampfte Atmosphäre zu schaffen (sog. Aufwärmphase).
- **Phase 2: Sachfragen**
  Sie betreffen den eigentlichen Untersuchungsgegenstand und bilden den Hauptteil der Befragung.
- **Phase 3: Kontrollfragen (auch Plausibilitätsfragen)**
  Damit verfolgt man zwei Ziele, nämlich sowohl die Antworten auf Konsistenz als auch den Interviewer zu überprüfen. Im Regelfall wiederholt man hierzu eine inhaltlich identische, aber von der Formulierung her variierende Frage an einer anderen Stelle des Fragebogens. Hierbei ist jedoch Vorsicht geboten: Entdeckt der Befragte die Wiederholung, reagiert er in den meisten Fällen verärgert und bricht nicht selten das Interview ab.
- **Phase 4: Fragen zur Person**
  Dieser Fragenkomplex sollte am Ende des Fragebogens positioniert werden, weil dann im Regelfall ein gewisses Vertrauen zur Befragungsperson aufgebaut ist. Er dient zur Erfassung von soziodemographischen Daten wie z. B. Alter, Einkommen, Haushaltsgröße usw. und ermöglicht eine spätere Marktsegmentierung, d. h. die Entwicklung und Umsetzung auf einzelne Zielgruppen zugeschnittener Maßnahmen.

Bei der Formulierung der Fragen stehen grundsätzlich drei Varianten zur Auswahl: die offene und die geschlossene Frage sowie eine Kombination aus beiden. **Offene Fragen** sind dadurch gekennzeichnet, dass keine Antwortkategorien vorgegeben werden (z. B. „Was sind aus Ihrer Sicht die Stärken, was die Schwächen unseres Hauses?“).

Als **Vorteile offener** Fragen sind zu nennen:

- Aufspüren neuer Aspekte
- Keine Verzerrung der Antworten durch vorgegebene Antwortkategorien

Als **Nachteile** gelten:

- Mangelnde Vergleichbarkeit der Antworten
- Die Vielzahl an Antworten erschwert die Kodierung und die Auswertung der Daten.

Im Gegensatz dazu werden bei **geschlossenen Fragen** Antwortmöglichkeiten vorgegeben. Hierbei muss sich die Festlegung der Antwortkategorien am Differenzierungsvermögen der Befragungspersonen orientieren. Folgende **Varianten** stehen zur Verfügung:

- **Ja/Nein-Fragen** (Nominalskala: lediglich Klassifizierung, ohne Wertung)
  - Beispiel: „Kaufen Sie außer in unserem Hause noch in anderen Unternehmen Möbel ein?“
  - Antwortkategorien: Ja/nein

- **Alternativfragen** (Nominalskala: lediglich Klassifizierung, ohne Wertung), bei denen eine oder mehrere Antworten aus einer Reihe vorgegebener Antwortmöglichkeiten ausgewählt werden müssen
  - Beispiel: „An welchem Wochentag kaufen Sie meistens ein?“
  - Antwortkategorien: Mo., Di., Mi. usw.
- **Zuordnung von Rängen** (Ordinalskala: keine Aussage über Abstände)
  - Beispiel: „In welchem der folgenden Medien informieren Sie sich am liebsten, und welche Medien gefallen Ihnen weniger gut? Prospekt, TV, Rundfunk, Zeitung, Plakat, Handzettel usw. Vergeben Sie hierzu Ränge von 1 bis 10.“
  - Antwortkategorien: Rang 1, 2, 3, ..., 10
- **Skalierungsfragen** (Intervall-/Verhältnisskala)
  - Beispiel: „Wenn Sie einmal Ihre Erfahrungen Revue passieren lassen: Wie zufrieden sind Sie mit den Leistungen unseres Hauses ganz allgemein?“ (Intervallskala: feste Abstände, z. B. Temperatur)
  - Antwortkategorien:

sehr unzufrieden	unzufrieden	eher unzufrieden	weder/noch	eher zufrieden	zufrieden	sehr zufrieden
-3	-2	-1	0	1	2	3

  - Beispiel: „Wie viele Personen leben in Ihrem Haushalt?“ (Verhältnisskala: absoluter Nullpunkt ist gegeben, z. B. Länge, Gewicht)
  - Antwortkategorien: 1, 2, 3, 4, 5 usw.

Grundsätzlich bleibt festzuhalten, dass überwiegend geschlossene Fragen eingesetzt werden, da deren Beantwortung, Codierung sowie Auswertung vergleichsweise wenig Mühe bereiten. Abb. 4.7 vermittelt einen zusammenfassenden Überblick der möglichen **Fragenvarianten**.

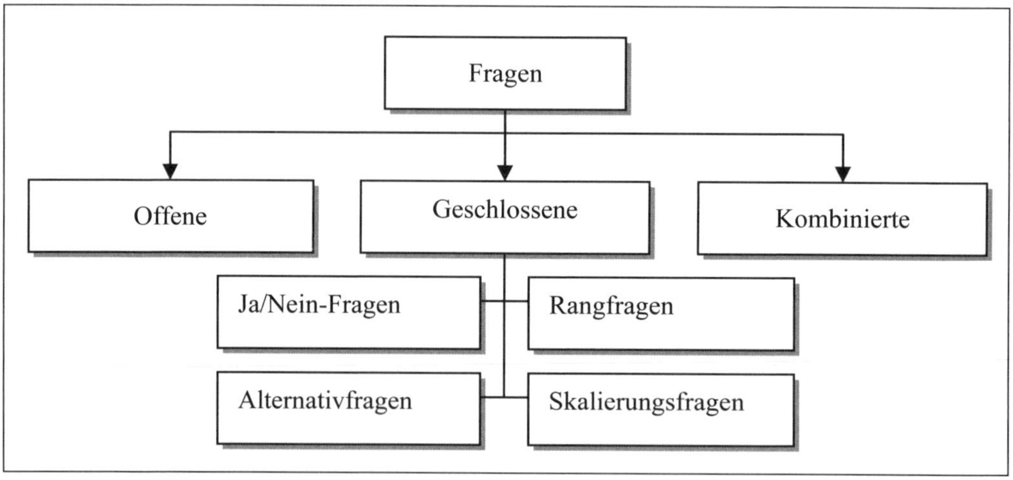

Abb. 4.7: Die Varianten von Fragen im Überblick

Ein Beispiel für eine Kombination aus geschlossener und offener Frage wäre: „Besitzen Sie ein Auto?“ Antwortkategorie: ja/nein; „Falls ja: Welche Marke/welches Modell? ....“

Nachdem die Probanden den Fragebogen erhalten haben, füllen sie diesen eigenständig aus und schicken ihn an das betreffende Unternehmen oder ein eingebundenes Marktforschungsinstitut zurück. Eine vergleichsweise innovative Form der schriftlichen Befragung, die in Zukunft an Bedeutung gewinnen wird, repräsentiert die Datenerhebung via Internet.

Als **Vorteile der schriftlichen Befragung** sind zu nennen:

- Man erhält schnelle Auskunft bei einer Vielzahl von Auskunftspersonen.
- Befragte haben ausreichend Zeit zum Nachdenken.
- Es sind keine Interviewer notwendig, d. h. die Befragung ist leichter zu organisieren.
- Es entsteht kein Interviewer-Einfluss (sog. Interviewer Bias), d. h. sozial-erwünschtes Antwortverhalten ist nahezu vollständig ausgeschlossen.
- Da keine Interviewer beschäftigt werden müssen, entstehen vergleichsweise geringe Kosten, was insbesondere in großen Befragungsgebieten zu Buche schlägt.

Als **Nachteile** der schriftlichen Befragung gelten:

- Mit steigendem Fragebogenumfang sowie bei heiklen Fragen (z. B. nach dem Einkommen) sinkt die Akzeptanz bei den Befragten.
- Es ist keine Abfrage spontaner Antworten möglich.
- Es besteht keine Sicherheit, dass auch wirklich der Adressat antwortet. Zum Beispiel wird der Fragebogen an den Vater verschickt, dieser hat aber wenig Zeit und bittet seinen Sohn (Schüler) oder seine Mutter (Rentnerin), den Fragebogen stellvertretend für ihn auszufüllen.
- Schriftliche Befragungen haben meist relativ geringe Rücklaufquoten (abhängig vom Interesse am Befragungsgegenstand).

Geringe Rücklaufquoten und damit Stichprobenausfälle können je nach Ursache erhebliche Gefahren in sich bergen. Die sog. unechten oder stichprobenneutralen Ausfälle (z. B. Kunden, die aus dem Einzugsgebiet eines Unternehmens weggezogen sind) stellen nichts anderes als eine Bereinigung des Adressmaterials dar und sind im Regelfall unproblematisch. Anders sieht es bei den echten Ausfällen (sog. Antwortverweigerungen) aus, die zu einer erheblichen Verzerrung der Befunde führen können (sog. Non-Response-Problem). Aus diesem Grund sollte man versuchen, eine möglichst hohe Rücklaufquote zu erzielen.

Mündliche Befragung

Bei der mündlichen Befragung stehen sich Interviewer und Auskunftsperson unmittelbar gegenüber (sog. Face-to-Face-Interview). In Bezug auf die Erhebungssituation sind folgende **Spielarten** möglich:

- **Home-Befragung**: Der Interviewer sucht die Auskunftsperson zu Hause auf und führt dort die Befragung durch.

- **Office-Interview**: Die Auskunftsperson wird an ihrem Arbeitsplatz befragt. Diese Befragungsvariante empfiehlt sich bei gewerblichen Kunden und einer vergleichsweise hohen Hierarchiestufe der Ansprechpartner.
- **In-Hall-Befragung**: Die Erhebung wird in einem Testlokal durchgeführt, etwa einem angemieteten Raum in einem Einkaufszentrum.
- **Street-Interview**: Die Befragung wird an einer beispielsweise viel frequentierten Straßenkreuzung oder in einer Fußgängerzone durchgeführt.
- **Store-Interview**: Das Interview findet in der Einkaufsstätte statt.

Als **Vorteile der mündlichen Befragung** sind zu nennen:

- Die Auskunftsbereitschaft ist größer als bei der schriftlichen Befragung, nicht zuletzt deshalb, weil der Interviewer psychologische Hemmschwellen und Zweifel der Befragten im direkten Gespräch ausräumen kann.
- Die Gesprächssituation ist kontrollierbar.
- Hilfsmittel wie Listenvorlagen, Bilder, Produktbeispiele können eingesetzt werden.
- Rückfragen sowohl des Interviewers als auch des Befragten sind möglich, so dass die Gefahr von Missverständnissen verringert werden kann.

Als **Nachteile** dieses Verfahrens gelten:

- Der Kostenaufwand ist vergleichsweise hoch.
- Es muss mit erhöhtem Zeitaufwand gerechnet werden.
- Der Interviewer übt (ungewollt) einen Einfluss auf den Befragten aus, was sozial erwünschtes Antwortverhalten fördert (sog. Interviewer-Bias).

Hinsichtlich der **Befragungsstrategie** haben sich zwei Methoden etabliert:

- Beim **standardisierten Interview** sind Inhalt und Reihenfolge der Fragen genau festgelegt. Der Interviewer muss die Fragen lediglich vorlesen und die Antworten detailliert dokumentieren, so dass er kaum einen Einfluss auf den Befragten ausüben kann. Diese Methode eignet sich insbesondere dann, wenn bei einer größeren Anzahl von Auskunftspersonen eine repräsentative Untersuchung mit vergleichbaren Ergebnissen angestrebt wird.
- Beim **freien Interview** liegen Formulierung und Reihenfolge der Fragen sowie das Hinzufügen von Erläuterungen weitgehend im Ermessensspielraum des Interviewers. Ihm steht lediglich ein Gesprächsleitfaden zur Verfügung, der Ablauf und Inhalt des Interviews grob festlegt. Ein zentraler Vorteil dieser Vorgehensweise liegt im stärkeren Eingehen auf den Befragten. Demnach eignet sich das freie Interview insbesondere für die Befragung von Experten sowie Vertretern höherer Hierarchieebenen. Außerdem können mit dieser Methode neuere und tiefere Einsichten in einen Problemkreis gewonnen werden. Nachteilig zu nennen sind die vergleichsweise hohen Kosten, die im Wesentlichen auf folgende Gründe zurückzuführen sind:
  - Hoher Aufwand für die Auswertung der Daten aufgrund der Nichtstandardisierung der erhobenen Informationen und der daraus folgenden Möglichkeit offener Antworten
  - Hohe Anforderungen an die Interviewer

- Evtl. Einsatz mehrerer Interviewer, um systematische Fehler und Verzerrungen zu verringern bzw. zu vermeiden

Des Weitern lassen sich **Einzel-** und **Gruppenbefragungen** unterscheiden. Letztere kommen vor allem in der Investitionsgüter-Marktforschung zur Anwendung. Hierbei befragt ein Moderator gleichzeitig eine Anzahl von Probanden, die dazu angehalten werden, ihre Meinung zu äußern und dabei auf vorherige Diskussionsbeiträge zu reagieren. Zwar werden dadurch gruppendynamische Prozesse ausgelöst, welche die objektive Gültigkeit der gegebenen Beiträge relativieren. Trotzdem vermeidet man mit dieser Methode in der Investitionsgüter-Marktforschung, dass eine individuell gefärbte Aussage als repräsentative Meinung fehlinterpretiert wird. Die Diskussion im Teilnehmerkreis gibt für sachkundige Interviewer Hinweise auf interne Strukturen und Varianten zur vorgedachten Lösung, was zu ganz neuen Ideen führen kann. Der dabei u. U. entstehende Solidarisierungseffekt zwischen Kunde und zukünftigem Lieferant stellt eine solide Basis für eine langfristige Zusammenarbeit dar, der sich beide Seiten verpflichtet fühlen.

Telefonische Befragung

Die telefonische Befragung schließlich eignet sich immer dann, wenn nur wenige, leicht zu beantwortende Fragen gestellt werden, in deren Mittelpunkt eher Fakten denn die persönliche Sphäre des Befragten stehen. Dabei ist jedoch die zunehmende Skepsis der Bevölkerung gegenüber telefonischer Befragung zu berücksichtigen, da zahlreiche Direktvertreiber via Telefon vermeintliche Marktforschungsfragen als Einstieg in ein Verkaufsgespräch nutzen.

Bei telefonischen Befragungen findet seit geraumer Zeit der Computer Anwendung (sog. **CATI = Computer Aided Telephone Interviewing**). Mittels Software können so Stichprobenauswahl, Instruktionen für den Interviewer sowie die Dokumentation der Antworten via Bildschirm gesteuert werden.

Computer können grundsätzlich auch für die schriftliche und mündliche Befragung genutzt werden. Im Falle des **CAPI (= Computer Assisted Personal Interviewing** = rechner-unterstützte persönliche Befragung) bedient sich der Interviewer eines Notebook-Rechners, auf dem das Fragebogenprogramm läuft. Er stellt dem Probanden die Fragen und gibt dessen Antworten ein. Beim **CSAQ (= Computerized Selfadministered Questioning)** hingegen betrachtet die zu befragende Person selbst den Bildschirm und verwendet die Tastatur eigenständig.

Eine spezielle Variante des CSAQ ist die **Online-Befragung** (vgl. hierzu *Batinic/Gräf/Bandilla* 1999). Als deren **Vorteile** gelten:

- Vergleichsweise geringe Kosten
- Kein Interviewereinfluss
- Eingeschränkter Einsatz von Hilfsmitteln wie Listenvorlagen, Bilder
- Möglichkeit der Überprüfung der Spontaneität der Probanden
- Vergleichsweise einfache und kostengünstige Datenauswertung durch Kombination von Umfrage-Software und Analyseprogrammen

Mögliche **Nachteile** sind:

- Unzureichende Repräsentativität aufgrund (noch) inhomogener Verbreitung des Internet
- Kaum Kontrolle über die Befragten
- Meist relativ geringe Rücklaufquoten (abhängig vom Interesse am Befragungsgegenstand)
- Verärgerung aufgrund unverlangt übermittelter Umfrage-E-Mails

Vor diesem Hintergrund eignen sich Online-Befragungen für die Untersuchung der Mitglieder einer speziellen Grundgesamtheit, die sich dadurch auszeichnet, dass sie über einen Internetzugang verfügt und diesen auch nutzt (z. B. Hochschul-Mitarbeiter, Webmaster).

Zusammenfassend sind die Formen der Befragung in Abb. 4.8 aufgeführt:

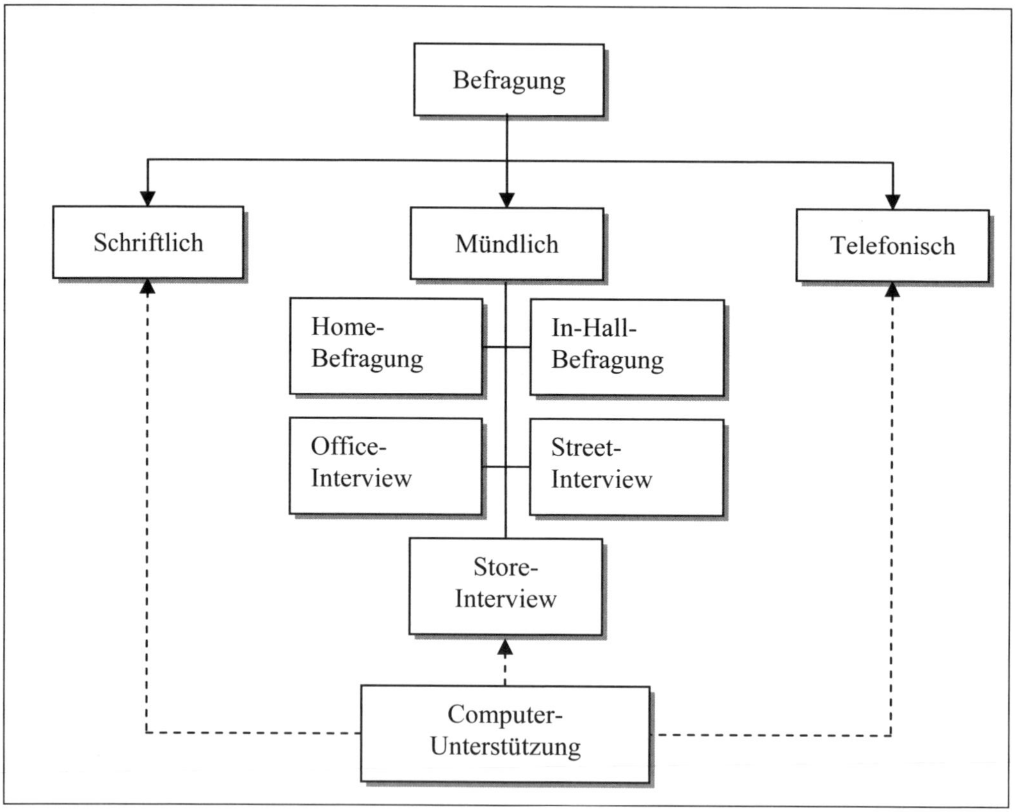

Abb. 4.8: Die Formen der Befragung im Überblick

Abschließend gilt es noch eine Spezialform der Befragung, nämlich die **Omnibusbefragung** (lat. omnibus = für alle) zu beleuchten. Hierbei handelt es sich um eine Mehrthemenbefragung, bei der Fragen verschiedener Auftraggeber in einem Fragebogen zusammengefasst werden. Auf diese Weise lassen sich die Kosten pro Auftraggeber erheblich reduzieren. Die Fragen können durchaus aus sehr unterschiedlichen Themengebieten stammen, die Zielgruppen der auftraggebenden Unternehmen müssen jedoch übereinstimmen. Daher finden Omnibusbefragungen im Regelfall dann Anwendung, wenn ein repräsentativer Querschnitt der Bevölkerung untersucht werden soll.

Die Beobachtung

Im Zuge der Datengewinnung kommt neben der Befragung die Beobachtung zum Einsatz (vgl. im Folgenden *Böhler* 1982, S. 92 – 96; *Hüttner* 1997, S. 158 – 167; *Meffert* 1992, S. 198 – 200; *Bruhn* 2001, S. 103 – 105; *Meffert* 2000, S. 154 – 155; *Nieschlag/Dichtl/Hörschgen* 2002, S. 451 – 453). Sie ist gekennzeichnet durch eine systematische Erfassung von sinnlich wahrnehmbaren Verhaltensweisen bzw. Eigenschaften von Personen im Augenblick ihres Auftretens durch den Beobachter. Ausgewählte Beobachtungsformen sind in Abb. 4.9 aufgeführt.

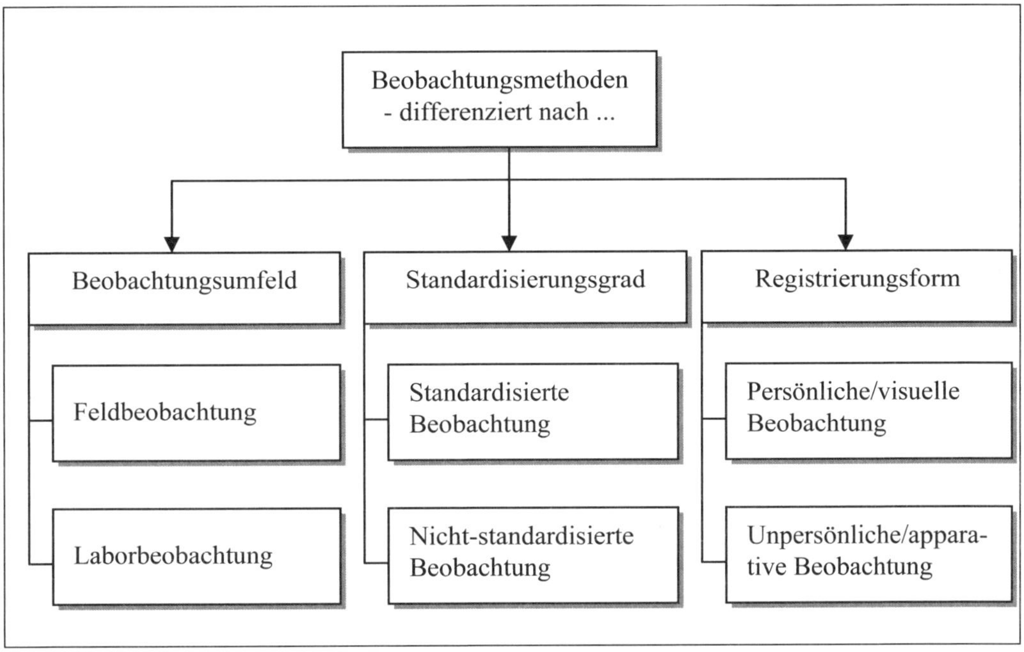

Abb. 4.9: Ausgewählte Beobachtungsmethoden im Überblick

Weit verbreitet ist die sog. **Kundenbeobachtung**, bei der – wie der Name schon vermuten lässt – die Klientel beim Einkaufsvorgang beobachtet wird, ohne das diese das bemerkt. Hierbei handelt es sich um eine Beobachtung im Feld (= reales Handelsunternehmen), die in der Regel standardisiert (= anhand eines Fragebogens bzw. eines Lageplans) und persönlich

(= durch einen Beobachter) durchgeführt wird. Denkbar wäre hier auch die apparative Beobachtung mittels einer Kamera.

Der wesentliche **Vorteil** der Beobachtung liegt darin, dass man im Gegensatz zur Befragung nicht auf die Mitarbeit der Probanden angewiesen ist. Daneben lassen sich bestimmte Sachverhalte durch den Einsatz apparativer Verfahren mit vergleichsweise großer Genauigkeit erfassen (z. B. Verhalten des Kunden am Point-of-Sale). Als **Nachteile** sind anzuführen:

- Komplexere psychische Prozesse und damit in der Regel sämtliche aktivierenden sowie kognitiven Prozesse (vgl. Abschnitt 2.4.2) sind einer Beobachtung nicht zugänglich.
- Bei bestimmten Fragestellungen treten Repräsentativitätsprobleme auf. Diese können auf (zu) kleine Stichproben bei Laborversuchen oder unterschiedliche Kundengruppen bei Beobachtungen in Geschäften je nach Tages-, Wochen- und Jahreszeit zurückzuführen sein.
- Im Falle einer offenen Beobachtung, bei der ein Proband im Gegensatz zur verdeckten Beobachtung weiß, dass er beobachtet wir, verändert er u. U. sein ursprüngliches Verhalten (sog. Beobachtungseffekt).
- Im Falle der offenen bzw. teilnehmenden Beobachtung besteht die Gefahr, dass der Beobachter den zu untersuchenden Sachverhalt steuert, die Daten nur selektiv erfasst und bei der nicht-standardisierten Beobachtung die Auswertung verzerrt.

Letztlich bestimmt der zu untersuchende Sachverhalt, ob die Beobachtung und, falls ja, welche Variante zum Einsatz kommen.

Das Experiment

Grundstruktur

Als Experiment bezeichnet man eine wiederholbare und unter kontrollierten, vorher festgelegten Umweltbedingungen durchgeführte Untersuchung, bei der festgestellt werden soll, wie sich die Veränderung einer oder mehrerer (unabhängiger) Variablen auf eine oder mehrere (abhängige) Variablen auswirkt (vgl., auch im Folgenden, *Böhler* 1982, S. 33 – 53; *Meffert* 1992, S. 206 – 212; *Bruhn* 2001, S. 105 – 108; *Meffert* 2000, S. 158 – 161). In der Marketing-Forschung soll mit Hilfe von Experimenten geklärt werden, ob und inwieweit der Einsatz oder die Variation von Marketingvariablen (= unabhängige Variablen; etwa Produkt, Verpackung, Preis, Vertriebsweg, Werbung) einer Veränderung der anvisierten Zielgröße (= abhängige Variable; etwa Kundenzufriedenheit, Umsatz, Marktanteil) bewirkt. Je nach Problemstellung kann die Messung durch Befragung oder Beobachtung erfolgen, wobei bei Experimenten häufig beide Verfahren miteinander kombiniert werden.

Versuchsaufbau

Folgende **Faktoren** fließen in das experimentelle Modell ein:

- **Untersuchungseinheiten** sind die Objekte, an denen das Experiment durchgeführt wird (z. B. Konsumenten, Unternehmen, Produkte, Medien).

- **Unabhängige Variablen** sind die Faktoren, deren Einfluss gemessen werden soll (z. B. Produktvarianten, Verpackungsentwürfe, Preise, Positionierungen, Werbespots).
- **Abhängige Variablen** sind diejenigen Größen, an denen die Wirkung des Einflusses der unabhängigen Variable/n gemessen werden soll (Kundenzufriedenheit, Umsatz).
- **Kontrollierte Variablen** sind diejenigen Größen, die konstant gehalten werden (Ceteris-Paribus-Bedingung), um einen möglichen Einfluss auf die abhängige/n Variable/n zu vermeiden. Soll beispielsweise die Wirkung unterschiedlicher Preise auf den Absatz eines Produktes gemessen werden, hält man alle anderen Marketingaktivitäten wie Werbung, Verkaufsförderung und Positionierung konstant.
- **Störvariablen** sind alle Faktoren, die neben den unabhängigen Variablen einen Einfluss ausüben, die aber im Zuge des Experiments nicht kontrolliert bzw. gesteuert werden können (Konkurrenzaktivitäten während des Experiments, konjunkturelle und saisonale Einflüsse, Gesetzesänderungen während des Experiments).

Die Wirkung solcher Störvariablen versucht man, durch entsprechende Versuchsanlagen auszuschalten. Neben sog. formalen Experimenten, die von einer bestimmten Anordnung der unabhängigen Variablen und der Störfaktoren ausgehen und in der Marktforschungspraxis wenig verbreitet sind, bedient man sich bei den informalen Experimenten Versuchsanlagen, bei denen keine systematische Variation der Versuchbedingungen durchgeführt wird.

Die **informalen Versuchsanlagen** lassen sich anhand folgender Eigenschaften beschreiben:

- **E** = **Experimentalgruppe** (Experimental Group): Hierbei handelt es sich um diejenige Gruppe, auf die ein Stimulus durch die unabhängige/n Variable/n ausgeübt wird.
- **C** = Kontrollgruppe (**Control Group**): Auf diese Gruppe wird zu Kontrollzwecken kein Stimulus durch die unabhängige/n Variable/n ausgeübt.
- **B** = Messung vor (**Before**) Einsatz bzw. Veränderung der unabhängigen Variable/n
- **A** = Messung nach (**After**) Einsatz bzw. Veränderung der unabhängigen Variable/n

Je nach Einsatz von Experimental- und/oder Kontrollgruppe sowie Zeitpunkt der Messung lassen sich demnach vier Versuchsanordnungen unterscheiden, die in Tab. 4.4 aufgeführt und erläutert werden.

Tab. 4.4: Typen informaler Versuchsanlagen (Quelle: Meffert 1992, S. 211)

Typ	Charakteristika	Beispiel	Wirkungsmessung	Beurteilung
EBA	Messung der Werte der abhängigen Variablen vor und nach Einsatz der (veränderten) unabhängigen Variablen in einer Experimentalgruppe	Messungen der Auswirkung einer Preissenkung auf den Umsatz eines Produktes in ausgewählten Einzelhandelsunternehmen	$X_1 - X_0$ Differenz zwischen Zeitpunkt 1 und 0 in Experimentalgruppe	Vernachlässigung von Störeinflüssen; Kontrollgruppe fehlt; zeitliche Entwicklungseffekte nicht messbar

Tab. 4.4: Typen informaler Versuchsanlagen (Fortsetzung)

Typ	Charakteristika	Beispiel	Wirkungsmessung	Beurteilung
CB-EA	Messung der Werte der abhängigen Variablen vor Einsatz der (veränderten) unabhängigen Variablen in einer Kontrollgruppe und nach Einsatz der (veränderten) unabhängigen Variablen in einer Experimentalgruppe	Befragung eines repräsentativen Ausschnitts der Klientel nach ihrer Einstellung zu einem Produkt vor einer Werbeaktion und Befragung eines anderen repräsentativen Querschnitts nach Durchführung einer Werbeaktion	$X_1 - Y_0$ Differenz zwischen Experimentalgruppe im Zeitpunkt 1 und Kontrollgruppe im Zeitpunkt 0	Vernachlässigung von Störeinflüssen; keine richtige Kontrollgruppe; zeitliche Entwicklungseffekte nicht messbar
EA-CA	Messung der Werte der abhängigen Variablen nur nach Einsatz der (veränderten) unabhängigen Variablen in Experimental- und Kontrollgruppe	Preisaktion in ausgewählten Testgeschäften und Vergleich der Umsätze mit Geschäften, die nicht in die Aktion einbezogen wurden	$X_1 - Y_1$ Differenz zwischen Experimental- und Kontrollgruppe im Zeitpunkt 1	Vernachlässigung von Störeinflüssen; Annahme gleicher Ausgangslage von Experimental- und Kontrollgruppe
EBA-CBA	Messung der Werte der abhängigen Variablen vor und nach Einsatz der (veränderten) unabhängigen Variablen in Experimental- und Kontrollgruppe, die dem Einfluss nicht ausgesetzt war	Wie bei EBA-Design, jedoch werden zusätzlich weitere Geschäfte untersucht, in denen keine Preisaktion erfolgt	$(X_1 - X_0) - (Y_1 - Y_0)$ Differenz zwischen den gemeinsamen Unterschieden in Experimental- und Kontrollgruppe im Zeitpunkt 1	Bereinigung der Wirkung der unabhängigen Variablen in der Experimentalgruppe um Entwicklungseffekte, die sich in der Kontrollgruppe zeigen; Vernachlässigung von Störeinflüssen

Arten von Experimenten

Feldexperimente

Experimente lassen sich nach den Bedingungen, unter denen sie durchgeführt werden, in Feld- und Laborexperimente unterscheiden. **Feldexperimente**, die in realem Umfeld durchgeführt werden, zeichnen sich durch eine größere Wirklichkeitsnähe und damit durch eine im Vergleich zum Laborexperiment höhere externe Validität (= Generalisierbarkeit der Befunde auf andere Zielgruppen, Situationen und Zeiträume) aus. Nachteilig sind die erheblichen Kosten sowie die u. U. geringe interne Validität (= Eindeutigkeit der Messung im Experiment), die auf den Einfluss von Störgrößen zurückzuführen ist.

Als **Formen des Feldexperiments** sind zu nennen:

- **Storetests**: Hierunter versteht man den (probeweisen) Verkauf von neuen, modifizierten oder variierten Produkten unter kontrollierten Bedingungen in einer Reihe ausgewählter Handelsgeschäfte.
- **Markttests**: Hierunter fasst man den (probeweisen) Verkauf von neuen, modifizierten oder variierten Produkten unter kontrollierten Bedingungen in einem räumlich abgegrenzten Markt unter Einsatz ausgewählter oder sämtlicher Marketing-Instrumente. In diesem Zusammenhang bezeichnet man eine Stadt oder eine anderweitig überschaubare lokale Population, die in ihrer sozialen Zusammensetzung und den resultierenden Umfragebefunden der Gesamtbevölkerung eines Landes entspricht, als **Magic Town**. Eine Magic Town ist somit eine besondere Variante des Testmarkts. Eine reale Magic Town für Wahlumfragen in Deutschland ist beispielsweise die Gemeinde Niedermohr in der Pfalz. Eine weitere ist Hassloch, hier wird der Konsum der Bevölkerung von der *GfK-Gesellschaft für Konsumforschung* erforscht. Zudem wurde in Bremen ein biotischer Testmarkt aufgebaut, in dem Produkte, Werbekampagnen etc. unter realen Bedingungen getestet werden.

Fallstudie „Storetest“ – der „*Extra* Future Store” der *METRO GROUP*

Die *METRO Group* eröffnete 2003 in Kooperation mit rund 40 Unternehmen aus unterschiedlichen Branchen (u. a. *SAP*, *Intel*, *Wincor-Nixdorf*) den „Extra Future Store“. Hierbei handelt es sich um einen *Extra*-Verbrauchermarkt, der als Versuchswerkstatt bzw. Zukunftslabor dient und u. a. die Möglichkeit bietet, innovative Produkte in einem realen Umfeld auf ihre Praxistauglichkeit zu testen. Außerdem wird dem Kunden ein völlig neues Einkaufserlebnis vermittelt, verbunden mit umfangreichen, neuen Serviceleistungen. Zu diesem Zweck kommen im „*Extra* Future Store“ **drei innovative Systeme** zum Einsatz:

- der **Personal Shopping Assistant (PSA)**, ein „mobiler Einkaufsassistent“. Der PSA ist ein leistungsfähiger portabler Computer, der in einer Halterung am Einkaufswagen steckt und die Kunden im „*Extra* Future Store“ begleitet. Als Scout und persönlicher Einkaufsberater gibt er Auskunft über das Sortiment, über einzelne Artikel und Konditionen. Der Kunde identifiziert sich am PSA mit seiner Kundenkarte. Das System kennt ihn jetzt und weiß, welche Artikel er bei seinen letzten Einkäufen bevorzugt hat. Beim Weg durch den Store macht der PSA den Kunden auf solche Artikel aufmerksam, sagt, welche Artikel heute ganz besonders günstig sind, stellt ihm Aktionen vor und zeigt ihm auf Anfrage, wo er bestimmte Waren findet. Der Kunde kann mit dem PSA seine eingekauften Artikel auch gleich scannen und listet zum Überblick alle Einkäufe mit Wert und Menge auf. Der Shopping-Computer überträgt die Einkaufsdaten an die Kasse, ein Bon wird gedruckt und der Kunde bezahlt.

- das modular aufgebaute, skalierbare **Kiosk-Terminal *Certo***. Die Kunden können sich Wege anzeigen lassen, über Promotions informieren, ausführliche Produktinformationen über sämtliche Artikel des Sortiments abfragen und in ihr Kundenkonto schauen, wenn sie sich vorher per Karte identifiziert haben. Ein Teil der Web-Anwendungen, die *Metro* seinen Kunden über das Internet anbietet, ist im Shop am Kiosk ebenfalls verfügbar. PSA und Kiosk ergänzen sich gegenseitig, wobei den überwiegenden Teil der Informationsabfragemöglichkeiten bereits der PSA gestattet. Die *Metro*-Mitarbeiter können den Kiosk ebenfalls nutzen und per Code das Mitarbeiterportal „mymetro.de" öffnen. Hier gibt es dann aktuelle Informationen über Aktionstermine, Liefersituationen und andere Interna. Auch für Schulungszwecke setzt man das Kiosksystem ein.
- die **Advertising Displays**: Hierbei handelt es sich um eine neue Generation skalierbarer Flachbildschirme aus der Produktfamilie *Beetle/iScreen*. Diese Advertising Displays geben Bild und Text gestochen scharf wieder und sind durch ihre flexiblen Einsatzmöglichkeiten dem herkömmlichen gedruckten Display weit überlegen. Die Displays werden über RF-LAN (drahtlose Datenübertragung) vernetzt, wodurch eine zentrale Verwaltung von Promotions ermöglicht wird. Beispielsweise können auf Knopfdruck Aktionsvideos an allen Standorten gleichzeitig gestartet werden. Man kann darüber auch Sonderangebote und Preise prominent herausstellen, vor allen Dingen aber die Inhalte jederzeit ändern und anpassen. Mit ihrer brillanten Bildqualität werden die Advertising Displays zur Produktinformation und zur Unterstützung von Aktionen eingesetzt.

2007 zog die *Metro Group* Future Store Initiative aus dem *Extra*-Testmarkt in Rheinberg in einen doppelt so großen Markt der Vertriebslinie *Real* in Tönisvorst bei Krefeld. Hier wird u. a. untersucht, wie Handelsunternehmen dem soziodemographischen Wandel mit zunehmend älteren Menschen und multikulturellen Anforderungen erfolgreich begegnen können. Dabei widmet man sich nicht nur technologischen Fragen, sondern auch strategischen Themen wie Umwelt, Personalmanagement, Ladendesign und Sortimentsgestaltung.

Aus dem Rheinberger Store wurde nach vier Jahren Pionierstatus wieder ein normaler Verbrauchermarkt. Allerdings blieben dort Technologien wie die Selbstbezahlerkasse und die intelligenten Ladenwagen mit Bilderkennung von Obst und Gemüse weiterhin im Einsatz. Neben den Future-Store betreibt die *Metro* ein „RFID Innovation Center" (RFID = Radio Frequenz Identifikation).

Quelle: www.wincor-nixdorf.com/internet/de/press/; Stand: 30.04.2003; *o. V.*: Future Store zieht um, in: LebensmittelZeitung, Nr. 25 vom 22.07.2007g, S. 18.

Fallstudie „Markttest" – das Behavior Scan der *GFK*

Das *GFK*-Behavior Scan ist ein experimenteller Mikro-Testmarkt, mit dessen Hilfe man neu entwickelte oder veränderte Produkte und Produktlinien sowie Werbekonzepte testen kann und der 1986 in Hassloch in der Pfalz implementiert wurde. Die Wahl fiel auf diesen Ort, weil:

- die soziodemographische Struktur ein verkleinertes Abbild der deutschen Haushalte repräsentiert,
- die dortige Kaufkraft dem bundesdeutschen Durchschnitt entspricht,
- die Haushalte verkabelt sind,
- der Bedarf in hohem Maße vor Ort gedeckt wird und
- die Handelsszene sämtliche relevante Geschäftstypen abdeckt.

Als wesentliche **Ziele** des Behavior Scan sind zu nennen:

- Prognose der Marktchancen von Neuprodukten und Relaunches
- Analyse des Einflusses verschiedener Marketing-Maßnahmen auf den Absatz von Produkten.

Zu Marktforschungszwecken werden 3.000 Testhaushalte mit einer Identifikationskarte ausgestattet. Diese wird bei jedem Kauf an der Kasse vorgelegt und ermöglicht so die Analyse des Kaufverhaltens. In die Untersuchung einbezogen werden ein SB-Warenhaus, zwei Supermärkte, zwei Discounter sowie einige kleinere Lebensmitteleinzelhandelsunternehmen. Diese Geschäfte haben eine Umsatzbedeutung von 90 – 95 %. Als Anreiz erhalten die Panelteilnehmer einen Zuschuss zu den Kabelgebühren, die Möglichkeit der Teilnahme an gelegentlichen Verlosungen sowie den kostenlosen Bezug der Zeitschrift *Hörzu*.

2.000 der 3.000 Testhaushalte (= Testgruppe) sind zusätzlich zur Identifikationskarte mit einem Decoder ausgestattet. Dieses Gerät ist an das Fernsehgerät angeschlossen, wird mittels einer eigenen Fernbedienung gesteuert und ermöglicht es den Marktforschern, gängige Werbespots gegen solche neuer Produkte auszutauschen, ohne dass der Zuschauer es bemerkt. Auf diese Weise kann die Wirkung von Fernsehwerbung auf das Kaufverhalten kausal analysiert werden. Neben der TV-Werbung werden die Zeitschrift *Hörzu* (kostenloser Bezug für die Panelteilnehmer), die Tageszeitung *Rheinpfalz*, Anzeigenblätter wie die *IWZ*, Plakate sowie die Handelswerbung entsprechend präpariert.

Mittels des Behavior Scan lassen sich folgende **Kennziffern** berechnen:

- Abverkäufe im Handel
- Verkaufsanteile und Umschlagsgeschwindigkeit einzelner Produkte
- Erstkäufer- und Wiederkaufrate
- Einkaufsintensität, -menge und –wert
- Bedarfsdeckungsrate
- Struktur der Käufer, Verbrauchertypologien

Als **Vorteile** des Behavior Scan sind zu nennen:

- Realistische Testsituation
- Geringe Kosten
- Möglichkeit, zukünftige Umsätze zu prognostizieren
- Erprobbarkeit diverser Marketingpläne

- Analyse des Verhaltens einzelner Marktsegmente

Als **Nachteile** gelten:

- Die Fähigkeit des Herstellers, das Produkt beim Handel durchzusetzen, kann nicht überprüft werden.
- Die Wettbewerber werden u. U. auf das neue Produkt aufmerksam.
- Der Nutzen der Befunde ist angesichts des raschen Marktwandels fraglich.
- Rivalen stören absichtlich den Testmarkt, um Resultate zu beeinflussen.
- Das Phänomen des Forced Attention, d. h. der forcierten Mehrfachkontakte zum Zwecke der Simulation der Langzeitwirkung, führt zu einer überhöhten Erstkäuferrate (sog. Zeitraffereffekt).
- Das Testgebiet wird durch häufige Produktneueinführungen „übertestet".

Grundsätzlich eignet sich der Behavior Scan für den Test von Massengütern mit laufendem oder kurzperiodischem Bedarf. Nicht geeignet dagegen ist der Behavior Scan für:

- Produkte mit wenigen potenziellen Kunden (etwa exklusive, hochpreisige Produkte)
- Produkte, die in längeren Zeitabständen erworben werden, da in solchen Fällen die Befunde zu instabil sind
- Regionale Produkte und Spezialitäten
- Produkte, die schwerpunktmäßig über bestimmte Kanäle (z. B. Automaten, Tankstellen) vertrieben werden

Quelle: www.gfk.de; Stand: 23.12.2002; *Kals, U.*: Was Hassloch kauft, das kauft die Republik, in: Frankfurter Allgemeine Zeitung, Nr. 97 vom 26.04.2003, S. 15.

Laborexperimente

Laborexperimente werden unter künstlichen Bedingungen durchgeführt und sollen Teilaspekte der Realität simulieren. Sie verfügen im Vergleich zu Feldexperimenten über eine höhere **interne Validität**, da sie etwaige Störeinflüsse weitgehend ausschalten. Als Nachteile sind die höhere Realitätsferne, die sich negativ auf die **externe Validität** auswirkt, sowie die Beeinflussung der Probanden durch die Testsituation zu nennen.

Grundsätzlich lassen sich hierbei **Voll-** und **Partialtests** unterscheiden. Während beim Volltest ein Marketingkonzept bzw. ein Marketing-Instrument (Produkt-, Preis- und Werbetest) in seiner Ganzheitlichkeit untersucht wird, stehen beim Partialtest einzelne Module (z. B. Verpackung, Name) im Zentrum des Interesses. Im Falle des Produkttests handelt es sich um ein Experiment, bei dem ausgewählte Probanden ein marktreifes Erzeugnis (= Volltest) oder einzelne Produktattribute (= Partialtest; z. B. Funktionalität, Verpackung, Name, Preis) beurteilen sollen. Die Urteilsabgabe basiert dabei auf einer bloßen Betrachtung (= Betrachtungstest) oder auch auf dem Ge- bzw. Verbrauch (= Gebrauchstest) eines (= Einzeltest) oder mehrerer (= Mehrfachtest) Testobjekts.

Hierbei kommen nicht selten apparative Verfahren zum Einsatz, die auf objektiven Messungen mittels entsprechend gestalteten technischen Apparaturen basieren. Diese dienen dazu, zum einen physiologische Reaktionen und zum anderen Verhaltensabläufe zu messen.

Verfahren zur Messung psychobiologischer Reaktionen

Diese Verfahren werden dazu eingesetzt, die emotionale Aktivierung von Werbemitteln (z. B. TV-Spots, Anzeigen, Direct Mails) und Produktgestaltungen (etwa Verpackungen, Namen, Farben) zu messen (vgl. im Folgenden *Meffert* 1992, S. 222 – 224). Hierbei erfasst man die Intensität der emotionalen Erregung mittels Indikatoren, die auf der psychobiologischen Ebene des Individuums angesiedelt sind. Im Einzelnen sind dies Herzrate, Blutdruck bzw. -volumen, elektrodermale Reaktionen (z. B. Hautwiderstand), Gehirnströme (EEG), Lidschlagfrequenz, Pupillenweite sowie Stimmfrequenz. Störvariablen wie Tageszeit, Schwankungen der Raumtemperatur, Erwartungsanspannung aufgrund Laborsituation u. ä. wirken sich nachteilig auf diesen Messansatz aus. Hinzu kommt, dass eine Bewertung der Empfindung nicht möglich ist, d. h. die Frage, ob eine Situation als angenehm oder unangenehm empfunden wird, bleibt unbeantwortet.

Verfahren zur Messung von Verhaltensabläufen

Im Mittelpunkt steht hier die Beobachtung des Verhaltens bzw. von Verhaltensabläufen, insbesondere im Kontext von Wahrnehmungs- und Gedächtnisvorgängen (vgl. im Folgenden *Meffert* 1992, S. 224 – 225). Zur Messung dienen folgende Methoden:

- **Blickaufzeichnung**
  Dabei wird mit Hilfe einer Augenkamera das Lese- bzw. Fernsehverhalten von Testpersonen beobachtet. Die Augenkamera ist ein Blickaufzeichnungsgerät, das die Testperson wie eine Brille aufsetzt und mit dessen Hilfe die Bewegungen der Pupille genau registriert werden. Dabei werden die Blickrichtung und die Verweildauer der Augen auf einem bestimmten Punkt einer Zeitungsanzeige, eines Plakates oder eines Bildschirmpunktes erfasst. Ziel dabei ist es zu ermitteln, ob der Betrachter die angebotenen Informationen überhaupt wahrnimmt, und, falls ja, ob dies in der anvisierten Reihenfolge geschieht (vgl. *Kroeber-Riel/Weinberg* 1999, S. 261 – 265).
- **Tachistoskop**
  Dies ist ein Gerät, mit dessen Hilfe einer Testperson Produkte oder Anzeigen in unterschiedlichen Darbietungszeiten – beginnend mit wenigen Millisekunden – vorgeführt werden. Dabei handelt es sich in der Regel um einen Diaprojektor, der durch elektronische oder mechanische Einrichtungen entsprechend kurze Projektionszeiten ermöglicht. Ziel ist die Ermittlung der hervorstechenden Schlüsselelemente einer Produkts bzw. einer Anzeige sowie der Zeit, die zur Übermittlung der anvisierten Information erforderlich ist. Durch kurzzeitige Präsentation von Produkten und/oder Werbung wird die Wahrnehmung erschwert. Auf diese Weise lässt sich der Prozess des Entstehens visueller Wahrnehmung (Aktualgenese) sowie des (Wieder-)Erkennens analysieren. Reagieren Untersuchungsteilnehmer bei einer kurzzeitigen Präsentation eines Verpackungsentwurfs oder einer Anzeige emotional negativ, obwohl lediglich ein diffuser Eindruck und keinesfalls

ein Erkennen des Inhalts möglich waren, wird unterstellt, dass derartige negative Gefühle auch im Alltagsgeschehen unterschwellig auftreten und die Kommunikationswirkung negativ beeinflussen (vgl. *Kroeber-Riel/Weinberg* 1999, S. 273 – 275; *Leven* 2001, S. 1645).

- **Schnellgreifbühne**
  Hierbei handelt es sich um einen größeren Kasten, der eine Öffnung in Augenhöhe der Testperson aufweist und mehreren Produkten und Packungen nebeneinander Platz bietet. Zu Beginn eines Versuches ist die Bühne bzw. Öffnung durch eine Vorrichtung (Vorhang, Klappe) abgedeckt, die durch einen entsprechenden Mechanismus so geöffnet werden kann, dass ein Zugriff zu den dahinter befindlichen Produkten nur für einen Augenblick möglich ist. Die vorgesehene Darbietungszeit wird dabei vom Versuchsleiter über eine Drucktaste festgelegt, die auch die Beleuchtung steuert. Solange dieser Zustand anhält, hat sich die Versuchsperson für einen oder mehrere der ausgestellten Gegenstände zu entscheiden. Mit der Schnellgreifbühne werden vor allem die Anmutungsqualität und die Wahrnehmung des Preis/Leistungsverhältnisses von Produkten durch Versuchspersonen geprüft (vgl. *Berekoven/Eckert/Ellenrieder* 1999, S. 160).

Da die vorgestellten Verfahren nur begrenzte Rückschlüsse auf die dem Verhalten zugrunde liegenden Ursachen zulassen, müssen sie durch Befragungen flankiert werden. Obwohl Experimente, deren Varianten zusammenfassend in Abb. 4.10 aufgeführt sind, einen wesentlichen Beitrag zur fundierten Entscheidungsfindung im Marketing beitragen, sind im Regelfall nur Tendenzsaussagen möglich, da die Genauigkeit der Testergebnisse aufgrund folgender zwei **Schwächen** eingeschränkt ist:

- Experimente messen lediglich kurzfristige Wirkungen. Langfristige Konsequenzen, die über den Zeitpunkt bzw. -raum des Experiments hinausreichen, werden nicht erfasst.
- Aufgrund von Kostenüberlegungen, unzureichender Erfahrung und/oder mangelnder Kooperationsbereitschaft von Herstellern und Handelsunternehmen müssen vereinfachte Versuchsanlagen gewählt werden, die den Störeinflüssen nicht gerecht werden.

Spezialformen

Panels

Panels sind Erhebungen, die bei einem konstanten Teilnehmerkreis (Personen, Einkaufsstätten, Unternehmen) in (regelmäßigen) zeitlichen Abständen zu einem gleichen Untersuchungsgegenstand durchgeführt werden. Hierbei existieren verschiedene Varianten (vgl. im Folgenden *Günther/Vossebein/Wildner* 1998; *Meffert* 1992, S. 213 – 220; *Schnell/Hill/Esser* 2005, S. 237 – 245).

Beim **Haushaltspanel** bildet ein Haushalt die zu untersuchende Einheit, wobei der Erwerb sowohl von Verbrauchs- als auch von Gebrauchsgütern analysiert werden kann. Ein Vertreter in Deutschland ist das *G&I*-Haushaltspanel, ein Zusammenschluss der *GFK Nürnberg* und *Infratest München*.

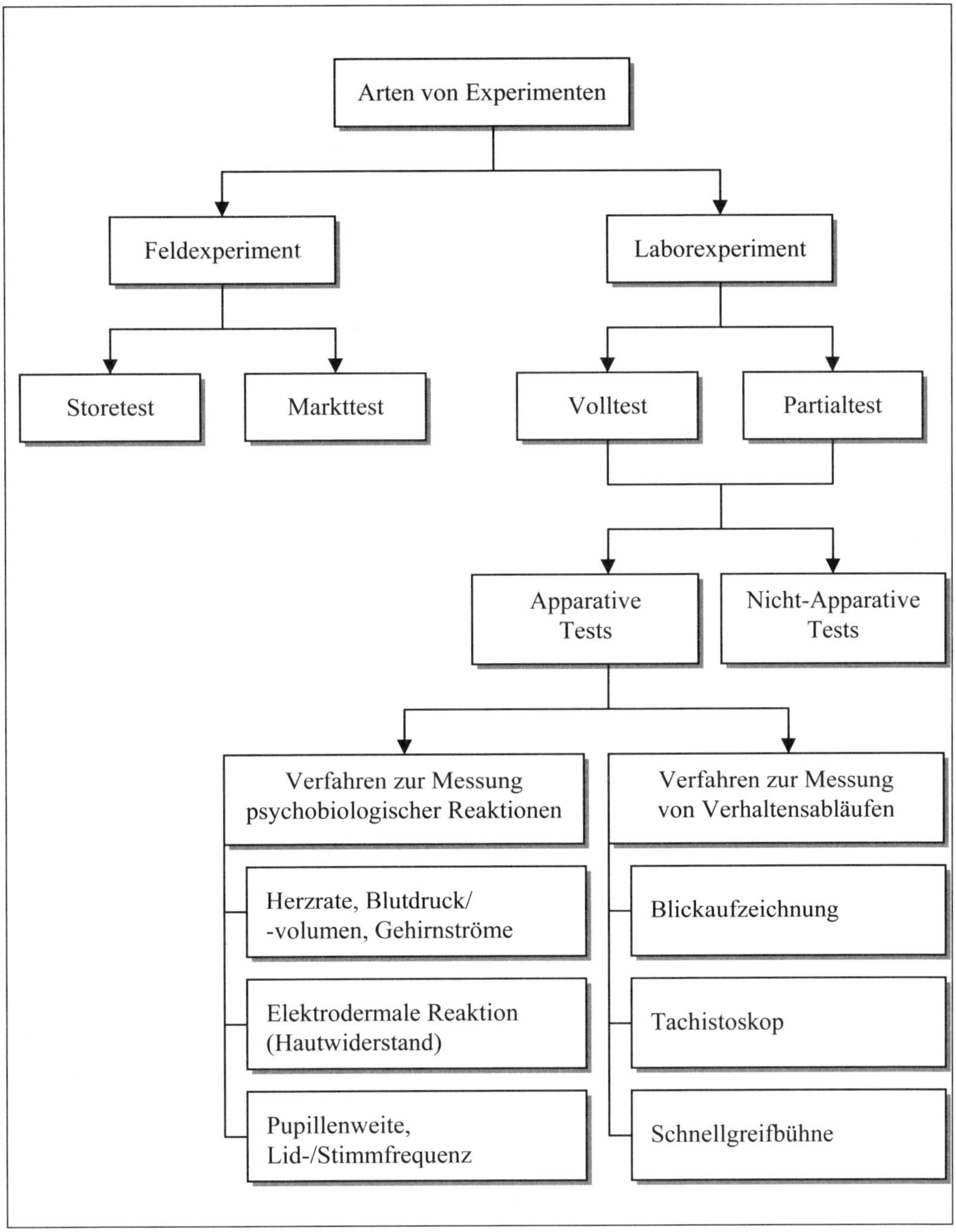

Abb. 4.10: Ausgewählte Arten von Experimenten im Überblick

Hierbei werden die Daten aus einer repräsentativen Stichprobe von 30.000 Haushalten verwendet. Die Teilnehmer, die für ihre Auskunftsbereitschaft mit der Teilnahme an Preisausschreiben sowie Bonuspunkten, mit denen Prämien erworben werden können, belohnt werden, dokumentieren zu diesem Zweck sämtliche Einkäufe mit Hilfe eine Handlesegerätes anhand folgender **Kriterien**:

- Art des gekauften Produktes,
- Hersteller oder Marke,
- Einkaufsdatum und Ort,
- Preis,
- Packungsgröße und Einkaufsmenge sowie
- Einkaufsstätte (Betriebstyp, Name, Handelsgruppe).

Nach der Anonymisierung werden die Daten ausgewertet und u. a. zu folgenden **Kennzahlen** verdichtet, die auch zielgruppenspezifisch (etwa nach soziodemographischen Kriterien) aufbereitet werden können:

- Marktanteile in den einzelnen Vertriebsschienen,
- Käuferreichweite,
- Käuferwanderung sowie
- Durchschnittspreis per Vertriebskanal.

Auftraggeber sind im Regelfall größere Markenartikelhersteller. Diese können mit Hilfe der Informationen aus dem Haushaltspanel feststellen, wann, wo, von wem in welcher Menge und zu welchem Preis die firmeneigenen Produkte gekauft werden. In jüngster Zeit nutzen auch verstärkt Handelsunternehmen die Informationen aus Handelspanels, um das Kaufverhalten ihrer Kunden zu analysieren. Die Daten werden elektronisch übermittelt und können so in interne Datenbanken aufgenommen werden. Dabei ist noch zu unterscheiden zwischen Verbrauchsgütern und Gebrauchsgütern. Die vorgestellte Methode wird hauptsächlich für Verbrauchsgüter angewandt.

Die **Stärke** des Haushaltspanels liegt in der kontinuierliche Beobachtung des Marktes in systematischer Form. Dadurch werden Verhaltensweisen der Verbraucher transparent und nach einer hinreichend langen Zeit können sich Trends abzeichnen. Als **Schwächen** sind zunächst die hohen Kosten (zwischen 15.000 und 100.000 € pro Warengruppe und Jahr) zu nennen. Hinzu kommt, dass die zu gewährleistende Konstanz der Messinstrumente die Gefahr in sich birgt, mit der Zeit nur noch suboptimale Verfahren einzusetzen. Des Weiteren bestehen Zweifel an der Repräsentativität des Haushaltspanels, da schwer festzustellen ist, inwieweit von einer getreuen Abbildung der Grundgesamtheit gesprochen werden kann. Denn zum einen können persönliche Veränderungen der Probanden wie die Geburt von Kindern oder der berufliche bzw. finanzielle Auf- oder Abstieg dazu führen, dass ein Panel seine Repräsentativität einbüßt (sog. **Panelerstarrung**). Zum anderen können systematische Verzerrungen der Befunde durch selektive Rekrutierungsverfahren (etwa freiwillige Teilnahme aufgrund von Interesse, unterproportionale Teilnahme von Haushalten mit Migrationshintergrund) und selektive Ausfälle (beispielsweise infolge von weniger Zeit infolge eines beruflichen Aufstiegs) auftreten (sog. **Panelselektionseffekte**). Hinzu kommen ein häufiger Wechsel der

Probanden infolge von Ortswechsel und Austritt aufgrund mangelnder Teilnahmebereitschaft (sog. **Panelsterblichkeit**) sowie lückenhafte oder fehlerhafte Angaben der Panelteilnehmer. Eine Facette des zuletzt genannten Problems stellt das sog. **Overreporting** da: Hier übertreiben die Panelteilnehmer bei der Angabe ihrer Konsumausgaben aus Gründen von Sozialprestige. Außerdem konnte eine im Zeitablauf zunehmende Veränderung des ursprünglichen Verbraucherverhaltens infolge der Dokumentation der eigenen Konsumausgaben festgestellt werden (sog. **Paneleffekt**). Da es sich bei den Panelteilnehmern um vergleichsweise gut informierte Konsumenten handelt, besteht die Gefahr, dass Verbraucherreaktionen (etwa auf Skandale) vergleichsweise früh und überdurchschnittlich stark zu Buche schlagen und solche Effekte demnach überzeichnet werden.

Um Panelsterblichkeit und -effekt gegenzusteuern, wurden spezielle Designs entwickelt, die darauf verzichten, in jeder Erhebungsrunde die gesamte Stichprobe einzubeziehen. Hierzu zählen:

- **Alternierendes Panel**: Dabei wird die Stichprobe in strukturgleiche Subgruppen unterteilt. Diese werden abwechselnd befragt, so dass sich sowohl die Belastung für die Panelteilnehmer als auch durch die längeren Zeitabstände die Gefahr von Paneleffekten reduzieren. Voraussetzung sind allerdings ausreichend große Stichproben.
- **Rotierendes Panel**: Bei jeder Erhebungswelle scheidet eine Subgruppe aus und wird durch eine neue ersetzt.

Neben dem Haushaltspanel ist das **Individualpanel** zu nennen, das unmittelbar beim einzelnen Verbraucher ansetzt. Hier geht es also darum, individuell gültige Daten für den Interviewten persönlich festzuhalten. Das Individualpanel kann einerseits einen repräsentativen Überblick vermitteln. Andererseits bietet sich die Möglichkeit, die Verbrauchsgewohnheiten spezieller Bevölkerungsgruppen (etwa junge oder alte Menschen, Autobesitzer u. ä.) zu identifizieren.

Im Rahmen des **Unternehmerpanels** werden Unternehmer in regelmäßigen Abständen zu allgemeinen Einschätzungen wie Konsum- und Investitionsklima sowie zu konkreten Entwicklungen wie Auftragsbestand und Umsatz befragt. Hierbei kann es sich um eine repräsentative Stichprobe sämtlicher Unternehmer oder aber um einen Ausschnitt aus einem speziellen Segment (etwa Mittelstand, Exporteure, kleine und mittelständische Unternehmen) handeln.

Bei einem weiteren Vertreter, den **Handelspanels**, lassen sich **Groß- und Einzelhandelspanel** unterscheiden, wobei letztere die häufigsten Vertreter dieser Spezies sind. Ähnlich wie beim Haushaltspanel werden auch hier regelmäßig Daten (in zweimonatigem Rhythmus) erhoben. Die Datenerhebung geschieht durch Besuche speziell ausgebildeter Mitarbeiter bei den Handelsunternehmen, die am Panel teilnehmen. Sie führen bei ihrem Besuch eine relativ aufwendige Inventur durch nach der folgenden **Formel**:

	Bestand zu Anfang der Periode
+	getätigte Einkäufe in der laufenden Periode
-	Inventur des Bestandes am Ende der laufenden Periode
=	Abverkauf während der Kontrollperiode.

Dadurch lässt sich eine Reihe von Daten gewinnen, die über den reinen Umsatz pro Artikel und Händler hinausgehen. Beispiele hierfür sind:

- Menge, Wert und durchschnittliche Endverbraucherpreise,
- derzeitiger Lagerbestand beim Handel und durchschnittliche Einkaufsmengen sowie
- Distributionsquoten (= Anzahl und Anteil der Geschäfte, die das Produkt führen, bevorraten, einkaufen und verkaufen; vgl. hierzu Abschnitt 5.5.2).

Darüber hinaus kann die Effizienz von Verkaufsförderungsaktionen, Werbemaßnahmen und ähnliches gemessen werden, da die Ergebnisse einen Zeitfaktor einschließen. Einschränkend ist zu vermerken, dass *ALDI* grundsätzlich nicht an Panels teilnimmt. Deshalb basieren die entsprechenden Größen auf Schätzungen, was entsprechende Fehlerquellen in sich birgt. Schließlich gilt es anzuführen, dass Haushaltspanels, die lediglich den In-home-Konsum von Haushalten dokumentieren, keine Informationen über den Out-of-home-Konsum privater Haushalte (etwa Produkte, die in der Mittagspause erworben und konsumiert werden) sowie den Kauf gewerblicher Kunden im Lebensmitteleinzelhandel (etwa Büro- und Handwerksbedarf) liefern. Durch Vergleich der Daten aus Handels- und Haushaltspanel lässt sich diese Informationslücke schließen. In Abb. 4.11 sind die Arten von Panels im Überblick dargestellt.

Scanning

Schließlich ist das Scanning als spezielle Form der Datengewinnung zu nennen (vgl. *Meffert* 1992, S. 226; *Zentes* 2001, S. 1508). Hierunter versteht man Verkaufsdatensysteme auf Basis von elektronischen Kassenterminals und Scannern am Point-of-Sale. Als Grundlage hierfür dient der sog. **EAN-Code** (EAN = Europäische Artikel Nummerierung), der auf jedem Artikel als Strichcode angebracht ist. Lesen und Registrieren dieses Codes erfolgen mittels eines Laserstrahls. Den auf diese Weise identifizierten Produkten werden dann die entsprechenden Verkaufspreise zugeordnet. Die mit Hilfe des Scanning gewonnenen Informationen können u. a. als Grundlage für Marketingentscheidungen herangezogen werden. Heutzutage nutzen rund 1,5 Millionen Unternehmen weltweit den EAN-Strichcode.

Der EAN-13 (= 13-stelliger EAN-Barcode) wird auf absehbare Zeit das am weitesten verbreitete System zur automatischen Identifikation von Produkten bleiben- Er wird aber durch **drei neue Systeme** ergänzt:

- **GS1 Data Bar**, auch "Reduced Space Symbology" RSS genannt und ebenfalls ein Strichcode, braucht bis zu 62 % weniger Platz als der EAN-13 und kann gleichzeitig mehr Informationen aufnehmen: Damit eignet sich der Data Bar für mengenvariable Produkte (etwa Fleisch, einzelne Äpfel) und sehr kleine Produkte (z. B. Lippenstifte). Von 01.01.2010 sollen alle Scannerkassen diesen Strichcode lesen können.
- **EAN Data Matrix** ist eine neue grafische Kodierung, die einer aus Punkten zusammengesetzten Briefmarke ähnelt und nur von 2D-Scannern gelesen werden kann. Die Informationsdichte pro Fläche ist hier wesentlich höher als bei Strichcodes. Data Matrix eignet sich für sehr kleine Produkte (etwa von Pharma- und Elektronikindustrie) oder für die Überprüfung von Internet-Tickets.

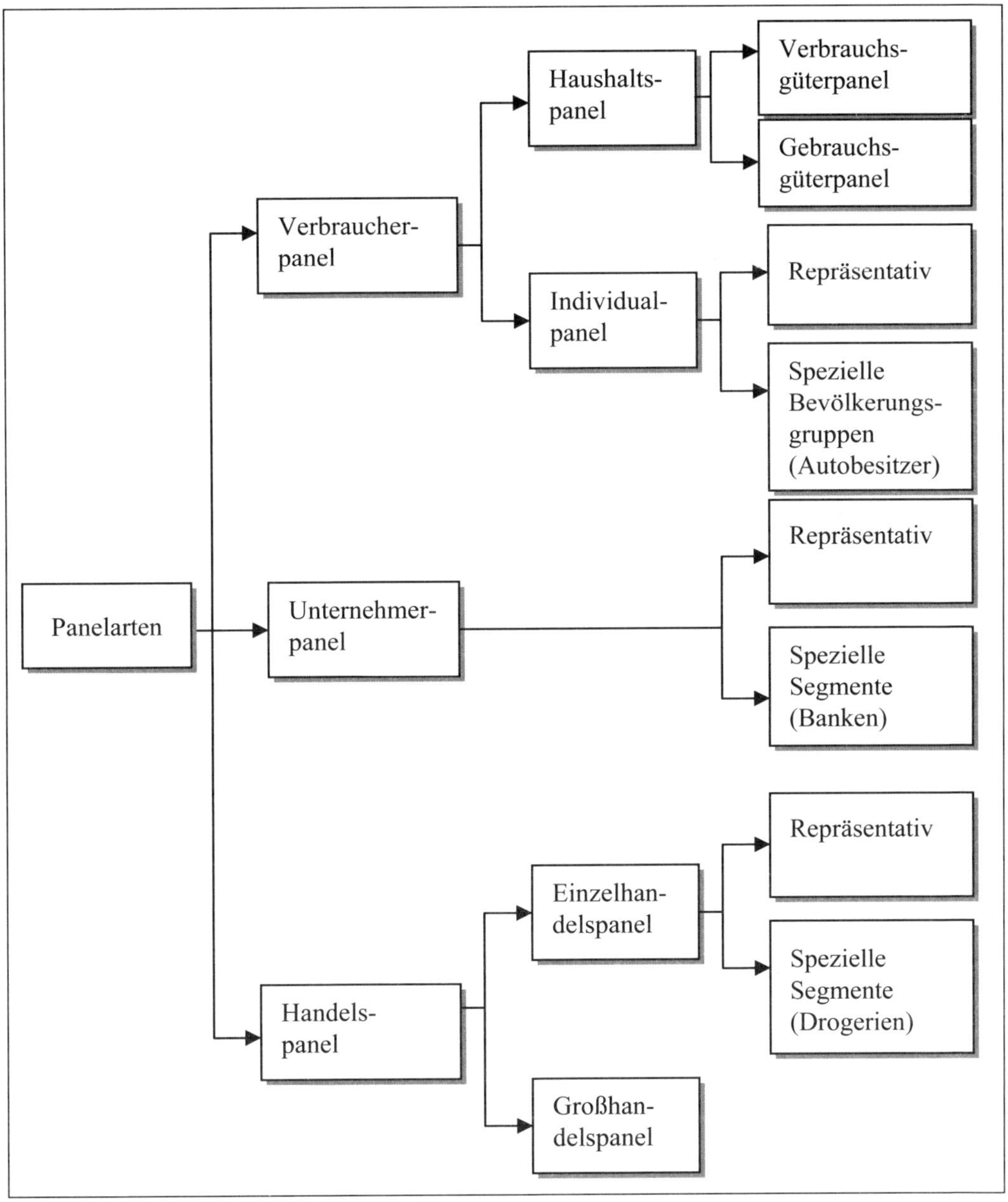

Abb. 4.11: Arten von Panels (Quelle: Meffert 1992, S. 214)

- Die Funktechnologie **RFID** (Radio Frequenz Identifikation) gilt als nächste Generation des EAN-Codes. Im Gegensatz zu Barcodes, die nur in direkter Sichtlinie eines Scanners gelesen werden können, genügt es bei RFID, dass ein Funktag in die Nähe eines Lesegerätes gelangt. Die Konsumgüterbranche setzt hierbei auf das EPC-Modell. EPC ist einerseits eine in einem Chip gespeicherte digitale Nummer. Das Modell ermöglicht es, Milliarden von Objekten eine eindeutige Nummer zu geben – etwa jeder einzelnen Packung einer Ware statt wie bisher bei EAN nur der ganzen Produktreihe. Andererseits beschreibt das EPC-Modell, wie Industrie und Handel die per RFID gewonnen Informationen austauschen und damit gläserne Lieferketten realisieren können (vgl. *Rode* 2007, S. 27).

4.5.5 Feldphase

Nachdem die Methode der Datengewinnung feststeht, beginnt die Feldphase, in der die erforderlichen Daten erhoben werden. Im Falle einer Befragung, die hier als Beispiel dienen soll, sind folgende **Aufgaben** zu bewältigen:

- Druck der Fragebögen
- Anfertigung der Begleitschreiben und Rückantwortkuverts sowie Versendung der Fragebögen (bei schriftlicher Befragung)
- Anwerbung, Schulung und stichprobenartige Kontrolle von Interviewern (bei mündlichen und telefonischen Befragungen)
- Auswahl eines geeigneten Standplatzes für die Interviewer (bei mündlicher Befragung)
- Dokumentation der Rücklaufquote und des Erhebungsfortschritts

4.5.6 Datenanalyse

Bereinigung und Codierung der Daten

Im Anschluss an die Feldarbeit ist es erforderlich, die Daten auf Vollständigkeit und Korrektheit der Angaben zu überprüfen. Mögliche Ursachen für **fehlende** bzw. **fehlerhafte Informationen** sind:

- unkonzentriertes bzw. bewusst falsches Ausfüllen des Fragebogens,
- Unfähigkeit des Teilnehmers, die Fragen zu beantworten, sowie
- Fehler bei der Übertragung der schriftlichen Angaben in die für die Analyse benötigte EDV-Datenmaske.

Bewusst falsch, widersprüchlich oder weitgehend unvollständig ausgefüllte Fragebögen werden von der Analyse ausgeschlossen. Bei Zweifeln an der Korrektheit von Angaben tritt jedoch folgende Schwierigkeit auf: Entweder werden widersprüchliche Angaben rational interpretiert. Demnach hat der Proband bewusst falsch geantwortet. Die Angaben machen keinen Sinn und müssen aus der Analyse ausgeschlossen werden. Oder aber Menschen verhalten sich durchaus widersprüchlich und geben dies auch im Fragebogen an. Dann müssten die Angaben streng genommen in die Auswertung einbezogen werden.

Fehlen bei einem Fragebogen nur einzelne Angaben, so sind diese mittels sog. **Missing-Values** fallweise auszuschließen. Entweder ersetzt man die fehlenden Werte durch einen Platzhalter, im Regelfall die Ziffer 9, oder durch den Mittelwert der Variablen.

Im Anschluss an die Analyse der Daten ist den Ursachen für unkorrektes bzw. unvollständiges Ausfüllen von Fragebögen auf den Grund zu gehen, um bei zukünftig durchzuführenden Befragungen nicht noch einmal die gleichen Fehler zu begehen. Hat etwa eine Vielzahl von Befragungsteilnehmern darauf verzichtet, eine bestimmte Frage zu beantworten, so kann dies auf mehrere **Gründe** zurückzuführen sein:

- Die Frage ist unverständlich formuliert, so dass der Proband nicht weiß, was er antworten soll.
- Der Befragungsteilnehmer will eine gewisse Frage nicht beantworten, weil es ihm peinlich, zu aufwendig oder ähnliches ist.
- Der Kunde kann einen bestimmten Sachverhalt nicht beurteilen, findet aber keine entsprechende Antwortkategorie vor („kann ich nicht beurteilen").
- Der Fragebogen ist zu umfangreich oder zu eintönig gestaltet, so dass der Teilnehmer mit der Zeit das Interesse an der Befragung verliert.

Um schließlich Übertragungsfehler, die erst nach der Eingabe der Daten in den Computer bemerkt werden, beseitigen zu können, ist es erforderlich, jedem Fragebogen eine bestimmte Nummer zuzuordnen. Diese ist sowohl auf dem Fragebogen als auch im Computer zu vermerken und ermöglicht den späteren Abgleich der Daten.

Im nächsten Schritt müssen die gewonnenen und bereinigten Daten codiert werden. Dabei werden den einzelnen Ausprägungen der Variablen Zahlen zugeordnet. Hat man zum Beispiel beim Geschlecht die Angabe weiblich und männlich, so erhalten weibliche Befragungsteilnehmer auf der Variable Geschlecht den Wert 1 und männliche Probanden den Wert 2. Anschließend wird eine Datenmatrix erstellt, die in den Spalten die erhobenen Merkmale (z. B. Zufriedenheit, Dauer der Beziehung zum Unternehmen, Alter, Geschlecht) und in den Zeilen die Elemente (Fälle, Cases; z. B. die Anzahl der Kunden) erfasst.

Analyse qualitativer Daten

Qualitative Daten werden mit Hilfe offener Fragen erhoben. Da hierbei keine festen Antwortkategorien vorgesehen sind, sondern der Befragte seine Antworten eigenständig formuliert, gestaltet sich die Auswertung recht aufwendig. Um den maximalen Nutzen aus offenen Fragen zu ziehen, den Analyseaufwand aber trotzdem in einem überschaubaren Rahmen zu halten, empfiehlt sich folgende **Vorgehensweise**:

- **Schnelldurchsicht der Antworten und Bildung von Kategorien**
  Um die Vielzahl der Antworten auf eine überschaubare Zahl von Informationen zu komprimieren, gilt es, in einem ersten Durchlauf übergeordnete Kategorien zu bilden. Um Verzerrungseffekte zu vermeiden, sollten mindestens zwei Mitglieder des Auswertungsteams voneinander unabhängig ein Kategoriensystem entwickeln, dieses miteinander abstimmen und auf ein gemeinsames System verdichten. Dabei sollte sich die Anzahl der

zahl der Kategorien in einem überschaubaren Rahmen halten. Kategorien, die bei der späteren Häufigkeitsauszählung einen gewisse Prozenthürde (z. B. 3 %) unterschreiten, sollten unter einer Rubrik „Sonstiges" zusammengefasst werden.

- **Zuordnung der Antworten zu den einzelnen Gruppen und Häufigkeitsauszählung**
  In einem zweiten Schritt gilt es, die frei formulierten Antworten zu Gruppen zusammenzufassen und deren Häufigkeit zu erfassen. Auf diese Weise können erste Hinweise auf die Priorität von Verbesserungsmaßnahmen aufgedeckt werden.
- **Wörtliche Wiedergabe prägnanter Aussagen**
  Schließlich sollten sämtliche Aussagen auch in der Datenmaske wörtlich erfasst werden. Dies ist zwar mit einem nicht zu unterschätzenden Eingabeaufwand verbunden, bietet aber die Möglichkeit, herausstechende Aussagen im Ergebnisbericht zu präsentieren. Diese Aussagen sind insbesondere dazu geeignet, quantitative Daten und Kennzahlen anschaulich zu untermalen, und überzeugen durch ihre hohe Anschaulichkeit.

Analyse quantitativer Daten

Mit der Analyse quantitativer Daten verfolgt man in der Regel **drei Ziele**:

- Verdichtung der gewonnenen Einzeldaten (**Datenkomprimierung**),
- Beschreibung von Sachverhalten (**Deskription**) und
- Aufdeckung von Ursache-Wirkungs-Zusammenhängen (**Erklärung und Prognose**).

Für diesen Zweck stehen die in Abb. 4.12 aufgeführten Analyseverfahren zur Verfügung, die im Folgenden genauer vorgestellt werden (vgl. im Folgenden *Backhaus/Erichson/Plinke/Wieber* 1996, 2002; *Fahrmeir/Hamerle/Tutz* 1996; *Hammann* 2001, S. 258 – 260; *Meffert* 1992, S. 243 – 328; *Nieschlag/Dichtl/Hörschgen* 2002, S. 469 – 537).

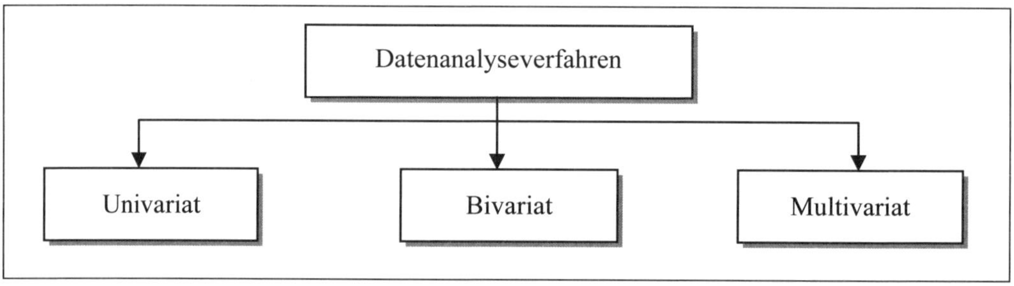

Abb. 4.12: Die Verfahren der Datenanalyse

Univariate Datenanalyseverfahren

Die univariaten Verfahren untergliedern sich in Maß- und Verhältniszahlen. **Maßzahlen** zielen darauf ab, Daten zu verdichten und Sachverhalte möglichst genau zu beschreiben. **Ver-**

treter dieser Verfahrensgruppe sind (vgl. *Bleymüller/Gehlert/Gülicher* 2000; *Fischbach* 1999):

- **arithmetischer Mittelwert**, z. B. die durchschnittliche Zufriedenheit. Die Berechnung des arithmetischen Mittels erfordert metrisches Skalenniveau.
- **Median**, d. h. der genau in der Mitte liegende Wert einer Rangwertreihe. Links und rechts vom Median liegen also gleich viele Merkmalswerte. Da das arithmetische Mittel bei Vorliegen extremer Ausreißer an Aussagekraft verliert, nutzt man in solchen Fällen den Median. Außerdem benötigt man hierbei lediglich ordinales Skalenniveau.
- **Modus**, d. h. die Merkmalsausprägung, die am häufigsten vorkommt. Der Modus findet insbesondere bei nominal messbaren Merkmalen Anwendung.
- **Varianz**, die angibt, wie weit die Merkmalswerte um den arithmetischen Mittelwert streuen.

Die **Verhältniszahlen** verfolgen das gleiche Ziel wie die Maßzahlen, nur dass sie zwei Maßzahlen miteinander verknüpfen. Hierzu zählen:

- **Prozentzahlen** (z. B. 70 % der befragten Kunden sind mit den Leistungen unseres Hauses zufrieden)
- **Indexzahlen** (beispielsweise die Bildung eines Zufriedenheitsindex)

Bivariate Datenanalyseverfahren

Das Anliegen der bivariaten Verfahren besteht darin, den zwischen zwei Variablen bestehenden Zusammenhang zu entdecken und zu überprüfen. Vertreter sind u. a.:

- **Kreuztabellierung**, d. h. Anordnung aller möglichen Kombination von zwei Merkmalen in einer Tabelle. Beispielsweise kann aus Tab. 4.5 entnommen werden, dass der Anteil der zufriedenen Kunden unter den Käufern der Marke X mit 68,2 % über doppelt so hoch liegt wie bei Marke Y (31,8 %).

Tab. 4.5: Beispiel für eine Kreuztabelle

	Anteil der Kunden, die .... sind		
Erworbene Marke	unzufrieden	zufrieden	Summe
X	30 (37,5 %)	150 (68,2 %)	180 (60 %)
Y	50 (62,5 %)	70 (31,8 %)	120 (40 %)
Summe	80	220	300

- **Korrelationszusammenhang**, d. h. welche Stärke und welche Richtung hat der Zusammenhang zwischen zwei Variablen. Beispielsweise kann mit Hilfe der Korrelationsanalyse beantwortetet werden, inwieweit ein Zusammenhang zwischen Kundenzufriedenheit und Wiederkaufabsicht besteht.

Multivariate Datenanalyseverfahren

Multivariate Analyseverfahren untersuchen den zwischen mehr als zwei Variablen bestehenden Zusammenhang. Es erscheint an dieser Stelle nicht möglich, mehr als einen ersten Eindruck der Nutzungsmöglichkeiten dieser Verfahren zu vermitteln. Deshalb werden im Folgenden ausgewählte Verfahren aufgezählt, deren Zielsetzung skizziert und mögliche Fragestellungen, die sich mit Hilfe des jeweiligen Verfahrens beantworten lassen, exemplarisch aufgeführt (vgl. im Folgenden weiterführend *Backhaus/Erichson/Plinke/Weiber* 1996; 2002).

Multivariate Verfahren lassen sich grundsätzlich in **zwei Gruppen** untergliedern (vgl. Abb. 4.13):

- Im Falle der strukturprüfenden Verfahren existieren bereits Hypothesen über die Beziehung zwischen den Variablen. Diese gilt es nun zu testen.
- Im Falle der strukturentdeckenden Verfahren hingegen bestehen noch keine Hypothesen. Vielmehr ist es die Aufgabe der zu dieser Gruppe gehörenden Verfahren, etwaige Zusammenhänge zwischen den Variablen aufzudecken.

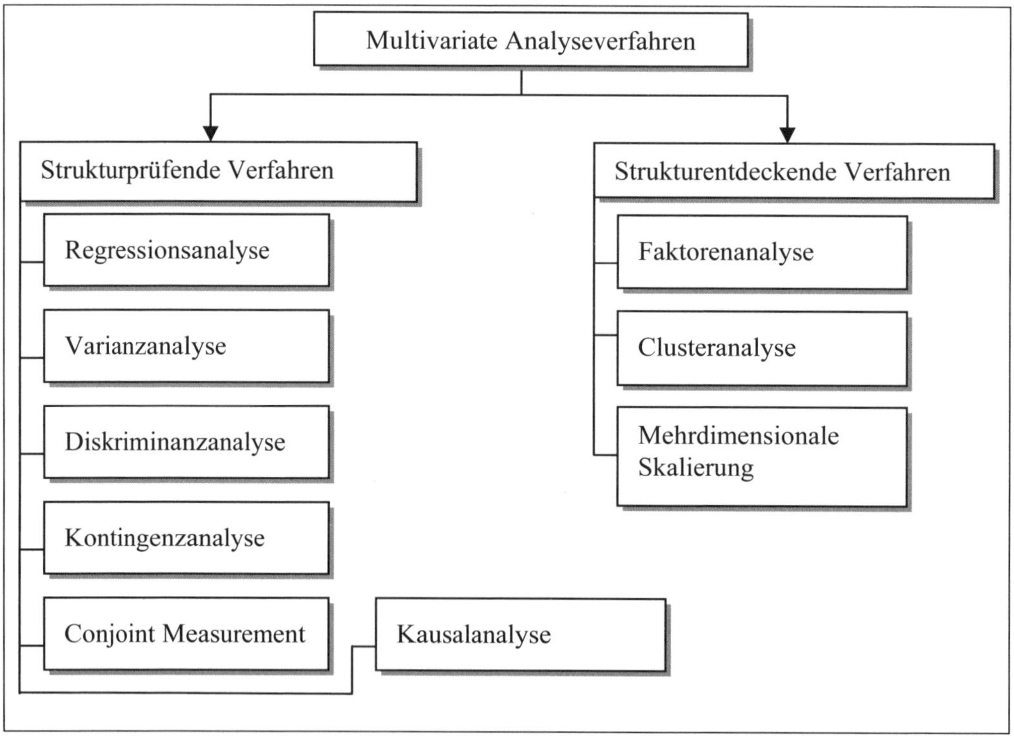

Abb. 4.13: Die multivariaten Datenanalyseverfahren im Überblick

Regressionsanalyse

Mittels der Regressionsanalyse werden Richtung und Stärke des Zusammenhangs zwischen einer abhängigen und einer oder mehreren unabhängigen Variablen analysiert. Voraussetzung für die Anwendung dieses Verfahrens ist, dass sämtliche Variablen zumindest **metrisches Skalenniveau** besitzen. Beispielsweise kann mit der Regressionsanalyse geklärt werden, inwieweit die Absatzmenge eines Produktes von Qualität, Preis, Werbebudget und Distributionsquote abhängt.

Bei der Regressionsanalyse handelt es sich um ein außerordentlich **flexibles Verfahren**, das sowohl bei der Analyse von Zusammenhängen als auch bei der Durchführung von Prognosen große Bedeutung besitzt. Damit ist es zweifelsfrei das wichtigste und am häufigsten eingesetzte multivariate Analyseverfahren.

Varianzanalyse

Mittels der Varianzanalyse wird die Wirkung von Faktoren auf die interessierende/n Variable/n untersucht. Hierbei erfasst man die unabhängige Variable auf nominalem und die abhängige/n Variable/n auf metrischem Skalenniveau. Die Varianzanalyse besitzt besondere Bedeutung bei der Auswertung von Experimenten. Beispielsweise kann damit untersucht werden, wie sich unterschiedliche Verpackungen und Platzierungen eines Produktes (= **unabhängige Variablen auf nominalem Skalenniveau**) auf die Absatzmenge (= **abhängige Variable auf metrischem Skalenniveau**) auswirken.

Diskriminanzanalyse

Die Diskriminanzanalyse dient dazu, **Gruppenunterschiede** zu **erklären** bzw. **Objekte** vorher definierten Gruppen **zuzuordnen**. Dabei ist die **abhängige Variable nominalskaliert**, die **unabhängigen Variablen** hingegen weisen **metrisches Skalenniveau** auf. Beispielsweise lässt sich mit Hilfe der Diskriminanzanalyse klären, inwieweit sich die Käufer von Produkt A hinsichtlich soziodemographischer und psychographischer Merkmale von den Käufern des Produkts B unterscheiden. Die abhängige nominale Variable legt die Gruppenzugehörigkeit fest, im vorliegenden Fall das gewählte Produkt. Die metrisch skalierten unabhängigen Variablen charakterisieren die Gruppenelemente, hier die Eigenschaften der jeweiligen Käufergruppe.

Daneben dient die Diskriminanzanalyse der Einordnung von Elementen. Wurden die Zusammenhänge zwischen Gruppenzugehörigkeit der Objekte und ihren Merkmalen analysiert, lässt sich darauf aufbauend die Gruppenzugehörigkeit neuer Objekte prognostizieren. Sind beispielsweise die Unterschiede zwischen den Käufern von Produkt A und denen von Produkt B bekannt, kann vorausgesagt werden, für welches der beiden Produkte sich ein potenzieller Käufer entscheiden wird.

Kontingenzanalyse

Die Kontingenzanalyse wird eingesetzt, um die Beziehungen zwischen ausschließlich **nominal skalierten Variablen** zu analysieren. Ein Anwendungsfall ist beispielsweise die statistische Überprüfung des Zusammenhangs zwischen Wohnort (Nord- versus Süddeutschland) und Kauf einer bestimmten Marke (Käufer versus Nichtkäufer). Mittels weiterführender Verfahren wie der **Logit-Analyse** kann die Abhängigkeit einer nominalen Variablen von mehreren nominalen Einflussgrößen analysiert werden.

Logistische Regression

Ähnliche Fragestellungen wie mit der Diskriminanzanalyse lassen sich mit der logistischen Regression beantworten. Hierbei wird die **Wahrscheinlichkeit** der Zugehörigkeit zu einer Gruppe in Abhängigkeit von einer oder mehreren Einflussgrößen bestimmt, die sowohl metrisches als auch nominales Skalenniveau aufweisen können. Mit Hilfe dieses Verfahrens lässt sich beispielsweise die Wiederkaufwahrscheinlichkeit von Kunden anhand ihrer Zufriedenheit und ihrem Alter bestimmen.

Conjoint Measurement

Beim Conjoint Measurement („Verbundsmessung") wird die **abhängige Variable** im Regelfall auf **ordinalem Skalenniveau** gemessen. Ein zentrales Anwendungsgebiet im Marketing ist die Analyse ordinal gemessener Präferenzen von Konsumenten. Ziel ist es dabei herauszufinden, in welchem Maß einzelne Merkmale bzw. Merkmalskombinationen, die ein bestimmtes Produkt auszeichnen, zum Gesamtnutzen dieser Produkte beitragen. Dabei destilliert man den Beitrag einzelner Eigenschaften aus einem Globalurteil heraus (sog. **dekompositioneller Ansatz**). Als die drei wichtigsten Einsatzgebiete des Conjoint Measurement im Marketing gelten die Bereiche Produktentwicklung, Marktsegmentierung und Preisbestimmung (vgl. *Gustafsson/Herrmann/Huber* 2003).

Bei der **Gestaltung neuer Produkte** bzw. der Modifikation vorhandener Produkte gilt es im Zuge des Conjoint Measurement zunächst, durch die systematische Kombination der Ausprägungen einer Reihe von Eigenschaften (z. B. Material, Form, Farbe oder Preisstufe) Prototypen bzw. fiktive Produkte zu konstruieren. Diese müssen die Testpersonen dann gemäß der von ihnen empfundenen Präferenz in eine Rangordnung bringen. Auf Basis dieser Daten lassen sich mit Hilfe des Conjoint Measurement die Beiträge der einzelnen Eigenschaftsausprägungen zum Gesamtnutzen berechnen. Aufgrund ihrer spezifischen Vorgehensweise entspricht das Conjoint Measurement in hohem Maße dem tatsächlichen Bewertungsprozess einer realen Kaufsituation, in welcher der Konsument ebenfalls mit ganzheitlichen Produkten konfrontiert ist. Da diese Produkte aus Sicht der Probanden sowohl über gewisse Vor- als auch gewisse Nachteile verfügen, wird dieser dazu gebracht, die Bedeutung der verschiedenen Eigenschaften relativ zueinander abzuwägen und sich die tatsächliche Bedeutung der einzelnen Merkmale bewusst zu machen. Damit lässt sich zum einen die Frage beantworten, welche Merkmale eines Produktes dem Käufer den maximalen Nutzen stiften. Zum anderen kann feststellt werden, ob einzelne Zielgruppen unterschiedliche Nutzenvorstellungen haben und inwieweit diese für eine **Marktsegmentierung** geeignet sind.

Nicht zuletzt kann das Verfahren dabei unterstützen, Kosten zu sparen bzw. **Preise zu optimieren**. Beispielsweise kann geklärt werden, inwieweit sich Nachteile gegenüber Konkurrenzprodukten durch **Preissenkungen** (über-)kompensieren lassen. Oder es können mit der Conjoint-Analyse diejenigen Produktmerkmale identifiziert werden, die für den Käufer irrelevant bzw. wenig bedeutsam sind, die in der Herstellung aber mit vergleichsweise hohen Kosten verbunden sind. In letzter Konsequenz verzichtet ein Produzent dann auf das Angebot bestimmter Komponenten, wenn seine Kosten die Preisbereitschaft der Konsumenten für die jeweilige Eigenschaft überschreiten. Nicht zuletzt ergeben sich Hinweise, ob sich für einzelne Leistungsbestandteile höhere Preise am Markt realisieren lassen, da der Verbraucher diesen einen hohen Nutzen beimisst.

Fallstudie „Einsatzpotenzial des Conjoint Measurement“ – Präferenzanalyse im PKW-Bereich

Ein Automobilproduzent will herausfinden, welche Bedeutung ein Käufer den Merkmalen „Hersteller“, „PS-Zahl“ und „Wagenfarbe“ bei seiner Entscheidungsfindung beimisst. Im Zuge einer Conjoint-Analyse wird nun aus diesen Merkmalen eine Reihe von Gesamtprodukten kombiniert (z. B. ein grüner *Porsche* mit 240 PS). Der Proband gibt nun zu diesen Gesamtkonzepten sprich (fiktiven) Produkten jeweils ein Votum ab, in dem er diese entsprechend seiner Präferenzen in eine Reihenfolge bringt. Im Rahmen des Conjoint-Verfahrens ist es möglich, anhand der Angaben auf die Präferenzen der Befragungsperson bezüglich der einzelnen Merkmale und Merkmalsausprägungen zu schließen.

In unserem Beispiel könnte sich beispielsweise herausstellen, dass der Proband beim Kauf eines Neuwagens in erster Linie dem Produzenten sein Augenmerk schenkt, wobei er den Hersteller *Mercedes* präferiert. Will ein Wettbewerber dem präferierten Anbieter Kunden abwerben, lässt sich mit Hilfe des Conjoint Measurement in einem nächsten Schritt aufzeigen, wie sich der Markennachteil durch Preissenkungen und/oder Zusatzleistungen (über-)kompensieren lässt. Anhand des skizzierten Untersuchungsablaufes wird deutlich, dass es sich beim Conjoint Measurement um eine Kombination aus Erhebungs- und Analyseverfahren handelt.

Kausalanalyse

Die Kausalanalyse findet Anwendung, wenn nicht unmittelbar zu beobachtende Variablen, d. h. sog. hypothetische Konstrukte bzw. **latente Variablen**, in die Analyse einbezogen werden. Beispiele für solche Größen sind psychologische Konstrukte wie Emotion, Motivation und Einstellung oder soziologische Konstrukte wie Kultur, Gruppenzugehörigkeit und soziale Schicht. Bei der Kausalanalyse lassen sich grundsätzlich **zwei Modellebenen** unterscheiden:

- Das **Messmodell** gibt die Beziehungen zwischen den latenten Variablen und geeigneten Indikatoren für deren indirekte Messung vor.
- Das **Strukturmodell** gibt die Beziehungen zwischen den latenten Variablen vor. Diese gilt es letztlich zu überprüfen.

In Abb. 4.14 wird die Grundstruktur eines Kausalmodells angeführt, das den Zusammenhang zwischen Kundenzufriedenheit und Kundenloyalität klären soll. Da es sich hierbei um hypothetische Konstrukte handelt, die nicht unmittelbar zu beobachten sind, gilt es im Messmodell geeignete Indikatoren zu finden. Im Falle der Kundenzufriedenheit könnten dies beispielsweise Anzahl der Weiterempfehlungen und Beschwerdeanlässe, im Falle der Kundenloyalität Anzahl der Wiederholungskäufe und Dauer der Beziehung zum Anbieter sein.

Nicht alle Variablen des Strukturmodells müssen latent sein. Ein Beispiel, in dem lediglich die unabhängigen Variablen latent sind, ist die Abhängigkeit der abgesetzten Menge eines Produktes von der subjektiven, d. h. von der von den Verbrauchern wahrgenommenen Produkt- und Servicequalität eines Anbieters.

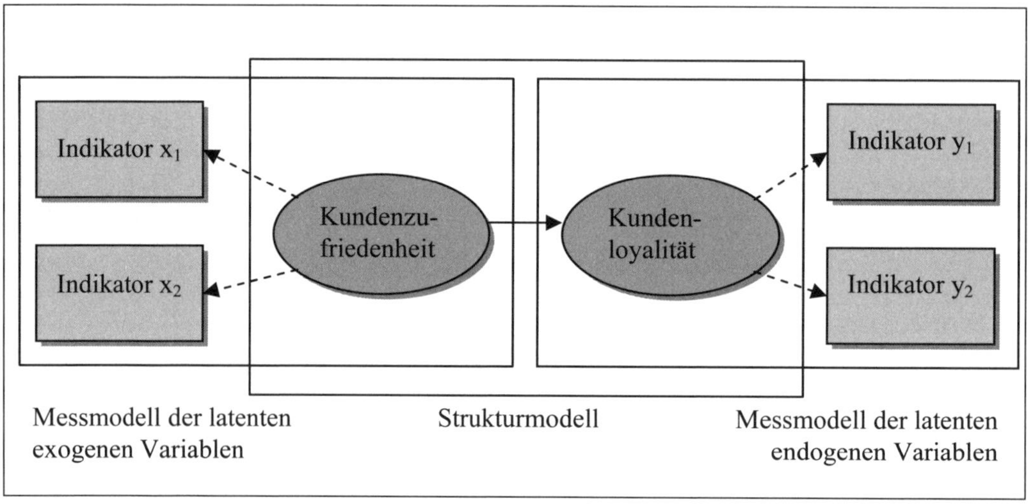

Abb. 4.14: Der Aufbau eines Kausal-Modells
(Quelle: in enger Anlehnung an Meffert 1992, S. 307)

In Tab. 4.6 werden die strukturprüfenden multivariaten Analyseverfahren anhand des Skalenniveaus der abhängigen und unabhängigen Variablen angeordnet. Conjoint Measurement sowie Kausalanalyse lassen sich mehreren Zellen zuordnen und wurden dementsprechend aus der Betrachtung ausgeschlossen.

Tab. 4.6: Die Einordnung strukturprüfender Analyseverfahren anhand des Skalenniveaus der untersuchten Variablen (Conjoint Measurement und Kausalanalyse lassen sich mehreren Zellen zuordnen; Quelle: Backhaus/Erichson/ Plinke/Weiber 2002)

Unabhängige Variable/n Abhängige Variable	Metrisches Skalenniveau	Nominales Skalenniveau
Metrisches Skalenniveau	Regressionsanalyse	Varianzanalyse
Nominales Skalenniveau	Diskriminanzanalyse	Kontingenzanalyse

Faktorenanalyse

Die Faktorenanalyse zielt auf eine **Reduktion** bzw. **Bündelung von Variablen** ab. Bei der **Verdichtung** der Informationen gilt es abzuwägen zwischen **Komplexitätsreduktion** und **Informationsverlust**. Konkret soll die Frage beantwortet werden, inwieweit zahlreiche Merkmale, die zu einem Sachverhalt erhoben wurden, auf wenige zentrale Eigenschaften zurückgeführt werden können. Beispielsweise lassen sich die zahlreichen technischen Eigenschaften eines Kraftfahrzeugs auf wenige Dimensionen wie Leistung, Größe und Sicherheit komprimieren.

Häufig wird die Faktorenanalyse im Rahmen von Positionierungsanalysen eingesetzt (sog. **faktorielle Positionierung**). Können die zahlreichen Eigenschaftsbeurteilungen von Objekten mittels der Faktorenanalyse auf zwei oder drei Dimensionen verdichtet werden, lassen sich die Objekte im Raum dieser Dimensionen grafisch darstellen.

Clusteranalyse

Im Gegensatz zur Faktorenanalyse, mit deren Hilfe Variablen verdichtet bzw. gebündelt werden, visiert die Clusteranalyse eine **Bündelung von Objekten** (etwa Käufergruppen) an. Dabei werden die Objekte so gruppiert, dass die Objekte in einer Gruppe möglichst ähnlich und die Gruppen untereinander möglichst unähnlich sind. Die Clusteranalyse wird im Marketing insbesondere für die Bildung von Marktsegmenten auf Basis nachfragerelevanter Merkmale der Konsumenten genutzt.

Multidimensionale Skalierung

Die Multidimensionale Skalierung (= MDS) dient der **Positionierung von Objekten im Wahrnehmungsraum von Personen**. Im Unterschied zur faktoriellen Positionierung bleiben im Falle der MDS die subjektiven Beurteilungen von Eigenschaften der untersuchten Objekte außen vor. Vielmehr werden nur wahrgenommene globale Ähnlichkeiten zwischen den Objekten erfragt. Beispielsweise lässt man die Automarken *BMW*, *Mercedes*, *Porsche* und *VW* nicht anhand der Dimensionen Qualität, Prestige und Sicherheit beurteilen, sondern man fragt die Probanden anhand von Eigenschaftspaaren, wie ähnlich sich die Automarken sind. Aufgrund dieser Urteile werden die Automarken grafisch so positioniert, dass die räumliche Nähe zweier Marken deren Ähnlichkeit ausdrückt (vgl. Abb. 4.15). Mittels der MDS lassen sich in einem zweiten Schritt die diesen Ähnlichkeiten zugrunde liegenden Wahrnehmungsdimensionen ableiten. Demnach bietet sich die MDS in solchen Fällen an, in denen man keine oder allenfalls vage Kenntnisse darüber hat, welche Eigenschaften für die subjektive Beurteilung von Objekten (z. B. Produkte, Marken, Unternehmen) relevant sind.

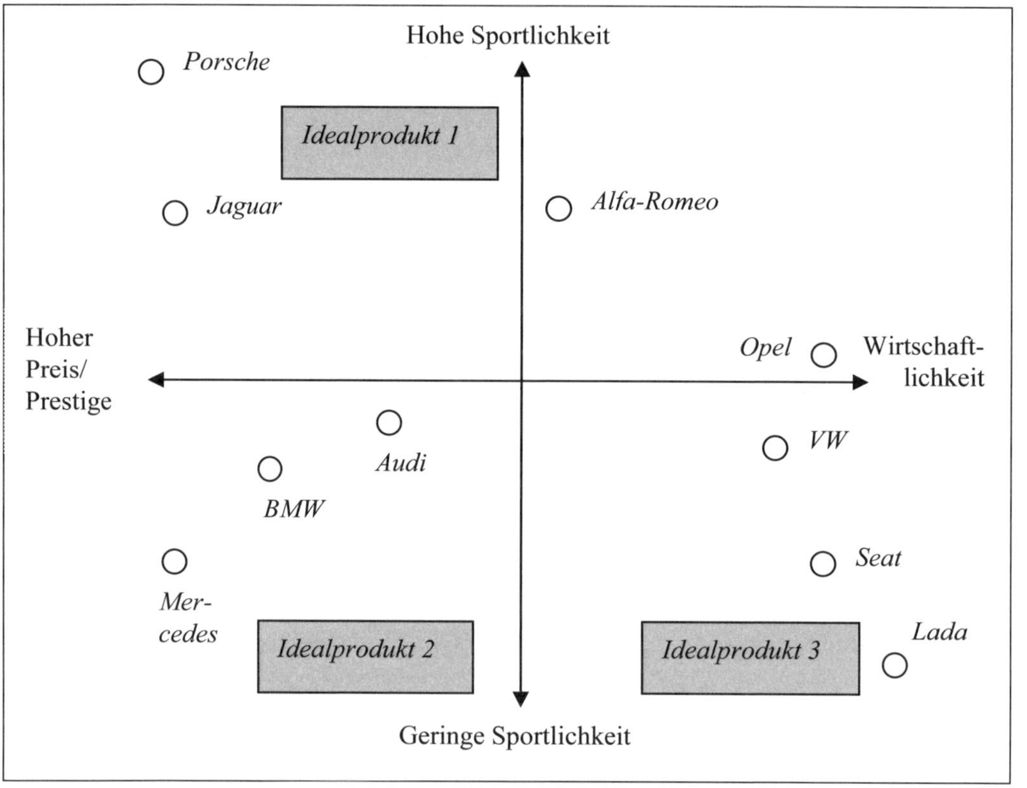

Abb. 4.15: Ein mittels Mehrdimensionaler Skalierung entwickelter Produktmarktraum (Quelle: in Anlehnung an Wind 1982, S. 87)

In Tab. 4.7 wird das Anwendungspotenzial der skizzierten multivariaten Analysemethoden noch einmal anhand von Beispielen verdeutlicht. Für die Nutzung stehen leistungsfähige Statistikprogramme (u. a. SPSS) zur Verfügung (vgl. hierzu ausführlich *Bausch/Opitz* 1993; *Janssen/Laatz* 1997; *Lehnert* 1994).

Tab. 4.7: Das Nutzenpotenzial multivariater Analysemethoden – verdeutlicht anhand von Anwendungsbeispielen aus dem Marketingbereich (Quelle: in Anlehnung an Backhaus/Erichson/Plinke/Weiber 2002)

Multivariates Analyseverfahren	Anwendungsbeispiel
Regressionsanalyse	Inwieweit lässt sich die Absatzmenge eines Produktes auf Preis, Qualität, eingesetztes Werbebudget und Distributionsquote zurückführen?
Varianzanalyse	Wie wirken sich alternative Verpackungen und Positionierungen (z. B. Einmal- versus Zweitplatzierung) auf den Absatz eines Produktes aus?
Diskriminanzanalyse	Lassen sich Käufer und Nichtkäufer eines bestimmten Produktes anhand soziodemographischer und psychographischer Kriterien unterscheiden?
Kontingenzanalyse	Inwieweit hängen der Kauf eines Produktes und der Wohnort einer Person zusammen?
Logistische Regression	Inwieweit lässt sich die Wiederkaufwahrscheinlichkeit bei Konsumenten auf deren Zufriedenheit und Alter zurückführen?
Conjoint Measurement	Inwieweit tragen alternative Materialien, Formen und Farben zur Präferenz von Produkten bei?
Kausalanalyse	Inwieweit hängt die Kundenloyalität von der vom Kunden subjektiv wahrgenommenen Produkt- und Servicequalität eines Anbieters ab?
Faktorenanalyse	Lässt sich die Vielzahl der in einer Befragung erhobenen Eigenschaften eines Produkts auf wenige zentrale Beurteilungsdimensionen verdichten?
Clusteranalyse	Lassen sich Konsumententypen auf Basis psychologischer Eigenschaften von Personen bilden?
Multidimensionale Skalierung	Wie lassen sich konkurrierende Marken im Wahrnehmungsraum der Konsumenten räumlich positionieren?

4.5.7 Prognose

„Früher war die Zukunft auch besser."

Karl Valentin (* 4. Juni 1882 in München; † 9. Februar 1948 in Planegg bei München), bayerischer Komiker, Kabarettist, Autor und Filmproduzent

Eine Prognose ist eine auf Erfahrung bzw. Beobachtungen oder theoretischen Erkenntnissen beruhende Aussage über künftige Ereignisse. Man unterscheidet zwischen **Entwicklungsprognose**, bei der eine Zeitreihe in die Zukunft verlängert wird, ohne dass die Unternehmung den zu prognostizierenden Sachverhalt beeinflussen könnte oder wollte (z. B. die Entwicklung der Einwohnerzahl im Absatzgebiet), und **Wirkungsprognose**, bei der die voraussichtliche Konsequenz einer getroffenen Maßnahme (z. B. Erfolg von Produktinnovation, neuer Verpackung, Werbekampagne) ermittelt wird (vgl. *Nieschlag/Dichtl/Hörschgen* 2002, S. 537 – 554).

Des Weiteren lassen sich quantitative und qualitative Prognoseverfahren differenzieren (vgl. im Folgenden *Meffert* 1992, S. 333 – 366). **Quantitative Prognoseverfahren** basieren auf mathematischen Kalkülen und zielen auf eine numerische Ermittlung der zu prognostizierenden Größen ab. Sie modellieren einen mathematischen Zusammenhang zwischen der vorherzusagenden Größe und den zur Prognose herangezogenen Einflussgrößen. Wichtige Vertreter sind:

- **Trendextrapolation**

  Hier wird die langfristige Entwicklungsrichtung einer Zeitreihe (= Trend) über den Beobachtungszeitraum hinaus als unverändert gültig erachtet und fortgeschrieben. Diesem Verfahren liegt demnach die Annahme zu Grunde, dass die in der Vergangenheit festgestellte Regelmäßigkeit, z. B. ein Trend, sich auch in der Zukunft fortsetzen wird. Hierbei bieten sich zwei Optionen: Zum einen die Schätzung bzw. Hochrechnung einer unbekannten Variablen aus zwei oder mehr bekannten Variablen, zum anderen die Fortschreibung der in einer Datenreihe enthaltenen, auf die Vergangenheit bezogenen Werte in die Zukunft. Stieg beispielsweise der Absatz eines Produktes in den vergangenen zehn Jahren um durchschnittlich 4 % p. a., so wird sich das auch in der Zukunft fortsetzen.

- **Exponentielle Glättung**

  Im Gegensatz zur Trendextrapolation wird bei diesem Verfahren ein Gewichtungsfaktor verwendet. Dem Verfahren, das eine Verallgemeinerung der Methode der gleitenden Durchschnitte darstellt, liegt die Vorstellung zu Grunde, dass die Zeitreihenwerte mit wachsender zeitlicher Entfernung vom Prognosezeitraum an Bedeutung verlieren. Konsequenterweise werden die aktuellen Zeitreihenwerte bei der exponentiellen Glättung höher gewichtet als die weiter zurückliegenden Werte, d. h. die Gewichtungskoeffizienten nehmen mit wachsender zeitlicher Entfernung geometrisch ab. Auf diese Weise wird der Einfluss jüngerer Beobachtungswerte für die Vorhersage relativ stärker berücksichtigt als der Einfluss weiter zurückliegender Werte. Dadurch trägt man der evolutionären Entwicklung des Marktgeschehens Rechnung. Dieses Verfahren eignet sich in erster Linie zur Ermittlung kurzfristiger Vorhersagen.

Qualitative Prognoseverfahren liefern auf der Basis von Erfahrung und Intuition Zukunftseinschätzungen. Hierzu zählen:

- **Szenario Technik**

  Dieses Verfahren zielt darauf ab, in sich konsistente Zukunftsbilder (= Szenarien) zu entwickeln (vgl. *von Reibnitz* 1987). Auf der Basis der gegenwärtigen Situation wird versucht, den Endzustand des Prognosegegenstandes unter verschiedenartigen Rahmenbedingungen zu antizipieren und davon ausgehend mögliche Auswirkungen auf das Untersuchungsfeld abzuleiten. Beispielsweise wird versucht vorauszusagen, wie sich der Absatz von Pkws im Falle unterschiedlicher Kraftstoffpreise im nächsten Jahr entwickeln wird (etwa Preis für 1 Liter Superbenzin: Szenario 1 = 1,50 €, Szenario 2 = 1,75 €, Szenario 3 = 2 €).

- **Delphi-Methode**

  Hierbei handelt es sich um ein qualitatives Prognoseverfahren, das darauf abzielt, mittels der Intensivbefragung von Experten deren Know-how für die Formulierung von Prognosen zu nutzen. Dabei werden die Experten in mehreren Befragungswellen über den Untersuchungsgegenstand schriftlich und anonym befragt.

  Im Normalfall wird jeder Befragte zunächst darum gebeten, schriftlich eine möglichst differenzierte und begründete Prognose über einen Sachverhalt abzugeben. Die Ergebnisse werden sodann analysiert und in der nächsten Befragungswelle unter Wahrung der Anonymität der Probanden den Experten in Form von Durchschnittswerten und Streuungen erneut zugeleitet. Diese Form der Rückkoppelung gilt als eigentliches Spezifikum der Delphi-Methode.

  Nunmehr werden die Experten mittels stärker spezifizierten Fragen gebeten, ihre vorherige Prognose zu überprüfen und zu begründen, weshalb sie in der zweiten Befragung ihre erste Prognose revidiert bzw. beibehalten haben. Dieser Prozess wird idealtypischerweise so lange fortgesetzt, bis sich eine klare Mehrheit herausgebildet hat oder die befragten Experten keine Bereitschaft mehr zeigen, ihre Prognosen zu revidieren.

  Grundgedanke des Verfahrens ist es, durch Rückkoppelung allmählich Konsenses zu erzielen und dabei gleichzeitig den Konformitätsdruck, der von Gruppendiskussionen häufig ausgeht, zu vermeiden. Es existieren allerdings berechtigte Zweifel, ob das wirklich gelingt, da ein Mitläufereffekt durch Orientierung der Experten am Gruppenurteil zumindest nicht ausgeschlossen werden kann.

  Das Verfahren wurde 1959 von *O. Helmer* und *P. Rescher* von der *RAND-Corporation* entwickelt und findet heute vor allem in Konstellationen Anwendung, in denen es an objektiven Erfahrungsdaten fehlt und die subjektiven Einschätzungen von Experten eine sinnvolle Prognosebasis darstellen. Anwendungsfälle sind beispielsweise Absatzprognosen für neue Produkte sowie die Einschätzung der Wirksamkeit neuer Marketing-Instrumente bzw. -Maßnahmen (vgl. *Bogner/Littig/Menz* 2001).

Ungeachtet dessen, ob es sich um die Analyse oder Prognose von Daten handelt, müssen die erzielten Befunde zum Abschluss in verständlicher Weise, visuell ansprechend aufbereitet, fachlich kompetent kommentiert und managementorientiert kommunizierbar in einem **schriftlichen Ergebnisbericht** zusammengefasst werden. Dieser kann – je nach Bedarf – um einen Tabellen- und Abbildungsband, Overhead-Folien sowie eine CD-Rom ergänzt werden.

5 Marketing-Ziele

Dieses Kapitel vermittelt,:

- was man unter einem Ziel versteht,
- welche Arten von Zielen es gibt,
- welche Aufgaben Ziele in Unternehmen erfüllen,
- welche Beziehungen zwischen Zielen bestehen können,
- welche Anforderungen an die Operationalisierung von Zielen gestellt werden müssen und
- wie Ziele anhand von Kennzahlen konkretisiert werden können.

5.1 Begriff, Ausprägungen und Aufgaben

Marketing-Ziele sind anzustrebende **Sollzustände** in der Zukunft, die auf der Situationsanalyse sprich Marketing-Forschung basieren, mittels Marketing-Strategien sowie deren operativer Umsetzung angesteuert werden und damit letztlich den Ausgangspunkt der Marketing-Kontrolle bilden (vgl. Abb. 5.1).

Konkret werden zunächst im Zuge der Marketing-Forschung Unternehmensanalysen (= Stärken-Schwächen-Analysen) und Umweltanalysen (= Chancen/Risiken-Analysen) durchgeführt, verzahnt und im Zuge der in Abschnitt 4.2 vorgestellten Key-Issue-Matrix verdichtet. Am Ende dieses Analyseprozesses und in der Regel nach diversen Rückkopplungsprozessen wird der **Kristallisationspunkt** erreicht, an dem die höchste Informationsverdichtung besteht und die Marketing-Ziele entwickelt werden. Die hierbei entstehende Zielhierarchie determiniert Marketing-Strategien sowie Marketing-Mix und bildet die Grundlage für die am Ende dieses Entscheidungsprozesses stehende Marketing-Kontrolle.

Vereinfacht ausgedrückt geben im Zuge der Marketing-Planung:

- Marketing-Ziele den **Wunschort** (Was bzw. Wohin?),
- Marketing-Strategien die **Route** (Wie?) und
- der Marketing-Mix das jeweilige **Beförderungsmittel** (Mit Was?)

vor (vgl. *Becker* 1993, S. 74).

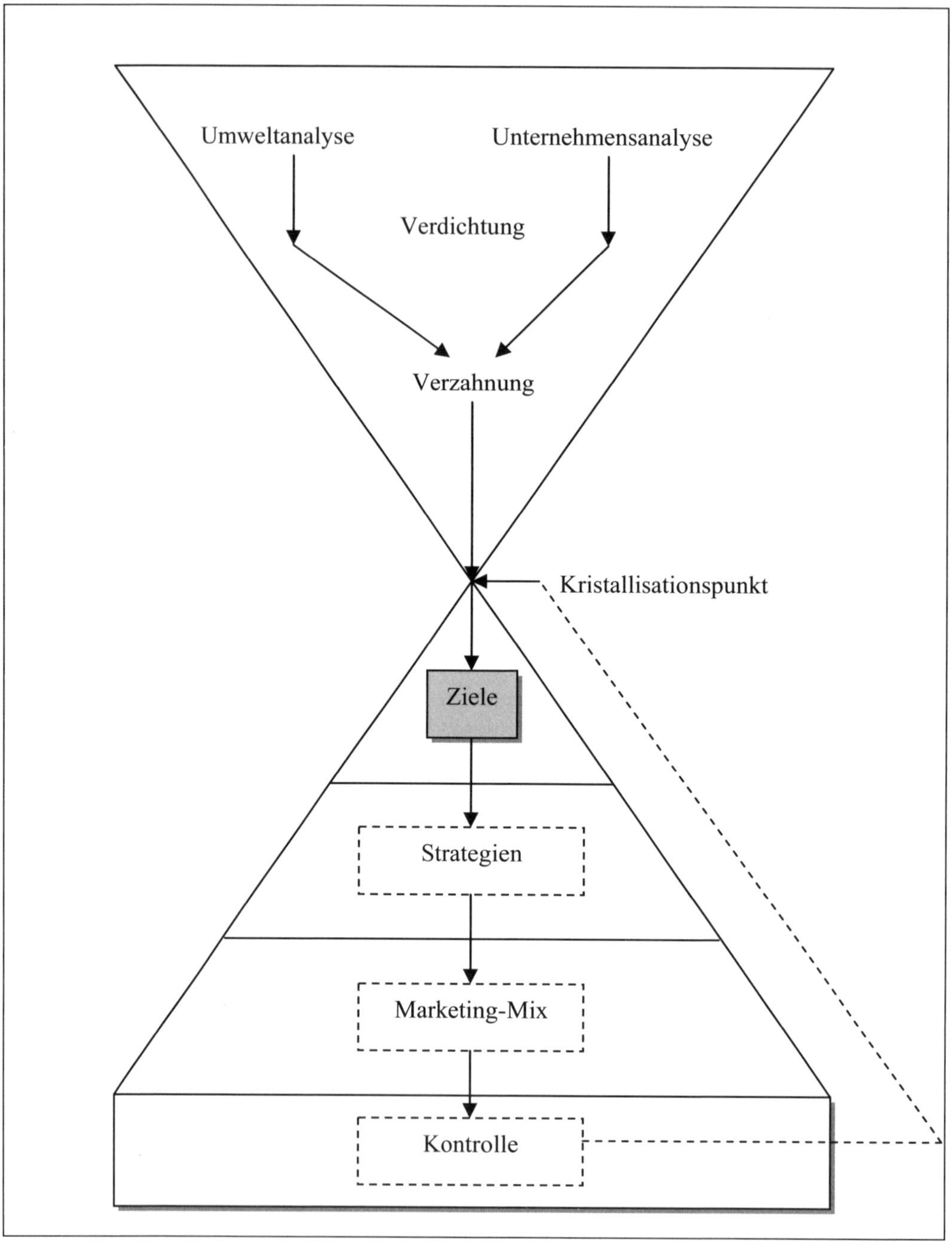

Abb. 5.1: Das Beziehungsgefüge der einzelnen Elemente einer Marketing-Konzeption (Quelle: in enger Anlehnung an Becker 1993, S. 75)

Grundsätzlich lassen sich Ziele anhand folgender, nicht ganz überschneidungsfreier **Kriterien** systematisieren:

- **Inhalt**: ökonomische (z. B. Umsatz-, Gewinnziele; Wachstums-, Marktanteils- und Kostenziele) versus außerökonomische bzw. psychographische Ziele (Steigerung des Bekanntheitsgrads, Veränderung des Images, Steigerung der Kundenzufriedenheit). Dabei wird eine Mittel-Zweck-Beziehung dergestalt konstatiert, dass psychographische Ziele der Erreichung ökonomischer Ziele dienen. Konsequenterweise fungieren psychographische Größen häufig als Frühindikatoren für ökonomische (Miss-)Erfolge.
- **Bewertungsmaßstab**: monetäre (= in Geldeinheiten bewertete) versus nicht-monetäre Ziele. Während es sich beim Umsatz um eine monetäre Zielgröße handelt, repräsentiert die Erhöhung des Absatzes um 10 % ein nicht-monetäres Ziel.
- **Hierarchie**: Ober-, Zwischen- und Unterziele. Dabei gilt es zum einen, die Oberziele des Unternehmens über die Hierarchieebenen hinweg in Zwischen- und Unterziele für die einzelnen Unternehmensbereiche und Mitarbeiter „herunterzubrechen" (Top-Down-Ansatz). Zum anderen müssen die Unterziele über die Unternehmensebenen nach oben verdichtet werden (Bottom-Up-Ansatz). Angesichts des offensichtlichen Spannungsfeldes werden beide Verfahren in der Unternehmenspraxis im Zuge des Gegenstromverfahrens kombiniert (vgl. Abschnitt 5.2).
- **Zeitlicher Horizont**: Hier lassen sich strategische (= langfristiger Horizont), taktische (= mittelfristiger Charakter) und operative Ziele (= kurzfristige Perspektive) unterscheiden.

Im Einzelnen fallen Zielen folgende **Funktionen** zu (vgl. *Nieschlag/Dichtl/Hörschgen* 2002, S. 161):

- **Selektion**, d. h. Ziele ermöglichen die Auswahl zwischen mehreren Handlungsoptionen
- **Orientierung**, d. h. Ziele helfen Mitarbeiten, sich unternehmenskonform zu verhalten
- **Steuerung**, d. h. Ziele unterstützen bei der Führung von Mitarbeitern, ohne die einzelnen Tätigkeiten zu überwachen ("Management by Objectives")
- **Koordination**, d. h. Ziele tragen dazu bei, die Aktivitäten von Mitarbeitern bzw. einzelnen Unternehmenseinheiten aufeinander abzustimmen
- **Motivation**, da sie im Sinne einer Leistungsvorgabe Anreize schaffen
- **Kontrolle**, da erst durch das Setzen von Zielen die Überprüfung von Handlungsergebnissen möglich wird
- **Legitimation**, indem sie Entscheidungsträger bei der Durchführung unpopulärerer Maßnahmen gegenüber internen und externen Anspruchsgruppen rechtfertigen.

5.2 Beziehungsgefüge

5.2.1 Vertikale Perspektive

Zwischen Zielen können grundsätzlich vertikale und horizontale Beziehungen bestehen. Auf der **vertikalen Ebene** werden sog. **Mittel-Zweck-Pyramiden** konstruiert, bei denen untergeordnete Ziele stets der Erreichung übergeordneter Zielsetzungen dienen (vgl. Abb. 5.2). Ausgehend von Unternehmenszweck (Was ist unser Geschäft bzw. was sollte unser Geschäft sein?), Unternehmensgrundsätzen bzw. -leitlinien (Position des Unternehmens in der Gesellschaft, Prinzipien im Verhalten gegenüber Stakeholders, Führungsgrundsätze) und Corporate Identity (= Unternehmenspersönlichkeit bzw. -identität) werden die Oberziele der Unternehmung formuliert. Diese werden sodann schrittweise konkretisiert, wobei sich die einzelnen Ebenen an der Organisationsstruktur des Unternehmens ausrichten.

Im vorliegenden Fall werden die Oberziele zunächst auf die einzelnen Funktionsbereiche (Beschaffung, Produktion, Marketing, Forschung und Entwicklung usw.) herunter gebrochen, um sie auf der nächsten Ebene für die einzelnen Geschäftsfelder (z. B. Reinigungs-, Kosmetik- und Pharmasparte) zu konkretisieren. Schließlich werden für die einzelnen Marketing-Mix-Bereiche (Produkt- bzw. Sortiments-, Kontrahierungs-, Distributions- und Kommunikationsmanagement) die entsprechenden Unterziele formuliert.

Die **Konstruktion der Zielpyramide** kann anhand von **drei Prinzipien** erfolgen:

- **Top-Down-Ansatz**: Hierbei werden die Ziele auf der obersten Unternehmensebene formuliert und schrittweise als Vorgaben an die nächsten Hierarchiestufen weitergegeben. Als zentraler Vorteil ist die enge Ausrichtung der Planung an den Oberzielen des Unternehmens zu nennen. Nachteilig können sich die Bindung umfangreicher Planungskapazitäten sowie die geringe Motivation der Vertreter unterer Hierarchieebenen herausstellen.
- **Bottom-Up-Ansatz**: Dabei planen die unteren Führungsebenen zunächst die Ziele für ihre Funktionsbereiche und leiten diese dann als Vorgaben an die nächste Hierarchiestufe weiter, bis schließlich die Unternehmensspitze erreicht ist. Als Vorteile gelten die Entlastung der Unternehmensführung sowie die höhere Motivation der Mitarbeiter. Als nachteilig kann sich die fehlende Ausrichtung des Planungsprozesses an den Oberzielen erweisen.
- **Gegenstromverfahren**: Dieses Prinzip kombiniert die beiden vorgestellten Ansätze und damit deren Vorteile miteinander, gilt aber als entsprechend aufwendig.

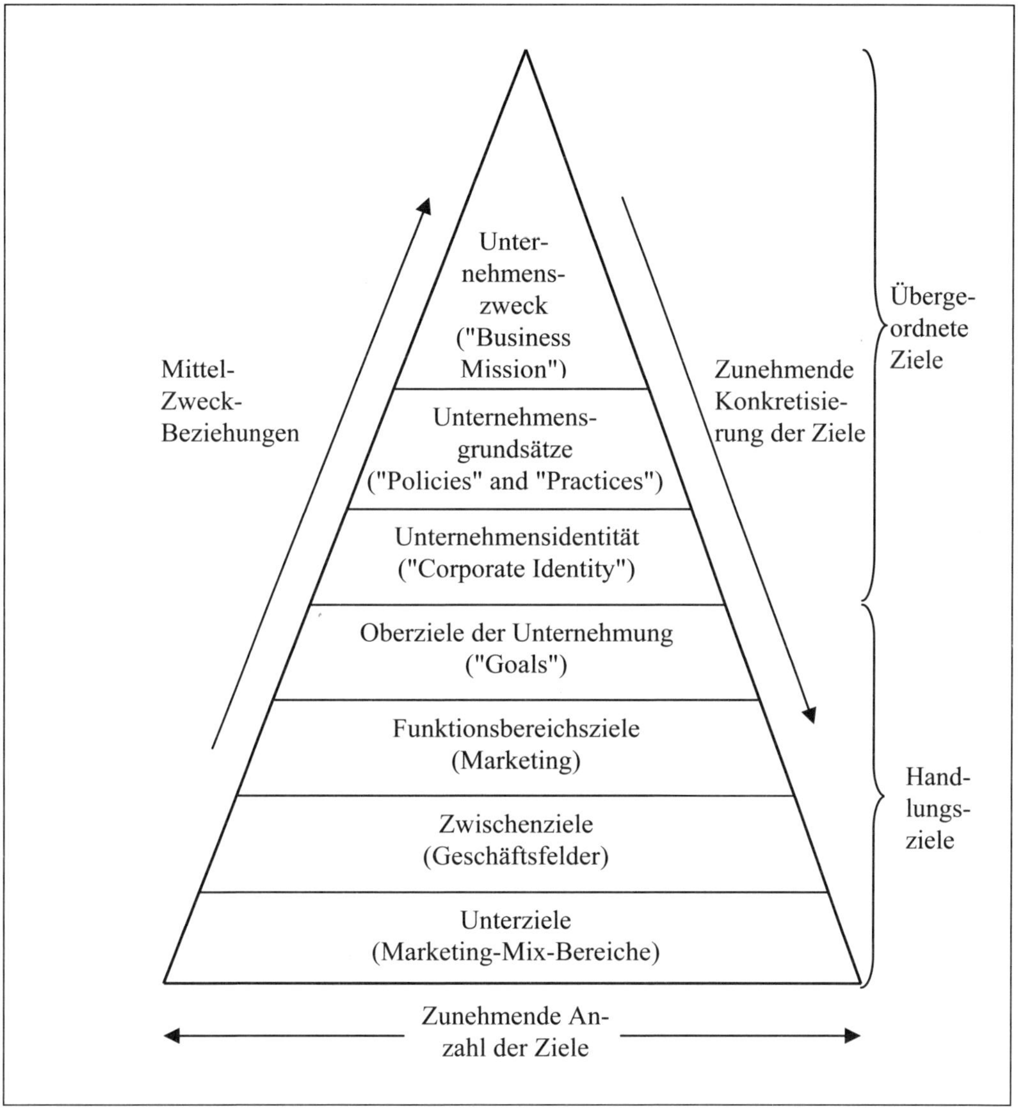

Abb. 5.2: Die Hierarchie der Zielebenen (Quelle: Meffert 2000, S. 71)

5.2.2 Horizontale Perspektive

Auf der **horizontalen Ebene** lassen sich **drei Arten von Zielbeziehungen** identifizieren (vgl. Abb. 5.3):

- **Zielkomplementarität** („Harmonie"): Das Erreichen eines Zieles bedeutet zugleich die bessere Erfüllung eines anderen Zieles.
- **Zielindifferenz** („Neutralität"): Das Ereichen eines Ziels hat keine Auswirkung auf das Erfüllen eines anderen Zieles.
- **Zielkonflikt** („Konkurrenz"): Das Erreichen eines Zieles wirkt sich negativ auf das Erreichen eines anderen Zieles aus. Im Regelfall sind derartige Konfliktbeziehungen nicht über den gesamten Entscheidungsbereich gegeben, sondern treten nur in bestimmten Abschnitten und damit partiell auf.

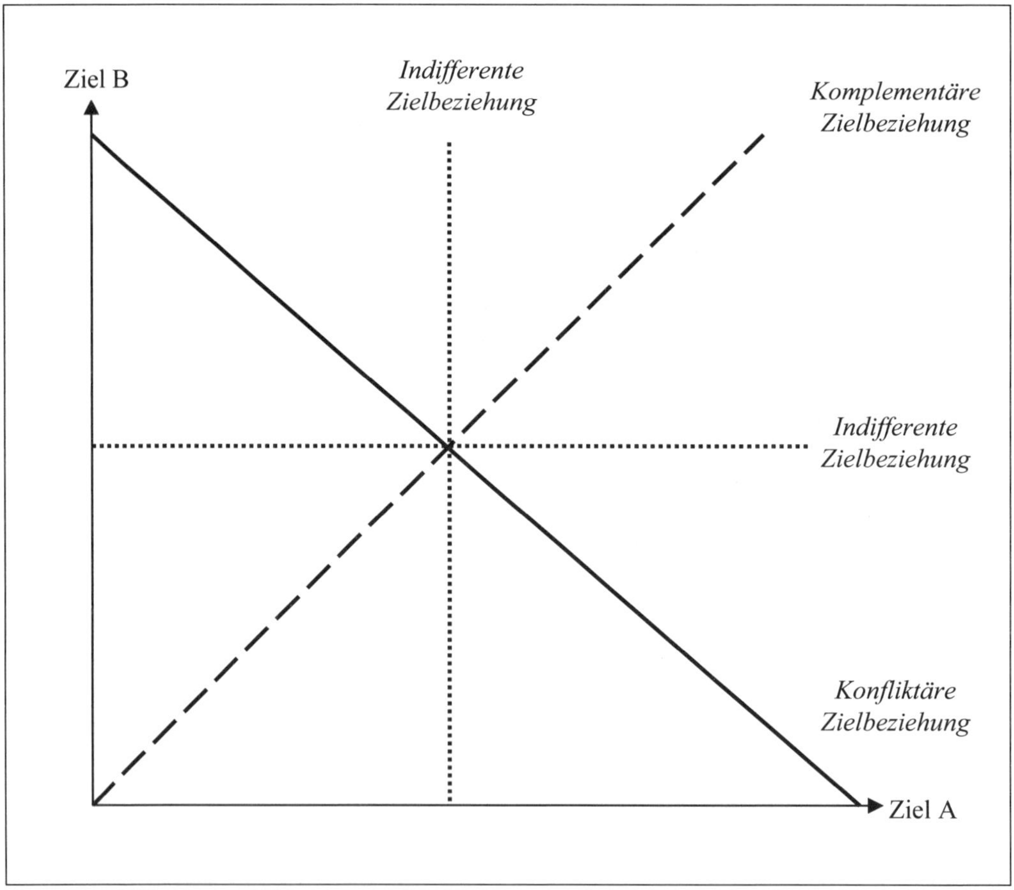

Abb. 5.3: Mögliche Zielbeziehungen im Überblick

Im letztgenannten Fall konkurrierender Ziele lassen sich folgende **Konflikttypen** identifizieren (vgl. im Folgenden *Becker* 1993, S. 88 – 101):

- **Konflikte zwischen monetären Zielen**
  Beispielsweise lässt sich in der Unternehmensrealität beobachten, dass unter bestimmten Bedingungen der Umsatz mit zunehmender Absatzmenge zwar steigt, der Gewinn aufgrund überproportional steigender Kosten aber fällt. In Abb. 5.4 wird ein solcher konkreter Zielkonflikt zwischen Umsatzmaximierung, Gewinnmaximierung und Kostendeckung graphisch dargestellt. Während der Break-Even-Point in p_1/x_1 erreicht ist, befinden sich das Gewinnmaximum in p_2/x_2 und das Umsatzmaximum in p_3/x_3. Demnach handelt es sich hierbei um einen klassischen Zielkonflikt, da die drei Ziele auf den ersten Blick nicht miteinander vereinbar sind.

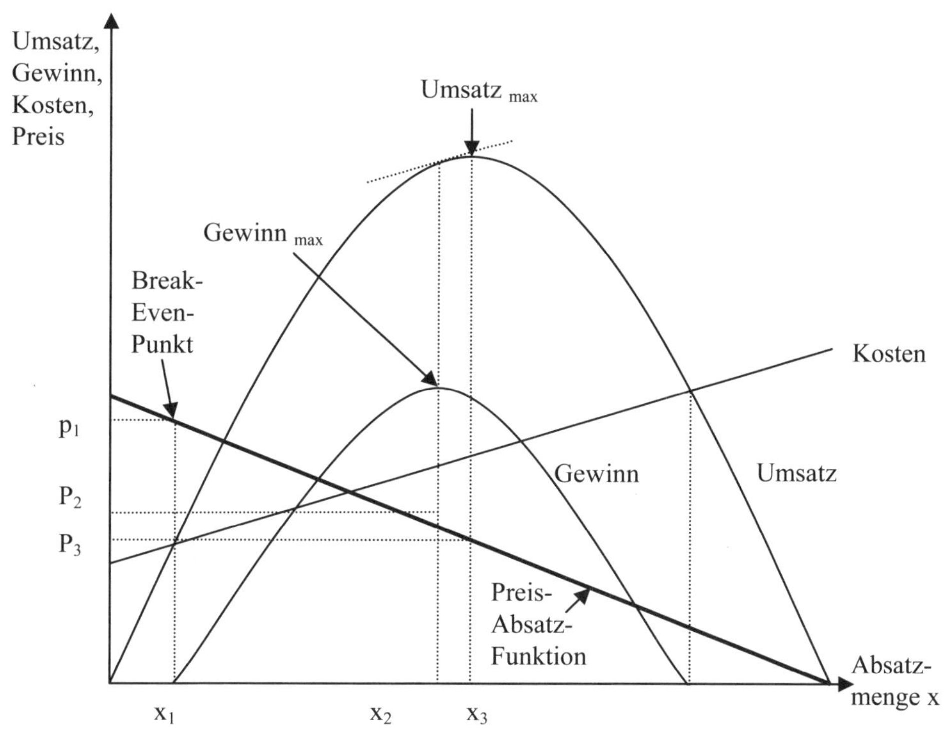

Abb. 5.4: Das Beziehungsgefüge zwischen Zielen sowie optimaler Preishöhe und Absatzmenge

- **Konflikte zwischen monetären und nicht-monetären, aber insgesamt quantitativen Zielen**
  So ist eine Vergrößerung des Marktanteils in gesättigten Märkten nur bei Inkaufnahme von Rentabilitätseinbußen möglich, wenn dabei zum einen die Kapazitäten überdimensioniert werden und zum anderen wachsender Wettbewerbsdruck zu Preisverfall führt.
- **Konflikte zwischen psychographischen und ökonomischen Zielen**
  Beispielsweise können Rivalitäten zwischen Image und Rentabilität dergestalt auftreten, dass Input (= monetäre Aufwendungen, die u. U. die Rentabilität schmälern) und Output (= Imagesteigerung bzw. -veränderung) beim Aufbau von Markenpräferenzen stark auseinander fallen.
- **Konflikte zwischen psychographischen Zielen**
  In der Unternehmensrealität ist das Phänomen zu beobachten, dass sich Kontinuität in der Werbung positiv auf das Image auswirkt, der Mangel an aufsehenserregenden Änderungen des Werbestils bzw. der Werbebotschaft aber u. U. zu Bekanntheitsgrad-Verlusten führt.

Zur Bewältigung von Zielkonflikten bieten sich folgende **Ansatzpunkte**:

- **Zieldominanz**: Das als dominant anerkannte Ziel wird unter Vernachlässigung sämtlicher anderer Ziele maximiert bzw. minimiert („Maximiere den Umsatz!“).
- **Zielrestriktion**: Das als dominant anerkannte Ziel wird unter der Bedingung einer bestimmten Mindesterfüllung des/r anderen Ziele/s maximiert bzw. minimiert („Maximiere den Umsatz unter der Nebenbedingung, mindestens 5 % Gesamtkapitalrentabilität zu erzielen.“).
- **Zielschisma**: Im Falle konkurrierender Ziele wird je nach Entscheidungssituation (bzgl. Entscheidungsfeld und/oder -phase) jeweils einem anderen Ziel der Vorzug eingeräumt („Maximiere in der Einführungsphase den Umsatz, und in späteren Phasen des Produktlebenszyklus den Gewinn.“).

Fallstudie „Zielkonflikte“ – Marktanteil versus Gewinn in reifen Märkten

Nicht auf den Marktanteil, sondern auf den Gewinn komme es in reifen Märkten an, so *Simon/Bilstein/Luby* (2006) in ihrer Publikation „Der gewinnorientierte Manager“. Der Glaube an die Macht des Marktanteils sei einer der größten Managementirrtümer der heutigen Zeit. Denn was nutze es dem maroden *General Motors*-Konzern, wenn er in den USA 29 oder gar 30 % Marktanteil bejubelt, zugleich aber die Gewinne einbrechen und er zum Sanierungsfall degeneriert, so die provokative Frage der Autoren. Sie vertreten die These, dass die Maxime „Marktanteil“ in reifen Märkten das eigene Gewinnpotenzial vernichtet. Um Unternehmen konsequent am Gewinn auszurichten, haben die Berater ein Vier-Phasen-Modell entwickelt:

- Phase 1: Mentalitätswandel dahingehend, das Unternehmen auf die Gewinnorientierung im friedlichen Wettbewerb einzustimmen und sich vom Kampf um Marktanteile abzuwenden.
- Phase 2: Beschaffung der relevanten internen und externen Informationen
- Phase 3: Realisierung der Gewinnchancen durch ein geeignetes Marketing-Mix und hier insbesondere das Preismanagement

- Phase 4: Absicherung des Gewinns, insbesondere durch die passenden Anreizsysteme für Management und Vertrieb sowie durch eine stimmige Marktkommunikation.

Wie Markenpflege zur Steigerung des Gewinns aussehen kann, lässt sich an der Marke *König Pilsner* demonstrieren. Die Biermarke, die 2004 von der Brauerei *Bitburger* übernommen wurde und einst im oberen Marktsegment positioniert war, galt als verkommen. Durch Preissenkungen zugunsten eines Mehr an Umsatz und Marktanteil war die Marke zunehmend ins mittlere Segment und damit ins sog. Bermuda-Dreieck der Markenführung abgerutscht. Mit hohem Werbeaufwand und höheren Preisen, die zu Lasten des Absatzes (minus 12 %) und letztlich auch des Umsatzes bzw. Marktanteils gingen, wurde *König Pilsner* neu positioniert. 2007 war die Marke in jedem zweiten Fünf-Sterne-Hotel in Deutschland vertreten. Trotz des Rückgangs von Absatz, Umsatz und Marktanteil werden höhere Gewinne realisiert und die Marke rangiert wieder im oberen Marktsegment.

Quelle: *o. V.*: Bitburger sucht noch nach Kölsch, Alt und Weizenbier, in: Frankfurter Allgemeine Zeitung, Nr. 187 vom 14.08.2007c, S. 16.

Hermann Simon

Hermann Simon (* 10. Februar 1947) ist deutscher Wirtschaftsprofessor; Gründer und Chairman der internationalen Unternehmensberatung *Simon-Kucher & Partners* sowie Buchautor und Kolumnist im Manager Magazin. Der Weltbestseller "**Hidden Champions**" von 1996 ist in Deutschland unter dem Titel **„Die heimlichen Gewinner“** erschienen. In 2007 erschien eine Replikationsstudie unter dem Titel „**Hidden Champions des 21. Jahrhunderts**“. Das Interesse *Simons* an kleinen und mittleren Unternehmen wurde 1986 geweckt, als er mit *Theodore Levitt*, Professor an der Harvard Business School, zusammentraf, um sich über den deutschen Exporterfolg auszutauschen. Beide stimmten überein, dass dieser Erfolg nicht in erster Linie auf deutsche Großunternehmen zurückgeführt werden könne, weil sich diese von ihren internationalen Konkurrenten nicht stark unterschieden. Man führte den Erfolg im Exportgeschäft vielmehr darauf zurück, dass es eine Gruppe von Unternehmen geben müsse, die kaum bekannt ist, aber auf ihren speziellen Märkten die Weltmarktführerschaft einnimmt. Weil diese Unternehmen verborgen sind und es häufig auch vorziehen, im Verborgenen zu bleiben, nannte *Simon* sie "Hidden Champions".

In den anschließenden Untersuchungen (1996, 2007) konnte *Simon* am Beispiel der Hidden Champions belegen, dass Marktführerschaft auch für kleine und mittlere Unternehmen erreichbar ist. Die unbekannten Weltmarktführer sind kleine und mittelständische Unternehmen (weniger als 3 Milliarden € Umsatz), die mit unauffälligen Produkten eine Spitzenposition im Weltmarkt einnehmen (Marktposition 1, 2, oder 3; im Extremfall bis zu 90 % Weltmarktanteil). Überwiegend als Familiengesellschaften geführt, erbringen sie einen wichtigen Beitrag zur Leistungsbilanz ihres Landes, haben einen hohen Exportanteil und sind äußerst überlebensfähig. Statt sich an den ganz Großen zu orientieren, ziehen Unternehmen wie *Haribo*, *Krones*, *Webasto*, *Brita* oder *Stihl* es vor, im Verborgenen zu agieren und ihren eigenen Weg zu gehen. Sie vermeiden bewusst die Fehler von Großunternehmen wie Bürokratie, Kundenferne, Inflexibilität und übertriebene Arbeitsteilung.

Simon weist nach, dass unabhängig von Standort und nationalem Ursprung stets die gleichen Prinzipien zum Erfolg und zur Marktführerschaft führen. Er analysiert die Strategien dieser Unternehmen und leitet daraus folgende allgemeingültigen **Empfehlungen** für Unternehmen jeder Größe ab:

- Die Unternehmensziele
  Marktführerschaft ist mehr als Marktanteil, sie beansprucht die „psychologische" Marktführung, also den Anspruch, die Nummer eins zu sein bzw. werden.
- Der Markt
  Hidden Champions definieren ihre Märkte eng und fokussieren ihre Ressourcen. Sie schaffen sich Marktnischen, entwickeln einzigartige Produkte, die ihren eigenen Markt definieren, und akzeptieren das Risiko, „alle Eier in einen Korb zu legen", also auf Diversifikation zu verzichten. Manche dieser Unternehmen stoßen mit ihren engen Märkten und den hohen Marktanteilen an Wachstumsgrenzen. Da die Reinvestitionsmöglichkeiten in den angestammten Geschäftsfeldern begrenzt sind, muss man notgedrungen den Schritt in die weiche Diversifikation gehen.
- Die Welt
  Die enge Spezialisierung wird mit globaler Vermarktung kombiniert. Da Marktpositionen früh verteilt werden, ist es besonders auf Zukunftsmärkten wichtig, der erste Anbieter zu sein ("First-to-the-Market"-Strategie).
- Die Kunden
  Kundennähe ist der Dreh- und Angelpunkt der Marktführerstrategie. Aufgrund ihrer Unverwechselbarkeit können Kunden die Produkte der heimlichen Marktführer nur schwer ersetzen. Umgekehrt schafft die Spezialisierung eine starke Abhängigkeit der Unternehmen von ihren Kunden. Grundsätzlich dominiert die Kunden- über die Wettbewerbs- und Technologieorientierung.
- Die Innovation
  Innovation ist eines der Fundamente für Marktführerschaft. Viele Hidden Champions haben als Pioniere ein völlig neues Produkt eingeführt und ihre Pionierstellung in eine lang andauernde Überlegenheit verwandelt.
- Der Wettbewerb
  Zumeist operieren die heimlichen Weltmarktführer in oligopolistischen Märkten mit intensivem Wettbewerb. Ihre Wettbewerbsvorteile basieren weniger auf Kostenvorteilen als auf Differenzierung.
- Die Partner
  Führerschaft bedeutet, dass ein Unternehmen die Aktivitäten, auf die seine dominante Rolle aufgebaut ist, nicht delegiert. Hohe Fertigungstiefe für Kernkompetenzen ist besser als Outsourcing und strategische Allianzen, denn so wird das Kern-Know-how geschützt und hoch qualifizierte Mitarbeiter werden an Bord gehalten.
- Die Mitarbeiter
  Die Selektion der richtigen Mitarbeiter wird mit großer Konsequenz verfolgt und erfolgt weniger über Top-Down-Führung als vielmehr über soziale Kontrolle. Konsequenterweise ist die Unternehmenskultur teamorientiert, an Leistung ausgerichtet und intolerant

gegenüber Drückebergern und Faulenzern. Dies bildet die Grundlage für Motivation und Identifikation der Mitarbeiter mit dem Unternehmen, was sich u. a. in einer extrem geringen Fluktuationsrate niederschlägt.

- Die Führungskräfte
  Die Führungskräfte müssen Menschen mit Energie, Willenskraft, Schwung und Autorität sein. Sie sollten in jungen Jahren rekrutiert werden. Ein wichtiger Aspekt ist Kontinuität: Die durchschnittliche Beschäftigungsdauer der Leiter von Hidden Champions beträgt mehr als 20 Jahre. Angesichts der starken Führungspersönlichkeiten dominieren autoritäre Führungsstile, wobei dezentrale Organisationsstrukturen präferiert werden.

Quelle: *Simon* 1996, 2007a, b; http://www.ephorie.de/die_heimlichen_gewinner.htm; Stand: 24.03.2007, 8:35 Uhr.

5.3 Operationalisierung

Damit (Marketing-)Ziele ihre Funktion erfüllen können, müssen sie bestimmten Anforderungen genügen. Eine fundierte Operationalisierung sprich Messung von Marketing-Zielen erfordert deren Festlegung anhand der folgenden **vier Kerndimensionen**. Auf diese Weise lässt sich Zielverschiebungen, -verwässerungen und -manipulationen entgegenwirken (vgl. hierzu *Becker* 1993, S. 20 – 24; *Meffert* 1997, S. 4 – 5 sowie 15 – 20):

- **Objektbezug** (Bei was?): Im Zuge der Festlegung des Zielobjektes (z. B. Babywindeln der Marke „XY“) empfiehlt sich eine weitere Strukturierung anhand des Marketing-Mix-Instrumentariums. Beispiele hierfür wären die Steigerung der Innovationsrate (= Produkt- bzw. Sortimentsmanagement), des Preisniveaus (= Kontrahierungsmanagement), der Distributionsquote (= Distributionsmanagement) und/oder des Bekanntheitsgrads (= Kommunikationsmanagement).
- **Zielinhalt** (Was?): Hier lassen sich absolute (z. B. Gewinn) und relative Zielgrößen (z. B. Rentabilität) unterscheiden. Dass sich die präzise Festlegung des Ziels nicht nur auf ökonomische Größen beschränkt, wird am Beispiel des psychographischen Ziels „Bekanntheitsgrad“ deutlich. In diesem Fall gilt es festzulegen, ob es sich um den gestützten oder ungestützten Bekanntheitsgrad handelt.
- **Zielausmaß** (Wie viel?): Während punktuell definierte Ziele einen konkreten Zielerreichungsgrad vorgeben (Beispiel: Gewinnziel = 20 Mio. €), legen zonal definierte Ziele Korridore fest (z. B. Gewinn zwischen 16 und 24 Mio. €).
- **Zeitbezug** (Wann?): Ziele sollen entweder zu einem bestimmten Zeitpunkt (z. B. bis 31.12.2008) bzw. in einem bestimmten Zeitabschnitt (in 2008) realisiert werden. Oder aber die Ziele sollen während eines Zeitraums ständig erreicht bzw. auf einem bestimmten Niveau gehalten werden (z. B. „In 2008 soll während des ganzen Jahres ein wertmäßiger Marktanteil von mindestens 20 % gehalten werden.“).
- **Personeller Bezug** (Wer?): Hier gilt es zu klären, wer für die Zielerreichung verantwortlich ist.

Speziell aus Marketingsicht kommen die folgenden **zwei Dimensionen** hinzu, die es in Abhängigkeit von der strategischen Ausrichtung festzulegen gilt:

- **Segmentbezug** (Bei wem?): z. B. Eltern mit Kindern, die jünger als drei Jahre sind
- **Räumlicher Bezug** (Wo?): z. B. im Verkaufsgebiet Ost

Tab. 5.1 verdeutlicht die Operationalisierung von Marketing-Zielen am Beispiel des Bekanntheitsgrades.

Tab. 5.1: Die Konkretisierung von Marketing-Zielen am Beispiel des Bekanntheitsgrades

Dimension	**Beispiel**
Objektbezug	Produkt XY
Zielinhalt	Gestützter Bekanntheitsgrad
Zielausmaß	30 %
Zeitbezug	3. Quartal 2004
Segmentbezug	Frauen zwischen 16 und 30 Jahren
Räumlicher Bezug	Neue Bundesländer

Um das Zielausmaß und damit die Sollgröße festzulegen, bieten sich zwei Orientierungspunkte an: Zum einen die Erwartungen der Kunden und zum anderen die Standards der internen und externen Wettbewerber. Hinsichtlich letzteren hat sich das **Benchmarking** als nützliches Instrument erwiesen.

5.4 Benchmarking

5.4.1 Begriff und Funktion

Der Begriff **Benchmarking** stammt aus dem Englischen und hat seinen Ursprung in der Landvermessung (vgl. im Folgenden *Bengt/Svante* 1994; *Camp* 1994; *Kempf/Siebert* 2000; *Rau* 1999; *Spendolini* 1992; *Töpfer* 1997; *Watson* 1993). Unter Benchmarks versteht man die höchsten Punkte in der Umgebung, die der Bestimmung des eigenen Standortes dienen. Übertragen auf das Marketing charakterisiert Benchmarking die Fähigkeit, die eigenen Leistungen und Prozesse mit überlegenen Lösungen anderer Einheiten bzw. Unternehmen (sog. **"Best Practices"**) zu vergleichen und daraus Verbesserungsmaßnahmen für den eigenen Verantwortungsbereich abzuleiten. Im Unterschied zum traditionellen Betriebsvergleich wird hier nicht mit Durchschnitts-, sondern mit Spitzenkennziffern operiert.

Inhaltlich handelt es sich bei Benchmarking um ein Konzept zur Schaffung von **Vergleichsstandards** hinsichtlich der Effizienz in:

- Produktivität,
- Qualität und

- Prozessgestaltung einschließlich des Zeitmanagement.

Im Vordergrund steht dabei weniger der quantifizierbare Unterschied zu anderen Unternehmen als vielmehr das "How to Do" („Wie macht das der andere?“). In diesem Zusammenhang hat sich die Wertkettenanalyse, eine Prozessanalyse, bewährt (vgl. hierzu Abschnitt 1.2). Diese versteht ein Unternehmen als Kombination wertschöpfender Aktivitäten, die Quellen des Kundenutzens sind und damit zu potenziellen Wettbewerbsvorteilen führen. Hierbei wird zwischen primären und sekundären (unterstützenden) Aktivitäten unterschieden. Auf diese Weise können die Ergebnisbeiträge einzelner Wertkettenkomponenten identifiziert und Zeitverluste sowie Kostensteigerungen demonstriert werden.

Konkret fällt Benchmarking die **Funktion** zu,:

- eindeutige Erfolgskriterien und -faktoren zu entwickeln,
- die eigenen Leistungen und Prozesse besser zu durchleuchten,
- Stärken und Schwächen sowie deren Ursachen aufzudecken,
- die Positionierung der eigenen Leistungen im Vergleich zum Wettbewerber zu überdenken und
- Anregungen für Leistungs- und Prozessinnovationen bzw. -verbesserungen zu finden.

Fallstudie „Benchmarking“ – die IT-Plattform „CM Workbench“ bei *Metro*

Seit Mitte 2004 müssen die rund 50 Lieferanten, die als sog. Category Captains eine Warengruppe dominieren, ihre Sortimentsvorschläge ausschließlich auf Grundlage einer einheitlichen Datenbasis nach von *Metro* festgelegten Regeln erstellen. Über das IT-Werkzeug „CM (Category Management) Workbench“ sammelt *Metro* in strukturierter Form auch Daten über seine Konkurrenten.

Beispielsweise werden die Category Partner dazu verpflichtet, Daten aus ihren eigenen Markterhebungen bei anderen SB-Warenhausbetreibern in das *Metro*-Panel einzugeben. Hierzu zählen die Menge von Artikeln, die eine Warengruppe in einem anderen Handelshaus einnimmt, sowie die Anzahl der Werbeanstöße für die Sortiments-Kategorie eines *Metro*-Wettbewerbers. Aber auch ein Preisindex für einzelne Artikel, der das Verhältnis zum Verkaufspreis der *Metro*-Vertriebslinie anzeigt, wird von den Category Captains ins System eingepflegt.

Quelle: *o. V.*: Metro verpflichtet alle Captains, in: LebensmittelZeitung, Nr. 18 vom 30.02. 2004m, S. 28.

5.4.2 Ablauf

Schritt 1: Identifikation des Untersuchungsobjekts (Was?)

Zunächst muss festgelegt werden, welcher Gegenstand im Mittelpunkt der Benchmark-Studie stehen sollte. Als **Objekte** bieten sich grundsätzlich an:

- Produkte und Dienstleistungen
- Prozesse (z. B. Kommissionierung, Lieferzeiten)
- Konditionen (insbesondere im Einkauf).

Für den Einstieg ins Benchmarking empfiehlt es sich, das zunächst Augenmerk auf **neuralgische Punkte**, also auf Schwachstellen zu richten.

Schritt 2: Aufspüren des richtigen Benchmarking-Partners (Mit wem?)

Nunmehr sollte geklärt werden, wer Benchmarking-Partner sein soll. Hierbei muss zunächst eine Grundsatzentscheidung gefällt werden: Soll ein **internes Benchmarking**, d. h. ein Leistungs- und Prozessvergleich mit anderen Abteilungen bzw. Unternehmensteilen durchgeführt werden? Oder richtet sich das Augenmerk auf den Vergleich mit Unternehmen und Einrichtungen außer Haus (= **externes Benchmarking**)?

In letzterem Fall bieten sich folgende **Benchmarking-Partner** an:

- Direkte wichtigste Konkurrenten
- Indirekte wichtigste Konkurrenten (etwa Anbieter von Substitutionsgütern)
- Unternehmen aus vor- und nachgelagerten Branchen (z. B. Lieferanten, gewerbliche Abnehmer)
- Unternehmen und Institutionen aus anderen Wirtschaftszweigen und Branchen

Bei der Bestimmung relevanter direkter Konkurrenten hat sich das Konzept der strategischen Gruppe bewährt. Eine **strategische Gruppe** manifestiert sich aus sämtlichen Unternehmen, die in einer gleichen oder ähnlichen Umweltsituation agieren und sich hinsichtlich wettbewerbsrelevanter strategischer Entscheidungsparameter (etwa Breite und Tiefe der Angebotspalette, Wertschöpfungstiefe) homogen verhalten (vgl. *Klein* 2006, S. 1516).

Als Meßlatten beim Benchmarking bieten sich entweder der Marktführer in der eigenen oder einer anderen Branche oder der Beste hinsichtlich eines bestimmten Prozesses an (etwa der Pharma-Großhandel bei der Logistik, Versandhäuser beim Database-Marketing, Banken beim Rechnungswesen). Wie weit ein solcher Vergleich im Extremfall gehen kann, verdeutlicht das folgende Fallbeispiel.

Fallstudie „Benchmarking in der Luftfahrtindustrie“

Eine große amerikanische Fluggesellschaft verzeichnete in Relation zu ihren Wettbewerbern überdurchschnittlich lange Standzeiten der Flugzeuge infolge von Wartungs- und Reparaturarbeiten. Um diese Schwachstellen auszumerzen, beschloss man, den diesbezüglichen Erfahrungsschatz der Formel 1 zu nutzen. Zu diesem Zweck analysierte ein Team von Spezialisten den dortigen Ablauf der Wartungs- und Reparaturarbeiten bis hin zum Reifenwechsel und Auftanken während des Rennens. Die Erkenntnisse konnten dahingehend genutzt werden, die Standzeiten der Flugzeuge um 30 % zu senken.

Für die Wahl eines geeigneten Benchmarking-Partners bieten sich folgende **Datenquellen**:

- Verbände
- Kooperationen
- Arbeits- und Erfa-Gruppen (= Gruppe von Vertretern verschiedener Unternehmen, die sich regelmäßig treffen, um Erfahrungen auszutauschen, betriebliche Kennzahlen zu vergleichen und neue Ideen aufzugreifen. Fachliche Inputs des Erfa-Gruppenleiters geben zusätzliche Impulse und methodische Hinweise.)
- Gespräche mit Kunden, Lieferanten und Absatzpartnern, wer nach ihrer Einschätzung die besten Leistungen erbringt
- Von Beratungshäusern angebotene spezielle Datenbanken zu Zwecken des Benchmarking
- Fachzeitschriften, Veröffentlichungen im Rahmen von Qualitätspreisen, Unternehmensveröffentlichungen etc.

Schritt 3: Durchführung einer Stärken/Schwächen-Analyse (Wodurch?)

Im dritten Schritt konzentriert man sich darauf, die entscheidungsrelevanten Informationen des tatsächlichen Benchmarks zu beschaffen und mit der Ist-Situation im eigenen Unternehmen zu vergleichen. Hierzu bieten sich drei Arten von **Informationsquellen** an:

- **Sekundärmaterial**
  Dazu zählen Fachbücher und -zeitschriften, Publikationen von Unternehmen, Veröffentlichungen im Rahmen von Qualitätspreisen u. ä. Die Beschaffung solcher Informationen ist mit vergleichsweise geringem Kosten- und Zeitaufwand verbunden, bietet aber gleichzeitig auch nur einen sehr begrenzten Einblick in die internen Prozesse des Benchmark-Partners.
- **Primärmaterial in Form indirekter Benchmark-Kontakte**
  Mögliche Datenquellen sind Lieferanten, Kunden, Handelsunternehmen, Serviceunternehmen wie Banken, Steuerberater, Unternehmensberater und nicht zuletzt Partner in Kooperationen und Franchise-Gesellschaften. Diese Form der Informationsbeschaffung sollte immer dann genutzt werden, wenn als Benchmark ein direkter Wettbewerber fungiert, der verständlicherweise keinen Einblick in seine internen Prozesse gewähren möchte. Des Weiteren bietet sich die Möglichkeit, durch **Mystery-Shopping** sprich Testbesuche

den Leistungsstand von direkten Wettbewerbern zu überprüfen. Schließlich empfehlen sich Berater, die über Daten der besten Praktiken verfügen.

- **Primärmaterial auf Basis eines direkten Kontaktes zum Benchmark-Partner**
  Darunter fasst man den Besuch des Benchmark-Partners und den Informationsaustausch mit ihm. Diese Form des Informationsaustausches empfiehlt sich immer dann, wenn keine direkte Wettbewerbsbeziehung zum Benchmark-Partner besteht. Im Falle von Branchen-Benchmarks, also beim Vergleich mit Unternehmen der gleichen Branche, bieten sich hierzu Verbände, Kooperationen, Arbeits- sowie Erfa-Gruppen an.

Im Falle eines branchenübergreifenden Benchmarks (sog. **Generic Benchmark**) sollten sich die jeweiligen Partner gegenseitig konsultieren und Informationen sowie Daten austauschen. Es ist unmittelbar nachvollziehbar, dass eine Zusammenarbeit nur Sinn macht, wenn es sich nicht um eine einseitige Informationsübermittlung im Sinne von „Unternehmensspionage" handelt, sondern um ein Geben und Nehmen, bei dem man sich gegenseitig Einblick in die unternehmensinternen Prozesse des jeweils anderen gewährt. Es liegt auf der Hand, dass Unternehmen nur dann zum Informationsaustausch bereit sein werden, wenn sie in keinem direkten Wettbewerbsverhältnis zueinander stehen.

Schritt 4: Erarbeitung und Umsetzung von Verbesserungsmaßnahmen (Wie?)

Zu diesem Zweck müssen zunächst die Daten des Benchmarking-Partners mit den Daten des eigenen Hauses abgeglichen bzw. genormt werden. Des Weiteren gilt es, der Benchmarking-Dynamik, d. h. der zeitlichen Weiterentwicklung, sowie dem Competitive-Gap (= Vergleichbarkeitslücke) Rechnung zu tragen. Bei letzterem geht es darum, die unterschiedlichen Rahmenbedingungen des eigenen Unternehmens im Vergleich zum Benchmark-Partner und/oder zur Konkurrenz zu berücksichtigen. Im Mittelpunkt steht dabei die Beantwortung der Frage, inwieweit die Lösung des Benchmark-Partners überhaupt, und, falls ja, mit welchen Konsequenzen übernommen werden kann. In der Unternehmenspraxis hat es sich als zweckdienlich erwiesen, mit diesen Aufgaben ein Projektteam zu betrauen.

Fallstudie „Benchmarking bei *Rank Xerox*"

1979 startete *Xerox* eines der ersten großen Benchmarking-Projekte in den USA. Im Mittelpunkt stand dabei die Frage, warum die japanischen Wettbewerber in der Lage waren, zuverlässigere Kopierer zu produzieren, und das bei einem Preis, der unterhalb der Produktionskosten von *Xerox* lag (vgl. im Folgenden *Kotler/Bliemel* 1998, S. 372 – 374). Zu diesem Zweck kaufte das Unternehmen japanische Konkurrenzprodukte und kam durch sog. **Reverse Engineering**, d. h. durch die Rückverfolgung des Entwicklungsprozesses eines Produktes, zu der Erkenntnis, wie die Zuverlässigkeit verbessert und die Kosten der eigene Kopierer gesenkt werden konnten. Das Unternehmen ging noch weiter und stellte nunmehr folgende Fragen: Zählen die Wissenschaftler und Ingenieure von *Xerox* zu den jeweils Besten auf ihrem Fachgebiet? Gehören Marketing, Verkaufspersonal und Praktiken zu den Besten der Welt?

Um Antworten auf diese Fragen zu finden, musste zunächst festgestellt werden, in welchen Unternehmen bei den jeweiligen Aufgaben die beste Durchführungspraxis (sog. **Best Prac-**

tice) herrschte, um daraus zu lernen. War Benchmarking ursprünglich darauf ausgerichtet, lediglich Produkte und Dienstleistungen anderer Unternehmen zu analysieren, wurde das Begriffsverständnis nunmehr erweitert und umfasste jetzt den gesamten Wertschöpfungsprozess. So flog *Robert C. Camp*, der Benchmark-Experte von *Xerox*, zum Outdoor-Versandhaus *L.L.Bean* in Freeport, Maine. Im Mittelpunkt seines Interesses stand die Frage, wie die Lagerarbeiter von *Bean* es erreichten, die Ware dreimal so schnell zu kommissionieren, wie dies bei *Xerox* der Fall war. Da beide Unternehmen nicht in Konkurrenz zueinander standen, gewährte man dem Benchmarking-Partner gerne einen Einblick in die unternehmensinternen Strukturen. Später führte *Xerox* eine Benchmark-Studie bei *American Express* bezüglich deren Know-how im Fakturieren und bei *Cummins Engine*, einem Maschinenbauhersteller, hinsichtlich des Wissens in der Produktionsplanung durch.

Das dem Benchmarking zugrunde liegende Verständnis von Wettbewerb lässt sich anschaulich an folgendem Zitat nachvollziehen: „Je mehr man sich an den Besten misst, desto mehr akzeptiert man, dass andere Leute etwas sehr gut können, sogar besser als man selbst. Keine Firma ist in allen Belangen überlegen. Erst wenn man sich weltweit die besten Praktiken ansieht, wird man eine exzellente Firma." (*James Sierk, Rank Xerox*)

Im Rahmen des Benchmarking kommt der **Competitive Intelligence** eine bedeutende Rolle zu (vgl. im Folgenden *Deltl* 2004; *Kondruß* 2005; *Lux/Peske* 2002; *Michaeli* 2005). Hierunter versteht man die systematische, kontinuierliche und legale Beschaffung und Auswertung von Informationen über Konkurrenzunternehmen, Wettbewerbsprodukte, Marktentwicklungen, Branchen, neue Patente, neue Technologien und Kundenerwartungen. Mittels Competitive Intelligence können Unternehmen ihre (Wettbewerbs-)Strategie frühzeitig an die veränderten Wettbewerbsstrukturen anpassen und aufgrund von besseren Informationen Konkurrenzvorteile erzielen.

Im Gegensatz zur Wirtschaftsspionage befasst sich Competitive Intelligence ausdrücklich nur mit legalen, Datenschutz konformen, öffentlich zugänglichen und ethisch einwandfreien Informationen über die Schwächen, Absichten und Fähigkeiten von Wettbewerbern. Die Übergänge zwischen Competitive Intelligence und Wirtschaftsspionage sind jedoch wegen oft unterschiedlicher nationaler Gesetzgebungen fließend. Beispielsweise galten Trash-Trawling und Waste-Archeology, was ins Deutsche übersetzt etwa die Auswertung des Mülls von Konkurrenten nach brisanten Informationen bedeutet, lange Zeit solange als ethisch vertretbar, wie sich der Müll auf öffentlich zugänglichem Gelände befand. Um sich klar von der Wirtschaftsspionage abzugrenzen, entwickelte die *SCIP* (*Society of Competitive Intelligence Professionals*) den sog. **Code of Ethics**. Dieses Regelwerk erlaubt die Auswertung frei verfügbaren Materials wie Geschäftsberichte, Presseartikel, Patentbanken oder Analystenstudien, nicht aber das Hacken von Datenbanken.

Der Prozess der Competitive Intelligence folgt dem sog. **Intelligence Cycle**. Hierbei handelt es sich um ein Konzept der Informationsbeschaffung und -auswertung, das von Nachrichtendiensten in den 1960er Jahren zuerst beschrieben wurde. Der Prozess besteht aus den folgenden **Schritten**:

- **Projektplanung**: Formulierung und Definition des Informationsbedarfs (CIQs = Critical Intelligence Questions, CITs = Critical Intelligence Topics)
- **Informationssammlung** (basierend auf den CIQs und CITs): Primärquellen = Branchenexperten, (ehemalige) Mitarbeiter des Wettbewerbers, Kunden, Lieferanten, Händler, Messen, Kongresse; Sekundärquellen = Geschäftsberichte, Branchenzeitschriften, Zeitungen, Internet, Patente, Fachdatenbanken
- **Informationsverarbeitung**: Übersetzung (bei fremdsprachigen Quellen), Evaluierung, Strukturierung, Interpretation und elektronische Speicherung der gewonnenen Informationen
- **Interpretation**: Analyse der gewonnenen Erkenntnisse durch Benchmarking, SWOT-Analyse (Stärken-Schwächen-Analyse), Wettbewerberprofilierung, Branchenstrukturanalyse, Simulationsmodelle, Wargaming
- **Kommunikation der Ergebnisse**: Übergabe an Entscheidungsträger, die eventuell weitergehende Informationsbedürfnisse formulieren, was zu einer erneuten Projektplanung führt

5.4.3 Kritische Würdigung

Bei allen Stärken von Benchmarking sollten folgende **Aspekte** nicht aus den Augen verloren werden:

- Benchmarking birgt die Gefahr in sich, die **Innovationskraft** zu **behindern**, da die Leistung anderer Unternehmen zum Ausgangspunkt von Aktivitäten gemacht wird. In diesem Fall würde Benchmarking zum Instrument für Nachahmer, das nur zu geringfügig besseren Produkten und Praktiken führt, während innovative Unternehmen auf der Überholspur vorbeiziehen.
- Häufig nehmen Benchmark-Untersuchungen **mehrere Monate** in Anspruch, was die Gefahr in sich birgt, dass in der Zwischenzeit an anderer Stelle bessere Praktiken aufgetaucht sind.
- Benchmarking kann Unternehmen dazu verleiten, den Blick zu stark auf die Konkurrenten zu konzentrieren, währenddessen die Orientierung an den **Bedürfnissen der Kunden** verloren geht.
- Benchmarking kann von der Verbesserung der **Kernkompetenzen** des Unternehmens, die selbst in einer Führungsrolle entwickelt werden müssen, **ablenken**.
- Beim Benchmarking ist nie ganz auszuschließen, dass **„Schlendrian mit Schlendrian“** verglichen wird.

Fallstudie „Benchmarking“ – Hidden Champions setzen auf eigene Standards

Hidden Champions, also die geheimen Weltmarktführer, sind im Regelfall Ein-Produkt-ein-Mann-Unternehmen, die für den Endverbraucher weitgehend unerkannt bleiben, da sie weit oben in der Wertschöpfungskette angesiedelt sind und sich dem Presserummel weitgehend entziehen. Sie besetzen in ihrem bewusst eng definierten Weltmarkt eine der drei führenden Anbieterpositionen.

Charakteristisch für die Hidden Champions ist, dass sie sich nicht ausschließlich an ihren Konkurrenten orientieren, sondern ihre Strategie an den Zielkunden und der Steigerung des Mehrwertes für diese ausrichten („customer obsession" statt „competitive obsession"). Sie haben erkannt, dass langfristig nur das Erfolg versprechend sein kann, was den Bedürfnissen der Kunden entspricht und von diesen auch bezahlt wird. Die Hidden Champions gehen konsequent ihren eigenen Weg und setzen alles daran, eine eigene globale Marke aufzubauen und damit eigene Standards im Markt zu setzen.

Quelle: *Simon, H.:* Hidden Champions des 21. Jahrhunderts, Frankfurt/New York 2007.

5.5 Marketing-Kennzahlen

5.5.1 Begriff, Funktion und Arten

Marketing-Ziele bilden den Relevanzmaßstab für Marketing-Kennzahlen (vgl. im Folgenden *Schneider/Hennig* 2008a). Bei **Kennzahlen** (auch Kennziffer, Kontrollzahl, Messzahl bzw. -ziffer, Schlüsselgröße) handelt es sich um eine Zusammenfassung von quantitativen, d. h. in Zahlen ausdrückbaren betrieblichen Informationen. Mit deren Hilfe sollen die im Unternehmen anfallenden, häufig kaum mehr überschaubaren Datenmengen auf wenige, aussagekräftige Größen verdichtet werden.

In der betrieblichen Praxis kommen Kennzahlen bzw. Kennzahlensystemen folgende **Funktionen** zu:

- **Entscheidungsunterstützung**: Kennzahlen vermitteln einen schnellen Überblick über die wirtschaftliche Situation eines Unternehmens, erleichtern die Bewertung anstehender Möglichkeiten und dienen der eindeutigen Formulierung sowie Vermittlung von Zielvorgaben.
- **Steuerung**: Mittels Kennzahlen lassen sich betriebliche Maßnahmen kontinuierlich auf ihre richtige Durchführung hin überprüfen.
- **Kontrolle**: Kennzahlen dienen dazu, die Ergebnisse von Strategien sowie Maßnahmen und damit den Grad der Zielerreichung festzustellen.

Kennzahlen lassen sich grundsätzlich nach statistisch-methodischen, inhaltlichen und zeitlichen Kriterien untergliedern. Unter **statistisch-methodischen Gesichtspunkten** unterscheidet man:

- **Grund-** bzw. **Absolutzahlen**
  Hierzu zählen:
  - Einzelzahlen (z. B. Absatz Produkt X),
  - Summen (z. B. Gesamtumsatz),
  - Differenzen (z. B. Gewinn) und

- Mittelwerte (z. B. durchschnittlicher Tagesumsatz).

- **Verhältniskennzahlen**. Diese untergliedern sich in:
  - Beziehungszahlen (= Verhältniszahlen, die sachlich unterschiedliche, aber logisch zusammenhängende Größen miteinander verknüpfen; z. B. Umsatz pro Kopf),
  - Gliederungszahlen (= Verhältniszahlen, die Teile zum Ganzen in Verbindung setzen; z. B. Anteil der Stammkunden an sämtlichen Kunden) sowie
  - Indexzahlen (= Verhältniszahlen, die mehrere sachverwandte Größen in Beziehung setzen und die jeweilige Veränderung angeben. Dabei werden eine Größe gleich 100% gesetzt und die andere an ihr gemessen; z. B. Gewinnzunahme in % zum Vorjahr).

Nach dem **Inhalt** lassen sich Kennzahlen unterscheiden in:

- **Mengengrößen** wie Absatz, Mitarbeiterzahl, Zahl der Filialen,
- **Wertgrößen** wie Umsatz, Kosten, Gewinn und
- **Zeitgrößen** wie Termine und Fristen.

Schließlich lassen sich Kennzahlen nach Maßgabe ihres **zeitlichen Horizonts** gruppieren. Hierbei unterscheidet man:

- **Zustandskennzahlen** (Berechnung zu einem Zeitpunkt; z. B. Mitarbeiterzahl am 31.12. 2004) und
- **Bewegungskennzahlen**, die sich ihrerseits differenzieren lassen in:
  - Ergebniskennzahlen (= Berechnung für einen Zeitraum; z. B. Gewinn für das Jahr 2004) und
  - Entwicklungskennzahlen (= Berechnung zwischen mehreren Zeiträumen oder -punkten; z. B. Gewinnveränderung von 2003 auf 2004).

Kennzahlen erhalten zusätzlichen Aussagegehalt, wenn sie **Vergleichsgrößen** gegenübergestellt werden. Neben den bereits vorgestellten **Zeitvergleichen** durch Entwicklungskennzahlen dienen hierzu:

- **Soll-Ist-Vergleiche** (etwa tatsächlich realisierter Absatz eines Produktes im Vergleich zum geplanten Absatz) sowie
- **Sachvergleiche** wie die Gegenüberstellung von Mitarbeitern, Abteilungen, Filialen, Unternehmen und/oder Branchen (z. B. Gewinn der Filiale A im Vergleich zum Gewinn der Filiale B).

Als **Datenquellen** für Kennzahlen kommen insbesondere in Betracht:

- das Rechnungswesen,
- die einzelnen betrieblichen Funktionsbereiche (etwa Marketing, Vertrieb) sowie
- die Marketing-Forschung (beispielsweise Befragungen, Statistiken von Ämtern, Instituten und Verbänden u. ä.).

Ihre volle Erklärungskraft gewinnen Kennzahlen in der Regel erst durch die Einbindung in **Kennzahlensysteme**. Hierbei handelt es sich um eine Zusammenstellung von Kennzahlen, die auf ein übergeordnetes Ziel (z. B. Rentabilität) ausgerichtet sind. Damit verdichten Kennzahlensysteme Informationen, zeigen Zusammenhänge zwischen Kennzahlen auf und ermöglichen somit Simulationen (Was wäre wenn?). Zu den bekanntesten Vertretern zählt das RoI-

(= Return on Investment = Gesamtkapitalrentabilität) sprich *Du-Pont*-Kennzahlensystem (vgl. hierzu *Fischbach* 1999).

Das ***Du-Pont*-Kennzahlensystem** (*DuPont* System of Financial Control) ist das älteste Kennzahlensystem der Welt. Das an rein monetären Größen orientierte System von Unternehmenskennzahlen zur Bilanzanalyse und der Unternehmenssteuerung wurde bereits 1919 von dem amerikanischen Chemie-Konzern *Du Pont de Nemours and Co.* entwickelt und ist dort noch heute im Einsatz. Auch in anderen Unternehmen ist das System in verschiedenen Versionen und Ergänzungen als Steuerungs- oder Planungs- und Kontrollinstrument verbreitet.

Im Mittelpunkt des Kennzahlensystems steht die **Gesamtkapitalrendite** (RoI: Return on Investment, siehe Abb. 5.5). Oberstes Ziel der Unternehmensführung ist somit nicht die Gewinnmaximierung, sondern die Maximierung des Ergebnisses pro eingesetzte Kapitaleinheit. Die Orientierung an der Schlüsselgröße RoI soll im Sinne eines Performance Management eine wertorientierte Unternehmensführung ermöglichen.

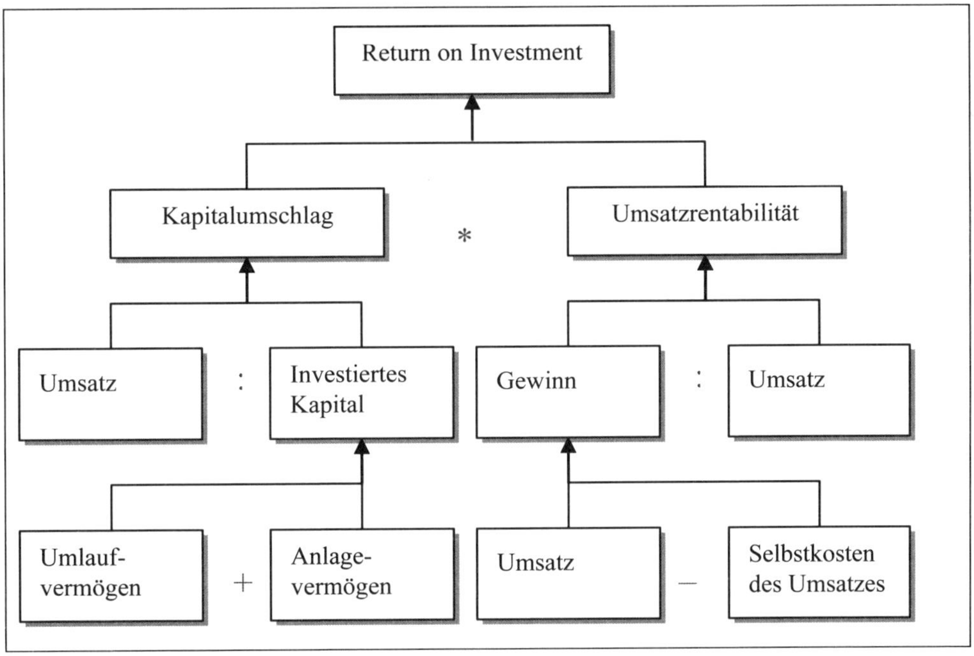

Abb. 5.5: Das Du-Pont-Kennzahlensystem in verkürzter Form

Beim *Du-Pont*-Kennzahlensystem handelt es sich um ein geschlossenes Modell von sich gegenseitig bedingenden Zielgrößen. Auf diese Weise lassen sich Abgängigkeiten und Wechselwirkungen analysieren. Dies bietet den Vorteil, von bloßen Sammlungen isolierter Kennzahlen abzukommen, da diese bezüglich der Analyseergebnisse häufig zu Inkonsistenzen führen.

Das *Du-Pont*-Kennzahlensystem hat den formalen Aufbau eines Rechensystems in Gestalt einer **Kennzahlen-Pyramide**. Der RoI wird aus dem Produkt der Kennzahlen Umsatzrentabilität und Kapitalumschlag ermittelt. In den folgenden Stufen werden die in den Zähler und Nenner dieser Verhältniskennzahlen (Ratios) eingehenden Größen in ihre absoluten Aufwands- und Ertragskomponenten sowie Vermögensbestandteile untergliedert. Die Umsatzrendite ist Gewinn durch Umsatz, der Kapitalumschlag berechnet sich aus dem Umsatz durch das durchschnittlich investierte Kapital (betriebsnotwendiges Vermögen). Diese Aufspaltung lässt sich fast unbegrenzt weiterführen. Durch die mathematische Zerlegung der übergeordneten Zielgröße werden die verschiedenen Einflussfaktoren auf den Unternehmenserfolg übersichtlich dargestellt.

Ein **Vorteil** des *Du-Pont*-Systems ist, dass die notwendigen Kennzahlen überwiegend aus dem betrieblichen Rechnungswesen entnommen werden können. Dies ermöglicht u. a. Betriebsvergleiche bzw. Benchmarking (vgl. Abschnitt 5.4). Als **Nachteile** werden angeführt:

- Bei den hier ausschließlich verwendeten Finanzkennzahlen handelt sich im Regelfall um sog. Spätindikatoren, d. h. um Kennzahlen, die erst mit erheblicher zeitlicher Verzögerung Hinweise über die Richtigkeit einer Entscheidung geben.
- Die Finanzkennzahlen geben nur bedingt Auskunft über die Ursachen für eine bestimmte Entwicklung und bieten damit nur begrenzte Ansatzpunkte für etwaig durchzuführende Maßnahmen.
- Die Ausrichtung an dem kurzfristigen Rentabilitätsziel lässt u. U. langfristige Aspekte zur Unternehmenswertsteigerung außen vor.
- Der RoI lässt keinen unmittelbaren Rückschluss auf die Produktivität eines Unternehmens zu, da auch der Bilanzpolitik Einfluss zukommt.
- Die Ausrichtung an einem einzigen Ziel, nämlich der Maximierung des RoI, wird nicht allen Anspruchsgruppen eines Unternehmens gerecht.
- Bereichsorientierte RoI-Ziele können zu suboptimalen Lösungen für das ganze Unternehmen führen.

5.5.2 Ausgewählte Marketing-Kennzahlen

Überblick

Eine 2005 vom Beratungsunternehmen *Dr. Wieselhuber & Partner* durchgeführte Untersuchung bei Marketing-Entscheidungsträgern in Deutschland fördert zutage, dass der Bekanntheitsgrad unter den Marketing-Kennzahlen mit 82 % die Spitzenposition einnimmt, gefolgt von Umsatz/Absatz (79 %) und Produktqualität (71 %; vgl. Tab. 5.2). Des Weiteren wird ersichtlich, dass von den wichtigsten 20 Kennzahlen 17 zukünftig an Bedeutung gewinnen werden. Den mit 24 % höchsten Bedeutungszuwachs hat die Kennzahl Kundenzufriedenheit mit 24 % zu verzeichnen. Insgesamt lässt sich feststellen, dass wertorientiertes Kundenmanagement an Stelle eines blinden Umsatz- und Marktanteilsdenkens rückt.

Tab. 5.2: Einsatz zentraler Kennzahlen im Marketing (in %; Quelle: Wieselhuber & Partner 2005, S. 26)

Kennzahl	Einsatz heute (Rang)	Verwendung zukünftig (Rang)	Bedeutungs-entwicklung
Bekanntheitsgrad	82 (1)	88 (1)	+ 6 (+/- 0)
Umsatz/Absatz	79 (2)	79 (5)	+/- 0 (- 3)
Produktqualität	71 (3)	82 (4)	+ 11 (- 1)
Markenstärke	70 (4)	85 (2)	+ 15 (+ 2)
Marketingkosten	70 (5)	65 (8)	- 5 (- 3)
Deckungsbeitrag	69 (6)	84 (3)	+ 15 (+ 3)
Marktanteil	66 (7)	65 (8)	- 1 (- 1)
Umsatzrentabilität	52 (8)	59 (11)	+ 7 (- 3)
Umsatzanteil Neuprodukte	46 (9)	68 (6)	+ 22 (+ 3)
Kundenloyalität	45 (10)	66 (7)	+ 21 (+ 3)
Distributionsgrad	43 (11)	53 (13)	+ 10 (- 2)
Kundenzufriedenheit	38 (12)	62 (10)	+ 24 (+ 2)
Markenpotenziale	34 (13)	56 (12)	+ 22 (-1)
Erzielte Preise/Preisabstand	26 (14)	48 (14)	+ 22 (+/- 0)
Servicequalität	23 (15)	38 (15)	+ 15 (+/- 0)
Brand Pipeline	18 (16)	33 (16)	+ 15 (+/- 0)
Kundenwert	15 (17)	3o (17)	+ 15 (+/- 0)
Monetärer Markenwert	14 (18)	21 (20)	+ 7 (- 2)
Return on Marketing Investment (RoMI)	14 (19)	29 (19)	+ 15 (+/- 0)
Umsatzanteil Neukunden	11 (20)	30 (17)	+ 19 (+ 3)

Exemplarisch werden im Folgenden einige ausgewählte Marketing-Kennzahlen (vgl. hierzu ausführlich *Schneider/Hennig* 2008a, b; *Hennig/Schneider* u. a. 2008) vorgestellt, wobei sich deren Auswahl an der Abb. 5.6 zu entnehmenden Struktur orientiert.

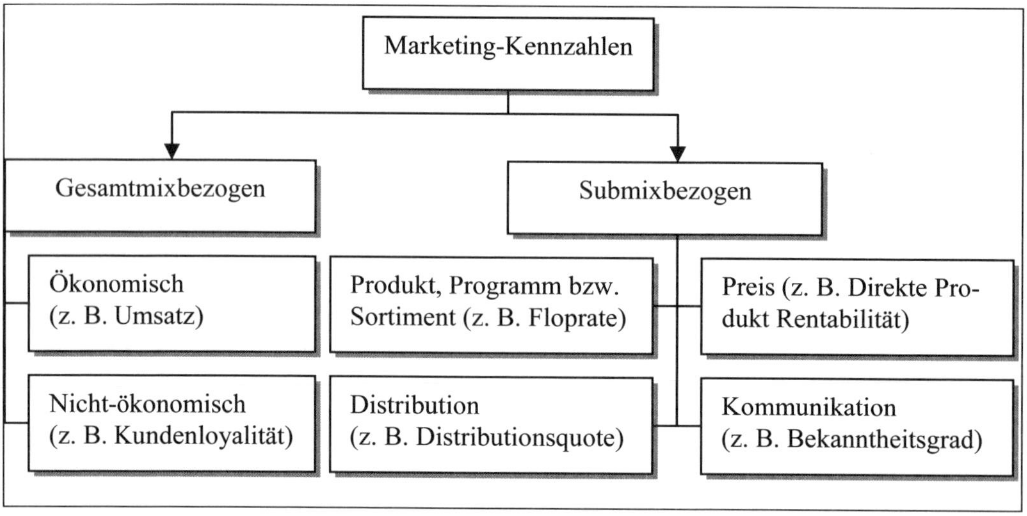

Abb. 5.6: Arten von Marketing-Kennzahlen

Beispiele für gesamtmixbezogene Kennzahlen

Umsatz

Der Umsatz (auch Erlös, Umsatzerlös, Umsatzvolumen) errechnet sich aus Absatzmenge x Verkaufspreis. Damit erfasst der Umsatz das wertmäßige, d. h. mit Verkaufspreisen bewertete Verkaufsvolumen eines Unternehmens innerhalb eines bestimmten Zeitraums (z. B. Tages-, Quartals- oder Jahresumsatz).

Der **Bruttoumsatz** schließt die Mehrwertsteuer ein und klammert sämtliche direkten und indirekten Erlösschmälerungen (z. B. Rabatte, Werbekostenzuschüsse) aus. Im Gegensatz dazu drückt der **Nettoumsatz** den endgültigen Zahlungsmittelzufluss aus.

Speziell in der Konsumgüterindustrie wird zwischen dem **Fabrikumsatz** (= Absatz ab Werk zu Werksabgabepreisen, üblicherweise ohne Umsatzsteuer) und dem **Endverbraucherumsatz** (= Absatz an Endverbraucher zu Endverbraucherpreisen, üblicherweise inklusive Umsatzsteuer) unterschieden.

Der Umsatz stellt eine der wichtigsten Marketing-Größen und dient u. a. als Basis für alle Formen der Deckungsbeitragsrechnung. Diese Kennzahl lässt sich unter Bezugnahme auf entsprechende Kriterien weiter aufschlüsseln und gewinnt dadurch an Aussagekraft.

Da der absolute Umsatz nur wenig Aussagekraft besitzt, wird zumeist die **Umsatzentwicklung** betrachtet. Diese berechnet sich folgendermaßen:

$$\text{Umsatzentwicklung} = \frac{\text{Aktueller Umsatz}}{\text{Umsatz des Vergleichsjahres}} \times 100$$

Außerdem wird der Umsatz häufig ins Verhältnis zu anderen Bezugsgrößen (etwa Kunde, Mitarbeiter, Verkaufsfläche) gesetzt. Hierbei gilt allgemein:

$$\text{Umsatzkennzahl} = \frac{\text{Umsatz}}{\text{Bezugsgröße}} \times 100$$

Zur Berechnung von **Umsatzkennzahlen** werden in der Praxis u. a. folgende Bezugsgrößen herangezogen: Auftrag, Maschinenstunde, Produkt, Verkaufsbezirk/Region, Mitarbeiter, Quadratmeter Verkaufsfläche. Zu dieser Kategorie zählen u. a. die in Tab. 5.3 angeführten Kennzahlen.

Tab. 5.3: Umsatzkennzahlen im Überblick

Umsatzbezogene Kennzahl	Bezugsgröße	Aussagekraft
Kapitalumschlag	Durchschnittlicher Warenbestand zu Einstandspreisen	Gesamtkapitaleffizienz
Lagerumschlag	Durchschnittlicher Lagerbestand zu Einstandspreisen	Lagereffizienz
Mitarbeiterproduktivität	Durchschnittliche Anzahl der Mitarbeiter	Personaleffizienz
Vertriebspersonalproduktivität	Durchschnittliche Anzahl der im Vertrieb Beschäftigten	Vertriebspersonaleffizienz
Flächenproduktivität	Gesamtfläche des Verkaufsraumes	Raumeffizienz
Regalproduktivität	Verkaufswirksame Fläche (meist Regalfläche)	Verkaufsflächeneffizienz

Dabei können die ermittelten Kennzahlen miteinander verglichen (z. B. Umsatzkennzahlen verschiedener Kunden, Mitarbeiter, Filialen; sog. Querschnittsvergleich) und Veränderungen im Zeitablauf analysiert werden (Zeitvergleich). Auch kann der Umsatz pro Kunde (Ausgangspunkt für die ABC-Analyse; vgl. Abschnitt 6.6.5), pro Auftrag, pro Bestellung, pro Kauf, pro Frontstück oder pro Posten berechnet werden.

Vorteile des Umsatzes sind:

- Relativ unaufwendige, preiswerte und genaue Ermittlung von Umsatzwerten
- Umsätze der Wettbewerber sind ebenfalls verhältnismäßig einfach zu ermitteln.
- Wertmäßiger Charakter und damit verbundene Verrechenbarkeit mit anderen Größen
- Umsatz ist Bestandteil aller relevanten Kenngrößen (z. B. Marktanteil, vgl. hierzu Abschnitt 6.6.4).

- Zentrale Funktion von Umsatzplänen als Vorgabe für andere Bereiche (Einkauf, Produktion etc.)
- Enger, aber nicht zwangsläufiger Bezug des Umsatzes zu Wachstum und Ertrag

Als **Schwachpunkte** des Umsatzes gelten:

- Ohne eine Absatzmengenstatistik ist nicht zu erkennen, inwieweit eine Veränderung des Umsatzes auf die Mengen- oder Preiskomponente zurückzuführen ist.
- Eine ausschließliche Analyse des Umsatzes klammert aus, dass einzelne Produkte unterschiedliche Handelsspannen bzw. Deckungsbeiträge haben.
- Die Analyse des Umsatzes lässt unberücksichtigt, dass die einzelnen Produkte bzw. Sortimentsteile die Kapazitäten eines Unternehmens in unterschiedlichem Maße in Anspruch nehmen.
- Eine moderate Umsatzsteigerung in einem stark wachsenden Umfeld kann leicht darüber hinwegtäuschen, dass ein Unternehmen nur unterdurchschnittlich erfolgreich agiert.
- In gesättigten Märkten sowie bei qualitativem Wachstum verliert der Umsatz gegenüber Ertragszielen an Stellenwert.
- Der Umsatz kann konjunkturell, saisonal oder durch Preiserhöhungen bedingt gewachsen sein, ohne dass sich die Leistungsfähigkeit eines Unternehmens verändert hat.
- Der Umsatz bietet nur einen sehr begrenzten Einblick in die Ursachen für den (Miss-) Erfolg eines Unternehmens. Das heißt konkret: Im Idealfall weiß man zwar, dass das eigene Unternehmen besser oder schlechter geworden ist, es bleibt aber unklar, in welchen Bereichen bzw. warum.
- Beim Umsatz handelt es sich um einen Spätindikator, d. h. er weist erst mit zeitlicher Verzögerung auf mögliche Schwachstellen hin.
- Der Umsatz steht häufig in Konkurrenz zu anderen Unternehmenszielen. Ein typisches Beispiel für einen solchen Konflikt ist die langfristig ausgerichtete Kundenorientierung auf der einen und die kurzfristig ausgerichtete Umsatzorientierung auf der anderen Seite.
- Der Umsatz liefert keinerlei Auskunft über den tatsächlich erwirtschafteten Ertrag. Deshalb müssen immer noch weitere Kennzahlen zur Analyse (etwa Deckungsbeitrag) hinzugezogen werden.

Kundenloyalität

Die Kundenloyalität bringt zum Ausdruck, wie treu Kunden gegenüber einem Produkt bzw. Unternehmen sind. Sie lässt sich mit Hilfe der Wiederkäufer- bzw. Wiederkaufrate ermitteln.

Die **Wiederkäuferrate** berechnet sich wie folgt:

$$= \frac{\text{Zahl der Wiederholungskäufer der Marke A in Periode 2}}{\text{Zahl der Erstkäufer der Marke A in Periode 1}} \times 100$$

Die Wiederkäuferrate bringt damit zum Ausdruck, wie hoch der Anteil der Erstkäufer der Marke A ist, welche in der nächsten Periode wieder die Marke A kaufen. Damit dient die Wiederkäuferrate der Ermittlung der Markentreue von Kunden und ist letztlich eine Kennzahl für das Ausmaß der Kundenloyalität.

Die **Wiederkaufrate** ihrerseits wird auf folgende Weise ermittelt:

$$= \frac{\text{Die von den Erstkäufern bei Wiederholungskäufen gekaufte Menge, die auf Marke A entfällt}}{\text{Gekaufte Menge in der Produktklasse, die von A-Käufern nach Erstkauf getätigt wird}} \times 100$$

Die Wiederkaufrate misst das mengenabhängige Ausmaß, mit dem Käufer einer Marke (sog. Erstkäufer) diese auch wiederkaufen. Demnach lässt sich diese Kennzahl interpretieren als Marktanteil der Marke A im Segment der Erstkäufer von Marke A. Damit dient die Wiederkaufrate der Erfassung der Markentreue und Prognose des langfristigen Marktanteils.

Im Vergleich zur Wiederkäuferrate bietet die Wiederkaufrate den Vorteil, dass sie einen Einblick in die Kaufintensität vermittelt. Es wird also nicht nur nachvollziehbar, ob ein Erstkäufer die Marke noch einmal kauft, sondern auch, wie viel davon er im Betrachtungszeitraum erwirbt.

Beispiele für submixbezogene Kennzahlen

Floprate

Die Floprate berechnet sich folgendermaßen:

$$= \frac{\text{Anzahl der Innovationen, die nach einem bestimmten Zeitraum nicht mehr am Markt sind}}{\text{Anzahl der gesamten Innovationen}} \times 100$$

Damit setzt die Floprate die Zahl der gescheiterten Produkte ins Verhältnis zur Gesamtzahl der Innovationen und ist folglich ein Maßstab für den Erfolg der Forschungs- und Entwicklungsabteilung. Gleichzeitig lassen sich anhand der Kennzahl aber auch die Aktivitäten der Marketing- und Vertriebsabteilung beurteilen.

Der (Miss-)Erfolg von Innovationen ist im Regelfall auf zwei Faktoren zurückführen, nämlich den **relativen Nutzen des Produktes** und die **Marktkommunikation**. Scheitert ein Produkt, weil es nicht gelungen ist, die Partner bzw. Kunden mit Kommunikationsmitteln zu überzeugen, so lässt sich dies an der Erstkäuferrate (= Anzahl der Käufer, die ein Produkt zum ersten Mal kaufen) bzw. Erstkaufrate (= Anzahl der Produkte, die von Erstkäufern erworben werden) ablesen. Bietet ein Produkt hingegen keinen Nutzenvorteil, lässt sich dies an der Wiederkäuferrate bzw. Wiederkaufrate erkennen.

Die Floprate ist insbesondere aussagekräftig im Zeitablauf sowie im Vergleich zu Wettbewerbern. Eine geringe Floprate sagt jedoch noch nichts über den finanziellen Erfolg eines Unternehmens aus.

Direkte Produkt Rentabilität

Die Direkte Produkt Rentabilität (= DPR) dient dazu, die Vorteilhaftigkeit einzelner Sortimentsteile zu beurteilen, in dem alle entstandenen Kosten vom Einkauf bis zum Verkauf des Artikels in die Rentabilitätskennzahl eingerechnet werden. Für die Berechnung der Kennzahl gilt das in Tab. 5.4 vorgestellte **Schema**. Demnach stellt die Direkte Produkt Rentabilität einen **modifizierten Deckungsbeitrag** dar, der dazu dient, die nicht zurechenbaren Handlungskosten (= Restkosten) und den Gewinn zu decken.

Die Direkte Produkt Rentabilität wird insbesondere herangezogen, wenn es gilt, die **Handelsspanne** (= [Netto-]Verkaufspreis – [Netto-)Einstandspreis] zu überprüfen. Außerdem dient sie dazu, die Wirkung alternativer Warenbestückungspläne zu analysieren und damit das Sortiment bzw. die Logistik **ergebnisorientiert** zu steuern. Die Besonderheit der DPR-Rechnung liegt darin, dass sie sich von dem in Handelsbetrieben üblichen Verfahren löst, mit Ausnahme der Warenkosten sämtliche Kosten als nicht direkt zurechenbare Kosten zu behandeln und nur mit Hilfe mehr oder weniger globaler Zuschlagssätze dem einzelnen Artikel zuzurechnen. Dies gewinnt insbesondere vor dem Hintergrund an Bedeutung, dass in Handelsbetrieben ein extrem hoher Anteil an Fixkosten zu veranschlagen ist.

Tab. 5.4: Berechnung der Direkten Produkt Rentabilität (Quelle: Möhlenbruch 1994, S. 297)

Netto-Verkaufspreis	= um die Mehrwertsteuer sowie alle Nachlässe und Erlösschmälerungen reduzierter Endverbraucherabgabepreis
abzüglich	
Netto-Netto-Einkaufspreis	= um alle Rabatte, Werbekostenzuschüsse (= WKZ) und sonstigen Vergütungen bereinigter Einkaufspreis
abzüglich	
Direkte Produktkosten	= direkt zurechenbare Handelskosten
ergibt	
Direkte Produkt Rentabilität	= modifizierter Deckungsbeitrag zur Abdeckung der nicht zurechenbaren Kosten und des Gewinns

Vielmehr werden bei der DPR-Rechnung die Kosten den einzelnen Produkten entsprechend der tatsächlichen Nutzung der Kapazitäten (z. B. Personalkosten entsprechend der tatsächlich in Anspruch genommenen Zeit, Raumkosten für wirklich genutzte Palettenplätze im Lager) zugerechnet. Sog. Leerkosten, die durch ungenutzte Kapazitäten entstehen, werden nicht berücksichtigt.

Allerdings ist mit dem DPR-Konzept ein **immenser Erhebungsaufwand** verbunden, welcher wiederum Kosten verursacht. Im Handelsbetrieb ist vor allem die schwierige Aufgabe zu lösen, das Mengengerüst der Kosten möglichst präzise zu erfassen. Hierfür sind umfangreiche Zeitmessungen und Arbeitsablaufstudien erforderlich. Hinzu kommen die Flächen-, Volumen- und Kontaktstreckenmessungen sowie schließlich das Sammeln der Daten aus dem Rechnungswesen sowie ergänzender Informationen aus verschiedenen Fachabteilungen. Das daraus resultierende Mengengerüst der Kosten wird nun mit Faktorpreisen (z. B. Lohnstundensätze, Quadratmetermietpreise und ähnliche Geldfaktoren) multipliziert. Man erhält dann die wertmäßigen direkten Produktkosten.

Distributionsquote

Die **numerische Distributionsquote** berechnet sich wie folgt:

$$\frac{\text{Zahl der Geschäfte, die ein Produkt führen}}{\text{Gesamtzahl der einschlägigen Geschäfte}} \times 100$$

Demnach setzt die numerische Distributionsquote die Verkaufsstellen, die ein bestimmtes Produkt vertreiben, ins Verhältnis zu allen Verkaufsstellen, die das entsprechende Produkt verkaufen und verkaufen könnten.

Ein niedriger Kennzahlenwert ist Indiz dafür, dass der Absatz eines Produktes noch erhöht werden kann, indem weitere Vertriebspartner hinzugewonnen werden. Eine hohe numerische Distributionsquote hingegen bedeutet, dass das Produkt eines Unternehmens bereits über relativ viele Verkaufsstellen vertrieben wird und damit für die Kunden flächendeckend erhältlich ist (sog. **Ubiquität**).

Die numerische Distributionsquote bezieht sich nur auf die Anzahl der Geschäfte, die ein Produkt vertreiben bzw. vertreiben könnten. Sie behandelt also sämtliche Verkaufsstellen gleich und folglich unabhängig davon, ob es sich nun um einen kleinen Tante-Emma-Laden oder um ein großes Einkaufszentrum handelt. Insofern empfiehlt es sich, flankierend die **gewichtete Distributionsquote** zu bilden. Diese ermittelt sich wie folgt:

$$\frac{\text{Warengruppenumsatz der Geschäfte, die ein Produkt führen}}{\text{Warengruppenumsatz aller einschlägigen Geschäfte}} \times 100$$

Die gewichtete Distributionsquote setzt also den Warengruppenumsatz der Verkaufsstellen, die ein bestimmtes Produkt vertreiben, ins Verhältnis zum Warengruppenumsatz aller Geschäfte, die das entsprechende Produkt verkaufen und verkaufen könnten (z. B. alle Lebensmitteleinzelhandelsgeschäfte).

In jedem Fall gilt es zu prüfen, ob eine hohe Distributionsquote auch mit der gewünschten Rentabilität einhergeht. Denn (umsatzstarke) Vertriebspartner werden nicht selten mit großen Marketingbemühungen und/oder Preiszugeständnissen und damit zu Lasten der Rendite gewonnen.

Bekanntheitsgrad

Der Bekanntheitsgrad gibt an, wie viel Prozent einer bestimmten Zielgruppe eine Marke, Werbebotschaft, Firma oder andere Meinungsgegenstände kennen. Ohne eine Gedächtnishilfe für die Befragungsperson spricht man vom aktiven bzw. ungestützten, mit Gedächtnishilfe (z. B. Vorlegen einer Namensliste) vom passiven bzw. gestützten Bekanntheitsgrad.

Die Erhebung des Bekanntheitsgrades erfolgt durch Befragungen. Hierbei werden **drei Verfahren** unterschieden:

- Beim **ungestützten Erinnerungsverfahren (Unaided Recall)** werden der Befragungsperson keinerlei Erinnerungsstützen (z. B. Listen von Marken, Produktverpackungen) an die Hand gegeben. Wenn ein Proband beispielsweise die Frage „Welche Marken aus dem Bereich Y kennen Sie?" mit „Die Marke X" beantwortet, handelt es sich um den ungestützten Bekanntheitsgrad, da die Frage selbst die Marke nicht nennt.
- Beim **gestützten Erinnerungsverfahren (Aided Recall)** erhält der Proband Erinnerungshilfen, die er jedoch selbständig ausbauen muss. Beispielsweise wird ihm der Anfang eines Slogans gezeigt und er muss diesen vervollständigen.
- Beim **Wiedererkennungsverfahren (Recognition)** schließlich wird der Proband lediglich gefragt, ob er den Meinungsgegenstand kennt oder nicht (Kennen Sie die Marke X?). Dementsprechend häufig kommen hohe Werte aufgrund von Prestigeantworten zustande. Folglich sind die Erinnerungsverfahren als validere Verfahren einzustufen.

Der Bekanntheitsgrad ist insbesondere bei sog. **Low-Involvement-Produkten** von Bedeutung, da Konsumenten in diesen Fällen in der Regel im Vorfeld des Kaufes keine Informationsanstrengungen unternehmen (vgl. Abschnitt 2.2). Als **Schwachpunkte** des Bekanntheitsgrades sind zu nennen:

- Durch die Messung wird lediglich die Kenntnis der Existenz eines Produkts, einer Ware usw. ermittelt, so dass es sich hier um eine trügerische Kennzahl handelt. Denn der Erfolg einer Werbekampagne hängt ebenso davon ab, ob der Bekanntheitsgrad des Produkts bzw. der Werbekampagne auch mit positiv bewerteten Merkmalen einhergeht.
- Der Bekanntheitsgrad sagt nichts über die Beurteilung eines Objektes aus. So kann beispielsweise ein Unternehmen einen hohen Bekanntheitsgrad in der Bevölkerung erzielen, da es gerade in einen Umweltskandal verwickelt ist. Der hohe Bekanntheitsgrad wäre dann eher mit negativen Assoziationen verknüpft, also für das Unternehmen nachteilig.
- Es ist festzustellen, dass die Zahlen für den passiven Bekanntheitsgrad (= gestütztes Erinnerungsverfahren und Wiedererkennungsverfahren) in der Regel zu hoch ausfallen, weil unter den spezifischen Bedingungen des Interviews viele Befragte angeben, ihnen sei ein Produkt bzw. eine Anzeige bekannt, das bzw. die sie in Wirklichkeit gar nicht kennen (sog. **Overreporting**). Die Zahlen für den aktiven Bekanntheitsgrad (= ungestütztes Erinnerungsverfahren) fallen hingegen normalerweise zu niedrig aus, weil sich einige Befragte im konkreten Fall der Befragung nicht an etwas erinnern, das ihnen im Übrigen bekannt ist (sog. **Underreporting**).

Eine spezielle Variante des Bekanntheitsgrades ist der sog. **G-Wert**, der definiert ist als Anzahl der Passanten pro Stunde, die sich an ein angebrachtes **Plakat** erinnern können (vgl.

hierzu *Koschnick* 2002). Die Wahrnehmbarkeit ist dabei abhängig von mehreren Faktoren, wie z. B. Stellwinkel, Entfernung der Plakatstelle zur Straße, Konkurrenz durch andere visuelle Reize in der Umgebung u. ä.

Bei der Erhebung des G-Wertes werden **drei Passantengruppen** berücksichtigt:

- Fußgänger,
- Fahrzeuginsassen und Zweiradfahrer sowie
- Fahrgäste in öffentlichen Verkehrsmitteln.

Die Definition des G-Wertes wird durch **zusätzliche Anforderungen** festgelegt:

- Der G-Wert gilt für eine durchschnittliche Tagesstunde zwischen 7.00 und 19.00 Uhr.
- Es muss sich um ein durchschnittlich aufmerksamkeitsstarkes Plakat handeln.
- Unter „erinnern" wird die richtige Antwort in einem speziellen Wiedererkennungstest verstanden.

6 Marketing-Strategien

Dieses Kapitel vermittelt,:

- was man unter einer Strategie versteht und welche Aufgaben einer solchen zufallen,
- welche Strategieoptionen sich bieten,
- durch welche Charakteristika sich die einzelnen Strategien auszeichnen,
- welche Vor- und Nachteile die jeweilige Strategie aufweist und
- welche Instrumente zur Verfügung stehen, um eine geeignete Strategie zu bestimmen.

6.1 Begriff und Aufgaben

Der etymologische Ursprung des Begriffs Strategie liegt im Griechischen (stratos = Heer, Gruppe, Streitmacht und igoume = führen, treiben, leiten). In diesem Kontext bezeichnet „Strategos" die Funktion eines Generals, das griechische Heer zu führen. Strategie im ursprünglichen Sinne bedeutet demnach die **Planung und Durchführung von Feldzügen**. Eng verbunden mit dem Strategiebegriff sind *Carl von Clausewitz* und sein Standardwerk „Vom Kriege" (1980).

Carl von Clausewitz (*1. Juni 1780, †16. November 1831) wurde bereits im Alter von zwölf Jahren Soldat (vgl. im Folgenden *Dürig* 1993; *o. V.* 2002a). Er war Oberst, Generalmajor und Chef des Generalstabes in preußischen bzw. russischen Diensten, lehrte an der Kriegsschule Artillerieschiesslehre, arbeitete u. a. an der preußischen Heeresreform mit, war an der Bearbeitung von Reglementen für Infanterie, Kavallerie und Artillerie beteiligt und verfasste nicht zuletzt eine Instruktion für die Ausbildung der Landwehr (Miliz).

Das dreibändige Werk „Vom Kriege" schrieb *von Clausewitz* in der Zeit von 1816 bis 1830. Das Buch erschien seinem Willen entsprechend erst nach seinem Tod und erörtert die folgenden **Themen**:

- Natur und Begriff des Krieges als Element des sozialen Lebens, als existentielles Problem, in allen seinen nur denkbaren Erscheinungsformen in Vorstellung und Wirklichkeit
- Verhältnis von Krieg und Politik
- Beziehungen zwischen Theorie und Praxis auf grundsätzlicher Ebene
- Grundfragen von Strategie und Taktik

- Wechselverhältnis von Verteidigung und Angriff
- Bedeutung der moralischen Größen
- Rolle der Unwägbarkeiten (Imponderabilien, Friktionen)
- Problematik des Vernichtungsprinzips in Gedanken und Verwirklichung
- Phänomen des Volkskrieges
- Reflexionen über das rechte Verhältnis von Zweck, Ziel und Mitteln

Die Überlegungen des *Carl von Clausewitz* sind bis heute Grundlagen erfolgreicher Management-Methoden, Unternehmens-Philosophien und Führungsstile. U. a. basiert die berühmte **Win-Win-Strategie** auf seiner Bündnistheorie. Die Kritiker hingegen führen ins Feld, dass Kriegs- und Unternehmensführung kaum Analogien aufweisen würden und der Ansatz von *von Clausewitz* weder zeitgemäß noch auf wirtschaftliches Handeln anzuwenden sei.

Mitte des 20. Jahrhunderts tauchte der Strategiebegriff im Zuge der Spieltheorie erstmals in der Betriebwirtschaftslehre auf. Strategie steht hier für den vollständigen Plan eines Spielers, der simultan und antizipativ die eigenen Aktionen sowie die des Gegenspielers berücksichtigt und für jede mögliche Situation bzw. Konstellation die richtige Option aufzeigt (vgl. *Welge/Al-Laham* 1999, S. 12).

Übertragen auf das Wirtschaftsleben bezeichnet Strategie die **Festlegung eines langfristig ausgerichteten Verhaltensplans**. Marketing-Strategien sind demnach mittel- bis langfristige Grundsatzentscheidungen, die den Orientierungsrahmen für die untergeordneten Entscheidungen im Bereich der absatzpolitischen Instrumente (= Marketing-Mix) bilden und damit deren Einsatz auf die Erreichung der zuvor definierten Ziele lenken (vgl. *Nieschlag/Dichtl/Hörschgen* 2002, S. 176). Die Strategie gibt demnach die Route vor, auf der mit Hilfe des Marketing-Mix (= Beförderungsmittel) die Unternehmensziele (= Wunschort) erreicht werden sollen.

Grundsätzlich können **zwei Arten** von Marketing-Strategien unterschieden werden:

- Fokussiert sich eine Strategie auf einen bestimmten Bereich des Marketing-Mix (etwa Wahl eines Kommunikationsstils oder einer Preispositionierung), bezeichnet man diese als **Instrumentalstrategie**. Deren jeweilige Ausprägungen werden konsequenterweise in den entsprechenden Abschnitten zum Marketing-Mix behandelt.
- Im Gegensatz hierzu kombinieren **Basisstrategien** verschiedene Instrumente und Maßnahmen des Marketing.

Je nach Adressat lassen sich folgende **Formen** von Basisstrategien unterscheiden (vgl. Abb. 6.1):

- **Kundenorientierte Strategien**, die sich in Marktfeld-, Marktstimulierungs-, Marktparzellierungs- und Marktarealstrategien unterteilen lassen
- **Konkurrenzorientierte Strategien**, wobei Kostenführerschaft, Differenzierung, Fokussierung und Outpacing unterschieden werden
- **Unternehmensübergreifende Strategien** mit den Varianten Strategische Allianzen und Efficient Consumer Response

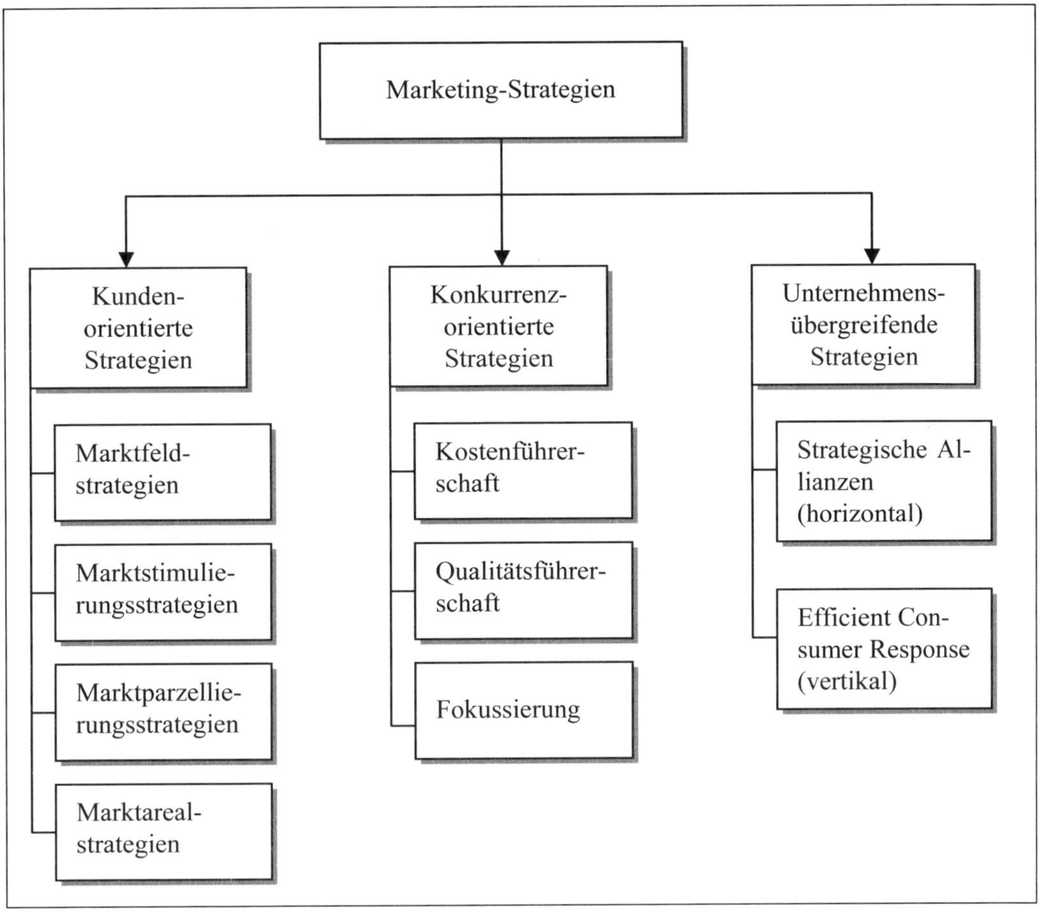

Abb. 6.1: Marketing-Strategien im Überblick

6.2 Kundenorientierte Strategien

6.2.1 Marktfeldstrategien

Die Marktfeldstrategie fixiert, welche (gegenwärtigen bzw. neuen) Produkte ein Unternehmen auf welchen (gegenwärtigen bzw. neuen) Märkten anbieten wird, um Wachstum zu erzielen. Anhand der von *Ansoff* (1966), der als Vater des unternehmerischen Strategiebegriffs gilt, entwickelten **Produkt-Markt-Matrix** lassen sich vier Wachstumsstrategien unterscheiden (vgl. Tab. 6.1).

Tab 6.1: Die Marktfeldstrategien im Überblick

Märkte / Produkte	Gegenwärtig	Neu
Gegenwärtig	Marktdurchdringung	Marktentwicklung
Neu	Produktentwicklung	Diversifikation

Im Zuge der **Marktdurchdringung** strebt ein Unternehmen an, ein bereits bestehendes Produkt auf einem angestammten Markt häufiger abzusetzen. Dies geschieht durch eine Intensivierung der Marketingbemühungen, die darauf abzielen,:

- Nicht-Käufer in Käufer umzuwandeln, indem diese von den Vorteilen des jeweiligen Produkts überzeugt werden.
- Kunden der Konkurrenz abzuwerben.

Des Weiteren lässt sich das Marktvolumen durch eine Steigerung der Nutzungsintensität bei bisherigen Kunden vergrößern. Dies kann u. a. erreicht werden durch:

- Senkung des Preises,
- Vergrößerung der Packungseinheiten,
- frühzeitige Veralterung der Produkte sowie
- Aufzeigen neuer Einsatzmöglichkeiten für das Produkt.

Fallstudie „Steigerung der Verwendungsintensität“ – von *Nadler* bis *Wrigley*

Zahlreiche Food-Hersteller führen mittlerweile Produkte, die wahlweise kalt oder heiß genossen werden können. Pionier auf diesem Gebiet war der Feinkostspezialist *Nadler*, der 2003 mit der Subbrand *Bistro-Salate heiß & kalt* erstmals in den Bereich warmer Gerichte vordrang. Auf diese Weise sollten durch die Schaffung neuer Verzehranlässe für *Nadler*-Produkte der Markt erweitert und die Verwendungsintensität gesteigert werden.

Das Ergebnis: Eine neue Range mit den vier Sorten Toast Hawaii, Chili con Carne, Spargel Schinken und Brokkoli Schinken, die sich sowohl als Brotaufstrich oder Salat als auch zum Überbacken eignen. Spezielle Rezepturen gewährleisten, dass sich die Soßen nicht durch Erwärmung verändern, wie es bei den meisten anderen Feinkostsalaten der Fall wäre. Der Verbraucher wird durch Tipps auf den Verpackungen und im Internet an die neuen Verwendungsmöglichkeiten herangeführt. Mittlerweile haben Branchenriesen wie *Molkerei Müller*, *Nordmilch* und *Dr. Oetker* sowie der Hauptwettbewerber *Beeck-Homann* an die Heiß-Kalt-Idee angeknüpft und eigene Heiß&Kalt-Produkte entwickelt.

Auch andere Hersteller versuchen, die Verwendungsintensität ihrer Produkte zu steigern, in dem sie den Konsumenten neue Einsatz- bzw. Verwendungsmöglichkeiten aufzeigen bzw. durch Veränderungen nahe legen. So werden Kartoffelchips traditionell von rund 90 % der Verbraucher nach 18 Uhr konsumiert. *Inter Snack*, der Hersteller der Marken *funny-frisch*, *Chio*, *Pom-Bär* und *gold fischli*, bietet sein bewährtes Produkt *funny-frisch Chipsfrisch ungarisch* seit April 2007 auch in einem 4er-Portionspack an. Die 4x45g-Tüten lassen sich laut Herstellerangaben durch entsprechende Perforierungen leicht voneinander abtrennen und sollen zu einem Snack zwischendurch anregen. In seiner Werbung für den Handel weist *Inter Snack* auf Marktforschungsbefunde hin, die belegen sollen, dass 65 % der Befragten das neue Produkt auch vor 18 Uhr und damit in einer neuen Verzehrsituation konsumieren würden.

Maggi informiert den Verbraucher durch die auf der Rückseite der Verpackungen angebrachten Rezeptvorschläge darüber, dass sich beispielsweise die traditionell ausschließlich mit Teigwaren kredenzte Tomatensauce Napoli auch noch für eine Handvoll anderer Gerichte anbietet.

Danone fügt bereits seit Jahren seinem *FruchtZwerge*-Joghurt in den Sommermonaten Eisstäbchen hinzu. Der Verbraucher und hier insbesondere Kinder können mit diesen Joghurt in Eis verwandeln, in dem sie die Eisstäbchen durch die Folie stecken, die Becher mindestens vier Stunden ins Tiefkühlfach stellen, danach die Folie entfernen und schließlich das Eis aus dem Becher ziehen.

Wrigley seinerseits beschreitet den Weg, die Verwendungsintensität durch **größere Verpackungseinheiten** zu steigern. Verbraucher erwerben Impuls-Produkte wie Kaugummi und Bonbons spontan, eine Bevorratung findet im Regelfall nicht statt. Deshalb sind insbesondere Süßwarenanbieter, deren Hauptgeschäft sich in der Kassenzone abspielt, von der seit Jahren zu beobachtenden sinkenden Einkaufsfrequenz der Verbraucher negativ betroffen. *Wrigley* antwortete auf die abnehmende Zahl von Einkaufsakten mit *Wrigley's Extra Professional* in der Vorratsdose. Durch die größere Verpackung stieg nicht nur der erzielte Umsatz pro Einkaufsakt, sondern auch der Umsatz insgesamt wuchs deutlich, so dass die sinkende Einkaufsfrequenz mehr als kompensiert werden konnte.

Quelle: *Biester, S*: Coole Ideen kochen serviert, in: LebensmittelZeitung, Nr. 19 vom 07.05. 2004, S. 35; Anzeigenbeispiel funny-frisch, in: LebensmittelZeitung, Nr. 13 vom 30. 03.2007, S. 36; Anzeigensbeispiel FruchtZwerge, in: LebensmittelZeitung, Nr. 20 vom 18.05.2007, S. 14; *Chwallek, A.*: Wrigley löst Problem durch große Vorratsdosen, in: LebensmittellZeitung, Nr. 20 vom 18.05.2007, S. 15.

Bei der **Marktentwicklung** bietet ein Unternehmen ein bestehendes Produkt auf einem neuen Markt an. Hierbei kann es sich zum einen um die Ansprache neuer Zielgruppen im derzeitigen Absatzgebiet handeln. Dies wäre der Fall, wenn die Restaurantkette *McDonald's* das Catering für die Reisenden bei der *Deutschen Bundesbahn* übernehmen würde. Zum anderen bietet sich die Möglichkeit, im Zuge einer Internationalisierung geographisch neue Märkte zu erschließen, um auf diese Weise den Sättigungstendenzen im heimischen Absatzgebiet zu entgehen.

Die **Produktentwicklung** zeichnet sich dadurch aus, dass ein Unternehmen ein neues Produkt auf einem angestammten Markt offeriert. Hierbei bieten sich **zwei Optionen**:

- Bei der **Produktmodifikation** wird ein vorhandenes Produkt verändert, wobei zwei Spielarten unterschieden werden: Während bei der **Produktvariation** ein Produkt im Zeitablauf verändert wird und damit das bisherige Erzeugnis ersetzt (z. B. das neue *Persil* mit optimierter Wirkformel), bleibt im Falle der **Produktdifferenzierung** die Ausgangsvariante auch weiterhin bestehen und es werden eine oder mehrere veränderte Versionen zusätzlich angeboten (etwa *Coca-Cola* classic, *Coca-Cola* light, *Coca-Cola* koffeinfrei, *Coca-Cola* zero).
- Bei der **Produktinnovation** handelt es sich um die Entwicklung eines neuen Erzeugnisses. Im Falle einer Marktneuheit besteht diese aus einer bislang für alle Marktteilnehmer unbekannten Problemlösung. Eine Betriebsneuheit hingegen ist zwar für das Unternehmen neu, existiert aber in ähnlicher Form bereits auf dem Markt.

Fallstudie „Produkt-Flops" – die Misserfolge von *Pepsi* und *Coca-Cola*

In den späten 80-er Jahren entdeckte *Pepsi* ein Segment, das bis dahin nicht beachtet worden war: Konsumenten, die zum Frühstück Cola tranken. Also brachte man "*Pepsi* AM" (AM = ante meridium = vormittags) heraus – einen Softdrink „mit demselben Zucker-, aber dem doppelten Koffeingehalt". Doch obwohl zahlreiche Konsumenten Cola zum Frühstück tranken, existierte kein Bedarf an einer solchen Produktvariante. *Pepsi* AM floppte.

Legendär ist auch der Misserfolg von "Crystal *Pepsi*". Mit diesem klaren Softdrink sollte die „neue Nachfrage nach Reinheit" befriedigt werden. Die Verbraucher erwarteten jedoch von einem Produkt mit dem Namen *Pepsi*, dass es auch wie *Pepsi* aussah. Nicht einmal ein Jahr später stellte *Pepsi* die Produktion von "Crystal *Pepsi*" ein und brachte einen Nachfolger mit dem Namen "Crystal" in die Regale. Die Negativassoziationen hielten sich jedoch hartnäckig – Crystal Nr. 2 setzte sich noch weniger durch als sein unbeliebter Vorgänger.

Doch auch Konkurrent *Coca-Cola* blieb von Marketing-Flops nicht verschont. 1985 beschloss das Unternehmen, seinen beliebtesten Softdrink vom Markt zu nehmen und durch eine neue Rezeptur zu ersetzen, die als "New Coke" eingeführt wurde. Der neue Drink wurde zunächst in 200.000 Geschmackstests erprobt – die Ergebnisse waren überwältigend positiv. "New Coke" schmeckte den Testpersonen nicht nur besser als das Original, sondern wurden auch dem Wettbewerbsprodukt von *Pepsi* vorgezogen. Um das erfolgreiche "Diet Coke" nicht vom Markt nehmen zu müssen, beschloss das Unternehmen, die Original-Coke zu verbannen und stattdessen nur noch "New Coke" anzubieten. In der Folge entschied sich ein großer Teil der US-Konsumenten zum Boykott des neuen Produkts. Die Verkaufszahlen für "New Coke" dümpelten vor sich hin und die Konsumenten waren erzürnt, weil das Original nicht mehr erhältlich war.

Nicht einmal drei Monate später leitete *Coca-Cola* den unvermeidlichen Rückzieher ein. Der Getränke-Konzern musste sich eingestehen, dass es ein Fehler gewesen war, die Bedeutung der Marke auf den Geschmack zu reduzieren.

Quelle: *Redl, R.*: Marketing-Flops, auf: http://leuropa.eu/Marketing; Stand: 06.05.2007.

Im Zuge der **Diversifikation** werden neue Produkte auf neuen Märkten angeboten. Demnach birgt diese Strategie das vergleichsweise größte Risiko in sich. Grundsätzlich lassen sich **drei Formen** unterscheiden:

- Bei der **horizontalen Diversifikation** erweitert ein Unternehmen das Leistungsspektrum auf der gleichen Wirtschaftsstufe durch verwandte Produkte. Ein solcher Fall liegt vor, wenn eine Brauerei ihr Angebot auf alkoholfreie Getränke ausdehnt.
- Im Zuge einer **vertikalen Diversifikation** wird das Leistungsangebot auf vor- bzw. nachgelagerte Wertschöpfungsstufen ausgedehnt. Erwirbt beispielsweise ein Hersteller einen Zulieferbetrieb, spricht man von **Rückwärtsintegration**. Gründet er hingegen ein Factory Outlet, handelt es sich um eine Form der **Vorwärtsintegration**.
- Bei der **lateralen Diversifikation** schließlich besteht keinerlei Beziehung zum bisherigen Leistungsangebot. Dies ist beispielsweise der Fall, wenn ein Röhrenhersteller nunmehr auch im Telekommunikationssektor aktiv wird.

Als **Gründe** für eine Diversifikation sind u. a. zu nennen:

- Ausbrechen aus stagnierenden Märkten
- Auslastung vorhandener Kapazität
- Erzielung eines synergetischen Effektes
- Streben nach Absicherung von Zulieferungen oder Absatzmöglichkeiten
- Erhöhung der Wertschöpfung
- Risikostreuung
- Ausnutzung eines steuerlichen Vorteils
- Ausübung eines Hobbys

Fallstudie „Vertikale Diversifikation" – *Lidl* betreibt Rückwärtsintegration

Vor dem Hintergrund der rasanten Expansion des Discounters in Europa gestaltet es sich zunehmend schwieriger, bei Eigenmarken die gewünschten Mengen und Qualitäten zu beschaffen. Um die Zulieferungen zukünftig abzusichern, gründete *Lidl* eine eigene Süßwarenfabrik in Form eines Joint Venture. Die finanziellen Ressourcen stellt der Discounter, der kleinere Partner aus der Industrie bringt sein Know-how in das Gemeinschaftsunternehmen ein.

Traditionell verzichtete *Lidl* auf eine Rückwärtsintegration, sondern unterstützte seine „Vorzugspartner" indirekt: Während die übrigen Lieferanten bis zu 50 Tage auf ihr Geld warten müssen, wird die Rechnung der Vorzugslieferanten bei Lieferung beglichen.

Quelle: *Chwallek, A.*: Lidl baut eigene Großfabrik, in: LebensmittelZeitung, Nr. 16 vom 18. 04.2008. S. 1 u. 3.

Beim Vergleich der Wachstumsstrategien fällt die unterschiedliche Erfolgswahrscheinlichkeit auf, welche von der Marktdurchdringung (50 %) über die Produkt- (33 %) und Marktentwicklung (20 %) bis hin zur Diversifikation (5 %) abnimmt (vgl. *Hörschgen/Kirsch/Käßer-Pawelka*

1993, S. 127). Für die Produkt-Markt-Matrix von *Ansoff* sprechen deren Einfachheit und Plausibilität sowie die Möglichkeit, unmittelbare Handlungsanweisungen abzuleiten. Die Grenzen dieses Ansatzes finden sich in dem zugrunde liegenden situativen Kontext: Während in den sechziger Jahren nahezu alle Branchen hohe Wachstumsraten verzeichneten, stellt dies heutzutage eher einen Ausnahmefall dar (vgl. *Froböse/Kaapke* 2000, S. 148 – 149).

6.2.2 Marktstimulierungsstrategien

Das Konzept der Marktstimulierungsstrategien wurde von *Michael E. Porter* (1986) begründet und von *Gilbert/Strebel* (1985) modifiziert (vgl. im Folgenden *Becker* 1993, S. 153 – 216; *Kotler/Bliemel* 1995, S. 744 – 748). Das Konzept basiert auf der Überlegung, dass sich jedes Produkt anhand von Leistung und Preis in einem zweidimensionalen Raum positionieren lässt (vgl. Abb. 6.2). Angesichts heutiger Marktsstrukturen gestaltet sich die Mittellagenstrategie zunehmend problematischer, da ein solches Produkt sich weder durch eine hervorragende Leistung noch durch einen besonders günstigen Preis auszeichnet (sog. "**Stuck-in-the-Middle**"-**Position**).

Dass die einstmals große Mitte der mittelpreisigen und mittelmäßigen Standardprodukte langsam, aber sicher schrumpft, erklären die einschlägigen Studien (*Boston Consulting Group, McKinsey, Deutsches Institut für Wirtschaftsforschung*) mit folgenden intra- und interpersonellen Faktoren:

- Die Jagd nach Schnäppchen als Volkssport ("Smart Shopper")
- Das ambivalente sprich hybride Konsumentenverhalten zwischen Trading-up (insbesondere bei Obst, Gemüse, Fleisch; Urlaub und Reisen) und Trading-down (insbesondere bei Internet- und Mobiltelefondiensten, Autoversicherungen, Versanddiensten)
- Die Verbraucher können zwischen den Produkten einer Warenkategorie keine funktionalen Unterschiede mehr erkennen und greifen demnach zur preisgünstigsten Variante.
- Die Mittelschicht der Bevölkerung schrumpft, wohingegen der Anteil sowohl der Reichen als auch der Armen zunimmt.

Um der Gefahr zu entgehen, dass ein Produkt „zwischen den Stühlen sitzt" und deshalb im „Bermuda-Dreieck der Markenführung" untergeht, gilt es, dieses neu zu positionieren. Hierfür stehen grundsätzlich **vier Optionen** zur Verfügung:

- **Option I: Übervorteilungsstrategie**
  Hier wird dem Kunden ein minderwertiges Produkt angeboten, dessen hoher Preis dem Kunden eine vermeintlich hohe Qualität signalisieren soll (sog. **Qualitätsbezogenheit der Preisinformation**). Allerdings ist davon auszugehen, dass der Kunde schnell bemerkt, dass er übervorteilt wird. Eine solche Strategie macht nur Sinn, wenn ein Unternehmen entweder eine Monopolstellung innehat oder seinen Marktanteil reduzieren bzw. einen Markt verlassen will.
- **Option II: Präferenz-Strategie**
  Hier wird das Produkt hochwertig positioniert, d. h. für eine herausragende Leistung wird ein hoher Preis verlangt. Dazu muss ein Unternehmen eine Premiummarke aufbauen. Hierunter versteht man einen Markenartikel, der eine hohe Qualität und einen hohen Zusatznut-

zen (z. B. Prestige, Image) aufweist, mit einem hohen Preis ausgestattet ist und der exklusiv (= Wahl nur eines bestimmten Absatzmittlers) oder zumindest selektiv (= Beschränkung auf eine Zahl von Absatzmittlern, die nach bestimmten Kriterien wie beispielsweise Image, Qualifikation ausgewählt werden) vertrieben wird (vgl. hierzu auch Abschnitt 7.2.3).

- **Option III: Preis/Mengen-Strategie**
  Dabei wird das Produkt zu einem geringen Preis angeboten, um große Mengen absetzen und dadurch Stückkosteneinsparungen aufgrund von Erfahrungskurveneffekten (vgl. hierzu Abschnitt 6.6.4) realisieren zu können.
- **Option IV: Vorteilsstrategie**
  Eine letzte Möglichkeit besteht darin, eine herausragende Leistung günstig anzubieten. Da sich ein solches Produkt aber nur bedingt kostengünstig produzieren lässt, birgt eine solche Positionierung die Gefahr von Verlusten in sich. Die Vorteilsstrategie bietet sich demnach in erster Linie bei zeitlich begrenzten Verkaufsförderungsaktionen an. Außerdem ist sie geeignet, um Wettbewerber mit Präferenz-Positionierung anzugreifen.

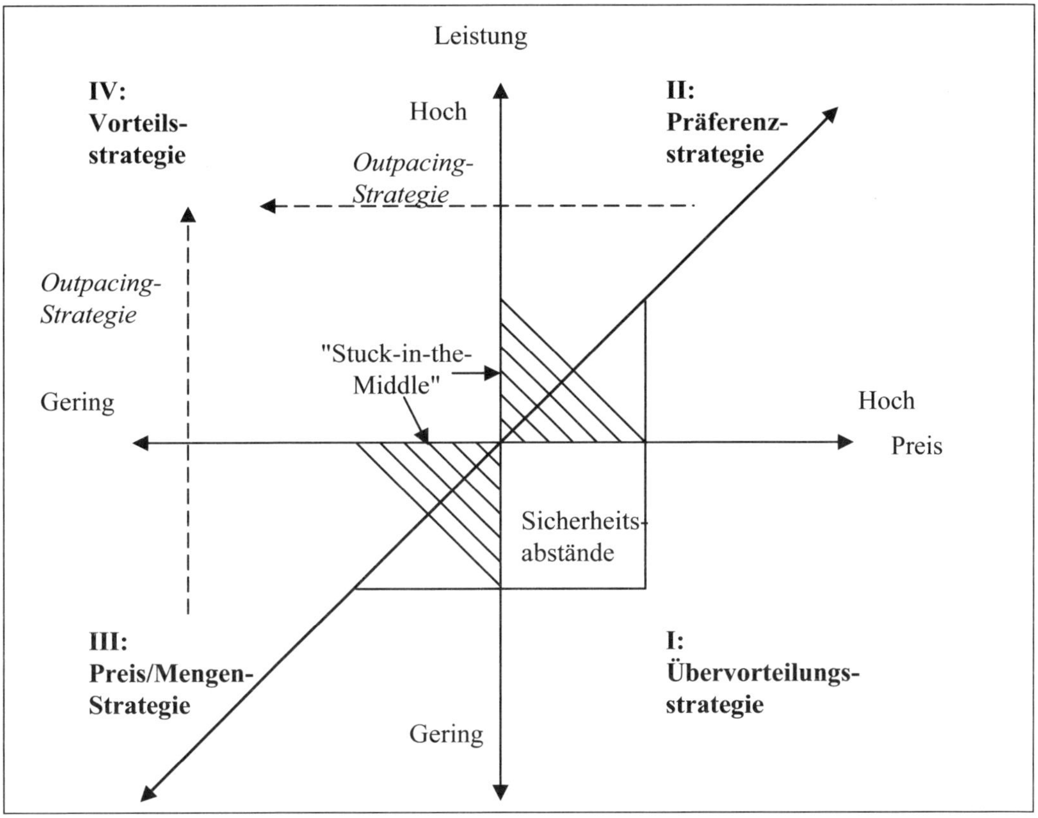

Abb. 6.2: Optionen von Marktstimulierungsstrategien vor dem Hintergrund des "Stuck-in-the-Middle"-Phänomens

Nach *Porter* existieren demnach nur zwei längerfristig sinnvolle Marktstimulierungsstrategien, nämlich die Präferenz- und die Preis/Mengen-Strategie. *Gilbert/Strebel* modifizieren diese Konzept durch die sog. **Outpacing-Strategie**, die auf der nicht für alle Märkte zutreffenden Annahme basiert, dass letztlich alle Kunden höchste Qualität zu niedrigsten Preisen präferieren. Der größte Erfolg wird demnach Produkten beschieden sein, die hohe Qualität zu einem niedrigen Preis bieten. Unternehmen, die eine Wettlaufstrategie verfolgen, werden demnach zunächst die Qualität ihrer Produkte steigern und anschließend Kosteneinsparungen anvisieren oder aber in umgekehrter Reihenfolge agieren.

Eine zunehmende Zahl von Wettbewerbern oder ein attraktives preisbewussteres Kundensegment kann Unternehmen, welche eine Präferenzstrategie eingeschlagen haben, dazu veranlassen, eine Preissenkung durchzuführen, ohne die Qualität zu reduzieren. Da bei hochpreisigen Premiumgütern jedoch damit die Gefahr eines Imageverlusts verbunden ist, bietet sich hier eine Multimarkenstrategie an (etwa Einführung des *smart* durch die imageträchtige Marke *Mercedes-Benz*). Auf der anderen Seite haben Unternehmen, die eine Preis/Mengen-Strategie fahren, bereits durch geringe Qualitätsverbesserungen die Chance, Umsatzzuwächse zu generieren oder gar neue Zielgruppen anzusprechen (etwa des südkoreanische Automobilproduzent *Hyundai*).

6.2.3 Marktparzellierungsstrategien

Bei der Festlegung der Marktparzellierungsstrategie stellen sich grundsätzlich **zwei zentrale Fragen:**

- Soll ein Unternehmen einen Markt undifferenziert oder differenziert bearbeiten?
- Soll ein Markt teilweise oder vollständig abgedeckt werden?

Demnach lassen sich anhand der Kriterien „Differenzierungsgrad des Marketingprogramms" und „Grad der Marktabdeckung" grundsätzlich die in Tab. 6.2 aufgeführten **vier Marktparzellierungsstrategien** unterscheiden (vgl. hierzu auch *Klein* 2006, S. 1516 – 1517):

- **Undifferenziertes Marketing**
  Hier wird mit einem standardisierten Angebot und einem einheitlichen Marketing-Programm der gesamte Markt abgedeckt. Zu den Vertretern dieser Strategie gehört *Microsoft*, das mit seinem Standardprogramm *MS-Windows* den Markt der Betriebssysteme bedient. Auch *Nivea*-Creme, das als Standardprodukt auf die Bedürfnisse des Durchschnittskunden zugeschnitten ist, lässt sich hier einordnen. Als zentrale Vorteile der damit einhergehenden Massenproduktion gelten Stückkosten- und damit im Regelfall Preisvorteile, einheitliche Qualität und Komplexitätsreduktion für den Konsumenten, der beispielsweise weiß, wie der massenhaft produzierte Big Mäc schmeckt, aber nicht einschätzen kann, ob ihm der selbstgemachte Döner Kebab von nebenan bekommt.
- **Konzentriert-undifferenziertes Marketing**
  Im Zuge dieser Strategie deckt ein Unternehmen mit einem spezialisierten Angebot einen Teil des Marktes ab. Beispielsweise hat sich die *Guinness-Brauerei* international auf ein dunkles Stout und damit auf eine Marktnische spezialisiert. Ähnliches gilt für *Clerasil*, das auf die Haut jüngerer Menschen abzielt.

- **Differenziertes Marketing**
  Hier strebt das Unternehmen mit einem differenzierten Angebot eine totale Abdeckung des Marktes an. Etwa *Shimano*, der Produzent von Fahrradkomponenten, liefert Schaltungen und Bremsanlagen an sämtliche Marktsegmente. Das Spektrum der Zielgruppen reicht hier vom Hochleistungssportler bis zum Freizeit-Fahrradfahrer. Und die *Loreal*-Pflegeserie bedient jedes Segment mit entsprechenden Produkten.
- **Selektiv-differenziertes Marketing**
  Dabei wird ein Partialmarkt mit einem differenzierten Angebot bearbeitet. So hat sich die *Brauerei Erding* auf das Segment der Weizenbiertrinker fokussiert und bietet hier die Varianten Dunkel, Hefe, Kristall sowie alkoholfrei an. Ebenso kann *Alpecin* dieser Kategorie zugerechnet werden.

Tab. 6.2: Die Marktparzellierungsstrategien im Überblick

Abdeckung des Markts / Differenzierung des Marketingprogramms	Vollständig	Teilweise
Undifferenziert (Massenmarketingstrategie)	Undifferenziertes Marketing	Konzentriert-undifferenziertes Marketing
Differenziert (Marktsegmentierungs-strategie)	Differenziertes Marketing	Selektiv-differenziertes Marketing

Eine Strategie, die differenziertes und undifferenziertes Marketing und damit zwei scheinbar unüberwindbare Gegensätze miteinander vereint, ist das sog. "**Mass Customizing**". Hierbei werden normalerweise standardisierte Produkte mit Hilfe neuer Informations- und Produktionstechnologien differenziert, so dass sowohl Standardisierungs- (z. B. Stückkostenreduktion) als auch Differenzierungspotenziale (z. B. höhere Preisbereitschaft des Konsumenten) ausgenutzt werden können.

Fallstudie "Mass Customizing" (1) – das PersonalPair-Programm von *Levi Strauss*

Als einer der Pioniere des Mass Customizing gilt das PersonalPair-Programm des Bekleidungsherstellers *Levi Strauss & Co. Inc.*, San Francisco. *Levi* verkauft in den USA, Kanada und Großbritannien maßgeschneiderte Damenjeans zu einem geringen Aufpreis gegenüber der vergleichbaren Konfektionsware. 1994 wurde von *Levi Strauss* ein erstes Pilotprojekt in Cincinnati/Ohio erfolgreich abgeschlossen. In den USA und Kanada erfolgte seit 1995 die breite Einführung in den sog. "Original *Levi's* Stores". Inzwischen ist die maßgeschneiderte Jeans auch nach Europa gelangt. Der Preis der individuellen Jeans liegt in den USA etwa 20 % (US-Dollar 15,-) über dem Verkaufspreis vergleichbarer Konfektionsware. Damit wurde das Ziel eines Mass Customizing voll erreicht. Bisherige Erfahrungen sind sehr erfolgversprechend, der Absatz der maßgeschneiderten Jeans wuchs überproportional.

Fallstudie "Mass Customizing" (2) – die Fertigungsflexibilität bei *BMW*

100 Jahre, nach dem *Henry Ford* mit seinem standardisierten Modell T die Einzel- durch die kostengünstigere Fließfertigung ersetzte und damit die Automobilproduktion revolutionierte, können heute ganz individuelle Fahrzeuge in Serie angefertigt werden. Die Losgröße eins ist mittlerweile möglich und stellt damit *Fords* Idee von der Massenfertigung auf den Kopf. Unter den beispielsweise rund eine Million herkömmlichen *BMW*-Fahrzeugen gleicht kaum eines dem anderen. Allein vom Mittelklassemodell 5er sind je nach Ausstattung und Farbe rund 10 hoch 17 Varianten, also eine gigantische Zahl mit 17 Nullen denkbar. Und für all diese Varianten garantiert die Fließfertigung im Gegensatz zur Manufaktur niedrige Kosten und eine einheitlich hohe Fertigungsqualität.

Damit solch gänzlich unterschiedlich konfigurierte Fahrzeuge überhaupt in einem Takt gesteuerten Produktionsprozess gefertigt werden konnten, musste *BMW* die Konstruktionen komplett dergestalt ändern, dass die ganze Individualität in die Vorprodukte verlagert wird, die dann als hochkomplexe Module ans Band geliefert und dort montiert werden. Bei der 3er Modellreihe beispielsweise werden acht Module in Versorgungszentren vormontiert, das gesamte Fahrzeug wird in rund neun Stunden in 248 Bandtakten zusammengesetzt. Das vormontierte Cockpit, eines der acht Großkomponenten, wird in gerade einmal 67 Sekunden in die Karosserie eingebaut, indem ein Roboterarm es herein hebt und ein Werker nur mehr zwei Schrauben befestigt. Das Cockpit seinerseits besteht aus rund 25 Teilefamilien wie Instrumententafel, Klimagerät, Elektrosysteme und wird in benachbarten Hallen sowie fallweise bereits von externen Zulieferern zusammengebaut.

Auch die Karosserie ist logistisch gesehen nur mehr ein Zulieferteil, das zwischengelagert und auftragsspezifisch abgerufen wird. Um die Variantenvielfalt möglichst gering zu halten, mussten die Fahrzeugtypen entsprechend standardisiert werden. Gab es früher einmal bis zu 100 unterschiedliche Bodengruppen für die 3er-Limousine, sind es heutzutage gerade noch vier: Rechts- und Linkslenker, mit und ohne Schiebedach. Und wie viele davon in welcher Farbe vorrätig gehalten werden, prognostiziert ein stochastisches Verfahren, das auf der Idee der "Fuzzy Logic" basiert, mit dem beispielsweise moderne Waschmaschinen ihren Wasserbedarf ermitteln. Dies führt dazu, dass sich für einen beliebigen Auftrag zu 99 % die richtig lackierte Karosserie im Hochregal findet. Wenn nicht, kann sie binnen weniger Stunden angefertigt werden.

Da bei *BMW* der Produktionsauftrag erst zu Beginn der Montage gebucht wird, kann der Kunde noch sechs Tage vor Produktionsbeginn sämtliche Details seines bestellten Fahrzeugs ändern. Mehr als 120.000 Modifikationswünsche monatlich belegen, dass von dieser Möglichkeit intensiv Gebrauch gemacht wird. Da die Kunden ihr Fahrzeug hierbei im Regelfall aufwerten, wird in den Tagen vor Fertigungsbeginn nicht nur mehr Umsatz realisiert, sondern der Ertragsbeitrag des Fahrzeugs steigt überdurchschnittlich, da vor allem die teuren Sonderausstattungen renditestark sind.

Durch die modulare Fließfertigung verringert *BMW* seine eigene Wertschöpfung Schritt für Schritt und erzielt dadurch Kostenvorteile, da die Zulieferer im Regelfall längere Arbeitszeiten als *BMW* aufweisen. Außerdem lassen die Partner von *BMW*, obwohl sie selbst zumeist in

Westeuropa angesiedelt sind, ihre Vorlieferanten längst in Niedriglohnländern wie *Polen* und der *Ukraine* produzieren, da sie ansonsten bei Ausschreibungen chancenlos blieben. Und so überrascht es nicht, dass *BMW* in seiner Einkaufsstatistik 2003 vermeldet, 51 % des Einkaufsvolumens von 18,5 Milliarden € in Westeuropa zu vergeben, wohingegen auf das billigere Zentral- und Osteuropa acht % und auf Asien gerade einmal drei % entfielen.

Schließlich verfügt *BMW* über ein sog. Mehrlinien-Fertigungskonzept, wonach nahezu alle Typen (3er, 5er, 6er, 7er) über dieselbe Montage geschickt werden können. Da der Absatz einzelner Automodelle im Regelfall starken Schwankungen unterliegt, stimmt *BMW* die jeweiligen Lebenszyklen aufeinander ab. Auf diese Weise lässt sich eine Auslastung der Fertigungskapazität von 95 % halten, was einen Spitzenwert in einer Branche bedeutet, die nahezu überall unter Überkapazitäten leidet.

Quelle: *Feth, G.*: Die Flexibilität am Band hilft BMW, den Erfolg zu sichern, in: Frankfurter Allgemeine Zeitung, Nr. 254 vom 30.10.2004, S. 51.

Im Gegensatz zu den undifferenzierten basieren die differenzierten Marketing-Strategien auf dem **Prinzip der Marktsegmentierung**. Hierbei unterteilt man einen großen, heterogenen Markt in kleinere Teilmärkte, die in Hinsicht auf die Kundenbedürfnisse in sich möglichst homogen und untereinander möglichst heterogen sind. Ein Segment bezeichnet demnach eine Gruppe von Konsumenten, die in sich homogen sind und ähnlich auf eine gegebene Kombination von Marketingaktivitäten reagieren.

Mittels Marktsegmentierung werden folgende **Anliegen** verfolgt (vgl. *Freter* 2001, S. 1070):

- **Markterfassung**
  - Marktidentifizierung (Abgrenzung des relevanten Gesamtmarktes, Bestimmung relevanter Teilmärkte, Aufspüren vernachlässigter Teilmärkte sprich Marktlücken und -nischen)
  - Beurteilung der eigenen Marktposition im Vergleich zur Konkurrenz.
  - Präzisierung der Zielgruppen eingeführter Marken
  - Fundierte Prognose der Entwicklung einzelner Segmente
  - Exaktere Ableitung von Marktreaktionsfunktionen
- **Marktbearbeitung**
  - Bessere Befriedigung der Konsumentenbedürfnisse
  - Vermeidung von Kannibalisierungseffekten im eigenen Angebotsprogramm bzw. Sortiment
  - Richtige Positionierung von Neuprodukten bzw. Umpositionierung bereits eingeführter Produkte
  - Besserer Reaktionen auf die Einführung neuer Produkte der Konkurrenz
  - Erzielung von Wettbewerbsvorteilen
  - Effizienter Einsatz der Marketing-Instrumente
  - Adäquate Allokation des Marketing-Budgets auf die einzelnen Segmente
  - Erhöhung des Zielerreichungsgrades (hinsichtlich psychographischer Ziele wie Image, Bekanntheitsgrad sowie ökonomischer Ziele wie Umsatz, Gewinn, Deckungsbeitrag, Kostenreduktion)

Im Extremfall kann die Marktsegmentierung sogar soweit gehen, dass jeder Kunde ein eigenes Segment bildet und eine individuelle Unternehmensleistung erhält (sog. **"Segment-of-One"-Marketing**). Zur Veranschaulichung dienen die folgenden Fallstudien.

Fallstudien "Segment-of-One"-Marketing:

Vitaminpräparate von *Acumins Corporation*

Während Vitaminpräparate in den USA schon seit langem attraktive Absatzchancen bieten, werden sie auch in Deutschland in den letzten Jahren immer populärer. Eine genau ausgerichtete Kombination von verschiedenen Vitaminen und Zusatzstoffen (Eisen, Kalzium etc.) soll Fitness und Wohlbefinden stärken.

Der klassische Weg, um eine individuelle Nährstoffkombination einzunehmen, ist die Einnahme zahlreicher unterschiedlicher Präparate, die jeweils einen Wirkstoff enthalten. *Acumins Corporation* aus Philadelphia, USA, hat einen anderen, bequemeren Weg gefunden: Das 1996 gegründete Unternehmen fertigt Vitamin- und Nährstofftabletten individuell für jeden einzelnen Kunden. Dazu hat Firmenpräsident *Brad Oberwager* ein innovatives Fertigungsverfahren (ein Syntheseroboter erlaubt die Kombination der verschiedenen Wirkstoffe in kleinsten Chargen) mit einem Internet-Auftritt kombiniert. Mit der "SmartSelect Analysis" kann herausgefunden werden, welche Vitamine, Mineralien, Anti-Oxidants und andere Nährstoffe man benötigt. Dazu füllt der Kunde auf der Web-Site einen circa 30 – 40 Fragen umfassenden Fragebogen aus. Dieser wird sofort ausgewertet, und der Kunde sieht einen Vorschlag für eine individuelle Vitaminkombination. Zu allen Stoffen stehen weitere Informationen über die Wirkungen zur Verfügung. Für kenntnisreiche Kunden (oder Ärzte, die für ihre Patienten ein individuelles Präparat bereitstellen wollen,) besteht auch die Möglichkeit, alle Dosierungen einzeln per Maus-Click zu ändern. Entscheidet sich der Kunde zum Kauf, erhält er von *Acumins* (der Name kommt von "accurate vitamins") jeden Monat die benötigten Tabletten frei Haus. Dieses Abonnement (US-Dollar 39 pro Monat) ist deutlich preisgünstiger als der Einzelkauf der entsprechenden Präparate.

Kunstwerke von *Digital Artwork*

Digital Artwork, ein Anbieter von digitalen Kunstwerken im Internet, hat den Trend zur Individualisierung erkannt und bietet ein umfangreiches Angebot an (Weihnachts-)Postkarten, Postern, Geschenken und Kinderbüchern mit persönlicher Note über das Medium Internet an. Der Interessent hat die Möglichkeit, unter verschiedenen Motiven seinen Favoriten herauszufinden und komplett nach den eigenen Vorstellungen zu individualisieren. Highlights im Programm sind sicherlich die individuell gestaltbaren Wanduhren bzw. Wandlichter.

Brillen von *Paris Miki*

Der japanische Optikkonzern *Paris Miki* hat ein Designwerkzeug geschaffen, mit dem Kunden eine individuelle Brille kreieren können. Die wenigsten Brillenkäufer haben genaue Vorstellungen darüber, was für ein Modell sie wollen, wenn sie den Laden betreten. *Paris Miki* hat deshalb ein Programm entworfen, das unter Anwendung eines computergestützten Expertensystems den Kunden die Arbeit erspart, unzählige Brillengestelle zu begutachten. Er kann sich stattdessen seine eigene Brille gestalten, die anschließend innerhalb von einer Stunde hergestellt wird. Das Designwerkzeug ist so gut gelungen, dass bereits der Individualisierungsprozess für den Kunden zum Erlebnis wird – ganz abgesehen von der genau passenden, individuellen Brille.

Skier von *Evolution USA (my Ski)*

Hier können sich Kunden auf einer Internet-Seite ihren eigenen Wunschski entwerfen. Farben, individuelle Beschriftung, Logos etc. lassen sich auf einer Auswahl vorgefertigter Skier (verschiedenster Marken) anbringen, am Bildschirm betrachten und auf Knopfdruck bestellen.

Quelle: www.mass-customization.de/case_hh.htm#auto; Stand 12.12.2002.

Die Kriterien zur Segmentierung von Konsumgütermärkten lassen sich grundsätzlich in drei Gruppen untergliedern (vgl. Abb. 6.3):

- soziodemographische Merkmale,
- psychographische Merkmale und
- Merkmale des beobachtbaren Kauf- bzw. Konsumentenverhaltens.

Fallstudie „Stadt/Land als Determinante des Konsumentenverhaltens" – die Verfügbarkeit von PKW

Je größer die Stadt, desto seltener verfügen die Bewohner über ein Auto. Lediglich jeder zweite Einwohner einer deutschen Millionenstadt verfügt in seinem Haushalt über ein Auto, wohingegen in ländlichen Regionen und Gemeinden unter fünftausend Einwohnern drei Viertel aller Haushalte ein solches besitzen. Diese Unterschiede liegen in der Infrastruktur des öffentlichen Nahverkehrs begründet. Wer auf dem Land lebt, ist ohne Auto zumeist überhaupt nicht in der Lage, pünktlich an den Arbeitsplatz zu gelangen, Einkäufe zu erledigen oder in der Freizeit Kontakte zu seinem sozialen Umfeld zu pflegen. In den Großstädten hingegen lässt sich das meiste hiervon per Fuß, Bus oder S- bzw. U-Bahn erledigen.

Quelle: *Piel, E./Institut für Demoskopie Allensbach*: Die Autos vom Lande, in: Frankfurter Allgemeine Sonntagszeitung, Nr. 33 vom 19.08.2007, S. 27.

Fallstudie „Region als Determinante des Konsumentenverhaltens" – die Nudelgeographie der Deutschen

Die Essens- und Einkaufsgewohnheiten der Deutschen unterscheiden sich für bestimmte Lebensmittel je nach Landstrich. Beispielsweise gilt der Süden als Bandnudel- und Spätzleland, wohingegen der Norden sich durch einen vergleichsweise hohen Anteil an Suppennudeln auszeichnet. Und während *Bernbacher* in Bayern eine Käuferreichweite von 42,8 % erreicht und damit Marktführer ist, kommt diese Marke in anderen Regionen gerade einmal auf 7,7 % Käufereichweite (= Anteil der Kunden, die diese Marke zumindest hin und wieder kaufen). Ähnlich verhält es sich mit der Nudelmarke *Zabler*, die mit einer Käuferreichweite von 20,1 % eine echte Konsummarke ist. In Nord- und Ostdeutschland hingegen übernimmt *Zabler* die Funktion einer Premiummarke und kommt national nur auf einer Käuferreichweite von 6,9 %. Im

Vergleich zu deutschen Nudeln sind die regionalen Unterschiede bei italienischen Nudeln und Pasta-Saucen insgesamt geringer, aber immer noch deutlich sichtbar.

Quelle: *o. V.*: Spätzleland oder Suppenregion, in: LebensmittelZeitung, Nr. 24 vom 11.06. 2004o, S. 28.

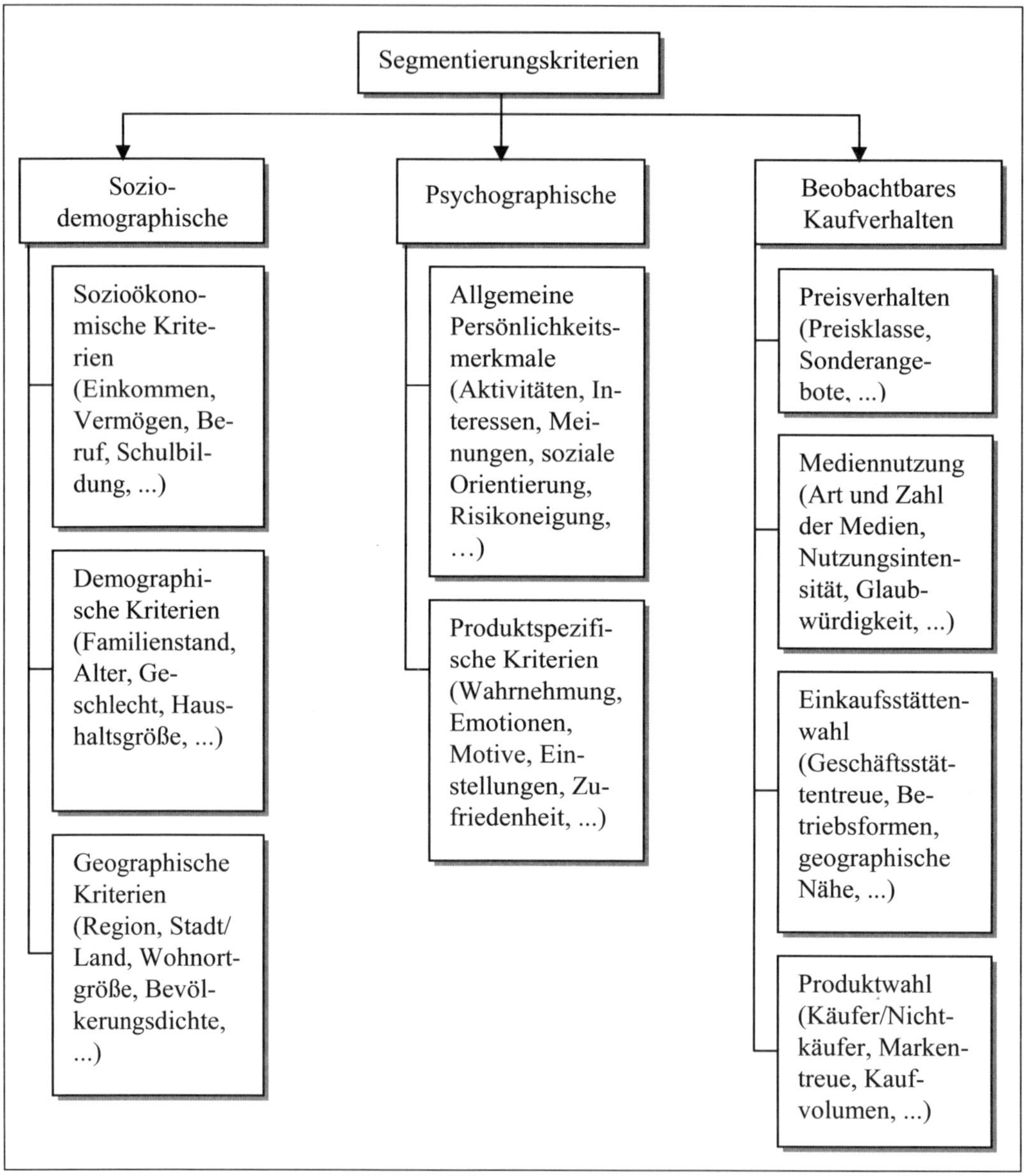

Abb. 6.3: Ausgewählte Marktsegmentierungskriterien im Überblick (Quelle: in Anlehnung an Bodenstein/Spiller 1998, S. 106)

Fallstudie „Ethno Food" – türkische Lebensmittel in Deutschland

Der deutsche Lebensmittelhandel entwickelt zunehmend Sortimente mit türkischen Produkten. Angesichts von über 2,4 Millionen in Deutschland lebenden Türken bzw. 615.000 türkischen Haushalten mit Ausgaben für Lebensmittel von etwa 3,7 Mrd. € p. a. – Tendenz steigend – sind türkische Lebensmittel ein Instrument, diese Zielgruppe an sich zu binden und nicht an die rund 12.000 türkischen „Onkel-Mehmet-Läden" zu verlieren.

Die *Metro Group* beispielsweise führt in 31 Cash+Carry-Märkten ein türkisches Sortiment mit 200 Lebensmittelmarken; teilweise werden die Produkte in türkischer Sprache beworben. Auch in den *Metro*-Vertriebsschienen *Real* und *Extra* finden sich türkische Produkte.

Angesichts der Marktmacht der neuen Konkurrenten muss der türkische Handel reagieren. Denn die Vorzüge der „Onkel Mehmets" wie Frische, Preis/Leistungs-Verhältnis und Nähe reichen alleine nicht mehr aus, um die Kunden an sich zu binden. Vor diesem Hintergrund filialisieren türkische Händler zunehmend. Beispiele hierfür sind *Hüdaverdi* in Mannheim, *Tepe* in Düsseldorf oder *Birlik* in Berlin. Die Kettenbildung bringt allerdings die Kleinläden noch weiter in Bedrängnis, so dass Onkel Mehmet ein ähnliches Schicksal wie Tante Emma drohen könnte.

Quelle: *Skarka, C.*: Onkel Mehmet, wohin?, in: LebensmittelZeitung, Nr. 25 vom 18.06.2004, S. 53.

Fallstudie „Gender Marketing" – geschlechtsspezifische Marketing-Strategien

Gender Marketing beschreibt ein Konzept, das Erkenntnisse aus Psychologie sowie Gehirnforschung nutzt und Produktentwicklung sowie -positionierung an den verschiedenen Bedürfnissen von Männern und Frauen ausrichtet. Grundsätzlich lassen sich zahlreiche Konsumgüter – auch wenn sie per Definition nicht geschlechtsspezifisch sind wie beispielsweise Rasierer – nach ihrem Markenauftritt als männlich oder weiblich klassifizieren. Das Mineralwasser *Evian* gilt als feminin, *Bonaqa* als maskulin. Und da Männer durchaus kalorienbewusst konsumieren, aber nicht zur „weiblichen" *Coca-Cola light* griffen, hat der Getränkekonzern der bereits etablierten Diätcola „*Coke Zero*" an die Seite gestellt. Gender Marketing bedeutet hier mehr als nur die Frauenversion eines Produkts „kleiner und pink" zu machen. Vielmehr gilt es, sich detailliert mit den Bedürfnissen der weiblichen Verbraucher zu beschäftigen. Schließlich werden 80 % der Konsumgüter von diesen erworben.

Quelle: *Lembke, J.*: Der kleine Unterschied, in: Frankfurter Allgemeine Zeitung, Nr. 300 vom 27.12.2007, S. 18.

Eine vergleichsweise neue Herangehensweise zur Aufspaltung von Konsumgütermärkten stellt die **Lifestyle-Segmentierung** dar. Lebensstil bezeichnet eine Kombination typischer Verhaltensmuster einer Person bzw. einer Gruppe von Personen, durch die sich diese von anderen Personen bzw. Gruppen abgrenzt (vgl. *Balderjahn/Scholderer* 2000, S. 8; *Kroeber-Riel/Weinberg* 1999, S. 547).

Grundsätzlich lassen sich **zwei Ansätze der Lebensstilforschung** unterscheiden:

- Der **theoretisch** ausgerichtete Zweig basiert auf psychologischen, soziologischen, (kultur-)anthropologischen, biologischen und ökonomischen Studien. Diese unterschiedlichen theoretischen Ausgangspunkte führen zu heterogenen Begriffsauffassungen, was die ganzheitliche Nutzung der Erkenntnisse erschwert.
- Die **empirisch** geprägte Lebensstilforschung betreiben in aller Regel Marktforschungsinstitute, Werbeagenturen sowie Verlage, die damit in erster Linie kommerzielle Anliegen verfolgen. Beispiele hierfür sind:
  - die **Euro-Socio-Styles** der *GfK*, Nürnberg,
  - die ***Sinus*-Milieus** des *Sinus-Instituts*, Heidelberg,
  - die **Typologie der Wünsche (TdW)** des *BurdaVerlags*, München, sowie
  - die **VerbraucherAnalyse (VA)** des *Heinrich-Bauer-Verlags*, Hamburg.

  Eine begrenzte theoretische Fundierung und die seltene bzw. nur ansatzweise Offenlegung der methodischen Vorgehensweise sind charakteristisch für diese Ansätze.

Zur Erfassung von Lebensstilen bedient sich die Marktforschung des **AIO-Ansatzes**, dessen Grundstruktur Tab. 6.3 zu entnehmen ist.

Tab. 6.3: Der AIO-Ansatz im Überblick (Quelle: Kroeber-Riel/Weinberg 1999, S. 549)

Variable	Verhaltensmuster	Beispiele
Activities (Aktivitäten)	Beobachtbares Verhalten	Arbeit, Freizeit, Konsum
Interests (Interessen)	Emotional bedingtes Verhalten	Familie, Beruf, Essen
Opinions (Meinungen)	Kognitive Orientierungen	Politik, Wirtschaft, Produkte

Als typische Lifestyle-Produkte gelten Autos, Kleidung, Uhren, Mobilfunktelefone, Kosmetika, Kreditkarten, Urlaubs- und Freizeitangebote sowie Wohnungseinrichtungen. Die Lebensstilforschung findet im Marketing konkrete **Anwendung** in der:

- Ermittlung neuer Zielgruppen,
- Charakterisierung bereits identifizierter Segmente sowie
- Entwicklung von Lifestyle-Marken (etwa *Swatch*, *Bacardi*, *Joop*) und -Betriebstypen (z. B. *Citibank*, *Benetton*, *Ikea*).

Fallstudie „Lifestyle-Segmentierung" (1) – die Euro-Socio-Styles

Geistiger Vater der Euro-Socio-Styles ist *Bernard Cathelat*, Professor an der Pariser *Sorbonne*, der das theoretische Gerüst für diese Konsumententypologie gemeinsam mit dem in Paris ansässigen Marktforschungsinstitut *Centre de Communication Avancé (CCA)* entwickelte. Seit 1989 ist die *GfK* Lizenznehmer der *CCA* und berechtigt, diesen Marktsegmentierungsansatz mit Ausnahme Frankreichs in ganz Europa zu vermarkten.

Mit den Euro-Socio-Styles will die *GfK* Auskunft über das Verbraucherverhalten in 26 europäischen Ländern geben. Zwar existiert nach Ansicht der *GfK* noch kein einheitliches europäisches Verbraucherverhalten, aber es hätten sich Bevölkerungsgruppen mit stark differenzierenden Wertesystemen herausgebildet, in denen sich Weltanschauungen, Überzeugungen, Kaufgewohnheiten und Kommunikationsverhalten zu charakteristischen Lebensstilen verdichten, und zwar länderübergreifend und unabhängig von Alter und sozialen Abstufungen. In ihrem Euro-Socio-Styles-Modell definiert die *GfK* die Tab. 6.4 zu entnehmenden acht Zielgruppen.

Diese Konsumententypen sind in einem zweidimensionalen Raum zwischen den Spannungsfeldern Schein und Realität sowie Beständigkeit und Wandel angesiedelt. „Schein" steht dabei für das Bedürfnis Haben, „Realität" für das Bedürfnis Sein, „Wandel" für das Bedürfnis Leidenschaften leben und „Beständigkeit" für Friedens- und Sicherheitsbedürfnis der Konsumenten (vgl. Abb. 6.4).

Tab. 6.4: Die Charakterisierung der Euro-Socio-Styles (Quelle: www.gfk.de; Stand: 17.01. 2007)

Nr.	Typus	Charakteristika
1	Crafty World – die Abenteurer	Junge, dynamische und opportunistische Leute einfacher Herkunft auf der Suche nach Erfolg und materieller Unabhängigkeit
2	Cosy Tech World – die Behaglichen	Aktive moderne Paare mittleren Alters mit meist überdurchschnittlicher Haushaltsausstattung, die auf der Suche nach persönlicher Entfaltung sind
3	New World – die Weltoffenen	Hedonistische tolerante Intellektuelle mit gehobenem Lebensstandard auf der Suche nach persönlicher Harmonie und sozialem Engagement
4	Magic World – die Träumer	Intuitive junge materialistische Leute mit Kindern und geringem Einkommen, die einem Platz an der Sonne hinterherjagen und ihrem guten Stern vertrauen
5	Authentic World – die Kritischen	Rationale, moralische Cocooner-Familien mit guten Einkommen, die engagiert und auf der Suche nach einem harmonischen und ausgeglichenen Leben sind

Tab. 6.4: Die Charakterisierung der Euro-Socio-Styles (Fortsetzung)

Nr.	Typus	Charakteristika
6	Secure World – die Schutzsuchenden	Konformistische, hedonistische Familien aus einfachen Kreisen, die sich abkapseln, von einem einfacheren Leben träumen und sich traditionellen Rollen verbunden fühlen
7	Steady World – die Bodenständigen	Traditionsorientierte, konformistische Senioren mit mittlerem Lebensstandard, die ihren Ruhestand voll und ganz ausschöpfen
8	Standing World – die Anspruchsvollen	Kultivierte, pflichtbewusste und vermögende Staatsbürger, die ihren Überzeugungen treu bleiben und an Traditionen ausgerichtet sind

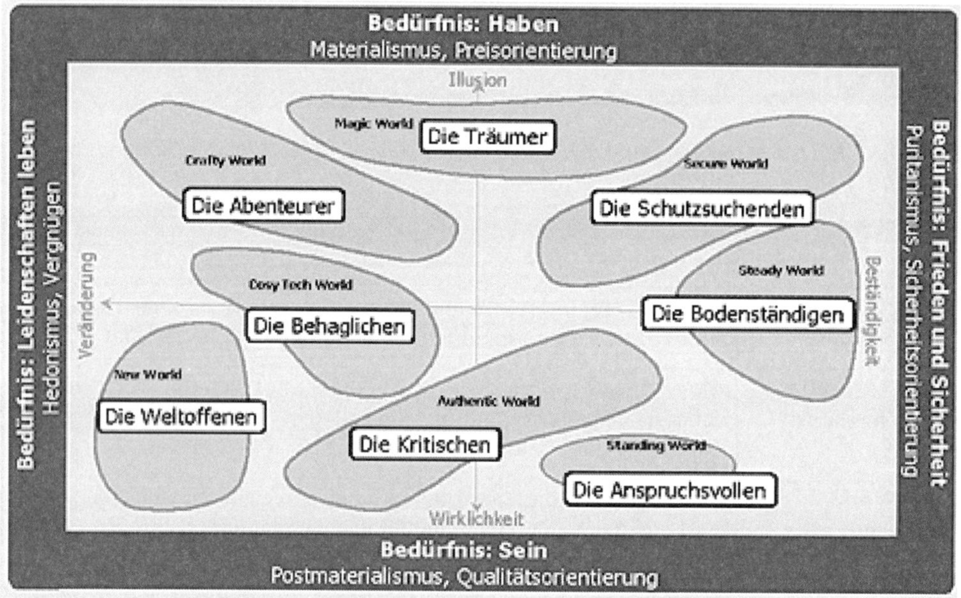

Abb. 6.4: Das Zielgruppenmodell der Euro-Socio-Styles der GfK (Quelle: http://www.mediaundmarketing.de/mafo/zielgruppen/index.php; Stand: 16.01.2007)

Fallstudie „Lifestyle-Segmentierung" (2) – die *Sinus*-Milieus

Das Zielgruppenmodell von *Sinus Sociovision* basiert auf sozialen Milieus, in denen Menschen mit verwandter Alltagswirklichkeit gruppiert sind. Diese ähneln sich einander in Lebensauffassung, Lebensweise, Wertprioritäten, sozialer Lage und Lebensstil.

Die *Sinus*-Milieus umfassen folgende Zielgruppen:

- Gesellschaftliche Leitmilieus
  - Etablierte – das selbstbewusste Establishment: Erfolgs-Ethik, Machbarkeitsdenken und ausgeprägte Exklusivitätsansprüche.
  - Postmaterielle das aufgeklärte Nach-68er-Milieu: liberale Grundhaltung, postmaterielle Werte und intellektuelle Interessen.
  - Moderne Performer – die junge, unkonventionelle Leistungselite: intensives Leben – beruflich und privat, Multi-Optionalität, Flexibilität und Multimedia-Begeisterung.
- Traditionelle Milieus
  - Konservative – das alte deutsche Bildungsbürgertum: konservative Kulturkritik, humanistisch geprägte Pflichtauffassung und gepflegte Umgangsformen.
  - Traditionsverwurzelte – die Sicherheit und Ordnung liebende Kriegsgeneration: verwurzelt in der kleinbürgerlichen Welt bzw. in der traditionellen Arbeiterkultur.
  - DDR-Nostalgische – die resignierten Wende-Verlierer: Festhalten an preußischen Tugenden und altsozialistischen Vorstellungen von Gerechtigkeit und Solidarität.
- Mainstream-Milieus
  - Bürgerliche Mitte – der statusorientierte moderne Mainstream: Streben nach beruflicher und sozialer Etablierung, nach gesicherten und harmonischen Verhältnissen.
  - Konsum-Materialisten – die stark materialistisch geprägte Unterschicht: Anschluss halten an die Konsumstandards der breiten Mitte als Kompensationsversuch sozialer Benachteiligungen.
- Hedonistische Milieus
  - Experimentalisten – die extrem individualistische neue Bohème: Ungehinderte Spontaneität, Leben in Widersprüchen, Selbstverständnis als Lifestyle-Avantgarde.
  - Hedonisten – die spaßorientierte moderne Unterschicht/untere Mittelschicht: Verweigerung von Konventionen und Verhaltenserwartungen der Leistungsgesellschaft

Die Abb. 6.5 zu entnehmende „Kartoffel-Grafik" siedelt die *Sinus*-Milieus in einem zweidimensionalen Raum an:

- Von oben nach unten: Nach sozialer Lage in Schichten, auf der Grundlage von Bildung, Beruf und Einkommen
- Von links nach rechts: Nach der Grundorientierung, in einem Spannungsbogen von traditionell bis postmodern

In der Abb. 6.5 oben sind die gesellschaftlichen Leitmilieus angesiedelt, am linken Rand die Traditionellen Milieus, in der Mitte die Mainstream Milieus und rechts die Hedonistischen Milieus.

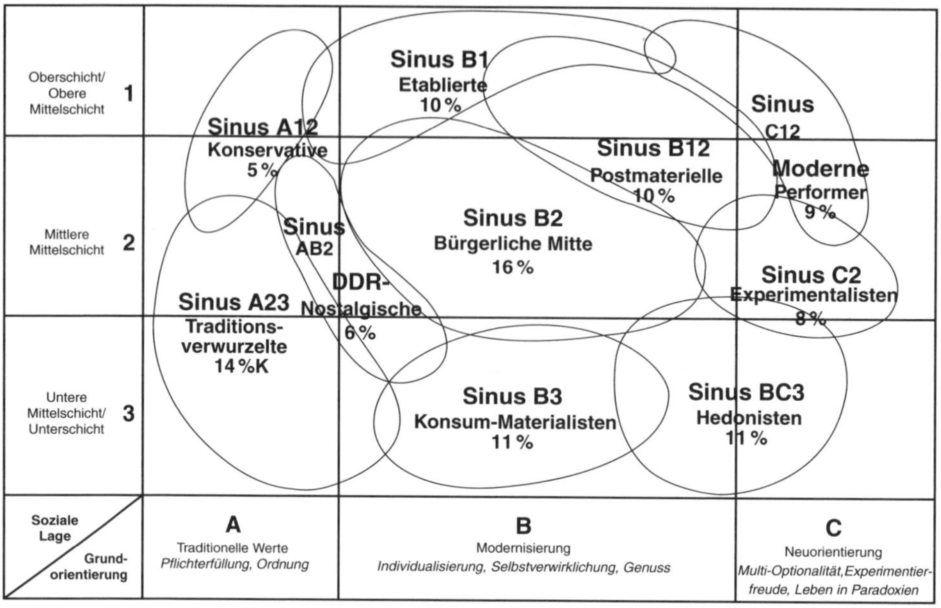

Abb. 6.5: Das Zielgruppenmodell der Sinus-Milieus von Sinus Sociovision (Quelle: http://www.sinus-sociovision.de/; Stand: 16.01.2007)

Fallstudie „Lifestyle-Segmentierung“ (3) – Vornamen der Kinder als Seismographen des Lebensstils der Eltern

Neuere Studien weisen darauf hin, dass die Analyse von Vornamen einen weitreichenden Ansatzpunkt zur Lifestyle-Segmentierung von Märkten bietet. Traditionell besannen sich Eltern bei der Namensfindung auf kollektive Tradition und nannten ihre Kinder nach Ahnen, Heiligen oder Herrschern. Wie neuere Studien belegen, zählen heute hingegen subjektive Werte wie Modernität, Klang und Seltenheit. Die Eltern lassen sich hierbei von unterschiedlichen Quellen anregen – seien es Filme, Internet, Sport oder Urlaub, also nichts letztlich anderes als Quellen, die ihrem Lifestyle entspringen.

Quelle: *Trechow, P.*: Was Nevaeh, Laura und Else verraten, in: Die Welt vom 19.02.2007, S. 27.

Investitionsgütermärkte ihrerseits lassen sich anhand der in Tab. 6.5 dargestellten Kriterien segmentieren.

Tab. 6.5: Ausgewählte Kriterien zur Segmentierung von Investitionsgütermärkten (Quelle: in Anlehnung an Bagozzi/Rosa/Celly/Coronel 2000, S. 313)

Segmentierungsvariable	Beispiel
Demographie und Geographie	
Wirtschaftsbereiche/Branche	Land-, Forstwirtschaft, Fischerei; Produzierendes Gewerbe; Dienstleistungen / am Beispiel Dienstleistungen: Handel, Gastgewerbe, Verkehr; Kreditinstitute, Versicherungen, Wohnungsvermietung, sonstige öffentliche und private Dienstleister / am Beispiel Handel: Nahrungsmittel; Apotheken, medizinische Artikel, Körperpflege; Bekleidung; Möbel, Einrichtungsgegenstände; Unterhaltungselektronik, elektrische Haushaltsgeräte, Sonstige
Unternehmensgröße nach Umsatz, Beschäftigtenzahl	Umsatz: bis 1 Mio. €, 1 Mio – 5 Mio. €, über 5 Mio. €; Beschäftigte: bis 19, 20 – 99, 100 – 199, 200 – 499, 500 – 999, 1.000 und mehr
Unternehmensstandort	Bundesländer; EU bzw. Westeuropa, USA, Japan, Mittel- und Osteuropa, Sonstige
Verhaltensorientierung	
Einkaufsstruktur	Zentralisiert versus dezentralisiert
Machtstruktur	F & E, Produktion, Marketing, Finanzen; Einkaufs- versus Verkaufsorientierung
Formalisierungsgrad	Formalisiert versus nicht-formalisiert; Ausschreibung
Kundenstatus	Neukunde versus aktueller Kunde versus ehemaliger Kunde; Nichtnutzer versus Kunde der Konkurrenz
Nutzungsintensität	Häufig, mittel, selten
Bestellmenge, -häufigkeit, -rhythmus	Groß, mittel, gering; häufig, mittel, selten; regelmäßig versus unregelmäßig
Routinisierungsgrad	Routine- versus Nichtroutineeinkauf
Erworbene Leistung	Teile, Material, Dienstleistungen, ...
Kaufkriterien	Qualität, Preis, Service, Schnelligkeit, ...

Ungeachtet dessen, ob es sich um Konsumgüter- oder Investitionsgütermärkte handelt, sollten Segmentierungskriterien grundsätzlich folgende **Anforderungen** erfüllen:

- **Kaufverhaltensrelevanz** (differentiable): Die Kriterien müssen geeignete Indikatoren für zukünftiges Kaufverhalten der Konsumenten darstellen. Wenn verheiratete und unverheiratete Männer sich bezüglich des Kaufs von Rasierapparaten nicht unterscheiden, ist der Familienstand in diesem Fall kein geeignetes Marktsegmentierungskriterium.
- **Messbarkeit** (measureable): Die Ausprägungen der Kriterien müssen mit den vorhandenen Marktforschungsmethoden erfasst werden können. Beispielsweise dürfte es sich infolge sozial erwünschten Antwortverhaltens schwierig gestalten, Leser von Erotikmagazinen mittels Befragung zu identifizieren.

- **Zeitliche Stabilität** (substantial): Die mittels der Kriterien erhobenen Informationen sollten über einer längeren Zeitraum gültig sein. Angesichts des zunehmend hybriden Konsumentenverhaltens, das sich beispielsweise darin niederschlagen könnte, dass ein Verbraucher heute bei *McDonald's* und morgen im 3 Sterne-Restaurant speist, ist diese Anforderung immer schwieriger zu erfüllen.
- **Bezug zur Marktbearbeitung** (actionable): Die Kriterien sollten einen gezielten Einsatz des Marketing-Instrumentariums ermöglichen. Beispielsweise macht es wenig Sinn, einen Markt nach der Preissensibilität der Konsumenten zu segmentieren, wenn sich aufgrund der Kosten- und Wettbewerbssituation überhaupt kein preispolitischer Spielraum nach unten oder oben bietet.
- **Ansprechbarkeit bzw. Zugänglichkeit der Segmente** (accesible): Die Kriterien müssen eine gezielte Ansprache der Segmente gewährleisten. Insbesondere die Erreichbarkeit über Distributions- und Kommunikationskanäle sollte sichergestellt sein. Häufig sind Marktsegmente nur indirekt erreichbar, beispielsweise im Falle von Unterhaltungselektronik Eltern über ihre Kinder oder im Falle von OTC-Produkten (Over the Counter), d. h. frei verkäuflichen Arzneimitteln, Männer über ihre Frauen.
- **Wirtschaftlichkeit** sprich **ausreichende Größe der Segmente** (profitable): Auf diese Weise soll die Wirtschaftlichkeit der Segmentierung gesichert werden. Es würde beispielsweise wenig Sinn machen, Fahrzeuge für Personen über 2,30 Körpergröße zu konzipieren, da die Entwicklungskosten in keinem vernünftigen Verhältnis zu den zu erwartenden Erträgen stehen dürften (vgl. auch *www.wiwi-treff.de*; Stand: 17.05.2008).

Um einen Vergleichsmaßstab bezüglich der Repräsentativität der Daten zu haben, bietet es sich an, bei der Bildung der demographischen und geographischen Segmentierungsvariablen auf die Systematisierungen der **Amtlichen Statistik** zurückzugreifen.

6.2.4 Marktarealstrategien

Die Marktarealstrategie legt fest, welcher **geographische Raum** bearbeitet werden soll. Das Spektrum der Optionen reicht hier von der lokalen, regionalen und nationalen Marktbearbeitung über internationale und multinationale Strategien bis hin zur vollständigen Abdeckung des Weltmarktes (vgl. Abb. 6.6 sowie im Folgenden *Backhaus* 2002; *Backhaus/Büschken/Voeth* 1999; *Herrmanns/Wißmeier* 1995; *Meffert/Bolz* 1999). Für Aktivitäten jenseits des angestammten Terrains sprechen u. a. folgende **Gründe**:

- Öffnen eines Absatzventils, da der heimische Markt gesättigt ist
- Erschließen von Preisspielräumen
- Realisierung von Kostenvorteilen (u. a. durch Erzielung von Erfahrungskurveneffekten; vgl. hierzu Abschnitt 6.3.1)

Im Zuge eines "Going International" fallen folgende Entscheidungstatbestände an:

- **Marktauswahl**: Welcher Markt bzw. welche Märkte sollen bearbeitet werden?
- **Marktbearbeitung**: Mit welcher Strategie soll auf den Märkten agiert werden?

- **Timing**: Wann soll in einen ausländischen Markt eingetreten werden, und wie soll bei mehreren Märkten die länderspezifische Abfolge der Eintritte vonstatten gehen?
- **Markteintritt**: Mit welcher Organisationsform soll in den ausländischen Markt eingetreten werden?

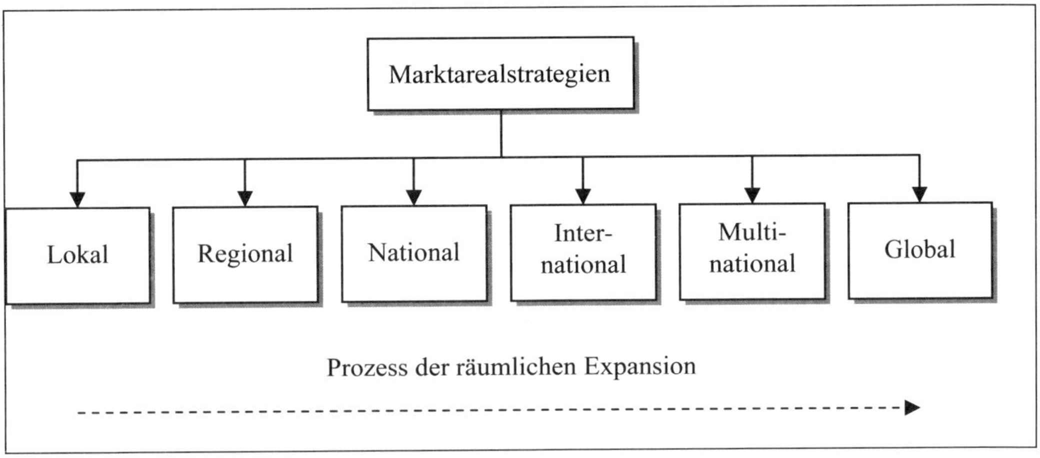

Abb. 6.6: Die Marktarealstrategien im Überblick

Marktauswahl

Zunächst gilt es, denjenigen Markt bzw. diejenigen Märkte auszuwählen, die bearbeitet werden sollen. Dabei fließen u. a. folgende **Kriterien** in die Entscheidungsfindung ein:

- Ökonomische Faktoren (Marktvolumen, Konkurrenzsituation)
- Politische Faktoren (politische Stabilität, Wirtschaftspolitik)
- Rechtliche Faktoren (zwischenstaatliche Vereinbarungen, internationale Handelsbräuche; nationale Gesetze wie Sicherheitsvorschriften, Werberichtlinien, Maß- und Gewichtsvorschriften, Normierungsvorschriften)
- Natürliche und technische Faktoren (Topographie, Infrastruktur, technischer Entwicklungsstand)
- Soziokulturelle Faktoren (Sprache, Religion, ethische Unterschiede, Bildungsstand, Einstellung zu Wirtschaftsleben und persönlichem Besitz)

In Abhängigkeit von der Ausprägung der einzelnen Faktoren weisen die zur Auswahl stehenden Länder eine mehr oder minder hohe **Attraktivität** auf. Dieser stehen **Barrieren gegenüber**, die den Markteintritt behindern (vgl. Abb. 6.7). Grundsätzlich lassen sich hierbei institutionelle und verhaltensbedingte Hürden unterscheiden.

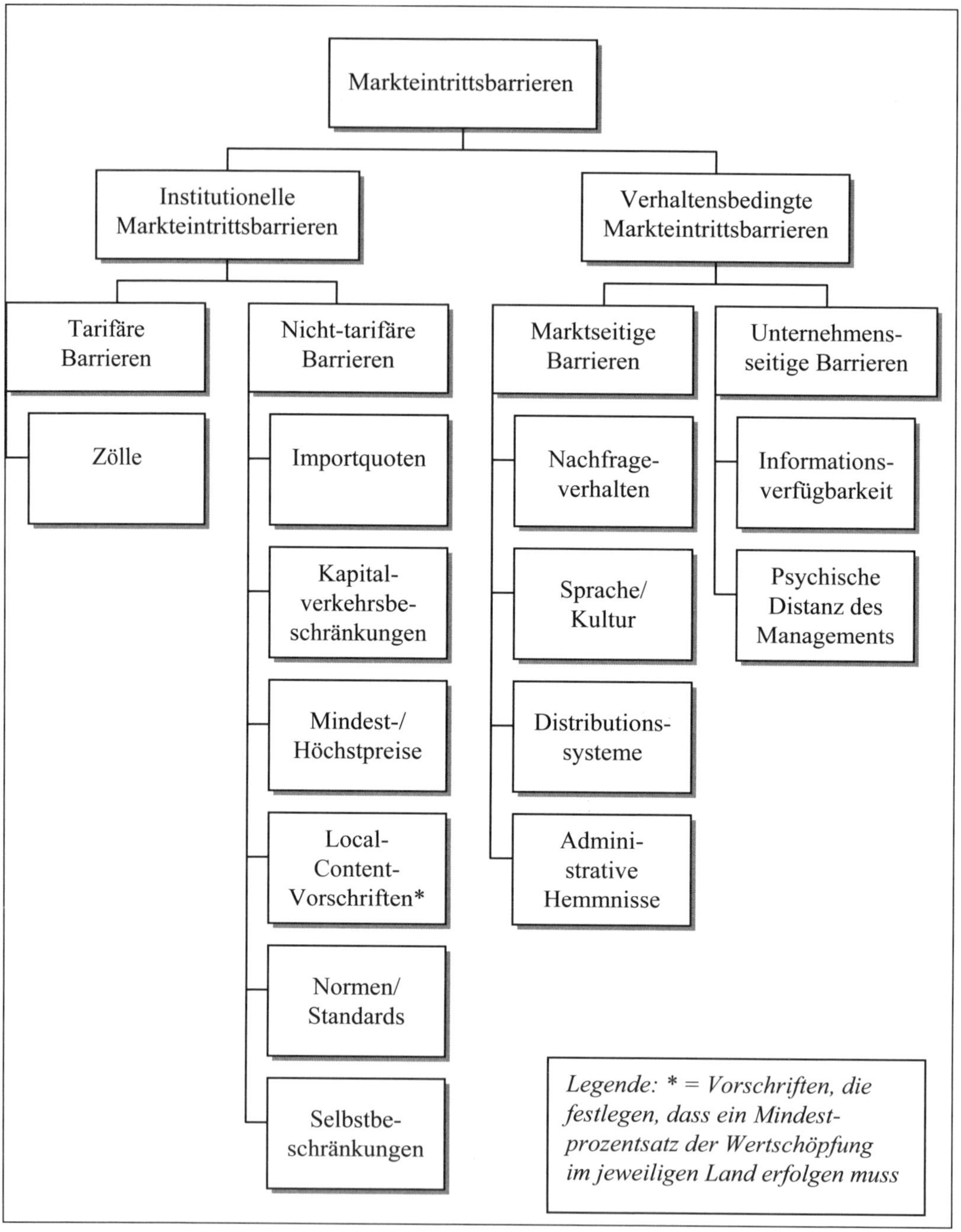

Abb. 6.7: Ausgewählte Markteintrittsbarrieren im Überblick (Quelle: Backhaus 2002; Kutschker/Schmid 2002)

Die **institutionellen Barrieren** werden von staatlicher Seite errichtet. Dies sind zum einen sog. **tarifäre Handelshemmnisse**, die im Wesentlichen mit Zöllen gleichzusetzen sind. Anhand der folgenden **Kriterien** lassen sich verschiedene **Arten von Zöllen** unterscheiden:

- **Primäre Zielsetzung:** Während Schutzzölle dazu dienen, inländische Anbieter gegenüber den Wirkungen des Freihandels abzuschirmen, lassen sich mit Finanzzöllen staatliche Einnahmen erzielen.
- **Bemessungsgrundlage:** Während bei den spezifischen Zöllen ein bestimmter Betrag je Menge (Stückzahl, Gewicht, Volumen etc.) der gehandelten Güter festgesetzt ist, wird bei den Wertzöllen ein bestimmter Prozentsatz vom Preis der Güter als Zoll erhoben.
- **„Bewegungsrichtung" der betroffenen Güter:** Hier werden grundsätzlich Importzölle (= Abgaben auf eingeführte Güter) und Exportzölle (= Abgaben auf ausgeführte Güter) unterschieden.

Zum anderen zählen zu den institutionellen Barrieren sog. **nicht-tarifäre Handelshemmnisse**. Hierunter fasst man im Sinne einer Negativabgrenzung sämtliche staatlichen Beschränkungen des internationalen Handels, die nicht Zölle sind. Entsprechend der Klassifikation der *Welthandelskonferenz der Vereinten Nationen (UNCTAD)* lassen sich diese in **drei Gruppen** unterteilen:

- Handelspolitische Maßnahmen, vorwiegend mit dem Ziel, Importe zu behindern bzw. Exporte inländischer Unternehmen zu fördern (Importquoten, Lizenzierungen, Exporteinschränkungen, Importverbote, Staatshandel, spezielle Importabgaben, Steuervorteile und finanzielle Förderung von inländischen Unternehmen)
- Maßnahmen, die von Zeit zu Zeit ergriffen werden, um Importe zu behindern bzw. Exporte zu fördern (Einschränkung des marketingpolitischen Spielraums, Verpackungs- und Bezeichnungsvorschriften, Herkunftsangaben, Gesundheits- und Veterinärvorschriften, Qualitätsstandards, Klassifizierungsusancen)
- Maßnahmen, die in erster Linie nicht zum Schutz der heimischen Industrie ergriffen wurden, die jedoch auf den Handel wirken können (staatliche Monopole, Struktur- und Regionalförderung, währungspolitische Maßnahmen, Änderungen in der Steuerpolitik, nationale Unterschiede bei Maß- und Gewichtseinheiten).

Den institutionellen stehen die **verhaltensbedingten Markteintrittsbarrieren** gegenüber. Hierunter fasst man zum einen Erschwernisse, die auf das Verhalten der Marktpartner zurückzuführen sind. Dazu zählen u. a. das Verhalten der Konsumenten, die Sprache und Kultur eines Landes, die Zugänglichkeit zu den Distributionssystemen des Handels sowie das Gebaren der Öffentlichen Verwaltung. Zum anderen existieren aber auch Barrieren auf Seiten der Unternehmen. Dies kann beispielsweise der unzureichende Kenntnisstand über oder die psychische Distanz des Managements zum jeweiligen Auslandsmarkt sein.

Anhand der beiden Dimensionen Marktattraktivität und Marktbarrieren lassen sich die zur Disposition stehenden Länder nunmehr in einer **Vier-Felder-Matrix** positionieren (vgl. Abb. 6.8):

- **Kernmärkte** zeichnen sich durch eine hohe Attraktivität und geringe Markteintrittsbarrieren aus.

- **Hoffnungsmärkte** weisen eine hohe Attraktivität, aber gleichzeitig auch hohe Eintrittshürden auf. In solchen Fällen hofft man, dass die Zugangsbarrieren mit der Zeit abgebaut und damit der Markteintritt erleichtert werden.
- **Abstinenzmärkte** gilt es zu meiden, da sie weder attraktiv noch leicht zugänglich sind.
- **Gelegenheitsmärkte** sind in der Gesamtbetrachtung zwar wenig attraktiv. Trotzdem sollte man sie im Auge behalten, da sie leicht zugänglich sind und vielleicht in absehbarer Zeit die eine oder andere Chance bieten.

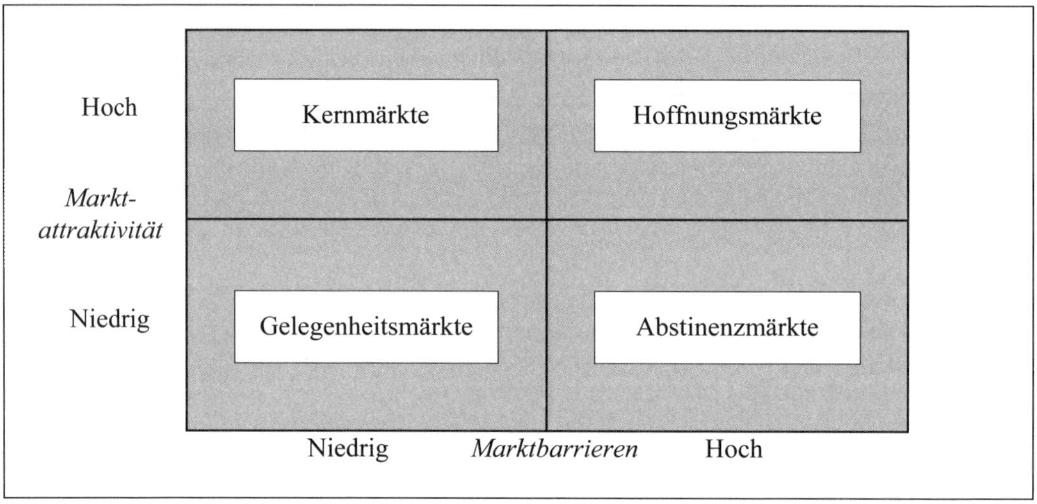

Abb. 6.8: Eine Ländermarkttypologie anhand der Dimensionen „Marktattraktivität" und „Marktbarrieren" (Quelle: Backhaus 2002)

Marktbearbeitung

Die Frage nach der Art der Marktbearbeitung lässt sich im Wesentlichen auf die Schlüsselfrage der Internationalisierung, nämlich die klassische Kontroverse **Standardisierung versus Differenzierung** von Programmen (und gegebenenfalls von Prozessen) fokussieren (vgl. im Folgenden *Müller/Kornmeier* 2002, S. 142 – 212). **Standardisierung** in seiner extremsten Form bedeutet, dass identische Produkte und Dienstleistungen zu einheitlichen Preisen sowie Konditionen über gleiche Distributionskanäle unter Einsatz des gleichen Kommunikationsinstrumentariums vertrieben werden. Die Standardisierungsstrategie, zu deren Befürwortern *T. Levitt* (1983, S. 92 – 102) zählt, basiert auf der Annahme, dass sich die Bedürfnisse und das Verhalten der Verbraucher weltweit immer stärker annähern (sog. **Konvergenzthese**), so dass Unternehmen über Ländergrenzen hinweg einheitliche Strategien verfolgen können. Eine solche Strategie verspricht **Kosteneinsparungen** und **reduzierten Ressourceneinsatz** infolge von Skaleneffekten. Seit den 80er Jahren postulieren die Vertreter der Konvergenzthese, dass die Globalisierung zu einem einheitlichen Weltmarkt führe und die Unterschiede zwischen einzelnen Ländern bzw. Kulturen mehr und mehr verschwinden würden.

Als Positivbeispiele dieser Standardisierungsthese gelten Unternehmen wie der mexikanische Zementhersteller *ZEMEX* und *Toyota*. Diese hätten durch ausgeklügelte Internationalisierungsstrategien, die im Sinne einer wertorientierten Unternehmensführung die Auswirkungen auf Cash-Flow, Risiken und Kosten geschickt ausbalancierten, Mehrwert geschaffen und seien so zu den Lieblingen der Kapitalmärkte aufgestiegen.

Die Kritiker der Standardisierungshypothese, zu denen *P. Kotler* zu rechnen ist, vertreten die entgegengesetzte Ansicht: Infolge international divergierender Bedürfnisse und Verhaltensweisen der Konsumenten seien standardisierte Konzepte suboptimal. Vielmehr müssten die Marketingprogramme und -prozesse den jeweiligen länderspezifischen Gegebenheiten angepasst werden (**Differenzierung** gemäß der Maxime: "All Business is Local.").

Auch aus dem Lager des Strategie-Papstes *Michael E. Porter* werden immer wieder Stimmen laut, die behaupten, die Globalisierung sei eine Illusion von einigen verblendeten Managementforschern. Es gebe allenfalls eine Semiglobalisierung, und diese werde noch Jahrzehnte Bestand haben. Rückschläge auf dem Weg zur Globalisierung könnten – wie die neuere Wirtschaftshistorie seit Ende des 19. Jahrhunderts belege – keineswegs ausgeschlossen werden. Die Unterschiede und Grenzen zwischen Ländern und Kulturen seien nach wie vor von erheblicher Bedeutung. Unternehmen, die regionale und nationale Unterschiede aus ihren Internationalisierungsstrategien ausblendeten, würden daher viel Geld „verbrennen“.

Paradebeispiele seien etwa *Coca-Cola* und *Wal-Mart*, die zwar auf ihrem Heimatmarkt sehr erfolgreich seien. Doch sie hätten die kostspielige Erfahrung machen müssen, dass sich ihre an Nordamerika ausgerichteten Geschäftmodelle nicht unverändert auf andere Länder übertragen ließen. Mit ihren in erster Linie auf Umsatzausweitung und Kostendegression ausgerichteten Globalisierungsstrategien hätten sie erhebliche Unternehmenswerte vernichtet (vgl. *Fieten 2008, S. 12; Ghemawat* 2007).

Die Mehrzahl sowohl der Wissenschaftler als auch der Praktiker bekundet die Meinung, dass weder die weltweite Standardisierung noch die vollständige länderspezifische Differenzierung praktikabel sind. Eine Lösung des skizzierten Spannungszustandes zwischen kosteninduziertem Standardisierungsdruck und kulturinduziertem Differenzierungsbedarf versprechen Mischformen, die auf dem Prinzip der **differenzierten Standardisierung** basieren und die Maxime „Soviel Standardisierung wie möglich, soviel Differenzierung wie nötig“ verfolgen.

Zur Schaffung eines ökonomischen Mehrwerts in einer Welt, die nach wie vor durch erhebliche lokale Unterschiede gekennzeichnet sind, schlagen die Anhänger der These einer Semiglobalisierung drei alternative Basisstrategien vor: Anpassung an die lokalen Unterschiede, regionale Zusammenfassung von Aktivitäten und affinen Märkten sowie Arbitrage, welche die Globalisierung der Produktion und die Ausschöpfung internationaler Kostenunterschiede bei den Faktoren Arbeit, Betriebsmittel und Kapital nutzt.

Bezüglich des Standardisierungspotenzials einzelner Marketing-Instrumente haben Kommunikationsmanagement und Produktmanagement mehr Interesse gefunden als die anderen Instrumente bzw. Strategien. Insgesamt lässt sich feststellen, dass international agierende Unternehmen ihre Produkte weitgehend standardisieren, seltener aber ihre Werbestrategie.

Fallstudie „Differenzierte Standardisierung" (1) – *Coca-Cola*: Think Global, Act Local.

Selbst *Coca-Cola*, in der Literatur häufig als Paradebeispiel für eine Standardisierungsstrategie angeführt, vereinheitlicht nur Markierung und Positionierung. Bereits Rezeptur und Werbung werden länderspezifisch adaptiert. So enthält der Softdrink in islamisch geprägten Ländern überdurchschnittlich viel Zucker, da deren Bewohner traditionell Süßes schätzen. Und auch die mittlerweile abgelöste Werbebotschaft "You can´t beat the feeling." wurde keinesfalls weltweit ausgestrahlt, sondern in bestimmten Ländern durch andere Slogans ersetzt.

Fallstudie „Differenzierte Standardisierung" (2) – *McDonald's* und der Big-Mac-Index

Auf der einen Seite bearbeitet *McDonald's* die Märkte über den ganzen Globus hinweg standardisiert. Das Erfolgsrezept lautet:

- ein starker lokaler Partner, der hervorragend ausgebildet und vollständig in das Geschäft eingebunden ist,
- das traditionelle *McDonald's* Menü sowie
- die detaillierten Arbeitsanweisungen für QSVC, nämlich Quality, Service, Cleanliness and Value.

Obwohl *McDonald's* darauf besteht, seine strengen Arbeitsprozessrichtlinien auch auf ausländischem Boden durchzusetzen, ist das Unternehmen in anderen Bereichen der Restaurantführung flexibler und passt seinen Marktaufritt den lokalen Erfordernissen an. Denn wie bei zahlreichen anderen Unternehmen setzte sich auch bei *McDonald's* die Erkenntnis durch, dass Erfolg in den USA, Großbritannien, Korea oder sogar China nicht unbedingt bedeutet, dass Konsumenten in anderen Ländern von einem Produkt überzeugt sind. Dies war etwa in Indien und Frankreich der Fall.

Auf dem indischen Markt musste *McDonald's* auf seine bekannteste Zutat verzichten, um seine dortigen Kunden zu respektieren und zufrieden zustellen (vgl. im Folgenden *Bhan/Nemer* 2006). Viele Inder essen kein Rind- oder Schweinefleisch oder verzichten sogar gänzlich auf Fleisch. Nach *Vikram Bakshi*, dem Management-Direktor von *McDonald's* Nord-Indien, war es deshalb notwendig, das Produktangebot anzupassen und gleichzeitig die zentralen Werte der Marke über die Kulturen hinweg einheitlich zu halten. Das heutige Speiseangebot hat sich entwickelt als Ergebnis konstanter Innovationen und der Bedürfnisse unserer Kunden, sagt *Bakshi*. „Lokale Kreationen wie der McAloo Tikki Burger (= Kartoffeln, Tomaten und Gewürze in einem Sesambrötchen), Curry-Pfannkuchen, die vegetarische Pizza McPuff oder der McVeggie (= ein vegetarischer Hamburger) sind mittlerweile am Markt etablierte Weiterentwicklungen von den Produkten, die wir in unserem ersten Restaurant anboten. Heutzutage sind 70 % des Produktangebots an die indischen Besonderheiten angepasst, und der McAloo Tikki Burger ist das am meisten verkaufte Produkt. Wenn auch die Produktangebote unterschiedlich sein mögen, so stimmt das *McDonald's* Erlebnis weltweit überein, nämlich das Angebot von Qualität, Service, Sauberkeit und einem günstigen Preis/Leistungs-Verhältnis."

Beispielsweise gibt es in Indien keine Drive-Ins. Aber der dort anzutreffende Motorroller- und Fahrrad-Zustellservice dehnt das Konzept einer schnellen, heißen Mahlzeit zum Mitnehmen in der Weise aus, dass es etwas typisch Indisches ist und gleichzeitig mit der globalen Marke in Einklang steht. Es ist immer noch *McDonald's*, und die Inder lieben es. Think global, act local. Diese Maxime geht auf den ehemaligen Vorstandsvorsitzenden von *Coca-Cola*, *Douglas Daft* zurück, der die These "Think global, act global" dergestalt abwandelte.

Auch in Frankreich passte sich *McDonald's* den nationalen Gegebenheiten an, in dem es dort beispielsweise den Schinken-Käse-Sandwich "Croque McDo", die *McDonald's* Version des Croque Monsieur, einer Lieblingsspeise der Franzosen, anbietet. Des Weiteren arbeitet *McDonald's* mit französischen Unternehmen zusammen, um lokale Waren anzubieten. Zum Beispiel Frucht-Joghurt von *Danone*, Kaffee von *Carte Noire* und den französischen Soft-Drink *Orangina. McDonald's* kauft 80 % seiner Produkte von französischen Landwirten. Und das Unternehmen wirbt in Zeitungen damit, wie viele französische Kühe, Hühner, Gemüse und Tomaten jedes Jahr benötigt werden. Schließlich wurde im Jahre 2001 *Ronald McDonald*, das Maskottchen des Unternehmens, in der französischen Werbung durch *Asterix* ersetzt. Diese französische Comic-Figur steht für die Individualität der Gallier und symbolisiert lokalen Widerstand gegen imperiale Mächte.

Schwerpunktmäßig passt *McDonald's* seine Sortimente, Preise und Kommunikationspolitik nationalen Gegebenheiten. Die Vertriebswege hingegen werden weitgehend standardisiert beschritten. Aus diesem Grund können die folgenden Beispiele als Ausnahmen gelten:

- In Sälen/Schweden wurde der erste Ski-Through *McDonald's* eröffnet.
- Der erste *McDonald's* in Rom, nahe der spanischen Treppe, wurde im Vergleich zu den normalen *McDonald's* Restaurant sehr luxuriös gestaltet. Zu den Ausstattungsmerkmalen gehören Springbrunnen, Marmorwände und Teppich-Böden. Mittlerweile wird sogar Wi-Fi angeboten.
- In China gibt es spezifische *McDonald's* Restaurants und -Schalter, in bzw. an denen ausschließlich Eiskrem, Getränke und Desserts verkauft werden. Außerdem bietet *McDonald's* dort den China Rice Burger an.

Fallstudie „Differenzierung" – *McDonald's* und der "*Big Mac*"-Index

Der "*Big Mac*"-Index wird von der Zeitschrift "*The Economist*" seit 1986 berechnet und vergleicht die Preise für einen *Big Mac* in verschiedenen Ländern. Obgleich der *Big Mac* weltweit nahezu identisch ist, differieren die Preise zum Teil erheblich (vgl. Tab. 6.6). Die Preisunterschiede weisen auf die Grenzen einer Standardisierung der Preispolitik hin.

Tab. 6.6: Der Preis für einen Big Mac der Schnellrestaurant-Kette McDonald's in ausgewählten Ländern (Quelle: The Economist)

Land	Preis *(in US-Dollar)*	Abweichung *(in %)*
USA	2,71	--
Argentinien	1,40	- 47
Australien	1,80	- 31
Brasilien	1,44	- 45
Großbritannien	3,08	+ 16
China	1,20	- 56
Dänemark	3,99	+ 51
Euro-Raum	2,98	+ 10
Japan	2,18	- 19
Russland	1,31	- 51
Schweiz	4,52	+ 69

Unmittelbar mit der Frage „Standardisierung oder Differenzierung?" ist die Form der internationalen **Marktausweitung** verbunden. Hier lassen sich auf Basis des von *Perlmutter* entwickelten **E.P.R.G.-Schemas vier Arten** unterscheiden (vgl. hierzu *Hünerberg* 1994, S. 113):

- **Ethnozentrische Verbreitung**
  Dabei richtet ein Unternehmen die Auslandsstrategie an den Erfordernissen des Heimatmarktes aus. Eine solche Vorgehensweise ist zwar mit einem vergleichsweise geringen Aufwand verbunden, birgt jedoch die Gefahr in sich, im Ausland auf kulturbedingte Ablehnung zu stoßen.
- **Polyzentrische Verbreitung**
  Das Unternehmen passt seine Strategie den Erfordernissen des jeweiligen Zielmarktes an. Dies erhöht das Akzeptanzpotenzial, ist aber gleichzeitig mit einem entsprechend großen Aufwand verbunden.
- **Regiozentrische Verbreitung**
  In einem fortgeschrittenen Stadium der Internationalisierung bietet sich die Option, Auslandsniederlassungen zu gründen und von diesen jeden Markt einzeln zu bearbeiten.
- **Geozentrische Verbreitung**
  Hier entwickelt ein Unternehmen eine Marketing-Strategie, die von vorneherein auf den Weltmarkt ausgerichtet ist.

Timing

In dieser Phase geht es um die Planung und Realisation der Markteintrittszeitpunkte. Zum einen gilt es, den optimalen Zeitpunkt für den Eintritt in einen ausländischen Markt festzulegen. Grundsätzlich kann man hierbei als erster in einen Markt eintreten (=**"first-mover"-Strategie**) oder zunächst den Wettbewerbern (=**"follower"-Strategie**) den Vortritt lassen.

Als Vorteile der "first-mover"-Strategie gelten:

- Vorsprung in Bezug auf Bekanntheit/Image
- Bessere Möglichkeit, Erfahrungen auf dem Auslandsmarkt zu sammeln und sich an die lokalen Gegebenheiten anzupassen (z. B. spezifische Kundenbedürfnisse)
- Rekrutierung guter Mitarbeiter
- Möglichkeit zum frühzeitigen Aufbau langfristiger Beziehungen zu Lieferanten und Kunden (Kundenbindung)
- Aufbau von Netzwerken bzw. informellen Kontakten
- Möglichkeit zur Schaffung und Durchsetzung eines Standards („dominantes Design")
- Größenvorteile etwa in der Beschaffung oder Produktion (z. B. durch frühzeitige Schaffung einer guten Marktstellung oder durch befristete Alleinstellung)
- Monopolgewinne zur Reinvestition bzw. zum Ausbau der Marktposition in anderen Ländermärkten

Nachteilig sind:

- Hohe Kosten der Markterschließung (Marktbereitung), u. a. wegen Anbahnung und Aufbau von Händlerkontakten (= Suchkosten)
- "free rider"-Effekt: Follower profitieren teilweise von den Investitionen des Pioniers.
- Gefahr der Fehleinschätzung der Marktsituation (z. B. Marktvolumen; Zahlungsbereitschaft), da Vergleichswerte fehlen

Für die "follower"-Strategie sprechen:

- „Lerneffekte": Der Folger kann von Fehlern des Pioniers lernen.
- Aufgrund des Engagements der Konkurrenten sind zuverlässigere Informationen verfügbar (z. B. über Konsumentenverhalten, Zahlungsbereitschaft, Kaufkraft).
- Frühere Gewinne/schnellere Amortisation der Investition („Das Feld ist bereitet.", falls der Folger den Markt während der Wachstumsphase betritt)
- Kostenvorteile, da der Folger die gesetzten Standards übernehmen kann (z. B. Einsparen von Schulungskosten)

Als Gegenargumente werden ins Feld geführt:

- Überwindung der vom Pionier errichteten Markteintrittsbarrieren
- Suchkosten (Suche nach Kunden, Mitarbeitern, Aufbau von Kontakten zu Lieferanten/ Netzwerken)
- Kosten für vertrauensbildende Maßnahmen (z. B. für neu im Markt einzuführende Marken)
- Kosten für Abwerben von Lieferanten/Kunden des Pioniers („Aufbrechen" bestehender Geschäftsbeziehungen)
- Nachteil auf „Erfahrungskurve" (fehlendes Wissen über den Markt, Kostennachteile aufgrund geringerer Absatzmengen [zu Beginn] bzw. höherer Fixkosten/Beschaffungskosten usw.)

Neben der Planung und Realisation des optimalen Markteintrittszeitpunkts muss im Zuge des Timing die länderspezifische Abfolge der Eintritte auf mehrere Märkte geplant werden. Hierfür stehen grundsätzlich **zwei Optionen** zur Verfügung (vgl. *Backhaus* 2002):

Im Zuge der **Sprinklerstrategie** werden möglichst viele Märkte simultan oder in kurzer Zeit erschlossen. Auf diese Weise gelingt es, die Markteintrittsrisiken auf mehrere Ländermärkte zu verteilen. Gleichzeitig nimmt man aber auch Fehlinvestitionen in Kauf. Langfristig wird die Zahl der Auslandsmärkte reduziert, d. h. erfolglose Märkte werden wieder aufgegeben. Grundsätzlich werden die Märkte standardisiert und mit geringer Intensität bearbeitet. Aufgrund begrenzter Budgets werden Informationen nur eingeschränkt beschafft.

Als Stärken der Sprinklerstrategie lassen sich anführen:

- Nutzung von Marktchancen durch frühzeitigen Markteintritt (v. a. bei modischen bzw. Trendprodukten mit kurzem Lebenszyklus)
- Nutzung der generell vorhandenen Vorteile des Pioniers
- Schnellere Amortisation der Fixkosten (z. B. wegen der größeren Produktionsmenge, Economies of Scale)
- Möglichkeit, durch gleichzeitigen Eintritt in viele Ländermärkte einen Standard zu setzen (= dominantes Design)
- Schlechtere Reaktionsmöglichkeit der Konkurrenten

Nachteile können entstehen durch:

- Großer Ressourcenbedarf (Human- und Finanzkapital) sowie hohe Komplexität (z. B. Berücksichtigung von Interdependenzen zwischen den Märkten, Preisunterschiede)
- Begrenzte Möglichkeit der Anpassung an die Bedürfnisse des Ländermarktes (aufgrund der Komplexität und der Geschwindigkeit des Markteintritts)
- Höheres Scheiterrisiko, da aufgrund des zeitgleichen Markteintritts keine Testmärkte vorhanden sind
- Eingeschränkte Möglichkeit, von den Erfahrungen auf anderen Ländermärkten zu profitieren

Im Rahmen der **Wasserfallstrategie** hingegen tritt ein Unternehmen sukzessive in die einzelnen Auslandsmärkte ein. Ein Produkt wird erst nach erfolgreicher Einführung in einem Land auch in einem anderen Land angeboten. Auf diese Weise:

- kann man sich schrittweise ins Auslandsgeschäft hineintasten und die Ressourcen an den gestiegenen Bedarf anpassen,
- begrenzt man das Risiko, da Abbruchoptionen der Internationalisierung bestehen bleiben und auf diese Weise länderübergreifende Flops vermieden werden,
- kann man den Produktlebenszyklus eines Produktes verlängern, läuft aber zugleich Gefahr, zunächst einzelne Märkte, zu denen später nur noch schwer Zugang besteht, zu vernachlässigen. Die Märkte werden grundsätzlich differenziert bearbeitet, die Informationssuche erfolgt ausgiebig.

Weitere Vorteile sind:

- Zeitlich versetzter Ressourcenbedarf (v. a. Human-, Finanzkapital)
- Finanzierung neuer Markteintritte durch Gewinne auf bereits bearbeiteten Auslandsmärkten (= zeitlicher kalkulatorischer Ausgleich zwischen Ländermärkten)
- Nutzung bestehender Produkte und Technologien in möglichst vielen Auslandsmärkten (= Verlängerung des Produktlebenszyklus)
- Nutzung der zuerst betretenen Länder als Testmärkte (z. B. bei Innovationen) oder als Referenzmärkte (z. B. bei größeren Anlagen)
- Aufbau von Brückenköpfen (z. B. Südafrika ⇒ südliches Afrika; Hong Kong ⇒ Südostasien)
- Minderung des Scheiterrisikos („nicht alles auf eine Karte setzen")
- Bessere Möglichkeit der Anpassung an die länderspezifischen Bedürfnisse (‚da zeitlich entkoppelt)

Als Nachteile gelten:

- Zeitlich versetzter Ressourcenbedarf (v. a. Human-, Finanzkapital)
- Gefahr, Marktchancen zu verpassen (z. B. bei modischen Produkten)
- Verlust der „Kraft der Innovation" (Der Überraschungseffekt geht verloren, da die Innovation keine eigentliche Innovation mehr ist.)
- Konkurrenten werden frühzeitig gewarnt
- Mögliche Fehleinschätzung, wenn der Erfolg auf bisherigen Märkten fortgeschrieben wird (= Fehleinschätzung durch Analogienbildung)

Fallstudie „Wasserfallstrategie" – ***Coke Zero***

Coca-Cola bezeichnet die Einführung von *Coke Zero* in Europa als „die schnellste Produkteinführung aller Zeiten". Weniger als ein Jahr nach dem Start in Großbritannien im Juni 2006 wurde der Softdrink bereits in 14 Ländern Europas verkauft. In Deutschland wurde das Produkt nach der Fußball WM eingeführt. In den ersten zehn Monaten setzte das Softdrink-Unternehmen hierzulande bereits mehr als 100 Millionen Liter *Coke Zero* ab.

Quelle: *dpa*: Coca-Cola lanciert neue Getränke, in: Frankfurter Allgemeine Zeitung, Nr. 105 vom 07.05.2007, S. 14.

Markteintritt

Attraktivität, Eintrittsbarrieren und Risikopotenziale einzelner Auslandsmärkte führen zu verschiedenen Formen der **Markterschließung**. Nach dem Ort der Wertschöpfung (Kapitaleinsatz/Managementleistung) lassen sich die folgenden Markteintrittsstrategien unterscheiden (vgl. hierzu Abb. 6.9 sowie *Bodenstein/Spiller* 1998, S. 137 f.; *Meissner* 1987, S. 47).

- Der **Export** bildet häufig den Ausgangspunkt der Internationalisierung von Unternehmen. Dabei wird zwischen direktem und indirektem Export unterschieden. Im Falle des direkten Exports beliefert der nationale Hersteller ausländische Wiederkäufer und/oder Endverbraucher unter Ausschluss inländischer Exportzwischenhändler. Beim indirekten Export hingegen überträgt der inländische Produzent sämtliche Funktionen, Kosten und Risiken der Ausfuhr auf ein unabhängiges inländisches Absatzorgan (z. B. internationaler Exporteur, internationale Handelsgesellschaft, Einkaufsniederlassung eines ausländischen Unternehmens, unternehmenseigenes Handelshaus, Exportkommissionär, Gemeinschaftsexportunternehmen). Auf diese Weise können spezielle Länder- und Branchenkenntnisse der Exporteure genutzt werden. Gleichzeitig wird jedoch ein geringer Kontakt zum Auslandsmarkt in Kauf genommen.

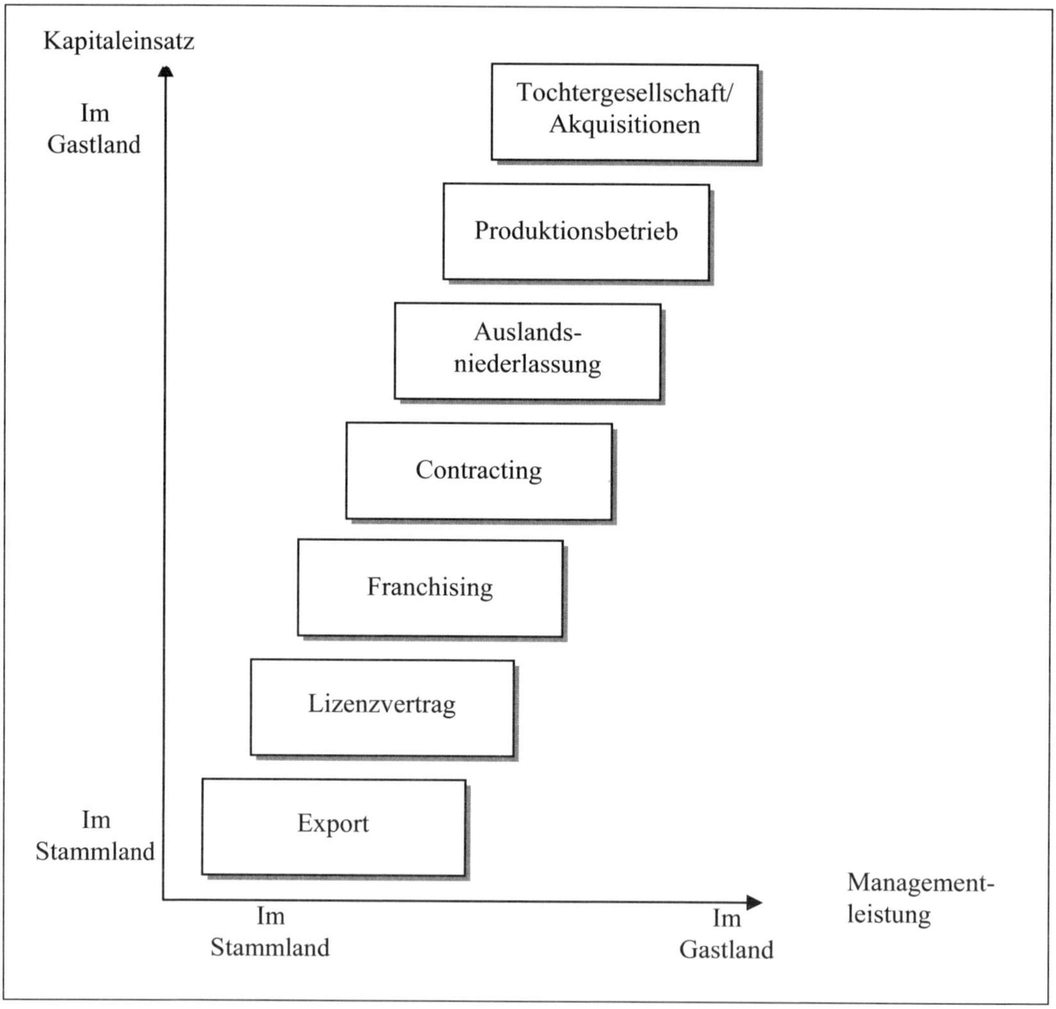

Abb. 6.9: Markteintrittsstrategien – differenziert nach dem Ort der Wertschöpfung (Quelle: in Anlehnung an Meissner 1987, S. 47)

- Gegenstand eines **Lizenzvertrags** ist die Befugnis eines ausländischen Lizenznehmers, gewerbliche Rechte (z. B. Patente, Gebrauchsmuster, Warenzeichen) eines inländischen Lizenzgebers zu nutzen. Dieser enthält im Gegenzug ein Lizenzentgelt in Form von:
  - laufenden Gebühren (umsatz- und stückbezogen, inputbezogen, gewinnbezogen)
  - Pauschalgebühren (Pauschallizenz, periodische Pauschalgebühren, Abschlagszahlung)
  - Einnahmen aus dem Verkauf von Vormaterial, Maschinen und Ausrüstung an den Lizenznehmer
  - Gebühren für Unterstützungs- und Serviceleistungen
  - Rücklieferungen an den Lizenzgeber zu Sonderkonditionen
  - Gebühren in Form von Kapitalbeteiligungen und/oder
  - Lizenzaustausch ("Cross Licensing"; vgl. *Berndt/Sander* 1997, S. 521).

  Die Vergabe einer Lizenz eröffnet die Möglichkeit, mit geringen Investitionen Erfahrungen auf einem Auslandsmarkt zu sammeln.

- **Franchising** ist eine Weisungs- und Kontrollbefugnisse umfassende Form der Lizenzierung. Als Vorteile für den Franchise-Geber sind zu nennen (vgl. hierzu *Winkelmann* 2000, S. 331):
  - Erhalt einer Franchisegebühr sowie umsatzabhängige Einnahmen
  - Schnelle räumliche Expansion mit vergleichsweise geringem Aufwand
  - Umfangreiche Kontrollrechte
  - Erlangung von Marktdaten, die sonst nicht zur Verfügung stehen würden (etwa Absatzzahlen des lokalen Partners)
  - Verlagerung großer Teile des unternehmerischen Risikos (etwa Fixkostenaufbau, Konkursrisiko, Haftung für Fremdkapital) auf Franchisenehmer

  Für den Franchise-Nehmer birgt diese Form der Kooperation folgende Vorteile in sich:
  - Zugriff auf bestehendes Know-how
  - Begrenztes Geschäftsrisiko infolge Übernahme einer bewährten Konzeption
  - Profitieren vom Image des Franchise-Gebers
  - Unterstützung in Marketing, Weiterbildung und Betriebsführung sowie bei der Beschaffung von Ressourcen (Güter, Kapital, Personal) durch den Franchise-Geber
  - Gegebenenfalls Gebietsschutz und Anschubfinanzierung

  Bekannte Franchisesysteme sind *McDonald's, Burger King, Nordsee, Coca-Cola, Eismann, Holiday Inn, Hilton, Goodyear, Sixt, Hertz, Ihr Platz* und *OBI*.

Fallstudie „Franchising" – *McDonald's*

Rund 70 % der *McDonald's* Restaurants in Deutschland werden von selbständigen Unternehmern im Franchise-Modell betrieben. Der Franchise-Geber, im vorliegenden Fall *McDonald's Deutschland Inc.*, erteilt seinen Franchise-Nehmern eine Franchise zur selbständigen Führung eines Betriebes. Übergreifende Leistungen wie Werbung oder Einkauf werden jedoch zentral vom Franchise-Geber erbracht.

Das erste deutsche *McDonald's* Franchise-Restaurant eröffnete 1975. Die Verträge hatten eine Laufzeit von 20 Jahren und waren ein damals kaum bekanntes Geschäftsmodell in der neuartigen Branche Systemgastronomie. Die heutzutage neu hinzukommenden Franchise-Nehmer müssen ein umfangreiches Auswahlverfahren durchlaufen.

Eine Franchise wird nur an Einzelpersonen vergeben, die ihre gesamte unternehmerische Aktivität dem Betrieb ihres Restaurants widmen. *McDonald's* steht seinen Partnern dabei mit Beratung und laufender Fortbildung in Fragen rund um die Führung eines Restaurants zur Seite. Darüber hinaus profitieren sie von der nationalen Werbung für die Marke, technischen Innovationen, günstigen Konditionen beim Wareneinkauf und einem exklusiven Distributionssystem. Im Gegenzug verlangt *McDonald's*, dass sich jeder Franchise-Nehmer an die Grundsätze des Unternehmens hält. Hierzu gehören das Einhalten der Qualitätsnormen, hundertprozentige Gästeorientierung, das Umsetzen des Umweltschutzprogramms „Vermeiden, vermindern, verwerten“ und soziales Engagement durch finanzielle und/oder organisatorische Unterstützung gemeinnütziger Anliegen.

Die Investitionssumme für den Franchise-Nehmer liegt bei ca. 600.000 € und muss zu 40 % mit frei verfügbarem Eigenkapital finanziert sein, d. h. diese Summe darf nicht mit Zins und Rückzahlungsansprüchen Dritter belastet sein. Die restlichen 60 % können über Kreditinstitute finanziert werden. Die Inanspruchnahme öffentlicher Fördermittel ist möglich, sofern der Interessent die dafür erforderlichen Voraussetzungen erfüllt.

Der Franchise-Nehmer entrichtet eine laufende Franchise-Gebühr von 5 % des Nettoumsatzes (= Bruttoumsatz abzüglich Mehrwertsteuer). Diese laufende Franchise-Gebühr wird aufgrund des Bekanntheitsgrades der Marke, des bereitgestellten Know-hows und aufgrund der verschiedenen Leistungen des Franchise-Gebers gegenüber dem Franchise-Nehmer erhoben. Daneben müssen 5 % vom Nettoumsatz in den *McDonald's* Werbefonds für nationale und regionale Absatzförderung entrichtet werden. Ein Teil dieser Aufwendungen steht dem Franchise-Nehmer auch für seine lokale Werbung zur Verfügung. Über die Verwendung wird von den Franchise-Nehmern und *McDonald's* gemeinsam entschieden.

Quelle: www.mcdonalds.de; Stand: 04.04.2003.

- Beim **Contracting** lassen sich drei Varianten unterscheiden. Internationale Know-how-Verträge regeln die Nutzung von technischen bzw. betriebswirtschaftlichen Kenntnissen, die dem ausländischen Unternehmen die Produktion bzw. den Vertrieb von Gegenständen ermöglicht. Ein Schutzrecht wie im Falle des Lizenzvertrages hingegen besteht nicht. Internationale technische Hilfsverträge umfassen die technische Beratung bei der Entwicklungsplanung von industriellen Projekten, die Ausarbeitung technischer Gutachten, die Projektierung und Errichtung von Anlagen, technische Schulungen und Investitionsgüterlieferungen. Sie spielen vor allem im Verkehr mit Entwicklungsländern eine bedeutsame Rolle. Internationale Beratungsverträge schließlich sind technischen Hilfsverträgen ähnlich. Hierbei wird jedoch lediglich Fachwissen übertragen, ohne dass dabei die praktische Anwendung übernommen wird.
- Schließlich können ausländische Märkte durch **Direktinvestitionen** in Form von Niederlassungen erschlossen werden. Das Spektrum an Optionen reicht hier von eher kleinen Vertriebsniederlassungen über Produktionsbetriebe bis hin zu Tochtergesellschaften und damit zur Verlagerung der gesamten Wertschöpfung ins Ausland. Als Gründe für Direktinvestitionen sind u. a. die Neutralisierung von Währungsschwankungen, Kosten- und Steuervorteile, die Überwindung von Importbarrieren sowie die Möglichkeit der Erlangung eines inländischen Images zu nennen.

6.3 Konkurrenzorientierte Strategien

6.3.1 Überblick

Infolge des auf zahlreichen Märkten herrschenden Konkurrenzdrucks genügt es nicht mehr, Marketing-Strategien ausschließlich an den Bedürfnissen der derzeitigen und potenziellen Klientel auszurichten. Vielmehr erscheint es notwendig, auch die Wettbewerber in die strategischen Überlegungen einzubeziehen. Vor diesem Hintergrund erweiterte *Michael E. Porter* ins seinen Werken Wettbewerbsstrategie (1999a) und Wettbewerbsvorteile (1999b) das Strategiekonzept um den Wettbewerbsgedanken in vertikaler und horizontaler Richtung:

- **Horizontaler Wettbewerb** mit etablierten Konkurrenten, Anbietern von Substituten (z. B. Hersteller von Nierensteinzertrümmerern mit Pharmaindustrie und Chirurgen) und neuen Wettbewerbern
- **Vertikaler Wettbewerb** mit vorgelagerten Lieferanten und nachgelagerten Kunden im Kampf um Marktanteile in der Wertschöpfungskette

Um der Gefahr zu entgehen, „zwischen den Stühlen“ zu sitzen, fordert *Porter* eine bewusste Strategieplanung (Kostenführerschaft versus Qualitätsführerschaft) sowie Marktauswahl (Gesamtmarkt versus Segment) und leitet daraus **drei Strategietypen** ab, die er als generisch sprich erfolgversprechend bezeichnet: **Kostenführerschaft**, **Qualitätsführerschaft** und **Fokussierung**. Auf diese Weise soll es Unternehmen gelingen, den in Abschnitt 1.2 vorgestellten fünf Wettbewerbskräften zu begegnen, sich aus der "Stuck-in-the-Middle"-Position zu befreien und in Bereichen mit höherem Return on Investment (= Gesamtkapitalrendite) anzusiedeln (vgl. Abb. 6.10). Mit seiner Aufforderung, sich bewusst zu entscheiden, was man nicht will ("The essence of strategy is choosing what <u>not</u> to do."), plädiert *Porter* für eine **Fokussierung** von Unternehmen auf ihre **Kernkompetenzen** (vgl. im Folgenden auch *Campus Verlag* 2003).

Kernkompetenzen werden sich im Wesentlichen durch **drei Faktoren** beeinflusst (vgl. *Hamel/Prahalad* 1995):

- Potenzial, den Zugang zu einer Vielzahl von Märkten zu eröffnen (**Reproduzierbarkeit**)
- Wesentlicher Beitrag zum wahrgenommenen **Kundennutzen** des Endprodukts
- **Imitationsschutz**, damit Konkurrenten sich solche langsam aufbauen müssen

Die im Folgenden vorzustellenden konkurrenzorientierten Strategien, die den Wettbewerbsaspekt in den Vordergrund stellen, weisen unübersehbare Ähnlichkeiten zu den bereits behandelten Marktstimulierungs- (Preis/Mengen-Strategie, Präferenz-Strategie, Outpacing) und Marktparzellierungsstrategien (undifferenziertes Marketing, differenziertes Marketing, konzentriertes Marketing) auf, die ihrerseits die Ausrichtung am Kunden akzentuieren (vgl. hierzu Abschnitte 6.2.2 und 6.2.3). Damit repräsentieren die Wettbewerbsstrategien keine eigenständige strategische Dimension, sondern eine Art Perspektivenwechsel in Bezug auf die abnehmerorientierten Strategien (vgl. hierzu *Becker* 1993, S. 329 – 331).

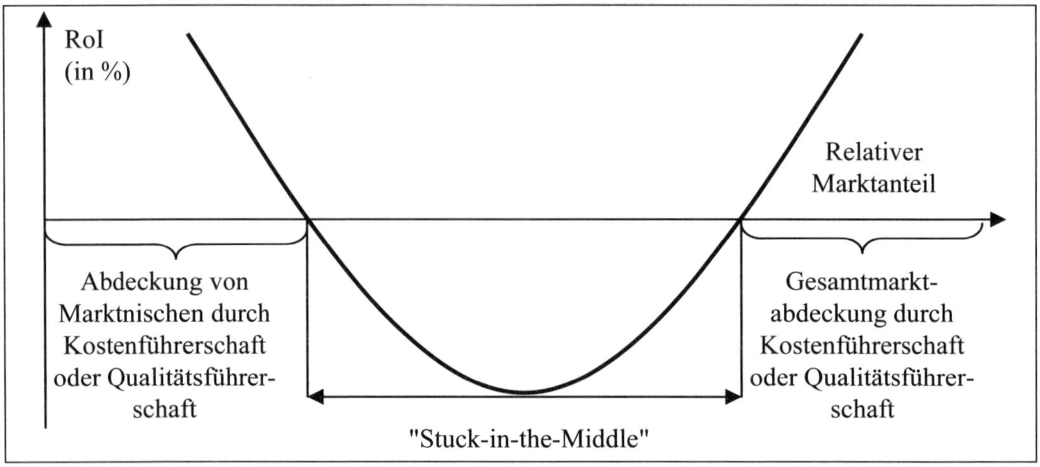

Abb. 6.10: Die Beziehung zwischen Rentabilität und relativem Marktanteil (Quelle: Porter 1999a, S. 73)

6.3.2 Kostenführerschaft

Die Kostenführerschaft (engl. "Cost leadership") lässt Qualität und Service zwar nicht völlig außen vor, zielt aber in erster Linie darauf ab, durch die im Vergleich zur Konkurrenz günstigste Kostenstruktur Wettbewerbsvorteile zu erlangen. Denn solche Unternehmen sind nach einem Preiskrieg auch dann noch in der Lage, Gewinne zu erwirtschaften, wenn sämtliche anderen Mitbewerber sich bereits in der Verlustzone befinden. Hierbei gilt es zu beachten, dass Kostenführerschaft nicht unbedingt Preisführerschaft bedeutet, aber häufig Voraussetzung für diese ist.

Für Kostenführerschaft bieten sich im Wesentlichen **zwei Ansatzpunkte**:

- **Rationalisierung in der Produktion** (etwa durch Standardisierung der Produkte, Automatisierung der Produktion, Verringerung der Fertigungstiefe durch Outsourcing) sowie in anderen Funktionsbereichen des Unternehmens (z. B. Einsparung von Personal in der Verwaltung durch Reduzierung des bürokratischen Aufwandes, Dezentralisierung durch Entscheidungsdelegation)
- **Erzielung von Erfahrungskurveneffekten** durch schnelles Erringen eines hohen Marktanteils. Hierfür eignet sich beispielsweise eine Penetrationsstrategie, bei der ein Produkt anfänglich sehr günstig angeboten wird, wodurch schnell hohe Stückzahlen und damit Erfahrungskurveneffekte (vgl. Abschnitt 6.6.4) erzielt werden können. Später kann der Preis dann gegebenenfalls sukzessive erhöht werden (vgl. Abschnitt 8.4.3).

Als **Vorteile** der Kostenführerschaft sind zu nennen:

- Der Kostenvorteil kann durch einen entsprechenden Preisvorteil an die Kunden weitergegeben werden, wodurch sich schnell ein großer Marktanteil erzielen lässt.
- Es können Markteintrittsbarrieren dergestalt aufgebaut werden, dass potenzielle Konkurrenten durch niedrige Preise abgeschreckt werden.

Mögliche **Nachteile** sind:

- Durch den niedrigen Preis werden Schnäppchenjäger angelockt, die immer auf der Suche nach dem günstigsten Angebot sind und sich demnach nur schwerlich binden lassen.
- Wird ein Kostenführer von einem noch preisgünstigeren Wettbewerber bedrängt, besteht die Gefahr eines ruinösen (Preis-)Wettbewerbs.

Folgende **Faktoren** gefährden die Kostenführerschaft:

- Technologische Innovationen, die den Nutzen von bisheriger Erfahrung und Lernen nichtig machen
- „Billiges" Lernen durch neue Wettbewerber, die in neuste Technik investieren, und/oder Nachahmer, die sich auf Imitation beschränken
- Unfähigkeit, die Notwendigkeit von Produktveränderungen (etwa infolge sich verändernder Konsumentenbedürfnisse) zu erkennen, da man sich zu stark auf die Kosten konzentriert
- Kostensteigerungen, welche die Fähigkeit des Unternehmens einschränken, den Differenzierungsvorteil von Wettbewerbern auszugleichen

Fallstudie „Kostenführerschaft" (1): *Aldi* – das Erfolgsprinzip Einfachheit

„Unsere Werbung sind unsere Preise." Mit diesem Werbeslogan begann die *Aldi*-Erfolgsgeschichte vor nunmehr über 50 Jahren. Heute gilt *Aldi* weit über die Grenzen Deutschlands hinaus als Synonym für einen erfolgreichen Hard-Discounter (to discount = herunterzählen), der für Preisaggressivität, aber auch für Qualität und Vertrauenswürdigkeit steht. Reklamationen werden ohne Diskussion akzeptiert. Qualitätsverschlechterungen gibt es nicht. Auch dann nicht, wenn der Kunde das nicht bemerken würde. Kundenorientierung bei *Aldi* heißt: ständig nach Möglichkeiten suchen, um Qualität zu steigern und gleichzeitig Preise zu senken.

Wer Niedrigstspannen in Kauf nimmt, um der preisgünstigste Anbieter am Markt zu sein, muss ein systematisches Kostenmanagement betreiben. Obwohl *Aldi* überdurchschnittliche Gehälter bezahlt, belaufen sich die Personalkosten auf einen Wert, der weit unter dem Niveau anderer Wettbewerber liegt. *Aldi* gilt als der produktivste Anbieter, was Flächen- und Stundenleistung pro Kasse anbelangt. Durchschnittliche Wochenumsätze pro Filiale von 100.000 € sind in den Süd-Regionen keine Seltenheit.

Die niedrigen Kosten – vor allem beim Personal – sind eine Stärke des Unternehmens. Eine weitere ist die große Nachfragemacht, die zu günstigen Einkaufskonditionen führt. Außerdem stellen zahlreiche Markenhersteller Handelsmarken für den Discounter her. Das *Aldi*-Waschmittel „*Tandil*", die Zahnpasta „*Benny*" oder die Marmelade – alles stammt aus der Produktion renommierter Markenartikler.

Jeder vierte €, der in Deutschland für Lebensmittel ausgegeben wird, fließt in die *Aldi*-Kassen. Dreiviertel der Deutschen besuchen regelmäßig das Unternehmen. *Aldi* steht an vierter Stelle unter den deutschen Handelsriesen, aber führt viel weniger Waren als seine Konkurrenten. Der Umsatz pro Quadratmeter ist doppelt so hoch wie beim Rest der Branche. Der gesamte Bestand eines Geschäfts wird durchschnittlich dreimal im Monat umgeschlagen. Die Waren sind also längst verkauft, bevor die Lieferantenrechnungen fällig werden. Konkret bedeutet dies nichts anderes, als dass *Aldi* ständig einen zinslosen Millionenkredit vor sich herschieben kann, mit dem neue Standorte finanziert werden.

Aldis außergewöhnliche Marktstellung zeigt sich jedoch nicht nur im Lebensmittel-Sektor. Mülheim (Zentrale *Aldi Süd*) und Essen (*Aldi Nord*) sind mittlerweile bedeutende Textil- und Hartwarenhändler. Über die mehreren tausend Verkaufsstellen werden riesige Mengen Aktionsware verkauft. Beispielsweise wurden in nur vier Stunden 250.000 PCs am Markt abgesetzt. Längst sind die Discountspezialisten in das Segment der Unterhaltungselektronik eingedrungen. Jede Woche zeigen Handzettel bei *Aldi* Nord die Non-Food-Angebote. Im Süden findet die intern *„Aldi aktuell"* genannte Aktion seit April 2000 sogar zwei Mal pro Woche statt.

Auch im Ausland hat *Aldi* beizeiten versucht, das Grundprinzip des Discount erfolgreich zu praktizieren. Für den angelsächsischen Raum ist die Unternehmensgruppe *Aldi Süd* zuständig. Konkret werden Märkte in Großbritannien, Irland, den USA und seit 2001 in Australien betrieben. Außerdem hat *Aldi Süd* bereits 1967 nach Österreich expandiert. Die Märkte dort firmieren unter dem Namen *„Hofer"*. *Aldi Nord* hat sich in den europäischen Nachbarraum ausgedehnt. Mittlerweile werden Nord-Märkte in den Benelux-Staaten Dänemark, Frankreich und seit März 2002 in Spanien mit unterschiedlichem Erfolg betrieben. In den USA ist *Aldi* Nord mit *Trader Joe's* vertreten. Das preisaggressive Konzept eines Delikatessen-Discounters wird in Kalifornien in Märkten mit 1.000 qm Verkaufsfläche umgesetzt. Dabei haben *Aldi*-Manager stets versucht, die Besonderheiten des jeweiligen nationalen Marktes zu berücksichtigen.

Schon lange ist *Aldi* kein Arme-Leute-Laden mehr. Im Gegenteil, Marktforschungsstudien belegen, dass Bevölkerungsschichten mit mittleren und hohen Einkommen heute den größten Teil der *Aldi*-Klientel ausmachen. Und das Unternehmen hat schon lange und ohne jedes Zutun des Managements Kult-Status erreicht. Keine andere Ladenkette hat so viele Fan-Seiten im Internet, und es gibt sogar Fan-Clubs, *Aldi*-Kochbücher und eine Art *Aldi*-Hymne.

Viele haben versucht, *Aldi* zu kopieren, doch der Branchenprimus ist unerreicht. So gab es beispielsweise einen jahrelangen Rechtsstreit mit *Tengelmann*, weil deren Kette *Ledi* beim Namen sehr an *Aldi* erinnerte. *Aldi* unterlag zwar vor Gericht, aber *Ledi* blieb auch so nicht lange am Markt. Die Verbraucher – das belegen immer wieder Befragungen – rühmen *Aldi* unvermindert wegen seiner Preise. Allerdings muss sich auch *Aldi* der Konkurrenz im Handel anpassen. Es gestaltet sich zunehmend schwieriger, die Preisführerschaft zu verteidigen, und auch das Sortiment unterliegt einem Wandel: Lachs und Champagner sowie Tiefkühlkost und Computer sind längst keine Fremdwörter mehr bei *Aldi*. Auch die Standorte ändern sich, *Aldi* findet sich zunehmend auch auf der grünen Wiese. Und selbst die legendären *Aldi*-Kassiererinnen werden mittlerweile durch Scanner-Kassen unterstützt.

Quellen: *Brandes* 1998; *Cramer* 2001, S. 28; www.aldi.de; www.konsequent-einfach.com/texte.html; www.lznet.de/marketfacts/firmeprofile/toph001.html; Stand: 12.02.2003.

Fallstudie „Kostenführerschaft" (2) – das Einfachstauto *Dacia* von *Renault*

Zu Beginn der siebziger Jahre eröffnete *Ikea* sei erstes Möbelhaus außerhalb Skandinaviens. In 2006 erzielte *Ikea* mit 254 Standorten in 35 Ländern einen Umsatz von 17 Mrd. €. Obwohl der klassische Möbeleinzelhandel das *Ikea*-Prinzip der Selbstmontage als zusätzliches Angebot übernahm, konnte man nicht einmal annäherungsweise an den Erfolg der schwedischen Kette heranreichen.

Ähnliche Phänomene sind im Lebensmitteleinzelhandel zu beobachten. Discounter wie *Aldi* und *Lidl* haben ihren Marktanteil in Deutschland auf mittlerweile 40 % ausgebaut und ihren Umsatz in den vergangenen 15 Jahren verdoppelt. Die Strategie des klassischen Lebensmitteleinzelhandels, mit Billigprodukten und No Names den Discountern Paroli zu bieten, scheiterte kläglich.

Die Erfolge von *Ikea* und *Aldi* lassen sich auf einen einfachen Nenner bringen: **Kostenführerschaft** kann nur derjenige realisieren, der auf jeder Stufe der Wertschöpfungskette die günstigste Kostenstruktur aufweist. Und das bedeutet hohe Einkaufsmengen, geringe Standortkosten, einfache Geschäftsaustattung, flache Sortimente, effizientes Personal und eingeschränkte Serviceleistungen.

Die skizzierten Erfolgsgeschichten wiederholen sich zurzeit in der Automobilbranche. In den Wachstumsmärkten in Asien (hier insbesondere China und Indien) sowie in Osteuropa und Russland boomt insbesondere das Geschäft mit Billigautos. *Renault* erkannte frühzeitig die immensen Zukunftschancen in diesem Segment, erwarb *Dacia* und startete das Projekt „5.000-Dollar-Auto". Die ersten *Dacia Logans* kamen 2004 zu Verkaufspreisen von 5.000 € plus Umsatzsteuer auf den osteuropäischen Markt. Mittlerweile wird das Auto in Indien, Iran, Marokko, Russland und Kolumbien montiert. Und beispielsweise in Indien wird die heutige Jahresproduktion von 70.000 Fahrzeugen auf 500.000 Einheiten sowie in Rumänien auf 350.000 Stück erweitert.

Noch vor dem Jahr 2010 wird *Renault* pro Jahr eine Million *Dacia Logans* absetzen. Auf sämtlichen Stufen der Wertschöpfungskette verfolgt man das Ziel, absoluter Kostenführer zu sein. Der in der Automobilbranche bislang einzigartige Erfolg basiert auf **fünf Prinzipien**, die es bei der Bearbeitung von Billigmärkten der Schwellenländer zu beachten gilt:

- **Prinzip 1: Arbeitsintensive Montage**
  Bei Niedrigst-Stundenlöhnen werden kapitalintensive Roboter durch menschliche Arbeit substituiert. Zwar geht der Verzicht auf Maschinenfertigung zu Lasten der Präzision. Da es sich aber um ein einfaches Produkt handelt, werden Abweichungen, welche die Funktion des Produkts nicht beinträchtigen, in Kauf genommen.
- **Prinzip 2: Minimierung von Produktfunktionen, -komplexität und -vielfalt**
  Die Kunden für Billigprodukte sitzen in den Schwellenländern und nicht in den Industrienationen. Ein erfolgreiches Einfachstprodukt muss sich demnach an *Henry Fords Tin Lizzy* („Sie können jede Farbe haben, solange es schwarz ist.") und nicht am *VW Golf* orientieren. Für einen indischen Moped-Fahrer, der auf dem Rücksitz seine Frau und auf dem Tank sein

Kind transportiert, ist die Sicherheit eines Fahrzeugs nach *ADAC*-Crash-Kriterien nahezu irrelevant.

- **Prinzip 3: Einsatz von Standardmaterialien und Werkstoffen**
  Das Einfachstauto muss keinen Designpreis gewinnen (= Zusatznutzen), sondern eine robuste Basisqualität bieten (= Grundnutzen).

- **Prinzip 4: Aufbau von Lagerbeständen statt Just-in-Time-Fertigung**
  BMW etwa hat eine Variantenvielfalt von 1032. Eine solche Vielfalt an Fahrzeugen sprengt mit seiner Komplexität die Lager. Wenn das Produkt wie im Falle des Billigautos jedoch die Variantenzahl eins hat, kann es durchaus zweckmäßig sein, aufwendige Just-in-time-Logistik durch Zwischenlager zu ersetzen. Denn bei einem Auto sind zehn % der Herstellungskosten Logistikkosten.

- **Prinzip 5: Aufbau einer eigenen Marke für das Billigprodukt**
  In der Automobilbranche entfallen 30 % des Produktpreises auf Marketing und Vertrieb. Vor diesem Hintergrund wäre es ökonomisch fatal, ein Billigstauto auf der „normalen" Vertriebsschiene laufen zu lassen. Die Variantenzahl eins erfordert weniger Verkäufer-Know-how. Einfachstprodukte bedürfen weniger kapitalintensiver Ausstellungsräume. Die technische Einfachheit benötigt einen reduzierten technischen After-sales-Service und eine kostengünstigere Werkstattausrüstung. Werbung und Verkaufsförderung müssen an Low-Budget-Prinzipien ausgerichtet werden.

Quelle: *Dudenhöfer, F.*: Erfolg durch Kostenführerschaft, in: Frankfurter Allgemeine Zeitung, Nr. 210 vom 10.09.2007, S. 28.

6.3.3 Qualitätsführerschaft

Im Gegensatz zur Kostenführerschaft differenziert sich ein Unternehmen hier von Wettbewerbern durch ein Produkt mit **besonderer Qualität**. Diese muss sich nicht nur auf den Grundnutzen beziehen, sondern kann auch **Zusatznutzenkomponenten** umfassen. Hierzu zählen u. a.:

- Design,
- Image,
- Erlebniswert beim Kauf sowie Ge- bzw. Verbrauch,
- Support/Unterstützung sowie
- Service- und Garantieleistungen.

Die Qualitätsführerschaft zielt darauf ab, sich von Wettbewerbern abzugrenzen bzw. zu unterscheiden. Hierbei kommt es weniger auf die tatsächliche als die wahrgenommene Differenzierung an. Kann ein Unternehmen dies leisten, sind die Kunden im Regelfall bereit, einen Aufschlag zu zahlen, was wiederum die höheren Kosten (über-)kompensiert. Des Weiteren überzeugt die Spitzenqualität die Kunden und birgt entsprechendes Kundenbindungspotenzial in sich. Außerdem wird hierdurch ein positives Image aufgebaut. Mögliche Nachteile bergen die höheren Kosten, die Nichtansprache preisbewusster Zielgruppen sowie das Anlocken von

Wettbewerbern durch (vermutetet) hohe Gewinnmargen in sich. Außerdem kann die Qualitätsführerschaft u. U. einen großen Marktanteil ausschließen, weil ein solcher nicht mit der Wahrnehmung von Exklusivität vereinbar wäre.

Folgende **Faktoren** gefährden die Qualitätsführerschaft:

- Der Kosten- und damit Preisunterschied zum Kostenführer wird so groß, dass die Loyalität der Kunden abnimmt.
- Das Bedürfnis des Kunden für den „vermeintlichen" Differenzierungsvorteil wird schwächer, weil beispielsweise seine Erfahrung zunimmt.
- Durch Imitation, die insbesondere „reife" Branchen betrifft, verkleinert sich der Unterschied des Qualitätsführers zu seinen Konkurrenten.

6.3.4 Fokussierung

Nach *Porter* haben Unternehmen, die über eine klar definierte Strategie verfügen, mehr Erfolg als solche, deren Strategie unklar ist oder die gleichzeitig Differenzierung und Kostenführerschaft verfolgen. Konsequenterweise fordert er die Strategie der **Fokussierung**. Einschränkend weist *Porter* jedoch darauf hin, dass es seltene Ausnahmen gibt, bei denen ein Unternehmen durchaus erfolgreich mehr als eine dieser Strategien verfolgen kann.

Sowohl mit der Kosten- als auch mit der Qualitätsführerschaft muss ein Unternehmen nicht unbedingt den Gesamtmarkt abdecken, sondern kann auch in einem **Teilmarkt** agieren. Hierbei konzentriert sich ein Anbieter auf einen solchen und bewegt sich dort als Kosten- oder Qualitätsführer. Bei den hierbei ausgewählten Märkten handelt es sich häufig um Nischen. Hierunter versteht man kleine, überschaubare Märkte, die von Massenanbietern nicht bearbeitet werden.

Folgende **Faktoren** gefährden die Nischenstrategie:

- Der Kostenunterschied zwischen Anbietern mit breiter Marktabdeckung und Nischenanbietern kann sich vergrößern und damit den Vorteil des Nischenanbieters neutralisieren.
- Die Unterschiede in Grund- und Zusatznutzen zwischen den Produkten im Gesamtmarkt und denen in der Nische werden geringer.
- Wettbewerber finden Sub-Nischen und höhlen damit die bisher bediente Nische aus.

Fallstudie „Selektive Qualitätsführerschaft" – das Beispiel *Winterhalter Gastronom*

Das Unternehmen *Winterhalter Gastronom* fokussiert sich auf Problemlösungen rund um das Geschirrspülen in Hotels und Restaurants (vgl. Abb. 6.11). Die hohe Fachkompetenz für den effektiven Arbeitsplatz Spülküche in Gastronomie und Hotellerie hat dazu geführt, dass die gewerblichen Spülsysteme von *Winterhalter* als die besten auf dem Markt gelten.

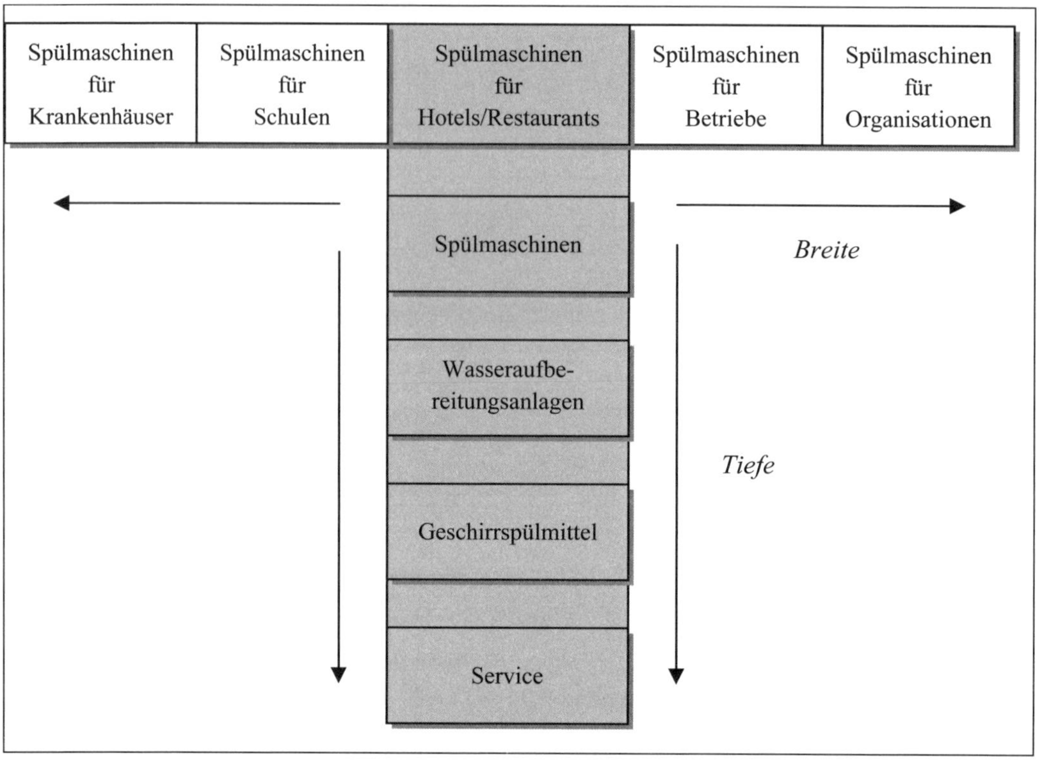

Abb. 6.11: Das Unternehmen Winterhalter als Vertreter einer selektiven Qualitätsführerschaft (Quelle: Simon, Kucher & Partner 2002, S. 14, in: www.simon-kucher.com; Stand: 11.09.2003)

Mittels Fokussierung legt sich ein Unternehmen nicht auf eine Grundsatzstrategie fest, sondern kann auf einzelnen Teilmärkten unterschiedlich auftreten, d. h. auf einem Markt als Kostenführer und auf einem anderen Markt als Qualitätsführer. Tab. 6.7 zeigt Kosten- und Qualitätsführerschaft sowie die zwei Ausprägungen der Fokussierung in der vergleichenden Gegenüberstellung.

Der Unternehmenserfolg erfordert nach *Porter* die konsequente Verfolgung der einmal festgelegten Stoßrichtung. Unternehmen, die keine der vorgeschlagenen Strategieoptionen mit Vehemenz verfolgen, sitzen „zwischen allen Stühlen“ und befinden sich damit in einer ungünstigen strategischen Position sowie mit an Sicherheit grenzender Wahrscheinlichkeit in einem Bereich mit geringer Profitabilität. Auf der einen Seite verliert ein solches Unternehmen entweder die Kunden mit großen Auftragsvolumina oder es muss auf Gewinn verzichten, um diese Kunden von konkurrierenden Niedrigpreisanbietern abzuwerben. Auf der anderen Seite gehen Aufträge mit hohen Gewinnmargen an Wettbewerber verloren, die sich auf Kunden spezialisiert oder aber einen hohen Differenzierungsgrad realisiert haben. Unternehmen, die sich in einer "**Stuck-in-the-Middle**"-**Position** befinden, weisen häufig eine diffuse Unternehmenskultur, eine nicht klar definierte Organisationsstruktur sowie ein in sich widersprüchliches Motivationssystem auf. Einem in der Mitte gefangenen Unternehmen ist nach *Porter* niedrige Profitabilität nahezu garantiert ("The firm stuck in the middle is almost guaranteed low profitabili-ty. ").

Tab. 6.7: Die konkurrenzorientierten Strategien im Überblick

Vorteil Abdeckung des ...	Kosten	Leistung
Gesamtmarktes	Kostenführerschaft	Qualitätsführerschaft
Teilmarktes	Selektive Kostenführerschaft	Selektive Qualitätsführerschaft

Die beschriebenen Wettbewerbsstrategien lassen sich nunmehr dahingehend nutzen, die in Abschnitt 1.2 behandelten fünf Kräfte des Wettbewerbs (engl. "five forces") zu beeinflussen (vgl. Tab. 6.8).

Tab. 6.8: Das Einflusspotenzial der konkurrenzorientierten Strategien auf die fünf Kräfte des Wettbewerbs

Wettbewerbs-strategie Wettbewerbskraft	Kostenführerschaft	Differenzierung	Fokus
Brancheninterner Wettbewerb	Niedrigere Kosten bedeuten, dass das Unternehmen auch dann noch Gewinne erwirtschaftet, wenn die Konkurrenten in die Verlustzone geraten.	Differenzierung erzeugt Loyalität der Kunden und daher eine sinkende Preissensitivität.	Nischenstrategien erzielen entweder eine günstige Kostenposition oder Differenzierung oder Beides und sichern so Vorteile im Rahmen der Strukturkräfte.
Verhandlungsmacht der Lieferanten	Die günstige Kostenposition ermöglicht zusätzliche Optionen, einer Erhöhung der Beschaffungskosten zu begegnen.	Die höheren Erträge, die durch die einzigartige Position möglich sind, erlauben Spielraum bei einer Erhöhung der Beschaffungskosten.	

Tab. 6.8: Das Einflusspotenzial der konkurrenzorientierten Strategien auf die fünf Kräfte des Wettbewerbs (Fortsetzung)

Wettbewerbsstrategie / Wettbewerbskraft	Kostenführerschaft	Differenzierung	Fokus
Verhandlungsmacht der Käufer	Ein Käufer kann die Preise nur bis zu dem Preis-Niveau des nächst-effizienten Konkurrenten herunterdrücken.	Den Kunden fehlen vergleichbare Optionen und sie sind somit weniger preissensitiv.	
Neuzugänge	Normalerweise verleihen die Faktoren, die zur Kostenführerschaft führen, einen erheblichen Schutz vor Neuzugängen.	Die erzielte Kundeloyalität zwingt Konkurrenten, die wahrgenommene Einzigartigkeit zu überwinden, und schützt so vor Neuzugängen.	
Ersatzprodukte	Wie brancheninterner Wettbewerb	Die Loyalität der Kunden sollte das Unternehmen stärker vor Ersatzprodukten schützen als Mitbewerber in der gleichen Branche.	

6.4 Unternehmensübergreifende Strategien

6.4.1 Überblick

Im Zuge unternehmensübergreifender Strategien verabschiedet man sich von der Annahme, dass Beziehungen zwischen Marktpartnern stets **konfliktär** und als Nullsummenspiel verlaufen, bei dem es einen Gewinner und einen Verlierer gibt. Zu diesen teilweise überholten Verhaltensmustern zählen auf der horizontalen Ebene die Verdrängung von Wettbewerbern und auf der vertikalen Ebene die mitunter recht aggressiv verlaufenden Bargaining-Prozesse sprich Verhandlungen zwischen Lieferant und Abnehmer.

Fallstudie „Das Beziehungsgefüge zwischen Hersteller und Handel" – Konzentration und Machtfülle belasten das Verhältnis

Folgt man den einschlägigen Lehrbüchern, müsste man von der überholten Regel ausgehen, dass die Nummer eins im Lebensmitteleinzelhandel gegenüber der Nummer zwei um 0,2 bis 0,5 % bessere Konditionen erzielt. Die Nächstplatzierten folgten nach dieser Rechnung in gebührendem Abstand. In Handelskreisen geht man jedoch von folgender „realitätsnäheren" Formel aus: Je höher die Konzentration, desto mehr wird von der Industrie gefordert. Verstärkt wird der Konditionendruck durch Firmenübernahmen auf Handelsseite, die sich bei Preisverhandlungen in Form sog. Hochzeitsboni niederschlagen. Wettbewerbshüter befürchten, dass die Einkaufsmacht des Handels dazu führt, dass Kosten und Risiken zukünftig in noch stärkerem Maße auf die Lieferanten abgewälzt werden. Als Folge könnten diese nicht ausreichend investieren, um langfristig die Qualität und Innovationskraft ihrer Produkte sicherzustellen. Das Konditionensystem entwickelt sich somit zunehmend zur Daumenschraube. Versuchen Hersteller, höhere Preise zu realisieren oder sich den Konditionenforderungen des Handels zu widersetzen, droht ihnen die Auslistung. Doch auch einige Hersteller arbeitet mit unlauteren Mitteln: Zahlreiche Konditionenspreizungen, die durchaus historisch gewachsen sein mögen, werden erst bei Übernahmen offenkundig, wenn die Zahlen des akquirierten Unternehmens mit den eigenen abgeglichen werden. Zusätzlich belastet wird das Vertrauensverhältnis zwischen Hersteller und Handel durch Preisabsprachen der Lieferanten. Führt man sich beispielsweise vor Augen, dass beispielsweise bei der *Rewe Group* drei % der Lieferanten ein Drittel der Umsätze auf sich vereinen, liegt der Verdacht nahe, dass erst die Bündelung auf der Herstellerseite gesetzeswidrige Absprachen ermöglicht.

Quelle: *Hanke, G.*: Der Druck wächst, in: LebensmittelZeitung Spezial, Nr. 1/2008, S. 32 - 33.

Fallstudie „Aggressive Wettbewerbsstrategie" – das Beispiel *Microsoft*

Bill Gates gründete *Microsoft* 1975 im Alter von 19 Jahren. Schon früh hatte er die Vision, dass einmal jeder Haushalt über einen Personal-Computer verfügen würde. Der Durchbruch gelang *Gates* und seinem damaligen Miteigentümer *Paul Allen*, als sie 1980 vom Technologiekonzern *IBM* den Auftrag erhielten, den ersten PC des Unternehmens mit einem Betriebssystem auszustatten. Das war der Startschuss für den bis heute unaufhaltsamen Aufstieg von *Microsoft*. Zu einem weiteren Meilenstein wurde 1990 die Einführung des Betriebssystems *Windows*, das dem Unternehmen bis heute hohe Erträge beschert. *Microsoft* hatte die Idee der grafischen Benutzeroberfläche des *Macintosh*-Computers von *Apple* übernommen. *Windows* wurde damit zum dominierenden Betriebssystem mit einem Marktanteil von mehr als 90 %, und zum ersten Mal wurde deutlich, dass *Microsoft* nicht unbedingt das innovativste, dafür aber das zielstrebigste und härteste Unternehmen der Branche ist. Im Laufe der Jahre hat *Microsoft* mittels seiner wachsenden Marktmacht und Finanzkraft zahlreiche Unternehmen beiseite gedrängt. Eines der berühmtesten Bespiele ist das Internetzugangsprogramm Netscape, das *Microsoft* mit seinem Internet Explorer ausschaltete. Das aggressive Wettbewerbsgebaren war eine der Ursachen für das jahrelange Kartellverfahren in den USA, in denen zwischenzeitlich sogar die Zerschlagung des Softwaregiganten gefordert wurde:

Quelle: *Lindner, R.*: Letzter Vorhang für Bill Gates in Las Vegas, in: Frankfurter Allgemeine Zeitung, Nr. 2 vom 02.01.2008, S. 12.

Eine Spielart der konfliktären Auseinadersetzung mit Wettbewerbern ist das **Guerilla-Marketing**, das Mitte der sechziger Jahre in den USA entstand und anfänglich hauptsächlich von kleinen und mittelständischen Unternehmen eingesetzt wurde, um sich gegen größere und weit überlegene Konkurrenten zu behaupten. Angelehnt an den Begriff des Guerilleros soll die größtmögliche Aufmerksamkeit des mit Informationen überlasteten Konsumenten mittels unkonventionellem und/oder originellem Marketing erreicht werden. Hierbei wird anvisiert, mittels einer aggressiven, unmittelbaren Angriffsstrategie den Konkurrenten bei der Ausübung seiner Geschäftstätigkeit zu beeinträchtigen. Im Laufe der Zeit ist das Guerilla-Marketing zu einer Form des strategischen Marketing mutiert, die auch von großen Unternehmen genutzt wird. Deren Hauptziel ist es, damit große Aufmerksamkeit und gleichzeitig PR-Wirkung zu erzielen (vgl. *Holland* 2007, S. 290).

Heutzutage lassen sich Unternehmen verstärkt von der Überlegung leiten, dass beide Marktpartner durch Kooperation ihre Ziele gemeinsam besser erreichen und einen Nutzen aus der Zusammenarbeit ziehen können (sog. **Win-Win-Strategie**). Grundsätzlich bieten sich hierfür **zwei Formen** der **Kooperation** an (vgl. hierzu auch *Nieschlag/Dichtl/Hörschgen* 2002, S. 261 – 268):

- **Horizontale Kooperationen**
  In diesem Fall arbeiten Unternehmen, die eigentlich miteinander konkurrieren, partnerschaftlich zusammen.
- **Vertikale Kooperationen**
  Hier kooperieren Unternehmen beispielsweise mit Lieferanten und/oder Abnehmern.

Fallstudie „Win-Win-Strategie durch kooperative Vermarktungskonzepte und Cross Selling“ – das „Rezept des Monats“ von *Maggi* und *Edeka*

Der Frankfurter Nahrungsmittelhersteller *Maggi* führt in Kooperation mit seinen Handelspartnern Cross-Selling-Aktionen durch. Beispielsweise bei *Edeka* findet unter dem Titel „Rezept des Monats“ eine monatlich wechselnde nationale Vermarktungsaktion statt. Die Rezepte und Zutaten werden per Anzeigen in der *Bild*-Zeitung und auf Handzetteln der *Edeka*-Regionen kommuniziert.

Die kooperative Handelswerbung in Verbindung mit dem *Maggi*-Kochstudio als Absender und „Qualitätssiegel für Gelingsicherheit“ stellt eine klassische Win-Win-Situation dar. So erzielen die teilnehmenden *Edeka*-Märkte nicht nur einen Mehrumsatz bei *Maggi*-Produkten, sondern auch beim Verkauf eines *Maggi-Fix*-Produkts im Durchschnitt den dreifachen Umsatz durch Cross Selling mit den weiteren Hauptbestandteilen des Gerichts (etwa Frischfleisch, Teigwaren, Gemüse). Außerdem fokussiert die Promotion nicht auf aggressive Aktionspreise, sondern in erster Linie auf eine Erhöhung des Servicegrades gegenüber den Kunden und trägt damit zur Sicherung der Spanne bei beiden Partnern bei.

Quelle: *o. V.*: Maggi macht mit Handel gemeinsame Sache, in: LebensmittelZeitung, Nr. 43 vom 22.10.2004j, S. 45.

6.4.2 Gewerblicher Rechtsschutz

Der **gewerbliche Rechtsschutz** regelt die Beziehungen zwischen Wettbewerbern, in dem er das gewerblich geistige Schaffen, dessen gewerblich verwertbare Ergebnisse (Waren, Dienstleistungen) sowie die gewerblich wettbewerbliche Tätigkeit sichert (vgl. im Folgenden *Enders/Hetger* 2003, S. 157 – 189, sowie Abb. 6.12).

Zum gewerblichen Rechtsschutz zählen zum einen die **Leistungsschutzrechte** wie Patent-, Gebrauchsmuster-, Halbleiterschutz-, Sortenschutz-, Geschmacksmuster- und Urheberrecht. Zum anderen sind die **Wettbewerbsrechte** zu nennen. Neben dem Kennzeichnungsrecht, dessen maßgeblicher Bestandteil das Markenrecht ist, gehören dazu das Kartellrecht sowie das Recht gegen unlauteren Wettbewerb, das im Gesetz gegen unlauteren Wettbewerb (= UWG) sowie zahlreichen Nebengesetzen (etwa Ladenschlussgesetz, Preisangabenverordnung) geregelt ist.

Das **Kartellrecht** (Gesetz gegen Wettbewerbsbeschränkungen = GWB) wird als **Wettbewerbsrecht im weiteren Sinne** verstanden. Es ist darauf fokussiert, die vorhandenen Marktstrukturen zu überprüfen, jede Marktbeeinflussung durch Machtverschiebung kritisch zu betrachten sowie gegebenenfalls einzugreifen und damit die Grundlage für einen funktionsfähigen Wettbewerb zu schaffen bzw. aufrechtzuerhalten. Hierzu werden den Unternehmen sämtliche Absprachen verboten, die den Wettbewerb beschränken und die Machtverhältnisse beeinflussen. Konkret finden sich folgende **Bestimmungen**:

- Kartellverbot und Ausnahmen: Gegenstand sind hier Verträge von (aktuellen oder potenziellen) Konkurrenten und damit die horizontale Ebene.
- Verbot wettbewerbsbeschränkender Austauschverträge, welche die vertikale Bindung im Rahmen von Absatzverhältnissen betreffen. Hierzu zählen:
  - Preis- und Konditionenbindungsverbot
  - Ausschließlichkeitsbindungen wie Abgabe- und Bezugsbindungen
  - Lizenzvertragsprivileg wie Unzulässigkeit des Verbots eigener Werbung des Lizenznehmers, des Verbots eigener Forschung und Entwicklung sowie des Verbots der Anbringung eigener Marken
  - Mittelstandsempfehlungen
  - Unverbindliche Preisempfehlungen für Markenartikel
- Missbrauchsaufsicht marktbeherrschender Stellung und Fusionskontrolle

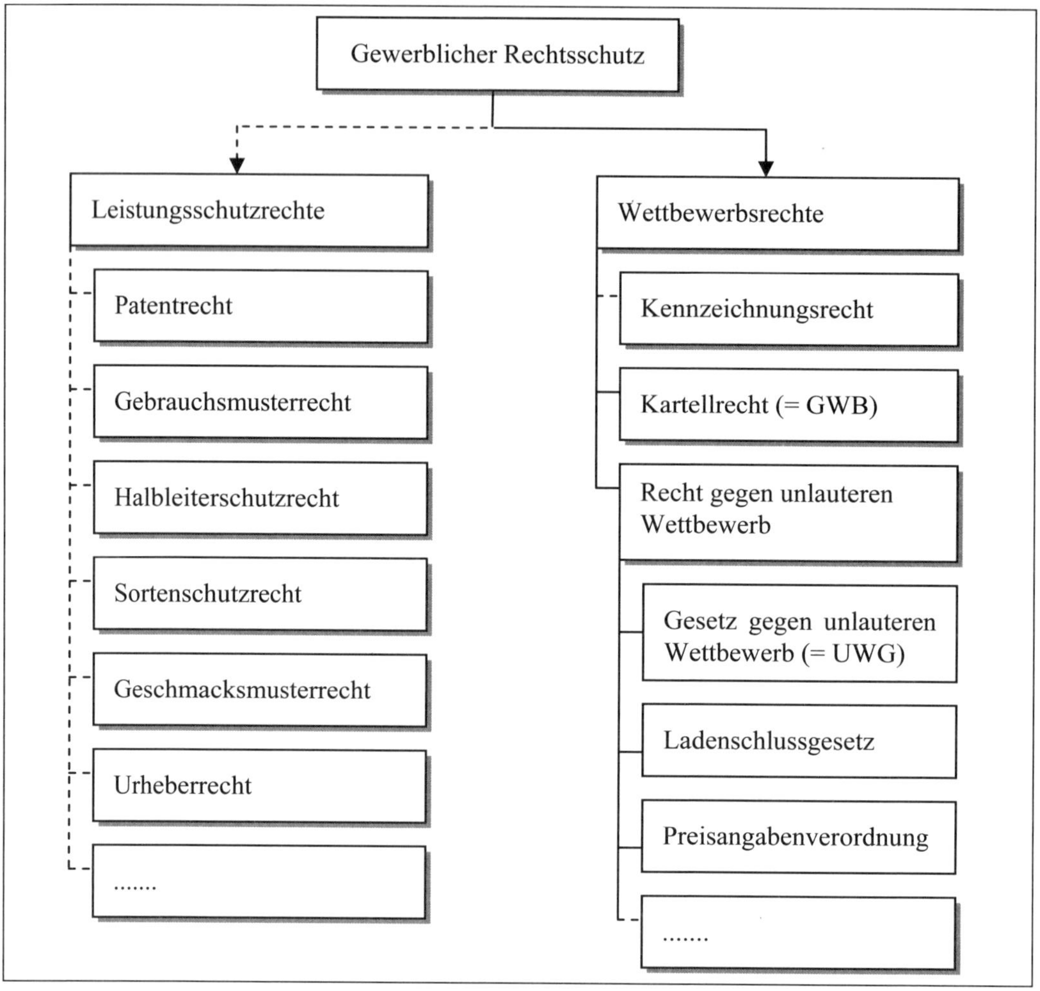

Abb. 6.12: Der gewerbliche Rechtsschutz im Überblick (Quelle: Enders/Hetger 2003)

Das **Recht gegen unlauteren Wettbewerb** gilt als **Wettbewerbsrecht im engeren Sinne** und basiert im Gegensatz zum Kartellrecht auf der Annahme, dass eine Vielzahl von Anbietern und Nachfragern auf dem Markt existiert, also ein grundsätzlich funktionsfähiges Wettbewerbssystem vorhanden ist. Die Generalklausel des § 1 UWG schützt den an Qualität und Preiswürdigkeit des eigenen Angebots ausgerichteten **Leistungswettbewerb** vor Handlungen durch Konkurrenten, die in Widerspruch zu den guten Sitten im Wettbewerb stehen. Zur Konkretisierung des unbestimmten Rechtsbegriffs **„Sittenwidrigkeit“** wurden von der höchstrichterlichen Rechtsprechung folgende **Fallgruppen** gebildet:

- Kundenfang durch:
  - Irreführende Werbung (z. B. Werbung als vermeintlich redaktioneller Beitrag; Wertreklame durch Werbegeschenke und Warenproben, deren Wert, Intensität und Werbewirk-

samkeit die Kaufentscheidung dominieren; Lockvogelangebote, die über das gesamte Angebot täuschen)
- Unzulässige Werbemethoden (z. B. unerbetene Telefonanrufe, Telex-, Btx- und Telefaxwerbung sowie E-Mail-Werbung [sog. **Spamming**], Werbung am Unfallort)
- Bestechen von Angestellten des Kunden durch Schmiergelder

- Behinderung des Wettbewerbers (§ 2 UWG) durch:
  - Massenverteilung von Originalerzeugnissen
  - Kostenlose Lieferung von Presseerzeugnissen
  - Missbrauch durch Preiskampfmethoden (Nach deutschem Recht ist der Verkauf unter Einstandspreis grundsätzlich zulässig!)
  - Vergleichende Werbung (, die in Deutschland seit dem 14. Juli 2000 aufgrund einer EU-Richtlinie in bestimmten Grenzen durchaus erlaubt ist. Beispielsweise müssen die getroffenen Aussagen objektiv nachprüfbar sein und der Wahrheit entsprechen. Außerdem darf vergleichende Werbung nicht irreführend sein und Konkurrenten nicht verunglimpfen oder herabsetzen.): Hier wird das eigene Angebot mit der Leistung eines oder mehrerer Wettbewerber verglichen (vgl. *Berlit* 2002).
- Ausbeutung des Wettbewerbers durch:
  - Anlehnende Werbung, bei der ein Werbender darauf abzielt, eine Gleichstellung seines Angebots mit dem des Wettbewerbers zu erreichen
  - Ausnutzung des Rufs fremder Waren oder Dienstleistungen (z. B. Verbot der Verwendung der Abkürzung „SL“ für Pkws der Marke *Fiat* zum Schutz von *Daimler Benz*)
  - Unmittelbare Leistungsübernahme (etwa unerlaubte/r Nachahmung, Übernahme und Vertrieb von Waren und Dienstleistungen)
- Rechtsbruch

Des Weiteren sind nach § 3 UWG irreführende Angaben verboten. **Anwendungsfälle der Irreführung** sind:

- Mehrdeutige Aussagen (z. B. „*Steinhäger*, doppelt gebrannt“, da dies eine Selbstverständlichkeit darstellt)
- Umweltwerbung, die nach strengen Maßstäben beurteilt wird (z. B. „Weltneuheit! Das gab es noch nie: nur 60 Liter Wasserverbrauch.“),
- Schutz geographischer Herkunftsangaben (z. B. *Schwarzwälder* Schinken)
- Hersteller- und Großhändlerwerbung sowie Kaufscheinhandel, die beim Endverbraucher dazu führen, eine unrichtige Vorstellung vom Preis zu entwickeln

Neben die allgemeinen treten schließlich **spezielle Regelungen des Wettbewerbsrechts**, die folgende Sachverhalte betreffen:

- Sonderangebote,
- Sonderveranstaltungen (Schlussverkäufe, Jubiläumsverkäufe),
- Räumungsverkäufe,
- Preisangaben (geregelt in der Preisangabenverordnung = PangVO) sowie
- Ladenschluss (geregelt im Ladenschlussgesetz = LSchlG).

6.4.3 Horizontale Kooperationen

Eine horizontale Kooperation liegt vor, wenn zwei oder mehrere derzeitige oder potenzielle Wettbewerber in einem oder mehreren Geschäftsfeldern zusammenarbeiten. Folgende **Formen** lassen sich identifizieren (vgl. zu den Definitionen *Diller* 2001):

- **Strategische Allianz** (= eine nicht auf Dauer angelegte Partnerschaft mit dem Anliegen, bestimmte zeitweilige Ziele [etwa Markteintritt] zu erreichen)
- **Joint Venture** (= Direktinvestitionen im Ausland in Form einer gemeinsamen Investition eines heimischen und eines ausländischen Unternehmens)
- **Konsortium** (= eine v. a. im Anlagengeschäft zu beobachtende Variante der Anbietergemeinschaft)
- **Freiwillige Kette** sowie **Genossenschaft** (= Zusammenschluss von Unternehmen zumeist gleicher Branchen unter einem einheitlichen Organisationszeichen mit dem Ziel, unternehmerische Aufgaben gemeinsam durchzuführen)
- **Kartell** (= Vertrag oder Beschluss von Unternehmen, die auf dem selben relevanten Markt agieren, mit dem Ziel, durch Verzicht auf den autonomen Gebrauch von Aktionsparametern wie Preise, Rabatte, Konditionen den Wettbewerb zu beschränken)
- **Fusion** (= Unternehmenszusammenschluss)

Mit horizontalen Kooperationen werden folgende **Ziele** verfolgt:

- Behaupten gegenüber bzw. Ausschalten von Konkurrenten
- Teilnahme am internationalen Wettbewerb
- Erwerb von Know-how und finanziellen Ressourcen
- Weiträumige Abdeckung eines Marktes
- Nutzung von Erfahrungskurveneffekten (vgl. hierzu Abschnitt 6.6.4) und Synergieeffekten (Economies of Scope). Letztere lassen sich grundsätzlich in sachlicher (z. B. verbesserte Maschinenauslastung durch zusätzliche Produktion von anderen Produkten), räumlicher (gemeinsame Nutzung von Strom- und Telefonleitungen, gemeinsame Beförderung von Passagieren und Frachtgut, gemeinsame Nutzung eines Call Centers durch mehrere Unternehmen) und zeitlicher Hinsicht (etwa Vertriebskosteneinsparung durch gleichzeitigen Verkauf von Handy und Mobilfunkvertrag) realisieren. Während der Bündelungseffekt eine horizontale Bündelung der Produktsegmente beschreibt, spricht man bei einer vertikalen Verkettung von Wertschöpfungsstufen von Verkettungseffekt.

Fallstudie „Horizontale Kooperationen" – Exklusivität versus Kostenreduktion im Premium–Automobilmarkt

Mercedes und *BMW* planen nicht nur eine Kooperation bei Motoren für kleinere Automodelle, sondern erwägen auch eine Zusammenarbeit bei der Entwicklung und Herstellung von Fahrzeugkomponenten bis hin zu gemeinsamen Plattformen für kleinere Automobile. Doch Kooperationen mit anderen Marken sind für Premiumhersteller deutlich gefährlicher als für Massenproduzenten. Denn Kunden des Premiumsegments erwarten Spitzentechnologie mit eigenständigem Profil bei Design, Ausstattung und Image.

Japanische Edelmarken wie *Lexus* von *Toyota* und *Infinity* von *Nissan* erhöhen zunehmend den Wettbewerbsdruck im Premiumsegment, klassisch eine Domäne der deutschen Automobilproduzenten. Letztere sehen sich gezwungen, mit einem Produkt-Mix vor allem mit kleineren und leichteren Fahrzeugen zu reagieren. Um Erfahrungskurveneffekte und damit Stückkostenvorteile über Unternehmensgrenzen hinweg zu realisieren, gehen *Mercedes* und *BMW* in jüngerer Zeit begrenzte Kooperationen offensiv an. Wie intelligente Kooperationen im Oberklassesegment aussehen können, haben *Volkswagen* und *Porsche* mit der gemeinsamen Plattform für den *Touareg* und den *Cayenne* vorgeführt. Über das Image eines Premiumfahrzeugs muss demnach nicht zwangsläufig die Exklusivität bis ins letzte technische Detail entscheiden.

Quelle: *Spiller, K.*: BMW vertieft Gespräche mit Mercedes, in: Financial Times Deutschland vom 27.12.2007, S. 3; *o. V.*: Premium–Automobilmarkt – Affäre mit Niveau, in: Financial Times Deutschland vom 27.12.2007k, S. 27.

Eine Form der verdeckten bzw. impliziten horizontalen Kooperation stellt der **Mehrpunktwettbewerb** bzw. **Multipoint-Competition** dar. Dabei konkurrieren Unternehmen auf mehreren Produkt- und Regionalmärkten miteinander. Bei einer derartigen Konstellation kann ein Unternehmen auf aggressive Maßnahmen wie Preissenkungen seines Wettbewerbers nicht nur auf einem Markt, sondern auf anderen, zumeist für den Konkurrenten besonders wichtigen Märkten reagieren. Aufgrund dieses Drohpotenzials seitens der Konkurrenz verzichten Unternehmen auf aggressive Aktivitäten oder nehmen diese zurück, d. h. sie kooperieren aus Angst vor Gegenschlägen ihrer Wettbewerber.

Fallstudie „Mehrpunktwettbewerb" – *Gillette* gegen *BIC*

Mitte der achtziger Jahre stieg *Gillette* in den Markt für Billig-Kugelschreiber ein. *BIC*, zum damaligen Zeitpunkt Marktführer in diesem Sektor, reagierte auf den Angriff nicht etwa mit einer Preissenkung bei Kugelschreibern, sondern erweiterte die eigene Angebotspalette um Einweg-Rasierer, was zu dieser Zeit das Kerngeschäft von *Gillette* repräsentierte. Ziel dieser Strategie war der Aufbau einer Situation, in der sich beide Unternehmen auf ihrem jeweiligen Kernmarkt in Ruhe agieren lassen.

Voraussetzung für Mehrpunktwettbewerb ist die Fähigkeit, Produkt- und Regionalmärkte durch **Quersubventionierung** zu stärken. Infolge der Ergebnisverantwortung für die jeweiligen Produktsparten bzw. Regionen haben die betreffenden Manager jedoch wenig Interesse, einen Preiskampf mit einem Konkurrenten zu provozieren, nur um damit auf dessen aggressives Gebaren auf einem anderen Markt, für den sie nicht verantwortlich zeichnen, zu reagieren. Hinzu kommt, dass es Unternehmen empirischen Befunden folgend an der Fähigkeit fehlt, sämtliche Konkurrenzbeziehungen zu überschauen und damit die Aktivitäten aus der **strategischen Perspektive** zu koordinieren (vgl. *o. V.* 2003a, S. 22).

6.4.4 Vertikale Kooperationen

Eine vertikale Kooperation liegt vor, wenn Unternehmen mit vor- bzw. nachgelagerten Wirtschaftsstufen zusammenarbeiten. Besonders die Zusammenarbeit zwischen Hersteller und Handel gewinnt zunehmend an Bedeutung. Ausschlaggebend hierfür sind folgende **Entwicklungen**:

- Ausgeprägter Verdrängungswettbewerb (horizontale Ebene)
- Konflikte zwischen Hersteller und Handel (vertikale Ebene)
- Trend zum "Smart Shopper" ("more value for less money")

Angesichts dieser Herausforderungen entstand das Konzept des **Efficient Consumer Response (ECR)**, d. h. der effizienten Reaktion auf die Kundennachfrage (vgl. hierzu *von der Heydt* 1997). Der Ansatz basiert auf dem Grundsatz: "Working together to fulfil consumer wishes better, faster and at less cost." Konkret agieren hier Hersteller und Handel gemeinschaftlich mit dem Kunden als Ausgangs- und Orientierungspunkt sowie unter dem Motto „Kooperation statt Konfrontation". Auf diese Weise sollen sich für alle beteiligten Nutzenpotenziale erschließen, die im Alleingang nicht zu erreichen gewesen wären. Als wesentliche **Ziele** des ECR sind zu nennen:

- Abbau von Ineffizienzen entlang der Wertschöpfungskette (logistischer Aspekt)
- Erschließung von Umsatzpotenzial (Marketingaspekt)

ECR setzt sich aus folgenden **Basismodulen** zusammen:

- **Efficient Replenishment (effiziente Warenversorgung)**
  Ziel der effizienten Warenversorgung ist die Optimierung des Waren- und Informationsflusses entlang der Versorgungskette, indem das herkömmliche Belieferungssystem (vom Handel gemachte Bestellungen) durch einen an der tatsächlichen bzw. prognostizierten Nachfrage der Konsumenten orientierten, abgestimmten Prozess ersetzt wird. Hierbei zeichnet der Hersteller im Idealfall selbst für die Bestellungen des Händlers verantwortlich. Dadurch bieten sich folgende **Nutzenpotenziale**:
  - Abbau hoher Lagerbestände beim Hersteller, in Distributionszentren und beim Händler
  - Optimale Nutzung der Transportkapazitäten
  - Reduzierung von Prozesszeiten und -aufwand
  - Erhöhung der Produktverfügbarkeit am Point-of-Sale

  Als **Instrumente** des Efficient Replenishment dienen:
  - **Electronic Data Interchange** (= elektronischer Datenaustausch): Hierunter versteht man eine Form der Kommunikation, bei der kommerzielle und technische Daten unter Nutzung standardisierter Datenformate Plattform unabhängig zwischen Computern bzw. Applikationen der Geschäftspartner unter Anwendung offener elektronischer Kommunikationsverfahren mit der Möglichkeit der bruchlosen Weiterverarbeitung ausgetauscht werden.
  - **Cross Docking** = Konsolidierung der Sendungen verschiedener Hersteller in einem vom Handel gesteuerten Distributionszentrum zu Lieferungen für die einzelnen Verkaufsstellen
  - **Vendor Managed Inventory** (VMI = lieferantengeführte Bestände): Der Zulieferer (= Vendor) überwacht das Lager des Kunden und entscheidet selbständig über Nachfüllzeit-

punkte und die optimale Wiederauffüllmenge. Somit ist der Zulieferer – und nicht etwa der Kunde – verantwortlich für das Verwalten und Wiederauffüllen der Bestände.

- **Scanner-Technologie**: Hierbei handelt es sich um ein Datenerfassungssystem, bei dem das Licht einer Lichtquelle an der Oberfläche der Scanvorlage (i. d. R. die Verpackung des Produkts) reflektiert wird (Aufsicht) oder durch die Vorlage hindurchgeht (Durchsicht) und von drei Filtern in die Komponenten Rot, Grün und Blau zerlegt wird. Diese drei Komponenten treffen entweder nacheinander oder gleichzeitig auf photoelektronische Sensoren, wo pro Pixel folglich drei Werte (RGB) registriert werden.
- **Elektronische Datenübertragung** (EDI) per Fax, E-Mail

- **Efficient Assortment (effiziente Sortimentsgestaltung)**
  Mittels Category Management (= gemeinsamer Prozess von Händlern und Herstellern, bei dem Warengruppen als strategische Geschäftseinheiten geführt werden, um durch die Erhöhung des Kundennutzens Ergebnisverbesserungen zu erzielen) und Space Management (= optimale Gestaltung der Verkaufsfläche) sollen eine optimale Nutzung des am Point-of-Sale zur Verfügung stehenden Platzes sowie eine Erhöhung der Kundenzufriedenheit durch kooperative Sortimentsgestaltung erreicht werden.
- **Efficient Product Introduction (effiziente Einführung neuer Produkte)**
  Hier stehen eine effiziente Neuprodukteinführung und -entwicklung sowie eine gemeinschaftliche Handelsmarkenentwicklung im Fokus der Bemühungen.
- **Efficient Promotion (effiziente Verkaufsförderung)**
  Vorrangiges Ziel ist hier die partnerschaftliche Gestaltung der Verkaufsförderungsmaßnahmen, um mögliche Ineffizienzen bei Promotions zu beseitigen und das System der Bevorratung mit großen Warenmengen zu Aktionspreisen (= Forward Buying) auszuhebeln. Als Instrumente dienen Elektronische Marketing-Programme (z. B. Frequent Shopper-Konzepte, mit denen Kundendateien gepflegt, Marken- bzw. Outlet-Loyalität durch Prämien, Preisnachlässe u. ä. belohnt und Stammkunden gebunden werden) sowie Activity Based Costing (Prozesskostenrechnung). Mit der Prozesskostenrechnung lassen sich die Gemeinkosten verursachungsgerecht einzelnen Produkten, Aufträgen und Kunden zuordnen. Auf diese Weise werden Kostentransparenz und aussagefähige Deckungsbeiträge erzielt. Außerdem dient die Prozesskostenrechnung als Informationsgrundlage zur Ermittlung der Leistungsfähigkeit von Prozessen.

Fallstudie „ECR" – das Lieferanten-Informationssystem „*Metro* Link"

Durch die Kombination von Web-Technologe und partnerschaftlichem Umgang im Sinne eines ECR stellt *Metro* seinen Lieferanten umfangreiche Informationen zur Verfügung. Auf diese Weise sollen Bestandslücken sowie Bestände reduziert, Category Management sowie Promotionsplanung verbessert und damit letztlich Umsatz sowie Ertrag gesteigert werden.

Mit dem zu diesem Zweck eingerichteten „*Metro* Link" bietet der Handelskonzern den Lieferanten per Extranet einen direkten Web-Zugriff auf das konzerneigene Data Warehouse. Ziel ist es hierbei, rund 1.000 Unternehmen schneller und besser über die Bewegung ihrer Waren und die Bewertung ihrer Leistung bei *Real*, *Extra* sowie *Cash+Carry* zu informieren.

Konkret ermöglicht *Metro* Link den Lieferanten einen tagesgenauen Blick auf den Abverkauf ihrer Produkte bis hinunter auf Marktebene sowie auf die Bestände bei *Metro*. Die Industrie kann sich in kritischen Situationen, etwa beim Unterschreiten von Mindestbeständen, automatisch informieren lassen. Des Weiteren können sich Lieferanten über die durch eine Promotion erzielte Umsatzsteigerung Klarheit verschaffen. Nicht zuletzt ermöglicht die Lieferanten-Scorecard ein **Benchmarking** (= Vergleich mit den jeweils besten Lieferanten) von der Termintreue der Lieferungen bis hin zu Bestandslücken. Dort können die Lieferanten erfahren, wo sie im Verhältnis zu ihren Mitbewerbern bezogen auf eine Warengruppe und eine *Metro*-Vertriebslinie stehen.

Quelle: *Rode, J.*: Informationen für bessere Geschäfte, in: LebensmittelZeitung, Nr. 30 vom 23.07.2004, S. 25.

Fallstudie „Vertikale Kooperation" – in der Automobilindustrie entwickeln längst die Zulieferer die Innovationen

Zulieferer übernehmen in der Automobilindustrie zunehmend die Entwicklung neuer Technologien. Ausschlaggebend hierfür ist die Tatsache, dass der technologische Wandel von einem OEM (= Original Equipment Manufacturer) nicht mehr zu bewältigen ist. Hinzu kommt, dass zehn Jahre nach dem auf Kostensenkung fokussierten Manager *Lopez*, einem klassischen Repräsentanten der Konfliktstrategie, die Automobilproduzenten vorgeben, nunmehr weniger auf Kostenführerschaft als auf Qualität zu achten. Ein Ursache für diese Entwicklung ist in dem Umstand zu suchen, dass allzu kostenorientierte Automobilproduzenten ein Vielfaches der gesparten Beträge für teure Rückrufaktionen aufwenden müssen. Waren es 2001 bereits 113 Rückrufaktionen, beliefen sie sich nach Angaben des *Kraftfahrt-Bundesamtes* im Folgejahr bereits auf 127. Damit hat sich die Zahl der Rückrufaktionen in nur fünf Jahren verdoppelt. Die Ursachen sind in erster Linie auf einfache Mängel und Konstruktionsfehler zurückzuführen, weil die Zusammenarbeit zwischen Herstellern und Lieferanten nicht optimal funktioniert. Das Ausmaß dieses Problems wird deutlich, wenn man sich vor Augen führt, dass für den *Audi A3*, der Mitte 2003 auf den Markt kam, zirka 350 Zulieferer im Einsatz sind.

Opel steigt bereits weiter auf der Kooperationsleiter und plant in seinem Integrationsprogramm Olympia, dass ein Lieferant seine Teile zukünftig selbst am *Opel*-Band einbauen wird. Von da an ist es nur ein kleiner Schritt, einzelne Modellvarianten jeweils bei einem Spezialisten komplett in Auftrag zu geben. Dem OEM bliebe dann allein die Markenpflege, das Design, der Vertrieb und die Dienstleistungen, so ein Zukunftsszenario 2010. Bereits heute werden die Typen *Mercedes.Benz G* und *M*, der *Jeep Grand Cherokee* sowie der *BMW X3* bei *Magna Steyr* produziert. Und das *Audi A4 Cabrio* sowie das *Mercedes-Benz CLK Coupé* und *Cabrio* werden bei *Wilhelm Karmann* in Osnabrück, der offene *Opel Astra* und das *Astra Coupé* bei *Bertone* in Italien, das *Peugeot 406 Coupé* und der *Alfa Romeo Spider* bei *Pininfarina* sowie der *Porsche Boxter* sowie Cayman bei *Valmet* in Finnland (ab 2012 bei *Magna Steyr*) hergestellt.

Quelle: *Feth, G.*: Wichtige Innovationen entwickeln längst die Zulieferer, in: Frankfurter Allgemeine Zeitung, Nr. 102 vom 03.05.2003, S. 45.

Fallstudie „Grenzen des ECR" (1) – wenn Handelsunternehmen ihre Eigenmarken forcieren

Die 2007 gestartete Werbeoffensive für die neuen *Rewe*-Eigenmarken erzürnte so manchen Markenartikelhersteller. Einige Artikel der qualitativ aufgewerteten Eigenmarken mit dem Label „*Rewe*" waren – so der Vorwurf – bekannten Markenprodukten nachempfunden, und ein Lieferant sprach sogar von Plagiaten.

Verschärfend kam hinzu, dass *Rewe* seine Kunden in Prospekten zum direkten Qualitäts- und Preisvergleich mit Markenprodukten wie *Jacobs Krönung*, *Zott Jogolé*, *Senseo* oder *Hohes C* aufforderte. *Rewe* versprach in diesem Zusammenhang Markenqualität zu teilweise deutlich niedrigeren Preisen als beim Markenprodukt. Von dieser Form der vergleichenden Werbung, die vom *BGH* für zulässig erklärt wurde und für die von Seiten der Industrie womöglich noch Werbegelder geflossen sind, zeigten sich namhafte Lieferanten irritiert. Sie kritisierten, dass wer seine Handelsmarken auf Kosten seiner Lieferanten bewerbe, nicht nur unpartnerschaftlich, sondern auch kurzsichtig handle. Dass sich dieser Konflikt zukünftig noch verschärfen dürfte, wird offenkundig, wenn man bedenkt, dass Rewe seinen Eigenmarken-Anteil in den nächsten Jahren auf 30 % erhöhen will.

Quelle: *o. V.*: Rewe erzürnt Markenartikler, in: LebensmittelZeitung, Nummer 23 vom 08.06. 2007l, S. 1.

Fallstudie „Grenzen des ECR" (2) – wenn Handelsunternehmen ihren Lieferanten drohen

Nach *Aldis* Eintritt in den Schweizer Markt in 2005 wagte *Lidl* Ende 2007 den Schritt ins Nachbarland. Im Vorfeld des Einstiegs des zweiten deutschen Discounters machten Marktführer *Migros* sowie der Branchenzweite *Coop* Lieferanten unmissverständlich klar, dass sie Hersteller, die *Lidl* beliefern würden, durch Veränderung der Platzierung sowie bei Aktionen empfindlich abstrafen würden.

Bereits beim Markteintritt von *Aldi* hatten *Migros* und *Coop* die Industrie vor einer Belieferung des Discounters gewarnt. *Aldi Suisse* sah sich deshalb gezwungen, den größten Teil seines Sortiments aus Deutschland zu beziehen, und musste dafür hohe Zölle in Kauf nehmen. Mit dem Abbau von Handelsbarrieren wird sich zukünftig die Einfuhr von Produkten zumindest teilweise erleichtern.

Quelle: *o. V.*: Schweizer setzen sich zur Wehr, in: LebensmittelZeitung, Nummer 18 vom 04. 05.2007n, S. 10.

Fallstudie „Grenzen des ECR" (3) – die Differenzierung zwischen Crash- und Förderlieferanten

Im Zuge der Akquisition von *Wal-Mart* glich *Metro* die Einkaufskonditionen mit denen der Unternehmenstochter *Real* ab und fuhr damit einen Konfrontationskurs gegenüber mehreren großen Markenartiklern. Dort, wo *Real* bislang schlechtere Konditionen eingeräumt bekommen hatte, strebte man nun den Bestpreis an. Gingen die Industrie-Partner nicht auf die Konditionenforderungen ein, erhielten sie sog. **„Crash-Status"**, mit dem eine ganze Reihe von Sanktionen verbunden war. Diese reichten von Hausverbot für den Außendienst und Stopp für Promotions sowie Zweitplatzierungen über den Ausschluss von Neulistungen und damit das Einfrieren des Sortiments bis hin zur Reduzierung des Volumens und (Komplett-)Auslistungen. Je größer der Lieferant ist, desto geringer ist im Regelfall die Wahrscheinlichkeit einer vollständigen Auslistung.

Auf der anderen Seite gibt es bei *Real* bereits seit Jahren sog. **Förderlieferanten**. Mit diesen wird das Geschäft forciert. Dies erfolgt beispielsweise über spezielle Aktionen und Exklusivvereinbarungen.

Quelle: *Schulz, H. J.*: Real macht Druck auf Lieferanten, in: LebensmittelZeitung, Nr. 19 vom 11.05.2007, S. 14.

6.5 Kombination von Strategien

Nunmehr gilt es, die vorgestellten Strategiemodule in einer sog. **Strategiebox** zu kombinieren und damit ein Strategieprofil zu entwickeln (vgl. Abb. 6.13).

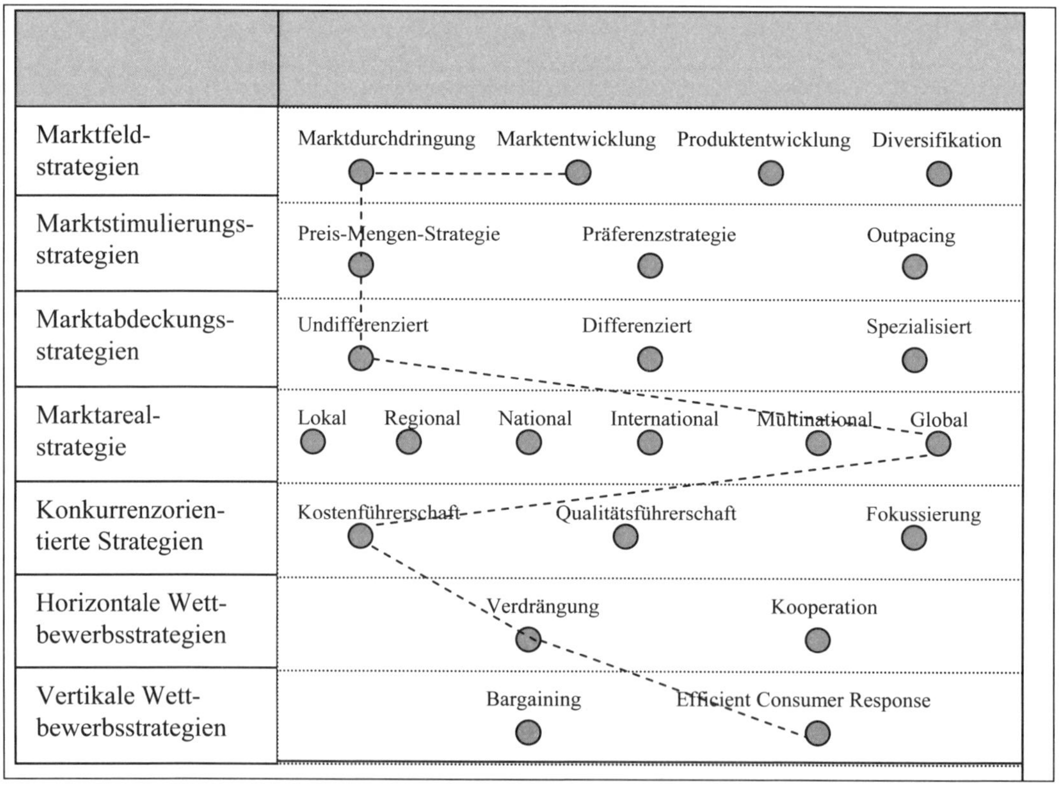

Abb. 6.13: Die Strategie-Box (Quelle: in Anlehnung an Becker 1998, S. 352)

Da sich Strategien horizontal (= auf einer Ebene) und/oder vertikal (= auf mehreren Ebenen) gegenseitig ausschließen (= Strategieantinomie) oder ergänzen (= Strategiekomplementarität) können, muss vor einer weiteren Konkretisierung eine interne Konsistenzprüfung durchgeführt werden.

Abb. 6.13 zeigt das **Strategieprofil** eines Kostenführers, der konsequenterweise eine undifferenzierte Marktabdeckung kombiniert mit einer Preis/Mengen-Strategie verfolgt. Dabei sollen bisherige Märkte intensiver durchdrungen und gleichzeitig der Weltmarkt im Zuge einer Globalisierungsstrategie erschlossen werden. Während im horizontalen Wettbewerb konfliktär (= Verdrängungsstrategie) agiert wird, bevorzugt man auf der vertikalen Ebene eine Kooperationsstrategie (= Efficient Consumer Response).

6.6 Ausgewählte Instrumente zur Strategiebestimmung

6.6.1 Überblick

Bislang stand die Diskussion grundlegender Strategieoptionen im Vordergrund. Nunmehr sollen Instrumente vorgestellt werden, die bei der Analyse und Auswahl konkreter Strategien unterstützen. Hierzu zählen:

- Gap-Analyse,
- Produktlebenszyklus-Analyse,
- Portfolio-Analyse,
- ABC-Analyse sowie
- Break-Even-Analyse.

6.6.2 Gap-Analyse

Die **Gap-Analyse** (= Lückenanalyse) wurde von *Ansoff* entwickelt und basiert methodisch auf der Trendextrapolation (vgl. hierzu Abschnitt 4.5.7). Sie repräsentiert ein klassisches Instrument der Strategischen Planung und dient zur Früherkennung strategischer Probleme. Hierbei werden **zwei Entwicklungslinien** gezeichnet (vgl. Abb. 6.14):

- Die **gewünschte Entwicklung**, welche die Zielvorstellungen hinsichtlich eines Beurteilungskriteriums (etwa Gewinn oder Umsatz) zum Ausdruck bringt (= **Sollgröße**)
- Die **erwartete Entwicklung**, die eintreten wird, wenn alles wie bisher läuft (= **Istgröße**)

Tritt zwischen gewünschter und erwarteter Entwicklung eine sog. **Ziellücke** (= Gap) auf, weist diese darauf hin, dass sich die Ziele des Unternehmens mit den bisherigen Strategien (= **strategische Lücke**) und operativen Maßnahmen (= **operative Lücke**) nicht erreichen lassen. Die operative Lücke lässt sich ihrerseits unterteilen in eine Leistungslücke, die sich durch die Ausschöpfung sämtlicher Rationalisierungspotenziale schließen ließe, und eine Wettbewerbslücke, die durch die Ausnutzung sämtlicher weiterer Potenziale (etwa Optimierung des Marketing-Mix) reduziert werden kann. Will man die Ziele nicht nach unten korrigieren, müssen entsprechende Maßnahmen auf der Handlungsebene sprich operativen Ebene eingeleitet werden. Oftmals reicht dies jedoch nicht aus. Vielmehr kann es geboten sein, in Abhängigkeit von Größe und Zusammensetzung der Ziellücke neue Strategien zu implementieren.

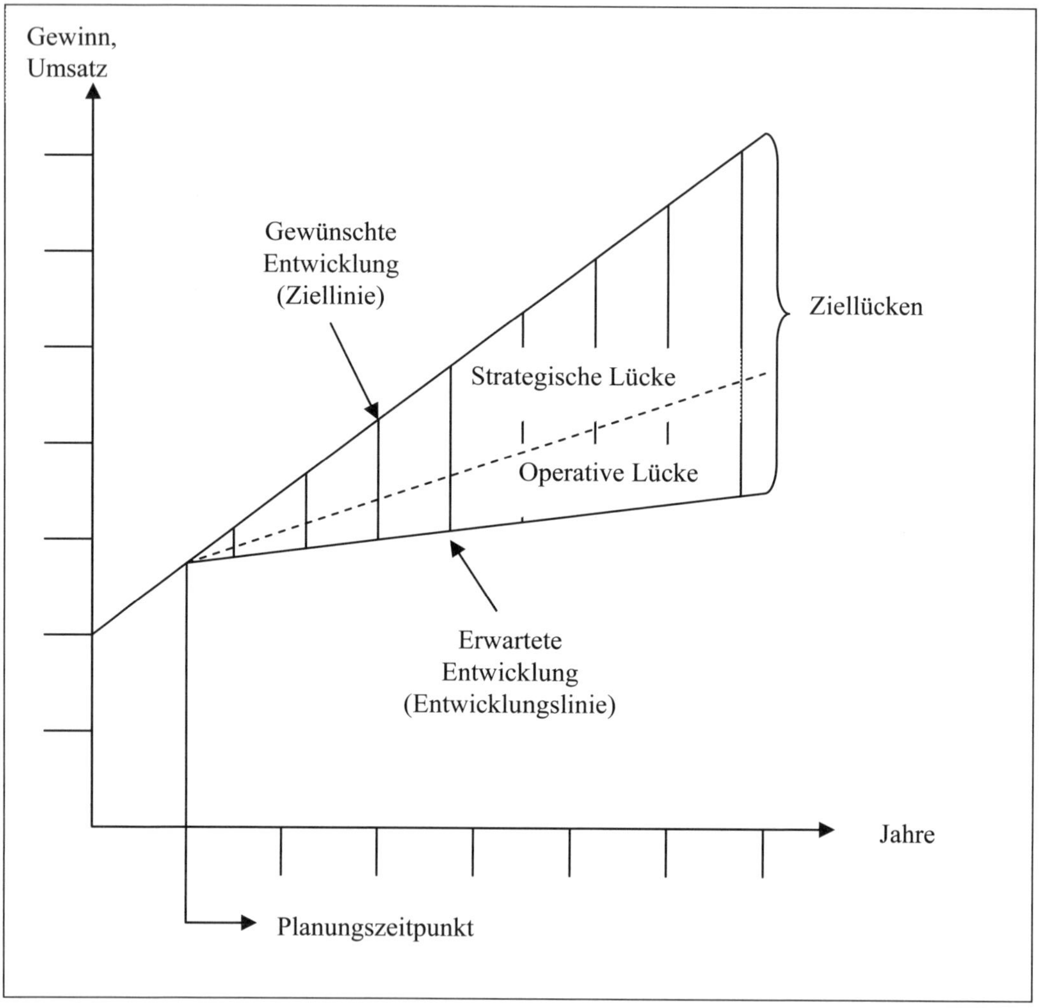

Abb. 6.14: Die Gap-Analyse (Quelle: in Anlehnung an Becker 1998, S. 415)

Die Gap-Analyse bildet häufig die Grundlage für weitere Planungsverfahren. Beispielsweise lässt sich mit Hilfe der **Produkt-Markt-Matrix** von *Ansoff* (vgl. hierzu ausführlich Abschnitt

6.2.1) der strategische Handlungsspielraum zur Schließung einer aufgetretenen strategischen Ziellücke identifizieren. Außerdem kann sie bei fundierter Anwendung als Frühwarnsystem dienen. Kritisch anzumerken bleibt die reine Extrapolation von Vergangenheitswerten, die einer zunehmend dynamischeren Umwelt kaum gerecht werden kann.

6.6.3 Produktlebenszyklus-Analyse

Das Produktlebenszyklus-Konzept ist ein **strategisches Planungskonzept**, das von der *Boston Consulting Group* entwickelt wurde und auf Analogien zum Leben von Organismen basiert (vgl. Abb. 6.15 sowie im Folgenden *Fischer* 2001, S. 1407 – 1409).

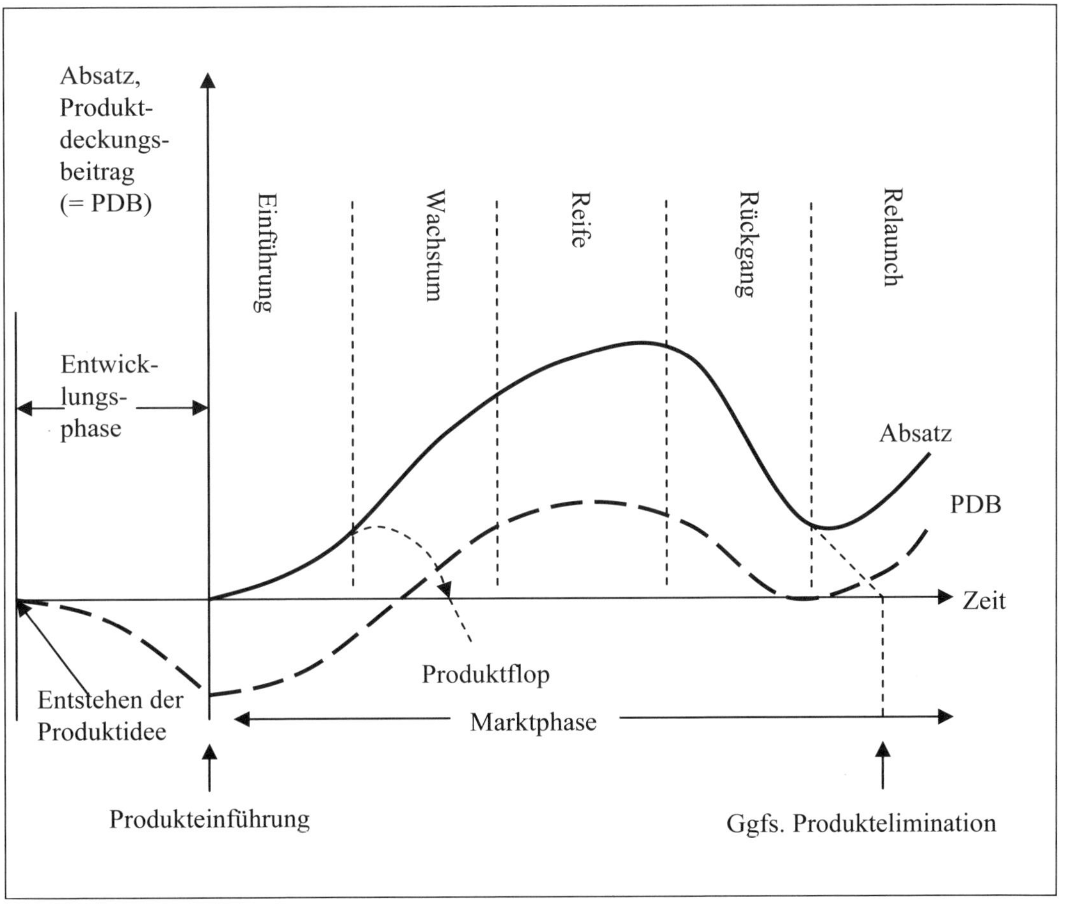

Abb. 6.15: Der idealtypische Verlauf des Produktlebenszyklus

Das Konzept beschreibt die Entwicklung eines Produktes von seiner Einführung bis zur Elimination als Abfolge mehrerer Phasen anhand ausgewählter Größen (etwa Absatz, Umsatz, Gewinn, Deckungsbeitrag;). Man geht dabei von einem S-förmigen Kurvenverlauf aus.

Dabei werden folgende **Annahmen** getroffen:

- Die Existenz eines Produktes ist **zeitlich begrenzt**.
- Die Entwicklung eines Produktes lässt sich im Grundkonzept als **S-förmige Kurve** beschreiben. Diese Kurve beschreibt das Erreichen eines gewissen Sättigungsgrades des Produktes am Markt und einen darauf folgenden Rückgang.
- Bestimmte **Lebenszyklus-Phasen** sind abgrenzbar und an Punkten der Kurve mit speziellen Eigenschaften (Wendepunkte, Krümmungsverhalten etc.) darstellbar. Unterscheidbar sind in der Diskussion zumindest die Phasen Einführung, Wachstum, Reife und Rückgang.
- Die **Gewinne bzw. Produktdeckungsbeiträge** steigen im ersten Teil des Lebenszyklus an und fallen in späteren Phasen.
- Insgesamt wird der Einsatz der **Marketing-Instrumente** unmittelbar von der jeweiligen Position des Produktes im Produktlebenszyklus beeinflusst.

Das Produktlebenszyklus-Konzept steht in einem engen Zusammenhang mit dem **Diffusions- bzw. Adaptionsprozess** von Innovationen (vgl. Abb. 6.16). Dieser beschreibt die zeitliche Entwicklung der Zahl derjenigen Verbraucher, die eine Innovation übernehmen. Der Diffusions- bzw. Adaptionsprozess wird durch die Innovatoren in Gang gesetzt. In Abhängigkeit von Persönlichkeitsstruktur (etwa Risikoneigung, Bedürfnisse), Einkommens- und Vermögenssituation sowie sozialen Spezifika (Status, Grad der Beeinflussbarkeit durch Meinungsführer) folgen dann andere Konsumenten in mehr oder minder stark ausgeprägter Verzögerung. *Rogers* (2003) definiert in diesem Zusammenhang die in Abb. 6.16 aufgeführten Gruppen.

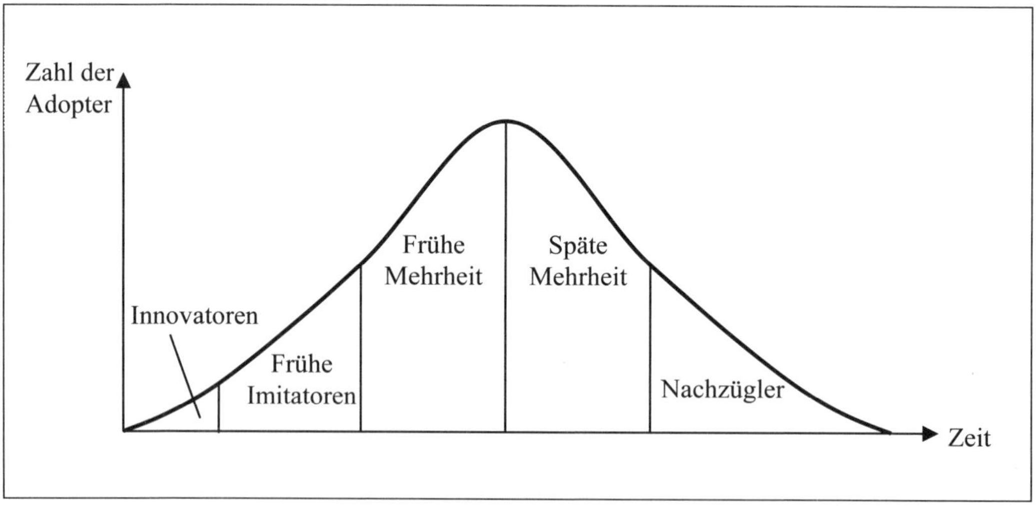

Abb. 6.16: Ein Beispiel für eine Adaptionskurve

Im Zusammenhang mit der Diffusion von Innovationen gilt es das sog. **Leap Frogging** (engl. "leap frogging": Bockspringen) zu beachten. Ganz allgemein versteht man darunter das Auslassen einzelner Stufen im Laufe eines vorgegebenen Prozesses. In Bezug auf das Konsumentenverhalten charakterisiert Leap Frogging den bewussten Entschluss eines Verbrauchers, eine Innovation nicht zu erwerben und die Kaufentscheidung auf die nächste Produktgeneration zu vertagen, da ihm der Nutzen der aktuell angebotenen Innovation noch zu gering erscheint. Aus diesem Grund wartet der Verbraucher lieber ab und verschiebt seine Kaufentscheidung in die Zukunft.

Angesichts ihres Verhaltens werden Leap Frogger auch als „abwartende Sachverständige" bezeichnet. Sie besitzen ein umfangreiches Wissen über Informations- und Kommunikationstechnologien, weisen jedoch eine nur geringe Innovationsbereitschaft auf.

Unternehmen ihrerseits verstärken die Tendenz zum Leap Frogging, indem sie Innovationen bereits ankündigen, wenn sich diese noch im Entwicklungsstadium befinden und noch nicht auf dem Markt sind (sog. **"Pre-Announcement"-Politik**). Einen Ausweg bietet die bewusste Verlangsamung des Innovationsprozesses in Kooperation mit anderen Unternehmen, die in der gleichen Branche tätig sind (vgl. http://de.wikipedia.org/wiki/Leap_Frogging; Stand: 30.03. 2007, 12:17 Uhr).

Fallstudie „Verkürzung der Produktlebenszyklen in der Unterhaltungselektronik"

In der Unterhaltungselektronik muss Geld immer schneller in die Entwicklung neuer Produkte investiert werden, deren Halbwertszeit immer kürzer wird. Konsequenterweise gilt es, die Ressourcen des Unternehmens so effektiv wie möglich einzusetzen und nicht per Gießkannenprinzip über sämtliche Stufen der Wertschöpfung zu verteilen, was zur Folge hat, dass die Fertigungstiefe drastisch verringert wird. Verschärft wird diese Situation durch den Preisverfall in der Branche. Bei beispielsweise Flachbildschirmgeräten, die trotz reißenden Absatzes immer mehr zur Stapelware mutieren, sinken die Preise je nach Produkt pro Jahr um rund 20 bis 30 %. DVD-Geräte sind bereits heute Massenware, und mit DVD-Rekordern lässt sich allenfalls noch gutes Geld verdienen, wenn sie über eine Festplatte mit hoher Speicherkapazität verfügen. In 2006 wurden in Deutschland erstmals mehr Flachbildschirme als traditionelle Röhrengeräte abgesetzt. Damit hat sich die Zahl der abgesetzten Flachbildschirme mit 3 Millionen Stück innerhalb eines Jahres verdoppelt.

Die Wettbewerber wie *Sony, Hitachi*, *Sharp*, *Matsushita* (*Panasonic*) aus Japan und *Samsung* sowie *LG* aus Südkorea investieren angesichts des Wachstumspotenzials hohe Summen in die Erweiterung der Produktionskapazitäten und setzen auf den Erfahrungskurveneffekt, d. h. sinkende Stückkosten infolge höherer Produktions- und Absatzmengen, die – zumindest teilweise – in Form von weiteren Preissenkungen an den Konsumenten weitergegeben werden. Die *Royal Philips Electronics NV* hingegen schlägt die Strategie der „Devertikalisierung", d. h. eine Verringerung der Fertigungstiefe ein. Im Zentrum stehen die Ausgliederung der Produktion, Partnerschaften und strategische Kooperationen in bestimmten Arbeitsgebieten.

Quelle: *Feth, G.*: Wichtige Innovationen entwickeln längst die Zulieferer, in: Frankfurter Allgemeine Zeitung, Nr. 102 vom 03.05.2003, S. 45.

Der Produktlebenszyklus besteht klassisch aus **vier Phasen** und wird im vorliegenden Fall um die Phasen **Entwicklung** und **Relaunch** erweitert.

Phase 1: Entwicklungsphase

Der Prozess der Planung und Realisation neuer Produkte lässt sich in fünf Schritte untergliedern (vgl. im Folgenden *Nieschlag/Dichtl/Hörschgen* 2002, S. 693 – 709):

1. **Ideenfindung**
   Am Anfang des Innovationsprozesses steht die Ideenfindung. Der Anstoß für eine Innovation kann zum einen von externer Seite erfolgen, etwa durch Kunden, Wettbewerber und/oder Erfinder. Zum anderen können Ideen auf internem Wege entwickelt werden. Die Forschungs- und Entwicklungsabteilung bedient sich hierbei tendenziell eher analytischer Methoden. Daneben können Kreativitätstechniken zum Einsatz kommen (vgl. hierzu Abschnitt 7.3.2). Außerdem entspringen zahlreiche Ideen dem betrieblichen Vorschlagswesen. Schließlich sind zahlreiche Innovationen reine Zufallsprodukte, wie beispielsweise die Erfindung des Klebefilms *Tesa* des *Beiersdorf*-Konzerns belegt. Die Forscher waren 1936 auf der Suche nach einem Produkt für die Wundheilung. Das Material haftete jedoch so gut, dass beim Ablösen die Haut hängen blieb (vgl. *o. V.* 2006b, S. 23).

Fallstudie „Ideenmanagement"– deutsche Autohersteller profitieren von der Kreativität der Basis

Die deutsche Automobilindustrie honoriert seit rund 50 Jahren Mitarbeiter finanziell, deren Vorschläge zur Verbesserung von Produkten und Prozessen sich als tragfähig erweisen. *Opel*, das sich selbst als Pionier des betrieblichen Vorschlagswesens bezeichnet, nutzt seit 1950 systematisch das kreative Potenzial seiner Mitarbeiter. *Mercedes* folgte fünf Jahre und *Audi* sieben Jahre später.

Heutzutage schütten *Audi*, *BMW*, *Daimler*, *Ford*, *Karmann*, *Opel*, *Porsche* und *Volkswagen* jährlich rund 65 Millionen € an Prämien an ihre Mitarbeiter aus. Diesen stehen potenzielle Kosteneinsparungen von über 400 Millionen € gegenüber, was Bedeutung und Rentabilität des Ideenmanagement belegt.

Im Durchschnitt unterbreitet jeder zweite Mitarbeiter einen Verbesserungsvorschlag pro Jahr. Das Ideenmanagement ist damit nicht nur ein für Unternehmen und Arbeitnehmer ökonomisch attraktives Verfahren, sondern trägt auch wesentlich zur Identifikation der Mitarbeiter mit dem Unternehmen bei.

Das moderne Ideenmanagement bedient sich eines digitalen Netzwerks. Dies erleichtert das Prozedere und ermöglicht eine schnellere Bearbeitung sowie bessere Verwaltung der Ideen. Zudem lassen sich die Vorschläge von Kunden, Handelsorganisationen und Zulieferern integrieren.

Quelle: *Thomas, P.:* Mitarbeiterideen können Millionen wert sein, in: Frankfurter Allgemeine Zeitung, Nr. 10 vom 12.02.2008, S. 46.

2. **Internes Screening**
   In Phase zwei werden die Produktideen von interner Seite bewertet. Zum einen bietet sich die Möglichkeit, die Ideen mittels Punktwertverfahren auf Realisierbarkeit und Akzeptanz hin zu beurteilen (vgl. zur Grundstruktur von Scoring-Modellen Abschnitt 9.2.1). Zum anderen kommen Verfahren der Wirtschaftlichkeitsanalyse wie RoI (Return on Investment = Gesamtkapitalrentabilität), Break-Even-Analyse (vgl. hierzu Abschnitt 6.6.6) etc. zum Einsatz.
3. **Externes Screening**
   Im Zuge sog. Produktkonzepttests stellt sich nunmehr die Aufgabe, die Akzeptanz des Konzepts bei potenziellen Abnehmern zu überprüfen, den Nutzen einzelner Merkmale (etwa unter Einsatz des Conjoint Measurement, vgl. hierzu Abschnitt 4.5.6) zu berechnen und davon ausgehend die Produkteigenschaften zu optimieren.
4. **Technische Entwicklung**
   Wurden die Produktkonzepttests erfolgreich abgeschlossen, geht es nunmehr daran, das Konzept technisch zu realisieren. Zunächst gilt es, Prototypen, Muster und Versuchsserien zu entwickeln. Darüber hinaus muss das Verpackungsdesign entworfen werden, wobei unterschiedliche Anforderungen an die Verpackung gestellt werden. Schließlich stellt sich die Aufgabe, einen Markennamen festzulegen, da dieser sowohl einen integralen Bestandteil des Produktkonzeptes bildet als auch die Wirkung desselben verstärkt (vgl. hierzu Abschnitte 7.2.2 und 7.2.3).
5. **Markttests**
   Im Anschluss an die technische Entwicklung werden die Produkte unter quasi realistischen Bedingungen einem letzten Test (Labor- und Feldtests, vgl. hierzu Abschnitt 4.5.4) unterzogen. Wurde auch diese Phase erfolgreich durchlaufen, steht nunmehr ein sowohl produktions- als auch absatzfähiges Produkt zur Verfügung.

Die gesamte Produktentwicklungsdauer beläuft sich je nach Branche und Innovationsgrad auf zwei bis fünf Jahre. Wurde nach einer Analyse der Testmarktergebnisse eine positive Entscheidung getroffen, gilt es nunmehr, die **Einführung des neuen Produktes** in den Markt vorzubereiten. Eine vereinfachte Darstellung dieses Prozesses findet sich in Abb. 6.17.

Fallstudie „Innovation" – die Ewigkeitsglühlampe

Die Ewigkeitsglühbirne ist eine von dem deutschen Erfinder *Dieter Binninger* entwickelte quecksilberhaltige Glühlampe mit einer (angeblichen) Lebensdauer von 150.000 Stunden. Da die von ihm 1976 im Auftrag des Berliner Senats entwickelte Mengenlehreuhr mit hunderten von normalen Glühbirnen einen zu hohen Wartungsaufwand erforderte, erfand *Binninger* eine neue Glühlampe. Es dauerte von 1979 bis 1984, bis er seine Entwicklung als Patent anmelden konnte, da die großen Konzerne die Innovation auf juristischem Wege torpedierten.

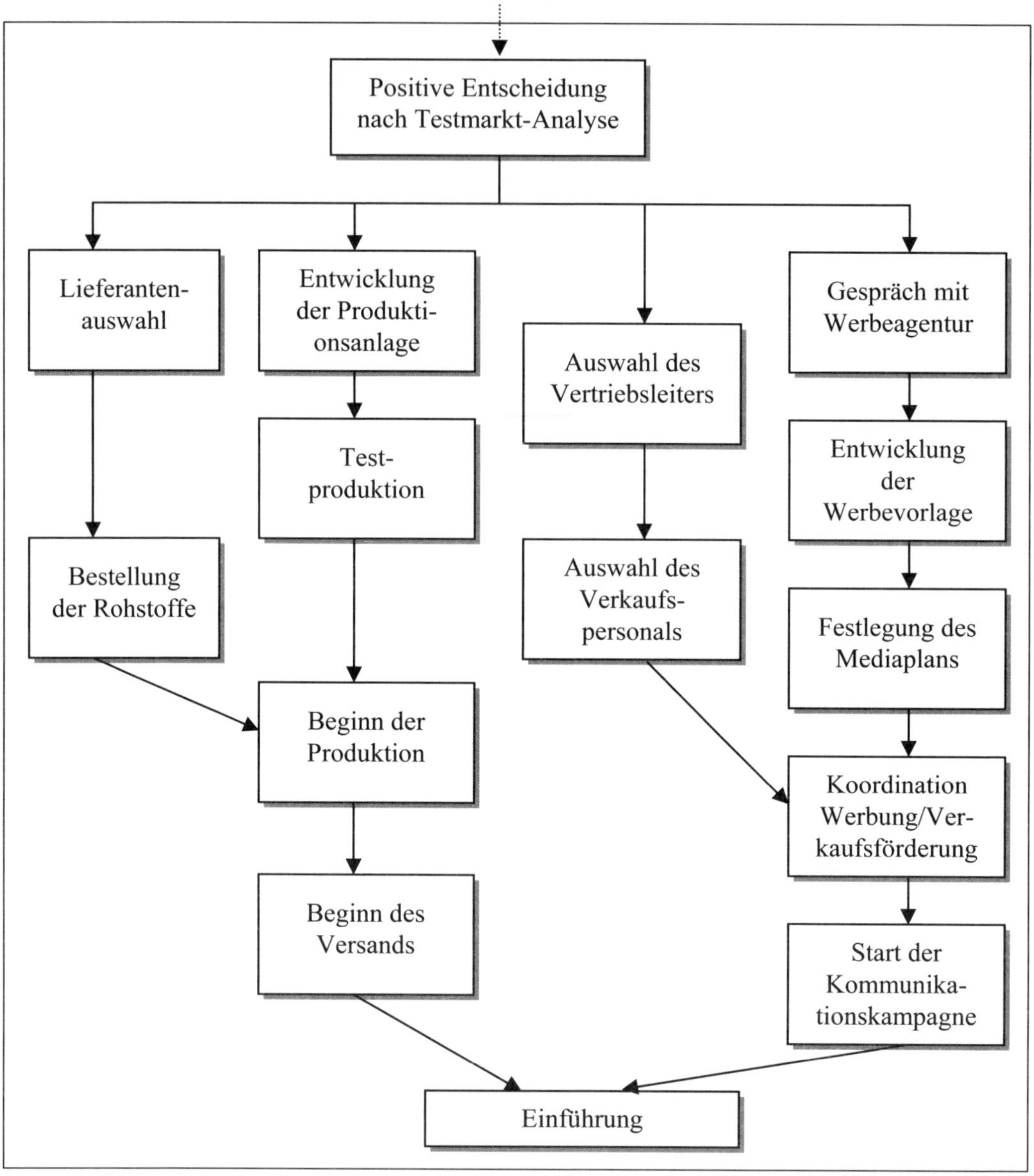

Abb. 6.17: Eine vereinfachte Phasenabfolge bei der Einführung eines neuen Produkts (Quelle: in Anlehnung an Urban/Hauser 1993)

Denn seit 1924 existierte das sog. internationale Glühlampenkartell: Darin hatten Unternehmen wie *Osram/Siemens* (Deutschland), *General Electrics* (USA) und *Associated Electrical Industries* (Großbritannien) die Weltmärkte untereinander aufgeteilt und festgelegt, wie lange eine Glühbirne halten soll. Seit dem Zweiten Weltkrieg darf eine Standardlampe nicht länger als 1.000 Stunden brennen. In der Sowjetunion und Ungarn hingegen gab es immer Birnen mit einer längeren Lebensdauer, eine chinesische Birne brennt heute noch 5.000 Stunden.

Technisch und ökonomisch war die Ewigkeitsglühbirne eine konkurrenzlose Leistung, aber der Erfinder selbst konnte daraus nie Kapital schlagen. Noch bevor er in der Nachwendezeit überraschend den Zuschlag der *Treuhand* bekam und seine Glühbirne in den maroden *Narva*-Werken in der ehemaligen DDR produzieren konnte, kam er bei einem Flugzeugunglück ums Leben. In den Neuen Bundesländern werden mittlerweile keine Glühbirnen mehr produziert. Bis heute hat eine Standard-Glühbirne in der Bundesrepublik Deutschland eine durchschnittliche Lebensdauer von ca. 1.000 Stunden.

Quelle: *Lehmann, S.*: Patent lebt, in: Berlin – das Magazin der Hauptstadt, Nr. 1, Dezember 2004, S. 18 – 19.

Phase 2: Einführungsphase (Introduction Stage)

Zu Beginn stellt das Produkt noch eine Neuheit dar, weshalb zunächst der Bekanntheitsgrad gesteigert werden muss. Dies erfordert erhebliche Investitionen in Werbung und den Aufbau einer Vertriebsstruktur. Angesichts der immensen Kosten und der noch geringen Anzahl von Nutzern lassen sich trotz der in der Regel hohen Preise noch **keine Gewinne bzw. positiven Produktdeckungsbeiträge** realisieren.

Die Produkte werden in dieser Phase zumeist nur von solchen Konsumenten erworben, die sich für Neuheiten begeistern und bereit sind, dafür auch einen entsprechend hohen Preis zu entrichten (sog. **Innovatoren**). Das relativ hohe Preisniveau ist zum einen erforderlich, da die Anbieter infolge der (noch) geringen Absatzzahlen noch keine Erfahrungskurveneffekte und Skaleneffekte aus Massenproduktion nutzen können. Zum anderen würden Preisnachlässe bereits in diesem frühen Stadium dauerhaft die Preiserwartungen der Konsumenten beeinflussen, spätere Preissteigerungen wären kaum durchsetzbar. In diesem Stadium existieren im Regelfall noch keine Produktvarianten.

Trotz der im Regelfall hohen Kosten, die bis zu diesem Zeitpunkt bereits angefallen sind, erreichen viele Produkte nicht die entscheidende Wachstumsphase. So zeigen verschiedene Studien, dass nur eine Minderheit an Neuprodukten am Markt erfolgreich ist. *Cooper/Kleinschmidt* (1987, S. 215) schätzen die **Floprate** in den USA auf etwa 67 %. *A. T. Kearney* und *Pohlmann* (1996, S. 1) kommen mit 60 bis 75 % bzw. knapp 60 % zu ähnlichen Befunden. *A.D. Little* (1988, S. 113) entwickelten entsprechende Bewertungsfilter und gehen davon aus, dass lediglich 15 % aller Innovationsideen es verdienen, am Markt eingeführt zu werden. Hiervon erweisen sich höchsten zwei Drittel (= 10 % aller Innovationsideen) ex-post als Markterfolg. Der Innovationsreport der Handelszeitschrift *„Lebensmittel-Praxis"* registrierte bei neuen Produkten eine Floprate, die je nach Produktkategorie zwischen 40 und 60 % im ersten Jahr liegt. Eine ähnliche Untersuchung der *Lebensmittel-Zeitung* ergab, dass 84 % aller neu eingeführten Marken innerhalb von vier Jahren weniger als die Hälfte ihres Planziels erreichen. *Becker* (1993, S. 512) schließlich verweist auf ein Floprate im Lebensmittelhandel von bis zu 98 %.

Ungeachtet der identifizierten unterschiedlich hohen Flopraten weisen sämtliche Untersuchungen in die gleiche Richtung: Über die Hälfte der Innovationen erreicht niemals die Wachstumsphase, und die Floprate hat in der Vergangenheit stetig zugenommen. Die Gründe hierfür sind vielfältig: Häufig können sich Produkte nicht gegen die Vielzahl alternativer Produkte durchsetzen (z. B. Parfums). Anderen Produkten gelingt es nicht, neue technische Standards zu setzen (etwa die Videosysteme Beta und Video 2000), oder ihre Akzeptanz bleibt gering, da zu wenige Nutzungsmöglichkeiten angeboten werden (z. B. CDI-Videogeräte).

Verschärfend kommt hinzu, dass Unternehmen sich im **„Dilemma des Zeitwettbewerbs"** befinden (vgl. hierzu *Trommsdorff/Binsack* 1997, S. 60 – 65): Angesichts immer kürzerer Produktlebenszyklen (**Marktzykluskontraktion**) und gleichzeitig vielfach verlängerter Produktentwicklungszeiten (**Entstehungszyklusexpansion**) müssen die Produktentwicklungszeiten reduziert werden, was wiederum das Floprisiko erhöht. Vor diesem Hintergrund kommt einer leistungsfähigen Innovationsmarktforschung eine wachsende Bedeutung zu. Dies gilt insbesondere für Produkte, bei denen der größte Teil der Kosten des Innovationsprozesses in der Phase der Entwicklung anfällt (z. B. technische Leistungen).

Die Ursachen für Flops müssen jedoch nicht unbedingt in den Schwächen des Produktes liegen. Gerade im internationalen Marketing ist das Scheitern von Produkten häufig auf die mangelnde Anpassung von Markenname und Kommunikationsstrategie an die sprachlichen und kulturellen Besonderheiten des jeweiligen Landes zurückzuführen (vgl. die folgenden Fallstudien).

Fallstudien „Ausgewählte Marketing-Flops"

Beispiele für Marketing-Flops, die in erster Linie auf **sprachliche Unterschiede** zurückzuführen sind:

- *Colgate* führte in Frankreich eine Zahnpasta mit dem Markennamen "*Cue*" ein. Das Produktmanagement merkte zu spät, dass ein berüchtigtes Pornomagazin denselben Namen trug.
- *General Motors* brachte in Südamerika ein neues Automodell, den *Chevy Nova* (lat.: nova = neu), auf den Markt. Nachdem kaum Fahrzeuge abgesetzt werden konnten, bemerkte man, dass "no va" im Spanischen „es wird nicht fahren" bedeutet. Rasch wurde der Modellname auf "*Caribe*" geändert.
- Ähnlich erging es dem Konkurrenten *Ford*: Der Name des Lastkraftwagens "*Fiera*" heißt in der spanischen Übersetzung „hässliche alte Frau".
- Anfänglich landete *Ford* mit seinem Modell *Pinto* einen Flop auf dem brasilianischen Markt. Bei der Markteinführung wurde auch der Modellname ungeprüft übernommen. *Pinto* bedeutet aber in der brasilianischen Landessprache „kleiner Pimmel". Als *Ford* den Fehler bemerkte, wurde der Namen in *Corcel* abgeändert, was Pferd bedeutet.

- Der US-amerikanische Automobilproduzent *American Motor Corporation (AMC)* versäumte es, bei der Markteinführung seines Modells *Matador* auf dem spanischen Markt die Bedeutung des Namens (= Mörder) überprüfen zu lassen.
- Der Name des Rasierwassers "*Irish Mist*" war für den deutschen Markt offenkundig nicht geeignet. Hierzulande kennt man es nun unter den Namen *„Irish Moos"*.
- Die chinesische Sprache ist eine problematische Sprache, nicht zuletzt wegen der Vielzahl von Homonymen und Dialekten. Zu dieser Erkenntnis gelangte auch *Kentucky Fried Chicken*, deren Slogan "finger-lickin' good" in China wie "eat your fingers off" klang.
- Auch ein US-amerikanischer Zigarettenhersteller hatte wenig Zeit auf das Studium fernöstlicher Sprachen verwendet. So kam es, dass sein Slogan "*Salem* – Feeling Free" in der Übersetzung für den japanischen Markt eine etwas andere Bedeutung erhielt: "When smoking *Salem*, you feel so refreshed that your mind seems to be free and empty." (Wenn Sie *Salem* rauchen, fühlen sie sich so erfrischt, dass ihr Geist ganz frei und leer zu sein scheint.).
- Nach Eintritt in den englischsprachigen Markt wunderten sich die Manager des zweitgrößten japanischen Reiseveranstalters, der *Kinki Nippon Tourist Company*, über die ungewöhnlich hohe Nachfrage nach Sex-Reisen. Nachdem ihnen bewusst wurde, dass ihr Firmenname übersetzt „Reiseagentur für perverse Japan-Touristen" bedeutet, wurde dieser schleunigst geändert.
- *Coca-Cola* klingt im Chinesischen etwa wie Kou-ke-kou-la, was je nach Dialekt „Ein durstiger Mund und ein Mund voller Kerzenwachs" oder „ein weibliches Pferd, mit Kerzenwachs gefüllt" bedeutet. Vor diesem Hintergrund änderte *Coca-Cola* die phonetische Übersetzung in Ke-kou-ke-le, was immer noch nach *Coca-Cola* klingt, aber nun „schmackhaft und glücklich" bedeutet.
- Auch dem Konkurrenten *Pepsi-Cola* blieben solche Erfahrungen nicht erspart. Die Übersetzung des Slogans "Come alive with the *Pepsi* Generation" klang in der Landessprache Taiwans wie "*Pepsi* will bring your ancestors back from the dead – *Pepsi* lässt Ihre Vorfahren von den Toten auferstehen".
- *Olympia* positionierte die Fotokopierer-Modellreihe "*Roto*" u. a. auf dem chilenischen Markt. Fatalerweise bedeutet "roto" dort „kaputt" und steht darüber hinaus als Synonym für die chilenische Unterschicht.
- Ein vom Schwedischen in das Englische übersetzter Anzeigentext der Firma *Electrolux* las sich in einer koreanischen Zeitschrift, wenn man ihn frei ins Deutsche übersetzt, wie folgt: „Nichts saugt so hundsmiserabel wie ein *Elektrolux*-Staubsauger."
- Ein Produzent vertrieb in Japan Golfbälle in preisgünstigen Viererpacks. Das Produkt stieß bei den japanischen Verbrauchern auf wenig Akzeptanz, da die Betonung der Zahl „vier" in der Landessprache wie das Wort „Tod" klingt.
- Der amerikanische Unterwäschefabrikant *Puff* hatte mit seinem Markennamen in doppelter Hinsicht Schwierigkeiten: Während Puff in Deutschland als Synonym für Bordell steht, ist "puff" in Großbritannien die umgangssprachliche Bezeichnung für Nicht-Heterosexuelle.
- Der Name des Sportwagens MR 2 von *Toyota* klingt im Französischen schnell ausgesprochen wie "merde"' (= Scheiße).

- *Coors*, eine der ehemals größten Brauereien der Welt, übersetzte seinen Slogan "Turn it loose" (dreh es auf, mach es locker; aber auch „Werd mal locker“) ins Spanische. Das Ergebnis war eine nahezu direkte Umschreibung für „akuter Durchfall“.
- Die amerikanischen Werbetexter der für ihre Halsbonbons berühmten US-amerikanischen Marke *Vicks* mussten erst lernen, dass man im Deutschen das „v“ als „f“ ausspricht. Vor diesem Hintergrund erübrigte sich eine originalgetreue Einbindung des Firmennamens in Werbeslogans. Man ersetzte das „v“ durch ein „w“, und da nunmehr die Gefahr neuer Assoziationen bestand, verzichtete man auf das „s“ am Ende.
- Der Werbeslogan des Hühnermagnaten *Perdue`s* line "It takes a tough man to make a tender chicken." („Es gehört ein starker Mann dazu, um zarte Hühner zu machen.“) hatte ins Spanische übersetzt folgende Bedeutung: „Es bedarf eines geilen Mannes, um ein Huhn verliebt zu machen.“
- Als *American Airlines* ihren mexikanischen Kunden die luxuriösen Aspekte des Business-Class-Fliegens vermitteln wollten, hielt man es für eine gute Idee, in der Werbung die Ledersitze in den Mittelpunkt zu rücken. Die Folge war der Slogan „In Leder fliegen“. Der Slogan wurde mit "Vuelo en Cuero" ins Spanische übersetzt. Da "en cuero" im spanischen Slang „nackt“ bedeutet, erscheint es kaum überraschend, dass sich nur wenige mexikanische Business-Flieger mit der Vorstellung anfreunden konnten, im Adamskostüm zu fliegen.
- Die Haarkosmetikfirma *Clairol* bot seinen Lockenwickler "*Mist Stick*" unter diesem Namen auch auf dem deutschen Markt an. Aufgrund der geringen Nachfrage wurde man jedoch bald darauf aufmerksam, dass Mist auf Deutsch die in der Landwirtschaft bei Viehhaltung in Ställen anfallende Mischung der Exkremente von Tieren mit Stroh bedeutet.
- Auf einen Übersetzungsfehler lässt sich das Missgeschick von *Schweppes* zurückführen. In einer italienischen Werbekampagne für *Schweppes Tonic Water* wurde der Produktname fälschlicherweise mit „*Schweppes* Toilettenwasser“ übersetzt.
- Ein amerikanischer Waschmittelhersteller schaltete Mitte der 80er Jahre eine Anzeige, die links einen Berg schmutziger Wäsche, das Produkt in der Mitte und rechts als Ergebnis einen Berg sauberer Wäsche als Motiv hatte. Was aber nicht beachtet wurde: Araber lesen von rechts nach links.

Beispiele für Marketing-Flops, deren Ursachen primär in **kulturellen Unterschieden** liegen:

- Der *McDonald's-Konzern* erlitt vor einiger Zeit mit einer Werbekampagne in Japan Schiffbruch. Grund dafür war das Maskottchen des Konzerns, der Clown *Ronald McDonald*, welcher üblicherweise mit einem weiß geschminkten Gesicht auftritt. In Japan ist ein weiß geschminktes Gesicht aber ein Synonym für den Tod.
- *Pepsodent* bewarb seine Zahnpasta in Südostasien mit dem Slogan: " ... whitens your teeth." Allerdings gelten bei der dortigen Bevölkerung schwarze Zähne als Schönheitsideal. Diesem versucht man durch das Kauen von Betel-Nüssen nahe zu kommen. Außerdem wurde die Werbeaussage "wonder where the yellow went" als rassistisch eingestuft.
- *Procter & Gamble* setzten einen in Europa bereits erfolgreichen Werbespot in Japan ein. Darin betritt ein Mann das Badezimmer und berührt seine badende Ehefrau. Die japani-

schen Zuschauer verstanden derartiges Verhalten als Angriff auf die Privatsphäre und interpretierten dieses als sozial unerwünscht.

- *Coca-Cola* floppte bei der Markteinführung der 2-Liter-Flasche in Spanien. Niemand hatte bedacht, dass die meisten Spanier nur kleine Kühlschränke besitzen, in welche die Flasche nicht hineinpasste.
- Der Versuch, Kuchenbackmischungen in Japan zu verkaufen, bescherte *General Foods* Verluste in Millionenhöhe. Da japanische Küchen sehr klein sind, besitzen nur drei % aller japanischen Haushalte überhaupt einen Backofen. In einem zweiten Versuch wollte *General Foods* die Japaner dazu bringen, Kuchen in ihren Reiskochern zu backen, die technisch dafür durchaus geeignet waren. Man beachtete aber nicht, dass die Japaner diese Geräte in erster Linie dazu benutzten, während des ganzen Tages Reis warm zu halten, damit sie nach Bedarf jederzeit davon essen können. Somit war auch der Reiskocher zum Kuchenbacken nicht verfügbar.
- Auch *Philips* sammelte negative Erfahrungen mit den japanischen Miniatur-Küchen. Der niederländische Konzern konnte seine Kaffeemaschinen erst verkaufen, als sie größenmäßig an die japanischen Küchen angepasst wurden. Ähnlich verhielt es sich mit den Rasierern desselben Herstellers. Diese waren zu groß für die zierlichen japanischen Männerhände.
- *Campbell* musste bei der Markteinführung seiner Suppenkonzentrate in Großbritannien Verluste von 30 Mio. US-Dollar hinnehmen. Der Grund hierfür lag u. a. darin, dass niemand den Verbraucher darüber aufklärte, dass es sich um ein Konzentrat handelte, zu dem man Wasser hinzufügen müsse. Deshalb hielten die meisten Briten solche kleinen Dosen mit Suppe einfach für zu teuer.
- Im Zuge der Einführung eines Softdrinks in der Arabischen Welt wurde ein Etikett verwandt, auf dem ein Stern mit sechs Spitzen abgebildet war. Der Erfolg des Produkts blieb aus, weil das verwendete Symbol als pro-israelisch eingestuft wurde.
- In Thailand macht es wenig Sinn, in der Werbung Tiere als Sympathieträger einzusetzen, da diese nur als niedrige Lebensformen angesehen werden.
- In einem in Lateinamerika ausgestrahlten Webespot wies eine Ehefrau ihren Mann an, einen gemeinsamen Freund anzurufen, um eine Verabredung zu klären. Dies verstieß gegen kulturelle Gepflogenheiten, da es lateinamerikanischen Frauen nicht erlaubt ist, ihren Ehemännern etwas vorzuschreiben.

Quelle: *Lehmann, S.*: Patent lebt, in: Berlin – das Magazin der Hauptstadt, Nr. 1, Dezember 2004, S. 18 – 19; www.business.com; www.btinternet.com; www.funny-downloads.de; Stand: 20.03.2003; http://Spassprofi.de; Stand: 29.11.2007, 14:15 Uhr.

Fallstudie „Marketingflops" – der *Dasani*-Gau von *Coca-Cola*

Die von *Coca-Cola* groß angekündigte und mit Millionenaufwand für Europa vorbereitete Einführung der Wassermarke „*Dasani*", die in den USA die Position zwei im Wassersegment einnimmt, musste nach einer Reihe von spektakulären Fehlschlägen gestoppt werden und dürfte eine der größten Niederlagen des mächtigen Getränkekonzerns sein.

Hintergrund war der Skandal um *Dasani* in Großbritannien. Dort hatte *Coca-Cola* eingestehen müssen, dass es sich bei dem stillen Wasser nicht um Quellwasser, sondern um schlichtes Leitungswasser aus Sidcup im Süden Londons handelte. *Dasani* kostete pro halbem Liter 95 Pence (etwa 1,43 €). Der „*Independent*" verglich den *Dasani*-Flaschenpreis mit dem Preis für einen halben Liter Leitungswasser in Sidcup von 0,03 Pence, was einen Schwall von Häme über *Coca-Cola* zur Folge hatte.

Der Versuch des Konzerns, den Flaschenpreis mit der Veredelung des Wassers zu rechtfertigen, ging ebenfalls gründlich schief. In der Presse-Erklärung und auf der firmeneigenen Website hieß es, das *Dasani*-Wasser habe einen „ausgeklügelten Reinigungsprozess" durchlaufen. Doch letztlich musste der Konzern eingestehen, dass sein Wasser bei der Aufarbeitung verunreinigt worden war, da die britischen Gesundheitsbehörden festgestellt hatten, dass *Dasani* eine nach örtlichen Vorschriften unzulässige Menge Bromat (Salz der Bromsäure) enthielt. Weil die Substanz potenziell Krebs erregend ist, wurden „vorsorglich" alle 500.000 Flaschen Dasani vom Markt genommen.

In Deutschland verkauft *Coca-Cola* das Tafelwasser *Bonaqa*. Auch hier kommt der Grundstoff, also 99,9 % von den örtlichen Wasserwerken der Abfüllbetriebe. Da der Begriff Tafelwasser in Deutschland jedoch eine solche Herstellungsweise zulässt, kommt der Getränkehersteller hierzulande auch nicht mit dem Gesetz in Konflikt. Außerdem weist das Unternehmen darauf hin, dass die Reinigung und Aufbereitung mit Mineralien für eine deutschlandweit gleiche Qualität sorgen, die in Bezug auf Haltbarkeit und Geschmack weitaus höheren Anforderungen genügen muss als Leitungswasser.

Dasani sollte in Deutschland nicht wie auf der britischen Insel als Tafelwasser, sondern als natürliches stilles Mineralwasser angeboten werden. Um eine Kannibalisierung zu vermeiden, war geplant, das Getränk als höherwertiges Mineralwasser zu positionieren. Das hauseigene *Bonaqa* dagegen ist im mittleren Preissegment angesiedelt und mit Kohlensäure erhältlich. Doch offensichtlich wäre es aufgrund der Vorgänge in Großbritannien eine zu schwere Hypothek gewesen, die Marke erfolgreich in Deutschland einzuführen, so dass der totale Rückzug aus dem europäischen Markt eingeleitet wurde.

Am Rande bleibt zu erwähnen, dass *Coca-Cola* in der gleichen Ausgabe, in der über den Stopp der Einführung der Wassermarke *Dasani* berichtet wurde, noch eine ganzseitige Anzeige mit dem Titel „*Dasani* belebt Ihren Umsatz; neu ab Mai 2004" schaltete.

Quelle: *o. V.*: „Dasani"-Rückzug bewahrt Coke Deutschland vor neuer Baustelle, in: LebensmittelZeitung, Nr. 13 vom 26.03.2004d, S. 18.

Phase 3: Wachstumsphase (Growth Stage)

I. d. R. erreichen Produkte nur dann die Wachstumsphase, wenn sie eine kritische Masse an Nutzern gewinnen können. Durch den raschen Umsatzanstieg überschreitet das Produkt die Schwelle vom Nischenprodukt, das nur für wenige Nutzer interessant ist, zum Massenerzeugnis. Das Produkt wird von den sog. **Imitatoren** und der **frühen Mehrheit** erworben. Jetzt treten normalerweise die ersten Wettbewerber bzw. Nachahmer auf den Plan. Für den Erfolg ist es nunmehr entscheidend, die Vorteile aus dem hohen Bekanntheitsgrad auszunutzen und sich von Konkurrenzprodukten abzuheben. Das Produkt wird verbessert (Produktmodifikation) und gleichzeitig werden neue Nachfolgeprodukte entwickelt. Die Konkurrenz beginnt das Produkt zu imitieren. Auch in dieser Phase wird das Preisniveau i. d. R. noch hoch sein, da der Anbieter die Vorlaufkosten abdecken muss. Weiterhin können in dieser Phase, die durch eine noch **geringe Wettbewerbsintensität** gekennzeichnet ist, die höchsten Gewinnmargen erzielt werden.

Phase 4: Reifephase (Maturity Stage)

Bei Erreichen eines bestimmten Absatzniveaus und durch den verstärkten Markteintritt von Wettbewerbern erreicht das Produkt die Reifephase. Da der Markt nun gesättigt ist, kann weiteres Wachstum nur noch mit sehr hohem Aufwand erreicht werden. Hier ist es vorrangiges Ziel, den Marktanteil zu verteidigen und zu stabilisieren. Durch den verstärkten Wettbewerbsdruck wird das **Preisniveau absinken**. Allerdings sollte der Hersteller zu diesem Zeitpunkt in der Lage sein, Stückkostenvorteile aus der Massenproduktion zu ziehen.

Phase 5: Rückgang (Decline Stage)

Nach einer gewissen Zeit wird der Absatz des Produktes zurückgehen. Der Grund ist häufig eine technische oder modische Überalterung. Neuere Angebote gewinnen das Interesse der Käufer. Schließlich wird das Produkt zum Auslaufprodukt. Es erfolgt eine Reduzierung des Werbeetats. Die Nachfrage sinkt, der Gewinn ist rückläufig. Dies bedeutet allerdings nicht, dass Produkte in der Rückgangsphase nicht mehr profitabel sein können. Gerade wenn alle Wettbewerber bereits aus dem Markt ausgeschieden sind, kann die **„Strategie des letzten Eismannes“** wirtschaftlich sinnvoll sein. Frei von Wettbewerbsdruck, ohne größere Investitionen und unter Ausnutzung der Vorteile einer im Zeitablauf immer effektiver gewordenen Fertigung kann der verbliebene kleinere Markt noch effizient bedient werden. Hinzu kommt, dass die Preise in einer solchen Konstellation zum Anstieg tendieren. Sinkt das Absatzniveau letztlich unter ein wirtschaftlich vertretbares Niveau, wird das Produkt vom Markt genommen (= **Elimination**).

Phase 6: Relaunch

Der Eintritt des Eliminationszeitpunktes kann durch einen sog. **Relaunch** hinausgezögert werden (vgl. im Folgenden *Raben* 1995, S. 418 – 420; *Tennagen* 1993; *Zernisch* 1992, S. 418 – 419; *Zindel* 1986). Hierunter versteht man die Wiederbelebung eines existierenden Produktes durch **Umgestaltung** und/oder **schlagartig einsetzende Intensivierung der Marketingbemühungen**, wobei die Identität des Produktes gewährleistet bleiben muss (to launch = vom Stapel lassen, taufen, Starthilfe geben, einführen; to relaunch = ein Produkt noch einmal „vom Stapel lassen“). Als synonyme Begriffe für einen Relaunch finden sich **Produkt- bzw. Markenpflege** und **Facelifting** (Automobilindustrie), **Repositionierung** (Konsumgüterindustrie) und **Trading-up bzw. Trading-down** (Handel).

Möglichkeiten für einen Relaunch bieten:

- neue Modellvarianten,

- eine Neupositionierung des Produktimages,
- technische Upgrades,
- Veränderungen in der Verpackung oder im Vertriebssystem sowie
- Erschließung neuer Kundengruppen.

Als **Vorteile** eines Relaunch sind zu nennen:

- Begrenzung der Aufwendungen für Forschung und Entwicklung,
- Nutzung von Erfahrungskurveneffekten (Amortisation von Investitionen; Stückkostendegression),
- Überbrückung von Innovationszyklen,
- Nutzung eines aufgebauten Marken-Goodwills sowie
- Reduzierung des Flop-Risikos.

Mögliche **Risiken** sind:

- Irritation bei den bisherigen Kunden,
- uneinheitlicher Marktauftritt nach Relaunch (z. B. klassische Werbung versus Dauerwerbemittel wie Leuchtreklame, LKW-Beschriftung),
- zu geringes Markenwertpotenzial,
- Anpassung an flüchtigen Zeitgeist und damit Markenerosion infolge zu häufiger Relaunches sowie
- Verlust an Innovationsstärke („Das elektrische Licht wurde nicht erfunden, weil man das Kerzenlicht weiterentwickelt hat.").

Gegebenenfalls wird noch eine **Nachlaufphase** in das Konzept integriert. In diesen Zeitabschnitt fallen sämtliche Aktivitäten, die nach Einstellung der Produktion anfallen (etwa Garantieleistungen, Rücknahme und Entsorgung von Alt-Produkten, Desinvestition von Betriebsmitteln). Im Regelfall übersteigen hier die Aus- die Einzahlungen. In Tab. 6.9 sind wesentliche Charakteristika der **vier Kernphasen des Produktlebenszyklus** (exkl. Entwicklungsphase, Relaunch und Nachlaufphase) zusammengefasst, wobei aus Vereinfachungsgründen auf die Beleuchtung der Reifephase verzichtet wird.

Tab. 6.9: Ausgewählte Charakteristika der einzelnen Kernphasen des Produktlebenszyklus (Quelle: in Anlehnung an Bagozzi/Rosa/Celly/Coronel 2000, S. 537 – 538)

Phase des PLZ Charakteristika	Einführung	Wachstum	Reife	Rückgang
Absatz	Langsames Wachstum	Schnelles Wachstum	Abnehmendes Wachstum	Fallend
Produkt-deckungsbeitrag	Negativ	Wechsels ins Positive	Abschwächend positiv bis rückläufig	Fallend
Kunden	Innovatoren	Frühe Imitatoren und frühe Mehrheit	Späte Mehrheit	Nachzügler

Tab. 6.9: Ausgewählte Charakteristika der einzelnen Kernphasen des Produktlebenszyklus (Fortsetzung)

Phase des PLZ / Charakteristika	Einführung	Wachstum	Reife	Rückgang
Wettbewerber	Wenige	Zunehmend	Zahlreich	Rückläufige Zahl
Strategischer Fokus	Marktexpansion	Marktdurchdringung	Verteidigung von Marktanteilen	Rationalisierung und Kostenmanagement

Grundsätzlich kann festgestellt werden, dass sich die **Lebenszyklen** von Produkten **verkürzen**. Als Beispiel für diese Entwicklung kann die in Tab. 6.10 dargestellte durchschnittliche Dauer von Einführungs- und Wachstumsphase bei ausgewählten Haushaltsgeräten dienen. Dieser Trend erfordert es, neue Produkte möglichst schnell aus der Einführungs- in die Wachstumsphase zu überführen und damit möglichst früh hohe Umsätze sowie Gewinne zu realisieren.

Tab. 6.10: Die durchschnittliche Dauer von Einführungs- und Wachstumsphase bei ausgewählten Haushaltsgeräten (Quelle: Bagozzi/Rosa/Celly/Coronel 2000, S. 532)

Dauer / Produktgruppen	Einführungsphase *(in Jahren)*	Wachstumsphase *(in Jahren)*
12 Haushaltsgeräte, zwischen 1922 und 1924 eingeführt	12,5	33,8
16 Haushaltsgeräte, zwischen 1945 und 1964 eingeführt	7,0	19,5
9 Haushaltsgeräte, zwischen 1965 und 1979 eingeführt	2,0	6,8

Fallstudie „Die zwei Seiten des Zeitwettbewerbs" – das Unternehmen *Inditex*

Inditex, ein spanischer Textilkonzern und Konkurrent des schwedischen Unternehmens *Hennes & Mauritz (H&M)*, verfolgt das Geschäftskonzept, preisgünstige Mode in repräsentativen Geschäften in attraktiven Innenstadtlagen anzubieten. Das Erfolgsrezept des Unternehmens lautet Schnelligkeit. *Inditex* gelingt es, seine Kleidungsstücke zwei Wochen nach dem Entwurf in die Geschäfte zu bringen. Damit kann das Unternehmen konkurrenzlos schnell auf Trends reagieren. Das ständig erneuerte Sortiment erhöht die Attraktivität der Geschäfte und verringert gleichzeitig die Zahl von teuer zu lagernden Ladenhütern. Doch die Schnelligkeit fordert ihren Preis: *Inditex* gelingt der schnelle Warenumschlag nur, weil der Konzern überwiegend in Europa und in eigenen Fabriken fertigen lässt. Der Verzicht auf billige Lohnfertigung in Asien könnte sich demnach mittel- bis langfristig zum Wettbewerbsnachteil entwickeln.

Quelle: *o. V.:* Beeindruckender Klassenletzter, in: Frankfurter Allgemeine Zeitung, Nr. 18 vom 22.01.2003a, S. 22.

Das Konzept des Produktlebenszyklus wird zum einen genutzt, um den weiteren **Absatzverlauf eines Produktes vorherzubestimmen**. Zum anderen dient es der Marketingplanung. Dahinter steht die Überlegung, dass sich jede Phase des Produktlebenszyklus durch eine bestimmte Konstellation im magischen Dreieck „Unternehmen – Kunde – Konkurrenz" auszeichnet, die wiederum einen **spezifischen Einsatz des Marketing-Instrumentariums** erfordert. Schließlich wird das Konzept dazu genutzt, einer **überalterten Programmstruktur entgegenzuwirken**.

Wesentliche **Kritikpunkte** am Produktlebenszyklus-Konzept sind:

- Die realen Entwicklungen eines Produktes stimmen häufig nicht mit den theoretisch geforderten Phasen im Produktlebenszyklus-Konzept überein.
- In der Realität existiert eine Vielzahl von Produktlebenszyklus-Mustern, die zu unterschiedlich ausgeprägt sind, als dass sie von allgemeinem Nutzen sein könnten.
- Die Dauer einzelner Phasen im Produktlebenszyklus kann nicht prognostiziert werden.
- Das Produktlebenszyklus-Konzept beschreibt keine Gesetzmäßigkeit, sondern ist eine Konsequenz der jeweils eingesetzten Marketing-Strategien und –Instrumente sowie externer Faktoren (etwa wirtschaftliche Rahmenbedingungen, Aktivitäten der Wettbewerber, Investitions- und Konsumklima, Gesetze sowie Auflagen für die Produkte).

Fallstudie „Vernachlässigtes Lebenszyklusmanagement in der Pharmaindustrie"

ASPIRIN® gilt als Paradebeispiel für ein optimales Lebenszyklus-Management von Medikamenten. Ansonsten lassen Unternehmen viele Chancen ungenutzt, wenn es darum geht, den Wert ihrer Medikamente, die im Regelfall für hunderte Millionen € entwickelt werden, über deren gesamten Lebenszyklus zu optimieren. Zwar sind sich die meisten Pharmakonzerne darüber im Klaren, dass es sinnvoll ist, die Indikationsgebiete und damit die Breite des Anwendungsgebietes für ein patentgeschütztes Medikament nach dessen Einführung stetig weiter auszudehnen. Auf diese Weise lässt sich der Patentschutz verlängern. Doch abgesehen davon fokussieren sich die großen Pharmakonzerne zu stark auf die Entwicklung des nächsten großen Kassenschlager-Medikaments und vernachlässigen damit die Planungen für die Zeit nach dem Patentschutz. Dieses Versäumnis gewinnt vor dem Hintergrund der abnehmenden Forschungsproduktivität an Schärfe: Während die Forschungsausgaben der Pharmaindustrie stetig anwachsen, sinkt die Zahl der Neuzulassungen. Potenzierend kommt hinzu, dass eingeführte Medikamente immer früher Konkurrenz durch Wettbewerbspräparate bekommen. Waren früher Medikamente nicht selten 20 Jahre lang ohne ernstzunehmende Konkurrenz, bekam das 1999 eingeführte Rheumamittel *Celebrex* bereits nach rund einem Jahr ernsthaften Wettbewerb durch ein in der Wirkung vergleichbares Präparat.

Quelle: *o. V.*: Aspirin als Muster der Markenpflege, in: Frankfurter Allgemeine Zeitung, Nr. 225 vom 27. September 2004c, S. 18.

6.6.4 Portfolio-Analyse

Grundkonzept

Die Ist-Situation eines Unternehmens wird häufig mit Hilfe der Portfolio-Analyse analysiert (vgl. im Folgenden *Böcker/Diller* 2001, S. 1273 – 1274; *Dunst* 1979; *Meffert* 2000, S. 249 – 266; *Nieschlag/Dichtl/Hörschgen* 2002, S. 118 – 149; *Uhr/Müller* 1998). Der Begriff Portfolio (lat. portare = tragen, folium = Blatt), seltener auch Portefeuille, bezeichnet eine Sammlung von Objekten eines bestimmten Typs. Die Portfolio-Analyse stammt aus dem **Finanzbereich** und hat ihren Ursprung in der **Portfolio Selection Theory der Finanzierung**, die 1952 von *Harry M. Markowitz* entwickelt wurde und sich mit der optimalen Zusammensetzung eines Wertpapierportefeuilles unter Rendite- und Risikogesichtspunkten beschäftigt. Ziel ist es, das Risiko eines Portfolios zu minimieren, ohne die zu erwartende Rendite zu verringern. Notwendige Voraussetzung ist es, dass die Wertpapiere nicht vollständig korreliert sprich weitgehend unabhängig voneinander sind. Kern der Portfoliotheorie ist die Unterscheidung in systematisches und unsystematisches Risiko. Während sich das unsystematische Risiko durch Diversifikation sprich durch eine steigende Anzahl von Wertpapieren verringern lässt, ist dies beim systematischen Risiko, dem sämtliche Wertpapiere am Markt unterworfen sind, nicht möglich. Ein Portfolio gilt als effizient, wenn kein anderes Portfolio existiert, das bei gleicher Renditeerwartung ein geringeres Risiko bzw. bei gleichem Risiko eine höhere Rendite aufweist (vgl. *Eschenbach/Eschenbach/Kunesch* 2003, S. 37).

Übertragen auf den Marketingbereich ist es das Ziel der Portfolio-Analyse, die knappen Ressourcen eines Unternehmens auf solche Strategischen Geschäftseinheiten zu lenken, bei denen die Marktchancen günstig erscheinen und das Unternehmen Vorteile gegenüber seinen Wettbewerbern nutzen kann. Demnach werden strategische Entscheidungen nicht isoliert, sondern in Verbindung mit anderen Entscheidungen getroffen (vgl. *Kreilkamp* 1987, S. 447; *Bea/Haas* 2001, S. 131).

Unter einer **Strategischen Geschäftseinheit** (SGE; engl.: SBU = Strategic Business Unit) versteht man solche Produkt/Markt-Kombinationen eines Unternehmens, die in sich homogen, voneinander aber deutlich abgrenzbar sein müssen. Strategische Geschäftseinheiten sind gekennzeichnet durch:

- eine eigene Strategie und Planung,
- eigenständige Ziele,
- eine eigene Aufgabenstellung,
- eine erkennbare Gruppe von Konkurrenten,
- ein spezifisches Kundensegment sowie
- Planungs- und Ergebnisverantwortlichkeit.

Als Strategische Geschäftseinheiten eines Lebensmittelproduzenten wären beispielsweise Fertigsuppen, Backzutaten und Tiefkühlprodukte denkbar. Durch die Bildung Strategischer Geschäftseinheiten soll gewährleistet werden, dass einzelne Einheiten in der Weise zusammengefügt werden, dass sie jetzt und/oder zukünftig für das Unternehmen eine einheitliche strategische Bedeutung aufweisen. Damit löst man sich bewusst von den in der *Ansoff*-Matrix postulierten und von partiellen Vorstellungen geprägten Produkt-Markt-Kombinationen (vgl. Abschnitt 6.2.1) und bewegt sich in Richtung eines ganzheitlichen Denkens mit dem Ziel, strategische Synergiepotenziale zu erschließen.

Ausgangspunkt für die Bildung Strategischer Geschäftseinheiten ist der Gesamtmarkt, der sich anhand von **drei Dimensionen** charakterisieren lässt (vgl. *Abell* 1980):

- **Funktionserfüllung**: Für welche grundlegenden Problemlösungen können Produkte bzw. Dienstleistungen entwickelt werden?
- **Potenzielle Nachfragesektoren**: Welche Segmente kommen grundsätzlich als Kunden in Frage?
- **Verwendbare Technologien**: Auf welcher technologischen Basis können Produkte bzw. Dienstleistungen entwickelt werden?

Durch die Verbindung der einzelnen Ausprägungen der drei Dimensionen erhält man sämtliche denkbaren Kombinationsmöglichkeiten (vgl. Abb. 6.18). Eine solche Kombination wären beispielsweise aktuelle Nachrichtendienste für Unternehmen mittels interaktiver Medien.

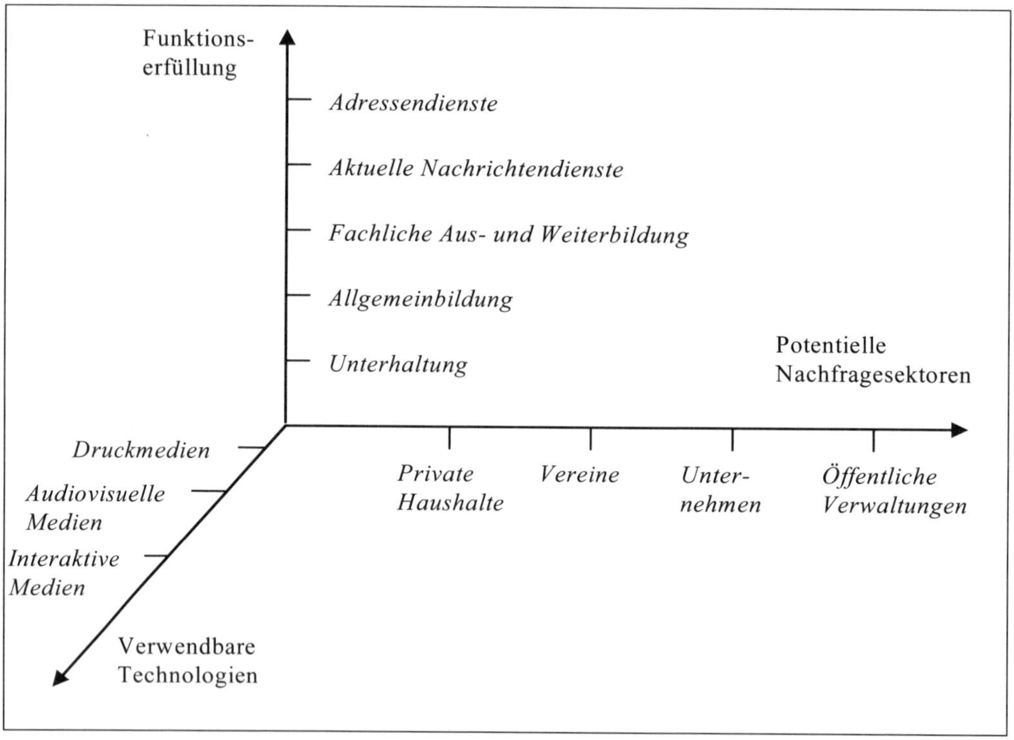

Abb. 6.18: Ansatzpunkte zur Generierung Strategischer Geschäftseinheiten am Beispiel von Informationsdiensten

In einem zweiten Schritt gilt es sodann, aus der Vielzahl an Kombinationsmöglichkeiten jene Einheiten sprich Strategischen Geschäftseinheiten herauszudestillieren, die Gegenstand der strategischen Planung sein sollen. Dabei können sowohl eine einzelne Kombinationsmöglichkeit als auch mehre Kombinationen gemeinsam eine Strategische Geschäftseinheit bilden.

Eine zentrale Stärke dieses Ansatzes liegt in der Integration von Anbieter- und Nachfragerperspektive. Auf einem anfänglich vergleichsweise hohen Abstraktionsniveau zeigen sich im dreidimensionalen Raum mögliche strategische Geschäftsfelder, die dann schrittweise präzisiert werden können (vgl. *Klein* 2006, S. 1515).

Sämtliche Portfoliokonzepte beschreiben das Erfolgspotenzial einer SGE, welches durch die Chance und Risiken aus der Umwelt sowie die Stärken und Schwächen des Unternehmens bestimmt wird. Das entsprechende Koordinatensystem setzt sich konsequenterweise aus einer Umwelt- und einer Unternehmensachse zusammen, die in Form einer Matrix untergliedert werden (vgl. *Steinmann/Schreyögg* 2000, S. 209).

Grundsätzlich kann zwischen einem Ist- und einem Zielportfolio unterschieden werden. Werden im Zuge der Positionierung der SGE in der Matrix (= Ist-Portfolio) Unausgewogenheiten identifiziert, bilden diese den Ausgangspunkt für die Suche nach Strategien, welche zur Ausgewogenheit (= Ziel-Portfolio) führen sollen. Hierfür bieten sich drei Basis-Strategien an: Wachstums-, Halte- bzw. Abschöpfungs- und Desinvestitionsstrategie (vgl. *Tomczak* 1989, S. 53 ff.).

Die bekanntesten Portfolio-Modelle, die im Folgenden vorgestellt werden, sind die *Boston Consulting Group* -Matrix, die *McKinsey*-Matrix sowie die *Arthur D. Little*-Matrix.

Die *Boston Consulting Group*-Matrix

Die von der *Boston Consulting Group*, einem renommierten und weltweit tätigen Beratungsunternehmen entwickelte ***BCG*-Matrix** dient zur Bewertung Strategischer Geschäftseinheiten und soll die Beziehung zwischen Produktlebenszyklus und Erfahrungskurve verdeutlichen (vgl. *Baum/Coenenberg/Günther* 2006; *Schneider* 2005). Hierzu bedient man sich der Maßstäbe:

- relativer Marktanteil (horizontale Achse; interne Dimension = Unternehmensdimension) und
- prozentuales Marktwachstum (vertikale Achse; externe Dimension = Umweltdimension).

Der **relative Marktanteil** bestimmt das Verhältnis aus eigenem Marktanteil und dem Marktanteil des größten Konkurrenten (vgl. im Folgenden *Schneider/Hennig* 2008a).

$$\text{Relativer Marktanteil (in \%)} = \frac{\text{Eigener Marktanteil}}{\text{Marktanteil des größten Wettbewerbers}} \times 100$$

Fallbeispiel: Absoluter und relativer Marktanteil eines Automobilherstellers

Ein Automobilhersteller A verkauft in einer Region 4.000 Pkw, sein größter Wettbewerber B hingegen 8.000 Einheiten. Insgesamt werden in diesem Gebiet 20.000 Pkw verkauft. Demnach verfügt Automobilhersteller A über einen absoluten Marktanteil von 20 % = (4.000 Pkw : 20.000 Pkw) x 100. Bei seinem Konkurrenten B beläuft sich der Marktanteil auf 40 % = (8.000 Pkw : 20.000 Pkws) x 100.

Der relative Marktanteil des Automobilherstellers A beläuft sich auf 50 % = (20 % : 40 %) x 100. Unter der Annahme, dass Unternehmen A der zweitgrößte Anbieter am Markt ist, beträgt der relative Marktanteil des Wettbewerbers B 200 % = (40 % : 20 %) x 100. Das Beispiel verdeutlicht, dass der alleinige Marktführer immer über einen relativen Marktanteil von mehr als 100 % verfügt.

Der relative Marktanteil bietet gegenüber dem absoluten Marktanteil den Vorteil, dass er einen indirekten Einblick in die Struktur bzw. Größenverhältnisse des jeweiligen Marktes bietet. Denn ein absoluter Marktanteil von 20 % hat in einem Markt mit 20 Wettbewerbern einen ganz anderen Stellenwert, als wenn ein Unternehmen lediglich auf zwei Konkurrenten trifft. Außerdem sind mit dem absoluten Marktanteil Erhebungsprobleme dergestalt verbunden, dass die vollständigen Branchendaten häufig nur schwer erfassbar sind.

Ein relativer Marktanteil von 0,1 bedeutet, dass sich der Umsatz der eigenen SGE auf 10 % des Umsatzes des Marktführers im relevanten Segment beläuft. Relative Marktanteile größer als Eins werden als hoch angesehen. In einem solchen Fall spricht man von Marktführerschaft (vgl. *Kotler/Keller/Bliemel* 2007, S. 96).

Die **Berechnung** des Marktanteils ist vollkommen unproblematisch, schwierig ist hingegen seine genaue Ermittlung. Prinzipiell kann der Marktanteil ermittelt werden auf der Ebene:

- der Hersteller (Verwendung unternehmenseigener Absatzzahlen bzw. Absatzschätzungen),
- des Handels (mit Hilfe von Händlerbefragungen) und
- der Konsumenten bzw. der Nachfrager (durch Verbraucherbefragungen).

Die Messung des Marktanteils basiert zumeist auf internen Daten. Dabei wird das Marktvolumen geschätzt oder aus Verbandsstatistiken und/oder Haushalts- sowie Handelspanels (vgl. hierzu Abschnitt 4.5.4) entnommen.

Der relative Marktanteil hat sich in zahlreichen Studien (u. a. in der PIMS-Studie, einem Vertreter der Erfolgsfaktorenforschung, der *Boston Consulting* Group; PIMS = Profit Impact of Market Strategies, Gewinnauswirkung von Marktstrategien) als eine **Schlüsselgröße für den Unternehmenserfolg** (z. B. Return on Investment, Cash-Flow; zum Zusammenhang zwischen relativem Marktanteil und RoI siehe Abb. 6.19) herausgestellt.

Das PIMS-Konzept

Ins Leben gerufen wurde das PIMS-Projekt 1960 von *General Electric* in Form einer internen empirischen Studie mit dem Ziel, die unterschiedlichen Strategischen Geschäftseinheiten (SGEs) vergleichbar zu machen (vgl. *Buzzell/Gale* 1989). Da *General Electric* zur damaligen Zeit stark diversifiziert aufgestellt war, suchte man nach Schlüsselfaktoren, die produktunabhängig auf den wirtschaftlichen Erfolg wirkten. Als Maßeinheit benutzte man insbesondere den Return on Investment (RoI = Gewinn pro Einheit gebundenes Kapital). 1972 wurde das Projekt an die *Harvard Business School* übertragen, die es auf weitere Unternehmen ausgedehnt hat. 1976 übernahm das *American Strategic Planning Institute* in Cambridge die Federführung über das Projekt. Zwischen 1970 und 1983 nahmen etwa 3.000 Strategische Geschäftseinheiten (SGEs) aus ca. 200 Unternehmen an den Befragungen teil und lieferten Kennzahlen für das Projekt.

Die wichtigsten der erhobenen **Kennzahlen** waren:

- Merkmale des geschäftlichen Umfeldes (Marktattraktivität): (kurz-/langfristiges) Marktwachstum, Marktgröße, Marktqualität, Preisentwicklung, Position im Produktlebenszyklus
- Relative Wettbewerbsposition: relativer Marktanteil (im Vergleich zu dem größten Mitbewerber), relative Marktposition, relative Produktionsqualität, relative Qualifikation der Mitarbeiter, relative Qualifikation der Führungskräfte, relative Produktqualität
- Merkmale der Leistungserstellung: Investitionsintensität (= Investitionsvolumen/Umsatz), Ausmaß vertikaler Integration, Arbeitsproduktivität, Kapazitätsauslastung
- Budgetaufteilung: Marketingintensität (= Marketingaufwand/Umsatz), Forschungs- und Entwicklungsintensität (= Forschungs- und Entwicklungsaufwand/Umsatz)
- Veränderung von Schlüsselfaktoren (Trends): Marktanteilsänderung, Produktqualitätsänderung
- Wirtschaftliche Erfolgsgrößen (als zu erklärende Variablen): insbesondere Return on Investment (RoI) (= Gewinn/gebundenes Kapital), Return on Sales (RoS) (= Gewinn/Umsatz)

Folgende **Faktoren** korrelieren besonders stark mit den Erfolgsgrößen RoI bzw. RoS:

- **Investitionsintensität** korreliert **negativ** (erklärt ca. 15 %): Dies hat zum einen den formal-analytischen Grund, dass mit steigender Investitionsintensität, also dem Investitionsvolumen bezogen auf den Umsatz, auch das Abschreibungsvolumen bezogen auf den Umsatz, die Abschreibungsintensität, zunimmt und somit der Gewinn sinkt. Zum anderen nimmt bei hoher Investitionsintensität das Anlagevermögen zu und es entsteht das Bedürfnis, diese Kapazitäten auch zu nutzen, also die Ausbringungsmenge zu erhöhen und unter Umständen die Preise und damit die Gewinnspanne zu senken.
- **Relativer Marktanteil** korreliert **positiv** (erklärt ca. 12 %): Hauptgrund für den positiven Einfluss der relativen Marktanteils sind die Skaleneffekte: Je höher der Marktanteil, umso größer ist die Produktionsmenge und umso geringer sind die Stückkosten; dies lässt sich auch mit der Erfahrungskurve erklären. Außerdem steigt mit wachsendem Marktanteil die Macht gegenüber den Lieferanten, wodurch bessere Konditionen ausgehandelt werden können.

- **Relative Produktqualität** korreliert **positiv** (erklärt ca. 10 %): Wichtige Gründe für die positive Korrelation sind vor allem höhere erzielbare Preise bei Premiumprodukten, aber auch die höhere Kaufbereitschaft von Nachfragern bei qualitativ hochwertigen Leistungen, sodass die Verkaufsmenge steigt und damit den Marktanteil positiv beeinflusst wird. Ein weiterer Grund sind die geringeren Reklamationskosten.

Insgesamt lassen sich durch die erhobenen Faktoren etwa 70 % der Unterschiede in der Rentabilität zwischen erfolgreichen und erfolglosen Geschäftsfeldern der PIMS-Datenbank erklären (gemessen als Varianz).

Homburg/Krohmer (2006) führen gegen das PIMS-Projekt folgende **Kritikpunkte** an:

- Kritik an der Datengrundlage: subjektive Bewertung einzelner Variablen (z.B. relative Produktqualität); kurzfristige Betrachtung einzelner Variablen; mangelnde Repräsentation von weniger erfolgreichen SGEs, nicht US-amerikanischen SGEs, kleineren SGEs sowie SGEs aus dem Dienstleistungssektor
- Kritik an der Untersuchungsmethodik: Rückschluss auf kausale Beziehungen aus Korrelationen (Problematik der Scheinkorrelationen); Vernachlässigung von Interdependenzen zwischen erklärenden Variablen (beispielsweise wirkt die relative Produktqualität teilweise auf den relativen Marktanteil, siehe oben); mangelnde Eignung der angewendeten multiplen Regressionsanalyse, um komplexe Abhängigkeitsstrukturen wie z. B. kausale Ketten zu untersuchen; zu große Aggregation der Daten durch permanente Durchschnittsbildung
- Kritik an den Strategieempfehlungen (inhaltliche Kritik): einseitige Orientierung am Return on Investment als Erfolgsgröße; Vernachlässigung möglicher Synergieeffekte zwischen einzelnen SGEs desselben Unternehmens; keine Berücksichtigung branchenspezifischer Besonderheiten

In den PIMS-Studien konnte nachgewiesen werden, dass eine Erhöhung des Marktanteils um 10 % zu einer durchschnittlichen Steigerung des Return on Investment (RoI) um 5 % führt, was im Wesentlichen auf den Erfahrungskurveneffekt zurückgeführt werden kann.

Der relative Marktanteil trägt der Überlegung Rechnung, dass ein Unternehmen, welches im Vergleich zur Konkurrenz einen höheren Absatz verzeichnet, an Erfahrung gewinnt. Diese Erfahrung führt neben der Senkung des Marktrisikos zu Stückkostendegression. Mit **Erfahrungskurveneffekt** bezeichnet man den empirisch belegten Zusammenhang zwischen der Erfahrung, die anhand des kumulierten Absatzes eines Produkts operationalisiert wird, und dem Verlauf der Stückkosten. In empirischen Studien konnte nachgewiesen werden, dass bei einer Verdopplung der im Zeitablauf kumulierten Absatzmenge ein inflationsbereinigtes Stückkostenreduktionspotenzial von 20 – 30 % entsteht (vgl. Abb. 6.20 sowie *Boston Consulting Group* 1972). Dieser Effekt wurde erstmals 1925 im US-amerikanischen Flugzeugbau entdeckt und in den 70er Jahren von der *Boston Consulting Group* als strategisches Planungsinstrument ausgebaut und vermarktet.

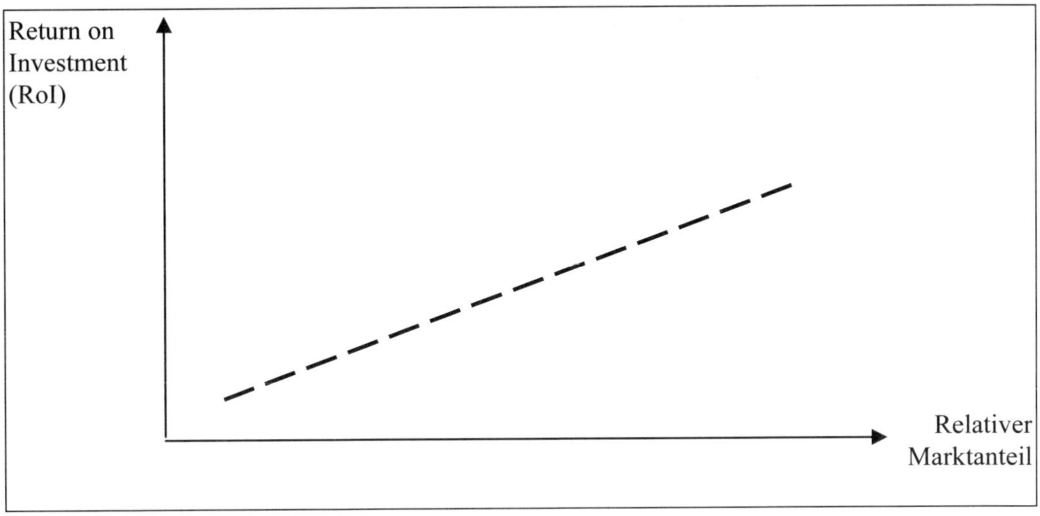

Abb. 6.19:Die Beziehung zwischen Return on Investment und relativem Marktanteil laut PIMS-Studie

Als **Ursachen** des Erfahrungskurveneffekts sind zu nennen:

- Rationalisierungseffekte als Folge von **Lernkurveneffekten**, d. h. bei wiederholter Erledigung von Aufgaben kommt es sowohl beim einzelnen Mitarbeiter als auch auf der Ebene des gesamten Unternehmens zu Übungsgewinnen.
- **Größendegressionseffekte**: Hier ist zum einen die **Fixkostendegression** zu nennen, die besagt, dass bei steigender Produktionsmenge die pro Stück anfallenden Fixkosten sinken. Zum anderen sind Skaleneffekte (Economies of Scale) zu verzeichnen, die mit zunehmender Betriebsgröße Kostenvorteile bewirken können (etwa **Mengeneffekte** in Form von Mengenrabatten beim Einkauf; Einsatz größerer Produktionsmittel: ein doppelter Rohrdurchmesser beispielsweise erfordert nur doppelt soviel Material, verfügt aber über den vierfachen Querschnitt und damit die sechzehnfache Kapazität; größere Mengen verhalten sich statistisch gleichmäßiger und sind daher besser planbar).
- **Kostensenkungsmöglichkeiten aufgrund technischen Fortschritts**, da mit steigender Produktionsmenge veraltete, kostenintensive durch neue, effiziente Produktionstechnologien schneller ersetzt werden können.

Als **Kritikpunkte** gegenüber dem Erfahrungskurveneffekt werden angeführt:

- Die Erfahrungskurve lässt sich für die Preis/Mengen-Strategie bzw. Kostenführerschaft nutzen, blendet aber andere Strategien wie Präferenzstrategie bzw. Qualitätsführerschaft aus.
- Eine ausschließliche Fokussierung auf Absatzsteigerung entlang der Erfahrungskurve kann den Blick auf den Markt und damit auf neu geforderte Produkte verstellen.
- Neben der Volumensteigerung bieten sich noch andere Stückkostensenkungsmöglichkeiten (etwa Technologieersatz).

Beim Erfahrungskurveneffekt handelt es sich jedoch keinesfalls – wie häufig missverstanden – um eine Gesetzmäßigkeit, sondern lediglich um ein **Stückkostensenkungspotenzial**. Inwieweit dieses ausgeschöpft wird, hängt letztlich von der Leistungsfähigkeit der jeweiligen Unternehmung ab.

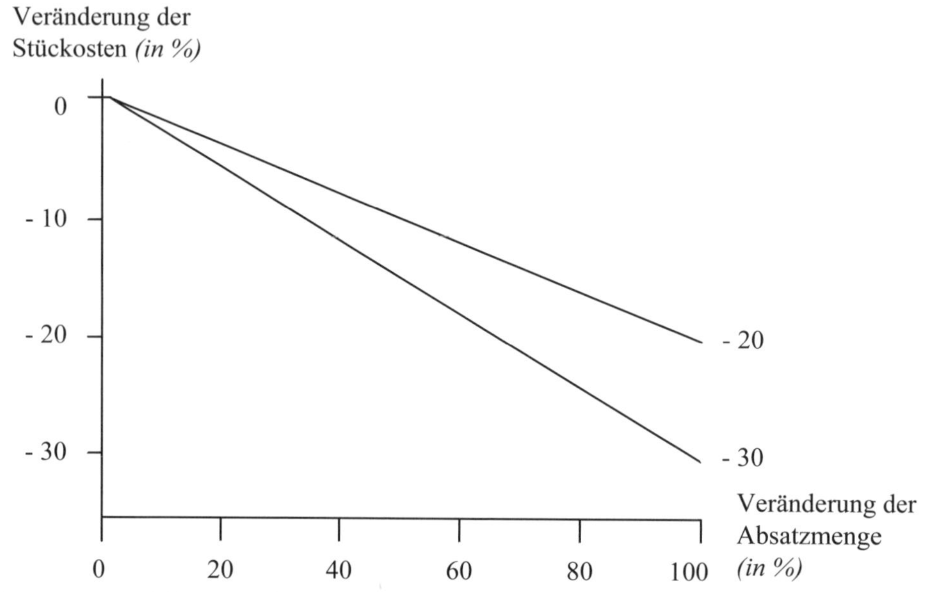

Abb. 6.20: Der idealtypische Verlauf der Erfahrungskurve

Das folgende Beispiel dient der Veranschaulichung: Zu Beginn des Beobachtungszeitraums betragen die Stückkosten 100 Geldeinheiten. Jedes Jahr wird die gleiche Menge von 1 Mio. Stück produziert und auch abgesetzt. Mit jeder Verdopplung der kumulierten Absatzmenge sinken die Stückkosten um 20 %. Tab. 6.11 lässt sich entnehmen, dass die Stückosten nach 10 Jahren von 100,0 auf 47,7 Geldeinheiten gesunken sind.

Tab. 6.11: Beispiel für den Erfahrungskurveneffekt

Jahr	Absatzmenge p. a. (*in Mio. Stück*)	Kumulierte Absatzmenge (*in Mio. Stück*)	Stückkosten
1	1	1	100,0
2	1	2	80,0
3	1	3	70,2
4	1	4	64,0

Tab. 6.11: Beispiel für den Erfahrungskurveneffekt (Fortsetzung)

Jahr	Absatzmenge p. a. (*in Mio. Stück*)	Kumulierte Absatzmenge (*in Mio. Stück*)	Stückkosten
5	1	5	59,6
6	1	6	56,2
7	1	7	53,5
8	1	8	51,2
9	1	9	49,3
10	1	10	47,7

Fallstudie „Preisreduzierungen infolge von Erfahrungskurveneffekten" – das Modell T von *Ford*

Mit "Give the customers any color they want, so long as it is black." beschrieb der Industrielle *Henry Ford* das grundlegende Denkmuster der industriellen Massenproduktion am Anfang des 20. Jahrhunderts und verkaufte in nur 20 Jahren 6 Millionen seines *Ford* T-Modells, die alle schwarz waren.

Seine Strategie basierte demzufolge auf der Standardisierung von Produkten, was zu Stückkosteneinsparungen durch Erfahrungskurveneffekte führte, die ihrerseits Preisreduzierungen erlaubten. Wie Abb. 6.21 zu entnehmen ist, fiel der Preis für das Modell T von nahezu 4.000 US-Dollar im Jahr 1909 auf rund 1.000 US-Dollar im Jahr 1923. Ein erheblicher Anteil dieses Preisrückgangs war auf Erfahrungskurveneffekte zurückzuführen (vgl. hierzu auch *Bagozzi/Rosa/Celly/Coronel* 2000, S. 835).

Eine Behauptung, die sich hartnäckig hält: Das Fließband wurde von *Henry Ford* erfunden. Ab 1908 fertigte er sein T-Modell. Doch schon neun Jahre früher produzierte Wettbewerber *Ransom E. Olds* seine 3-PS-Oldsmobile auf Fertigungsstationen.

Damit die Stückkosten umgekehrt proportional zum relativen Marktanteil verlaufen, müssen folgende **Voraussetzungen** erfüllt sein:

- Gleichzeitiger Markteintritt sämtlicher Marktteilnehmer
- Gleichmäßige Entwicklung eines jeden Marktteilnehmers
- Produzierte = abgesetzte Menge

Auf der vertikalen Achse des *BCG*-Portfolio wird das **Marktwachstum** (in %) abgetragen. Dieses berechnet sich aus dem Verhältnis zwischen dem Marktvolumen im Betrachtungszeitraum und dem Marktvolumen in der Vorperiode. Wächst ein Markt, ist das Marktwachstum größer als 0. Insbesondere neue, junge Märkte, die eine große Nachfrage verzeichnen, wachsen. Stagniert bzw. schrumpft ein Markt, beträgt das Marktwachstum gleich bzw. kleiner als 0. Das Marktwachstum gilt grundsätzlich als hoch, wenn es das zukünftige prozentuale Durchschnittswachstum der Branche bzw. des Bruttosozialprodukts übersteigt. Einige Autoren ziehen die Grenze zwischen niedrigem und hohen Wachstum bei 10 % (vgl. *Steinmann/Schreyögg* 2000, S. 2009).

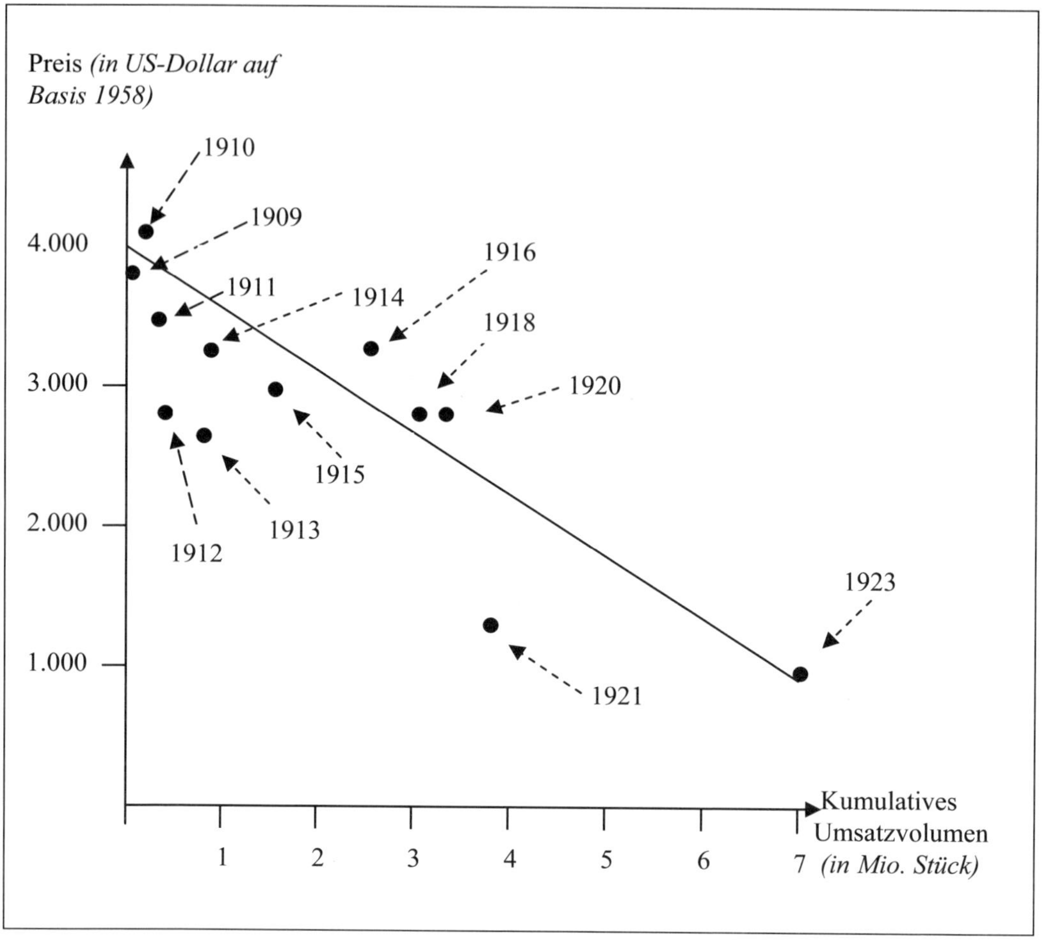

Abb. 6.21: Die Erfahrungskurve für das Modell T für den Zeitraum von 1909 – 1923 (Quelle: *Abernathy/Wayne* 1974, S. 111)

Um das **Marktvolumen** zu bestimmen, muss man die Umsätze bzw. Absatzmengen aller Wettbewerber kennen und addieren. Wichtigste Quelle sind die Geschäftsberichte der Konkurrenten, Marktstatistiken sowie Informationen der Industrie- und Handelskammern. Oft sind die Märkte aber nur teilweise transparent, und man verfügt zunächst nur über lückenhafte Informationen. Dann muss für die betreffende Dienstleistung bzw. das betreffende Produkt das Marktvolumen geschätzt werden. Hierzu empfiehlt die Unternehmensberatung B*ain & Company* in Zusammenarbeit mit der *FOCUS* Magazin Verlags GmbH im Rahmen der *FOCUS*-JOBInitiative (Quelle: www.focus.de; Stand: 27.11.2000) folgende Vorgehensweise:

- Findet man nur Informationen zu der Mitarbeiterzahl in einem bestimmten Markt und hat man lediglich einzelne Geschäftsberichte von Wettbewerbern, ermittelt man aufgrund der Geschäftsberichte, wie hoch der Umsatz bzw. Absatz pro Mitarbeiter in den vergleichbaren Unternehmen ist, und multipliziert diesen Wert mit der Beschäftigtenzahl der Branche.

- Wenn überhaupt keine Umsatzzahlen von Wettbewerbern vorliegen, versucht man, den Kundenbedarf hochzurechnen: Zunächst werden die Anzahl der Kunden in dem betreffenden Markt und deren Einkaufshäufigkeit pro Jahr geschätzt. Will man das wertmäßige Marktvolumen ermitteln, multipliziert man diese beiden Zahlen anschließend mit dem durchschnittlichen Preis des Produkts oder der Dienstleistung.
- Um sich mehr Sicherheit zu verschaffen, kann die eigene Marketing-Forschung bzw. ein Marktforschungsinstitut eingeschaltet werden. Das wäre zwar der ideale, aber auch gleichzeitig kostenintensivste Weg zur Erkundung des Marktvolumens. Aus diesem Grund wird die Marktforschung vor der Neueinführung von Produkten und Dienstleistungen vornehmlich im Konsumgüterbereich eingesetzt, da sich Kundenverhalten und Marktvolumen hier nur schwer im Voraus abschätzen lassen.

Zur Berechnung des **Marktvolumens deutscher Märkte** können folgende Informationsquellen herangezogen werden:

- Fachverbände
- Deutsche Großbanken, die regelmäßig Branchenanalysen veröffentlichen
- *Sparkassen* sowie *Volks- und Raiffeisenbanken*
- *Statistisches Bundesamt* und die *Statistischen Landesämter*

Über **ausländische Marktvolumina** können folgende Institutionen informieren:

- *OECD* (*Organisation für wirtschaftliche Entwicklung und Zusammenarbeit*; Internet: www.oecd.fr)
- *United Nations Economic Commission for Europe* (*ECE*; Internet: www.unece.org)
- *Statistisches Amt der Europäischen Gemeinschaften* (*Eurostat*)

Ein Markt ist umso attraktiver, je stärker er wächst. Dementsprechend gilt das Marktwachstum als eine der Haupteinflussgrößen des Unternehmenserfolges. Studien (u. a. die PIMS-Studie) belegen, dass sich das Marktwachstum positiv auf den Gewinn, jedoch negativ auf den Cash-Flow auswirkt. Theoretische Untermauerung finden diese Befunde u. a. im **Produktlebenszyklus-Konzept** (vgl. Abschnitt 6.6.3).

Abb. 6.22 ist ein Beispiel für ein Marktanteils-Marktwachstums-Portfolio der *Boston-Consulting-Group* zu entnehmen. Jeder der abgebildeten Kreise steht für eine Strategische Geschäftseinheit (= SGE), wobei die Fläche bzw. der Durchmesser des jeweiligen Kreises das dort erzielte Umsatzvolumen und die Schattierung eine weitere, vom Entscheider zu wählende Zielgröße (etwa Deckungsbeitrag) repräsentieren. Die Position im Portfolio zeigt die Markt- und Wettbewerbssituation der jeweiligen SGE an.

Auf der **horizontalen Achse** ist der Marktanteil in Relation zum Marktführer abgetragen. Die Trennlinie zwischen kleinem und großem relativen Marktanteil wird üblicherweise bei dem Wert 1 gezogen. Eine SGE, die sich genau auf der vertikalen Achse befindet, besitzt demnach den gleichen Marktanteil wie der stärkste Wettbewerber.

Die **vertikale Achse** repräsentiert das jährliche Wachstum des Marktes, auf dem die jeweilige SGE tätig ist. Als Trennlinie zwischen geringem und starkem Zuwachs wählt man in der Regel den Branchendurchschnitt der vergangenen Jahre.

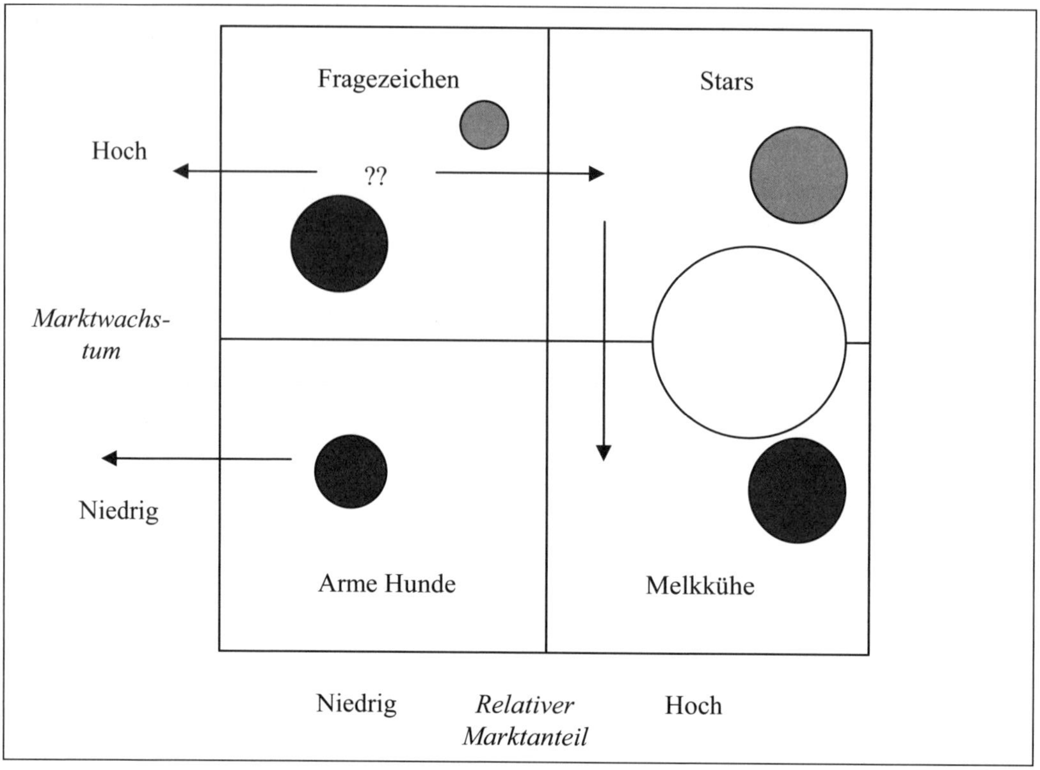

Abb. 6.22: Das Marktanteils-Marktwachstums-Portfolio der *Boston-Consulting-Group*

Die *BCG*-Matrix ist in die folgenden **vier Felder** eingeteilt, für die jeweils **Normstrategien** vorgeschlagen werden:

- **Fragezeichen** ("Question Marks", auch Nachwuchsprodukte oder Babys) zeichnen sich durch einen geringen relativen Marktanteil, aber ein hohes Marktwachstum aus. In Fragezeichen sollte das Unternehmen investieren, um am Marktwachstum zu partizipieren und den Anschluss an den Marktführer nicht zu verlieren. Gelingt dies nicht, sollte desinvestiert werden (etwa durch Verkauf). Die Strategieempfehlung lautet konsequenterweise Selektion.
- **Stars** ("Stars") verfügen über einen hohen relativen Marktanteil und ein starkes Marktwachstum. Den enormen Investitionsbedarf, der aus dem hohen Marktwachstum resultiert, decken die Stars bereits mit ihrem hohen Cash-Flow. In Stars sollte das Unternehmen in der Regel weiter investieren (Investitionsstrategie).
- **Milchkühe** ("Cash Cows") sind durch einen hohen relativen Marktanteil und ein geringes Marktwachstum charakterisiert. Das Unternehmen sollte die Größenvorteile seiner Milchkühe nutzen, um seine Marktmacht aufrechtzuerhalten. Des Weiteren sollten hier ausschließlich Rationalisierungs- sowie Ersatzinvestitionen getätigt und die überschüssigen Mittel in andere SGE (Stars und gegebenenfalls Question Marks; zum Zusammenhang zwi-

schen Marktwachstum und Investitionsbedarf vgl. Abb. 6.23) investiert werden. Hier empfiehlt sich eine Abschöpfungsstrategie.

- **Arme Hunde** ("Poor Dogs") weisen einen geringen relativen Marktanteil und ein geringes Marktwachstum auf. Das Unternehmen sollte überlegen, ob es sich aus diesem Feld zurückzieht. Optionen sind der Verkauf oder die Stilllegung von Anlagen (Desinvestitionsstrategie).

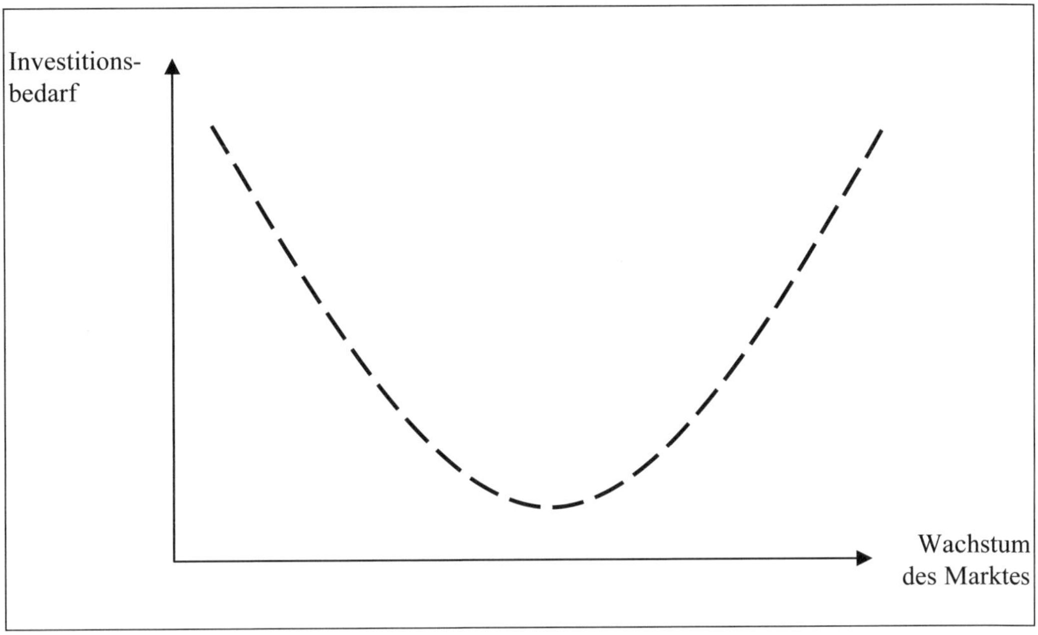

Abb. 6.23: Die Beziehung zwischen Investitionsbedarf und Wachstumsrate des Marktes laut PIMS-Studie

Im Zuge der Portfolioanalyse gilt es jedoch nicht nur, die einzelnen Strategischen Geschäftseinheiten isoliert zu beurteilen. Flankierend sollte das Portfolio in seiner Gesamtheit betrachtet werden. Auf diese Weise lässt sich zum einen im Sinne eines Finanzausgleichs sicherstellen, dass sich die Strategischen Geschäftseinheiten im Portfolio gegenseitig stützen und finanzieren (statische Perspektive). Zum anderen lassen sich zukünftige Entwicklungen abschätzen (dynamische Perspektive). So sollten die Strategischen Geschäftseinheiten über die einzelnen Sektoren hinweg gleichmäßig vertreten sein. In diesem Zusammenhang wird das *BCG*-Portfolio häufig mit der Produktlebenszyklus-Analyse vernetzt. Dabei wird folgender Zusammenhang unterstellt: "Question Marks" = Einführungsphase, "Stars" = Wachstumsphase, "Cash Cows" = Sättigungsphase und "Poor Dogs" = Rückgangsphase.

Das Hauptanliegen der BCG-Matrix liegt darin, die Wachstumsmöglichkeiten eines Unternehmens unter Berücksichtigung vorhandener Ressourcen zu analysieren. Zeigt das Portfolio, dass nicht genügend förderungswürdige „Fragezeichen-Produkte" vorhanden sind, muss das Unternehmenswachstum außerhalb des Portfolios gesucht werden (vgl. *Kreilkamp* 1987, S. 459).

Als **Vorteile** des *BCG*-Portfolios sind zu nennen:

- Einfache Handhabbarkeit, da die beiden Erfolgsfaktoren relativer Marktanteil und Marktwachstum mit überschaubarem Aufwand zu erfassen sind
- Unmittelbare Vorgabe von Normstrategien
- Hohe Anschaulichkeit und damit leichte Kommunizierbarkeit

Nachteile sind:

- Konzentration auf die stärksten Konkurrenten und damit Gefahr, dass junge, aufstrebende Unternehmen zu spät erkannt werden
- Momentaufnahme und keine Prognose
- Rein subjektive Festlegung der Trennlinien. Zieht man beim relativen Marktanteil die übliche Grenzlinie bei 1,0, kann nur der Marktführer Stars und Cash Cows in seinem Portfolio haben.
- Fokussierung auf Marktwachstum und damit Ausblendung des Potenzials schrumpfender Märkte. Konsequenterweise ließe sich das *BCG*-Portfolio um zwei Felder erweitern: Unterlegene ("Under Dogs": negatives Marktwachstum bei niedrigem relativen Marktanteil) sowie Verlierer ("Buckets": negatives Marktwachstum bei hohem relativen Marktanteil).
- Fokussierung auf zwei Erfolgsfaktoren und damit Vernachlässigung weiterer wichtiger Einflussgrößen (gemäß PIMS-Studien z. B. Produktqualität, Marketingaufwendungen, Investitionsintensität) sowie jeglicher qualitativer Faktoren
- Grobstrukturige Vereinfachung der Realität infolge Dichotomisierung der beiden Achsen in „hoch" und „niedrig"

Die *McKinsey*-Matrix

Insbesondere die letzten beiden der o. a. Kritikpunkte führten zur Entwicklung der *McKinsey*-Matrix (auch *McKinsey*-Matrix/*General Electric*-Modell; vgl. *Baum/Coenenberg/Günther* 2006; *Schneider* 2005). Diese unterscheidet sich von der BCG-Matrix in folgenden **Punkten**:

- Zielgröße ist der Return on Investment (= RoI), nicht der Cash-Flow.
- Auf der Umweltachse wird die Marktattraktivität, auf der Unternehmensachse der relative Wettbewerbsvorteil abgebildet.
- Mittels einer Neun-Felder-Matrix lässt sich nunmehr auch eine „mittlere" Position besetzen (vgl. Abb. 6.24).

Marktattraktivität	Stark	Mittel	Schwach
Hoch	**Verteidigung der Position** • Investition auf maximal verkraftbares Niveau • Konzentration der Kräfte auf Erhaltung der vorhandenen Stärken	**Ausbau mit Investitionen** • Kampf um Marktführerschaft • Selektive Konzentration auf vorhandene Stärken • Stärkung anfälliger Bereiche	**Selektiver Ausbau** • Spezialisierung auf begrenzte Anzahl von Stärken • Überwindung vorhandener Schwächen • Rückzug bei Indizien für unzureichendes Wachstum
Mittel	**Selektiver Ausbau** • Umfangreiche Investitionen in die attraktivsten Segmente • Stärkung der Fähigkeit zur Abwehr der Konkurrenz • Betonung der Rentabilität durch Produktivitätssteigerung	**Selektion/ Gewinnorientierung** • Verteidigung des laufenden Programms • Konzentration der Investitionen auf gewinnträchtige, risikoarme Unternehmenssegmente	**Begrenzte Expansion oder Ernte** • Suche nach risikoarmen Expansionsmöglichkeiten • Minimierung der Investitionen • Rationalisierung der betrieblichen Prozesse
Gering	**Verteidigung/Schwerpunktverlagerung** • Fokussierung auf Erzielung gegenwärtiger Gewinne • Konzentration auf attraktive Segmente • Verteidigung vorhandener Stärken	**Gewinnorientierung** • Verteidigung der Position in rentabelsten Segmenten • Verbesserung der Produktlinie • Minimierung der Investitionen	**Desinvestition** • Veräußerung zum höchsten Verkaufswert • Senkung der Fixkosten • Verzicht auf Investitionen

Relative Wettbewerbsstärke

Legende:
Investition/Ausbau | Selektiv handeln/Gewinnorientierung | Ernten/Desinvestition

Abb. 6.24: Das Marktattraktivitäts-Wettbewerbsvorteil-Portfolio von *McKinsey* und die daraus abzuleitenden Normstrategien

Die *McKinsey*-Matrix ist in neun Felder eingeteilt, für die – ähnlich der BCG-*Matrix* – Normstrategien existieren (vgl. im Folgenden *Bagozzi/Rosa/Celly/Coronel* 2000, S. 128 – 132; *Bodenstein/Spiller* 1998, S. 73 – 75). Die Klassifizierung der Strategischen Geschäftseinheiten erfolgt hier anhand der **Dimensionen**:

- **„Relative Wettbewerbsstärke"** (Business Strength), die sich im Wesentlichen aus den gewichteten Kriterien „relative Marktposition", „relatives Produktionspotenzial", „relatives Forschungs- und Entwicklungspotenzial" sowie „relative Qualität der Führungskräfte und Mitarbeiter" zusammensetzt, die wiederum auf zahlreichen Indikatoren basieren.
- **„Marktattraktivität"** (Market Attractiveness), die sich aus Marktwachstum, Marktqualität, Versorgungslage bezüglich der Ressourcen und der sonstigen Umweltsituation sowie den jeweils dahinter stehenden Indikatoren berechnet.

Die Trennlinien sind bei 1/3 und 2/3 zu ziehen. Im Vergleich zur *BCG*-Matrix zeichnet sich die *McKinsey*-Matrix durch einen **höheren Differenzierungsgrad** aus, was einer komplexen Realität eher gerecht wird. Damit erkauft man sich zwei wesentliche **Nachteile**:

- Notwendigkeit der Ermittlung einer Vielzahl von Informationen, die zum Teil nicht, nur mühsam oder kostspielig zu beschaffen sind
- Schwere Operationalisierbarkeit einiger Faktoren (z. B. Professionalität der Führungskräfte, Innovationspotenzial des Unternehmens) und damit starke Abhängigkeit von Beratungsunternehmen

Fallstudie „*McKinsey*-Matrix" – erstellt am Beispiel einer fiktiven SGE für Hydropumpen

Im Folgenden wird die Position einer SGE für Hydropumpen in der *McKinsey*-Matrix berechnet (vgl. Tab. 6.12 und 6.13). Hierzu bedienen wir uns eines sog. **Scoring-Modells**, das folgendermaßen aufgebaut sind:

- Identifikation der relevanten Faktoren: Die Marktattraktivität setzt sich im vorliegenden Fall aus neun Faktoren, die eigene Wettbewerbstärke aus zwölf Faktoren zusammen.
- Gewichtung der Faktoren nach ihrer Bedeutung für die jeweilige Dimension. Die einzelnen Gewichte summieren sich zu 1,00 auf.
- Bewertung der einzelnen Faktoren: Hierzu ziehen wir eine Skala heran, die von 0 = sehr gering bis 5 = sehr hoch reicht.
- Multiplikation der Gewichtungsfaktoren mit der Qualitätsbewertung zu einem gewichteten Wert
- Addition der Punkte für jede Dimension: Die Marktattraktivität beläuft sich auf 3,70, die eigene Wettbewerbsstärke auf 3,40.

Die Grenze zwischen „gering" und „mittel" wird berechnet, indem der größtmögliche Wert (im vorliegenden Fall 5) mit 1/3 multipliziert wird (Grenzwert = 1,67). Die Grenze zwischen „mittel" und „hoch berechnet sich analog, jedoch mit dem Multiplikator 2/3 (Grenzwert = 3,33). Demnach handelt es sich um die Position „Verteidigung der Position" (Marktattraktivität: hoch = 3,70; Wettbewerbsstärke: stark = 3,40 (vgl. hierzu auch *Bagozzi/Rosa/Celly/Coronel* 2000, S. 835).

Tab. 6.12: Einschätzung der Marktattraktivität einer fiktiven SGE für Hydropumpen (Quelle: Kotler/Keller/Bliemel 2007, S. 101 f.)

Faktor	Gewichtung	Punktwert (0 – 5)	Gewichteter Wert
Marktgröße	0,20	4	0,80
Jährliche Wachstumsrate	0,20	5	1,00
Gewinnspannen in der Branche	0,15	4	0,60
Wettbewerbsintensität	0,15	2	0,30
Technologische Erfordernisse	0,15	4	0,60
Inflationsanfälligkeit	0,05	3	0,15
Energiebedarf	0,05	2	0,10
Umwelteinwirkungen	0,05	3	0,15
Gesellschaftliches/ politisches Umfeld	Muss akzeptabel sein		
Gesamtwert Marktattraktivität	1,00		3,70

Tab. 6.13: Einschätzung der Wettbewerbsstärke einer fiktiven SGE für Hydropumpen (Quelle: Kotler/Keller/Bliemel 2007, S. 101 f.)

Faktor	Gewichtung	Punktwert (0 – 5)	Gewichteter Wert
Marktanteil	0,10	4	0,40
Wachstum des Marktanteils	0,15	2	0,30
Produktqualität	0,10	4	0,40
Markenimage	0,10	5	0,50
Distributionsnetz	0,05	4	0,20
Effektivität der Absatzförderung	0,05	3	0,15
Produktionskapazität	0,05	3	0,15
Produktionseffizienz	0,05	2	0,10
Stückkosten	0,15	3	0,45
Materialversorgung	0,05	5	0,25
Leistungsfähigkeit in F & E	0,10	3	0,30
Qualifikation der Führungskräfte	0,05	4	0,20
Gesamtwert Wettbewerbsstärke	1,00		3,40

Die *Arthur D. Little*-Matrix

Die *ADL*-Matrix bedient sich der **Dimensionen**:

- **Wettbewerbsposition**: Dabei wird unterschieden zwischen dominierend (= selten, häufig das Ergebnis eines Beinahe-Monopols), stark (= ein Unternehmen kann die eigene Strategie ohne intensive Betrachtung der Schritte der Wettbewerber realisieren), günstig (zersplitterte Branche ohne deutliche Marktführer), haltbar (= Nischenposition, die entweder räumlich oder durch das Produkt bedingt ist) sowie schwach (= Geschäftsfeld zu klein, um rentabel zu sein und langfristig zu überleben).
- **Lebenszyklusstadium**, das anhand der Kriterien Marktanteil, Investition sowie Profitabilität und Cash-Flow abgeschätzt wird (siehe Tab. 6.14).

Als **Nachteile** der *ADL*-Matrix gelten:

- Die Dauer der Zyklen variiert sehr stark (etwa *Coca-Cola* versus modische Verbrauchsgüter), so dass es keine Standardlebenszykluslänge gibt.
- Die Bestimmung der aktuellen Phase gestaltet sich schwierig.
- Unternehmen können den Verlauf des Lebenszyklus beeinflussen.

Tab. 6.14: Das Arthur D. Little--Produktlebenszyklus-Portfolio

Phase des PLZ Wettbewerbsposition	Einführung	Wachstum	Rückgang	Abschwung
Dominant	• Marktanteile hinzugewinnen oder mindestens halten	• Investieren, um Position zu verbessern • Marktanteilsgewinnung	• Position halten • Wachstum mit der Branche	• Position halten
Stark	• Investieren, um Position zu verbessern • Marktanteilsgewinnung (intensiv)	• Investieren, um Position zu verbessern • Marktanteilsgewinnung	• Position halten • Wachstum mit der Branche	• Position halten oder „Ernten"
Günstig	• Selektive oder volle Marktanteilsgewinnung • Selektive Verbesserung der Wettbewerbsposition	• Versuchsweise Position verbessern • Selektive Marktanteilsgewinnung	• Minimale Investitionen zur Haltung	• „Ernten" oder stufenweise Reduzierung des Engagements

Tab. 6.14: Das Arthur D. Little--Produktlebenszyklus-Portfolio (Fortsetzung)

Phase des PLZ Wettbewerbsposition	Einführung	Wachstum	Rückgang	Abschwung
Haltbar	• Selektive Verbesserung der Wettbewerbsposition	• Aufsuchen und Erhaltung einer Nische	• Aufsuchen einer Nische oder stufenweise Reduzierung des Engagements	• Stufenweise Reduzierung des Engagements oder • Liquidierung
Schwach	• Starke Verbesserung oder aufhören	• Starke Verbesserung oder • Liquidierung		

6.6.5 ABC-Analyse

Die ABC-Analyse (Programmstrukturanalyse) dient ganz allgemein dazu, eine Menge von Objekten hinsichtlich ihrer Bedeutung zu strukturieren und zu klassifizieren. Dabei werden **A-Objekte** als sehr wichtig, **B-Objekte** als weniger wichtig und **C-Objekte** als eher unwichtig beurteilt. Bei den Objekten kann es sich um Produkte, Kunden, Regionen, Mitarbeiter oder Lieferanten, aber auch um Aufgaben handeln. Die Strukturierung ist anhand unterschiedlicher Kriterien möglich. In der Unternehmenspraxis am häufigsten anzutreffen sind ABC-Analysen, die sich am Umsatz ausrichten (vgl. Abb. 6.25).

Als **Konsequenz** aus den Ergebnissen der ABC-Analyse lässt sich ableiten, dass die Ressourcen und Aktivitäten zukünftig noch stärker auf die A-Produkte konzentriert und die C-Produkte erheblich zurückgeschraubt bzw. eliminiert werden müssen.

Die Anwendung der umsatzorientierten ABC-Analyse birgt die **Gefahr**, aus den Ergebnissen falsche Schlussfolgerungen zu ziehen. Aus diesem Grund sollten folgende Überlegungen in die Entscheidungsfindung einbezogen werden:

- Umsatzstarke Produkte sind nicht unbedingt die ertragsstärksten. Deshalb sollten neben dem Umsatz noch andere Kriterien wie Rendite, Deckungsbeitrag u. ä. in die Überlegungen einbezogen werden.
- Umsatzschwache Produkte können dazu beitragen, umsatzstarke Produkte abzusetzen (sog. **Verbundeffekte**). In solchen Fällen wäre es fatal, die C-Produkte aus dem Sortiment bzw. Angebotsprogramm zu streichen.
- Eine ausschließliche Konzentration auf A-Produkte birgt zwar Kostenvorteile, gleichzeitig aber auch erhebliche Risiken in sich. Erwirtschaftet ein Unternehmen beispielsweise 70 % des Umsatzes mit seinen A-Produkten und es kommt in diesem Bereich zu Absatzproblemen, sind auch 70 % des Umsatzes gefährdet.

- Die üblicherweise durchgeführte ABC-Analyse ist gegenwarts- bzw. vergangenheitsbezogen. Demnach bleibt unberücksichtigt, wie sich einzelne Teile des Sortiments bzw. Angebotsprogramms in Zukunft entwickeln werden.
- Recht grobe Einteilung in drei Klassen, die aber durchaus noch weiter ausdifferenziert werden können (D, E, F, ...), was wiederum zu Lasten der Komplexitätsreduktion geht
- Fokussierung auf ein Kriterium (hier Umsatz)
- Ausschließliche Konzentration auf quantitative Faktoren und damit Ausblendung qualitativer Faktoren
- An Vorhandensein konsistenter Daten für sämtliche Objekte geknüpft (etwa gleicher Berechnungsmodus, identischer Berechnungszeitraum)

Trotz der geschilderten Einschränkungen hat die ABC-Analyse in der Praxis weite Verbreitung gefunden, was daran liegt, dass das Verfahren einfach zu handhaben sowie flexibel einsetzbar ist, die Ergebnisse übersichtlich darzustellen sind und es sich beim Umsatz nach wie vor um eine der wichtigsten Zielgrößen handelt.

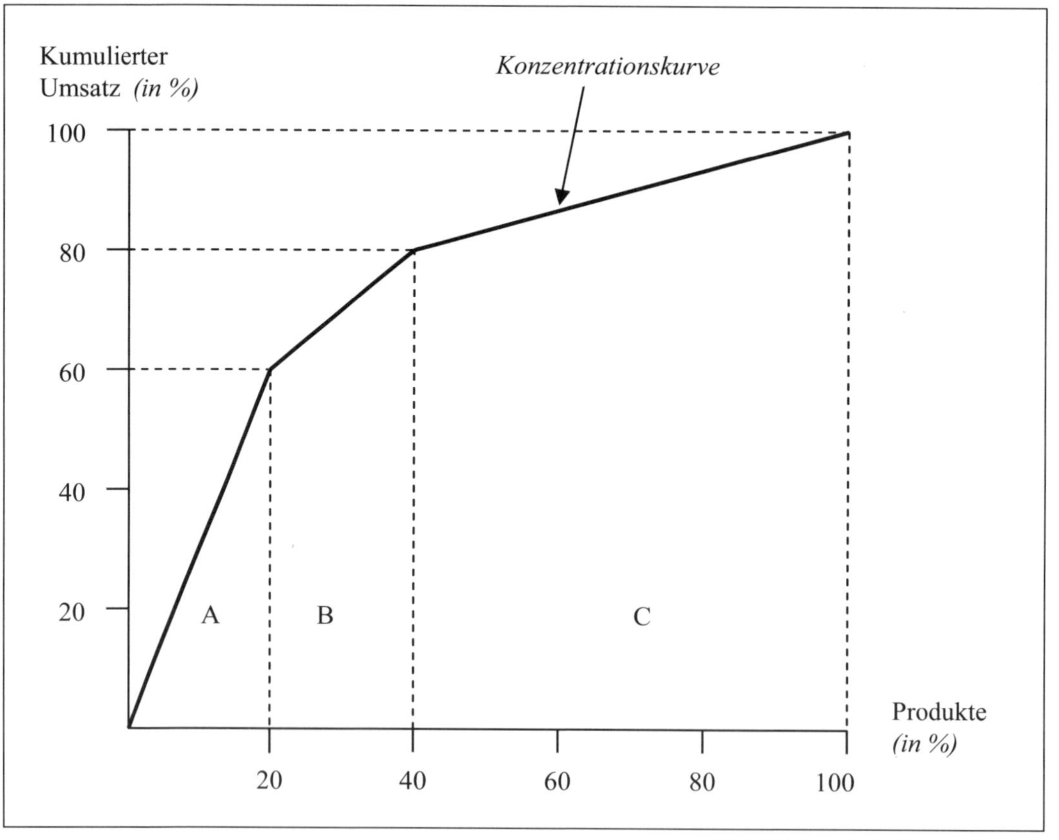

Abb. 6.25: Umsatzbetrachtung mithilfe der ABC-Analyse

6.6.6 Break-Even-Analyse

Die Break-Even-Analyse dient dazu, jene Absatzmenge zu ermitteln, bei der ein Anbieter seine Kosten gedeckt hat und in die Gewinnzone eintritt. Dabei ist der **Break-Even-Point** (auch Deckungspunkt, Gewinnschwelle, Kostendeckungspunkt, Mindestabsatz, Nutzenschwelle) derjenige Punkt, an dem die gesamten Erlöse den gesamten Kosten entsprechen (vgl. Abb. 6.26). Der Break-Even-Point berechnet sich folgendermaßen:

$$\text{Break-Even-Point} = \frac{\text{Fixkosten}}{\text{Deckungsbeitrag}}$$

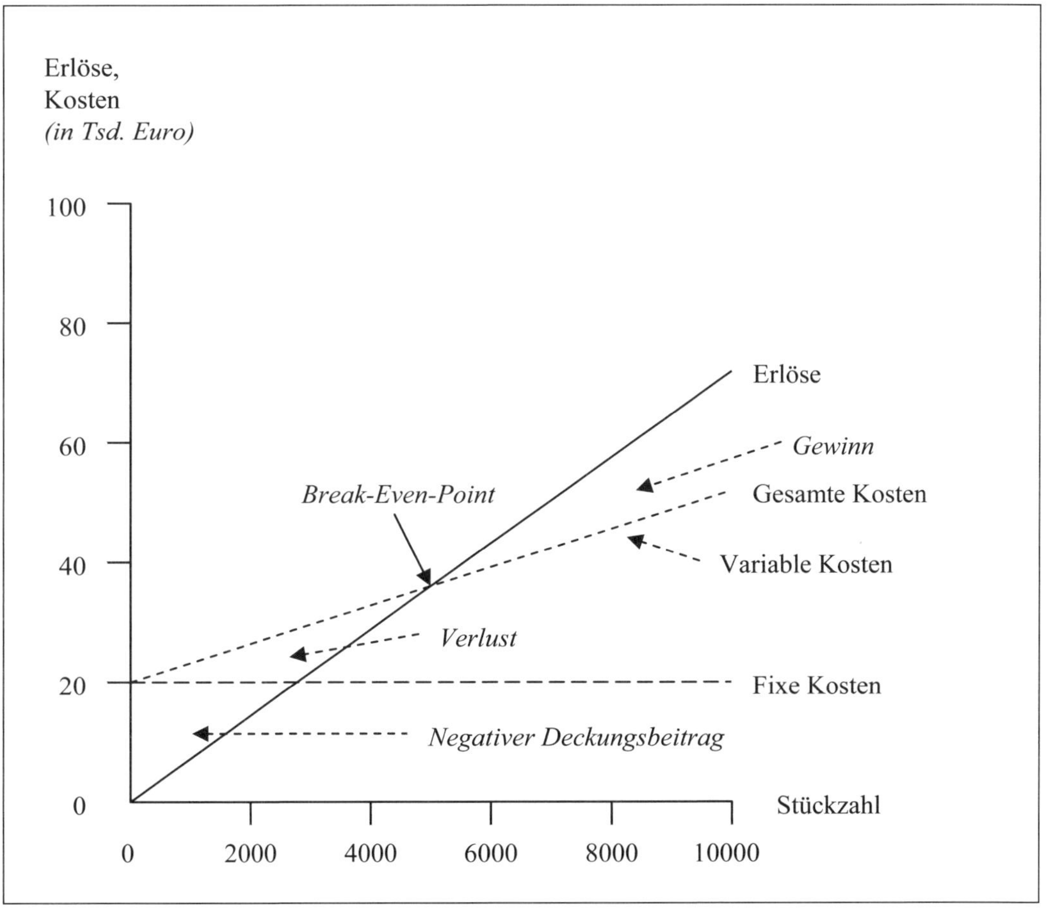

Abb. 6.26: Break-Even-Analyse – ein Beispiel

Dabei berechnet sich der Deckungsbeitrag aus Verkaufspreis abzüglich der variablen Stückkosten (= Kosten, die abhängig von der Ausbringungsmenge sind, im Gegensatz zu den Fixkosten, die unabhängig von der Ausbringungsmenge anfallen). An dieser Stelle beträgt der Gewinn folglich Null. Bei einer unter dem Break-Even-Point liegenden Absatzmenge werden Verluste, bei einer über diesem Punkt liegenden Absatzmenge werden Gewinne erwirtschaftet.

Der Break-Even-Punkt lässt sich auf **drei Arten** beeinflussen:

- Erhöhung des Verkaufspreises
- Senkung der variablen Kosten
- Senkung der Fixkosten

In diesem Zusammenhang spielt der **Sicherheitsgrad** eine bedeutende Rolle. Hierbei handelt es um eine umsatzbezogene Kennziffer, die zum Ausdruck bringt, um wie viel Prozent der Umsatz bzw. Absatz steigen bzw. sinken muss, bis die Gewinnschwelle erreicht wird. Die Formel lautet:

$$\text{Sicherheitsgrad} = \left(\frac{\text{Fixkosten}}{(\text{Deckungsbeitrag je Stück}) \times \text{Menge}} - 1 \right) \times 100$$

Fallbeispiel: Berechnung des Break-Even-Points und des Sicherheitsgrades

Ein Hot-Dog-Verkäufer hat monatliche fixe Kosten von 3.000 €. Die für einen Stückpreis von 0,40 € eingekauften Hot Dogs werden zu einem Preis von 1,60 € verkauft. Demnach beläuft sich der Deckungsbeitrag auf 1,20 €.

$$\text{Break-Even-Point} = \frac{3.000\ €\ (\text{Fixkosten})}{1{,}60\ € - 0{,}40\ €\ (\text{Deckungsbeitrag})} = 2.500\ \text{Stück}$$

Bei einem Absatz von 2.500 Würstchen wird die Gewinnschwelle erreicht. Das entspricht einem Break-Even-Umsatz von 4.000 € = 2.500 Stück x 1,60 €.

Zurzeit verkauft der Hot-Dog-Verkäufer in einem Monat aber nur 2.000 Stück.

$$\text{Sicherheitsgrad} = \left(\frac{3.000\ €}{(1{,}60\ € - 0{,}40\ €) \times 2.000} - 1 \right) \times 100 = 25\ \%$$

Um die Gewinnschwelle zu erreichen, muss der Hot-Dog-Verkäufer seine Absatzmenge um 25 % (= 500 Stück) auf 2.500 Stück erhöhen.

Die Break-Even-Analyse basiert am häufigsten – wie hier vorgestellt – auf Umsätzen (= umsatzabhängige Break-Even-Analyse) bzw. Absatzmengen (= mengenabhängige Break-Even-Analyse). Daneben stößt man u. a. auf folgende **Varianten**:

- Die **raumbezogene Break-Even-Analyse** widmet sich der Frage, inwieweit eine Veränderung des Einzugsgebietes eines Firmenstandortes die Gewinnschwelle beeinflusst.
- Die **zeitbezogene Break-Even-Analyse** dient dazu, möglichst günstige Lieferfristen festzulegen. Dabei berechnet man die Break-Even-Zeit.

Im Marketing am häufigsten anzutreffen ist die Break-Even-Analyse bei **Neuproduktprojekten** sowie anderen **Investitionsentscheidungen** (z. B. im Fuhrpark, Lager, bei Werbekampagnen). So gilt eine Produktinnovation als akzeptabel, wenn die durch die Marketing-Forschung prognostizierte Absatzmenge nicht kleiner als die Break-Even-Menge ist.

Des Weiteren unterstützt die Break-Even-Analyse darin, mögliche **Risiken** zu begrenzen. Das Risiko beispielsweise einer Investition ist umso höher, je größer die Break-Even-Menge ist. Diese Gefahren lassen sich u. a. durch Preis- und/oder Kostenänderungen beeinflussen.

Schließlich kann dieses Verfahren auch zum **Vergleich von Entscheidungsoptionen** mit unterschiedlicher Kostenstruktur (z. B. Fixkostensockel) genutzt werden. Hierfür typische Anwendungsfälle sind sog. Make-or-buy-Entscheidungen (z. B. Einsatz von Reisenden oder Handelsvertretern [vgl. hierzu Abschnitt 9.4], Auftrag an Werbeagentur oder Unterhaltung einer eigenen Werbeabteilung).

Bei genauerer Analyse wird offenkundig, dass die Break-Even-Analyse einige **inhaltliche Unzulänglichkeiten** aufweist:

- Es erscheint nicht zweckmäßig, einer Investition auch solche Fixkosten anzulasten, die ohnehin schon aufgrund früherer Entscheidungen anfallen und durch die jetzige Entscheidung überhaupt nicht beeinflusst werden. Man denke in diesem Zusammenhang etwa an die anteiligen Gehälter der Vertriebsleitung. Gemäß dem **Grundsatz der Veränderungsrechnung** sind nur diejenigen Fixkosten in die Break-Even-Analyse einzubeziehen, die durch die Entscheidung effektiv verringert bzw. erhöht werden können, da ansonsten die Soll-Absatzmenge zu hoch ausfallen kann.
- Die Break-Even-Analyse stellt eine **starke Vereinfachung der Realität** dar, da Kosten und Erlöse in Abhängigkeit von nur einer einzigen Einflussgröße, nämlich der Ausbringungsmenge, gesehen werden. In der Praxis jedoch sind Kosten und Erlöse von einer Vielzahl von Faktoren (etwa Aktivitäten der Wettbewerber, Kaufkraft der Kunden u. ä.) abhängig.
- Es bereitet nicht zu unterschätzende Schwierigkeiten, die Erlös- und Kostenfunktionen in der Praxis zu ermitteln. Hier müssen **qualitative** (etwa Expertenschätzungen im Falle der Einführung eines neuen Produktes) und/oder **quantitative Prognoseverfahren** (z. B. Trendextrapolation, d. h. das Fortschreiben von Vergangenheitswerten in die Zukunft; vgl. hierzu Abschnitt 4.5.7) zum Einsatz kommen.
- Die Break-Even-Analyse unterstellt, dass **Erlös- und Kostenfunktion unabhängig** voneinander sind, was in der Realität nur in den seltensten Fällen gegeben ist. So beeinflussen beispielsweise Werbeaktivitäten sowohl die Kosten- als auch die Erlösfunktion eines Unternehmens.

- Bei der Break-Even-Analyse bleibt die Entwicklung nach dem Erreichen der Gewinnschwelle unbeachtet. Infolge dieses Defizits kann es zu gravierenden Fehlentscheidungen kommen, wenn beispielsweise die Gewinnschwelle schnell erreicht wird, es daran anschließend jedoch zu **Verlustperioden** infolge von Erlösschmälerungen und/oder Kostensteigerungen kommt.

7 Produkt-, Programm- sowie Sortimentsmanagement

Dieses Kapitel vermittelt,:

- was man unter Produkt-, Programm- und Sortimentsmanagement versteht,
- aus welchen Komponenten ein Produkt besteht,
- wie sich Leistungskern, Verpackung, Markierung und flankierende Serviceleistungen konkret ausgestalten lassen,
- nach welchen Kriterien ein Angebotsprogramm bzw. Sortiment strukturiert werden kann und
- wie sich ein solches verändern lässt.

7.1 Überblick

Dem Produkt-, Programm- und Sortimentsmanagement fällt die Aufgabe zu, das Leistungsangebot eines Unternehmens marktgerecht zu gestalten. Die Produkte und/oder Dienstleistungen bilden den Kern der gesamten Unternehmensaktivitäten und damit die Basis eines jeden betrieblichen Erfolgs. Die Angebotspalette von Herstellern bzw. Dienstleistungsunternehmen bezeichnet man als Produkt- bzw. Angebotsprogramm. Deren operative Verantwortung liegt bei der Marketingabteilung. Während i. d. R. ein Programm-Manager für das übergreifende Portfolio-Management zuständig ist, betreuen Produkt-Manager die einzelnen Produkte. Bei Handelsunternehmen hat sich für das Leistungsangebot der Begriff Sortiment etabliert. Als Leistungen kommen grundsätzlich die in Tab. 7.1 aufgeführten Vermarktungsobjekte in Betracht (vgl. hierzu *Herrmann* 1998; *Nieschlag/Dichtl/Hörschgen* 2002, S. 579 – 581).

Tab. 7.1: Das Spektrum an Vermarktungsobjekten

<table>
<tr><th>Kriterium</th><th colspan="6">Vermarktungsobjekt</th></tr>
<tr><td>Materialität</td><td colspan="2">Produkte</td><td colspan="2">Dienstleistungen</td><td colspan="2">Kombination aus Produkt und Dienstleistung (z. B. Kopiergerät einschließlich Wartungsvertrag)</td></tr>
<tr><td>Verwendungsreife</td><td>Roh-, Urstoffe (z. B. Erze)</td><td colspan="2">Einsatzstoffe (z. B. Metalle, Kunststoffe, Zement)</td><td colspan="2">Halbfertigerzeugnisse (z. B. Kotflügel, Lenkrad, Autositz)</td><td>Fertigerzeugnisse (z. B. Auto)</td></tr>
</table>

Tab. 7.1: Das Spektrum an Vermarktungsobjekten (Fortsetzung)

Kriterium	Vermarktungsobjekt		
Standardisierungsgrad	Massenprodukte (z. B. Bekleidung von der Stange, Bücher, Automobile)	Individualprodukte (z. B. Maßanzug, Fertigungsanlage)	
Beschaffungsaufwand der Käufer (vgl. hierzu Abschnitt 2.2)	Convenience Goods (z. B. Lebensmittel, Zigaretten) – Häufiger Einkauf – Minimum an Beschaffungsaufwand	Shopping Goods (z. B. Möbel) – Seltener Einkauf – Ausgeprägter Preis/Leistungs-Vergleich	Specialty Goods (z. B. Photoausrüstung) – Extrem seltener Einkauf – Spezifische Bedürfnisse – Intensive Kaufanstrengungen
Verwendungszweck	Konsumgüter • Verbrauchsgüter (z. B. Brot) – Einmalige Nutzung • Gebrauchsgüter (z. B. Rasierapparat) – Mehrmalige Nutzung	Produktionsgüter (z. B. Energie) – Direktes und vollkommenes Einfließen in Enderzeugnisse	Investitionsgüter (Montageband) –Abnutzung bei der Herstellung von Produkten und/oder Dienstleistungen

Aus der Perspektive des Marketing stellt ein Produkt, eine Leistung bzw. ein Sortiment ein Bündel aus nutzenstiftenden Eigenschaften dar. Der produktpolitische Gestaltungsspielraum umfasst dabei die folgenden **vier Dimensionen**, die sich gegenseitig beeinflussen (vgl. im Folgenden *Bruhn* 2001, S. 125 – 166; *Meffert* 2000, S. 327 – 481; *Nieschlag/Dichtl/Hörschgen* 2002, S. 665 – 683; *Pepels* 2000, S. 370 – 452):

- Leistungskern, der sich aus Kernprodukt und Produktäußerem zusammensetzt,
- Verpackung,
- Markierung und
- flankierende (Sekundär-)Serviceleistungen.

7.2 Produktpolitische Gestaltungsdimensionen

7.2.1 Leistungskern

Aus der Marketingperspektive stellt ein Produkt, eine Leistung bzw. ein Sortiment ein Bündel aus nutzenstiftenden Eigenschaften dar. Hierbei lässt sich grundsätzlich zwischen Grund- und Zusatznutzen differenzieren (vgl. *Vershofen* 1940 sowie Abb. 7.1). Der **Grundnutzen** bezieht sich auf die objektiven, stofflich-technischen Merkmale eines Produktes (sog. **substantieller Produktbegriff**). Im Falle eines Pkws ist dies die schnelle, bequeme und sichere Fortbewegung von Menschen und Gütern. **Zusatznutzen** stiftet ein Produkt dann, wenn es über die Grundfunktion hinausreichende ästhetische, soziale und/oder Selbstverwirklichungsbedürfnisse befriedigt (sog. **generischer Produktbegriff**). Beispielsweise gefällt ein PKW durch sein attraktives Design, ermöglicht Fahrspaß bzw. umweltbewusstes Verhalten oder verhilft zu Prestige.

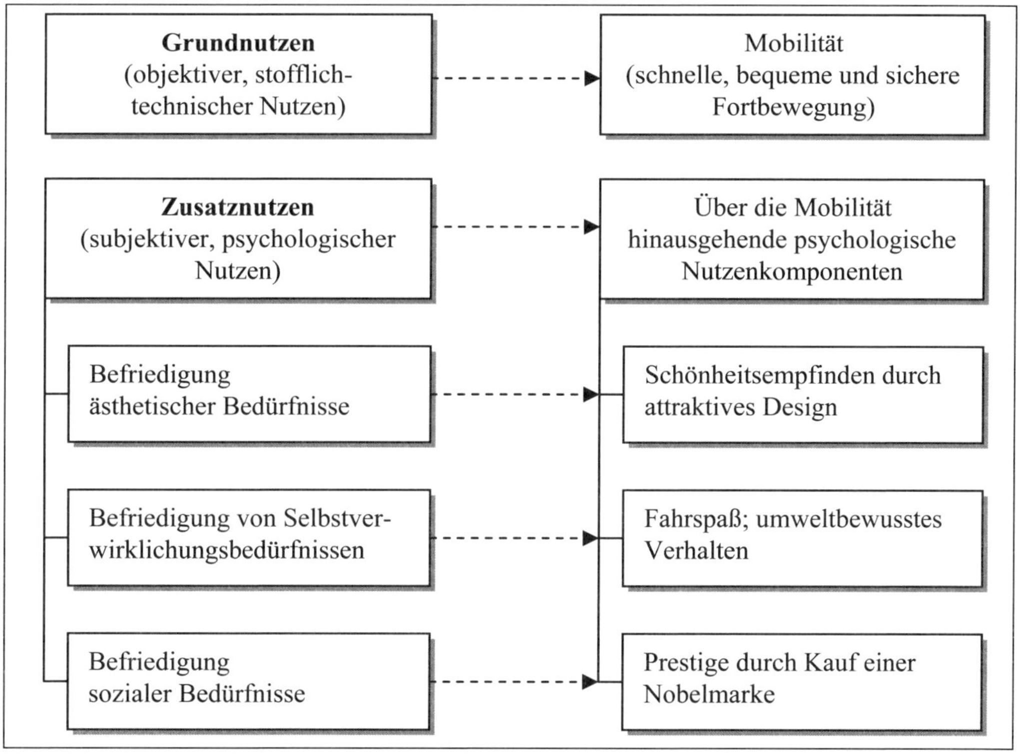

Abb. 7.1: Das Konzept des Grund- und Zusatznutzens von Produkten am Beispiel der Nutzenkomponenten von Pkws (Quelle: Meffert 2000, S. 333)

7.2.2 Verpackung

Als Verpackung bezeichnet man die Gesamtheit der Materialien, die das zu verpackende Gut, das sog. Packgut, umhüllen. Im Wesentlichen erfüllt die Verpackung folgende **Funktionen** (vgl. *Rivinius* 2001, S. 1783 – 1784; *Stabernack* 1998):

- **Schutzfunktion**
  Die Verpackung gewährleistet Haltbarkeit, Hygiene, Qualität und Unversehrtheit.
- **Distributionsfunktion**
  Die Verpackung macht Waren transport- sowie lagerfähig und garantiert eine langfristige Bedarfsdeckung.
- **Informations- und Kommunikationsfunktion**
  Die Verpackung informiert zum einen über Mindesthaltbarkeitsdatum, Ingredienzien, Gewicht, Preis und technische Daten (etwa EAN-Code oder Sicherheitsvorschriften). Zum anderen differenziert sich das Produkt von Wettbewerbsangeboten und kommuniziert die Werbebotschaft am Point-of-Sale.
- **Conveniencefunktion**
  Die Verpackung erleichtert den Ge- und Verbrauch des Produkts durch Eigenschaften wie Wiederverschließbarkeit, Zweitnutzen (etwa Senfglas zu einem späteren Zeitpunkt als Bierglas), Präsentationseinheit, Portionierbarkeit und einfache Handhabbarkeit des Produktes.
- **Markierungsfunktion**
  Die Verpackung bildet gemeinsam mit dem Produkt die visualisierte Markenpersönlichkeit, sie ist Ausdruck der Identität einer Marke.

Drei **Bezugsgruppen**, nämlich die Hersteller bzw. Abfüller, der Handel sowie die Verbraucher, erheben (nicht immer miteinander zu vereinbarende) Ansprüche an die Verpackung (vgl. Tab. 7.2). Diese lassen sich durch entsprechende Gestaltungsmittel wie Form, Farbe, Material, Oberfläche, Zeichen und Konstruktionsmittel erfüllen.

Tab. 7.2: Anforderung an die Verpackung aus der Sicht von drei Bezugsgruppen (Quelle: Dichtl 1994, S. 220)

Hersteller/Abfüller	Handel	Verbraucher
• Hohe Abfüllgeschwindigkeit • Eignung zur Profilierung • Eignung als Informationsträger • Kostengünstigkeit • Vermittlung intendierter Preis- und Qualitätsvorstellungen	• Optimale Nutzung von Regalplatz • Scanningfähigkeit • Selbstbedienungseignung • Optimales Handling • Eignung für Verkaufsförderung	• Ansprechendes Design, hohe Anmutungsqualität • Sichtbarkeit des Inhalts • Leicht zu öffnen/ verschließen • Verbrauchswirtschaftlichkeit • Möglichkeit der Zweitverwendung • Ökologische Qualität

Tab. 7.2: Anforderung an die Verpackung aus der Sicht von drei Bezugsgruppen (Fortsetzung)

<table>
<tr><th>Hersteller/Abfüller</th><th>Handel</th><th>Verbraucher</th></tr>
<tr><td colspan="2">• Stapelfähigkeit
• Palettierungsfähigkeit
• Raumsparend</td><td>• Sicherheit vor missbräuchlicher Öffnung
• Verbrauchergerechte Größe</td></tr>
<tr><td colspan="3">• Gewichtsgünstigkeit
• Bruchsicherheit
• Haltbarkeit des Inhalts
• Schutz des Inhalts</td></tr>
</table>

7.2.3 Markierung

Charakteristika von Markenartikeln

Markierung bezeichnet die **sichtbare Kennzeichnung** eines Produkts bzw. einer Dienstleistung mit einem Namen, Aufdruck, Symbol, Design oder einer Kombination aus diesen Merkmalen (vgl. hierzu auch Tab. 7.3). Sie dient dazu, das Produkt- oder Leistungsangebot eines Anbieters zu kennzeichnen und von der Konkurrenz abzuheben (vgl. im Folgenden *Bruhn* 1994; *Esch* 1999; *Unger* 1986). Die Markierung stellt ein zentrales Charakteristikum von **Markenartikeln** dar. Weitere **Kennzeichen** sind:

- temporär konstante Aufmachung, Qualität und Menge,
- hohe Qualität und Innovationskraft,
- hoher Bekanntheitsgrad,
- weite Verbreitung/Verkehrsgeltung bzw. Überallerhältlichkeit (sog. **Ubiquität**) sowie
- intensive Werbeaufwendungen.

Tab 7.3: Ausgewählte Begriffe zum Themenkomplex „Marke" (Quelle: in Anlehnung an Thiel 2003)

Begriff	Englisches Synonym	Definition
Marke	Brand	Name, Bezeichnung, Symbol oder Design bzw. eine Kombination dieser Elemente, die zur Identifikation von Produkten und/oder Dienstleistungen eines Anbieters und zur Differenzierung gegenüber den Wettbewerbern dienen
Markenname	Brand Name	Der Teil einer Marke, der sich verbal wiedergeben lässt

Tab 7.3: Ausgewählte Begriffe zum Themenkomplex „Marke" (Fortsetzung)

Begriff	Englisches Synonym	Definition
Markenzeichen	Brand Symbol	Der Teil einer Marke, der visuell erkannt, aber nicht verbal wiedergegeben werden kann
Warenzeichen	Trade Mark	Marke bzw. Teil einer Marke, die bzw. der unter gesetzlichem Schutz steht
Markenbildung	Branding	Festlegung von Markennamen und -zeichen und/oder die Veranlassung ihrer gesetzlich geschützten Eintragung als Handelsmarke
Markenwert	Brand Equity	Der Wert einer Marke, basierend auf dem Ausmaß an Loyalität, Markenbekanntheit, mit der Marke verbundenen Vorstellungen und anderen Vorteilen, wie Patente, eingetragene Warenzeichen u. ä.

Markenwert

Markenwert (Brand Equity) definiert den Wert, der mit dem Namen (z. B. *McDonald's*) und/oder Logo einer Marke (Golden Arches, goldene Bögen) verbunden ist. Der Markenwert entspricht hierbei dem Wertunterschied, der zu einem technisch-physikalisch gleichen, aber namenlosen (No-Name-Produkt) oder wenig etablierten Produkt (klassische Handelsmarke) besteht. Die Messung einer solchen Differenz gestaltet sich in der Realität zugegebenermaßen schwer.

Es kann zwischen nicht-monetären, d. h. nicht in Geldeinheiten bewerteten (etwa Markenimage, Markentreue oder Markenbekanntheit) und monetären Markenwertgrößen unterschieden werden. Letztere, auf denen das Augenmerk der weiteren Betrachtung liegt, verstehen sich im Sinne der **Kapitalwertmethode** als Barwert (d. h. auf den heutigen Zeitpunkt abgezinster Wert) aller zukünftigen auf die Marke zurückführenden Einzahlungsüberschüsse (Brand Specific Earnings).

Seinen Ursprung hat der Begriff Markenwert Anfang der 80er Jahre in den USA. Vor dem Hintergrund steigender Marketingbudgets und der Kritik an den zumeist kurzfristigen Werbewirkungen sollte mit Hilfe des Markenwerts untermauert werden, dass es sich bei Marketingaufwendungen durchaus um Investitionen mit langfristigem Charakter handelt. Weitere Verwendungszwecke des Markenwerts sind in Tab. 7.4 aufgeführt.

Tab. 7.4: Einsatzgebiete und konkrete Verwendungszwecke von Markenbewertungen (Quelle: Sattler 2000)

Einsatzgebiet	Konkreter Verwendungszweck
Markentransaktionen	• Kauf/Verkauf/Fusion von Unternehmen(steilen) mit bedeutenden Marken • Lizenzierung von Marken
Markenschutz	• Schadensersatzbestimmung bei Markenrechtsverletzungen
Markenführung	• Steuerung und Kontrolle von Marken/ Führungskräften • Aufteilung von Budgets
Markendokumentation	• Unternehmensinterne Berichterstattung • Unternehmensexterne Berichterstattung innerhalb/außerhalb des Jahresabschlusses
Markenfinanzierung	• Kreditabsicherung durch Marken • Kreditakquisition durch Marken

Beim im Folgenden vorgestellten ***Interbrand*-Ansatz**, einer breit akzeptierten und weltweit angewendeten Methode, handelt es sich um ein praxisorientiertes Verfahren zur Ermittlung der Werte internationaler Marken, das auf dem Punktbewertungsverfahren basiert. In die Berechnung werden sieben Faktoren einbezogen, die sich wiederum aus einer Mehrzahl von Teilkriterien zusammensetzen. Die Gewichtung der Faktoren fällt unterschiedlich aus. Zur Ermittlung des Markenwertes wird der Gesamtpunktwert mit dem durchschnittlichen Gewinn der vergangenen drei Jahre multipliziert.

Um überhaupt in das Ranking der wertvollsten 100 Marken der Welt von *Interbrand* zu gelangen, müssen die Unternehmen zunächst drei Hürden überwinden:

1. Der Wert der Marke muss über 1 Milliarde US-$ liegen.
2. Die Marken müssen global sein, d. h. sie müssen mindestens ein Drittel ihrer Umsätze außerhalb ihres Mutterlandes erwirtschaften und in Amerika, Europa und Asien in bedeutsamem Maß verbreitet sein.
3. Sie müssen ihre Marketing- und Finanzdaten der Öffentlichkeit zugänglich machen.

Diese Kriterien erfüllen einige Marken wie *VISA*, *BBC* und *Mars* nicht.

Der Ansatz von *Interbrand* bestimmt den Wert einer Marke auf Basis der zukünftig zu erwartenden Erträge. Diese prognostizierten Gewinne werden auf den gegenwärtigen Wert abgezinst. Der Zinssatz fällt umso höher und damit der Gegenwartswert umso geringer aus, je größer das Risiko ist, dass die Erträge in der Zukunft auch tatsächlich erwirtschaftet werden.

Zu Beginn des Prozesses rechnet *Interbrand* zunächst die gesamten Umsätze der Marke aus. Im Falle von beispielsweise *McDonald's* ist die Marke das gesamte Unternehmen. In anderen Fällen, wie beispielsweise *Marlboro*, ist die Marke nur ein Teil des Unternehmens *Altria*

Group (früher *Philip Morris Companies*). Im nächsten Schritt prognostiziert *Interbrand* mit Unterstützung der Analysten von *J.P. Morgan Chase & Co.*, *Citigroup* and *Morgan Stanley* die Nettoeinkünfte einer Marke auf einen Horizont von fünf Jahren. Hiervon werden die Einkünfte abgezogen, die auf den Besitz der materiellen Vermögenswerte zurückzuführen sind. Diese Vorgehensweise basiert auf der Überlegung, dass sämtliche Einkünfte, die nunmehr übrig bleiben, durch immaterielle Faktoren wie Patente, Kundenlisten und natürlich die Marke bedingt sind.

Im nächsten Schritt gilt es, die Einkünfte, die auf die Marke zurückzuführen sind, von jenen zu trennen, die auf anderen immateriellen Faktoren basieren: Kauft ein Kunde z. B. bei *McDonald's* aufgrund des Markennamens oder weil das Restaurant für ihn bequem gelegen ist? Hierzu nutzt *Interbrand* die Marktforschung sowie Interviews mit Managern aus der Industrie.

In der letzten Phase gilt es, die Markenstärke zu bestimmen, um auszurechnen, wie risikoreich die zukünftigen Markeneinkünfte sind. Hierzu bedient sich *Interbrand* sieben Faktoren:

- Stabilität der Marke,
- Ausmaß der Marktführerschaft der Marke (absoluter und relativer Marktanteil, Positionierung, bearbeitete Segmente),
- Fähigkeit der Marke, geographische und kulturelle Grenzen zu überwinden,
- allgemeine Entwicklung der Marke (Entwicklung, Status, Planung),
- Unterstützung der Marke durch das Marketing (Qualität, Stabilität, zukünftige Strategie),
- rechtlicher Schutz der Marke (Namensrechte, Registrierung) sowie
- Eigenschaft des für die Marke relevanten Marktes.

Die Risikoanalysen entwickeln auf Basis eines Scoring-Modells, in welches die sieben Faktoren einbezogen werden, einen Abzinsungsfaktor, der dazu eingesetzt wird, die in der Zukunft liegenden Einkünfte der Marke auf einen realistischen Gegenwartswert abzudiskontieren. *Interbrand* ist davon überzeugt, dass dieses Modell dem komplexen Geflecht an Kräften, aus denen sich eine Marke zusammensetzt, am nächsten kommt.

Wie Tab. 7.5 zu entnehmen ist, rangiert *McDonald's* mit einem Markenwert von rund 21,6 Milliarden € auf Rang 8 der wertvollsten Marken der Welt. Mit - 6 % hatte *McDonald's* in 2002, dem Tiefpunkt der Erfolgsgeschichte des Unternehmens, den größten Markenwertverlust zu verzeichnen.

Weiterhin wird deutlich, dass amerikanische Unternehmen dieses Ranking dominieren: Acht der zehn wertvollsten Unternehmen kommen aus den USA. Lediglich ein Unternehmen, nämlich *Nokia*, ist in Europa angesiedet. *Nik Stucky*, verantwortlich für Markenbewertung in Zentraleuropa bei *Interbrand Zintzmeyer & Lux*, erklärt dies folgendermaßen: „Europäer haben die – nicht unsympathische – Angewohnheit, sich bei der Eroberung anderer Länder auf deren Besonderheiten einzustellen. Darum hieß der frühere *VW Bora* in Amerika immer *Jetta*, und der niederländische *Philips*-Konzern tritt in den Vereinigten Staaten unter dem Namen *Norelco* auf. Amerikanische Unternehmen gehen brutaler vor. Sie erobern die Welt im eigenen Namen. Sie setzen dabei ganz auf den Vorteil des Heimatmarktes. Wer in Amerika bedeutend ist, der ist auch im internationalen Maßstab schon groß und daher zumindest innerhalb der Branche bekannt."

Es soll jedoch nicht unerwähnt bleiben, dass Untersuchungen über den Wert von Marken unter Experten nicht unumstritten sind. Angesichts der Kritik entwickelt ein Arbeitsausschuss für Markenwertermittlung des *DIN Deutschen Instituts für Normung ein Papier*, das die Mindestanforderungen an Markenwertberechnungen festlegt.

Tab. 7.5: Die wertvollsten 10 Marken der Welt (Quelle: www.interbrand.com; Stand: 23.02.2006, 13:15 Uhr)

Rang 2005	Rang 2004	Rang 2003	Rang 2002	Marke	Markenwert 2005 (in Millionen €)	Prozentuale Veränderung des Markenwerts zu 2004 (2003; 2002; 2001; in %)	Ursprungsland
1	1	1	1	*Coca-Cola*	56.046	0 (-4) (1) (1)	USA
2	2	2	2	*Microsoft*	49.751	-2 (-6) (2) (-2)	USA
3	3	3	3	*IBM*	44.302	-1 (4) (1) (-3)	USA
4	4	4	4	*General Electrics*	39.006	7 (4) (2) (-3)	USA
5	5	5	5	*Intel*	29.538	6 (8) (5) (-11)	USA
6	8	6	6	*Nokia*	21.955	10 (-18) (-2) (-14)	Finnland
7	6	7	7	*Disney*	21.946	-2 (-3) (-4) (-10)	USA
8	7	8	8	*McDonald's*	21.592	4 (1) (-6) (4)	USA
9	9	11	12	*Toyota*	20.615	10 (9) (7) (5)	Japan
10	10	9	9	*Marlboro*	17.587	-4 (0) (-8) (10)	USA

Markenname

Der **Markenname** ist jener Teil einer Marke, der ausgesprochen werden kann. Traditionell beschritt man bei dem Aufspüren bzw. der Entwicklung geeigneter Markennamen einen eher intuitiven Weg. Als Beispiel hierfür kann das 1907 angemeldete Produkt *Tesa* angeführt werden, das seinen Namen der Frau des Erfinders, *Elsa **Tes**mer*, zu verdanken hat. Zu diesem Zeitpunkt waren gerade einmal 5.759 Markennamen international registriert (vgl. zum Ursprung ausgewählter Markennamen Tab. 7.6).

Tab. 7.6: Der Ursprung ausgewählter Markennamen (Quelle: www.bild.t-online.de/BTO/index.html; Stand: 17.04.2003)

Markenname	Ursprung
Adidas (Sportartikelhersteller)	*Adolf (**Adi**) **Das**sler*, der Name des Firmengründers
AEG (Elektrogeräte)	**A**llgemeine **E**lektricitäts-**G**esellschaft
AGFA (Fotofilme, Fotoapparate, ...)	**A**ktien **G**esellschaft für Anilin-**Fa**brikation
Alfa Romeo (Autohersteller)	Benannt nach *Nicola **Romeo***, dem Manager der **A**nonima **L**ombarda **F**abbrica **A**utomobili.
ARAL (Tankstellen)	**Ar**omate (Benzol) und **Al**iphate (Benzin)
Aspirin (Kopfschmerztabletten)	Der Name wurde von der Firma *Bayer* für „**A**cetylsalicylsäure" eingeführt. Eigentlich leitet er sich aus dem pflanzlichen Wirkstoff der Wiesen**spier**staude ab.
BASF (Chemieunternehmen)	**B**adische **A**nilin- & **S**oda**f**abrik AG
C&A (Bekleidungshaus)	***C**lemens* **und** ***A**ugust Brenninkmeijer*, die Vornamen der Firmengründer
Chio (Chips und Knabberwerk)	***C**arl*, ***H**einz* und ***I**rmgard von **O**pel*, die Namen der Gründerfamilie
Coca-Cola (Getränkekonzern)	Abgeleitet von den ursprünglichen Zutaten **Koka**blättern und **Cola**nüssen.
Compaq (Computerhersteller)	Steht für **Compa**tibility And **Q**uality. Übersetzt heißt das Anpassungsfähigkeit und Qualität.
DEA (Tankstellen)	**D**eutsche-**E**rdöl-**A**ktiengesellschaft
Eduscho (Kaffee)	Der Firmengründer hieß ***Edu**ard **Scho**pf.*
Em-Eukal (Hustenbonbons)	**M**enthol und **Eukal**yptus, die Grundzutaten der Halsbonbons.
Erasco (Dosensuppen)	**Eras**mi & Co. **Co**nservenfabrik
ESSO (Tankstellen)	Der Mutterkonzern ist die **S**tandard **O**il Corporation, kurz S.O. – daraus wurde später Esso.
H&M (Bekleidungshaus)	Ehemals nur Frauenbekleidung. Deshalb **H**ennes, auf Deutsch: „Für Sie". Später wurde der Jagdausstatter ***M**auritz Widforss* übernommen. Damit kam die Herrenmode ins Sortiment und der Name *Hennes & Mauritz* entstand.
H.I.S. (Jeans)	***H**enry **I**. **S**iegel*, der Gründer der Firma.
Hagenuk (Telefone)	Der Name steht für die **H**anseatische **A**pparatebau**ge**sellschaft **N**e**u**feldt und **K**uhnke.
Hakle (Hygieneartikel)	Abgeleitet vom Namen des Gründers der Firma: ***Ha**ns **Kle**nk.*

Tab. 7.6: Der Ursprung ausgewählter Markennamen (Fortsetzung)

Markenname	Ursprung
Hanuta (Knuspersnack)	Die Abkürzung nimmt die Zutaten vorweg: **Ha**sel**nu**ss**ta**fel.
IBM (Computerhersteller)	Die Abkürzung bedeutet **I**nternational **B**usiness **M**achines.
IKEA (Möbelhaus)	Der Gründer heißt ***I**ngavar **K**amprad* und kam aus dem schwedischen Örtchen **E**lmtaryd **A**gunnaryd.
Labello (Lippenpflege)	Setzt sich aus dem lateinischen Wort für Lippe, „**la**bes" und dem italienischen Wort für schön, „**bello**" zusammen.
Milka (Schokolade)	**Mil**ch und **Ka**kao
NUK (Babyschnuller)	NUK ist die Abkürzung für „**n**atürliche **u**nd **k**iefergerechte" Schnuller.
ODOL (Mundspülung)	Steht für das griechische Wort für Zahn, „**Od**ous" und das lateinische Wort für Öl, „**Ol**eum".
OSRAM (Glühbirnen)	Die Glühfäden, die sich in den Birnen befinden, bestehen aus den zwei Metallen **Os**mium und Wolf**ram**.
PERSIL (Waschmittel)	Der Name leitet sich aus den beiden Grundstoffen ab: Per, wie das Bleichmittel **Per**borat, und Sil, wie **Sil**ikat.
Rowenta (Küchengeräte)	Der Firmengründer heißt ***Ro**bert **We**int**ra**ud.*
SAP (Softwarefirma)	SAP steht für **S**ystem**a**nalyse und **P**rogrammentwicklung. Die Firma wurde im April 1972 von ehemaligen *IBM*-Deutschland-Mitarbeitern gegründet.
TUI (Reiseunternehmen)	Steht für **T**ouristik **U**nion **I**nternational
UFA (Kino- und Filmgesellschaft)	**U**niversum **F**ilm **A**G
VIVIL (Kaubonbons)	Der Name ist abgeleitet aus dem lateinischem Verb **viv**ere = leben und dem englischen Wort für Öl – **oil**.
WMF (Töpfe, Bestecke)	Steht für **W**ürttembergische **M**etall **F**abrik und war bis 1945 ein Waffenhersteller aus Friedrichshafen.
ZeWa (Papiertaschentücher)	Ist eine Abkürzung des Fabriknamens **Ze**llstoff-Fabrik **Wa**ldhof/Mannheim.

Die Identifikation eines neuen, international einsetzbaren Markennamens stellt heutzutage ein wesentlich schwereres Problem dar, was sich u. a. daran ablesen lässt, dass bereits 1992 mehr als 10 Mio. international registrierte Markennamen zu verzeichnen waren und beim deutschen Patentamt jährlich 42.000 Neuanmeldungen verbucht werden konnten (vgl. im Folgenden *Thiel* 2003). Bei der Namensgebung bzw. -findung gilt es u. a. folgende **Fragen** zu beantworten:

- Wird der Markenname regional, national oder international eingesetzt, und welche Anforderungen leiten sich daraus ab?
- Passt der Markenname zur Produktfamilie?

- Zeichnet sich der Markenname durch Originalität und Einzigartigkeit aus?
- Vermittelt der Markenname eine zentrale Produkteigenschaft (z. B. im Falle von *Duschdas*, *Bitter Lemon*) bzw. einen zentralen Produktvorteil (z. B. im Falle von *Bonaqa*)?
- Lässt sich der Markenname leicht aussprechen, wieder erkennen und behalten?
- Wurde der Markenname durch Warenzeichenrecherchen abgesichert?

Bei der Beantwortung dieser Fragestellungen bieten Branding-Agenturen, Warenzeichen-Börsen und Warenzeichen-Leasing-Unternehmen Hilfestellung.

Erreicht ein Markenname so weite Geltung, dass er sich im Laufe der Zeit im allgemeinen Sprachgebrauch zu einer Gattungsbezeichnung entwickelt hat, verliert er den markenrechtlichen Schutz als eingetragenes Warenzeichen. Die Marke *Tempo* gilt mittlerweile als Synonym für Papiertaschentücher, auch wenn es sich um eine ganz andere Hersteller-, Handels- oder Gattungsmarke handelt. Und die Worte Zellophan und Rolltreppe sind Beispiele für ehemalige Warenzeichen, die heutzutage zum öffentlichen Sprachgebrauch gehören, wodurch die einstmaligen Eigentümer das Recht verloren haben, diese Marken exklusiv zu nutzen.

Fallstudie „Markennamen“ – jede Epoche hat ihre Vorlieben

Zu Beginn des vergangenen Jahrhunderts bevorzugten Unternehmen Markennamen, die auf kraftvolle Werte und Versprechen schließen ließen – *Viktoria*, *Adler*, *Triumph*, *Concordia*. Die Computerbranche wiederum hatte in ihren Anfängen eine Vorliebe für Abkürzungen wie *IBM* und *HP*. Eine solche Namensfindung gilt heutzutage als eher ungeschickt, wenn man sich vergegenwärtigt was *passiert*, wenn man ein Unternehmen namens *ABC* (*American Broadcasting Company*) in *Google* eingibt – man erhält rund 211.000.000 Treffer, alleine auf deutschsprachigen Seiten sind es immer noch 3.670.000 Hits.

Als das Fax erfunden wurde, endeten viele der mittlerweile mehr als 25 Millionen registrierten Markennamen auf –fax. Ob gleichnamiger Maschine in zehn Jahren überhaupt noch eine Bedeutung zukommt, gilt zumindest zu bezweifeln.

In den neunziger Jahren hatte der Neolatinismus Hochkonjunktur. Aus dieser Zeit stammen Namen wie *Aventis*, *Novartis* und *Avensis*. Und so verwundert es nur wenig, dass *Arcandor*, der 2007 eingeführte neue Name für die *Karstadt-Quelle*-Holding, auf nur wenig Gegenliebe stößt. *Arcandor* ist an die lateinischen Begriffe für Arkaden (arcus) und Gold (aurum) angelehnt und soll bei den Kunden Assoziationen wie Wert, Verlässlichkeit, Treue und Mut wecken. Spötter hingegen fragen, ob es sich bei Arcandor, einem typischen Neunziger-Jahre-Namen, nicht vielmehr um einen Zwergenkrieger aus einem Computerspiel, einen ausgestorbenen Urvogel oder einen Ableger des Telefondienstleisters *Arcor* handle.

In jüngerer Zeit dominieren als eine Folge der Globalisierung Kunstnamen wie *Celesio*, *Kion*, *Lanxess*, *Qimonda* oder *Tognum*. In letzterem, dem 2006 neu eingeführten Namen für die Unternehmensgruppe *MTU Friedrichshafen*, findet sich der germanische und altskandinavische Wortstamm „tog“, der so viel wie „kraftvoll ziehen“ bedeutet. Die lateinische Neutrum-Endung -um ihrerseits soll als sprachliches Sinnbild für bedeutende Gegenstände – man denke etwa an Kolosseum – Wirkung erzeugen. Schließlich steht -um in Nord- und Mitteleuropa für das Begriffspaar Heim und Heimat. *Tognum* soll also die Kraft und Heimat der unter der Holding angesiedelten Marken zum Ausdruck bringen. Was Kunden mit solchen Namen assoziieren, gilt jedoch keinesfalls als sicher. Könnte *Tognum* nicht auch genauso gut neben *Barbaourum*, *Aquarium*, *Laudanum* und *Kleinbonum* eines der befestigten Römerlager sein, die das gallische Dorf der Comic-Helden *Asterix* und *Obelix* umzingeln?

In Zeiten von Internet und Globalisierung macht die Kreation eines Markennamens nur noch einen kleinen Teil der Arbeit professioneller Namenserfinder aus. Der Rest des Aufwands fließt in Recherche und Sicherung der Namensrechte: Ist die Domain im Internet noch frei? Existiert der Name bereits irgendwo auf der Welt oder ähnelt er einem anderen Markennamen aus derselben Branche und ist damit juristisch angreifbar? Bedeutet der Markenname in anderen Sprachen etwas Obszönes oder Irreführendes? Um solche Fragen fundiert zu beantworten, binden Branding-Agenturen Rechtsanwälte, Dolmetscher, Sprachwissenschaftler, Texter, Marktforscher und nicht zuletzt Wirtschaftswissenschaftler ein. Entsprechend nimmt die Entwicklung eines neuen Markennamens bis zu 18 Monaten in Anspruch und kostet zwischen 100.000 und 250.000 €.

Dass ein solcher Aufwand lohnt, zeigen Beispiele wie der *VW Touran*. Der Hamburger Autozubehörteilehändler *Ali Turan* etwa soll von *Volkswagen* eine sechsstellige Summe und drei Autos erhalten haben, um nicht gerichtlich gegen den Konzern vorzugehen. Und die *Tuareg*, Nomaden in der Sahara und Namenspaten für den SUV *Touareg*, erhielten gleich vorsorglich Geld aus Wolfsburg.

Quelle: *Angelopoulou, A.*: Tognum und Arcandor, in: Frankfurter Allgemeine Zeitung, Nr. 151 vom 03.07.2007, S. U 7.

McDonald's beispielsweise zählt zu den wertvollsten Marken der Welt. Für ein solch weltweit tätiges und expandierendes Unternehmen ist es von grundlegender Bedeutung, dass Logo und Warenzeichen rund um den Globus nach einem einheitlichen Standard verwendet werden. Nur so kann den Verbrauchern eine in sich konsistente visuelle Botschaft über die Kernkompetenzen des Unternehmens übermittelt werden, was letztlich die Länder übergreifende Markenidentität fördert und stärkt (vgl. im Folgenden *Schneider* 2007 und die dort zitierte Literatur).

Vor diese Hintergrund wird verständlich, warum *McDonald's* seine Logos und Warenzeichen mit solcher Vehemenz verteidigt. Denn nur so kann es auf Dauer gelingen, das nach Unternehmensangaben weltweit am meisten beachtete und sich von der Konkurrenz am deutlichsten abhebende Logo vor Imitaten und Verwässerung zu schützen.

Fallstudie „Markenrecht" (1) – *McDonald's* gewinnt Markenstreit um den *Big Mac*

In Südostasien konnten *McDonald's* und seine lokalen Franchise-Nehmer 2004 einen 16 Jahre schwellenden Konflikt um den Schutz des Markennamens *Big Mac* zu ihren Gunsten entscheiden. Die Auseinandersetzung begann 1998, als die Fast-Food-Kette den Namen *Big Mac* auf den Philippinen registrieren lassen wollte. Die dort ansässige *McGeorge Food In-*

dustries verkaufte bereits einen *Big Mak*-Burger und verwendete diesen sogar im Betreibernamen *LC Big Mak Burger Inc.*.

1990 fällte ein Gericht ein Urteil zugunsten *McDonald's* und untersagte der *LC Big Mac Burger Inc.*, diesen Namen weiter zu nutzen. Zusätzlich wurde eine Strafe auf Schadensersatz verhängt.

Im Jahr 1994 änderte sich die Lage grundlegend, als ein Gericht einem Antrag der *LC Big Mak Burger Inc.* stattgab und dem Unternehmen das Recht einräumte, den Namen *Big Mak* zu verwenden. Außerdem musste nunmehr *McDonald's* Schadensersatz in Höhe von rund 28.000 € leisten.

Daraufhin rief *McDonald's* den Obersten Gerichtshof des Landes an und argumentierte, dass der lokale Konkurrent durch die Verwendung des Namens *Big Mak* Werbekosten eingespart habe und die Verpackung Ähnlichkeiten zur eigenen aufweise. Dies erfülle den Tatbestand des unlauteren Wettbewerbs. Der Gerichtshof hob 2004 das Urteil aus dem Jahre 1994 auf und untersagte die weitere Verwendung des Markennamens *Big Mak*, da dieser die Marke *McDonald's* verletze. Die Entscheidung gilt unter Fachleuten als Meilenstein in der Rechtssprechung zum Schutz geistigen Eigentums.

Kritiker stufen die Aktivitäten von *McDonald's* zum Schutz seiner Markennamen und Copyrights nicht selten als rücksichtslos ein. Exemplarisch hierfür gilt der Fall eines schottischen Cafébesitzers mit Namen *McDonald*, den das Fast-Food-Unternehmen wegen Verletzung der Wortmarke *McDonald's* verklagte, obwohl dessen Café seit über einem Jahrhundert mit diesem Namen existiert hatte. In Deutschland ließ sich das Unternehmen erfolgreich die Bildmarke „ich liebe es™" schützen. Wer jedoch den folgenden Rechtsfall Revue passieren lässt, kann durchaus Verständnis dafür entwickeln, wie *McDonald's* auf die aus seiner Sicht unrechtmäßige Verwendung des eigenen Markennamens reagiert.

Fallstudie „Markenrecht" (2) – der Rechtsstreit *McDonald's* gegen *McDonald*

Wenn ein *Ariel McDonald* für *Burger King* Werbung betreibt, kann es kaum überraschen, wenn die weltweit größte Fast-Food-Kette Einspruch erhebt. Zumal der Mann mit dem weltbekannten Namen als ehemaliger Spieler von Maccabi Tel Aviv, eines israelischen Basketball-Teams, in der Öffentlichkeit große Popularität genießt. Wie die *Mondaq News Alerts* berichteten, gab der Bundesgerichtshof in Tel Aviv einer von *McDonald's* angestrengten Klage wegen Markenrechtsverletzung statt. Die Richter entschieden, dass die Verwendung des Namens *McDonald* im Zusammenhang mit Werbung für ein konkurrierendes Fast-Food-Unternehmen die Rechte von *McDonald's* verletzt.

Begonnen hatte der Streit, als der ehemalige Basketballspieler mit dem Slogan "Listen to *McDonald* – only *Burger King*!" in einem Fernsehspot auftrat. *McDonald's* reagierte daraufhin mit der Veröffentlichung eines Zeitungsinterviews, in dem *McDonald* über seine Vorliebe für *McDonald's* Restaurants berichtete.

Daraufhin verklagte *McDonald* den Fast-Food-Riesen wegen Verletzung seiner Privatsphäre. *McDonald's* strengte wiederum eine Gegenklage wegen Markenrechtsverletzung an. Das Gericht wies die Klage zurück und *McDonald's* ging in die Berufung.

In der vom Bundesgerichtshof in Tel Aviv getroffenen Entscheidung heißt es, dass die Nutzung des Nachnamens wegen ihrer großen Ähnlichkeit zu dem Warenzeichen *McDonald's* Markenrechte verletze. *Ariel McDonald* hatte in seiner Verteidigung darauf gepocht, dass die eingetragene Marke *McDonald's* eine Person gleichen Namens nicht daran hindern könne, diesen Namen auch zu nutzen. Das Gericht stimmte dem zwar zu, machte aber geltend, dass der Schutz des Namens nur im Fall einer gutgläubigen Nutzung gewährleistet sei. Diese ließe sich im vorliegenden Fall jedoch nicht erkennen. Vielmehr gingen die Richter davon aus, dass der Basketballspieler Vorteile aus der Namensähnlichkeit habe ziehen wollen. Die Rechte der Fast-Food-Kette würden damit verletzt.

Wie aber schützt man eine Innovation vor Imitatoren? Als Schutzrechte kommen grundsätzlich **Patente**, **Urheberrechte**, **Marken** und **Geschmacksmuster** in Frage. Während sich technische Erfindungen über das Patentrecht schützen lasen, können sich Schöpfer eines geistigen Werks (etwa eines Buches) mittels des Urheberrechts absichern. Wörter, Zahlen, Buchstaben, Logos, Hörzeichen (etwa Jingles) und Farben ihrerseits lassen sich als Marke schützen, wohingegen Formen (etwa ein bestimmtes Produktdesign) sich sowohl nach Markenrecht als auch nach Geschmacksmusterrecht absichern lassen.

Marken-, Patent- und Geschmacksmusterschutz für Deutschland gewährt das *Deutsche Patent- und Markenamt* (*DPMA*) in München. Marken- und Geschmacksmuster mit Schutz in der gesamten *EU* gewährt das *Harmonisierungsamt für den Binnenmarkt* (*HABM*) in Alicante. Europäische Patente vergibt dagegen das *Europäische Patentamt*. Für Markenschutz in Ländern außerhalb der EU ist die *World Intellectual Property Organisation* (*WIPO*) in Genf zuständig. Das Urheberrecht bedarf keiner Eintragung.

Eine Marke muss alle zehn Jahre gegen Gebühr verlängert werden, damit sie nicht verfällt. Eine Höchstschutzdauer existiert nicht. Auch Patente und Geschmacksmuster müssen regelmäßig verlängert werden, allerdings geht das nicht beliebig lange: Patente können maximal 20 Jahre, Geschmacksmuster 25 Jahre geschützt werden. Das Urheberrecht erlischt erst siebzig Jahre nach Tod des Urhebers (vgl. *Schürmann* 2007, S. C2).

Fallstudie „Geschützte Herkunftsangaben" – Dürfen deutsche Molkereien Feta-Käse produzieren?

Darf Feta-Käse nur in Griechenland produziert werden, oder dürfen auch deutsche Molkereien diese Bezeichnung für ihre Produkte nutzen? Solche und ähnliche Fragen werden in zunehmendem Maße vor dem *Europäischen Gerichtshof* (*EuGH*) verhandelt. Denn die *EU*-Kommission und vor allem südliche Mitgliedstaaten forcieren in jüngster Zeit geschützte geographische Herkunftsbezeichnungen.

Europaweit genießen mehr als 700 regionale Lebensmittel den Schutz der *EU*. Beim Schutz der Herkunftsangaben unterscheidet der Gesetzgeber **drei Kategorien**:

- **Garantierte traditionelle Spezialität (g. t. S.)**: traditionelle Rohstoffe oder Rezepte; Beispiel: Mozzarella.
- **Geschützte Ursprungsbezeichnung (g. U.)**: alle Verfahrensschritte in einem Gebiet; Beispiel: Altenburger Ziegenkäse.
- **Geschützte geographische Angabe (g. g. A.)**: in einer Region erzeugt oder verarbeitet; Beispiel Thüringer Rostbratwurst.

Von welcher Bedeutung solche Kategorisierungen sind, wird deutlich, wenn man sich das Beispiel Feta-Käse vor Augen führt. Nach Ansicht der deutschen Milchindustrie handelt es sich bei Feta um eine Gattungsbezeichnung, für die Griechen hingegen um eine geschützte Ursprungsbezeichnung. Deutsche Molkereien gehörten zu den größten Produzenten weltweit, bis ihnen der *Europäische Gerichtshof* die Bezeichnung per Urteil verbot. Danach dürfen nur noch griechische Milchverarbeiter die Bezeichnung Feta verwenden.

Quelle: *Murmann, C.*: Marken erleben den Kampf der Kulturen, in: LebensmittelZeitung, Nr. 25 vom 22.06.2007, S. 22.

Fallstudie „Markenrecht" (3) – der Rechtstreit zwischen *Lacoste* und *Crocodile*

La Chemise Lacoste SA und *Crocodile International Pte. Ltd.* überziehen sich gegenseitig mit Klagen. Im Mittelpunkt des Rechtstreites wegen der Verletzung von Markenrechten steht China, der mit einem Volumen von rund 50 Milliarden € weltweit potenziell größte Absatzmarkt für Bekleidung. Beide Anbieter haben das Segment für Freizeitkleidung im Visier. Hierbei sehen sich die Logos beider Anbieter zum Verwechseln ähnlich. Einziger wesentlicher Unterschied: Während das Krokodil auf den *Lacoste*-Polohemden von links nach rechts blickt, schaut das Reptil auf den nur halb so teuren Produkten des Modemachers *Crocodile* aus Singapur in die entgegengesetzte Richtung.

Die Franzosen sehen Image und Marktanteile ihrer (teuren) Marke durch die billigere Marke aus Singapur gefährdet. *Crocodile* seinerseits hält – zumindest offiziell – den chinesischen Absatzmarkt für zwei Anbieter für groß genug, wehrt sich aber ebenfalls mit Klagen wegen der Verletzung seiner Markenrechte.

Die Franzosen argumentieren, dass sie bereits 1980 ihr Krokodil als Markenzeichen in China angemeldet hatten, während der Singapurer Konkurrent dies erst 1993 tat. Der Exilchinese *Tan Hian Tsin* hatte *Crocodile* 1947 gegründet und sein Logo 1951 in Singapur schützen lassen. Bis in die sechziger Jahre und damit lange, bevor die Franzosen in diese Region vordrangen, hatte *Tan* sein Markenzeichen in praktisch allen Märkten Asiens angemeldet. *René Lacoste* hingegen hatte sein Unternehmen bereits 1933 gegründet und sein Logo in Europa bekannt gemacht. Als das Unternehmen in den siebziger Jahren in Fernost aktiv wurde, reagierte zunächst *Tan* mit Klagen.

Im ersten Rechtstreit, in Japan, gewann *Lacoste* mit eben der Argumentation, die heute von *Crocodile* ins Feld geführt wird: Beide Reptilien blickten in die entgegengesetzte Richtung und seien folglich nicht zu verwechseln. Zum Ausgleich überwies *Lacoste* 1,5 Millionen Dollar an den Wettbewerber *Crocodile*. Auch die weiteren Prozesse in den einzelnen asiatischen Märkten endeten letztlich in beiderseitigem Einvernehmen. Angesichts der Attraktivität des chinesischen Marktes scheint eine erneute Einigung jedoch als eher unwahrscheinlich. Doch obwohl beide Markenartikelhersteller vor Gericht entgegengesetzte Interessen vertreten, sehen sie sich auf dem chinesischen Markt mit einem gemeinsamen Problem konfrontiert: Hier werden Imitate beider Produkte zu einem Preis von gerade einmal knapp einem € angeboten.

Quelle: *Hein, C.*: Zwei Krokodile fletschen die Zähne, in: Frankfurter Allgemeine Zeitung, Nr. 87 vom 14.04.2004, S. 20.

Besonders wichtig erscheint die Absicherung von Markennamen auf internationaler Ebene, wie folgende **Marketing-Flops** anschaulich vor Augen führen:

- Der Name des *Mitsubishi*-Modells "*Pajero*" bedeutet im Spanischen Selbstbefriedigung.
- *Nova*, ein auch unter diesem Namen in Puerto Rico vertriebenes PKW-Modell von *General Motors*, wurde dort mit no va = läuft nicht gleichgesetzt.
- Der *Toyota* MR 2 wird in Frankreich als "merdeux", als kleiner Scheißer verballhornt.
- Die japanische Firma "*Black Nikka*", die Whiskey produziert und vertreibt, hatte mit ihrem Firmennamen wenig Erfolg in den USA.
- Ähnlich erging es der ägyptischen Fluglinie *MISAIR* in Frankreich.

Solche und ähnliche Flops versucht man durch fundierte Marktforschungstests zu vermeiden. Dabei unterscheidet man folgende **Verfahren**:

- **Assoziationstests**: Welche Assoziationen verbinden Probanden mit einem Markennamen?
- **Präferenztests**: Welchem Markennamen geben die Probanden den Vorzug?
- **Lern- und Gedächtnistests**: Welche Markennamen bleiben am besten im Gedächtnis haften?

In jüngerer Zeit ist ein zunehmender Trend zu **Kunstnamen** zu beobachten, die mittels Computer entwickelt werden. Diese fallen mehr auf, können leichter registriert werden, schützen vor Nachahmern und lassen sich international besser einsetzen. Bei der Suche nach Markennamen ist zu beachten, dass der Gesetzgeber Kriterien formuliert hat, die zum Ausschluss eines Markennamens führen. Von der Registrierung als Marke ausgeschlossen sind beispielsweise amtliche Prüfsiegel, Namen bereits registrierter Marken etc. Die Anmeldung des Markennamens erfolgt beim *Deutschen Patentamt*, das zu diesem Zweck 34 Warenklassen und acht Dienstleistungsklassen gebildet hat. Drei bis vier Monate nach Anmeldung erfolgt die Veröffentlichung. Die Einspruchsfrist beträgt drei Monate nach Prüfung. Im Falle einer internationalen Registrierung erfolgt eine einjährige Prüfung. Der Schutz gilt zunächst für fünf Jahre. Innerhalb dieser Zeitspanne muss der Markenname genutzt werden. Ein genutzter Name ist für zehn Jahre geschützt, Verlängerungen für jeweils zehn weitere Jahre können beliebig oft erteilt werden. Der Prozess der **Findung** und **Eintragung** eines **Markennamens** ist Abb. 7.2. zu entnehmen.

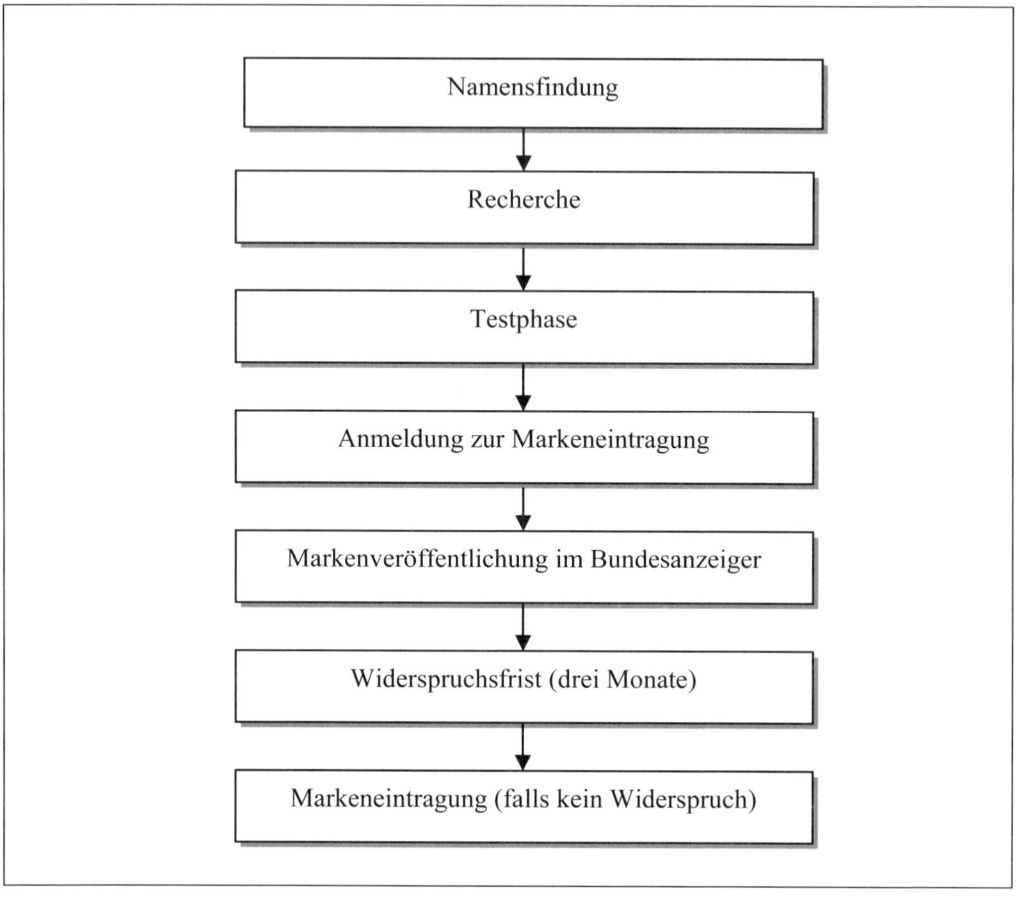

Abb. 7.2: Der Prozess der Findung und Eintragung eines Markennamens (Quelle: Thiel 2003)

Auf internationaler Ebene problematisch gestaltet sich der Umstand, dass sich nur 27 Länder dem Madrider Markenabkommen angeschlossen haben. U. a. gehören die USA, England und Skandinavien nicht zu den Vertragsunterzeichnern, weshalb in diesen Ländern eine Einzelregistrierung erforderlich ist.

Varianten von Markenartikeln

Bei Markenartikeln lassen sich grundsätzlich Herstellermarken, klassische Handelsmarken und Gattungsmarken, die als spezifische Form der Handelsmarke gelten, unterscheiden (vgl. im Folgenden *Bruhn* 1997, S. 10 – 17). Markenartikel zeichnen sich durch die in Abb. 7.3

angeführten Eigenschaften aus und erfüllen aus Sicht der Marktteilnehmer die in Abb. 7.4 aufgeführten Funktionen.

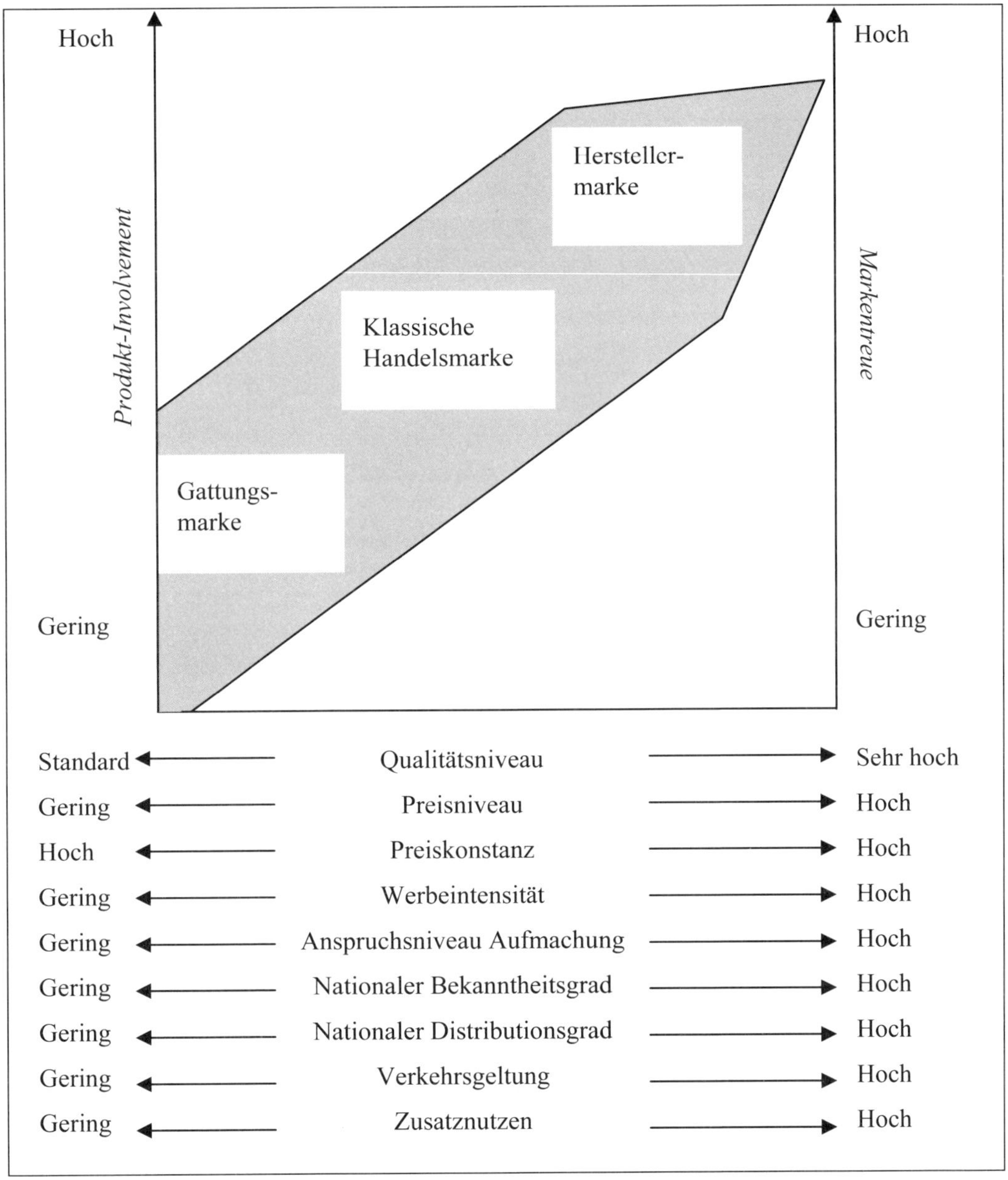

Abb. 7.3: Eine Markentypologie nach Produkteigenschaften (Quelle: Bruhn 1997, S. 11)

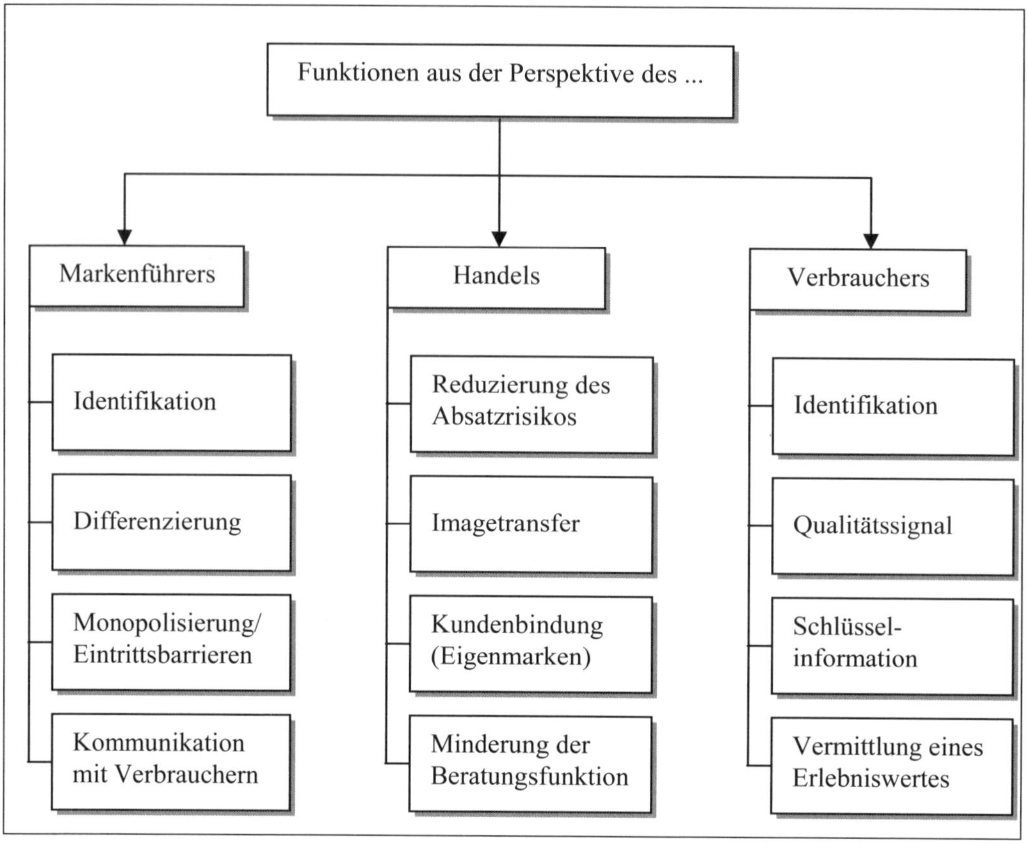

Abb. 7.4: Die Funktionen des Markenartikels
(Quelle: in Anlehnung an Bruhn 1994; Meffert 2000, S. 149 f.; Pepels 2000, S. 81)

Die **Herstellermarke** (englisch: Manufacturer Brand) wird vom Erzeuger konzipiert sowie geführt. Gemäß ihrer Positionierung lassen sich **drei Kategorien** von Herstellermarken unterscheiden:

- **Premium-Herstellermarken**
  Diese zeichnen sich sowohl hinsichtlich des Preisniveaus als auch hinsichtlich der Qualität durch eine Spitzenposition aus, wobei Prestigeaspekte eine zentrale Rolle spielen. Typische Vertreter sind bekannte Champagnermarken, Parfüms sowie Textilprodukte.
- **Klassische Herstellermarken**
  Sie beanspruchen für sich die Position des Marktführers und sind durch eine hohe Distributionsquote, stetige Innovations- bzw. Relaunchzyklen (vgl. zum Relaunch Abschnitt 6.6.3), intensive Werbung sowie hohes Stammkäuferpotenzial charakterisiert. Beispiele sind Marken wie *Persil* und *Mars*.

- **Zweit- und Dritt-Herstellermarken**
  Sie weisen im Vergleich zu den klassischen Herstellermarken einen geringeren Distributionsgrad, längere Innovations- bzw. Relaunchzyklen, geringere werbliche Unterstützung und damit einen geringeren Bekanntheitsgrad auf. Infolge ihrer weniger stark ausgeprägten Profilierung stehen sie im direkten Wettbewerb mit den klassischen Handelsmarken.

In jüngerer Zeit sehen sich Produzenten von Herstellermarken mit **folgenden Herausforderungen** konfrontiert:

- **Markeninflation durch "Me-too"-Produkte**. Hierbei handelt es sich um Produkte, die bei Erfolg des Erstanbieters auf den Markt kommen und die dem Original-Produkt in fast allen Eigenschaften gleichen. Damit signalisieren "Me-too"-Produkte dem Kunden: „Wenn Du dies möchtest, dann kannst Du auch mich (zu einem günstigeren Preis) nehmen."
  Eine Idee lässt sich im Regelfall nicht schützen, da der *Bundesgerichtshof* die unternehmerischen Freiheiten weit fasst. Sind Produkte und deren Eigenschaften wirtschaftlich sinnvoll, ist es nach Ansicht von Experten kaum möglich, auf wettbewerbsrechtlicher Grundlage einen Nachahmungsschutz zu erreichen. Lediglich Markenname und Geschmacksmuster lassen sich sichern.
  Der Boom von "Me-too"-Produkten lässt sich auf zwei Gründe zurückführen: Zum einen führen knappe und gekappte Investitionsetats dazu, dass erfolgreiche Produkte kopiert werden. Denn im Regelfall ist ein Betrag in zweistelliger Millionenhöhe erforderlich, um einem Produkt zum Durchbruch im Markt zu verhelfen. Zum anderen können "Me-too"-Produkte auf der Erfolgswelle eines tragfähigen Trends mitschwimmen, wenn sie früh genug am Image des Ursprungsprodukts partizipieren. Nach Ansicht von Experten führt dies dazu, dass die Spanne bei "Me-too"/Handelsmarken im Durchschnitt um 2 bis 4 % über derjenigen von vergleichbaren Produkten liegt (vgl. *Hanke* 2007, S. 28).
- **Hoher Auslistungsdruck durch den Handel**, da dieser die wachsende Sortimentsbreite (u. a. im Non-Food-Bereich) durch eine Verringerung der Sortimentstiefe kompensiert
- **Verwässerung** ursprünglich klar fokussierter Markenkonzeptionen durch Markenfamilien-, Dachmarken- und Imagetransferstrategien (sog. "**Line Extensions**")
- **Verkürztes Verständnis von Markenführung** bei vielen Produktmanagern (kurzfristige Erfolgsorientierung, Verkürzung der Modellzyklen)
- Anstieg des Vertrauens in den Handel (sog. Institutionenvertrauen) und **Abnahme des Vertrauens** in die Hersteller (sog. Sachvertrauen)

Fallstudie "Me-too"-Produkte – *Bionade* und *Maltonade*

Seit der Erfolgsstory von *Bionade*, eines biologischen Erfrischungsgetränks auf Basis von fermentiertem Gerstenmalz, versuchen immer mehr Anbieter, am Wachstumssegment für erwachsenengerechte Erfrischungsgetränke zu partizipieren. Als erster Discounter sprang *Plus* in 2007 auf den aktuellen Trend auf. Der Produktname *Maltonade* sowie die angebotenen Geschmacksrichtungen Mango-Chili, Orange-Kiwi, Holunder-Cranberry und Kräuter sind eng an den Pionier und Marktführer *Bionade* angelehnt. Gleichzeitig ist der Einzelpreis von *Maltonade* mit 55 Cent (plus 25 Cent Pfand) deutlich unter dem des Originals *Bionade*

(0,89 € für 0,5 l PET-Version) angesiedelt. Damit weist *Maltonade* die typischen Eigenschaften eines "Me-too"-Produkts auf.

Quelle: *o. V.*: Bionade erhält mehr Konkurrenz, in: LebensmittelZeitung, Nr. 28 vom 13.07. 2007b, S. 10.

Fallstudie „Premium-Herstellermarken" – Markenfetischismus bei den Kids

Die sportbegeisterten Kids in den USA verlangen ständig nach den neusten Schuhmodellen von *Nike*, *Adidas* oder *Reebok*. Und so verwundert es nur wenig, dass von den "Air Jordan"-Schuhen 21 Modelle existieren. Eines von ihnen, der Air Jordan 17, kostet stolze 200 Dollar und wird dem Kunden in einem Metallkoffer überreicht. Kommt ein neues Modell auf den Markt, warten hunderte von Jugendlichen vor den Läden, um als erste die Innovation in Empfang nehmen zu können. Wer in den Wochen danach noch mit einem Vorgängermodell angetroffen wird, ist dem Spot seiner Mitschüler ausgesetzt.

Eltern versuchen seit Jahren – zumeist vergeblich -, ihren Kindern diesen Markenfetischismus auszutreiben. Dabei ist der eigentliche Produktionsaufwand für den hohen Preis der Schuhe nahezu irrelevant. So liegen die Lohnkosten eines in China produzierten, 70 Dollar teuren Schuhs von *Puma* bei 1,16 Dollar, der Werbeaufwand aber ist rund sechsmal so hoch.

Der amerikanische Basketballstar *Stephon Marbury*, Spielmacher der New York Nicks, will diesem Spuck ein Ende machen. Sein neuer Schuh, der Starbury One, kostet gerade einmal 14,98 Dollar. Dabei sind die Modelle keine Billigversion des Originals. Denn *Marbury* spielt genau in den Schuhen, die seine Fans in den Regalen des Handels finden. Qualität, zeigt der Star, muss nicht teuer sein. Die Eltern werden es ihm danken.

Quelle: *Krome, T.*: Der Star-Schuhmacher mit dem Elternbonus, in: Frankfurter Allgemeine Zeitung, Nr. 278 vom 29.11.2006, S. 36.

Handelsmarken (englisch: Private Brand, Store Brand, Distributor Brand, Private Label) sind Waren- oder Firmenkennzeichen, mit denen Handelsbetriebe Waren versehen oder versehen lassen, wodurch sie als Eigner oder Dispositionsträger der Marke auftreten. Konsequenterweise verfügen Handelsmarken über einen auf das jeweilige Handelsunternehmen oder die Handelsgruppe begrenzten Distributionsgrad. Häufig werden die Begriffe „Handelsmarke" und „Eigenmarke" synonym verwendet.

Das Spektrum der Handelsmarken reicht von der Premium-Handelsmarke über die klassische Handelsmarke bis zur Discount-Handelsmarke. Aus Sicht der einzelnen Marktteilnehmer erfüllen Handelsmarken folgende **Funktionen** (vgl. *Bruhn* 1997, S. 26 – 28):

- **Herstellersicht**
  - Auslastung von Überkapazitäten durch zusätzliche Produktion von Handelsmarken
  - Möglicher Vertrieb über Discounter, da Unternehmen wie beispielsweise *Aldi* weitgehend keine Herstellermarken führen
  - Mögliche Mehrproduktstrategie: So kann die Herstellermarke beispielsweise im Premium- und die für den Handel produzierte Marke im Preissegment positioniert werden

(vgl. hierzu die auf S. 329 folgende Fallstudie „Handelsmarkenstrategie – die Produkte von *Lidl* und *Aldi*")
- Risikoreduzierung durch Schaffung eines „zweiten Standbeins"
- Erweiterung des Absatzpotenzials
- Fixkostendegression und Realisierung von Erfahrungskurveneffekten, da die insgesamt produzierte Menge erhöht werden kann
- Verbesserung der Verhandlungsposition im Rahmen der Hersteller-Handels-Beziehung

- **Handelssicht**
  - Dokumentation der preislichen Leistungsfähigkeit und des eigenständigen Sortimentsprofils
  - Profilierung gegenüber Wettbewerbern
  - Spannensicherung und Ertragssteigerung
  - Solidarisierung im Handelsverbund
  - Möglichkeit der Entwicklung eigener innovativer Produkte
  - Schutz eigener Warenzeichen
  - Erhöhung der Kundenbindung
- **Konsumentensicht**
  - Erwerb von Produkten mit einem günstigen Preis/Leistungsverhältnis
  - Möglichkeit preisgünstiger Probierkäufe
  - Ergänzung der vorhandenen Auswahlmöglichkeiten und dadurch Steigerung des Einkaufserlebnisses
  - Vereinfachung der Geschäftsstättentreue, da bestimmte Herstellermarken nicht in allen Handelsbetrieben gelistet sind
  - Möglichkeit der Substitution von klassischen Markenartikeln

Für eine zunehmende Diffusion von Handelsmarken sprechen folgende **Argumente**:

- Hybride Konsumenten („Nerzmanteltragende *Porsche*-Fahrerin kauft bei *Aldi* ein.")
- Sinkende Markentreue (höhere Wechselbereitschaft)
- Geringe Kaufkraft/wachsende Preissensibilität
- Zunehmend kritische Haltung gegenüber der Werbung
- Steigendes Umwelt- und Gesundheitsbewusstsein (, da weniger aufwendige Verpackung der Handelsmarke)
- Expansion der Discounter
- Konzentration und Internationalisierung der Handelsunternehmen

Als **Gegenargumente** lassen sich ins Feld führen:

- Fehlende Akzeptanz bei High-Involvement-Produkten
- Fehlendes Vertrauen beim Verbraucher
- Schnellere Innovationszyklen bei Herstellermarken
- Zum Teil noch geringe Distributionsdichte
- Heterogenität der Betriebstypen in einem Konzern (Erscheinungsbild, Qualität)

Gattungsmarken (No Names, No Frills, Weiße Marken oder – in der Pharmabranche – Generica) sind markenlose Produkte und gelten als Spezialform des Handelsmarke. Sie wurden Mitte der 70er Jahre geschaffen und dienen der Abwehr der Discounter, weshalb sie fast ausschließlich im Lebensmittelhandel anzutreffen sind. Typische Vertreter sind die *Sparsamen* von *Spar* oder *A&P* von *Tengelmann*.

Kennzeichen von Gattungsmarken, deren Marketing von Handelsunternehmen bzw. Handelsgruppen konzipiert und gesteuert wird, sind:

- Einfache Verpackung, die nur die Produktbezeichnung trägt und Preiswürdigkeit signalisieren soll
- Nach der Einführung schwache Werbung, um Kosten gering zu halten
- Hohe bis mittlere sowie gleich bleibende Qualität
- Günstiger Preis

Abb. 7.5 vermittelt einen zusammenfassenden Überblick über die Preis- und Qualitätspositionierung der vorgestellten Markenvarianten.

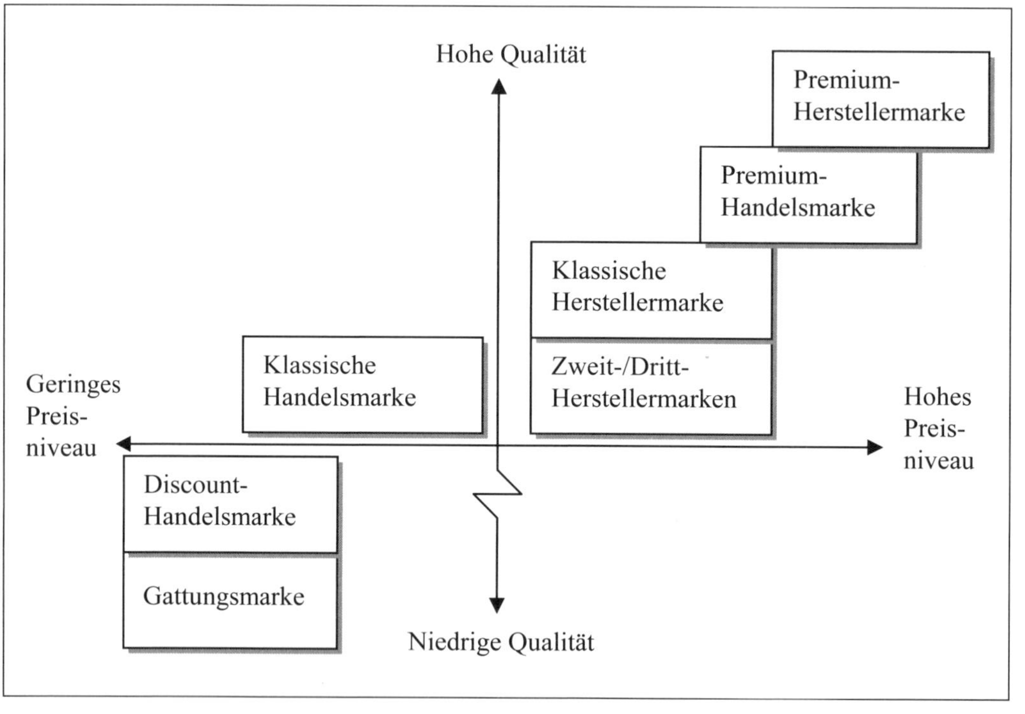

Abb. 7.5: Preis- und Qualitätsposition ausgewählter Markentypen im vertikalen Wettbewerb (Quelle: Bruhn 1997, S. 12)

Fallstudie „Handelsmarkenstrategie" – die Produkte von *Lidl* und *Aldi*

Zahlreiche Markenhersteller haben die Vorteile der Massenproduktion in Form von Economies of Large Scale für sich entdeckt (vgl. hierzu Abschnitt 6.3.1): Je größer die produzierte Menge ist, desto geringer können die Herstellkosten für das einzelne Produkt ausfallen. Dass sich die zusätzlich produzierte Menge aber häufig nicht als hochmargige Markenartikel vertreiben lässt, wird sie zumindest teilweise als No-Name-Produkt, Handelsmarke oder Zweitmarke am Markt abgesetzt. Auf diese Weise wird man den Forderungen des preisaggressiven Einzelhandels nach günstigen Produkten gerecht, ohne gleichzeitig die anderen Handelspartner durch eine Preisdifferenzierung bei Herstellermarken und die hierfür ursächliche Rabattspreizung zu verärgern.

Oberstes Gebot bei solchen Vertriebskonzepten ist es, die Kannibalisierung der Hauptmarke zu verhindern, was voraussetzt, dass dem Konsumenten die Doppelstrategie unbekannt bleibt. Doch Experten geben der Herstellungsort oder die diversen Kennzeichnungsnummern Aufschluss über die hinter den No-Name-Produkten, Handelsmarken und Zweitmarken stehenden renommierten Markenhersteller. Da es für diese unrentabel ist, die Rezeptur oder die Einstellung der Produktionsanlagen zu ändern, ist ein Großteil der günstigen Produkte absolut identisch zum Markenpendant. Doch wird in einigen Fällen bereits mit kleinen Produktvariationen (z. B. bei Geschmacks- und Duftstoffen) beim Verbraucher der Eindruck eines völlig anderen Produkts erweckt.

Aldi beispielsweise verkauft Handelsmarken, welche Markenprodukte von u. a. folgenden Herstellern sind:

- *Alpenhain Camembert-Werk* (Camembert)
- *Bonduelle* (Gemüse-Konserven und Tiefkühlgemüse)
- *Campina GmbH* (Joghurt)
- *Deinhard* (Sekt)
- *Develey* (Senf)
- *Freiberger Lebensmittel GmbH & Co. „Alberto"* (Pizza)
- *Grieson de Beukelaer „Prinzenrolle"* (Schokoladenkekse)
- *Humana Milchunion eG* (Quark-Creme, Pudding)
- J. *Bauer KG Milchverarbeitung* (Joghurt)
- *Kraft Foods „Miracoli"* (Nudelgerichte)
- *Molkerei Alois Müller GmbH & Co.* (Joghurt)
- *Molkerei H. Strothmann GmbH* (Schoko-Creme)
- *Nestlé* (Grill-Saucen)
- *Onken GmbH* (Joghurt)
- *Schöller Lebensmittel GmbH & Co.* (Eiscreme)
- *Schöller/Nestle „Mövenpick"* (Eis)
- *Storck „Dickmann"* (Schokoküsse)

- *Zott KG* (Joghurt und Käse)

Die Handelsmarken von *Lidl* werden u. a. hergestellt von:

- *Anton Riedl Spezialitäten GmbH & Co.KG,* ein Unternehmen der *Stockmeyer*-Gruppe, die u. a. auch *Appel* herstellt (Wurst)
- *Campina GmbH* (Joghurt)
- *Danone* („*Fruchtzwerge* Joghurt für Kinder")
- *Feinkäserei Hochland AG* (Feta-Käse)
- *Hahne (*Cornflakes*)*
- *Hakle-Kimberly „Kleenex"* (Küchentücher)
- *J. Bauer KG Milchverarbeitung* (Joghurt)
- *Molkerei Alois Müller GmbH & Co.* (Joghurt)
- *Procter & Gamble „Pampers"* (Babywindeln)

Quelle: www.freenet.de/freenet/finanzen/sparen/rubriken/essen/; Stand: 17.06.2003.

Markenstrategien

Um Marken aufzubauen und zu pflegen, bieten sich unterschiedliche Strategien an. Zu den wichtigsten **Varianten** zählen (vgl. im Folgenden *Meffert* 2000, S. S. 856 – 869; *Stender-Monhemius* 2002, S. 130 – 134):

- **Einzelmarkenstrategie (auch Solitärmarkenstrategie)**
  Hier werden für einzelne Produkte einzelne, unterschiedliche Marken entwickelt. Die Herkunft des einzelnen Produktes wird nicht werblich herausgestellt. Demnach erfahren die Verbraucher nicht, dass die unterschiedlichen Markenartikel von einem einzigen Anbieter stammen. Beispiele sind:
  - *Ferrero* mit *Nutella, Duplo, Raffaelo* etc.
  - *Procter & Gamble* mit *Ariel, Meister Proper, Pampers*
- **Mehrmarkenstrategie (auch Multimarkenstrategie)**
  Hier entwickelt ein Anbieter für einzelne Produktkategorien unterschiedliche Marken, die sich gleichzeitig an ähnliche Marktsegmente richten. Solche Strategien sind vor allem in stark gesättigten Märkten (z. B. Waschmittel- und Zigarettenmarkt) zu beobachten. Beispiele sind:
  - *Henkel* mit den Waschmitteln *dato*, *fewa*, *Persil*, *Perwoll*, *saptil*, *Sil*, *Spee*, *Vernell*, *Weißer Riese*
  - *Philip Morris* mit Zigarettenmarken wie *Marlboro*, *Merit* etc.
- **Markenfamilienstrategie**
  Hier wird eine einheitliche Markenbezeichnung in den Vordergrund einer Produktgruppe gestellt. Darunter werden dann verschiedene Einzelprodukte angeboten. Beispiel hierfür ist die aus dem Hause *Beiersdorf* stammende Marke *Nivea* mit den Familienmitgliedern *Nivea Haircare*, *Nivea Visage*, *Nivea Beauté*, *Nivea Men* etc.

- **Dachmarkenstrategie**
  Hier wird der Firmenname mit sämtlichen angebotenen Produkten eines Unternehmens verbunden. Der Unternehmensname gilt als Dachmarke, selbst dann, wenn sehr unterschiedliche Leistungsangebote im Markt vertreten sind. Typische Vertreter dieser Strategie sind Automobilhersteller wie *Porsche*, *Renault* und *Volvo* oder Nahrungsmittelhersteller wie *Pfanni*.

Tab. 7.7 fasst die wesentlichen Vor- und Nachteile der vorgestellten Markenstrategien zusammen.

Tab. 7.7: Vor- und Nachteile ausgewählter Markenstrategien (Quelle: Meffert 2000, S. 860 sowie 866)

Strategie	Vorteile	Nachteile
Einzelmarkenstrategie	• Möglichkeit individueller Positionierung • Befriedigung zielgruppenspezifischer Bedürfnisse • Keine negativen Ausstrahlungseffekte	• Keine Synergieeffekte (insbesondere beim Kommunikationsmanagement) • Keine positiven Ausstrahlungseffekte
Mehrmarkenstrategie	• Möglichkeit der Ansprache unterschiedlicher Zielgruppen • Keine Umsatzverluste im Falle eines internen Markenwechsels	• Zuwachs an Komplexität • Gefahr der Kannibalisierung
Markenfamilien-/ Dachmarkenstrategie	• Schnellere Akzeptanz neuer Produkte • Synergieeffekte • Positive Ausstrahlungseffekte	• Möglichkeit negativer Ausstrahlungseffekte • Keine Möglichkeit einer individuellen Positionierung

Fallstudie „Markenstrategiewechsel" – das Beispiel *Melitta*

Das Mindener Unternehmen *Melitta* begann als Produzent von Filterpapier für Kaffee. Im Laufe der Jahre wurde kontinuierlich um die Kompetenzfelder „Kaffee" und „Filterpapier" diversifiziert, so dass mit der Zeit ein zunehmend größeres Produkt-Portfolio entstand. Da diese Produkte in einem immer schwächeren Zusammenhang zueinander standen, aber weiterhin unter der Dachmarke *Melitta* angeboten wurden, führte dies im Laufe der Jahre zu einer **Markenerosion**, d. h. das Markenprofil wurde immer diffuser.

Dieser Fehlentwicklung steuerte das Unternehmen entgegen, indem von einer Dachmarken- auf eine Markenfamilienstrategie umgestellt wurde. Die Marke *Melitta* bleibt nunmehr den Produkten der Kaffeezubereitung vorbehalten, wohingegen die anderen Produkte des Hauses zu vier Markenfamilien gruppiert wurden (vgl. Tab. 7.8 sowie *Körfer-Schün* 1990).

Tab. 7.8: Strategische Geschäftsfelder, Produkte und Marken bei Melitta

Geschäftsfelder	Kaffeegenuss	Teegenuss	Frische und Geschmack	Praktische Sauberkeit	Bessere Wohnumwelt
Produkte	• Kaffee • Filterpapier • Kaffeeautomaten • Kaffeefilter	• Teefilter • Teefiltersystem	• Lebensmittelfolien zum Frischhalten, Einfrieren, Backen und Braten	• Staubsaugerbeutel • Müllbeutel • Dunstbeutel	• Luftreiniger • Luftbefeuchter
Marken	*Melitta*	*Cilia*	*Toppits*	*swirl*	*aclimat*

Im Zuge einer **Markentransferstrategie** schließlich werden Imagekomponenten von der Hauptmarke eines bestehenden Produktbereichs auf das Transferprodukt einer neuen Warengruppe übertragen (vgl. im Folgenden *Meffert* 2000, S. 865 – 869; *Stender-Monhemius* 2002, S. 134). **Beispiele** für eine solche Strategie sind:

- Der Transfer von den Tabakmarken *Camel* und *Marlboro* auf Bekleidung, Schuhe und Accessoires
- Der Transfer der Reisemarke *Club Mediterranée* auf Freizeit- und Kosmetikartikel, Brillen etc.

Als **Vorteile** einer Markentransferstrategie gelten:

- Geringe Kosten für Markenbildung
- Geringe Flopgefahr und Markteintrittsbarrieren
- Kognitive Entlastungen beim Markenwahlprozess, da Konsumenten ihre positiven Erfahrungen mit dem Hauptprodukt auf das Transferprodukt übertragen
- Stärkung der Stamm-Marke durch Image-Rücktransfer von der Transfermarke (etwa positive Ausstrahlung des Erfolgs der Transfermarken *Mövenpick*-Eis und -Kaffee auf das Restaurant- und Hotelgeschäft)
- Umgehung von Werbeverboten bei der Stammmarke durch Werbung mittels der Transfermarke (etwa im Falle von Zigaretten)

Gefahren liegen im:

- Verlust der Markenidentität, falls Stamm- und Transfermarke unterschiedliche Zielgruppen ansprechen
- Glaubwürdigkeitsverlust der Marke im Falle zu vieler unterschiedlicher Imagetransfers

Fallstudie: *ASPIRIN®* – ein Markenartikel im Wandel der Zeit

Das wohl berühmteste Arzneimittel der Welt dürfte *ASPIRIN®* sein. Würde man den derzeit jährlich weltweit produzierten Wirkstoff Acetylsalicylsäure ausschließlich in 500-Milligramm-Tabletten pressen, so könnte man mit den daraus gewonnenen 100 Milliarden Tabletten eine Kette von der Erde bis zum Mond und wieder zurück bilden.

Im Jahre 1897 gelang es dem jungen Chemiker *Dr. Felix Hoffmann* und seinem wissenschaftlichen Team zum ersten Mal, Acetylsalicylsäure – den Wirkstoff von *ASPIRIN®* – verträglicher und stabiler zu machen. Damit war das Heilmittel geboren. Aber es hatte noch keinen Namen. Der folgte zwei Jahre später. Das Mittel *ASPIRIN®* wurde 1899 getauft: Das „**A**" steht für „Acetyl", einem Bestandteil des Begriffes für die Grundsubstanz: Acetylsalicylsäure. Die zweite Silbe „**spir**" weist auf die Geschichte des Wirkstoffs hin. Sie ist eine Anlehnung an die Spirsäure aus dem Saft der Spirstaude (Spiraea ulmaria). Diese Säure ist mit Salicylsäure chemisch identisch. Und das „**in**" war ein damals gebräuchliches Suffix (sprich: Endung) in der chemischen Namensgebung.

Acetylsalicylsäure wurde zu dieser Zeit als Mittel gegen rheumatische Beschwerden eingesetzt. Und sie war das erste im Labor hergestellte nicht-steroidale Antirheumatikum, das in chemisch reiner und stabiler Form für die industrielle Massenproduktion verfügbar wurde.

Nachdem *ASPIRIN®* zuerst in Pulverform angeboten wurde, war es ab 1900 auch in Tablettenform erhältlich. Dadurch wurden die Herstellung preisgünstig, die Dosierung genauer und das Präparat für jeden erschwinglich. *ASPIRIN®* war verlässlich wirksam und gut verträglich.

Mit der Zeit wurde *ASPIRIN®* zunehmend für die Behandlung von Schmerzen, Fieber und Entzündungen eingesetzt. 1950 kam es als meistverkauftes Schmerzmittel ins *Guinness*-Buch der Rekorde.

Der Wirkstoff von *ASPIRIN®*, die Acetylsalicylsäure, reizte die Wissenschaft zu immer neuen Experimenten und klinischen Vergleichsstudien mit anderen Medikamenten. Zu Beginn der 70er Jahre des vergangenen Jahrhunderts stellten sich immer mehr Wissenschaftler die Frage: Wie und wo wirkt *ASPIRIN®* eigentlich im Organismus? Es war der Pharmakologe *Sir John Vane*, der 1971 den Schlüssel für das klassische Wirkprofil der Acetylsalicylsäure lieferte: Es hemmt die Biosynthese sog. Prostaglandine. Dabei handelt es sich um körpereigene Substanzen, die als hormonähnliche Botenstoffe vielfältige Funktionen im Organismus übernehmen. Für diese Entdeckung erhielt *Vane* 1982 den Nobelpreis für Medizin, und die englische Königin erhob ihn dafür in den Adelsstand.

1971 wurde *ASPIRIN®* Plus C mit 400 mg Acetylsalicylsäure und 240 mg Vitamin C eingeführt. Ab Mitte der 70er Jahre beschrieben unterschiedliche Autoren Zusammenhänge zwischen dem Wirkstoff von *ASPIRIN®*, der Acetylsalicylsäure, und Vitamin C im Plasma sowie in den weißen Blutkörperchen. Das weist auf einen positiven Einfluss auf das Immun- oder Abwehrsystem hin und bedeutet, dass ASPIRIN® auch zur Gesunderhaltung des menschlichen Körpers beiträgt.

Im selben Jahr kam *ASPIRIN®* forte auf den Markt. Die Tablette enthält 500 mg Acetylsalicylsäure und 50 mg Coffein. In verschiedenen Studien wurde festgestellt, dass durch das Coffein die schmerzlindernde Wirkung von Acetylsalicylsäure um den Faktor 1,3 – 1,7 erhöht werden kann. Darüber hinaus tritt durch diesen Zusatz die Wirkung der Acetylsalicylsäure wesentlich schneller ein.

1992 wurde eine echte galenische Innovation eingeführt: die *ASPIRIN®* Kautablette. Sie war zunächst mit Calciumcarbonat, seit 1999 mit Magnesiumcarbonat gepuffert. Der Vorteil: Sie kann dadurch – zum Beispiel auf Reisen – auch ohne Wasser eingenommen werden.

Der *ASPIRIN®* Wirkstoff Acetylsalicylsäure ist nicht nur eines der bestdokumentierten Medikamente der Welt, sondern auch eines der am häufigsten verwendeten Arzneimittel. Zahlreiche neue Anwendungsmöglichkeiten sind zurzeit Gegenstand intensiver Forschung. Aktuellste Erkenntnisse fließen selbstverständlich in die Entwicklung neuer Darreichungsformen ein.

Im ersten Jahr des neuen Jahrtausends brachte *ASPIRIN®* das erste verschreibungsfreie Mittel gegen migränebedingte Kopfschmerzen auf den Markt. Der anhaltende Fluss neuer wissenschaftlicher Erkenntnisse über den Wirkmechanismus von Acetylsalicylsäure eröffnet neue Aussichten auf eine Ausweitung der Anwendungen und anspruchsvollere Indikationen. Neuste Studien weisen beispielsweise darauf hin, dass die Einnahme von Acetylsalicylsäure, der Wirkstoff in *ASPIRIN®*, das Risiko reduziert, an Darm- und Brustkrebs zu erkranken.

Mittlerweile wird der Alleskönner unter den Medikamenten in Kombination mit Antidepressiva in Pilotstudien gestestet. Erste Beobachtungen italienischer und belgischer Forschergruppen legen nahe, dass mit Acetylsalicylsäure zusammen die Stimmungsaufhellung rascher zu erzielen ist als mit dem Antidepressivum alleine.

Quelle: www.aspirin.de; Stand: 02.05.2003, vom Verfasser gekürzte und marginal veränderte Fassung.; *o. V.:* Medikamente gegen Rheuma zur Behandlung von Depressionen, in: Frankfurter Allgemeine Zeitung, Nr. 265 vom 14.11.2007i, S. N2.

Fallstudie „Co-Branding" – die Integration von Herstellermarken in das Eigenmarkenkonzept von *Aldi*

Sowohl *Aldi Süd* als auch *Aldi Nord* zeichnen sich dadurch aus, prinzipiell zurückhaltend gegenüber Herstellermarken eingestellt zu sein. Die überschaubare Zahl von Markenlistungen in der Vergangenheit macht deutlich, dass *Aldi* hier sehr behutsam und überlegt agiert. Nach Experteneinschätzung ist das Interesse der Industrie an einer Einlistung bei *Aldi* nach wie vor weit größer als die Neigung des Lebensmitteldiscounters, zusätzliche Herstellermarken ins Sortiment aufzunehmen. Insbesondere die enormen Volumina locken Hersteller, sich um eine Listung bei Deutschlands größtem Discounter zu bemühen. Dafür gehen Produzenten sogar das Risiko ein, von Vollsortimentern wie *Edeka* wegen einer Listung im Discount abgestraft zu werden.

Beim Marktführer *Aldi* hingegen will man auf keinen Fall durch Einlistungen im großen Stil Konkurrenten wie *Lidl* kopieren, der ein erfolgreiches Geschäft mit Herstellermarken betreibt. Deshalb gilt bei *Aldi* nach wie vor der Grundsatz, dass eine Handelsmarke weichen muss, wenn eine Herstellermarke neu gelistet wird.

Um zu vermeiden, zum austauschbaren Anbieter von Herstellermarken zu werden, entwickelt *Aldi* seit 2007 sog. **Co-Branding-Konzepte**. Dabei werden Markenartikel im Design der *Aldi*-Eigenmarke angeboten. Diese zeichnen sich dadurch aus, gleichzeitig das Herstellerlogo und das Label der jeweiligen *Aldi*-Eigenmarke zu tragen.

Zwei Beispiele der *Aldi Süd*-Eigenmarke „*Belight*" wiesen hierbei den Weg. Unter diesem Label siedelt der Discounter sämtliche Leichtprodukte an, die fett- und kalorienreduziert sind. Mit der Käsemarke *Babybel* und den *TUC*-Kräckern von *Grieson de Beukelaer* begann *Aldi*, das Design von Markenartikeln vollständig in die Markenwelt von „*Belight*" zu integrieren. Durch die Positionierung einer begrenzen Zahl von Herstellermarken unter der Markenfamilie „*Belight*" will *Aldi* das gesamte „Light-Sortiment" aufwerten. Die Marke fungiert hierbei als Qualitätssiegel für die Eigenmarke des Discounters. Mittels Co-Branding kann *Aldi* quasi maßgeschneiderte Markenartikel listen, die nicht nur in Packungsgröße und Preisstellung, sondern auch im Design eine Alleinstellung besitzen.

Quelle: *Schulz, H. J.*: Aldi blickt auf die Marke, in: LebenmittelZeitung, Nr. 22 vom 01.07. 2007, S. 1 u. 3.

7.2.4 Flankierende Serviceleistungen

Serviceleistungen sind Zusatzleistungen, die auf die (Rück-)Gewinnung und/oder Bindung von Kunden abzielen (vgl. im Folgenden *Meffert/Bruhn* 1997; *Meyer* 1998, S. 193 – 212; *Biermann* 2003, S. 61 – 112; *Pepels* 1995). Diese lassen sich anhand von **zwei Dimensionen** klassifizieren (vgl. hierzu Tab. 7.9):

- **Art der Leistung:** Hier kann zwischen kaufmännischen und technischen Serviceleistungen unterschieden werden.
- **Zeitpunkt der Leistungserstellung:** Serviceleistungen können vor, während und nach dem Kauf angeboten werden.

Tab. 7.9: Arten von Serviceleistungen (Quelle: Bänsch 1998a, S. 128; Becker 1999, S. 114)

Zeitpunkt der Leistungserstellung / Art der Leistung	Pre-Sales-Services	After-Sales-Services
Kaufmännischer Service	• Kaufberatung • Erstellung eines Kostenvoranschlages • Bestellmöglichkeit per Brief, Internet	• Gebrauchsanweisungen • Zustelldienst • Produktschulung • Telefon-Hotline • Über die gesetzliche Gewährleistungspflicht hinausgehende Garantieleistungen
Technischer Service	• Technische Beratung • Testlieferungen • Projektierung von Anlagen	• Installation • Wartung, Reparaturen • Erweiterungen, Umbauten • Ersatzteilservice • Demontage alter Anlagen • Redistribution, Rücknahmeleistungen

Im Falle von Lieferzeiten kommt zunehmend Kunden-DVDs eine wichtige Rolle im After-Sales-Service zu. Sie sollen über das Produkt informieren, komplexe Bedieninhalte unter Ausnutzung aller medialen Möglichkeiten erklären und das Interesse an (hochmargigen) Sonderaustattungen wecken. Letztere können beispielsweise bei Pkws noch bis drei Tage vor Produktionsbeginn geordert werden. Außerdem sollen solche Kunden-DVDs die Wartezeit bis zur Auslieferung überbrücken und die Kaufentscheidung bestätigen. Indem sie dem Kunden das Gefühl vermitteln, sich für das richtige Produkt entschieden zu haben, werden kognitive Dissonanzen abgebaut bzw. gänzlich verhindert (vgl. *Debus* 2007, S. 46).

Im Zuge des Servicemanagement gilt es nicht zuletzt festzulegen, ob Serviceleistungen kostenneutral bzw. -los oder gewinnbringend angeboten werden sollen. In letzterem Fall müssen bei der Kalkulation der Serviceleistungen Aspekte der Mischkalkulation und Preisbündelung ins Kalkül gezogen werden (vgl. hierzu Abschnitte 8.4.2 und 8.4.3).

Fallstudie „Bedeutung des Servicemanagement für den Automobilhandel“

Mit großzügigen Rabatten, Null-Prozent-Finanzierungen und mitunter skurrilen Mehrwertsteueraktionen steigerten viele Autohäuser im Vorfeld der Mehrwertsteuererhöhung zwar ihre Umsätze, was jedoch im Regelfall zu Lasten der Marge ging. Verschärfend kam hinzu, dass infolge der durch das **Forward Buying** der Konsumenten vorgezogenen Umsätze der Absatz an private Autokäufer in 2007 einbrach. Dies wiederum führte zu immer höheren Rabatten, so dass sich die durchschnittliche Umsatzrendite im Neuwagengeschäft auf gerade noch 0,4 % vor Steuern beläuft (Stand: 2007). Ein betroffener Kfz-Händler charakterisiert die für viele Autohäuser fatale Situation folgendermaßen: „Drei Stunden Verkaufsgespräch, 250 € Bruttoertrag an Neuwagen, das macht wirklich keinen Spaß mehr.“ Noch höhere Rabatte scheinen kaum mehr möglich, und die Margenspielräume in der Finanzierung scheinen ausgereizt. Vor diesem Hintergrund wird deutlich, dass der Ertragshebel bei den Privatkunden nahezu ausschließlich im Service liegt. Ohne das hochprofitable Werkstattgeschäft hätten die meisten Autohäuser wohl keine Überlebenschance. Außerdem bieten Serviceleistungen einen Ansatzpunkt, der Tendenz zu immer höheren Rabatten entgegenzutreten. Zahlreiche Hersteller verzichten mittlerweile auf die Werbung mit Barrabatten und kompensieren dies durch sog. „Rundum-sorglos“-Pakete an, bei denen Kunden Finanzierung, Versicherung und Wartungs-Vertrag erhalten. Beispielsweise können Verbraucher beim Autokauf eine Versicherung abschließen und erhalten hierfür in den ersten drei Jahren Inspektion und Verschleißteile kostenlos. Dass das Bedürfnis nach Sicherheit und Bequemlichkeit, auf das solche Angebote abzielen, beim Verbraucher stark ausgeprägt zu sein scheint, zeigt sich u. a. daran, dass rund 50 % der Privatkunden an derartigen Finanz- und Versicherungs-Dienstleistungen Interesse zeigen.

Wie wichtig der **Leasing- und Kreditkunde** für den Automobilhandel ist, belegen die folgenden Zahlen von *BMW*. Während lediglich 55 % der Barzahler im Folgegeschäft wiederum einen *BMW* erwerben, beträgt deren Anteil bei Kreditkunden 71 % und bei Leasingnehmern 80 %. Lediglich 60 % der Barzahler bleiben beim nächsten Autokauf demselben *BMW*-Händler treu, bei den finanzierenden Kunden sind dies immerhin 75 %. Und während der durchschnittliche „Cash-Kunde“ (gerechnet für alle Baureihen) gerade einmal 7.115 € in

Extra-Ausstattung investiert, liegt dieser Betrag beim Leasing-Kunden bei 9.839 € und damit um 38 % darüber.

Quelle: *o. V.*: Autofinanzierung als Kerngeschäft, in: Frankfurter Allgemeine Zeitung, Nr. 221 vom 22.09.2007a, S. 50; *o. V.*: Schwere Zeiten für den Autohandel, in: Frankfurter Allgemeine Zeitung, Nr. 122 vom 29.05.2007o, S. 16.

7.3 Programm- und sortimentspolitische Gestaltungsdimensionen

7.3.1 Umfang und Struktur

Die programmpolitische Grundorientierung besagt, welche Gemeinsamkeiten sämtliche Leistungen eines Unternehmens prägen. Bei der Ausrichtung ihres Leistungsangebots orientieren sich **Hersteller** an folgenden **Kriterien** (vgl. im Folgenden *Nieschlag/Dichtl/Hörschgen* 2002, S. 683 – 686):

- **Material**
  Eine Ausrichtung des Produktionsprogramms am Material (etwa Stahl, Holz) bietet sich an, wenn die Produktionsanlagen nur auf diese Weise genutzt werden können, ein Unternehmen an die Gewinnung und Veredelung bestimmter Rohstoffe gebunden ist und/oder das Material noch über unausgenutzte Marktchancen verfügt.
- **Problemtreue**
  In diesem Fall richten Unternehmen ihr Leistungsangebot an den Problemen bzw. Bedürfnissen eines bestimmten Abnehmerkreises aus. Beispielsweise dienen die Produkte der Pharmaindustrie dazu, das Problem Krankheit zu bewältigen.
- **Wissenstreue**
  In diesem Fall basiert das Produktionsprogramm auf spezifischem Know-how. Als Beispiel können Unternehmen der Raumfahrtindustrie angeführt werden.

Ähnlich agieren **Dienstleistungsunternehmen**, die ihre Angebotspalette an den Problemen ihrer Klientel (etwa Vermögensberater, Unternehmensberater) und/oder am eigenen Wissen (z. B. EDV-Unternehmen) ausrichten.

Handelsunternehmen schließlich lassen sich bei der Ausrichtung ihres Sortiments von folgenden **Prinzipien** leiten:

- **Material bzw. Herkunft der Güter**
  Beispiele für Handelsunternehmen, deren Angebot auf Material bzw. Herkunft der Güter fokussiert ist, sind Textil-, Eisenwaren- und Möbelgeschäfte.
- **Bedarfskreis**
  Hier werden die Sortimente am Bedarf der Verbraucher ausgerichtet. Beispiele sind Handelsunternehmen, die „Alles für das Kind", „... für die Freizeit", „... für das Haus" etc. anbieten.

- **Niedrige Preislage**
  In diesem Fall zeichnen sich Unternehmen durch eine ausgeprägte Preisorientierung des Sortiments aus (z. B. Discounter, Fachmärkte, Verbrauchermärkte, Versandhandelsunternehmen; vgl. zu den Betriebstypen des Einzelhandels Abschnitt 9.3.3).
- **Selbstverkäuflichkeit der Ware**
  Hier werden nur Waren angeboten, die verkaufstechnisch als problemlos gelten und sich folglich für Selbstbedienung eignen. Typisch für eine solche Ausrichtung sind die Sortimente von Super- und Verbrauchermärkten, Discountern, Waren- und Versandhäusern, Selbstbedienungswarenhäusern sowie Warenautomaten (vgl. hierzu Abschnitt 9.3.3).

In diesem Kontext erscheint es zweckmäßig, einen genaueren Blick auf die Sortimentsstruktur von Handelsunternehmen zu werfen. Der hierarchische Aufbau des Sortiments lässt sich Abb. 7.6 entnehmen.

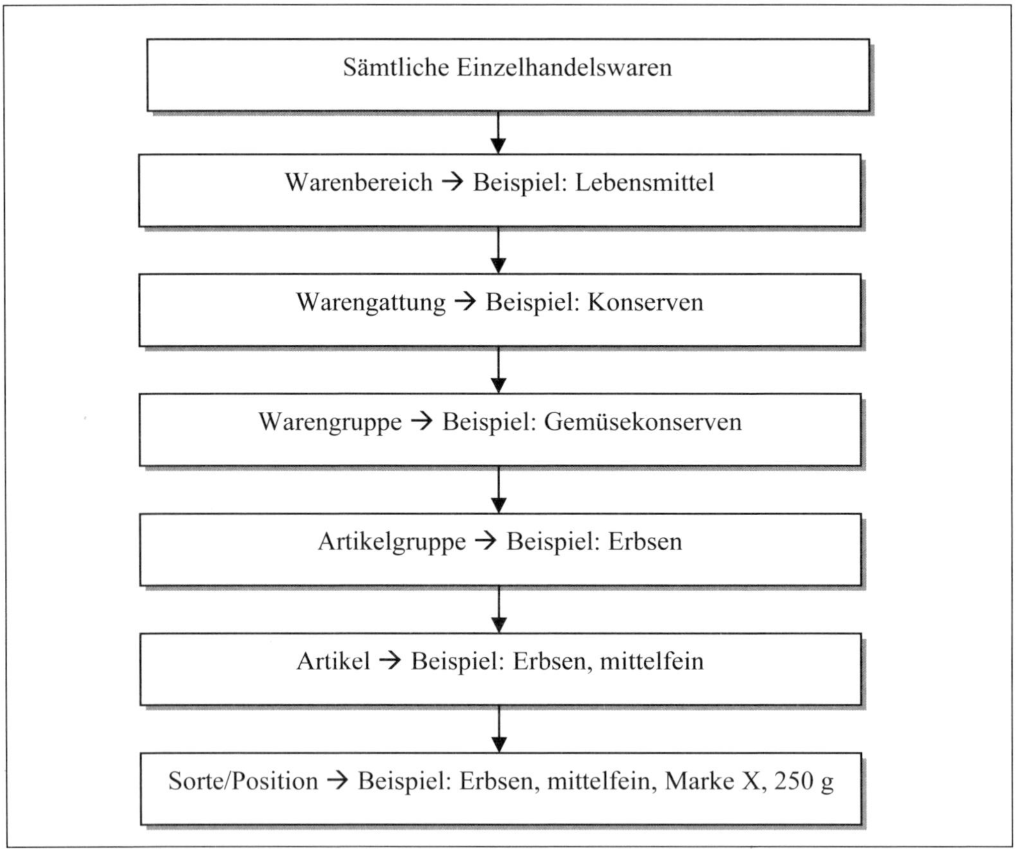

Abb. 7.6: Die Sortimentseinheiten im Überblick (Quelle: Berekoven 1995, S. 97)

Der Sortimentsumfang bezeichnet Größe bzw. Ausdehnung eines Sortiments und lässt sich anhand folgender Dimensionen charakterisieren:

- **Sortimentsbreite:** Diese ergibt sich aus der Anzahl der geführten Produkte.
- **Sortimentstiefe:** Sie wird durch die Anzahl der angebotenen Varianten bzw. Marken pro geführtem Produkt bestimmt.
- **Sortimentsmächtigkeit:** Sie drückt die Anzahl der Stücke pro Sorte/Position aus.

7.3.2 Veränderung

Überblick

Ein Hersteller kann sein Produktprogramm auf folgende Weise verändern:

- Entwicklung neuer Produkte
- Veränderung vorhandener Produkte
- Elimination von Produkten

Entwicklung neuer Produkte (= Produktinnovation)

In Zeiten gesättigter Märkte und steigendem Konkurrenzdruck kommt der Entwicklung neuer Produkte eine zentrale Rolle zu. Hierbei kann es sich zum einen um Marktneuheiten (= prinzipiell neue Problemlösungen) und zum anderen um Betriebs- und Unternehmensneuheiten (= Problemlösungen, die bereits am Markt vorhandenen Produkten ähnlich sind) handeln (vgl. zur Entwicklung neuer Produkte ausführlich Abschnitt 6.6.3).

Die folgenden Daten aus dem Lebensmittelsektor machen deutlich, dass die **Entwicklung von neuen Produkten** in vielen Fällen bereits die kritische Grenze überstiegen hat (vgl. *Becker* 2001, S. 466):

- Weniger als 3 % der Neueinführungen sind „innovativ“ (sog. "Me too"-Problematik).
- Während 1977 im Lebensmittelsektor 100 neue Produkte entwickelt und produziert wurden, waren es 1997 bereits 2.000 neue Produkte.
- Drei von vier Produkten scheitern im Jahr der Neueinführung. Ein Grund hierfür dürfte in der zu starken Wettbewerbsorientierung zu finden sein.

Ideen für Produktinnovationen fließen grundsätzlich aus **zwei Quellen** (vgl. hierzu auch *Thiel* 2003):

- **Unternehmensexterne Quellen**, wobei von Endverbrauchern (z. B. durch Beschwerden, Garantiefälle), Absatzmittlern (Groß- und Einzelhandel) und -helfern (etwa Beratungsunternehmen), Konkurrenten, Verbraucherschutzorganisationen, Warentestinstituten, Presseorganen und nicht zuletzt vom Gesetzgeber Anstöße ausgehen können. In diesem Fall spricht man von **Market-Pull-Innovation**.

- **Unternehmensinterne Quellen**: Hierzu zählen die Grundlagenforschung, Kostenanalysen, das innerbetriebliche Vorschlagswesen, Qualitätszirkel und nicht zuletzt die Marketing-Forschung. Dabei handelt es sich um sog. **Technologie-Push-Innovationen**.

Insbesondere in den letzten beiden Fällen kommen kreative Methoden zum Einsatz. Unter **Kreativitätstechniken** versteht man Verfahren und Techniken, die bei der Lösung von Problemen in schlecht strukturierten Situationen, welche abseits jeglicher Routine liegen, unterstützen. Kreativitätstechniken lassen sich in **drei Rubriken** einteilen (vgl. *Nieschlag/Dichtl/Hörschgen* 2002, S. 698 – 701; *Schneider/Kornmeier* 2006a; *Schneider* 1998, S. 225 – 226; *Schütz* 1996, S. 40):

- **Kreativität durch Konfrontation**: Hier werden Verfahren eingesetzt, die dazu dienen, weiter entfernt liegende Reize und Denkstrukturen zu übertragen. Die Kreativität liegt in der Anpassung dieser Denkmuster an die Problemstellung (sog. Force-It). Die zu dieser Gruppe zählende **Synektik-Methode** wurde 1991 von *Gordon* entwickelt, basiert auf diesem Prinzip und geht von der Erkenntnis aus, dass neue Ideen durch Bildung von Analogien entstehen. Hierbei werden folgende Phasen durchlaufen:
  - Auswahl und Schulung der Synektik-Mitglieder
  - Vermittlung des zu lösenden Problems
  - Schrittweise Verfremdung durch Analogien aus Natur, Technik, dem eigenen Lebensbereich usw.
  - Konfrontation des verfremdeten Sachverhalts mit der Problemstellung (sog. Force-It) und Entwicklung von Lösungsansätzen
- **Kreativität durch Zerlegung des Problems**: Dabei wird ein komplexes, schlecht strukturiertes Problem in seine Bestandteile zerlegt und diese Module in einem kreativen Akt neu kombiniert. Die bekannteste Methode dieser Kategorie ist die morphologische Methode des Schweizers *Fritz Zwicky* (1996). Hierbei gestalten sich die einzelnen Schritte folgendermaßen:
  - Definition des Problems
  - Zerlegung des gesamten Problems in einzelne Bestandteile (= Parameter)
  - Entwicklung einzelner Lösungsvorschläge für die einzelnen Parameter und Eintrag in den sog. morphologischen Kasten
  - Auswahl und Bewertung von Parameterkombinationen und Realisierung der besten Lösung (vgl. Tab. 7.10).
- **Kreativität durch Assoziation**: Dabei werden bekannte Lösungen für das Problem durch Übertragung anderer Denkmuster variiert. Welche Denkmuster übertragen werden, wird dem Zufall überlassen mit der Folge, dass zunächst nahe liegende und erst später verfremdete Assoziationen gebildet werden. Zu den bekanntesten Methoden dieser Kategorie zählen das Brainstorming sowie die 6-3-5 Methode.

Tab. 7.10: Anwendungsbeispiel eines morphologischen Kastens für eine Uhr (Quelle: Nieschlag/Dichtl/Hörschgen 2002, S. 699)

Parameter	Bekannte und mögliche Lösungen		
Energiequelle	Aufzug von Hand	Starkstromnetz	Temperaturschwankungen
Energiespeicher	Angehobene Gewichte	Feder	Akkumulator
Motor	Federmotor	Elektromotor	Hydraulischer Motor
Geschwindigkeitsregler	Fliehkraftregler	Hippscher-Pendel	Netzfrequenz
Getriebe	Zahnradgetriebe	Kettengetriebe	Magnetgetriebe
Anzeige	Zeiger und Zifferblatt	Rollen und Fenster	Wendeblätter

Das **Brainstorming (Gehirnsturm)** wurde vom dem US-amerikanischen Werbeberater *Alex F. Osborn* 1953 entwickelt. Hierbei handelt es sich um ein Verfahren, bei dem in Diskussionsform nach neuen Methoden gesucht wird. Grundprinzip des Gehirnsturms ist das Aufgreifen und spontane Weiterspinnen von Ideen, die im Verlauf einer Sitzung von den Teilnehmern eingebracht werden. Auf diese Weise entstehen Assoziationsketten, die im Regelfall bislang nicht gesehene Lösungsmöglichkeiten eines Problems zutage fördern.

Bei der Durchführung einer Brainstorming-Sitzung sollten folgende **Regeln** beachtet werden:

- An einer Brainstorming-Sitzung sollten fünf bis maximal acht Personen teilnehmen. Bei kleineren Gruppen können keine Assoziationsketten entstehen; bei größeren Foren wird die Diskussion von einigen Wenigen dominiert, zu viele Teilnehmer tauchen in der Masse ab.
- Die optimale Sitzungsdauer beträgt zwischen zehn und dreißig Minuten. Kürzeren Sitzungen fehlt die Aufwärmphase, bei längeren Brainstorming-Runden lässt die Fähigkeit zu kreativem Denken merklich nach.
- Der Vorgesetzte sollte in der Diskussionsrunde bewusst auf seine Führungsrolle verzichten und dies seinen Mitarbeitern gegenüber deutlich machen (Abbau von Hierarchiedenken). Andernfalls entstehen unnötige Hemmschwellen. Die Bereitschaft der Mitarbeiter, sich kreativ und damit unbefangen zu äußern, sinkt deutlich.
- Es bestehen keinerlei Urheberrechte an den produzierten Ideen. Jeder Teilnehmer kann die Lösungsansätze eines anderen aufgreifen und weiterentwickeln bzw. variieren.
- Kritik an Vorschlägen, das sog. Ideen-Killing, ist nicht erlaubt. Denn logische Argumente oder Erfahrung schränken die freie Ideenentfaltung nur unnötig ein.

Die Beiträge der Brainstorming-Sitzung sollten von einem Protokollanten aufgezeichnet werden, gegebenenfalls kann auch ein Diktier/Aufzeichnungsgerät eingesetzt werden. Das wichtigste Prinzip des Gehirnsturmes lautet: Die Quantität der Lösungen ist zunächst wichtiger als deren Qualität. Deshalb sollten die produzierten Ideen erst im Anschluss an die Sitzung auf ihre Realisierbarkeit hin untersucht werden.

Eine Variante des Brainstorming ist die **Methode 635**, das sog. **Brainwriting**. Hierbei wird **sechs Mitgliedern** einer Arbeitsgruppe eine schriftlich festgelegte Problemstellung vorgelegt mit der Bitte, mindestens **drei mögliche Lösungen** auf einem Blatt Papier festzuhalten. Nach **fünf Minuten** wird das Blatt im Uhrzeigersinn an den nächsten Teilnehmer weitergegeben. Dieser hat erneut fünf Minuten Zeit, um drei Ideen zu entwickeln. Dabei kann er, genau wie beim Brainstorming, die Vorschläge seines Vorgängers ergänzen, dessen Ideen variieren oder völlig neue Ideen entwickeln. Mit dieser Technik können in 30 Minuten bis zu 108 Ideen entwickelt werden, aber auch hier gilt: Die Ideen sollten erst im Anschluss auf ihre Umsetzbarkeit hin überprüft werden.

Veränderung vorhandener Produkte (= Produktmodifikation)

Bei der **Produktmodifikation** wird ein vorhandenes Produkt verändert, wobei zwei **Spielarten** unterschieden werden (vgl. *Meffert* 2000, S. 437 – 450; *Nieschlag/Dichtl/Hörschgen* 2002, S. 709 – 710; *Pepels* 2000, S. 418 – 428):

- **Produktvariation**
  Hier werden ein Produkt im Zeitablauf verändert und damit das bisherige Erzeugnis ersetzt (z. B. das neue *Persil* mit optimierter Wirkformel).
- **Produktdifferenzierung**
  Hier bleibt die Ausgangsvariante auch weiterhin bestehen und es werden eine oder mehrere veränderte Versionen zusätzlich angeboten (etwa *Coca-Cola classic*, *Coca-Cola light*, *Coca-Cola koffeinfrei*, *Coca-Cola Zero*).

Fallstudie „Produktdifferenzierung" – die Produktpalette von *ASPIRIN®*

Das Schmerzmittel *Aspirin®* wird in folgenden Varianten angeboten:

- *ASPIRIN®* Effect als Granulat ermöglicht die Einnahme ohne Wasser.
- *ASPIRIN®* Migräne: Brausetablette für migränebedingte Kopfschmerzen.
- *ASPIRIN®*-Tablette: das klassische „Kopfschmerzmittel". Als Schlucktablette mit einem Glas Wasser einzunehmen.
- *ASPIRIN®* Plus C: Brausetabletten mit Vitamin C, die in einem Glas Wasser aufgelöst werden können.
- *ASPIRIN®* Direkt: Die Kautablette, die ohne Flüssigkeit eingenommen und einfach zerkaut werden kann.
- *ASPIRIN®* Protect und *ASPIRIN®* N: Tabletten zur Vorbeugung von Herzinfarkten und Schlaganfällen. Aufgrund der magensaftresistenten Ummantelung ihres Wirkstoffs können die Mittel von den Patienten auch täglich eingenommen werden, natürlich nur nach ärztlicher Verordnung.

- *ASPIRIN®* Forte: Zur Anwendung bei starken Schmerzen oder Entzündungen. Durch einen Coffein-Zusatz wird eine schnellere und stärkere Wirkung ereicht.

Quelle: www.aspirin.de; Stand: 02.05.2003.

Produktelimination

Unter Produktelimination versteht man die Herausnahme eines Produkts aus dem Angebotsprogramm bzw. Sortiment eines Unternehmens (vgl. im Folgenden *Bruhn* 2001, S. 161 – 163; *Meffert* 2000, S. 450 – 455; *Pepels* 2000, S. 422 – 426; *Stender-Monhemius* 2002, S. 128). Ein wesentlicher Grund für die Notwendigkeit einer Produkteliminierung liegt in der Konkurrenz der unternehmenseigenen Produkte um **knappe Ressourcen** (z. B. Produktionskapazität, Marketingbudget, Lager- und Regalplatzkapazität, Personal; vgl. *Herrmann* 1998, S. 545).

Als **quantitative Kriterien** für die Elimination von Produkten sind zu nennen:

- Sinkende/r Umsatz, Absatz, Marktanteil, Deckungsbeitrag, Kapitalumschlag, Rentabilität
- Geringer Umsatzanteil (vgl. hierzu die ABC-Analyse in Abschnitt 6.6.5)
- Ungünstige Umsatz/Kosten-Relation
- Starke Beanspruchung knapper Ressourcen
- Hoher Anteil an den Komplexitätskosten des Unternehmens

Als **qualitative Entscheidungskriterien** sind anzuführen:

- Einführung von besseren Konkurrenz- und/oder Substitutionsprodukten
- Negativer Einfluss auf das Unternehmensimage
- Änderungen in der Bedarfsstruktur der bisherigen Kunden
- Entstehung von Kannibalisierungseffekten zwischen den eigenen Produkten
- Technische Veralterungen und Gesetzesänderungen
- Soziale Faktoren wie die Versorgung der Bevölkerung, die Sicherung von Arbeitsplätzen oder die Belastung der Umwelt

Die angeführten Kriterien sind keinesfalls zwingende Gründe für die Elimination, sondern weisen lediglich auf „eliminierungsverdächtige" Produkte bzw. Artikel hin. Um eine fundierte Entscheidung zu treffen, müssen auch die folgenden **Risiken** einer Produktelimination ins Kalkül gezogen werden:

- Negative Auswirkungen auf das Image bei Kunden und Absatzmittlern sowie -helfern
- Verlust von Verbundeffekten
- Verlust von Synergie- und Erfahrungskurveneffekten (vgl. hierzu Abschnitt 6.6.4)
- Stärkung der Konkurrenz
- Nutzungsprobleme bei den nunmehr freigewordenen Kapazitäten
- Fehlerhafte Einschätzung der zukünftigen Entwicklung von Produkten

8 Kontrahierungsmanagement

„Die Leute von heute wollen das Leben von übermorgen zu den Preisen von gestern."

Tennessee Williams (* 26. März 1911 in Columbus, Bundesstaat Mississippi; † 25. Februar 1983 in New York City), US-amerikanischer Schriftsteller

Dieses Kapitel vermittelt,:

- was man unter Kontrahierungsmanagement versteht,
- welche Aufgaben dem Preismanagement zufallen,
- aus welchen Komponenten sich Preis und Leistung zusammensetzen,
- wie ein Unternehmen die Wahrnehmung des Preis/Leistungsverhältnisses beeinflussen kann,
- anhand welcher Faktoren sich der Angebotspreis bestimmen lässt und
- welche Gestaltungsmöglichkeiten das Konditionenmanagement bietet.

8.1 Überblick

Kontrahierungsmanagement umfasst sämtliche Marketing-Maßnahmen, die dazu dienen, die (monetären) Gegenleistungen der Käufer für die von einem Unternehmen angebotenen Produkte und Dienstleistungen zu gestalten und durchzusetzen (vgl. *Diller* 2001, S. 1337; im Folgenden *Bruhn* 2001, S. 167 – 200; *Diller* 2000; *Meffert* 2000, S. 482 – 599; *Nieschlag/ Dichtl/Hörschgen* 2002, S. 731 – 879; *Simon* 1992). Hierzu gehören folgende **Instrumente:**

- **Preismanagement**
  Der Preis ist das Entgelt für die Leistungen, die ein Unternehmen auf einem Markt anbietet. Preismanagement bezeichnet sämtliche Maßnahmen und Entscheidungen, mit denen Preise beeinflusst und am Markt durchgesetzt werden. Diese können sich auf das gesamte Angebot eines Unternehmens, auf Teilbereiche oder auf einzelne Produkte oder Leistungen beziehen.
- **Konditionenmanagement**
  Hierzu zählen sämtliche Vereinbarungen, die neben dem Preis im Vertrag über das Leistungsangebot festgehalten werden. Im Wesentlichen sind das:
  - Rabatte (sog. Rabattmanagement),
  - Liefer- und Zahlungsbedingungen sowie
  - Kredite (sog. Kreditmanagement).

8.2 Aufgaben und Besonderheiten des Preismanagement

Das Preismanagement umfasst sämtliche Maßnahmen und Entscheidungen, mit denen Preise beeinflusst und am Markt durchgesetzt werden können. Konkret stellen sich folgende **Aufgaben** (vgl. *Bruhn* 2001, S. 173 – 176):

- **Preispositionierung**, d. h. Festlegung der Preislage
  Ein Unternehmen muss sich grundsätzlich für die Preislagen entscheiden, in denen es agieren möchte (z. B. obere, mittlere oder untere Preislage). Hier bietet sich auf der einen Seite des Spektrums die sog. Präferenz-Strategie an, die sich durch relativ hohe Preise auszeichnet, welche mit hoher Produktqualität und Exklusivität verbunden sind (z. B. im Falle von Luxusprodukten und Parfums). Auf der anderen Seite kann eine Preis/Mengen-Strategie eingeschlagen werden. Charakteristisch hierfür sind relativ niedrige Preise, mit denen das Image eines Niedrigpreisanbieters erzeugt wird (vgl. hierzu ausführlich Abschnitt 6.2.2).

- **Preisstrategie**, d. h. die Fixierung der Einführungspreise und deren Veränderung im Zeitablauf. Der Preis wird erstmalig festgelegt, wenn:
  - Produkte neu in das Leistungsspektrum aufgenommen werden,
  - in neue Märkte eingetreten wird (z. B. in Auslandsmärkte oder Regionalmärkte) oder
  - Angebote für neue Aufträge erstellt werden.

  Mit der **Abschöpfungspreisstrategie (Skimming Pricing)** steigt ein Anbieter mit einem hohen Preis möglichst rasch in den Markt ein. Der Preis pendelt sich erst später auf einem darunter liegenden Niveau ein. Bei der **Durchdringungspreisstrategie (Penetration Pricing)** hingegen wird das Produkt mit einem relativ niedrigen Preis eingeführt, um schnell Massenmärkte zu erschließen. Zur Preisstrategie zählt auch die **Preisdifferenzierung**. Hierunter versteht man die Festlegung verschiedener Preise für das gleiche Produkt bzw. die gleiche Leistung (vgl. ausführlich Abschnitt 8.4.3).

- Bestimmung der **optimalen Preisabstände** von Produkten innerhalb einer Produktlinie
  Hier müssen zunächst die Preise für sich gegenseitig substituierbare Produkte eines Programms so festgelegt werden, dass keine Kannibalisierung stattfindet. Dies wäre z. B. der Fall, wenn ein Kunde von einem *BMW* der 5er-Modellreihe auf die günstigere 3er-Reihe umsteigt und damit dem Unternehmen weniger Gewinn beschert. Des Weiteren gilt es, den Preisabstand zu komplementären Angeboten (z. B. Computer, Bildschirm und Drucker) zu optimieren. Schließlich muss die optimale Preisdistanz zu Konkurrenzprodukten ausgelotet werden.

- **Preisdurchsetzung**
  Letztlich muss der festgelegte Preis am Markt durchgesetzt werden (vgl. dazu *Diller* 2000, S. 398 ff.). Hierzu bedienen sich Hersteller zum einen der vertikalen Preisempfehlung, die aber häufig von preisaggressiven Handelsunternehmen mit entsprechender Nachfragemacht unterlaufen wird (zu den rechtlichen Aspekten der vertikalen Preisempfehlung vgl. *Bunte* 2001, S. 1310 – 1311). Zum anderen kann die Akzeptanz der Verbraucher durch sog. Preiswerbung gesteigert werden. Konkret rechtfertigen Anbieter das relativ hohe Preisniveau, indem sie die qualitative Überlegenheit ihrer Produkte beto-

nen oder Zweifel an der Minderwertigkeit billiger (Konkurrenz-)Angebote schüren. Als weitere Ansatzpunkte zur Durchsetzung von Preisen bieten sich an (vgl. *Simon* 1992):

- Vorbereitung des Kunden auf die Notwendigkeit von Preiserhöhungen durch gezielte Kostendiskussionen
- Stillschweigende Durchführung von Preiserhöhungen, d. h. Korrektur der Listenpreise nach oben
- Durchführung der Preiserhöhung in zeitlicher Nähe zu publizierten Kostensteigerungen (z. B. Tariflohn- oder Steuererhöhungen)
- Preiserhöhung zeitgleich mit Produktverbesserungen
- Durchführung der Preiserhöhung in mehreren kleinen Schritten
- Preiserhöhung in Form von Mengen- bzw. Packungsverkleinerungen bei konstantem Preis
- Aufspaltung eines Einheits- bzw. Bündelungspreises in seine Komponenten

Preispolitische Entscheidungen weisen folgende **Besonderheiten** auf:

- **Preistransparenz**
  Im Vergleich zum Produkt sind Preise für den Verbraucher auf den ersten Blick unmittelbar vergleichbar. Nichtsdestotrotz bieten sich dem Anbieter auch hier Möglichkeiten, die Preisforderung intransparent zu gestalten (Leasing, simultaner und sukzessiver kalkulatorischer Ausgleich). Beispielsweise kompensieren die hohen Preise für später anfallende Wartungs- und Reparaturarbeiten und Ersatzteile den im Zuge einer zeitlichen Mischkalkulation niedrig gestalteten Anschaffungspreis.

- **Flexibilität**
  Im Gegensatz zu anderen Marketing-Mix-Instrumenten (etwa Modifikation eines Produkts, Wahl eines Vertriebsweges oder Imageveränderung eines Produktes) kann die Preispolitik kurzfristig variiert werden. Lediglich Unternehmen wie Versender oder Kataloganbieter sind hier in ihrer Anpassungsfähigkeit eingeschränkt, da sie bis zur Ausgabe des nächsten Kataloges an ihr Preisangebot gebunden sind.

- **Ambivalenz von Preissenkungen**
  Für den Verbraucher dient der **Preis** häufig als **Qualitätsindikator**, d. h. er schließt von einem hohen Preis auf eine hohe Qualität und von einem niedrigen Preis auf eine geringe Qualität. Vor diesem Hintergrund wird einsichtig, dass Preissenkungen nicht selten als Ausdruck von Minderwertigkeit interpretiert werden.

- **Einbahn-Charakter**
  Es gestaltet sich schwer, „echte" Preissenkungen zu einem späteren Zeitpunkt rückgängig zu machen. Denn der Verbraucher gewöhnt sich i. d. R. an das niedrige Niveau und empfindet das Anheben auf den ursprünglichen Preis wie eine Preiserhöhung. Vor diesem Hintergrund bevorzugen Unternehmen normalerweise Rabatte sowie eine Dauerniedrigpreispolitik.

- **Sensitivität**
  Die Preispolitik ist mit einer gewissen Sensibilität zu nutzen. Im Falle einer **aggressiven Preispolitik** etwa muss mit entsprechenden Reaktionen der Wettbewerber gerechnet werden, was nicht selten in einem ruinösen Preiswettbewerb endet. Dieser Gefahr versuchen sich einige Anbieter durch sog. **Preisabsprachen** zu entziehen, was kartellrechtlich grundsätzlich verboten ist.

- **Mehrstufigkeit**
  Preispolitische Entscheidungen sind hochgradig abhängig von den jeweiligen Partnern. So versuchen Hersteller, ihre anvisierten Endverbraucherpreise durch die sog. **vertikale Preisempfehlung** gegenüber Groß- und Einzelhandel abzusichern. Der Handel unterläuft diese Empfehlung jedoch häufig, um seine Preisgünstigkeit zu unterstreichen. Vor diesem Hintergrund verwundert die steigende Zahl von Klagen wegen **Untereinstandspreisverkäufen** des Handels nicht.
  Starke Lieferanten praktizieren im Falle von Untereinstandspreisen einen preispolitisch motivierten **Selektivvertrieb**: Sie schließen preisaggressive Anbieter wie Discounter, Verbrauchermärkte und SB-Warenhäuser vom Bezug ihrer Ware aus mit dem Ziel, Frieden im Absatzkanal zu gewährleisten.

Fallstudie „Verbot des Verkaufs von Lebensmitteln unter Einstandspreisen"

In Deutschland ist der Verkauf von **Lebensmitteln** unter Einstandspreis seit 2007 **generell verboten**, wobei eine **offene Klausel für Ausnahmetatbestände** bei Lebensmitteln sowie eine **fehlende Ausweitung auf den Nonfood-Bereich** zu berücksichtigen sind.

Ausnahmen bei Lebensmitteln gelten lediglich für Untereinstandspreisverkäufe, die sachlich gerechtfertigt sind. Als Gründe führt der Gesetzgeber drohenden Verderb und Unverkäuflichkeit einer Ware an. Da es sich hierbei jedoch um keine abschließende Aufzählung handelt, lässt der Gesetzgeber weitere Begründungen zu. Beispielsweise dürften nach Einschätzung von Experten zwar Untereinstandspreise bei Insolvenz weiterhin möglich sein, wobei es bei der Neueröffnung von Geschäften sowie bei Produkteinführungen im Vergleich zur alten Regelung schwieriger werden dürfte, solche zu begründen.

Gänzlich ausgenommen vom Verbot sind sämtliche Nonfood-Artikel (etwa Shampoo, Windeln und Textilien). Diese dürfen auch weiterhin gelegentlich unter Einstandspreis verkauft werden. Begründet wird dies mit der besonderen Schutzwürdigkeit von Lebensmitteln.

Trotz der verschärften Regelung bleiben zwei zentrale Fragen weiterhin unbeantwortet: Wie eigentlich definiert sich der Einkaufspreis (etwa [Nicht-]Berücksichtigung von WKZ, Boni etc.), und kann dieser von externen Ermittlern überhaupt festgestellt werden?

Quelle: *Hasse, S.*: Unter-Einstands-Verbot tut nicht weh, in: LebensmittelZeitung, Nr. 18 vom 04.05.2007, S. 26.

Des Weiteren ist zu beobachten, dass durch das Erstarken des Handels in Folge von Konzentrationstendenzen und dem Kampf der Produzenten um die knappe Regalfläche im Handel die am Markt durchsetzbaren Endverbraucherpreise in Preisverhandlungen an Bedeutung verlieren. Wichtiger werden vielmehr die Absatzpreise ab Werk und deren Differenzierung durch Rabatte aller Art (z. B. Werbekostenzuschüsse, Naturalrabatte). Diese zunehmende **Dominanz des Konditionenmanagement** über das Preismanagement zeichnet sich dadurch aus, dass der Handel Rabatte aufgrund seiner Macht und nicht aufgrund von Gegenleistungen (z. B. Selbstabholerrabatt, Barzahlungsrabatt) einfordert (sog. **machtbedingtes Konditionensystem**). Starke Anbieter versuchen diesem **Nichtleis-**

tungswettbewerb durch ein **leistungsbezogenes Konditionensystem** zu begegnen: Nur Unternehmen, die entsprechende Gegenleistungen erbringen, kommen in den Genuss von Rabatten. Hierzu zählen beispielsweise Fachgeschäfte, die Beratungs- und Serviceleistungen erbringen und so dem Image des Herstellers und seiner Produkte förderlich sind.

Fallstudie „Durchsetzbarkeit von anvisierten Endverbraucherpreisen" (1) – *real,* und *Badische Staatsbrauerei Rothaus*

Bei einer der Eröffnung eines neuen *real,*-Marktes wurde der Kasten *Rothaus*-Pils Tannen Zäpfle zu einem Preis von 9,90 € angeboten. Damit wurde der von der *Rothaus*-Brauerei anvisierte Endverbraucherpreis von 13,90 € um 4,00 € unterschritten. Aufgrund der Gefahr von Turbulenzen im Vertriebskanal sowie des negativen Einflusses auf das Image eines derartigen Premiumprodukts dürfte eine solche Verkaufsförderungsaktion wohl kaum im Interesse der Brauerei liegen. Hätte die *Rothaus*-Brauerei im Vorfeld Kenntnis von der Aktion erlangt, hätte sie wohl unverzüglich die Belieferung des *real,*-Marktes eingestellt. Um dies zu vermeiden, zog *real,* Bestände von anderen Standorten ab und „hortete" diese in Freiburg. So gelang es, die für eine solche Aktion erforderlichen Bestände vorrätig zu haben, ohne gleichzeitig Misstrauen beim Lieferanten zu wecken.

Fallstudie „Durchsetzbarkeit von anvisierten Endverbraucherpreisen" (2) – die Anzeigenkampagne von *Jägermeister*

2007 schaltete *Jägermeister* in der LebensmittelZeitung, einem Medium für den Handel, eine Werbekampagne unter dem Motto „Mehr Wertschöpfung für den Handel". Im Mittelpunkt der Anzeigenserie standen die unverbindliche Preisempfehlung von 9,99 € sowie variierende Slogans, die visuell von bekannten Denkmälern und Bildern untermalt wurden. Hierzu einige Beispiele:

- Kämpft gegen den Preisverfall! (*Lenin*)
- Haltet die Preise hoch! (*Jeanne d'Arc*)
- Erobert Euch mehr Rendite! (*Julius Cäsar*)
- Befreit Euch von Preiskämpfen! (Freiheitsstatue in New York)

Auf diese Weise wollte der Spirituosen-Hersteller seine unverbindliche Preisempfehlung gegenüber dem Handel durchsetzen und seine Marke aus Preiskämpfen heraushalten.

8.3 Preis/Leistungsverhältnis

8.3.1 Komponenten

Der Preis definiert sich als Entgelt für eine bestimmte Leistung. Der Preis eines Produktes besitzt demnach nur Aussagekraft, wenn er ins Verhältnis zur erworbenen Leistung gesetzt wird. Vor diesem Hintergrund gilt es zunächst zu beleuchten, aus welchen **Komponenten** sich Preis und Leistung zusammensetzen (vgl. im Folgenden *Nieschlag/Dichtl/Hörschgen* 2002, S. 740 – 761).

Aus der Perspektive des Abnehmers definiert sich der Preis als Gesamtheit der mit der Beschaffung, der Nutzung und der Entsorgung einer Leistung verbundenen monetären und nicht-monetären Kosten. Zu den **monetären Kosten** zählen:

- Verkaufsentgelt (= Listenpreis abzüglich Preisnachlässe),
- Beschaffungsnebenkosten (etwa für Lieferung, Installation und Kreditierung),
- Betriebskosten (= Kosten der Nutzung, Wartung und Reparatur von Produkten) sowie
- Entsorgungskosten für die Rückführung des Produktes in den Stoffkreislauf bzw. (als Negativposition) Wiederverkaufserlöse.

Fallstudie „Die Preistreppe"

Die in Tab. 8.1 angeführte Preistreppe verdeutlicht beispielhaft, dass Rechnungspreis und tatsächlich erzielter Preis deutlich vom Listenpreis nach unten abweichen können. Zieht man vom Listenpreis von 12,-- € die Rabatte ab, bleibt ein Rechnungspreis von 11,56 € übrig. Dieser wiederum reduziert sich um:

- Skonto,
- Umsatzrückvergütung,
- nicht berechnete Verkaufsförderung seitens des Herstellers,
- Werbekostenzuschüsse (= WKZ) sowie
- dem Abnehmer nicht in Rechnung gestellte Frachtaufwendungen.

Am Ende bleibt gerade einmal ein tatsächlich erzielter Preis von 8,94 € übrig. Dies entspricht 77,3 % des in Rechnung gestellten Preises (vgl. *Marn/Rosiello*, zitiert nach *Schütz* 1996, S. 72).

Tab. 8.1: Die Preistreppe (in €; Quelle: in Anlehnung an Marn/Rosiello, zitiert nach Schütz 1996, S. 72)

Listenpreis	12,--
./. Mengenrabatt	0,20
./. spezieller Händlerrabatt	0,24
= Rechnungspreis	11,56
./. Skonto	0,60
./. jährliche Umsatzrückvergütung	0,74
./. nicht berechnete Verkaufsförderung	0,70
./. gemeinsame Werbung (WKZ)	0,40
./. Fracht	0,18
= tatsächlich erzielter Preis	8,94 (= 77,3 % des Rechnungspreises)

Die **nicht-monetären Aufwendungen** umfassen sämtliche physischen und psychischen Aufwendungen, die im Zusammenhang mit dem Erwerb eines Produktes entstehen. Dies sind im einzelnen Aufwendungen für:

- Information (etwa Lesen von Katalogen, Fachzeitschriften und Internetseiten; Führen von Informationsgesprächen),
- Verhandlungen (z. B. Preisverhandlungen mit Anbietern),
- Transfer (u. a. Zeit, um die Distanz zwischen Wohn- und Einkaufsort zurückzulegen) und
- Kontrolle der Richtigkeit des Kaufs (z. B. Suche nach und Verarbeitung von konsonanzfördernden Informationen).

Bei den **Leistungskomponenten** lassen sich im Sinne des **Nutzenkonzepts von *Vershofen*** (1940) Grund- und Zusatzleistungen unterscheiden. Die **Grundleistung** konstituiert sich aus wirtschaftlichen, technisch-stofflichen und funktionellen Eigenschaften eines Produktes bzw. einer Dienstleistung. Die **Zusatzleistungen** setzen sich aus folgenden Komponenten zusammen aus:

- technischer und kaufmännischer Kundendienst,
- gesetzlich festgelegte und/oder freiwillige Garantieleistungen,
- Prestige sowie
- Anmutung.

Die Entscheidung des Verbrauchers basiert jedoch nicht auf dem objektiven Preis/Leistungsverhältnis eines Produktes. Vielmehr handelt es sich um einen Wahrnehmungsprozess und damit um ein **subjektives Phänomen**, was u. a. auf folgende **Gründe** zurückzuführen ist:

- Für den Verbraucher gestaltet es sich schwierig, die Leistung komplexer Güter zu bewerten, da einige **Leistungskomponenten unbekannt** oder **intransparent** sind. Welcher Verbraucher kennt beispielsweise das gesamte Anwendungsspektrum seines Handys oder seines Laptops?
- Nicht die objektive Qualität, sondern der vom Verbraucher empfundene **subjektive Nutzen** einzelner Leistungskomponenten ist entscheidungsrelevant. Beispielsweise misst der sportliche Autofahrer der Leistungsstärke eines Motors einen höheren Stellenwert bei als der sicherheitsbewusste Fahrer.
- **Unterschiede in der Qualität** einzelner Leistungskomponenten können einen objektiven Vergleich zwischen Preis und Leistung erschweren. So können zwei Produkte hinsichtlich des Vorhandenseins bestimmter Ausstattungselemente völlig identisch sein und trotzdem deutliche Unterschiede bei der Qualität aufweisen.
- **Situative Gegebenheiten des Kaufs** (etwa Ort des Erwerbs, Zeitdruck, Verkaufsförderung am Point-of-Sale) können die Wahrnehmung des Preis/Leistungsverhältnisses beeinflussen. Für die meisten Verbraucher macht es beispielsweise einen deutlichen Unterschied aus, ob sie einen bestimmten Markenartikel am Kiosk, im Supermarkt oder an der Tankstelle erwerben.
- **Externe Effekte** (etwa Belastung der Umwelt) gehören zwar zum objektiven Preis/-Leistungsverhältnis eines Produktes, sind für die meisten Verbraucher aber nicht entscheidungsrelevant. **Externe Effekte** sind definiert als Vor- und Nachteile, die aus dem

Ge- bzw. Verbrauch eines Gutes durch den Erwerber für Dritte resultieren, ohne dass diese für Vorteile bezahlen müssen bzw. für erlittene Nachteile entschädigt werden.

- **Ambivalenz der Kriterien**: Dies verdeutlicht zum einen das Beispiel der nicht-monetären Aufwendungen: Bedeutet etwa das Durchforsten von Reisekatalogen für den einen eine Last und damit eine nicht-monetäre Aufwendung, kann dies einem anderen durchaus Vergnügen im Sinne einer Vorfreude auf den Urlaub bereiten und damit eine Nutzenkomponente darstellen. Zum anderen können bestimmte Produkteigenschaften sowohl mit Leistung als auch mit Kosten verbunden sein. So ist die Leistungsstärke eines Motors im Regelfall auch mit einem höheren Benzinverbrauch verbunden.

Wie Abb. 8.1 verdeutlicht, ist das subjektive Preis/Leistungsverhältnis das Ergebnis einer selektiven Aufnahme und bewertenden Verarbeitung von Informationen. Das Gesamturteil lässt sich gedanklich in einem zweidimensionalen Beurteilungsraum darstellen (vgl. A, B und C).

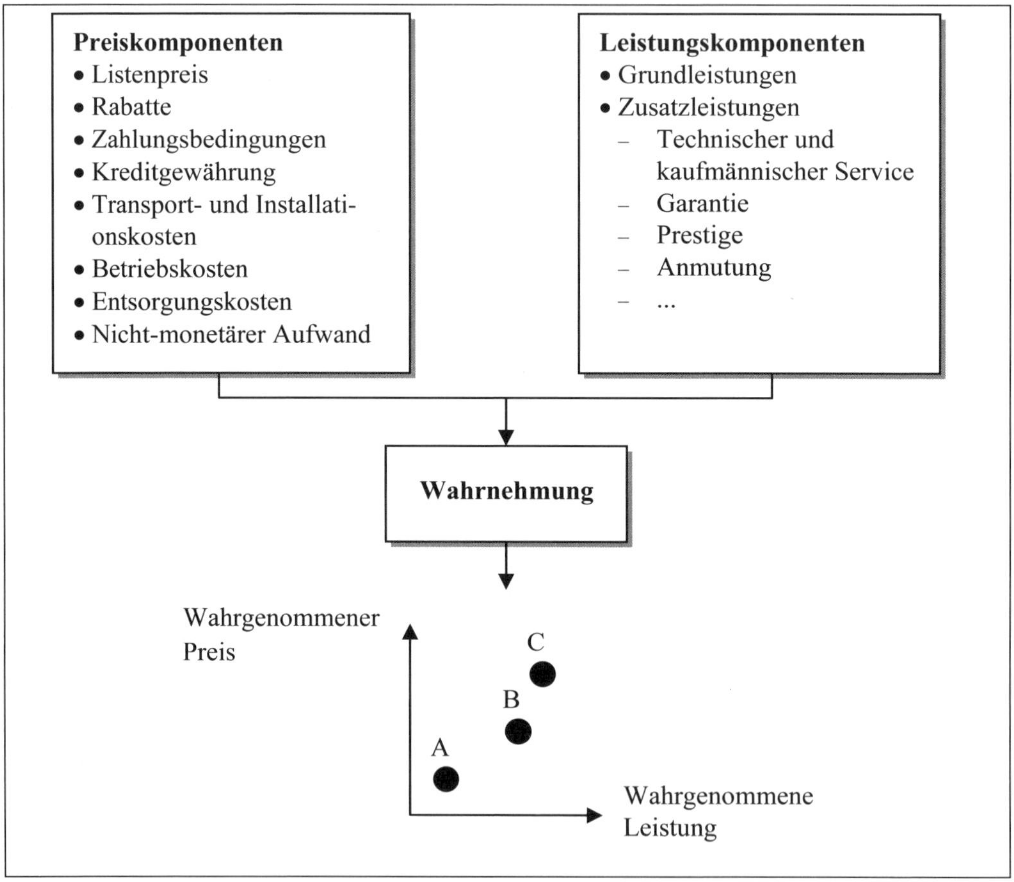

Abb. 8.1: Die Wahrnehmung des Preis/Leistungsverhältnisses (Quelle: in Anlehnung an Lingenfelder 2000)

In der idealtypischen Betrachtung, die in der Realität eher die Ausnahme als die Regel darstellt, ordnet der Verbraucher die in die Entscheidungsfindung einbezogenen Produkte nach ihrem subjektiv wahrgenommenen Preis/Leistungsverhältnis an. Für welches Produkt er sich letztlich entscheidet, determinieren die von ihm zugrunde gelegten Entscheidungsregeln. Lässt er sich beispielsweise aus Gründen der Risikominimierung von der Maxime „Kaufe stets das billigste Produkt." leiten, wird er Produkt A erwerben. Steht ihm nur ein begrenztes Budget zur Verfügung, das er vollständig ausschöpfen möchte, fällt seine Entscheidung auf Produkt B. Kauft er hingegen immer nur das teuerste Produkt, weil er vom hohen Preis auf eine hohe Qualität schließt („Preis als Qualitätsindikator"), ersteht er Produkt C.

8.3.2 Einflussfaktoren der Wahrnehmung

Bei der Wahrnehmung des Preis/Leistungsverhältnisses durch den Verbraucher handelt es sich, wie bereits erläutert, um ein subjektives Phänomen, das durch folgende **Faktoren** beeinflusst wird (vgl. *Nieschlag/Dichtl/Hörschgen* 1997, S. 332 – 337):

- **Kosten- und Preisbewusstsein**
  Häufig ist sich der Verbraucher nicht über sämtliche Kosten bewusst, die mit dem Erwerb eines Produktes verbunden sind. In der Regel fixiert er sich auf den Anschaffungspreis und vernachlässigt Folgekosten (z. B. für Wartung, Reparatur und Unterhalt) sowie nichtmonetäre Aufwendungen für Information, Verhandlungen, Transfer und Kontrolle der Richtigkeit der Kaufentscheidung. Hinzu kommt, dass Verbraucher insbesondere im Konsumgüterbereich eine geringe Preiskenntnis besitzen.
- **Präsentation der Preisinformation**
  Anbieter versuchen auf vielfältige Weise, dem Verbraucher Preisgünstigkeit zu suggerieren. Zunächst sind hier die sog. gebrochenen Preise (**Odd Pricing**) zu nennen, die sich dadurch auszeichnen, dass sie knapp unter der nächst höheren Dezimalstufe (etwa 0,99 €, 49,90 €) liegen. Eine solche Preisgestaltung basiert auf der Hypothese, dass der Verbraucher beispielsweise einen Preis von 9,90 € eher dem 9 €-Bereich als dem 10 €-Bereich zuordnet. Eine derartige Wahrnehmungsverzerrung lässt sich damit erklären, dass Konsumenten diejenige Information, die zuerst präsentiert wird, am ehesten aufnehmen (sog. **Primacy-Effekt**). Des Weiteren dienen Preisbrechersymbole (Blitze, Fäuste, Sterne) und Bezeichnungen wie Sonderangebot, Gelegenheit, Selbstkostenpreis dazu, Preisgünstigkeit zu demonstrieren. Eine ähnliche Wirkung entfalten Produktplatzierungen (etwa Zweit- und Schüttplatzierungen) sowie die Verwendung von Groß- oder Multipackungen (etwa Zahnbürste, -pasta und -seide).
- **Preisbereitschaft**
  Verbraucher haben bei vielen Produkten eine mehr oder minder klare Vorstellung von einem fairen Preis (sog. Anker- bzw. Referenzpreis). Der Ankerpreis gilt im Regelfall nicht für ein bestimmtes Produkt, sondern für das sog. **Evoked Set**. Hierunter fasst man diejenigen Produkte, die dem Verbraucher am Anfang eines Kaufentscheidungsprozesses bekannt sind, als akzeptabel eingestuft werden und deshalb in die engere Auswahl einbezogen werden. Das Evoked Set umfasst normalerweise zwischen einem und fünf Produkten und ist damit recht klein (vgl. hierzu ausführlich Abschnitt 2.4.2).

Den Erkenntnissen der **Assimilations-Kontrast-Theorie** (vgl. Abschnitt 2.3.2) folgend nimmt der Verbraucher kleine Abweichungen vom Ankerpreis nicht wahr, d. h. der tatsächliche Preis wird in Richtung Ankerpreis assimiliert. Weicht der Preis hingegen nach unten oder oben über eine bestimmte Grenze hinaus ab, wird er kontrastiert, d. h. die Preisabweichung wird stärker empfunden, als sie tatsächlich ist.

- **Preis als Qualitätsindikator**
  Eine rationale Bewertung des Preis/Leistungsverhältnisses setzt voraus, dass Preis und Leistung unabhängig voneinander wahrgenommen werden. In der Realität zieht der Verbraucher jedoch häufig den Preis als Indikator für Qualität heran, d. h. er schließt von einem geringen Preis auf eine geringe Qualität und von einem hohen Preis auf eine hohe Qualität. Ein solches Verhalten ist insbesondere dann zu beobachten, wenn:
  - die Kenntnisse über das Produkt gering sind,
  - ein Produkt als recht komplex wahrgenommen wird,
  - das Risiko eines Kaufs als hoch eingeschätzt wird und
  - der Verbraucher wenig Vertrauen in seine eigene Urteilsfähigkeit besitzt.

  Empirische Studien (z. B. *Diller* 1977, S. 277 ff.) weisen jedoch darauf hin, dass in der Realität nur ein schwach positiver Zusammenhang zwischen Preis und Qualität besteht. Dass teurere Produkte nicht unbedingt eine bessere Qualität aufweisen müssen, belegen u. a. immer wieder die Ergebnisse der *Stiftung Warentest.*

Fallstudie „*Stiftung Warentest*" – Analyse nach wissenschaftlichen Methoden

Die *Stiftung Warentest* wurde 1964 vom *Deutschen Bundestag* gegründet. Seither unterzogen die Warentester schon mehr als 75.000 Produkte einer kritischen Beurteilung. 96 % aller Deutschen kennen die Stiftung. Und ein Drittel davon verlässt sich bei wichtigen Kaufentscheidungen auf die Testergebnisse. Freie Testplanung, anonymer Prüfmustereinkauf und Anzeigenfreiheit sollen dem Verbraucher die Unabhängigkeit der *Stiftung Warentest* gewährleisten.

Die Stiftung prüft Produkte und Dienstleistungen nach wissenschaftlichen Methoden in unabhängigen Instituten und veröffentlicht die Ergebnisse in ihren Publikationen. Als unabhängige Stiftung bürgerlichen Rechts ist sie frei bei der Testplanung und bei der Entwicklung sowie Anwendung ihrer Testkriterien. Sie erwirbt die Produkte anonym im Handel und nimmt Dienstleistungen verdeckt in Anspruch.

Des Weiteren wird die Neutralität dadurch abgesichert, dass die Stiftung laut Satzung keine Einnahmen durch Anzeigen erzielen darf. Deshalb bekommt sie eine jährliche Ausgleichszahlung vom Staat, die rund 13 % ihres Etats ausmacht. Zum größten Teil finanziert sie sich aber durch den Verkauf ihrer Publikationen (u. a. die Zeitschriften *test* und *FINANZtest* sowie Bücher aus den Bereichen Gesundheit, Geld oder Informationstechnik).

Dass der Verbraucher vor Irreführung nicht geschützt ist, zeigt folgendes Beispiel: Ein Discounter wirbt in seinem Prospekt für ein Fahrrad mit dem *Stiftung Warentest*-Ergebnis „Gut". Erst bei genauerem Hinsehen – die Erläuterung des Ergebnisses ist so klein gedruckt, dass der Durchschnittsleser eine Lupe benötigt – stellt sich heraus, dass sich das Testurteil nicht auf das Fahrrad, sondern lediglich auf den eingebauten Nabendynamo bezieht.

Quelle: http://www.stiftung-warentest.de; Stand: 25.04.2006.

Fallstudie „Preis als Qualitätsindikator" – bei Starterbatterien keine zuverlässige Orientierungshilfe

Ein vom *ADAC* durchgeführter Autobatterientest förderte u. a. zu Tage, dass die Höhe des Preises für den Konsumenten kein sicheres Indiz für Qualität sein muss. Ausgerechnet die teuerste Batterie erzielte das schlechteste Testergebnis, und die zweitteuerste Batterie belegte gerade einmal Rang sieben von zehn getesteten Produkten.

Quelle: *Brieter, K.*: Vorsicht Stromausfall, in: ADACmotorwelt, Heft 11/2007, S. 38 – 41.

8.4 Festlegung des Angebotspreises

8.4.1 Bestimmungsgrößen im Überblick

Preisentscheidungen sind bei der erstmaligen Einführung eines Produktes zu treffen, aber auch dann, wenn sich bestimmte Rahmenbedingungen geändert haben. **Preisänderungen** für Produkte eines bereits bestehenden Leistungsprogramms können beispielsweise aus folgenden **Gründen** erforderlich werden:

- veränderte Kostensituation (z. B. höhere Preise für Rohstoffe sowie Hilfs- und Betriebsmittel, gestiegene Löhne),
- veränderte Konkurrenzsituation (z. B. neue Mitbewerber, Unterbieten der eigenen Preise durch die Konkurrenz, Sonderaktionen von Wettbewerbern) sowie
- veränderte Nachfragesituation (z. B. gesättigte Märkte, neue Trends, geringere Kaufkraft).

Die zentralen Einflussfaktoren der Preisbestimmung sind demnach:

- die Kosten (Cost-based Pricing),
- die Konkurrenten (Competition-driven Pricing) sowie
- die Konsumenten (Value-based Pricing; sog. **Magisches Dreieck der Preisfindung**; vgl. Abb. 8.2 sowie im Folgenden *Diller* 2000; *Meffert* 2000, S. 506 – 542; *Nieschlag/Dichtl/Hörschgen* 2002, S. 810 – 860).

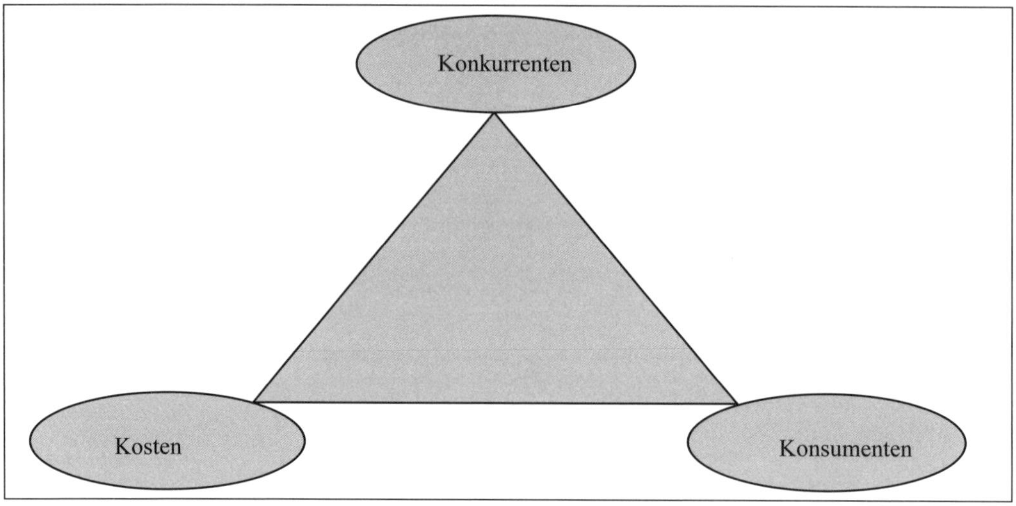

Abb. 8.2: Das magische Dreieck der Preisfindung

8.4.2 Kostenorientierte Preisfindung

Überblick

Die kostenorientierte Preisbestimmung basiert auf der Überlegung, dass der Preis so gewählt werden muss, dass zumindest die Gesamtkosten bzw. die variablen Kosten gedeckt sind. Konkret stellen sich folgende **Aufgaben**:

- Wahl des Kalkulationsverfahrens
- Bestimmung kostenwirtschaftlicher Preisuntergrenzen
- Kalkulatorischer Ausgleich

Verfahren kostenorientierter Kalkulation

Im Zuge der kostenorientierten Preisbestimmung bieten sich grundsätzlich **zwei Kalkulationsverfahren**:

- **Progressive Kalkulation**
  Bei der progressiven Kalkulation bilden die anfallenden Kosten den Ausgangspunkt. Um zum Abgabepreis zu gelangen, wird diesem Kostenblock in der Regel ein anvisierter Gewinn zugeschlagen (vgl. Tab. 8.2). Für Unternehmen mit einer ungünstigen Kostenstruktur bedingt die progressive Kalkulation die Gefahr, sich durch überhöhte Preise, die vom Verbraucher nicht akzeptiert und/oder von Konkurrenten unterboten werden, aus

dem Markt herauszukalkulieren. Umgekehrt ist es möglich, dass der Markt durchaus Preise zulassen würde, die über dem progressiv kalkulierten Preis liegen.

Tab. 8.2: Das Grundschema einer progressiven Kalkulation (in €)

Variable Kosten/Stück	200,--
+ Fixkosten/Stück	100,--
= Herstellkosten/Stück	300,--
+ Vertriebs- und Verwaltungskosten/Stück	100,--
= Selbstkosten/Stück	400,--
+ Gewinnzuschlag (25 %)	100,--
= Nettoabgabepreis/Stück	500,--

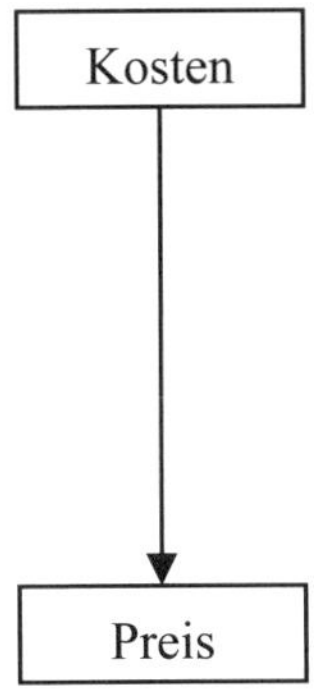

- **Retrograde Kalkulation**
  Dieses Kalkulationsverfahren dient dazu zu überprüfen, ob marktbezogene Preise aus der Kostenperspektive vertretbar sind (vgl. *Diller* 2000, S. 226 ff.). Zu diesem Zweck wird vom Verkaufspreis auf die maximal vertretbaren Selbstkosten zurückgerechnet (vgl. Tab. 8.3). Werden diese überschritten, wurde die Vorgabe bzw. das Ziel (Target) nicht erreicht. Dementsprechend spricht man in diesem Kontext von **Target Costing** (vgl. *Horváth* 2002).

Tab. 8.3: Das Grundschema einer retrograden Kalkulation (in €)

Marktpreis	476,--
- Mehrwertsteuer (19 %)	76,--
- Handelsspanne	80,--
- Gewinnaufschlag	60,--
= Maximale Selbstkosten	260,--

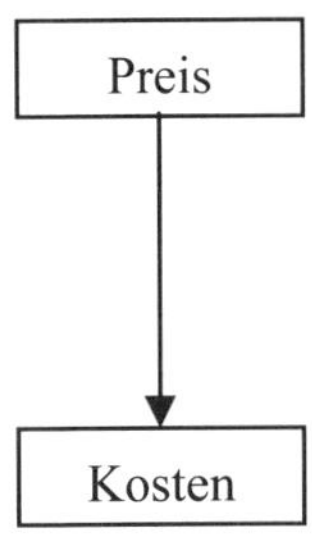

Kostenwirtschaftliche Preisuntergrenzen

Mit den Kalkulationsverfahren unmittelbar verknüpft ist die Bestimmung von kostenwirtschaftlichen Preisuntergrenzen. Während die Preisobergrenze die maximale Zahlungsbereitschaft des Kunden markiert, versteht man unter Preisuntergrenze denjenigen Preis, bei dessen Unterschreiten es aus Kostengründen geboten erscheint, eine Leistung nicht (mehr) zu erbringen. Anlass für die Bestimmung der Preisuntergrenzen können beispielsweise folgende **Fragestellungen** geben:

- Sollen bestimmte Betriebsteile weitergeführt oder stillgelegt werden?
- Sollen Aufträge angenommen oder abgelehnt werden?

Für die Bestimmung der kostenwirtschaftlichen Preisuntergrenzen bedient man sich der Berechnung des **Deckungsbeitrags**. Bei der Deckungsbeitragsrechnung wird der Kostenblock in mengenabhängige variable Kosten und zeitabhängige fixe Kosten aufgeteilt. Die **variablen Kosten** sind diejenigen Kosten, die lediglich bei den tatsächlich produzierten Produkten oder den tatsächlich erbrachten Leistungen anfallen, beispielsweise für Material, Löhne und Vertrieb. Die **fixen Kosten** hingegen fallen unabhängig von der produzierten Menge an, also beispielsweise für Forschung & Entwicklung, Mieten oder Zinsen und Abschreibungen für Betriebs- und Geschäftsausstattung.

Der Deckungsbeitrag ist jener Betrag, der von den Erlösen nach Abzug der variablen Kosten übrig bleibt (DB = Umsatzerlöse – variable Kosten). Dieser Betrag steht zur Deckung der fixen Kosten sowie (gegebenenfalls) zur Erwirtschaftung eines Gewinns zur Verfügung.

Grundsätzlich lassen sich **zwei Arten von kostenwirtschaftlichen Preisuntergrenzen** unterscheiden:

- Die **kurzfristige Preisuntergrenze** entspricht einem Deckungsbeitrag von 0, d. h. hier deckt der Preis sämtliche variablen Kosten.
- Die **langfristige Preisuntergrenze** liegt dort, wo der Preis sämtliche, d. h. variable und fixe Kosten deckt. Hier entspricht der Deckungsbeitrag den fixen Kosten.

Die Bestimmung kostenwirtschaftlicher Preisuntergrenzen birgt folgende **Problemfelder** in sich:

- **Nichtberücksichtigung einer Preisunterbietungsstrategie**
  Es kann durchaus zweckdienlich sein, im Zuge einer aggressiven Preispolitik kostenwirtschaftliche Preisuntergrenzen zu unterschreiten und damit Konkurrenten zu unterbieten. Sind die Wettbewerber aus dem Markt gedrängt, werden die Preise in aller Regel wieder angehoben, da sich dem Verbraucher nunmehr keine oder nur wenige Ausweichmöglichkeiten bieten.
- **Ausklammerung von Folgeaufträgen**
  Bei einem Erstauftrag wird nicht selten unter der kostenwirtschaftlichen Preisuntergrenze kalkuliert, um auf diese Weise bei Neukunden „den Fuß in die Tür zu bekommen“. Hat sich die Beziehung dann im Zeitablauf stabilisiert, werden die Preise bei Folgeaufträgen angehoben.

- **Vernachlässigung von Verbundkäufen**
  Ein Verbundkauf ist definiert als die Gesamtheit der Güter, die zu einem bestimmten Zeitpunkt bei einem Unternehmen zusammen gekauft werden. Im Zuge der Mischkalkulation, die im folgenden Kapitel eingehender behandelt wird, werden bei den sog. Ausgleichsnehmern die kostenwirtschaftlichen Preisuntergrenzen unterschritten. Diese Verluste werden durch entsprechend hohe Preise bei den Ausgleichsträgern (über-)kompensiert.

Kalkulatorischer Ausgleich

In der Unternehmenspraxis sieht man sich häufig mit dem Problem konfrontiert, dass es nicht sinnvoll bzw. möglich ist, Produkte zu kostendeckenden Preisen zu veräußern (sog. **Kostendeckungsprinzip**). In solchen Fällen agiert man nach dem **Tragfähigkeitsprinzip**. Hierbei werden die Preise bestimmter Produkte (sog. **Ausgleichsträger**) so kalkuliert, dass sie die Verluste anderer Produkte (sog. **Ausgleichsnehmer**) zumindest kompensieren (vgl. auch *Behrends* 2001, S. 78 – 79):

Grundsätzlich lassen sich **zwei Formen des kalkulatorischen Ausgleichs** unterscheiden:

- **Sukzessivausgleich**
  Hierunter versteht man die dynamische Variante des kalkulatorischen Ausgleichs. Dabei werden die Preise eines/r bestimmten Produktes bzw. Dienstleistung so kalkuliert, dass sie die anfänglichen oder später auftretenden Verluste des/r gleichen oder eines/r mit ihm/r verbundenen Produktes/Dienstleistung (etwa Auto mit Wartung/Reparatur) zumindest kompensieren.
- **Simultanausgleich**
  Bei der statischen Form subventionieren Artikel kritische Sortimentsteile (z. B. Sonderangebote, Dauerniedrigpreisartikel). Bei letzteren handelt es sich Regelfall um sog. Prestigeartikel, d. h. um Markenartikel, die im Zentrum der (Prospekt-)Werbung des Handels stehen. Eine solche sog. **Mischkalkulation** kann aus zwei Gründen erfolgen: Im Falle einer defensiven Strategie ist ein Unternehmen gezwungen, auf die Preissenkungen der Wettbewerber zu reagieren. Bei der offensiven Variante hingegen will ein Unternehmen aktiv seine Preiswürdigkeit demonstrieren.

Fallstudie „Mischkalkulation“

Das Beispiel in Tab. 8.4 dient dazu, die Vorgehensweise im Zuge der Mischkalkulation zu veranschaulichen. Bei den Produkten A und B handelt es sich um sog. Ausgleichsnehmer. Bei diesen Produkten kann der kostenorientierte Stückpreis nicht am Markt realisiert werden, so dass hier Verluste in Höhe von 280,5 Tsd. € (= 127,5 Tsd. € + 153,0 Tsd. €) entstehen. Diese müssen von Produkt C (= Ausgleichsträger) übernommen werden, so dass hier der Stückpreis nach dem kalkulatorischen Ausgleich über dem kostenorientierten Stückpreis angesiedelt ist. Der Vollständigkeit halber sei angemerkt, dass man in der Realität versuchen würde, den Preis für Artikel C anzuheben und damit näher an eine Preisschwelle zu legen (z. B. 9,99 €).

Tab. 8.4: Beispiel für eine Mischkalkulation (Quelle: in Anlehnung an Nieschlag/Dichtl/Hörschgen 2002, S. 831)

	Artikel A	Artikel B	Artikel C
(1) (Geplanter) Absatz *(in Tsd. Stück)*	250	300	500
(2) Angestrebter Erlös *(in Tsd. €)*	2.000,0	3.000,0	4.500,0
(3) Kostenorientierter Stückpreis *(in €)*	8,00	10,00	9,00
(4) Realisierbarer Stückpreis *(in €)*	7,49	9,49	-
(5) = (1) x (4) Realisierbarer Erlös (*in Tsd. €)* (Absatz x realisierbarer Stückpreis)	1.872,5	2847,0	-
(6) = (5) – (2) Unterdeckung *(in Tsd. €)*	- 127,5	- 153,0	-
(7) = Aggregiertes Erlösdefizit der Ausgleichsempfänger *(in Tsd. €)*	-	-	- 280,5
(8) = (2) – (7) Angestrebter Erlös nach dem kalkulatorischen Ausgleich in *(in Tsd. €)*	-	-	4.780,5
(9) = (8) : (1) Stückpreis nach dem kalkulatorischen Ausgleich *(in €)*	7,49	9,49	9,56

8.4.3 Abnehmerorientierte Preisfindung

Überblick

Die abnehmerorientierte Preisbestimmung basiert auf der Überlegung, dass der Preis so gewählt werden muss, dass die Verbraucher bereit sind, das Produkt zu erwerben. Im Mittelpunkt des Interesses stehen u. a. folgende **Themenkomplexe**:

- Preisbereitschaft und Reaktionen der Nachfrager auf Preisänderungen
- Möglichkeiten der Preisdifferenzierung
- Veranstaltungen zur abnehmer- und anbieterorientierten Preisfixierung

Preisbereitschaft und Reaktionen der Nachfrager auf Preisänderungen

Die Abb. 8.3 zu entnehmende **Preis-Absatz-Funktion** vermittelt die Preisbereitschaft der Verbraucher, indem sie angibt, wie viel Stück eines bestimmten Produktes bei einem bestimmten Preis am Markt abgesetzt werden können (vgl. zur Preis-Absatz-Funktion und deren Grundtypen *Diller* 2000, S. 80 ff.). Im Punkt p_0 ist der Preis so hoch, dass kein Stück am

Markt abgesetzt wird. Im Punkt S hingegen ist der Markt gesättigt, d. h. selbst bei einem Preis von 0 € kann nicht mehr abgesetzt werden. Der Punkt p_M markiert den derzeitigen Marktpreis.

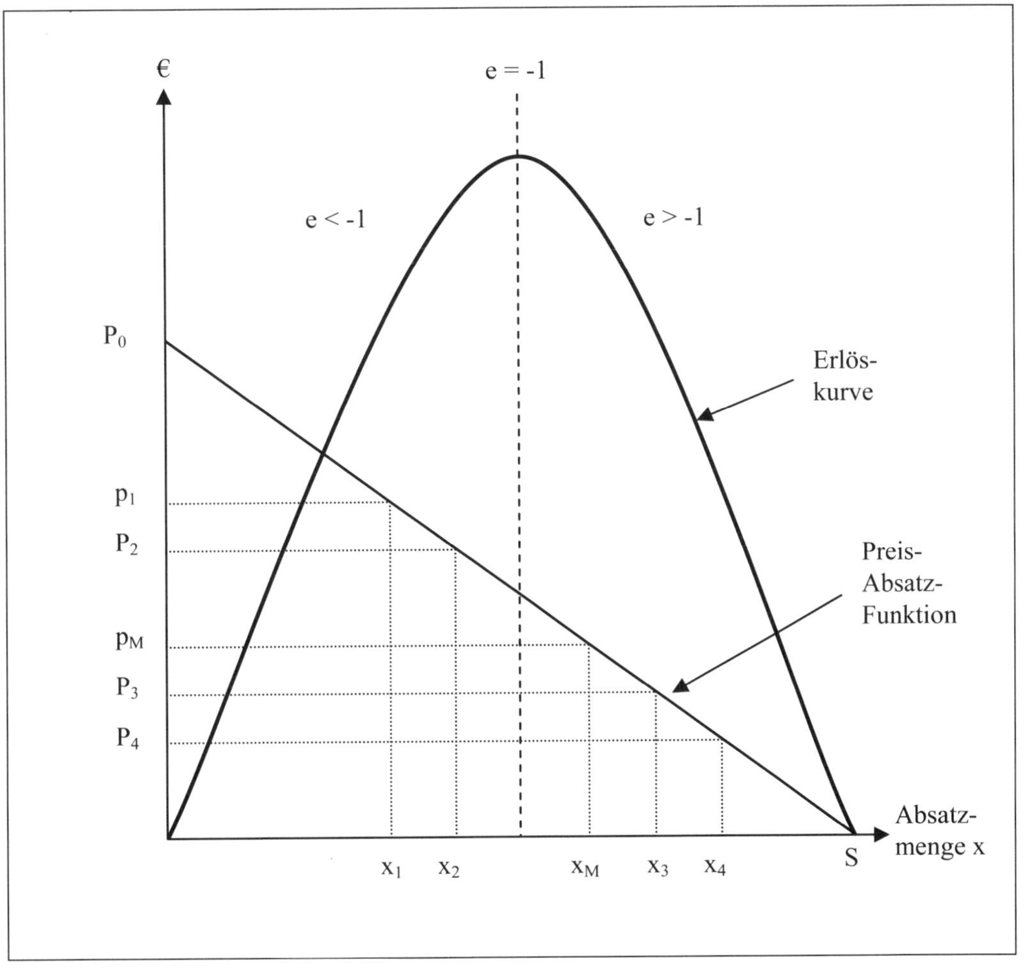

Abb. 8.3: Das Konzept der Preiselastizität auf Basis einer linearen Preis-Absatz-Funktion (Quelle: Nieschlag/Dichtl/Hörschgen 2002, S. 838)

Die **Preiselastizität der Nachfrage** gibt darüber Auskunft, wie sich eine Preisänderung (= unabhängige Variable) auf die Nachfrage (= abhängige Variable) auswirkt, d. h. um wie viel Prozent der Absatz steigt, wenn der Preis um ein Prozent sinkt, bzw. umgekehrt, um wie viel Prozent der Absatz sinkt, wenn der Preis um ein Prozent steigt (vgl. im Folgenden auch *Schneider/Hennig* 2008, S. 275 – 280).

Die Preiselastizität der Nachfrage der Nachfrage ist definiert als

$$= \frac{\text{Relative Nachfrageänderung}}{\text{Relative Preisänderung}},$$

wobei die relative Nachfrageänderung

$$= \frac{\text{Neue Nachfragemenge} - \text{Alte Nachfragemenge}}{\text{Alte Nachfragemenge}} \times 100$$

und die relative Preisänderung

$$= \frac{\text{Neuer Preis} - \text{Alter Preis}}{\text{Alter Preis}} \times 100 \quad \text{sind.}$$

Dabei unterscheidet man zwischen einem Preis- und einem Mengeneffekt. Unter dem **Preiseffekt** versteht man den Umsatz, der durch eine Preissenkung bzw. -erhöhung verloren bzw. hinzugewonnen wird. Unter **Mengeneffekt** versteht man den Umsatz, der durch die mehr bzw. weniger abgesetzte Menge hinzukommt bzw. abnimmt.

Bei der Preiselastizität unterscheidet man drei Ausprägungen:

- **Preiselastizität kleiner als –1:**
  Hierbei handelt es sich um eine **elastische Nachfrage** (vgl. Abb. 8.4). Der Mengeneffekt (= B) übersteigt den Preiseffekt (= A), d. h eine Preissenkung führt zu steigenden Erlösen, eine Preiserhöhung zu sinkenden Erlösen. Im Fall der Preissenkung von p_1 nach p_2 steigen die Erlöse an, d. h. es handelt sich um eine elastische Nachfrage (vgl. Abb. 8.3).
- **Preiselastizität = –1:**
  Diesen Zustand bezeichnet man als **indifferente Nachfrage**. Hier wird der maximale Erlös erzielt.
- **Preiselastizität größer als –1:**
  Hierbei handelt es sich um eine unelastische Nachfrage (vgl. Abb. 8.4). Der Preiseffekt (= A) überkompensiert den Mengeneffekt (= B), d. h. eine Preissenkung führt zu sinkenden Erlösen, eine Preiserhöhung zu steigenden Erlösen. Als Beispiel für eine unelastische Nachfrage kann die Preissenkung von p_3 nach p_4 dienen (vgl. Abb. 8.3).

Fallstudie „Berechnung der Preiselastizität der Nachfrage"

Ein Anbieter senkt die Preise für Produkt A von 12 auf 9 €. Dadurch steigt der Absatz von 10.000 auf 15.000 Stück. Die Preiselastizität der Nachfrage beträgt – 2 = ([15.000 Stück – 10.000 Stück] : 10.000 Stück) : ([9 € – 12 €] : 12 €) = 0,5 : (- 0,25). Es handelt sich also um eine elastische Nachfrage, d. h. der Mengeneffekt übersteigt den Preiseffekt. Die Preissenkung bewirkt, dass der Umsatz von 120.000 € (= 12 € x 10.000 Stück) auf 135.000 € (9 € x 15.000 Stück) steigt.

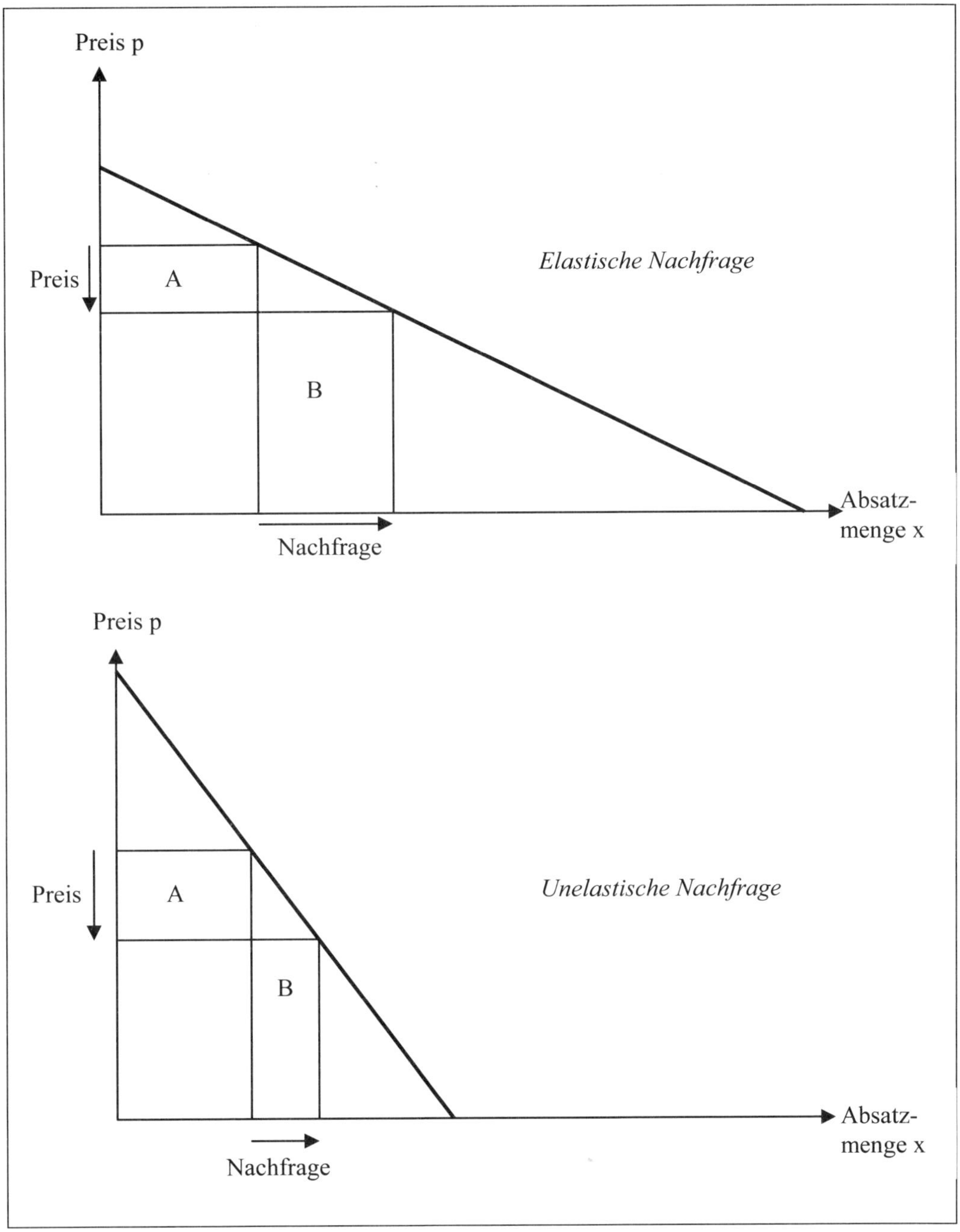

Abb. 8.4: Beispiele einer elastischen und einer unelastischen Nachfrage

Produkte, die eine **elastische Nachfrage** aufweisen, zeichnen sich u. a. durch eine oder mehrere der folgenden **Eigenschaften** aus:

- Hohe Verfügbarkeit von Ausweichprodukten
- Hohe Lagerfähigkeit des Produktes
- Hoher Anteil der Ausgaben für das Produkt an den Gesamtausgaben von Haushalten
- Geringe Dringlichkeit des Bedürfnisses, d. h. die Verbraucher benötigen das Produkt nicht unbedingt (sofort)

Um die Preiselastizität der Nachfrage in der **Praxis** zu ermitteln, bieten sich **drei Ansatzpunkte**:

- **Einschätzung durch Experten** (z. B. Wirtschaftswissenschaftler, erfahrene Mitarbeiter, Unternehmensberater)
- Ermittlung der Preisbereitschaft des **Kunden** durch **Befragung**:
  - „Was wäre der höchste Preis, den Sie für Produkt X zu zahlen bereit sind?“ und
  - “Was wäre der niedrigste Preis, den Sie für Produkt X ausgeben würden, ohne Zweifel an dessen Qualität zu hegen?“ (vgl. zum Konstrukt der Preisbereitschaft *Diller* 2000, S. 168 ff.)
- Ermittlung der Preiselastizität der Nachfrage mittels **Produkt-, Laden- und Markttests** (vgl. hierzu Abschnitt 4.5.4). Beispielsweise kann ein Unternehmen in einer seiner Filialen innerhalb von zwei Zeiträumen (z. B. für jeweils eine Woche) für ein und dasselbe Produkt zwei unterschiedliche Preise verlangen. Können Störgrößen weitgehend ausgeschlossen werden, so ist eine etwaige differierende Nachfrage auf die unterschiedlichen Preise zurückzuführen, so dass die Preiselastizität gemessen werden kann. Wie man dabei konkret vorgeht, verdeutlicht folgendes Fallbeispiel.

Fallstudie „Ermittlung der Preiselastizität der Nachfrage in der Praxis unter besonderer Berücksichtigung von Preisschwellen“

Bei einer Erhöhung des Preises für das vorliegende Produkt von 4,59 € auf 4,99 € sinkt der Absatz von 11.900 auf 9.400 Stück (vgl. Tab. 8.5). Das entspricht einer Absatzänderung von – 21,0 %, einer Umsatzänderung von – 14,1 % und einer Preiselastizität von -3,05 (= elastische Nachfrage). Erhöht man den Preis hingegen von 4,79 € auf 5,19 €, als auch um 0,40 €, überschreitet dabei aber eine Preisschwelle, fallen die Absatz- (- 54,3 %) und Umsatzänderungen (- 50,5 %) deutlich dramatischer aus. Letzteres lässt sich auch an der geringeren Preiselastizität von – 6,51 (= elastische Nachfrage) ablesen.

Ähnlich sieht es bei Preissenkungen aus. Bei einer Preissenkung für das Produkt von 4,29 € auf 3,99 € (= Überschreiten einer Preisschwelle) steigen der Absatz um 27,6 % und der Umsatz um 21,6 %. Hier beträgt die Preiselastizität – 3,95 (= elastische Nachfrage). Bei einer Preisreduzierung von 4,29 € auf 4,19 € erhöhen sich der Absatz hingegen nur um 4,9 % und der Umsatz um 2,3 %. Man erkennt hier im Vergleich zur ersten Preissenkung unschwer, dass die Steigerung geringer ausfällt, was sich auch an der geringeren Preiselastizität von – 2,09 ablesen lässt.

Die entsprechenden Daten erhalten Groß- und Einzelhandelsunternehmen aus den Abverkaufszahlen, die dem Warenwirtschaftssystem zu entnehmen sind. Schwieriger wird es für Hersteller, da diese keinen unmittelbaren Einblick in die Abverkaufszahlen des Handels haben. In diesem Fall muss man sich die Daten aus sog. Handelspanels (= Längsschnittuntersuchungen bei Handelsunternehmen; vgl. hierzu ausführlich Abschnitt 4.5.4) beschaffen. Solche Handelspanels werden beispielsweise von der *GfK*, Nürnberg, durchgeführt.

Tab. 8.5: Ein Beispiel für die Ermittlung der Preiselastizität der Nachfrage in der Praxis

Preis vorher *(in €)*	Preis nachher *(in €)*	Absatz vorher *(in Tsd. Stück)*	Absatz nachher *(in Tsd. Stück)*	Absatz-änderung *(in %)*	Umsatz-änderung *(in %)*	Preis-elastizität
Preiserhöhung						
4,59	4,99	11,9	9,4	- 21,0	- 14,1	- 3,05
4,79	5,19	13,8	6,3	- 54,3	- 50,5	- 6,51
Preissenkung						
4,29	3,99	19,9	25,4	+ 27,6	+ 21,6	- 3,95
4,29	4,19	18,8	19,7	+ 4,9	+ 2,3	- 2,09

Ob eine elastische oder eine unelastische Nachfrage für ein Unternehmen von Vorteil ist, hängt von der jeweils verfolgten **Marketing-Strategie** ab:

- So zielen preisaggressive Unternehmen darauf ab, den Preis in den Mittelpunkt ihrer Marketing-Strategie zu stellen (sog. **Preis/Mengen-Strategie**). Dies erhöht die Preissensibilität der Verbraucher, was letztlich zu einer elastischeren Nachfrage führt.
- Positioniert sich ein Anbieter hingegen im **Premium-** und damit im **Hochpreissegment** (sog. **Präferenz-Strategie**), wird er versuchen, die Preiselastizität der Nachfrage möglichst unelastisch zu halten. In diesem Zusammenhang bietet sich zum Beispiel die Möglichkeit, der Austauschbarkeit durch den Verbraucher mittels entsprechender Zusatznutzenkomponenten (etwa Image) entgegenzuwirken.
- Außerdem bietet sich der Ansatzpunkt, den Verbraucher eher auf der **gefühlsmäßigen** und damit weniger auf der rationalen Ebene anzusprechen. Man denke etwa an modische Kleidung (Preiselastizität = 0 und damit unelastisch). In diesem Bereich steht der Preis nur selten im Mittelpunkt der Kaufentscheidung.
- Schließlich können eine geringe Preissensibilität und damit eine unelastische Nachfrage durch **Kundenzufriedenheit** sowie den Einsatz der ökonomischen, juristischen, technologischen, psychologischen, sozialen und situativen Instrumente der **Kundenbindung** gewährleistet werden (vgl. hierzu ausführlich Abschnitt 2.4.2).

Bei der Berechnung der Preiselastizität darf keinesfalls vernachlässigt werden, dass hier nur Erlös- und damit Umsatzveränderungen betrachtet werden. Demnach lässt sich aus der Preiselastizität **kein Rückschluss** auf die **Gewinnveränderung** ziehen. Beispielsweise kann durch eine Preissenkung zwar durchaus der Umsatz steigen, gleichzeitig führt aber die höhere Absatzmenge zu überproportionalen Kostensteigerungen (etwa durch den Ausbau von Kapazitäten), was in Extremfällen einen Gewinnrückgang bewirken kann. Folglich lässt sich eine gewinnoptimale Lösung nur durch eine flankierende Einbeziehung der Kosten berechnen.

Möglichkeiten der Preisdifferenzierung

Preisdifferenzierung bedeutet die Festlegung verschiedener Preise für das gleiche Produkt. Die Preisdifferenzierung basiert auf der Annahme, dass die Preisbereitschaft zwischen Verbrauchersegmenten divergiert. Folglich bietet es sich an, von den jeweiligen Gruppen unterschiedlich hohe Preise zu fordern.

Die wesentlichen Formen der Preisdifferenzierung sind in Abb. 8.5 aufgeführt. Dabei lassen sich folgende **Kriterien** identifizieren (vgl. hierzu *Diller* 2000; *Fassnacht* 1996; *Simon* 1992):

- **Räumlich**, d. h. der Preis wird nach Abatzgebieten differenziert (etwa Länder, Regionen). Der Spielraum für eine räumliche Preisdifferenzierung sinkt mit einer zunehmenden Arbitrageneigung der Konsumenten. Hierunter versteht man deren subjektive Bereitschaft, ab einem bestimmten Arbitragegewinn (= Preisdifferenz – Transaktionskosten für Information, Kontaktaufnahme, Transport etc.) ein Produkt über einen „grauen Markt" und nicht über den traditionellen Vertriebsweg des Herstellers zu beziehen. Die Bereitschaft zu **Arbitrage** ist abhängig von der Preissensibilität der Konsumenten sowie von der Erklärungsbedürftigkeit und dem Vertrauensgutcharakter der Produkte.

Fallstudie „Räumliche Preisdifferenzierung" – Was kostet eine Tafel *Ritter Sport* in Peking?

Die im Folgenden dargestellte Analyse der Preise für eine Tafel *Ritter Sport*-Schokolade in ausgewählten Hauptstädten fördert Unterschiede von bis zu 110 % zu Tage:

- Sydney: 1,58 €
- Peking 1,31 €
- Madrid: 1,19 €
- Paris: 1,09 €
- Moskau: 0,84 €
- Berlin: 0,75 €

Quelle: *o. V.*: Was kostet ...?, in: Welt am Sonntag, Nr. 33 vom 19.08.2007r, S. 26.

- **Zeitlich**, d. h. je nach Absatzzeitpunkt werden unterschiedliche Preise gefordert. Die Preisforderung kann sich dabei u. a. an der Stellung im Produktlebenszyklus (Einführung, Wachstum, Sättigung, Degression, Relaunch; vgl. hierzu Abschnitt 6.6.3) orientieren.
- **Mengenbezogen**: Beispielsweise bekommen Großabnehmer günstigere Konditionen eingeräumt als Kleinabnehmer. Exemplarisch können die unterschiedlichen Preise für In-

dustrie- und Haushaltsstrom angeführt werden. Oder Selbstverwender zahlen andere Preise als Wiederverkäufer.

- **Personenbezogen**: Beispiele hierfür sind die Preisdifferenzierung nach Alter (etwa besondere Preise für Kinder, Jugendliche und Senioren), Einkommens- und Ausbildungssituation (z. B. Sonderpreis für Schüler und Studierende), Beruf (etwa Vorzugspreise bei Büchern und Computern für Lehrer und Dozenten) oder Zugehörigkeit zu bestimmten Gruppen (etwa Vorzugspreise im Falle einer Mitgliedschaft, günstigere Versicherungen für Öffentliche Bedienstete und Beamte). Selbstverwender etwa zahlen andere Preise als Wiederverkäufer, und Speisesalz kostet mehr als Viehsalz.
- **Leistungsbezogen**: Diese Form der Preisdifferenzierung liegt vor, wenn ein Anbieter Varianten eines Produktes offeriert, die hinsichtlich der Leistung unterschiedlich sind, die Preisdifferenz aber nicht dem Unterschied zwischen den Herstellungskosten entspricht. Ein solcher Fall wird unterstellt, wenn eine Bank die Goldene Kreditkarte für 65 € und die normale Kreditkarte für 20 € anbietet.
- **Vertriebsweg**: Im Zuge der Verbreitung von Internet und E-Commerce gewinnt eine weitere Variante, nämlich die Preisdifferenzierung nach Vertriebswegen an Bedeutung. Beispielsweise räumt die *Lufthansa* ihren Kunden bei Online-Buchung einen Preisnachlass von 10 € ein. Ähnlich agieren Banken gegenüber ihren Online-Kunden, in dem sie hier geringere Gebühren veranschlagen.
- **Preisbündelung**: Werden Produkte gemeinsam erworben (z. B. Kombinationspackung aus Zahnbürste, -creme und -seide), liegt der Gesamtpreis niedriger als die Summe der jeweiligen Preise der einzelnen Produkte. Im Falle der reinen Bündelung werden die Produkte lediglich in Kombination und nicht einzeln angeboten. Bei der gemischten können die Produkte auch einzeln erworben werden. Von Entbündelung schließlich spricht man, wenn nur noch die Einzelprodukte und keine mehr Bündel verkauft werden (vgl. zur Preisbündelung *Wübker* 1998).

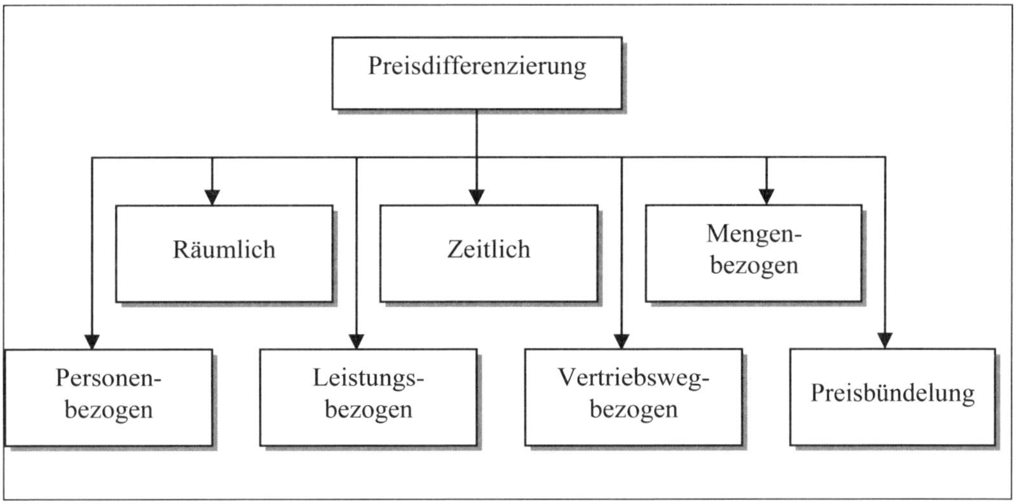

Abb. 8.5: Die Formen der Preisdifferenzierung

Die Preisdifferenzierung ist an folgende **Voraussetzungen** geknüpft:

- Die relevanten Teilmärkte müssen durch **unterschiedliche Preis-Absatz-Funktionen** charakterisiert sein.
- Es muss **technisch** möglich sein, unterschiedlich hohe Preise zu fordern (etwa im Falle der personenbezogenen Preisdifferenzierung die Identifikation der Konsumenten, denen Preisvorteile eingeräumt werden, anhand bestimmter Ausweise).
- Es muss ausgeschlossen sein, dass Nachfrager, die das Produkt zu einem günstigen Preis erwerben, dieses auf einem anderen Markt zu einem höheren Preis wiederverkaufen (sog. **Arbitrage;** französisch: arbitre = Schiedsrichter, Schlichter, Richter).

Fallstudie „Räumliche bzw. zeitliche Preisdifferenzierung" – das Aktionspreisbarometer der LebensmittelZeitung

Wie die in Tab. 8.6 aufgeführten Befunde belegen, können die Preise für ein und dasselbe Produkt sogar bei ein und demselben Filialisten zum Teil erheblich differieren. Während beispielsweise die Zahnbürste Oral B Vitality 12.013 beim *Media-Markt*, Halle, in der 13. Kalenderwoche 2006 für 5,- € angeboten wurde, kostete dasselbe Produkt in der 30. Kalenderwoche 2006 im *Media-Markt*, Bochum, 19,- €. Das entspricht einem Preisunterschied von 380 %. Da davon auszugehen ist, dass beide Filialen über dieselbe Bezugsquelle verfügen und demnach identische Konditionen eingeräumt bekommen, scheiden kostenorientierte Gründe aus. Vielmehr dürften konkurrenz- und/oder nachfrageorientierte Aspekte den Ausschlag für eine solch gravierende zeitliche und/oder räumliche Preisdifferenzierung geben.

Quelle: *LebensmittelZeitung*: Aktionspreis-Barometer Elektrokleingeräte 2006, in: LebensmittelZeitung, Nr. 13 vom 30.03.2006, S. 52.

Tab. 8.6: Ausgewählte Beispiele einer räumlichen bzw. zeitlichen Preisdifferenzierung bei Elektrokleingeräten (Quelle: LebensmittelZeitung 2007, S. 52)

Artikel-bezeichnung	Hersteller	Höchster Preis/ Anbieter	Werbe-termin (KW/Jahr)	Niedrigster Preis/ Anbieter	Werbe-termin (KW/Jahr)
Espressomaschine Impressa, Z 5, 15 bar	*Jura*	2.099,- € *Media-Markt,* Nürnberg	05/06	1.550,- € *Media-Markt,* Magdeburg	03/06
Bodenstaubsauger ohne Beutel DC 08 Origin	*Dyson*	264,- € *Media-Markt,* Frankfurt	15/06	159,- € *Media-Markt,* München	23/06
Zahnbürste Oral B Vitality 12.013	*Braun*	19,- € *Media-Markt,* Bochum	30/06	5,- € *Media-Markt,* Halle	13/06

Spezielle Varianten einer zeitlichen Differenzierung sind die Skimming- und die Penetrationsstrategie, die auf *Dean* (1951, 1969) zurückgehen (vgl. Abb. 8.6 sowie im Folgenden *Meffert* 2000, S. 565 – 568; *Pepels* 2000, S. 529 – 531). Bei der **Skimmingstrategie** (= Abschöpfungsstrategie) wird das neue Produkt zu einem vergleichsweise hohen Preis in den Markt eingeführt. Mit zunehmender Markterschließung und/oder aufkommendem Wettbewerbsdruck wird der Produktpreis sukzessive gesenkt, damit neue Käuferschichten gewonnen werden können (vgl. *Simon* 1992, S. 293). Die Skimmingstrategie empfiehlt sich in erster Linie für Produkte mit:

- hohem Innovationsgrad,
- anfänglich geringer Produktionskapazität sowie
- niedriger kurzfristiger Preiselastizität.

Die Abschöpfungsstrategie wurde bzw. wird u. a. bei Computern, Produkten der Unterhaltungselektronik und früher bei synthetischen Produkten wie Nylon oder Teflon mit Erfolg eingesetzt.

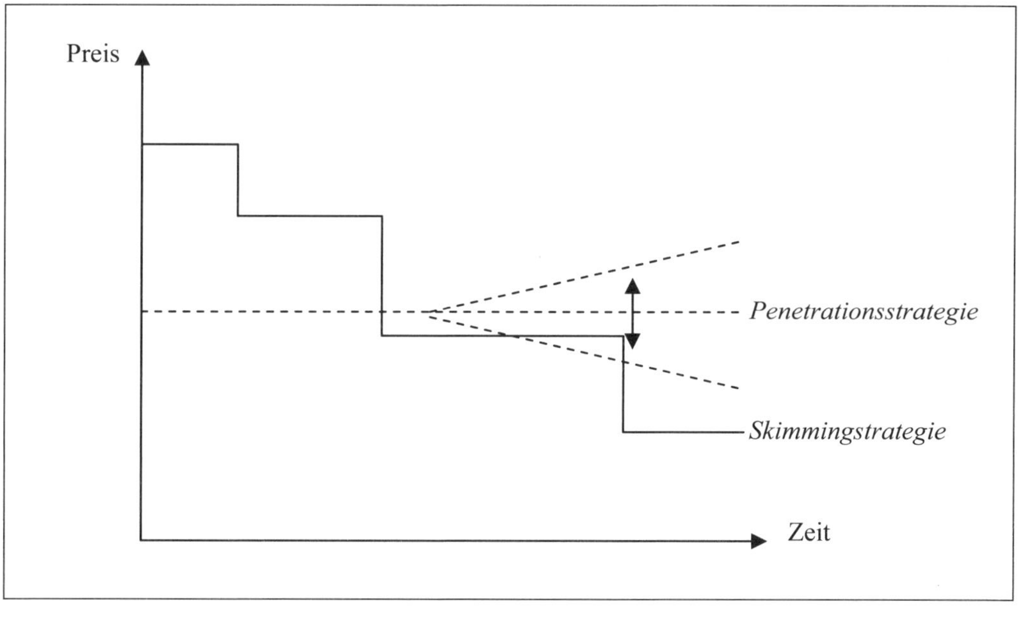

Abb. 8.6: Preisabfolgen im Rahmen ausgewählter Preisstrategien

Folgende **Argumente** sprechen für eine Skimmingstrategie (vgl. *Simon* 1992, S. 295):

- Graduelles Abschöpfen der Preisbereitschaft (= Konsumentenrente)
- Erwirtschaftung hoher kurzfristiger Gewinne, die von der Diskontierung (= Abzinsung) vergleichsweise wenig betroffen sind, da sie frühzeitig anfallen

- Überschaubares Obsoleszenzrisiko (= Gefahr der Produktalterung), da Gewinne in frühen Phasen des Produktlebenszyklus realisiert werden
- Schnelle Amortisation des Forschungs&Entwicklungs-Aufwandes
- Schaffung eines Preisspielraums nach unten und damit Kalkulation „nach der sicheren Seite", da auf diese Weise Preiserhöhungen vermieden werden
- Möglichkeit, den hohen Anfangspreis als Qualitätsindikator zu nutzen

Das **Risiko** bei der Abschöpfungsstrategie liegt darin, dass durch die hohen Preise sowie die damit guten Gewinn- und Wachstumschancen neue Konkurrenten angelockt werden. Vor diesem Hintergrund scheint es geboten zu sein, frühzeitig Markteintrittsbarrieren gegenüber Imitatoren zu errichten. Hierzu dienen u. a. Patente, spezielles Know-how und/oder erhöhter Kapitalbedarf für die Beschaffung von Materialien.

Bei der **Penetrationsstrategie** (= Durchdringungspreisstrategie) wird das Produkt zu einem besonders niedrigen Preis eingeführt. Über die Preisentwicklung in späteren Lebenszyklusphasen werden zumeist keine präzisen Aussagen getroffen. Grundsätzlich sind die in Abb. 8.6 dargestellten Optionen möglich. Die Penetrationsstrategie zielt darauf ab, mit relativ niedrigen Preisen für neue Produkte schnell Massenmärkte zu erschließen und große Absatzmengen bei niedrigen Stückkosten zu realisieren. Die Penetrationsstrategie empfiehlt sich, wenn die Nachfrager sehr preissensibel reagieren (= hohe kurzfristige Preiselastizität; vgl. *Simon* 1992, S. 294) und niedrige Preise höhere Marktanteile bewirken.

Als **Stärken** der Penetrationsstrategie sind zu nennen:

- Erzielung hoher Gesamtdeckungsbeiträge trotz niedriger Stückdeckungspreise durch schnelles Absatzwachstum
- Erreichen eines durch Wettbewerber nur schwer einholbaren Kostenvorsprungs, da durch schnelle Erhöhung der kumulierten Absatzmenge Erfahrungskurveneffekte (Economies of large Scale; vgl. Abschnitte 6.2.2 sowie 6.6.4) realisiert werden können
- Abschreckung möglicher Imitatoren und künftiger Mitbewerber vor einem Markteintritt
- Geringes Floprisiko aufgrund niedriger Einführungspreise

Mit dem Einsatz der Penetrationsstrategie sind aber auch **Risiken** verknüpft: Bei Niedrigpreisen dauert es länger, bis sich die Investitionen in ein neues Produkt amortisiert haben. Des Weiteren assoziieren Abnehmer mit niedrigen Preisen häufig eine geringe Produktqualität. Schließlich kann es sich als schwierig herausstellen, die geplanten Preiserhöhungen zu einem späteren Zeitpunkt am Markt durchzusetzen. Aus diesem Grund streben Unternehmen häufig mit einem niedrigen Produktpreis nach hohen Marktanteilen und setzen mit zunehmender Fertigungserfahrung auf sinkende Stückkosten (= Economies of large Scale), um dadurch einen weiteren Preisspielraum nach unten zu eröffnen.

Veranstaltungen zur abnehmer- und anbieterorientierten Preisfixierung

In diesem Kontext sind im Wesentlichen Auktionen und Submissionen zu nennen. **Auktionen** sind Marktveranstaltungen, bei denen sich Kauf-/Angebotsinteressenten darin über-/-

unterbieten, die angebotene Ware zu erhalten/liefern. Der erzielte Preis ist demnach das Resultat eines Wettbewerbs unter Nachfragern/Anbietern, wohingegen kosten- und konkurrenzorientierte Aspekte eine nachgeordnete Rolle spielen (vgl. zu Auktionen *Skiera* 1998, S. 297 – 310).

Folgende **Varianten** von Auktionen sind zu nennen:

- Bei der **klassischen Versteigerung** versuchen die am Erwerb/Angebot des Produkts Interessierten, sich gegenseitig zu über-/unterbieten. Das höchste/niedrigste Gebot erhält den Zuschlag. Hinsichtlich der Entwicklung des Preises herrscht bei Anbieter und Nachfragern völlige Transparenz.
- Beim **Veiling** entwickelt sich der Preis in entgegengesetzter Richtung, d. h. von oben nach unten. Derjenige Teilnehmer, der zuerst bietet, erhält den Zuschlag. Im Gegensatz zur Versteigerung herrscht hier bei den Nachfragern höchste Unsicherheit, da niemand weiß, zu welchem Preis die anderen ein Gebot abgeben.

Fallstudie „Auktionen" – der B2B-Marktplatz CPGmarket von *Nestlé Deutschland*

Seit Dezember 2000 veranstaltet *Nestlé Deutschland* Auktionen mit Hilfe des B2B-Marktplatzes CPGmarket, zu dessen Gründern der Konzern gehört. Eine durchschnittliche Auktion von *Nestlé* dauert eine halbe Stunde. Sie wir automatisch um fünf Minuten verlängert, falls in den letzten drei Minuten noch ein Gebot erfolgt. Trotzdem lag das Maximum bislang unter zwei Stunden.

Bei hinreichendem Wettbewerb zwischen den teilnehmenden Lieferanten entwickelt sich der Preis im Regelfall in Form einer S-Kurve. Zunächst geben Lieferanten relativ teure Angebote ab. Dann tritt eine gewisse Ruhepause ein. Einige Zeit vor Ende der Auktion steigt die Angebotsintensität, die Preise gehen nach unten und erste Teilnehmer steigen aus. Neben dieser S-Kurve der ernsthaften Anbieter gibt es immer wieder auch einige Lieferanten, deren Preise weit oberhalb des Feldes der Mitbewerber liegen. Vermutlich nutzen diese die Auktion als Marktforschungsinstrument, ohne ein wirkliches Interesse zu haben, den Auftrag zu erlangen.

Nestlé vergibt einen Auftrag nicht automatisch an den günstigsten Bieter. Neue Lieferanten müssen einem Audit unterzogen werden, vor allem bei Verpackungen sind häufig Maschinenversuche erforderlich.

Sämtliche Auktionsteilnehmer kennen die Bedingungen vorab, so dass ein Nachverhandeln nach Auktionsende als unseriös gilt. Konsequenterweise bildet die Spezifikation einen Kernpunkt der Auktion. Diese erfordert beim ersten Mal für eine Warengruppe etwa sechs Wochen, im Falle von Folgeauktionen bei Pflege der Spezifikationen nur wenige Stunden.

Zwar wurden auch bei *Nestlé* im Falle von Einkaufsauktionen schon Preise von nur 75 % des Vorjahresniveaus erzielt, doch war dies zumeist auf ein insgesamt fallendes Preisniveau zurückzuführen. Demnach sei nicht der geringere Preis, sondern die Schnelligkeit das langfristige Hauptargument für Auktionen. Eine gute Auktion erspare Dutzende von Gesprächen mit möglichen Lieferanten.

Derzeitig begrenzen die Marktbedingungen vieler Vorprodukte und Dienstleistungen die Anwendbarkeit von Auktionen auf einen Bruchteil des Beschaffungsvolumens von *Nestlé*. Als entscheidend für den Erfolg einer Auktion gelten die Materialgruppe, die Zahl der teilnehmenden Lieferanten, das Marktumfeld (Käufer- versus Verkäufermarkt) sowie das Geschick des Einkäufers.

Quelle: *Rode, J.*: Immer schneller, manchmal billiger, in: LebensmittelZeitung, Nr. 5 vom 01.02.2002, S. 25.

Im Gegensatz zur Auktion handelt es sich bei der **Submission** um eine anbieterorientierte Preisfestsetzung. Hierbei werden potenzielle Anbieter im Zuge einer Ausschreibung aufgefordert, ein Angebot für eine vom Nachfrager genau definierte Leistung bis zu einem bestimmten Termin in einem verschlossen Umschlag abzugeben. Preisabsprachen zwischen den Anbietern sind verboten. Den Zuschlag erhält im einfachsten Fall derjenige, der die Leistung zum günstigsten Preis anbietet. Bei der Submission verfügt der Nachfrager über eine hohe Markttransparenz, wohingegen bei den Anbietern Ungewissheit vorherrscht (vgl. *Backhaus* 1999).

Fallstudie „Submission" – die Internetplattform *MyHammer*

MyHammer.de bezeichnet sich selbst mit rund 10.000 täglich laufenden Aufträgen als Marktführer unter den Auktionsplattformen für Handwerker und andere Dienstleistungen. Die Auftragsvergabe erfolgt mittels Submission sprich Rückwärtsauktion. Die Auftraggeber stellen einen Job ein und schlagen einen Preis vor. Die Auftragnehmer unterbieten sich gegenseitig. Wer das niedrigste Angebot unterbreitet, erhält den Zuschlag. Hierfür erhält der Plattformbetreiber vom Auftragnehmer eine Provision zwischen zwei und vier %.

Quelle: *Riering, B.*: Die Rückkehr der Tagelöhner, in: Welt am Sonntag, Nr. 7 vom 18.02. 2007, S. 29.

8.4.4 Konkurrenzorientierte Preisfindung

Überblick

Bei diesem Preisbildungsprinzip orientiert sich der Entscheidungsträger an den Preisen der Wettbewerber. Grundsätzlich gilt es in diesem Zusammenhang, folgende Überlegungen anzustellen:

- Welche Konkurrenzsituation herrscht vor (Oligopol, Polypol),
- wer sind meine Konkurrenten,
- welche Position nehmen diese ein (Marktführer, Preisführer, ...),
- welche Preisstrategie verfolgen die Wettbewerber (Skimming, Penetration, Dauerniedrigpreispolitik, Aktionspolitik) und

- welche Stärken sowie Schwächen weist das eigene Unternehmen gegenüber der Konkurrenz auf?

Während der **Preisführer** den höchsten Preis im Markt vorgibt, passt sich der **Preisfolger** diesem laufend an, positioniert sich allerdings etwas unterhalb des Höchstpreises. Der **Preiskämpfer** schließlich zeichnet sich durch den niedrigsten Preis im relevanten Markt aus.

Im Zuge der konkurrenzorientierten Preisfindung stehen grundsätzlich zwei Optionen zur Verfügung:

- **Adaptives Preismanagement**
  Hier passt sich ein Anbieter an die Preise seiner Konkurrenten an.
- **Aktives Preismanagement**
  Hier agiert ein Anbieter eigenständig, d. h. er gestaltet die Preise aktiv.

Adaptives Preismanagement

Beim adaptiven Preismanagement bietet sich zum einen die Möglichkeit, **branchenübliche Kalkulationsgrundsätze**, wie sie beispielsweise durch die unverbindliche Preisempfehlung der Hersteller nahe gelegt werden, anzuwenden. Zum anderen können sich Anbieter einem Preisführer unterordnen. In diesem Zusammenhang unterscheidet man **drei Formen der Preisführerschaft** (vgl. *Pepels* 2000, S. 522 – 523):

- Die **dominante Preisführerschaft** zeichnet sich dadurch aus, dass ein Anbieter aufgrund seiner herausragenden Marktstellung die Möglichkeit hat, seine Konkurrenten so zu beeinflussen, dass sie sich seinem Preis anschließen (etwa *IBM* im Computermarkt oder *Aldi* im deutschen Lebensmitteleinzelhandel).
- **Bei der barometrischen** Preisführerschaft agieren mehrere, im Großen und Ganzen gleichbedeutende Anbieter am Markt, die gegenüber unbedeutenden Wettbewerbern den Marktpreis vorgeben. Dies ist bei Zigaretten der Fall, wo fünf große Anbieter knapp 90 % Marktanteil auf sich vereinen.
- Bei der **kolludierenden Preisführerschaft** schließlich stimmen sich mehrere Anbieter stillschweigend dahingehend ab, dass wechselweise ein Unternehmen die Position des Preisführers einnimmt und die anderen ihm folgen. Als Beispiel für ein solches Preisgebaren kann die Mineralölbranche dienen.

Eine adaptive Preispolitik liegt zumeist im fehlenden Know-how begründet. Der Preisanpasser vertraut auf das Wissen der Wettbewerber, einen Preis festzulegen. Hierbei bleiben die Ziele des Konkurrenten sowie die zwischen den Unternehmen differierende Kostensituation unberücksichtigt (vgl. *Homburg/Krohmer* 2006, S. 278).

Fallstudie „Preisbildung auf dem Mineralölmarkt“

Drei **Komponenten** bestimmen den Mineralölpreis an der Zapfsäule: Neben dem Wareneinstand und der Marge der Mineralölkonzerne sind dies die Abgaben und Steuern, die sich aus folgenden Komponenten zusammensetzen:

- Mehrwertsteuer (= 19 % auf den Netto-Kraftstoffpreis)
- Mineralölsteuer (bei Ottokraftstoffen 50,11 Cent pro Liter, bei Dieselkraftstoff 31,70 Cent pro Liter)
- Beitrag an den Erdölbevorratungsverband (= EBV; bei Ottokraftstoffen 0,51 Cent pro Liter, bei Diesel 0,45 Cent pro Liter). Dieser wird seit 1978 als Reaktion auf die beiden Ölkrisen erhoben und dient dazu, bei Engpässen die Kraftstoffversorgung aufrechterhalten zu können.
- Ökosteuer: Seit dem 01.01.2003 gilt die 5. Stufe, die Höhe beträgt 15,77 Cent pro Liter.

Damit vereinen die Abgaben und Steuern rund drei Viertel des Endverbraucherpreises auf sich.

In Deutschland herrscht ein intensiver Preiswettbewerb auf dem Tankstellenmarkt, der u. a. auf die Preissensibilität der Nachfrager und die Dichte des Tankstellennetzes zurückzuführen ist. Hierbei sind folgende **Phänomene** zu beobachten:

- Es treten zum Teil große regionale Preisunterschiede auf. Bis zu 10 Cent Diskrepanz sind keine Seltenheit und Stellen ein klassisches Beispiel für eine **räumliche Preisdifferenzierung** dar. Die Wettbewerbssituation wird im grenznahen Bereich verschärft durch die zwischen den Ländern differierende Besteuerung der Mineralölprodukte.
- Es herrscht ein **Stadt-Land-Gefälle**, das u. a. darauf zurückzuführen ist, dass die Großbetriebsformen des Einzelhandels im Zuge einer Mischkalkulation die angebundenen Tankstellenbetriebe subventionieren.

Schließlich ist ein permanenter Preisverfall von durchschnittlich 0,5 bis 0,8 Cent pro Liter und Tag festzustellen, da die Unternehmen infolge der Preissensibilität der Verbraucher bestrebt sind, möglichst schnell auf Preissenkungen der Konkurrenz zu reagieren. Dies führt zu einer sich nach unten drehenden Preisspirale, denen durch konform laufende Preisanhebungen, den sog. **Preisrunden**, begegnet wird. Diese rufen wiederum die Wettbewerbshüter auf den Plan, die dahinter Preisabsprachen und damit einen Verstoß gegen das Kartellgesetz (= GWB) vermuten.

Aktives Preismanagement

Beim aktiven Preismanagement agiert ein Anbieter eigenständig, d. h. er gestaltet die Preise aktiv. Zur Positionierung eines Produktes in der richtigen Kombination von Preis und Qualität im Vergleich zur Konkurrenz haben *Kotler/Bliemel* (1995, S. 744 – 748) das in Tab. 8.7 aufgeführte **Neun-Strategien-Modell** entwickelt.

Tab. 8.7: Das Neun-Strategien-Modell zur Optimierung der Preis/Qualitäts-Positionierung gegenüber der Konkurrenz (Quelle: Kotler/Bliemel 1995, S. 745)

Preis / Qualität	Hoch	Mittel	Niedrig
Hoch	1. Premiumstrategien	2. ⟷	3. Vorteilsstrategien
Mittel	4. ↕	5. Mittelfeld-strategien	6. ↕
Niedrig	7. Übervorteilungs-strategien ⟷	8.	9. Billigwaren-strategien

Zunächst können **drei grundsätzliche Strategien** unterschieden werden:

- **Premiumstrategien** (= 1) sind Strategien, bei denen Produkte von hoher Qualität zu einem hohen Preis angeboten werden.
- Bei **Mittelfeldstrategien** (= 5) wird durchschnittliche Qualität zu durchschnittlichen Preisen offeriert.
- **Billigwarenstrategien** (= 9) sind durch niedrige Qualität und entsprechende Preise gekennzeichnet.

In allen drei Fällen besteht ein ausgewogenes Preis/Leistungsverhältnis.

Die Optionen 2, 3 und 6 sind sog. **Vorteilsstrategien**, da sie dem Verbraucher ein günstigeres Preis/Leistungsverhältnis bieten als die o. a. Premium-, Mittelfeld- und Billigwarenstrategien. Ein Anbieter auf Position 6 kann den Unternehmen auf Position 5 gefährlich werden, da er die gleiche mittlere Qualität zu geringeren Preisen offeriert. Das Unternehmen in Position 2 kann Wettbewerber in Feld 1 angreifen, indem es für ein qualitativ gleichwertiges Produkt einen niedrigeren Preis fordert. Noch gefährlicher ist der Anbieter in Position 3, da er einen noch niedrigeren Preis fordert.

Die Optionen 2 und 3 werden als **Preiswettbewerb** bezeichnet. Hierbei unterbietet ein Anbieter bei der Annahme homogener Güter die Preise seiner Wettbewerber. Ein solches Vorgehen ist an **zwei Bedingungen** geknüpft:

- Die **Nachfrage** muss **elastisch** reagieren, d. h. die Preissenkung muss zu einer Umsatzsteigerung führen. Ob dadurch auch der Gewinn steigt, ist jedoch keinesfalls sicher. Um eine diesbezüglich fundierte Entscheidung zu treffen, müssten auch die Kostenveränderungen ins Kalkül gezogen werden.
- Die Konkurrenten dürfen nicht nachziehen (können), da ansonsten ein **Preiskampf** droht, der für alle Beteiligten wenn nicht die Existenzvernichtung, so doch einen Erlösverfall zur Folge hat.

Die **Übervorteilungsstrategien** schließlich belegen die Positionen 4, 7 sowie 8 und sind dadurch gekennzeichnet, dass sie aus Verbrauchersicht ein ungünstiges Preis/Leistungsverhältnis aufweisen. Der Preis ist in Relation zum Nutzen zu hoch, die Kunden werden übervorteilt. Seriöse Unternehmen werden eine solche Strategie nur einschlagen, wenn sie beabsichtigen, sich in absehbarer Zeit aus einem Markt zurückzuziehen. Ansonsten besteht die Gefahr, durch die Unzufriedenheit der Kunden (Abwanderung, negative Mund-zu-Mund-Werbung) geschädigt zu werden. Um die Auswirkungen der vorgestellten Strategien auf den Absatz der eigenen Produkte bzw. denjenigen der Konkurrenz einschätzen zu können, bietet sich das Konzept der Kreuzpreiselastizität an.

Das Konzept der Kreuzpreiselastizität

Die Kreuzpreiselastizität gibt darüber Auskunft, um wie viel Prozent der Absatz von Produkt B steigt oder sinkt, wenn der Preis von Produkt A um ein Prozent steigt bzw. sinkt (vgl. im Folgenden *Schneider/Hennig* 2008, S. 186 – 190). Mit dieser Kennzahl lässt sich nachvollziehen, wie sich eine Preisänderung bei einem Produkt (= unabhängige Variable) auf die Nachfrage bei einem anderen Produkt (= abhängige Variable) auswirkt.

Die Kreuzpreiselastizität berechnet sich folgendermaßen:

$$= \frac{\text{Relative Nachfrageänderung des Produktes B}}{\text{Relative Preisänderung des Produktes A}},$$

wobei die relative Nachfrageänderung des Produktes B

$$= \frac{\text{Neue Nachfragemenge} - \text{Alte Nachfragemenge}}{\text{Alte Nachfragemenge}} \times 100$$

und die relative Preisänderung des Produktes A

$$= \frac{\text{Neuer Preis} - \text{Alter Preis}}{\text{Alter Preis}} \times 100$$

sind.

Bei der Kreuzpreiselastizität unterscheidet man **drei Ausprägungen**:

- **Kreuzpreiselastizität größer als 0**
  Substituierbare, d. h. sich gegenseitig ersetzende Produkte weisen eine positive Kreuzpreiselastizität auf. Falls beispielsweise eine Steigerung des Butterpreises um 4 % zu einem Absatzzuwachs bei Margarine von 2 % führt, beträgt die Kreuzpreiselastizität 0,5. In diesem Fall weichen die Konsumenten der teurer gewordenen Butter aus, indem sie Margarine kaufen. Eine positive Kreuzpreiselastizität führt bei einer Preissteigerung zu einem Rückgang des Absatzes, weil die Kunden sich einem preisgünstigeren Produkt der Konkurrenz zuwenden werden. Bei einer Preissenkung hingegen wird der entgegengesetzte Fall eintreten, d. h. der Absatz wird ansteigen.

Die Kreuzpreiselastizität ermöglicht auch interessante Einblicke in die unternehmensinterne Konkurrenz zwischen Produkten. Führt ein Unternehmen beispielsweise ein Produkt A (= Qualitäts- bzw. Premiummarke) sowie ein Produkt B (= Billig- bzw. Preismarke) in seinem Angebotsprogramm bzw. Sortiment und besteht zwischen diesen eine positive Kreuzpreiselastizität, so wird eine Preissteigerung bei A zu einem Rückgang des Absatzes von A und gleichzeitig zu einer Absatzsteigerung bei Produkt B führen. Da Produkt B preisgünstiger als Produkt A ist, wird dies einen sinkenden Gesamtumsatz bewirken.

- **Kreuzpreiselastizität gleich 0**
  In diesem Fall handelt es sich um sog. neutrale Produkte, da völlige Unabhängigkeit zwischen beiden besteht. Steigt bzw. sinkt der Preis von Produkt A, so hat dies keinerlei Einfluss auf den Absatz von Produkt B.
- **Kreuzpreiselastizität kleiner als 0**
  Hierbei handelt es sich um sog. komplementäre Produkte, die sich gegenseitig ergänzen (z. B. Benzin/Pkw, Fotofilm/Fotoapparat oder Pfeife/Tabak). Demnach werden eine Preissteigerung und der daraus resultierende Absatzrückgang bei Produkt A zu einem geringeren Absatz bei Produkt B führen. Bei einer Preissenkung hingegen wird der entgegengesetzte Fall eintreten, d. h. die Absatzmengen von Produkt A und B werden wachsen.

Fallstudie „Berechnung der Kreuzpreiselastizität"

Ein Anbieter steigert die Preise des Produkts A von durchschnittlich 20 € auf 22 €. Infolge dieses Preiswachstums beim Produkt A steigt der Absatz von Produkt B seines Konkurrenten von 20.000 auf 30.000 Stück.

Die Kreuzpreiselastizität beträgt 5 = ([20.000 Stück – 30.000 Stück) : 20.000 Stück] : ([20 € – 22 €] : 20 €) = (- 0,5) : (- 0,1).

Also handelt es sich bei diesen Produkten um substitutionale Güter. Die Preissteigerung bei Produkt A bewirkt, dass der Absatz des Konkurrenzprodukts B zunimmt.

Um die Kreuzpreiselastizität zu ermitteln, bieten sich **zwei Ansatzpunkte**:

- Einschätzung durch Experten (z. B. Wirtschaftswissenschaftler, erfahrene Mitarbeiter, Unternehmensberater)
- Ermittlung der Kreuzpreiselastizität der Nachfrage mittels Produkt-, Laden- und/oder Markttests. Beispielsweise kann ein Unternehmen in einer seiner Filialen innerhalb von zwei Zeiträumen (z. B. für jeweils eine Woche) für ein Produkt A zwei unterschiedliche Preise verlangen. Können Störgrößen weitgehend ausgeschlossen werden, ist eine etwaige unterschiedliche Nachfrage nach Produkt B auf die unterschiedlichen Preise von Produkt A zurückzuführen. Damit kann die Kreuzpreiselastizität gemessen werden. Die entsprechenden Daten erhalten Groß- und Einzelhandelsunternehmen aus den Abverkaufszahlen, die dem Warenwirtschaftssystem zu entnehmen sind. Schwieriger wird es für Hersteller, die Konkurrenzprodukte in die Berechnung einbeziehen wollen. Da diese ent-

weder keinen unmittelbaren Einblick in die Abverkaufszahlen des Handels haben oder nur schwer an die Daten der Konkurrenz herankommen, müssen sie sich die Daten aus sog. Panels (= Längsschnittuntersuchungen) beschaffen. Solche Panels werden beispielsweise von der *GfK*, Nürnberg, und *Nielsen*, Hamburg, durchgeführt (vgl. hierzu Abschnitt 4.5.4).

Bei der Berechnung der Kreuzpreiselastizität darf keinesfalls vernachlässigt werden, dass hier nur Absatzänderungen betrachtet werden, die letztlich auch die Berechnung von Umsatzveränderungen ermöglichen. Rückschlüsse auf Gewinnveränderungen lassen sich aus der Kreuzpreiselastizität jedoch nicht ziehen. Beispielsweise können durch eine Preissenkung bei Produkt A durchaus der Absatz und damit Umsatz von Produkt B steigen; gleichzeitig führt aber die höhere Absatzmenge zu überproportionalen Kostensteigerungen (etwa durch den Ausbau von Kapazitäten), was in Extremfällen zu einem Gewinnrückgang führen kann. Folglich lässt sich eine gewinnoptimale Lösung nur durch eine flankierende Einbeziehung der Kosten berechnen.

Fallstudie „Preisstrategien nach Auslauf des Patentschutzes“ – das Beispiel Pharmaindustrie

Wenn forschende Pharmaunternehmen den Patentschutz auf die von ihnen entwickelten Produkte verloren hatten, behielten sie in der Vergangenheit grundsätzlich den Preis für ihre Originalprodukte hartnäckig bei. Damit ermöglichten sie den Aufstieg der Generika-Anbieter, die mit mehr oder weniger großen Preisabschlägen nach und nach Marktanteile erobern konnten. Die forschenden Pharmahersteller waren davon überzeugt, mit dem verbleibenden Umsatz bei relativ hohen Marktanteilen noch attraktive Gewinne erwirtschaften zu können.

Der verschärfte Preiswettbewerb innerhalb des Generika-Sektors führt jedoch dazu, dass die Nachahmer-Produkte immer schneller und massiver Marktanteile erobern. In dieser Lage beginnen die etablierten Pharmahersteller, ihre Preise zu senken und auf höhere Mengenrabatte zu setzen. Etablierte Pharmakonzerne bieten den gesetzlichen Krankenkassen massive Preissenkungen für diejenigen Originalprodukte an, die den Patentschutz verloren haben. Ohne gravierende Preisunterschiede entfällt für Ärzte die Notwendigkeit, ihre Patienten von Originalmedikamenten auf Generika umzustellen, was deren Anbieter massiv unter Druck setzt.

Quelle: *Hofmann, S.*: Konzerne ringen um Pharmamarkt, in: Handelsblatt, Nr. 248 vom 21.12.2007, S. 1.

8.5 Konditionenmanagement

8.5.1 Überblick

Das Konditionenmanagement umfasst:

- Rabattmanagement,
- Festlegung der Liefer- und Zahlungsbedingungen sowie
- Kreditmanagement (vgl. im Folgenden *Meffert* 2000, S. 581 – 593; *Nieschlag/Dichtl/Hörschgen* 2002, S. 749 – 759).

8.5.2 Rabattmanagement

Das Rabattmanagement ist ein Mittel der preispolitischen Feinsteuerung, das dazu dient, generell gültige Preise (z. B. Listenpreise) zu variieren (ital.: rabatto, rabattere = niederschlagen, abschlagen). Häufig ist jedoch zu beobachten, dass in bestimmten Branchen Rabatte einheitlich gewährt werden und damit als allgemein übliches Element der Preisstellung angesehen werden. Im Vergleich zu Boni, die erst im Nachhinein gewährt werden und mit denen ein Lieferant den mit ihm getätigten Umsatz rückvergütet, schlagen sich Rabatte bereits beim Kauf nieder.

Im Wesentlichen lassen sich **zwei Rabattarten** unterscheiden:

- Beim **Geldrabatt** reduziert sich die zu leistende Zahlung gegenüber dem Listenpreis.
- Beim **Naturalrabatt** wird ein Rabatt durch die Lieferung von Waren geleistet. Hierbei unterscheidet man zwischen Dreingabe und Draufgabe. Bei der Dreingabe bezahlt der Kunde nur einen Teil der von ihm erworbenen Ware. Der restliche Teil der Güter ist kostenlos. Bei der Draufgabe bezahlt der Kunde die von ihm gewünschten Güter und erhält zusätzliche Güter kostenlos.

Die Gewährung von Rabatten ist an bestimmte **Voraussetzungen** geknüpft. Hierzu zählen u. a. (vgl. *Steffenhagen* 2002, S. 1459 – 1460):

- Besondere Merkmale des Abnehmers (z. B. im Falle von Großhandelsrabatten, Einzelhandelsrabatten und Konsumentenrabatten; bei Studenten, Rentner-, Beamten-, Belegschafts- und Hochschulrabatten sowie bei Rabatten für Clubmitglieder)
- Besondere Belieferungsvereinbarungen (z. B. Selbstabholerrabatt)
- Kaufzeitpunkt des Abnehmers (z. B. Frühbezugsrabatt, Auslaufrabatt)
- Kaufvolumen des Abnehmers (z. B. Mengenrabatt)
- Besondere Marktbearbeitung (z. B. Einführungsrabatt bei Neuprodukteinführungen, WKZ = Werbekostenzuschüsse im Falle der Bewerbung eines Produktes durch den Handel)
- Zahlungszeitpunkt des Abnehmers (z. B. Skonto)

Mit Ausnahme der an die Merkmale des Abnehmers geknüpften Preisnachlässe dienen Rabatte grundsätzlich dazu, Gegenleistungen des Abnehmers abzugelten. Welche Gegenleistungen das sein können und welche Rabatte daran geknüpft sind, kann beispielhaft Tab. 8.8 entnommen werden.

Tab. 8.8: Rabatte als Gegenleistung für die Erfüllung von Handelsfunktionen

Handelsfunktion	Rabattart
Raumüberbrückung	Selbstabholerrabatt
Zeitüberbrückung	Frühbestellerrabatt (z. B. Ermäßigung der Katalogpreise von Reiseveranstaltern bei frühzeitiger Buchung)
Quantitative Warenfunktion	Mengenrabatt (z. B. als Staffelrabatt, der den Stückpreis beim Erreichen gewisser Mengenklassen reduziert)
Qualitative Warenfunktion	Listungsrabatt
Markterschließungsfunktion	Funktionsrabatt (z. B. WKZ)
Kreditfunktion	Skonto (im Falle der schnelleren Bezahlung bzw. Barzahlung)

Daneben trifft man in der Praxis auf folgende Formen der Rabattierung:

- Aktionsrabatt im Falle bestimmter Marketingaktionen
- Lagerräumungsrabatt, um Lagerplatz für neue Ware zu schaffen (z. B. Sommer- und Winterschlussverkauf)
- Personalrabatt für Betriebsangehörige
- Schadensfreiheitsrabatt in der Kfz-Versicherung
- Sonderrabatt bei bestimmten Anlässen (etwa Firmenjubiläum)
- Treuerabatt für Kunden, die zum wiederholten Mal einkaufen
- Wiederverkäuferrabatt, die dem Groß- und Einzelhandel eingeräumt werden

Infolge der Konzentration im Handel zwingen marktmächtige Unternehmen ihre Lieferanten nicht selten, ihnen Rabatte einzuräumen, ohne entsprechende Gegenleistungen zu erbringen. Ein solches Verhalten gilt als wettbewerbsrechtlich brisant und wird als sog. **Nichtleistungswettbewerb** bezeichnet. Hierunter fasst man Wettbewerbsbeschränkungen, die dann vorliegen, wenn Marktteilnehmer überdurchschnittlichen Einfluss auf das Marktgeschehen und damit die Möglichkeit besitzen, Zwang, Diskriminierung und Marktmissbrauch auszuüben, d. h. die Entscheidungsfreiheit anderer Marktteilnehmer durch Ausbeutungs-, Behinderungs- und Verdrängungsmissbrauch zu beeinträchtigen.

Bis 2002 galt in Deutschland ein von den Nationalsozialisten 1933 eingeführtes Rabattgesetz, das die Einräumung von Rabatten streng reglementierte. Seit der Liberalisierung des Gesetzes können in nahezu allen Bereichen individuelle Rabatte gewährt werden. Eine Ausnahme bildet die Buchpreisbindung. Kritiker sehen die Gefahr, dass eine Liberalisierung in dieser Branche zu einem Preiskampf führen wird, durch den kleine Anbieter aus dem Markt gedrängt werden.

Bei der Rabattvergabe empfehlen Pricing-Spezialisten drei Entscheidungsregeln:

- In den Neuen sollten höhere Rabatte vergeben werden als in den Alten Bundesländern.
- Bestandskunden zahlen höhere Preise als Neukunden.
- Neue Produkte rechtfertigen in der Regel höhere Preise (vgl. *Stadie* 2006, S. 41).

8.5.3 Festlegung der Liefer- und Zahlungsbedingungen

Lieferbedingungen regeln im Allgemeinen (vgl. hierzu *Pepels* 2000, S. 604 – 607):

- die Waren- und Produktbeschreibung,
- die Liefermenge,
- die Warenübernahme bzw. -zustellung (Ort und Zeit) sowie das Transportmittel,
- den Zeitpunkt des Gefahrenübergangs,
- die Verteilung der zwischen Versendung und Ankunft aufgelaufenen Kosten (Abgaben, Zölle, ...),
- Umtauschrecht sowie
- die Konventionalstrafen bei verspäteter Lieferung.

Unterstützung bei der Vereinbarung von Lieferbedingungen bieten die sog. **INCOTERMS** (**International Commercial Terms;** vgl. *Bredow/Seiffert* 2000; www.controllerspielwiese.de/Inhalte/Toolbox/ref004.htm; www.frankfurt-main.ihk.de/international/importexport/incoterms/; www.toyota-gib.com/German/Logistics/Incoterms/.htm; www.wkw.at/docextern/abtawi/extranet/HIncoterms.htm; Stand: 24.12.2002). Hierbei handelt es sich um **Lieferklauseln**, die von der *International Chamber of Commerce* (*ICC*), Paris, zur Regelung des **internationalen Warenverkehrs** herausgegeben werden. Konkret sind die folgenden grundsätzlichen **Verkäufer-** und **Käuferverpflichtungen** festgelegt:

- Zahlung des vertragsmäßigen Kaufpreises
- Ort und Zeitpunkt des Übergangs der Gefahr der Beschädigung oder des Verlustes der Ware vom Verkäufer auf den Käufer
- Lieferort und Transportart
- Kostenübergang und Kostenteilung
- Besorgung des Beförderungs- und des Versicherungsvertrages
- Beschaffung der mit der Aus-, Ein- und Durchfuhr der Waren erforderlichen Dokumente, die Erledigung der notwendigen Formalitäten und die Verteilung der dadurch entstehenden Kosten

Die 1936 erstmals aufgestellten INCOTREMS wurden bis heute fünfmal erweitert und bestehen derzeit aus insgesamt 13 Klauseln. INCOTERMS sind für die Vertragspartner verbindlich, wenn sie sich eindeutig im Rahmen eines Vertrages auf diese beziehen. Die Regelungen sind international bei Gericht und ähnlichen Instanzen anerkannt.

Die weltweit hohe Akzeptanz der INCOTERMS ist darauf zurückzuführen, dass durch Bezug auf eine der 13 INCOTERMS-Klauseln auf einfache Art und Weise die Bedingungen für die technische Durchführung des Transportes geregelt werden können. Dabei wird eine **eindeutige Regelung** des Übergangs der Kosten und Transportgefahren vom Verkäufer auf den Käufer getroffen, ohne dass hierüber umfangreiche Bestimmungen in den Liefervertrag aufzunehmen sind. Hinzu kommt, dass sich die an einem internationalen Geschäftsvorgang beteiligten Parteien häufig nicht über die im Ausland gängigen Handelspraktiken im Klaren sind. Daraus entstehen des Öfteren Missverständnisse zwischen Lieferant und Käufer. Die Verwendung der international anerkannten INCOTERMS reduziert dieses Risiko.

Seit 01.01.2001 gelten neue INCOTERMS-Regelungen, die in sechs Punkten von der vorherigen Version abweichen. Die derzeit gültigen Klauseln sind in Tab. 8.9 aufgeführt. Hierbei lassen sich **zwei Gruppen** unterscheiden:

- Die Klauseln EXW (= Ex Works), FCA (= Free Carrier), CPT (= Carriage Paid To), CIP (= Carriage and Insurance Paid To), DAF (= Delivered At Frontier), DDU (= Delivered Duty Unpaid) und DDP (= Delivered Duty Paid) beziehen sich auf jede Transportart einschließlich multimodaler Transport.
- Die Regelungen FAS (= Free Alongside Ship), FOB (= Free On Board), CFR (= Cost and Freight), CIF (= Cost, Insurance and Freight), DES (= Delivered Ex Ship) und DEQ (= Delivered Ex Quay), die mit einem * gekennzeichnet sind, gelten ausschließlich für Hochsee- und Binnenschifftransporte.

Die **Zahlungsbedingungen** ihrerseits fixieren Zahlungsabwicklung, Zahlungsfrist und Zahlungsweise. Hierzu gehören u. a. Regelungen zu folgenden Bereichen:

- Inzahlungnahme von gebrauchten Waren (z. B. beim Verkauf von Kraftfahrzeugen)
- Kompensationsgeschäfte: Hierunter fasst man Transaktionen, bei denen der Lieferant für seine Leistungen kein Geld, sondern Produkte oder Dienstleistungen erhält.

Tab. 8.9: INCOTERMS im Überblick

GRUPPE (E): Abholklausel		
EXW	Ex Works	Ab Werk (...benannter Ort). Der Exporteur trägt keinerlei Kosten für Transport oder Zollabfertigung.
GRUPPE (F): Haupttransport vom Verkäufer nicht bezahlt		
FAS	Free Alongside Ship*	Frei Längsseite Schiff (...benannter Verschiffungshafen). F-Klauseln verpflichten den Exporteur, dem Frachtführer die Ware zu übergeben. Der Importeur trägt die Kosten des Haupttransports.
FCA	Free Carrier	Frei Frachtführer (...benannter Ort). F-Klauseln verpflichten den Exporteur, dem Frachtführer die Ware zu übergeben. Der Importeur trägt die Kosten des Haupttransports.

Tab. 8.19: INCOTERMS im Überblick (Fortsetzung)

GRUPPE (F): Haupttransport vom Verkäufer nicht bezahlt (*Fortsetzung*)		
FOB	Free On Board*	Frei an Bord benannter Verschiffungshafen. F-Klauseln verpflichten den Exporteur, dem Frachtführer die Ware zu übergeben. Der Importeur trägt die Kosten des Haupttransports.
GRUPPE (C): Haupttransport vom Verkäufer bezahlt		
CFR	Cost and Freight*	Kosten und Fracht (...benannter Bestimmungshafen). Der Exporteur trägt alle Transportkosten bis zum Bestimmungshafen. Der Gefahrübergang auf den Importeur erfolgt bereits im Verladehafen, bei Überschreitung der Reling. Die Transportversicherung schließt der Importeur ab.
CIF	Cost, Insurance and Freight*	Kosten, Versicherung, Fracht (...benannter Bestimmungshafen). Der Exporteur trägt alle Transportkosten bis zum Bestimmungshafen. Der Gefahrübergang auf den Importeur erfolgt bei Überschreitung der Reling im Verladehafen. Zusätzlich zu CFR trägt der Exporteur die Transportversicherungskosten.
CIP	Carriage and Insurance Paid To	Frachtfrei versichert (...benannter Bestimmungsort). Der Exporteur trägt die Kosten wie bei CPT, zusätzlich noch die Kosten für die Transportversicherung. Der Gefahrübergang auf den Importeur erfolgt bei Übergabe an den Frachtführer. Der Exporteur trägt zusätzlich zu CPT die Transportversicherungskosten.
CPT	Carriage Paid To	Frachtfrei (...benannter Bestimmungsort). Der Exporteur trägt alle Transportkosten bis zum Bestimmungshafen. Der Gefahrübergang auf den Importeur erfolgt bei Überschreitung der Reling im Verladehafen. Zusätzlich zu CFR trägt der Exporteur die Transportversicherungskosten.
GRUPPE (D): Ankunftsklauseln		
DAF	Delivered At Frontier	Geliefert Grenze (...benannter Ort). Der Exporteur trägt die Kosten und Gefahren bis zum Bestimmungsort an der Grenze. Er trägt auch die Kosten der Exportabwicklung. Die Einfuhrabgaben entrichtet bereits der Importeur.
DDP	Delivered Duty Paid	Geliefert verzollt (...benannter Bestimmungsort). Der Exporteur trägt die Transportkosten bis zum Bestimmungsort sowie die Einfuhrabgaben. Die Gefahr geht auf den Importeur über, sobald er die Ware vom Frachtführer erhält.
DDU	Delivered Duty Unpaid	Geliefert unverzollt (...benannter Bestimmungsort). Der Exporteur trägt die Transportkosten bis zum Bestimmungsort. Die Einfuhrabgaben entrichtet der Importeur. Die Gefahr geht auf den Importeur über, sobald er die Ware vom Frachtführer erhält.

Tab. 8.10: INCOTERMS im Überblick (Fortsetzung)

GRUPPE (D): Ankunftsklauseln (*Fortsetzung*)		
DEQ	Delivered Ex Quay*	Geliefert ab Kai (...benannter Bestimmungshafen). Der Exporteur trägt die Kosten des Transports zum Bestimmungshafen einschließlich Löschkosten und aller Aus- bzw. Einfuhrabfertigungskosten. Der Gefahrübergang erfolgt am Kai.
DES	Delivered Ex Ship*	Geliefert ab Schiff (...benannter Bestimmungshafen). Der Exporteur trägt die Kosten des Transports zum Bestimmungshafen ohne Löschkosten und alle Aus- bzw. Einfuhrabfertigungskosten. Der Gefahrübergang erfolgt auf dem Schiff.

8.5.4 Kreditmanagement

Im Zuge des Kreditmanagement schließlich räumt der Anbieter dem Nachfrager die Möglichkeit ein, die Leistung erst mit einem bestimmten zeitlichen Abstand zur Bereitstellung zu begleichen. Hier ist zum einen die Einräumung mehr oder weniger langer Zahlungsfristen zu nennen. Damit unmittelbar verknüpft ist der **Skonto**, d. h. ein Rabatt, der den Abnehmer dazu motivieren soll, den Rechnungsbetrag unverzüglich bzw. innerhalb einer bestimmten Frist zu begleichen und den Lieferantenkredit nicht in Anspruch zu nehmen, d. h. das vom Lieferanten eingeräumte Zahlungsziel nicht auszuschöpfen.

Untersuchungen belegen, dass das eigentliche Ziel des Skontos, nämlich eine schnellere Bezahlung, häufig verfehlt wird. Ganz im Gegenteil ziehen (insbesondere marktmächtige) Kunden auch dann noch Skonto ab, wenn die Rechnung verspätet beglichen wird. Vor diesem Hintergrund scheint es zweckdienlicher zu sein, das Angebot des Skonto durch flexible Zahlungsfristen zu ersetzen. Beispielsweise wird Neukunden ein Zahlungsziel von 14 Tagen eingeräumt mit dem Hinweis, im Falle termingerechter Bezahlung der Erstlieferung bei einem Wiederholungskauf die Zahlungsfrist auf 30 Tage auszudehnen. Wird einer der Folgekäufe nicht termingerecht beglichen, verkürzt sich die Zahlungsfrist erneut auf 14 Tage. Im Vergleich zum Skonto sind flexiblere Zahlungsfristen für den Lieferanten kostengünstiger und der positive Effekt auf die tatsächliche Zahlungsdauer ist höher (vgl. *Lauer* 1998).

Fallstudie „Berechnung des Skonto"

Ein Unternehmen räumt seinen Kunden folgende Zahlungsbedingung ein: „Innerhalb von 10 Tagen abzüglich 2 % Skonto, innerhalb 30 Tagen rein netto". Zahlt der Kunde innerhalb von zehn Tagen, werden ihm demnach 2 % Skonto gewährt. Nutzt der Kunde das Zahlungsziel von 30 Tagen aus und verzichtet demnach auf Skontierung, kostet ihn dieser Liederantenkredit 36 % Zinsen p. a. = (2 % x 360 Tage) : 20 Tage. Da der Kunde einen solchen Kredit am Kapitalmarkt deutlich günstiger aufnehmen kann, wird er normalerweise den Skonto in Anspruch nehmen. Tut er dies nicht, weist dies entweder auf einen geringen betriebswirtschaftlichen Sachverstand, eine schlechte Buchhaltung oder auf Zahlungsschwierigkeiten hin, da der Abnehmer am Kapitalmarkt offensichtlich nicht mehr kreditwürdig ist und deshalb den ungünstigen Lieferantenkredit nutzen muss.

Zum anderen bietet sich die Möglichkeit, mittels einer längerfristigen Kreditierung des Kaufpreises, häufig verbunden mit Ratenzahlung, den Kreis der Abnehmer um diejenigen zu erweitern, die zwar kaufwillig, aber zum jetzigen Zeitpunkt nicht zahlungsfähig oder -bereit sind.

Fallstudie „Schaffung zusätzlicher Absatzmöglichkeiten durch Finanzierung" – das Unternehmen *Heidelberger Druckmaschinen*

Heidelberger Druckmaschinen, weltgrößtes Unternehmen seiner Branche, finanziert etwa 16 % seines Umsatzes selbst, d. h. vergibt Kredite an seine Kunden. Damit hat sich die eigene Absatzfinanzierung in rund acht Jahren verdreifacht (Stand: 2003). Die Ursache für diesen rasanten Anstieg liegt aber nicht an weniger zahlungsfähigen Kunden oder risikoscheuen Banken, sondern an dem Umstand, dass *Heideldruck* mit der Zeit vormals unabhängige Händler und Vertriebsgesellschaften übernommen hat und jetzt den Vertrieb in Eigenregie betreibt. In diesem Kontext bietet die Absatzfinanzierung den Vorteil, Märkte besser entwickeln und neue Absatzmöglichkeiten schaffen zu können.

Die Kreditprüfung läuft ähnlich wie in einer Bank ab: Es wird ein Rating einschließlich Länderrisiko erstellt, Bilanz sowie Gewinn-und-Verlust-Rechnung werden analysiert, und der Kunde muss begründen, warum er mit der neuen Druckmaschine erfolgreich am Markt agieren wird. Über die Kreditvergabe entscheidet nicht der Vertrieb allein, da dieser u. U. zu stark auf den eigenen Umsatz fokussiert ist, sondern eine Abteilung in der Konzernzentrale. Ab einem Volumen von drei Millionen € muss der Vorstand den Kredit genehmigen. Als Sicherheit dient in aller Regel die gelieferte Druckmaschine, d. h. die Finanzierung wird so gestaltet, dass der aktuelle Kreditbetrag zu keinem Zeitpunkt den Wert der Maschine übersteigt

Quelle: *o. V.*: Kredit erst nach dem „Crash"-Rating, in: Frankfurter Allgemeine Zeitung, Nr. 16 vom 20.01.2003c, S. 21.

Schließlich ist das **Leasing** (engl. to lease = mieten, pachten) zu nennen. Hierbei handelt es sich um eine Finanzierungsform, bei welcher der Leasinggeber (direkt = Anbieter des Gutes; indirekt = Finanzinstitut) dem Leasingnehmer (Gewerbetreibender oder Privatperson) das Leasinggut (Mobilien oder Immobilien) gegen Zahlung eines vereinbarten Leasingentgelts, das die die Kosten für die Herstellung bzw. Beschaffung, die Finanzierung, die Versicherung sowie einen Gewinnaufschlag abdeckt, zur Nutzung überlässt. Von der Miete unterscheidet sich Leasing dadurch, dass die mietvertraglich geschuldete Wartungs- und Instandsetzungsleistung bzw. der Gewährleistungsanspruch auf den Leasingnehmer übertragen wird (vgl. *Bender* 2001).

Nach Ende des Leasingvertrages geht das Leasinggut an den Leasinggeber zurück oder wird an den Leasingnehmer oder einen Dritten veräußert. Während Finance-Leasing die Miete sowie eine Kaufoption umfasst, bezieht sich Operate-Leasing ausschließlich auf die Miete.

Leasing wird zumeist von Gewerbetreibenden genutzt, spielt jedoch in manchen Branchen (etwa Kraftfahrzeuge) auch bei Privatkunden eine zunehmend wichtigere Rolle. Hier trifft man häufig auf das sog. Null-Leasing, bei dem die Leasingraten keinen Aufwand für Zinsen und laufende Kosten enthalten. Diese Leasingart dient als ein Instrument der Absatzförderung. Die nicht gedeckten Kosten werden von Händlern bzw. Herstellern übernommen.

Eine weitere Sonderform des Leasing bildet das Sale-Lease-Back-Verfahren: Hier verkauft ein Unternehmen die Objekte (etwa Gebäude, Fuhrpark) an eine Leasinggesellschaft und least sie dann zurück. Auf diese Weise gewinnt das Unternehmen an Liquidität.

9 Distributionsmanagement

Dieses Kapitel vermittelt,:

- was man unter Distributionsmanagement versteht,
- welche Aufgaben dem Distributionsmanagement zufallen,
- welche Entscheidungen im Zuge der Wahl des externen und internen Standorts zu treffen sind,
- welche Varianten von Vertriebswegen zur Verfügung stehen und welche jeweiligen Vor- sowie Nachteile diese bieten,
- was es im Rahmen des Kundenmanagement zu beachten gilt und
- welche Optionen im Rahmen der Distributionslogistik zur Verfügung stehen.

9.1 Überblick

Das Distributionsmanagement eines Unternehmens umfasst sämtliche Maßnahmen, die den Transfer der Produkte und/oder Dienstleistungen an nachgelagerte Wirtschaftsstufen betreffen (vgl. im Folgenden *Ahlert* 1996; *Bruhn* 2001, S. 249 – 276; *Diller* 2001, S. 327 – 328; *Froböse/Kaapke* 2000, S. 226 – 248; *Kotler/Bliemel* 1995, S. 851 – 905; *Meffert* 2000, S. 600 – 677; *Nieschlag/Dichtl/Hörschgen* 2002, S. 880 – 983; *Uhr/Müller* 1998). Grundsätzlich lassen sich **zwei Komponenten** unterscheiden:

- Der **physischen Distribution** fällt die Aufgabe zu, die Ware zu verteilen, d. h. eine Leistung vom Ort ihrer Entstehung unter Überbrückung von Raum und Zeit an den Ort zu bringen, wo sie in den Verfügungsbereich des Käufers übergeht.
- Die **akquisitorische Distribution** zielt darauf ab, die Ware zu verkaufen, d. h. den Kontakt zum Kunden anzubahnen und diesen an das Unternehmen zu binden.

Konkret sind folgende **Aktionsparameter** des Distributionsmanagement zu nennen:

- **Standortwahl**
  Diese umfasst sowohl Entscheidungen über den Unternehmensstandort als auch die Gestaltung des innerbetrieblichen Standorts.
- **Absatzwegewahl**
  Hier gilt es zu entscheiden, auf welchem Weg eine Leistung vom Produzenten zum Verbraucher gelangt. In Bezug auf den Vertriebsweg müssen festgelegt werden:
  - die Länge, d. h. die Anzahl der Absatzstufen, die zwischen Hersteller und Verbraucher eingeschaltet sind

- die Tiefe, d. h. die Anzahl verschiedener Typen von Verkaufsorganen und Handelsbetrieben auf jeder Absatzstufe
- die Breite, d. h. die Anzahl gleichartiger Verkaufsorgane bzw. Verkaufsstätten
- das Vertriebssystem, d. h. die Art der Kooperation zwischen Hersteller, Absatzmittler und Verbraucher

- **Kundenmanagement**
  Das Kundenmanagement übernimmt folgende akquisitorische Funktionen:
  - Informationsfunktion, d. h. Übermittlung von Informationen an (potenzielle) Kunden und Gewinnung von Marktinformationen
  - Kontrahierungsfunktion, d. h. Vorbereitung und unmittelbare Durchführung von Kaufabschlüssen

- **Distributionslogistik**
  Hier gilt es sicherzustellen, dass die Waren
  - zur richtigen Zeit
  - in der richtigen Menge
  - am gewünschten Ort
  - im gewünschten Zustand und
  - zu möglichst geringen Kosten

  den Kunden erreichen. Demnach sind Auftragsabwicklung, Lagerung, Transport, Verpackung sowie Redistribution zu optimieren.

9.2 Standortwahl

9.2.1 Wahl des externen Standorts

Standort bezeichnet den **Ort**, an dem die **Produktionsfaktoren** eingesetzt werden, um Produkte und/oder Dienstleistungen herzustellen (vgl. im Folgenden *Müller-Hagedorn* 2001, S. 1600 – 1601 sowie 1601 – 1603; *o. V.* 2003b, S. 19; www.newcome.de/gruenderguide/ Der_ Standort/Einstieg_Standort.php; www.frankfurt-main.ihk.de/starthilfe_foerde-rung/existenzgruendung/basisinfos/standort/#; Stand: 20.03.2003;).

Anlässe für eine Standortentscheidung können sein:

- Neugründung,
- Verlegung,
- Spaltung bzw. Zusammenlegung sowie
- Schließung.

Dabei kann die Standortentscheidung auf **drei Ebenen** angesiedelt sein:

- internationale Standortwahl (sog. Makro-Standortwahl, z. B. einzelne Länder),
- interlokale Standortwahl (sog. Meso-Standortwahl, z. B. Regionen oder Orte) sowie

- lokale Standortwahl (sog. Mikro-Standortwahl, z. B. bestimmte Objekte).

Auf jeder dieser Ebenen lassen sich harte und weiche Standortfaktoren identifizieren. **Harte Standortfaktoren** sind quantifizierbar und leicht messbar, bei **weichen Faktoren** ist das Gegenteil der Fall. Letztere lassen sich weiter differenzieren in weiche unternehmensbezogene Faktoren (etwa Wirtschaftsklima) und weiche personenbezogene Faktoren (z. B. Freizeitangebot einer Region). Die Ausprägungen der jeweils relevanten Standortfaktoren bedingen die Entscheidung für oder gegen einen Standort. Einen Überblick über die zahlreichen Standortfaktorenkataloge vermittelt *Bienert* (1996), der aus 30 Katalogen **vier Basisdimensionen** herausdestilliert hat:

- Verkehr,
- Konkurrenz,
- Konsum sowie
- Raum.

Der Standort eines Unternehmens hat in vielen Branchen eine herausragende Bedeutung. Vor allem im Einzelhandel, in der Gastronomie und bei Dienstleistern, die sich an Privatkunden wenden, kann allein die Wahl des Mikro-Standorts über Erfolg oder Misserfolg entscheiden. Unter Berücksichtigung der zahlreichen Einflüsse ist es oft schwierig, eine klare Entscheidung zu treffen. Hilfe bieten in diesen Fällen Kammern, Verbände, Unternehmensberatungen oder auch die Gewerbeförderstellen der Landkreise und Gemeinden.

Stehen mehrere Standorte zur Auswahl, unterstützen sog. **Scoring-Modelle**, die i. d. R. folgendermaßen aufgebaut sind:

- Identifikation der für den Betrieb relevanten Standortfaktoren
- Gewichtung der Standortfaktoren nach ihrer Bedeutung für den Betrieb
- Bewertung der einzelnen Standorte anhand der Qualität der Standortfaktoren
- Multiplikation der Gewichtungsfaktoren mit der Qualitätsbewertung
- Addition der Punkte für jeden Standort

Der Standort mit der höchsten Punktzahl entspricht am besten den Anforderungen. Die Güte eines solchen Scoring-Modells hängt im Wesentlichen von der Vollständigkeit und Überschneidungsfreiheit der Standortfaktoren ab. Letzteres gewährleistet die Vermeidung von Doppelbeurteilungen.

Fallstudie „Standortwahl auf Basis eines Scoring-Modells“

Die drei Standorte A, B und C stehen zur Auswahl (vgl. Tab. 9.1). Diese werden anhand von neun Einflussfaktoren jeweils anhand einer von 1 = sehr schlecht bis 10 = sehr gut reichenden Skala bewertet. Die Gewichtung der Standortfaktoren nach ihrer Bedeutung für den Betrieb erfolgt auf einer Skala von 1 – 10, wobei 10 sehr wichtig und 1 unwichtig bedeuten. Die Gewichtungsfaktoren werden mit der Qualitätsbewertung multipliziert und sodann für jeden Standort addiert. Standort C entspricht mit 381 Punkten am ehesten den Anforderungen.

Tab. 9.1: Beispiel für ein Scoring-Modell im Zuge der Standortanalyse (Quelle: www.Fbwi.fh-karlsruhe.de/existenzgruendung/Basiskurs/Orientierung/OstandortanalyseT.htm; Stand: 20.03.2003)

Standort / Einfluss-faktoren	Gewichtung	A		B		C	
		Bewertung	Punkte	Bewertung	Punkte	Bewertung	Punkte
Kundennähe	10	3	30	2	20	8	80
Verkehrslage	8	3	24	4	32	5	40
Kundenpark-plätze	8	2	16	6	48	4	32
Versorgung/ Energie	5	4	20	5	25	5	25
Konkurrenz	8	3	24	2	16	5	40
Kosten	7	5	35	4	28	5	35
Anliefermög-lichkeiten	7	5	35	8	56	5	35
Nutzungsbe-schränkung	8	2	16	7	56	8	64
Erweiterungs-möglichkeiten	6	1	6	4	24	5	30
Summe Punkte			206		305		381
Rang			3		2		1

Fallstudie „Standortwahl" – wie britische Supermarktketten ihre Wettbewerber behindern

Britische Supermarktketten kaufen systematisch Grundstücke auf, um sie nicht nur für das eigene Unternehmen zu nutzen, sondern um Wettbewerber davon abzuhalten, auf diesen Grundstücken neue Standorte zu errichten. Die Behinderung des Wettbewerbs geht mancherorts sogar soweit, dass Supermarktketten Grundstücke mit der Auflage verkaufen, dass sich an diesen Standorten keine Konkurrenten ansiedeln dürfen.

Quelle: *o. V.:* Supermärkte keine Bedrohung, in: Frankfurter Allgemeine Zeitung, Nr. 257 vom 05.11.2007q, S. 16.

9.2.2 Management des innerbetrieblichen Standorts

Im Zuge der innerbetrieblichen Standortwahl bzw. -gestaltung (= **Space Management**) sind folgende **Entscheidungsfelder** zu unterscheiden:

- Ladengestaltung im weiteren und engeren Sinn,
- Platzierung von Waren auf der Verkaufsfläche sowie
- Anordnung von Waren innerhalb der Warenträger (vgl. *Haller* 1997, S. 330 – 335; *Müller-Hagedorn* 1993, S. 307 – 313).

Die **Ladengestaltung** im weiteren Sinn setzt sich zusammen aus:

- Fassadengestaltung,
- Schaufenstergestaltung,
- Ladengestaltung im engeren Sinn (Layout, Boden-, Treppen-, Deckengestaltung, Möblierung, Dekoration, Beleuchtung, Hintergrundmusik, Raumklima) und Warenpräsentation (= Visual Merchandising) sowie
- Kassenorganisation (vgl. *Diller* 2001, S. 885 – 889).

Bei der **Platzierung der Waren auf der Verkaufsfläche** gilt es zu klären, an welcher/n Stelle/n innerhalb der gesamten Verkaufsfläche welche Waren in welchem Umfang positioniert werden sollen. Bei der Anordnung der Ware lässt sich eine Vielzahl von Kriterien anwenden, wie z. B. **Warengliederungen** nach Materialien, Größen, Farben, Preislagen, Marken bzw. Herstellern, Zielgruppen, Bedarfskreisen, Saisoncharakter, Aktionscharakter, technischen Merkmalen, Herkunft usw. (vgl. *Diller* 2001, S. 1838).

Flankierend gilt es ins Kalkül zu ziehen, dass die Platzierung der Ware die Wegführung des Kunden und umgekehrt beeinflussen kann. In diesem Zusammenhang lassen sich attraktive und unattraktive Verkaufszonen unterscheiden. Vor diesem Hintergrund können attraktive Artikel so positioniert werden, dass sie den Kunden durch **verkaufsschwache Zonen** lenken. Zum anderen bietet sich die Option, ertragsstarke Artikel in **verkaufsstarken Bereichen** anzusiedeln (vgl. Tab. 9.2).

Tab. 9.2: Charakteristika minder- und hochwertiger Verkaufszonen (Quelle: Berekoven 1995, S. 289; Haller 1997, S. 331)

Minderwertige bzw. verkaufsschwache Zonen	Hochwertige bzw. starke Zonen
• Mittelgänge im Verkaufsraum • Flächen, die links vom Kunden liegen • Eintrittsbereich, da dieser schnell passiert wird • Sackgassen • Etagen, die weit von der Eintrittsebene entfernt sind • Räume im Anschluss an Kassenbereich	• Hauptwege der Verkaufsräume • Flächen, die rechts vom Kunden liegen • Auflaufflächen, auf die der Kundenstrom gelenkt wird • Kreuzungen mehrerer Gänge • Wartezonen (Bedienungs- und Kassenzonen, Zonen um Beförderungseinrichtungen wie Aufzug, Rolltreppe)

Schließlich muss zwischen einer **Einmal-** und einer **Zweit- bzw. Mehrfachplatzierung** entschieden werden. Für letztere eignen sich der Eingangsbereich, Gänge, das Ende eines Ganges oder der Kassenbereich. Mit Zweit- und Mehrfachplatzierungen will man auf Produkte aufmerksam machen und/oder (vermeintliche oder tatsächliche) Preisgünstigkeit demonstrieren (vgl. *Gedenk* 2001, S. 1946 – 1947).

Hinsichtlich der **Platzierung von Waren innerhalb der Warenträger** hat sich eine vertikale Positionierung in Sicht- bzw. Griffhöhe als optimal herausgestellt, wohingegen die Bückzone grundsätzlich vergleichsweise geringe Abverkaufszahlen aufweist. Diesen Erkenntnissen folgend werden ertragsstarke Artikel im Regelfall in der Sichtzone platziert, wohingegen ertragsschwächere und/oder qualitativ geringerwertige Artikel in der Bückzone eingeordnet werden. Erweiternd sollten jedoch auch die Schwere (bzgl. leichterer Entnahme) und Stabilität der Waren (bzgl. Bruchgefahr) sowie die Auffälligkeit der jeweiligen Verpackung berücksichtigt werden. Grundsätzlich lassen sich schlechtere vertikale Positionierungen durch breitere horizontale Anordnungen kompensieren (vgl. *Diller* 2001, S. 1839).

Neben dem Regalplatz (Regalfach = vertikale Platzierung im Regal, z. B. oberstes oder unterstes Regalfach, sowie horizontale Platzierung) müssen die **Regalvolumina** festgelegt werden. Hierbei gilt es,:

- Facing (= Platzierungsmenge, die ein einzelner Artikel an der Front des Regals einnimmt),
- Front (= vertikaler Abstand zu anderen Artikeln) und
- Bestandsmenge (optimaler Bestand, Höchstbestand, Mindestbestand) im Regal

unter artikelspezifischen Rohertrags- und Deckungsbeitragsgesichtspunkten zu optimieren. Hinsichtlich der optimalen vertikalen Platzierung von Produkten gelten die in Tab. 9.3 aufgeführten Empfehlungen. Des Weiteren gilt die Bildung vertikaler Warenblöcke als erfolgreich.

Tab. 9.3: Empfehlungen für die horizontale Präsentation von Produkten

Zone	Höhe	Geeignete Produkte
Reckzone	> 1,70 m	Hochwertige Produkte
Sichtzone	1,20 – 1,70 m	Produkte, deren Verkauf angekurbelt werden soll
Griffzone	0,80 – 1,20 m	Umsatz- und ertragsstarke Artikel sowie Neuheiten
Bückzone	< 0,80 m	Preisgünstige Produkte, Plankaufprodukte, große und schwere Produkte

Um den Erfolg von Platzierungsmaßnahmen zu überprüfen, bietet es sich an, **Produktivitätskennzahlen** zu berechnen. Hierbei wird die Erfolgsgröße (etwa Umsatz, Rohertrag, Deckungsbeitrag) ins Verhältnis zur Bezugsgröße (etwa genutzte Fläche des Verkaufsraums, des Regals etc.) gesetzt.

Fallstudie „Flächenproduktivität bei *Real*"

Die zum damaligen Zeitpunkt zur *Metro-Gruppe* gehörende *Real* Warenhausgruppe mit Sitz in Mönchengladbach erwirtschaftete im Jahr 2000 mit einer durchschnittlichen Anzahl von 66.000 Artikeln einen Umsatz von 8,11 Mrd. €. Die 246 SB-Warenhäuser hatten eine durchschnittliche Fläche von 7.115 qm. Insgesamt vertrieb *Real* seine Artikel also auf 1.750.290 qm. Daraus ergibt sich eine Flächenproduktivität von 4.633 € pro qm (= 8,11 Mrd. € : 1.750.290 qm).

Ein interessantes Beispiel für die Aussagekraft von Flächenproduktivität bietet die Tatsache, dass die *Real-Gruppe* ihre Fläche etwa 50:50 auf den Food- und den Non-Food-Bereich aufgeteilt hatte, die Umsätze sich aber im Verhältnis 74:26 zugunsten des Food-Bereichs verteilten. Für den Non-Food-Bereich gilt also in Bezug auf den Umsatz eine wesentlich ungünstigere Flächenproduktivität als für den Food-Bereich.

Abschließend bleibt festzuhalten, dass sich das Management des innerbetrieblichen Standorts keinesfalls ausschließlich von den hier fokussierten Marketingüberlegungen leiten lassen darf. Vielmehr gilt es, flankierend zum Marketingstandpunkt technische, ablauforganisatorische, kostenwirtschaftliche und nicht zuletzt gesetzliche Gesichtspunkte ins Kalkül zu ziehen (vgl. *Lerchenmüller* 1995, S. 110 – 111).

Fallstudie „Verhalten der Kunden im Verkaufsraum und daraus abzuleitende Konsequenzen für die Ladengestaltung"

Paco Underhill (2000), Gründer des *Envirotech Instituts*, gilt als Vertreter der **Anthropologie des Konsumentenverhaltens**, die auf der Annahme basiert, dass sich Verbraucher unabhängig von ihrer soziökonomischen, soziokulturellen und individuellen physischen und psychischen Situation nach **generellen Grundsätzen** verhalten (zur philosophischen Lehre der Anthropologie vgl. *Gehlen* 1986). Seine Erkenntnisse bezieht *Underhill* aus Videoaufzeichnungen sowie begleitenden Beobachtungen von Konsumenten während des Einkaufs. Die Informationen werden auf Beobachterbogen festgehalten, im Anschluss an die Beobachtung per EDV erfasst sowie ausgewertet und schließlich zu quantitativen sowie qualitativen Daten verdichtet.

Grundsätzlich konstatiert *Underhill* folgende **Veränderungen in der Konsumlandschaft**:

- Härterer Wettbewerb um Kunden infolge gesättigter Märkte
- Überflutung mit Werbebotschaften
- Schwindender Einfluss von Markennamen
- Zunehmende Entscheidungsfindung am Point-of-Sale

- Positiver Zusammenhang zwischen Verweildauer im Geschäft sowie Einkaufsvolumen
- Tendenziell bescheidene Kenntnisse des Handels über die Psychologie des Konsumentenverhaltens

Generelles Verhalten im Laden

Verbraucher überqueren in aller Regel schnell den Parkplatz, werfen einen raschen Blick ins Schaufenster auf die (häufig zu kleinen) Exponate und betreten die Geschäftsräume mit Schwung. Hier benötigt der Kunde eine Art **Landebahn**, um langsamer zu werden und sich an die neue Umgebung zu gewöhnen. Demnach macht es wenig Sinn, in dieser Zone zahlreiche Plakate, Hinweistafeln oder Informationsterminals zu positionieren. Ratsamer erscheint die Begrüßung des Kunden, da auf diese Weise die Ladendiebstahlsquote gesenkt werden kann.

Weiterhin sind folgende **Sachverhalte** festzustellen:

- Der Kunde benötigt zum Einkauf **beide Hände**. Als Lösung dieses Problems bieten sich Theken, Abstellflächen, Einkaufswägen und -körbe, Tragetaschen sowie Garderoben an.
- Hinweistafeln und Plakate sollten dort positioniert werden, wo die Kunden Zeit haben. Dies ist beispielsweise an Rolltreppen und Warteschlangen sowie nach dem Toilettengang der Fall.
- Bei spiegelnden Oberflächen reduziert der Kunde seine **Gehgeschwindigkeit**.
- Verbraucher tendieren dazu, **rechts herum** zu gehen. Waren werden eher rechts im Regal ergriffen. Demnach sollten Marktführer in der Mitte und neue Marken rechts positioniert werden.
- Schaufenster werden **seitlich** und nicht frontal gesehen. Konsequenterweise sollten Exponate schräg zur Seite angerichtet sein.
- Es sollten **Sitzgelegenheiten** für Begleitpersonen geschaffen werden.

Für den Kunden stellt es ein zentrales Problem dar, wenn er warten muss. Dabei ist festzustellen, dass der Kunde bei über 90 Sekunden **Wartezeit** zur Kontrastierung neigt, d. h. er nimmt die Zeitspanne größer wahr, als sie tatsächlich ist. Dem Anbieter bieten sich grundsätzlich **drei Ansatzpunkte**, um das Zeitgefühl positiv zu beeinflussen:

- **Interaktion** mit dem Kunden wie beispielsweise Signal des Verkäufers, dass man den Kunden wahrgenommen hat, elektronische Wandtafel mit voraussichtlicher Wartezeit u. ä.
- **Ordnung**, wie z. B. die Einhaltung der Reihenfolge bei der Bedienung
- **Ablenkung**, wie Videofilme, Verkostungen, Ständer für Spontankäufe oder Tafeln zum Lesen.

Das größte **Zeitproblem** entsteht an den Kassen, wobei erschwerend hinzukommt, dass es sich hierbei um den zweifellos langweiligsten Teil des Einkaufserlebnisses handelt. Der Kassiervorgang kann mittels folgender Instrumente (subjektiv) beschleunigt werden:

- Einsatz der Scanner-Technologie

- Trennung von Kassieren und Einpacken
- Genügend Kassierer und Kassenplätze
- Positionierung der Kassenplätze nicht unmittelbar am Eingang, da der Kunde die Wartezeit ansonsten als noch belastender empfindet.

Verhalten der Männer

Das Einkaufsverhalten von Männern lässt sich folgendermaßen charakterisieren:

- Sie kaufen im Vergleich zu Frauen eher selten ein, empfinden dabei **weniger Vergnügen** und haben einen schwächeren Bezug zum Einkaufsbummel.
- Sie sind sog. **Einkaufssprinter**, d. h. sie schauen nicht so lange hin und fragen nur ungern das Verkaufspersonal.
- Sie nutzen seltener Einkaufslisten, ignorieren häufig den Preis und zeichnen sich bei Gütern des täglichen Bedarfs durch häufigere Spotankäufe aus.
- Sie lehnen ein feminines Ambiente (etwa Gesundheits-, Schönheitspflege) ab.
- Sie sind eher beeinflussbar, da sie das Geschäft schneller verlassen wollen. Dies schlägt sich auch auf die Verweildauer im Geschäft beim kollektiven Kauf nieder (Frau mit Frau 8 Minuten, Frau alleine 5 Minuten, Frau mit Mann 4 Minuten). Angesichts solcher Befunde erscheint es zweckdienlich, die Männer in einer spezifischen Zone zu „parken". Diese sollte nicht am Eingang angesiedelt und mit Videos, Zeitungen u. ä. bestückt sein.
- Beim gemeinsamen Einkauf bezahlt zumeist der Mann.

Verhalten der Frauen

Aus der historischen Perspektive war das Einkaufen für Frauen die erste Chance, das Haus zu verlassen und sich zu **emanzipieren**. Demnach verwundert es nicht, dass Frauen den Einkaufsbummel auch heute noch als beliebte soziale Aktivität einstufen. Folgende **Spezifika** lassen sich identifizieren:

- Frauen stellen höhere Ansprüche an die **Ausstattung** von Verkaufsräumen.
- Sie besitzen einen **besonderen Raumbedarf**: Während beispielsweise in Fast-Food-Restaurants Männer häufiger in vorderen Bereichen mit Überblick anzutreffen sind, sitzen Frauen eher in ungestörten Zonen weiter hinten.
- Beim Internet-Einkauf ist – analog zur Nutzung der TV-Fernbedienung – ein Rollentausch zugunsten der Frau festzustellen.

Verhalten älterer Konsumenten

Obwohl die Zahl älterer Menschen stetig steigt, werden deren Bedürfnisse nur unzureichend berücksichtigt. Beispielsweise sind Zeitungen, Bücher, Displays, Anzeigen und Verpackungsaufschriften häufig zu klein geschrieben. So kann es nicht verwundern, dass rund jeder fünfte ältere Kunde den Verkäufer um Hilfe beim Lesen bittet. Konkret leiten sich folgende **Gestaltungsempfehlungen** ab:

- Mehr Bilder und Graphiken auf Verpackungen
- Schärfere Kontraste
- Keine subtilen Farbabstufungen
- Hellere und rollstuhlgerechte Geschäftsräume
- Positionierung sperriger, schwerer Waren auf Höhe des Einkaufswagens
- Größere Bedienungstasten (etwa im Falle der Selbstbedienung bei Obst und Gemüse)
- Instruktionen durch ältere Bedienstete (etwa bei Bankautomaten), da diese sich besser in die Bedürfnisse ihrer Altersgenossen hineindenken können und ihr Rat von diesen eher akzeptiert wird.

Verhalten von Kindern

Im Falle von Scheidung bzw. Berufstätigkeit beider Elternteile kauft ein Elternteil häufig zusammen mit Kind(ern) ein. Des Weiteren ist zu beobachten, dass Jugendliche zunächst gemeinsam Produkte aussuchen und dann später mit den Eltern einkaufen. Schließlich ist ein vergleichsweise starker Einfluss von Werbung auf Kinder festzustellen. Demnach sollen:

- Verkaufsräume kinderfreundlich gestaltet sein (etwa Bereitstellung von Kinderwägen, niedrige Theken, Unterhaltung für die Kleinen).
- Waren so positioniert sein, dass Kinder sie anfassen können.
- die Erwachsenen darüber informiert werden, ab welchem Alter welche Produkte geeignet sind.
- Kinderkrippen offen einsehbar, unfallsicher und getrennt nach Altersgruppen aufgebaut sein.

In Tab. 9.4 sind abschließend Präferenzen und Abneigungen von Verbrauchern zusammengefasst.

Tab. 9.4: Präferenzen und Abneigungen von Verbrauchern im Verkaufsraum (Quelle: Underhill 2000)

Präferenzen	Abneigungen
Spiegel	Zu viele Spiegel
Berühren und Probieren	Warteschlangen
Entdecken	Ware, die nicht auf Lager ist
Reden	Dumme Fragen stellen müssen
Erkannt werden	Bedienung, die einen einschüchtert
Schnäppchen	Unleserliche Preisschilder, Verpackungsaufdrucke und Hinweistafeln

9.3 Bestimmung der Absatzwege

9.3.1 Determinanten

Grundsätzlich lassen sich bei der Wahl des Absatzweges folgende **Einflussfaktoren** feststellen (vgl. *Nieschlag/Dichtl/Hörschgen* 2002, S. 923 – 926; *Meffert* 2000, S. 623; *Schröder/Ahlert* 2001, S. 1811; www.wiwi.uni-tuebingen.de/marketing/Definitionen/MkDF0004.htm; Stand: 26.03.2003):

- **Unternehmensbezogene Faktoren**: Größe, Angebotspalette, Finanzkraft, Erfahrungen, Positionierung, Image
- **Produktbezogene Faktoren**: Wert, Größe, Volumen, Standardisierungsgrad, Kompliziertheit, Erklärungsbedürftigkeit, Transportempfindlichkeit, Lagerfähigkeit, Wartungsbedürftigkeit, Image
- **Konsumentenbezogene Faktoren**: Zahl der potenziellen Kunden (wenige, viele), geographische Verteilung der Kunden (dicht gedrängt, weit verteilt), Bedarfshäufigkeit beim Verbraucher, Einkaufsgewohnheiten der Kunden (geographisch, zeitlich, bevorzugte Betriebstypen), Aufgeschlossenheit gegenüber verschiedenen Verkaufsmethoden (z. B. Direktverkauf, Online-Shops, TV-Shops)
- **Konkurrenzbezogene Faktoren**: Zahl der Mitbewerber, Art der Konkurrenzprodukte, Distributionsmethoden der Konkurrenz, Stärken und Schwächen des Angebotes gegenüber der Konkurrenz
- **Absatzmittler- und absatzhelferbezogene Faktoren**: Zugänglichkeit der Distributionskanäle, Konfliktpotenzial/Machtverhältnisse, Rechte und Pflichten von Herstellern und Absatzmittlern sowie -helfern (Schutz von Vertriebsbindungen in bestimmten Branchen; Be- und Vertriebsvorbehalte bestimmter Geschäftsformen; Ausgleichsansprüche, beispielsweise des Handelsvertreters, bei Abbruch der Geschäftsbeziehungen; mögliche Verbote der Diskriminierung und des Boykotts), Leistungspotenzial von Absatzmittlern und -helfern
- **Umfeldfaktoren** (bzgl. Makro-Umwelt; vgl. hierzu Abschnitt 4.2): konjunkturelle Situation; soziokulturelles Umfeld wie Werthaltungen, Normen und Einstellungen der Gesellschaft; technologische Entwicklungen wie die Verbreitung neuer Kommunikationsmedien (etwa im Falle des Einkaufs per Internet); rechtliche Vorschriften, insbesondere GWB (= Gesetz gegen Wettbewerbsbeschränkungen), HGB (= Handels-Gesetz-Buch), UWG (= Gesetz gegen unlauteren Wettbewerb), BauNVO (= Bau-Nutzungs-Verordnung) und Ladenschlussgesetz.

9.3.2 Varianten

Will ein Unternehmen seine Produkte vertreiben, so stehen grundsätzlich **zwei Optionen** zur Verfügung (vgl. im Folgenden *Ahlert* 1996; *Schröder/Ahlert* 2001, S. 1809 – 1814; *Specht* 1998):

- **Direkter Vertrieb** über unternehmenseigene bzw. interne Aufgabenträger. Hierfür sprechen der größere Einfluss auf den Vertriebskanal sowie der direkte Zugang zu Kundeninformationen. Der direkte Vertrieb eignet sich im Falle:
  - erklärungsbedürftiger und/oder sortimentsungebundener Produkte,
  - weniger Großabnehmer sowie
  - monopolähnlicher Position als Spezialhersteller.
- **Indirekter Vertrieb** über unternehmensfremde bzw. externe Aufgabenträger. Als Stärken gelten die hohe Distributionsdichte, die geringe Kapitalbindung, die Sortimentsbildung und Kundennähe des Handels sowie die Möglichkeit, durch relativ wenige Kontakte zu Absatzmittlern eine hohe Zahl von potenziellen Nachfragern zu erreichen. Der indirekte Vertrieb eignet sich bei:
  - problemlosen und/oder sortimentsgebundenen Markenartikeln,
  - zahlreichen Kleinabnehmern sowie
  - einem hohen Bekanntheitsgrad des Produzenten als Markenartikelhersteller.

Zu den **internen Aufgabenträgern** zählen:

- **Verkaufsabteilung**: Bei Vorhandensein eines Außendienstes (z. B. Reisende, Handelsvertreter) fallen der Verkaufsabteilung tendenziell eher verkaufspassive Tätigkeiten (z. B. Reklamations- und Garantiebearbeitung) sowie der Telefonverkauf zu.
- **Verkaufsniederlassungen**, d. h. Verkaufsorgane, die durch Ausgliederung der Verkaufsabteilung aus dem Mutterunternehmen entstehen, aber rechtlich und wirtschaftlich in die Organisation eines Herstellers eingebunden sind. Für die Einrichtung von Verkaufsniederlassungen sprechen folgende Gründe:
  - Nähe zu den Abnehmern,
  - intensive Betreuung des Kunden,
  - Erbringung von technischen und kaufmännischen Kundendienstleistungen sowie
  - schnelle Belieferung.
- **Reisende**: Hierbei handelt es sich um Angestellte des Unternehmens, die an die Weisungen ihres Arbeitgebers gebunden sind und die Kunden in regelmäßigen Zeitabständen aufsuchen (vgl. hierzu auch §§ 59 ff. HGB).
- **Geschäftsleitung**. Diese schaltet sich ab einem bestimmten Auftragsvolumen, bei wichtigen Abnehmern und/oder im Falle einer begrenzten Anzahl von Abnehmern (etwa bei kleinen und mittelständischen Unternehmen sowie im Investitionsgütersektor) in die akquisitorische Distribution ein.

Im Zuge des indirekten Vertriebs werden **externe Aufgabenträger** eingeschaltet. Hierzu zählen:

- **Absatzmittler**: Dabei handelt es sich um wirtschaftlich und rechtlich selbständige Organe, die beim Prozess der Distribution absatzpolitische Instrumente einsetzen. Im Wesentlichen sind dies die Betriebsformen Groß- und Einzelhandel mit den auf der jeweiligen Absatzstufe anzutreffenden vielfältigen Betriebstypen.
- **Absatzhelfer**. Sie sind ebenso wie die Absatzmittler rechtlich selbständig, erwerben im Gegensatz zu diesen jedoch kein Eigentum an der Ware. Hierzu gehören neben absatzunterstützenden Organen wie Warenlogistik- (z. B. Spediteure, Frachtführer, Lager-

halter), Marketing- (aus den Bereichen Markt- und Handelsforschung, Verkaufsförderung, Werbung und Kundenbetreuung) und Finanzdienstleister (etwa Kreditinstitute, Versicherungen, Factoring-Gesellschaften):

- **Makler**, deren Aufgabe darin besteht, zwischen Anbieter und Nachfrager in gegenseitigem Einvernehmen zu vermitteln und so zur Anbahnung von Vertragsabschlüssen beizutragen (vgl. hierzu §§ 93 ff. HGB). Ihnen kommt bei Versteigerungen (etwa Wolle, Obst, Gemüse) sowie beim Handel von Grundstücken, Immobilien, Versicherungen und Finanzdienstleistungen Bedeutung zu.
- **Kommissionäre**, die auf Rechnung ihres Auftraggebers (Kommittent), aber in eigenem Namen handeln (vgl. hierzu §§ 383 ff. HGB). Sie kaufen Waren und/oder Wertpapiere und veräußern diese. Für ihre Aktivitäten erhalten Kommissionäre eine umsatzabhängige Provision.
- **Handelsvertreter**, die rechtlich selbständig für mindestens ein anderes Unternehmen Geschäfte vermitteln oder abschließen. Sie verkaufen die Produkte im Namen und für Rechnung des Auftraggebers (z. B. Hersteller, Großhandelsunternehmen) und erwerben demnach auch kein Eigentum an der Ware (vgl. hierzu §§ 84 ff. HGB). Ihr Aufgabenbereich gestaltet sich analog zu dem von Reisenden. Als Vorteile von Handelsvertretern aus Sicht von Hersteller und Großhandel gelten das Vorhandensein eines Kundenstamms, keine Fixkostenbelastung und damit kein Auslastungsrisiko sowie die Ergänzung des eigenen Sortiments durch Zweitsortimente und damit höhere Produktakzeptanz. Als nachteilig können sich die schlechtere Steuerbarkeit durch beschränkte Weisungsbefugnis, der nur indirekte Kontakt zum Kunden sowie die Unsicherheit über das Engagement des Handelsvertreters für die eigenen Produkte erweisen.

• **Marktveranstaltungen**. Hierbei handelt es sich um institutionalisierte Gelegenheiten zur Gewinnung von Informationen, Herstellung und Pflege von Kontakten sowie Anbahnung und zum Abschluss von Geschäften. Beispiele sind:
  - **Messen**: Hier werden Fertigwaren eines oder mehrerer Wirtschaftszweige ausgestellt. Diese Form der Marktveranstaltung wird regelmäßig an einem bestimmten Ort durchgeführt, ist zeitlich begrenzt und meist an Fachbesucher gerichtet. Für Aussteller (Anbieter) und Messebesucher (Nachfrager) bietet sich somit die Chance, persönlich in Kontakt zu treten. Die Ausstellung unterscheidet sich von der Messe darin, dass sie nicht unbedingt regelmäßig stattfinden muss und sich stärker an die Öffentlichkeit richtet.
  - **Auktionen**, wobei grundsätzlich zwei Formen unterschieden werden. Bei der **Versteigerung**, bei welcher der Preis vollkommen transparent ist, ruft der Auktionator die Ware einzeln auf. Die Kaufinteressenten versuchen, durch ihr jeweiliges Preisgebot andere Nachfrager zu überbieten und dadurch die angebotene Ware zu ersteigern, indem sie sich in ihren Preisgeboten gegenseitig überbieten. Beim **Veiling** hingegen setzt der Auktionator den geforderten Preis stetig bis zu einem Mindestpreis herab. Wer zuerst zuschlägt, erhält die Ware.
  - **Warenbörsen**, an denen fungible Waren (z. B. landwirtschaftliche Produkte, Kaffee, Zucker), aber auch Kontrakte (z. B. Termingeschäft), Währungen und Finanzinstrumente zumeist international gehandelt werden.

Entscheidet sich ein Unternehmen für den indirekten Absatz, gilt es weiterhin festzulegen:

- **Anzahl der Vertriebspartner**
  - Exklusive Distribution: geringe Zahl ausgesuchter Partner
  - Selektive Distribution: Einschaltung mehrerer, aber nicht aller willigen Vertriebspartner
  - Intensive Distribution: Einschaltung alle möglichen Partner, was zu hoher Marktpräsenz bis hin zur Ubiquität (= Überallerhältlichkeit der Ware) führt
- **Ähnlichkeit der Vertriebspartner**: eingleisige (= Single-Channeling) versus mehrgleisige Distribution (= Multi-Channeling). Abb. 9.1 vermittelt einen zusammenfassenden Überblick über die grundlegenden Varianten von Vertriebswegen.

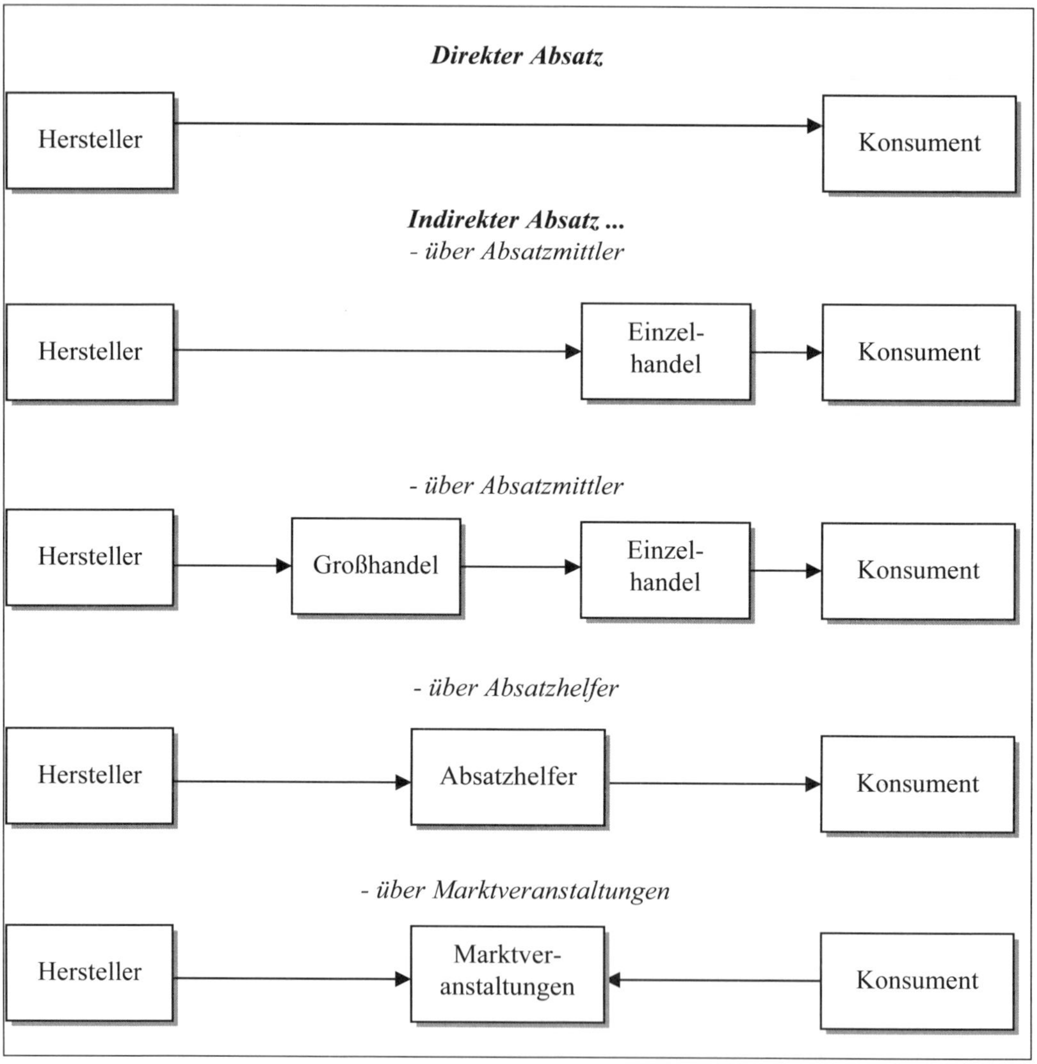

Abb. 9.1: Ausgewählte Varianten von Vertriebswegen

9.3.3 Gatekeeper Handel

Überblick

Eine zentrale Funktion im Zuge des Transfers von Waren vom Produzenten zum Verbraucher kommt dem Handel zu (zu den Besonderheiten des Handelsmarketing vgl. *Berekoven* 1995; *Haller* 2001; *Liebmann/Zentes* 2001; *Müller-Hagedorn* 2002; *Oehme* 2001; *Tietz* 1993). Grundsätzlich lassen sich **zwei Auffassungen von Handel** unterscheiden (vgl. *Lerchenmüller* 1995, S. 15 – 16):

- **Handel im institutionellen Sinne** umfasst diejenigen Institutionen, deren wirtschaftliche Tätigkeit ausschließlich oder überwiegend aus dem Handel im funktionellen Sinne besteht.
- **Handel im funktionellen Sinne** liegt vor, wenn Marktteilnehmer Güter, die sie in der Regel nicht selbst be- oder verarbeiten (Handelswaren), von anderen Marktteilnehmern beschaffen und an Dritte absetzen.

Die beiden Begriffsauffassungen basieren auf zwei unterschiedlichen Forschungszweigen der Handelsbetriebslehre, nämlich dem institutionenorientierten und dem funktionenorientierten Ansatz (vgl. *Berekoven* 1990, S. 16 – 17).

Der institutionenorientierte Ansatz

Im Mittelpunkt des **institutionenorientierten Ansatzes** steht das Bemühen, empirisch vorkommende Organisationsformen des Handels zu beschreiben und zu klassifizieren. Hierbei wird zwischen Betriebsform und Betriebstyp unterschieden. **Betriebsform** charakterisiert die Stellung des Handelsbetriebs in der Distributionskette (= vertikale Perspektive). Konsequenterweise lassen sich hier Groß- und Einzelhandel differenzieren. Der **Betriebstyp** hingegen bezeichnet eine Variante von Handelsbetrieben, die auf einer Wirtschaftsstufe auftritt, aufgrund unterschiedlicher Leistungspolitiken und Faktorkombinationen systematisiert werden kann und entsprechende Strukturmerkmale aufweist (= horizontale Perspektive; vgl. *Barth* 1988, S. 58 – 59, 89). Bei der Wahl des Betriebstyps handelt es sich um eine strategische Entscheidung, bei der ein Handelsbetrieb seine Struktur, sein Leistungsspektrum und seinen Marktauftritt festlegt.

Zum **Großhandel** sind Handelsbetriebe zu zählen, die Waren an Wiederverkäufer, gewerbliche Verwender und Großverbraucher absetzen. Die Betriebstypen des Großhandels lassen sich u. a. anhand der regionalen Ausrichtung, Dienstleistungs- und Logistikintensität, Schwerpunkt der Markttätigkeit sowie Sortimentsdimensionierung differenzieren. Beispielhaft seien folgende **Betriebstypen** angeführt (vgl. *Barth* 1988, S. 58; *Lerchenmüller* 1995, S. 16 – 17, 255 – 262; *Weis/Gönner/Lind* 1992, S. 173 – 177):

- Binnengroßhandelsbetriebe, deren Aktivitäten sich auf ein Land beschränken
  - Kollektierender Großhandel (Schwerpunkt: Beschaffungsseite)
    - Detailkollekteur (z. B. der Schrotthandel als Aufkaufgroßhandel)
    - Grossokollekteur (z. B. landwirtschaftlicher Aufkaufhandel in großen Partien mit spezifischen Manipulationen wie Sortierung und Reinigung)
  - Distribuierender Großhandel (Schwerpunkt: Absatzseite)
    - Grossierer = Großhandelsbetrieb, der an Einzelhandelsbetriebe, gewerbliche Verwender und Großverbraucher absetzt
    - Zentralgrossierer = Großhandelsbetriebe, die an zentralen Marktplätzen ansässig sind und vornehmlich an andere Großhandelsbetriebe absetzen (z. B. die Zentralen der Handelsgruppen im Lebensmittelhandel)
- Außengroßhandelsbetriebe, deren Aktivitäten sich zwischen Ländern abspielen
  - Exporthandelsbetriebe (Ausfuhrhandel)
  - Importhandelsbetriebe (Einfuhrhandel)
  - Transithandelsbetriebe (Durchfuhrhandel)

Der **Einzelhandel** beschafft Güter, die er i. d. R. nicht selbst be- oder verarbeitet (Handelswaren), von anderen Marktteilnehmern und setzt diese an private Haushalte ab. Zur **Systematisierung der Betriebstypen** des Einzelhandels bieten sich u. a. folgende **Kriterien** an:

- Branche, der die im Sortiment geführten Waren angehören,
- Preisniveau,
- Bedienungsform (Bedienung, Teilbedienung und Selbstbedienung),
- Fläche (Geschäfts- bzw. Verkaufsfläche) sowie
- Standort.

Zur weiteren Systematisierung einzelner Betriebstypen des Einzelhandels werden folgende Merkmale herangezogen:

- Art des Inkassos (= Einzug von Forderungen),
- Distanzüberwindung,
- Art des Kundenkreises sowie
- Integration eines Betriebes in eine Agglomeration (= Zusammenballung von Betrieben wie etwa in einem Einkaufszentrum).

In Tab. 9.5 finden sich die Profile ausgewählter **Betriebstypen des Einzelhandels**.

Tab. 9.5: Profile ausgewählter Betriebstypen des Einzelhandels (Quelle: Institut für Handelsforschung an der Universität Köln 2006; www.gfk-geomarketing.de/standortforschung/beratung.php; http://www.saarlorlux.org/vektor/ha_ betriebstypen_ deutschland.htm; Stand: 17.01.2006).

Betriebstyp/*Vertreter*	Ausgewählte Charakteristika
Discounter (Lebensmittel) *Aldi, Lidl, Penny, Plus, Netto, Norma*	Betriebsform mit begrenztem sowie flachem Sortiment von Waren hoher Umschlagshäufigkeit; geringer Aufwand für Warenpräsentation oder Ladeneinrichtung und Service. Charakteristisch ist die aggressive Niedrigpreispolitik. Zumeist ein mittelflächiger Betrieb mit Verkaufsflächengrößen von max. 1.000 m². Die Spezialform Harddiscounter zeichnt sich durch besonders starke Einschränkungen bezüglich Warensortiment (rund als 1.000 Produkte im Sortiment) sowie hohe Preisaggressivität aus..
Einkaufszentrum bzw. Shopping-Center oder -Mall *Breuningerland/Stuttgart, CentrO/Oberhausen, ElbeParkDresden, Olympia-Einkaufszentrum/ München, Rhein-Neckar-Zentrum/ Viernheim, Weserpark/Bremen*	Ein Einkaufszentrum ist eine im Zeitablauf gewachsene (dann auch als Geschäftszentrum bezeichnet) oder als Einheit geplante Konzentration von Einzelhandels- und Dienstleistungsbetrieben, die als zusammengehörig wahrgenommen werden. Die als Einheit geplanten Einkaufszentren können in Wohn-, Gewerbe- oder Mischgebieten oder am Rande und außerhalb von Wohngebieten bzw. an sonstigen Standorten errichtet sein. Innerstädtische Einkaufszentren können als große überdachte Gebäudekomplexe, Passagen, Galerien oder offene Ladenstraßen konzipiert sein. Sie ergänzen das in den etablierten Einkaufslagen vorhandene Einzelhandelsangebot. Einheitlich geplante Einkaufszentren, zumeist an Verkehrsströmen ausgerichteten Solitärstandorten oder in Stadtteilzentren, verfügen über eine breite Mischung von Einzelhandels- und Dienstleistungsbetrieben (z. B. Gaststätten, Kreditinstitute, Reisebüros, Kinos; sog. Branchen-Mix). Leitbetriebe sind sowohl Warenhäuser, Kaufhäuser oder SB-Warenhäuser als auch große Fachgeschäfte. Die Eigentümer und Träger geplanter Einkaufszentren sind bestrebt, das äußere Erscheinungsbild und die Marketing-Strategie durch ein zentrales Management zu gestalten (sog. Center-Management).
Fachgeschäft	Einzelhandelsbetrieb, der Waren einer Branche (eines Sortiments) überwiegend mittlerer und hoher Qualität meist nach dem Bedienungsprinzip anbietet. Es überwiegen kleine und mittlere Verkaufsflächen mit i. d. R. unter 1.000 m². Das Angebot wird durch diverse Serviceleistungen ergänzt.

Tab. 9.5: Profile ausgewählter Betriebstypen des Einzelhandels (Fortsetzung)

Betriebstyp/*Vertreter*	Ausgewählte Charakteristika
Fachmarkt *Schlecker, dm, Rossmann, Müller, Ihr Platz* *Media Markt, Saturn, Red Zac* *OBI, Praktiker, Bauhaus, Hornbach, Toom, Hagebau*	Ein nach Sortiment oder Bedarfsgruppe (z. B. Elektro, Bekleidung, Autozubehör, Do-it-Yourself, Möbel, Spielzeug, Tiernahrung, Drogeriebedarf) spezialisierter Einzelhandelsbetrieb, der auf größeren Verkaufsflächen (i. d. R. ab 1.000 m², Ausnahme: Drogerie-, Schuh- und Textilmarkt, die sich öfters auch in Innenstadtlagen finden) in Selbstbedienung preisaktiv Waren anbietet. Standort meist dezentral/in Fachmarktzentren mit großem Parkplatzangebot.
Kaufhaus *C&A* *H&M* *SinnLeffers*	Größerer Einzelhandelsbetrieb (ab ca. 1.000 m² Verkaufsfläche), der – zumeist Bedienungs- und Selbstbedienungsprinzip kombinierend – Waren aus einer oder wenigen Branchen, davon wenigstens aus einer Branche in tiefer Gliederung, anbietet. Am stärksten verbreitet sind Textil- und Bekleidungskaufhäuser. Standortlage in Innenstädten, Nebenzentren oder Shopping-Centern.
Supermarkt (von lat.: super = über, mercatus = Handel) *E aktiv markt, Edeka Markt, E neukauf, Ihre Frische, Kaiser's, Marktfrisch, Markant, Tengelmann*	Ein Selbstbedienungsgeschäft, das überwiegend Nahrungs- und Genussmittel einschließlich Frischwaren sowie bestimmte Ver- und Gebrauchsgüter anbietet. Die Verkaufsfläche reicht von 400 m² bis ca. 1.500 m².
Verbrauchermarkt oder SB-Warenhaus *Real, Extra, Marktkauf, E center, Kaufland, KaufMarkt, Toom, Minimal, Globus*	Zumeist preispolitisch aggressiver, großflächiger Einzelhandelsbetrieb (800 – 4.999 m² Verkaufsfläche), der vor allem Nahrungs- und Genussmittel anbietet. Mit zunehmender Größe verlagert sich der Schwerpunkt zu den Sortimenten der aperiodischen Bedarfsdeckung, sofern sie für die Selbstbedienung geeignet sind und rasch umgeschlagen werden können. Dieser Betriebstyp findet sich häufig an verkehrsgünstigen Randlagen, verfügt über ein großzügiges Parkplatzangebot und verzichtet meist auf kostspielige Serviceleistungen. Da SB-Warenhäuser (ab 5.000 m² Verkaufsfläche) den Verbrauchermärkten planungsrechtlich gleichzustellen sind, werden die Begriffe synonym verwendet.
Warenhaus/Kleinpreiskaufhaus *Karstadt* *Kaufhof* *Hertie*	Überwiegend mehrgeschossiger Einzelhandelsgroßbetrieb in zentraler Lage, der Waren aus zahlreichen Branchen – Hauptrichtung Bekleidung, Textilien, Hausrat, Wohnbedarf – teilweise auch Nahrungs- und Genussmittel anbietet. Die Verkaufsmethode kombiniert das Bedienungs- mit dem Selbstbedienungsprinzip, wobei das Bedienungsprinzip bei beratungsintensiven Warengruppen die Regel ist. Häufig ist ein eigenes Parkhaus angegliedert.

Wie aus Tab. 9.5 ersichtlich ist, bezieht sich die Charakterisierung der einzelnen Betriebstypen nicht auf sämtliche, sondern nur auf die jeweils konstituierenden Merkmale. Infolge der sich ergebenden Überschneidungen ist es nicht möglich, sämtliche derzeit existierenden Betriebstypen eindeutig in einem Diagramm zu positionieren. Probleme ergeben sich u. a. dort, wo ein Betriebstyp durch mehrere Merkmale gekennzeichnet ist. Abb. 9.2 vermittelt in vereinfachter Form einen Überblick über bedeutende Betriebstypen des Einzelhandels.

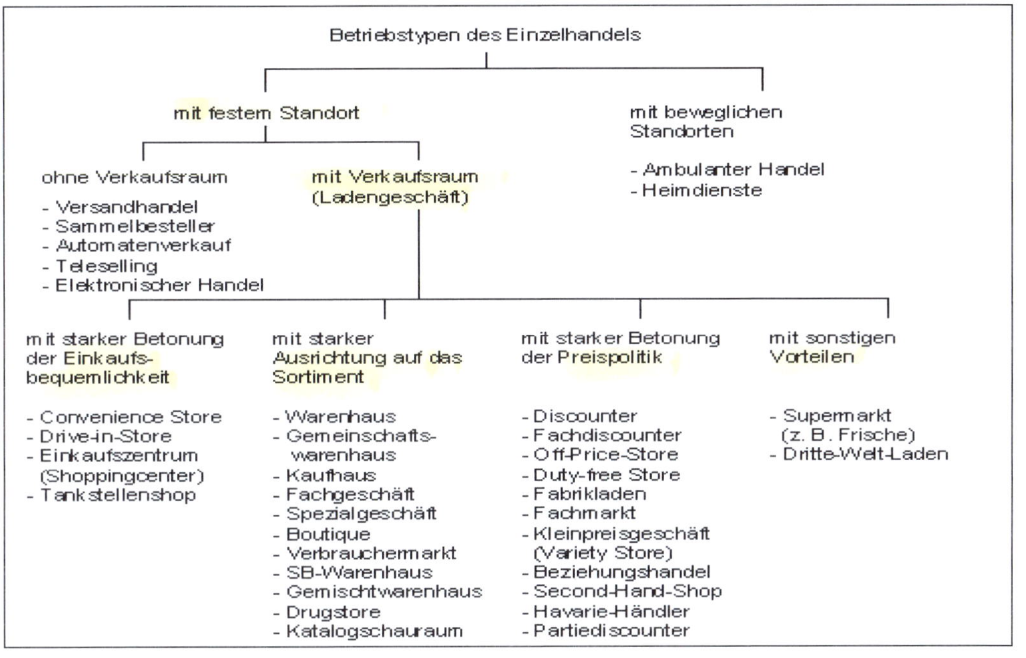

Abb. 9.2: Ausgewählte Betriebstypen des Einzelhandels (Quelle: Müller-Hagedorn 1998, S. 45)

Fallstudie „Discounter“ – unterschiedliche Ausprägungsformen in der Praxis

Die Bezeichnung Discounter (engl. Discount = Preisnachlass, Rabatt) basiert auf dem Umstand, dass hier ein Rabatt gleich in den Preis einberechnet wird, statt ihn wie früher üblich nur den Stammkunden über Rabattmarken zu gewähren. Nach Auffassung der *BBE Unternehmensberatung Köln* lassen sich idealtypisch drei Formen von Discountern unterscheiden, die in der Realität durch eine Vielzahl von Mischformen (auch mit anderen Betriebstypen) ergänzt werden:

- Soft Discounter bieten neben Eigenmarken auch Markenartikel an. Das Sortiment ist im Vergleich zu anderen Discountern groß. Das Marketing bedient sich auch klassischer Sonderangebote.

- Hard-Discounter bieten überwiegend Eigenmarken zu absoluten Tiefpreisen an. Das Sortiment ist mit etwa 1.000 Artikeln sehr eingeschränkt. Non-Food-Artikel werden in Aktionen zu absoluten Tiefpreisen angeboten.
- Lean-Discounter zeichnen sich durch eine allumfassende Sparsamkeit bei Personal, Ausstattung, Service und Warenpräsentation aus. Konsequenterweise gibt es die Ware in aufgeschnittenen Kartons, und infolge des Mangels an Kassenarbeitsplätzen bilden sich regelmäßig Kundenschlangen.

Quelle: *Kohfink, M.-W.*: Die Erotik der kleinen Preise, in: handelsjournal, Nr. 12, Dezember 2002, S. 10 – 15.

Dem institutionenorientierten Ansatz haftet die Kritik mangelnder Aktualität aufgrund einer statisch-deskriptiven Perspektive an, da die meisten Betriebsformen und -typen im Zeitablauf einem Wandel unterliegen. Theoretisch untermauert wird dieser Vorwurf durch die Theorie von der **Dynamik der Betriebstypen** (sog. "*Wheel of Retailing*"; [vgl. *Barth* 1988, S. 117 – 121]), die Gesetzmäßigkeiten über die Entwicklung von Handelsbetrieben aufstellt. Diesem Konzept folgend durchläuft jeder Betriebstyp vier Phasen, die durch die in Tab. 9.6 angeführten Besonderheiten charakterisiert sind.

Tab. 9.6: Dynamik der Betriebstypen
(Quelle: in Anlehnung an Nieschlag/Kuhn 1980, S. 85 ff.)

Phase	Charakteristika
Entstehung	• Aggressive Preisstrategie • Reduziertes Leistungsangebot (keine Bedienung/Beratung, keine zusätzlichen Dienstleistungen, auf Schnelldreher reduziertes Sortiment, einfache Ladenausstattung etc.)
Aufstieg	• Marktanteilsgewinne • Umsatzexpansion bei günstiger Gewinnentwicklung
Reife	• Stagnation von Umsatz und Gewinn (Ursache: Imitatoren, neue Betriebstypen, verändertes Konsumentenverhalten), Einsetzen von "Store Erosion" • Trading-up durch verstärkten Einsatz von Nicht-Preisparametern (Sortimentsausweitung, Intensivierung des Kundendienstes etc.)
Assimilation	• Verlust der preispolitischen Flexibilität aufgrund erhöhter Betriebskosten • Annäherung des neuen Betriebstyps an konventionelle Betriebstypen • Dadurch Einstiegspotenzial für neue Betriebstypen

Wenn die Theorie des "Wheel of Retailing" auch ausschließlich auf das Preis/Leistungsverhältnis fokussiert (Gegenbeispiel: Entstehung des Erlebnishandels) und durch zahlreiche Gegenbeispiele aus der Empirie widerlegt wird (etwa *Aldi*, wo kein wesentliches Trading-up zu beobachten ist), bleibt doch unbestritten, dass die meisten Betriebsformen und -typen im Zeitablauf einem Funktionswandel unterliegen.

Fallstudie "Trading-up" – *Aldi*-Weine mit Prädikat

Aldi ist mit einem Marktanteil von 25 % Marktführer im deutschen Weinhandel. Seit Jahren baut der Discounter gezielt seine Marktstellung aus und nimmt mehr und mehr anerkannte Erzeuger sowie deren Qualitätsprodukte ins Sortiment. Beschränkte sich das Trading-up in der Vergangenheit auf ausländische Produkte, arbeitet *Aldi Süd* künftig mit den deutschen Spitzenwinzern *Fritz Keller* vom Kaiserstuhl und *Raimund Prüm* von der Mosel zusammen. Beim Preis bewegt man sich zwischen 6 und 7 € für den Weißwein und 7 bis 8 € für den Rotwein. Das liegt deutlich über dem Durchschnittspreis von 2,36 €, den deutscher Wein heute erzielt.

2008 vermarktete *Aldi Süd* eine Million Flaschen der „Edition *Fritz Keller*" (Weiß- und Spätburgunder Jahrgang 2007), die mit einem *Bauhaus*-Etikett (mit dem „zwölfteiligen Farbkreis" von *Ludwig Hirschfeld Mack* aus dem Jahr 1922) ausgestattet sind. *Fritz Keller* begleitet und bestimmt die Erzeugung des *Aldi*-Weins vom Rebschnitt bis zur Abfüllung, wobei 2007 432 Erzeuger (2009: 750 Erzeuger) in dieses Projekt eingebunden waren.

Quelle: *von Hiller, Ch.*: Aldi-Weine – bald auch mit Prädikat, in: Frankfurter Allgemeine Zeitung, Nr. 191 vom 18.08.2007, S. 12; *Pigott, S.*: Bei Aldi im Keller, in: Frankfurter Allgemeine Sonntagszeitung, Nr. 15 vom 13.04.2008, S. 15.

Fallstudie „Dynamik der Betriebstypen" – das Sterben der Warenhäuser

„Bis zum Jahr 2010 hat jedes zweite Warenhaus in Deutschland keine Zukunft mehr" so *Hans-Joachim Zentes*, Professor für Handelsmanagement und Marketing an der Universität Saarbrücken. Das massive Kaufhaussterben könne die beiden in Deutschland verbliebenen Warenhausketten *Kaufhof* und *Karstadt* gleichermaßen treffen oder auch das Ende eines der beiden Konkurrenten bedeuten. Der Anteil der Warenhäuser am deutschen Einzelhandelsumsatz werde sich von 5 bis 6 % in 2004 auf 2 bis 3 % in 2010 halbieren. Chancen bestünden nur noch für Großstadtwarenhäuer in Metropolen wie Düsseldorf, Berlin oder Hamburg. Neben der zunehmenden Konkurrenz durch Fachmärkte auf der Grünen Wiese hätten die Warenhäuser zunehmend mit Imageproblemen zu kämpfen. Angesichts des massiven Sterbens der Warenhäuser drohe zahlreichen Innenstädten nun die Verödung.

Quelle: *o. V.*: Das Kaufhaus hat ausgedient, in: Frankfurter Allgemeine Zeitung, Nr. 229 vom 01.10.2004e, S. 16.

Der funktionenorientierte Ansatz

Der o. a. Kritik am institutionenorientierten Ansatz, nämlich der Ausklammerung des Wandels der Betriebstypen im Zeitablauf, begegnet die **funktionenorientierte Handelsbetriebslehre**, die zu Beginn des vergangenen Jahrhunderts entwickelt wurde mit dem

Ziel, den Vorwurf von der im Vergleich zur Industrie „Unproduktivität" des Handels und der Ausbeutung des Verbrauchers durch überhöhte Handelsspannen zu entkräften. Ausgangspunkt war die Erkenntnis, dass zwischen Produktion und Konsum räumliche, zeitliche, quantitative und qualitative Spannungen bestehen, die sich auf die Handelsobjekte (Waren, Dienstleistungen, Rechte sowie Abfall), Entgeltobjekte (Zahlungsmittel, -ansprüche und verbindlichkeiten, Steuern, Gebühren) sowie Daten/Informationen beziehen (vgl. Tab. 9.7).

Tab. 9.7: Systematik der Distributionsfunktionen des Handels (Quelle: Treis 2001, S. 563 – 569; in Anlehnung an Ahlert 1996, S. 12)

Prozess-beziehungen	Dimensionen			
	Raum	Zeit	Quantität	Qualität
Realgüter-strom	Hersteller ⇄ Handelsgüter ⇄ Verbraucher			
	Warentransporte von Ort zu Ort	Vorratshaltung	Sammeln, Aufteilen, Umpacken, Kommissionieren	(Aus-)Sortieren, Manipulieren, Markieren, Sortimentieren, Zusatzleistungen
Nominalgüter-strom	Hersteller ⇄ Zahlungsmittel ⇄ Verbraucher			
	Übermitteln der Zahlungsmittel von Ort zu Ort	Vorfinanzieren des Herstellers, Kreditieren des Verbrauchers	Sammeln, Aufteilen der Zahlungsbeträge und -belege	Umwandeln der Zahlungsmittel (z. B. im internationalen Warenverkehr) und Sicherungsformen
Informations-strom	Hersteller ⇄ Informationen ⇄ Verbraucher			
	Übermitteln von Informationen von Ort zu Ort	Speichern, Vordisponieren	Sammeln von Informationen, Aufteilen von Kommunikationsmitteln (z. B. bei Werbekostenzuschüssen)	Verdichten, Kommentieren, Interpretieren, Ergänzen, Prognostizieren

Die **Funktionen des Handels** sollen am Beispiel des Realgüterstroms verdeutlicht werden (vgl. *Oberparleiter* 1955; *Falk/Wolf* 1992, S. 41 – 42):

- **Abbau räumlicher Spannungen**
  Ursache für solche Friktionen ist die räumliche Trennung zwischen Herstellung und Gebrauch bzw. Verbrauch von Gütern. Der Handel löst dieses Problem durch seine Beschaffungs- und Transportsysteme und erreicht dadurch, dass die Ware vom Ort der Produktion zum Ort des Konsums gelangt.
- **Abbau zeitlicher Spannungen**
  Während der Hersteller den sofortigen Absatz seiner Produktion anvisiert, tendiert der Nachfrager zu einem zeitlich versetzten Beschaffungsverhalten. Der Handel baut diese Spannung durch seine Vorratshaltung ab.
- **Abbau quantitativer Spannungen**
  Indem der Handel die Waren durch Aufteilen, Umpacken und Kommissionieren mengenmäßig aufteilt, gleicht er zwischen der Herstellung in großen und damit betriebswirtschaftlich einzelkostensenkenden Mengen durch die Industrie und der Verwendung in kleinen, ge- oder verbrauchsgerechten Mengen durch den Verbraucher aus.
- **Abbau qualitativer Spannungen**
  Die Vorstellungen von Nachfragern und Herstellern über Nutzen und Verwendungsfähigkeit von Versorgungsobjekten können voneinander abweichen. Die hieraus resultierenden Spannungen versucht der Handel durch (Aus-)Sortieren, Manipulieren, Markieren, Sortimentieren sowie das Angebot von Zusatzleistungen abzubauen.

Der Realgüterstrom fließt jedoch nicht nur vom Produzenten zum Verbraucher, sondern auch in umgekehrter Richtung (sog. Redistribution). Auch hier erfüllt der Handel eine wichtige Funktion, wie am Beispiel des Flaschenpfandsystems unmittelbar einsichtig wird.

Fallstudie „Einwegpfand" – die Verbraucher schenken dem Handel 1,4 Milliarden €

Wie das Beispiel Einwegpfand belegt, kann es für Unternehmen durchaus ökonomisch zweckmäßig sein, die Redistribution nicht zu optimieren. Als Einwegpfand bezeichnet man ein Pfand auf Einwegverpackungen wie Getränkedosen, Einweg-Glasflaschen und Einweg-PET-Flaschen. Die Pfandpflicht gilt in Deutschland seit dem 1. Januar 2003 für Einwegverpackungen von Getränken, die traditionell auch in Mehrwegflaschen angeboten werden. Das Einwegpfand wird auch als Dosenpfand bezeichnet, die amtliche Bezeichnung ist Einwegpfand.

Bis zum 30. April 2006 gab es verschiedene Pfandsysteme, was dazu führte, dass die jeweiligen Verpackungen nur in bestimmten Geschäften abgegeben werden konnten. Geschätzt wird, dass zwischen Januar 2003 und April 2006 etwa 10 bis 25 % aller pfandpflichtigen Einwegverpackungen nicht in den Handel zurückgebracht wurden. Daraus ergibt sich, dass die Endverbraucher bis zu 1,4 Milliarden € Pfand nicht zurückerhielten.

Seit dem 1. Mai 2006 müssen alle Geschäfte mit mehr als 200 m^2 Ladenfläche alle Getränkeverpackungen der Materialarten, die sie verkaufen, auch zurücknehmen.

Quelle: *o. V.*: Teure Bürgerpflicht – Dosenpfand für die Tonne, auf: http://www.n-tv.de/659640.html; Stand: 21.04.2006a.

Fallstudie „Redistribution" – die Entsorgung von Alt-Computern

Die durchschnittliche Nutzungsdauer eines Computers hat sich in den vergangenen Jahrzehnten stark verkürzt. Wurde ein Gerät, das in den sechziger Jahren erworben wurde, noch zehn Jahre lang genutzt, sind dies heutzutage gerade noch vier bis fünf Jahre. Ähnliches gilt für andere Elektro- und Elektronikgeräte, was zur Konsequenz hat, dass die rund 38 Millionen deutschen Haushalte jährlich 1,5 Millionen Tonnen Elektronikschrott produzieren.

Angesichts dieser Entwicklung musste der Gesetzgeber reagieren und verpflichtet ab 2005 sämtliche Produzenten in Europa, Altgeräte zurückzunehmen. Die Hersteller müssen nunmehr die Abholung der Computer und anderer Elektronikgeräte von den kommunalen Sammelstellen sowie deren Wiederverwertung und Entsorgung finanzieren. Die Entsorgung wird über einen Fonds finanziert, in den sämtliche Hersteller und Handelsunternehmen je nach Verpackungsmenge einzahlen. Mit dem Einsammeln, Sortieren und Verwerten werden diejenigen Unternehmen beauftragt, die im Zuge der jeweiligen Ausschreibung das günstigste Angebot abgeben. Hierbei spielt es keine Rolle, ob es sich um private oder städtische Beratungsunternehmen handelt. Im Falle gewerblich genutzter Geräte wird die Rücknahme zwischen Hersteller und Nutzer geregelt.

Angesichts des Preiskampfs auf dem Markt für Personalcomputer können die damit verbundenen Zusatzkosten nicht an die Kunden weitergegeben werden, so dass die zusätzlichen Belastungen durch niedrigere Produktionskosten kompensiert werden müssen.

Quelle: *Knop, C.*: Wenn der neue Computer zum alten Eisen wird, in: Frankfurter Allgemeine Zeitung, Nr. 139 vom 18.06.2004, S. 18.

Der Vollständigkeit halber sei erwähnt, dass *Oberparleiter* noch eine Kreditfunktion sowie eine Werbefunktion anführt. Diese entsprechen im Wesentlichen den in Tab. 9.7. angeführten Funktionen des Handels zur Steuerung des Nominalgüter- und Informationsstroms.

Den Überlegungen des funktionalen Erklärungsansatzes folgend bezieht der Handel seine Existenzberechtigung dadurch, dass es je nach Betriebsform bzw. -typ mehr oder minder stark zum Abbau der skizzierten Spannungen beiträgt. Bezieht man die vorliegenden Erkenntnisse auf die Frage nach der Wahl des Vertriebsweges, so wird ein Hersteller diejenigen Absatzmittler wählen, welche die von ihm gewünschten Handelsfunktionen am besten erfüllen.

Entwicklungen in der Binnenhandelsstruktur

Wirft man einen Blick auf die Binnenhandelsstruktur in Deutschland, so lassen sich auf den verschiedenen Ebenen folgende zentrale Entwicklungen feststellen (vgl. *Falk/Wolf* 1992, S. 20 – 38; *Lerchenmüller* 1995, S. 510 – 521; *Meffert* 2000, S. 1179 – 1182):

- **Handelsware**
  Hier ist eine grundsätzliche Ausbreitung des Warenangebotes zu beobachten. Dies ist zunächst auf sog. **"Me-too"-Produkte** der Industrie zurückzuführen, bei denen erfolgreiche

Markenartikel der Konkurrenz kopiert oder variiert werden. Dies sowie die zunehmende Anzahl unausgereifter Produktinnovationen führen u. a. zu einer erheblichen Steigerung der **Floprate**. Des Weiteren diversifiziert der Lebensmittelhandel zunehmend in den Non-Food-Bereich, was den Kampf der Industrie um knappe Regalplatzfläche noch verschärft. Schließlich strebt der Handel danach, sich durch leistungsfähige Handelsmarken im Premiumsegment zu profilieren und damit Kunden an die Geschäftsstätten zu binden.

- **Betriebsformen und -typen**
  Hier zeichnet sich zunächst ein Trend zur Größe ab, was zum einen am starken Rückgang bei Geschäften unter 400 qm und damit bei Bedienungs-, Selbstbedienungs- und Fachgeschäften und zum anderen an der zunehmenden Bedeutung großflächiger Betriebstypen (SB-Warenhäuser und Verbrauchermärkte) abzulesen ist. Die skizzierten Entwicklungen führen zu einer erheblichen Firmenauslese und damit zu einer Unternehmens- sowie Umsatzkonzentration. So vereinen die Top 5 des Lebensmitteleinzelhandels in Deutschland rund 65 % des Umsatzes auf sich, die größten 50 Unternehmen zeichnen für 99,5 % des Umsatzes verantwortlich (Quelle: *LebensmittelZeitung/M+M EurodATA* 2006). Wesentliche Ursachen für den **Konzentrationsprozess** im Handel sind:
  - Fortschreitende Ballung der Bevölkerung
  - Bequemlichkeit der Kunden, was sich in dem Bedürfnis niederschlägt, „alles unter einem Dach“ in Warenhäusern oder SB-Warenhäusern zu erwerben bzw. tiefe Sortimente auf großen Flächen in Fachmärkten präsentiert zu bekommen. Verstärkt wird der Trend zum **"One-Stop-Shopping"** durch die steigende Mobilität der Bevölkerung sowie die zunehmende Berufstätigkeit der Frau.
  - Steigende Kapitalintensität im Einzelhandel, da die Umstellung auf moderne Verkaufsmethoden wie Selbstbedienung, Vorwahl etc. und Techniken wie Scanning dazu führen, dass Personal durch sachliche Betriebsmittel substituiert wird.
  - Steigende Wettbewerbsintensität und Kostendruck erfordern die Erlangung von Kostenvorteilen durch Erfahrungskurveneffekte (**Economies of Large Scale**; vgl. hierzu Abschnitt 6.6.4).
  - Übernahme von kleinen Einzelhandelsunternehmen infolge des Generationenwechsels
  - Nutzung mehrerer Absatzwege durch Großbetriebstypen (etwa Versandhandel: Warenhausfilialen, Electronic Shopping)
  - Notwendigkeit zur Internationalisierung

  Des Weiteren lässt sich ein Trend hin zu preisaggressiven Betriebstypen (große Zuwächse bei [Fach-]Discountern und Fachmärkten) feststellen. Außerdem ist eine Vervielfältigung von Geschäfts- und Betreibungskonzepten (= Multiplikationseffekt) zu beobachten, was an der Zunahme von Franchisekonzepten und Filialbetrieben deutlich wird. Nicht zuletzt entstehen neue Organisationsformen (z. B. POS-Banking, Integrierte Warenwirtschaftssysteme, Just-in-Time-Belieferung, virtuelle Marktplätze) und Vertriebstechniken (etwa Factory Outlets, E-Commerce einschließlich Versteigerungen via Internet).

- **Handelsstandorte**
  Auf der einen Seite üben Innenstädte eine zunehmende Anziehungskraft auf Filialisten aus. Auf der anderen Seite gewinnt die „grüne Wiese“ als Standort an Attraktivität, weil der Verbraucher infolge der durch die Liberalisierung des Ladenschlussgesetzes verlän-

gerten Öffnungszeiten dorthin tendiert. Hinzu kommen räumliche Dekonzentrationstendenzen hin zu Vorstädten sowie Versorgungslücken in kleineren Städten und Dörfern.

- **Machtstrukturen**
  Angesichts der skizzierten Dynamik verwundert es nicht, dass sich die Machtverhältnisse radikal verändert haben bzw. permanent verändern. Auf der horizontalen Ebene sind deutliche Bestrebungen der Filialisten zu beobachten, mittelständische Unternehmen zu übernehmen. Diese Bedrohung des Mittelstandes ruft Reaktionen von Herstellern in Form von Franchisesystemen sowie von Händlern in Gestalt der Vertragssysteme von Handelskooperationen hervor.
  Auf der vertikalen Ebene hat sich das Machtübergewicht bereits seit geraumer Zeit zugunsten des Handels verlagert. Ausschlaggebend hierfür war und ist die zunehmende Konzentration auf Seiten der Absatzmittler, was deren Position gegenüber der Industrie als Gatekeeper zum Kunden gestärkt hat bzw. weiterhin stärkt. Dies lässt die grundlegenden **Zieldivergenzen zwischen Hersteller und Handel**, die in Tab. 9.8 aufgeführt sind, zunehmend schärfer hervortreten.

Beim **Produktmanagement** streben Hersteller danach, ein eigenständiges Unternehmens- und Markenimage aufzubauen, das auf einer stringenten Positionierung basiert. Die Angebotspalette soll hinsichtlich Differenzierung, Innovation und Verpackung ständig an die Bedürfnisse der anvisierten Zielgruppen angepasst und gegenüber Konkurrenzprodukten profiliert sowie abgesichert werden. Handelsunternehmen hingegen fokussieren sich auf die Optimierung des eigenen Sortiments. Sie visieren eine eigenständige Positionierung mit entsprechendem Image an, konzentrieren sich hierbei auf Ertragsorientierung und fördern dazu gegebenenfalls die eigenen Handelsmarken.

Da das **Preismanagement** bei der Markenpositionierung eine zentrale Rolle spielt, will der Hersteller den Preis bis auf die Stufe des Endverbrauchers möglichst verbindlich vorgeben. Im Idealfall strebt er hierbei niedrige Handelspannen und eine Konditionenstruktur (Rabatte, Boni, Serviceleistungen), die für alle Handelspartner identisch ist. Handelsunternehmen hingegen möchten den Preis autonom sowie variabel gestalten und gegebenenfalls regional differenzieren, um sich gegenüber ihren Wettbewerbern zu profilieren. Hierbei streben sie eine möglichst hohe Handelspanne an, in dem sie u. a. die günstigsten Konditionen fordern.

Beim **Distributionsmanagement** visiert der Hersteller große Bestellmengen sowie eine hohe Distributionsdichte an. Idealerweise soll der Handel über warenkundliches Know-how verfügen, um den Kunden fundiert beraten zu können. Außerdem soll er die gesamte Angebotspalette abnehmen und bevorzugt platzieren, um so einen schnellen Abverkauf sicherzustellen. Im Gegensatz dazu bevorzugen Handelsunternehmen eine Just-in-time-Lieferung kleinerer Mengen, um dadurch Kapitalbindung, Lagerkosten und Absatzrisiken zu reduzieren. Eine selektive oder gar exklusive Distribution würde Wettbewerbsvorteile bieten. Außerdem selektiert der Handel die Angebotspalette der Lieferanten dahingehend, nur deckungsbeitragsstarke Artikel zu listen. Nicht zuletzt präferiert er selbstverkäufliche Ware, die er unter sortiments- bzw. warengruppenorientierten Gesichtspunkten platziert.

Das **Kommunikationsmanagement** des Herstellers schließlich hat die Aufgabe, den Verbraucher an die Marke zu binden, unabhängig davon, bei welchem Handelsunternehmen er diese erwirbt. Hierzu will er im Vertriebskanal einen Pull-Effekt auslösen, was er mit autonomen sowie weitgehend standardisierten Werbe- und Verkaufsförderungsaktionen realisieren will. Dies verhält sich häufig kontraproduktiv zur eigenständigen Positionierung sprich Profilierung des Handelsunternehmens, das darauf abzielt, Kunden für bzw. an die Geschäftsstätte zu gewinnen bzw. zu binden sowie deren Frequenz zu erhöhen.

Tab. 9.8: Ausgewählte Zieldivergenzen zwischen Hersteller und Handel (Quelle: in Anlehnung an Hansen 1990, S. 134; Steffenhagen 1975, S. 75)

Zielbereich	Hersteller	Handel
Produkt-/ Sortiments-management	• Hoher Grad an Produktdifferenzierung • Hohe Innovationsrate • Schnelle Produktneueinführung • Imitation erfolgreicher Konkurrenzprodukte • Herstellermarkenprofilierung • Verbrauchergerechte Verpackungen	• Geringe Produktdifferenzierung • Tendenz zur Stabilität des Angebots • Ausführliche Markttests • Keine "Me-too"-Produkte • Sortiments-/Handelmarkenprofilierung • Handlingorientierte Verpackungen
Preismanagement	• Niedrige Handelsspanne • Einfluss auf Endverbraucherpreis • Marken- und imagebezogenes Preismanagement • Einheitliche Preispolitik im Markt • Preisdifferenzierung gegenüber dem Handel in abgrenzbaren räumlichen Segmenten • Einfaches, kostenorientiertes Preis- und Rabattsystem	• Hohe Handelsspanne • Autonome Preisgestaltung • Betriebstypadäquate Preisgestaltung (Mischkalkulation) • Regionale Anpassung des Preises • Internationaler Einkauf zu den günstigsten Konditionen • Streben nach (nicht-)leistungsbezogenem Konditionensystem

Tab. 9.8: Ausgewählte Zieldivergenzen zwischen Hersteller und Handel (Fortsetzung)

Zielbereich	Hersteller	Handel
Distributions-management	• Produkt-/markenorientierte Platzierung • Hohe Distributionsquote • Wunsch nach „Hineinver-kauf“ aller Produkte aus Angebotspalette (Push-Effekt) • Frühzeitige Abschlüsse mit dem Handel mit langer Gültigkeit • Umsetzung der zentral getroffenen Vereinbarungen vor Ort • Warenkundliches Know-how des Handels	• Sortiments-/warengruppenorientierte Platzierung • Listung deckungsbeitragsstarker Marken • Starke Selektion aus der Angebotspalette • Häufige Bestellungen und kurzfristige Preisnachverhandlungen • Lokale Umsetzungsspielräume vor Ort • Selbstverkäuflichkeit der Ware
Kommunikations-managment	• Erhöhung der Markentreue • Produkt/Marke als Erlebnis • Dominanz nationaler Werbung • Verbraucherbezogene Imagewerbung (Pull-Effekt) • Autonome, standardisierte Verkaufsförderungsaktionen	• Erhöhung der Händler- bzw. Geschäftsstättentreue • Schaffung von Einkaufserlebnissen • Starke Stellung von Printwerbung (Anzeigen, Beilagen, Postwurfsendungen etc.) mit teilweise regionaler Anpassung • Preiswerbung und aktionsorientierte Promotions • Einbindung der Hersteller in vertriebslinienspezifische Verkaufsförderung

Fallstudie „Zielkonflikte zwischen Industrie und Handel“ – das Beispiel *Langnese-Iglo* und *Edeka*

Bei Handelsunternehmen mit einem Vollsortiment ist eine zunehmende Bereitschaft festzustellen, solche Lieferanten auszulisten, die durch Maßnahmen dazu beitragen, Discounter zu stärken. Nach Ansicht vieler Vollsortimenter bevorzugen Markenartikelhersteller Discounter über Gebühr konditionell. Die Vollsortimenter pochen dabei auf ihre Sortimentsleistung. Sie seien es schließlich, welche die Distribution und Ubiquität sprich Überallerhältlichkeit der Markenartikel gewährleisteten.

So sorgte die Belieferung von *Lidl*, dem von vielen Vollsortimentern zum „Staatsfeind Nr. 1“ erklärten Hard-Discounter, mit in einer Sondergröße abgepackten Tiefkühl-Fischstäbchen durch die *Unilever Bestfoods* Tochter *Langnese-Iglo* für erheblichen Zündstoff in deren Beziehung zu Handelsunternehmen. Beispielweise drohte die Hamburger Gruppe *Edeka* mit Auslistungen bei *Langnese-Iglo*-Produkten, wenn bei weiteren Gesprächen mit dem Lieferanten keine tragfähigen Lösungen erzielt würden, und betonte, sich keinesfalls mit Zugeständnissen bei den Konditionen zufrieden zu geben. Verschärft wurde der Konflikt durch zeitgleich in einigen *Lidl*-Regionen durchgeführte Tests für erst vor kurzer Zeit eingeführte *Knorr*-Fertiggerichte.

Edeka sieht in solchen und ähnlich gelagerten Aktivitäten Belege für die Geschäftspolitik zahlreicher Markenproduzenten, sich verstärkt auf expandierende Discounter zu fokussieren und dabei die Interessen der Vollsortimenter mit breiter Sortimentsleistung zu vernachlässigen. Die Markenartikler ihrerseits sehen sich in einer Zwickmühle: Sie wollen weder auf den einen noch den anderen Umsatz verzichten, können aber auch nicht den Kostennachteil der Vollsortimenter konditionell kompensieren. Den Leistungswettbewerb müsste die Handelsstufe unter sich selbst ausmachen, heißt es aus Kreisen der Markenartikler unmissverständlich.

In diesem Zusammenhang verwies *Unilever Bestfoods* darauf, dass penible Preisaufzeichnungen belegen würden, dass *Lidl* die *Langnese-Iglo*-Produkte in aller Regel zum Normalpreis anbieten würde. Ausreißer nach unten seien hier vielmehr nicht selten Aktionsangebote von *Edeka*. Dies kann als Indiz dafür gewertet werden, dass Vollsortimenter bislang noch keine schlüssige Strategie gegen den Vormarsch der Discounter entwickelt haben.

Quellen: *o. V.*: Edeka droht Langnese-Iglo, in: LebensmittelZeitung, Nr. 19 vom 07.05.2004 g, S. 1 – 2; *o. V.*: Streit um Auslistung, in: LebensmittelZeitung, Nr. 20 vom 14.05. 2004p, S. 3.

Der Herstellerseite bieten sich grundsätzlich **drei Ansatzpunkte**, um den skizzierten Zielkonflikten zu begegnen:

- **Konfrontation**, die stets konfliktär und als Nullsummenspiel verläuft, bei dem es einen Gewinner und einen Verlierer gibt. Zu diesen teilweise überholten Verhaltensmustern zählen die mitunter recht aggressiv verlaufenden Bargaining-Prozesse sprich Verhandlungen zwischen Lieferant und Abnehmer, bei denen es u. a. um die Verteilung der Distributionsspanne geht.
- **Umgehung**, in dem die Hersteller durch Vorwärtsintegration die Funktionen des traditionellen Handels übernehmen und diesen dadurch ausschalten bzw. umgehen. Beispiele hierfür sind die Gründung von Factory Outlets sowie Konzepte der Industrie, ihre Produkte via Katalog (= Versandhandel) oder Internet (= E-Commerce) direkt an den Endverbraucher zu vertreiben.
- **Kooperation**, die von **Trade Marketing** (= Ausrichtung der Herstelleraktivitäten an den Bedürfnissen bzw. Zielen des Handels) bis hin zu **Efficient Consumer Response** (= gemeinsame effiziente Reaktion von Industrie und Handel auf die Kundennachfrage; vgl. hiezu Abschnitt 6.4.2) reicht.

Fallstudie „Geschichte des Versandhandels“ – wie Phoenix aus der Asche

Den ersten Aufschwung und damit die Gründung von Versandhäusern wie *Quelle*, *Neckermann*, *Otto* oder *Klingel* erlebte der Versandhandel in der Phase zwischen 1925 und 1950. Sowohl in der Weltwirtschaftskrise der Zwanziger Jahre als auch im Nachkriegsdeutschland war der Versandhandel mit Festpreisen für mindestens sechs Monate ein stabilisierender Faktor in inflationären Zeiten. Außerdem trug er wesentlich dazu bei, entlegene Regionen mit Mode, bezahlbarer Technik oder Pauschalreisen zu versorgen.

Doch mit der Zeit beklagten die Allesversender ähnliche Probleme wie die großen Kaufhäuser. Mit der Selbstbedienungswelle bis 1975 und dem sich anschließenden Aufbau von großflächigen Einzelhandelsunternehmen wie Fachmärkten und Einkaufszentren wurde die stationäre Konkurrenz schneller und flexibler. Doch weiterhin verfügte der Versandhandel über große Vorteile: freie Standortwahl, bequemes Einkaufen von zu Hause aus und ein umfangreiches Sortiment zu garantierten Preisen.

Doch mit der Liberalisierung des Ladenschlussgesetzes wurde auch das Einkaufen im stationären Handel einfacher. Außerdem ließ der wachsende Wettbewerbsdruck die Preise sinken. Die garantierten Preise, die in den Zeiten der Inflation ein Wettbewerbsvorteil gewesen waren, erwiesen sich mehr und mehr als Nachteil, den man durch das kostenintensive Nachsenden von Schnäppchenkatalogen kompensieren musste. Und nicht zuletzt konnte der Versandhandel mit den die immer kürzer werdenden Modezyklen nicht mehr Schritt halten.

Der Versandhandel drohte mit einem Marktanteil von 4 bis 5 % – im internationalen Vergleich immer noch ein Spitzenwert – zur Einkaufsquelle für ältere Konsumenten auf dem Lande zu werden. Die Schwierigkeiten der Branche wurden temporär durch die Wiedervereinigung kaschiert, da ein flächendeckender stationärer Handel erst aufgebaut werden musste und der Versandhandel diese zeitweilige Lücke schloss. Aber Mitte der Neunziger Jahre traten die Schwierigkeiten der Branche wieder zu tage. Die Universalversender verloren an Terrain, da sie die Bedeutung der Marke insbesondere im Textilbereich sowie den Stellenwert des Internets lange Zeit verkannt hatten.

Obwohl gerade viele ältere Verbraucher auch heute noch postalisch oder per Telefon bestellen, erwies sich das Internet nach der Jahrtausendwende als entscheidender Wachstumstreiber. Experten gehen davon aus, dass der Versandhandel im Jahr 2015 einen umsatzbezogenen Marktanteil von 15 % des Einzelhandels auf sich vereinen wird. 10 % werden auf den Onlinehandel fallen. *Otto* und *Quelle* dürften als Universalversender überleben, wohingegen *Neckermann*, *Baur*, *Klingel* und *Schwab* sich spezialisieren dürften. Diese werden in Konkurrenz zu vergleichsweise neuen Anbietern (etwa *Weltbild*, *Amazon*, *Conrad*, *Buecher.de*, *Tchibo*, *Doc Morris*) und den Versandsparten des stationären Handels (etwa *Douglas*, *Rossmann*, *Schlecker*, *Hennes & Mauritz*) stehen.

Quelle: *Giersberg, G.:* Der zweite Aufschwung, in: Frankfurter Allgemeine Zeitung, Nr. 6 vom 08.01.2008, S. 15.

9.4 Kundenmanagement

Dem Kundenmanagement fallen die **akquisitorischen Aufgaben** zu, Informationen an (potenzielle) Kunden zu übermitteln und Informationen über den Markt zu sammeln (= **Informationsfunktion**) sowie Aufträge zu erlangen (= **Kontrahierungsfunktion;** vgl. *Nieschlag/Dichtl/Hörschgen* 2002, S. 934 – 953). Hierzu gilt es, folgende **Entscheidungen** zu treffen:

- Wahl der Betreuungsorgane (Reisende, Handelsvertreter, Verkaufsabteilung, Geschäftsleitung etc.)
- Wahl der Kommunikationsform (Persönlicher Verkauf, Verkauf über Kommunikationsmedien, Ausschreibungen etc.)
- Wahl der Kontraktformen (Einzelaufträge, Rahmenvereinbarungen, Jahresabschlüsse etc.)

Traditionell kommt in diesem Kontext der **Wahl zwischen Reisendem und Handelsvertreter** ein hoher Stellenwert zu (vgl. *Nieschlag/Dichtl/Hörschgen* 2002, S. 940 – 945; *Meffert* 2000, S. 626 – 631). Die Entscheidungsfindung lässt sich durch eine quantitative Analyse mittels der **Break-Even-Analyse** (vgl. hierzu Abschnitt 6.6.6) unterstützen, wofür es zunächst erforderlich ist, die Kostenfunktionen für beide Absatzwege aufzustellen:

Kostenfunktion Reisender

$K_R = K_{F,R} + U \times K_{V,R}$

Kostenfunktion Handelsvertreter

$K_{HV} = K_{F,HV} + U \times K_{V,HV}$

Hierbei bedeuten:

K_R = Gesamtkosten Reisender

K_{HV} = Gesamtkosten Handelsvertreter

$K_{F,R}$; $K_{F,HV}$ = Fixkosten Reisender bzw. Handelsvertreter

$K_{V,R}$; $K_{V,HV}$ = Variable Kosten Reisender bzw. Handelsvertreter

U = Umsatz

Dabei gelten: $K_{F,R} > K_{F,HV}$ und $K_{V,R} < K_{V,HV}$

Der **kritische Umsatz** liegt an der Stelle, wo sich die Gesamtkostenfunktionen von Reisendem und Handelsvertreter schneiden (vgl. Abb. 9.3):

$K_R = K_{HV}$

$K_{F,R} + U \times K_{V,R} = K_{F,HV} + U \times K_{V,HV}$

$U \times K_{V,R} - U \times K_{V,HV} = K_{F,HV} - K_{F,R}$

$U_{krit.} = (K_{F,HV} - K_{F,R}) : (K_{V,R} - K_{V,HV})$

Bei geringeren Umsätzen erscheint der Einsatz von Handelsvertretern sinnvoll. Bei höheren Umsätzen empfiehlt sich infolge der geringeren Kosten die Nutzung von Reisenden.

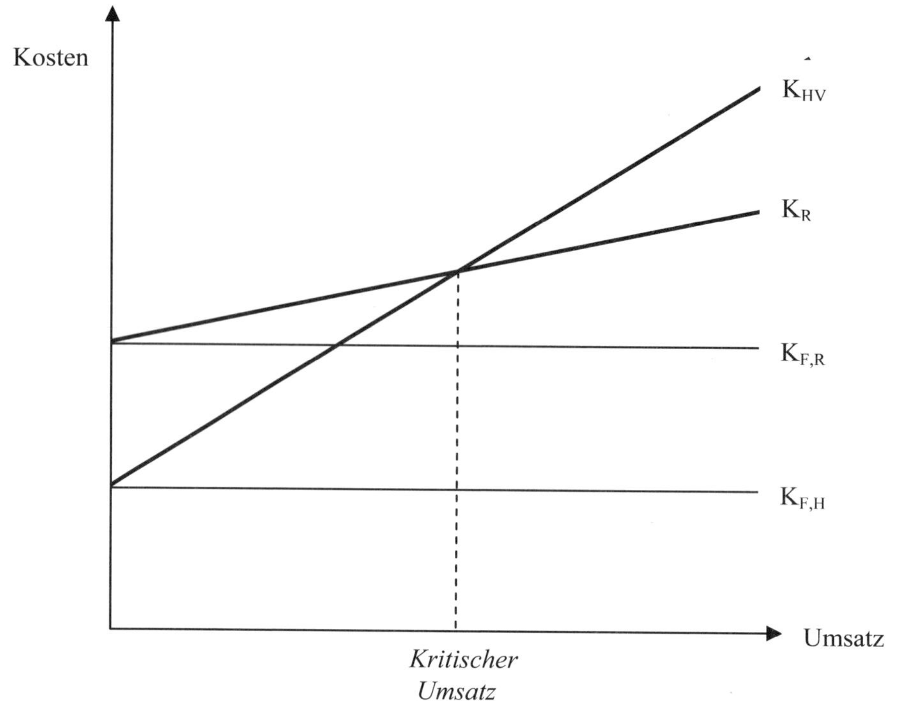

Abb.9.3: Die Entscheidungsfindung zwischen Handelsvertreter und Reisendem mittels der Break-Even-Analyse

Bei einer ausschließlichen Entscheidungsfindung auf Basis der Break-Even-Analyse erscheinen folgende **Annahmen problematisch**:

- Die unterstellten Umsätze werden tatsächlich erreicht, d. h. es besteht Prognosesicherheit.
- Die Kostenfunktion lässt sich ohne viel Aufwand ermitteln und verläuft stetig. Aspekte wie beispielsweise Abfindungszahlungen bei Handelsvertretern bleiben hierbei außen vor.
- Es findet eine reine Kostenbetrachtung statt, d. h. Kriterien wie Kontaktqualität, Steuerbarkeit, Bereitstellung von Informationen an das Unternehmen etc. werden nicht ins Kalkül gezogen.

Insbesondere angesichts des letzten Punktes erscheint es sinnvoll, die in Tab. 9.9 angeführten jeweiligen Vor- und Nachteile von Reisenden und Handelsvertretern in die Auswahlentscheidung einzubeziehen.

Tab 9.9: Der qualitative Vergleich zwischen Reisendem und Handelsvertreter (Quelle: Nieschlag/Dichtl/Hörschgen 2002, S. 944 – 945; Befunde vom Verfasser verdichtet)

Absatzweg / Kriterium	Reisender	Handelsvertreter
Entlohnung	-	+
Motivation	-	+
Fachliche Kenntnisse	+	-
Fluktuation	-	+
Steuerung	+	-
Kontrolle	+	-
Informationsfluss	+	-
Produkt-/Unternehmensfunktion	+	-
Sortiment	-	+
Verkaufsbemühungen	+	-
Einteilung der Verkaufsbezirke	+	-
Übernahme zusätzlicher Aufgaben	+	-
Kostenbelastung	-	+
Bearbeitung alter Märkte	+	-
Bearbeitung neuer Märkte	-	+
Kundenbindung	-	+
Besuchsfrequenz	-	+
Unternehmenspräsentation im Markt	+	-
Rechtliche Rahmenbedingungen	+	-
Legende: + = Vorteil aus Sicht des Unternehmens; – = Nachteil aus Sicht des Unternehmens		

Abschließend bleibt anzumerken, dass Reisende und Handelsvertreter zunehmend durch ein **Key Account Management** ersetzt werden (vgl. im Folgenden *Senn* 2001, S. 768 – 769). Hierunter versteht man die gezielte, individuelle Betreuung einzelner Kunden durch Mitarbeiter der mittleren und oberen Managementebene. Als **Ursachen** für die zunehmende Bedeutung des Key Account Management sind zu nennen:

- Entscheidungsverlagerung zu den Zentralen des Handels
- Höhere Kompetenz der Einkäufer bzw. Verhandlungspartner
- Weniger, dafür aber größere Aufträge

Als **Vorteile** dieser Form des Kundenmanagement gelten:

- Genaue Kenntnis des Kunden, nicht zuletzt durch persönliche Kontakte
- Kompetente, individuelle Betreuung und damit Realisierung von Kundennähe
- Ausschöpfung von Kundenpotenzialen
- Verhandlungsführung „auf gleicher Augenhöhe“

9.5 Distributionslogistik

Im Zuge der Distributionslogistik gilt es sicherzustellen, dass

- die richtigen Waren
- zur richtigen Zeit
- in der richtigen Menge
- am gewünschten Ort
- im gewünschten Zustand und
- zu möglichst geringen Kosten

den Kunden erreichen (vgl. *Bruhn* 2001, S. 270).

Die Distributionslogistik besteht aus den **Systemelementen**:

- Auftragsabwicklung,
- Lagerhaltung,
- Transport,
- Verpackung sowie
- Redistribution,

die durch Waren- und Informationsflüsse miteinander verbunden sind (vgl. im Folgenden *Pfohl* 1996; *Froböse/Kaapke* 2000, S. 240 – 243).

Die **Auftragsabwicklung** umfasst folgende Entscheidungsfelder:

- Form der Auftragsübermittlung (persönlich oder medial per Telefon, Brief, Fax, Internet, E-Mail etc.)
- Form der Auftragsbearbeitung (automatisiert versus manuelle Abarbeitung; Reihenfolge: nach Auftragseingang versus Priorität aufgrund Kundenstatus oder Auftragsvolumen; Geschwindigkeit)
- Analyse des Auftrags als Informationsquelle. Beispielsweise können auf Basis der bisherigen Aufträge der Kundenwert berechnet, Cross-Selling-Potenzial aufgespürt und/oder Wiederbeschaffungszeitpunkte prognostiziert werden (vgl. hierzu auch Abschnitt 13.4).
- Weiterleitung der Auftragsinformation an Kommissionierung, Fakturierung etc.

Im Zuge der **Lagerhaltung** gilt es festzulegen:

- **Lagerstandort**: Wo sollen Lager angesiedelt werden? Hier muss sich grundsätzlich zwischen zentraler und dezentraler Lagerhaltung entschieden werden, wobei die jeweils anvisierte Nähe zu den Abnehmern, Schnelligkeit der Lieferung und Höhe der Kosten ins Kalkül zu ziehen sind.
- **Lagerumfang**: Wie viele Produkte sollen vorrätig sein? Auf der Suche nach dem optimalen Lagerumfang gilt es, die zeitliche Diskrepanz zwischen Produktionsrhythmus und Nachfrageverlauf, die anvisierte Lieferfähigkeit sowie etwaige Produktionsstörungen (etwa durch Streik) zu berücksichtigen.

- **Eigen- versus Fremdbetrieb** der Lagerhäuser, wobei die Stabilität und räumliche Konzentration der Nachfrage sowie die erforderlichen Kenntnisse hinsichtlich der Lagerhaltung die Wahl beeinflussen.
- **Lagerausstattung und -organisation** (Personal, Regale und sonstige Warenträger, Beleuchtungseinrichtungen, Geräte zur Kühlung, Belüftung, Beheizung, Befeuchtung, Brandabwehr etc.; geordnete versus chaotische Lagerhaltung)
- **Kauf versus Miete** von Lagerhaus und -ausrüstung

Beim **Transport** müssen folgende Entscheidungen getroffen werden:

- Art der Transportmittel (Bahn, Schiff, Auto, Flugzeug; vgl. hierzu Tab. 9.10)
- Eigen- versus Fremdbetrieb der Transportmittel
- Kauf versus Miete der Transportmittel
- Kombination der Transportmittel
- Organisation der Transportabwicklung (Wahl optimaler Transportwege, Einsatzpläne und Beladung der Transportmittel usw.)

Tab. 9.10: Der Vergleich zwischen verschiedenen Verkehrswegen (Quelle: in Anlehnung an Becker 1999, S. 151)

Verkehrsweg Kriterium	Schiene	Wasser	Strasse	Luft
Spektrum der transportierbaren Güter	sehr breit	breit	mittel	schmal
Geschwindigkeit	mittel	sehr gering	mittel	sehr hoch
Transportkosten	mittel	sehr niedrig	hoch	sehr hoch
Verlässlichkeit der Auslieferung	mittel	gering	hoch	sehr hoch
Geographische Verfügbarkeit	hoch	gering	sehr hoch	hoch

Neben der Verkaufs- (= Information und Präsentation der Ware zur Steigerung des Absatzes) und Verwendungsfunktion (= Erleichterung des Konsums der Ware) erfüllt die **Verpackung** im Zuge der Distributionslogistik insbesondere folgende Funktionen:

- **Schutzfunktion** = Schutz des Packgutes vor Umwelteinflüssen sowie Schutz der Umwelt vor Packgut
- **Lager-, Transport- und Manipulationsfunktion** = Verbesserung der Transport-, Lager- und Manipulationsfähigkeit sowie der Raumausnutzung
- **Bildung logistischer Einheiten** (Lager-, Transporteinheiten usw.) als Voraussetzung für die Bildung rationeller Transportketten

Der **Redistribution** schließlich fällt die Aufgabe zu, Verpackungen und Altprodukte an Hersteller und Handelsunternehmen zurückzuführen mit dem Ziel, diese ökologiefreundlich weiterzuverwenden, zu recyceln oder zu entsorgen. Ob und in welchem Maße ein Unternehmen seine Produkte redistribuiert, kann von den gesetzliche Rahmenbedingungen, aber auch vom Stellenwert des Umweltschutzgedankens in der Firmenphilosophie abhängen.

Die Elemente der Distributionslogistik sind sowohl Träger von Distributionsfunktionen als auch als Verursacher von Distributionskosten. Vor diesem Hintergrund gilt es die Transformationsprozesse so zu gestalten, dass die anvisierten **Leistungsziele** und **Kostenziele** erreicht werden.

Das **Leistungsziel** der Distributionslogistik ist der **Qualitätsgrad des Lieferservice**, der durch folgende **Komponenten** bestimmt wird (vgl. hierzu *Pfohl* 1996; *Delfmann/Arzt* 2001, S. 910 – 912):

- **Lieferzeit** = Intervall zwischen dem Auftragseingang beim Lieferanten und dem Wareneingang beim Abnehmer
- **Lieferzuverlässigkeit** = Grad der Verlässlichkeit, mit der ein Auftrag nach Art, Menge, Termin und Lieferart vertragsgemäß abgewickelt wird
- **Lieferungsbeschaffenheit** = Zustand der Ware beim Eingang beim Kunden
- **Lieferflexibilität** = Grad der Fähigkeit sowie Bereitschaft des Lieferanten, auf Kundenwünsche einzugehen

Die operativen **Kosten** der Distributionslogistik setzen sich zusammen aus:

- Lagerhaltungskosten, die aus Handlingkosten und Kapitalbindungskosten bestehen,
- Kosten der Auftragsabwicklung sowie
- Transportkosten.

Die Kosten- und Leistungsziele der Distributionslogistik stehen in einer konfliktären Beziehung, d. h das Erreichen des einen Zieles wirkt sich negativ auf das Erreichen des anderen Zieles aus (vgl. *Delfmann/Arzt* 2001, S. 922 – 923). Zur Bewältigung solcher Zielkonflikte bieten sich die in Abschnitt 5.2.2 vorgestellten **Ansatzpunkte** an:

- **Zieldominanz** (z. B. „Maximiere die Lieferzuverlässigkeit!“)
- **Zielrestriktion** (z. B. „Minimiere die Distributionskosten unter der Nebenbedingung, mindestens 98 % Lieferzuverlässigkeit zu erzielen.“)
- **Zielschisma** (z. B. „Maximiere in einer frühen Phase des Kundenkontakts die Lieferzuverlässigkeit, und minimiere in späteren Phasen die Distributionskosten.“)

10 Kommunikationsmanagement

Dieses Kapitel vermittelt,:

- was man unter Kommunikationsmanagement versteht und welche Aufgaben hierbei anfallen,
- auf welchen theoretischen Grundlagen das Kommunikationsmanagement basiert,
- welche klassischen sowie innovativen Instrumente dem Kommunikationsmanagement zur Verfügung stehen und
- welche Gestaltungsmöglichkeiten die einzelnen Instrumente bieten.

„Man kann nicht nicht kommunizieren."

Paul Watzlawick (* 25. Juli 1921; † 31. März 2007), Kommunikationswissenschaftler, Psychotherapeut, Psychoanalytiker, Soziologe, Philosoph und Autor

10.1 Begriff, Bedeutung und Aufgaben

Das Kommunikationsmanagement umfasst sämtliche Entscheidungen, welche die bewusste Gestaltung von Informationen betreffen, die auf die Umwelt und an die Mitarbeiter eines Unternehmens gerichtet sind (vgl. im Folgenden *Bagozzi/Rosa/Celly/Coronel* 2000, S. 627 – 720; *Bodenstein/Spiller* 1998, S. 204 – 221; *Bruhn* 2002; *Froböse/Kaapke* 2000, S. 248 – 283; *Kotler/Bliemel* 1995, S. 907 – 1030; *Nieschlag/Dichtl/Hörschgen* 2002, S. 985 – 1164; *Pepels* 2000, 613 – 732; *Stender-Monhemius* 2002, S. 162 – 203).

Einen übergeordneten Rahmen, in den das Kommunikationsmanagement eingebunden werden muss, bildet die **Corporate Identity** (= CI; vgl. hierzu *Birkigt/Stadler/Funck* 1998). Hierunter versteht man die Identität einer Körperschaft bzw. eines Unternehmens, d. h. die Art und Weise, wie sich eine Organisation als Ganzes nach außen gegenüber der Umwelt und nach innen gegenüber seinen Mitarbeitern darstellt. Hierbei lassen sich drei wesentliche **Dimensionen** identifizieren:

- **Selbstbild** im Sinne der Gesamtheit aller Einstellungen, Kenntnisse, Erfahrungen, Wünsche und Gefühle der Mitarbeiter gegenüber dem eigenen Unternehmen
- **Fremdbild**, d. h. sämtliche Einstellungen, Kenntnisse, Erfahrungen, Wünsche und Gefühle der externen Stakeholders (= Kunden, Lieferanten, Öffentlichkeit, Staat etc.) gegenüber einem Unternehmen

- **Idealbild**, d. h. das von den Gestaltern des CI-Prozesses geplante zukünftige Selbst- und Fremdbild eines Unternehmens

Als **Instrumente**, mit denen sich ein einheitliches, prägnantes Erscheinungsbild der Organisation mit Außen- und Innenwirkung systematisch aufbauen lässt, sind zu nennen:

- **Corporate Behavior**
  Hierunter versteht man den Umgang der Mitarbeiter untereinander und gegenüber Externen sowie das Auftreten des Unternehmens als Ganzes in seinem Umfeld (z. B. Preis-, Finanzierungs-, Ausbildungs-, Informationsverhalten).
- **Corporate Communications**
  Diese umfasst die nach innen und außen gerichtete Kommunikation der Mitarbeiter sowie das ganzheitliche Kommunizieren des Unternehmens mit seiner Umwelt.
- **Corporate Design**
  Der optische Eindruck eines Unternehmens setzt sich aus einer externen (Produkt-, Graphik- [Logo, Schrifttypographie, Layoutvorgaben] und Architekturdesign) und einer internen Komponente (Größe und Ausstattung der Geschäftsräume und Büros sowie Kleidung der Mitarbeiter) zusammen.

Fallstudie „Corporate Acoustics" – die hörbare Ergänzung zum Corporate Design

Ein optisches Markenzeichen allein genügt heute in vielen Fällen nicht mehr, um ein Produkt oder eine Dienstleistung in der Psyche des Verbrauchers zu verankern. Konsequenterweise spielt die Akustik in einem integrierten Kommunikationsauftritt eine zunehmend größere Rolle. Beispielsweise nutzt die *Deutsche Telekom* fünf helle Klaviertöne als akustisches Erkennungsmerkmal am Ende eines jeden Werbespots – in der Fachterminologie als „Abbinder" bezeichnet. Nach einem ähnlichen Strickmuster agiert der weltgrößte Halbleiterproduzent *Intel* mit seinen fünf Gongschlägen, die immer dann ertönen, wenn die grünen Männchen im Werbespot auftreten. Da *Intel*-Produkte in der Computerhardware zahlreicher Hersteller zu finden sind, wurde das *Intel*-Markenzeichen akustisch wie optisch konsequenterweise auch in die Werbespots von PC-Herstellern wie *Fujitsu-Siemens* integriert.

Die Anforderungen an solch akustische Logos sind hoch. Schließlich soll das Motiv den Transfer sowohl in verschiedene Länder bzw. Kulturen als auch in verschiedene Musikstile von Klassik über Techno bis Rap ermöglichen. Und dies wahlweise in Längen von drei, zehn oder dreißig Sekunden – für jede denkbare Einsatzmöglichkeit von Werbung über Ansagedienste bis hin zu Messen und Verkaufspunkten (Point-of-Sale).

Eine zentrale Rolle spielt der Klang auch für den Sportwagenproduzenten *Porsche*, wo ein zehnköpfiges Entwicklungsteam ausschließlich damit beschäftigt ist, den Sportwagen so klingen zu lassen, wie ein echter Sportwagen zu klingen hat: sonorig und kernig, aber nicht zu laut und proletenhaft. Der hohe Stellenwert des Klangs wird daran deutlich, dass die Entscheidung über den richtigen Sound bei neuen Modellen Vorstandssache ist.

Quelle: *Krömer, S.*: Das Ohr kauft mit, in: Frankfurter Allgemeine Zeitung, Nr. 36 vom 12. 04.2001, S. 30.

Grundsätzlich lässt sich eine zunehmende Bedeutung des Kommunikationsmanagement im Rahmen des Marketing-Mix feststellen, die im Wesentlichen auf folgende **Ursachen** zurückzuführen ist:

- Auf **Massenmärkten** besteht normalerweise keine persönliche Beziehung zwischen Anbieter und Nachfrager. Diese Funktion übernimmt das Kommunikationsmanagement, welches die anbieterseitigen Informationen übermittelt und ggf. Feedback seitens der Nachfrager ermöglicht (z. B. durch Coupon-Anzeigen, auf Plakaten propagierte Hotlines).
- Nahezu alle Märkte zeichnen sich durch einen **hohen Sättigungsgrad** aus. Hier fällt dem Kommunikationsmanagement die – häufig kritisierte – Aufgabe zu, zum einen neue Bedürfnisse und zum anderen Ersatzbedarf bei den Verbrauchern zu wecken.
- Es gestaltet sich zunehmend schwieriger, innovative Problemlösungen zu entwickeln. Verstärkend kommt hinzu, dass infolge des hohen Fertigungsstandards die Homogenität und damit die Austauschbarkeit von Produkten zunehmen. Angesichts dieser Entwicklung sehen sich Unternehmen dazu veranlasst, ihre Produkte mittels kommunikationspolitischer Maßnahmen **emotional zu differenzieren**.
- Die Produktlebenszyklen nehmen ab und damit intensiviert sich der **Zeitwettbewerb**. Deshalb müssen neue Produkte möglichst schnell mit kommunikationspolitischen Aktivitäten flächendeckend bekannt gemacht werden.

Das Kommunikationsmanagement gilt gemeinhin als Sprachrohr des Marketing. Konkret erfüllt es folgende **Aufgaben** (vgl. *Meffert* 2000, S. 724 – 726):

- **Informationsfunktion**
  Mittels des Kommunikationsinstrumentariums informieren Anbieter über die Existenz eines (neuen) Produkts sowie über dessen Eigenschaften, Preis, Verfügbarkeit etc.
- **Positionierungsfunktion**
  Die Unternehmenskommunikation beeinflusst die Wahrnehmung eines Produkts, indem sie bestimmte Eigenschaften des Produktes hervorhebt, dadurch gegenüber der Konkurrenz differenziert und damit letztlich zu dessen Positionierung beiträgt.
- **Angriffsfunktion**
  Die vergleichende Werbung beispielsweise greift direkt das Angebot der Wettbewerber an.
- **Standardisierungsfunktion**
  Die Unternehmenskommunikation dient dazu, Geschmack und Präferenzen von Verbrauchern zu vereinheitlichen. Hierdurch reduziert sich die Heterogenität der Nachfrage, was der Massenproduktion entgegenkommt.
- **Beeinflussungsfunktion**
  Die Unternehmenskommunikation zielt darauf, Verbraucher zu einem bestimmten Verhalten zu veranlassen. Dies können der Erwerb einer Unternehmensleistung, die Teilnahme an Tests oder Aktionen und sonstige Verhaltensweisen (z. B. vernünftiges Autofahren, Teilnahme an Vorsorgeuntersuchungen, gesunde Ernährung, körperliche und geistige Fitness) sein.

- **Steuerungsfunktion**
  Die Unternehmenskommunikation steuert die Nachfrage mit dem Ziel, Angebot und Nachfrage auszugleichen. Damit stellt das Kommunikationsmanagement ein flankierendes bzw. alternatives Instrument zum Kontrahierungsmanagement dar. Unternehmenskommunikation lässt sich zu diesem Zweck antizyklisch einsetzen, d. h. bei Nachfragerückgang wird der Einsatz intensiviert. Des Weiteren kann das Engagement saisonal variieren (etwa Verstärkung in der Vorweihnachtszeit). Nicht zuletzt bietet sich die Möglichkeit, die Kommunikationspolitik dem Lebenszyklus eines Produktes anzupassen.
- **Bestätigungsfunktion**
  Die Unternehmenskommunikation bestätigt den Verbraucher darin, die richtige Kaufentscheidung getroffen zu haben. Dadurch trägt sie dazu bei, Nachkaufdissonanzen bzw. kognitive Dissonanzen zu vermeiden bzw. abzubauen (vgl. hierzu Abschnitt 2.3.2).

Der Vollständigkeit halber sei angemerkt, dass kommunikative Wirkungen nicht nur von der Kommunikationspolitik, sondern auch von anderen Marketing-Instrumenten ausgehen. Als Beispiele können Produkt (Design, Farbe, Ton, Material), Verpackung und Verkaufsgespräch angeführt werden.

Fallstudie „Angriffsfunktion der Unternehmenskommunikation" – die mediale Attacke der Baumarktkette *Praktiker* auf den Konkurrenten *Obi*

In wenigen Branchen wird so aggressiv geworben wie im Geschäft der Baumärkte. Die Werbespots- und -anzeigen von *Obi*, *Praktiker* und *Hornbach* sind frech, innovativ, nicht selten beleidigend und überall präsent. Wer kennt beispielsweise nicht den Slogan „20 % auf alles – außer Tiernahrung".

Insbesondere der saarländische *Praktiker*-Konzern geht in seiner Werbung auf Konfrontationskurs. In 2007 wartete dessen Marketingabteilung mit einem Aprilscherz auf, den der Wettbewerber und Marktführer *Obi* überhaupt nicht lustig fand. In einem TV-Spot verkündet der *Bruce-Willis*-Imitator *Manfred Lehmann* mit seriöser Stimme, dass *Obi* billig sei; dann bricht er in schalendes Gelächter aus, und kurz darauf prangert der Schriftzug „April, April" auf dem Bildschirm. *Obi* klagte erfolgreich gegen den Werbespot. Dessen Ausstrahlung im Fernsehen wurde untersagt, und *Praktiker* durfte ihn auch nicht mehr im Internet schalten. Trotzdem wertete die Baumarktkette die Kampagne infolge ihrer Öffentlichkeitswirkung als Erfolg.

Quelle: *Trotier, K.*: Werbeschlacht, in: Frankfurter Allgemeine Zeitung, Nr. 167 vom 21.07. 2007, S. 39.

Fallstudie „Vergleichende Werbung" – *Burger King* versus *McDonald's*

Ihren Ursprung hat der aggressive Wettbewerb zwischen *Burger King* und *McDonald's* in den USA. Hier begannen im Jahre 1982 die großen Drei der Branche – *Mcdonald's*, *Burger King* und *Wendy's* – die sog. "Media Burger Wars". Hierbei wurden mit hohen Budgets ausgestattete Medienkampagnen gestartet, deren Ziel es war, den Verbraucher zu überzeugen, dass das eigene Produkt der bessere Burger sei. Hierzu bediente man sich der vergleichenden

Werbung, die sich dadurch auszeichnet, dass sie mehr oder minder offen Bezug auf den Konkurrenten bzw. seine Produkte oder Dienstleistungen nimmt. Hierzulande spielte und spielt sich die Auseinandersetzung auf dem Burger-Markt im Wesentlichen zwischen *McDonald's* und *Burger King* ab.

Nach den §§ 2,3 S. 2 UWG Gesetz gegen unlauteren Wettbewerb ist die vergleichende Werbung grundsätzlich zulässig. Verglichen werden müssen einzelne Eigenschaften der Produkte, wozu auch der Preis zählen kann. Letzteres gilt übrigens als Hauptfall vergleichender Werbung. Bei den Eigenschaften muss es sich zudem um Qualitätsindikatoren der Produkte handeln. Weiterhin muss der Kunde objektiv nachprüfen können, dass die Eigenschaften tatsächlich vorliegen. Beispielsweise wurde folgender Slogan von *Burger King* als wettbewerbswidrig eingestuft, da Geschmack subjektiv ist: „62 % aller Deutschen schmeckt unser *Whopper* besser als der *Big Mac* von *McDonald's*." Der Slogan wurde als wettbewerbswidrig beurteilt, da Geschmack subjektiv ist.

Die Werbung von *Burger King* wurde bereits mehrfach wegen Verletzung des Verbotsprinzips für unzulässig erklärt: Parallel zur 98-er Bundestagswahl schaltete das Unternehmen rund ein Jahr lang eine Kampagne mit dem Slogan „Geh wählen! Wähl den *Whopper*!". Eingebettet war die Werbekampagne in eine Marketingoffensive, in deren Zentrum der Angriff auf den Marktführer *McDonald's* stand. Unter anderem rief *Burger King* die Verbraucher zu einem vergleichenden Geschmackstest auf. Außerdem wurde das Marktforschungsinstitut *Infratest/Burke* damit beauftragt, 1.000 Testpersonen zu ihren Präferenzen zu befragen. In einer eigens eingerichteten virtuellen Parteizentrale trugen sich rund 100.000 Mitglieder der eigens gegründeten Partei *Burger King für Deutschland (BKD)* ein. Nicht zuletzt wurden die Restaurants zu Wahllokalen umfunktioniert, in denen diverse Gewinnspiele lockten. Am Wahlsonntag gab es eine Wahlparty in München. Den Abschluss dieser Kampagne bildeten Plakate, auf denen das Ergebnis der Untersuchung von *Infratest/Burke* zu sehen war: 62% der Wähler hatten sich demnach für den *Whopper* entschieden und nur 38% für den *Big Mäc* von *McDonald's*. Mit unterschiedlichen Aussagen wie z. B. „Danke Deutschland" wurde dieses Ergebnis noch unterstrichen. Die Werbung konnte jedoch nur zwei Tage geschaltet werden, dann fiel sie dem Verbot zum Opfer, da Geschmack kein objektives und nachprüfbares Merkmal ist.

Vor dem Kölner Landgericht ließ *McDonald's* seinem Verfolger die Behauptung verbieten, *Burger Kings Whopper* schmecke besser als der *Big Mäc*. Dabei verzichtete die Nummer eins darauf, den schwächeren Wettbewerber mit einer Gegenkampagne noch prominenter als nötig zu machen. Trotzdem konnte man kurz danach vor der *Burger King*-Filiale am Berliner Alexanderplatz ein Plakat mit der Aufschrift „Könige sind out. Kommen Sie zu *McDonald's*." sehen, das jedoch nach kurzer Zeit ebenfalls entfernt wurde.

Im Kampagnenjahr 1998 konnte die Nummer zwei ihren Umsatz um 28,1 % von 320 Millionen auf 410 Millionen D-Mark seigern. Außerdem erhielten die Macher der Kampagne, die Agenturen *Start AG*, München, und *DÁrcy*, Hamburg, einen der begehrten Werbe-Oskars „Effie", die vom Gesamtverband der Werbeagenturen *GWA* verliehen und mit denen besonders kreative und erfolgreiche Kampagnen gewürdigt werden.

Quelle: *Schneider, W.*: McMarketing, Wiesbaden 2007, sowie die dort zitierte Literatur.

10.2 Kommunikationstheoretische Grundlagen

10.2.1 Begriff und Arten der Kommunikation

Der Begriff Kommunikation (lat.: communis = gemeinsam) bedeutet eine gemeinsame Basis mit jemandem herzustellen, indem eine Information, Idee oder Einstellung mitgeteilt wird. Welche Elemente am Kommunikationsprozess beteiligt sind, lässt sich anschaulich an den in Anlehnung an *Lasswell* (1948) entwickelten **7 W´s der Kommunikation** nachvollziehen:

- **Wer** (Sender, Quelle, Kommunikator)
- sagt **was** (Botschaft)
- unter **welchen Bedingungen** (Situation)
- über **welche Kanäle** (Medien, Kommunikationsträger)
- zu **wem** (Empfänger, Rezipient, Kommunikant)
- unter Anwendung **welcher Instrumente** (Instrumente)
- mit **welchen Wirkungen** (Erfolg, Effekt)?

Kommunikation kann grundsätzlich als Individual- und Massenkommunikation stattfinden. Ein Grundmodell zum Ablauf der **individuellen Kommunikation** findet sich in Abb. 10.1. Hierbei handelt es sich um eine direkte, zweiseitige Kommunikation mit der Möglichkeit einer direkten Rückkoppelung zwischen den Kommunikationspartnern.

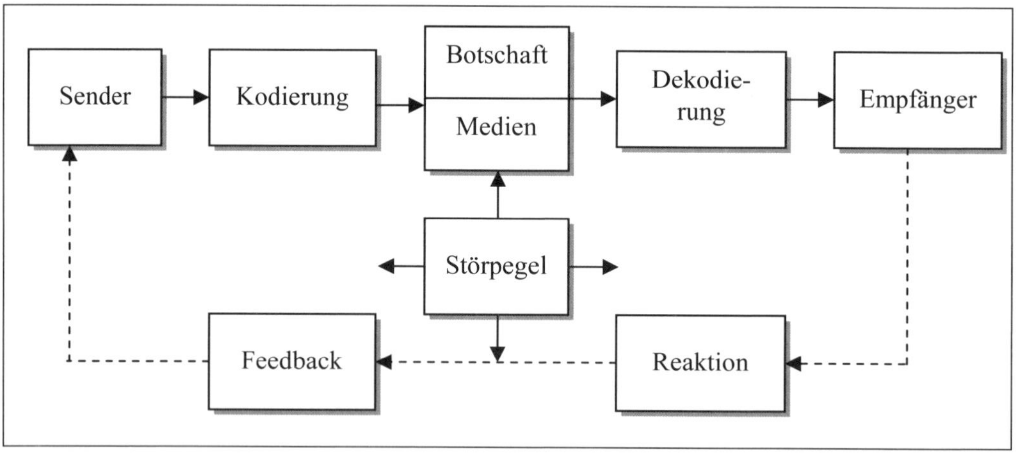

Abb. 10.1: Der Ablauf der Kommunikation (Quelle: Kotler u. a. 1999, S. 669)

Der Sender, im Fall der Wirtschaftskommunikation ein Anbieter, verschlüsselt zunächst eine Botschaft, d. h. er fasst sie in Worte, Bilder, Farben, Töne, Geschmack und/oder Gerüche. Durch ein Medium übermittelt er die verschlüsselte Botschaft an einen Empfänger (im vorliegenden Fall der Verbraucher). Dieser decodiert, d. h. entschlüsselt die Botschaft, indem er sie vor dem Hintergrund eigener Bedürfnisse, Werte und Erfahrungen übersetzt und interpretiert. Dann reagiert der Empfänger auf die Botschaft (z. B. durch Meinungsänderung, Kauf eines Produkts) und/oder übermittelt dem Sender eine Rückmeldung (etwa Rücksendung eines Anzeigen-Coupons, Anruf einer Hotline).

Auf diesen Kommunikationsprozess können verschiedene **Störeinflüsse** wirken, die dazu führen, dass der Empfänger die Botschaft nicht in dem vom Empfänger beabsichtigten Sinn versteht. Dies kann auf folgende **Gründe** zurückzuführen sein:

- Missverständnisse zwischen Sender und Empfänger,
- auf das Medium zurückzuführende technische und inhaltliche Übermittlungsfehler (z. B. technische Störungen, mangelnde Glaubwürdigkeit des Mediums),
- konkurrierende bzw. konträre Informationen aus der Umwelt (z. B. Wettbewerber, soziales Umfeld) und nicht zuletzt
- mangelnde Leistungsfähigkeit des Empfängers (geringe Aufmerksamkeit oder intellektuelle Leistungsfähigkeit u. ä.).

Im Gegensatz zur Individualkommunikation richtet sich die **Massenkommunikation** an ein disperses, d. h. mehr oder weniger abgrenzbares Publikum. Demnach lässt sich die Botschaft nicht exakt auf die Bedürfnisse jeder einzelnen Zielperson abstimmen. Hinzu kommt, dass der Kommunikationsprozess lediglich in eine Richtung verläuft und der Empfänger folglich keine Möglichkeit hat, mit Fragen, Antworten und/oder Kritik zu reagieren.

Massenkommunikation läuft in ihrer einfachsten Form einstufig ab, d. h. der Sender übermittelt seine Informationen unmittelbar an die Empfänger (**Einstufenmodell**). Hierbei besteht eine unmittelbaren Beziehung zwischen beiden (vgl. Abb. 10.2).

Alternativ besteht die Möglichkeit, sich sog. **Meinungsführer** (= Opinion Leaders) zu bedienen. Hierunter versteht man Menschen, die einen besonders großen Einfluss auf ihr soziales Umfeld ausüben. Gelingt es einem Anbieter, diese Meinungsführer zu erreichen, tragen sie seine Botschaft durch persönliche Kommunikation in ihr soziales Umfeld weiter (**Zweistufenmodell**), d. h. sie multiplizieren die Botschaft um ein Vielfaches (sog. **Multiplikatorfunktion**). Mehrstufige, indirekte Kommunikation mit zwischengeschalteten Elementen bietet u. a. den Vorteil, dass der Transmitter die Botschaft vom ökonomischen Interesse des Senders entkoppelt, was deren Glaubwürdigkeit steigert.

Allerdings gestaltet es sich in der Unternehmenspraxis schwierig, **Meinungsführer** zu identifizieren, d. h. sie anhand soziodemographischer (Alter, Geschlecht, Schulbildung etc.), psychographischer (Bedürfnisse, Einstellungen, Interessen etc.) und verhaltensspezifischer Merkmale (Freizeitverhalten, Mediennutzung etc.) zu charakterisieren. Lässt man die diesbezüglichen Studien Revue passieren, lassen sich folgende **Ergebnisse** festhalten (vgl. *Schweiger/Schrattenecker* 1995, S. 14 – 17):

- Meinungsführer existieren in allen sozialen Schichten. Dabei orientieren sich Meinungsfolger an Personen mit vergleichbarem sozialem Status und nicht, wie früher angenommen, an sozial höher stehenden Personen.

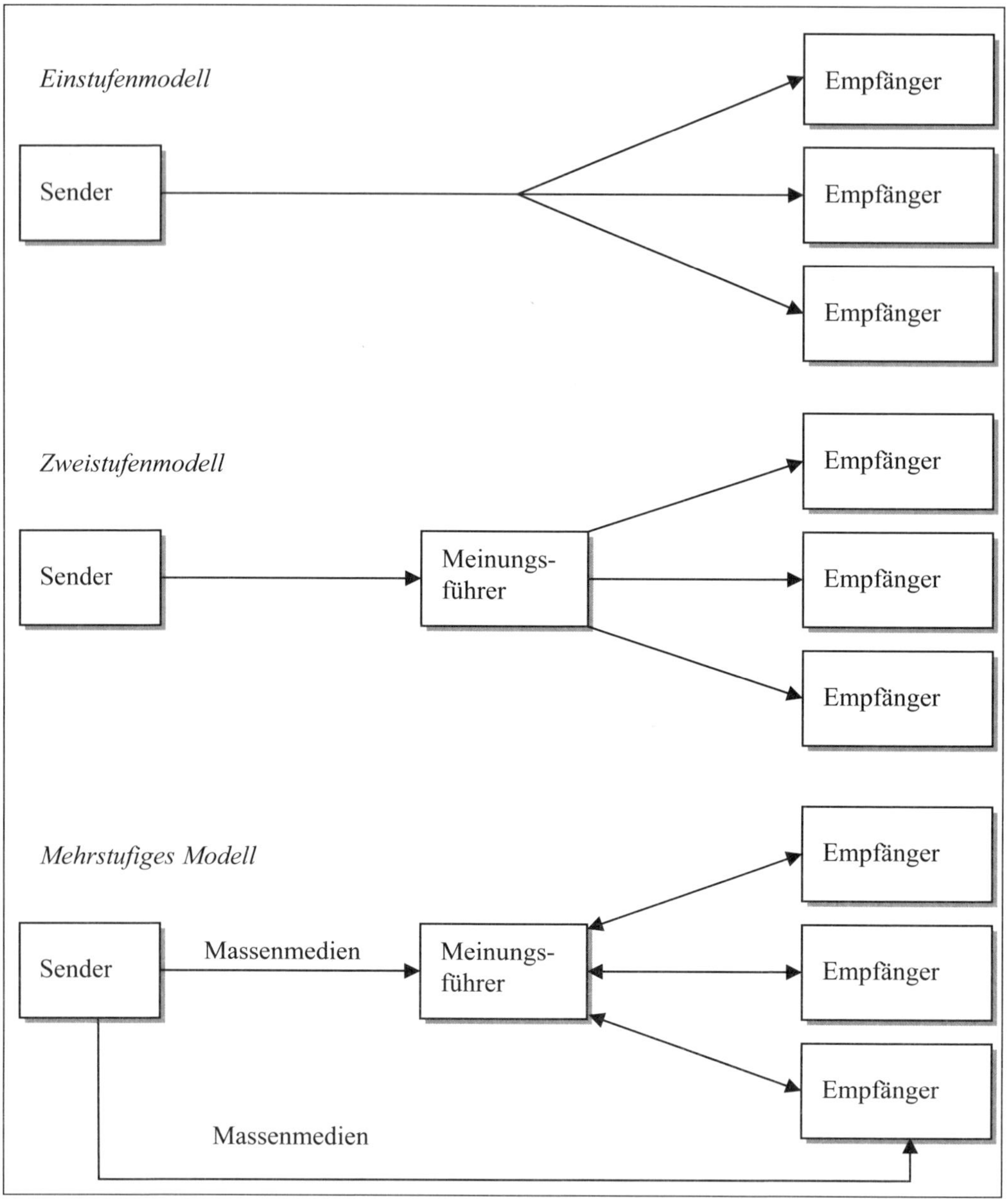

Abb. 10.2: Ausgewählte Modelle der Massenkommunikation

- Meinungsführer sind wesentlich kommunikativer als ihre Mitmenschen.
- Meinungsführer sind auf bestimmte Gebiete bzw. Themen spezialisiert. Der themenübergreifende Opinion Leader bildet die Ausnahme.
- Meinungsführer nutzen häufiger Fachmedien (etwa Fachzeitschriften) als ihre Mitmenschen. Bezüglich der Nutzung von Massenmedien bestehen keine signifikanten Unterschiede zu anderen Bevölkerungsgruppen.

Fallstudie „Identifikation von Meinungsführern" – das Beispiel *Amazon*

Das soziale Netzwerk eines Kunden spielt unter Marketingaspekten eine viel versprechende Rolle, ist bislang aber nur wenig erforscht. Für die Berechnung des Customer Lifetime Value ist es eine Sache, wie viel ein Kunde persönlich im Laufe seines Lebens ausgibt, und eine ganz andere Sache, wie viel Umsatz er in seinem sozialen Umfeld durch seinen Einfluss initiiert.

Amazon.com besitzt im Internet eine Funktion, mit der Kunden gerade gekaufte Bücher an Bekannte empfehlen können, und damit eine Messeinrichtung, um Meinungsführer herauszufiltern. Wenn ein Kunde aufgrund der Empfehlung eines anderen Kunden das gleiche Buch kauft, erhalten beide jeweils zehn Prozent Rabatt.

Quelle: *o. V.*: Ich suche, also bin ich; Interview mit *Andreas Weigend*, dem ehemaligen Chefwissenschaftler von Amazon.com, in: Focus, Nr. 41 vom 04.10.2004i, S. 146 – 148.

Das zweistufige Kommunikationsmodell, das auf der Annahme basiert, dass Massenmedien grundsätzlich die Meinungsführer informieren und diese ihr Wissen durch persönliche Kommunikation an die Meinungsfolger weitergeben, wird durch die Befunde zahlreicher empirischer Studien in Frage gestellt (vgl. *Schweiger/Schrattenecker* 1995, S. 17). Vielmehr ist dem **mehrstufigen Modell** der Vorzug zu geben, das den einstufigen und den zweistufigen Ansatz miteinander verbindet und erweitert. Hier übermittelt der Sender seine Botschaft parallel auf zwei Wegen an die Empfänger: zum einen auf indirektem Wege über die Meinungsführer und zum anderen auf direktem Wege über Massenmedien (etwa TV, Rundfunk, Zeitungen und Zeitschriften). Denn auch die sog. Meinungsfolger erhalten den Großteil ihrer Informationen direkt über Massenmedien, insbesondere dann, wenn es sich um risikoarme Kaufentscheidungen handelt. Außerdem wurde empirisch nachgewiesen, dass Meinungsführer in einer wechselseitigen Austauschbeziehung mit den Meinungsfolgern stehen. D. h. sie übermitteln ihrem sozialen Umfeld Informationen, suche ihrerseits aber auch Rat bei ihren Bekannten und Verwandten.

Fallstudie „Kommunikation auf allen Sinnesebenen"

Die Kommunikation von Unternehmen ist zu 83 % und damit nahezu ausschließlich visuell geprägt. Die anderen Sinne werden fast überhaupt nicht angesprochen. Dabei zeigen Studien, dass schon die Ansprache eines weiteren Sinnes die Kundentreue signifikant erhöhen kann.

Bedient man alle fünf Sinne, erhöht dies die Preisbereitschaft um bis zu 300 %, so *Martin Lindström*, Management-Guru und Leiter einer Marketing-Agentur, die sich auf multisensuale Kommunikation spezialisiert hat.

Die Automobilbranche hat die Bedeutung von Düften für die Marke bereits erkannt. Was der Konsument im Innenraum eines neuen Fahrzeugs riecht, ist nahezu immer künstlich. Auch die folgenden Beispiele belegen die zunehmende Bedeutung eines multisensualen Marketing:

- 40 % der Männer bekommen Durst, wenn sie das „Plopp" beim Öffnen einer *Flensburger-Pils*-Flasche hören.
- Der Klang eines Eimers von *Tupper-Ware* ist ein geschütztes Markenzeichen.
- In *Bang & Olufsen*-HiFi-Anlagen ist zusätzliches Aluminium verbaut, um sie schwerer und damit hochwertiger erscheinen zu lassen.

Lindström weist noch auf einen weiteren Aspekt hin. Düfte tragen nicht nur dazu bei, eine Marke unwiderstehlich zu machen, sondern bieten auch einen Schutz gegenüber Kopierern. So gebe es zwar chinesische Imitationen des amerikanischen „*Crayola*"-Buntstiftes, die dem Original zum Verwechseln ähnlich sehen, doch sie riechen nicht genauso. Und der „*Crayola*"-Buntstift-Duft rangiere in den USA auf Rang 18 unter den beliebtesten Düften.

Quelle: *Nöcker, R.*: Der Herr der Sinne, in: Frankfurter Allgemeine Zeitung, Nr. 203 vom 01.09.2007, S. C4.

10.2.2 Stufenmodelle der Kommunikation

Die Kommunikation von Unternehmen zielt auf das Verhalten der Konsumenten, also z. B. auf eine Einstellungsänderung oder den Kauf eines Produktes. Dieser Handlung geht aber in aller Regel ein psychischer Prozess voraus, der im Inneren des Verbrauchers abläuft und der mittels der sog. **Stufenmodelle der Kommunikation** abgebildet werden soll. Zu den bekanntesten Vertretern dieser Ansätze gehören:

- das **AIDA-Modell** von *Lewis*,
- das **DAGMAR-Modell** von *Colley* sowie
- das **"Hierarchy-of-Effects"-Modell** von *Lavidge/Steiner* (vgl. Abb. 10.3).

Alle drei Modelle basieren auf der Hypothese, dass der Käufer bestimmte Stufen von der Wahrnehmung bis zur Entscheidung durchläuft (vgl. im Folgenden *Koschnick* 2002; *Schweiger/Schrattenecker* 1995, S. 57 – 60).

Gemäß der von *Lewis* 1898 entwickelten **AIDA-Formel** ist Kommunikation dann erfolgreich, wenn sie folgende Vorgänge nacheinander beim Betrachter auslöst:

- **A**ttention, d. h. Aufmerksamkeit erregen
- **I**nterest, d. h. das Interesse des Betrachters wecken, damit sich dieser eingehender mit der Werbung bzw. dem Angebot auseinandersetzt
- **D**esire, d. h. das Bedürfnis wecken, das beworbene Angebot kennen zu lernen bzw. zu besitzen

- Action, d. h. erreichen, dass der Betrachter Kontakt zum Anbieter aufnimmt bzw. das angebotene Produkt kauft oder die Dienstleistung nutzt

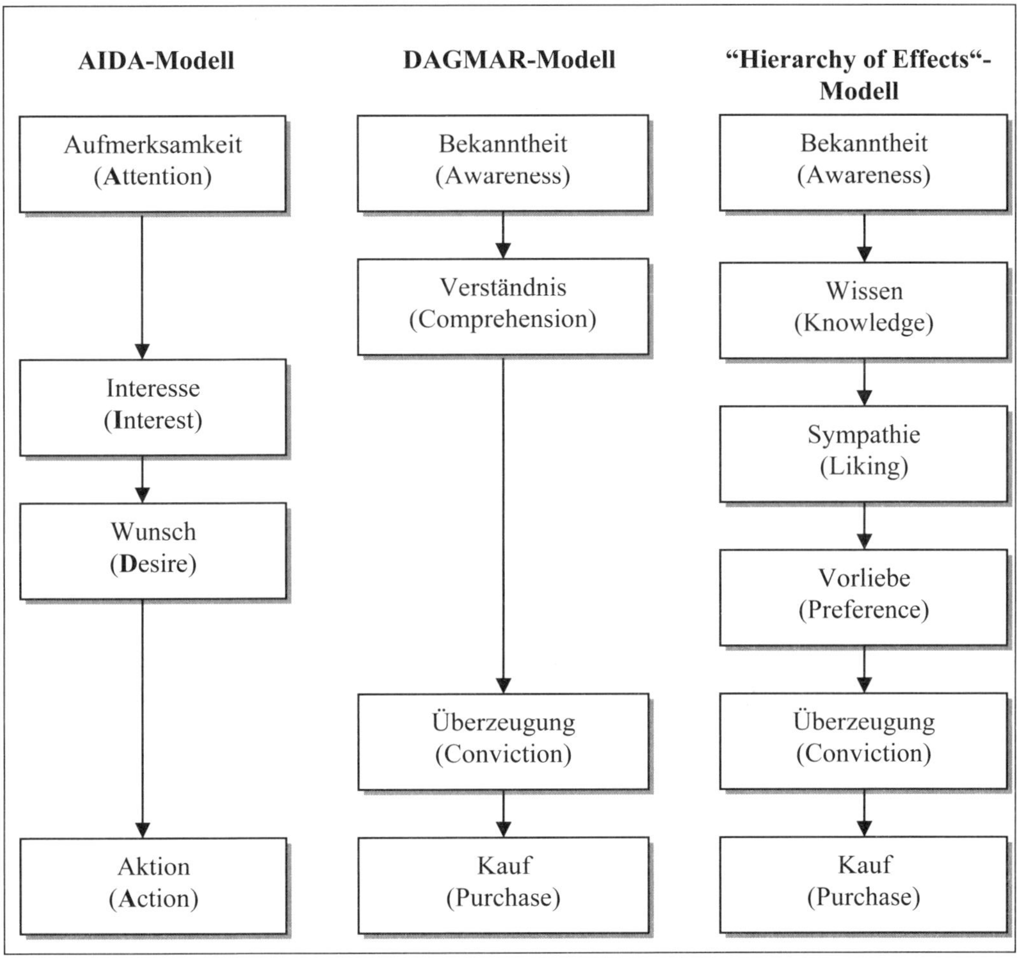

Abb. 10.3: Ausgewählte Stufenmodelle der Kommunikation im Überblick

Das von dem US-amerikanischen Werbeforscher *Russell H. Colley* 1961 entworfene **DAGMAR-Modell** (**D**efining **A**dvertising **G**oals for **M**easured **A**dvertising **R**esults) der Werbewirkung basiert auf der Überlegung, dass Werbung im Gegensatz zu den ökonomischen Zielen, welche durch die anderen marketingpolitischen Instrumente (Produkt bzw. Sortiment, Preis, Distribution) zu realisieren seien, vor allem Kommunikationsaufgaben zu erfüllen habe. Bei der Verwirklichung dieser Aufgaben durchlaufe die Werbung **vier hierarchische Stufen**:

- Schaffung von **Bekanntheit** (**Awareness**) eines bis dahin unbekannten Werbeobjekts

- Vermittlung von **Einsicht (Comprehension)** in den Nutzen eines Objekts
- Entwicklung der **Überzeugung (Conviction)**, dem Inhalt der Werbebotschaft Folge zu leisten
- Auslösen des Akts der **Verwirklichung (Action)**, z. B. durch die Kaufhandlung

Folglich muss Werbung je nach erreichtem Stadium darauf gerichtet sein, entweder Awareness, Comprehension, Conviction oder Action zu realisieren.

Da ein neues Produkt vollkommen unbekannt ist, muss es zunächst einen hohen Bekanntheitsgrad (Awareness) erreichen, hat es diesen, muss den potenziellen Käufern das Verständnis (Comprehension) dafür eingegeben werden, was das neue Produkt eigentlich ist und welchen Nutzen es für sie hat. Ist das erreicht, muss die Werbung der nächsten Phase bei den potenziellen Abnehmern die Überzeugung (Conviction) herbeiführen, dass sie dieses und kein anderes Produkt kaufen müssen. Dann müssen sie nur noch dazu veranlasst werden, diese Überzeugung auch in die Tat (Action) umzusetzen. Je nach erreichtem Stadium muss nach dem DAGMAR-Modell Werbung also darauf gerichtet sein, entweder Awareness, Comprehension, Conviction oder Action zum Ziel der werblichen Bemühungen zu machen (vgl. *Colley/Dutka* 1995).

Das von *Lavidge/Steiner* (1961) entwickelte **"Hierarchy-of-Effects"-Modell** geht von einer hierarchischen Abfolge von Werbewirkungen aus. Demnach durchläuft ein Betrachter als Folge des Kontakts mit Werbung sechs verschiedene Stufen, die ausgehend von der Stufe vollkommener Unwissenheit über die Existenz eines Gutes bis hin zu seinem Kauf führen. Die einzelnen **Stufen** sind:

- Wissen von der Existenz des Produkts (**Awareness**)
- Kenntnis der Produkteigenschaften (**Knowledge**)
- Schätzen des Produkts (**Liking**)
- Präferenz für das Produkt (**Preference**)
- Überzeugung, das Produkt kaufen zu müssen (**Conviction**)
- Kauf (**Purchase**)

Integriert man die Befunde der drei vorgestellten **Stufenmodelle der Werbewirkung**, lässt sich Folgendes festhalten:

- Werbewirkung setzt die Wahrnehmung der Werbebotschaft voraus. Um die Aufmerksamkeit der Zielperson zu erregen, müssen sowohl das gewählte Medium als auch die inhaltliche und formale Gestaltung der Botschaft auf die Bedürfnisse der Zielperson ausgerichtet sein.
- Text und Optik müssen so gestaltet sein, dass die Informationen möglichst schnell und leicht verarbeitet werden können.

- Werbung muss dazu beitragen, eine positive Einstellung gegenüber der Unternehmensleistung zu entwickeln. Für diesen Zweck müssen die Stärken gegenüber dem Konkurrenzangebot herausgestellt werden.
- Wurden diese Schritte erfolgreich durchlaufen, ist die Wahrscheinlichkeit eines Kaufs relativ hoch. Doch trotz Kaufabsicht muss es nicht unbedingt zum Kauf kommen. Hierfür können Verfügbarkeit und Preis des eigenen Produkts und der Produkte von Konkurrenten, der Einfluss des Verkaufspersonals und der begleitenden Personen, Werbung und Verkaufsförderung am Point-of-Sale u. ä. sein.

Es bleibt festzuhalten, dass die Stufenmodelle der Kommunikation wesentlich dazu beigetragen haben, **nicht-ökonomische Ziele der Werbewirkung** zu entwickeln. Diese bieten den Vorteil, dass sie als Frühindikatoren des Werbeerfolgs herangezogen werden und damit frühzeitig Hinweise auf den ökonomischen Werbeerfolg vermitteln können. Wie schwierig es sich gestaltet, den Erfolg einer Werbekampagne zu erfassen, belegt das legendäre, aber an Aktualität nichts eingebüsste Bonmot: "I know half the money I spend for advertising is wasted, but I can never find out which half. " („Die Hälfte meiner Werbeausgaben ist verschwendet. Das Problem ist: Ich weiß nicht, welche Hälfte.“) Diese Aussage wird gemeinhin *Lord Leverhulme*, dem „Seifenkönig“, und später dem US-amerikanischen Warenhauspionier *John Wanamaker* zugesprochen. Wahrscheinlich stammt der Ausspruch jedoch von *Adolph S. Ochs*, einst Verleger der New York Times, aus dem Jahre 1916 (vgl. *Disch* 2000, S. 330 – 35).

10.3 Instrumente des Kommunikationsmanagement im Überblick

In Abb. 10.4 sind die Instrumente des Kommunikationsmanagement aufgeführt. Die in der Literatur übliche und auch hier übernommene Unterscheidung zwischen klassischen und innovativen Instrumenten erscheint jedoch zumindest im Falle von Messen und Ausstellungen, die i. d. R. der innovativen Gruppe zugeordnet werden, überdenkenswert.

Erweitert wurde die Systematisierung um die Kategorie Schnittstelleninstrumente. Hierbei handelt es sich um Kommunikationsinstrumente, die keiner der klassischen oder innovativen Instrumente eindeutig zuzuordnen sind und denen somit übergreifende Funktion zukommt. Die Bezeichnungen Blog, Permission und Virales Marketing sind allerdings insofern irreführend, da in aller Regel ausschließlich die Kommunikation von Botschaften gemeint ist, das Kommunikationsmanagement jedoch nur eine Facette des Marketing-Mix bildet. Streng genommen dürfte man nur dann von XXX Marketing sprechen, wenn das gesamte Marketing Mix, also product, price, place und promotion, betroffen ist.

Im Regelfall belegen Unternehmen nicht nur ein Medium, sondern mehrere Werbemittel parallel. In diesem Zusammenhang bezeichnet **Crossmedia** die Vernetzung einzelner Kommunikationsinstrumente miteinander, um in einem kanalspezifisch angepassten, aber möglichst ineinander greifenden Markenauftritt einen Kommunikationsmehrwert für eine Marke zu schaffen. Dabei gilt es festzulegen, welche Botschaften wann, wie und wo kommuniziert respektive miteinander verknüpft werden. Die Vernetzung erfolgt durch die inhaltliche, kreative, formale und/oder zeitliche Verzahnung unterschiedliche Medienkanäle und Werbeträger mit dem Ziel, einen höheren Werbeerfolg zu realisieren. Die Zielgruppe wird über mehrere Kanäle mit teils aufeinander aufbauenden Botschaften angesprochen. Komplexe Crossmedia-Kampagnen gehen über primäre Mediaziele wie Erhöhung der Kundenkontaktchance pro Zielperson hinaus und setzen etwa stufenförmig am gesamten Kaufentscheidungsprozeß (Markenbekanntheit, Sympathie, Kaufbereitschaft, Kaufauslösung, Kundenbindung) an.

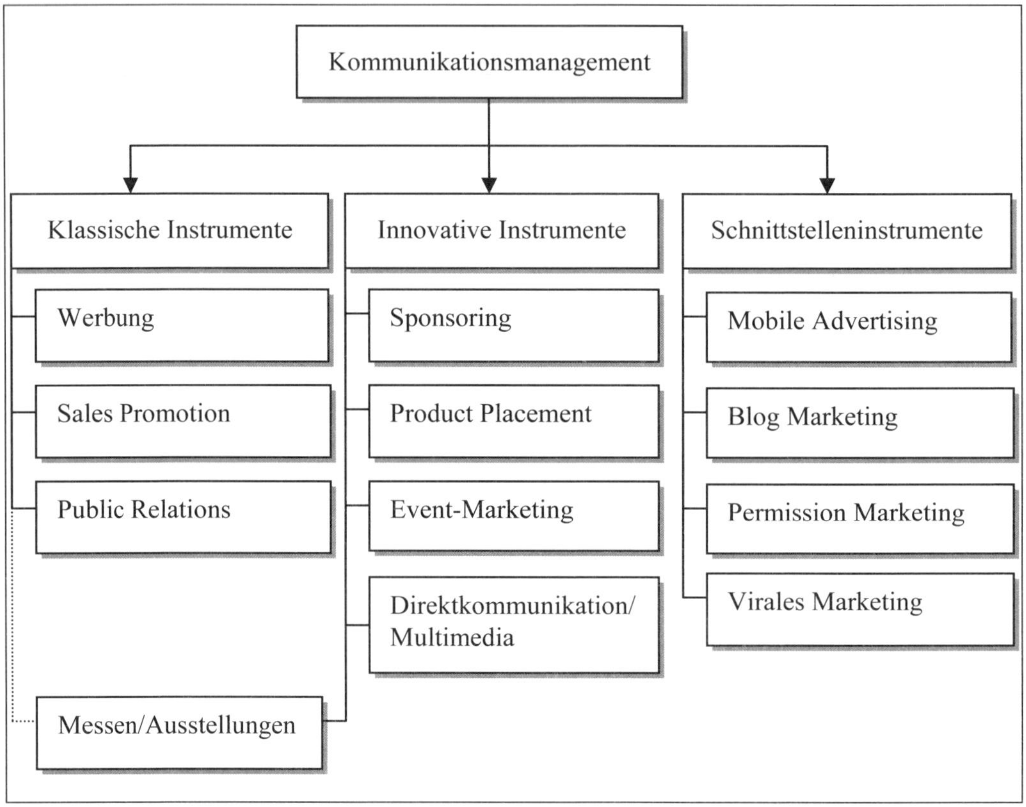

Abb. 10.4: Die Instrumente des Kommunikationsmanagement im Überblick

Nicht immer wird das gesellschaftliche und ökonomische Potenzial eines Mediums von Beginn an richtig eingestuft, wie die folgenden Zitate belegen:

- „Es gibt keinen Grund, warum irgendjemand einen Computer in seinem Haus wollen würde." *Ken Olsen*, Präsident der *Digital Equipment Corporation*, 1977.

- „Das Telefon hat zu viele ernsthaft zu bedenkende Mängel für ein Kommunikationsmittel. Das Gerät hat von Natur aus einfach keinen Wert.“ Interne Kurzinformation an die Mitarbeiter der *Western Union*, 1876.
- „Die Menschen werden es bald satt haben, jeden Abend in eine Sperrholzkiste zu starren.“ *Darryl F. Zanuck*, Chef *der 20th Century Fox*, 1946.

10.4 Klassische Instrumente

10.4.1 Werbung

Von allen Kommunikationsinstrumenten kommt der Werbung die **größte Bedeutung** zu (z. B. hinsichtlich Werbeinvestitionen, Anteil am Werbeaufkommen, Wachstumsdynamik der Werbeeinnahmen, Nutzungsintensität; vgl. im Folgenden *Meffert* 2000, S. 712 – 720; *Nieschlag/Dichtl/Hörschgen* 2002, S. 989 – 991; *Schweiger/Schrattenecker* 1995). Der Anteil der Werbung am Bruttoinlandsprodukt beträgt in Deutschland rund 1,6 %. Die Branche erwirtschaftete hierzulande in 2006 rund 31 Milliarden € und damit mehr als die Bekleidungsindustrie. Die Unternehmen mit dem größten Werbeaufwand sind Tab. 10.1 zu entnehmen.

Tab 10.1: Die Unternehmen mit dem größten Werbeaufwand in Deutschland in 2006 (Quelle: Nielsen Media Research, zitiert nach Petersdorff 2007)

Unternehmen	Werbevolumen *(in Mio. €)*	Veränderung zu 2005 *(in %)*
Media-Saturn	454	+ 14
Lidl	354	+ 2
Unilever	321	– 6
Procter & Gamble	308	+ 5
Aldi	283	+ 7
L'Oréal HuP	278	+ 25
Ferrero	240	– 2

Werbung bezeichnet den bewussten Versuch, Marktpartner durch den Einsatz spezifischer Kommunikationsmittel zu einem bestimmten absatzwirtschaftlichen Zwecken dienenden Verhalten zu bewegen. Für den **Verbraucher** erfüllt die Werbung folgende **Funktionen**:

- Zeitvertreib und Unterhaltung
- Vermittlung emotionaler Konsumerlebnisse
- Informationen für Konsumentscheidungen
- Erlernen von Verhaltensmustern, in dem Normen durch Modelle (etwa Meinungsführer) übermittelt werden

Der **idealtypische Ablauf der Werbeplanung** ist in Abb. 10.5 wiedergegeben.

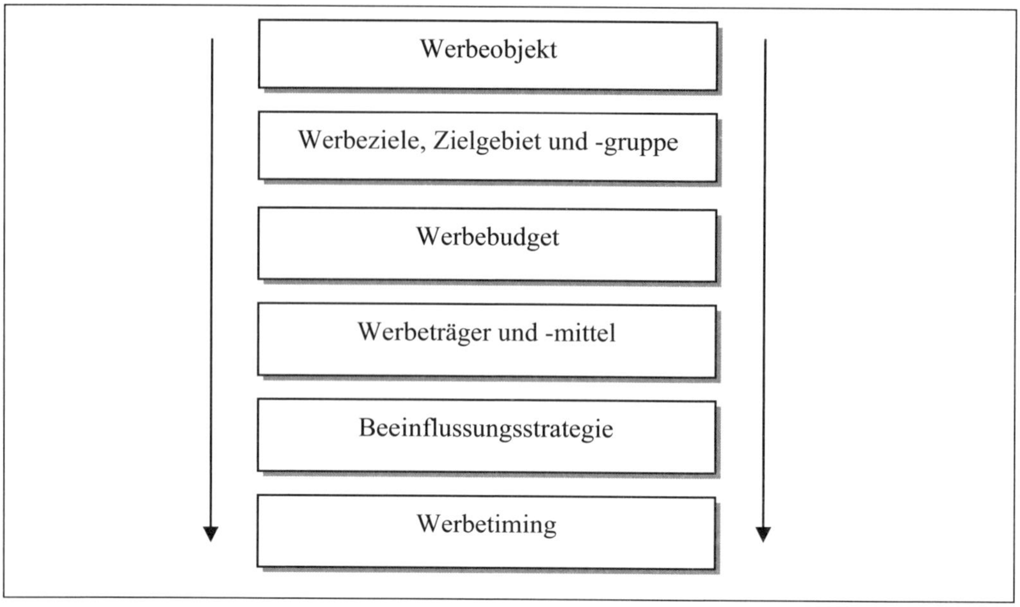

Abb. 10.5: Der Prozess der Werbeplanung

Phase 1: Festlegung des Werbeobjekts

Im ersten Schritt gilt es zunächst die Frage zu beantworten, was umworben werden soll. Als **Werbeobjekte** kommen grundsätzlich in Betracht:

- Produkte bzw. Dienstleistungen (sog. Produkt- bzw. Dienstleistungswerbung),
- Programme bzw. Sortimente (sog. Programm- bzw. Sortimentswerbung),
- Unternehmen (sog. Unternehmenswerbung) und
- Branchen (sog. Branchenwerbung).

Des Weiteren gilt es zu klären, ob

- alleine (sog. **Individualwerbung**) oder
- im Verbund mit anderen Unternehmen (sog. **Kollektivwerbung**)

geworben werden soll.

Phase 2: Festlegung von Werbeziel, Zielgebiet und Zielgruppe

Hier muss zunächst geklärt werden, welche Ziele mit Hilfe der Werbung erreicht werden sollen (vgl. im Folgenden *Meffert* 2000, S. 680 – 681; *Nieschlag/Dichtl/Hörschgen* 2002,

S. 1059 – 1068). Dabei lassen sich grundsätzlich psychographische und ökonomische Ziele differenzieren. In Anlehnung an die in Abschnitt 10.2.2 vorgestellten Stufenmodelle der Werbewirkung sind folgende **psychographische Ziele** zu nennen:

- Steigerung von Wahrnehmung, Vertrautheit, Marken- und Firmenbekanntheit
- Positionierung des Produktes gegenüber Konsumenten und Konkurrenten (z. B. Prestige, Ökologiefreundlichkeit, günstiges Preis/Leistungsverhältnis)
- Verbesserung der Einstellungen und Images
- Erhöhung der Kaufabsicht

Die **ökonomischen Ziele** sind den psychographischen Zielen nachgelagert und verfolgen im Wesentlichen **zwei Stossrichtungen**: Umsatzsteigerung und Kostensenkung. **Umsatzexpansion** kann durch die erfolgreiche Einführung neuer Produkte und die Umsatzausweitung für eingeführte Artikel (z. B. durch Absatzpreiserhöhung, Erhöhung der Kaufintensität, Erschließung neuer Käufergruppen und Märkte u. ä.) erreicht werden. **Kostenersparnis** lässt sich zum einen durch die Lenkung der Nachfrage herbeiführen. Während die **Kontinuitätswerbung** darauf ausgerichtet ist, Umsatzschwankungen auszugleichen, ist es Aufgabe der **Synchronisationswerbung**, die Nachfrage an den Produktionsrhythmus anzupassen. Zum anderen ist die Rationalisierung des Absatzes anzuführen. Exemplarisch hierfür steht die Werbung für Großeinkäufe bzw. Mindestauftragsgrößen oder für bestimmte Einkaufstechniken (etwa Bestellung per Internet).

Fallstudie „Werbung in der DDR“

In der DDR wurde 1960 die Figur eines Pirols (ein etwa starengroßer Singvogel, der auch Goldamsel genannt wird) als Werbemaskottchen eingesetzt. Seine Aufgabe war es, *Minol*-Kraftstoffe anzupreisen. Wie erfolgreich diese Kampagne war, lässt sich nur schwerlich beurteilen, denn in der DDR gab es nur diesen einen Kraftstoff. Doch bis sich die Erkenntnis durchsetzte, dass Werbung für Monopolisten von lediglich nachgeordneter Bedeutung bzw. bedeutungslos ist, sollte es noch Jahre dauern. Und so traten Werbefiguren wie *Korbine Früchtchen* und *Korbian Stengel* (eine Erdbeere und eine Knallschote, die als Alles-Sammler aus Wald, Feld, Flur und Schreber-Garten helfen sollten, den „Tisch der Republik“ besser und reichhaltiger zu decken) im Werbefernsehen auf, bis die Partei der *SED* 1975 Werbung generell verbot (vgl. *von Petersdorff* 2007, S. 54).

Bezüglich des **Zielgebiets** muss festgelegt werden, ob regional, national, international oder global geworben wird. Parallel hierzu müssen die anvisierten **Zielgruppen** definiert werden. Als **Kriterien** für die Auswahl und Beschreibung von Zielgruppen sind zu nennen:

- **soziodemographische Merkmale** (Alter, Geschlecht, Einkommen, Beruf, Region/Ortsgröße etc.),
- **psychographische Merkmale** (Motive, Einstellungen, Lebensstile, Werte etc.) sowie
- **Konsummerkmale** (Käufer/Nichtkäufer, Kaufvolumen, Markentreue, Preisverhalten, Einkaufsstättenwahl).

Die Merkmale der unterschiedlichen Zielgruppen geben konkrete Hinweise auf die weitere Planung der Kommunikationspolitik, z. B. für die Botschaftsgestaltung und Mediaselektion, und bilden den Ausgangspunkt zur Formulierung von Kommunikationsstrategien.

Nicht zuletzt gilt es seitens der Industrie zu klären, ob Handelskunden und/oder Endverbraucher angesprochen werden sollen. Diese Frage stellt sich im Kontext einer sog. **"Push-and-Pull"-Strategie** (vgl. Abschnitt 1.1).

Phase 3: Festlegung des Werbebudgets

Das Werbebudget umfasst die **Gesamtheit der für eine Periode geplanten Werbeausgaben**. Experten gehen beispielsweise davon aus, dass die US-amerikanische Pharmaindustrie in Werbung doppelt so viel wie in Forschung und Entwicklung investiert. Neben den theoretischen Ansätzen zur Festlegung des Werbebudgets (vgl. hierzu *Schweiger/Schrattenecker* 1995, S. 70 – 74) sind die folgenden **Budgetierungsmethoden der Unternehmenspraxis** zu nennen:

- **Methode der finanziellen Tragbarkeit ("All-You-Can-Afford"-Methode)**
  Hier wird das Werbebudget anhand der vorhandenen finanziellen Ressourcen festgelegt.
- **Umsatz- bzw. Gewinnanteilmethode ("Percentage-of-Sales"-Methode)**
  Dabei werden die Werbekosten als Prozentsatz der vergangenen oder anvisierten Umsätze bzw. Gewinne geplant.
- **Methode der Werbekosten je Verkaufseinheit ("Per-Unit"-Methode)**
  Pro Produkteinheit wird ein bestimmter Betrag für Werbung eingeplant.

Allen drei Methoden ist gemeinsam, dass sie einer tendenziell **prozyklischen Werbung** Vorschub leisten: In Zeiten hoher Umsätze wird viel geworben, in schlechten Zeiten hingegen neigt man dazu, das Werbebudget zu reduzieren.

- **Wettbewerbs-Paritäts-Methode**
  Ausgangspunkt für die Festlegung des Werbebudgets sind hier die in einer Branche üblichen Werbeausgaben.

Fallstudie "Per-Unit"-Methode – das Beispiel PKW-Markt im Jahr 2001

Das meiste Geld pro Neuzulassung investierte *Citroen* (1.350 €) vor *Peugeot* (1.204 €) und *Nissan* (745 €). Am effektivsten arbeiteten hier *Volkswagen* (176 €), *BMW* (215 €) und *Daimler Chrysler* (220 €). Die insgesamt meisten Neuzulassungen auf dem deutschen Markt verbuchten dementsprechend *VW* (Modell Golf Bora), *BMW* (3er-Reihe M3) und die *Mercedes* C-Klasse (vgl. Tab. 10.4; Quelle: *Axel Springer Verlag* 2002).

Tab. 10.4: Werbeausgaben ausgewählter Automobilproduzenten pro Neuzulassung auf dem deutschen Markt (Quelle: Axel Springer Verlag 2002)

Hersteller	Werbeausgaben pro Neuzulassung *(in €)*
Volkswagen	176
BMW	215
Daimler-Chrysler	220
Nissan	745
Peugeot	1.204
Citroen	1.350

Fallstudie „Antizyklische Werbung" – die Automobilindustrie

Pro verkauftes Auto in Deutschland werden rund 2,2 % des durchschnittlichen Kaufpreises in Werbung investiert. Dabei fallen die Werbeausgaben pro Einheit umso höher aus, je geringer der Marktanteil ist. Dies führt dazu, dass Importmarken pro verkaufte Einheit vergleichsweise viel in die Werbung investieren, um auf diese Weise den geringeren Bekanntheitsgrad gegenüber deutschen Marken zu kompensieren.

Deutsche Hersteller verhalten sich grundsätzlich eher prozyklisch, d. h. in Zeiten einer Absatzflaute reduzieren sie ihre Werbeaufwendungen, in Boomzeiten erhöhen sie ihre Werbebudgets. Die Produzenten der Importmarken hingegen verhalten sich tendenziell eher antizyklisch, was zu einem beträchtlichen Ausbau der Marktposition geführt hat und unter anderem darauf zurückzuführen ist, dass die eigenen Aktionen im Umfeld abnehmender Werbeintensität stärker auffallen.

Quelle: *o. V.*: Mehr Werbung, mehr Marktanteil, in: Frankfurter Allgemeine Zeitung, Nr. 57 vom 08.03.2004k, S. 22.

Der Vorteil der vorgestellten Verfahren der Werbepraxis liegt in ihrer **einfachen Handhabbarkeit**. Als nachteilig ist einzustufen, dass sie die jeweils verfolgten **Kommunikationsziele nicht berücksichtigen**. Vor diesem Hintergrund sollten sich Unternehmen bei der Festlegung des Werbebudgets an der jeweiligen Aufgabe orientieren und anstreben, das anvisierte Werbeziel mit möglichst geringen Kosten zu realisieren.

Im Falle von Umsatzzielen kann die **Werbeelastizität** die Budgetentscheidung unterstützen. Die Werbeelastizität gibt darüber Auskunft, um wie viel Prozent der Umsatz steigt, wenn die Werbeaufwendungen um ein Prozent steigen, bzw. um wie viel Prozent der Umsatz sinkt, wenn die Werbeaufwendungen um ein Prozent sinken (vgl. *Schneider/Hennig* 2008, S. 367). Mit dieser Kennzahl lässt sich nachvollziehen, wie sich eine Änderung des Werbeaufwands (= unabhängige Variable) auf den Umsatz eines Produkts (= abhängige Variable) auswirkt.

Die Werbeelastizität ist definiert als

$$\frac{\text{Relative Umsatzänderung}}{\text{Relative Werbeaufwandsänderung}},$$

wobei die relative Umsatzänderung

$$= \frac{\text{Neuer Umsatz} - \text{Alter Umsatz}}{\text{Alter Umsatz}} \times 100$$

und die relative Werbeaufwandsänderung

$$= \frac{\text{Neuer Werbeaufwand} - \text{Alter Werbeaufwand}}{\text{Alter Werbeaufwand}} \times 100 \text{ sind.}$$

Bei der Werbeelastizität unterscheidet man **drei Ausprägungen**:

- **Werbeelastizität kleiner als 0**:
  Die Intensivierung der Werbeaktivitäten war ein Misserfolg, der Umsatz ist sogar zurückgegangen. Hierfür können Faktoren wie Aktivitäten der Konkurrenz, sinkende Realeinkommen etc., aber auch Reaktanz verantwortlich sein.
- **Werbeelastizität zwischen 0 und 1**:
  Hier handelt es sich um die sog. starre Werbeelastizität. Die prozentuale Umsatzveränderung liegt unter der sie verursachenden prozentualen Werbebudgetveränderung.
- **Werbeelastizität größer als 1**:
  Der Umsatz steigt prozentual stärker an als die verursachende Werbebudgetveränderung. Diesen Zustand bezeichnet man als flexible Werbeelastizität.

Fallbeispiel: Berechnung der Werbeelastizität

Bei einem Unternehmen für Milchprodukte ist der Werbeaufwand gegenüber der Vorperiode von 200.000 € auf 220.000 € (= 10 %) gestiegen. Der Umsatz dagegen ist lediglich von 4.000.000 € auf 4.200.000 € (= 5 %) angewachsen.

Die Werbeelastizität beträgt damit 0,5 = ([4.200.000 € – 4.000.000 €] : (4.000.000 €) : ([220.000 € – 200.000 €] : (200.000 €) = 5 % : 10 %.

Die Kennzahl liegt zwischen 0 und 1. Hierbei handelt es sich um eine starre Werbeelastizität. Die prozentuale Umsatzveränderung liegt unter der sie verursachenden prozentualen Werbebudgetveränderung.

Die Werbeelastizität ist ein Maßstab für den ökonomischen Erfolg von Werbemaßnahmen. Diese Kennzahl gibt Aufschluss darüber, ob sich eine Erhöhung des Werbebudgets auch in einer entsprechenden Umsatzsteigerung niederschlägt. Damit dient sie einmal der Kontrolle des Erfolges bereits durchgeführter Kampagnen. Zum anderen spielt sie aber auch bei der Planung zukünftiger Aktivitäten eine zentrale Rolle. Deshalb sollte diese Kennzahl in regelmäßigen Abständen berechnet werden. Auf diese Weise lassen sich **Zeitreihenanalysen** durchführen.

Die Werbeelastizität kann für das gesamte Werbebudget und den Gesamtumsatz berechnet werden. Einen genaueren Einblick in den Erfolg der Werbeaktivitäten gewinnt man jedoch, wenn die Werbeelastizität **spezifisch** für einzelne Produkte, Regionen, Werbekampagnen und/oder Werbemedien berechnet wird.

Bei der Interpretation der Werbeelastizität gilt es jedoch folgende **Einschränkungen** ins Kalkül zu ziehen:

- Bei der Berechnung der Werbeelastizität darf keinesfalls vernachlässigt werden, dass hier – wie bei allen Elastizitäten – nur Erlös- und damit Umsatzveränderungen betrachtet werden. Demnach lässt sich aus der aus der Werbeelastizität **kein Rückschluss auf eine Veränderung des Gewinns** ziehen.
- Umsatzveränderungen sind im Regelfall nicht ausschließlich auf Werbeaktivitäten, sondern auf ein **Bündel von Faktoren** (etwa die Aktivitäten der Wettbewerber) zurückzuführen.
- Bei der Beurteilung des Erfolgs von Werbemaßnahmen müssen drei Phänomene berücksichtigt werden:
  - Werbung für ein bestimmtes Produkt kann auf andere Produktbereiche des Unternehmens ausstrahlen (sog. **Ausstrahlungs- bzw. Spill-Over-Effekt**).
  - Werbung in einer Periode wirkt sich normalerweise auch auf den Umsatz der Folgeperioden aus (**sog. Wirkungsverzögerung bzw. Carry-Over-Effekt**). Beispielsweise kann sich ein Verbraucher, der heute einen Werbespot sieht, zu einem späteren Zeitpunkt, an dem er einen entsprechenden Kaufwunsch empfindet, an das beworbene Produkt erinnern und es erst dann kaufen.
  - Auch dem sog. **Beharrungs- bzw. Decay-Effekt** muss Rechnung getragen werden. Denn eine Umsatzsteigerung tritt weder unmittelbar mit dem Beginn einer Werbekampagne ein, noch bildet sie sich nach deren Beendigung unmittelbar zurück. Demnach wirken vorangegangene Werbekampagnen in aller Regel noch nach, was zu einer Überschätzung des Erfolgs der zuletzt getroffenen Werbemaßnahmen führt.

Phase 4: Auswahl von Werbeträger und -mittel

Varianten von Werbeträgern

Ein Werbeträger ist definiert als **Medium**, durch das ein **Werbemittel** an die **Umworbenen herangetragen** wird. Hierzu zählen:

- Zeitungen (Tageszeitungen; Wochenzeitungen; Supplements, d. h. Beilagen wie Sonderseiten und Magazine)
- Zeitschriften (Publikumszeitschriften, Kundenzeitschriften, Fachzeitschriften)
- Anzeigen- bzw. Offertenblätter, die dadurch charakterisiert sind, dass sie regional erscheinen, sich aus Anzeigen finanzieren und kostenlos an alle Haushalte verteilt werden
- TV und neue elektronische (audio-)visuelle Medien (z. B. Videotext). Als Charakteristika sind zu nennen:
  - Funktion eines Basismediums
  - Intensiv wirkende und vielfältige Gestaltungsvariation
  - Restriktionen hinsichtlich Platzierung, Spotlänge, Gesamtwerbezeit

- Geographisch und zeitlich flexibel nutzbar
- Differenzierte Befunde bzgl. der Qualität der Fernsehkontakte (aufgrund z. B. mangelnder Aufmerksamkeit, Zapping)

In der *Europäischen Union* ist die maximal zulässige Werbezeit im Fernsehen seit 2007 auf zwölf Minuten pro Stunde reglementiert. Dafür dürfen einzelne Mini-Reklamefenster permanent eingeblendet werden. Sender dürfen Werbeblöcke alle dreißig Minuten schalten. Lediglich bei Sportsendungen existieren keine zeitlichen Vorgaben hinsichtlich der Abstände zwischen den einzelnen Werbeblöcken. Den Mitgliedstaaten ist es erlaubt, strengere Regeln oder Verbote zu erlassen (vgl. *o. V.*: Neue Werbefreiheit, in: LebensmittelZeitung, Nr. 19 vom 11.05.2007j, S. 28).

- Rundfunk, der sich durch folgende Eigenschaften auszeichnet:
  - Preisgünstig
  - Schnell kumulierte Reichweite (durch Belegung verschiedener Sender)
  - Eignung in erster Linie bei regionalen Kampagnen
- Kino, für das charakteristisch ist:
  - Hohe Kontaktwahrscheinlichkeit und –intensität, da kaum Ablenkung
  - Relativ geringe Reichweite
  - Reaktanzgefahr, d. h. der Betrachter widersetzt sich der Intention der Werbebotschaft
- Internet
- Plakatwand
- (Öffentliche) Verkehrsmittel (Busse, Bahnen, Taxis)
- Verpackungen
- Geschenke (etwa Stifte, Schreibblöcke, Feuerzeuge, Streichhölzer)
- Schaufenster
- Messestand
- Kassentransportbänder, die mit Spezialfolien bedruckt werden
- Telekommunikationsverzeichnisse (Adress- und Telefonbücher, Branchen-Telefonbücher wie z. B. Gelbe Seiten)

Einen vergleichsweise neuen Werbeträger repräsentieren die **Ambient Medien**. Hierbei handelt es sich um Medienformate im direkten Lebensumfeld der Zielgruppe. Konkret wird auf Objekten, die einen Teil des täglichen Lebens der Konsumenten bilden, geworben. Das Spektrum reicht von Heißluftballons und Strandkörben über Zigarettenhülsen, Videoboards an Straßen, hinterleuchtete Säulen in Kinos, Großleinwand-TVs in Bahnhöfen bis hin zu Spindwerbung, Floorgrafics, Mousepads, Brötchentüten, Samplings, Pizzakartons und Kaffeebechern.

Die Anfänge des Ambient Media reichen in die frühen neunziger Jahre in Großbritannien zurück. Zielgruppe sind junge, konsumfreudige Verbraucher zwischen 16 und 35 Jahren, die an ihren Aufenthaltsorten wie Cafés, Diskotheken, Schulen, Fitnessstudios, Bushaltestellen und Kinos unmittelbar kontaktiert werden sollen. In dem die Ambient Medien im Lebensumfeld junger Konsumenten so angesiedelt sind, dass sie Unterhaltung und Spaß vermitteln, schließen sie eine bei den klassischen Medien bislang klaffende Lücke (vgl. *Holland* 2007, S. 20).

Ein Werbemittel ist die **Ausgestaltung bzw. Kombination von Kommunikationsmitteln** (z. B. Wort, Ton, Bild, Symbol), mit denen eine Werbebotschaft dargestellt wird. Dies sind beispielsweise:

- Anzeigen
- TV- und Rundfunkspots
- Banner-Werbung im Internet
- Plakate
- Aufdrucke
- Warenpräsentationen
- Telefon- und Adressbuchwerbung

Grundsätzlich können **werbeträgerbezogene** (z. B. Anzeigen) und **werbeträgerfreie Werbemittel** (etwa Prospekt) unterschieden werden. Aber auch werbeträgerfreie Werbemittel können durch klassische Werbung vertrieben werden (z. B. Prospekte als Zeitungsbeilage).

Mediaselektion

Im Zuge der **Mediaselektion**, d. h. der Auswahl von Medien, sind zum einen die Wirksamkeit und zum anderen die Kosten (Gestaltung, Herstellung, Streuung, Informations-, Planungs- und Kontrollfunktionen) ins Kalkül zu ziehen. Die **Kennzahlen der Mediaanalyse** unterstützen Unternehmen bei der Entscheidung, welche Werbeträger bzw. Medien für eine Werbekampagne geeignet sind und dementsprechend belegt werden sollen. Die Kennzahlen werden für die verschiedenen Hörfunk-, Fernseh- und Printmedien, das Internet sowie Kino und Außenwerbung (z. B. Plakate) erhoben (vgl. im Folgenden *Schneider/Hennig* 2008).

Eine Reihe von **Einrichtungen**, wie z. B. die *Informationsgemeinschaft zur Feststellung der Verbreitung von Werbeträgern e.V. (IVW)* und die *Arbeitsgemeinschaft Media-Analyse e.V. (AG.MA)*, stellt die Kennzahlen systematisch und in regelmäßigen Abständen zur Verfügung. Die hierfür benötigten Daten werden durch Befragung (etwa im Falle von Printmedien) oder (technisch automatisierte) Beobachtung (z. B. bei Fernsehen und Internet) erhoben. Die Medien wiederum stellen die Kennzahlen ihren Werbekunden zur Verfügung, so dass Unternehmen diese nicht selbst erheben müssen, sondern sich im Zuge der Sekundärforschung beschaffen (vgl. hierzu Abschnitt 4.4).

Eine zentrale Rolle in der Mediaplanung bzw. -selektion kommt dem **Werbeträger- bzw. Werbemittelkontakt** zu. Kontakt bezeichnet jede noch so flüchtige Berührung einer Person oder eines Haushalts mit einem Werbeträger (z. B. Zeitung) oder Werbemittel (z. B. Anzeige). Die Messung des Werbeträger- bzw. Werbemittelkontakts erfolgt anhand sog. **Kontaktzahlen**. Die **quantitativen Kontaktzahlen** geben in absoluten Zahlen oder Prozentsätzen an, wie viele Kontakte mit einem bestimmten Werbeträger erreicht werden können. Diese Kontakte werden in **Reichweiten** und **Kontakthäufigkeiten** ausgedrückt.

Dabei beantwortet die **Reichweite** die Frage, wie viele Personen in einem bestimmten Zeitraum Kontakt mit dem jeweiligen Werbeträger bzw. -mittel haben. Die Reichweite bzw. Mediareichweite ist die bedeutendste quantitative Kontaktzahl und damit zentrale Grundlage der Mediaplanung.

Allen Reichweitebegriffen ist gemeinsam, dass eine Person nur einmal gerechnet wird, gleichgültig, ob sie einmal oder mehrmals Kontakt mit der Werbebotschaft hat. Dies hat zur Folge, dass die Reichweite nichts darüber aussagt, wie häufig die einzelne Person mit der Werbebotschaft konfrontiert wird. Da dies jedoch einen wesentlichen Einfluss auf die Werbewirkung hat, muss flankierend zur Reichweite die Kontakthäufigkeit erhoben werden.

Während **Reichweiten** die Frage beantworten, **wie viele Personen** in einem bestimmten Zeitraum Kontakt mit dem jeweiligen Werbeträger bzw. -mittel haben, geben **Kontakthäufigkeiten** darüber Auskunft, **wie oft Personen** in einem bestimmten Zeitraum in Kontakt mit einem bestimmten Werbeträger bzw. -mittel kommen. Unterschieden wird zwischen Erstkontakt und Wiederholungskontakt, weil eine einzelne Person von einem Werbeträger bzw. Werbemittel oft mehr als nur einmal erreicht wird. Aus der Summe der Erst- und Wiederholungskontakte ergibt sich die Zahl der Gesamtkontakte. Die beiden Kriterien Reichweite und Kontakthäufigkeit stehen einander entgegengesetzt gegenüber, und es ist nicht möglich, beide Größen gleichzeitig zu maximieren.

Die **ökonomischen Kontaktzahlen** schließlich berücksichtigen auch **Kostengesichtspunkte**. In der Praxis weit verbreitet ist dabei der **Tausenderpreis**, der angibt, wie viel der Kontakt zu tausend Personen einer Leser- oder Hörergruppe kostet. Der Tausenderpreis dient dazu, das Preis/Leistungsverhältnis von Werbemedien miteinander zu vergleichen und damit die Planung der Belegung zu erleichtern. Ihm liegt die Erkenntnis zugrunde, dass für den Werbetreibenden der absolute Preis eines Werbemittels nur wenig aussagekräftig ist und deshalb ins Verhältnis zu seinen Nutzern gesetzt werden muss.

Für andere Werbeträger werden analog die Sendezeiten des Fernsehspots, die Vorführdauer von Werbefilmen, der Preis für die Belegung einer Ganzstelle pro Tag bei Plakaten usw. herangezogen, so dass – allgemeiner formuliert – der Tausenderpreis das Maß der Werbekosten pro eintausend Zielgruppeneinheiten (Leser, Hörer, Zuschauer, Erwachsene, Hausfrauen usw.) ist, die ein Werbemittel oder ein Werbeträger erreicht. So werden für den Tausenderpreis des Werbefernsehens anstelle des Anzeigenpreises für 1/1 Seite der Preis für einen 30-Sekunden-Werbespot und anstelle der Auflagenziffer die Zahl der eingeschalteten Fernsehgeräte zugrunde gelegt.

Demnach kann man je nach zu untersuchendem Werbemedium analog zum Tausend-Leser-Preis den Tausend-Seher- und Tausend-Hörer-Preis berechnen. Gegenüber dem quantitativen Tausenderpreis werden diejenigen Kennzahlen, bei denen die unterschiedlichen Kontaktqualitäten berücksichtigt werden, qualitative Tausenderpreise genannt.

Trotz aller Verfeinerungen bleibt festzuhalten, dass die Tausenderpreise ein relativ grobes Maß für die Effizienz eines Werbeträgers sind. Nach dem Kriterium des Tausenderpreises allein sind Publikumszeitschriften günstige und der Hörfunk der mit weitem Abstand günstigste Werbeträger. Die Tausenderpreise für Tageszeitungen und Filmtheater sind relativ hoch. Nach dem Kriterium des Tausenderpreises wäre die Direktwerbung außerordentlich teuer.

Vor diesem Hintergrund wird nachvollziehbar, dass nicht nur die Kosten, sondern auch der **Nutzen von Werbeträgerkontakten** bei der Media- bzw. Werbeplanung in die Überlegungen einbezogen werden muss. Dies ermöglicht der sog. **Response** (auch Resonanz, Reaktion, Rücklauf, Zahl der Antworten, Bestellungen, Coupons usw. auf eine Aussendung), der definiert ist als unmittelbare Auswirkungen einer Marketingaktivität auf den Markt, etwa die einer Werbekampagne oder Preissenkung direkt zurechenbare Absatzsteigerung.

Fallstudie „Werbewirkung" – der Zusammenhang zwischen Anzeigengröße und Erinnerungs- bzw. Wiedererkennungswert

Je größer die Anzeige ist, desto eher nimmt sie der Leser wahr. Allerdings steigen die Erinnerungs- und Wiedererkennungswerte unterproportional zur Formatgröße. Wie die Ergebnisse der „*Stern*"-ARGUS Copytest-Untersuchungsreihe belegen, steigt der Wiedererkennungswert vom Format kleiner als 1/1 zu einem ganzseitigen Format um 70 %, von einer ganzseitigen zu einer doppelseitigen Anzeige aber nur noch um 17 %. Die Studie, die in Zusammenarbeit zwischen Werbetreibenden und Agenturen sowie dem *Institut Media Markt Analysen* entstanden ist, umfasst Forschungsergebnisse zu 7.116 Testanzeigen

Quelle: *o. V.*: Stern Argus: Wie wirken Anzeigen?, auf: www.wuv.de; Stand: 05.02.2002c.

Phase 5: Wahl der Beeinflussungsstrategie

Werbung zielt darauf ab, den Verbraucher zu aktivieren, ihm Informationen zu übermitteln und ihn zu bestimmtem Verhalten anzuregen. Um die Aufmerksamkeit der Verbraucher zu wecken, bieten sich u. a. folgende **Werbeinhalte**:

- Originalität
- Humor: Wer kennt sie nicht, die Werbung des japanischen Autoherstellers, in der sprechende Tiere ihre Kommentare zum damals neuen PKW-Modell *Corolla* abgeben und am Ende zwei Bären singen: „Nichts ist unmöglich – *Toyota*".
- Sex ("Sex sells"): Beispielsweise zeigte die *Fá*-Werbung in den 70er Jahren eine nackte Frau in der Brandung badend. Auf diese Weise gelang es, einer Seife ein erotisches Image zu verleihen. Und *Marylin Monroes* Werbeauftritt in den ganzen USA verhalf dem *Playboy* in den 50er Jahren zum Durchbruch auf dem dortigen Markt. Die Sexbotschaft wird jedoch häufig nicht nur durch die weiblichen Werbemodelle, sondern auch über die Form des Produkts übermittelt. Man denke in diesem Zusammenhang beispielsweise an die *afri-Cola*-Flasche.
- Angst bzw. Schockierung: Der Kaffeehersteller *Nescafé* etwa schaltete für sein Produkt „*K-fee*" (ein in Dosen abgefülltes Kaffee-Kalt-Getränk) einen Fernsehspot, der zunächst ein junges Paar in der untergehenden Sonne am Strand zeigt, das sich verliebt gegenseitig anschaut. Während hierzu langsame, einschläfernde Musik spielt, schießt plötzlich ein glatzköpfiger, teufelsähnlicher Kopf ins Bild und schreit hysterisch. Danach folgt der von

einer weiblichen Stimme vorgetragene Slogan „*K-fee*. So wach warst Du noch nie – Kaffee in hohen Dosen“.

Um die Werbewirkung zu verstärken, empfehlen sich folgende **Techniken**:

- Verwendung von **Leitbildern** (etwa Sportler, Künstler)
- **"Slice-of-Life"-Technik** (Ausschnitt aus dem täglichen Leben)
- **Testimonial-Werbung**: Prominente oder Frau/Mann von der Straße testen das Produkt.
- **Presenter**: Ein Sprecher stellt das Produkt vor.
- **Analogie** (z. B. „Wie Vitamine Ihrem Körper, gibt XY Ihrem Auto Kraft.“, „Wenn ein Baum keine Rinde mehr hat, ist er schutzlos der Witterung ausgesetzt. Genauso ist es bei Zähnen, wenn die Zahnhälse freiliegen. Das ist der wunde Punkt.“ Werbeanzeige für *elmex*-Zahnpasta)
- **Special Effects** (z. B. Zeichentrick)
- Kaschierung von Anzeigen als redaktionelle Beiträge (sog. **Advertorials**)

Je mehr eine Werbung die folgenden drei Kriterien erfüllt, desto größer gilt die Chance, dass sie die anvisierten Ziele erreicht. Dies soll am Beispiel er „Geiz ist geil“-Kampagne des *Media-Markts* illustriert werden:

- Consumer Benefit (Welcher Nutzen bietet sich dem Kunden?): Hier erhalten Sie Elektronik-, Entertainment- und Haushaltswaren aller Art.
- Reason Why (Warum soll der Kunde gerade dieses Produkt erwerben?): Geiz ist geil und wir sind am billigsten.
- Tonality (Welche Reize werden eingesetzt?): Aggressiv, Erotik günstiger Preise, modern.

Fallstudie „Werbeerfolg“ – Kreativität versus „Content Fit“

Eine Studie von *McKinsey* und *Art Directors Club für Deutschland* (ADC) entwickelt für die Gestaltung erfolgreicher Werbekampagnen **drei Grundsätze**:

1. **Kreativität** und **Content Fit** beeinflussen maßgeblich die Werbewirkung. Mindestens ein Faktor muss gegeben sein. Für **kreative** Werbung gelten **fünf Erfolgsfaktoren**:
   - **Originalität**: Ist die Werbung neu, überraschend, innovativ?
   - **Klarheit**: Ist der Inhalt leicht zu erfassen?
   - **Überzeugungskraft**: Sind die Argumente für das Produkt glaubwürdig und in sich schlüssig?
   - **Machart**: Ist die Werbung handwerklich gelungen, und bilden alle Elemente ein homogenes Ganzes?
   - **„Want to see again“-Faktor**: Macht es Spaß, die Werbung mehrmals anzuschauen?

   Für den Erfolgsfaktor **Content Fit** (= exakter Zuschnitt von Inhalt und Botschaft auf Zielgruppe, Produkt und Marke) wurden ebenfalls **fünf Kriterien** definiert:
   - **Relevanz**: Passt die Werbung zu Zielgruppe und beworbenem Produkt?

- **Differenzierung**: Hebt die Werbebotschaft das Produkt von seinen Wettbewerbern ab?
- **Konsistenz**: Steht die Botschaft im Einklang mit früheren Kampagnen und der übergeordneten Produkt- und Markenstrategie?
- **Glaubwürdigkeit**: Überzeugen die Argumente?
- **Aktivierungswirkung**: Animiert die Werbung die Zielgruppe zum Kauf?

2. Der **richtige Mix** zwischen Kreativität und Content Fit hängt von der *Warengruppe* ab. Emotional aufgeladene Produkte (= High-Involvement-Produkte mit langer Lebensdauer, starkem Identifikationspotenzial und hohem Kaufwert wie Autos, Uhren, Schmuck, teure Elektronik) verkaufen sich mit Kreativität besonders gut. Für kurzlebige Konsumgüter (etwa Waschmittel) eignet sich Content Fit.
3. Die größte Erfolgschance hat eine Kampagne, wenn ihr die **Kombination beider Werbeformen** gelingt.

Quelle: *Perrey, J./Turner, S.*: Die zwei Gesichter guter Werbung, in: Frankfurter Allgemeine Zeitung, Nr. 228 vom 01.10.2007, S. 24.

Phase 6: Werbetiming

Hier sind **drei grundsätzliche Entscheidungen** zu treffen:

- **Wann** soll geworben werden (Jahreszeit, Woche, Tag, Uhrzeit)?
- **Mit welcher Intensität** soll im Zeitablauf geworben werden? Hier bieten sich u. a. die gleich bleibende, die punktuelle sowie die pulsierende Werbung an (vgl. Abb. 10.6).

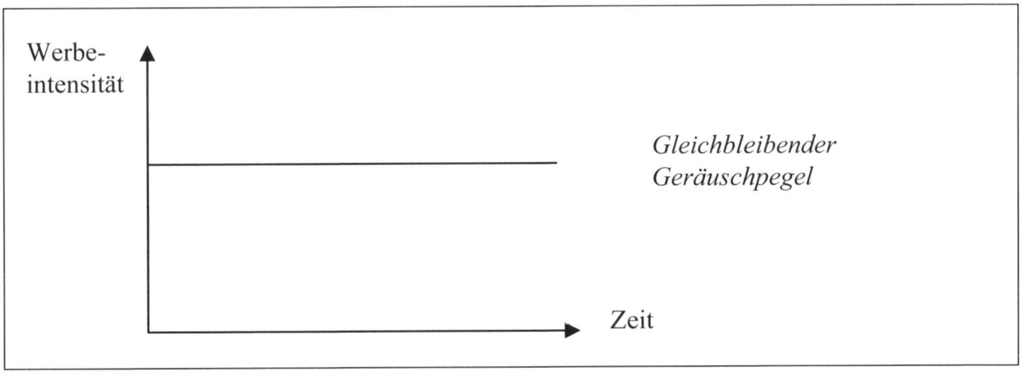

Abb. 10.6: Nach der Intensität differierende Werbestrategien

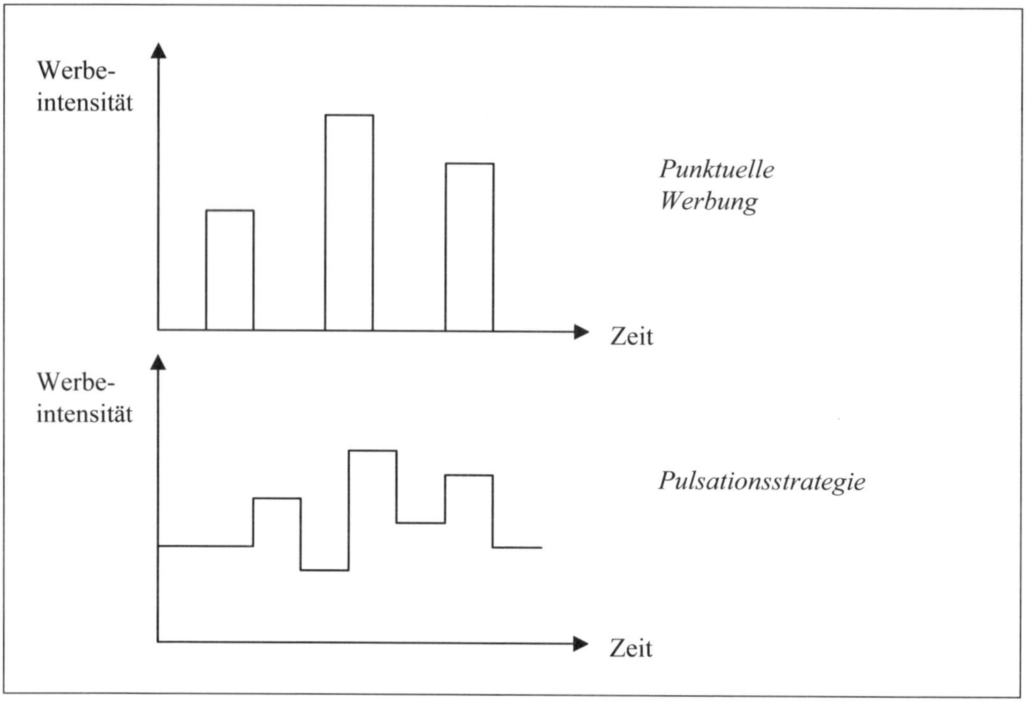

Abb. 10.6: Nach der Intensität differierende Werbestrategien (Fortsetzung)

- **In welchen Abständen** soll die Werbung geschaltet werden? Werbung kann grundsätzlich komprimiert oder verteilt geschaltet werden.

  Welche Erinnerungswirkungen damit jeweils erzielt werden, verdeutlicht die Untersuchung von *Zielske* (1959). Er analysierte die unterschiedliche Wirkung von zeitlich verteilter und intensiver Werbung auf die Gedächtnisleistung. Bei Verteilung der Werbekontakte über das ganze Jahr hinweg steigt die Erinnerungsleistung mit jedem Kontakt an, erreicht aber nicht das Spitzenniveau der komprimierten Werbung.

  Bei wöchentlicher Schaltung steigt die Erinnerungsleistung schnell und auf ein recht hohes Niveau an. Wird die Werbung nach 13 Wochen eingestellt, sinkt die Gedächtnisleistung aber wieder schnell ab und nähert sich gegen Jahresende dem Nullpunkt (sog. *Zielske*-Effekt).

  Aus den Ergebnissen von *Zielske* lassen sich folgende **Konsequenzen** ableiten:
  - **Verteilte Werbung** ist geeignet, um einen kontinuierlichen bzw. über einen längeren Zeitraum ansteigenden Absatz zu gewährleisten.
  - **Komprimierte Werbung** dagegen empfiehlt sich bei Saisonartikeln und bei neuen Produkten, bei denen schnell ein hoher Bekanntheitsgrad erreicht bzw. Lernwiderstände bei den Verbrauchern abgebaut werden müssen.

10.4.2 Verkaufsförderung (Sales Promotions)

Unter Verkaufsförderung versteht man alle kurzfristigen, unmittelbaren Maßnahmen, die dazu dienen, die Marktbeteiligten Verbraucher, Vertriebsorgane, Händler) zu aktivieren und damit den Absatz zu stimulieren. Nach den anvisierten Zielgruppen lassen sich **drei Formen der Verkaufsförderung** unterscheiden (vgl. Tab. 10.6):

- **Verbraucherpromotions** (z. B. Gewinnspiele, Preisnachlässe, Gutscheine, "Self Liquidating Offers", d. h. [zumeist sortimentsfremde] Artikel, die [häufig von Verbrauchermärkten und SB-Warenhäusern] zum Einkaufs- bzw. Selbstkostenpreis angeboten werden mit dem Ziel, Stammkunden zu binden, die Kundenfrequenz zu erhöhen und Neukunden zu gewinnen.)
- **Außendienstpromotions** (z. B. Wettbewerbe, Incentive-Reisen, Schulungs- und Informationsveranstaltungen, Bereitstellung von Verkaufshilfen wie z. B. Sales Folder [= Faltprospekt, in welchem das zu bewerbende Objekt detaillierter vorgestellt wird])
- **Händlerpromotions** (z. B. Preiszugeständnisse und Naturalrabatte, Einsatz von Propagandisten, Bereitstellung von Display-Material, Werbekostenzuschüsse, Gadgets [englisch für technische Spielerei], d. h. technische Werkzeuge oder Geräte mit cleverer oder bisher so nicht bekannter Funktionalität und einem i. d. R. außergewöhnlichen Design als Beigaben)

Tab. 10.6: Arten der Verkaufsförderung nach relevanten Funktionen (Quelle: Meffert 2000, S. 723)

Funktion / Zielgruppe	Information	Motivation	Schulung/ Training	Verkauf
Verbraucher	• Handzettel • Prospekte • Verbraucherzeitung • Bedienungsanleitung • Werksbesichtigungen • Verbraucherausstellung	• Preisausschreiben • Gewinnspiel • Sonderaktionen (Shows) • Muster/ Warenproben	• Lehrveranstaltung	• Rabatte/ Sonderkonditionen • Zugaben/ Gutscheine • "Self-Liquidating-Offers" • Produkte mit Zusatznutzen (etwa Senf im Bierglas)
Außendienst	• Verkäuferbriefe • Verkäuferinformation • Verkäuferzeitungen	• Entlohnung und Prämiensysteme	• Tonbildschauen • Filme/ Videobänder • Ausbildung zum Vekaufsberater	• Sales Folder • Argumentationshilfen • Testergebnisse • Hostessen/ Dekorateure • Verkaufshandbücher

Tab. 10.6: Arten der Verkaufsförderung nach relevanten Funktionen (Fortsetzung)

Funktion Zielgruppe	Information	Motivation	Schulung/ Training	Verkauf
Händler	• Verkaufsbriefe • Anzeigen/ Beilagen • Handelsmessen/ Fachausstellungen • Info-Zentrale	• Wettbewerbe/ Preisausschreiben • Gadgets (Beigaben) • Sonderkonditionen • Partneraktionen	• Handelsseminare	• Sonder-/Zweitplatzierungen • Displays • Sonderaktionen

Fallstudie „Verkaufsförderung" – Food-Aktionen bei *Aldi Süd*

Die Discounter erweitern zunehmend ihr Sortiment, ohne dabei Einbußen bei der Effizienz hinnehmen zu müssen. Insbesondere *Aldi Süd* überträgt die Erfahrungen mit Non-Food-Aktionen auf den Food-Bereich.

Der Erfolg der Non-Food-Aktionen von *Aldi Süd* ist legendär und gilt als höchst effektives Instrument zur Steigerung von Frequenz, Umsatz und Ertrag. Allerdings stößt man seit einiger Zeit an Wachstumsgrenzen, und es wird zunehmend schwieriger, für die verdoppelte Anzahl von Aktionsterminen (von Mittwoch auf Montag und Donnerstag) neue Produktbereiche zu erschließen.

Angesichts dieser Entwicklung setzt *Aldi Süd* bei Aktionen verstärkt auf den Food-Bereich, wobei in dreierlei Sicht eine neue Qualität gegenüber bisherigen Aktionen geschaffen wurde:

1. Es werden nicht mehr einzelne Artikel isoliert angeboten, sondern *Aldi Süd* offeriert nunmehr komplette Warenwelten. So konnte der Kunde beispielsweise ein aus über 20 Artikeln bestehendes China-Sortiment erwerben, das von Snacks über Kochzutaten bis hin zu Getränken im Tetra-Pack reichte. Ihm folgten ein italienisches Sortiment mit ebenfalls 20 Artikeln und daran anschließend ein aus fünf Artikeln bestehendes mexikanisches Sortiment. Hierbei sucht man systematisch nach Synergien mit Non-Food-Aktionen, wie sie speziell beim italienischen Sortiment auffallen, wo parallel mediterranes Kochgeschirr, Capuccino- und Espresso-Tassen, italienische Kochbücher und CDs angeboten wurden.
2. Die Non-Food-Artikel werden nicht mehr wie klassische Aktionsartikel für ein bis zwei Wochen, sondern für einen Monat und länger disponiert. Dadurch erhält der Kunde die Möglichkeit, die Produkte auszuprobieren und bei Bedarf nachzukaufen.
3. Der Raum für den gesamten Aktionsbereich in den Filialen wurde zu Lasten der sog. Nährmittel wie Nudeln, Knödel, Suppen, Saucen, Backzutaten etc. ausgeweitet.

Durch die Ausweitung der Aktionen in den Food-Bereich gelingt es *Aldi Süd*, die vom Konsumenten wahrgenommene Sortimentsfülle ohne große Effizienzeinbußen deutlich zu vergrößern. Dies setzt voraus, dass der Konsument sein Kaufverhalten inhaltlich und zeitlich an *Aldis* Angebot anpasst. D.h. er kauft auch weiterhin das, was er bei *Aldi* findet, und nicht das, was er sucht.

Quelle: *Roeb, Th.*: Generation *Aldi* wird erwachsen, in: LebensmittelZeitung, Nr. 14 vom 02.04.2004, S. 48 – 49.

Fallstudie „Couponing" – Anregung zu Mehrkäufen durch individuelle Gutscheine

Coupons werden zumeist von Herstellern eingesetzt, um neue Kunden für ihr Produkt zu gewinnen und/oder derzeitige Kunden zu binden. In jüngerer Zeit erkennen jedoch auch immer mehr Handelsunternehmen das Nutzenpotenzial dieses Verkaufsförderungsinstruments.

Getreu dem Motto „Sage mir, was Du kaufst, und ich sage Dir, was Du (noch) brauchst." wird parallel zum elektronischen Kassiervorgang mittels Scannerkasse auf einem zweiten Computer beispielsweise registriert, dass ein Kunde immer viel Käse kauft. Daraufhin wird dem Kunden ein Gutschein über 3 € bei Kauf von Rotwein ausgedruckt. Oder das Handelsunternehmen versucht, den Kunden mittels eines Coupons über 10 % Rabatt für Obst und Gemüse zum Kauf gesunder Lebensmittel zu motivieren. Derartige Gutscheine erhält der Kunde gemeinsam mit dem Kassenbon überreicht und kann sie beim nächsten Einkauf einlösen. Demnach dient das Ganze als Kundenbindungsinstrument und soll zum vermehrten Einkauf im gleichen Handelsunternehmen anregen.

Quelle: *o. V.*: „Zu Ihrem Käse fehlt der Rotwein", in: Frankfurter Allgemeine Zeitung, Nr. 3 vom 04.01.2007s, S. 14.

10.4.3 Öffentlichkeitsarbeit (Public Relations)

Die Öffentlichkeitsarbeit zielt auf die systematische Gestaltung und Pflege der Beziehungen eines Unternehmens bzw. einer Organisation zur Öffentlichkeit (sog. Stakeholder: Kunden, Kapitalgeber, Lieferanten, Mitarbeiter, Institutionen, An- bzw. Bewohner, Bürgerinitiativen, Staat, Medien etc.) mit dem Ziel, Vertrauen und Verständnis zu gewinnen bzw. auf- und auszubauen (vgl. im Folgenden *Aberle/Baumert* 2002; *Meffert* 2000, S. 724 – 726). Hierfür bieten sich folgende **Maßnahmen** an:

- Pressearbeit: Herstellung guter Kontakte zu Presse und Rundfunk (Roundtable-Gespräche, Redaktionsbesuche mit Kunden, Beantworten von Presseanfragen, Durchführung von Journalistenreisen, Interviews), Durchführung von Pressekonferenzen sowie Verfassen von Pressemitteilungen, Themenbeträgen, Anwenderberichten, Reden, Biografien etc.

- Lobbyismus
- Veranstaltungsorganisation: Betriebsbesichtigungen, Feste, Info-Mobile und Messestände, Verbraucherveranstaltungen, Seminare, Konferenzen und Tagungen, Schulungen
- Mediengestaltung: Geschäftsberichte und Sozialbilanzen, Jubiläumsschriften, Broschüren, Newsletter, Verbraucher- und Mitarbeiterzeitschriften, Internet- und Intranetauftritt
- Medien- und Umweltbeobachtung: Monitoring der Medienpräsenz, Auswertung und Analyse der Berichterstattung, Situations- und Meinungsanalysen

Dabei fallen der Öffentlichkeitsarbeit folgende **Funktionen** zu:

- Informationen für und Kontakt zu sämtlichen Zielgruppen des Unternehmens
- Harmonisierung und Kontinuität, d. h. Pflege der Beziehungen zur Öffentlichkeit
- Stabilisierung bzw. Verbesserung des Images
- Absatzförderung im Sinne der Unterstützung der anderen Marketing-Instrumente
- Sozialfunktion, d. h. die Übernahme gesellschaftlicher Aufgaben durch das Unternehmen

Balancefunktion, d. h. Ausgleich zwischen den Interessen des Unternehmens und der Gesellschaft

Fallstudie „Öffentlichkeitsarbeit" (1) – *McDonald's*

Die Fast-Food-Kette *McDonald's* sieht sich in der Öffentlichen Diskussion immer wieder mit den **Vorwürfen** konfrontiert, zu einer ungesunden Ernährung beizutragen, minderwertige Qualität zu produzieren und die Umwelt über Gebühr zu belasten. Um dieser Kritik zu begegnen, veröffentlicht *McDonald's* im Rahmen der Öffentlichkeitsarbeit u. a. **Broschüren** zu folgenden Themen (Quelle: *McDonald's Deutschland Inc.* 2000, 2001, 2002):

- ***McDonald's* & Nährwert**
  Nach einer Einführung in die Grundlagen der Ernährung werden Inhalt, Gewicht sowie Brennwert und Eiweiß-, Kohlenhydrat- und Fettanteil je 100 g der einzelnen *McDonald's*-Produkte aufgeführt. In der Mitte des Heftes findet sich eine Nährwert-Tabelle, welche die einzelnen Produkte noch detaillierter aufführt. Zum Abschluss werden beispielhafte Tagesernährungspläne für ein Kind, eine junge Frau und einen jungen Mann vorgestellt. Diese setzen sich aus verschiedenen Baukästen zusammen, die kombiniert werden können und in denen an der ein und anderen Stelle natürlich auch *McDonald's-Produkte* nicht fehlen dürfen.
- ***McDonald's* & Qualität**
  McDonald's bezieht 80 % aller Rohstoffe aus Deutschland, den Rest aus der Europäischen Union. Das Unternehmen arbeitet nahezu ausschließlich mit namhaften **Markenartikelherstellern** zusammen. Die wichtigsten Lieferanten finden sich in Tab. 10.7.
  Sämtliche Rohmaterialien und Zutaten für die *McDonald's*-Produkte werden bereits auf unterschiedlichen Stufen von Anbau, Wachstum sowie Herstellung, Lagerung und Transport überprüft. Maßstab für die Qualität der Ware sind die einzelnen **Produktspezifikationen** hinsichtlich Herkunft, Qualität, Qualitätssicherung, -kontrolle und Dokumentation sowie **sensorische, physikalische, chemische, bakteriologische, ernährungsphysiologische und mikrobiologische Kontrollen**.

- ***McDonald's* & Umwelt**
  Das Unternehmen verpflichtet sich mit seinem Umweltprogramm, sämtliche Bereiche des Unternehmens zu überprüfen und ökologisch zu verbessern. Hierzu zählen u. a. folgende Maßnahmen:
  - **Umweltbewusster Materialeinsatz**
    Bei der Verpackungsgestaltung steht neben Materialersparnis der möglichst umfangreiche Einsatz nachwachsender Rohstoffe im Vordergrund. Wo es sinnvoll und möglich ist, werden Recyclingmaterialien eingesetzt. Im Küchen- und Lieferbereich werden Mehrwegsysteme (z. B. Mehrwegsteigen für Brot und Salat, Dosieranlagen für Reinigungsmittel) verwendet.
  - **Effiziente Energienutzung**
    Zur Reduzierung des Stromverbrauchs werden Maximumüberwachungsanlagen, Geräteeinschaltpläne und Energiesparlampen verwendet. Über Wärmerückgewinnung aus der Küchenabluft wird Heizenergie gespart. Der Einsatz von Solarenergie, Windkraft und Blockheizkraftwerken wird in einigen Restaurants erprobt.
  - **Vermeidung von Emissionen**
    Zur Reinigung der Küchenabluft werden elektrostatische Filter eingesetzt. Die genutzten LKWs fahren geräuscharm und tanken umweltfreundliches Rapsölmethylester („Biodiesel"). Durch optimale Ausnutzung der Ladekapazität der Lieferfahrzeuge wird der Transportaufwand gesenkt.
  - **Umfangreiche Partizipation an der Kreislaufwirtschaft**
    In allen *McDonald's*-Restaurants werden folgende Wertstoffe getrennt erfasst: Papier und Kunststoff, Lieferkartons und Folien, gebrauchtes Friteusenfett und organische Küchenabfälle. Dadurch können rund 90% aller in den Restaurants anfallenden Reststoffe einer geordneten Wiederverwertung zugeführt werden. Auch in den Büros werden sämtliche Wertstoffe gesammelt und umweltgerecht entsorgt. Die Büropapiere und Druckerzeugnisse bestehen aus recyceltem oder chlorfrei gebleichtem Papier.

Tab. 10.7: Ausgewählte Produkte und Lieferanten von McDonald's

Produkt	Hersteller
Fleisch	*L+O Fleischwaren*
Brötchen	*FSB/Wendeln*
Milchshake/Eis	*Goldmilch/Nestlé*
Saucen/Senf/Dressings	*Develey*
Milch	*Friesland Deutschland*
Kaffee	*Jacobs/Burkhof*
Käse	*Hochland*
Salat	*Vita GmbH/Havita*
Konfitüren, Topping	*Schwartauer Werke*

Tab. 10.7: Ausgewählte Produkte und Lieferanten von McDonald's (Fortsetzung)

Produkt	Hersteller
Pommes Frites	*Agrarfrost/McCain/Lamb-Weston*
Getränke	*Coca-Cola*
Kaffeesahne	*Zott*

Fallbeispiel „Öffentlichkeitsarbeit" (2) – ***Wal-Mart***

Das gemessen am Umsatz größte Unternehmen der Welt sieht sich im Zuge seiner rasanten Expansion der vergangenen Jahre zunehmend in der öffentlichen Kritik. Dem Unternehmen wird vorgeworfen, mit seinen großflächigen Einzelhandelstrieben kleinere Händler in den Ruin zu treiben. Darüber hinaus sieht sich *Wal-Mart* mit dem Vorwurf konfrontiert, seine Mitarbeiter mit Niedrigstlöhnen sowie zu langen Arbeitszeiten auszubeuten und sich Geschlechter diskriminierend sprich frauenfeindlich zu verhalten. Schließlich kam das Unternehmen in die Schlagzeilen, als bei einer Razzia in Kalifornien Hunderte von illegal beschäftigten Einwanderern festgenommen wurden, die als Reinigungskräfte eingesetzt worden waren.

Die öffentliche Wahrnehmung wird für *Wal-Mart* zunehmend zu einer Hürde in der Expansion. Insbesondere in Kalifornien, wo das Unternehmen in den nächsten Jahren insgesamt 40 Verbrauchermärkte errichten möchte, regt sich in kleineren Gemeinden Widerstand. Beispielsweise hat die Kleinstadt Inglewood mit einer Bürgerabstimmung den Bau eines *Wal-Mart* Supercenters blockiert.

Seit 2003 geht das Unternehmen nun in die Offensive. In regelmäßig geschalteten Werbe-Spots loben Beschäftigte die Arbeitsbedingungen und Kunden berichten von den segensreichen Auswirkungen eines *Wal-Mart* Geschäfts auf ihre Gemeinde. Des Weiteren wurde eine Reihe von Initiativen gestartet, mit denen das Arbeitsumfeld verbessert werden soll. Beispielsweise werden Kassenmitarbeiter mit elektronischen Signalen aufgefordert, ihre Pausen einzuhalten. Im Falle eines Verstoßes werden die Kassen automatisch abgeschaltet.

Um die Distanz zu den Medien zu verringern, vergibt *Wal-Mart* Stipendien für angehende Journalisten im Wert von jährlich 500.000 Dollar, die auf zehn verschiedene Universitäten verteilt werden. Außerdem sponsert das Unternehmen einen Radiosender sowie eine Fernseh-Talkshow.

Schließlich veröffentlicht das Unternehmen in kalifornischen Zeitungen einen ausführlichen offenen Brief, um den bestehenden Vorwürfen zu begegnen. Das Unternehmen betont, wettbewerbsfähige Löhne zu zahlen, Sozialleistungen anzubieten und gemeinnützige lokale Anliegen zu fördern. Und *Wal-Mart* vergisst auch nicht, das Portemonnaie der Verbraucher anzusprechen: Das Unternehmen zitiert eine Studie, nach der kalifornische Haushalte im Durchschnitt 589 Dollar p. a. durch den Einkauf bei *Wal-Mart* einsparen können, wenn das Unternehmen erst einmal einen bestimmten Marktanteil erreicht hat.

Quelle: *o. V.*: Der Einzelhändler Wal-Mart wirbt um Sympathie, in: Frankfurter Allgemeine Zeitung, Nr. 225 vom 27. September 2004f, S. 18.

Fallstudie „Öffentlichkeitsarbeit" (3) – ***Silvretta Arena Ischgl Samnaun***

Wussten Sie, dass ...

- im Skigebiet wieder viele Pistenbereiche gemäht und gemulcht werden, was sich sehr positiv auf die Artenzusammensetzung der Vegetation, das Landschaftsbild und den Erholungswert auswirkt?
- täglich während der Nachtstunden 31 Pistengeräte die Abfahrten präparieren, um Ihnen ungetrübten Skilauf zu garantieren?
- jedes dieser Pistengeräte ca. € 220.000,00 kostet?
- unsere Anlagen ca. 80.200 Personen pro Stunde befördern können?
- allein in den letzten 5 Jahren über € 120.000.000,00 in die Verbesserung unseres Skigebietes investiert wurden?
- durch unsere Solar- und Wärmerückgewinnungsanlagen pro Jahr ca. 50.000 kW Stunden Energie gewonnen werden?
- in den letzten 10 Jahren ca. 15 – 20 ha Abfahrten, welche vor 20 – 30 Jahren mit Schubraupen planiert und nicht begrünt wurden, rekultiviert wurden?
- unsere Restaurants mittels Kanalisation an die örtliche Abwasseranlage angeschlossen sind?
- zur Ermöglichung dieser Investitionen unsere Aktionäre seit Bestand des Unternehmens auf die Ausschüttung von Dividenden verzichtet haben?
- für jeden erkauften Skipass allein für die Beschneiung ca. € 4,50 aufgewendet werden müssen?
- im Winter über 600 Personen im Skigebiet Beschäftigung finden?
- wir seit 1998 unseren Bauern 326 Rinder, 94 Kälber und 92 Lämmer zu einem fairen Preis abgekauft und in unseren Restaurantbetrieben verwertet haben?
- die meisten Pisten des Skigebietes während der Sommermonate aus Almen – mittlerweile häufig als „Bioalmen" – genutzt werden, wobei heute mehr Vieh aufgetrieben werden kann als vor Erschließung des Skigebietes?
- die Seilbahnen und Lifte im Winter 2003/2004 über 23,7 Millionen Mal benützt wurden?
- durch unsere Investitionen ca. 250 weitere Arbeitsplätze gesichert wurden?
- 1963/64 eine Wochenkarte rund € 29,00 kostete? Das entspricht einem heutigen Wert von rund € 127,00. Eine Wochenkarte kostet jetzt € 172,50 und ist somit nur unwesentlich teurer – damals standen allerdings nur zwei Anlagen zur Verfügung, heute sind es 42.
- wir jährlich ca. 150 t Mist von den Höfen unserer Bauern für die Düngung und Begrünung der Pisten und Abfahrten verwenden und in den letzten drei Jahren 12.000 Bäume neu gepflanzt haben.

- die *Silvretta Arena* für ihre Bemühungen um eine intakte Umwelt schon mehrfach ausgezeichnet und von Lesern des „*Ski Magazin*“ zum umweltfreundlichsten Skigebiet gewählt wurde?
- die *Silvretta Arena* bei internatonalen Vergleichen regelmäßig an der Spitze der Top-Skigebiete rangiert?
- die *Silvrettaseilbahn AG* und die *Bergbahnen Samnaun AG* zwei der wichtigsten Wirtschaftsfaktoren der Region sind und die *Silvrettaseilbahn AG* eines der größten Unternehmen in *Tirol* ist?

Quelle: Prospekt „Tarife Winter 2004/05 der Silvretta Seilbahn AG“, aus: www.silvretta.at; Stand: 25.03.2005.

10.5 Innovative Instrumente

10.5.1 Sponsoring

Nachdem sich gerade kritische Verbrauchersegmente der klassischen Werbung zunehmend verweigern oder diese angesichts der anschwellenden Informationsflut nur flüchtig wahrnehmen, ist es unabdingbar, im Kommunikationsmanagement neue Wege zu beschreiten. Hierzu zählt das Sponsoring, bei dem das Unternehmen eine Person bzw. Institution fördert mit dem Ziel, diese in Form festgelegter Gegenleistungen (im Regelfall der Einräumung der wirtschaftlichen Rechte) für bestimmte, dem Unternehmen förderliche Zwecke nutzen zu können (vgl. im Folgenden *Heinrich/Hüchtermann/Nowak* 2002; *Schneider/Müller/Mai* 1991, S. 129 – 134). Grundsätzlich lassen sich die in Abb. 10.7 aufgeführten **Formen des Sponsoring** unterscheiden.

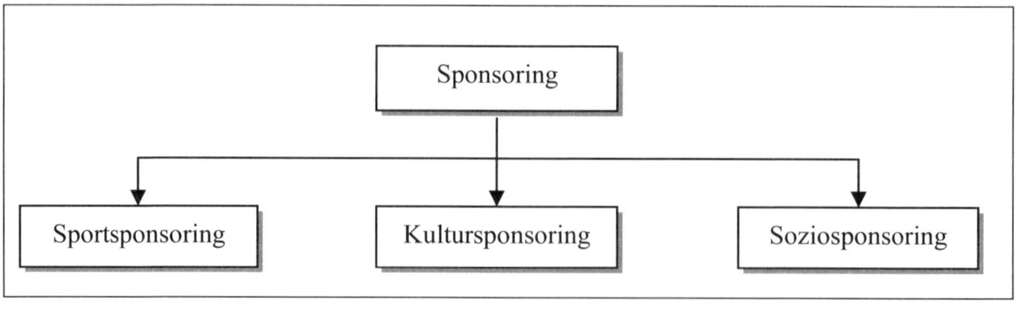

Abb. 10.7: Formen des Sponsoring

Sponsoring basiert auf dem wirtschaftlichen **Prinzip des gegenseitigen Leistungsaustauschs** und unterscheidet sich insofern vom unternehmerischen Mäzenatentum bzw. Spendenwesen, welche ausschließlich an altruistischen bzw. idealistischen Zielen ausgerichtet sind. Die klassische Form der Sponsoringleistung besteht in der Vergabe einmaliger oder regelmäßiger **finanzieller Zuwendungen**. Daneben hat die Vergabe von **Sachmitteln**, die in erster Linie aus dem Produktbereich des Unternehmens stammen, an Bedeutung gewonnen. Als Beispiele können Fahrzeuge für Transportdienste, Computer und Software für Schulen und Hochschulen, Ausstattung von Sportlern mit Sportgeräten und -kleidung u. ä. angeführt werden. Im Falle der Erbringung von **Dienstleistungen** schließlich übernimmt der Sponsor beispielsweise administrative Aufgaben für den Gesponserten (etwa Veranstaltungsmanagement, Vermittlung von Know-how, Abordnung von Mitarbeitern für einen bestimmten Zeitraum [= **Secondment**]).

Die Gegenleistung des Gesponserten besteht neben der Nennung des Sponsors in Veranstaltungen, auf Internetseiten, in Publikationen etc. darin, dass er dem Förderer folgende **Optionen** einräumt:

- Markierung von Ausrüstungsgegenständen (etwa Trikots, Sportgeräte)
- Präsenz im Umfeld von Veranstaltungen (Bandenwerbung, exklusiver Vertrieb von Nahrungsmitteln während einer Veranstaltung)
- Namensgebung (etwa *AOL*-Arena des Fußballklubs *HSV*, „*König-Pilsener*-ARENA“ in Oberhausen, *Tesafilm*-Festival in Hamburg zu Förderung junger Regisseure)
- Nutzung von Prädikaten (etwa offizieller Ausrüster der deutschen Fußballnationalmannschaft)

Während es sich beim Sponsoring aus der Perspektive des Leistungsempfängers um ein Beschaffungs- bzw. Finanzierungsinstrument handelt, verfolgen Unternehmen hiermit hauptsächlich **kommunikative Zielsetzungen**. Vereinfacht ausgedrückt geht es darum, **externen** (Marktpartner, Konsumenten, breite Öffentlichkeit) und **internen Zielgruppen** (Mitarbeiter, Aktionäre) die Bereitschaft des Unternehmens zu signalisieren, gesellschaftspolitische Verantwortung zu übernehmen. Grundsätzlich werden mit Sponsoringengagements eher psychographische als unmittelbar ökonomische Zielsetzungen verfolgt. Solche **Ziele** können in Bezug auf externe Zielgruppen sein:

- Steigerung des Bekanntheitsgrades sowie der Wissens- und Erinnerungswirkungen (kognitive Reaktion)
- Imagevariation, -verbesserung, -stabilisierung sowie Einstellungswirkungen durch Transfer des Images vom Gesponsorten auf den Sponsor (affektive Reaktion)
- Aufbau von Goodwill, Demonstration von gesellschaftlicher Verantwortung
- Kontaktpflege zu ausgewählten Zielgruppen, wie z. B. Schlüsselkunden, Meinungsbildnern, Multiplikatoren (Hospitality-Maßnahmen wie z. B. VIP-Lounges bei Sportveranstaltungen)

Jede Form des Sponsoring zielt letztlich darauf, eine (breite) Öffentlichkeit zu erreichen. Zum einen soll die Botschaft den aktiven Teilnehmern und Besuchern der gesponserten Veranstaltung vermittelt werden, zum anderen will man einen erweiterten Personenkreis kontaktieren. Damit die Sponsoringaktivitäten nicht nur dem gewöhnlich eng begrenzten Förderkreis, der mit der unterstützten Person bzw. Institution in Verbindung steht, bekannt wird, bedarf es neben der Multiplikatorfunktion durch Präsenz in den Medien einer **Vernetzung** des Sponsoring **mit den klassischen kommunikationspolitischen Instrumenten** Werbung, Verkaufsförderung und Öffentlichkeitsarbeit. Mögliche **Ansatzpunkte** hierfür sind Tab. 10.8 zu entnehmen.

Tab. 10.8: Ansatzpunkte zur Vernetzung von Sponsoring mit den klassischen Kommunikationsinstrumenten

Klassische kommunikationspolitische Instrumente	Ansatzpunkte zur Vernetzung mit Sponsoring-Aktivitäten
Werbung	• Information ausgewählter Stakeholder über Förderkampagnen durch Direct Mail-Aktionen • Verwendung von Signets des Gesponserten zur Produkt- und Verpackungskennzeichnung (Produktsponsoring) • Sponsorship-Hinweise in der TV-, Hörfunk- und Anzeigenwerbung
Verkaufsförderung	• Bereitstellung von Displaymaterial mit dem Hinweis auf das Förderengagement (Händlerpromotions) • Durchführung von Gewinnspielen im Zusammenhang mit dem Sponsoring-Engagement (Verbraucherpromotions)
Öffentlichkeitsarbeit	• Darstellung des Sponsorship in Pressemitteilungen, Fachzeitschriften, Geschäftsberichten • Durchführung von Benefizveranstaltungen • Auslobung von Preisen • Ausrichtung von Symposien

Als **Vorteile** des Sponsoring sind zu nennen:

- **Erreichen schwer zugänglicher Zielgruppen** (z. B. Verbraucher, die der Werbung bewusst – etwa durch Zapping – ausweichen)
- **Umgehen von Werbebeschränkungen** (etwa im Falle von Zigaretten, Alkohol)
- Ansprache von Zielgruppen in einem **attraktiven, nicht unmittelbar kommerziellen Umfeld** (z. B. während Veranstaltungen)
- **Umgehen von Kommunikationsbarrieren** (z. B. Nicht-Wahrnehmung von Werbung durch das Informationsüberangebot)
- **Verminderte Reaktanzwahrscheinlichkeit** (Reaktanz = der Umworbene widersetzt sich bewusst der Einflussnahme seitens des Werbetreibenden)
- **Multiplikatorfunktion**, d. h. durch Sponsoring kann die Botschaft der klassischen Kommunikationsinstrumente glaubhaft untermauert werden
- **Imagetransfer** vom Gesponserten auf den Sponsor und umgekehrt

In letztem Punkt liegt wohl auch das größte **Risiko** des Sponsoring: Wandelt sich beispielsweise das Image eines der Partner ins Negative (etwa durch Doping oder andere Verfehlungen eines Sportlers), strahlt dies entsprechend auf den anderen aus.

Fallbeispiel: Gefahren des Sportsponsoring – das Beispiel Radsport

Nach dem Doping-Fall um den Fahrer *Patrik Sinkewitz* stellten *ARD* und *ZDF* die Fernsehübertragung der Tour de France 2007 ein. Die fehlende Berichterstattung durch die öffentlich-rechtlichen Fernsehanstalten machte den Radsport für Sponsoren unattraktiver, da der Privatsender *Sat 1*, der in die Übertragung eingestiegen war, eine deutlich geringere Reichweite verzeichnet. Hinzu kam, dass die *Deutsche Telekom* zum damaligen Zeitpunkt immer mehr Kunden im Festnetz verlor und im Zuge einer Imageverbesserung keine negativen Schlagzeilen gebrauchen konnte.

Vor diesem Hintergrund wurde der Ausstieg der *Telekom* aus dem Sponsoring des Profi-Radsports, das mit 13 Mio. € im Jahr veranschlagt war, mehr und mehr zum wahrscheinlichen Szenario. Dies wiederum würde eine Kettenreaktion unter den Sponsoren auslösen. Der Sportartikelhersteller *Adidas*, der Trikotsponsor des *T-Mobile*-Teams, und der Autoproduzent *Audi*, der dem Team zwei Dutzend Begleitfahrzeuge zur Verfügung gestellt hatte, hatten zum damaligen Zeitpunkt bereits begonnen zu prüfen, ob ein Ausstieg nicht zwingend geboten zu sein schien. Auch andere Team-Sponsoren waren in heller Aufregung, wenngleich in den Medien vorerst noch die Unschuldsvermutung für die eigenen Mannschaften hervorgehoben wurde.

Quelle: *o. V.*: Die Sponsoren wollen vom Rad steigen, in: Frankfurter Allgemeine Zeitung, Nr. 167 vom 21.07.2007f, S. 11.

10.5.2 Product Placement

Product Placement bezeichnet die **Integration von Markenprodukten in die Handlung von Filmen** und – seltener – von **Theateraufführungen** (vgl. im Folgenden *Nieschlag/Dichtl/Hörschgen* 2002, S. 1120 – 1123). Das Ausmaß der Einbindung reicht von der reinen Platzierung als Requisite, wobei die Marke für den Zuschauer deutlich erkennbar präsentiert wird, bis zum Verbal Product Placement, bei dem der Markenname im Geschehen genannt wird. Im Gegenzug für die Platzierung von Produkten in der Spielfilm- bzw. Theaterhandlung leistet ein Unternehmen Geld- oder Sachzuwendungen.

Seit 2007 ist die Platzierung von Produkten in Serien, Spielfilmen und Sportsendungen in der *Europäischen Union* erlaubt. Ausgenommen werden lediglich Kinder- und Nachrichtensendungen sowie Dokumentarfilme. In jeder Sendung, die Produktplatzierung enthält, wird alle zwanzig Minuten darauf aufmerksam gemacht. Den Mitgliedstaaten ist es erlaubt, strengere Regeln oder Verbote zu erlassen (vgl. *o. V.* 2007j, S. 28).

Mit einem Product Placement werden folgende **Ziele** verfolgt:

- Erzwungene Wahrnehmung des Produkts, da kein Zapping durch den Zuschauer möglich ist
- Glaubwürdige Darstellung der Produktleistung in einer im Vergleich zum TV-Spot realistischen Situation
- Mehr oder minder unbewusste Informationsaufnahme, die ähnlich abläuft wie bei der redaktionellen Schleichwerbung
- Imagetransfer vom Star auf das Produkt

Kritisch anzumerken bleibt, dass die Wirkung des Product Placement auf Bekanntheitsgrad und Image des Produktes nicht eindeutig nachgewiesen werden kann, da sich diese Kommunikationsmaßnahme kaum von anderen Determinanten wie Involvement, Vorher-Bekanntheitsgrad und Werbung isolieren lässt.

Fallbeispiel: Product Placement – das Beispiel *James Bond*

Eine Kombination von Visual und Verbal Product Placement findet sich im *James-Bond*-Film Moonraker. Nachdem bei einer Fahrt mit einem Krankenwagen wie zufällig ein am Straßenrand stehendes Plakat der Zigarettenmarke *Marlboro* ins Bild kommt, reitet der Hauptdarsteller *Roger Moore* in der nächsten Szene auf einem Pferd und untermalt von der weltbekannten Musik aus den *Marlboro*-Werbespots durch eine Naturlandschaft. Die Ähnlichkeit zu der durch die Prärie reitenden *Marlboro*-Cowboys ist offenkundig beabsichtigt.

10.5.3 Event-Marketing

Mit Event-Marketing umschreibt man die Inszenierung, d. h. die zielgerichtete und systematische Planung, Organisation und Kontrolle von Ereignissen bzw. Veranstaltungen im Rahmen der Unternehmenskommunikation. Durch erlebnisorientierte firmen- und produktbezogene Veranstaltungen werden emotionale und physische Reize sowie starke Aktivierungsprozesse bei unternehmensinternen (Führungskräften, Mitarbeiter sämtlicher Hierarchieebenen) und -externen Zielgruppen (Schlüsselkunden, Konsumenten) ausgelöst.

Das Event-Marketing gewinnt angesichts der Reizüberflutung der Konsumenten durch die klassische Werbung sowie der Fragmentierung der Märkte an Stellenwert. Mögliche **Arten** von Marketing-Events sind in Tab. 10.9 aufgeführt.

Tab. 10.9: Arten von Events (Quelle: Meffert 2000, S. 740)

Art des Events	Zielgruppe	Veranstaltungen
Firmeninterne Events	Führungskräfte, Mitarbeiter aller Hierarchieebenen	• Außendienstkonferenzen • Händlerpräsentationen • Aktionärsversammlungen • Festakte/Jubiläen
Firmenexterne Events	Konsumenten, Schlüsselkunden	• Pressekonferenzen • Messen • Kongresse • Sponsoring-Events • Sportveranstaltungen (z. B. *Adidas* Streetball-Turniere, *Swatch*-Snowboard-Meetings) • Musikveranstaltungen • Kulturelle Veranstaltungen
Events im Handel	Konsumenten	• Bühnenauftritte bekannter Stars/Imitatoren • Talkshows mit Prominenten • Kleinkunst regionaler Künstler • Gewinnspiele • Kinderbelustigung (z. B. Autoscooter, Wildwasserbahn) • Mitmachaktionen (z. B. sportliche Wettläufe, Rodeo) • Multimedia-Produktpräsentationen

Fallstudie „Event-Marketing" – kostenlose Toiletten am Times Square

New York ist für seinen Mangel an öffentlichen und kostenlosen Toiletten berühmt berüchtigt. Diesen Umstand macht sich der amerikanische Konsumgüterproduzent *Procter & Gamble* mit seinem Toilettenpapier *Charmin* zu nutze. Auf zwei riesigen Plakaten an der Fassade des *Bertelsmann* Building sind die Maskottchen der Marke, die *Charmin*-Bärchen zu sehen. Darunter weisen ein großer Pfeil und das Wort "Restrooms" in Richtung der Toiletten hin. Im Inneren des Gebäudes trifft man auf puren Luxus. Vorbei an einem flackernden künstlichen Kamin erreicht man die hufeisenförmig angeordneten und aufwendig gestalteten Toiletten. Jede von ihnen verfügt über ein eigenes Waschbecken, Holzvertäfelung an den Wänden und einen großen Vorrat an – was sonst – *Charmin*-Toilettenpapier. Einige der Kabinen besitzen ein eigenes Motto. In der "Wall Street"-Toilette etwa hängt ein elektronischer Aktienticker, über den jedoch keine Akteinkurse, sondern die *Charmin*-Werbeslogans laufen. Neben den Toiletten findet sich ein Lounge-Bereich.

Die Gratis-Toiletten sind der wohl auffälligste Marketing-Event, den die Metropole seit langem gesehen hat und der auch am mit Werbung nur so überladenen Times Square direkt ins Auge sticht. Bei *Procter & Gamble* ist der Event der zweitgrößte Einzelposten im Marketing-Budget von *Charmin*. Das Toilettenpapier gehört zu den wichtigsten Produkten in der Angebotspalette von *Procter & Gamble* und ist eine von 22 Konzernmarken mit einem Jahresumsatz von mindestens 1 Milliarde Dollar. In den USA gilt *Charmin*, das seit 2002 auch in Deutschland erhältlich ist, mit einem Marktanteil von über 25 % als die populärste Toilettenpapiermarke.

Quelle: *o. V.*: Toiletten für den Times Square, in: Frankfurter Allgemeine Zeitung, Nr. 137 vom 16.06.2003d, S. 22.

10.5.4 Direktkommunikation

Direktkommunikation (auch Direktmarketing und Dialogmarketing) umfasst sämtliche Kommunikationsaktivitäten, bei denen Unternehmen und Konsument in **direktem Kontakt** stehen und ein **Dialog** bzw. eine Interaktion zwischen den Marktpartnern möglich ist (vgl. im Folgenden *Meffert* 2000, S. 743 – 746; *Nieschlag/Dichtl/Hörschgen* 2002, S. 1123 – 1128; http://www.ddv.de/direktmarketing/index_direktmarketing_faq_3352.html, Stand: 18.05.08, 17:15 Uhr.). Hierzu zählen:

- **Werbung mit „direkten Medien"** (z. B. Direct Mailing sprich adressierte Werbesendungen per Post, Fax etc.; Haushaltdirektwerbung wie Prospekte, Kataloge und Postwurfsendungen = unadressierte Werbesendungen; teiladressierte Werbesendungen wie „Postwurf Spezial"; aktives und passives Telefonmarketing, Direktwerbung mit neuen Medien wie etwa E-Mail-Werbung)
- **Direct-Response-Werbung** (z. B. Couponanzeigen, Beilagen, Direct-Response-Funk/TV, Werbung in Onlinenetzen wie Bannerwerbung, Plakat- und Außenwerbung mit Responsefunktion)

Response bedeutet in diesem Zusammenhang, dass ein Adressat auf eine Werbebotschaft direkt antwortet (etwa Zurückschicken einer Postkarte, die einer Anzeige beigeklebt ist; Antwort auf einen adressierten Werbebrief; Reaktion per E-Mail oder Fax; Anruf nach Ausstrahlung eines Fernsehspots). Responseelemente (Reaktions-/Antwortmöglichkeiten) sind demnach die eingeblendete Telefonnummer in einem Werbespot oder auf einem Plakat, Antwortkarten in Anzeigen und Zeitungsbeilagen, ein Coupon, Call-Me- oder Call-Back-Buttons auf der Homepage, E-Mail-Adresse oder eine Telefonnummer, die im Radio genannt wird.

Der Response, d. h. die Reaktions- und Antworthäufigkeit resultiert hauptsächlich aus den eingesetzten Direktmarketinginstrumenten. Darüber hinaus ist der Response von zahlreichen Faktoren abhängig, wie von der Adressqualität beim Mailing, von Darstellung, Attraktivität und Preis des Angebotes. Die Responsequoten liegen daher zwischen 0,1 und 45 %.

Die Direktkommunikation **zielt** darauf ab,

- Neukunden zu gewinnen,

- die Kundennähe zu verbessern,
- die Kundenbindung zu erhöhen und
- das Image zu verbessern.

Der **Erfolg** der Direktkommunikation lässt sich unter anderem anhand folgender **Kriterien** messen:

- Responsequote, d. h. wie viel Prozent haben reagiert,
- Cost per Order (CPO), d. h. Gesamtkosten pro erfolgter Bestellung/Auftrag, sowie
- Kennzahlen der Kundenbindung (etwa Stammkundenquote).

Beim **Direct Mailing**, dem zahlenmäßig wichtigsten Instrument der Direktkommunikation, kommt der **Adressgewinnung** und **-auswahl** eine zentrale Funktion zu. Hierbei bieten sich folgende **Möglichkeiten**:

- Unternehmen „merken" sich die Adressen von bestehenden Kunden oder Interessenten, um sie z. B. später zu kontaktieren.
- Unternehmen nutzen frei zugängliche Quellen, wie Telefonbuch, Branchenverzeichnisse und Handelsregister.
- Unternehmen mieten Adressen zur einmaligen Nutzung von einem Adressvermittler bzw. -verlag oder anderen Unternehmen.
- Unternehmen kaufen Adressen zur uneingeschränkten eigenen Nutzung von einem Adressvermittler bzw. -verlag oder anderen Unternehmen.
- Unternehmen abonnieren Adressen zur uneingeschränkten eigenen Nutzung von einem Adressvermittler bzw. -verlag oder anderen Unternehmen. Hierbei werden die Listen regelmäßig aktualisiert.
- Unternehmen leasen Adressen von einem Adressvermittler bzw. -verlag oder anderen Unternehmen zur mehrfachen Ansprache der gleichen Zielgruppe innerhalb eines festgelegten Zeitraums.

Zu den Unternehmen, die sich auf die Vermarktung von Adressen spezialisiert haben, zählen Adressvermittler (Listbroker) und Adressverlage (Listcompiler). **Adressvermittler (Listbroker)** sind Unternehmen bzw. Makler, die Adressen von Unternehmen und Privatpersonen verleihen oder verkaufen (indirekt zu Marketingzwecken). Ein Listbroker verfügt über Marktkenntnisse und vielfältige Kontakte zu Unternehmen, die bereit sind, ihren Adressbestand für Werbezwecke zur Verfügung zu stellen. Er verhandelt mit Adresseigentümern, um Freigaben für Werbeaktionen zu erreichen, und informiert seine Kunden über Qualitätsunterschiede und Preise.

Adressverlage (Listcompiler) sind Unternehmen, die Listen mit Adressen von Konsumenten oder Unternehmen erstellen und verkaufen oder vermieten. In Abgrenzung zum Listbroker oder auch Adressvermittlern werden die Adresslisten auf Grund externer Quellen wie Telefonbüchern, Tagespresse oder Geschäftsberichten selber erstellt. Die Adressen werden Interessenten angeboten, welche diese Adressen dann für eigene Marketing-Kampagnen verwenden können.

Um Streuverluste zu vermeiden, gilt es zunächst, die Adressen im Einklang mit dem **Bundesdatenschutzgesetz** nach zielgruppenrelevanten Faktoren zu selektieren. Nach dem Bundesdatenschutzgesetz können neben Name und Anschrift auch Merkmale wie Berufs-, Branchen- oder Geschäftsbezeichnung, das Geburtsjahr sowie ein Gruppenmerkmal – zum Beispiel „Käufer von Gartenartikeln" – weitergegeben werden. Nicht weitergegeben werden dürfen sensible Informationen, beispielsweise Daten über religiöse oder politische Anschauungen oder Arbeitnehmerdaten. Hierbei gilt es anzumerken, dass Privatadressen nur vermietet werden dürfen, während Firmenadressen auch verkauft werden können.

Danach werden die gemieteten Adressen zu einem neutralen **Lettershop** übermittelt. Hier werden die Adressen mit dem Mailing des Adressmieters zusammengeführt und versandfertig zur Post gebracht. Auf diese Weise wird gewährleistet, dass die Adressen rechtlich gesehen niemals den Listeneigner verlassen.

Um die Qualität der Adressen zu erhöhen, bieten die Lettershops bei Bedarf sog. Abgleiche an. Hierbei werden Adressen, welche doppelt geliefert wurden oder bereits zum Kundenstamm des Adressmieters gehören (Dublettenabgleich gegen eine bestehende Kundenliste), ausgesondert. Auch Werbeverweigerer, die auf der Robinsonliste stehen, und zahlungsunfähige Personen, die der InFoScore- bzw. ProtectorProfiler-Liste entnommen werden, gilt es von einer Mailing-Aktion auszuschließen (vgl. *Holland* 2004).

Um Verbrauchern die Möglichkeit zu geben, sich vor Werbebriefen/Mailings zur Neukundengewinnung zu schützen, führte der *Deutsche Direktmarketing Verband e. V.* 1971 als freiwillige Einrichtung der Werbewirtschaft die Robinsonliste ein. Diese umfasst derzeit rund 580.000 Bruttoeinträge (Stand: Dezember 2005) und gilt nur für personalisierte Werbebriefe, d. h. wenn Verbraucher persönlich angeschrieben werden. Wer keine Prospekte mehr erhalten möchte, sollte den Briefkastenaufkleber „Bitte keine Prospekte einwerfen" anbringen. Dieser ist bei der *DDV*-Geschäftsstelle erhältlich. Verbraucher, die sich in die Robinsonliste eintragen lassen möchten, können die Unterlagen telefonisch oder per Postkarte kostenlos anfordern beim: *DDV*, *Deutscher Direktmarketing Verband*, Stichwort „Robinsonliste", Postfach 14 01, 71243 Ditzingen, Telefon 07156/951010. Der Antrag muss schriftlich gestellt werden. Weitere Informationen finden sich auf der speziell für Verbraucherfragen eingerichteten Website www.direktmarketing-info.de.

10.5.5 Multimedia-Kommunikation

Multimedia-Kommunikation bezeichnet die Planung, Organisation, Durchführung und Kontrolle sämtlicher Maßnahmen, die dazu dienen,

- durch Versendung von Botschaften, die über die Kombination von Text-, Graphik, Bild-, Ton- und Bewegtbildern gestaltet sind (Multimediamittel),
- mittels elektronischer Medien (Multimediaträger)
- mit dem Kunden in Interaktion zu treten und
- die Kommunikationsziele des Unternehmens zu realisieren.

Nach Ort und Anwendungsstatus lassen sich die in Tab. 10.10 aufgeführten Formen der Multimedia-Kommunikation unterscheiden. Wirft man einen genaueren Blick auf die Kommunikation im Internet, so bieten sich hier grundsätzlich folgende **Optionen** (*vgl. Meffert* 2000, S. 761):

- **One-to-Many-Kommunikation**
  Hierbei stellt ein Unternehmen Informationen im World Wide Web bereit und die Konsumenten können diese auf interaktivem Wege abrufen.
- **One-to-Few-Kommunikation**
  Zum einen können Unternehmen ein Formular im World Wide Web zur Verfügung stellen, mit Hilfe dessen sich Konsumenten registrieren lassen. Zum anderen bietet sich die Möglichkeit, per E-Mail gezielte Information an registrierte Personen zu verteilen.
- **One-to-One-Kommunikation**
  Hier bieten sich folgende Optionen:
  - (Un-)bewusste Angabe von Präferenzen durch Konsument im World Wide Web (etwa durch Aufruf bestimmter Homepages)
  - Individualisiertes World Wide Web, d. h. automatisierte Bereitstellung von Informationen durch Unternehmen und Abruf durch Konsument
  - Einrichten einer Chatplattform durch Unternehmen im World Wide Web; der Konsument kann in einem solchen Forum Informationen abrufen und hinzufügen
  - Individuelle Information eines Konsumenten durch ein Unternehmen per E-Mail

Tab. 10.10: Formen der Multimedia-Kommunikation (Quelle: Meffert 2000, S. 749)

Ort / Anwendungsstatus	Domizil	Nicht-domizil
Offline	Z. B. CD-Rom mit Produktinformationen	Z. B. POS (Point-of-Sale)/POI (Point-of-Information)-Terminals in Kaufhäusern ohne Anbindung an ein Netzwerk
Online	Z. B. Werbung, Vertrieb oder Service über Angebote im Internet	Z. B. POS/POI-Terminals in Kaufhäusern mit Anbindung an ein Netzwerk (Möglichkeit der Bestandsprüfung, Bestellmöglichkeit)

Fallstudie „*Google* – die wohl beste Suchmaschine der Welt“

Google gilt als beste Suchmaschine der Welt und damit als Lebensader des Internet. Ob Online-Händler, Reiseanbieter, Produktvergleichsmaschine oder Medium – nahezu jeder, der im Internet Geld verdient, akquiriert einen Großteil seiner Klientel über *Google*. Um so weiter oben ein Unternehmen auf den Trefferlisten – oder den rechts daneben platzierten Werbespalten – rangiert, desto größer ist die Wahrscheinlichkeit, dass Nutzer die entsprechenden Internetseiten besuchen.

Um die Suchergebnisse in maximal einer halben Sekunde und damit schnell anzeigen zu können, wird eine Suchanfrage nicht nur an einen, sondern an Tausende von Computern gleichzeitig versendet. Kommen die Seiten mit den Fundstellen zurück, muss *Google* eine

Rangfolge erstellen mit dem Ziel, die besten Suchergebnisse auch oben anzuzeigen. Hierzu setzt *Google* einen streng geheimgehaltenen **Algorithmus** ein, der sich aus mehr als 200 Kriterien zusammensetzt. Diese lassen sich vereinfacht auf **zwei Dimensionen** verdichten:

- **Reputation** einer Internetseite, die im Wesentlichen auf der Page Rank basiert. Die Bedeutung einer Internetseite berechnet sich anhand der Zahl der Verweise von anderen Seiten auf die betreffende Seite.
- Bedeutung des Suchbegriffs auf der Internetseite (= **Topicality**). Kriterien, die entsprechend ihrer Gewichtung zu einem Index aggregiert werden, sind beispielsweise die Häufigkeit, mit der ein Begriff auf einer Internetseite vorkommt, ob ein Begriff im Titel der Seite oder in der Internetadresse auftaucht, wie dicht die Nennungen beieinander stehen und wann die betreffende Seite zuletzt aktualisiert wurde.

Je höher die Kombination aus Reputation einer Internetseite und Bedeutung des Suchbegriffs auf der Internetseite (= **Signalnummer**) sind, desto weiter oben rangiert die Internetseite auf der Trefferliste. Wird ein von *Google* festgelegter Mindestwert hinsichtlich der Kombination der beiden Kriterien unterschritten, taucht die Seite auf der Trefferliste nicht auf.

Die Trefferlisten sehen aber nicht immer gleich aus, wie folgende Beispiele zeigen:

- Die *Bank of England* etwa ist ein gutes Suchergebnis, wenn ein Brite den Begriff „Bank" eingibt. Für Deutsche wäre ein solches Ergebnis nahezu wertlos. Dies erfordert **länderspezifische Trefferlisten**.
- Das Suchergebnis kann sich innerhalb von Minuten ändern. ***Google*** **Trends** misst, wie häufig ein Suchbegriff in aller Welt eingegeben wird. Sobald die Suchwörter schnell ansteigen (beispielsweise in Folge eines Bombeanschlags), reagiert das System und streut mehr aktuelle Suchtreffer ein.
- Parallel sendet *Google* die Anfrage zu einem **Rechtschreibeserver**, der gegebenenfalls Vorschläge für eine andere Schreibweise unterbreitet. Außerdem werden **semantische Verwandtschaften** berücksichtigt. Gibt ein Nutzer den Begriff „*Angela Merkel*" ein, müssen auch Seiten angezeigt werden, die den Begriff „Bundeskanzlerin", nicht aber deren Name enthalten. Die Zahl der Seiten von einer Internetadresse wird **begrenzt**, damit der Nutzer eine ausgewogene Mischung erhält. Auf diese Weise wird beispielsweise vermieden, dass unter den ersten zwanzig Treffen nur Seiten eines Anbieters vorkommen.
- Wird die **persönliche Suche** eingeschaltet, kann das Suchergebnis noch weiter optimiert werden. Hat ein Nutzer in der Vergangenheit häufig Seiten der *Frankfurter Allgemeinen Zeitung* aufgerufen, wandern Artikel über *Angela Merkel* in dieser Zeitung auf der Trefferliste nach oben. Außerdem wird berücksichtigt, ob der Nutzer ein Textdokument, ein Video, ein Bild oder eine Nachricht als Suchergebnis präferiert.

Quelle: *o. V.*: Die Lebensader des Internet, in: Frankfurter Allgemeine Zeitung, Nr. 180 vom 06.08.2007e, S. 19.

10.5.6 Messen und Ausstellungen

Messe bezeichnet eine zeitlich begrenzte, regelmäßig wiederkehrende Marktveranstaltung, die an einem bestimmten Ort durchgeführt wird und sich zumeist an Fachbesucher richtet. Die Ausstellung unterscheidet sich von der Messe darin, dass sie nicht unbedingt regelmäßig stattfinden muss und sich stärker an die Öffentlichkeit richtet. Beide Veranstaltungen bieten Anbietern die Möglichkeit, ihre Produkte und/oder Dienstleistungen zu präsentieren, zu erläutern und gegebenenfalls zu verkaufen. Messeveranstaltungen lassen sich anhand folgender **Kriterien** typisieren (vgl. im Folgenden *Meffert* 2000, S. 741 – 743; *Nieschlag/Dichtl/Hörschgen* 2002, S. 911 – 913 sowie 1002):

- Breite des Angebots (z. B. Spezial-, Branchen-, Fachmessen, Mehrbranchen- und Universalmessen)
- Angebotsschwerpunkt (Konsum- und Investitionsgütermessen)
- Funktion einer Messe (Informations- und Ordermessen)
- Aussteller- und Besucherreichweite (regionale, nationale, internationale Messen)
- Zielgruppe (Fachbesucher-, Händler- und Konsumentenmessen sowie Messen für potenzielle Mitarbeiter)
- Branche und Wirtschaftsstufe (Landwirtschafts-, Handels-, Industrie- und Dienstleistungsmessen)
- Wichtigkeit (Leit- bzw. Primär- und Sekundärmessen)
- Übermittlungsmedium (traditionelle physische sowie virtuelle Messen)
- Hauptrichtung des Absatzes (Export- und Importmessen)

Waren Messen ursprünglich Verkaufsveranstaltungen, die dem unmittelbaren Kauf- und Verkauf von Leistungen dienten, überwiegen heutzutage Mustermessen, auf denen Produkte nur als Muster geführt werden und der Informationsaspekt im Vordergrund steht.

Im Falle einer Messebeteiligung gilt es folgende **Aufgaben** zu bewältigen:

- Konzeption des Messestandes
- Auswahl der Exponate (Was soll ausgestellt werden?)
- Auswahl, Schulung und Einsatz des Personals
- Auswahl kommunikativer Maßnahmen (z. B. Verkaufsgespräche, Produktpräsentation, Video- und Internetunterstützung)

Zu den zentralen **Stärken** von Messen und Ausstellungen zählen:

- Direkte Ansprache von und persönlicher Kontakt zu (potenziellen) Kunden
- Hohe Kommunikationsdichte und Informationsqualität
- Möglichkeit des direkten Vergleichs mit dem Wettbewerber (Benchmarking)
- Hohe Kommunikationsqualität durch den Ereignischarakter

10.6 Schnittstelleninstrumente

10.6.1 Mobile Advertising

Eine vergleichsweise innovative Form der Kommunikation repräsentiert das **Mobile Advertising**. Hierunter versteht man die Durchführung von Kommunikationsaktivitäten über **mobile Endgeräte** (= Werbeträger) wie Handys, PDAs (= Handhelt-Computer mit Organizerfunktion), Smartphones (, die Funktionen eines Mobiltelefons mit denen eines PDAs vereinigen) sowie Laptops mit WLAN-Anschluss, was eine kabellose Internetverbindung ermöglicht (vgl. im Folgenden *Clemens* 2003; *Dufft* 2003; *Holland* 2007; *Oswald/Tauchner* 2005; *Pousttchi/Turowski* 2004). Angesichts zunehmender Marktpenetration von Handys und der schrittweisen Etablierung leistungsfähiger Übertragungsstandards steigt das Interesse von Unternehmen, dieses Medium zum Zwecke der werblichen Kommunikation zu nutzen.

Die **Varianten** des Mobile Advertising lassen sich anhand von **drei Kriterien** charakterisieren:

- **Ohne versus mit Responsefunktion**
  Während der Empfänger im Falle des Fehlens einer Responsefunktion nicht antworten kann (etwa bei der regelmäßigen Informationen einer Supermarktkette über Sonderangebote), bietet ihm ein Responseelement die Möglichkeit, auf beispielsweise eine SMS (= Short Message Service, d. h. Kurznachricht, die über Mobiltelefone versendet wird), EMS (= Enhanced Message Service, d. h. erweiterter Nachrichtenservice, der zusätzlich in der Lage ist, Bilder und Töne mitzusenden) bzw. MMS (= Multimedia Messaging Service, der die Möglichkeit bietet, mit einem Mobiltelefon multimediale Nachrichten an andere mobile Endgeräte oder an normale E-Mail-Adressen zu schicken) zu reagieren (etwa Bestellung eines Produktkatalogs durch eine Antwort-SMS, -EMS bzw. -MMS)
- **Cross- versus Uni-Medial**
  Im Falle des cross-medialen Mobile Advertising kommen mindestens zwei unterschiedliche Medien zum Einsatz. Beispielsweise wird der Konsument über TV, Rundfunk und/oder Print-Medien dazu aufgefordert, an einem Gewinnspiel teilzunehmen, und antwortet mit einer Nachricht an eine angegebene Handynummer. Bei uni-medialen Kampagnen hingegen läuft der gesamte Kommunikationsprozess über ein einziges Medium ab. Im Falle des Mobile Couponing etwa werden in der Regel digitale Coupons per SMS auf die mobilen Endgeräte des Konsumenten gesendet. Der Coupon kann die SMS selbst sein oder aber ein Barcode, der auf dem Handydisplay dargestellt und beim Kassiervorgang durch einen Scanner erfasst wird. Doch auch das Mobile Couponing kann crossmedial aufgebaut sein. Beispielsweise wird dem Empfänger ein Zugangscode auf sein Handy geschickt. Mit diesem erlangt er via Internet Zugang zu einer bestimmten Internetseite, von der er sich dann einen Coupon ausdrucken kann.
- **Push- versus Pull-Strategie**
  Im Zuge der Push-Strategie kontaktiert das werbetreibende Unternehmen per Mitteilung (z. B. SMS, EMS, MMS oder Mobile Coupon) Personen, die sich zuvor generell mit dem Empfangen von Werbung über dieses Medium einverstanden erklärt haben. Bei der Pull-

Strategie hingegen weist das Unternehmen mittels anderer Medien (etwa TV-Werbung, Produktverpackungen etc.) auf seinen mobilen Kommunikations-Auftritt hin. Daraufhin wird der Kunde aktiv, in dem er beispielsweise per Mobiltelefon an einem Preisausschreiben teilnimmt oder einen Klingelton anfordert (vgl. *Homburg/Krohmer* 2006, S. 819 ff.).

Als **Stärken** des Mobile Advertising gelten:

- **Reichweite**
  Diese liegt in der hohen Diffusion von Handys in der Bevölkerung sowie der Möglichkeit einer zeit- und ortsunabhängigen Kundenansprache begründet.
- **Lokalisierbarkeit**
  Der Aufenthaltsort des Mobilfunknutzers kann mittels bestimmter Techniken wie beispielsweise GPS (Global Positioning System) lokalisiert und mit einer auf seinen aktuellen Aufenthaltsort ausgerichteten Werbebotschaft angesprochen werden. Über Location Based Services ist das Netz mittels „Handy-Ortung“ in der Lage zu identifizieren, wo sich der Konsument gerade aufhält. Befindet sich ein Kunde beispielsweise vor einem Drogeriemarkt, wird ihm ein Mobile Coupon für ein bestimmtes Parfum per SMS übermittelt. Neue Technologien sind des Weiteren Bluetooth Areas, in denen über eine entsprechende Schnittstelle moderner Handys Veranstaltungstipps, Werbeslogans oder virtuelle Rabattgutscheine empfangen werden. Nicht zuletzt können Passanten mittels proaktiver Werbung sprich Werbeplakaten, die mit entsprechenden Sendern ausgestattet sind, angefunkt werden.
- **Zielgruppengenauigkeit**
  Jeder Nutzer ist anhand seiner Mobilfunknummer eindeutig identifizierbar. Dies eröffnet die Option, auf Basis einer Kundendatenbank den Konsumenten im Sinne eines "One-to-One"-Marketing maßgeschneidert anzusprechen. Die Möglichkeit der Personalisierung ist insbesondere dadurch gegeben, dass ein Mobiltelefon nur selten von mehreren Personen genutzt wird und dementsprechend im Normalfall eine eindeutige Zuordnung von Gerät und Nutzer gewährleistet ist.
- **Bidirektionale Kommunikation**
  Beim Vorhandensein einer Responsefunktion kann der Empfänger direkt, mit überschaubarem Aufwand und schnell mit dem Unternehmen in Kontakt treten und kommunizieren.
- **Multiplikationspotenzial**
  Ist eine Werbebotschaft nicht nur informativ, sonder auch unterhaltend, kann es zu sog. „viralen Effekten“ kommen. Konkret leitet der Empfänger etwa ein Bild oder einen Videoclip an Freunde und Bekannte weiter, so dass sich die Botschaft wie ein Virus ausbreitet. Diese Spielart der mehrstufigen Kommunikation erhöht die Glaubwürdigkeit sowie die Kontakthäufigkeit der Botschaft, ohne das Unternehmen mit zusätzlichen Kosten zu belasten. Ein zentraler Vorteil des **Viral Marketing**, das als Begriff erstmals 1996 auftauchte, liegt in der Gelegenheitsempfehlung, die sich aus der Situation ergibt und keine langjährige Beziehung zum Kunden voraussetzt. Humor, Schock- und Überraschungseffekte versprechen die schnellte Ausbreitung der Werbebotschaft. Da der virale

Clip einen anderen Status als unerwünscht präsentierte Werbung besitzt, sind die Empfänger vergleichsweise häufig bereit, sich mit dem Angebot auseinanderzusetzen. Die erste „Virusepidemie“ in Deutschland löste *Johnnie Walker* mit seinem Internet-Videospiel „Moorhuhnjagd“ aus.

Alle Formen des Mobile Advertising setzen voraus, dass der (potenzielle) Kunde eine **Einverständniserklärung** zum Empfang von mobiler Werbung erteilt. Hierfür bieten sich **drei Verfahren** an:

- **"Single-Opt-In"-Verfahren**
  Hier registriert sich der Interessent beispielsweise auf einer Internetseite und erteilt dort seine einmalige Verständniserklärung.
- **"Confirmed-Opt-In"-Verfahren**
  Hier erhält der Nutzer zusätzlich eine Bestätigung seiner Anmeldung per SMS oder E-Mail.
- **"Double-Opt-In"-Verfahren**
  Hier erhält der Interessent im Anschluss an seine Anmeldung eine E-Mail oder SMS mit einem Passwort. In dem er auf die Nachricht antwortet, bestätigt er seine Einwilligung. Zahlreiche Unternehmen nutzen dieses Verfahren, um sich gegen ungewollte Anmeldungen durch Dritte abzusichern (vgl. *Holland/Bamel* 2006, S. 45; *Högler/Bulander/Schiefer/Sandel* 2004).

10.6.2 Blog Marketing

Ein Weblog (engl. Kontamination aus Web und Log), oft einfach nur Blog genannt, ist eine Webseite, die ähnlich einem Tagebuch periodisch neue Einträge enthält, d. h. in regelmäßigen Abständen ergänzt wird. Neue Einträge stehen an oberster Stelle, ältere folgen in umgekehrt chronologischer Reihenfolge (vgl. *Holland* 2007, S. 20).

Werden Weblogs für die interne und externe Kommunikation eines Unternehmens benutzt, bezeichnet man sie als Corporate Blogs. Diese treten in unterschiedlichen Formen auf und erfüllen in erster Linie Image- und Unternehmensfunktionen, in dem sie etwa ein Produkt, eine Dienstleistung oder die Strategie des Unternehmens nach innen oder außen kommunizieren. Charakteristisch für Corporate Blogs ist, im Gegensatz zu anderen, im Marketing genutzten Weblogs, dass sie gebrandet sind, d. h. dass sie z. B. das Logo des Unternehmens tragen oder anderweitig klar ersichtlich wird, dass das Unternehmen das Weblog herausgibt.

Weblogs sind als Kommunikationsinstrumente von Unternehmen relativ neu. Bisher werden sie vor allem von US-amerikanischen Konzernen genutzt, mittlerweile halten sie aber auch in Deutschland Einzug.

Fallstudie "Weblog" – der Corporate Social Responsibility Blog von *McDonald's*

McDonald's hat 2006 einen Corporate Social Responsibility Blog gestartet. Mit "Open For Discussion" will der Fast-Food-Konzern die offene Kommunikation mit seinen Kunden und der Öffentlichkeit intensivieren. Der erste Beitrag wurde von *Bob Langert*, Senior Director for Corporate Social Responsibility bei *McDonald's*, verfasst. Er erklärt u. a.:

„Wir wollen von Ihnen/Euch hören, denn wir lernen ständig dazu und versuchen, uns immer weiter zu verbessern. Und man kann nicht lernen – oder sich verbessern –, wenn man nicht zuhört. Wir leben in einer sich ständig wandelnden Welt, in der Problemstellungen komplex und Lösungen alles andere als einfach sind. Bei derart komplexen Zusammenhängen werden wir nicht notwendigerweise immer einig sein, was Ursachen oder beste Lösungen betrifft, aber wir können uns darüber austauschen."

Wie offen *McDonald's* den Kundendialog in Zukunft führen wird, wenn in den Kommentaren die Kritik am Unternehmen überhand nehmen sollte, wird sich erst in Zukunft zeigen. Denn bislang gibt es erst wenige Einträge und einige Kommentare dazu. Jedenfalls versucht das Unternehmen mittels eines solchen Corporate Blogs, verloren gegangenes Vertrauen seiner Kunden zurück zu gewinnen und selbst aktiv Agenda Setting (= Setzen konkreter Themenschwerpunkte und Einschätzungen; Agenda: lateinisch: „zu tuende Dinge") zu betreiben.

Für *McDonald's* ist das Bloggen selbst seit längerer Zeit kein Neuland mehr. Der neue CSR-Blog ist Teil einer breiter angelegten Kommunikationsstrategie. So bloggt *Steve Wilson*, Director of Global Web Communications von *Mcdonald's*, bereits seit längerem in einem privaten Blog. Darüber hinaus gibt es bei *McDonald's* laut Blogspotting auch noch interne Mitarbeiterblogs.

Quelle: *Schneider, W.*: McMarketing – Einblicke in die Marketing-Strategie von McDonald's, Wiesbaden 2007, sowie die dort zitierte Literatur.

10.6.3 Permission Marketing

Permission Marketing bezeichnet den Versand von Werbe- und Informationsmaterialien (i. d. R. E-Mails) mit der ausdrücklichen Erlaubnis (Permission) des Kunden bzw. Empfängers (vgl. http://de.wikipedia.org/wiki/Permission_Marketing; Stand: 20.03.2007, 18:02 Uhr). Der Begriff wurde zuerst in einem Buch von *Seth Godin* aus dem Jahr 1999 verwendet. Diese Form der Kommunikation bietet gegenüber konventioneller Werbung (z. B. in Zeitschriften, Fernsehen usw.) dem werbenden Unternehmen die Möglichkeit, den (potenziellen) Kunden direkt durch personalisierte Informationen anzusprechen.

Zu den **Spielarten** des Permission Marketing zählen:

- Newsletter, die dem Kunden einen Mehrwert (z. B. Branchen- oder Fachinformationen) bieten und in der Regel auf der Homepage eines Anbieters zu finden sind
- Formulare zur Anforderung von Produktinformationen
- Call-Back-Formulare, mit denen ein (potenzieller) Kunden einem Unternehmen erlaubt, ihn telefonisch zurückzurufen

10.6.4 Virales Marketing

Virales Marketing (auch Viral-Marketing und Virus-Marketing) ist eine Spielart des Marketing, die existierende soziale Netzwerke ausnutzt, um Aufmerksamkeit auf Marken, Produkte oder Kampagnen zu lenken. Hierbei wird darauf gesetzt, dass sich Nachrichten epidemisch, d. h. wie ein Virus ausbreiten. Die Verbreitung der Nachrichten basiert damit letztlich auf Mundpropaganda, also der Kommunikation zwischen Kunden oder Konsumenten.

Vor allem via Internet können sich Marketingbotschaften viral verbreiteten. Als Paradebeispiel für Virales Marketing gilt das Werbespiel Moorhuhn, das von der Internetseite des Unternehmens *Johnnie Walker* kostenlos heruntergeladen werden konnte und zu seinen Hochzeiten bemerkenswert weit verbreitet war. Wie sich dies auf Image und Umsätze der Marke "*Johnnie Walker*" ausgewirkt hat, lässt sich jedoch allenfalls abschätzen.

Symptomatisch für Projekte, die dem Viral Marketing zuzurechnen sind, kommen wie aus dem Nichts, verzichten auf flankierende klassische Kommunikationsinstrumente und arbeiten mit geringem finanziellen Aufwand. Dennoch erreichten sie z. T. ganz erstaunliche Bekanntheits- und Verbreitungsgrade.

Fallstudie „Virales Marketing" – der Werbe-Wirbel um *Harry-Potter*-Bücher und *Apple*-Produkte

Harry Potter sowie iPod bzw. iPhone schaffen etwas, wovon Marketingtreibende träumen: Käufer, die nicht einfach Konsumenten, sondern fanatische Fans sind. Symptomatisch für diese Produkte ist, dass die Öffentlichkeit ihnen eine beispiellose weltweite Aufmerksamkeit widmet, die kaum von klassischer Werbung, sondern vor allem von den Medien und Mund-zu-Mund-Propaganda getragen wird. Das Erfolgsprinzip lautet **Virales Marketing**, das auf der Idee basiert, die Begeisterung für ein Produkt gleich einem Virus von einem potenziellen Käufer zum nächsten zu tragen.

Wenn man von der Unterschiedlichkeit beider Produkte einmal absieht und die objektive Qualität außen vor lässt, weisen sie aus der Marketingperspektive ähnliche **Eigenschaften** auf:

- **Mythos und Legendenbildung**: In beiden Fällen – der Autorin *Joanne K. Rowling*, einer ehemaligen Sozialhilfeempfängerin, und dem charismatischen und unangepassten *Apple*-Gründer *Steve Jobs* – basiert der Marketingmythos auf einer Aufsteigergeschichte – Menschen, die für ihre Idee gekämpft haben, dabei auch manche Rückschläge in Kauf nehmen mussten, letztlich aber Erfolg hatten.
- **Knappheit des Produkts**: Klug lancierte Nachrichten über Lieferengpässe und riesige Warteschlangen vor Buchhandlungen bzw. Elektronikgeschäften ziehen potenzielle Käufer geradezu magnetisch an. Die Furcht, nicht zu den Ersten zu gehören, die das begehrte Produkt in den Händen halten, weckt das Verlangen.
- **Inszenierte Geheimhaltung**: Während andere Unternehmen einen Großteil ihres Werbebudgets dafür einsetzen, Konsumenten bereits Wochen vor der Markteinführung mit Pro-

duktdetails zu versorgen, soll in den vorliegenden beiden Fällen vor dem Markteintritt nichts über das Produkt an die Öffentlichkeit gelangen. Dass gerade deshalb zahlreiche Gerüchte kursieren, die dann von den Medien verbreitet werden, spielt beiden Unternehmen in die Karten. Nicht ohne Grund verzichten sie grundsätzlich darauf, Gerüchte zu kommentieren.

Während der Wirbel um *Harry Potter* beim ersten Band jedoch mehr oder weniger zufällig entstand und erst später systematisch angefacht wurde, hat *Steve Jobs* seit seiner Rückkehr zu *Apple* 1997 bewusst auf die skizzierten Faktoren gesetzt. Zudem erkannte er frühzeitig die Bedeutung von Meinungsführern für den Erfolg der *Apple*-Produkte. Wohl kaum ein anderes Unternehmen betreibt einen so engen Austausch mit seinen Kunden wie *Apple* – und diese leisten dann in persönlichen Gesprächen oder Internetforen unbezahlte Überzeugungsarbeit.

Quelle: *Lembke, J.*: Das magische Virus, in: Frankfurter Allgemeine Zeitung, Nr. 167 vom 21.07. 2007, S. 18.

Die Bezeichnung „virales Marketing“ (oder Viral Marketing) ist allerdings insofern irreführend, da in aller Regel ausschließlich die Verbreitung von Werbung gemeint ist, Werbung jedoch nur eine Facette des Marketing-Mix bildet. Streng genommen dürfte man nur dann von viralem Marketing sprechen, wenn das gesamte Marketing Mix, also product, price, place und promotion zur viralen Verbreitung beitragen. Dies ist in wenigen Fällen – etwa *Bionade* – gegeben.

Die Übertragung von digitalen viralen Botschaften geschieht auf folgende **drei Arten**:

- **Tell-A-Friend-Funktionen**: Ausfüllen von Formularen auf dem Web, welche die Information der Seite als E-Mails an die Empfänger (Freunde) schickt („Artikel als E-Mail senden“). In den zugestellten Infos finden sich entsprechende Weblinks.
- **E-Mail**: Weiterleiten von E-Mails mit Witzen, Preisausschreiben, interessanten Bildern, Ton- und Filmclips oder Folienpräsentationen. Dies gilt als häufigste Verbreitungsart.
- **Virale Effekte über Weblogs**: Wenn viele Weblogbetreiber eine virale Botschaft aufnehmen und verbreiten, kann es ebenso zu einer schnellen Verbreitung im Netz kommen.

Eine häufig angewandte Methode zum Auslösen viraler Effekte sind außerdem Petitionen und sonstige Unterschriftensammlungen oder Wetten im Netz, die bestimmte Klickzahlen auf den beworbenen Internetseiten sicherstellen sollen. Insbesondere hinter Wetten stecken häufig Werbemittel in Form von Bannerwerbung auf den entsprechenden Zielseiten. Bei manchen sich verbreitenden Inhalten handelt sich auch schlicht um die Maßnahmen Einzelner, die keine eigentlichen Marketingziele verfolgen.

Als **Erfolgsfaktoren** viraler Effekte gelten:

- Das richtige Kampagnengut: Es sollte unterhaltsam, nützlich, neu, falls möglich kostenlos und/oder einzigartig sein. Nur wenn man den Menschen etwas bietet, dessen Weiterverbreitung sich lohnt, wird die Kampagne erfolgreich sein.
- Die richtigen Rahmenbedingungen: Um eine schnelle Verbreitung zu gewährleisten, muss für ausreichende Verfügbarkeit, Serverkapazitäten, außerdem ggf. Presseunterstützung gesorgt werden.
- Weiterempfehlungsanreize, mit welchen die Konsumenten ggf. für die Weiterempfehlung belohnt werden (etwa Gutscheine, Prämien oder Preisausschreiben)

11 Beziehungen, Restriktionen und Probleme beim Einsatz des Marketing-Instrumentariums

Dieses Kapitel vermittelt,:

- welche Beziehungen zwischen den einzelnen Instrumenten bestehen können,
- welchen Restriktionen das Marketing-Instrumentarium unterliegt und
- welche Probleme bei dessen Einsatz auftreten können.

Zwischen den einzelnen Instrumenten des Marketing-Mix existieren funktionale, zeitliche und hierarchische Beziehungen (vgl. *Pepels* 1999, S. 124 ff.). Die **funktionalen Beziehungen** charakterisieren, inwieweit sich die einzelnen Instrumente gegenseitig beeinflussen. Hierbei lassen sich unterscheiden:

- **Komplementarität** („Harmonie"): Die Instrumente ergänzen sich gegenseitig, z. B. eine hohe Leistungsqualität und ein hoher Preis.
- **Indifferenz** („Neutralität"): Die Instrumente üben keinen gegenseitigen Einfluss aus (etwa Gestaltung des Logos und Wahl des Vertriebswegs).
- **Konflikt** („Konkurrenz"): Ein Instrument wirkt sich negativ auf ein anderes aus. Beispielsweise steht das anvisierte Image einer hohen Qualität des Herstellers in Konflikt zu einer aggressiven Preispolitik des Handels.
- **Substituierbarkeit:** Hier ersetzt ein Instrument ein anderes. Z. B. lässt kann die Verkaufsförderung – zumindest unter bestimmten Bedingungen – an die Stelle der klassischen Werbung treten.
- **Konditionalität:** Hier bedingen sich zwei oder mehr Instrumente wechselseitig. Einheitliche Endverbraucherpreise über die verschiedenen Vertriebswege etwa erfordern vom Hersteller eine intensive Endverbraucherwerbung, da nur so ein starker Nachfragesog ausgelöst werden kann, der wiederum eine entsprechendes Machtübergewicht des Herstellers gegenüber dem Handel bewirkt.

Hinsichtlich der **zeitlichen Beziehungen** lassen sich unterscheiden:

- **Paralleler Einsatz:** Zwei oder mehr Instrumente werden völlig zeitgleich nebeneinander eingesetzt (etwa Preissenkung und Verkaufsförderungsaktion im Handel).

- **Sukzessiver Einsatz:** Hier kommen die Instrumente schrittweise zum Einsatz, so dass sie schließlich nebeneinander eingesetzt werden.
- **Intermittierender Einsatz:** Zwei oder mehr Instrumente wechseln sich ohne Unterbrechung oder mit Lücken gegenseitig ab.
- **Ablösender Einsatz**, d. h. ein Instrument löst ein anderes ab, ohne das diese wieder in unmittelbarem Anschluss eingesetzt wird.
- **Versetzter Einsatz**, d. h. zwei oder mehr Instrumente werden jeweils ähnlich lang eingesetzt und überlappen einander allenfalls.
- **Vorlaufender oder nachlaufender Einsatz,** d. h. ein Instrument setzt den vorherigen Einsatz eines anderen Instruments voraus bzw. folgt auf ein anderes (z. B. Ankündigungswerbung vor der Produkteinführung oder Kundendienstangebot nach der Produktelimination).

Hierarchische Beziehungen charakterisieren die relative Bedeutung der Instrumente zueinander. Im Falle von Markenartikeln wäre die klassische Werbung ein dominantes Instrument, wohingegen Sponsoring gemeinhin als unterstützendes Instrument gilt.

Generell bleibt festzuhalten, dass die Marketing-Instrumente in zahlreichen Fällen nicht frei einsetzbar sind, sondern gewissen **Einschränkungen** unterliegen (vgl. im Folgenden *Nieschlag/Dichtl/Hörschgen* 2002, S. 329 – 336). Hierzu zählen:

- **Produktspezifische Restriktionen**
  Im Rahmen des Distributionsmanagement etwa erfordert die Erklärungsbedürftigkeit komplizierter Produkte qualifizierte Absatzmittler oder ein ungünstiges Wert/Gewicht-Verhältnis erlaubt lediglich den Verkauf an Großabnehmer.
- **Rechtliche Restriktionen**
  Als Beispiele können die (noch bestehende) Einschränkung der Ladenöffnungszeiten durch das Ladenschlussgesetz, das Verbot von Werbung für Alkoholika und Zigaretten in bestimmten Medien sowie die Buchpreisbindung angeführt werden.
- **Finanzielle und produktionstechnische Restriktionen**
  Beispielweise ist nicht genug Kapital für den Aufbau eigener Verkaufsniederlassungen oder eine Reisendenorganisation vorhanden. Oder aber eine zu hohe Fixkostenbelastung verhindert eine flexible Preispolitik. Oder aber die Produktionskapazität begrenzt das Absatzvolumen.
- **Unternehmenspolitische Restriktionen**
  Bei vielen Unternehmen verbieten es die ethischen Grundsätze, eine Politik der geplanten Veralterung von Produkten durch Sollbruchstellen (Planned Obsolescense), eine aggressive Preispolitik oder die Manipulation von Kindern durch Werbung zu verfolgen.

- **Natürliche Restriktionen**
  Die begrenzte Lagerfähigkeit verderblicher Produkte etwa bedingt eine hohe Liefergeschwindigkeit. Oder aber die begrenzte Belastbarkeit der Umwelt erfordert umfangreiche Investitionen in ökologiefreundliche Technologien, was sich wiederum auf das Preismanagement auswirkt. Oder aber die Verteuerung von Rohstoffen verhindert eine aggressive Preisgestaltung.

Des Weiteren können beim Einsatz des Marketing-Instrumentariums folgende **Probleme** auftreten:

- Die Marketing-Instrumente können sich gegenseitig beeinflussen. Zum einen kann es sich um **substitutive Beziehungen** handeln, d. h. die Instrumente können sich gegenseitig ersetzen. Beispielsweise kann eine Verbesserung der Produktqualität einen Abbau der Werbeanstrengungen kompensieren. Zum anderen existieren **komplementäre Beziehungen**. So wird eine Preissenkung im Normalfall erst durch Werbung voll wirksam.
- Die **Wirkungsverläufe** (sog. Response Functions) der Marketing-Instrumente sind meist **nicht linear** und weisen mitunter **Schwellenwerte** auf. Zum Beispiel nehmen Verbraucher die Werbung erst ab einem bestimmten Volumen wahr oder es bestehen sog. **Preisschwellen**, bei deren Unterschreiten der Absatz sprunghaft anschweigt. Aus diesem Grund wählen Anbieter in der Regel gebrochene Preise wie 99 €, 1,49 € etc. (sog. **Odd Pricing**). Schließlich wirken die Instrumente nicht selten mit **zeitlicher Verzögerung.** Insbesondere die Werbewirkung tritt häufig erst lange nach der Veröffentlichung ein. Solche zeitlichen Ausstrahlungseffekte sind zum einen auf ein Nachwirken des Instrumentes bzw. Beharren des Verbrauchers (sog. **Carry-Over-Effekt**) und zum anderen auf Verzögerung der angestrebten Wirkung (sog. **Decay-Effekt**) zurückzuführen. Mit Hilfe von Marktreaktionsmodellen (**Response Functions**) wird versucht, den dynamischen Aspekt zeitlich verzögerter Umsatz- bzw. Absatzreaktionen auf Maßnahmen der Absatzförderung und der Werbung durch sog. **Lag-Variablen** (= **Verzögerungsvariablen**) abzubilden.
- Die Marketing-Instrumente strahlen häufig positiv bzw. negativ über den objekt-, raum-, zeit- und/oder intensitätsmäßig definierten Zielbereich hinaus (sog. **Spill-Over-Effekte**). Beispielsweise wirkt sich ein schlechtes *Stiftung-Warentest*-Ergebnis eines Produktes negativ auf das Image sämtlicher Produkte des betroffenen Unternehmens aus.
- Die **Ungewissheit über zukünftige Entwicklungen** lässt sich auch mit noch so hohem Aufwand nicht beseitigen, da sich das menschliche Verhalten nie mit Sicherheit prognostizieren lässt. Es bestehen somit unsichere Aktions-, Reaktions- und Tendenzerwartungen.
- Nur ein Teil der Instrumente ist kurzfristig aktivierbar (taktische Optionen). Meist ist nur eine **langfristige Disposition** möglich (z. B. im Falle des Produktmanagement).
- Das **Vermarktungsobjekt determiniert** oft einen bestimmten **Einsatz spezieller Marketing-Instrumente**. Beispielsweise bedienen sich Lebensmitteldiscounter eher der Prospekt- als der TV-Werbung, da erstere für das Herausstellen von günstigen Preisen besser geeignet erscheint.

12 Marketing-Kontrolle

Dieses Kapitel vermittelt,:

- was man unter Marketing-Kontrolle versteht,
- welche Aufgaben die Marketing-Kontrolle erfüllt,
- was ein Marketing-Audit ist und wie sich ein solcher Prozess gestaltet,
- wie die ergebnisorientierte Marketing-Kontrolle abläuft und
- wie eine Balanced Scorecard aufgebaut ist.

12.1 Begriff und Funktionen

Die idealtypisch letzte Phase im Marketingmanagementprozess bildet die Marketing-Kontrolle. Marketing-Kontrolle wird verstanden als die Gesamtheit der Aktivitäten, welche den Prozess sowie das Ergebnis von Marketingentscheidungen überprüfen mit dem Ziel, ein Unternehmen **ergebnisorientiert** auszurichten.

Konkret erfüllt die Marketing-Kontrolle **zwei Aufgaben**:

- Zum einen muss im Sinne einer prozessbegleitenden Kontrolle überwacht werden, inwieweit Anpassungen des Planungs- und Implementierungsprozesses erforderlich sind. Dies ist Aufgabe des **Marketing-Audit**.
- Zum anderen gilt es im Sinne eines ex-post durchgeführten Soll/Ist-Vergleichs zu prüfen, inwieweit die anvisierten Ziele durch die eingeleiteten Strategien und Maßnahmen erreicht wurden. Dies ist Gegenstand der **ergebnisorientierten Marketing-Kontrolle**.

Ein Konzept, das sowohl die Prozess- als auch die Ergebnisperspektive miteinander vernetzt, ist die **Balanced Scorecard**, die in Abschnitt 12.4 vorgestellt wird. Hierbei handelt es sich um ein Kennzahlensystem, mit dessen Hilfe sich ein Unternehmen flexibel und effizient steuern lässt.

12.2 Marketing-Audit

Das Marketing-Audit hat zur Aufgabe, die Prämissen und Rahmenbedingungen für Planungen, Kontrollen und Steuerungsmaßnahmen im Marketing-Bereich zu überprüfen (vgl. *Köhler* 2001, S. 965 – 966; *Töpfer* 1995, Sp. 1533 – 1541). Im Gegensatz zur Ergebniskontrolle, welche die Marketing-Ergebnisse analysiert, fokussiert das Marketing-Audit auf die betrieblichen Voraussetzungen für das Erzielen von Resultaten (= **Prozesskontrolle**). Damit trägt man dem Umstand Rechnung, dass ein Verfehlen des Zieles u. a. auch daran liegen kann, dass der eingeschlagene Weg untauglich war.

Demnach dient das Marketing-Audit dazu, frühzeitig auf sich abzeichnende Fehlentwicklungen aufmerksam zu machen. Während es sich bei der Ergebniskontrolle um eine Wirkungskontrolle handelt, die erst ex-post sprich im Nachhinein einsetzt, erfüllt das Marketing-Audit eine prozessbegleitende **Überwachungsfunktion**, die es dem Unternehmen ermöglich, frühzeitig auf Veränderungen zu reagieren (vgl. *Nieschlag/Dichtl/Hörschgen* 2002, S. 1167 – 1168).

Das Marketing-Audit lässt sich in folgende **Objektbereiche** untergliedern (vgl. hierzu Abb. 12.1):

- **Prämissen-Audit**: Hier werden die Daten der Unternehmens- und Umweltanalysen (sprich Marketing-Forschung) auf ihre Entscheidungsrelevanz, Vollständigkeit und Aktualität hin überprüft.
- **Ziel-Audit**: Diesem fällt die Aufgabe zu zu überwachen, inwiefern die festgelegten Ziele (noch) realistisch, kompatibel und operationalisierbar sind. Daneben muss die Konsistenz von Ober-, Zwischen- und Unterzielen, strategischen, taktischen und operativen Zielen sowie psychographischen und ökonomischen Zielen überprüft werden. Schließlich gilt es zu beobachten, ob die operativen Ziele erreicht werden, um auf diese Weise Gefahren frühzeitig zu erkennen und zu begegnen.
- **Strategien-Audit**: Hier befasst man sich mit dem konsistenten Gesamtaufbau eines Strategieentwurfs sowie dessen Kompatibilität mit den Prämissen, Zielen und Marketing-Maßnahmen.
- **Marketing-Mix-Audit**. Hier stehen die operativen Marketing-Maßnahmen auf dem Prüfstand. U. a. geht es dabei um die Frage der Kompatibilität. Während die vertikale Kompatibilität die Abstimmung der Instrumente untereinander betrifft, gilt es auf der vertikalen Ebene zu überprüfen, ob der Marketing-Mix mit den Prämissen, Zielen und Strategien harmoniert.
- **Prozess- und Organisations-Audit**: Hier liegt das Augenmerk auf den methodischen und organisatorischen Aspekten des Marketing-Management. Zum einen werden die aufbau- und ablauforganisatorischen Regelungen unter Effizienz- sowie Koordinationsgesichtspunkten überprüft. Zum anderen gilt es zu untersuchen, inwieweit das Unternehmen hinsichtlich der Informations-, Planungs- und Kontrolltechniken auf einem aktuellen und angemessenen Stand ist.

Grundsätzlich bleibt festzuhalten, dass zwischen den Objektbereichen des Marketing-Audit ein enger Zusammenhang und damit ein erheblicher Koordinationsbedarf besteht.

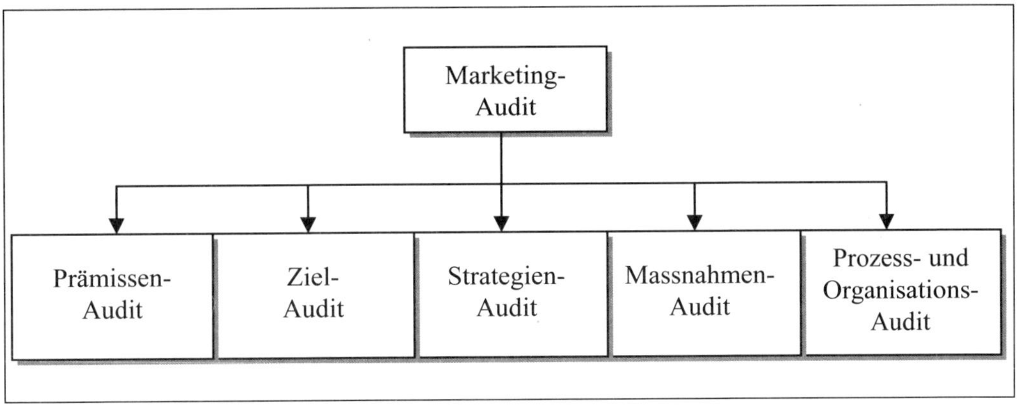

Abb. 12.1: Die Grundstruktur des Marketing-Audit

12.3 Ergebnisorientierte Marketing-Kontrolle

Wahrend im Zentrum des Marketing-Audit die Marketing-Prozesse stehen, überprüft und analysiert die ergebnisorientierte Kontrolle den Zielerreichungsgrad. Ein solcher **Soll/Ist-Vergleich** kann sich auf sämtliche in Abschnitt 5 vorgestellten Marketing-Ziele beziehen. Am geläufigsten ist die in Abb. 12.2 vorgestellte Strukturierung der ergebnisorientierten Marketing-Kontrolle (vgl. *Köhler* 2001, S. 1913 – 1914; *Reinecke/Tomczak/Dittrich* 1998, S. 177 ff.).

Im Falle der **submixbezogenen Wirkungskontrolle** bezieht sich die Überprüfung auf ausgewählte Marketing-Mix-Instrumente (im vorliegenden Beispiel auf die Werbung). Der Werbeerfolg kann zum einen anhand außerökonomischer sprich psychographischer Ziele (z. B. Bekanntheitsgrad) überprüft werden, was den Vorteil der Früherkennung von erfolgsgefährdenden Entwicklungen in sich birgt. Zum anderen bietet sich die Option, den ökonomischen Werbeerfolg beispielsweise anhand der Entwicklung des Umsatzes oder Absatzes zu messen.

Im Gegensatz zur submixbezogenen Kontrolle basiert der **gesamtmixbezogene Ansatz** auf der Überlegung, dass es wenig Sinn macht, den Erfolg einzelner Marketing-Instrumente isoliert zu erfassen. Vielmehr geht man hier von einem Zusammenspiel der einzelnen Marketing-Instrumente im Sinne eines Marketing-Mix aus, so dass eine ganzheitliche Kontrolle zweckmäßig erscheint. Diese kann wiederum an außerökonomischen (etwa Image) und/oder ökonomischen Zielgrößen (z. B. Umsatz, Gewinn, Marktanteil) ansetzen.

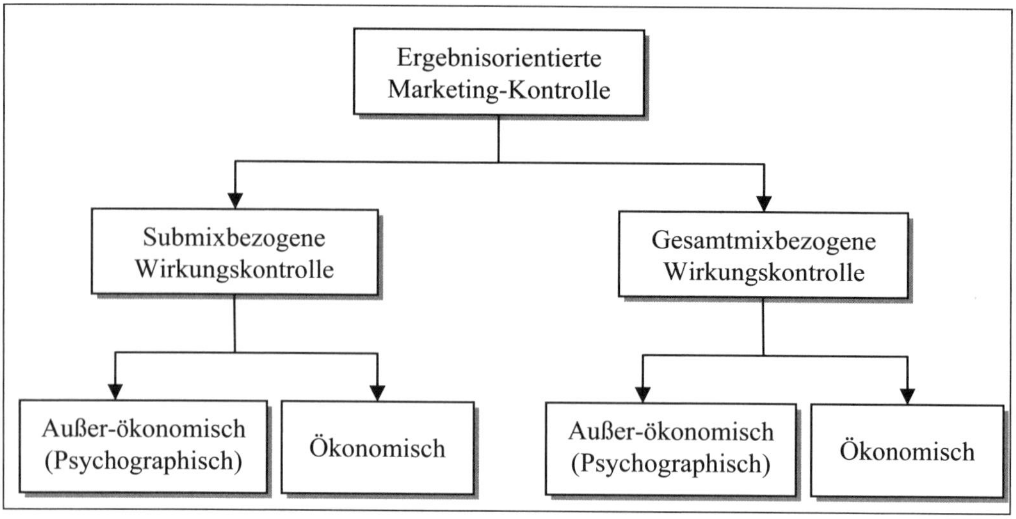

Abb. 12.2: Ansatzpunkte zur ergebnisorientierten Marketing-Kontrolle

Fallstudie „Werbeerfolgskontrolle" – Impuls-TV bei *Marktkauf*-SB-Warenhäusern

Ein Kunde betritt ein *Marktkauf*-SB-Warenhaus der Bielefelder Handelsgesellschaft *AVA*, nimmt einen Einkaufswagen und überquert die Eingangsschranke. Von ihm unbemerkt registriert ein Sensor, dass der Einkaufswagen Nummer 624 auf die Verkaufsfläche geschoben wird. In der Griffleiste des Einkaufswagens befindet sich ein Transponder, der einige Meter weiter den Start eines Werbespots auf einem großen Plasma-Flachbildschirm auslöst, der unter der Decke des Marktes angebracht ist. Wenn der Kunde nach seinem Einkauf an die Kasse kommt, wird dort die Nummer des Einkaufswagens eingegeben und mit den Scannerdaten des Einkaufs verknüpft. Neben der Analyse der Wirkung eines bestimmten Spots auf das Kaufverhalten werden auf diese Weise auch die Wirkungen auf die Angebote der Konkurrenz bzw. die gesamte Kategorie transparent. Außerdem lassen sich Informationen über den Kundenlauf und die Verweildauer erheben und auswerten, wobei der einzelne Kunde anonym bleibt. Nicht zuletzt können so Kundenströme erfasst werden, so dass sich die Besetzung der Kassenplätze optimieren lässt. Beispielsweise kann das System mit dem Namen „Many X" der Aufsicht im Markt genau sagen, wie viele Kassen in zehn Minuten geöffnet werden müssen. Kernstück des Systems ist eine Prognosesoftware, die aus den Daten, zu welchem Zeitpunkt wie viele Kunden die Filiale betreten, den zukünftigen Ansturm auf die Kassenzone vorhersagt. Geplant ist, auch Kalenderdaten und Wetterberichte in die Berechnungen einzubeziehen. Bei schlechtem Wetter beispielsweise steigt die Verweildauer des Kunden in den Verkaufsräumen.

Quellen: *Biester, S.*: Impulse beleben den POS, in: LebensmittelZeitung, Nr. 42 vom 15.10. 2004, S. 42; *o. V.*: AVA besetzt Kassen mit System, in: LebensmittelZeitung, Nr. 39 vom 24.09.2004b, S. 30.

12.4 Balanced Scorecard als integrativer Controlling-Ansatz

12.4.1 Begriff

Ein Konzept, das sowohl die Prozess- als auch die Ergebnisperspektive miteinander vernetzt, ist die von *Kaplan/Norton* (1997) entwickelte **Balanced Scorecard** (= ausbalanciertes Kennzahlensystem). Hierbei handelt es sich um eine Management-Methode, mit deren Hilfe sich ein Unternehmen mittels weniger, aber entscheidender Kennzahlen flexibel und effizient steuern lässt (vgl. im Folgenden *Horvath & Partner* 2000; *Hennig/Schneider u. a.* 2008; *Ossola-Haring* 1999; *Schneider/Hennig* 2008; *Schneider/Ossola-Haring* 2002; *Töpfer* 2000).

Die Balanced Scorecard hat ihren Ausgangspunkt an der Kritik am traditionellen Umgang mit Kennzahlen. Die meisten Unternehmen nutzen bereits seit geraumer Zeit Kennzahlen, die sie über die eigene Entwicklung informieren sollen. In der überwiegenden Mehrzahl handelt es sich hierbei um **Finanzkennzahlen** wie Umsatz, Gewinn oder Rendite (Return on Investment). Derartige Kennzahlen weisen jedoch zwei zentrale **Nachteile** auf:

- Bei Finanzkennzahlen handelt es sich im Regelfall um sog. **Spätindikatoren**, d. h. um Kennzahlen, die erst mit erheblicher zeitlicher Verzögerung Hinweise über die Richtigkeit einer Entscheidung geben. Nachvollziehbar wird dies am Zusammenhang zwischen Kundenzufriedenheit und Gewinn. Die (Un-)Zufriedenheit der Kunden (= Frühindikator) schlägt sich erst nach geraumer Zeit im Gewinn (= Spätindikator) nieder. Die Balanced Scorecard tritt dieser Gefahr entgegen, indem sie das Augenmerk des Management verstärkt auf **Frühindikatoren** lenkt und so Fehlentwicklungen aufdeckt, bevor sie sich in den finanziellen Größen ausgewirkt haben.
- Finanzkennzahlen geben keine Auskunft über die **Ursachen** für eine bestimmte Entwicklung und bieten damit keine Ansatzpunkte für etwaig durchzuführende Maßnahmen. Deshalb interessiert man sich bei der Balanced Scorecard auch für diejenigen Prozesse, die für die Entwicklung der Finanzkennzahlen verantwortlich sind.

12.4.2 Aufbau

Die Balanced Scorecard basiert auf dem Prinzip, dass der wirtschaftliche Erfolg eines Unternehmens von Einflussfaktoren abhängt, die hinter den rein finanziellen Zielgrößen stehen, diese aber stark beeinflussen. Dabei wird folgender **Zusammenhang** unterstellt: fähige und motivierte Mitarbeiter → verbesserte Geschäftsprozesse → zufriedene Kunden → finanzieller Erfolg.

Konsequenterweise integriert die Balanced Scorecard folgende **Perspektiven**:

- **Finanzperspektive**
  Diese Dimension umfasst die klassischen finanziellen Kennzahlen über die Vermögens-, Finanz- und Ertragslage eines Unternehmens. Typische Vertreter dieser Kategorie sind Deckungsbeitrag, Gewinn, Return on Investment sowie Umsatz.
- **Kunden- und Marktperspektive**
  Hier wird die Positionierung eines Unternehmens im Konkurrenzumfeld sowie gegenüber dem Kunden betrachtet. Exemplarisch können aus diesem Bereich Marktanteil, Kundenzufriedenheit sowie Kundenbindungsgrad genannt werden.
- **Interne Prozessperspektive (Aufbau- und Ablauforganisation)**
  Diese Kennzahlen umschreiben, wie gut bzw. schlecht die internen Prozesse ablaufen. Im vorliegenden Zusammenhang erscheint es sinnvoll, in einer leichten Abwandlung vom klassischen Konzept diese Perspektive auf die Marketingprozesse sprich den Marketing-Mix zu richten. Nach diesem Verständnis geht es im Wesentlichen um die Effizienz des Produkt- bzw. Sortimentsmanagement, des Kontrahierungsmanagement, des Distributionsmanagement sowie des Kommunikationsmanagement. Floprate, Preiselastizität der Nachfrage, Distributionsquote und Response sind Vertreter dieser Kategorie.
- **Lern- und Entwicklungsperspektive (Mitarbeiter und Human Resources)**
  Mit Hilfe dieser Kennzahlen beleuchtet man die Motivation und Qualifikation der Mitarbeiter. Im Vordergrund stehen dabei für unsere Zwecke die Marketing- und Vertriebsmitarbeiter. Beispiele für diese Kategorie sind Eigenkündigungsquote, Krankenquote sowie Verbesserungsvorschlagsquote.

Der Vollständigkeit halber sei erwähnt, dass es durchaus zweckmäßig sein kann, neben den vorgestellten Perspektiven noch weitere Bereiche einer Analyse zu unterziehen (z. B. Kreditgeber, Lieferanten, Zulieferer, Versicherungen, Forschung und Entwicklung, Unternehmensethik, interne Unternehmenskommunikation, Öffentlichkeit, Politik und Gesellschaft, Internationalität und Kooperationen).

Um die Balanced Scorecard nicht zu überfrachten, sollten je Perspektive nicht mehr als fünf Kennzahlen gebildet werden, so dass sich insgesamt etwa 20 Kennzahlen ergeben. Selbst große Unternehmen arbeiten in der Praxis häufig nur mit wenigen Kennzahlen, die als sog. **Schlüsselkennzahlen** die wirklich relevanten Sachverhalte abbilden. Grund hierfür ist die Tatsache, dass umfangreiche „Kennzahlen-Friedhöfe" derart abschrecken, dass sie kaum gelesen, beurteilt und überwacht werden können.

Mit Hilfe der Balanced Scorecard können **Ursache-Wirkungsketten** erstellt und damit Querverbindungen zwischen sowie Abhängigkeiten von Kennzahlen aufgedeckt werden. Die Finanzkennzahlen stehen also nicht isoliert, sondern werden aus den anderen drei Kategorien abgeleitet. Ein Beispiel soll diese Vorgehensweise verdeutlichen: In der Lern- und Entwicklungsperspektive wird das Ziel erreicht, die Verbesserungsvorschläge pro Mitarbeiter und Jahr von zwei auf vier zu erhöhen. Dadurch steigt die Qualität der Produkte, was sich wiederum an der sinkenden Floprate zeigt (= interne Prozessperspektive). Die resultierende Erhöhung der Kundenzufriedenheit (= Kunden- bzw. Marktperspektive) steigert ihrerseits schließlich Umsatz und Gewinn (= Finanzperspektive).

Durch die Integration der vorgestellten Perspektiven gelingt es, Management und Mitarbeitern einen ständigen Überblick über den Kurs des Unternehmens und seiner einzelnen Bereiche zu vermitteln. Insofern ist die Balanced Scorecard mit einem modernen Auto vergleichbar, das über Bordcomputer und Navigationssystem verfügt. Hier werden alle wichtigen Informationen über den Zustand des Autos sowie der Weg angezeigt, der eingeschlagen werden muss, um an das angesteuerte Ziel zu gelangen.

Ein konkretes Beispiel zur Ausgestaltung einer Balanced Scorecard findet sich in Tab. 12.1. Hierbei werden zunächst für jede der vier Perspektiven (Finanzen, Kunde, Prozesse, Mitarbeiter) strategische Ziele formuliert. Für jedes Ziel gilt es in einem nächsten Schritt, eine oder mehrere Kennzahlen sowie die entsprechenden Zielwerte zu formulieren. Schließlich werden konkrete Maßnahmen zur Ereichung der anvisierten Ziele entwickelt.

Tab. 12.1: Ein Beispiel für eine Balanced Scorecard

Perspektive	Strategische Ziele	Kennzahlen	Zielwerte	Konkrete Maßnahmen
Finanzen	Rendite verbessern	Return on Investment	> 5 %	Steigerung des Umsatzes Verringerung des Umlaufvermögens Kostenmanagement
	Wachstum beschleunigen	Umsatzsteigerung	> 20 %	Kauf von Lizenzen Entdeckung neuer Einsatzgebiete der Produkte Internationalisierung
	Innenfinanzierungskraft und damit Kreditwürdigkeit erhöhen	Cash-Flow	> 10 Mio. €	Erhöhung der Einzahlungen Verringerung der Auszahlungen

Tab. 12.1: Ein Beispiel für eine Balanced Scorecard (Fortsetzung)

Perspektive	Strategische Ziele	Kennzahlen	Zielwerte	Konkrete Maßnahmen
Kunden	Kundenwünsche identifizieren und erfüllen	Erhöhung des Kundezufriedenheitsindex	2,0 auf einer von 1 bis 6 reichenden Schulnotenskala	Kundenbefragung Beschwerdemanagement
	Kunden binden	Steigerung der Wiederkäuferrate	>70 %	Aufbau persönlicher Verbindungen Unterhaltung von Kundenclubs Förderung der Abnehmertreue durch Rabatt- und Bonussysteme
	Neue Kunden gewinnen	Steigerung der Neukundenrate	> 40 %	Ansprache neuer Zielgruppen Bearbeitung neuer Märkte
Prozesse	Innovationskraft steigern	Erhöhung der Innovationsquote	> 25%	Investitionen in Forschung und Entwicklung Benchmarking
	Erfolgreiche Produkte entwickeln	Senkung der Floprate	< 15 %	Verstärkte Marktforschung, um Kundenbedürfnisse zu erkennen
	Höhere Preise am Markt durchsetzen	Senkung der Rabattkundenquote	< 50 %	Verkäuferschulung
	Leistungsfähigkeit des Außendienstes steigern	Angebotserfolgsquote	> 70 %	Außendienstschulung Verbesserung des Preis/Leistungsverhältnisses
	Unternehmen und seine Produkte in der Öffentlichkeit bekannt machen	Bekanntheitsgrad	> 50 %	Intensivierung der Kommunikationspolitik (klassische Werbung, Online-Werbung, Verkaufsförderung, Öffentlichkeitsarbeit, Sponsoring)

Tab. 12.1: Ein Beispiel für eine Balanced Scorecard (Fortsetzung)

Perspektive	Strategische Ziele	Kennzahlen	Zielwerte	Konkrete Maßnahmen
Mitarbeiter	Motivation der Mitarbeiter erhöhen	Mitarbeiterzufriedenheit	2,2 auf einer von 1 bis 6 reichenden Schulnotenskala	Mitarbeiterbefragung Einführung eines Prämiensystems
	Wissen der Mitarbeiter besser nutzen	Verbesserungsvorschlagsquote	> 15 % der Mitarbeiter p. a.	Einführung und Bekanntmachen eines Prämiensystems/innerbetrieblichen Vorschlagswesens
	Qualifikation der Mitarbeiter steigern	Schulungsquote	> 40 % der Mitarbeiter p. a.	Ermittlung des Schulungsbedarfs und Entwicklung des Weiterbildungsangebotes

Fallstudie „Balanced Scorecard" – der Kennzahlen-Kompass im SB-Warenhaus-Bereich von *Real*

Infolge zahlreicher Fusionen, Akquisitionen und Umstrukturierungen verzeichnete die *Metro* SB-Warenhaus-Tochter *Real* eine zunehmend uneinheitliche Unternehmens- und Führungskultur sowie ein unterschiedliches Leistungsniveau in ihren rund 250 Outlets. Vor diesem Hintergrund entschloss sich die Geschäftsführung, neben einer Umstrukturierung des Vertriebs eine dezentrale Management Balanced Scorecard, den sog. „Kennzahlen-Kompass", in den Filialen einzuführen, um so die Eigeninitiative vor Ort zu verbessern. **Kompass** arbeitet mit 16 Kennziffern aus den vier Steuerungsbereichen Finanzen, Kunden, Abläufe und Mitarbeiter (vgl. Abb. 12.3).

Die anzuvisierenden Zielwerte für die Kennzahlen legt der einzelne Markt fest, wobei die Zielkorridore durch Ampelfarben gekennzeichnet sind: Rot bedeutet, dass unmittelbare Verbesserungsmaßnahmen entwickelt und durchgeführt werden müssen. Grün hingegen weist den richtigen Weg.

Für die Analyse und Umsetzung von Maßnahmen wurden in den einzelnen Häusern sog. **Schnelle Aktions-Teams (SAT)** installiert, die sich aus vier bis sechs Mitarbeitern aus verschiedenen Abteilungen zusammensetzen. Diese treffen sich wöchentlich, um Ursachen für Fehlentwicklungen aufzudecken und mögliche Maßnahmen zu diskutieren. Die Ergebnisse der SAT-Teams werden in einem Kompass-Ticker unternehmensweit kommuniziert und in einer Datenbank sowie über Intranet zugänglich gemacht.

Quelle: *o. V.*: Real sucht mit Kompass nach Optimierungspotenzialen in den Märkten, in: LebensmittelZeitung, Nr. 2 vom 10.01.2002b, S. 45.

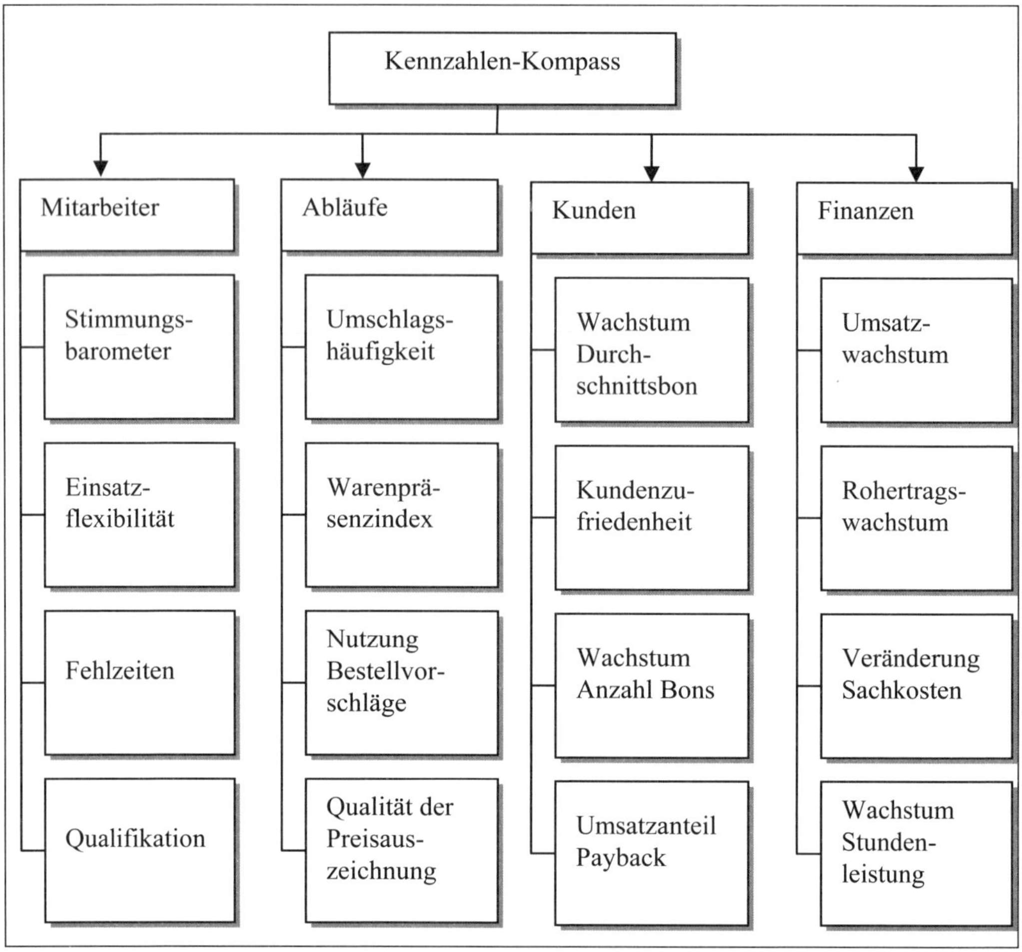

Abb. 12.3: Der Kennzahlen-Kompass der Metro-Tochter Real

13 Marketing-Organisation

Dieses Kapitel vermittelt,:

- was man unter Marketing-Organisation versteht,
- welche Marketing-Organisations-Varianten existieren,
- welche Vor- und Nachteile mit der jeweiligen Organisationsform verbunden sind und
- wie ein Customer Relationship Management (CRM), eine Form der Ablauforganisation, in deren Mittelpunkt der Kunde steht, idealtypisch aufgebaut sein sollte.

13.1 Überblick

Die Marketing-Organisation umfasst sämtliche aufbau- und ablauforganisatorischen Regelungen, die zur optimalen Erfüllung der Marketingaufgaben erforderlich sind (vgl. im Folgenden *Diller* 2001, S. 1006 – 1008; *Froböse/Kaapke* 2000, S. 291 – 300; *Uhr/Müller* 1998).

- Die **Aufbauorganisation** gliedert ein Unternehmen in Teileinheiten (Stellen- und Abteilungsbildung), ordnet ihnen Aufgaben und Kompetenzen zu und gewährleistet so die Koordination der verschiedenen Organisationseinheiten.
- **Die Ablauforganisation** regelt in erster Linie die inhaltliche, räumliche und zeitliche Abfolge der Arbeitsprozesse.

Grundsätzlich lassen sich zwei Arten von Marketing-Organisationen unterscheiden (vgl. Abb. 13.1):

- Die **eindimensionalen Systeme** bedienen sich eines Strukturierungskriteriums. Während die funktionale Organisation nach betrieblichen Tätigkeiten (etwa Beschaffung, Lagerhaltung, Produktion, Vertrieb/Marketing usw. und auf hierarchisch nachgeordneten Ebenen etwa Fräsen, Schleifen, Drehen im Falle der Produktion) gegliedert ist, strukturiert sich die Objektorganisation nach Produkten, Kunden, Regionen oder Projekten.
- Die **mehrdimensionalen Systeme** ihrerseits zielen darauf ab, die jeweiligen Vorteile eindimensionaler Systeme dadurch zu nutzen, dass sie zwei (im Falle der Matrixorganisation) und mehr (im Falle der Tensororganisation) Gliederungsprinzipien koppeln.

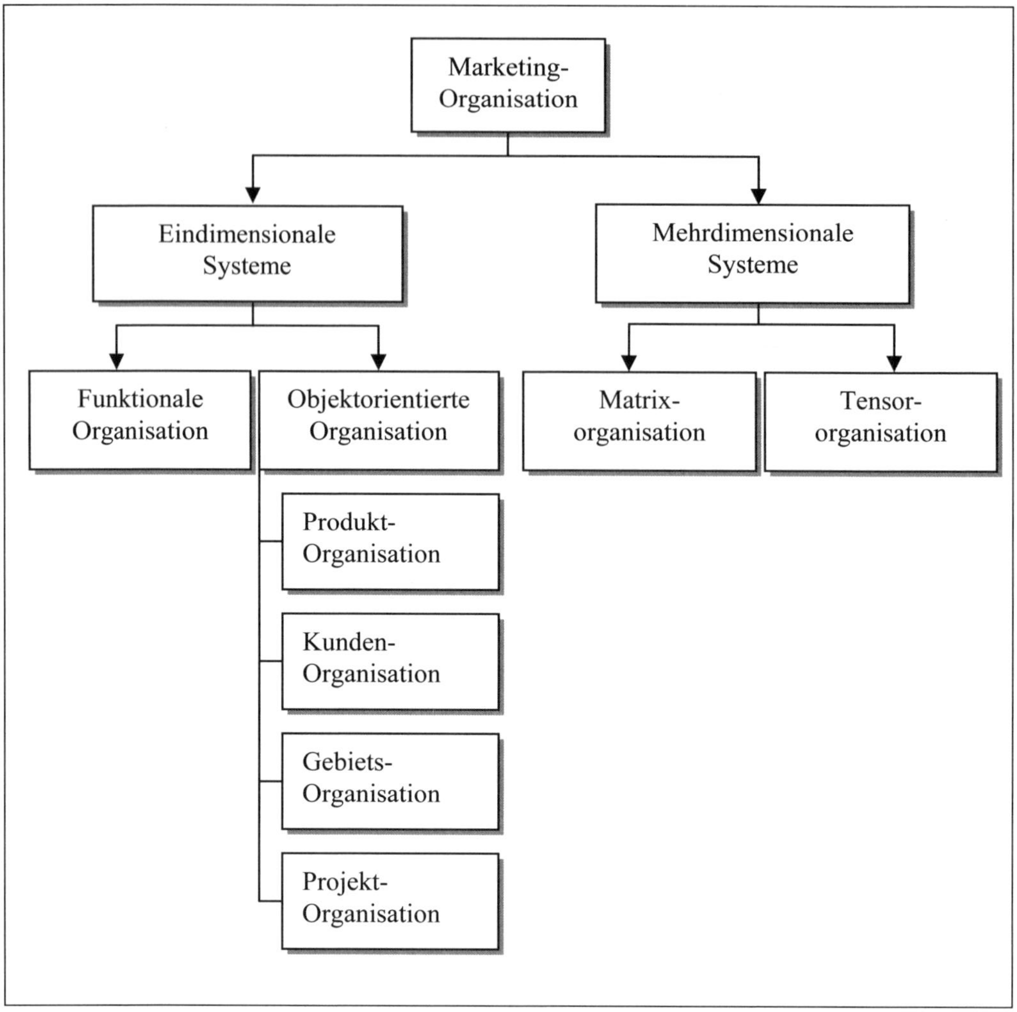

Abb. 13.1: Die Grundtypen der Marketing-Organisation

13.2 Eindimensionale Systeme

13.2.1 Funktionale Organisation

Die Grundstruktur einer funktionalen Organisation ist Abb. 13.2. zu entnehmen (vgl. im Folgenden *Meffert* 2000, S. 1071 – 1073; *Nieschlag/Dichtl/Hörschgen* 2002, S. 1220 – 1222). Diese gliedert sich nach betrieblichen Tätigkeiten (im vorliegenden Fall Forschung/Entwicklung, Beschaffung/Lagerhaltung, Produktion und Vertrieb/Marketing) und damit nach dem **Verrichtungsprinzip**. Es werden jene Tätigkeiten gebündelt, die sich ähneln bzw. homogen sind. Konsequenterweise werden einerseits alle Verrichtungen zusammengefasst, die den Vertrieb der Produkte betreffen (Key Account Management, Außen- und Innendienst, Kundendienst/Service), und andererseits jene, die dem Marketing zuzuordnen sind (Marketing-Forschung, Werbung, Verkaufsförderung, Öffentlichkeitsarbeit, Produktmanagement).

Als **Vorteile** der funktionalen Organisation gelten:

- Effizienz durch Spezialisierung und Standardisierung (Zeiteinsparung, Stückkosteneinsparung durch Größenvorteile, Lern- und Erfahrungsvorteile)
- Eindeutige Zuordnung von Funktionen und Kompetenzen
- Zentrale Steuerung durch Leitungsebene und damit u. a. effiziente Verteilung knapper Ressourcen

Nachteile sind:

- Großer Aufwand an horizontaler Koordination und damit Gefahr, Leitungsebene zu überlasten
- Lange Informations- und Instanzenwege
- Ausgeprägtes Ressort- bzw. Funktionsdenken mit entsprechendem Konfliktpotenzial zwischen den Einheiten und fehlendem Blick für Unternehmensziele
- Aufwendige Lokalisation organisatorischer Ineffizienzen

Grundsätzlich empfiehlt sich die funktionale Organisation für Unternehmen mit **homogenem bzw. schmalem Angebotsprogramm**. Bei einem diversifizierten Leistungsangebot hingegen ist sie anderen Organisationsformen bezüglich der Realisierung horizontaler Synergien unterlegen.

Im Zuge der Strukturierung einer Organisation nach dem Funktionsprinzip stellt sich die Frage nach der organisatorischen Verbindung zwischen Marketing und Vertrieb. In der Praxis sind drei **Formen der Zusammenarbeit** identifizierbar (vgl. *Bruhn* 2001, S. 278):

- **Marketing ist dem Vertrieb untergeordnet.**
  In solchen Fällen, die insbesondere im Industriegütersektor zu beobachten sind, dominiert eindeutig der Vertrieb. Dem Marketing fallen ergänzende Aufgaben (z. B. Gestaltung der Werbung, Organisation von Kundenveranstaltungen) zu.

- **Marketing und Vertrieb sind gleichberechtigte Funktionen.**
  Diese Konstellation ist in der Praxis häufig anzutreffen (etwa in zahlreichen Konsumgüter- und Dienstleistungsbranchen), birgt jedoch infolge von Koordinationsproblemen und Machtkämpfen ein erhebliches Konfliktpotenzial in sich.
- **Marketing ist dem Vertrieb übergeordnet.**
  Eine solche Form der konsequenten Marktorientierung findet sich insbesondere in wettbewerbsintensiven Konsumgüter- und Dienstleistungsbranchen (etwa IT- oder Telekommunikations-Unternehmen).

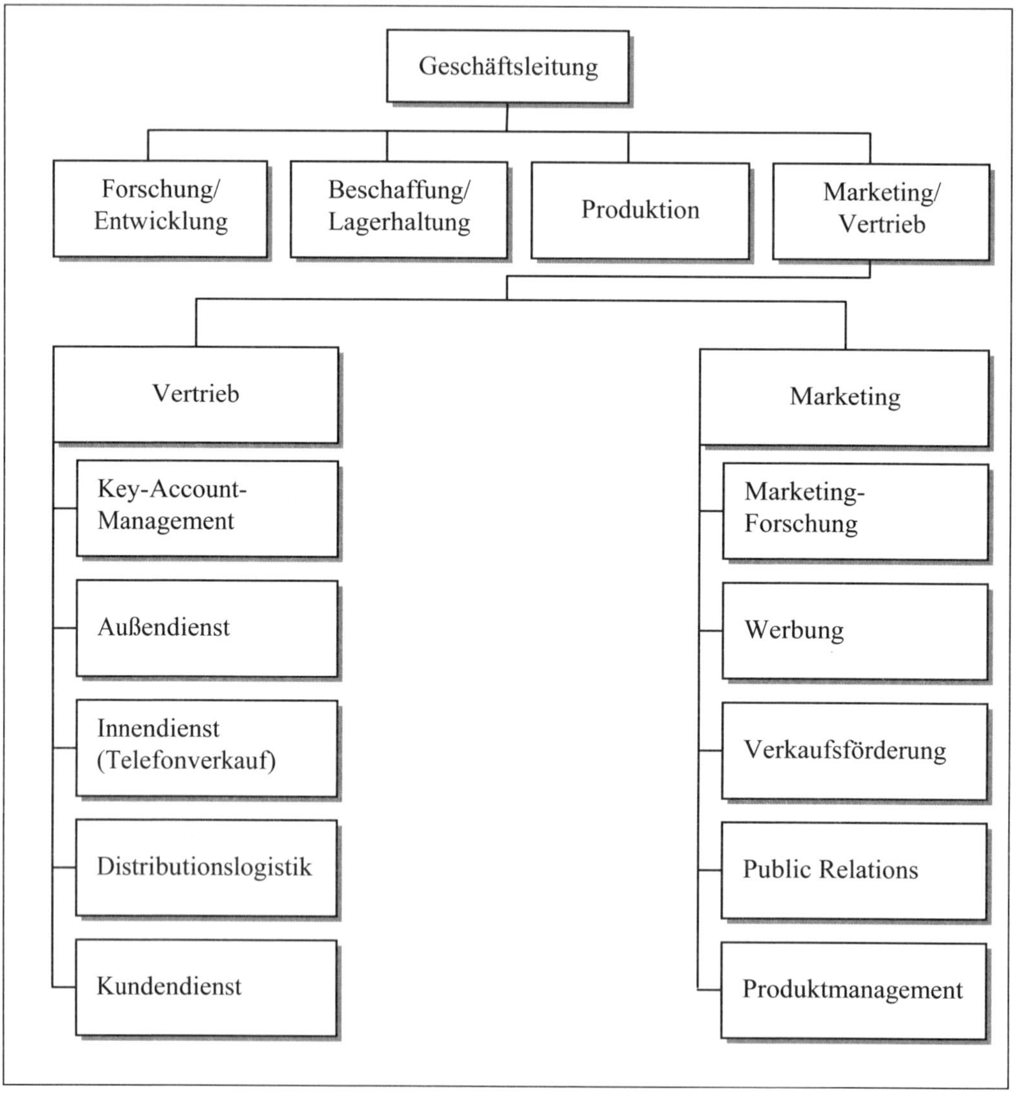

Abb. 13.2: Ein Beispiel für eine funktionale Unternehmens- und Marketing-Organisation

13.2.2 Objektorientierte Organisation

Im Gegensatz zur funktionalen Organisation werden bei der objektorientierten Organisation (auch Spartenorganisation) nicht ähnliche Verrichtungen, sondern **gleichartige Objekte** gebündelt (vgl. im Folgenden *Meffert* 2000, S. 1074 – 1086; *Nieschlag/Dichtl/Hörschgen* 2002, S. 1222 – 1228). In Abhängigkeit davon, ob es sich dabei um Produkte, Kunden oder Absatzgebiete handelt, unterscheidet man folgende **Varianten**:

- Produktorganisation,
- Kundenorganisation und
- Gebietsorganisation.

Produktorganisation

Diese Organisationsform (vgl. Abb. 13.3) bietet sich für Unternehmen mit **heterogener Programmstruktur** an, da hier die Marketingaktivitäten unter Erzeugnisgesichtspunkten gebündelt werden. Einzelne Produktmanager zeichnen – unterstützt von ihren Mitarbeitern – für sämtliche Marketingaufgaben eines bestimmten Produktes bzw. einer bestimmten Dienstleistung verantwortlich.

Mögliche **Vorteile** sind:

- Hohe Marktnähe und damit hohe Flexibilität sowie Reaktionsgeschwindigkeit bei Marktveränderungen
- Gute Durchsetzung von Einzelmarkenstrategien
- Einsatz von produkt- bzw. dienstleistungsspezifischem Marketing-Mix
- Eindeutige Kompetenzbereiche

Nachteile können sein:

- Vernachlässigung des übergeordneten Unternehmenszieles und eine nicht aufeinander abgestimmte Gesamtangebotspolitik
- Konflikte zwischen den Produktverantwortlichen
- Wiederholung von ähnlichen Aufgaben in den verschiedenen Bereichen und damit mangelnde Nutzung von Synergieeffekten im Falle ähnlicher Aktivitäten für verschiedene Produkte

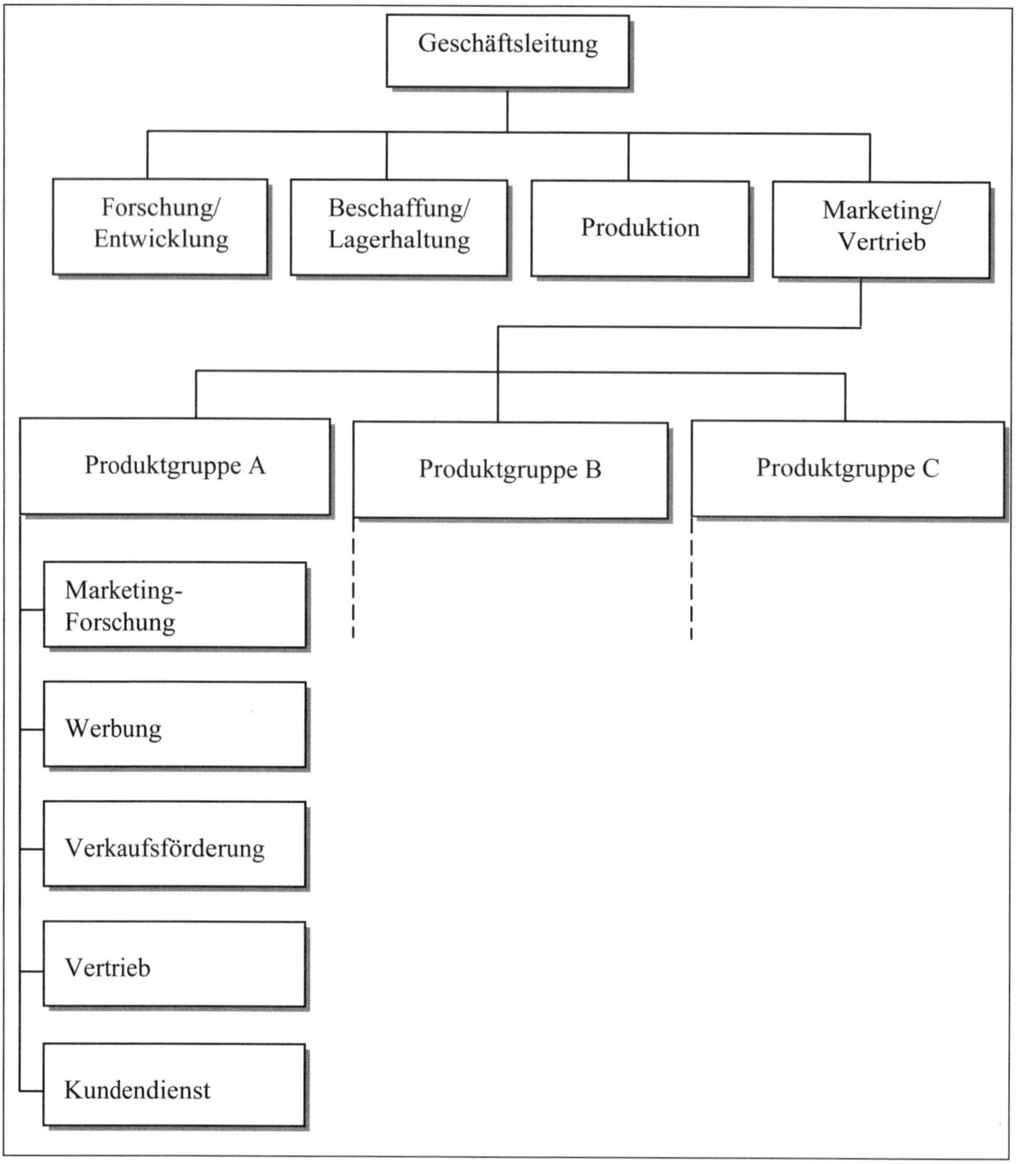

Abb. 13.3: Ein Beispiel für eine produktorientierte Marketing-Organisation

Kundenorganisation

Die Kundenorganisation (vgl. Abb. 13.4) bietet sich für Unternehmen an, die **Nachfragergruppen** gegenüberstehen, die in sich **homogen** sind, zwischen denen aber große Unterschiede bestehen.

Als **Vorteile** gelten:

- Individuelle Problemlösungen für die Kunden
- Enge, auch informelle Beziehungen zu den Abnehmern (sog. Beziehungsmanagement)

Nachteilig kann sein:

- Mangelnde Einheitlichkeit in der Marketing-Konzeption
- Überschneidung von Kundensegmenten und damit Kompetenzprobleme zwischen den Kundenmanagern (z. B. wenn dieselben Produkte bzw. Dienstleistungen von verschiedenen Kundengruppen erworben werden)
- Hohe Betreuungskosten
- Überforderung, da kein Spezialwissen bei den Mitarbeitern

Eine spezifische Ausprägung des Kundenmanagement repräsentiert das **Key Account Management**, bei dem keine Kundengruppen, sondern einzelne Schlüsselkunden betreut werden. Dieser Ansatz stammt aus dem Investitionsgütermarketing, wo ein Kunde häufig hohe Auftragsvolumina auf sich vereint, und hat sich mittlerweile auch im Marketing gegenüber dem Handel etabliert. In einem solchen Fall bietet es sich an, dem wichtigen Kunden einen bzw. mehrere gleich bleibende/n Ansprechpartner zur Verfügung zu stellen.

Gebietsorganisation

Hier wird das Marketing nach den Absatzgebieten eines Unternehmens strukturiert (vgl. Abb. 13.5). Dies können Kontinente, Länder(einheiten), Bundesländer, Regierungsbezirke, Landkreise oder *Nielsen*-Gebiete ein. Die Gebietsorganisation erweist sich insbesondere bei **großen** (etwa im Falle international agierender Unternehmen) bzw. **heterogenen Absatzgebieten** (z. B. bei unterschiedlichen Bedürfnissen der Klientel in den einzelnen Regionen) als vorteilhaft.

Zu den **Vorteilen** zählen:

- Kenntnisse über das jeweilige Absatzgebiet und damit Berücksichtigung geographischer Besonderheiten
- Effiziente und überschneidungsfreie Marktbearbeitung
- Gute Organisationsmöglichkeit der Distributionslogistik
- Einfache und übersichtliche Organisationsstruktur

Nachteile können sein:

- Verlust einer einheitlichen Marketing-Politik
- Hoher Koordinationsaufwand der Firmenzentrale
- Geringe Spezialisierung auf einzelne Funktionen, Produkte oder Kunden

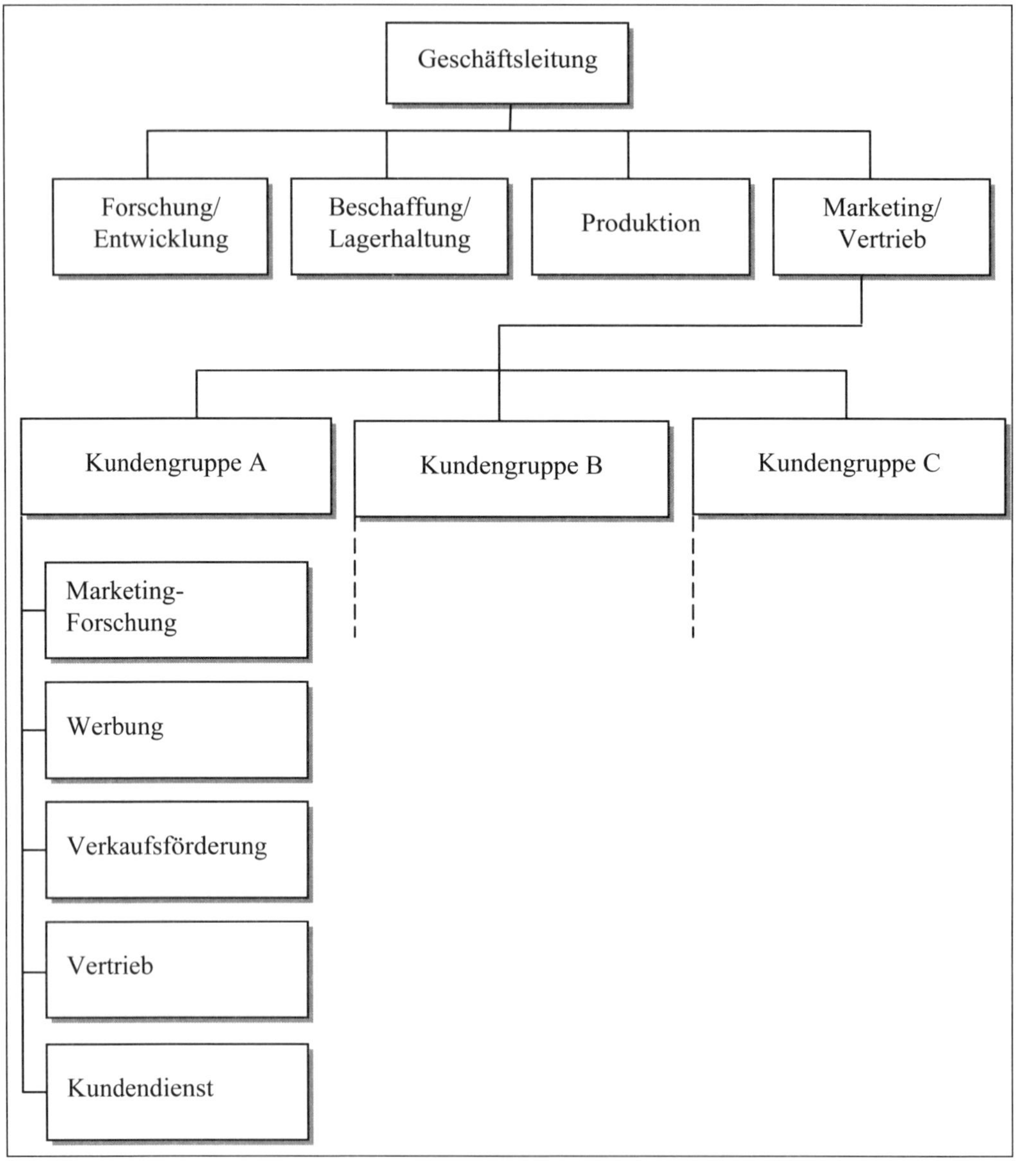

Abb. 13.4: Eine Beispiel für eine kundenorientierte Marketing-Organisation

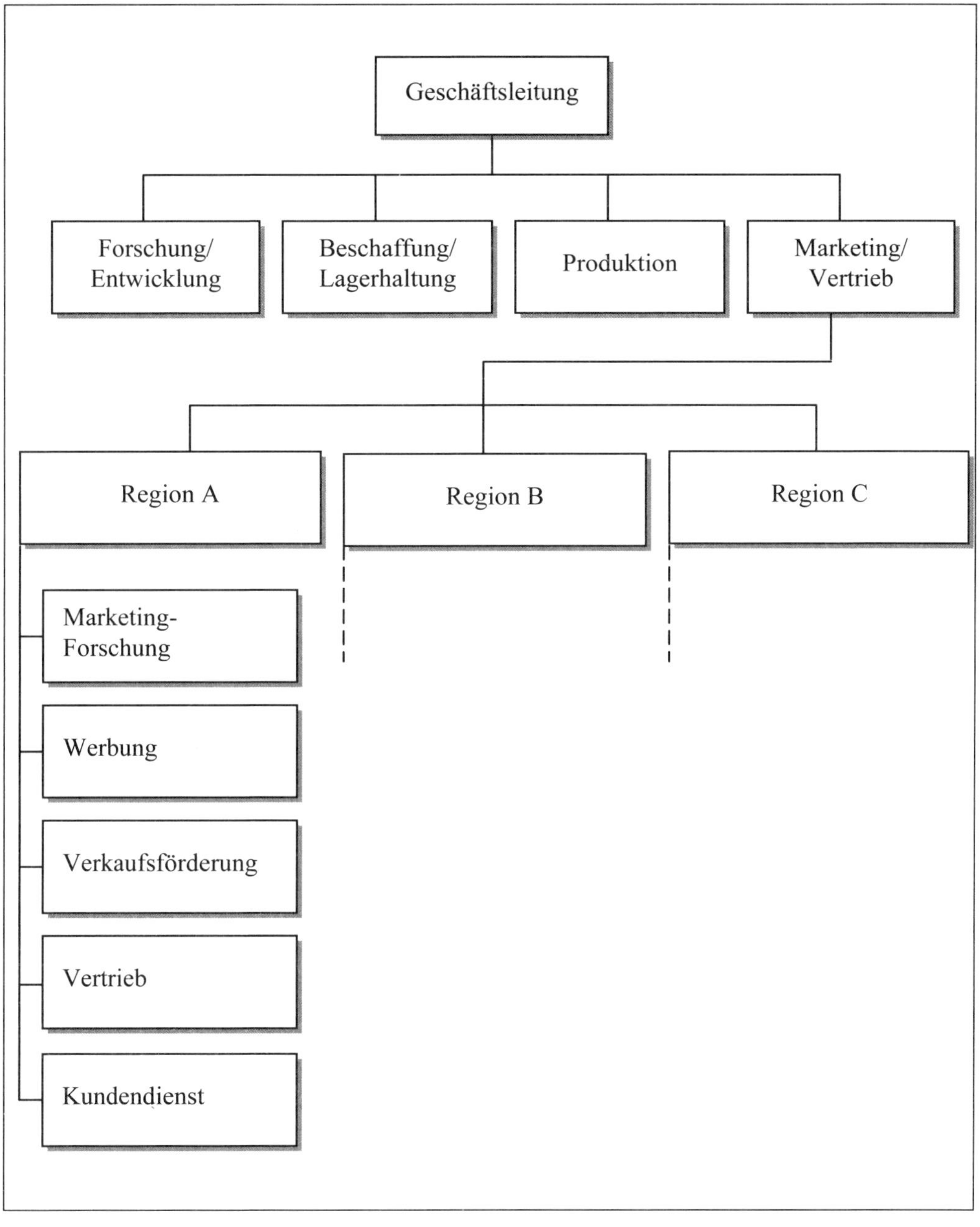

Abb. 13.5: Ein Beispiel für eine gebietsorientierte Marketing-Organisation

13.3 Mehrdimensionale Systeme

Die **mehrdimensionalen Systeme** haben zum Ziel, die jeweiligen Vorteile eindimensionaler Systeme zu nutzen, indem sie zwei (im Falle der **Matrixorganisation**) oder mehr als zwei (im Falle der **Tensororganisation**) der vorgestellten Gliederungsprinzipien koppeln. In Abb. 13.6 ist eine Matrixorganisation dargestellt, welche die zwei Gliederungsprinzipien Funktionenorientierung und Produktorientierung koppelt (vgl. im Folgenden *Meffert* 2000, S. 1070 – 1078; *Nieschlag/Dichtl/Hörschgen* 2002, S. 1228 – 1231). Die im Weiteren aufgeführten Stärken und Schwächen gelten prinzipiell auch für die Tensororganisation.

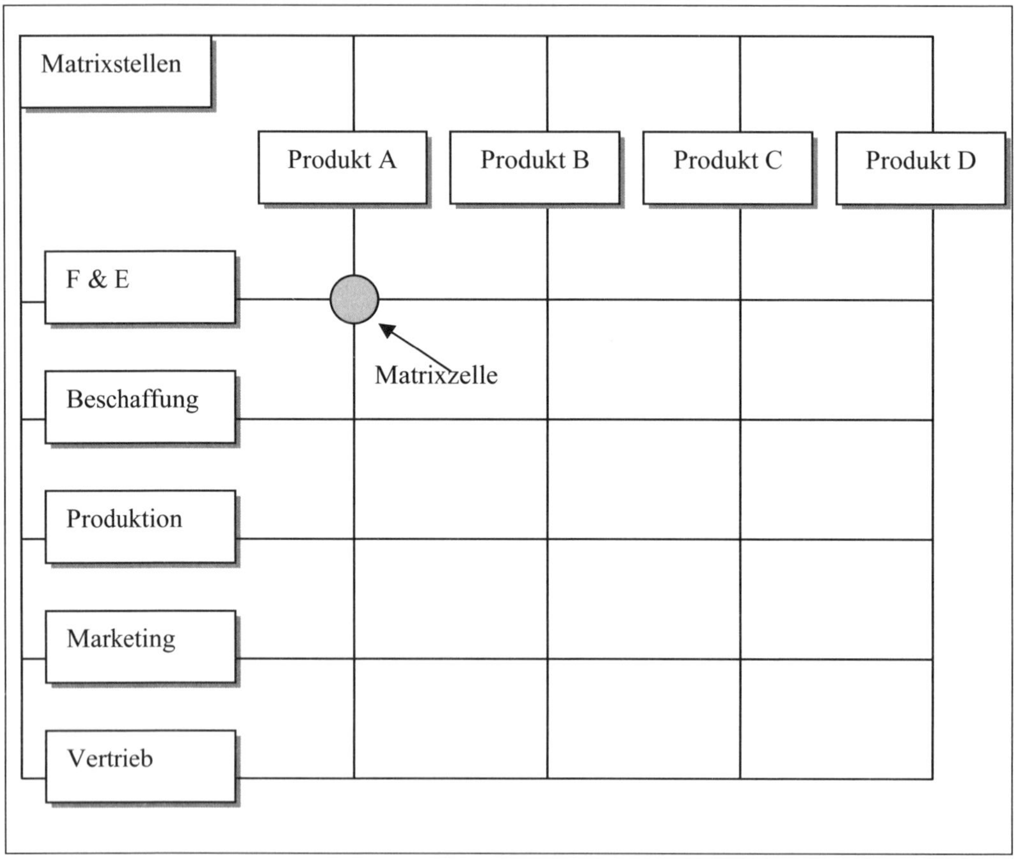

Abb. 13.6: Die Funktionen-Produkt-Matrix

Vorteile mehrdimensionaler Systeme können sein:

- Verbesserung der Entscheidungsqualität durch Kooperation
- Kombination aus produktorientierter Koordination und funktionaler Spezialisierung
- Häufig schnelle Problemlösung
- Entlastung der Führungspositionen

Mögliche **Nachteile** sind:

- Ständiger Zwang zu Koordination und Kooperation
- Hohes Konfliktpotenzial wegen systemimmanentem Kompetenzgerangel

Fallstudie „Tensororganisation" – das Beispiel *Kraft Foods*

Kraft Foods, Inc., Northfield/Illinois, der zweitgrößte Lebensmittelkonzern der Welt, ist das Ergebnis einer Reihe von Großakquisitionen (*General Foods*, *Kraft*, *Jacobs Suchard* sowie *Nabisco*), was u. a. strukturelle Überschneidungen zur Konsequenz hatte. Angesichts der zunehmenden Kritik von Börsenanalysten, *Kraft Foods* sei im Vergleich zu seinen größten Konkurrenten *Nestlé* und *Unilever* ineffizient, zu wenig innovativ und zu zentriert auf die USA, leitete der Vorstandschef *Roger Deromedi* 2004 eine weitreichende Restrukturierung des Konzens ein.

Die anvisierte Tensororganisation integriert die Dimensionen Warengruppen, Länder bzw. Regionen sowie Unternehmensfunktionen (vgl. Abb. 13.6). Konkret wurden fünf globale Warenbereiche (Getränke, Snacks, MoPro = Molkerei-Produkte, Convenience-Gerichte sowie sonstige Lebensmittel) geschaffen, deren Marketing und Verkaufsaktivitäten durch zwei regionale Geschäftseinheiten (Nordamerika und Ausland) unterstützt werden. Flankierend wurden globale Servicebereiche eingerichtet, die für überregionale Funktionen wie Produktentwicklung, Einkauf, Lieferkette sowie globale Marketingaufgaben verantwortlich zeichnen.

Auf diese Weise sollen Struktur bedingte Überlappungen beseitigt werden, um effizient bei der Nutzung globaler Systeme agieren und Kosten senken zu können. Diese Einsparungen sollen in die Reduzierung der Endverbraucherpreise, Marketingbudgets zur Steigerung des Umsatzes bzw. Marktanteils sowie Innovationen investiert werden.

Quelle: *o. V.*: Neuordnung bei Kraft, in: LebensmittelZeitung, Nr. 43 vom 22.10.2004n, S. 41.

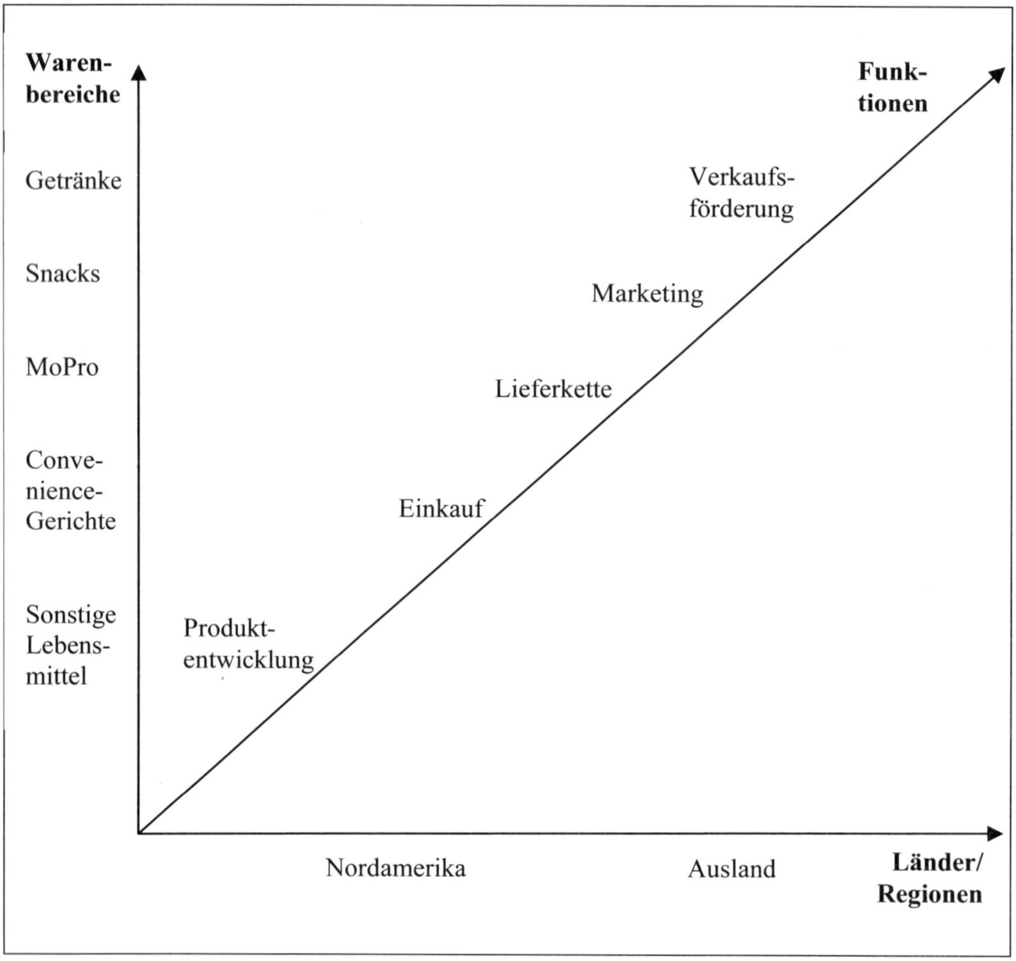

Abb. 13.6: Die Tensororganisation von Kraft Foods

13.4 Customer Relationship Management

13.4.1 Kundenbeziehungslebenszyklus als theoretischer Ausgangspunkt

Der **Kundenbeziehungslebenszyklus** (Customer Life Cycle) basiert auf einer ganzheitlichen Perspektive, welche die Beziehungen zum Kunden im Zeitablauf betrachtet und auf Analogien zum Leben von Organismen basiert (vgl. *Schneider* 2008; *Stauss* 2000, S. 15; *Fischer* 2001, S. 1407 – 1409). Diesem Ansatz folgend, der unverkennbare Ähnlichkeiten zum Produktlebenszyklus aufweist, durchlaufen Unternehmen in ihrer Beziehung zum Kunden idealtypische Phasen, welche die Grundlage für eine differenzierte Kundenbearbeitung bilden (vgl. *Bruhn* 2001, S. 43 ff.). Das Konzept beschreibt die Beziehung zum Kunden als Abfolge mehrerer Phasen anhand ausgewählter Größen (etwa Kundenwert; vgl. Abb. 13.7).

Dabei werden folgende **Annahmen** getroffen:

- Die Beziehung zum Kunden ist **zeitlich begrenzt,** was nur zum Teil auf ein Ableben des Konsumenten zurückzuführen ist.
- Die Entwicklung der Beziehung zum Kunden lässt sich im Grundkonzept als **S-förmige Kurve** beschreiben. Diese Kurve beschreibt das Erreichen eines gewissen Höhepunkts der Beziehungsintensität und einen darauf folgenden Rückgang, dem es mit entsprechenden Instrumenten entgegenzuwirken gilt.
- Bestimmte **Lebenszyklusphasen** sind abgrenzbar und an Punkten der Kurve mit speziellen Eigenschaften (Wendepunkte, Krümmungsverhalten etc.) darstellbar. Unterschieden werden:
  - Anbahnung (= Kundenakquise),
  - Sozialisation, Wachstum, Reife, Degeneration und Kündigung (= Kundenbindung) sowie
  - Abstinenz und Revitalisierung (= Kundenrückgewinnung).
- Die **Beziehungsintensität steigt** im ersten Teil des Lebenszyklus an und fällt in späteren Phasen ab, um bestenfalls in der Revitalisierungsphase wieder anzusteigen.
- Insgesamt wird der Einsatz der **Marketing-Instrumente** unmittelbar von der jeweiligen Position des Kunden im Kundenbeziehungslebenszyklus beeinflusst.

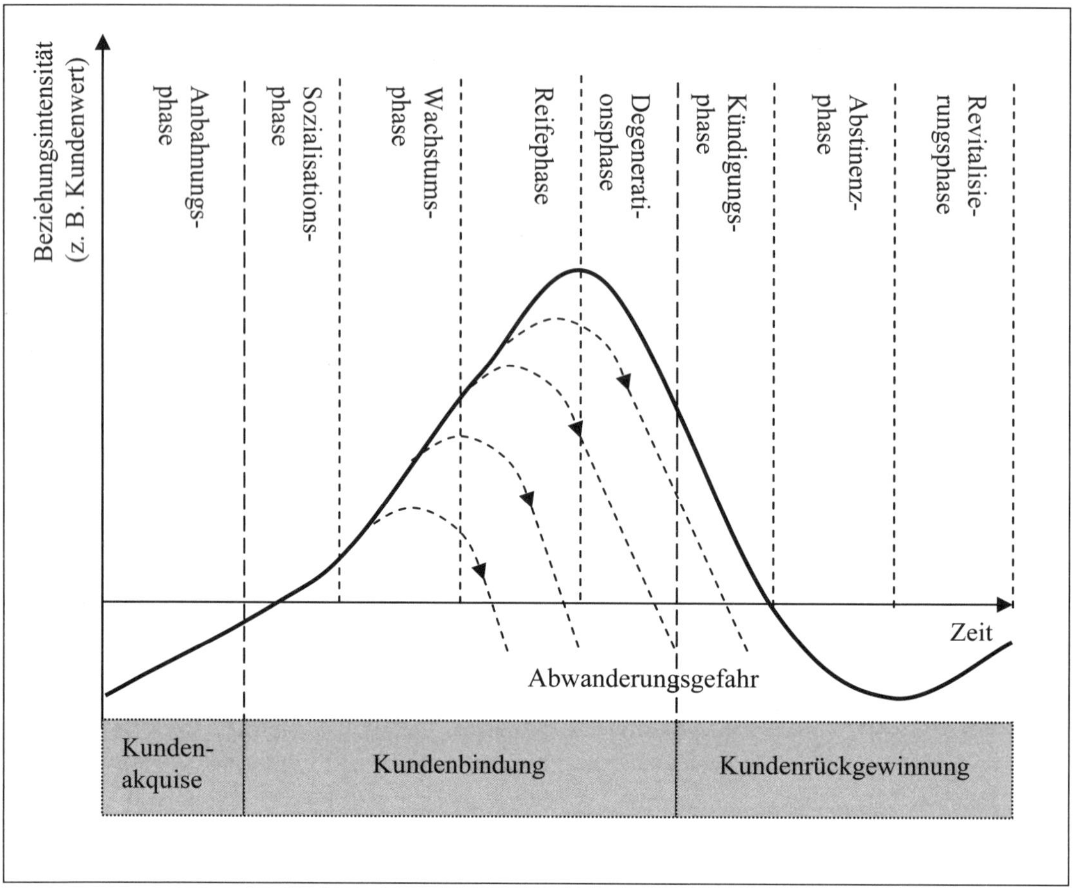

Abb.13.7: Der Kundenbeziehungslebenszyklus (Quelle: in Anlehnung an Stauss 2000, S. 16)

In der Beziehung zum Kunden, dem Kundenbeziehungslebenszyklus, durchläuft ein Unternehmen idealtypischerweise **drei Phasen**:

- **Kundenakquisition**
  In dieser Phase tritt ein Unternehmen erstmals mit dem potenziellen Kunden in Kontakt und versucht, diesen für das Unternehmen zu gewinnen. Attraktive Kundensegmente können zum einen Erstverwender und zum anderen Kunden der Wettbewerber sein, die es abzuwerben gilt. Wesentlich hierbei ist es, attraktive Kundesegmente, d. h. potenzielle Kunden mit einem hohen Kundenwert zu identifizieren und diese zu einem Kauf beim Unternehmen zu bewegen.

- **Kundenbindung**
  Im zweiten Schritt geht es darum, attraktive Kunden an das Unternehmen zu binden. Zum einen gilt es, rentable Kundenbeziehungen zu stabilisieren und auszubauen. Zum anderen müssen nicht-rentable Kundenbeziehungen abgebaut werden. Dies kann durch Ausgrenzung (etwa Bestellmöglichkeit erst ab einem bestimmten Auftragsvolumen), Transformation (z. B. nur noch telefonische Betreuung von oder schlechtere Rabatte für C-Kunden) und/oder eine Passivstrategie (etwa Einstellung der Marketingaktivitäten gegenüber nicht-rentablen Kunden) geschehen.

- **Kundenrückgewinnung**
  Trotz großer Anstrengungen in der Stabilisierung der Beziehung zum Kunden wird ein gewisser Teil der Klientel dem Unternehmen verloren gehen. Ziel der Kundenrückgewinnung ist es, jene attraktiven Kundensegmente zu identifizieren und zurück zu gewinnen, welche die Beziehung zum Unternehmen
  - ruhen lassen (= Revitalisierungsmanagement),
  - abbrechen möchten (= Kündigungspräventionsmanagement) bzw.
  - abbrechen (= Kündigungsmanagement).

Im Kontext des Customer Relationship Management konzentrieren wir uns auf die Kundenbindung, deren Ziel es ist, rentable Geschäftsbeziehungen zu stabilisieren (vgl. Tab. 13.1).

Tab. 13.1: Managementaufgaben im Kundenbeziehungslebenszyklus (Quelle: Stauss 2000, S. 18)

Phase im Kundenbeziehungslebenszyklus	Anbahnungsphase	Sozialisationsphase	Wachstums- und Reifephase	Gefährdungsphase		Kündigungsphase	Revitalisierungsphase
Ziel	Anbahnung von neuen Geschäftsbeziehungen	Festigung von neuen Geschäftsbeziehungen	Stärkung von stabilen Geschäftsbeziehungen	Stabilisierung gefährdeter Beziehungen zu sich beschwerenden Kunden	Verhinderung von Kündigungen	Rücknahme von Kündigungen	Wiederanbahnung der Geschäftsbeziehung
Kundenorientierte Managementaufgabe	Interessentenmanagement	Neukundenmanagement	Zufriedenheitsmanagement	Beschwerdemanagement	Kündigungspräventionsmanagement	Kündigungsmanagement	Revitalisierungsmanagement
	Kundenakquise	Kundenbindung				Kundenrückgewinnung	

Während des Kundenbeziehungslebenszyklus kann es immer wieder zu Situationen kommen, in denen die Beziehung zum Kunden gefährdet ist. In solchen Situationen kommt einem **aktiven Beschwerdemanagement** zentrale Bedeutung zu (vgl. im Folgenden *Schneider/Kornmeier* 2006b, S. 155 – 162). Hierbei gilt es, Beschwerden systematisch

- zu sammeln,
- zu bearbeiten,
- auszuwerten und
- zu nutzen.

Aktives Beschwerdemanagement umfasst demnach die in Abb. 13.8 dargestellten Schritte.

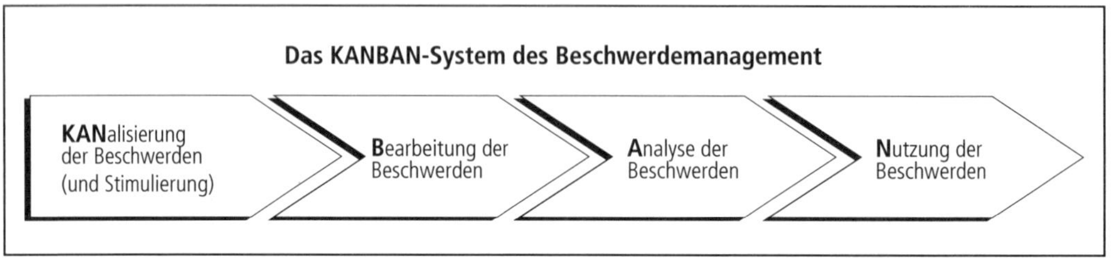

Abb.13.8: Das „KANBAN-System" des Beschwerdemanagement

1. Kanalisierung der Beschwerden (und Stimulierung)

Unternehmen sollten unzufriedenen Kunden die Möglichkeit geben, ihrem Ärger Luft zu verschaffen. Denn die Unternehmenspraxis zeigt, dass es zahlreichen unzufriedenen Kunden genügt, den Mitarbeitern des betreffenden Unternehmens einmal die Meinung zu sagen und ihnen das Versprechen auf Besserung abzunehmen. Es mag zunächst paradox erscheinen, aber Unternehmen sollten darauf achten, dass sich unzufriedene Kunden auch tatsächlich bei den Mitarbeitern beschweren. Nur so lässt sich verhindern, dass verärgerte Kunden still und leise abwandern.

Folgende Maßnahmen tragen dazu bei, **Beschwerdebarrieren abzubauen**, und erleichtern es demnach unzufriedenen Kunden, sich zu beschweren:

- Aktiver Hinweis der Mitarbeiter auf Möglichkeiten zur Beschwerde
- „Meckerkasten" (z. B. im Verkaufsraum)
- Beschwerdetelefon (Hinweis auf diese Einrichtung auf Rechnungsformularen, Gebrauchsanweisungen, Plakaten, in Anzeigen, Werbebriefen u. ä.)
- Geld zurück-Garantie („Bei Unzufriedenheit Geld zurück")

2. Bearbeitung der Beschwerden

Mitarbeiter müssen mit berechtigten Kundenklagen positiv umzugehen lernen. Dies bedeutet jedoch nicht, dass Unternehmen jede Beschwerde akzeptieren. Mit Blick auf die vielfältigen Beanstandungsursachen und vor dem Hintergrund des zunehmenden **Querulantentums** ist es vielmehr erforderlich, Beschwerden fallweise zu prüfen, indem man sich auf spezielle Kriterien, wie bisheriges Umsatzvolumen, Verantwortlichkeit oder Garantieanspruch stützt. Gilt eine Beschwerde als berechtigt, sollte möglichst schnell eine für alle Beteiligten zufriedenstellende Lösung gefunden werden, nicht zuletzt, um die Zeitspanne für negative Mundpropaganda zu reduzieren.

Die Beschwerdereaktion eröffnet zahlreiche Möglichkeiten, unterschiedlich **wertvolle Kundensegmente** durch die Gewährung von spezifischen Problemlösungen/Wiedergutmachungen unterschiedlich zu behandeln. In Tab. 13.2 findet sich ein diesbezügliches Beispiel aus der Versicherungswirtschaft. Während A-Kunden das wertvollste Segment repräsentieren, verzeichnen D-Kunden den geringsten Kundenwert.

Tab. 13.2: Beschwerde-Reaktions-Matrix in Abhängigkeit vom Kundenwert am Beispiel einer Versicherung (Quelle: Rütten 2007, S. 6)

Problem / Kundengruppe	Änderung Kontodaten nicht beachtet	Schlechte Performance Produkt	Schlechtberatung	Unfreundlicher Mitarbeiter
A	• Rücknahme Mahngebühren • Entschuldigungsschreiben Vorstand	• Entschuldigungsschreiben • Gutschrift bis 5 %	• Alternativprodukt • VIP-Karten French Open	• Entschuldigungsschreiben • Flasche Wein
B	• Rücknahme Mahngebühren • Entschuldigungsschreiben Vorstand	• Entschuldigungsschreiben • Gutschrift bis 2 %	• Entschuldigungsschreiben • Erstattung Provision	• Entschuldigungsschreiben
C	• Rücknahme Mahngebühren • Entschuldigungsschreiben Vorstand	• Entschuldigungsschreiben • Gutschrift bis 1 %	• Entschuldigungsschreiben • Erstattung Provision	• Entschuldigungsschreiben
D	• Rücknahme Mahngebühren • Entschuldigungsschreiben Vorstand		• Entschuldigungsschreiben	• Entschuldigungsschreiben

3. Analyse der Beschwerden

Unternehmen, die aktives Beschwerdemanagement betreiben, um das zukünftige Ausmaß an Unzufriedenheit zu mindern, sollten die Beanstandungen systematisch auswerten, indem sie eine Prüfliste anlegen und die einzelnen Fälle darin dokumentieren. Auswertung und Vergleichbarkeit der Angaben lassen sich vereinfachen, wenn detaillierte Antwortkategorien vorgegeben werden.

Eine **Prüfliste**, die der Dokumentation und Analyse bisheriger Beschwerden dient, sollte – ähnlich wie die Auswertung von Reklamationen und Garantiefällen – folgende Informationen enthalten:

- Datum
- Adresse des sich beschwerenden Kunden
- Dauer der Beziehung zum Kunden, Umsatzvolumen des Kunden (falls möglich, Umsatzgrößenklassen vorgeben) und weitere entscheidungsrelevante Eigenschaften des Kunden
- Beschwerdeweg (Brief, Telefon, Gespräch, E-Mail)
- Grund der Beschwerde (Liste mit möglichen Gründen vorgeben, etwa Funktionsfähigkeit des Produkts, Freundlichkeit des Personals, Wartezeiten)
- Verantwortungsbereich (Liste mit Abteilungen oder Zuständigkeiten vorgeben, aber keine Namen von Mitarbeitern nennen, da sonst unternehmensinterne Akzeptanzprobleme entstehen)
- Garantieanspruch (ja/nein)
- Eingeleitete Maßnahme(n) (mögliche Kategorien: Preisnachlass, Geld zurück, Umtausch, Reparatur, Schadenersatz; Beratungsleistungen, Entschuldigung)
- Zeitraum zwischen Beschwerde und Bearbeitung sowie Lösung des Problems (tagesgenau)
- Zufriedenheit des Kunden mit der Lösung des Problems (siebenstufige Skala von -3 [= sehr unzufrieden] bis +3 [= sehr zufrieden])

4. Nutzung der Beschwerden

Die in der Beschwerdeanalyse gewonnenen Informationen erfüllen nur dann ihren Zweck, wenn sie an die betroffenen unternehmensinternen (z. B. Verkauf) und -externen (z. B. Lieferanten) Stellen weitergeleitet werden. Unternehmensintern können Informationen über Beschwerden für Schwachstellenanalysen genutzt werden (z. B. in Qualitätszirkeln oder Fokusgruppen).

Fallstudie „Nutzenpotenzial negativer Kundenerfahrungen" – wie *Daewoo* sich haarsträubende Erlebnisse zu Nutzen macht

Im Vorfeld seines Eintritts in den britischen Markt veröffentlichte der koreanische Automobilhersteller *Daewoo* im Zuge einer Werbekampagne, er werde 100 Personen mit den haarsträubendsten Erlebnissen in einer Kfz-Werkstatt ein Jahr kostenlos ein Auto Probe fahren lassen. 125.000 Autofahrer waren überzeugt, dass ihre Erfahrungen zu den schlimmsten gehörten, nahmen den Aufwand in Kauf, ihre Geschichte schriftlich zu dokumentieren, und beteiligten sich an der Aktion.

Diese Kampagne verschaffte *Daewoo* zum einen Publicity, als nahezu niemand die Marke kannte und Zweifel an der Qualität koreanischer Autos weit verbreitet waren. Zum anderen gewann der Automobilproduzent Einblicke in die Bedürfnisse von Kunden sowie Daten über potenzielle Kunden.

Daewoo erreichte seine hochgesteckten mittelfristigen Ziele (1 % Marktanteil auf dem britischen PKW-Markt) innerhalb eines Jahres und wurde so zur erfolgreichsten Neueinführung in der Geschichte des britischen PKW-Markts. Hierbei leistete die Identifikation bislang unerfüllter Kundenbedürfnisse einen wesentlichen Beitrag. *Daewoo* konzentrierte sich dann auf die offenen Wünsche jener 37 %, die mehr an praktischen Aspekten als an Leistung, Technik, Marke oder Ästhetik interessiert waren. Und dies offenbar mit Erfolg.

Quelle: *GDI Gottlieb Duttweiler Institut für Wirtschaft, Gesellschaft und Handel*: Schlimmste Erfahrung, in: Kunde im Focus, Ausgabe 01/2007, S. 7.

13.4.2 Begriff und Aufgaben

Customer Relationship Management (**CRM**, Kundenbeziehungsmanagement) bezeichnet eine Unternehmensphilosophie und -kultur, in deren Zentrum der Kunde steht und bei der sämtliche kundenbezogenen Prozesse abteilungsübergreifend gesteuert werden. Demnach handelt es sich um die spezifische Ausprägung einer Ablauforganisation, die auf den Abnehmer fokussiert ist. Im Zuge des CRM werden die Kunden so ausgewählt und betreut, dass deren **Customer Lifetime Value** optimiert wird. Im Mittelpunkt steht das Ziel, mit Kunden profitabel über einen langen Zeitraum zusammen zu arbeiten (vgl. im Folgenden schwerpunktmäßig *Schneider* 2008 sowie *Wilde* 2002; *Kotler/Bliemel* 1999; *E-Commerce-Center Handel* 2001; *Strauß* 2001, S. 249 – 251; *Buser/Lennertz/Siegrist* 2000; *Helmke* 2001; *Payne/Rapp* 1999; *Rapp* 2000; *Rudolph/Rudolph* 2000; *Wessling* 2001).

Ein historischer Rückblick zeigt, dass das zentrale Charakteristikum des frühen Direktmarketing die adressierte Werbebotschaft war, der die persönliche Anrede etwa im Anschreiben eines Mailing folgte. Database Marketing nutzte über die Kundenadresse hinaus die aus der Kundenbeziehung angefallenen Historie-Daten, um in Marketing, Vertrieb und Service entsprechend dem individuellen Erfahrungswissen über einen Kunden die Maßnahmen stärker zu differenzieren. Kundenorientierung löste die Gleichbehandlung der Kunden ab und ordnete die Kunden in verschiedene Zielgruppen ein, die unterschiedlich angesprochen und bearbeitet werden. CRM setzt anstelle der uneingeschränkten Kundenorientierung die Fokussierung auf profitable Kundenbeziehungen und wird dabei von immer leistungsfähigeren Analyse-, Bewertungs- und Prognoseverfahren unterstützt.

Nicht die Technologie, sondern das Kundenmanagement sollte im Zentrum des CRM stehen. Dabei ist die Strategie die Basis der Kundenorientierung. Das Credo lautet: Wissensvorsprung in Bezug auf die eigenen Kunden. Konsequenterweise bedeute hervorragender Service nicht gleich hervorragende Kundenorientierung. Der Service muss zum Kunden passen.

So wird sich ein Teetrinker kaum darüber freuen, wen ihm die Bedienung zum wiederholten Male überaus freundlich einen Gratiskaffee anbietet.

Die Software dient dazu, Schnittestellen zwischen Marketing, Service und Vertrieb sowie Produktmanagement zu schaffen und den effektiven und effizienten Informationsaustausch zwischen diesen sicherzustellen. Außerdem sollen die Mitarbeiter von Routinearbeiten entlastet werden und können sich nunmehr auf die Kundenbeziehung selbst konzentrieren. Ziel ist es, profitable Kunden zu identifizieren und von diesen zu lernen. Technologiediskussionen und -entscheidungen sollten Sache der IT sein. Das Management muss sich auf Strategie und operative Umsetzung konzentrieren (vgl. *Brändli* 2006; *Gohr* 2006).

Will man die Bedeutung des Customer Relationship Management für den Unternehmenserfolg verstehen, erscheint es zweckdienlich, zunächst einen Blick auf die Entwicklungen zu werfen, denen sich Unternehmen gegenüber sehen. Hier lässt sich zum einen eine **Intensivierung des Wettbewerbs** feststellen, was u. a. auf folgende Ursachen zurückzuführen ist:

- Stagnierende bzw. schrumpfende Märkte
- Zunehmende Internationalisierung und damit steigende Anzahl der Konkurrenten auf dem jeweiligen Heimatmarkt
- Höhere Produktkomplexität und –vielfalt bei gleichzeitig sich verkürzenden Produktlebenszyklen

Bei **Kunden** sind u. a. folgende Veränderungen festzustellen:

- Wachsende Vertrautheit mit der Nutzung moderner Technologien wie dem Internet
- Steigende Markttransparenz (u. a. durch das Informationsangebot moderner Technologien sowie durch das steigende Bildungsniveau)
- Anspruchsanstieg bzw. –inflation bezüglich Preis und Leistung
- Abnehmende Loyalität aufgrund von Variety Seeking (= Wunsch nach Abwechslung) sowie sinkendem Vertrauen gegenüber Markenartikeln sowie deren Herstellern
- Sinkende Wechselbarrieren durch beispielsweise höhere Mobilität
- Zunehmender Bedarf an Convenience (z. B. Zeit- und Wegersparnis durch Abwicklung von Transaktionen von zu Hause aus; Unabhängigkeit von Öffnungszeiten; Schnelligkeit bei Bedienung, Abwicklung und Service)

Technologisch schließlich zeichnen sich folgende Trends ab:

- Neue Kommunikations- und Vertriebskanäle und damit steigende Komplexität der Beziehung zum Kunden durch Multi-Channeling
- Weiterentwicklung der Informationstechnologie und damit erweiterte bzw. verbesserte Möglichkeiten der Datensammlung, -analyse, -aufbereitung und -speicherung
- Mass-Customizing, d. h. maßgeschneiderte Einzelfertigung zu akzeptablen Stückkosten

Die skizzierten Entwicklungen lassen sich auf folgende Aussage verdichten: Da sich zum einen die Neukundenakquisition zunehmend schwieriger und damit kostenintensiver gestaltet und zum anderen die Loyalität der Kunden bei gleichzeitiger Anspruchsinflation abnimmt, müssen sich Unternehmen verstärkt auf Kundenbindung und damit auf die Beziehung zur Klientel konzentrieren. Dieses Überdenken der Marketingphilosophie schlägt sich in einem Paradigmen- bzw. Perspektivenwechsel vom transaktionsorientierten zum beziehungsorientierten Marketing (= **Relationship-Marketing**) nieder.

Das traditionell dominierende **Transaktions-Marketing** fokussiert auf die einzelne Transaktion, d. h. im Regelfall den einzelnen Kaufabschluss. Der zeitliche Horizont der Marketing-Aktivitäten ist eher kurzfristiger Natur, der Fokus der Bemühungen liegt auf der (Vor-)Kaufphase und die Märkte werden weitgehend undifferenziert bearbeitet. Bereits zu Beginn der 80er Jahre gelangten erste Wissenschaftler und Unternehmensvertreter zu der Erkenntnis, dass die ausschließliche Konzentration auf die einzelnen Transaktionen das Ziel einer Steigerung der Profitabilität zunehmend verfehlte.

Vor dem Hintergrund der zunehmenden Kritik am Transaktionsmarketing entwickelte *Berry* (1983) das Konzept des **Relationship-Marketing**, das die Geschäftsbeziehung zwischen Kunde und Unternehmung in den Mittelpunkt stellt und sich durch eine langfristige Perspektive auszeichnet. Die zentralen Charakteristika des skizzierten Paradigmenwechsels, der u. a. von *Grönroos* (1990, 1994, 1999) vorangetrieben wurde, sind Tab. 13.3 zu entnehmen.

Tab. 13.3: Der Paradigmenwechsel vom Transaktions- zum Beziehungsmarketing (Quelle: in Anlehnung an Sexauer 2002; Lasogga 2002; Christopher/Mcdonald 1995, S. 40; Payne/Rapp 1999, S. 6 f.)

Transaktions-Marketing	Relationship-Marketing
Maximierung der Verkaufsabschlüsse	Ausrichtung auf langfristige Geschäftsbeziehungen
Produktlebenszyklus	Kundenlebenszyklus
Kunde = König	Kunde = Partner
Fokus: Akquisition neuer Kunden	Fokus: Aufbau, Erhalt und Ausbau von Kundenbeziehungen
Weitgehend undifferenzierte Marktbearbeitung	Selektive Betreuung nach Kundenwert
Unregelmäßiger, seltener Kundenkontakt	Kontinuierlicher, häufiger Kundenkontakt
Kommunikation auf der Sachebene	Kommunikation auf der Beziehungsebene

Tab. 13.3: Der Paradigmenwechsel vom Transaktions- zum Beziehungsmarketing (Fortsetzung)

Transaktions-Marketing	Relationship-Marketing
Monolog/„nach dem Munde reden“	Offener, konstruktiv-kritischer Dialog
Austausch von Informationen	Austausch von Erfahrungen
Präsentation von „fertigen“ Produkten	Einbeziehung in die Wertschöpfungskette
Qualität als Anliegen der Produktion	Qualität als Anliegen sämtlicher Front- und Back-Office-Abteilungen

Um Kundenbindung zu erreichen, sind grundsätzlich zwei Strategien denkbar. Zum einen bietet sich die Möglichkeit, den Kunden im Rahmen einer **Gebundenheitsstrategie** durch den Aufbau von Wechselbarrieren und damit durch Einschränkung seiner Freiheit an das Unternehmen zu binden. Zum anderen kann der Anbieter bei der Kundenzufriedenheit ansetzen und somit beim Abnehmer eine **Verbundenheit** erzeugen, die ihn dazu bewegt, sich freiwillig zu binden.

13.4.3 Aufbau

In einem CRM-System, dessen Aufbau Abb. 13.9 zu entnehmen ist, werden die im Unternehmen vorhandenen Kundendaten unter einer einheitlichen Perspektive zusammengeführt mit dem Ziel, den Mitarbeitern fundierte, aktuelle, vollständige und entscheidungsrelevante Informationen über den Kunden zur Verfügung zu stellen. Im Mittelpunkt der Bemühungen steht der Aufbau einer einheitlichen **Kundendatenbank**, auf die alle Unternehmensbereiche zugreifen können (vgl. hierzu auch *Bruhn* 2007, *Rapp* 2000, *Stadelmann/Wolter/Reinecke/Tomczak* 2003, *Gawlik* 2002, *Link* 2001).

Beim kollaborativen CRM wird dieses Konzept über die Unternehmens- bzw. Organisationsgrenzen hinaus ausgedehnt. Auf diese Weise eröffnen sich für Industrie und Handel neue Optionen, entlang der gesamten Wertschöpfungskette Kundengewinnung, -bindung, -entwicklung und -rückgewinnung zu betreiben (vgl. *Kracklauer/Mills/Seifert* 2004).

Im Einzelnen werden folgende **Ziele** verfolgt:

- Optimierung sämtlicher Kommunikationskanäle zum Kunden (= **kommunikatives CRM**)
- Synchronisation und operative Unterstützung der Kundenkontaktpunkte des Unternehmens, insbesondere in den Marketing-, Vertriebs- und Serviceabteilungen (= **operatives CRM**)
- Zusammenführen und Auswerten sämtlicher Kundeninformationen (= **analytisches CRM**)

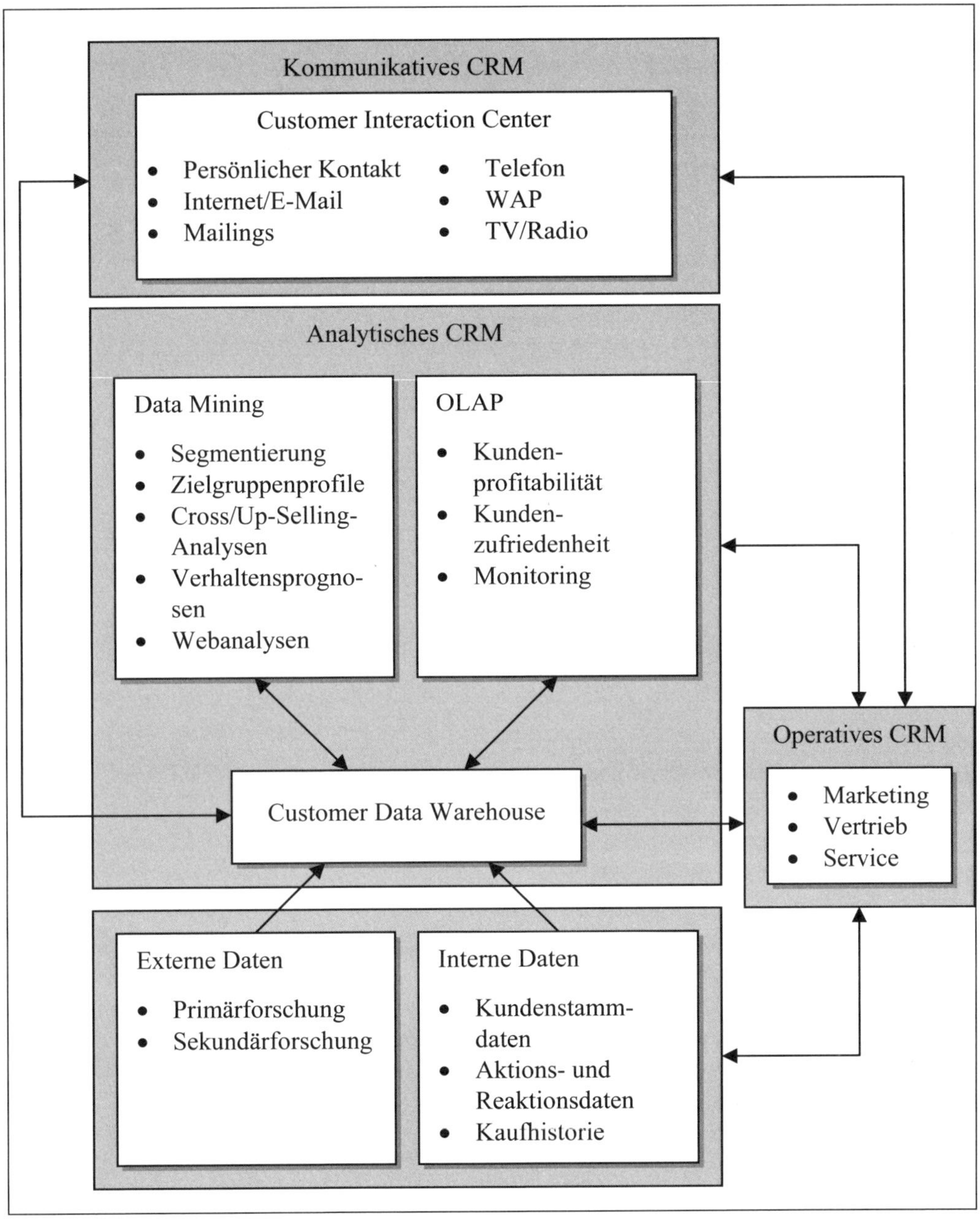

Abb. 13.9: Die Architektur eines CRM-Systems (Quelle: Wilde 2002)

13.4.4 Module

Kommunikatives CRM

Dem **kommunikativen CRM** fällt die Aufgabe zu, die Kommunikationskanäle zum Kunden (persönlicher Kontakt, Internet/E-Mail, Mailings, Telefon, WAP [= Wireless Application Protocol, d. h. Techniken und Protokolle, die Internetinhalte für Mobilfunk und -telefone verfügbar machen], TV/Radio) zu steuern und zu synchronisieren. Eine zentrale Rolle spielt hier das **Call Center**. Dabei handelt es sich um eine Organisationseinheit zur Abwicklung telefonischer Kundendialoge mit Hilfe moderner Informations- und Telekommunikationstechnologien (vgl. *Helber/Stolletz* 2004; *Wilde* 2002; *Wilde u. a.* 2005). Während im **Inbound-Call Center** eingehende Anfragen, Aufträge, Reklamationen und Beschwerden bearbeitet werden, wickelt das **Outbound-Call Center** Telefonaktionen in Vertrieb, Kundendienst und Marketing-Forschung ab. Neben Kundenzufriedenheits- und Kundenbefragungen zählt hierzu u. a. auch das "Tracking" (vgl. im Folgenden *Allard* 1999, S.30 ff.): Call Center rufen in regelmäßigen Abständen beim Kunden an, um zu prüfen,

- in welcher Phase des "Customer Life Cycle" sich die einzelnen Kunden gerade befinden und
- ob sie sich jeweils „phasengerecht" verhalten.

Da der Kunde an das Unternehmen erinnert wird, eignet sich "Tracking" auch dazu, die Beziehung zu den Kunden zu pflegen, indem man bspw. deren "Feed back" einholt. Selbstverständlich kann ein und dasselbe Call Center gleichzeitig Inbound- und Outbound-Aufgaben wahrnehmen.

In der **Akquisitionsphase** des "Customer Life Cycle" stellen sich dem Call Center folgende Aufgaben:

- "Pre Sales Service" (Inbound): Der Agent vermittelt dem Anrufer Produktinformationen, beantwortet Fragen und/oder veranlasst die Zusendung von Unterlagen oder Prospekten.
- Adress- und Bedarfsqualifizierung (Outbound): Der Call Center-Agent holt bei Angerufenen Kontaktinformationen ein und prüft deren grundsätzliches Interesse an den Leistungen des Unternehmens.
- Telefonverkauf im B2B-Bereich (Outbound): Basierend auf den Informationen aus der Adress- und Bedarfsqualifizierung ruft der Call Center-Agent potenzielle Kunden an, um sie zu einem Erstkauf oder einem Probekauf zu bewegen.

In der **Kundenbindungsphase** bieten sich dem Call Center folgende Einsatzmöglichkeiten:

- "Welcome Calls" (Outbound): Indem sie ihre neuen Kunden mit einem Anruf begrüßen, wollen Unternehmen erreichen, dass sich ihre Kunden stärker mit dem Produkt bzw. dem Unternehmen identifizieren.
- "Nursing Calls" (Outbound): Insbesondere bei erklärungsbedürftigen Produkten, wie Mobiltelefonen, kontaktieren Call Center-Agenten Erstkäufer, um ggf. Probleme bei der Produktnutzung zu lösen und deren Intensität zu steigern.

- "Feed back Calls" (Outbound): Call Center-Agenten erfragen Bedürfnisse, Präferenzen und Zufriedenheit der Neukunden.
- "Support Service" und Kunden-Hotlines (Inbound): Via Telefon können Kunden i. d. R. rund um die Uhr Hilfestellungen, Serviceleistungen und Informationen in Anspruch nehmen.
- "Cross Selling" (Outbound): Falls Analysen darauf hindeuten, dass Kunden auch an anderen Produkten bzw. Dienstleistungen des Unternehmens interessiert sind, werden ihnen auch diese Leistungen offeriert (= „aktiver Verkauf").
- Vertriebsunterstützung (Outbound): Kunden mit einem geringen Kundenwert (= „C-Kunden"), bei denen regelmäßige Außendienstbesuche zu teuer sind, können ersatzweise telefonisch betreut werden.

In der **Kundenrückgewinnungsphase** bieten sich folgende Optionen:

- Beschwerdemanagement (Inbound): Unzufriedene Kunden sollen ihrem Unmut möglichst ohne großen Aufwand Luft verschaffen können.
- Tracking (Outbound): Unternehmen, die Zustand und Qualität der Kundenbeziehung kontinuierlich prüfen, können frühzeitig Probleme erkennen und Lösungsansätze entwickeln.
- "Customer Retention" (Outbound): Call Center-Agenten befragen abgewanderte Kunden nach deren Gründen, um Schwachstellen zu identifizieren und zu beseitigen.

Das **Customer Interaction Center** stellt die multimediale Weiterentwicklung des Call Center dar. Hier werden neben dem Telephon auch alle anderen Kommunikationskanäle wie Briefpost, Fax oder Internet unterstützt (vgl. z. B. *Gawlik u. a.* 2002). Angesichts des sich immer stärker entwickelnden **Multi-Channel-Marketing**, bei dem eine Vielzahl unterschiedlicher Kommunikationskanäle zum und vom Kunden parallel genutzt wird, ist es hierbei erforderlich, einen sog. "**Single-Point-of-Entry**" einzurichten und damit koordiniert im Sinne eines "**One Face to the Customer**" zu kommunizieren.

Multi-Channeling beschreibt das Phänomen, dass Unternehmen wie auch (potenzielle, aktuelle, ehemalige) Kunden in jeder Phase des

- **Kundenbeziehungslebenszyklus** (Neukundengewinnung, Kundenbindung, Kundenrückgewinnng) bzw. des
- **Leistungszyklus** (Information, Beratung, Abschluss/Kauf, Transaktion, Service, Redistribution)

verschiedene Informations- und Kommunikationskanäle nutzen können, z. B. klassische Werbung, Direct Mail, Internet, Filiale, Call Center, Kundenselbstbedienung, Außendienst bzw. mobilen Vertrieb (vgl. *Merx/Bachem* 2004; *Dach* 2002; *Wilde* 2002; *Wilde u. a.* 2005). Da sich Kunden angesichts der vielfältigen Möglichkeiten jeweils für denjenigen Zugang bzw. Kontakt entscheiden, der sie effizient unterstützt und ihren Kaufprozess vereinfacht, wird die Unternehmen/Kunde-Interaktion immer komplexer. Damit wachsen Bedarf und Aufwand, die Kanäle auf strategischer, prozessualer und informationstechnischer Ebene zu optimieren, was in diesem Fall bedeutet: Kundennutzen steigern und Kosten reduzieren. Ziel des Multi-Channeling ist es deshalb, der richtigen Person das richtige Angebot zur richtigen Zeit über den richtigen Kanal anzubieten.

Wer Multi-Channeling betreiben will, sollte zunächst folgende **Fragen** beantworten:

- Welche strategische (Neu-)Ausrichtung wird mit Multi-Channeling angestrebt? Sollen bspw. neue Kundensegmente und/oder neue (räumliche) Märkte erschlossen werden?
- Welche Kanäle sollen aus welchen Gründen auf- bzw. ausgebaut werden? Wo soll wie viel investiert/desinvestiert werden?
- Welche Produkte und/oder Dienstleistungen will das Unternehmen welchen Kunden(-segmenten) über welche Kanäle zu welchem Zeitpunkt anbieten?
- Sollen die Kanäle integriert oder getrennt betrieben werden?
- Soll das Unternehmen die Kanäle zentral (z. B. über ein Customer Interaction Center) oder dezentral steuern?

Als **Chancen** des Multi-Channeling werden angeführt:

- Bessere Erschließung des Marktpotenzials und damit Verbreiterung der Marktabdeckung
- Beschleunigte Bekanntmachung von Produkten und/oder Dienstleistungen durch eine größere Anzahl an Kontaktpunkten (= "Customer Touch Points": im Falle eines Automobils Verkäufer, Autohäuser und Werkstätten, Kontakte mit einer Automarke auf der Straße, Werbung, Internetauftritt, Messen, Showrooms, Testberichte, Freunde und die tägliche Erfahrung mit dem eigenen Auto; bei Strom in erster Linie Werbung und Rechnung)
- Verbesserung der Leistungen durch schnelleres Lernen, da bestimmte Kommunikationskanäle (z. B. Internet) dem Kunden unmittelbar "Feed back" ermöglichen
- Bedarfsgerechte Interaktion, da Kunden die von ihnen präferierten Kommunikationskanäle nutzen können
- Wirtschaftlichkeit: Kostengünstige bzw. effiziente Kommunikationskanäle ersetzen kostenintensive bzw. ineffiziente Optionen (z. B. wegen Streuverlusten).

Als **Risiken** gelten:

- Kannibalisierung, was zu Spannungen in der Zusammenarbeit führt (Bsp.: Neben der Filiale konkurrieren auch der mobile Außendienst und der Internet-Vertrieb um die Aufträge der Kunden.)
- Uneinheitlicher Marketingauftritt oder größerer Koordinationsbedarf (Bsp.: Unterschiedliche Preise für das gleiche Produkt in Filialen und im Internet)
- Unbeabsichtigte Veränderungen des Image (Bsp.: Trading-down eines Premiumanbieters durch Einführung eines Parallelvertriebs im Internet)
- Verschärfung der Konkurrenz (Bsp.: Neue Anbieter, z. B. "Near" [etwa Versicherungen, Leasinggesellschaften] oder "Non Banks" [= Unternehmen des Nichtbankenbereichs, die Finanzdienstleistungen anbieten, wie Warenhausketten und Automobilhersteller], drängen als Anbieter von Finanzdienstleistungen auf den Markt oder vergrößern durch "Multi-Channeling" ihr räumliches Einzugsgebiet)
- Markttransparenz (v. a. durch das Internet): Diese sorgt dafür, dass der Druck auf die Gewinnmarge zunimmt.

Ein Customer Interaction Center eröffnet u. a. folgende neuen **Optionen**:

- "Self service": Kunden können bspw. selbständig Informationen abfragen, Produkte konfigurieren und / oder Bestellungen aufgeben.
- "Web chat": Agent und Kunde kommunizieren per Chat.
- "Collaborative browsing": Agent und Kunde betrachten gemeinsam und gleichzeitig Web-Seiten und können per Telefon darüber diskutieren.
- "Call me-buttons": Kunden werden nach dem Anklicken automatisch mit dem Call Center des Unternehmens verbunden.

Gegenüber dem klassischen Call Center bietet das Customer Interaction Center zahlreiche **Vorteile**:

- Kunden können den jeweils präferierten Kommunikationskanal nutzen, was letztlich ihrer Zufriedenheit zugute kommt.
- Da sämtliche Kommunikationskanäle in einer einzigen Abteilung zusammenlaufen und ein Call Center-Agent die gesamte Kommunikation eines Kunden (in allen Kanälen) überblicken kann (= "Unified messaging"), wird die Unternehmenskommunikation konsistenter bzw. besser und die Servicequalität nimmt zu. Denn gleichgültig, welchen Kanal ein Kunde nutzt, er hat immer das Gefühl, dass „sein“ Agent seine gesamte Kommunikationshistorie kennt und ihn stets kompetent und auf die gleiche Art und Weise betreut.
- Gewöhnlich steuert eine einzige Software das Customer Interaction Center, weshalb die gesamte Kundenhistorie für sämtliche Kommunikationskanäle in einer einzigen Datenbank bereitgehalten werden kann (= sog. "Single contact history").
- Indem sie die Kommunikation weg von kostenintensiven Kanälen (z. B. Telefon, Fax) hin zu Internet oder E-Mail verlagern, können Unternehmen (und Kunden) Kosten sparen.

Operatives CRM

Im **operativen CRM** unterstützen Anwendungen zur Marketing-, Sales- und Service-Automation den Dialog zwischen Kunden und Unternehmen sowie die dazu erforderlichen Geschäftsprozesse. Durch die Anbindung des operativen CRM an **Back-Office-Lösungen (Enterprise Resource Planning** = unternehmensweite Bereitstellung der Daten von Produktionsfaktoren, konkret also Finanzbuchhaltung, Warenwirtschaft und Auftragsbearbeitung; **Supply Chain Management** = Versorgungsmanagement, das durch eine durchgängige Optimierung aller Güter- und Informationsflüsse vom Rohstoff bis zum Endverbraucher charakterisiert ist; **Computer Integrated Manufacturing** = EDV-gestützte Produktion) können dem Kunden u. a. Aussagen über Verfügbarkeit von Waren oder Liefertermine gemacht werden.

Im Einzelnen fallen dem operativen CRM die in Tab. 13.4 angeführten **administrativen** sprich verwaltenden, **analytischen** und **kontaktunterstützenden Aufgaben** an. Diese werden im Folgenden erläutert.

Tab. 13.4: Das Aufgabenspektrum des operativen CRM (Quelle: Wilde 2002)

Aufgaben Bereich	Administrative	Analytische	Kontaktunterstützende
Marketing Automation	• Database Marketing • Kampagnenmanagement	• Kundensegmentierung • Kundenbewertung (CLV/Churn Rate/ Bonität/Cross Selling) • Targeting	• Marketing-Enzyklopädie • Produktkonfiguratoren
Sales Automation	• Angebotserstellung/ -überwachung • Kundendatenverwaltung • Administration • Erfolgsrechnung	• Lost Order-Analyse • Sales Cycle-Analyse • Opportunity-Management	• Interactive Selling Systems • Eskalations-Management • Workflow-Management
Service Automation	• Fernwartung • Materialdisposition • Kundendatenverwaltung • Administration • Erfolgsrechnung	• Case Based Reasoning • Schadensanalysen	• Help Desk • Eskalations-Management • Workflow-Management

Legende: Churn Rate = Abwanderungsrate/-quote (churn = Kunstwort aus change und turn)

- **Database Marketing**: Hierunter versteht man die Nutzung der in Kundendatenbanken gespeicherten Informationen für eine individuelle Kommunikation mit dem Kunden.
- **Kampagnenmanagement**: Im Zuge der traditionell aktionsorientiert ausgerichteten Geschäftsprozesse wurden die einzelnen Marketing- und Vertriebsaktionen unabhängig voneinander konzipiert und durchgeführt. Dies hatte zur Konsequenz, dass Aktionen häufig zum einen zeitlich geblockt und zum anderen unkoordiniert implementiert wurden. Beispiele hierfür sind nicht aufeinander abgestimmte Mailings (etwa gleichzeitiges Mahnschreiben und Begrüßung als Neukunde) oder unzureichende bzw. fehlende Information des Vertriebs über Sonderangebots-Mailing oder ein akutes Serviceproblem. Kundenorientierte Geschäftsprozesse hingegen zeichnen sich dadurch aus, dass einzelne Marketing- und Vertriebsaktionen getreu dem Prinzip "One Face to the Customer" vernetzt geplant werden. Zusätzlich bedient man sich kunden(typ)spezifischer Kontaktfolgen mit den Marketing- und Vertriebsaktionen als Bausteinen. Hierbei werden die Aktionen jeweils zum passenden Zeitpunkt der Kundenhistorie zeitlich verteilt implementiert (vgl. hierzu das Beispiel in Abb. 13.10).
- **Marketing-Enzyklopädien** sind multimediale Wissensarchive, in denen alle Informationen über Produkte, Werbematerialien, Marktsituation, Trainingsunterlagen etc. abgelegt werden. Die Informationen existieren in geschriebener (z. B. Broschüren) und/oder audiovisueller Form (z. B. Produktpräsentationen oder -videos), werden zentral gepflegt

und sind über Intranet (etwa Unterstützung der Vertriebsmitarbeiter beim Kundengespräch) und Internet (etwa Direktzugriff durch Kunden) abrufbar.

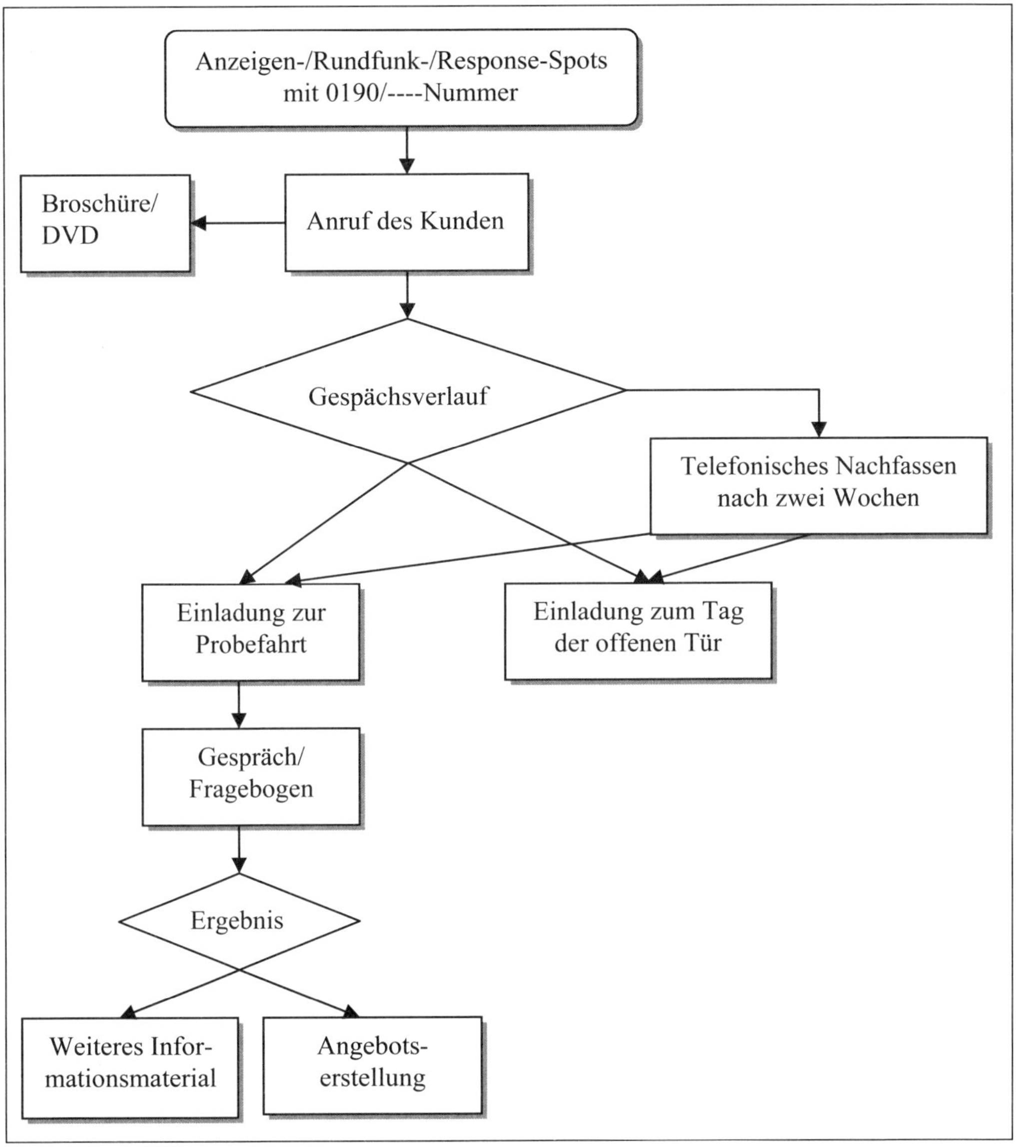

Abb. 13.10: Kundentypspezifische Kontaktfolgen am Beispiel eines Autohauses (Quelle: in Anlehnung an Wilde 2002)

- **Produktkonfiguratoren** eröffnen die Option, Produkte aus mehreren konfigurierbaren Komponenten (z. B. bei Autos oder PCs) kundenindividuell zusammenzustellen. Dies schließt automatische Kompatibilitätsprüfungen sowie die Ermittlung des Angebotspreises der Konfiguration unter Berücksichtigung aktueller Sonderpreise sowie kundenindividueller Konditionen mit ein. Die Nutzung erfolgt durch Vertriebsmitarbeiter im Rahmen der Kundenberatung sowie direkt durch den Kunden über Internet.

- **Angebotserstellung/-überwachung**: Diese setzt sich zusammen aus:
  - Produktkonfiguratoren
  - Lieferterminprognose auf Basis von Enterprise Resource Planning, Supply Chain Management sowie Computer Integrated Manufacturing
  - Ordertracking, d. h. das Verfolgen des Stands der Auftragsbearbeitung
  - Textverarbeitung mit Anbindung an Textbausteine, Marketing-Enzyklopädie, Kundendatenbank
  - Serienbrieffunktion
  - Automatische Wiedervorlage für Nachbearbeitung von Angeboten sowie Erstellung von Folgeangeboten
- **Kundendatenverwaltung**: Hier werden die Kundendaten gepflegt und können abgerufen werden.
- **Administration** unterstützt bei der:
  - Erstellung von Besuchsberichten (teilstrukturiert)
  - Reisekostenabrechnung
  - Kontaktplanung (Kundenselektion, Wiedervorlage, Termine)
  - Tourenplanung (Tourenbildung, Reihenfolge, Routenwahl)
  - Kommunikation (E-Mail, Fax, VoiceMail, Filetransfer = Verschicken von Dateien)
- **Erfolgsrechnung**: Diese kann nach Kunden, Gebieten, Mitarbeitern etc. strukturiert werden und erfasst u. a. Umsatz, Deckungsbeiträge, Erlösschmälerungen, Bearbeitungskosten, Auftragsstruktur und Angebotserfolg.
- **Lost Order-Analyse**: Um Ansatzpunkte für die Verbesserung der Wettbewerbsfähigkeit aufzuspüren, werden sämtliche Angebote, die nicht zu einem Auftrag geführt haben, analysiert.
- **Sales Cycle-Analyse**: Hier werden Wiederbeschaffungszeitpunkte (z. B. für Telefonkartenverträge, Fahrzeuge, Wiederanlage von Festgeld) vorgemerkt, um die rechtzeitige Ansprache des Kunden zu gewährleisten und dadurch der Kundenabwanderung entgegenzuwirken.
- **Opportunity Management**: Jeder Kundenkontakt wird hier mehrstufig erfasst, gepflegt und qualifiziert – von der anonymen Adresse bis zum Vertragsabschluß. Dadurch eröffnet sich die Möglichkeit, den Status eines Kundenkontakts zu jeder Zeit abzufragen. Dies vermittelt einen aktuellen Gesamtüberblick über bestehende Verkaufschancen (Betrag, Abschlusswahrscheinlichkeit, Abschlusstermin) pro Kontaktstufe.
- **Interactive Selling Systems** unterstützen zum einen den Vertriebsmitarbeiter im Kundengespräch durch elektronische Produktkataloge, Produktkonfiguratoren und Marketing-Enzyklopädien. Zum anderen bietet sich dem Kunden die Möglichkeit, die Systeme auf Web-Sites und an Kiosk-Systemen im Verkaufsraum direkt zu nutzen.
- **Eskalations-Management**: Um die Einhaltung kritischer Zeitschranken für alle kundenorientierten Geschäftsprozesse sicherzustellen, werden Kundentransaktionen (Anfragen,

Störungsmeldungen oder Beschwerden/Reklamationen) nach Verstreichen einer vorgegebenen Zeitspanne und in Abhängigkeit von Transaktionsart und Kundentyp automatisch an die nächst höhere Instanz weitergeleitet. Ein entsprechendes Mahn- und Eskalationssystem für Beschwerden findet sich in Abb. 13.11

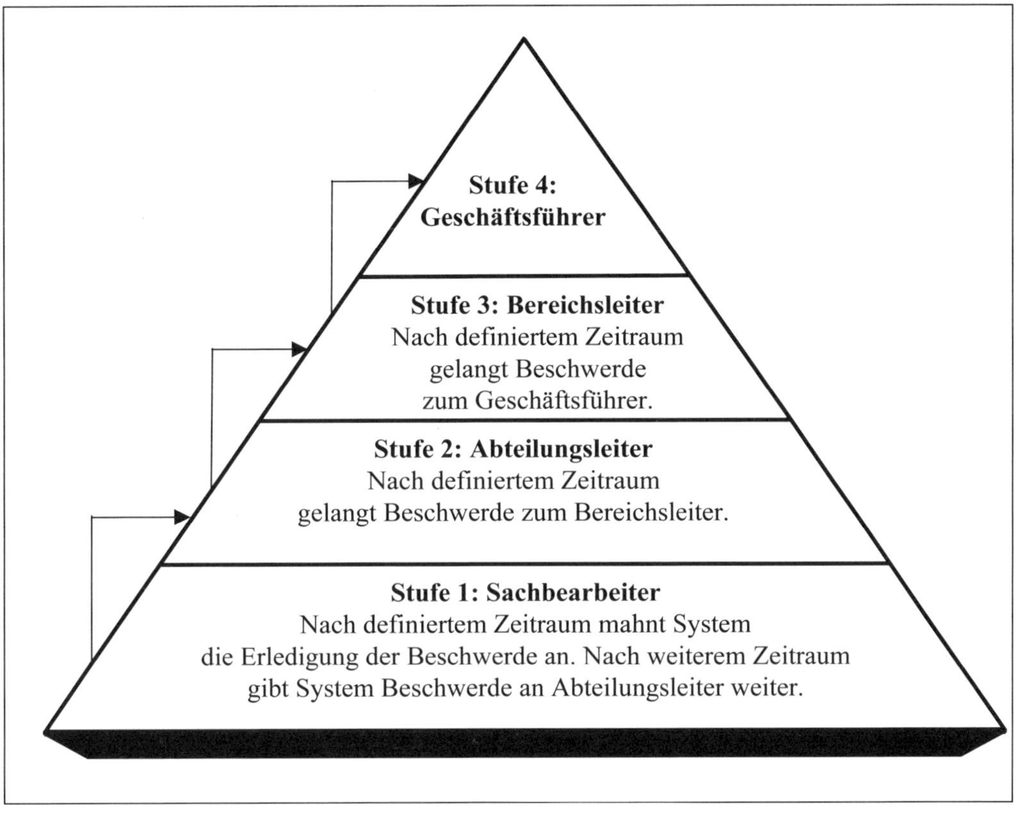

Abb.13.11: Ein Beispiel für ein Mahn- und Eskalationssystem (Quelle: Homburg/Fürst 2003, S. 20)

- **Workflow-Management**: Hier werden sämtliche kundenorientierten Geschäftsprozesse hinsichtlich Vorgangsabfolge, Verzweigungen und personellen Zuständigkeiten (Workflow Modellierung) formal beschrieben. Dies gewährleistet die automatische Abarbeitung bzw. Weiterleitung einer Aufgabe an den nächsten zuständigen Bearbeiter sowie dessen Überwachung. Außerdem kann der Vertriebsmitarbeiter jederzeit den Status der von ihm angestoßenen Kundenprozesse kontrollieren.
- **Fernwartung**: Hierzu gehören Routinediagnosen/-wartungen und Software-Updates per Internet/WAN (= Wide Area Network; im Regelfall weltumspannendes Netz, was insbesondere für international agierende Unternehmen interessant ist). Beispiele hierfür sind die Fernwartung von Computersystemen und Autos mit Internetanschluss.

- **Materialdisposition**, in deren Rahmen die Materialentnahme und deren Belastung beim Kunden verwaltet werden. Außerdem eröffnet sich die Möglichkeit, die Ersatzteil- und Werkzeugausstattung des Service-Außendienstes auftragsspezifisch zu konfigurieren.
- **Case Based Reasoning-Systeme**: Dabei handelt es sich um eine Datenbank mit formatierten Beschreibungen von Problemen und entsprechenden Lösungen bzw. Lösungswegen sowie deren Qualitätseinstufung. Damit kann die Datenbank nach ähnlichen Problemen sowie deren Lösung bzw. Lösungsweg durchsucht werden. Außerdem lassen sich neue Fälle abspeichern.
- **Schadensanalysen**: Hier werden Schadensfälle auf Häufungen bei bestimmten Konfigurationen, Betriebsbedingungen etc. untersucht mit dem Ziel, proaktive Maßnahmen im Rahmen von Routinewartungsarbeiten durchzuführen.
- **Helpdesk**: Dabei handelt es sich um ein Datenbanksystem zur Aufnahme neuer Störfälle und zur formatierten Beschreibung von Störfällen. Die formatierte Problembeschreibung erlaubt eine umfassende Dokumentation von Problemen und Lösungen sowie eine automatisierte Suche nach ähnlichen Problemfällen. Damit bietet das System Unterstützung bei der Problemdiagnose. Häufig wird das Helpdesk mit einem Eskalations-Management vernetzt, um im Falle ungelöster Störfälle höhere Instanzen einzuschalten.

Analytisches CRM

Dem **analytischen CRM** schließlich fällt die Aufgabe, sämtliche Kundeninformationen zusammenzuführen und auszuwerten. Nach dem Ort der Entstehung lassen sich

- unternehmensinterne Daten, die im Rahmen der operativen Geschäftsprozesse anfallen, und
- unternehmensexterne Daten, die z. B. von Marktforschungsinstituten bezogen werden,

unterscheiden. Unternehmensinterne und unternehmensexterne Marketingdaten betrachten dabei unterschiedliche Themenbereiche und ergänzen sich gegenseitig.

Beim analytischen CRM geht es darum, aus Daten Wissen zu generieren, das wiederum im operativen Geschäft genutzt werden kann, um Kunden gezielter zu betreuen. Die Vernetzung von analytischem und operativem CRM hat zur Aufgabe, die Erkenntnisse aus Kundenkontakten in konkrete Maßnahmen umzusetzen. Dies geschieht im Idealfall nicht erst nach einer längeren Analysephase durch Mitarbeiter mit Experten-Know-how, sondern in Echtzeit während des Kundenkontakts im Call Center, Direktvertrieb oder Internet.

Unternehmensinterne Datenquellen

Zu den unternehmensintern wichtigen „Kundenkontaktstellen“ (= "Customer touch points") entlang der gesamten Wertschöpfungskette, die auf verschiedene operative Informationssysteme verteilt sind, gehören neben dem Customer Relationship Management u. a. verschiedene "**Back office**"-**Lösungen**:

- Enterprise Resource Planning, d. h. die unternehmensweite Bereitstellung der Daten von Produktionsfaktoren,

- Supply Chain Management (= Versorgungsmanagement), das versucht, alle Güter- und Informationsflüsse vom Rohstoff bis zum Endverbraucher zu optimieren,
- Computer Integrated Manufacturing (= EDV-gestützte Produktion),
- Insellösungen.

Neben den „klassischen" Kundenkontaktstellen, wie Direktmarketing und Vertrieb, sind auch zu nennen:

- technischer Kundendienst (z. B. Informationen über das Bedarfsumfeld beim Kunden, über den Einsatz von Produkten der Konkurrenz [beim Kunden], über das Beschwerde- und Reklamationsverhalten),
- Logistik (Retourenverhalten der Kunden),
- Debitorenverwaltung (Zahlungsgewohnheiten der Kunden),
- Beschwerdemanagement und Kunden(zufriedenheits)untersuchungen (Beschwerde- bzw. Reklamationsverhalten, Motive, Einstellungen, Bedürfnisse, Klagen der Kunden).

Auch das **Internet** bildet eine wichtige Schnittstelle zum Kunden. Es dokumentiert:

- kundenindividuelle Interessenschwerpunkte, z. B. über die besuchten Web-Seiten und die jeweilige Verweildauer,
- Meinungsäußerungen, z. B. in E-Mails, Newsgroups, Chats oder auf Online-Fragebogen,
- Produktpräferenzen, z. B. aus Online-Bestellungen und aus der Nutzung von Produktkonfiguratoren.

Die Einführung von "Mass customization"-Konzepten, mit denen wegen des Einsatzes neuer Informations- und Produktionstechnologien maßgeschneiderte Produkte (annähernd) zum Preis von Massenprodukten hergestellt werden können (vgl. z. B. *Stotko* 2002), wird das Kaufverhalten vermutlich nachhaltig verändern. Beispielsweise dürften viele Kunden bereit sein, dem Unternehmen individuelle Bedarfsdaten umfassend, detailliert und exakt zur Verfügung zu stellen, sofern dies der Konfiguration individueller Produkte dient und einen unmittelbaren Kundennutzen stiftet. Es ist demnach zu vermuten, dass die derzeit noch vergleichsweise dürftigen Kundenhistorien in Zukunft quantitativ und qualitativ deutlich verbessert und erweitert werden.

Unternehmensexterne Datenquellen

Zur Ergänzung der unternehmensinternen Kundendaten sind für die meisten Branchen umfangreiche unternehmensexterne Daten verfügbar, welche Marketingdienstleister oder kooperierende Unternehmen (i. d. R. gegen Entgelt) beziehen können (vgl. *Wilde u. a.* 2005; *Wilde/Hippner* 1998):

- **Individualdaten**, die sich über Kundenname und -anschrift direkt mit den unternehmensinternen Kundendaten verknüpfen lassen,
- **Aggregatdaten**, die sich auf Kundenaggregate mit charakteristischen Merkmalsausprägungen beziehen (z. B. Marktsegmente, Kundengruppen, Regionen) und über diese

Merkmalsausprägungen nur mittelbar mit den individuellen Kundendaten des Unternehmens verknüpft werden können (= Data Matching).

Zu den wesentlichen **Quellen für Individualdaten** gehören:

- **Telefon- und Adressenverzeichnisse**, die auf CD oder in einer Datenbank zur Verfügung stehen und z. B. Auskunft geben über Berufsbezeichnungen oder Wohnverhältnisse in Privathaushalten. Indem man bspw. nach Wohnadressen sortiert, können Wohngebäude nach Ein-, Zwei- und Mehrfamilienhäusern klassifiziert werden.
- **Firmendatenbanken** für das Business to Business-Marketing (B2B), deren Daten Firmenpublikationen, Fachpublikationen, Selbstauskünften und speziellen Recherchen entstammen, enthalten Jahresabschlussdaten, Angaben über Führungskräfte, Produkte, Werke usw.
- **Listbroker** vermitteln zwischen Unternehmen qualifizierte Adressenlisten (z. B. Kundenlisten, Adressen mit bestimmten demographischen Merkmalen) im Rahmen des datenschutzrechtlichen Spielraums.
- **Datenaustausch** mit kooperierenden Unternehmen: Durch Kooperation zwischen Herstellern und Handelsunternehmen oder zwischen Herstellern bedarfsverwandter oder komplementärer Produkte können Kundendatenbanken (im Rahmen der datenschutzrechtlichen Vorschriften) mit kundenspezifischen Informationen angereichert werden, die dem Unternehmen ohne die Zusammenarbeit nicht zugänglich wären.
- **"Life style"-Daten**: Unternehmen wie *GfK*, Nürnberg, oder *Nielsen* führen seit Jahren flächendeckende Haushaltsbefragungen durch, bei denen neben Soziodemographika u. a. detaillierte Konsumprofile und Konsuminteressen erfragt werden. Die *GfK* etwa hat die sog. "Euro styles" mit entwickelt, in dessen Mittelpunkt der Lebensstil der europäischen Verbraucher steht. Er beruht auf etwa 1,5 Mio. Daten, die im Rahmen einer repräsentativen Befragung von 24.000 Erwachsenen in 15 europäischen Ländern regelmäßig erhoben bzw. aktualisiert werden. Neben dem "Life style" erfasst der "Euro styles"-Ansatz auch Daten zu Produktnutzung, Konsum-, Einkaufs- und Mediengewohnheiten, Einstellung zu Werbung und Verpackung sowie zum Besitzstand. Falls die Befragungsteilnehmer die Daten für werbliche Zwecke freigeben, dürfen diese Informationen an Kundendatenbanken weitergegeben werden. Entsprechende Daten stehen mittlerweile für mehrere Millionen Haushalte zur Verfügung (vgl. auch Abschnitt 6.3.2).
- **Wohngebäudedatenbanken**: Einige Unternehmen haben bereits mit der flächendeckenden Videodokumentation der Straßenansichten aller Wohngebäude begonnen. Entsprechende rechtliche Streitigkeiten über die Zulässigkeit dieses Vorgehens sind geklärt, so dass auf dieser Basis aussagekräftige, kundenspezifische Daten über die Wohnverhältnisse gewonnen werden können.
- **Internet**: "Web sites" von Wettbewerbern und Firmenkunden, "Word of mouth" in Chat-Foren, Newsgroups und Communities gewinnen als Informationsquelle zunehmend an Bedeutung und können kostenlos abgerufen werden. Die zumeist nicht formatierten Freitexte müssen allerdings mit Hilfe von "Text mining"-Methoden (vgl. *Dörre u. a.* 2001 sowie Abschnitt 4.4, Inhaltsanalyse) für eine numerische Datenanalyse erschlossen werden, um formatierte Merkmale zu destillieren, die zur Charakterisierung der Kunden herangezogen werden können. "Text mining"-Methoden fassen Freitextdokumente anhand

formaler und syntaktischer Ähnlichkeiten zu Gruppen zusammen. Damit und mit Hilfe nominal skalierter Merkmale (vorhanden/nicht vorhanden) kann der Dokumenteninhalt in einem bestimmten Format beschrieben werden. So ist es bspw. möglich, verschiedene Typen von Beschwerdebriefen aufzuspüren und die jeweiligen Kunden je nach Typzugehörigkeit des Briefes einem bestimmten Typ von Beschwerdeführern (z. B. Querulant) zuzuordnen (vgl. *Dörre u. a.* 2001; *Cabena u. a.* 1998, S. 36).

Quellen für Aggregatdaten sind z. B.:

- **Mikrogeographische Segmentierung**: Ausgehend von kleinräumigen regionalen Marktsegmenten (z. B. Straßenabschnitt, Häuserblock) werden alle über eine Person verfügbaren Daten zu Demographie, Konsumverhalten, Wohnverhältnissen, Kfz-Nutzung usw. zu einer Wohngebietstypologie verarbeitet. Auf diese Weise lassen sich anhand der Wohnquartiere charakteristische Besonderheiten (z. B. Sozialstruktur, Familienlebenszyklus, Lebensstil) beschreiben. Anhand der Kundenadresse kann man jeden Kunden einem dieser Wohngebietstypen zuordnen. Die Konsumgewohnheiten des Wohngebietstyps lassen sich anschließend – mit tolerierbaren Unschärfen – auf den einzelnen Bewohner/Haushalt bzw. Kunden übertragen.
- Marktforschungsdaten werden grundsätzlich anonym erhoben und können somit nicht direkt mit Kundendaten verknüpft werden. Sind indessen bestimmte Merkmale in beiden Datenbanken verfügbar (z. B. Soziodemographika, Produktnutzung), so lassen sich auch diese Daten (mit gewissen Unschärfen) verknüpfen, d. h. auf den einzelnen Kunden übertragen (= Data Matching; vgl. *Liehr* 2002).

Kundendatenbank

Individual- und Aggregatdaten lassen sich nunmehr in eine Kundendatenbank integrieren (vgl. Tab. 13.4).

Data Warehouse

Im Zentrum des analytischen CRM steht das **Data Warehouse**. Hierunter versteht man ein unternehmensweites Konzept, das der Entscheidungsunterstützung dient und dessen Ziel es ist, eine logisch zentrale, einheitliche und konsistente Datenbasis für die vielfältigen Anwendungen zur Unterstützung der analytischen Aufgaben von Fach- und Führungskräften aufzubauen. Das Data Warehouse wird losgelöst von den operativen Datenbanken betrieben. Deren Fokus liegt auf der effizienten Abwicklung des Tagesgeschäfts und damit auf einem zeit**punkt**genauen Zugriff. Da beispielsweise im Falle eines spezifischen Kundenauftrags oder einzelner Produktionschargen keine Entscheidungsunterstützung stattfindet und solche Daten nach Abschluss der Transaktion gelöscht werden, finden operative EDV-Anwendungen kein Eingang ins Data Warehouse.

Vielmehr konzentriert man sich im Data Warehouse auf betriebswirtschaftliche Daten, die sich auf größere Zeiträume (= zeit**raum**bezogen) beziehen und demnach die Darstellung von Entwicklungen im Zeitablauf ermöglichen. Nach Übernahme von Daten ins Data Warehouse ist keine Änderung mehr möglich, der Anwender hat grundsätzlich nur lesenden Zugriff. Die

Tab. 13.4: Informationsspektrum einer Kundendatenbank (Quelle: in Anlehnung an Wilde/Hippner 1998, S.8)

Daten zur Identifikation		
• Name/Vorname	• Firma (B2B)/Anschrift	• Telefon/Telefax/E-Mail/ WWW
Daten zur Deskription		
• Kundenstatus - Interessent - Neukunde - Aktiver Kunde - Passiver Kunde - Abgewanderter Kunde • Bedarfsstruktur - Beschaffungsvolumen - Produktanforderungen - Serviceanforderungen • Unternehmensdaten (B2B) - Branche - Betriebsgröße - Ausstattung - Technologie - Beschaffungspläne • Ansprechpartner (B2B) - Hierarchie - Motivation - Einstellung - Informationsverhalten - Rolle im Buying-Center • Kaufhistorie - Produkte/Dienstleistungen - Mengen - Preise - Zeitpunkte - Zahlungsweise/Lieferweg - Reklamation/Beschwerde	• Soziodemographische Daten - Geburtsdatum - Geschlecht - Ausbildung - Beruf - Einkommen - Familienstand - Haushaltsgröße • Geschäftslage (B2B) - Marktwachstum - Marktstellung - Kapazitätsauslastung - Technologischer Wandel - Rechtlicher Rahmen - Rendite • Wettbewerbsposition - Angebote - Angebotserfolge - Ablehnungsgründe - Aufträge - Hauptwettbewerber • Konditionen - Preise, Rabatte - Lieferbedingungen - Zahlungsbedingungen • Bonitätsdaten - Mahnungsbedingungen - Bonitätskennziffer	• Psychographische Daten - Interessen, Motive - Einstellung - Hobbys/Freizeitaktivitäten - "Lifestyle" • Typologiemerkmale - Geotyp - Vornamenstyp • Zuordnungsdaten - Filiale - Verkäufer - Geschäftsstelle - Außendienstmitarbeiter • Entscheidungsgremium (B2B) - Größe - Zusammensetzung - Rollenverteilung • Herkunft der Adresse • Kaufverhalten - Preissensibilität - Servicesensibilität - Produktaffinität - Markenaffinität - Innovationsfreudigkeit
Daten zur Kommunikationshistorie		
• Kommunikationsgegenstand - Produkt - Wettbewerber - Verhandlung - Information - Angebot - Auftrag • Kommunikationsperson • Kommunikationsdatum und -zeit	• Kommunikationskanal - Responseanzeige - Direct Mail - E-Mail - Telefon - Außendienst - Veranstaltung - Ausstellung/Messe - Dialog-Radio/-TV • Datum des Erstkontakts	• Kommunikationsauslöser - Reaktion auf ... ➢ Spontananfrage ➢ Empfehlungsanfrage ➢ Informationswunsch ➢ Besuchswunsch ➢ Auftragserteilung • Kommunikationsinitiator (Kunde/Unternehmen/Berater)

Daten stammen aus unternehmensinternen sowie -externen Quellen und werden im „Warenhaus" gesammelt, um sie dann per Data Mining oder mit anderen Analysetools (z. B. OLAP) zu analysieren.

Data Mining

Data Mining bezeichnet Methoden, die autonom aus großen Datenmengen bedeutsame und aussagekräftige Muster identifizieren, ohne vom Anwender a priori-Hypothesen (und damit Aussagen über die gesuchten Inhalte) zu fordern (vgl. hierzu *Neckel/Knobloch* 2005). Das Bild entstammt dem Bergbau, wo Mining den maschinelle/n Abbau und die Aufbereitung riesiger Gesteinsmengen mit großem technologischem Aufwand bedeutet, um Edelmetalle und -steine zu fördern. Folglich bezeichnet Data Mining die maschinelle Aufbereitung riesiger Datenmengen mit anspruchsvollen, automatisierten Methoden, um neue, gesicherte und handlungsrelevante Muster zu fördern. Beispielsweise versucht man, dem Problem einer hohen Kundenfluktuation durch Abwanderungsanalysen auf den Grund zu gehen. Data Mining basiert auf internen Daten aus sämtlichen Customer Touch Points (Marketing, Vertrieb, Service, Call Center, Web etc.) sowie externen Daten in individueller (z. B. Adressdaten) und aggregierter Form (Mikrogeographie, Lifestyle, Marktforschung etc.). Im Data Mining erfüllen die in Abschnitt 4.5.6 vorgestellten **multivariaten Analyseverfahren** zentrale Funktionen.

Fallstudie „Prognose der Zahlungsbereitschaft durch Data Mining" – das Beispiel *Schufa*

Das Risiko, an zahlungsunwillige Kunden zu geraten, ist im Internet rund viermal so hoch wie im klassischen Versandhandel. Die *Schufa*, die 300 Millionen Einzeldaten zum Zahlungsverhalten von 60 Millionen Personen verwaltet, schätzt, dass von den Waren im Wert von 3,6 Milliarden €, die im Jahre 2003 per Internet bestellt wurden, 5 bis 8 % nicht bezahlt wurden.

Vor diesem Hintergrund hat die *Schufa* sog. Scoring-Verfahren entwickelt, die sie Internet-Händlern zur Einschätzung des Zahlungsrisikos zur Verfügung stellt. Ein wichtiges Kriterium hierbei ist der Wohnort: Neukunden, die in Gegenden mit schlechter Zahlungsmoral wohnen, müssen bei ihrer ersten Bestellung gegebenenfalls mit schlechteren Konditionen rechnen und dürfen zunächst nicht auf Rechnung kaufen. Bei der Einschätzung des Ausfallrisikos handelt es sich aber nur um Schätzungen, über das Verhalten des einzelnen Kunden sagt die Einstufung nichts aus.

Quelle: *o. V.*: Gute Kunden, schlechte Kunden, in: Focus, Nr. 41 vom 04.10.2004h, S. 142 – 144.

OLAP

Das Data Warehouse stellt Marketing bzw. Marktforschung aufbereitete Daten zur Analyse bereit. Um diese auszuwerten, ist jedoch ein spezielles Werkzeug erforderlich, weshalb *Codd u. a.* (1993) das Konzept des **OLAP** (= On-Line Analytical Processing) entwickelt haben (vgl. z. B. *Gluchowski/Chamoni* 2006, S. 143 ff.; *Chamoni* 2001). OLAP, das im Gegensatz zu Data Mining eine **überschaubare Anzahl** an **A priori-Hypothesen** benötigt, bezeichnet demnach die maschinell unterstützte **manuelle Suche** nach **Zusammenhängen**. Dabei werden Informationen, wie Absatz, Umsatz, Kosten, Deckungsbeitrag oder Marktanteil, in multidimensionalen Datenwürfeln (sog. "**Cubes**") abgebildet, deren Dimensionen betriebwirtschaftlich relevanten Gliederungskriterien (z. B. Produktgruppen, Kundengruppen, Verkaufsgebiete, Vertriebskanäle) entsprechen (vgl. *Chamoni* 1998, S. 233). Entlang dieser Dimensionen können die betriebswirtschaftlichen **Maßzahlen** je nach Fragestellung aufgebrochen oder aggregiert werden (vgl. Abb. 13.12).

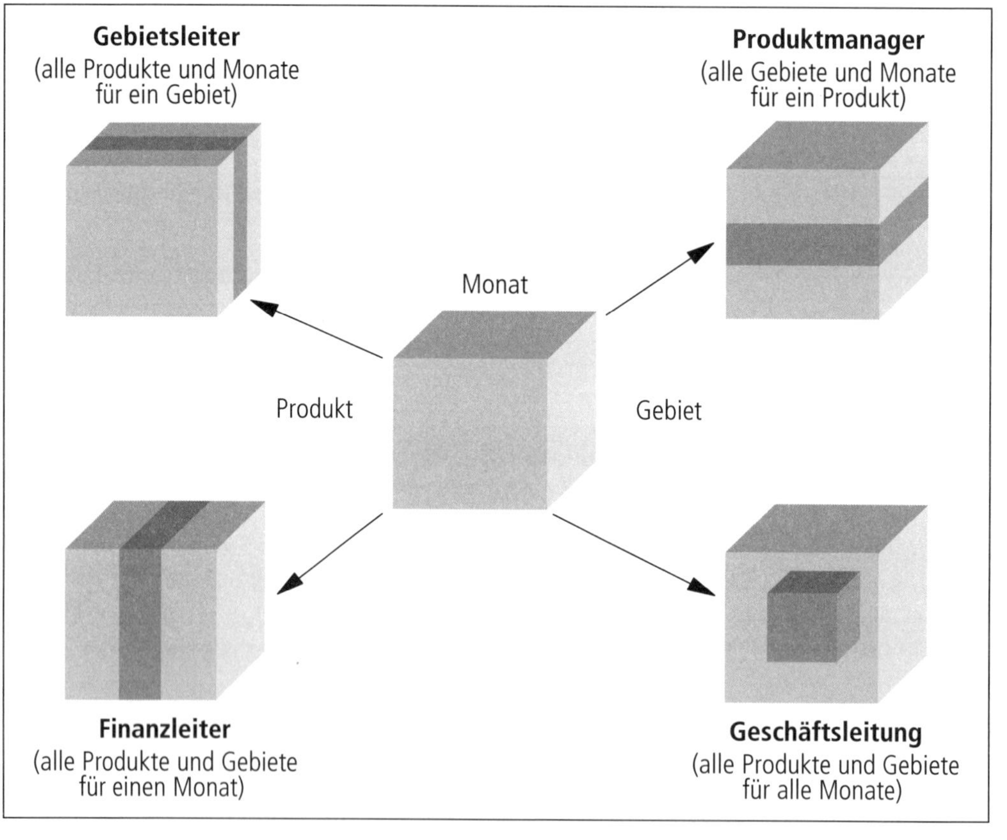

Abb. 13.12: Navigation in einem „Datenwürfel" (Quelle: Bager u. a. 1997)

Mit Hilfe bestimmter **Navigationsfunktionen** (z. B. "Drill down", "Roll up", "Slice", "Dice") können aus dem **Datenwürfel** die für die jeweilige Fragestellung konkret interessierenden „Scheiben", „Ebenen" oder „Teilwürfel" herausgezogen und angezeigt werden (vgl. *Bager u. a.* 1997). Eine typische Fragestellung wäre etwa: „Hängt die Kündigungswahrscheinlichkeit vom Alter des Kunden ab?" OLAP eignet sich nicht bei unscharfen und/oder bei vielen **A priori-Hypothesen**, weshalb sich bspw. die Frage nach den vielfältigen Ursachen der Kündigungswahrscheinlichkeit eines Kunden eher mit Data Mining beantworten lässt.

Abb. 13.13 veranschaulicht die Benutzeroberfläche eines OLAP-Werkzeugs. Das Navigationsfenster (links) zeigt die **Dimensionen des Datenwürfels**, d. h. "Time", "Measures", "Product", "Customer", "Channel", "Flavor", "Size", "COT". Diese Dimensionen können den Zeilen (= "Product", "Measures") und Spalten (= "Time") des rechten Datenfensters zugewiesen werden. Außerdem kann man mit Hilfe des Navigationsfensters festlegen,

- welche **Dimensionen aggregiert** (= "Customer") und
- nach welchen **Merkmalsausprägungen** in den einzelnen Dimensionen **selektiert** werden soll (hier: Channel = Direct, Flavor = Apple, Size = 12oz, COT = Convenience).

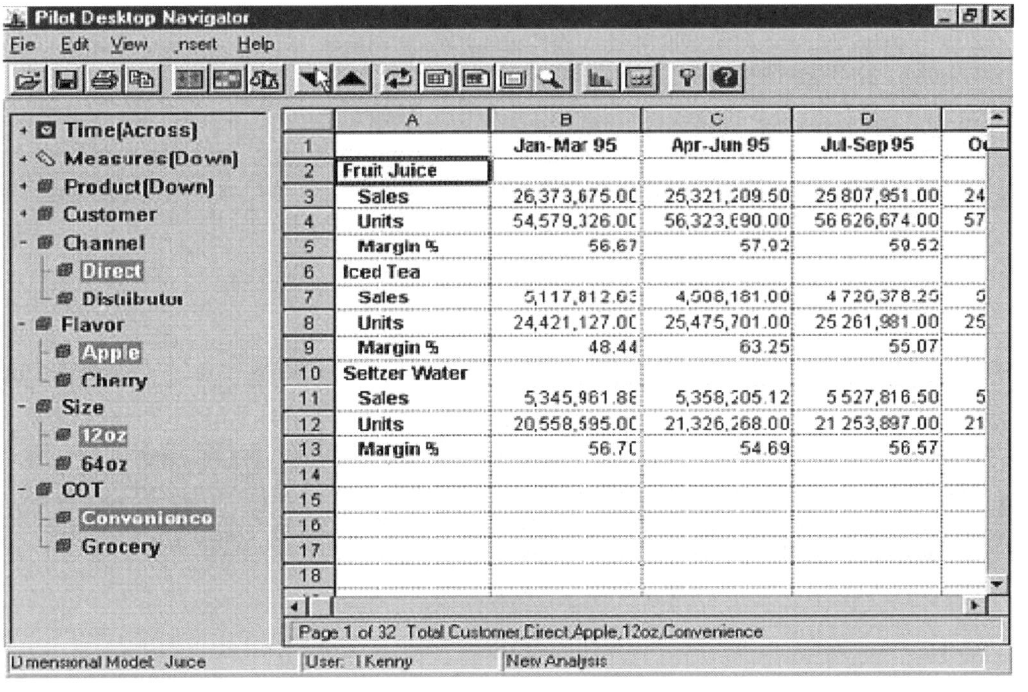

Abb. 13.13: Benutzeroberfläche eines OLAP-Werkzeugs (Quelle: Bager u. a. 1997)

Der festgelegte Ausschnitt des Datenwürfels wird im Datenfenster (rechts) angezeigt und ähnelt einem Tabellenkalkulationsprogramm. In dem in Abb. 13.13 dargestellten Beispiel sind folgende Informationen abgebildet: Umsatz, Absatz und Spanne der 12oz-Packungen aller Produkte mit Apfelgeschmack, die im Direktvertrieb über "Convenience stores" (= Nachbarschaftsläden) abgesetzt wurden. Die tabellarisch aufgeführten Informationen lassen sich auch als Grafiken abbilden, was Nachvollziehbarkeit und Verständlichkeit erleichtert. Benutzeroberflächen wie OLAP sind intuitiv und damit einfach bedienbar, was dem Management den **direkten Zugriff** und die **Analyse** unternehmensinterner und -externer Daten **erleichtert** – idealerweise über die "Frontend"-Schnittstelle eines Data Warehouse.

Trotz der geschilderten Vorzüge leidet OLAP an zahlreichen **Einschränkungen** und **Schwächen**:

- OLAP kann Daten lediglich **beschreiben**. Wer Zusammenhänge aufdecken will, muss A priori-Hypothesen über mögliche Beziehungen formulieren. Außerdem überfordert dies häufig die kognitiven Fähigkeiten der Anwender, von den darstellungstechnischen Grenzen des OLAP-Werkzeugs ganz zu schweigen.
- Wer die Art des Zusammenhangs sowie die erklärungsrelevanten Merkmale (z. B. Kundenwert oder Kundengruppenzugehörigkeit) bestimmen will, muss **mehrere Tausend Möglichkeiten** analysieren. Aufgrund der bei OLAP umfangreichen Benutzerinteraktion übersteigt die erforderliche Zeit nicht selten das **Zeitbudget** des Management. OLAP sollte deshalb durch Data Mining ergänzt werden.
- OLAP-Werkzeuge eignen sich zur **explorativen Datenanalyse**, insbesondere zur Aufbereitung der durch Data Mining gewonnenen Informationen, d. h. zu deren Präsentation, Interpretation und Evaluation.

13.4.5 Zufriedenheit rentabler Kunden als zentrales Anliegen

Begriff und Komponenten

Dem Disconfirmation-Paradigma folgend ist Kundenzufriedenheit das Ergebnis eines psychischen Vorgangs, bei dem der Kunde zwischen dem **wahrgenommenen Leistungsniveau** eines Unternehmens (= **Ist-Leistung**) und einem wie auch immer gearteten Standard, in der Regel seinen **Erwartungen** (= **Soll-Leistung**), vergleicht (vgl. im *Folgenden Schneider/ Kornmeier* 2006b).

Nach dem von *Parasuraman/Zeithaml/Berry* (1985, S. 41 – 50) entwickelten **Servqual-Ansatz** lässt sich die Leistung eines Anbieters in **fünf Dimensionen** untergliedern, die ihrerseits anhand der folgenden **22 Eigenschaften** erfasst werden (vgl. *Parasuraman/Zeithaml/Berry* 1988, S. 31; *Zeithaml/Parasuraman/Berry* 1992, S. 202):

- **Zuverlässigkeit** (Reliability): Die Zuverlässigkeit eines Betriebes, die versprochenen Leistungen zeitlich und qualitativ erfüllen zu können.

1. Versprochene Termine werden auch eingehalten.
2. Das Interesse ist erkennbar, ein Problem zu lösen.
3. Der Service wird gleich beim ersten Mal richtig ausgeführt.
4. Die Dienste werden zum versprochenen Zeitpunkt ausgeführt.
5. Die Belege für die Kunden sind fehlerfrei.

- **Leistungs- und Fachkompetenz** (Competence): Versicherung, dass die in Aussicht gestellte Leistung fachgerecht (kompetent) und rasch erbracht werden kann.
  6. Das Verhalten der Mitarbeiter weckt Vertrauen bei den Kunden.
  7. Bei Transaktionen fühlt man sich sicher.
  8. Mitarbeiter sind stets gleich bleibend höflich zu den Kunden.
  9. Mitarbeiter verfügen über das Fachwissen zur Beantwortung von Kundenfragen.
- **Freundlichkeit und Entgegenkommen** (Responsiveness): Fähigkeit der Mitarbeiter eines Betriebes, auf Kundenwünsche einzugehen und diese zuvorkommend erfüllen zu können.
  10. Mitarbeiter können über die Zeitpunkte einer Leistungsausführung Auskunft geben.
  11. Mitarbeiter bedienen Kunden prompt.
  12. Mitarbeiter sind stets bereit, den Kunden zu helfen.
  13. Mitarbeiter sind nie zu beschäftigt, um auf Kundenwünsche einzugehen.
- **Einfühlungsvermögen** (Empathy): Fähigkeit der Mitarbeiter und Mitarbeiterinnen eines Betriebes, sich in die Kunden einzufühlen und die Erwartungen sowie Bedürfnisse zu erkennen.
  14. Jedem Kunden wird individuell die entsprechende Aufmerksamkeit gewidmet.
  15. Die Dienste werden zu Zeiten angeboten, die allen Kunden gerecht werden.
  16. Mitarbeiter widmen sich den Kunden persönlich.
  17. Interessen der Kunden liegen stets am Herzen.
  18. Mitarbeiter verstehen die spezifischen Servicebedürfnisse ihrer Kunden.
- **Materielles Umfeld** (Tangibles): Dazu zählen insbesondere das Erscheinungsbild und die Ausstattung eines Betriebes.
  19. Die technische Ausstattung ist modern.
  20. Die Einrichtungen fallen angenehm ins Auge.
  21. Die Mitarbeiter sind ansprechend gekleidet.
  22. Die Broschüren und Mitteilungen für die Kunden sind ansprechend gestaltet.

Es wird deutlich, dass es sich bei der wahrgenommenen Qualität einer Leistung um ein mehrdimensionales Phänomen handelt. Die Erlebniswelt des Kunden erstreckt sich dabei über sämtliche Kontakte mit dem Anbieter in der **Vorkauf-, Kauf-** und **Nachkaufphase**. Zufriedenheit wird dabei nicht durch die objektive Qualität einer Leistung bestimmt, sondern durch das, was der Kunde wahrnimmt bzw. wahrnehmen möchte. Dies hat für einen Anbieter folgende **Konsequenzen**:

- Der Kunde muss darüber informiert werden, welche (Teil-)Leistungen ein Produkt überhaupt bietet. Dass dies nicht selbstverständlich ist, wird offenkundig, wenn wir uns vergegenwärtigen, dass die Verbraucher bei einer Vielzahl von Produkten nur einen (Bruch-)Teil des Leistungsspektrums kennen. Man denke in diesem Zusammenhang etwa an die Programmier- und Nutzungsmöglichkeiten von DVD-/Videorecordern, TV-Fernbedienungen, Autoradios, Mikrowellengeräten oder Handys.

- Dem Unternehmen muss es gelingen, die psychischen Barrieren abzubauen, welche den Zugang zu einem Produkt und seinen einzelnen Leistungsfacetten verhindern. Besonders häufig beobachten wir solche Ängste bei älteren Menschen im Umgang mit technologischen Produkten. Diesen Nutzungsbarrieren vermag ein Anbieter dadurch entgegenzutreten, dass er den Kunden bei der Erforschung des Produktes **unterstützend begleitet**. Beispiele hierfür sind Kochkurse für Mikrowellengerätenutzer, Do-it-yourself-Kurse für Heimwerker u. ä.

Das Ausmaß an Qualität bestimmt sich insofern nach dem subjektiven Qualitätsempfinden des Kunden, das im Regelfall weit über die technisch-funktionalen Eigenschaften oder den Verwendungszweck (Fitness-for-Use) eines Produktes hinausreicht.

Bei der Beurteilung der Leistungsqualität kommt dem wahrgenommenen **Preis/Leistungs-Verhältnis** die Rolle eines zentralen kaufentscheidenden Faktors zu. Der Kunde entscheidet dabei, ob das Produkt bzw. die Dienstleistung den geforderten Preis wert ist. Auf den Punkt gebracht ist diejenige Qualität anzustreben, die sich der Kunde leisten will. Sowohl ein Quality-Overengineering als auch Minderqualität versprechen demnach nur wenig Erfolg (vgl. *Stoffl* 1997, S. 340 – 341).

Als Vergleichsstandard für die Beurteilung der Leistung zieht der Kunde die **Erwartungen** heran, die er mit dem Produkt, der Dienstleistung und/oder dem Anbieter verbindet und die eine dynamische, d. h. sich im Zeitablauf verändernde Größe darstellt (vgl. hierzu ausführlich *Herrmann/Seilheimer* 2000, S. 14 – 20). Erwartungen sind die Anforderungen, die ein Kunde an ein Produkt, eine Dienstleistung und/oder ein Unternehmen stellt. Die Erwartungen ihrerseits werden von **vier Einflussgrößen** bestimmt (vgl. *Parasuraman/Zeithaml/Berry* 1985):

- mündliche Kommunikation der Kunden
- persönliche Situation der Kunden
- zurückliegende Erfahrungen mit dem Anbieter
- Kommunikation des Anbieters.

Insbesondere der letzte Punkt macht deutlich, dass ein nicht unerheblicher Teil der Unzufriedenheit der Kunden durch die Unternehmen selbst verschuldet wird. Denn leider nur all zu oft wecken Unternehmen in der Werbung oder im Verkaufsgespräch Erwartungen, denen die Realität nicht standhalten kann. Hier drängt der Wunsch nach einem schnellen Geschäftsabschluss das Ziel einer langfristigen, vertrauensvollen Beziehung zum Kunden in den Hintergrund.

Folgende **Arten von Erwartungen** lassen sich identifizieren (vgl. *Georgi* 2001):

- **Erwünschtes Niveau**: Hierunter versteht man die Leistung, die sich der Kunde wünscht und die der Anbieter liefern soll. Hier entsprechen also die Erwartungen den Wünschen des Kunden.
- **Idealniveau**: Diese Erwartung markiert die aus Sicht des Kunden bestmögliche und damit nicht mehr zu überbietende Leistung.

- **Typisches Niveau**: Dies ist die Vorstellung von der typischen oder durchschnittlichen Qualität einer Leistung und bezieht sich häufig auf eine bestimmte Klasse von Produkten oder Dienstleistungen. Wer z. B. häufig in einer bestimmten Hotelkette absteigt oder in Restaurants derselben Fast-Food-Kette speist, der bildet Erwartungen darüber, welche Qualität das Essen in solchen Restaurants hat oder welchen Komfort und welchen Service ein Hotel dieser Kette bietet.
- **Minimal tolerierbares Niveau**: Hier repräsentieren Erwartungen die Vorstellung davon, was eben noch akzeptabel ist. Bei einer Übernachtungsmöglichkeit können das z. B. ein sauberes Bett und entsprechende sanitäre Einrichtungen sein. Auf Komfort wie ein Fernsehgerät oder eine Minibar mag man notfalls verzichten.

Arten

Ausgehend von der Überlegung, dass es verschiedene Arten von Erwartungen gibt, müssen auch unterschiedliche Formen von Kundenzufriedenheit existieren. In diesem Zusammenhang entwickelten *Bruggemann* (1974) sowie *Bruggemann u. a.* (1975, S. 132 ff.) ein Modell, in welchem sie zwischen verschiedenen Arten der (Un-)Zufriedenheit unterscheiden. Deren Ausmaß hängt davon ab, wie Kunden

- reagieren, wenn sie zwischen ihren Erwartungen und Erfahrungen eine Diskrepanz wahrnehmen, und wie sie
- ihre Erwartungen ändern bzw. anpassen, nachdem sie diese mit neuen Erfahrungen verglichen haben.

Dieses Modell sollte ursprünglich die verschiedenen Formen der Mitarbeiterzufriedenheit erklären, kann aber auch auf das Phänomen der Kundenzufriedenheit angewandt werden (vgl. *Hansen/Emerich* 1998; *Stauss/Neuhaus* 1997). Auch dieser Erklärungsansatz betrachtet Zufriedenheit demnach als Ergebnis eines Soll/Ist-Vergleichs, berücksichtigt aber zusätzlich, dass die daraus resultierende (Un-)Zufriedenheit die intrapsychische Verarbeitung beeinflusst, da sich Situation und Bedürfnisse im Zeitverlauf ändern (vgl. *Gebert/von Rosenstiel* 1996). Falls sich Ist- und Soll-Wert (mindestens) entsprechen, kommt es zu einem Zustand „stabilisierender Zufriedenheit", andernfalls zu „diffuser Unzufriedenheit".

- Im ersten Fall (= **stabilisierende Zufriedenheit**) kann eine Person – mit Blick auf zukünftige Zufriedenheitsurteile – ihr Anspruchsniveau (= Soll-Wert) beibehalten (= **stabilisierte Zufriedenheit**) oder aber anheben. Letzteres wird als **„progressive Zufriedenheit"** bezeichnet, weil sich das neue Anspruchsniveau auf bisherige Erfahrungen oder aber auf latente, unbefriedigte Bedürfnisse beziehen kann.
- Bei **diffuser Unzufriedenheit** können die betroffenen Personen ihre kognitiven Dissonanzen dadurch abzubauen versuchen, dass sie ihr Anspruchsniveau – bewusst oder unbewusst – auf das niedrigere Ist-Niveau senken (= **resignative Zufriedenheit**). In der Realität ist des Weiteren zu beobachten, dass unzufriedene Personen die wahrgenommene Situation verfälschen bzw. verfremden, indem sie den wahrgenommenen Ist-Zustand an das Anspruchsniveau anpassen (= **Pseudo-Zufriedenheit**). In Betracht kommt

darüber hinaus, dass sich ein Zustand der „**fixierten Unzufriedenheit**" einstellt, nämlich dann, wenn der Kunde Soll- und Ist-Wert nicht aneinander anpasst und auch keinen Versuch unternimmt, das für die Unzufriedenheit verantwortliche Problem zu lösen. Von „**konstruktiver Unzufriedenheit**" schließlich spricht man, wenn die betreffende Person nach Problemlösungen sucht bzw. den Versuch unternimmt, den Ist-Wert anzuheben, bspw. durch Beschwerden oder durch einen Wechsel des Unternehmens.

Ein wesentlicher Beitrag dieses theoretischen Ansatzes ist darin zu erblicken, dass *Bruggemann* (1974) die prozessuale Perspektive der Zufriedenheit in den Mittelpunkt rückt und verschiedene Ausprägungen von Zufriedenheit unterscheidet (vgl. *Gebert/von Rosenstiel* 1996). Demnach beeinflusst die Qualität der Zufriedenheit das jeweilige Verhalten in erheblichem Maße (z. B. progressive Zufriedenheit vs. resignative Zufriedenheit). Da allerdings offen bleibt, welche Bedingungen dafür sorgen, dass sich das Anspruchsniveau bzw. die Form der Problembearbeitung ändern (vgl. *Neuberger* 1974), kann man ablaufende Prozesse und die damit einhergehende Zufriedenheit nicht vorhersagen. Außerdem fehlt für die sechs Arten der Zufriedenheit bislang ein empirischer Beleg. Dennoch hat der Ansatz von *Bruggemann* (1974) konkreten praktischen Nutzen, da man bspw. erklären kann, warum sich Kunden trotz gleichen Zufriedenheitsniveaus unterschiedlich verhalten. Generell wird Unzufriedenheit durch zu hohe Erwartungen des Kunden, eine zu geringe Leistung des Unternehmens oder eine Kombination aus beidem hervorgerufen. Zufriedenheit stellt sich ein, wenn die Erwartungen des Kunden an das Unternehmen erfüllt wurden. Begeisterung schließlich können wir dann beobachten, wenn ein Anbieter die Erwartungen deutlich übertroffen hat.

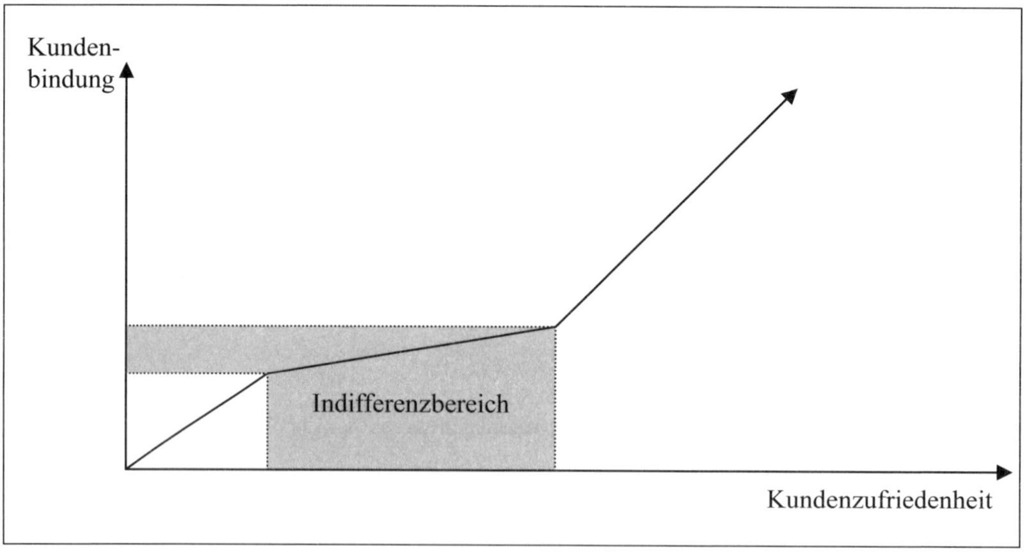

Abb. 13.14: Der Zusammenhang zwischen Kundenzufriedenheit und –bindung

Empirische Studien verweisen immer wieder darauf, dass der Anteil begeisterter Kunden den zentralen Unterschied zwischen erfolgreichen und weniger erfolgreichen Unternehmen ausmacht. Hieraus lässt sich ableiten, dass sich erst ein deutliches Übertreffen bzw. Unterschreiten der Erwartungen positiv bzw. negativ auf den Unternehmenserfolg auswirkt (vgl. Abb. 13.14 sowie, auch im Folgenden, *Töpfer/Mann* 1996, S. 41 – 42).

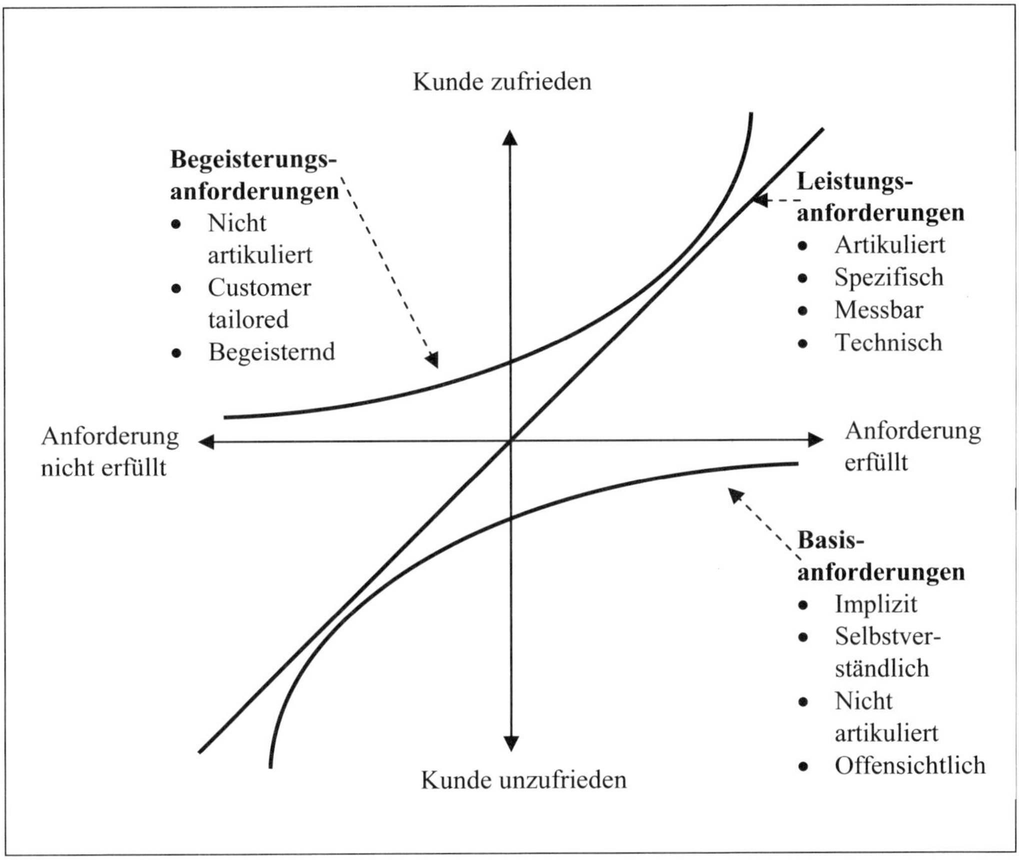

Abb. 13.15: Das Kano-Modell der Kundenzufriedenheit (Quelle: Berger u. a. 1993, S. 26)

Diesen Überlegungen folgend unterteilt *Kano* die Anforderungen von Kunden in **drei Leistungskategorien** (vgl. Abb. 13.15 sowie *Froböse/Kaapke* 2000, S. 108 – 109):

- **Basisanforderungen**: Diese stellen Muss-Kriterien dar. Ihre Nichterfüllung führt zu extremer Unzufriedenheit, ihre Erfüllung jedoch lediglich zu Nichtunzufriedenheit. Die entsprechenden Leistungen sind selbstverständlich und offenkundig, so dass sie vom Anbieter in dessen Kommunikationspolitik nicht artikuliert werden. Offenkundig ist hier die

Analogie zu den Hygiene-Faktoren im Zufriedenheitsmodell von *Herzberg* (vgl. Abschnitt 2.4.2, Interne Faktoren).

- **Leistungsanforderungen**: Hierbei handelt es sich um Sollkriterien, mit deren zunehmender Erfüllung die Zufriedenheit des Kunden steigt. Werden diese Kriterien hingegen nicht erfüllt, erhöht sich die Unzufriedenheit.
- **Begeisterungsanforderungen**: Da diese Leistungskomponenten, analog zu den Motivatoren im Modell von *Herzberg*, vom Kunden nicht erwartet werden, löst deren Nichterfüllung keine Unzufriedenheit aus. Werden sie jedoch erfüllt, ist der Kunde begeistert, weil er diese Leistungen weder erwartet noch gefordert hat. Problematisch hierbei ist, dass ein Anbieter im Begeisterungsbereich permanent variieren muss, da die Gefahr besteht, dass eine Begeisterungsleistung nach deren erstmaliger Erbringung beim Kunden zur Leistungsanforderung mutiert.

Die drei Leistungskategorien lassen sich am Beispiel eines **Werkstattaufenthalts** veranschaulichen. Die Basisanforderung, die der Kunde an die Werkstätte stellt, besteht in der sachgemäßen Reparatur bzw. Wartung des Fahrzeugs. Die Einhaltung von Terminzusage und Kostenvoranschlag repräsentiert die Leistungsanforderung. Werden Termin bzw. Kosten unter- bzw. überschritten, führt dies zu Zufriedenheit bzw. Unzufriedenheit. Eine Begeisterungsleistung schließlich könnte in der Bereitstellung eines Leihwagens, der Reinigung des Fahrzeugs oder der Zugabe eines Winterpakets (Türschlossenteißer, Scheibenwischkonzentrat, Enteißungsspray) liegen, ohne dies dem Kunden in Rechnung zu stellen.

Die Konstrukte **Zufriedenheit** und **Einstellung** weisen folgende **Gemeinsamkeiten** auf:

- Orientierung an der **Drei-Komponenten-Theorie**, d. h. Untergliederung des Konstrukts in eine affektive, kognitive und konative Komponente
- **Multiattributiver Charakter**, d. h. beide beziehen sich auf mehrere Eigenschaften eines Objekts

Deutliche **Unterschiede** bestehen hingegen bezüglich folgender Eigenschaften (vgl. hierzu auch Abschnitt 2.4.2, Einstellung):

- **Produkterfahrung**
  Zufriedenheit setzt eine konkrete Erfahrung mit dem Objekt voraus, wohingegen die Einstellung durchaus antizipativen und damit spekulativen Charakter haben kann.
- **Zeitliche Stabilität**
  Die Zufriedenheit kann sich vor dem Hintergrund jeder neuen Erfahrung verändern, wohingegen Einstellungen als zeitlich stabiler gelten.
- **Verhaltensrelevanz**
  (Un-)Zufriedenheit wirkt sich in größerem Maße auf das Verhalten aus als Einstellungen.

Die Vielzahl der Objekte, auf die sich die Zufriedenheit zu beziehen vermag, führt zu unterschiedlichen Spielarten. Betrachtet man den jeweiligen Zustand eines Käufers bzw. Verbrauchers (= **statische Perspektive**), so kann sich Zufriedenheit auf das Wirtschaftssystem, einzelne Branchen (= **Makro-Zufriedenheit**), einen Anbieter, dessen Produkt(e) und Dienstleistung(en) sowie einzelne Eigenschaften davon (= **Mikro-Zufriedenheit**) beziehen. Aus der **dynamischen Perspektive** hingegen wird Zufriedenheit im Zeitablauf, d. h. über die Phasen des Konsumprozesses (Vorkaufphase, Kaufphase und Nachkaufphase) hinweg analysiert (vgl. *Dichtl/Schneider* 1994, S. 7).

Kundenreaktionen

Für ein Unternehmen erscheinen in erster Linie die **Konsequenzen** von Bedeutung, die ein Käufer aufgrund der von ihm empfundenen Übereinstimmung bzw. Divergenz von Erwartungen und tatsächlich Erreichtem zieht (vgl. Abb. 13.16). Ist er zufrieden, stellt dies die Basis für Kundenbindung bzw. Kundentreue sowie positive Mund-zu-Mund-Werbung im sozialen Umfeld und die damit verbundene Diffusion positiver Erfahrung dar. Bei Unzufriedenheit hingegen fallen beim betroffenen Unternehmen neben Aufwendungen für die Befriedigung gelegentlich auftretender Regressansprüche insbesondere Opportunitätskosten im Sinne entgangener Erlöse an. Verantwortlich dafür sind:

- **Abwanderung**, d. h. der Kunde wechselt das Unternehmen bzw. die Marke,
- **negative Mund-zu-Mund-Werbung**, d. h. er bringt seine Unzufriedenheit mit den Leistungen des Unternehmens in seinem sozialen Umfeld zum Ausdruck, sowie
- **Beschwerden** gegenüber Unternehmen und/oder Dritten wie z. B. Verbraucherschutzeinrichtungen, Schiedsstellen und Medien. In den vergangenen Jahren haben sog. "Hate sites" sowie Internet-Meinungsforen (z. B. *Ciao.com*, *Dooyoo*, *Hitwin*, *Vocatus*, *Epinion*) an Bedeutung gewonnen. Auf diese Weise werden negative Erlebnisse unzufriedener Kunden um ein Vielfaches potenziert.

Gleichwohl löst nicht jedes negative Erlebnis eine Verhaltensreaktion aus. Unternimmt ein Kunde trotz Verärgerung nichts, besteht die Gefahr, dass sich ein Unternehmen der mangelnden Bedürfnisgerechtigkeit des Angebots nicht oder zu spät bewusst wird und das Ausbleiben von Kritik fälschlicherweise als Zustimmung interpretiert.

In der Realität begegnet man nicht selten dem Fall, dass Kunden trotz Zufriedenheit die Marke bzw. den Anbieter wechseln. Dieses Phänomen bezeichnet man als **Variety Seeking**, also als Suche nach Abwechslung im Konsum aufgrund von Langweile bzw. Neugier. Variety Seeking tritt insbesondere bei Produkten auf, deren Erwerb in den Augen des Verbrauchers ein nur geringes Risiko in sich birgt und schwerpunktmäßig von geschmacklichen Aspekten bestimmt wird (vgl. *McAlister* 1982, S. 141 ff.). Eine dauerhafte Beziehung zu den Kunden lässt sich in diesem Fall nicht durch die Optimierung von Kundenzufriedenheit erzielen. Vielmehr müssen Maßnahmen ergriffen werden, die entweder den Kunden technisch, ökonomisch, juristisch, psychisch, sozial und/oder situativ binden, so dass die Bindung den Wunsch nach Abwechslung überlagert, oder auf Abwechslung in den Augen des Kunden ausgerichtet sind.

Neben der **situativen Kundenbindung** (etwa Mangel an verfügbaren Angebotsalternativen, Nähe des Standorts zum Wohnort/Arbeitsplatz) besteht bei manchen Gütern die Möglichkeit, die Kunden über ein System technisch zu binden und auf dieser Basis eine langfristige Beziehung aufzubauen (= **technische Kundenbindung**). Dies gilt beispielsweise für Personal Computer und die entsprechende Software. Auch wenn die *APPLE*-Welt mit der *IBM*-Welt mittlerweile kompatibel ist, wird die Mehrzahl der jeweiligen Kunden das System nicht einfach wechseln, nur weil man mal etwas anderes ausprobieren möchte.

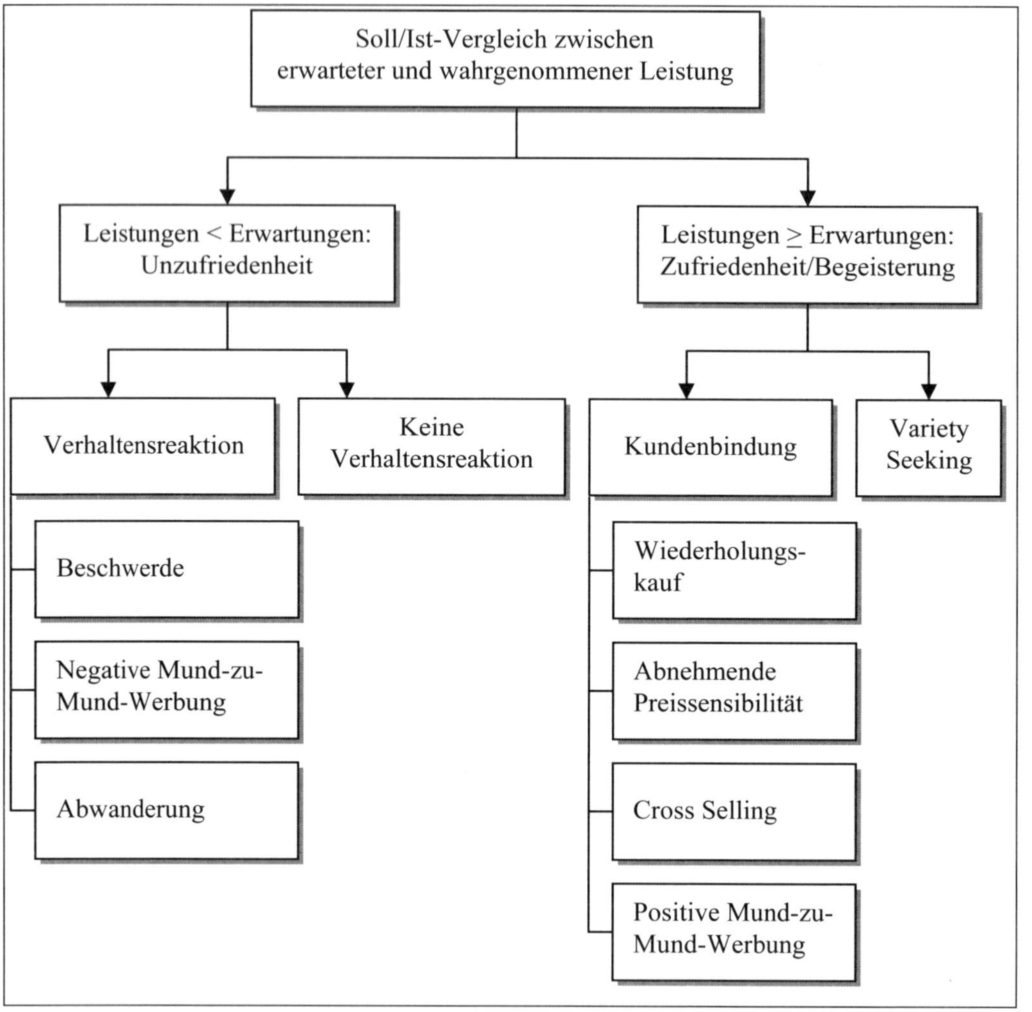

Abb. 13.16: Die Reaktionen des Kunden auf (Un-)Zufriedenheit im Überblick

Fallstudie „Technische Kundenbindung" – das *My-Cup*-System von *Melitta*

Längst ist *Douwe Egberts*, die Kaffee-Tochter des US-Konzerns *Sara Lee*, mit der Marke *Senseo* nicht mehr alleine auf weiter Flur. Das Unternehmen hatte vergeblich versucht, sich in Deutschland auf juristischem Weg die Konkurrenz vom Leib zu halten. Doch seit September 2006 haben die Konkurrenten von höchstrichterlicher Instanz Grünes Licht erhalten. Demnach ist das Soft Pad-System nicht für *Senseo* allein geschützt, sondern auch andere Anbieter und unter ihnen *Melitta* dürfen es nutzen.

Beim *My-Cup*-System von *Melitta* handelt es sich um ein Kaffee-Einzelportionsgerät, das sich im Wesentlichen von den Konkurrenzprodukten und hier insbesondere vom *Philips*-Gerät „*Senseo*“, dem Marktführer, unterscheidet. *Melitta* setzt auf eine Wertschöpfungsstrategie und deshalb nicht unbedingt auf Verdrängungswettbewerb. Während die Preisspanne bei *Senseo* mittlerweile zwischen 50 und 70 € liegt, beträgt die Preisempfehlung für das *Melitta*-Gerät 139 €. Der beachtliche Preisunterschied wird vom Hersteller mit der ausgefeilten Technik begründet, die einen höheren Produktnutzen ermögliche.

Die Kaffee-Pads werden in vier verschiedenen Sorten angeboten und sind wegen ihrer rechteckigen Form ausschließlich im *Melitta*-Gerät verwendbar. Demnach ist *My-Cup* ein in sich geschlossenes System, die runden Pads anderer Hersteller (z. B. *Jacobs*) lassen sich nicht einsetzen. Mit diesem System der technischen Kundenbindung lasse sich die Preisgestaltung besser steuern, da *Melitta* nach eigenen Aussagen kein Interesse habe, die Margen des Handels zu vernichten.

Im Gegensatz zu den Kaffee-Pads sind die Umsätze mit Röstkaffeekapseln für die geschlossenen Systeme, die damit auch auf technische Kundenbindung abzielen, wie *Tassimo* von *Kraft Foods*, *Cafissimo* von *Tchibo* sowie *Dolce Gusto* von *Nestlé* noch gering. Doch die Potenziale sind angesichts der großen Zahl am Markt abgesetzter Maschinen bereits heute absehbar. Trotz des Booms der neuen Systeme darf nicht verkannt werden, dass klassischer Filterkaffee mit 90 % noch immer den Löwenanteil am Markt besitzt.

Quellen: *o. V.*: Melitta engagiert sich in neuer Produktkategorie, in: LebensmittelZeitung, Nr. 28 vom 09.07.2004k, S. 17; *o. V.*: Scharfe Konkurrenz am Kaffeemarkt, in: LebensmittelZeitung, Nr. 13 vom 30.03.2007m, S. 12.

Eine solche technische Verbindung zwischen Anbieter und Kunde ist allerdings in vielen Branchen, insbesondere bei kurzlebigen Konsumgütern, nicht realisierbar. Hier besteht die Möglichkeit, zufriedene, aber wechselfreudige Kunden mit der Gewährung von ökonomischen Anreizen an sich zu ketten (= **ökonomische Kundenbindung**). Sehr häufig werden in diesem Zusammenhang klassische Mengenrabatte eingesetzt. Auch Dienstleister machen mittlerweile von dieser Form der Beziehungspflege Gebrauch. So belohnt die *Deutsche Lufthansa AG* mit dem Miles & More Programm ihre Kunden für ihre Treue oder verleidet ihnen dadurch den Wechselnutzen. Das Prinzip dabei ist einfach: Dem Kunden werden bei jedem *Lufthansa*-Flug die geflogenen Meilen auf einem persönlichen Konto gutgeschrieben. Ab einem bestimmten Mindestkontostand können diese Meilen dann gegen verschiedene Prämien wie Freiflüge oder kostenlose Übernachtungen in Partnerhotels der *Lufthansa* eingetauscht werden, wobei diese Vergünstigungen auch auf andere Personen übertragbar sind (vgl. *Dichtl* 1994).

Auch die in Deutschland an Beliebtheit gewinnenden **Bonussysteme** sind eine Form der ökonomischen Kundenbindung (vgl. hierzu auch die weiter unten aufgeführte Fallstudie). Experten schätzen, dass in Deutschland rund 100 Millionen Bonuskarten im Umlauf sind, rund 90 % der Deutschen sammeln irgendwo Bonuspunkte. Hierzulande gibt es rund tausend Bonuskartensysteme mit steigender Tendenz. Marktführer ist *Loyalty* mit seinem im Jahr 2000 eingeführten *Payback*-System. Diesem gehören mittlerweile 20 Unternehmen an (u. a.

Galeria Kaufhof, *Obi*, *Aral* und *DM-Drogerie*), und 17 Millionen Haushalte verfügen über eine Payback-Karte (Stand: 2007).

Wer an einem System teilnimmt, wird für seine Treue belohnt. Jedes Mal, wenn der Konsument bei einem teilnehmenden Unternehmen einkauft, erhält er eine bestimmte Anzahl von Punkten, Digits, Swops oder Meilen gutgeschrieben, die er dann später als Gutschrift oder in Form von Sachprämien einlösen kann. Darüber hinaus schalten die großen Anbieter wie *Payback* oder *Happy-Digits* (*Karstadt-Quelle*, *Tengelmann*, *Deutsche Telekom*) zumeist noch zeitlich begrenzte Sonderaktionen, bei denen den Kartenbesitzern Rabatte auf den Erwerb von (bestimmten) Produkten eingeräumt werden.

Die Unternehmen nutzen die Bonusprogramme als Instrument der Kundenbindung. In diesem Zusammenhang belegen empirische Analysen aus dem Bereich der „Neuen Institutionenökonomik", dass Unternehmen weniger darauf abzielen, beim Kunden Zufriedenheit hervorzurufen und damit weitere Käufe zu stimulieren, als vielmehr den Preiswettbewerb zu entschärfen. Aus dieser Perspektive sind Bonusprogramme „künstliche Wechselbarrieren" mit wettbewerbswidrigem, preistreibendem Effekt (vgl. *Pfeil/Posselt* 2006).

Darüber hinaus dienen die Daten dazu, Kundenprofile zu erstellen und mit deren Hilfe das Sortiment zu optimieren sowie Streuverluste in Werbung und Verkaufsförderung zu vermeiden. Denn die Kundenkarten enthalten i. d. R. einen Magnetstreifen mit hinterlegten Kundendaten (etwa Name, Adresse über Geburtsdatum bis hin zu Haushaltseinkommen, Anzahl der im Haushalt lebenden Personen, deren Freizeitbeschäftigungen und Präferenzen).

Unternehmen nutzen die Daten nicht nur um Erstellen von Kundenprofilen, sondern verkaufen/vermieten diese auch weiter. Außerdem führen Datenschützer kritisch an, dass die Informationen nicht nur zur Optimierung des Sortiments genutzt würden, sondern das konkrete Kaufverhalten einzelnen Personen zugeordnet würde. Dies sei noch problematischer, wenn die Karten auch noch mit einer Zahlungsfunktion ausgestattet seien (etwa Kreditkarte oder EC-Karte, die aber nur in den dem Kundenkartensystem angeschlossenen Geschäften funktioniert). Die Unternehmen versprechen sich hierdurch eine häufigere Nutzung der Karte. Datenschutzrechtlich brisant wird es jedoch, wenn die Datenströme bezüglich Sammel- und Zahlungsfunktion nicht strikt voneinander getrennt werden. Dann nämlich wird es beispielsweise möglich, aus dem Kaufverhalten Rückschlüsse auf die Kreditwürdigkeit eines Kunden zu ziehen (vgl. *Hildebrandt-Woeckel* 2007, S. 25).

Fallstudie „Gefahren der ökonomischen Kundenbindung" – die Aktion „Einfacher an den Ball kommen" der deutschen *BP Aktiengesellschaft*

Im Zuge der *BP*-Aktion, die vom 06.03.2003 bis zum 06.09.2003 lief, erhielten die teilnehmenden Kunden für den Erwerb von je zehn Litern Tankabsatz, einer Autowäsche oder einem Liter Schmierstoff einen Sammelpunkt. Für 30 Sammelpunkte und einer Zuzahlung von 1 € wurden diverse Ballprämien (Basketball, Fußball, Volleyball, 4er-Set Tennisbälle oder 3er-Set Golfbälle) ausgelobt. Auf diese Weise sollte die Kundentreue gesteigert werden. Außerdem erhielt *BP* umfangreiches Adressmaterial, das zum einen für eigene Marketingaktionen genutzt und zum anderen an andere Unternehmen veräußert bzw. vermietet werden konnte.

Statt der geplanten 4 Millionen Bälle wurden bis zum Ende der Aktion 9 Millionen Bälle abgegeben. Der förmlich explodierte Bedarf, der selbst für erfahrene Spezialisten unerwartet kam, führte zu Lieferengpässen bei den Prämien und hatte zur Konsequenz, dass zahlreiche Kunden vertröstet werden mussten. Obwohl die Produktion der Bälle auf Hochtouren lief und aus aller Welt Bälle importiert wurden, verzögerte sich die Verteilung der Prämien um Wochen. Verständlicherweise reagierte ein erheblicher Teil der teilnehmenden Kunden mit Verärgerung, die auch ein eilends verfasster Entschuldigungsbrief des *BP*-Vorstandes wohl kaum verringert haben dürfte. Die Engpässe bei der Auslieferung der Bälle war dem ursprünglichen Ziel der Aktion, nämlich der Erhöhung der Kundenbindung, keinesfalls förderlich.

Nicht unerwähnt bleiben soll, dass im Internet bereits vollständig ausgefüllte Teilnahmekarten für 1 € angeboten wurden. Aus welchen Quellen diese Teilnahmekarten stammten und inwieweit Betrüger für den unerwarteten (vermeintlichen?) Erfolg der *BP*-Aktion verantwortlich waren, blieb zumindest gegenüber der Öffentlichkeit ungeklärt.

Eine weitere Möglichkeit der Kundenbindung bietet der Aufbau rechtlicher Wechselbarrieren (= **juristische Kundenbindung**). Hierzu zählen Exklusivverträge, fixierte Vertragslaufzeiten sowie Monopolsituationen. Dadurch hat der Kunde keine Möglichkeit, den Anbieter zu wechseln. Außerdem kann ein Unternehmen psychologische Hürden (= **psychologische Kundenbindung**) errichten. Man denke in diesem Zusammenhang an die Mühen, die viele Verbraucher mit dem Wechsel der Bankverbindung, der Autoversicherung und/oder des Stromlieferanten verbinden.

Ein in jüngster Zeit beliebtes Mittel zur Stammkundenpflege bildet schließlich die soziale Integration des Kunden (= **soziale Kundenbindung**). Diese wird beispielsweise über die Bildung von Kundenclubs oder die Einrichtung von Kundenbeiräten hergestellt. Die Mitglieder eines Kundenclubs genießen Vorteile in Form von Clubzeitungen, -veranstaltungen, vergünstigten Versicherungen/Reisen, Liefer- und Bestellservice und Vorzugspreisen. Zahlreiche Anbieter unterschiedlicher Branchen bedienen sich der Form des Kundenclubs zur Schaffung einer emotionalen Verbindung zum Konsumenten, wie die Beispiele *Ikea* Family, *Metro* Club, *Tengelmann* Club, *Steigenberger*-, *Porsche*- und *Camel*club zeigen. Der Vorteil solcher sozialen Instrumente der Beziehungspflege liegt darin, dass sie die Kunden sowohl an den Anbieter sozial binden als auch mittels Zusatzerlebnissen wie Clubveranstaltungen das Bedürfnis nach Abwechslung befriedigen.

Die Fähigkeit des Unternehmens, Kunden an sich zu binden, bezeichnet man als **Akquisitorisches Potenzial**. Nach der Höhe des Akquisitorischen Potenzials richtet sich die individuelle Ausgestaltung der Preis-Absatz-Funktion (vgl. Abb. 13.17). Liegt die doppelt geknickte Preis-Absatz-Funktion über der linearen Preis-Absatz-Funktion, bringt dies zum Ausdruck, dass der Konsument auf Preiserhöhungen eines Anbieters weniger sensibel reagiert, d. h. dem Unternehmen treu bleibt und nicht zum Konkurrenten abwandert. Liegt die doppelt geknickte Preis-Absatz-Funktion hingegen unter der linearen Preis-Absatz-Funktion, bedeutet das, dass der Konkurrent über Akquisitorisches Potenzial verfügt, d. h. bei Preissenkung wandern die Kunden weniger häufig zu unserem Unternehmen ab.

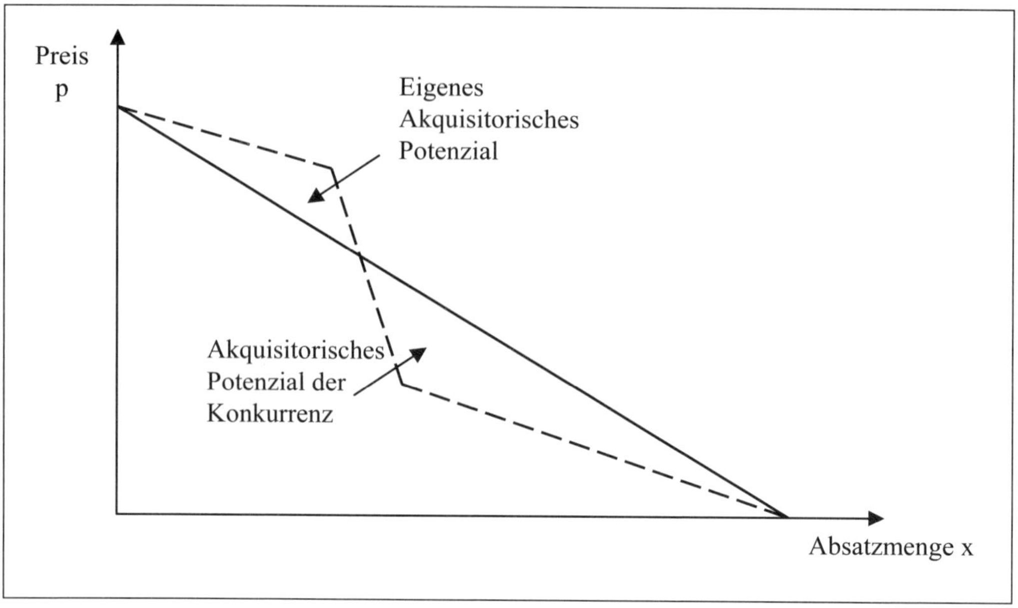

Abb. 13.17: Das Akquisitorische Potenzial zweier Anbieter – dargestellt anhand einer doppelt-geknickten Preis-Absatz-Funktion

Messung

Der Zugang zum Konstrukt Kundenzufriedenheit hängt in entscheidendem Maße von dessen Operationalisierung ab. Die Festlegung geeigneter Indikatoren ist untrennbar mit der Frage verknüpft, welches Erhebungsverfahren herangezogen werden soll. Grundsätzlich lassen sich **zwei Ansätze zur Messung von (Un-)Zufriedenheit** unterscheiden (vgl. Tab. 13.5):

- **Objektive bzw. objektorientierte Verfahren**
  Diese werden in der Unternehmenspraxis am häufigsten eingesetzt. „Objektiv" bzw. objektorientiert bedeutet in diesem Kontext, dass Größen, die unabhängig von der Einschätzung der Betroffenen sind, also am Objekt Unternehmen, Produkt, Dienstleistung etc. ansetzen, erfasst werden. Beispielsweise verwenden Unternehmen Umsatz- und Marktanteilszahlen sowie die Loyalitätsrate als Basis für die Ermittlung der Zufriedenheit ihrer Kunden. Weiterhin werden Äußerungen von Verbrauchern gegenüber Unternehmen und Dritten systematisch analysiert. Auch die statistische Erfassung des Auftretens von Gewährleistungsansprüchen, der Häufigkeit von Reparaturen etc. liefern erste Hinweise auf Leistungsdefizite und damit auf mögliche Ursachen von Unzufriedenheit.

Tab. 13.5: Verfahren zur Messung von Kundenzufriedenheit

Objektorientierte Verfahren	Subjektorientierte Verfahren
Erfassung von • Umsatz • Marktanteil Analyse der Kundenloyalität Auswertung von • Reklamationen • Garantiefällen • Beschwerden Durchführung von Qualitätskontrollen • Testkäufe • Werkstatt-Tests	Merkmalsgestützte Verfahren • Implizite Verfahren – Registrierung des Beschwerdeverhaltens – Ermittlung der von Kunden wahrgenommenen Leistungsdefizite mittels standardisierter Befragung • Explizite Verfahren – Eindimensionale Messung – Mehrdimensionale Messung Ereignisorientierte Verfahren • Methode der kritischen Ereignisse

- **Subjektive bzw. subjektorientierte Verfahren**
  Aufgrund der mangelnden Validität objektiver Kriterien, die auf eine individuell unterschiedliche Wahrnehmung einer gleichartigen Konsumsituation zurückzuführen sein mag, wird die Zufriedenheit häufig auf Basis eines subjektiven Konzeptes erfasst. Dieser Ansatz, der zwischen merkmalsgestützten und ereignisorientierten Verfahren differenziert, basiert auf der Annahme, dass die Bedürfnisgerechtigkeit eines Angebots nur mittels Kundenbefragungen ermittelt werden kann.
  Bei den merkmalsorientierten Verfahren wird die Zufriedenheit zum einen auf indirektem Wege, nämlich mittels Indikatoren, die mehr oder weniger eindeutige Rückschlüsse auf die Bedürfnisbefriedigung der Kunden zu ziehen erlauben, erfasst. Zu diesen sog. impliziten Methoden gehören die Registrierung des Beschwerdeverhaltens sowie die Ermittlung der von Kunden wahrgenommenen Leistungsdefizite mittels standardisierter Befragung. In sog. expliziten Ansätzen ermittelt man dagegen den Grad der Bedürfnisbefriedigung direkt über ein- und mehrdimensionale Zufriedenheitsskalen oder durch einen Soll-Ist-Vergleich von Erwartung und Leistungsbeurteilung.
  Mit solchermaßen standardisierten, merkmalsgestützten Aktionen zur Bestimmung der Kundenzufriedenheit erfasst man im Regelfall weder alle relevanten Merkmale noch ist davon auszugehen, dass sie das reale Qualitätserleben in der empfundenen Dringlichkeit angemessen abbilden. Einmal deshalb, zum anderen wegen des Episodencharakters der Anbieter-Kunde-Interaktion, der insbesondere Dienstleistungen charakterisiert, erscheint es zweckmäßig, den Kenntnisstand durch die Ermittlung von Problemen bzw. außergewöhnlich positiven Erlebnissen zu verbessern, die Kunden bei ihrem Unternehmen erleben und die ihr Qualitätsurteil bestimmen. Dazu können weitere Verfahren eingesetzt werden, von denen der Methode der kritischen Ereignisse besondere Bedeutung zukommt

(vgl. *Hentschel* 1992). Auf diese Weise gelangt ein Anbieter zu Schlüsselinformationen, die er beim Einsatz standardisierter, merkmalsgestützter Fragen u. U. nicht bekommen würde. Zu bemängeln sind dabei jedoch die Aufwendigkeit der Methode, der für die Auswertung der Ergebnisse zu veranschlagende hohe Zeitbedarf sowie die mangelnde Repräsentativität, da es sich um positive bzw. negative Extremerfahrungen handelt, weswegen das Instrument für die regelmäßige Kontrolle von Kundenzufriedenheit kaum in Frage kommen dürfte.

Maxime Kundenzufriedenheit – Ein Königs- oder Irrweg?

Die Zufriedenheit der Kunden – so der allgemeine Tenor – bildet die Basis für den Unternehmenserfolg, weil sie Kundenbindung, Kundentreue oder positive Mundpropaganda nach sich zieht. Unzufriedenheit hingegen verursacht beim betroffenen Unternehmen häufig Kosten, man denke etwa an Aufwendungen für die Befriedigung von Regressansprüchen oder an Opportunitätskosten infolge von Abwanderung, negativer Mundpropaganda und Beschwerden. Und dennoch: Trotz ihrer unbestrittenen Relevanz zeichnet sich das Konstrukt „Kundenzufriedenheit" durch gewisse Schwächen und Unzulänglichkeiten aus.

These 1: Die in der Unternehmenspraxis verwendeten Messansätze werden dem vielschichtigen Phänomen Kundenzufriedenheit allenfalls ansatzweise gerecht.

Zufriedenheit bezeichnet gemeinhin das Ergebnis eines Soll-Ist-Vergleichs. Die Ist-Komponente verkörpert dabei den Zustand, wie eine Person ein Unternehmen, dessen Produkte oder die zugehörigen Eigenschaften erlebt oder wahrnimmt. Weit weniger Einigkeit besteht indessen, was unter der Soll-Komponente zu verstehen ist. Das Spektrum reicht hier von der „Idealvorstellung des Kunden" über seine „Erwartungen" bis hin zu dem aus seiner Sicht „minimal tolerierbaren Zustand". Je nachdem, welche Auffassung von Kundenzufriedenheit zugrunde gelegt wird, gelangt ein Unternehmen zu völlig unterschiedlichen Messbefunden.

Hinzu kommt, dass sich die Soll-Komponente im Zeitablauf verändert, wofür im Wesentlichen vier Faktoren verantwortlich zeichnen: die Kommunikation des Kunden, dessen persönliche Situation und bisherige Erfahrung mit dem Unternehmen sowie die Kommunikation des Anbieters. Der zuletzt genannte Aspekt verdeutlicht, warum Unternehmen für einen nicht unerheblichen Teil der Unzufriedenheit ihrer Kunden selbst verantwortlich sind: Sie wecken in Werbung und Verkaufsgesprächen nur allzu häufig Erwartungen, die sie „in der Realität" nicht erfüllen können. Darüber hinaus ist zu bedenken, dass Zufriedenheit nicht nur vom Urteil über die Qualität abhängt, sondern auch von der Persönlichkeit des Kunden.

Wer kennt sie nicht, die Querulanten, die an allem etwas auszusetzen haben. Kaum hat man ihre Wünsche erfüllt, steigern sie ihre Forderungen. Unternehmen, die diesem „progressiv unzufriedenen" Kundentypus übermäßig viel Aufmerksamkeit schenken, sehen sich schnell in einer immer dynamischer werdenden „Aufwärtsspirale des Anspruchsniveaus".

Gleichfalls persönlichkeitsbedingt ist es, wenn enttäuschte Kunden ihre Erwartungen nach unten schrauben (resignative Zufriedenheit), weil sie meinen, dass sie keine Alternative haben und an der Situation ohnehin nichts ändern können. Zu diesem Segment gehören beispielsweise viele Konsumenten, die in ländlichen Gebieten wohnen und – paradoxerweise –

mit ihrer Versorgungssituation zufriedener sind als die Bewohner von Großstädten, obwohl sich die objektiven Gegebenheiten geradezu entgegengesetzt darstellen.

These 2: Zufriedenheit führt in vielen Fällen nicht zu Kundenbindung und damit zu ökonomischem Erfolg.

Schlaglichtartig lässt sich das Kundenverhalten anhand verschiedener Entwicklungen skizzieren. Verbraucher werden in Bezug auf Preis und Leistung immer anspruchsvoller (Anspruchsinflation). Die Kritikbereitschaft vieler Verbrauchergruppen nimmt aufgrund ihrer immer besseren Ausbildung und ihres gestiegenen Anspruchsniveaus zu. Immer mehr Verbraucher verhalten sich „unberechenbar“: Beim Kauf von Waren des täglichen Bedarfs suchen sie nach preisgünstigen Produkten, um das Budget für Güter des demonstrativen Konsums aufzustocken. Auch relativ wohlhabende Verbrauchersegmente, die „Smart Shopper“, werden immer preissensibler und nutzen die „Schnäppchenjagd“ als Freizeitbeschäftigung. Viele Konsumenten erblicken einen besonderen Anreiz in der Möglichkeit, ständig zwischen verschiedenen Marken oder Unternehmen zu wählen, die sie als mehr oder minder gleichwertig wahrnehmen.

Vor dem Hintergrund der skizzierten Entwicklungen ist leicht nachvollziehbar, dass es immer schwieriger wird, Kunden durch günstige Preise oder bessere Qualität und Leistung dauerhaft zufriedenzustellen und an sich zu binden (Verbundenheitsstrategie). Erfolgreich wird nur sein, wer Kunden überdies daran hindert, zu als gleichwertig wahrgenommenen Konkurrenten abzuwandern. Diese Gebundenheitsstrategie lässt sich mit Maßnahmen beziehungsweise Instrumenten umsetzen, die den Kunden technisch (Modularbauweise), ökonomisch (Ratenzahlung), juristisch (Langfristvertrag), psychisch (Markenbildung) und/oder sozial (Kundenclub) an das Unternehmen binden.

These 3: Für Unternehmen kann es schwerwiegende negative Konsequenzen haben, wenn sie sich ausschließlich auf die Zufriedenheit ihrer Kunden konzentrieren und die Neukundenakquisition vernachlässigen.

Vergleichbar mit dem Produktlebenszyklus durchlaufen Unternehmen in ihrer Beziehung zum Kunden (idealtypische) Phasen. Diese reichen von der Anbahnung (Kundenakquise) über Sozialisation, Wachstum, Reife und Degeneration (Kundenbindung) bis hin zu Kündigung, Abstinenz und gegebenenfalls Revitalisierung der Kundenbeziehung (Kundenrückgewinnung). Die Entwicklung der Kundenbeziehung folgt demnach einem S-förmigen Verlauf. Deren Intensität erreicht einen gewissen Höhepunkt und nimmt anschließend ab. Die Beziehung zu den Kunden ist häufig zeitlich begrenzt und kann nur zum Teil mit den Instrumenten des Marketing verlängert werden. Denn Kunden sterben, ziehen aus dem Einzugsgebiet weg oder haben keinen Bedarf mehr an den Produkten des Unternehmens (Babywindeln).

Angesichts dieser natürlichen Fluktuation kann es auf Dauer nicht genügen, sich ausschließlich auf die Zufriedenheit seiner Kunden zu konzentrieren. Vielmehr muss der Kundenbestand immer wieder aufgefrischt werden. Letzteres ist in stark wachsenden Märkten überlebensnotwendig, da sich die Größenvorteile zugunsten der Konkurrenten verschieben. Wer vor diesem Hintergrund ausschließlich die Maxime „Kundenbindung durch Kundenzufriedenheit“ verfolgt (und die kostenintensivere Neukundenakquisition vernachlässigt), gefährdet den Unternehmenserfolg.

These 4: Wer den Unternehmenserfolg steigern will, muss in Kauf nehmen, dass bestimmte Kundensegmente unzufrieden sind und abwandern.

Gemeinhin wird davon ausgegangen, dass die Dauer der Kundenbeziehung Rentabilität und Gewinn positiv beeinflusst. Wer daraus jedoch folgert, dass man jeden Kunden zufriedenstellen und damit an das eigene Haus binden muss, erliegt einem Trugschluss. Ziel sollte es vielmehr sein, die wertvollen Kunden herauszufiltern. Weitaus erfolgversprechender als die uneingeschränkte Kundenorientierung ist es, Kunden unter Profitgesichtspunkten auszuwählen und zu betreuen: Unternehmen müssen sich von unrentablen Kunden trennen. „Trennungsgründe" liefert der sog. Customer Lifetime Value.

Ausgehend von einer wertorientierten ABC-Analyse, sollten Unternehmen ihre Ressourcen und Aktivitäten stärker auf A-Kunden konzentrieren und die Betreuung der C-Kunden reduzieren beziehungsweise ganz einstellen. Diesen Sachverhalt umschrieb der Regionalvorstand einer deutschen Großbank im Rahmen eines unserer Beratungsprojekte einmal wie folgt: „Wir müssen in Zukunft etwa 50 % unserer Kunden verlieren. Es müssen nur die richtigen 50 % sein."

Damit kein Missverständnis aufkommt: Kundenzufriedenheit gehört zweifellos zu den zentralen Faktoren erfolgreicher Unternehmen, allerdings erweist sie sich nur selten als Königsweg. Wer vermeiden will, dass das Unternehmensziel Kundenorientierung oder Kundenzufriedenheit in die Irre führt, sollte Folgendes beachten:

- Konzeption und Realisation von Kundenzufriedenheitsprojekten sollten wissenschaftlich fundiert und von Spezialisten begleitet werden.
- Ad-hoc-Untersuchungen, die als Momentaufnahmen häufig eher Verwirrung denn Nutzen stiften, sollten durch aussagekräftigere Längsschnittuntersuchungen ersetzt werden.
- Flankierend sind Wechselbarrieren zu errichten (Kundenkarte, Bonuspunkte), um die wachsende Zahl wechselfreudiger Kunden stärker an sich zu binden.
- Fokussierung auf den vorhandenen Kundenstamm darf nicht dazu führen, dass man die Neukundenakquisition vernachlässigt. Nur so lässt sich der Kundenbestand kontinuierlich revitalisieren.
- Anbieter sollten sich von unrentablen Kunden trennen und das so freigesetzte Potenzial in die Betreuung von A- und B-Kunden investieren.

Die Autoren sind Professoren an der Berufsakademie Mannheim. Sie leiten außerdem das Steinbeis-Transferzentrum für Marktforschung und Marketing-Kompetenz, Heidelberg.

Quelle: *Schneider, W./Kornmeier, M.*: Maxime Kundenzufriedenheit – ein Königs- oder Irrweg?, in: Frankfurter Allgemeine Zeitung, Nr. 36 vom 12.02.2007, S. 18.

13.4.6 Kundenwert als grundlegendes Selektions- und Segmentierungskriterium

Überblick

Im Zentrum des CRM steht die Kundenbindung, da sich die Dauer der Beziehung zum Kunden positiv auf Rentabilität bzw. Gewinn auswirkt. Die **Ertragszuwächse** im Zeitablauf sind im Wesentlichen auf folgende **Ursachen** zurückzuführen:

- Erhöhung der Kauffrequenz,
- Verringerung der Betriebskosten (etwa Werbung, Kundenberatung u. ä.),
- Preiszuschläge, die aufgrund abnehmender Preissensibilität des Kunden immer weniger wahrgenommen werden, und nicht zuletzt
- Weiterempfehlung an neue Kunden.

Reichheld, Bain & Company und *Sasser* (1991) untersuchten anhand von 100 Unternehmen aus 24 Branchen den Zusammenhang zwischen Kundenbindung und Gewinnen. Sie weisen nach, dass im Falle von Stammkundenbeziehungen der Gewinn des ersten Jahres im Laufe von sieben Jahren auf das Neunfache gesteigert werden konnte. Davon entfallen ca.:

- 11,1% auf den Grundgewinn des ersten Jahres,
- 34,4 % auf den Gewinn aus erhöhter Kauffrequenz und gestiegenen Rechnungsbeträgen,
- 21,1 % auf Gewinn aufgrund geringerer Verwaltungs- und Vertriebskosten,
- 33,2 % aufgrund von Weiterempfehlungen (sog. positive Mund-zu-Mund-Werbung) sowie
- 0,2 % auf Gewinne aus Preisaufschlägen infolge abnehmender Preissensibilität des Kunden.

Des Weiteren wurde in der angeführten Untersuchung festgestellt, dass sich die Kosten der Neukundenakquisition auf das 1,3fache des Gewinns des ersten Jahres belaufen. Aus den vorliegenden Befunden sollte man jedoch keinesfalls vorschnell schlussfolgern, dass es jeden Kunden an das Unternehmen zu binden gilt. Vielmehr stellt sich Unternehmen die Aufgabe, aus der Gesamtheit der Klientel die **wertvollen Kunden herauszufiltern** und diese intensiv zu bearbeiten (vgl. im Folgenden *Loyalty Consulting Hamburg* 2003; *http://www.loyalty-hamburg.de/th_bed_kuwert_rfmr.html*; Stand: 19.09.2003; *Krafft/Rutsatz* 2001, S. 239 – 258; *Krafft* 2002; *Hofmann* 2000; *Hofmann/Mertiens* 2000).

Fallstudie „Kundenwert" – die Wertschöpfung im Lebenszyklus eines Automobils

Eine Studie der *Daimler Chrysler AG* hat ergeben, dass beispielsweise für einen *Mercedes* Benz mit einem Anschaffungspreis von 39.000 € im Verlauf von zehn Jahren insgesamt 100.000 € ausgegeben werden (einschließlich Reparaturen, Wartung, Kraftstoff). Bezogen auf den Umsatz hätten die Finanzierungs- und Versicherungsdienstleistungen daran zwar lediglich einen Anteil von 30 %. Von den Gewinnen entfielen aber immerhin 46 % auf diese Dienstleistungen (vgl. Tab. 13.6).

Quelle: *o. V.*: Am gesamten Autoleben beteiligt, in: Frankfurter Allgemeine Zeitung, Nr. 70 vom 23.03.2004a, S. 16.

Tab. 13.6: Die Wertschöpfung im Lebenszyklus eines Automobils (Quelle: o. V.: Am gesamten Autoleben beteiligt, in: Frankfurter Allgemeine Zeitung, Nr. 70 vom 23.03.2004a, S. 16.)

Erfolgsgröße / Ausgabenbereich	Umsatzanteile *(in %)*	Gewinnanteile *(in %)*
Neufahrzeug	39,0	8,0
Reparaturen/Ersatzteile	12,0	30,0
Service	10,0	11,0
Kraftstoff	9,0	5,0
Finanzierung/Versicherung	30,0	46,0

Neben der ABC-Analyse, die in Abschnitt 6.6.5 ausführlich vorgestellt wurde, bieten sich zur Kundenbewertung die folgenden **Instrumente** an:

- Portfoliotechnik,
- Klassifikationsschlüssel,
- RFMR-Ansatz,
- Scoring-Methode sowie
- Customer Lifetime Value.

Portfoliotechnik

Bei der im Zuge der Kundenbewertung eingesetzten Variante der Portfolioanalyse werden die Kunden anhand der Kriterien „**Umsatzanteil**" und „**Geschätzter eigener Anteil als Lieferant**" in vier Felder eingeordnet (vgl. Abb. 13.18).

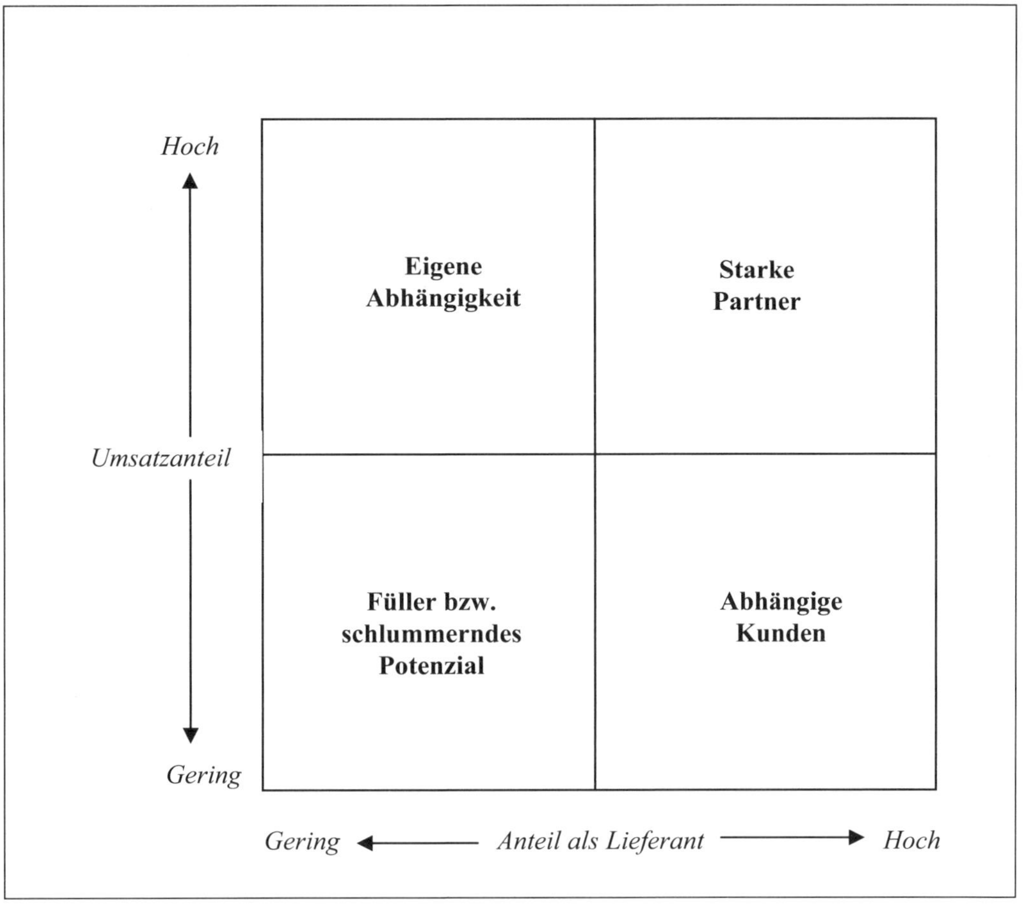

Abb. 13.18: Die zur Kundenbewertung eingesetzte Variante der Portfolioanalyse

Für die einzelnen Felder bieten sich folgende **Betreuungsstrategien** an:

- **Links-Unten-Position: Füller bzw. schlummerndes Potenzial**
  Dieses Kundensegment muss intensiv durchleuchtet werden. Denn hier befinden sich zum einen „Zeitdiebe", deren Betreuung deutlich zurückgenommen werden sollte. Zum anderen schlummern hier Umsatzpotenziale, die es zu entdecken gilt.
- **Rechts-Unten-Position: Abhängige Kunden**
  Hier sollte die Betreuungsintensität deutlich reduziert werden, da es sich aufgrund des geringen Umsatzanteils auf den ersten Blick nicht lohnt, hier noch weitere Lieferantenanteile zu erkämpfen.
- **Links-Oben-Position: Eigene Abhängigkeit**
  Dies sind die Kunden, die zwar einen hohen Anteil des Umsatzes auf sich vereinen. Die Position als Lieferant ist jedoch aufgrund des geringen Anteils am Einkaufsvolumen des

Kunden vergleichsweise schwach. Hier müssen Lieferantenpositionen durch beispielsweise intensives Key Account Management ausgebaut werden.

- **Rechts-Oben-Position: Starke Partner**
  Dies sind Lieblingskunden. Hier sollte die Betreuungsintensität aufrechterhalten werden, um in diesem Segment die Position des Unternehmens zu festigen.

Der Portfolioansatz repräsentiert eine anschauliche Methode, mit der sich unmittelbar Strategien ableiten lassen. Allerdings gilt es ins Kalkül zu ziehen, dass es im vorliegenden Fall um eine reine Umsatzbetrachtung mit all ihren Vor- und Nachteilen handelt (vgl. hierzu Abschnitt 5.5.2).

Klassifikationsschlüssel

Mit dieser Methode verdichtet man die Informationen über den Kunden mit Hilfe eines firmenspezifischen Kundenschlüssels. Neben demographischen (z. B. 1 für Großhandel, 2 für Einzelhandel) und geographischen Größen (z. B. nach Postleitzahlengebiet) kann beispielsweise die Kundenbedeutung durch die Höhe des Deckungsbeitrags (etwa 1 für Deckungsbeitrag bis 1.000 € p. a., 2 für Deckungsbeitrag bis 2.000 € p. a. usw.) ausgedrückt werden. Der Zahlenschlüssel 2-69-2 würde beispielsweise für einen Einzelhandelskunden aus dem Raum Heidelberg stehen, mit dem ein Deckungsbeitrag zwischen 1.000 und 2.000 € p. a. erwirtschaftet wird.

Hierbei handelt es sich um eine praktikable Methode, mit deren Hilfe zahlreiche Kriterien verwaltet werden können. Gleichzeitig besteht die Gefahr von Zahlenfriedhöfen, auf denen der Kunde zu einer anonymen Zahlenkombination degradiert wird.

RFMR-Ansatz

Bei diesem Ansatz, der bereits in den dreißiger Jahren entwickelt wurde und der eine pragmatische Variante des Kundenwertes darstellt, bewertet man den Kunden nach

- seinem letzten Kauf (Recency),
- der Kaufhäufigkeit (Frequency) sowie
- der Kaufsumme (Monetary Ratio).

Dabei wird der Kunde, der erst vor kurzem etwas erworben hat, höher bewertet als der Kunde, der vor längerer Zeit eingekauft hat. Dementsprechend ist ein Kunde, der oft bzw. viel kauft, mehr wert als ein Kunde, der selten bzw. wenig einkauft.

Der RFMR-Ansatz ist, sofern die erforderlichen Daten ermittelt sind, eine einfach handhabbare Methode, mit der sich eine Momentaufnahme vom Kunden anfertigen lässt. Als Nachteile gelten der nicht zu unterschätzende Erhebungsaufwand sowie die Ausblendung des Kundenpotenzials.

Scoring-Methode

Der grundlegende Aufbau der Scoring-Methode kann dem in Tab. 13.6 aufgeführten Bewertungsschema einschließlich Praxisbeispiel entnommen werden (vgl. *Krafft* 2002). Bei der Anwendung der Scoring-Methode zur Bestimmung des Wertes von Kunden gilt es, die folgenden **drei Schritte** durchführen:

- **Schritt 1: Auswahl der Faktoren**
  Zunächst müssen die Faktoren bestimmt werden, die den Wert eines Kunden ausmachen. Diese sollten sowohl die derzeitige Bedeutung als auch das zukünftige Potenzial der Abnehmer abbilden und harte sowie weiche Faktoren erfassen. Dabei haben sich die in Tab. 13.6 angeführten Faktoren in der Unternehmenspraxis als wesentlich für den Wert eines Kunden herausgestellt.
- **Schritt 2: Gewichtung der Faktoren**
  Nicht alle Faktoren beeinflussen den Wert eines Kunden gleich stark. Deshalb muss die Bedeutung der einzelnen Größen vor dem Hintergrund der unternehmensspezifischen Situation gewichtet werden. Im vorliegenden Beispiel wiegt der Deckungsbeitrag am stärksten (30 % des Gesamtkundenwerts). Da der Umsatz weniger Aussagekraft besitzt als der Deckungsbeitrag und ein enger Zusammenhang zwischen beiden Größen besteht, wird er hier mit lediglich 10 % gewichtet. Die Potenziale dieser beiden Größen wiegen jeweils die Hälfte des zugehörigen aktuellen Wertes (15 bzw. 5 %), da sich der betrachtete Markt noch in der Wachstumsphase befindet. Das Informationspotenzial des Kunden wird unter den weichen Faktoren am stärksten gewichtet, da es sich im vorliegenden Fall um eine sehr dynamischen Markt handelt und man dementsprechend auf Informationen von Seiten der Kunden angewiesen ist.
- **Schritt 3: Bestimmung des Kundenwertes**
  Anhand einer Skala von 1 bis 10 wird nun für jeden Faktor der Wert des Kunden bestimmt. Während Umsatz und Deckungsbeitrag vergleichsweise leicht zu bestimmen sind, gestaltet sich die Ermittlung der Potenzialgrößen sowie der weichen Faktoren vergleichsweise schwierig. Hierbei können folgende Fragestellungen hilfreich sein:
  - Wie und wie schnell wird sich das Unternehmen/der Markt zukünftig entwickeln? (**Umsatzpotenzial**)
  - Handelt es sich aus unserer Sicht eher um einen Wachstums- oder um einen gesättigten Markt, auf dem ein ruinöser Preiswettbewerb zu erwarten ist? Gibt es ernstzunehmende Wettbewerber und, falls ja, welche Vorteile besitzt das Unternehmen gegenüber diesen? Und wie viel Prozent am gesamten Auftragsvolumen des Kunden deckt das eigene Unternehmen ab? (**Deckungsbeitragspotenzial**)
  - Wie gestaltet sich die Zahlungsbereitschaft des Kunden? Nimmt der Kunde Zahlungsziele in Anspruch? Wie solide tritt der Kunde insgesamt auf? Und wie sind seine Überlebenschancen im Wettbewerb? (**Liquiditätspotenzial**)
  - Verfügt der Kunde über Informationen, die wichtig für den Anbieter sind? Stellt er diese auch in Zukunft zur Verfügung? (**Informationspotenzial**)
  - Inwieweit trägt die Zusammenarbeit mit dem Kunden dazu bei, die Leistungserstellung zu optimieren (**Kooperationspotenzial**; etwa gemeinsame Entwicklung von Software durch Softwareanbieter und Pilot-Kunden)?

- Kennt der Kunde die gesamte Leistungspalette des Anbieters? Gibt es noch andere Leistungen des Anbieters, die für den Kunden nützlich sein könnten? Und gibt es Bedürfnisse des Kunden, denen der Anbieter durch seine Leistungen bislang nicht gerecht wurde? (**Cross-Selling-Potenzial**)
- Ist der Kunde ein positiver Imageträger? Wie stark ausgeprägt ist die Bereitschaft des Kunden, den Anbieter weiterzuempfehlen? Und inwieweit ist der Kunde dazu geeignet, dass der Anbieter ihn als Referenzadresse nutzt? Was würde passieren, wenn der Kunde etwas Negatives über den Anbieter berichten würde? (**Referenzpotenzial**)

Nunmehr müssen die einzelnen Faktorwerte mit ihrer prozentualen Bedeutung gewichtet und zu einem Gesamtkundenwert addiert werden. Dieser kann von 1 = kein Kundenwert bis 10 = sehr hoher Kundenwert reichen. Im vorliegenden Beispiel hat der Kunde einen Wert von 6,90. Trotz des hohen Umsatzes (= 10) ist dies ein allenfalls durchschnittlicher Kundenwert.

Tab. 13.6: Der grundlegende Aufbau eines Scoring-Modells zur Bestimmung des Kundenwerts

Faktor	Bedeutung *(in %)*	Punkte *(1 = kein Wert bis 10 = sehr hoher Wert)*	Gewichteter Punktwert
Harte Faktoren			
Umsatz	0,10	10	1,00
Umsatzpotenzial	0,05	8	0,40
Deckungsbeitrag	0,30	5	1,50
Deckungsbeitragspotenzial	0,15	4	0,60
Liquiditätspotenzial	0,05	7	0,35
Weiche Faktoren			
Informationspotenzial	0,10	10	1,00
Kooperationspotenzial	0,10	10	1,00
Cross-Selling-Potenzial	0,10	8	0,80
Referenzpotenzial	0,05	5	0,25
Kundenwert			6,90

Bei der vorgestellten Scoring-Methode handelt es sich um ein fundiertes und gleichfalls pragmatisch handhabbares Instrument zur Bestimmung des Kundenwertes. Obwohl auch Praktiker das Verfahren als sehr sinnvoll einstufen, nutzen sie es nur selten. In diesem Zusammenhang förderte eine vom *Institut für Marketing und Handel* der *Universität St. Gallen* durchgeführte Befragung von 700 Top-Unternehmen zutage, dass gerade einmal 9 % der Untersuchungsteilnehmer die Scoring-Methode regelmäßig einsetzen (vgl. *Krafft* 2002).

Fallstudie „Cross Selling durch Data Mining" – das Beispiel *Amazon*

Amazon.com verwaltet eine riesige Matrix, die jedes der mehr als zehn Millionen Produkte jedem anderen zuordnet mit der Information, wie viele Menschen sowohl das eine als auch das andere gekauft haben. Daraus werden mittels statistischen Verfahren Empfehlungen generiert.

Beispielsweise kann anhand des Kaufverhaltens politischer Bücher eindeutig zwischen einem Pro- und einem Anti-*Bush*-Lager unterschieden werden. Beide Fraktionen sind nur durch einen einzigen Titel miteinander verbunden: "What Went Wrong". Angesichts dieser nur einzigen Verbindungslinie und der sich daran abzeichnenden klaren Trennung zwischen beiden Gruppen können den Kunden aufgrund ihres bisherigen Kaufverhaltens Bücherempfehlungen unterbreitet werden, die mit hoher Wahrscheinlichkeit auf ihr Interesse stoßen.

Quelle: *o. V.*: Ich suche, also bin ich; Interview mit Andreas Weigend, dem ehemaligen Chefwissenschaftler von Amazon.com, in: Focus, Nr. 41 vom 04.10.2004i, S. 146 – 148.

Customer Lifetime Value

Um insbesondere mit Blick auf zukünftige Geschäftsbeziehungen lukrative Kunden identifizieren zu können, muss der Wert eines Kunden auf die gesamte Dauer der Geschäftsbeziehung abgeschätzt werden. Hierzu dient der Customer Lifetime Value (= **CLV**), der auf der **Kapitalwertmethode** basiert und bei dem pro Kunde ein Wert ermittelt wird, der den derzeitigen Wert als auch das zukünftige Potenzial eines Kunden aufzeigt.

Der Customer Lifetime Value (CLV) ist der individuelle Wert eines Kunden für ein Unternehmen für die gesamte Dauer der Geschäftsbeziehung. Er enthält sowohl quantitative als auch qualitative Bestimmungsgrößen. Die **quantitativen Bestimmungsgrößen** enthalten:

- Zu Beginn der Kundenbeziehung anfallende Akquisitionskosten
- Sämtliche Einzahlungen des Kunden gemindert um die jeweils anfallenden Kosten in Form von Stückkosten etc.
- Kosten für Kundenbindungsmaßnahmen (etwa Mailingaktionen, Kundenbesuche, Werbegeschenke, Serviceleistungen)
- Rückgewinnungskosten

Qualitative Kundenwertfaktoren sind:

- Ausschöpfbares Up-Selling- (z. B. Entwicklung des Kunden hin zu einem <u>höherwertigen</u> Produkt) und Cross-Selling-Potenzial (Entwicklung des Kunden hin zu <u>weiteren</u> Produkten/Dienstleistungen aus der Angebotspalette)
- Funktion des Kunden als Lead-Customer (= Meinungsführer in seinem Umfeld)
- Weiterempfehlungspotenzial (= positive Mund-zu-Mund-Werbung in seinem Umfeld)
- Wert als Datenlieferant für Marketing-Forschung

Der grundlegende Aufbau eines Schemas zur Berechnung des CLV findet sich in Tab. 13.7.

Tab. 13.7: Schema zur Berechnung des quantitativen CLV

Zeitraum / Faktor	Jahr t	Jahr t + 1	Jahr t + 2	...	Summe
Umsatz					
./. Einstandspreis					
./. Vertriebskosten					
./. Servicekosten					
./. Akquisitions-kosten					
./. Kundenbin-dungskosten					
./. Rückge-winnungskosten					
= Kundendeckungs-beitrag p. a. (= Potential-Value)					
Abzinsungsfaktor (Basis: 10 %)	1,00	0,91	0,83		
Kapitalwert des Kun-dendeckungsbeitrags (= Present-Value)					
Wiederkaufrate (jährl. Kauf)		0,75	0,56		
Customer Lifetime Value					CLV

Die Berechnung des Customer Lifetime Value erfolgt in drei **Schritten**:

- Berechnung des **Potential-Value** (= Kundendeckungsbeitrag). Zu diesem Zweck sind die zukünftigen Erträge und Aufwendungen abzuschätzen und in einer Zeitreihe anzuordnen. Der Potential-Value bildet das Potenzial des Kunden für die Unternehmung ab.
- Berechnung des **Present-Value** (= diskontierter Kundendeckungsbeitrag). Hierzu werden die in einer Zeitreihe angeordneten Erträge und Aufwendungen auf den Bezugszeitpunkt abgezinst. Dabei bedient man sich in der Regel der Kapitalwertmethode. Die zentrale Aufgabe bei diesem Schritt liegt in der realistischen Festlegung des Abzinsungsfaktors.

- Berechnung des **Present Value mit Retention-Rate** (= Customer Lifetime Value). Ein Teil der Kunden wandert im Zeitablauf ab, die anderen kaufen die Produkte des Unternehmens weiterhin. Um diesem Sachverhalt Rechnung zu tragen, wird die sog. **Retention-Rate** (= Wiederkaufrate) berechnet. Bezieht man die Wiederkaufrate in die Berechnung ein, erhält man den Customer Lifetime Value. Diese Größe beinhaltet zunächst nur die quantitativen Bestandteile und müsste idealtypischerweise um die qualitativen Kundenwertfaktoren ergänzt werden. Letzteres gestaltet sich infolge der Erfassung dieser „weichen" Faktoren in der Unternehmenspraxis zugegebenermaßen als sehr schwierig.

Der CLV-Ansatz wird in erster Linie von Unternehmen genutzt, die über recht umfangreiche sowie aussagefähige Kundendaten verfügen. Hierzu zählen Telekommunikationsunternehmen, Banken, Versicherungen und Energiekonzerne. Diese Unternehmen verfügen aus Sicht der Kunden über ein im Vergleich zur Konkurrenz nur schwer differenzierbares Leistungsspektrum. Vor diesem Hintergrund ist bei der Klientel eine starke Bereitschaft festzustellen, den Anbieter zu wechseln. Entsprechend hoch sind die Aufwendungen für Akquisition, Kundenbindung und Kundenrückgewinnung. Die Kundenwertbetrachtung soll in diesem Zusammenhang zum ökonomischen Einsatz der Ressourcen und damit zu einem rentablen Management der Kundenbeziehung beitragen.

Fallstudie: Berechnung des CLV am Beispiel der *Optifit* GmbH

Ein Kunde (Diplom-Betriebswirt, 28 Jahre, verheiratet, 1 Kind) kauft am 2.1.2009 bei einem Autohändler einen Kleinwagen. Der Vertriebsleiter möchte den Customer Lifetime Value dieses Kunden auf einen Horizont von 10 Jahren berechnen. Hierzu zieht er den Tab. 13.8 zu entnehmenden Auszug über den „typischen" Kleinwagenkunden aus der Vertriebsabteilung heran.

Der **Customer Lifetime Value** des Kunden beträgt 1.473,34 € und berechnet sich nach dem in Tab. 13.9 vorgestellten Schema. Der berechnete Kundenwert ist u. a. folgendermaßen **nutzbar**:

- Den Mitarbeitern kann mit Hilfe dieser Kennzahl vor Augen geführt werden, was ein Kunde für das Unternehmen wert ist und welch fatale Folgen es hat, wenn er wegen Unzufriedenheit frühzeitig abwandert.
- Ein Unternehmen kann mit Hilfe des Kundenwertes berechnen, inwieweit Kulanz gewährt werden soll.
- Ähnlich gelagert ist der Fall, wenn es darum geht, ob, und, falls ja, mit welchem finanziellen Aufwand ein Kunde zurückgewonnen werden soll.
- Schließlich kann es durchaus sinnvoll sein, sich von Kunden mit einem geringen bzw. niedrigen Kundenwert zu trennen und die vorhandenen Ressourcen auf lukrativere Zielgruppen zu fokussieren.

Der berechnete CLV kann durch **drei Maßnahmenbündel** gesteigert werden:

- Verlängerung der Kundenverweildauer durch Erhöhung der Kundenzufriedenheit und/oder Einsatz der ökonomischen, juristischen, technologischen, sozialen und psychologischen Instrumente der Kundenbindung

- Erhöhung des Umsatzes mit dem Kunden durch Steigerung der Verwendungsintensität der gekauften Produkte und/oder Weckung bzw. Befriedigung zusätzlicher Bedürfnisse
- Senkung der durch den Kunden entstehenden variablen Kosten: Beispielsweise kann bei Kunden mit einem geringen CLV von persönlicher Betreuung durch den Außendienst auf Telefonverkauf umgestellt werden.

Grundsätzlich gilt es ins Kalkül zu ziehen, dass die Berechnung des CLV auf einer Betrachtung des **jetzigen Zustandes** basiert. Dabei bleibt unberücksichtigt, dass sich Kunden von ihrem Umsatzvolumen durchaus entwickeln können. Konkret bedeutet das nichts anderes, als dass Kunden, die vom heutigen Standpunkt einen geringen Kundenwert besitzen, durch gezielte Kundenentwicklung in Zukunft durchaus an Attraktivität gewinnen können.

Tab. 13.8: Charakteristika des durchschnittlichen Kleinwagenkunden

Umsatz	12.000 €
Einstandspreis	10.000 €
Vertriebskosten	400 €
Akquisitionskosten	500 €
Kundenbindungskosten p. a.	50 €
Nutzungsdauer (= nach dieser Zeit kauft der Kunde sicher ein neues Auto)	4
Abzinsungsfaktor p. a.	10 %
Wiederkaufrate (= Wahrscheinlichkeit, dass der Kunde bei dem betreffenden Unternehmen ein Fahrzeug kauft)	60 %

Tab. 13.9: Schema zur Berechnung des quantitativen CLV (Angaben in €)

	2009	2010	2011	2012	2013
Verkaufspreis	12.000				12.000
Einstandspreis	-10.000				-10.000
Vertriebskosten	-400				-400
Akquise	-500				-500
Kundenbindung	-50	-50	-50	-50	-50
K.-DB p. a.	1.050	-50	-50	-50	1.050
Abzinsungsfaktor	1,00	0,91	0,83	0,75	0,68
Kundenwert	1.050	-45,5	-41,5	-37,5	714
Wiederkaufrate					0,6
CLV	1.050	-45,5	-41,5	-37,5	428,4

Tab. 13.5: Schema zur Berechnung des quantitativen CLV (Angaben in €; Fortsetzung)

	2014	2015	2016	2017	2018	Σ
Verkaufspreis				12.000		
Einstandspreis				-10.000		
Vertriebskosten				-400		
Akquise				-500		
Kundenbindung	-50	-50	-50	-50	-50	
K.-DB p. a.	-50	-50	-50	1.050	-50	*2.800*
Abzinsungsfaktor	0,62	0,56	0,51	0,47	0,42	
Kundenwert	-31,0	-28,0	-25,5	493,5	-21,0	*2.027,5*
Wiederkaufrate				0,36		
CLV	-18,6	-16,8	-15,3	177,7	-7,56	*1.473,34*

Schlussfolgerungen

Unabhängig davon, welche der vorgestellten Instrumente eingesetzt werden, lassen sich aus den Befunden der Kundenwertanalyse drei zentrale **Konsequenzen** ziehen:

- Kunden mit einem hohen Kundenwert sollten systematisch an das Unternehmen gebunden werden. Dies erfordert eine Erhöhung der Kundenzufriedenheit und/oder den Aufbau von Wechselbarrieren mit ökonomischen, juristischen, technologischen, sozialen und psychologischen Instrumenten der Kundenbindung (vgl. hierzu ausführlich Abschnitt 2.4.2). Neukunden sollten nur im Falle eines erwarteten positiven Kundenwerts akquiriert werden.
- Um die Kundensegmente mit durchschnittlichem Kundenwert in Top-Kunden zu wandeln, bieten sich diverse Instrumente an. Hier zählen eine gemeinsam mit dem Kunden durchgeführte Bedarfsanalyse, Product-Bundling, Members-get-Members-Programme, eine kulante Beschwerdebearbeitung und Incentives im Falle der Teilnahme an Kundenfokusgruppen. Nicht zuletzt gilt es in Erwägung zu ziehen, die Leistung so zu reduzieren, dass die Profitabilität der Kundenbeziehung ohne wesentliche Einbussen für den Kunden verbessert wird (**Value Engineering**).
- Die Geschäftsbeziehungen zu den restlichen, sprich unattraktiven Kunden sollten nach weitergehenden Analysen reduziert, delegiert (z. B. an den Verkaufsinnendienst) oder im Extremfall ganz eingestellt (falls die Trennungskosten wie beispielsweise negative Presse geringer als die negativen Kapitalwerte sind) werden.

Quellenverzeichnis

Aaker, D. A.: Strategic Market Management, 7. Aufl., Hoboken 2005.

Aberle, S./Baumert, A.: Öffentlichkeitsarbeit, München 2002.

Abernathy, W. J./Wayne, K.: Limits of Learning Curve, in: Harvard Business Review, Vol. 52, September – October 1974, pp. 103 – 117.

Adams, J. S.: Toward an Understanding of Inequity, in: Journal of Abnormal and Social Psychology, Vol. 67 (1963), pp. 422 – 436.

Adler, M. K.: Moderne Marktforschung, Stuttgart 1955.

Ahlert, D.: Distributionspolitik, 3. Aufl., Stuttgart/Jena 1996.

Ajzen, I./Fishbein, M.: Attitude-Behavior-Relations: A Theoretical Analysis and Review of Empirical Research, in: Psychological Bulletin, Vol. 84 (1977), pp. 888 – 918.

Allard, C.: Customer Service, in: The Journal of TelePerformance, (1999), No.1, pp. 30 – 32.

Angelopoulou, A.: Tognum und Arcandor, in: Frankfurter Allgemeine Zeitung, Nr. 151 vom 03.07.2007, S. U 7.

Ansoff, H. I.: Management-Strategie, München 1966.

Aschenbrenner, K. M.: Komplexes Wahlverhalten: Entscheidungen zwischen multiattributiven Alternativen, in: *Hartmann, K. D./Koeppler, K.* (Hrsg.): Fortschritte der Marktpsychologie, Bd. 1, Frankfurt am Main 1977, S. 21 – 52.

Axel Springer Verlag (Hrsg.): Studie „PKW 2002", Hamburg 2002.

Backhaus, K./Büschken, J./Voeth, M.: Internationales Marketing, 3. Aufl., Stuttgart 1999.

Backhaus, K./Erichson, B./Plinke, W./Weiber, R.: Multivariate Analysemethoden, 8. Aufl., Berlin/Heidelberg 1996.

Backhaus, K./Erichson, B./Plinke, W./Weiber, R.: Multivariate Analysemethoden. Eine anwendungsorientierte Einführung, in: *www.marketing.uni-trier.de/multivariate/verfahren. Htm*; Stand: 07.06.2002.

Backhaus, K.: Industriegütermarketing, 6. Aufl., München 1999.

Backhaus, K.: Skript zur Vorlesung „Internationales Marketing", Betriebswirtschaftliches Institut für Anlagen und Systemtechnologien, Marketing Centrum Münster, Münster 2002.

Bager, J./Becker, J./Munz, R.: Data Warehouse: Zentrale Sammelstelle für Information, in: c't, (1997), Nr. 3, S. 284.

Bagozzi, R. P./Rosa, J. A./Celly, K. S./Coronel, F.: Marketing-Management, München/Wien 2000.

Balderjahn, I./Scholderer, J.: Benefit- und Lifestyle-Segmentierung, in: *Albers, S./Hermann, A.* (Hrsg.): Produktmanagement, Wiesbaden 2000, S. 1 – 24.

Bänsch, A.: Einführung in die Marketing-Lehre, 4. Aufl., München 1998a.

Bänsch, A.: Käuferverhalten, 8. Aufl., München/Wien 1998b.

Barth, J.: Tabakprävention durch Angst – Die Wirkung furchtinduzierender Medien bei Jugendlichen, München 2000.

Barth, K.: Betriebswirtschaftslehre des Handels, Wiesbaden 1988.

Batinic, B./Gräf, A./Bandilla, W. (Hrsg.): Online Research. Methoden, Anwendungen und Ergebnisse, Göttingen u. a. 1999.

Bauer, H. H.: Markttypologie, in: *Diller, H.* (Hrsg.): Vahlens Großes Marketinglexikon, 2. Aufl., München 2001, S. 1080 – 1083.

Bauer, H. H./Knackfuß, Ch.: Emotionen – ein „Reiz"-Thema für die Kommunikation?, in: m:convisions, Sonderausgabe 06/Dezember 2007, S. 54 – 61.

Bauer, R. A.: Consumer Behavior as Risk Taking, in: *Hancock, R. S.* (Edt.): Dynamic Marketing for a Changing World, Chicago/Ill. 1960, pp. 389 – 398.

Baum, H.-G./Coenenberg, A. G./Günther, T.: Strategisches Controlling, 4. Aufl., Stuttgart 2006.

Bausch, Th./Opitz, O.: PC-gestützte Datenanalyse mit Fallstudien aus der Marktforschung, München 1993.

Bea, F. X./Haas, J.: Strategisches Management, 3. Aufl., Stuttgart 2000.

Becker, J.: Das Marketing-Konzept, München 1999.

Becker, J.: Marketing- Konzeption, 7. Aufl., München 2001.

Behrends, C.: Ausgleichskalkulation, Kompensationskalkulation, Mischkalkulation, in: *Diller, H.* (Hrsg.): Vahlens Großes Marketinglexikon, München 2001, S. 78 – 79.

Behrens, G.: Konsumentenverhalten, 2. Aufl., Heidelberg 1991.

Bellabarba, A./Radtke, Ph./Wilmes, D.: Management von Kundenbeziehungen; 7 Bausteine für ein effizientes Kundenmanagement, München/Wien 1998.

Bender, H. J.: Kompakt-Training. Leasing, Ludwigshafen 2001.

Bengel, J./Barth, J.: Prävention durch Angst? (Stand der Furchtappellforschung), Bundeszentrale für gesundheitliche Aufklärung, Forschung und Praxis in der Gesundheitsförderung, Band 4, Köln 1998.

Bengt, K./Svante, Ö.: Das Benchmarking Konzept, Wegweiser zur Spitzenleistung in Qualität und Produktivität, München 1994.

Berekoven, L./Eckert, W./Ellenrieder, P.: Marktforschung, 8. Aufl., Wiesbaden 1999.

Berekoven, L.: Erfolgreiches Einzelhandelsmarketing. Grundlagen und Entscheidungshilfen, 2. Aufl., München 1995.

Berger et al.: Kano's Methods for Understanding Customer-defined Quality, in: Hinshitsu – The Journal of the Japanese Society for Quality Control, Herbst 1993, S. 3 – 35.

Berghoff, H. (Hrsg.): Marketinggeschichte, Wiesbaden 2007.

Berlit, W.: Vergleichende Werbung, München 2002.

Bettman, J. R.: An Information Processing Theory of Consumer Choice, London et al. 1979.

Bhan, N./Nemer, B.: Brand Magic in India, auf: http://www.businessweek.com/innovate/content/may2006/id20060508_952455.htm?chan=innovation_branding_top+stories; Stand: 09.06.2006.

Bienert, M. L.: Standortmanagement. Methoden und Konzepte für Handels- und Dienstleistungsunternehmen, Wiesbaden 1996.

Biermann, T.: Dienstleistungsmanagement, Ludwigshafen am Rhein 2003.

Biester, S.: Impulse beleben den POS, in: LebensmittelZeitung, Nr. 42 vom 15.10.2004, S. 42.

Biester, S.: Coole Ideen kochend serviert, in: LebensmittelZeitung, Nr. 19 vom 07.05.2004, S. 35.

Birkigt, K./Stadler, M. M./Funck, H. J. (Hrsg.): Corporate Identity: Grundlagen, Funktionen, Fallbeispiele, 9. Aufl., Landsberg am Lech 1998.

Bleymüller, J./Gehlert, G./Gülicher, H.: Statistik für Wirtschaftswissenschaftler, 12. Aufl., München 2000.

Böcker, F./Diller, F.: Portfolio-Analyse, in: *Diller, H.* (Hrsg.): Vahlens Großes Marketinglexikon, München 2001, S. 1273 – 1274.

Bodenstein, G./Spiller, A.: Marketing – Strategie, Instrumente und Organisation, Landsberg am Lech 1998.

Bogner, A./Littig, B./Menz, W. (Hrsg.): Das Experteninterview. Theorie, Methode, Anwendung, Leverkusen 2001.

Böhler, H.: Marktforschung, 2. Aufl., Stuttgart 1982.

Boston Consulting Group: Perspectives on Experience, Technical Report, Boston 1972.

Brändli, D.: Next Generation Database Marketing, in: Database Marketing, o. Jg. (2006), Nr. 4, S. 1.

Brandes, D.: Konsequent einfach, Frankfurt am Main 1998.

Braun, I. A./Mayer, R.: Von Absatz- bis Turbo-Marketing, in: WiSt-Wirtschaftswissenschaftliches Studium, 18. Jg. (1989), Heft 6, S. 307 – 311.

Brauner, D./Leitolf, J./Raible-Besten, R./Weigert, M. W. (Hrsg.): Lexikon der Presse- und Öffentlichkeitsarbeit, München/Wien 2001.

Brechtel, D.: Erfrischend anders, in: Akquisa, o. Jg. (2006), Nr. 6, S. 10 – 14.

Bredow, J./Seiffert, B.: Incoterms 2000, Bonn 2000.

Brieter, K.: Vorsicht Stromausfall, in: ADACmotorwelt, Heft 11/2007, S. 38 – 41.

Brisoux, J. E./Laroche, M.: A Proposed Consumer Strategy of Simplification for Categorizing Brands, in: *Summey, J. H./Taylor, R.* (Edt.): Evolving Marketing thought for 1980. Proceedings of the Annual Meeting of the Southern Marketing Association, No. 11, Carbondale/Ill. 1980, pp. 112 – 114.

Brosius, H.-B./Fahr, A.: Werbewirkung im Fernsehen. Kapitel 8: Wirkungen von Furchtappellen, München 1996, S. 188 – 227.

Bruggemann, A./Groskurth, P./Ulich, E.: Arbeitszufriedenheit, Bern 1975.

Bruggemann, A.: Zur Unterscheidung verschiedener Formen von "Arbeitszufriedenheit", in: Arbeit und Leistung, 28. Jg (1974), S. 281 – 284.

Bruhn M.: Kundenorientierung. Bausteine für ein exzellentes Customer Relationship Management, 2. Aufl., Wiesbaden 2007.

Bruhn, M. (Hrsg.): Handelsmarken, Entwicklungstendenzen und Zukunftsperspektiven der Handelsmarkenpolitik, 2. Aufl., Stuttgart 1997.

Bruhn, M. (Hrsg.): Internes Marketing, 2. Aufl., Wiesbaden 1999.

Bruhn, M./Fröhlich, L.: Multimedia- Kommunikation, München 1997.

Bruhn, M.: Handbuch Markenartikel, Bd. 1, Stuttgart 1994.

Bruhn, M.: Kommunikationspolitik: Bedeutung, Strategien, Instrumente, 2. Aufl., München 2002.

Brändli, D.: Next Generation Database Marketing, in: Database Marketing, o. Jg. (2006), Nr. 4, S. 1.

Bruhn, M.: Sponsoring. Systematische Planung und integrativer Einsatz, Wiesbaden 2003.

Bunte, H.-J.: Preisempfehlung (rechtlich), in: *Diller, H.* (Hrsg.): Vahlens Großes Marketinglexikon, 2. Aufl., München 2001, S. 1310 – 1311.

Buser, T./Lennertz, Th./Siegrist, A.: My Guide to Customer Relationship Management. Kundenbeziehungen erfolgreicher leben, Zürich 2000.

Buzzell, R. D./Bradley, T. G.: Das PIMS-Programm: Strategie und Unternehmenserfolg, Wiesbaden 1989.

Cabena, P./Hadjinian, P./Stadler, R./Verhees, J./Zanasi, A.: Discovering Data Mining: From Concept to Implementation, Upper Saddle River 1998.

Camp, R. C.: Benchmarking, München/Wien 1994.

Campus Verlag (Hrsg.): Campus Management, Frankfurt/New York 2003, zitiert nach: http://www. ephorie.de/porter_biographie.htm; Stand: 02.09.2007.

Chamoni, P.: Entwicklungslinien und Architekturkonzepte des On-Line Analytical Processing, in: *Chamoni, P./Gluchowski, P. (Hrsg.)*: Analytische Informationssysteme: Data warehouse, on-line analytical processing, data mining, Berlin 1998, S. 231 – 250.

Chamoni, P.: On-Line Analytical Processing (OLAP), in: *Hippner, H./Küsters, U./Meyer, M./Wilde, K. D. (Hrsg.)*: Handbuch Data Mining im Marketing, Wiesbaden 2001, S. 543 – 558.

Chwallek, A.: Wrigley löst Problem durch große Vorratsdosen, in: LebensmittelZeitung, Nr. 20 vom 18.05.2007, S. 15.

Clemens, T.: Mobile Marketing. Grundlagen, Rahmenbedingungen und Praxis des Dialogmarketings über das Mobiltelefon, Düsseldorf 2003.

Codd, E. F./Codd, S. B./Sally, C. T.: Providing OLAP to User-Analysts: An IT Mandate, White Paper, E. F. Codd & Associates, Sunnyvale/CA 1993.

Colley, R./Dutka, S.: Dagmar, Defining Advertising Goals for Measured Advertising Results, 2. Aufl., McGraw-Hill 1995.

Cooper, R. G./Kleinschmidt, E. J.: Success Factors in Product Innovation, in: Industrial Marketing Management, Vol. 16 (1987), pp. 215 – 223.

Cramer, U.: Eine Ladenkette wird zum Kult – Niemand hat das Discount-Prinzip so erfolgreich umgesetzt wie der Aldi-Konzern, in: Mannheimer Morgen, Nr. 166 vom 20. Juli 2001, S. 28.

Dach, C.: Vorteile einer Multi-Channel-Strategie: Eine nüchterne Betrachtung. Synergien zwischen Ladengeschäften und Online-Shops aus Konsumentensicht, Ausgewählte Studien des ECC Handel, Bd. 5, Köln 2002.

Dahlhoff, H. D.: Kaufentscheidungsprozesse von Familien. Empirische Untersuchung zur Beteiligung von Mann und Frau an der Kaufentscheidung, Frankfurt am Main 1980.

Dallmer, H. (Hrsg.): Handbuch Direct Marketing, 7. Aufl., Wiesbaden 1997.

Dean, J.: Managerial Economics, New York 1951.

Dean, J.: Pricing a New Product, in: *Taylor, B./Willis, G.* (Edt.): Pricing Strategy, London 1969, pp. 534 – 540.

Debus, T.: Der heimliche Bestseller, in: Frankfurter Allgemeine Zeitung, Nr. 185 vom 11.08. 2007, S. 46.

Delfmann, W./Arzt, R.: Lieferservice, in: *Diller, H.* (Hrsg.): Vahlens Großes Marketinglexikon, 2. Aufl., München 2001, S. 910 – 912.

Delfmann, W./Arzt, R.: Logistikkosten, in: *Diller, H.* (Hrsg.): Vahlens Großes Marketinglexikon, 2. Aufl., München 2001, S. 922 – 923.

Deltl, J.: Strategische Wettbewerbsbeobachtung, Wiesbaden 2004.

Dichtl, E./Schneider, W.: Kundenzufriedenheit im Zeitalter des Beziehungsmanagement, in: *Belz, Ch./Schögel, M./Kramer, M.* (Hrsg.): Lean Management und Lean Marketing, St. Gallen 1994, S. 6 – 12.

Dichtl, E.: Der Weg zum Käufer – Das strategische Labyrinth, 2. Aufl., München 1991.

Dichtl, E.: Strategische Optionen im Marketing – Durch Kompetenz und Kundennähe zu Konkurrenzvorteilen, 3. Aufl., München 1994.

Dijksterhuis, A./Aarts, H./Smith, P. K.: The Power of the Subliminal, in: *Hassin, R. R./Uleman, J. S./Bargh, J. A.* (Hrsg.): The New Unconscious. Oxford Series in Social Cognition and Social Neuroscience, Oxford 2005, pp. 77 – 107.

Diller, H. (Hrsg.): Vahlens großes Marketing-Lexikon, 2. Aufl., München 2001.

Diller, H.: Der Preis als Qualitätsindikator, in: Die Betriebswirtschaft, 37. Jg. (1977), S. 219 – 234.

Diller, H.: Distributionspolitik, in: *Diller, H.* (Hrsg.): Vahlens Großes Marketinglexikon, 2. Aufl., München 2001, S. 327 – 328.

Diller, H.: Ladengestaltung, in: *Diller, H.* (Hrsg.): Vahlens Großes Marketinglexikon, 2. Aufl., München 2001, S. 886 – 889.

Diller, H.: Marketingorganisation, in: *Diller, H.* (Hrsg.): Vahlens großes Marketinglexikon, 2. Aufl., München 2001, S. 1006 – 1008.

Diller, H.: Marketingplanung, 2. Aufl., München 1998.

Diller, H.: Marketingumwelt (Marketingumfeld), in: *Diller, H.* (Hrsg.): Vahlens großes Marketinglexikon, 2. Aufl., München 2001, S. 1024 – 1025.

Diller, H.: Organisationales Beschaffungsverhalten, in: *Diller, H.* (Hrsg.): Vahlens Großes Marketinglexikon, 2. Aufl., München 2001, S. 1231 – 1233.

Diller, H.: Preispolitik, 3. Aufl., Stuttgart 2000.

Diller, H.: Preispolitik, in: *Diller, H.* (Hrsg.): Vahlens Großes Marketinglexikon, 2. Aufl., München 2001, S. 1337 – 1343.

Diller, H.: Warenpräsentation im Handel, in: *Diller, H.* (Hrsg.): Vahlens Großes Marketinglexikon, 2. Aufl., München 2001, S. 1838 – 1839.

Disch, W.: Von wem stammt das Bonmot, in: Marketing Journal, 25. Jg. (2000), Nr. 6, S. 330 – 335.

Ditzinger, T.: Illusionen des Sehens, München 1998.

dpa: Coca-Cola lanciert neue Getränke, in: Frankfurter Allgemeine Zeitung, Nr. 105 vom 07.05.2007, S. 14.

Dörre, J./Gerstl, P./Seiffert, R.: Text Mining, in: *Hippner, H./Küsters, U./Meyer, M./Wilde, K. D. (Hrsg.)*: Handbuch Data Mining im Marketing, Wiesbaden 2001, S. 465 – 488.

Dudenhöfer, F.: Erfolg durch Kostenführerschaft, in: Frankfurter Allgemeine Zeitung, Nr. 210 vom 10.09.2007, S. 28.

Dufft, N.: Basisreport Mobile Marketing. Einsatz, Erfolgsfaktoren, Dienstleister, Berlin 2003.

Dunst, K. H.: Portfolio-Management. Konzeption für die strategische Unternehmensführung, Berlin/New York 1979.

Dürig, W.: Carl von Clausewitz: «Vom Kriege» – Zitate, verfasst 1993, in: http://wrd.ch/strategie/Clausewitz.pdf; Stand: 01.03.2002.

E-Commerce-Center Handel (Hrsg.): Die Begriffe des eCommerce, Frankfurt am Main 2001.

Eisenmann, H./Reuthal, K.-P.: Lexikon Marketing-Recht, Landsberg am Lech 1998.

Enders, Th. M./Hetger, W. A.: Grundzüge der betrieblichen Rechtsfragen, 3. Aufl., Stuttgart usw. 2003.

Engel, J./Blackwell, R. D./Miniard, P.: Consumer Behavior, 9. Aufl., Chicago et al. 2000.

Esch, F.-R. (Hrsg.): Moderne Markenführung. Grundlagen – innovative Ansätze – praktische Umsetzungen, Wiesbaden 1999.

Eschenbach, R./Eschenbach, S./Kunesch, H.: Strategische Konzepte. Management-Ansätze von Ansoff bis Ulrich, 4. Aufl., Stuttgart 2003.

Fahrmeir, L./Hamerle, A./Tutz, G.: Multivariate statistische Verfahren, 2. Aufl., Berlin 1996.

Falk, B./Wolf, J.: Handelsbetriebslehre, 11. Aufl., Landsberg am Lech 1992.

Fassnacht, M.: Preisdifferenzierung bei Dienstleistungen, Wiesbaden 1996.

Faulstich, W.: Grundwissen Öffentlichkeitsarbeit, Stuttgart/Jena 2000.

Fazio, R. H./Zanna, M. P.: Direct Experience and Attitude-Behavior Consistency. Advances in Experimental Social Psychology, Vol. 14 (1981), pp. 161 – 202.

Feige, St.: Handelsorientierte Markenführung, Stuttgart/Berlin 1995.

Feimüller, P.: Stakeholder und Stakeholder Management, in: *Diller, H.* (Hrsg.): Vahlens Großes Marketinglexikon, 2. Aufl., München 2001, S. 1597.

Festinger, L. A.: Theorie der kognitiven Dissonanz, Bern 1978.

Feth, G.: Die Flexibilität am Band hilft BMW, den Erfolg zu sichern, in: Frankfurter Allgemeine Zeitung, Nr. 254 vom 30.10.2004, S. 51.

Feth, G.: Wichtige Innovationen entwickeln längst die Zulieferer, in: Frankfurter Allgemeine Zeitung, Nr. 102 vom 03.05.2003, S. 45.

Fickinger, N./Horn, K.: Das Gehirn entscheidet anders, in: Frankfurter Allgemeine Zeitung, Nr. 244 vom 20.10.2007, S. 13.

Fieten, R.: Globalisierung als Illusion, in: Frankfurter Allgemeine Zeitung, Nr. 23 vom 28.01.2008, S. 12.

Fischbach, S.: Lexikon der Wirtschaftsformeln und Kennzahlen, Landsberg am Lech 1999.

Fischer, L./Wiswede, G.: Grundlagen der Sozialpsychologie, München 1997.

Fischer, M.: Produktlebenszyklus, Lebenszyklus, in: *Diller, H.* (Hrsg.): Vahlens Großes Marketinglexikon, 2. Aufl., München 2001, S. 1407 – 1409.

Freimüller, P.: Stakeholder, Stakeholder Management, in: *Diller, H.* (Hrsg.): Vahlens Großes Marketinglexikon, 2. Aufl., München 2001, S. 1597.

Freter, H.: Marktsegmentierung, in: *Diller, H.* (Hrsg.): Vahlens großes Marketinglexikon, 2. Aufl., München 2001, S. 1069 – 1074.

Froböse, M./Kaapke, A.: Marketing, Frankfurt/New York 2000.

Fuchs, W./Unger, F.: Verkaufsförderung. Konzepte und Instrumente im Marketing-Mix, Wiesbaden 2003.

Gawlik, T./Kellner, J./Seifert, D.: Effiziente Kundenbindung mit CRM, Bonn 2002.

GDI Gottlieb Duttweiler Institut für Wirtschaft, Gesellschaft und Handel: Schlimmste Erfahrung, in: Kunde im Focus, Ausgabe 01/2007, S. 7.

Gebert, D./von Rosenstiel, L.: Organisationspsychologie: Person und Organisation, Stuttgart 1996.

Gedenk, G.: Verkaufsförderung, München 2002.

Gedenk, K.: Zweitplatzierungen, in: *Diller, H.* (Hrsg.): Vahlens Großes Marketinglexikon, 2. Aufl., München 2001, S. 1946 – 1947.

Gehlen, A.: Der Mensch. Seine Natur und seine Stellung in der Welt, Frankfurt am Main 1986.

Georgi, D.: Einfluss der normativen Erwartungen auf die Transaktionsqualität: Bedeutung der Beziehungsqualität, in: *Bruhn, M./Stauss, B. (Hrsg.)*: Jahrbuch Dienstleistungsmanagement 2001, Wiesbaden, S. 91 – 113.

Ghemawat, P.: Redfining Global Strategy, Massachusetts 2007.

Gierl, H./Böhme, A./Helm, R./Höser, H./Oetzel, U./Stich, A.: Marketing Arbeitsbuch für die Prüfungsvorbereitung, Stuttgart/Jena 1994.

Giersberg, G.: Der zweite Aufschwung, in: Frankfurter Allgemeine Zeitung, Nr. 6 vom 08.01.2008, S. 15.

Gigerenzer, G.: Bauchentscheidungen. Die Intelligenz des Unbewussten und die Macht der Intuition, München 2007.

Gilbert, X./Strebel, P. J.: Outpacing Strategies, in: IMEDE – Perspective for Managers, Vol. 9 (1985), Nr. 2, zitiert nach *Kleinaltenkamp, M.*: Die Dynamisierung strategischer Marketing-Konzepte, in: ZfbF – Zeitschrift für betriebswirtschaftliche Forschung, 39. Jg. (1987), Nr. 1, S. 31 – 52.

Gluchowski; P./Chamoni, P.: Entwicklungslinien und Architekturkonzepte des On-Line Analytical Processing, in: *Chamoni, P./Gluchowski; P. (Hrsg.)*: Analytische Informationssysteme: Business-Intelligence-Technologien und -Anwendungen, Berlin u. a. 2006, S. 143 – 176.

Gohr, S.: Von der Theorie zur CRM-Praxis – Augen auf und durch!, in: Database Marketing, o. Jg. (2006), Nr. 4, S. 4 – 11.

Green, P.E./Tull, D. S.: Methoden und Techniken der Marketingforschung, Stuttgart 1982.

Gröppel-Klein, A.: Aktivierung, in: *Diller, H.* (Hrsg.), Vahlens Großes Marketinglexikon, 2. Aufl., München 2001, S. 36 – 39.

Güttler, P. O.: Sozialpsychologie, 3. Aufl., München 2000.

Gustafsson, A./Herrmann, A./Huber, F. (Edt.): Conjoint Measurement, Third Edition 2003. Methods and Applications, Berlin/Heidelberg 2003.

Haller, S.: Handels-Marketing, 2. Aufl., Ludwigshafen am Rhein 2001.

Hamel, G./Prahalad, C. K.: Wettlauf um die Zukunft – Wie Sie mit bahnbrechenden Strategie die Kontrolle über Ihre Branche gewinnen und die Märkte von morgen schaffen, Wien 1995.

Hammann, P./Erichson, B.: Marktforschung, 3. Aufl., Stuttgart 1994.

Hammann, P.: Datenanalyse, in: *Diller, H.* (Hrsg.): Vahlens großes Marketinglexikon, 2. Aufl., München 2001, S. 258 – 260.

Hanke, G.: Der Druck wächst, in: LebensmittelZeitung Spezial, Nr. 1/2008, S. 32 - 33.

Hanke, G.: Unnachahmlich, in: LebensmittelZeitung, Nr. 29 vom 20.07.2007, S. 28.

Hansen, F.: Consumer Choice Behavior. A Cognitive Theory, New York/London 1972.

Hansen, U.: Absatz- und Beschaffungsmarketing des Einzelhandels, 2. Aufl., Göttingen 1990.

Hansen, U.: Marketingethik, in: *Diller, H.* (Hrsg.): Vahlens Großes Marketinglexikon, 2. Aufl., München 2001, S. 970 – 972.

Hasse, S.: Unter-Einstands-Preis-Verbot tut nicht weh, in: LebensmittelZeitung, Nr. 18 vom 04.05. 2007, S. 26.

Hauschildt, J./Chakrabarti, A.: Arbeitsteilung im Innovationsmanagement, in: Zeitschrift für Organisation, 57. Jg. (1988), S. 378 – 388.

Hein, C.: Zwei Krokodile fletschen die Zähne, in: Frankfurter Allgemeine Zeitung, Nr. 87 vom 14.04.2004, S. 20.

Heines, V.: Neuroeconomics und Neuromarketing, aus: http://www.isu.unizh.ch/marketing/research/diplomarbeit/NeuroeconomicsundNeuromarketing.pdf; Stand: 11.11.2004.

Heinrich, G. M./Hüchtermann, M./Nowak, S.: Macht Sponsoring Schule? Kölner Texte & Thesen Nr. 63, herausgegeben vom *Institut der deutschen Wirtschaft*, Köln 2002.

Helmke, S.: Effektives Customer Relationship Management. Instrumente – Einführungskonzepte – Organisation, Wiesbaden 2001.

Helson, H.: Adaption Level as a Frame of Reference for Prediction of Psychological Data, in: American Journal of Psychology, Vol. 60 (1947), pp. 1 – 29.

Helson, H.: Adaption Level Theory, New York 1964.

Hennig, A./ Schneider, W. u. a: Kennzahlen der Balanced Scorecard, Wiesbaden 2008.

Hennig-Thurau, Th./Hansen, U. (Hrsg.): Relationship Marketing, Berlin u. a. 2000.

Hentschel, B.: Dienstleistungsqualität aus Kundensicht. Vom merkmals- zum ereignisorientierten Ansatz, Wiesbaden 1992.

Herkner, W.: Attribution: Psychologie der Kausalität, Bern 1980.

Hermanns, A.: Sponsoring. Grundlagen, Wirkungen, Management, Perspektiven, München 1997.

Herrmann, A.: Produktmanagement, München 1998.

Herrmann, A.: Produktwahlverhalten: Erläuterung und Weiterentwicklung von Modellen zur Analyse des Produktwahlverhaltens aus marketingtheoretischer Sicht, Stuttgart 1992.

Herrmanns, A./Wißmeier, U. K.: Internationales Marketing-Management, München 1995.

Herzberg, F./Mausner, B./Snyderman, B. B.: The Motivation to Work, New York 1959.

Hinterhuber, H. H./Handlbauer, G./Matzler, K.: Kundenzufriedenheit durch Kernkompetenzen: eigene Potenziale erkennen – entwickeln – umsetzen, München/Wien 1997.

Hildebrandt-Woeckel, S.: Teuer erkaufte Rabatte, in: Frankfurter Allgemeine Zeitung, Nr. 82 vom 07.04.2007, S. 25.

Höfner, K./Paul, H./Stroschein, F.-R.: Marketing, 4. Aufl., Landsberg am Lech 1996.

Högler, T./Bulander, R./Schiefer, G./Sandel, O.: Rechtliche Grundlagen des Mobilen Marketings, Karlsruhe 2004.

Hörschgen, H./Grenz, J./Käßer-Pawelka, G./Kirsch, J.: Marketing-Strategien. Konzepte zur Strategiebildung im Marketing, 2. Aufl., Ludwigsburg u. a. 1993.

Hofmann, M./Mertiens, M. (Hrsg.): Customer-Lifetime-Value-Management, Wiesbaden 2000.

Hofmann, S.: Konzerne ringen um Pharmamarkt, in: Handelsblatt, Nr. 248 vom 21.12.2007, S. 1.

Holland, H.: Die neuen Werbeformen: Guerilla, Viral und Blogs, in: Frankfurter Allgemeine Zeitung, Nr. 24 vom 29.01.2007, S. 20.

Holland, H.: Direkt-Marketing, 2. Aufl., München 2004.

Holland, H./Bammel, K.: Mobile Marketing. Direkter Kundenkontakt über das Handy, München 2006.

Homans, G. C.: The Human Group, London 1958.

Homburg, Ch./Fürst, A.: Complaint Management Excellence – Leitfaden für ein professionelles Beschwerdemanagement, Mannheim 2003.

Homburg, Ch./Krohmer, H.: Marketingmanagement. Strategie – Instrumente – Umsetzung – Unternehmensführung, 2. Aufl., Wiesbaden 2006.

Horváth & Partner: Balanced Scorecard umsetzen, Stuttgart 2000.

Horváth, P.: Controlling, 8. Aufl., München 2002.

Howard, J. A./Sheth, J. N.: The Theory of Buyer Behavior, New York/London/Sydney/Toronto 1969.

http://de.wikipedia.org/wiki/Leap_Frogging; Stand: 30.03.2007, 12:17 Uhr.

http://de.wikipedia.org/wiki/Permission_Marketing; Stand: 20.03.2007, 18:02 Uhr.

http://de.wikipedia.org/wiki/Philip_Kotler; Stand: 25.08.2007, 16:33 Uhr.

http://de.wikipedia.org/wiki/RLD-Verfahren; Stand: 01.04.2007, 12:16 Uhr.

http://de.wikipedia.org/wiki/Vergleichende_Werbung; Stand: 14.08.2006, 22:52 Uhr; Stand: 16.08.2006, 20:16 Uhr.

http://flexicon.doccheck.com/Neuromarketing; Stand: 11.11.2004.

http://focus.de/D/DB/DBY/DBY05/ DBY05A/dby05a.htm; Stand: 17.06.2001.

http://Spassprofi.de; Stand: 29.11.2007.

http://www.ddv.de/direktmarketing/index_direktmarketing_faq_3352.html; Stand: 18.05. 2008.

http://www.ephorie.de/die_heimlichen_gewinner.htm; Stand: 24.03.2007.

http://www.interbrand.com/surveys.asp; Stand: 08.03.2006.

http://www.jaegermeister.de; Stand: 28.07.2007.

http://www.loyalty-hamburg.de/th_bed_kuwert_rfmr.html; Stand: 19.09.2003.

http://www.mediaundmarketing.de/mafo/zielgruppen/index.php; Stand: 16.01.2007.

http://www.saarlorlux.org/vektor/ha_betriebstypen_deutschland.htm; Stand: 17.01.2006.

http://www.sinus-sociovision.de/; Stand: 16.01.2007.

http://www.stiftung-warentest.de; Stand: 25.04.2006.

http://www.werbepsychologie-online.de/html/vergleiche.html; Stand: 16.07.2006.

http://www.zeit.de/2003/47/Neuromarketing; Stand: 11.11.2004.

Hull, C. L.: The Conflicting Psychologies of Learning – A Way Out, Host:Yorku/Kalifornien 1935.

Hünerberg, R.: Internationales Marketing, Landsberg am Lech 1994.

Hüttner, M.: Grundzüge der Marktforschung, 6. Aufl., München 1999.
Hüttner, M.: Informationen für Marketing-Entscheidungen. Ein Lehr- und Arbeitsbuch der Marktforschung, München 1979.

Institut für Handelsforschung an der Universität Köln: Katalog E, 5. Ausgabe, Köln 2006.
IP-Information et Publicité/RTL Group (Hrsg.): Studie „Advertising 2002 International Key Facts", Köln 2000.
Irle, M.: Lehrbuch der Sozialpsychologie, Göttingen 1975.
Irrgang, W.: Strategien im vertikalen Marketing, München 1989.
Izard, C. E.: Die Emotionen des Menschen, Weinheim 1994.

Jahn, I.: Produktdesign älter gemacht, in: Glücklich im Alter, Beilage der Frankfurter Allgemeine Zeitung, o. Nr. (2007), S. 15.
Janssen, J./Laatz, W.: Statistische Datenanalyse mit SPSS für Windows, 2. Aufl., Berlin usw. 1997.

Kaapke, A./Froböse, M.: Fallstudien zum Handelsmanagement, Stuttgart/Berlin/Köln 1999.
Kals, U.: Was Hassloch kauft, das kauft die Republik, in: Frankfurter Allgemeine Zeitung, Nr. 97 vom 26.04.2003, S. 15.
Kapferer, J.-N./Laurent, G.: Consumers' Involvement Profile: New Empirical Results, in: Advances in Consumer Research, Vol. 12 (1985), pp. 290 – 295.
Kaplan, R. S./Norton, D. P.: Balanced Scorecard, Stuttgart 1997.
Kassebohm, K.: Grenzen schockierender Werbung. Benetton-Werbung vor dem Hintergrund wirtschaftlicher Interessen und juristischer Beurteilung, Berlin 1995.
Kegel, S.: Nesthockerinnen, wollt ihr ewig wohnen?, in: Frankfurter Allgemeine Zeitung, Nr. 102 vom 03.05.2003, S. 36.
Kempf, St./Siebert, G.: Benchmarking. Leitfaden für die Praxis, München 2000.
Kirchler, E.: Kaufentscheidungen in der Familie. Eine Replikation der Studie von *Davis & Rigaux* (1974) unter Berücksichtigung der Kinder. Forschungsarbeit an der Universität Linz, Linz 1988.
Klein, A.: Strategisches Marketing, in: WISU – Das Wirtschaftsstudium, 35. Jg. (2006), Heft 12, S. 1515 – 1517.
Kleinaltenkamp, M./Plinke, W. (Hrsg.): Geschäftsbeziehungsmanagement, Berlin u. a. 1997.
Kleinaltenkamp, M./Plinke, W. (Hrsg.): Strategisches Business-to-Business-Marketing, Berlin u. a. 2000.
Knop, C.: Wenn der neue Computer zum alten Eisen wird, in: Frankfurter Allgemeine Zeitung, Nr. 139 vom 18.06.2004, S. 18.
Kohfink, M.-W.: Die Erotik der kleinen Preise, in: handelsjournal, Nr. 12, Dezember 2002, S. 10 – 15.
Köhler, R.: Marketing-Audit, in: *Diller, H.* (Hrsg.): Vahlens Großes Marketinglexikon, 2. Aufl., München 2001, S. 965 – 966.
Köhler, R.: Wirkungskontrolle, in: *Diller, H.* (Hrsg.): Vahlens Großes Marketinglexikon, 2. Aufl., München 2001, S. 1913 – 1914.

Köhn, R.: Stapelware – Die Konsumelektronik-Industrie sucht nach neuen Modellen der Wertschöpfung, in: Frankfurter Allgemeine Zeitung, Nr. 114 vom 18.05.2007, S. 22.

Körfer-Schün, P.: Von der Produktvielfalt zur Markenkompetenz: Konzeptmarken für den Weltmarkt entwickeln, in: *Schöttle, K.* (Hrsg.): Jahrbuch des Marketing, Wiesbaden 1990, S. 88 – 96.

Kondruß, B.: CI-Handbuch, Stuttgart 2005.

Koschnick, W. J.: Focus-Lexikon für Mediaplanung, Markt- und Meinungsforschung, in: medialine.focus.de/PM1D/PM1DB/PM1DBD/pm1dbd.htm; Stand: 30.11.2002.

Kotler, Ph./Armstrong, G./Saunders, J./Wong, V.: Grundlagen des Marketing, 2. Aufl., München u. a. 1999.

Kotler, Ph./Bliemel, F.: Marketing- Management. Analyse, Planung, Umsetzung und Steuerung, 9. Aufl., Stuttgart 1999.

Kotler, Ph./Bliemel, F.: Marketing-Management – Analyse, Planung, Umsetzung und Steuerung, 8. Aufl., Stuttgart 1995.

Kotler, P./Keller, K. L./Bliemel, F.: Marketing-Management. Strategien für wertschaffendes Handeln, 12. Aufl., München 2007.

Kotler, Ph.: A Generic Concept of Marketing, in: Journal of Marketing, Vol. 36 (1972), pp. 46 – 54.

Kracklauer, A. H./Mills, D. Q./Seifert, D. (Hrsg.): Collaborative CRM. Taking CRM to the Next Level, New York 2004.

Krafft, M.: Kundenbindung und Kundenwert, Heidelberg 2002.

Krafft, M./Rutsatz, U.: Konzepte zur Messung des ökonomischen Kundenwerts, in: *Günter, B./Helm, S.* (Hrsg.): Kundenwert, Wiesbaden 2001, S. 239 – 258.

Kreilkamp, E.: Strategisches Management und Marketing, Berlin u. a. 1987.

Kroeber-Riel, W./Weinberg, P.: Konsumentenverhalten, 7. Aufl., München 1999.

Krömer, S.: Das Ohr kauft mit, in: Frankfurter Allgemeine Zeitung, Nr. 36 vom 12.04.2001, S. 30.

Krome, T.: Der Star-Schuhmacher mit dem Elternbonus, in: Frankfurter Allgemeine Zeitung, Nr. 278 vom 29.11.2006, S. 36.

Kunczik, M.: Public Relations, Stuttgart/Jena 2002.

Kuß, A./Tomczak, T.: Käuferverhalten, 2. Aufl., Stuttgart 2000.

Kuß, A.: Kaufentscheidung, in: *Diller, H.* (Hrsg.): Vahlens großes Marketing-Lexikon, 2. Aufl., München 2001, S. 744 – 746.

Küting, K./ Lorson, P.: Die schleichende Amerikanisierung deutscher Unternehmen, in: Frankfurter Allgemeine Zeitung, Nr. 278 vom 29.11.1999, S. 28.

Kutschker, M./Schmid, S.: Internationales Management, München 2002.

Lasswell, H.D.: The Structure and Function of Commmunication in Society, in: *Bryson, L.* (Edt.): The Communication of Ideas, New York 1948, pp. 37 – 52.

Lauer, H.: Konditionen-Management – Zahlungsbedingungen optimal gestalten und durchsetzen, Düsseldorf 1998.

Lavidge, R. J./Steiner, G. A.: A Model for Predictive Measurements of Advertising Effectiveness, in: Journal of Marketing, Vol. 25 (1961), pp. 59 – 62.

LebensmittelZeitung: Aktionspreis-Barometer Elektrokleingeräte 2006, in: LebensmittelZeitung, Nr. 13 vom 30.03.2006, S. 52

LebensmittelZeitung/M+M EUROdATA (Hrsg.): Die marktbedeutenden Handelsunternehmen 2006, Frankfurt am Main 2006.

LebensmittelZeitung (Hrsg.): WEB-Lexikon 2000, Teil 1: Internet- und E-Commerce-Begriffe, Frankfurt am Main 2000.

Lehmann, S.: Patent lebt, in: Berlin – das Magazin der Hauptstadt, Nr. 1, Dezember 2004, S. 18 – 19.

Lehnert, U.: Datenanalysesystem SPSS für Windows, München/Wien 1994.

Lembke, J.: Das magische Virus, in: Frankfurter Allgemeine Zeitung, Nr. 167 vom 21.07. 2007, S. 18.

Lembke, J.: Der kleine Unterschied, in: Frankfurter Allgemeine Zeitung, Nr. 300 vom 27.12.2007, S. 18.

Lembke, J.: Die Macht des Marketing – die Geschichte einer höchst erfolgreichen Sozialtechnik, in: Franfurter Allgemeine Zeitung, Nr. 5 vom 07.01.2008, S. 12.

Lerchenmüller, M.: Handelsbetriebslehre, 2. Aufl., Ludwigshafen 1995.

Leven, W.: Tachistoskop, in: *Diller, H.* (Hrsg.): Vahlens großes Marketinglexikon, 2. Aufl., München 2001, S. 1645.

Levitt, T.: The Globalization of Markets, in: Harvard Business Review, Vol. 61 (1983), No. 3, pp. 92 – 102.

Lewis, I./Watson, B./Tay, R./White, K. M.: The Role of Fear Appeals in Improving Driver Safety. A Review of the Effectiveness of Fear-Arousing (Threat) Appeals in Road Safety Advertising, in: International Journal of Behavioral and Consultation Therapy. Vol. 3 (2007), No. 2, pp. 203 – 222.

Liebmann, H.-P./Zentes, J.: Handelsmanagement, München 2001.

Liehr, T.: Einsatzpotenziale des Data Matching bei Finanzdienstleistern, in: *Wilde, K. D./ Hippner, H./Merzenich, M. (Hrsg.)*: Data Mining: Mehr Gewinn aus Ihren Kundendaten, Düsseldorf 2002, S. 97 – 104.

Lindner, R.: Letzter Vorhang für Bill Gates in Las Vegas, in: Frankfurter Allgemeine Zeitung, Nr. 2 vom 02.01.2008, S. 12.

Lingenfelder, M.: Skript zur Vorlesung „Marketing“, Lehrstuhl für ABWL und Handelsbetriebslehre, Universität Marburg, Marburg 2000.

Lingenfelder, M.: Glossar zur Vorlesung „Marketing“, Lehrstuhl für ABWL und Handelsbetriebslehre, Universität Marburg, Marburg 2003.

Link, J.: Customer Relationship Management, Berlin 2001.

Little, A. D.: Innovation als Führungsaufgabe, Frankfurt am Main/New York 1988.

Littmann, P.: Promi-Werbung: Bekannt dafür, bekannt zu sein, in: Handelsblatt, Nr. 248 vom 27.12.2007, S. 18.

Löwer, Ch.: Kurz ist in, in: Handelsblatt, Nr. 248 vom 21.12.2007, S. 18.

Loyalty Consulting Hamburg (Hrsg.): Kundenwert – Wie sich Kundenbindungsprogramme rechnen, auf: http://www.competence-site.de/; Stand: 19.09.2003.

Lux, Ch./Peske, T.: Competitive Intelligence und Wirtschaftsspionage. Analyse, Praxis, Strategie, Wiesbaden 2002.

Macharzina, K.: Unternehmensführung – das internationale Managementwissen. Konzepte, Methoden, Praxis, 3. Aufl., Wiesbaden 1999.

Martin, R.: Schnäppchenland Deutschland – Warum wollt ihr immer nur billig?, in: Frankfurter Allgemeine Zeitung, Nr. 87 vom 14.04.2007, S. Z4.

Maslow, A. H.: Motivation and Personality, 3. Aufl., New York 1987.

McAlister, L.: A Dynamic Attribute Satiation Model of Variety Seeking Behavior, in: Journal of Consumer Research, Vol. 8 (1982), No. 9, pp. 141 – 150.

McCarthy, J.: Basic Marketing: A Managerial Approach, Homewood/Ill. 1960.

McDonald's Deutschland Inc. (Hrsg.): Broschüre McDonald's & Nährwert, München 2000.

McDonald's Deutschland Inc. (Hrsg.): Broschüre McDonald's & Qualität, München 2001.

McDonald's Deutschland Inc. (Hrsg.): Broschüre McDonald's & Umwelt, München 2002.

Meffert, H./Bolz, I.: Internationales Marketing-Management, 3. Aufl., Stuttgart 1999.

Meffert, H./Bruhn, M.: Dienstleistungsmarketing. Grundlagen, Konzepte, Methoden, 2. Aufl., Wiesbaden 1997.

Meffert, H.: Marketing (Grundlagen), in: *Diller, H.* (Hrsg.): Vahlens Großes Marketinglexikon, 2. Aufl., München 2001, S. 957 – 963.

Meffert, H.: Marketing Arbeitsbuch, Aufgaben – Fallstudien – Lösungen, 6. Aufl., Wiesbaden 1997.

Meffert, H.: Marketing, 9. Aufl., Wiesbaden 2000.

Meffert, H.: Marketingforschung und Käuferverhalten, 2. Aufl., Wiesbaden 1992.

Meffert, H.: Marketing-Geschichte, in: *Diller, H.* (Hrsg.): Vahlens Großes Marketinglexikon, 2. Aufl., München 2001, S. 976 – 979.

Meffert, H.: Marketing-Theorie, in: *Diller, H.* (Hrsg.): Vahlens Großes Marketinglexikon, 2. Aufl., München 2001, S. 1020 – 1024.

Meissner, H. G.: Strategisches internationales Marketing, Heidelberg u. a. 1987.

Merx, O./Bachem, C.: Multichannel-Marketing-Handbuch, Berlin u. a. 2004.

Meyer, A. (Hrsg.): Handbuch Dienstleistungs-Marketing, Stuttgart 1998.

Michaeli, R.: Competitive Intelligence. Strategische Wettbewerbsvorteile erzielen durch systematische Konkurrenz-, Markt- und Technologieanalysen. Berlin 2005.

Möhlenbruch, D.: Sortimentspolitik im Einzelhandel, Wiesbaden 1994.

Müller, S./Kornmeier, M.: Strategisches Internationales Management, München 2002.

Müller-Hagedorn, L.: Der Handel, Stuttgart/Berlin/Köln 1998.

Müller-Hagedorn, L.: Handelsmarketing, 3. Aufl., Stuttgart 2002.

Müller-Hagedorn, L.: Standort im Handel, in: *Diller, H.* (Hrsg.): Vahlens Großes Marketinglexikon, 2. Aufl., München 2001, S. 1601 – 1603.

Müller-Hagedorn, L.: Standortfaktoren, in: *Diller, H.* (Hrsg.): Vahlens Großes Marketinglexikon, 2. Aufl., München 2001, S. 1600 – 1601.

Müller-Jung, J.: Der Konsument – Im Kaufrausch, in: Frankfurter Allgemeine Zeitung, Nr. 3 vom 04.01.2007, S. 36.

Murmann, C.: Marken erleben den Kampf der Kulturen, in: LebensmittelZeitung, Nr. 25 vom 22.06.2007, S. 22.

Murphy, P. E./Staples, W. A.: A Modernized Family Life Cycle, in: Journal of Consumer Research, Vol. 5 (1979), No. 6, June, pp. 12 – 22.

Neckel, P./Knobloch, B.: Customer Relationship Analytics. Praktische Anwendung des Data Mining im CRM, Heidelberg 2005.

Neel, A. F.: Handbuch der psychologischen Theorien, 2. Aufl., München 1974.

Neibecker, B.: Semantisches Differential, in: *Diller, H.* (Hrsg.): Vahlens Großes Marketinglexikon, 2. Aufl., München 2001, S. 1528 – 1529.

Nerdinger, F. W.: Motivierung, in: *Schuler, H.* (Hrsg.): Lehrbuch der Personalpsychologie, Göttingen 2001, S. 349 – 371.

Neuberger, O.: Theorien der Arbeitszufriedenheit, Stuttgart 1974.

Nickel, O. (Hrsg.): Eventmarketing – Grundlagen und Erfolgsbeispiele, München 1998.

Nickel, V.: Schläge mit dem Werbehammer. Über die neue Qualität des Prinzips Provokation, Düsseldorf 1998.

Nicosia, F. M.: Consumer Decision Processes, Englewood Cliffs/N. J. 1966.

Nieschlag, R./Dichtl, E./Hörschgen, H.: Marketing, 4. Aufl., Berlin 1971; 18. Aufl., Berlin 1997; 19. Aufl., Berlin 2002.

Nieschlag, R./Kuhn, G.: Binnenhandel und Binnenhandelspolitik, 3. Aufl., Berlin 1980.

Nöcker, R.: Der Herr der Sinne, in: Frankfurter Allgemeine Zeitung, Nr. 203 vom 01.09. 2007, S. C4.

O. V.: Am gesamten Autoleben beteiligt, in: Frankfurter Allgemeine Zeitung, Nr. 70 vom 23.03.2004a, S. 16.

O. V.: Autofinanzierung als Kerngeschäft, in: Frankfurter Allgemeine Zeitung, Nr. 221 vom 22.09.2007a, S. 50.

O. V.: AVA besetzt Kassen mit System, in: LebensmittelZeitung, Nr. 39 vom 24.09.2004b, S. 30.

O. V.: Aspirin als Muster der Markenpflege, in: Frankfurter Allgemeine Zeitung, Nr. 225 vom 27. September 2004c, S. 18.

O. V.: Beeindruckender Klassenletzter, in: Frankfurter Allgemeine Zeitung, Nr. 18 vom 22. 01.2003a, S. 22.

O. V.: Bibliothek der Strategien: *Carl von Clausewitz*: Vom Kriege, in: vertriebshelfer.de/ sber/sclaus.htm; Stand: 11.03.2002a.

O. V.: Bionade erhält mehr Konkurrenz, in: LebensmittelZeitung, Nr. 28 vom 13.07.2007b, S. 10.

O. V.: Bitburger sucht noch nach Kölsch, Alt und Weizenbier, in: Frankfurter Allgemeine Zeitung, Nr. 187 vom 14.08.2007c, S. 16.

O. V.: „Dasani"-Rückzug bewahrt Coke Deutschland vor neuer Baustelle, in: Lebensmittel-Zeitung, Nr. 13 vom 26.03.2004d, S. 18.

O. V.: Das Kaufhaus hat ausgedient, in: Frankfurter Allgemeine Zeitung, Nr. 229 vom 01. 10.2004e, S. 16.

O. V.: Der Einzelhändler Wal-Mart wirbt um Sympathie, in: Frankfurter Allgemeine Zeitung, Nr. 225 vom 27. September 2004f, S. 18.

O. V.: Deutschland spielt bei den fair gehandelten Produkten in der Top-Liga, in: LebensmittelZeitung, Nr. 13 vom 30.03.2007d, S. 17.

O. V.: Die Lebensader des Internet, in: Frankfurter Allgemeine Zeitung, Nr. 180 vom 06.08. 2007e, S. 19.

O. V.: Die Marke macht´s, in: Focus, Nr. 32/2007, S. 16.

O. V.: Die Sponsoren wollen vom Rad steigen, in: Frankfurter Allgemeine Zeitung, Nr. 167 vom 21.07.2007f, S. 11.

O. V.: Edeka droht Langnese-Iglo, in: LebensmittelZeitung, Nr. 19 vom 07.05.2004g, S. 1 – 2.

O. V.: Falsche Standortwahl häufig Ursache von Unternehmenskrisen, in: Frankfurter Allgemeine Zeitung, Nr. 142 vom 23.06.2003b, S. 19.

O. V.: Future Store zieht um, in: LebensmittelZeitung, Nr. 25 vom 22.07.2007g, S. 18.

O. V.: Gute Kunden, schlechte Kunden, in: Focus, Nr. 41 vom 04.10.2004h, S. 142 – 144.

O. V.: Ich suche, also bin ich; Interview mit Andreas Weigend, dem ehemaligen Chefwissenschaftler von Amazon.com, in: Focus, Nr. 41 vom 04.10.2004i, S. 146 – 148.

O. V.: Kundenloyalität leidet, in: LebensmittelZeitung, Nr. 13 vom 30.03.2007h, S. 28.

O. V.: Kredit erst nach dem „Crash"-Rating, in: Frankfurter Allgemeine Zeitung, Nr. 16 vom 20.01.2003c, S. 21.

O. V.: Maggi macht mit Handel gemeinsame Sache, in: LebensmittelZeitung, Nr. 43 vom 22. 10.2004j, S. 45.

O. V.: Medikamente gegen Rheuma zur Behandlung von Depressionen, in: Frankfurter Allgemeine Zeitung, Nr. 265 vom 14.11.2007i, S. N2.

O. V.: Mehr Werbung, mehr Marktanteil, in: Frankfurter Allgemeine Zeitung, Nr. 57 vom 08.03.2004k, S. 22.

O. V.: Melitta engagiert sich in neuer Produktkategorie, in: LebensmittelZeitung, Nr. 28 vom 09.07.2004l, S. 17.

O. V.: Metro verpflichtet alle Captains, in: LebensmittelZeitung, Nr. 18 vom 30.02.2004m, S. 28.

O. V.: Neue Werbefreiheit, in: LebensmittelZeitung, Nr. 19 vom 11.05.2007j, S. 28.

O. V.: Neuordnung bei Kraft, in: LebensmittelZeitung, Nr. 43 vom 22.10.2004n, S. 41.

O. V.: Premium–Automobilmarkt – Affäre mit Niveau, in: Financial Times Deutschland vom 27.12.2007k, S. 27.

O. V.: Real sucht mit Kompass nach Optimierungspotenzialen in den Märkten, in: LebensmittelZeitung, Nr. 2 vom 10.01.2002b, S. 45.

O. V.: Rewe erzürnt Markenarikler, in: LebensmittelZeitung, Nummer 23 vom 08.06.2007l, S. 1.

O. V.: Scharfe Konkurrenz am Kaffeemarkt, in: LebensmittelZeitung, Nr. 13 vom 30.03. 2007m, S. 12.

O. V.: Schweizer setzen sich zur Wehr, in: LebensmittelZeitung, Nummer 18 vom 04.05. 2007n, S. 10.

O. V.: Schwere Zeiten für den Autohandel, in: Frankfurter Allgemeine Zeitung, Nr. 122 vom 29.05.2007o, S. 16.

O. V.: Sinnesphysiologie – Augen entwickeln beim Trinken Geschmack, in: Welt am Sonntag, Nr. 7 vom 18.02.2007p, S. 76.

O. V.: Spätzleland oder Suppenregion, in: LebensmittelZeitung, Nr. 24 vom 11.06.2004o, S. 28.

O. V.: Stern Argus: Wie wirken Anzeigen?, auf: www.wuv.de; Stand: 05.02.2002c.

O. V.: Streit um Auslistung, in: LebensmittelZeitung, Nr. 20 vom 14.05.2004p, S. 3.

O. V.: Supermärkte keine Bedrohung, in: Frankfurter Allgemeine Zeitung, Nr. 257 vom 05.11.2007q, S. 16.

O. V.: Teure Bürgerpflicht – Dosenpfand für die Tonne, auf: http://www.n-tv.de/ 659640. html; Stand: 21.04.2006a.

O. V.: Toiletten für den Times Square, in: Frankfurter Allgemeine Zeitung, Nr. 137 vom 16. 06.2003d, S. 22.

O. V.: Tust Du mir nichts, tue ich Dir nichts, in: Frankfurter Allgemeine Zeitung, Nr. 76 vom 30.03.2007r, S. 18.

O. V.: Vom Wundverband zur Wundermarke, in: Frankfurter Allgemeine Zeitung, Nr. 280 vom 01.12.2006b, S. 23.

O. V.: Was kostet …?, in: Welt am Sonntag, Nr. 33 vom 19.08.2007s, S.26.

O. V.: „Zu Ihrem Käse fehlt der Rotwein", in: Frankfurter Allgemeine Zeitung, Nr. 3 vom 04.01.2007t, S. 14.

Oberparleiter, I.: Funktionen des Warenhandels, Wien 1955.

Oehme, W.: Handels-Marketing, 3. Aufl., München 2001.

Ossola-Haring, C. (Hrsg.): Das große HANDBUCH Kennzahlen zur Unternehmensführung, Landsberg am Lech 1999.

Oswald, A./Tauchner, G.: Mobile Marketing. Wie Sie die Kunden direkt erreichen, Instrumente-Ausstattung-Kosten-Kampagnenbeispiele-rechtliche Rahmenbedingungen, Wien 2005.

Panic, D./Holm, Ch.: Optische Täuschungen, auf: http://www.uni-hamburg.de/fachbereiche-einrichtungen/fb16/psych_1/Raumw.pdf; Stand: 09.05.2005.

Parasuraman, A./Zeithaml, V. A./Berry, L. L.: SERVQUAL. A Multiple Item Scale for Measuring Consumer Perceptions of Service Quality, in: Journal of Retailing, Vol. 64 (1988), pp. 12 – 40.

Parasuraman, A./Zeithaml, V. A./Berry, L. L.: A Conceptual Model of Service Quality and its Implications for Future Research, in: Journal of Marketing, Vol. 49 (1985), No. 3, pp. 41 – 50.

Payne, J./Bettman, J./Johnson, E.: The Adaptive Decision Maker, Cambridge 1993.

Payne, A./Rapp, R.: Handbuch Relationship Marketing. Konzeption und erfolgreiche Umsetzung, München 1999.

Pepels, W.: Einführung in die Kommunikationspolitik. Eine Werbelehre mit Beispielen und Kontrollfragen, Stuttgart 1997.

Pepels, W.: Innovationsmanagement, Berlin 1999.

Pepels, W.: Marketing, 3. Aufl., München/Wien 2000.

Pepels, W.: Einführung in das Dienstleistungsmarketing, München 1995.

Perrey, J./Turner, S.: Die zwei Gesichter guter Werbung, in: Frankfurter Allgemeine Zeitung, Nr. 228 vom 01.10.2007, S. 24.

Pfeil, Ch./Posselt, T.: Customer Relationship Management and Price Competition: Comments on the raison d'etre of Customer Loyalty Programs, in: *Bindseil, U./Haucap, J./ Wey, C.* (Hrsg.): Institutions in Perspective – Festschrift in Honor of Rudolf Richter on the Occasion of his 80th Birthday, Tübingen 2006, S. 175 – 193.

Piel, E./Institut für Demoskopie Allensbach: Die Autos vom Lande, in: Frankfurter Allgemeine Sonntagszeitung, Nr. 33 vom 19.08.2007, S. 27.

Pigott, S.: Bei Aldi im Keller, in: Frankfurter Allgemeine Sonntagszeitung, Nr. 15 vom 13. 04.2008, S. 15.

Pflaum, D./Eisenmann, H./Linxweiler, R.: Verkaufsförderung. Erfolgreiche Sales Promotion, Landsberg am Lech 2000.

Pfohl, H.-Ch.: Logistiksysteme. Betriebswirtschaftliche Grundlagen, 5. Aufl, Berlin u. a. 1996.

Plinke, W.: Investitionsgütermarketing (Industriegütermarketing), in: *Diller, H.* (Hrsg.): Vahlens Großes Marketinglexikon, 2. Aufl., München 2001, S. 706 – 711.

Popcorn, F./Marygold, L.: CLICKING: Der neue Popcorn-Report – Die neuesten Trends für die Zukunft, München 1999.

Porter, M. E.: Cases in Competitive Strategy, New York 1983.

Porter, M. E.: Competition in Global Industries, Boston/Mass. 1986.

Porter, M. E.: Competitive Advantage, New York 1985.

Porter, M. E.: Competitive Strategy. Techniques for Analyzing Industries and Competitors, New York 1980.

Porter, M. E.: Wettbewerbsstrategie, 2. Aufl., Frankfurt am Main/New York 1984.

Porter, M. E.: Wettbewerbsstrategie: Methoden zur Analyse von Branchen und Konkurrenten, 10. Aufl., Frankfurt am Main 1999a.

Porter, M. E.: Wettbewerbsvorteile, 9. Aufl., Frankfurt am Main 1999b.

Pousstchi, K./Turowski, K.: Mobile Commerce. Grundlagen und Techniken, Berlin 2004.

Pümpin, C. B.: Langfristige Marketingplanung – Konzeption und Formalisierung, Bern/Stuttgart 1968.

Raben, H.-J.: HB – Zum Relaunch einer Marke, in: Markenartikel, 57. Jg. (1995), Nr. 9, S. 418 – 420.

Rapp, R.: Customer Relationship Management. Das neue Konzept zur Revolutionerung der Kundenbeziehungen, Frankfurt/New York 2000.

Rappaport, A.: Shareholder Value. Ein Handbuch für Manager und Investoren, 2. Aufl., Stuttgart 1999.

Rau, H.: Mit Benchmarking an die Spitze. Von den Besten lernen, Niedernhausen 1999.

Redl, R.: Marketing-Flops, auf: http://leuropa.eu/Marketing; Stand: 06.05.2007.

Reich, R.: Der Superkapitalismus. Wie die Wirtschaft unsere Demokratie untergräbt, Frankfurt am Main 2008.

Reichheld, F. F./Sasser, W. E.: Zero-Migration, Dienstleister im Sog der Qualitäts-Revolution, in: HARVARDmanager, 13. Jg. (1991), Nr. 4, S. 108 – 116.

Reinecke, S./Tomczak, T./Dittrich, S. (Hrsg.): Marketingcontrolling, St. Gallen 1998.

Richins, M. L.: Measuring Emotions in the Consumption Experience, in: Journal of Consumer research, Vol. 24 (1997), No. 2, pp. 127 – 146.

Riering, B.: Die Rückkehr der Tagelöhner, in: Welt am Sonntag, Nr. 7 vom 18.02.2007, S. 29.

Rivinius, C.: Verpackung, in: *Diller, H.* (Hrsg.): Vahlens großes Marketinglexikon, 2. Aufl., München 2001, S. 1783 – 1784.

Robinson, P. J./Faris, C. W./Wind, Y.: Industrial Buying and Creative Marketing, Boston 1967.

Rode, J.: Automatisierung in Streifen, in: LebensmittelZeitung, Nr. 28 vom 13.07.2007, S. 27.

Rode, J.: Immer schneller, manchmal billiger, in: LebensmittelZeitung, Nr. 5 vom 01.02. 2002, S. 25.

Rode, J.: Informationen für bessere Geschäfte, in: LebensmittelZeitung, Nr. 30 vom 23.07. 2004, S. 25.

Roeb, Th.: Generation Aldi wird erwachsen, in: LebensmittelZeitung, Nr. 14 vom 02.04. 2004, S. 48 – 49.

Rogers, E. M.: Diffusion of Innovations, 5. Aufl., New York 2003.

Rossbach, H.: Das Tier im Konsumenten, in: Frankfurter Allgemeine Zeitung, Nr. 23 vom 28.01.2008, S. 12.

Roth, E.: Einstellungen als Determinanten individuellen Verhaltens, Göttingen 1967.

Rudolph, A./Rudolph, M.: Customer Relationship Marketing. Individuelle Kundenbeziehungen, Berlin 2000.

Ruhfus, R.: Kaufentscheidungen von Familien. Ansätze zur Analyse des kollektiven Entscheidungsverhaltens im privaten Haushalt, Wiesbaden 1976.

Rütten, O.: Was heißt hier Wiedergutmachung?, in: Kunde im Focus, Ausgabe 01/2007, S. 6 – 7.

Sabel, H.: Die hundertjährige Geschichte des Marketing in Deutschland, Bonn Working Papers in Business Administration, Rheinische Friedrich-Wilhelms-Universität Bonn, MA 1/98, Bonn 1998.

Sattler, H.: Markenpolitik, Stuttgart u. a. 2000.

Sand, H./Hörner, W.: Praktische Beispiele erfolgreicher Marktforschung vom Schreibtisch aus, Kissing 1981.

Schmalen, H.: Kommunikationspolitik. Werbeplanung, Stuttgart u. a. 1992.

Schneider, D.: Marketing als Wirtschaftswissenschaft oder Geburt einer Marketingwissenschaft aus dem Geiste des Unternehmensversagens, in: Zeitschrift für betriebswirtschaftliche Forschung, 35. Jg. (1983), Nr. 3, S. 197 – 222.

Schneider, D.: Unternehmensführung und strategisches Controlling – Überlegene Instrumente und Methoden, 4. Aufl., München 2005.

Schneider, R. U.: Das Experiment -- «Iss Popcorn!», in: NZZ Folio – die Zeitschrift der Neuen Zürcher Zeitung, Heft 11/01, auf: http://www.nzzfolio.ch/www/d80bd71b-b264-4db4-afd0-277884b93470/showarticle/17af3e96-dff1-449d-b817-6482c3eeba50.aspx; Stand: 08.05.2007, 17:15 Uhr.

Schneider, W./Hennig, A.: Kennzahlen Marketing und Vertrieb, 2. Aufl., Heidelberg 2008a.

Schneider, W./Hennig, A.: Kennzahlen für profitable Kundenbeziehungen, Wiesbaden 2008b.

Schneider, W./Kornmeier, M.: Balanced Management, Berlin 2006a.

Schneider, W./Kornmeier, M.: Kundenzufriedenheit – Konzept, Messung, Management, Bern 2006b.

Schneider, W./Kornmeier, M.: Maxime Kundenzufriedenheit – ein Königs- oder Irrweg?, in: Frankfurter Allgemeine Zeitung, Nr. 36 vom 12.02.2007, S. 18.

Schneider, W.: McMarketing – Einblicke in die Marketing-Strategie von McDonald's, Wiesbaden 2007.

Schneider, W./Müller, St./Mai, T.: Kommunikationswirkung von Sozio-Sponsoring – Erfolgskontrolle mit Hilfe eines experimentellen Designs, in: Marktforschung & Management, 35. Jg. (1991), Nr. 3, S. 129 – 134.

Schneider, W./Ossola-Haring, C.: Praxiswissen Management, Landsberg am Lech 2002.

Schneider, W.: Kundenzufriedenheit – Strategie, Messung, Management, Landsberg am Lech 2000.

Schneider, W.: Profitable Kundenorientierung durch Customer Relationship Management (CRM): Wertvolle Kunden gewinnen, begeistern und dauerhaft binden, München 2008.

Schneider, W.: So steigern Sie die Kreativität Ihrer Mitarbeiter!, in: Der Neue GmbH-Berater, o. Jg. (1998), Nr. 4, S. 225 – 226.

Schnell, H./Hill, P. B./Esser, E.: Methode der empirischen Sozialforschung, München 2005.

Schreyögg, G./Steinmann, H.: Management. Grundlagen der Unternehmensführung, 5. Aufl., Wiesbaden 2000.

Schröder, H./Ahlert, D.: Vertriebswegepolitik, in: *Diller, H.* (Hrsg.): Vahlens Großes Marketinglexikon, 2. Aufl., München 2001, S. 1809 – 1814.

Schultze, R. D.: Product Placement im Spielfilm, München 2001.

Schulz, H. J.: Aldi blickt auf die Marke, in: LebenmittelZeitung, Nr. 22 vom 01.07.2007, S. 1 u. 3.

Schulz, H. J.: Real macht Druck auf Lieferanten, in: LebensmittelZeitung, Nr. 19 vom 11.05. 2007, S. 14.

Schürmann, J.: Erst erfinden, dann verdienen, in: Frankfurter Allgemeine Zeitung, Nr. 185 vom 11.08.2007, S. C2.

Schütz, P.: Durchführung eines Marktforschungsprojekts, in: *Verlag Handelsblatt* (Hrsg.): Marketing Praxis Kalender, Düsseldorf 1996, S. 34.

Schütz, P.: Methoden kreativen Denkens, in: *Verlag Handelsblatt* (Hrsg.): Marketing Praxis Kalender, Düsseldorf 1996, S. 40.

Schütz, P.: Preiskompetenz, in: *Verlag Handelsblatt* (Hrsg.): Marketing Praxis Kalender, Düsseldorf 1996, S. 72.

Schütz, P.: Professioneller Umgang mit Marktforschungsinstituten, in: *Verlag Handelsblatt* (Hrsg.): Marketing Praxis Kalender, Düsseldorf 1996, S. 37.

Schweiger, G./Schrattenecker, G.: Werbung, 4. Aufl., Stuttgart 1995; 5. Aufl., Stuttgart 2001.

Senn, C.: Key Account Management für Investitionsgüter, Wien 1997.

Senn, C.: Key Account Management, in: *Diller, H.* (Hrsg.): Vahlens Großes Marketinglexikon, 2. Aufl., München 2001, S. 768 – 769.

Sherif, M./Hovland, C. J.: Social Judgement, New Haven/Conn. 1961.

Siefer, W./Miltner, F.: Mal Intuition, mal Strategie, in: Focus, Nr. 30/2007, S. 64 – 74.

Silberer, G.: Warentest – Informationsmarketing – Verbraucherverhalten: Die Verbreitung von Gütertestinformationen und deren Verwendung im Konsumgüterbereich, Berlin 1979.

Silvretta Seilbahn AG (Hrsg.): Prospekt „Tarife Winter 2004/05 der Silvretta Seilbahn AG“, aus: www.silvretta.at; Stand: 25.03.2005.

Simon, H./Bilstein, F./Luby, F.: Der gewinnorientierte Manager, Frankfurt am Main 2006.

Simon, H.: Die heimlichen Gewinner, Frankfurt am Main/New York 1996 (Original: Hidden Champions. Lessons from 500 of the world's best unknown companies, Boston 1996).

Simon, H.: Hidden Champions des 21. Jahrhunderts. Die Erfolgsstrategien unbekannter Weltmarktführer, in: Frankfurter Allgemeine Zeitung, Nr. 204 vom 03.09.2007, S. 20.

Simon, H.: Hidden Champions des 21. Jahrhunderts. Erfolgsstrategien unbekannter Weltmarktführer, Frankfurt am Main/New York 2007.

Simon, H.: Preismanagement – Analyse, Strategie, Umsetzung, 2. Aufl., Wiesbaden 1992.

Simon, Kucher & Partner: Hidden Champions – Strategien mittelständischer Marktführer, Vortrag anlässlich der 6. BVK-Fachkonferenz, München 13.05.2002, in: www.simon-kucher.com; Stand: 11.09.2003.

Simon, Kucher & Partner: Management-Herausforderungen für das 21. Jahrhundert, Vortrag anlässlich der Messe „sales Tech“, Wiesbaden 25.05.2000, in: www.simon-kucher.com; Stand: 10.08.2002.

Sixtl, F.: Messmethoden der Psychologie, Weinheim u. a. 1982.

Skarka, C.: Onkel Mehmet, wohin?, in: LebensmittelZeitung, Nr. 25 vom 18.06.2004, S. 53.

Skiera, B.: Auktionen, in: *Albers, S./Clement, M./Peters, K.* (Hrsg.): Marketing mit Interaktiven Medien. Strategien zum Markterfolg, Frankfurt am Main 1998, S. 297 – 310.

Skinner, B. F.: Die Funktion der Verstärkung in der Verhaltenswissenschaft, München 1974.

Solomon, M./Bamossy, G./Askegaard, S.: Consumer Behavior. A European Perspective, New York et al. 1999.

Specht, G.: Distributionsmanagement, 3. Aufl., Stuttgart 1998.

Spendolini, M. J.: The Benchmarking Book, New York 1992.

Spiegel-Verlag (Hrsg.): Der Entscheidungsprozess bei Investitionsgütern, Hamburg 1982.

Spiller, K.: BMW vertieft Gespräche mit Mercedes, in: Financial Times Deutschland vom 27.12.2007, S. 3.

Spitzer, M.: Das neue Unbewusste, in: Nervenheilkunde, 25. Jg. (2006), Nr. 8, S. 615 – 622.

Stabernack, W. (Hrsg.): Verpackung – Medium im Trend der Wünsche, München 1998.

Stadelmann, M./Wolter, S./Reinecke, S./Tomczak, T. (Hrsg.): Customer Relationship Management – 12 CRM-Best Practice-Fallstudien zu Prozessen, Organisation, Mitarbeiterführung und Technologie, Zürich 2003.

Stadie, E./Simon, Kucher & Partners: Interview „regeln für Rabatt“ mit Ekkehard Stadie, Unternehmensberatung Simon, Kucher & Partners, München, in: Akquisa, o. Jg. (2006), Nr. 6, S. 41.

Stauss, B.: Perspektivenwandel: Vom Produkt-Lebenszyklus zum Kundenbeziehungs-Lebenszyklus, in: Thexis, 17. Jg. (2000), Nr. 2, S. 15 – 18.

Steffenhagen, H.: Konflikt und Kooperation in Abatzkanälen. Ein Beitrag zur verhaltensorientierten Marketingtheorie, Wiesbaden 1975.

Steffenhagen, H.: Rabatte, in: *Diller, H.* (Hrsg.): Vahlens Großes Marketinglexikon, 2. Aufl., München 2001, S. 1459 – 1460.

Stender-Monhemius, K.: Einführung in die Kommunikationspolitik, München 1999.

Stender-Monhemius, K.: Marketing – Grundlagen mit Fallstudien, München/Wien 2002.

Stoffl, M.: Total Quality im Handel, in: Das Wirtschaftsstudium, 26. Jg. (1997), Nr. 4, S. 340 – 349.

Strauß, R.: Customer Relationship Management, in: *Diller, H.* (Hrsg.): Vahlens großes Marketinglexikon, 2. Aufl., München 2001, S. 249 – 251.

Strothmann, K.: Investitionsgütermarketing, München 1979.

Synovate Kids + Teens: Kunde Kind, in: Focus, Nr. 30/2007, S. 14.

Tennagen, U.: Produktrelaunch in der Konsumgüterindustrie: Diagnosekonzept zur Auswahl, Ermittlung und Bewertung von Informationen, Wiesbaden 1993.

Theus, K. T.: Subliminal Advertising and the Psychology of Processing Unconscious Stimuli: a Review of Research, in: Psychology & Marketing, o. Jg. (1994), No. 11, pp. 271 – 290.

Thibaut, J. W./Kelley, H. H.: The Social Psychology of Groups, New York 1959.

Thiel, M. H.: Strategische Produktpolitik, in: www.unibw-muenchen.de/campus/WOW/v1041/Teil-4.pdf; Stand: 26.08.2003.

Thomas, P.: Mitarbeiterideen können Millionen wert sein, in: Frankfurter Allgemeine Zeitung, Nr. 10 vom 12.02.2008, S. 46.

Tietz, B.: Der Handelsbetrieb, 2. Aufl., München 1993.

Tietz, B./Köhler, R./Zentes, J. (Hrsg.): Handwörterbuch des Marketing, 2. Aufl., Stuttgart 1995.

Töpfer, A. (Hrsg.): Benchmarking – Der Weg zu Best Practice, Heidelberg 1997.

Töpfer, A.: Das Management der Werttreiber, Frankfurt am Main 2000.

Töpfer, A.: Marketing-Audit, in: *Tietz, B./Köhler, R./Zentes, J.* (Hrsg.): Handwörterbuch des Marketing, 2. Aufl., Stuttgart 1995, Sp. 1533 – 1541.

Töpfer, A./Mann, A.: Kundenzufriedenheit als Meßlatte für den Erfolg, in: *Töpfer, A.* (Hrsg.): Kundenzufriedenheit messen und steigern, Berlin 1996, S. 25 – 81.

Tomczak, T.: Situative Marketingstrategien. Grundsatzstrategien für „Dogs", Berlin u. a. 1989.

Topritzhofer, E.: Absatzwirtschaftliche Modelle des Kaufentscheidungsprozesses unter besonderer Berücksichtigung des Markenwahlaspektes, Wien 1974.

Trechow, P.: Was Nevaeh, Laura und Else verraten, in: Die Welt vom 19.02.2007, S. 27.

Treis, B.: Handelsfunktionen, in: *Diller, H.* (Hrsg.): Vahlens Großes Marketinglexikon, 2. Aufl., München 2001, S. 563 – 569.

Trommsdorff, V./Binsack, M.: Wie Marketing Innovationen durchsetzt, in: absatzwirtschaft 40. Jg. (1997), Nr. 11, S. 60 – 65.

Trommsdorff, V.: Die Messung von Produktimages für das Marketing, Köln u. a. 1975.

Trommsdorff, V.: Konsumentenverhalten, 4. Aufl., Stuttgart 2002.

Trotier, K.: Werbeschlacht, in: Frankfurter Allgemeine Zeitung, Nr. 167 vom 21.07.2007, S. 39.

TV Hören und Sehen/Verlagsgruppe Bauer (Hrsg.): Dokumentation zur familiären und partnerschaftlichen Kaufentscheidung. Zusammenstellung von Verlagsuntersuchungen zum Kaufentscheid – Ergebnisauszüge, Hamburg 1985.

Uhr, W./Müller, S. (Hrsg.): BWL Lernsoftware Interaktiv: Marketing, Stuttgart 1998.

Underhill, P.: Warum kaufen wir?, München 2000.

Unger, F. (Hrsg.): Konsumentenpsychologie und Markenartikel, Heidelberg/Wien 1986.

Urban, G. L./Hauser, J. R.: Design and Marketing of New Products, 2. Aufl., Upper Saddle River/N. J. 1993.

Veblen, T.: Die Theorie der feinen Leute, Frankfurt am Main 1993.

Vershofen, W.: Handbuch der Verbrauchsforschung, Berlin 1940.

Von Clausewitz, C.: Vom Kriege, 19. Aufl., Bonn 1980.

Von der Heydt, A.: Efficient Consumer Response (ECR) – Basisstrategien und Grundtechniken, zentrale Erfolgsfaktoren sowie globaler Implementierungsplan, 2. Aufl., Frankfurt am Main 1997.

Von Hiller, Ch.: Aldi-Weine – bald auch mit Prädikat, in: Frankfurter Allgemeine Zeitung, Nr. 191 vom 18.08.2007, S. 12.

Von Peterdorff, W.: Warum ist Werbung sinnvoll?, in: Frankfurter Allgemeine Sonntagszeitung, Nr. 7 vom 18.02.2007, S. 54.

Von Reibnitz, U.: Szenarien – Optionen für die Zukunft, Hamburg u. a. 1987.

Von Rosenstiel, L./Kirsch, A.: Psychologie der Werbung, Rosenheim 1996.

Von Rosenstiel, L./Neumann, P.: Einführung in die Markt- und Werbepsychologie, 2. Aufl., Darmstadt 1991.

Watson, G. H.: Benchmarking, Vom Besten Lernen, Landsberg am Lech 1993.

Watson, J. B.: Psychology as the Behaviorist Views It, in: Psychological Review 20 (1913), pp. 158 – 177 (auch enthalten in: *Watson, J. B.*: Behaviorismus, Köln 1968 bzw. Frankfurt am Main 1976).

Webster, F. E./Wind, Y.: Organizational Buying Behavior, Englewood Cliffs/N. J. 1972.

Weinberg, P.: Erlebnisorientierte Einkaufsstättengestaltung im Einzelhandel, in: Marketing ZFP, 8. Jg. (1986), Heft 2, S. 97 – 102.

Weinberg, P.: Konsumentenverhalten, 7. Aufl., München 1999.

Weis, Ch.: Marketing, 13. Aufl., Ludwigshafen 2001.

Weis, H./Gönner, K./Lind, S.: Handelsbetriebslehre, 13. Aufl., Bad Homburg von der Höhe 1992.

Welge, M. K./Al-Laham, A.: Strategisches Marketing. Grundlagen – Prozesse – Implementierung, 2. Aufl., Wiesbaden 1999.

Wells, W. D./Gubar, G.: Life-Cycle Concepts in Marketing Research, in: Journal of Marketing Research, Vol. 3 (1966), No. 11, pp. 355 – 362.

Wermuth, I./Hahn, A./Perzhorn, O.: Werbetrends 2007, auf: www.slogans.de; Stand: 05.01.2008.

Wessling, H.: Aktive Kundenbeziehungen mit CRM. Strategien, Praxismodule und Szenarien, Wiesbaden 2001.

Wieselhuber & Partner: Marketing Performance – Wie fit sind Unternehmen bei der Messung und Kontrolle der Marketing-Performance, Studie von Dr. Wieselhuber & Partner, München 2005.

Wilde, K. D.: Skripten zur Vorlesung „Wirtschaftsinformatik I", „Data Mining im Marketing", „Kundenorientierte Informationssysteme", Lehrstuhl für ABWL und Wirtschaftsinformatik, Katholische Universität Eichstätt, Eichstätt 2002.

Wilde, K. D./Hippner, H.: Database Marketing: Vom Ad-Hoc-Direktmarketing zum kundenspezifischen Marketing-Mix, in: Marktforschung & Management, 42. Jg. (1998), Nr. 1, S. 6 – 10.

Wilde, K. D./Hippner, H./Englbrecht, A.: Customer Relationship Management: So binden Sie Ihre Kunden, Düsseldorf 2005.

Wind, Y.: Product-Policy. Concepts, Methods and Strategy, Reading/Mass. 1982.

Winkelmann, P.: Vertriebskonzeption und Vertriebssteuerung, München 2000.

Wiswede, G.: Soziologie des Verbraucherverhaltens, Stuttgart 1972.

Witte, E.: Organisation für Innovationsentscheidungen: Das Promotoren-Modell, Göttingen 1973.

Wöhe, G./Kaiser, H./Döring, U.: Übungsbuch zur Einführung in die Allgemeine Betriebswirtschaftslehre, 8. Aufl., München 1996.

World Advertising Research Center Ltd. (Edt.): World Advertising Trends 2002, Oxfordshire 2002.

Wübker, G.: Preisbündelung. Formen, Theorie, Messung und Umsetzung, Wiesbaden 1998.

Wuennenberg, U.: Schockierende Werbung – Verstoß gegen §1 UWG?, Frankfurt am Main 1996.

www. newcome.de/gruenderguide/Der_Standort/Einstieg_Standort.php; Stand: 20.03.2003.

www.aldi.de; Stand: 12.02.2003.

www.aspirin.de; Stand: 02.05.2003.

www.bild.t-online.de/BTO/index.html; Stand: 17.04.2003.

www.btinternet.com; Stand: 20.03.2003.

www.business.com; Stand: 20.03.2003.

www.controllerspielwiese.de/Inhalte/Toolbox/ref004.htm; Stand: 24.12.2002.

www.fbwi.fh-karlsruhe.de/existenz-gruendung/Basiskurs/Orientierung/Ostandortanaly-seT.htm; Stand: 20.03.2003.

www.focus.de; Stand: 27.11.2000.

www.frankfurt-main.ihk.de/international/importexport/incoterms/; Stand: 24.12.2002.

www.frankfurt-main.ihk.de/starthilfe_foerderung/existenzgruendung/basisinfos/stand-ort/#; Stand: 20.03.2003.

www.freenet.de/freenet/finanzen/sparen/rubriken/essen/; Stand: 17.06.2003.

www.funny-downloads.de; Stand: 20.03.2003.

www.gfk.de; Stand: 30.04.2003.

www.gfk.de; Stand: 17.01.2007.

www.gfk-geomarketing.de/standortforschung /beratung.php; Stand: 17.01.2006.

www.handel-competence-center.de; Stand: 11.04.2002.

www.icg.informatik.uni-rostock. de; Stand: 20.10.2002.

www.interbrand.com; Stand: 23.02.2006.

www.konsequent-einfach.com/texte.html; Stand: 12.02.2003.

www.label-online.de; Stand: 23.02.2007.

www.lznet.de/marketfacts /firmenprofile/toph001.html; Stand: 12.02.2003.

www.mass-customization.de/case_hh.htm#auto; Stand: 11.03.2002.
www.mcdonalds.de; Stand: 04.04.2003.
www.stalys.de/data/ehbf03.htm; Stand: 11.04.2002.
www.toyota-gib.com/German/Logistics/Incoterms/Incoterms.htm; Stand: 24.12.2002.
www.wiwi-treff.de; Stand: 17.05.2008.
www.wincor-nixdorf.com/internet/de/press/; Stand: 30.04.2003.
www.wiwi.uni-tuebingen.de/marketing/Definitionen/MkDF0004.htm; Stand: 26.03.2003.
www.wkw.at/docextern/abtawi/extranet/HIncoterms.htm; Stand: 24.12.2002.

ZAW – Zentralverband der deutschen Werbewirtschaft e.V. (Hrsg): Jahrbuch Werbung in Deutschland, Bonn 2002.

Zeithaml, V.A./Parasuraman, A./Berry, L. L.: Qualitätsservice: Was die Kunden erwarten, was sie leisten müssen, Frankfurt/Main u. a. 1992.

Zentes, J.: Scanner, in: *Diller, H.* (Hrsg.): Vahlens großes Marketinglexikon, 2. Aufl., München 2001, S. 1508.

Zernisch, P.: Relaunch bekannter Marken, in: Markenartikel, 54. Jg. (1992), Nr. 9, S. 418 – 419.

Zielske, H. A.: The Remembering and Forgetting of Advertising, in: Journal of Marketing, Vol. 23 (1959), pp. 239 – 243.

Zindel, K.: Voraussetzungen für einen erfolgreichen Relaunch von Konsumgütern: mit Fallbeispiel Relaunch einer Marke im Heim-Haarpflege-Markt, Reutlingen 1986.

Zwicky, F.: Entdecken, erfinden, erforschen im morphologischen Weltbild, München u. a. 1966.

Stichwort- und Firmenverzeichnis

A

ABC-Analyse 195, 263, 299 f., 343, 546 ff.

Ablauforganisation 106 f., 486, 491, 509

Absatzhelfer 115, 398, 400

Absatzmittler 115, 388, 397 ff., 410, 412, 478

Absatzwege 397, 411, 417

Absatzwegewahl 14, 387

Abschöpfungsstrategie 369 f.

Abstinenzmärkte 230

Abwanderung 376, 537, 544

Acumins Corporation 216

Adaptionskurve 266

Adressverlage 465

Adressvermittler 465

Advertorials 448

AIDA-Modell 432

AIO-Ansatz 220

Akquisitorisches Potenzial 541

Aktivierende Prozesse 57

Aktivierung 32, 41, 52, 57 ff., 85, 149

Aldi 14, 94 ff., 243 f., 261, 326 f., 329, 334 f., 406 f., 437, 562, 577, 580

„All-You-Can-Afford"-Methode 440

Allgemeines Gedächtnismodell 86

Alternativfragen 136

Amazon 416

Ambient Medien 445

American Airlines 274

American Motor Corporation 273

Angebotserstellung 518, 520

Ansatz, funktionenorientierter 407

Ansat, institutionenorientierter 401

Appetenz-Appetenz-Konflikt 73

Appetenz-Aversions-Konflikt 73

Apple 474 f., 529

Arbitrage 366, 368

Arme Hunde 293

Arousalansatz 85

Arthur D. Little-Matrix 298

ASPIRIN 280, 332 ff., 342 f.

Assimilations-Kontrast-Theorie 47, 49 f., 354

Attribuierung 54 f.

Attributdominanz 89

Attributionstheorien 48, 54

Audi 54, 260, 268, 461

Aufbauorganisation 106, 491

Auftragsabwicklung 388, 420, 422

Auktionen 370 f., 399, 578

Ausgleichsnehmer 359

Ausgleichsträger 359

Auslistung 103, 262, 415

Ausschreibung 104 f., 225, 372

Außendienstpromotions 451

Ausstellungen 435, 469

Auswahl, geschichtete 131

Auswahl, mehrstufige 131

Auswahl, nichtzufallsgesteuerte 129

Auswahl, zufallsgesteuerte 130

Aversions-Aversions-Konflikt 73

B

B2B 26, 102, 371, 514, 524, 526

B2C 26, 101

B2G 26, 102

Balanced Scorecard 481, 485 ff., 567 f.

Basisstrategien 204, 580
Baur 416
Bedürfnishierarchie 69 f.
Beeinflussungsstrategie 447
Befragung 66, 119, 129, 131 ff., 156 f., 167, 169, 200, 225, 364, 445, 524, 543, 552
Befragung, mündliche 137
Befragung, schriftliche 135
Befragung, telefonische 139
Behavioral Economics 28
Behaviorismus 40, 41
Bekanntheitsgrad 61, 178, 181 f., 200, 215, 271, 276, 309, 325, 398, 441, 450, 462, 488
Benchmark, Generic 186
Benchmarking 123, 182 ff., 488, 560, 562, 568, 575, 578 ff.
Benetton 61 f., 220, 568
Beobachtung 41, 92, 141 f., 149, 152, 393, 445
Beschaffungsverhalten, organisationales 101, 563
Beschwerdemanagement 49, 488, 505, 506, 508, 515, 523
Beschwerden 27, 333, 339, 506 ff., 514, 520, 534, 537, 543 f.
Beschwerde-Reaktions-Matrix 507
Bestandsmenge 392
Betriebsform 401, 403, 410
Betriebstyp 127, 401, 403, 404, 405, 406
Betriebstypen des Einzelhandels 338, 402 ff.
Beziehungsmarketing 3
Bezugsgruppen 5, 8, 14 f., 33, 55, 308 f.
„*Big Mac*“-Index 233
Binnenhandelsstruktur 410
Bionade 325 f., 475, 572
Bitburger 178
Black-Box-Modelle 40, 42
Blickaufzeichnung 149
Blog Marketing 472
BMW 54, 166, 214 f., 246, 256 f., 260, 268, 336, 346, 440 f., 564
Boston Consulting Group 210, 265, 283 ff., 561
*Boston Consulting Group-*Matrix 283
Bottom-Up-Ansatz 173 f.
BP 540, 541
Brainstorming 340 ff.
Break-Even-Analyse 263, 269, 301 ff., 417 f.
Break-Even-Point 177, 301 f.
Buecher.de 416
Built-in Obsolescence 20
Bundesdatenschutzgesetz 466
Burger King 239, 318, 426 f.
Buying-Center 106 ff.

C

Call Center 256, 514 f., 517, 527
Call Center, Inbound 514
Call Center, Outbound 514
Campbell 88, 275
Carry-Over-Effekt 443, 479
Case Based Reasoning-Systeme 522
Chancen/Risiken-Analyse 115
Clusteranalyse 165, 167
Co-Branding 334 f.
Coca-Cola 63, 83, 208, 219, 231 f., 233, 237, 239, 273, 275 f., 313 f., 342, 456, 563
Cocooning 97, 99
Colgate 272
Competitive Intelligence 187, 571
Computer Aided Telephone Interviewing 139
Computer Assisted Personal Interviewing 139
Computer Integrated Manufacturing 517, 520, 523
Computerized Selfadministered Questioning 139
Conjoint Measurement 162 ff., 167, 269, 565
Conrad 416
Contracting 240
Convenience Goods 33, 306
Corporate Acoustics 424
Corporate Behavior 424
Corporate Communications 424
Corporate Design 424
Corporate Identity 174, 423, 561
Couponing 453, 470
CRM, analytisches 522

CRM, kommunikatives 514
CRM, operatives 517
Crocodile 320
Cross Selling 515, 552
Cross Docking 258
Crossmedia 435
Customer Interaction Center 515 ff.
Customer Relationship Management 491, 503, 505, 509, 510, 522, 562, 566, 570, 575, 578, 579, 581
Customer Life Cycle 503
Customer Lifetime Value 431, 509, 548, 553 ff., 567
Customizing 16, 213 f., 511
Cut-Off-Verfahren 130

D

Dachmarkenstrategie 331
Daewoo 508 f.
DAGMAR-Modell 432 ff.
Daimler 268
Danone 207, 233, 330
Dasani 275
Data Mining 527 f., 552, 562, 564, 570, 572, 581
Data Warehouse 121, 525, 528, 559
Database Marketing 509 f., 518, 561, 565, 581
Daten, qualitative 157
Daten, quantitative 158
Datenanalyse 113, 123, 156, 158, 524, 530, 560, 566, 568
Datenanalyseverfahren, bivariate 159
Datenanalyseverfahren, multivariate 160
Datenanalyseverfahren, univariate 158
Datengewinnung 113, 134, 141, 156
Datentransformation 128
Decay-Effekt 443, 479
Delphi-Methode 169
Demarketing 17
Desk Research 120
Deutscher Direktmarketing Verband e. V. 466
Deutsches Institut für Wirtschaftsforschung 210
Differenzierung 12, 180, 204, 213, 230 f., 233, 234, 261, 309, 348, 369, 412
Digital Artwork 216
Dilemma des Zeitwettbewerbs 272
Direct Mailing 464 f.
Direct-Response-Werbung 464
Direkte Produkt Rentabilität 198
Direktinvestitionen 240, 256
Direktkommunikation 464
Direktmarketing 21, 465 f., 509, 523, 581
Discounter 95, 127, 147, 243, 325 ff., 334 f., 338, 348, 403, 405 ff., 414 f.
Diskriminanzanalyse 161 f., 165, 167
Distribution, akquisitorische 387, 398
Distribution, physische 387
Distributionsfunktionen des Handels 408
Distributionslogistik 14, 116 f., 387 f., 420 ff., 497
Distributionsmanagement 14 f., 181, 387, 412, 478, 486, 578
Distributionsquote 43, 161, 167, 181, 199, 324, 414, 486
Diversifikation 180, 206, 209
Doc Morris 416
Douglas 416
Du Pont de Nemours and Co. 191
Du-Pont-Kenzahlensystem 190
Durchdringungspreisstrategie 346, 370
Dynamik der Betriebstypen 406 f.

E

E.P.R.G.-Schema 234
EAN Data Matrix 154
EAN-Code 154, 308
E-Commerce 367, 411, 415, 509, 564, 570
Economies of Large Scale 329, 411
Edeka 251 f., 334, 414 f., 573
Efficient Assortment 259
Efficient Consumer Response 415, 580
Efficient Product Introduction 259
Efficient Promotion 259
Efficient Replenishment 258

Eigenforschung 113, 118
Einführungsphase 181, 271, 279
Einkaufszentrum 138, 199, 403
Einstellung 41, 46, 57 f., 74 ff., 144, 163, 227, 329, 428, 435, 524, 526, 536
Einwegpfand 409
Einzelhandel 115, 339, 348, 389, 398, 401 f., 411, 550, 571, 580
Einzelmarkenstrategie 330 f.
Eisbrecherfragen 135
Electrolux 273
Electronic Data Interchange 258
Elmex 54
Emotion 41, 57 f., 63, 65 f., 74, 163
Enterprise Resource Planning 517, 520, 522
Entstehungszyklusexpansion 272
Entwicklungsphase 268, 278
Entwicklungsprognose 167
Erfahrungskurveneffekt 242, 267, 271, 286, 288, 290, 370, 411
Erfolgsethik 19
Erhebungsinstrumente 134
Erinnerungsverfahren, gestütztes 200
Erinnerungsverfahren, ungestütztes 200
Erwartungen 46, 50, 75, 182, 530 ff., 537, 544, 565
Eskalations-Management 518, 520, 522
Euro-Socio-Styles 220 ff.
Event-Marketing 462
E-V-Hypothese 74
Evoked Set 87 f., 353
Experiment 53, 83 f., 142, 145, 148, 576
Experimentalgruppe 143 f.
Exponentielle Glättung 168
Export 16, 237, 469

F

Face-to-Face-Interview 137
Fachgeschäft 403
Fachmarkt 404
Fachpromotoren 111 f.
Facing 392
Factory Outlets 411, 415
Fairtrade-Gütesiegel 20
Faktorenanalyse 165, 167
Familien-Lebenszyklus 37
Fear Appeals 60 f.
Fehler, systematische 131
Feldexperimente 145
Feldforschung 120, 124, 134
Feldphase 113, 156
Fernwartung 518, 521
Field Research 120
„first-mover“ 235
„first-mover“-Strategie 234
Fishbein-Modell 77
Flächenproduktivität 195, 393
Floprate 197, 198, 271 f., 411, 486, 488
Fluktuationsmatrix 44
Fluktuationsmodelle 43
Fokussierung 12, 14, 32, 120, 204, 241, 247 f., 294, 546
Follower-Strategie 234 f.
Ford 7, 80, 99, 214, 219, 251, 256, 268, 272, 290, 296, 378
Forward Buying 336
Frage, geschlossene 135
Fragezeichen 292
Franchising 239
Freiwillige Kette 256
Fremdforschung 118 f.
Front Office 6, 392, 512
Fünf-Kräfte-Modell 11 f.
Furchtappelle 60
Fusion 256, 311

G

Gap-Analyse 263 ff.
Gatekeeper 107 ff.
Gatekeeper-Funktion 4
Gattungsmarken 322, 328
Gebietsorganisation 495, 497
Gegenstromverfahren 174
Geldrabatt 379
Gelegenheitsmärkte 230
General Foods 275, 501
General Motors 178, 272, 321
Genossenschaft 256
Gerechtigkeits-Theorie 48, 52
Geschmacksmuster 253, 319, 325
Gesinnungsethik 19
Google 316, 467, 468
Großhandel 185, 399, 401 f., 550

Grundgesamtheit 128 ff., 140, 152
Gruppenbefragungen 139
GS1 Data Bar 154
Guerilla Marketing 252
G-Wert 200 f.

H

Halo-Effekt 90
Handel, Funktionen 408, 410
Handelshemmnisse, nichttarifäre 229
Handelsmarke 4, 243, 261, 322, 325 ff., 411 ff., 561
Handelspanels 153, 284, 365
Handelshemmnisse, tarifäre 229
Handelsspanne 198, 357, 413
Handelsvertreter 398 f., 417 ff.
Händlerpromotions 451, 460
Harry-Potter 474
Haushaltspanel 150, 152 f.
Heidelberger Druckmaschinen 385
Helpdesk 522
Hennes & Mauritz 416
Herkunftsangaben, geschützte 319
Herausgreifen des n-ten Falls 130
Herstellermarke 322, 326 f.
Herzberg 71, 536
Heuristik 30 f.
Hidden Champions 179 ff., 188, 578
„Hierarchy-of-Effects"-Modell 432, 434
Hoffnungsmärkte 230
Holsten-Brauerei 4
Home-Befragung 137
Homo oeconomicus 27 f.
Hygienefaktoren 71
Hypothetische Konstrukte 45
Hyundai 212

I

Impulskäufe 30
INCOTERMS 381 f.
Indexzahlen 159, 190
Indikator 51, 354
Individualpanel 153
Individualwerbung 438
Infinity 257
Information-Overload 67, 79
Informationsaufnahme 32, 41, 57, 67, 78, 84, 109, 462
Informationsspeicherung 78, 92
Informationsverarbeitung 32, 67, 78, 88, 91
In-Hall-Befragung 138
Instrumentalstrategie 204
Inter Snack 207
Interactive Selling Systems 518, 520
Interbrand-Ansatz 311
Intervallskala 126 f., 136
Interview, freies 138
Interview, standardisiertes 138
Investitionsgütermarkt 102, 103
Involvement 31 f., 48, 200, 327, 462
Inzahlungnahme 382
Irradiation 90

J

Ja/Nein-Fragen 135
Jägermeister 22 f., 349
Joint Venture 209, 256

K

Kalkulatorischer Ausgleich 356, 359
Kalkulation, progressive 356
Kalkulation, retrograde 357
Kampagnenmanagement 518
KANBAN-System 506
Kano-Modell 535
Kapitalumschlag 195, 343
Kapitalwertmethode 310, 553 f.
Karmann 268
Kartell 256
Kaufentscheidungen, extensive 29
Kaufentscheidungen, habituelle 30
Kaufentscheidungen, limitierte 29
Käufermarkt 3
Kaufhaus 30, 404, 407, 572
Kaufphase 3, 26, 511, 537
Kausalanalyse 163 ff., 167
Kennzahlensysteme 190
Kentucky Fried Chicken 273

Kernmärkte 229
Key Account Management 419, 493, 550
Key-Issue-Matrix 117 f., 171
Klassifikationsschlüssel 548, 550
Kleinpreiskaufhaus 404
Klingel 416
Klumpenverfahren 131
Kognitive Dissonanz 86
Kognitive Prozesse 78
Kollektivwerbung 438
Kommissionär 399
Kommunikationsmanagement 14 f., 19, 174, 181, 231, 331, 413, 423, 425 f., 435 f., 458, 486
Kompensationsgeschäfte 382
Komplexitätsansatz 85
Konditionenmanagement 345, 348, 379
Konditionenspreizung 251
Konditionierung, klassische 42, 53
Konditionierung, operante 42, 53
Konfrontation 258, 340, 415
König Pilsner 178
Konkurrenzorientierte Strategien 204, 241
Konsortium 256
Konsumentenverhalten 25
Konsumentenverhalten, hybrides 210
Konsumgütermarkt 102 f.
Kontakthäufigkeit 445 f.
Kontingenzanalyse 162, 165, 167
Kontinuitätswerbung 439
Kontrahierungsmanagement 14 f., 181, 345, 426, 486
Kontrasttheorien 47, 49
Kontrollfragen 135, 574
Kontrollgruppe 143 f.
Konvergenzthese 230
Kooperation 106, 145, 239, 252, 256 ff., 260, 267, 388, 415, 501, 524, 578
Kooperationen, horizontale 252, 256
Kooperationen, vertikale 252, 258
Korrelationsanalyse 159
Kosten/Nutzen-Ansatz 86
Kostenführerschaft 12, 204, 241 ff., 246 f., 249, 260
Kotler, Philip 17, 124, 186, 210, 231, 375, 387, 423, 428, 509, 567, 569
Kraft Foods 329, 501 f., 539
Kreativitätstechniken 268, 340
Kredit 345, 385
Kreditmanagement 345, 379, 384
Kreuzpreiselastizität 11, 376 f.
Kreuztabellierung 159
Kultur 16, 55, 163, 229
Kundenakquisition 504
Kundenbeobachtung 141
Kundenbeziehungslebenszyklus 503 f., 515
Kundenbindung 235, 327, 365, 419, 465, 503, 505, 511 f., 515, 537 ff., 544 f., 547, 555, 565, 569
Kundendatenbank 471, 512, 520, 525 f.
Kundendatenverwaltung 518, 520
Kundenloyalität 51, 164, 167, 196 f., 543, 573
Kundenmanagement 14, 387 f., 417, 419, 497, 560
Kundenorganisation 495, 497
Kundenorientierte Strategien 204 f.
Kundenorientierung 15, 17, 196, 243, 509, 546, 561
Kundenrückgewinnung 503, 505, 545, 555
Kundenwert 420, 503 f., 507, 511, 515, 530, 547, 552, 569 f.
Kundenzufriedenheit 6 f., 50, 142 f., 159, 164, 173, 259, 365, 485 f., 512, 530, 533, 534, 537, 542 ff.
Kundenzufriedenheit, Messung 543

L

Laborexperimente 145, 148
Lacoste 73, 320
Ladengestaltung 14, 62, 391, 393, 563
Lagerhaltung 420 f., 491, 493
Lagerumschlag 195
Langnese 414, 415, 573
Leap Frogging 267
Leasing 385
Leistungskern 30 ff.
Leitbilder 448

Lernen, imitatives 53
Lernen, kognitives 54, 92
Lerntheorien 48, 53
Levi Strauss 213
Levitt, Theodore 8, 179, 230, 570
Lexus 257
Lidl 14, 20, 95, 209, 245, 261, 327, 329 f., 334, 414 f., 437
Liefer- und Zahlungsbedingungen 345, 379, 381
Lieferbedingungen 381, 526
Lieferservice 422, 563
Lifestyle-Segmentierung 219 ff., 559
Listbroker 465, 524
Listcompiler 465
Lizenzvertrag 239
Lost Order-Analyse 518, 520
Lotterieauswahl 130

M

Machtpromotoren 111 f.
Maggi 207, 252, 573
Magic Town 145
Makro-Umwelt 19, 107, 113 f., 397
Marke 31, 44, 46, 53, 61, 63, 94, 127, 152, 159, 162, 181, 196 f., 200, 217, 232 f., 240, 255, 308 ff., 316, 319 ff., 326 f., 330 ff., 335, 349, 413 f., 461, 463, 474, 509, 537 f., 575, 577, 582
Markenartikel 8, 30, 71, 211, 253, 309, 322, 327, 329 ff., 351, 359, 398, 405, 411, 414, 478, 510, 561, 575, 580, 582
Markenfamilienstrategie 330 f.
Markenloyalität 43 f.
Markenname 32, 89, 272, 309, 313 ff., 321, 461
Markenrecht 253, 317 ff.
Markenstrategien 330 f.
Markentransferstrategie 332
Markenwert 310, 312 f.
Markenzeichen 310, 320, 424, 432
Marketing, differenziertes 212
Marketing, Generic Concept of 17
Marketing, konzentriert-undifferenziertes 212 f.
Marketing, selektiv-differenziertes 213
Marketing, vertikales 4
Marketing, undifferenziertes 212
Marketing, virales 435, 471, 474 f.
Marketing-Audit 19, 481 ff.
Marketing-Enzyklopädien 518, 520
Marketing-Ethik 19 ff.
Marketing-Flops 272, 274, 321
Marketing-Forschung 15, 19, 113 ff., 132, 142, 171, 192, 291, 303, 340, 482, 493, 514, 553
Marketing-Instrumentarium, Restriktionen 477
Marketing-Kennzahlen 189, 192 ff.
Marketing-Kontrolle, ergebnisorientierte 19, 481, 483 f.
Marketing-Mix 15, 19, 171, 174, 178, 181, 204, 347, 425, 435, 475, 477, 483, 486, 495
Marketing-Mix-Audit 482
Marketing-Myopia 8
Marketing-Strategie 73, 234, 365, 473
Marketing-Strategien 19, 171, 203 ff., 215, 241, 280
Marketing-Ziele 17, 19, 171, 189, 483
Market-Pull-Innovation 339
Markierung 232, 305 f., 309, 459
Marktanteil 14, 44, 142 f., 178, 182, 195, 197, 210, 242 f., 277, 283 f., 287, 291 ff., 312, 343, 373, 407, 441, 457, 464, 483, 486, 509, 528, 543, 573
Marktanteils-Marktwachstums-Portfolio 291 f.
Marktarealstrategien 204, 226 f.
Marktattraktivität 12, 229 f., 296
Marktattraktivitäts-Wettbewerbsvorteil-Portfolio 295
Marktauswahl 226 f., 241
Marktbearbeitung 16, 215, 226 f., 230, 379, 497, 511
Marktdurchdringung 206, 279
Markteintritt 227, 230, 236 f., 256, 261, 277, 370, 475

Markteintrittsbarrieren 228 f., 235, 243, 332, 370

Marktentwicklung 206 f.

Marktfeldstrategien 205 f.

Marktkauf 484

Marktparzellierungsstrategien 212 f., 241

Marktsegmentierung 135, 162 f., 215 f., 565

Marktsegmentierung, mikrogeographische 525

Marktsegmentierungskriterien 218, 225

Marktstimulierungsstrategien 210 ff.

Markttests 145, 269, 364, 377, 413

Marktveranstaltungen 370, 399 f.

Marktvolumen 44, 206, 227, 235, 284, 290 f.

Marktwachstum 283, 290 ff., 526

Marktzykluskontraktion 272

Marlboro 462

Maslow, Abraham 69 ff., 571

Massenkommunikation 428 ff.

Matell 23

Materialdisposition 518, 522

Matrixorganisation 491, 500

McDonald´s 56, 58, 207, 226, 232 f., 239 f., 274, 310 ff., 317 f., 426 f., 454 ff., 472 f., 571, 577

McKinsey 210, 283, 294 ff., 448

McKinsey-Matrix 283, 294, 296

Media-Markt 448

Median 88, 126, 159

Mediaselektion 440, 445

„Me-too"-Produkte 325, 410

Mehrfachplatzierung 392

Mehrmarkenstrategie 330 f.

Mehrpunktwettbewerb 257

Meinungsführer 26, 37, 78, 266, 429, 431, 553

Melitta 31, 331 f., 538 f., 573

Mercedes 2, 163, 166, 256 f., 260, 268, 440, 547

Mercedes-Benz 212, 260

Messen 125, 188, 399, 424, 435, 463, 469

Messung 64 ff., 75, 113, 124 f., 142 ff., 149, 164, 181, 200, 284, 310, 445, 542 f., 569, 577, 581

Metro 146, 183 f., 219, 261, 393, 489 f., 541, 573

Microsoft 212, 251, 313

Mikro-Umwelt 19, 107, 113 ff.

Milchkühe 292

Mischkalkulation 336, 347, 359 f., 374, 413, 560

Missing-Value 157

Mittelwert, arithmetischer 159

Mobile Advertising 470 ff.

Modus 159

Morphologische Methode 340

Motivation 14, 31, 41, 57 f., 68, 74, 163, 173 f., 180, 419, 451 f., 486, 489, 526

Motivatoren 71, 536

Multi-Channeling 400, 510, 515 f.

Multidimensionale Skalierung 165, 167

Multimarkenstrategie 212, 330

Multimedia-Kommunikation 466 f.

Mund-zu-Mund-Werbung 27, 49, 376, 537, 547, 553

N

Nachkaufphase 25, 27, 29, 49, 531, 537

Nadler 206

Naturalrabatt 379

Neckermann 416

Neobehaviorismus 40 f.

Neuromarketing 62 f., 568

Neuroökonomie 28, 52

Nichtleistungswettbewerb 348, 380

Nissan 257, 440, 441

Nominalskala 126, 135 f.

O

Objektivität 119, 124

Odd Pricing 353, 479

Öffentlichkeitsarbeit 453 ff., 460, 488, 493, 559, 561, 564

Office-Interview 137

Ökomarketing 17

OLAP 527 ff., 562

Olympia 260, 273

Omnibusbefragung 140
One-Stop-Shopping 411
One-to-Few-Kommunikation 467
One-to-Many-Kommunikation 467
One-to-One-Kommunikation 467
Online-Befragung 139
Opel 268
Opponenten 111 f.
Opportunity Management 520
Ordinalskala 126, 128, 136
Organisation, funktionale 493
Organisation, objekt-orientierte 495
Organisations-Audit 482
Otto 416
Outpacing-Strategie 212
Overreporting 153, 200

P

Panel 150, 154 f., 378
Panel, alternierendes 153
Panel, rotierendes 153
Paneleffekt 153
Panelerstarrung 153
Panelselektionseffekte 153
Panelsterblichkeit 153
Paris Miki 216
Partialmodelle 44, 107
Patent 83 f., 253, 269, 271, 319, 570
Penetrationsstrategie 242, 369 f.
Pepsi-Cola 63, 208, 273
Pepsodent 274
„Per-Unit"-Methode 440
„Percentage-of-Sales"-Methode 440
Permission Marketing 473
Philips 267, 275, 312, 539
PIMS-Studie 284 f., 287, 291
Planned Obsolescence 20
Planungsfehler 131
Porsche 73, 75, 94, 163, 166, 257, 260, 268, 327, 331, 424, 541
Porter, Michael E. 11 f., 210, 231, 241
Portfolio-Analyse 263, 281, 561
Portfoliotechnik 548
Präferenz-Strategie 210, 241, 346, 365
Prämissen-Audit 482
Pre-Announcement-Politik 267
Preis/Leistungsverhältnis 7, 327, 349, 351 ff., 375 f., 406, 439, 446
Preis/Mengen-Strategie 211 f., 241, 346, 365
Preis-Absatz-Funktion 360 f., 541 f.
Preisabsprachen 347, 372, 374
Preisabstände 346
Preisbereitschaft 163, 213, 353, 360, 364, 366, 369, 432
Preisdifferenzierung 329, 346, 360, 366 ff., 374, 413, 564
Preisdurchsetzung 346
Preiselastizität der Nachfrage 361 ff., 486
Preisempfehlung, vertikale 348
Preisfindung, Magisches Dreieck der 355
Preisfolger 373
Preisführer 372 f.
Preisführerschaft 244, 373
Preiskämpfer 373
Preismanagement 178, 345, 346, 348, 373 f., 412 f., 479, 578
Preispositionierung 346
Preisuntergrenzen, kostenwirtschaftliche 358
Preisstrategie 346, 372, 406
Preistransparenz 347
Preiswettbewerb 347, 374 f., 540, 551
Primärforschung 113, 120, 123
Procter & Gamble 274, 330, 437, 463 f.
Product Placement 461 f., 577
Produktdifferenzierung 208, 342, 413
Produktdifferenzierung, emotionale 67
Produktelimination 343, 478
Produktentwicklung 162, 206, 208, 501
Produktinnovation 4 f., 167, 208, 303, 339, 411
Produktkonfigurator 518 ff., 523
Produktlebenszyklus-Analyse 263, 265
Produktmanagement 14, 231, 272, 412, 479, 493, 559, 566
Produkt-Markt-Matrix 205, 210, 265

Produktmodifikation 208, 277, 342
Produktorganisation 495
Produktvariation 208, 342
Prognose 74, 113, 147, 158, 167 ff., 197, 215, 527
Prognoseverfahren 168 f., 303
Prognoseverfahren, qualitative 168
Prognoseverfahren, quantitative 168
Promotoren 111
Promotoren-Opponenten-Modell 111
Prozentzahlen 159
Prozessmodelle, stochastische 43
Prozesspromotoren 111 f.
Public Relations 453, 569
„Push-and-Pull"-Marketing 4
„Push-and-Pull"-Strategie 440

Q

Qualitätsführerschaft 12, 241, 246 ff.
Quelle 416
Quota-Verfahren 130

R

Rabatte 194, 198, 256, 345, 347 f., 350, 379 f., 412, 451, 526, 540, 567, 579
Rabattmanagement 345, 379
Rank Xerox 186 f.
Ratioskala 128
Reaktanz 442, 461
Real 146, 219, 261 f., 393, 489, 573, 577
Recall, aided 200
Recall, unaided 200
Recht gegen unlauteren Wettbewerb 253 f.
Rechtsschutz, gewerblicher 253
Recognition 200
Redistribution 335, 388, 409 f., 420, 422
Regalvolumina 392
Regression, logistische 162, 167
Regressionsanalyse 161, 165, 167
Regressionsanalytische Modelle 43
Reichweite 16, 444, 446, 461, 471
Reifephase 277, 505
Reisender 417, 419
Relationship-Marketing 52, 102, 511 f.
Relaunch 268, 277 f., 324, 366, 575, 582
Reliabilität 124, 132
Response 40 f., 46, 53, 137, 204, 258, 263, 447, 464, 479, 486
Return on Investment *(siehe auch RoI)* 12, 190 f., 241, 269, 284, 287, 485 f.
Rewe 261, 573
Rewe Group 251
RFID 146, 155
RFMR-Ansatz 548, 550
Risikotheoretischer Ansatz 86
Risikotheorie 47, 51
Ritter Sport 366
Robinsonliste 21
RoI *(siehe auch Return on Investment)* 12, 190, 269, 287
Rossmann 416
Rückgang 93 f., 266, 277 ff., 298 f., 377, 411, 503
Rücklaufquote 120, 133, 137, 156

S

6-3-5 Methode 340
Sachfragen 135
Sachliche Fehler 132
Sales Cycle-Analyse 518, 520
Sales Promotions 451
SB-Warenhaus 147, 404, 484, 489
Scanner-Technologie 259, 394
Scanning 154, 411
Schadensanalysen 518, 522
Schlecker 416
Schnellgreifbühne 150
Schreibtischforschung 120
Schwab 416
Schweppes 274
Scoring-Methode 548, 551, 552
Scoring-Modell 312, 389, 552
Segment-of-One-Marketing 216
Sekundärforschung 120, 123, 124, 445
Selektivvertrieb 348

Serviceleistungen 8, 51, 145, 239, 305 f., 335 f., 349, 403 f., 412, 515, 553
Servqual-Ansatz 530
Shareholder-Value-Ansatz 21
Shopping Goods 33, 306
Shopping-Center 403
Sicherheitsgrad 302
Silvretta Arena Ischgl Samnaun 457
Simon, Hermann 179
Simultanausgleich 359
Sinus-Milieus 220, 222 ff.
Skalenniveau 128, 159, 161 f., 165
Skalierungsfragen 136
Skimmingstrategie 369
Skonto 350, 380, 384
„Slice-of-Life"-Technik 448
smart 212
Smart Shopper 210, 258, 545
SOR-Modelle 44
SOR-Paradigma 45, 63
Sortimentsbreite 325, 339
Sortimentsmächtigkeit 339
Sortimentsmanagement 15, 181, 305, 413, 486
Sortimentsstruktur 338
Sortimentstiefe 325, 339
Soziale Austauschtheorie 48, 51
Soziale Schicht 55
Space Management 259, 391
Speciality Goods 33
Spill-Over-Effekte 443, 479
Sponsoring 458 ff., 463, 478, 488, 562, 566, 577
Sprinklerstrategie 236
SR-Paradigma 42
Stabsabteilung 118
Stakeholder 5, 8, 21 f., 453, 564
Stakeholder-Value-Ansatz 5, 8, 22
Standardisierung 97, 230 ff., 242, 290, 493
Standardisierung, differenzierte 231
Standortfaktoren 296, 389, 571
Standortwahl 387 ff., 391, 573
Stärken/Schwächen-Analyse 115, 117, 185, 188
Stars 292, 463
Stichprobenfehler 132
Stichprobenverfahren 128 f.
Stichprobenziehung 113, 128, 130, 131, 133
Stiftung Warentest 32, 85, 89, 354
Stimuli 41, 43, 45 f., 53, 58, 67, 79
Store-Interview 138
Storetests 145
Strategiebox 262
Strategien-Audit 482
Strategische Allianz 256
Strategische Geschäftseinheit 281
Street-Interview 138
Strukturmodelle 44
„Stuck-in-the-Middle"-Position 210, 241, 248
Subkultur 55
Submission 370, 372
Sukzessivausgleich 359
Supermarkt 127, 351, 404
Supply Chain Management 517, 520, 523
SWOT-Analyse 12, 117, 188
Synchronisationswerbung 439
Synektik-Methode 340
Synergieeffekt 256, 495
Szenario Technik 168

T

Tachistoskop 149, 570
Tausenderpreis 446
Tchibo 416
Technologie-Push-Innovationen 340
Teilerhebung 128 f.
Tensororganisation 491, 500 ff.
Testimonial-Werbung 448
Theorie der kognitiven Dissonanz 47 ff., 564
Timing 227, 234, 236
Top-Down-Ansatz 173 f.
Totalmodelle 41, 44, 107
Toyota 231, 257, 273, 313, 321, 447
Trading-down 210, 277, 516
Trading-up 210, 277, 406 f.
Transaktions-Marketing 3, 511 f.
Transport 366, 382, 388, 420 f., 454
Trendextrapolation 168, 263, 303
Trendforschung 96, 98
Trommsdorff-Modell 77

Typologie der Wünsche 220

U

Übervorteilungsstrategie 210, 375, 376
Ubiquität 199, 309, 400, 414
Umgehung 332, 415
Umsatz 31, 119, 128, 142 f., 153 f., 173, 177 f., 181, 190, 194 ff., 207, 214 f., 225, 244, 252, 263, 266, 290, 299, 300, 302, 343, 362, 364 f., 378 f., 385, 392 f., 406, 415, 417, 427, 431, 440 ff., 456, 479, 483, 485 f., 520, 528, 530, 542 f., 547, 551 f., 554
Unique Selling Proposition 15
Untereinstandspreisverkäufe 348
Unternehmensübergreifende Strategien 204, 250
Unternehmerpanels 153
Urheberrecht 253, 319

V

Validität 124, 131, 145, 148, 543
Varianz 127, 159
Varianzanalyse 161, 165, 167
Variety Seeking 510, 537
Veblen-Effekt 72
Veiling 371, 399
Vendor Managed Inventory 258
VerbraucherAnalyse 220
Verbrauchermarkt 145 f., 404
Verbraucherpromotions 451, 460
Verhältnisskala 127, 136
Verhältniszahlen 158 f., 190
Verkäufermarkt 3
Verkaufsförderung 32, 75, 143, 259, 308, 350 f., 399, 414, 435, 451 f., 460, 477, 488, 493, 540, 565, 575
Verkaufszonen 391
Verpackung 14, 17, 27, 142, 148, 168, 207, 259, 269, 278, 305 f., 308 f., 318, 327 f., 388, 392, 412, 420 f., 426, 524, 575, 578
Versandhandel 411, 415, 527
Versteigerung , klassische 371
Versuchsanlagen 143 f., 150
Vertrieb, direkter 398
Vertrieb, indirekter 398
Vertriebspartner 199, 400
Volkswagen 257, 268, 317, 440 f.
Vollerhebung 128
Voluntary Simplicity 70
von Clausewitz 203 f., 564, 572
Vorkaufphase 26, 48, 537
Vorschlagswesen, betriebliches 268
Vorteilsstrategie 211, 375

W

Wachstumsphase 271 f., 276, 279, 551

Wahrnehmung 20, 50, 54, 63, 78 ff., 89 f., 97, 149 f., 345, 351 f., 425, 432, 434, 439, 456, 460, 462, 543
Wahrnehmung, subliminale 83
Wal-Mart 95 f., 231, 261, 456 f., 572
Warenbörse 399
Warengliederungen 391
Warenhaus 404, 407, 527
Warenzeichen 239, 310, 316 f., 319, 327
Watzlawick, Paul 423
Wasserfallstrategie 236 f.
Weblog 472
Webster-Wind-Modell 107, 110
Weltbild 416
Werbebudget 440 f., 474
Werbeelastizität 441 ff.
Werbeerfolgskontrolle 484
Werbekostenzuschüsse (WKZ) 194, 198, 348, 350, 379, 451
Werbemittel 443 ff.
Werbeobjekte 438
Werbeplanung 437 f., 447, 576
Werbetiming 449
Werbeträger 443 ff., 470
Werbewirkung, Stufenmodelle der 434, 439
Werbeziel 438, 441
Werbung 4, 20 f., 23, 32, 38, 53 f., 58, 60 ff., 73 f., 78, 82, 84, 142 f., 147, 149, 178, 207, 232 f., 239 f., 243, 253 ff., 261,

271, 275, 278, 318, 324, 327 f., 332, 336, 350, 359, 396, 399, 414, 424, 426 f., 432 ff., 483, 488, 493, 515, 524, 532, 540, 544, 547, 567 f., 573, 577, 580 ff.

Werbung, vergleichende 255, 425 ff., 560

Wertkette 12 f.

Wettbewerb, horizontaler 241

Wettbewerb, vertikaler 241

Wettbewerbs-Paritäts-Methode 440

Wettbewerbsstärke, relative 296

Wettbewerbsstrategien 5, 12, 241, 249

Wiedererkennungsverfahren 200

Wiederkäuferrate 196 f., 488

Wiederkaufrate 43, 147, 196 f., 554 f.

Winterhalter Gastronom 247

Win-Win-Strategie 204, 252

Wirkungsprognose 167

Workflow-Management 518, 521

Wrigley 207, 562

Z

Zahlungsbedingungen 14, 382, 526, 569

Zapping 460, 462

ZEMEX 231

Ziel-Audit 482

Zieldominanz 181, 422

Zielgebiet 438

Zielgruppe 15, 26, 200, 219, 438, 445, 451 f., 463, 469

Zielindifferenz 176

Zielkomplementarität 176

Zielkonflikt 176 f.

Zielrestriktion 181, 422

Zielschisma 181, 422

Zielske-Effekt 450

Zölle 229

Zufallszahlen 130

Zusatznutzen 211, 307, 451